国际
科学技术前沿
报告 *2011*

张晓林　张志强　主编

科学出版社

北京

内 容 简 介

　　本书从基础科学、生命科学与生物技术、资源环境科学与技术、战略高技术等四大科学技术领域，选择钍基核燃料循环、土壤污染修复、系统生物学、生物炼制、极地研究、地质灾害、太赫兹研究、无线传感器网络、高端洁净煤发电、稀土永磁材料和微机电系统研究等 11 个科技创新前沿领域、前沿学科、热点问题或技术领域，逐一对其进行国际研究发展态势的系统分析，全面剖析这些领域国际科技发展的整体进展状况、研究动态与发展趋势、国际竞争发展态势，并提出我国开展相关领域研究的对策建议，为我国这些领域的科技创新发展的战略决策提供重要决策依据，为有关科研机构开展这些科技领域的研究部署提供国际发展的参考背景。

　　本书中的前沿和热点问题，选题新颖，针对性强，资料翔实，对策建议可操作性强，适合政府科技管理部门和科研机构的管理者、科技战略研究人员和相关学科领域的研究人员以及大学师生阅读。

图书在版编目(CIP)数据

国际科学技术前沿报告 2011 / 张晓林，张志强主编 . —北京：科学出版社，2011.11

ISBN 978-7-03-032534-1

Ⅰ . ①国… 　Ⅱ . ①张… ②张… 　Ⅲ . ①科学技术 – 技术发展 – 研究报告 – 世界 – 2011 　Ⅳ . ①N110.1

中国版本图书馆 CIP 数据核字（2011）第 206822 号

责任编辑：郭勇斌　李　昊　卜　新 / 责任校对：钟　洋
责任印制：赵德静 / 封面设计：黄华斌
编辑部电话：010-64035853
E-mail：houjunlin@ mail. sciencep. com

科学出版社 出版
北京东黄城根北街 16 号
邮政编码：100717
http://www.sciencep.com

中国科学院印刷厂 印刷
科学出版社发行　各地新华书店经销

*

2011 年 11 月第 一 版　开本：787×1092 1/16
2011 年 11 月第一次印刷　印张：38 3/4　插页：12
印数：1—1 500　　字数：958 000

定价：138. 00 元
（如有印装质量问题，我社负责调换）

《国际科学技术前沿报告 2011》
研究组

组　长：张晓林　张志强

成　员：张　薇　冷伏海　刘　清

　　　　高　峰　邓　勇　曲建升

　　　　房俊民　张　军　赵亚娟

　　　　徐　萍　陈　方　梁慧刚

　　　　张　静

前　言

　　中国科学院国家科学图书馆作为服务于基础科学、资源环境科学、生命科学、战略高技术以及重大产业与技术创新、边缘交叉科学发展的国家级科技信息服务机构，以服务科技决策一线和科技研究一线为己任，在全面建设支撑科技创新的信息资源与服务体系的同时，逐步建立起全方面、多层次、集成化和协同化的支持科技规划和科技决策的战略情报研究服务体系，跟踪监测国际科技战略与政策，系统分析科技领域发展态势，深入调研重大科技进展和重要科技政策，全面评价国际和领域的科技竞争力，并逐步建立系统的世界科技态势监测分析服务机制。

　　中国科学院国家科学图书馆根据中国科学院科技创新的战略布局，发挥其系统整体化优势，按照统筹规划、系统布局、分工负责、整体集成、长期积累、协同保障的原则，组建面向国家和中国科学院科技创新的宏观战略决策、面向中国科学院科技创新基地和学科领域科技创新决策的多层次战略情报研究服务体系：总馆负责基础科学以及交叉和重大前沿、空间光电与大科学装置、现代农业科技等创新基地的战略情报研究，兰州分馆负责资源环境科学以及生态与环境、资源与海洋科技创新基地的战略情报研究，成都分馆负责部分战略高技术以及信息科技、先进工业生物技术科技创新基地的战略情报研究，武汉分馆负责部分战略高技术以及先进能源、先进制造与新材料科技创新基地的战略情报研究，上海生命科学信息中心负责生命科学以及人口健康与医药科技创新基地的战略情报研究。科技前沿跟踪、决策需求导向、专业战略分析、政策咨询研究、服务体系建设的发展机制和发展措施，促进了学科领域科技战略研究与科技决策咨询中心的快速成长和发展。

　　中国科学院国家科学图书馆部署总馆、兰州分馆、成都分馆、武汉分馆、上海生命科学信息中心等单位的战略情报研究团队围绕各自分工关注的科技创新领域的科技发展态势选择相应科技创新领域的前沿科技问题或热点科技领域开展国际发展态势分析研究，于2007年、2008年、2009年完成《国际科学技术前沿报告》各自年度研究报告。这些年度研究报告均呈送中国科学院院内部门、研究所和院外相关科技管理部门参考。2010年完成的《国际科学技术前沿报告2010》在提交科技创新管理部门参考的同时，还公开出版，供广大科技人员参考。

中国科学院国家科学图书馆 2011 年继续部署总馆和各分馆及上海生命科学信息中心的情报研究团队选择相应科技创新领域的前沿学科、热点问题或重点技术领域,开展国际发展态势分析研究,完成这些领域的分析研究报告 11 份。总馆完成《钍基核燃料循环国际发展态势分析》、《土壤污染修复国际发展态势分析》、《太赫兹科学研究与应用国际发展态势分析》,兰州分馆完成《极地研究国际发展态势分析》、《地质灾害研究国际发展态势分析》,成都分馆完成《生物炼制领域国际发展态势分析》、《无线传感器网络国际发展态势分析》,武汉分馆完成《高端洁净煤发电技术国际发展态势分析》、《稀土永磁材料研究国际发展态势分析》、《微机电系统研究国际发展态势分析》,上海生命科学信息中心完成《系统生物学领域国际发展态势分析》。本书将这 11 份前沿学科、热点问题或重点技术领域的国际发展态势分析研究报告汇编为《国际科学技术前沿报告 2011》,正式出版,供科技创新决策部门和科研人员参考。

围绕有效支撑和服务国家"十二五"科技创新发展和中国科学院"创新2020"科技战略决策的新需求,适应数字信息环境和数据密集型科研的新趋势,中国科学院国家科学图书馆的科技战略研究咨询工作将进一步面向需求、面向前沿、面向决策,着力推动建设科技战略情报研究的新型业务发展模式,着力推动开展专业型、计算型、战略型、政策型和方法型战略情报分析和科技战略决策咨询研究,进一步强化科技战略研究服务的针对性和前瞻性,深化科技战略分析研究的层次,提升科技战略分析研究的决策咨询水平。

中国科学院国家科学图书馆的战略情报研究服务工作一直得到中国科学院院领导和院规划战略局、相关专业局、相关职能局、科技战略路线图研究专家组,以及科技部、国家自然科学基金委员会等部门领导和专家的大力支持和指导,得到其他各个领域专家学者的指导和参与,在此特别表示感谢。衷心希望我们的工作能够继续得到中国科学院和国家有关部门领导和战略研究专家的大力指导、支持和帮助。

国际科学技术前沿报告研究组

2011 年 4 月 6 日

目　录

前言

1 钍基核燃料循环国际发展态势分析 ·· 1
  1.1 引言 ·· 1
  1.2 钍基核燃料的重要实验研究现状与发展战略 ····················· 2
  1.3 钍基核燃料循环论文统计与主题挖掘分析 ························ 9
  1.4 钍基核燃料循环发明专利分析与主题挖掘 ······················· 24
  1.5 钍基核燃料循环的研发趋势分析 ································· 33
  1.6 对我国钍基核燃料循环研发的几点建议 ························· 34

2 土壤污染修复国际发展态势分析 ·· 36
  2.1 国内外土壤污染修复相关法律政策 ······························· 37
  2.2 国内外土壤污染修复研究计划与项目布局 ························ 40
  2.3 土壤污染修复相关研究论文分析 ································· 50
  2.4 土壤污染修复相关专利分析 ·· 64
  2.5 土壤污染修复相关国际会议内容分析 ····························· 72
  2.6 结论与建议 ·· 75

3 系统生物学领域国际发展态势分析 ····································· 79
  3.1 引言 ·· 81
  3.2 系统生物学规划研究机构及相关数据库分析 ··············· 83
  3.3 系统生物学技术的研究和应用现状 ······························· 106
  3.4 系统生物学研究面临的挑战 ·· 130
  3.5 结论与建议 ·· 132

4 生物炼制领域国际发展态势分析 ·· 136
  4.1 引言 ·· 136
  4.2 国际生物炼制领域重要政策规划与举措 ························· 138
  4.3 国际生物炼制研究专利分析 ·· 155
  4.4 国际生物炼制领域主要技术和代表性产品的研究进展 ······ 173
  4.5 展望与建议 ·· 181

5 极地研究国际发展态势分析 ·· 187
  5.1 引言 ·· 188
  5.2 极地研究计划与主要国家极地研究 ······························· 191
  5.3 极地研究文献计量分析 ·· 202
  5.4 极地研究国际前沿态势 ·· 211

5.5 中国极地研究进展、启示与建议 ······ 225

6 地质灾害研究国际发展态势分析 ······ 231
6.1 引言 ······ 232
6.2 国际地质灾害研究战略与计划 ······ 235
6.3 地质灾害研究进展 ······ 245
6.4 地质灾害研究文献计量分析 ······ 259
6.5 地质灾害研究专利分析 ······ 279
6.6 地质灾害研究前沿与重点 ······ 289
6.7 加强我国地质灾害研究的建议 ······ 292

7 太赫兹科学研究与应用国际发展态势分析 ······ 299
7.1 引言 ······ 299
7.2 主要国家和国际组织发展战略及重要计划 ······ 305
7.3 太赫兹研究论文的科学计量分析 ······ 332
7.4 太赫兹专利技术分析 ······ 348
7.5 太赫兹科学与应用的研究特点与发展趋势分析 ······ 360
7.6 启示与建议 ······ 363

8 无线传感器网络国际发展态势分析 ······ 367
8.1 引言 ······ 368
8.2 各国无线传感器网络发展动态与战略部署 ······ 371
8.3 无线传感器网络重点技术领域及其发展态势分析 ······ 391
8.4 无线传感器网络应用 ······ 406
8.5 无线传感器网络标准建设 ······ 416
8.6 结论与建议 ······ 424

9 高端洁净煤发电技术国际发展态势分析 ······ 428
9.1 引言 ······ 429
9.2 主要国家和地区洁净煤发电战略与计划 ······ 431
9.3 高端洁净煤发电技术研究重点与趋势分析 ······ 440
9.4 高端洁净煤发电技术标准信息分析 ······ 489
9.5 高端洁净煤发电技术优势比较 ······ 508
9.6 对中国发展高端洁净煤发电技术的建议 ······ 516

10 稀土永磁材料研究国际发展态势分析 ······ 521
10.1 引言 ······ 522
10.2 稀土材料政策环境分析 ······ 523
10.3 稀土永磁材料产业发展和新应用分析 ······ 538
10.4 稀土永磁材料技术进展与前沿研究 ······ 547
10.5 稀土永磁 SCI 论文统计分析 ······ 554
10.6 稀土永磁专利统计分析 ······ 561
10.7 结论与建议 ······ 570

11 微机电系统研究国际发展态势分析 ································· 575

   11.1 引言 ······························· 575

   11.2 世界部分国家/地区支持推动 MEMS 发展的举措 ············· 577

   11.3 MEMS 技术发展现状 ······················ 581

   11.4 MEMS 产业发展现状 ······················ 588

   11.5 MEMS 发展瓶颈——封装 ···················· 595

   11.6 MEMS 文献计量分析 ······················ 597

   11.7 发展建议 ··························· 606

彩图

1　钍基核燃料循环国际发展态势分析

冷伏海[1]　刘小平[1]　李泽霞[1]　黄龙光[1]　王　林[1]　王海燕[1]　周丽英[2]

(1. 中国科学院国家科学图书馆；2. 中国农业大学图书馆)

　　钍基核燃料循环的研发工作已经进行50多年，取得了大量的试验研究成果，但其规模远小于铀燃料和铀－钚燃料循环的研究。美国、英国、德国、印度、日本、俄罗斯、荷兰等国都在进行这方面的研究工作。有关国家还在实验堆中进行了将钍燃料辐照至高燃耗的研究，并且有几座实验堆部分或完全装载了钍基燃料。

　　本章对钍基核燃料循环方式、钍燃料元件类型及制造、有关钍基核燃料的重要实验研究、动力堆和轻水增殖堆使用钍基核燃料的实验研究、基于钍基燃料循环的先进反应堆概念、钍与加速器次临界系统、印度钍燃料循环计划、加拿大的钍燃料研究计划、挪威发布的钍基燃料研究报告进行了系统调研和分析，同时对钍基核燃料循环领域的科学论文和专利文献进行了定量分析。

　　综合定性调研和定量分析，建议我国应该面向世界科学前沿，结合中国国情，加强整体规划，制定我国钍基核燃料循环研究的国家发展战略，进一步拓展国际合作内涵，规划优先发展的基础实验研究，部署钍燃料元件制造技术、钍燃料反应堆裂变产物及其放射性物质处理技术方面的前瞻性研究。

1.1　引言

　　核能开发是我国的一项既定政策，发展核能离不开核燃料。能取代急剧减少的^{235}U的核燃料之一是^{233}U，它需要由^{232}Th通过核反应转换而来。钍是一种天然放射性金属，在地壳中的储量是铀的3~5倍。将辐照后的钍燃料从反应堆中卸出，分离出^{233}U，然后将^{233}U作为燃料用于另外的反应堆中，产生核能，此途径称为钍－铀燃料循环。钍－铀燃料循环在热中子反应堆中有可能实现核燃料自持或近增殖，与铀－钚燃料循环比较，钍－铀燃料循环产生较少的次锕系核素，钍基燃料在反应堆内可允许更高的燃料芯块温度和更深的燃耗，钍基核燃料对各种堆型的适应性较好，无需对现有反应堆的燃料组件和堆芯几何尺寸及相应的结构材料等做重大改变，但钍－铀燃料循环工艺尚不成熟，还没有建立工业体系，至今尚未真正用于世界各国的核能生产。

在反应堆中将可转换核素^{232}Th 转变为易裂变核素^{233}U 后，^{233}U 的利用可以按"一次通过"（Once-through）燃料循环或闭式燃料循环（Closed Fuel Cycle）两种方式进行。

20 世纪 90 年代初，美国前海军堆计划首席科学家 Radkowsky 提出了一种在轻水堆中进行的"一次通过"式的钍燃料循环，称做 RTF（Radkowsky Thorium Fuel）循环。之后，国际上开展的钍基核燃料循环研究都是基于"一次通过"的循环方式，只有印度坚持研究开发钍燃料的闭式循环方式，但规模不大。所以，钍基核燃料闭式循环的研究开发，总体上仍属于 20 世纪 50～60 年代水平。2006 年 2 月美国提出了"全球核能合作伙伴"（GNEP）战略，正式提出了恢复闭式燃料循环方案，从而明确否定了其多年来一直坚持的乏燃料"一次通过"的燃料循环方式。

钍基核燃料和用于各种反应堆的钍燃料元件之间存在较大差异。除了熔盐增殖堆使用液态混合氟化物作为燃料和主要冷却剂以外，其他所有反应堆均使用固体燃料，这种固体燃料是一种微小的"陶瓷燃料微球体"、"陶瓷燃料球芯块"或"金属合金燃料棒"。制造二氧化钍和氧化钍基混合氧化燃料元件的技术主要包括"粉-球"路线、"振动溶胶"路线、"溶液-凝胶微球体"制粒工艺和渗透技术。

1.2 钍基核燃料的重要实验研究现状与发展战略

1.2.1 有关钍基核燃料的重要实验研究

国际上开展的有关钍基核燃料的重要实验研究排在前三位的是高温气冷堆、动力堆和轻水增殖堆。另外，还有几个快中子反应堆使用钍基核燃料的实验研究，如表 1-1 所示。

表 1-1 国际钍基核燃料重要实验

国家	反应堆	研究内容
德国	于利希（Jülich）AVR 核实验堆	1967～1988 年，该反应堆以 15 兆瓦热功率运行了 750 周，其中约 95% 的时间是采用钍基燃料，燃料由约 10 万个弹球大小的燃料元件组成，共使用了约 1360 千克钍（与高浓铀混合），最大燃耗达到 150 000 兆瓦$_d$/吨
澳大利亚、丹麦、瑞典、挪威、瑞士、英国	英国温弗里斯（Winfrith）120 兆瓦$_t$ 的 Dragon 反应堆	Dragon 是经济合作与发展组织与欧洲原子共同体在1964～1973 年的合作项目。在 Dragon 反应堆中使用 10:1 的钍、高浓铀混合钍燃料元件接受了 741 个满功率的辐照。钍-铀燃料被用于"增殖和换料"，因此生成的^{233}U 不断以相同的速度替代^{235}U，燃料能够在反应堆中使用约 6 年
美国	通用原子公司的桃花谷（Peach Bottom）高温石墨慢化氦冷堆	1967～1974 年，高温石墨慢化氦冷堆在 110 兆瓦热功率条件下，使用高浓缩铀和钍燃料运行
加拿大	加拿大原子能公司的 CANDU 堆	1987 年，在三个研究堆和一个预商用反应堆中使用二氧化钍含量高达30%的二氧化钍燃料运行，大多数用1%～3%的二氧化铀（高浓缩铀）

国家	反应堆	研究内容
印度	Kamini 中子源研究堆，毗邻一座 40 兆瓦$_t$ 的快中子增殖试验堆（使用二氧化钍燃料）	1996 年投入运行的 Kamini 中子源研究堆以从另一座反应堆的二氧化铀燃料中回收的^{233}U 为燃料
荷兰	一座水均匀悬浮反应堆	20 世纪 70 年代中期，该反应堆采用高浓缩铀/钍燃料，燃料在溶液中循环使用，并不断进行回收处理，以获取裂变产物，从而获得高的钍转换率，并以 1 兆瓦热功率运行 3 年时间

1.2.2　动力堆使用钍基核燃料的实验研究

在将钍基燃料用于动力堆方面，世界各国已取得了许多经验。其中，一些是以高浓缩铀作为主要燃料，国际钍基燃料动力堆实验如表 1-2 所示。

表 1-2　国际钍基燃料动力堆实验

国家	反应堆	实验内容
德国	从 AVR 堆发展而来热功率 300 兆瓦的 THTR 堆	1983～1989 年，该反应堆使用约 67.4 万个燃料球。其中，半数是钍/高浓缩燃料（其他是石墨慢化剂和一些中子吸收剂），不断进行负载回收，燃料平均通过反应堆堆芯 6 次
美国	美国唯一钍燃料商业机组圣弗兰堡（Fort St. Vrain）高温（700℃）石墨慢化氦冷反应堆	1976～1989 年，该机组从德国的 AVR 发展而来，是一座高温（700℃）石墨慢化氦冷反应堆（热功率 842 兆瓦、电功率 330 兆瓦），使用钍/高浓缩铀燃料。燃料球由碳化钍和碳化钍/^{235}U 制成，表面涂敷氧化硅和热解碳层，用于容留裂变产物，燃料以六角柱（棱柱）的形式排列。该机组使用的燃料中含有近 25 吨钍，燃耗达到 170 吉瓦$_d$/吨
美国	希平港（Shippingport）机组	希平港（Shippingport）机组中对钍基燃料在传统压水堆（PWR）中的应用情况进行了研究
印度	Kakrapar 加压重水堆	钍作为能源应用于两个 Kakrapar 加压重水堆（PHWR）的初始反应堆堆芯
德国	电功率 60 兆瓦的林根（Lingen）沸水堆	德国电功率 60 兆瓦的林根（Lingen）沸水堆（BWR）也使用过钍－钚基燃料试验组件

1.2.3　轻水增殖堆使用钍基核燃料的实验研究

轻水增殖堆（LWBR）是 PWR 重要的潜在应用，并在美国希平港（Shippingport）反应堆中成功进行了论证。该轻水增殖堆的堆芯划分为点火区和转换区，在此区域内，燃料颗粒中存在一种二氧化钍和二氧化铀的混合物，该混合物的 98% 含有^{233}U。二氧化铀

5% ~6%存在于点火区，1.5% ~3%存在于增殖区。在堆芯寿期初始阶段，反射区只有氧化钍存在。因为在那时每次分裂^{235}U不能释放足够的中子，而且^{239}Pu捕获太多中子，以至于压水堆不能增殖，所以使用^{233}U。钍基核燃料轻水增殖堆实验论证过程如表 1-3 所示。

表 1-3　钍基核燃料轻水增殖堆实验论证过程

时间	内容
1957 年 12 月	美国希平港着手第一个大规模的核能反应堆发电的商业应用
1965 年	原子能组织开始设计反应堆^{233}U/钍堆芯
1976 年	能源研究和发展组织（现为能源组织的一部分）建立了先进的轻水增殖堆应用计划来评估轻水增殖堆的商业应用
1977 年 8 月至 1982 年 10 月	LWBR 概念也曾在希平港反应堆进行过测试但最终关闭。在这期间，该测试运行高于 29 000 有效满功率小时，有效性 76%，输出总电量 2.1×10^3 万千瓦时。检查反应堆堆芯发现，1.39% 之多的裂变燃料一直活跃在堆芯生命期，这表明增殖已经产生

1.2.4　国际上钍基核燃料循环的研究重点与进展分析

1.2.4.1　基于钍燃料循环的先进反应堆概念

世界各国对钍基燃料的研究开发经验表明，由于钍基燃料良好的中子经济性，它可用于各种已有的反应堆（包括轻水堆、重水堆、高温气冷堆和快堆），而无需改变堆芯设计。目前，国际上正在开展的基于钍燃料循环的先进反应堆概念研究如表 1-4 所示。

表 1-4　国际钍燃料循环先进反应堆概念

反应堆	实验过程与原理	国家/机构	研究进展
轻水堆（尤其是压水堆）	轻水堆采用基于氧化钍的燃料，燃料棒中含有氧化钍/氧化铀颗粒。美国、俄罗斯合作在俄罗斯 VVER-1000 堆上开展的钍燃料处置多余武器级钚的研究	美国、俄罗斯	压水堆是目前世界上广泛采用的最成熟的一种堆型（约占 60%），钍燃料的燃耗可高达 100 吉瓦$_d$/吨以上，驱动燃料和增殖燃料的换料周期分别为 3 年和 10 年。如果实行闭式燃料循环，则压水堆燃料的高燃耗可以减少循环次数
高温气冷堆（棱柱形燃料元件）	燃气轮机 - 模块化氦反应堆（GT-MHR），GT-MHR 堆芯可以使用各种不同的燃料，包括高浓缩铀/钍、^{233}U/钍和钚/钍等多种燃料	美国通用原子公司	高温气冷堆取得了良好的运行记录。以美国为首的第四代核能系统将超高温气冷堆作为候选核能系统之一。目前高温堆使用的颗粒包覆燃料在进行后处理时的难度很大，这种燃料适合于"一次通过"的循环方式，需要开发适于后处理的新型燃料。法国在高温气冷快堆发展计划的实验技术示范堆（ETDR）研究中，正在考虑设计适于后处理的新型燃料芯块
高温气冷堆（球床燃料元件）	南非的球床模块反应堆 * 技术处于世界领先地位，该堆有使用钍燃料的潜力。床模块反应堆的开发建立在德国有关 AVR 与高温钍反应堆以及在中国和南非的反应堆之上	南非	

反应堆	实验过程与原理	国家/机构	研究进展
Radkowsky 钍反应堆	Radkowsky 教授提出"点火区/转换区"的概念，提出的"一次通过"式 Radkowsky 钍燃料循环具有防扩散功能 Radkowsky 带领团队建造了希平港工厂及其 Radkowsky 钍反应堆（RTR）	美国海军	1996 年，美国能源部的防扩散计划启动了一项开发与验证 Radkowsky 钍燃料循环概念的研究项目。该项目由能源部出资，由布鲁克黑文国家实验室指导技术开发工作，由俄罗斯的库恰图夫研究所（RRC-KI）负责验证性工作。1995～2001 年，国际原子能组织实施了协调研究计划（CRP），该计划目标是防止核扩散
熔盐堆	"双流体"设计可以从裂变燃料盐中分离出钍。消除了分离氟化钍（沸点 1680℃）以及高温蒸馏得到的镧系元素氟化物带来的技术挑战	法国、俄罗斯、美国和经合组织	最近几年，法国、俄罗斯、美国和经合组织等都在重新研究和评估钍燃料在熔盐堆中的应用。但熔盐堆燃料回路的高放射性水平带来的维修问题，设备与管线的腐蚀问题等，尚需得到进一步解决
CANDU 重水堆使用钍基燃料	钍基燃料闭式循环，其中包括乏燃料处理、^{233}U 回收、钍循环利用。循环中向钍中加入少量易裂变材料，以启动并维持链式反应，并使 ^{232}Th 通过中子俘获及随后的 β 衰变生成 ^{233}U。在后续的循环中，最初的驱动燃料将逐步被再循环的 ^{233}U 所取代	加拿大原子能公司	近期，钍资源丰富的国家可在 CANDU 堆中使用"一次通过式"燃料循环，以便获得钍基燃料循环技术方面的经验，并在乏燃料中积累 ^{233}U 战略资源。相对于使用天然铀燃料而言，在 CANDU 堆中使用"一次通过式"钍－低浓铀燃料循环可将铀的利用率提高到 30%。这将为使用者提供一种防止未来铀供应短缺的低成本资源保障策略，并为未来实现"闭式"燃料循环奠定基础
先进重水堆（AHWR）	大部分堆芯将是次临界的，使用氧化钍－^{233}U 氧化物和钍－^{239}Pu 氧化物的化合物，该系统的 ^{233}U 可实现自给自足。反应堆堆芯初始全部是钍－^{239}Pu 氧化物，当 ^{233}Pu 可用时，每个装配点的燃料的 30% 使用的是同轴排列的钍－^{233}U 氧化物。其设备的设计寿命为 100 年，燃料能源的利用率达到 65%，约 75% 的能源来自钍	印度	由于重水的中子慢化比为轻水的 80 倍左右，所以重水堆的中子经济性远好于轻水堆。重水堆的主要问题是燃耗太低（20～24 吉瓦$_d$/吨），导致闭式燃料循环次数太多。印度正在开展先进重水反应堆的研究工作。与加拿大的 ACR 设计类似，电功率 300 兆瓦$_e$ 的 AHWR 设计也用轻水冷却
快中子增殖反应堆	一个建在 Kalpakkam 的 500 兆瓦$_e$，快中子增殖反应堆设计为由钍转换成 ^{233}U	印度	快中子增殖反应堆（FBR）与先进重水反应堆（AHWR）一样在印度的核动力三阶段计划中占有重要的一席之地

续表

反应堆	实验过程与原理	国家/机构	研究进展
液态氟钍反应堆	利用在液体钍盐转换区增殖的^{233}U。堆芯的熔融氟化盐中有可裂变的^{233}U氟化物。钍四氟化物存在于含有锂和铍的氟化盐中,由于堆芯的热量而熔化。新产生的^{233}U形成可溶解的四氟化铀,转换区溶液充溢的氟气作用可使其转换为气态六氟化铀,不会与钍四氟化物发生化学反应。铀的六氟化物从溶液中释放出来后被俘获,在还原柱内由氢气作用分解成可溶四氟化铀,直接进入堆芯,作为裂变燃料	美国	在美国,索伦森等经常在美国能源会议上宣传推广钍这种绿色核燃料。美国著名气候学家詹姆斯·汉森在给奥巴马总统的公开信中特别提到,钍将成为潜在燃料来源。《2009钍能源独立及安全法案》(Thorium Energy Independence and Security Act of 2009)提交到美国国会,通过后,美国能源部获得2.5亿美元用于钍的研究

* 由于融资困难,南非政府已决定关闭该国的球床模块反应堆(PBMR)。不过,美国的下一代核电厂(NGNP)项目也有PBMR的研发设计任务,并且以西屋公司为首的研发团队在南非项目的基础上提出200兆瓦$_{\mathrm{th}}$热电联产发电厂要领设计PBMR-CG

1.2.4.2 钍与加速器驱动次临界系统

近年来,各国都在研究加速器驱动次临界系统(表1-5),并具有具体目标。美国、欧洲和日本的加速器驱动系统的主要目标是,通过燃烧钚和锕系元素与长寿命裂变产物的嬗变,将核能系统的固有安全性引入核废料处置,并为其提供长期的解决方案。但ADS必须解决加速器及其整个系统的长期稳定可靠运行及其可维护性等一系列具有挑战性的问题。

表1-5 国际加速器钍燃料研究实验

	目标	研究内容
印度	从丰富的钍资源中获得安全高效的^{233}U增殖,并保证核能源的可持续性	在加速器驱动系统中,加速器产生的高能质子撞击重靶核(铅、铅-铋或其他材料)发生散裂反应,从而产生高能中子。这些中子可以直接进入含有钍的次临界反应堆中,从而生成^{233}U,并使其发生裂变。因此,加速器驱动系统可以实现自持续链式裂变反应,这种反应可以很容易地被中止,可以用于发电或消除铀/钍燃料循环中产生的锕系元素
韩国原子能研究所	为次临界系统开发基础技术,并在2006年以后建立小规模的试验设施	韩国计划在韩国原子能研究所的混合动力提取反应堆(HYPER)中开展加速器驱动系统研究。混合动力提取反应堆的超燃料循环概念利用熔盐形式的钍发电,并改变超铀元素。在这种燃料循环中,超铀元素中的裂变钚同位素将被焚化,产生能量,并由钍产生随后用做裂变材料的^{233}U
欧洲粒子物理研究所		卡洛鲁比亚教授领导的研究团队提出采用基于回旋加速器的混合系统,利用钍燃料循环产生核能。该概念减少了对废核燃料中较高锕系元素含量的担忧,利用相当丰富的廉价钍,是一个非常有吸引力的选择

1.2.5　各国家钍燃料研究战略与计划

1.2.5.1　印度钍燃料循环计划

印度由于钍资源非常丰富，将钍资源用于大规模能源生产以作为核动力计划的一个重要目标。1970 年分离出了首批 ^{233}U 后，印度便建立了世界上第一座使用钍的反应堆——格格拉帕尔（Kakrapar）1 号机组。格格拉帕尔 1 号和 2 号机组都装载了 500 千克钍燃料，以便改善其运行实绩。格格拉帕尔 1 号机组是世界上第一座使用钍而不是贫铀实现堆芯功率展平的反应堆。1995 年，格格拉帕尔 1 号机组使用钍燃料实现了约 300 天的满功率运行，而格格拉帕尔 2 号机组实现了 100 天的满功率运行。印度计划在盖加（Kaiga）1 号和 2 号机组以及拉贾斯坦（Rajasthan）3 号和 4 号机组中使用钍基燃料。目前，印度正在开发先进的钍基燃料循环技术，并将计划建造 9 座以钍为燃料的核电厂，使之成为世界上唯一一个同时计划建造 9 座以钍为燃料的核电厂的国家。

印度的核电三阶段设想是在 20 世纪 50 年代由该国核计划之父、物理学家 Homi Bhabha 提出的。从英国剑桥大学学成回国，Bhabha 就围绕解决印度目前商业反应堆燃料的铀矿资源贫乏这一问题来开展工作与设想。他试图独辟蹊径利用该国巨大的钍资源，如果在外面包覆一个中子供应设备，就可当做核燃料使用。

印度的铀储量约占世界总量的 0.8%，对于印度目前建造的反应堆的容量来说是非常不足的。印度拥有约 29 万吨钍，约占世界钍储量的 32%，印度的钍储量是铀的 6 倍（戴波，2006）。

印度基于钍技术的核电计划集中开发可以使用钍燃料的快中子增殖堆。印度核电发展三个阶段计划的第三阶段，即先进重水堆将燃烧 ^{233}U 和钍，在可持续"闭合"循环中将钍资源转化为铀，该阶段已在实验室规模下进行过验证。

然后对乏燃料进行后处理，以回收易裂变材料进行再循环。上述第三个阶段的另一种选择是，在继续实施 PHWR 和 FBR 计划的同时，采用次临界加速器驱动系统（ADS）。

目前，英国加入印度钍研究计划，利用英国工程与物理研究理事会和印度原子能部联合资助的总额超过 200 万英镑的资金进行五个核能项目研究。

但是，印度未来的能源不会仅仅依赖于钍。

1.2.5.2　加拿大钍燃料研究计划

加拿大原子能公司在 20 世纪 50 年代的 CANDU 堆开发计划中就已开始将钍作为一种有前景的核燃料。钍被加拿大原子能公司视为 CANDU 堆燃料循环愿景的一个组成部分，可用于降低铀消耗量。以钍为燃料的 CANDU 堆对那些钍资源丰富但铀资源贫乏的国家尤其具有吸引力，因为这种反应堆可帮助其实现能源自给。加拿大原子能公司一直将钍基燃料循环作为其 CANDU6、先进 CANDU6 以及 ACR-1000 反应堆的候选方案。

- 燃料循环愿景。

最具吸引力的 CANDU 堆钍基燃料循环将是闭式循环，包括乏燃料后处理以及对回收的^{233}U和钍进行循环利用。在这种循环中，需要向钍中加入少量易裂变材料。加拿大原子能公司估计，一旦达到均衡的燃料循环条件，在目前可使用钍基燃料的CANDU6堆的产能中，将有高达80%来自钍基燃料。如果使用中子经济性得到提高的优化设计，来自钍基燃料的能量会更多。易裂变驱动燃料可使用低浓铀或是从轻水堆乏燃料中提取的钚或铀来制造。从长远来看，快堆产生的钚或^{233}U也可被制成驱动燃料。

- 近期战略。

加拿大原子能公司目前正在考虑的钍基燃料配置包括：①非均匀的钍－低浓铀燃料棒束；②均匀的钚/钍混合物；③混合棒束的钍基燃料（一些燃料芯块中含有二氧化钍，而另一些芯块中含有二氧化铀）。

- 长期战略。

就长期而言，加拿大原子能公司建议使用与近自给的均衡型钍基燃料循环相配套的CANDU堆。通过近自给的均衡型钍基燃料循环，能够增殖出足够的^{233}U，使燃料循环能无限期地持续下去，从而将对其他易裂变材料的需求降至最低。这种包括后处理在内的"闭式"燃料循环在未来将能为运营商带来真正的经济效益。在未来，CANDU堆与快堆的协同作用将使CANDU堆能够使用快堆产生的易裂变材料。

加拿大原子能公司正展望CANDU堆机组能达到自给自足的平衡的钍燃料循环，而且一些快速增殖反应堆提供钚。加拿大原子能公司正与中核集团秦山第三核电有限公司、中核北方核燃料元件公司、中国核动力研究设计院合作，在中国秦山联合发展和论证钍燃料的利用，并进行在CANDU堆中全面应用的经济和技术可行性研究。

1.2.5.3 挪威的钍基燃料战略研究

挪威研究委员会2008年向政府提交了一份题为《将钍作为能源资源——挪威的机遇》的研究报告。报告指出，由于目前已掌握的关于利用钍基燃料发电以及这种资源的地质分布的资料太少，因此还不能确定钍资源对挪威的潜在价值。

挪威政府在2007年年初要求挪威研究委员会开展相关研究，为评判挪威在长期能源发展框架中纳入钍资源的机遇和风险打下坚实的知识基础，并评估挪威使用钍基燃料发电的可行性。为此，挪威研究委员会于2007年3月组建了钍报告委员会（TRC）。

报告表示，根据美国地质勘探局提供的资料，挪威的钍资源总量为17万吨，仅次于澳大利亚（30万吨）和印度（29万吨），居世界第三位。这些资源蕴涵的能量总量是挪威迄今为止从石油中提取能量总量的约100倍。

报告还表示，由于缺少相关数据，因此对于任何使用钍基燃料的核能系统而言，进行有意义的成本估算几乎是不可能的。目前可以明确的是，钍基核燃料费用在整个发电成本结构中所占的比重将比较小，与铀燃料费用相当甚至更低。开发钍基核能系统的主要经济挑战是相关研发工作能否获得充足的资金。

报告建议，"应当认识到核能对可持续能源未来的潜在贡献"。此外，挪威钍报告委员会表示，应当对挪威的钍资源现状展开调查，以"评估挪威岩石中的钍是否是可用于未来发电的经济资产"。钍报告委员会还建议，应该鼓励在Halden研究堆中开展钍基燃料试验。

报告还建议挪威应当加强国际合作。例如，参加欧洲原子能共同体和第四代反应堆国际论坛中关于适合使用钍基燃料的第四代反应堆的研究工作，并积极参加欧盟对使用钍基燃料的加速器驱动系统（ADS）的研究工作。

最后，报告提议："应该使钍基燃料方案保持开放，并将其作为对铀燃料方案的一个有益补充，以增强核能的可持续性。"

1.2.6 钍基核燃料循环的难点和存在的问题

尽管钍基核燃料在热堆中具有良好的中子经济性，钍基核燃料循环在热堆系统中的燃料利用率较高，但钍基核燃料循环的这些优点尚不足以压倒铀 – 钚循环。钍基燃料循环存在的主要问题如下。

（1）钍基反应堆需要驱动燃料来达到临界。驱动燃料可以是。^{235}U、^{239}Pu 以及钍产生的 ^{233}U。当堆已经处于次临界的时候，也可以借助于外中子源，如加速器产生的中子源。

（2）ThO_2 的熔点（3350℃）比 UO_2（2800℃）高得多，故生产制备高密度的 ThO_2 和 ThO_2 基混合氧化物（MOX）燃料需要更高的烧结温度（＞2000℃）。

（3）在后处理上，因为 ThO_2 和 ThO_2 基混合氧化物燃料惰性较强，不易溶于 HNO_3，而要加入一定量的 HF，容易造成后处理设备和管道的腐蚀。而目前还没有成熟有效的后处理分离流程，实验和经验都非常缺乏。

（4）^{233}Pa 效应：^{233}Pa 的半衰期是 27 天，这意味着至少需要一年的冷却时间使 ^{233}Pa 能完全衰变到 ^{233}U，这个时间对反应堆来说过长，在反应堆停堆很长一段时间后由于 ^{233}U 的生成而导致堆的反应性波动，这一点必须在堆的设计和安全性能上加以考虑。

（5）新分离出来的钍和已在平衡消耗的钍的毒性比铀更大，这是因为在它的衰变链上，有过多的 β 射线和 γ 射线。

（6）目前钍循环后处理中最基本的问题是，^{232}Th 的同位素以及和 ^{233}U 伴生的 ^{232}U 的子代中存在硬 γ 射线（2～2.6 兆电子伏），这就使得 ^{233}U 燃料生产必须在 γ 屏蔽下进行，因此经济成本更高。

（7）相对 UO_2 和（U，Pu）O_2 而言，目前关于钍和钍燃料循环的数据库和经验还比较缺乏，还需要大量钍的基础研究。

（8）对钍基乏燃料的后处理，要考虑钍和铀的提取和分离；对于（Th，Pu）O_2 的后处理，则要考虑钍、铀和钚的提取和分离。在钍铀的提取和分离之前，要首先分离钍基乏燃料中的 ^{233}Pa，造成后处理流程复杂。

迄今，没有一个国家对钍基核燃料循环进行过认真、全面、系统和较大规模的研究开发。

1.3 钍基核燃料循环论文统计与主题挖掘分析

1.3.1 数据来源及方法说明

本次分析采用的数据库为 Web of Science（包括 Science Citation Index Expanded 和 Conference Proceedings Citation Index 数据库），利用关键词结合领域分类的方式检索了所有在钍基核燃料循环研究方面发表的论文。数据检索时间为 2010 年 11 月 22 日，共检索到有效数据 1422 条。

分析利用 Thomson 公司开发的数据挖掘和可视化工具 Thomson Data Analyzer（TDA）及社会网络分析软件 UCINET 等工具对数据进行了统计分析、主题因子分析、趋势分析和国家、机构合作分析等，并进行了可视化表达。

1.3.2 钍基核燃料循环研究论文结构分析

1.3.2.1 研究主题结构

1）期刊分布

这 1422 篇钍基核燃料循环研究相关的论文分别分布在 90 种期刊和会议录上，主要集中在核化学、放射化学、核科学、核技术、核工程等研究领域。刊载钍基核燃料循环研究论文数量居前 10 位的期刊如表 1-6 所示。

表 1-6　钍基核燃料循环期刊分布（Top 10）

序号	论文数/篇	期刊名	累计百分比/%
1	173	*Journal of Radioanalytical and Nuclear Chemistry*	12. 17
2	142	*Journal of Nuclear Materials*	22. 15
3	130	*Radiochimica Acta*	31. 29
4	119	*Transactions of the American Nuclear Society*	39. 66
5	83	*Nuclear Technology*	45. 50
6	81	*Annals of Nuclear Energy*	51. 20
7	72	*Journal of Radioanalytical and Nuclear Chemistry-Articles*	56. 26
8	66	*Nuclear Science and Engineering*	60. 90
9	60	*Physical Review C*	65. 12
10	44	*Journal of Nuclear Science and Technology*	68. 21

钍基核燃料循环研究论文的期刊分布呈现明显的集中态势，并且符合布拉德福分布定律。前 3 种期刊 *Journal of Radioanalytical and Nuclear Chemistry*（173 篇）、*Journal of Nuclear Materials*（142 篇）、*Radiochimica Acta*（130 篇）载文量共计 445 篇，累计百分比占全部论文总量的 31. 29%，构成了钍基核燃料循环研究论文分布的核心期刊（会议录）区域。第 4～10 名分别是 *Transactions of the American Nuclear Society*、*Nuclear Technology*、*Annals of Nuclear Energy*、*Journal of Radioanalytical and Nuclear Chemistry-Articles*、*Nuclear Science and Engineering*、*Physical Review C* 与 *Journal of Nuclear Science and Technology*，这 7 种期刊载文量共计 525 篇，累计百分比占全部论文总量的 36. 92%，构成了钍基核燃料循环研究论文分布的相关期刊（会议录）区域。剩余 80 种期刊（会议录）载文量共计 452 篇，累计百分比占全部论文总量的 31. 79%，这 80 种期刊（会议录）处于钍基核燃料循环研究论文分布的边缘期刊（会议录）区域。

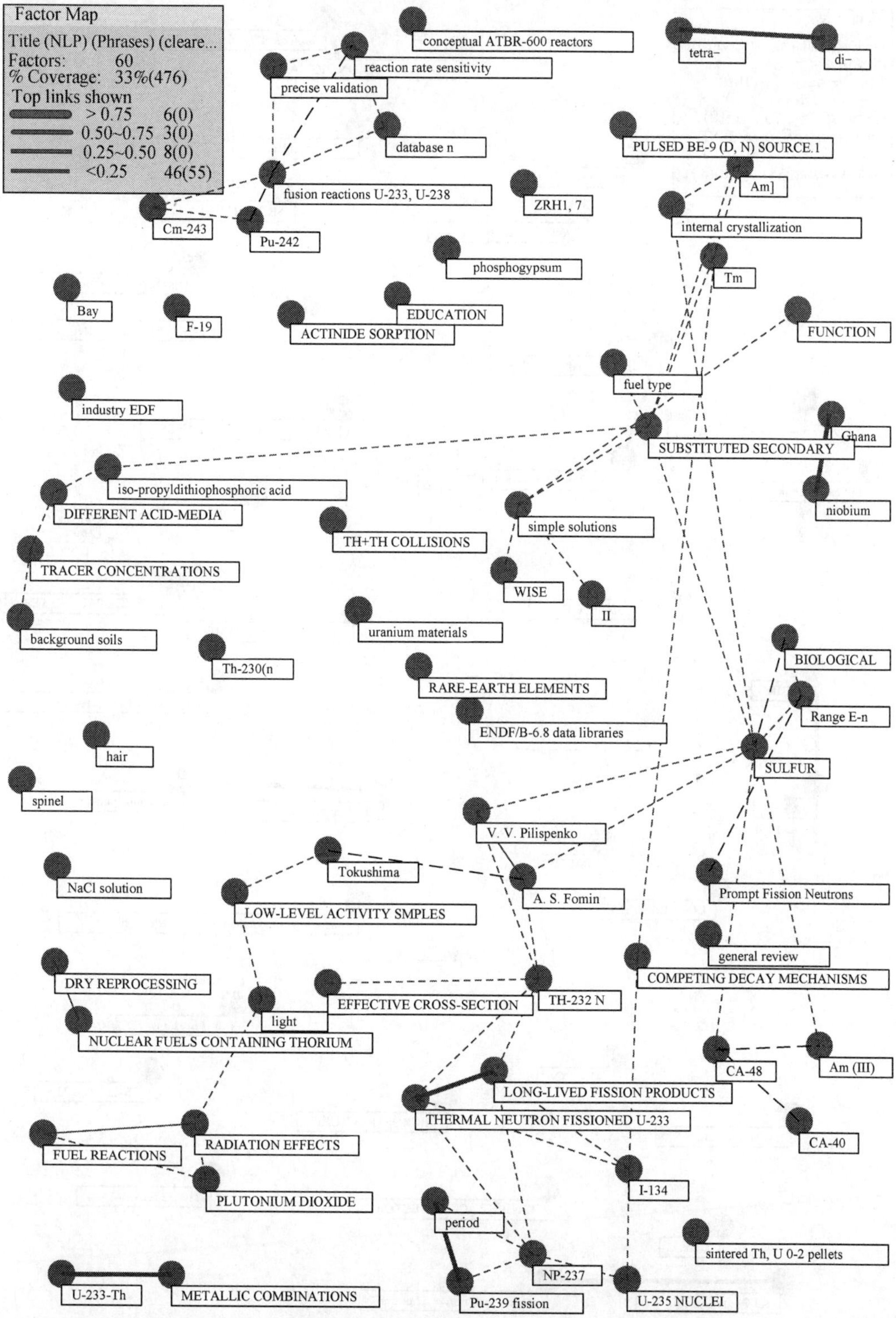

Factor Map

Title (NLP) (Phrases) (cleare...
Factors: 60
% Coverage: 33%(476)
Top links shown

> 0.75	6(0)
0.50~0.75	3(0)
0.25~0.50	8(0)
<0.25	46(55)

conceptual ATBR-600 reactors

reaction rate sensitivity

precise validation

tetra−

di−

database n

PULSED BE-9 (D, N) SOURCE.1

fusion reactions U-233, U-238

Cm-243

Pu-242

ZRH1, 7

Am]

internal crystallization

phosphogypsum

Tm

Bay

F-19

EDUCATION

ACTINIDE SORPTION

FUNCTION

industry EDF

fuel type

SUBSTITUTED SECONDARY

Ghana

iso-propyldithiophosphoric acid

DIFFERENT ACID-MEDIA

niobium

TRACER CONCENTRATIONS

TH+TH COLLISIONS

simple solutions

WISE

II

background soils

uranium materials

Th-230(n

RARE-EARTH ELEMENTS

ENDF/B-6.8 data libraries

BIOLOGICAL

Range E-n

hair

SULFUR

spinel

V. V. Pilispenko

NaCl solution

Tokushima

A. S. Fomin

Prompt Fission Neutrons

LOW-LEVEL ACTIVITY SMPLES

general review

COMPETING DECAY MECHANISMS

DRY REPROCESSING

EFFECTIVE CROSS-SECTION

TH-232 N

light

CA-48

Am (III)

NUCLEAR FUELS CONTAINING THORIUM

LONG-LIVED FISSION PRODUCTS

CA-40

RADIATION EFFECTS

THERMAL NEUTRON FISSIONED U-233

FUEL REACTIONS

I-134

PLUTONIUM DIOXIDE

period

sintered Th, U 0-2 pellets

U-233-Th

METALLIC COMBINATIONS

NP-237

Pu-239 fission

U-235 NUCLEI

图 1-1　钍基核燃料循环论文标题短语主题因子地图

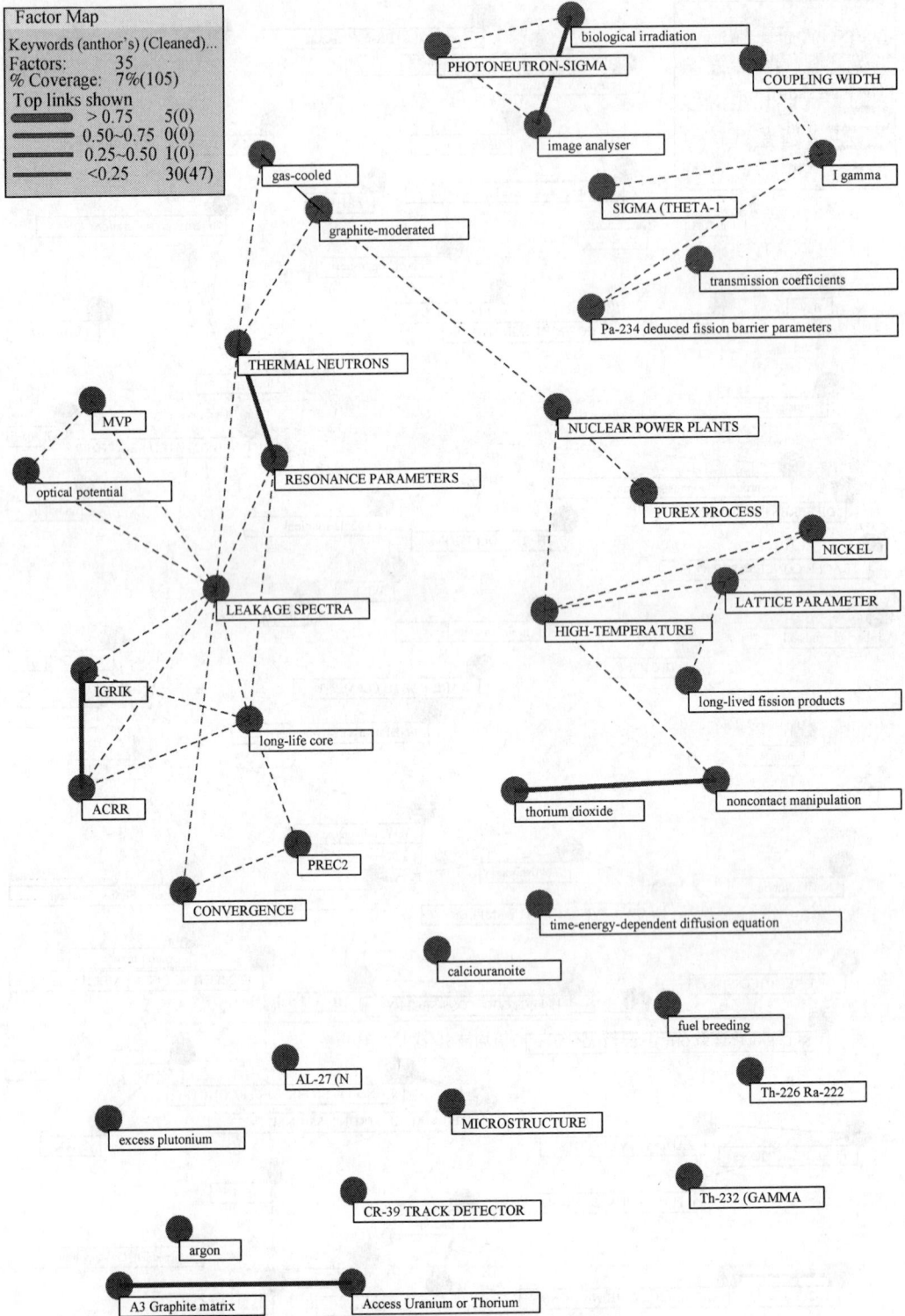

Factor Map
Keywords (anthor's) (Cleaned)...
Factors: 35
% Coverage: 7%(105)
Top links shown
> 0.75 5(0)
0.50~0.75 0(0)
0.25~0.50 1(0)
<0.25 30(47)

图 1-2　钍基核燃料循环论文关键词主题因子地图

2）主题因子分析[①]

这里以关键词、标题短语作为研究主题，利用 Thomson Data Analyzer 工具，对 1422 篇钍基核燃料循环研究论文的研究主题进行了因子分析。具有重要影响而且研究主题高度相关联的关键词和短语生成了因子地图（图 1-1、图 1-2）。

图 1-1 为钍基核燃料循环论文标题短语的主题因子地图。以 "precise validation" 和 "database n" 为核心短语，与 "fusion reactions U-233，U-238" 与 "Pu-242"、"Cm-243" 和 "reaction rate sensitivity" 构成了一个共性主题，表明 U-233 和 U-238 的增殖反应和反应率的敏感性方面的研究之前都主要以大量数据的收集和实验的精确验证为主。短语 "U-233-Th" 与 "Metallic Combinations" 构成了一个共性主题，表明铀钍的金属合成是一个关键的研究主题。以 "long-lived fission products" 与 "thermal neutron fissioned U-233" 为核心短语，与 "Th-232"、"I-134"、"Np-237" 构成了一个共性主题，表明钍的增殖及钍燃料反应堆裂变产物中 I-134 和 Np-237 的分离是一个关键的研究主题。

图 1-2 给出的是钍基核燃料循环研究论文关键词的主题因子地图。IGRIK 和 ACRR 为核心关键词，和 "long-life core" 构成一个共性主题。同时，在短语 "Leakage Spectra" 的联系下，以 "resonance parameters" 和 "thermal neutrons" 为核心关键词，与 "gas-cooled"、"graphite moderator" 同时构成一个大的共性主题集，表明俄罗斯以 "IGRIK" 堆和 "AC-RR" 堆为基础做了一些关于长寿命堆芯和泄露谱的研究，同时，也可以看出热中子和共振参数的研究也与泄露谱相关。因子 "access uranium or thorium" 与因子 "A3 graphite matrix" 构成一个研究主题，表明钍铀获取的研究与石墨矩阵的研究有着较强的关联性。因子 "thorium dioxide" 与因子 "noncontact manipulation" 构成一个共性研究主题，表明二氧化钍的非接触性操作是一个研究关注点。

1.3.2.2 论文的国家分布

1）国家论文分析

钍基核燃料循环研究的 1422 篇论文共涉及 65 个国家，其中前 10 名国家论文量累计 728 篇，占全部论文总量的 52.2%，集中趋势明显。对前 10 名国家的论文情况进行分析能够反映论文的整体情况（表 1-7）。

表 1-7　钍基核燃料循环论文国家情况（Top 10）

序号	国家	论文数/篇	总被引/次	篇均被引/次	H 指数	第一机构
1	美国*	230	1 541	6.700 0	17	橡树岭国家实验室
2	印度*	177	805	4.548 0	14	巴巴原子能研究中心
3	日本	113	681	6.026 5	13	日本原子能研究所
4	法国	96	1 089	11.343 8	16	巴黎第 11 大学
5	俄罗斯	80	743	9.287 5	11	杜布纳联合原子能研究所

① 因子分析是指研究从变量群中提取共性因子的统计技术，本章采用因子分析对高度相关的主题进行抽取

序号	国家	论文数/篇	总被引/次	篇均被引/次	H指数	第一机构
6	德国*	73	439	6.013 7	10	德国亥姆霍兹国家研究中心联合会卡尔斯鲁厄研究中心
7	土耳其	73	512	7.013 7	12	加齐大学
8	中国	33	116	3.515 2	6	中国科学院
9	加拿大*	31	416	13.419 4	7	加拿大原子能公司
10	意大利	31	224	7.225 8	8	国家原子物理研究所

* 有钍堆运行经验的国家

这 10 个国家在整体上大致可以划分为三个集团:第一集团为美国和法国,第二集团为印度、俄罗斯、日本、土耳其,包括中国在内的其他四国为第三集团。

论文数量是反映一个国家科研能力的最基本指标。钍基核燃料循环发表论文数量前 10 名国家分别是美国(230 篇)、印度(177 篇)、日本(113 篇)、法国(96 篇)、俄罗斯(80 篇)、德国(73 篇)、土耳其(73 篇)、中国(33 篇)、加拿大(31 篇)、意大利(31 篇)。单从数量看,美国和印度遥遥领先于其他国家,日本位居第三。

被引频次是反映论文影响力的重要指标。从论文总被引频次看,美国 230 篇论文总被引 1541 次排在第一位,领先第二名法国 452 次,处于绝对的领先地位。法国 96 篇论文总被引 1089 次处于第二位,领先第三名印度 284 次,领先优势也很明显。印度(805 次)、俄罗斯(743 次)的总被引频次仅次于美、法两国,说明这两个国家在钍基核燃料循环研究与应用方面也有很强的实力。篇均被引频次综合考虑了论文数量与质量,在衡量国家论文整体质量方面比总被引频次更具说服力。从篇均被引频次看,加拿大 31 篇论文篇均被引 13.42 次/篇排在第一位,法国 96 篇论文篇均被引 11.34 次/篇排在第二位。在篇均被引频次这个指标上,加拿大和法国在前 10 名国家中处于绝对的优势地位。

H 指数是综合考虑论文数量与质量的一个综合评价指标,能反映一个国家、机构、个人论文产出的综合情况。在 H 指数方面,美国(17)、法国(16)、印度(14)、日本(13)、土耳其(12)、俄罗斯(11)、德国(10),这基本反映了目前世界钍基核燃料循环研究与应用方面领先国家的整体态势,也比较客观地反映了上述国家在钍基核燃料循环方面的影响力。目前,在前 10 名国家中,中国以 33 篇论文排在第 8 位,但是论文的总被引频次、篇均被引频次、H 指数则排在论文数量前 10 国家中的最后一位,说明我国在钍基核燃料循环方面的研究不论在数量还是影响力方面还需要进一步提高。

另外,每个国家在钍基核燃料循环研究方面都有一个或多个表现突出的机构,如美国的橡树岭国家实验室、印度的巴巴原子能研究中心、日本的原子能研究所等。这 3 个机构在钍基核燃料循环研究方面,无论从论文的数量还是影响力都体现了这个国家在这个领域的科研实力,发挥了很好的带头示范作用,其中印度的巴巴原子能研究中心在钍基核燃料循环方面的论文占到整个印度总量的 54.23%。在中国,中国科学院在钍基核燃料循环研究方面发挥了重要作用。

2)第一作者国家分析

第一作者国家是指论文中第一作者所在的国家。论文作者的排名体现了每位作者对论文的贡献程度，因此分析论文第一作者所在国家，能够更深刻地反映各个国家在钍基核燃料循环研究方面的影响力和实力。

表1-8　钍基核燃料循环论文第一作者国家情况（Top 10）

序号	论文数/篇	国家	总被引/次	篇均被引/次	H指数	第一机构
1	173	印度*	776	4.485 5	13	巴巴原子能研究中心
2	107	美国*	845	7.897 2	12	加利福尼亚大学伯克利分校
3	90	日本	456	5.066 7	11	日本原子能研究所
4	72	土耳其	504	7.000 0	12	加齐大学
5	71	法国	678	9.549 3	15	巴黎第11大学
6	53	俄罗斯	262	4.943 4	5	杜布纳联合原子能研究所
7	49	德国*	335	6.836 7	8	德国亥姆霍兹国家研究中心联合会卡尔斯鲁厄研究中心
8	30	中国	111	3.700 0	6	中国科学院
9	24	巴西	78	3.250 0	5	圣保罗大学
10	23	意大利	177	7.695 7	8	国家原子物理研究所

*指有钍堆运行经验的国家

表1-8给出第一作者国家论文排名前10国家的相关情况。第一作者国家的论文数量能够更深刻地反映一个国家的科研影响力。钍基核燃料循环以第一作者身份共发表947篇论文，分别分布在58个国家里。如表1-8所示，论文数量排名前10位的国家分别是印度（173篇）、美国（107篇）、日本（90篇）、土耳其（72篇）、法国（71篇）、俄罗斯（53篇）、德国（49篇）、中国（30篇）、巴西（24篇）和意大利（23篇）。这10个国家在整体上大致可以划分为三个集团：第一集团为印度和美国，第二集团为日本、土耳其和法国，包括中国在内的其他五国属于第三集团。从发文数量来看，印度遥遥领先于美国，可见印度在钍基核燃料循环方面的自主研究能力之强。

从论文总被引频次看，作为第一作者国家，美国总被引频次845次，印度总被引频次776次，法国总被引频次678次，处于领先的第一集团地位，反映了这3个国家对钍基核燃料循环研究的重视程度及其在这个领域的研发能力。土耳其（504次）、日本（456次）和德国（335次）这三个国家仅次于法国，构成了论文总被引频次的第二集团，基本符合人们对这些国家钍基核燃料循环研究科研能力的认识。包括中国在内的其余四个国家处于论文总被引频次的第三集团，总被引频次都不超过300次。从篇均被引频次看，这10个国家分成两个集团，法国、美国、意大利、土耳其、德国和日本的篇均被引频次均超过5次/篇，处于第一集团，中国、俄罗斯、印度、巴西处于第二集团。在论文数量前10国家中，中国篇均被引3.7次/篇，只高于巴西，低于其他国家。

在H指数方面，法国（15）、印度（13）、美国（12）、土耳其（12）、日本（11）处于第一集团，这些国家代表了当前世界钍基核燃料循环研究影响力比较大的几个国家，也比较客观地反映了上述国家在钍基核燃料循环研究方面的重要性。目前，在论文数量前10国家中，中国在这方面研究的H指数以6排在第8位，仅高于俄罗斯与巴西。

钍基核燃料循环作为未来核能发展很有潜力和竞争力的技术选项之一，很多国家都做了相关基础的研发工作，推动了相关研究和技术的发展。这里除了第一作者发表论文排名前十的国家，将其他发表相关研究论文的国家也进行了分析，以了解钍基核燃料循环研究总体的分布态势。其中，只分析以第一作者发表论文 2 篇及以上的国家。

除印度等前 10 个国家外，共有 33 个国家产出了 2 篇以上的论文，表 1-9 对这些国家进行了归类，给出了相关信息。可以看出，欧洲对于钍基核燃料循环的研究活动相对活跃，21 个国家都有相关研究成果发表，特别是比利时、瑞士、瑞典、白俄罗斯等国家；亚洲也有 6 个国家产出了 2 篇以上成果，分别是韩国、巴基斯坦、以色列、伊朗、塞浦路斯和哈萨克斯坦；非洲的有 3 个国家，分别是埃及、摩洛哥和南非，其中埃及表现突出，发表论文数量仅次于前 10 个国家；北美洲有 2 个国家，分别是加拿大和墨西哥；澳大利亚也以第一作者产出了 5 篇钍基核燃料循环的论文。

表 1-9 各个国家发表论文的情况（除排名前 10 的国家）

洲	国家（发表论文数量/篇）
亚洲	韩国（12）、巴基斯坦（11）、以色列（5）、伊朗（4）、塞浦路斯（3）、哈萨克斯坦（2）
欧洲	比利时（17）、瑞士（17）、瑞典（14）、白俄罗斯（9）、荷兰（7）、罗马尼亚（7）、奥地利（6）、英国（6）、保加利亚（5）、西班牙（5）、匈牙利（4）、波兰（4）、乌克兰（4）、捷克（3）、芬兰（3）、希腊（3）、挪威（3）、丹麦（2）、摩纳哥（2）、葡萄牙（2）、斯洛文尼亚（2）
非洲	埃及（22）、摩洛哥（5）、南非（2）
北美洲	加拿大（20）、墨西哥（6）
大洋洲	澳大利亚（5）

3）国际合作情况

国际合作情况能够反映一个国家的国际影响力。本章主要通过国际合作论文量、合作国家数量、合作最多国家这三个指标考察各个国家的国际合作情况，如表 1-10 所示。

表 1-10 各国家论文国际合作情况（Top 10）

序号	论文数/篇	国家	国际合作论文量/篇	合作国家数量/个	合作最多国家	第一国家论文量/篇
1	230	美国	53	27	俄罗斯（19）	107
2	177	印度	5	8	俄罗斯（2）	173
3	113	日本	27	21	美国（14）	90
4	96	法国	37	28	德国（11）	71
5	80	俄罗斯	21	26	美国（19）	53
6	73	德国	21	24	法国（11）	49
7	73	土耳其	3	3	德国（2）	72
8	33	中国	6	7	加拿大（2）	30
9	31	加拿大	12	9	美国（9）	24
10	31	意大利	16	20	法国（7）瑞士（7）	23

从国际合作论文数量这个指标来看，美国以 53 篇高居第一位，其次是法国的 37 篇和日本的 27 篇，反映了这三个国家在钍基核燃料循环研究领域的国际合作能力和影响力。

在论文数量前 10 名国家中，美国的论文数和国际合作论文数量都是最多的，合作国家数也很多，共与 27 各国家合作了 53 篇论文，说明美国非常注重国际间的合作。在诸多合作国家中，美国与俄罗斯合作了 19 篇，是合作最多的国家，说明这两国在钍基核燃料循环研究方面合作关系非常紧密。美国、俄罗斯、法国、日本、德国合作发文量都比较多，国家间的合作比较紧密。印度发文量多但合作发文量很少，不太重视国际间的合作。中国等其余各国的合作发文量也较少。

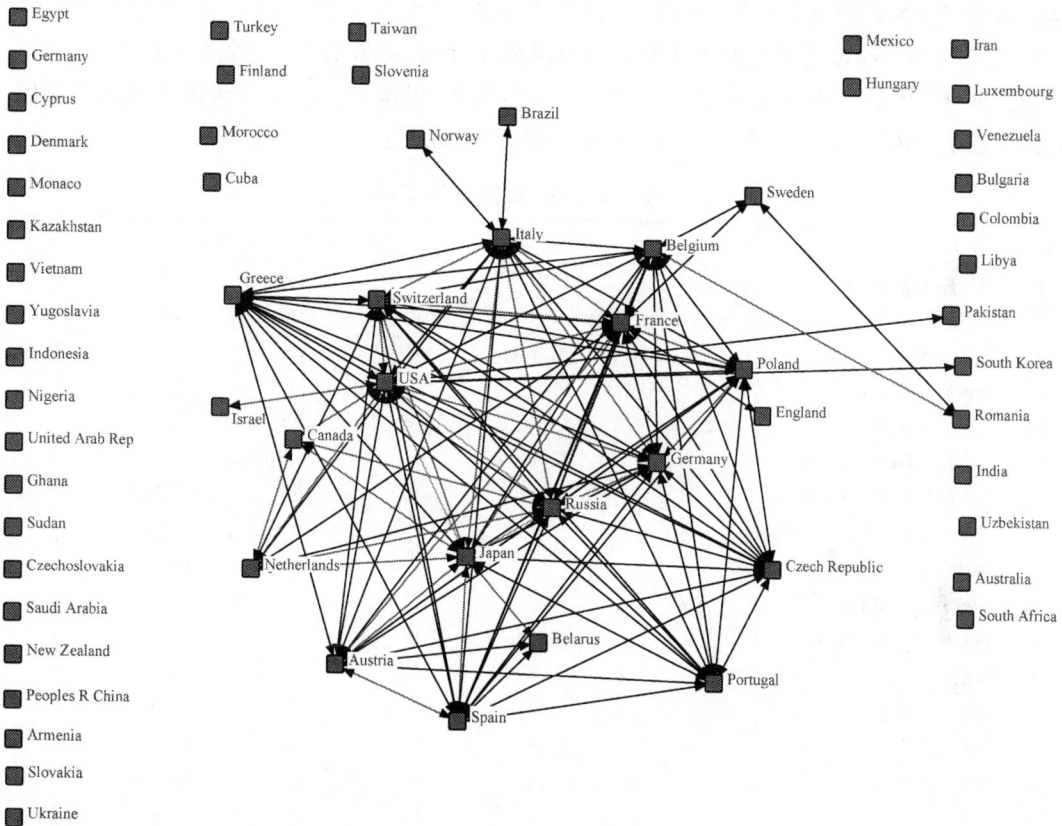

图 1-3 国际合作网络图（后附彩图）

由图 1-3 可以看到，美国、法国、德国、日本和俄罗斯是整个国际合作网络的中心，说明这些国家有较强的国际合作意愿，也从侧面反映了这些国家在这个研究领域的国际影响力。美国、日本和俄罗斯之间，法国和德国之间在钍基核燃料循环方面的合作最紧密，合作强度达到 10 级以上（以绿色线标示）。新西兰、法国分别与美国、日本和俄罗斯合作密切，加拿大分别与美国、俄罗斯合作密切，俄罗斯和德国合作密切，法国、瑞士分别和意大利合作密切，合作强度达到 7 级以上（以红色线标示）。比利时、波兰、澳大利亚、瑞士分别与法国合作较为紧密；瑞士、以色列、德国分别与美国进行合作，加拿大、瑞士、奥地利、白俄罗斯、西班牙分别与日本合作密切，合作强度在 5 级以上。而希腊、葡萄牙、捷克共和国与多国进行了系列合作；美国、法国、德国、日本、比利时、意大利、西班牙、奥地利等国家也与更多的国家进行合作，合作强度在 3 级以上。另外，其他国家如中国、芬兰、匈牙利、保加利亚、巴西、乌兹别克斯坦、斯洛文尼亚、土耳其、哥伦比亚、乌克兰等国家也与其他国家开展了积极地合作，但合作强度在 3 级以下（无连线）。

1.3.2.3 论文的机构分布

1）论文发表前 20 机构分析

发表论文数量反映了一个研究机构在某一领域的影响力，论文发表前 20 机构反映了在钍基核燃料循环研究领域影响力较大的 20 家机构的情况（表 1-11）。在整个数据集的 1422 篇论文中，印度的巴巴原子能研究中心以 98 篇论文排名第 1。论文发表前 20 机构发表论文累计 525 篇，占全部论文的 36.9%。虽然前 20 机构论文数量占全部论文的比例较大，但是相对前 10 名国家来说，各个机构的研究实力还是比较平均的。

表 1-11 发表论文数量前 20 机构

序号	机构名	所属国家	论文数/篇	总被引/次	篇均被引/次	H 指数
1	巴巴原子能研究中心	印度	98	406	4.1	10
2	日本原子能研究所	日本	36	317	8.8	11
3	加齐大学	土耳其	34	293	8.6	9
4	橡树岭国家实验室	美国	31	376	12.1	5
5	法国原子能机构	法国	29	208	7.2	9
6	法国国家科学研究中心	法国	28	229	8.2	10
7	洛斯阿拉莫斯国家实验室	美国	24	467	19.4	9
8	德国亥姆霍兹国家研究中心联合会于利希研究中心	德国	22	59	2.7	4
8	甘地原子能研究中心	印度	22	106	4.8	6
8	杜布纳联合原子能研究所	俄罗斯	22	307	14.0	6
11	京都大学	日本	21	130	6.2	6
12	东京工业大学	日本	19	50	2.6	4
13	巴黎第 11 大学	法国	19	300	15.8	10
14	阿尔贡国家实验室	美国	18	433	24.1	4
15	欧盟	欧洲	18	162	9.0	7
16	德国亥姆霍兹国家研究中心联合会卡尔斯鲁厄研究中心	德国	17	218	12.8	7
16	加拿大原子能公司	加拿大	17	313	18.4	4
16	劳伦斯伯克利国家实验室	美国	17	71	4.2	5
16	劳伦斯利物浦国家实验室	美国	17	542	31.9	7
20	原子能局	埃及	16	41	2.6	4

如表 1-11 所示，在钍基核燃料循环研究论文数量前 20 名机构中，美国 5 家机构数量占据绝对优势，其次是日本和法国各 3 家机构，这与研究论文数量的国家排名略有差异，反映了这三个国家在该领域的研究实力和影响力。另外，印度论文总量虽然排名第 2，但是前 20 机构却只有 2 家，说明印度的研究集中在少数几个机构中。

从论文数量看，在前 20 机构中，印度的巴巴原子能研究中心以 98 篇论文遥遥领先于第 2 位的日本原子能研究所。并且，前 20 名机构中只有印度的巴巴原子能研究中心的论文数量有明显的领先，其余机构在论文发表数量上并没有太大差距。说明各机构在钍基核燃料循环方面的研究实力是比较接近的。论文数量前 20 的机构中没有中国机构。

从前 20 机构论文的总被引频次看，美国劳伦斯利物浦国家实验室、阿尔贡国家实验室、洛斯阿拉莫斯国家实验室和印度巴巴原子能研究中心四家机构共同组成第一集团，总被引频次均超过 400 次，再次体现了美国在钍基核燃料循环研究领域雄厚的整体实力。排在四家机构之后的美国橡树岭国家实验室、日本原子能研究所、加拿大原子能公司、俄罗斯联合原子能研究所和法国巴黎第 11 大学总被引频次等于或超过 300 次，共同构成第二集团。

从前 20 机构的篇均被引次数看，美国劳伦斯利物浦国家实验室以 31.9 次/篇排在第 1 位，阿尔贡国家实验室以 24.1 次/篇居第 2 位，之后分别是美国洛斯阿拉莫斯国家实验室（19.4）、加拿大原子能公司（18.4）和法国巴黎第 11 大学（15.8），俄罗斯联合原子能研究所以 14 次/篇紧随其后。美国橡树岭国家实验室和德国卡尔斯鲁厄研究中心这两家机构论文的篇均被引次数也超过 10 次/篇。而发文数量排名前两位的印度巴巴原子能研究中心和日本原子能研究所的篇均被引次数分别为 4.1 次/篇和 8.8 次/篇。

在机构的 H 指数排名中，日本原子能研究所以 11 名列第 1 位，也是唯一一家 H 指数超过 10 的机构。法国巴黎第 11 大学、法国国家科学研究中心和印度巴巴原子能研究中心以 10 分列第 2、3 和 4 位。在 H 指数排名中，前三名没有美国机构，说明美国虽然在钍基核燃料循环研究领域整体研究实力强，但是单独每个机构研究成果的影响力还有差距。

2）第一作者机构分析

第一作者机构是指论文中第一作者所在的机构。论文作者的排名体现了每位作者对论文的贡献程度。因此，分析论文第一作者所在机构，能够更深刻地反映各个机构在钍基核燃料循环研究方面的影响力和实力。

表 1-12　钍基核燃料循环论文第一作者机构情况（Top 20）

序号	机构名	所属国家	论文数/篇	总被引/次	篇均被引/次	H 指数
1	巴巴原子能研究中心	印度	93	397	4.268 8	10
2	橡树岭国家实验室	美国	23	77	3.347 8	5
3	加齐大学	土耳其	20	224	11.200 0	8
3	甘地原子能研究中心	印度	20	106	5.300 0	6
3	日本原子能研究所	日本	20	184	9.200 0	6
6	东京工业大学	日本	16	29	1.8125	3
7	原子能局	埃及	14	40	2.857 1	4
8	阿尔贡国家实验室	美国	13	135	10.384 6	2
8	加拿大原子能公司	加拿大	13	39	3.000 0	4
10	埃尔吉耶斯大学	土耳其	11	178	16.181 8	7
10	巴黎第 11 大学	法国	11	157	14.272 7	8

序号	机构名	所属国家	论文数/篇	总被引/次	篇均被引/次	H指数
12	科学与工业研究中心	印度	10	70	7.000 0	5
12	京都大学	日本	10	44	4.400 0	4
12	麻省理工学院	美国	10	47	4.700 0	4
15	韩国原子能研究中心	韩国	9	20	2.222 2	3
15	保罗谢勒研究所	瑞士	9	135	15.000 0	6
15	西屋电气公司	美国	9	15	1.666 7	3
18	欧盟联合研究中心	比利时	8	85	10.625 0	4
18	德国亥姆霍兹国家研究中心联合会于利希研究中心	德国	8	18	2.250 0	3
18	德国亥姆霍兹国家研究中心联合会卡尔斯鲁厄研究中心	德国	8	157	19.625 0	4

作为第一作者机构的论文数量能够更深刻地反映一个机构科研影响力。如表1-12所示。钍基核燃料循环研究中作为第一作者机构论文数量前5名机构分别是印度巴巴原子能研究中心（93篇）、美国橡树岭国家实验室（23篇）、土耳其加齐大学（20篇）、印度甘地原子能研究中心（20篇）、日本原子能研究所（20篇）。在前20名机构中，只有印度巴巴原子能研究中心论文数量遥遥领先于其他机构，包括第2~5名机构在内的其他机构论文数量差距并不是很大。

从论文第一作者机构的总被引频次看，印度巴巴原子能研究中心以总被引397次排名第一，土耳其加齐大学（224次）、日本原子能研究所（184次）、土耳其埃尔吉耶斯大学（178次）分列2~4位。从表1-12看到，这20家机构可以划分为2个集团。其中，印度巴巴原子能研究中心（397次）、土耳其加齐大学（224次）、日本原子能研究所（184次）、土耳其埃尔吉耶斯大学（178次）、法国巴黎第11大学（157次）、德国卡尔斯鲁厄研究中心（157次）、美国阿尔贡国家实验室（135次）、瑞士保罗谢勒研究所（135次）等机构总被引频次均超过100次。

从篇均被引频次看，德国卡尔斯鲁厄研究中心篇均被引19.63次名列第一，其后依次是土耳其埃尔吉耶斯大学（16.18次/篇）、瑞士保罗谢勒研究所（15次/篇）、法国巴黎第11大学（14.27次/篇）、土耳其加齐大学（11.2次/篇）、比利时的欧盟联合研究中心（10.63次/篇）、美国阿尔贡国家实验室（10.38次/篇）。篇均被引次数均高于10次/篇。

在H指数方面，印度巴巴原子能研究中心以10名列第一，土耳其加齐大学（8）和法国巴黎第11大学（8）并列第二位。

3）机构合作情况

机构合作情况能够反映一个机构在科研合作方面的意愿和开放程度。文中选择论文数量排名前20位机构，使用UCINET工具生成前20机构的合作网络图，如图1-4所示。

在前20机构的合作网络中，美国洛斯阿拉莫斯实验室、美国橡树岭国家实验室、美国劳伦斯国家实验室、俄罗斯联合原子能研究所共同构成了合作网络的中心。在前 20 机构中，这 4 家机构合作过的机构数量是最多的，是合作网络最重要的节点。日本原子能研究所、美国阿尔贡国家实验室、美国西屋电子公司、日本东京技术研究所、德国卡尔斯鲁厄研究中心、加拿大原子能有限公司等机构也是合作网络中的重要节点。

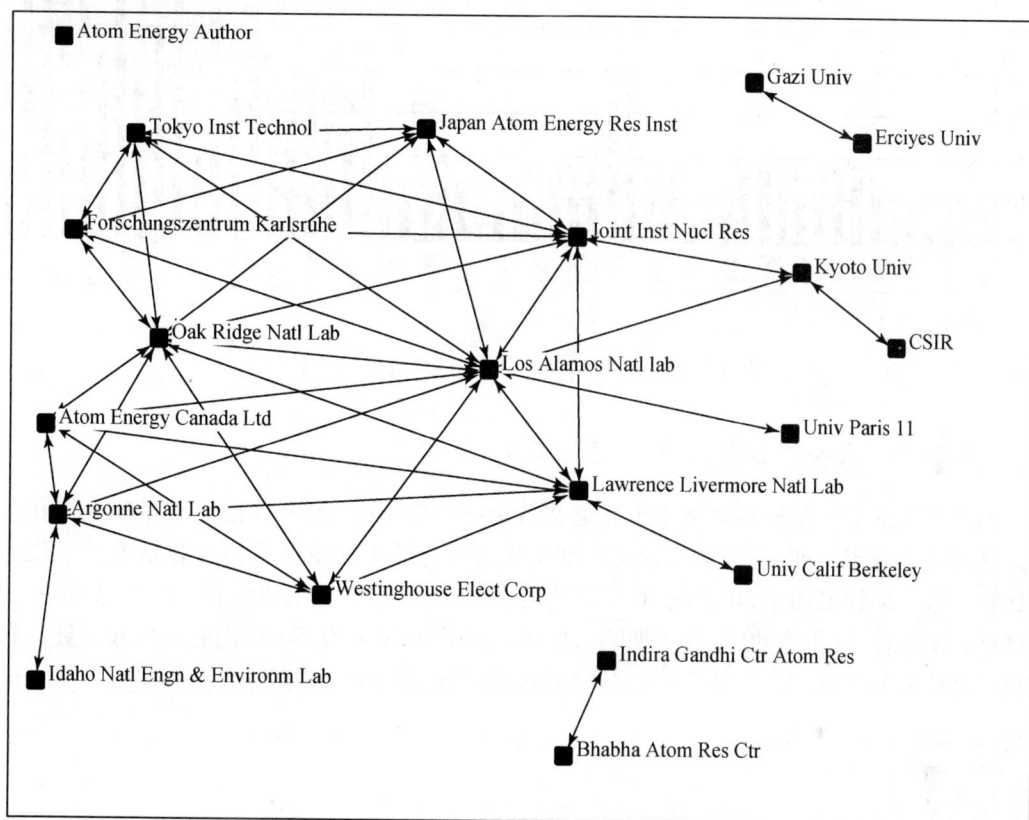

图 1-4　钍基核燃料循环研究机构合作网络图（Top 20）

1.3.3　钍基核燃料循环研究趋势分析

钍基核燃料循环研究趋势分析主要从论文数量年度变化、主要国家论文的年度变化、钍基核燃料循环占核循环研究比例、钍基核燃料循环研究重点论文四个方面进行分析。

1.3.3.1　论文数量的年度总趋势

图 1-5 展示了 1956～2010 年钍基核燃料循环研究论文数量年度变化情况。从整体看，钍基核燃料循环研究论文的数量呈现整体上升的趋势，在 20 世纪 70 年代有一个论文发表的小高峰，80 年代论文发表量有所下降，90 年代以来逐步增多，相关研究越来越多。

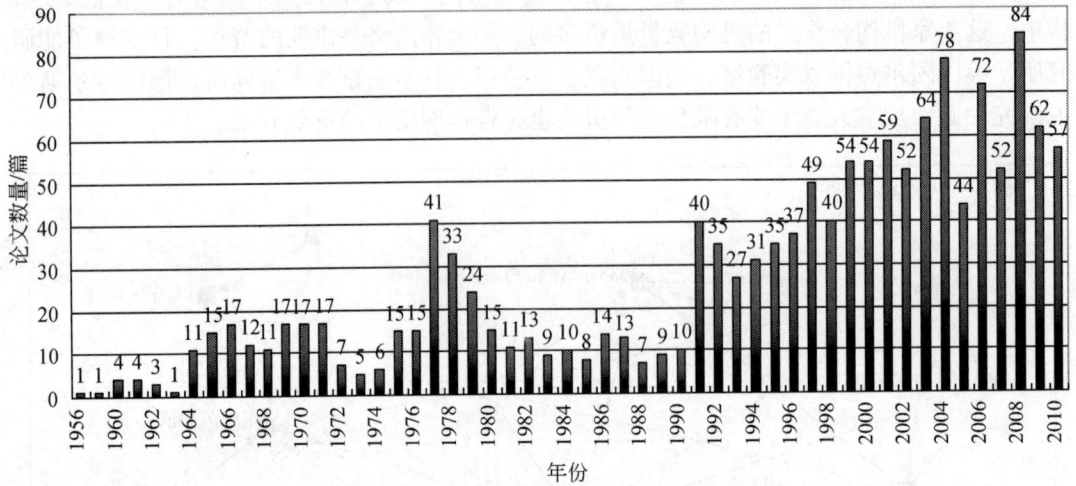

图 1-5　钍基核燃料循环研究论文数量年度变化

1.3.3.2　主要国家论文年度变化趋势

图 1-6 展示了钍基核燃料循环研究论文数量排名前 10 位国家的论文数量年度变化情况。从中可以看出，前 10 国家的论文年度变化情况与图 1-5 论文整体变化情况的发展趋势比较一致，同样经历了 20 世纪 70 年代前的发展，并在 20 世纪 70 ~ 80 年代达到第一个高峰期，随后在 20 世纪 80 年代中期陷入低潮，最后在 20 世纪 90 年代后期掀起了钍基核燃料循环研究的新高潮。这体现了钍基核燃料循环研究重点国家在世界范围研究中所占的

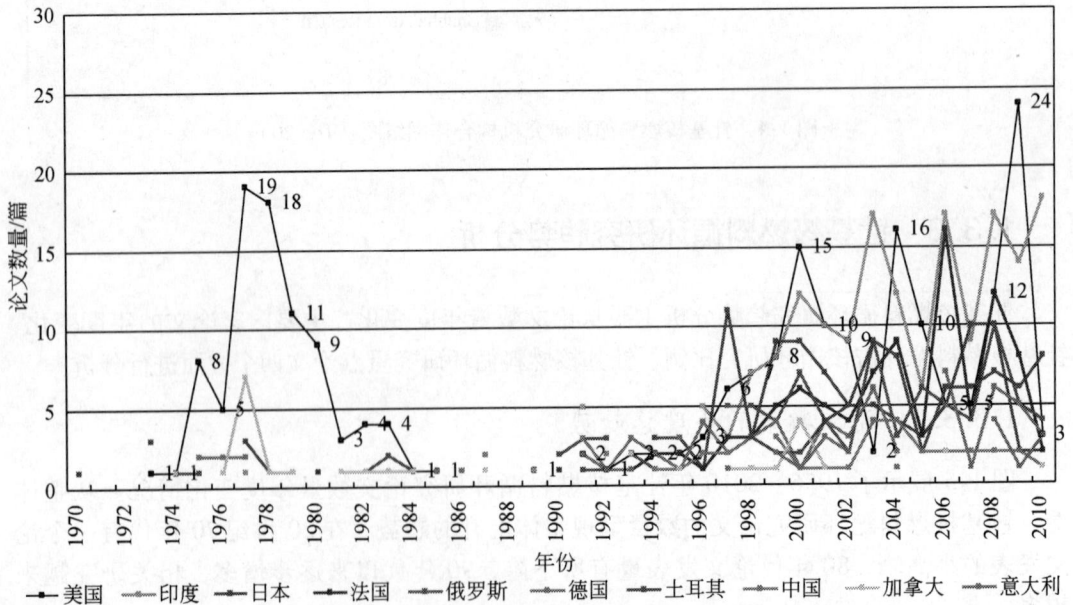

图 1-6　钍基核燃料循环论文数量前 10 国家论文年度变化（后附彩图）

重要分量，反映了这些领先国家对钍基核燃料循环研究的主导作用。

在钍基核燃料循环研究发展的第一个高峰期，起主导作用的是美国，加拿大、德国、日本、俄罗斯也参与其中，这 5 个国家引领了世界钍基核燃料循环研究的第一个高峰期。20 世纪 80 年代，前 10 国家的钍基核燃料循环研究进入不活跃期，直接导致世界范围内钍基核燃料循环研究进入低潮。在 20 世纪 90 年代中后期，随着日本再次开展钍基核燃料循环研究，刺激了世界范围内在这方面研究的投入，出现美国、印度、法国和日本四个国家引领，德国、俄罗斯和土耳其等国家积极参与的世界钍基核燃料循环研究的第二次高峰。

1.3.3.3 钍基核燃料循环研究重点论文

钍基核燃料循环研究的重点论文是在原数据集的 1422 篇论文中被引次数最高论文。共选择 10 篇论文，如表 1-13 所示。

表 1-13 钍基核燃料循环研究高被引论文（Top 10）

序号	被引次数/次	合作国家	年份	标题
1	273	美国、法国、俄罗斯、荷兰、加拿大	2006	ENDF/B-VII. 0：Next generation evaluated nuclear data library for nuclear science and technology
2	191	美国、俄罗斯	2004	Measurements of cross sections and decay properties of the isotopes of elements 112, 114, and 116 produced in the fusion reactions (^{233}U, ^{238}U, ^{242}Pu, and ^{248}Cm + ^{48}Ca)
3	132	德国	2001	Solubility and hydrolysis of tetravalent actinides
4	84	美国	2000	Thermophysical properties of uranium dioxide
5	80	澳大利亚	1995	Resolution of the anomalous fission fragment anisotropies for the O-16 + Pb-208 reaction
6	74	日本	1994	A New Fuel Material For Once-Through Weapons Plutonium Burning
7	61	德国	1999	Materials research on inert matrices: a screening study
8	59	瑞士	1998	Basic properties of a zirconia-based fuel material for light water reactors
9	58	法国	1998	Investigations of systems ThO_2-MO_2-P_2O_5 (M = U, Ce, Zr, Pu). Solid solutions of thorium-uranium (IV) and thorium-plutonium (IV) phosphate-diphosphates
10	56	土耳其	1991	Potential of A Catalyzed Fusion-Driven Hybrid Reactor for the Regeneration of CANDU Spent Fuel

在这 10 篇论文中，被引频次遥遥领先的是由美国、法国、俄罗斯、荷兰和加拿大 5 个国家的 48 位科学家合作的论文《ENDF/B-VII. 0：用于核科学与技术的下一代经评价的核数据库》，文章描述了 2006 年由美国 CSEWG 公布的 ENDF/B-VIL0 经评估的核数据文件，并推荐先进的核科学与技术研究应用以这种文献作为通用格式。排名第二的文献是由

美国与俄罗斯的 30 位科学家合作的论文《^{233}U、^{238}U、^{242}Pu、$^{248}Cm + ^{48}Ca$ 聚变反应产生的同位素 112/114/116 的截面及其衰变属性的测量》，该文截至目前被引用 191 次。德国科学家 2001 年的论文《四价锕系元素的可溶度和水解性》被引用 132 次，排名第三位。其后依次是 2000 年美国科学家的论文《二氧化铀的热物理属性》、1995 年澳大利亚科学家论文《$^{16}O + ^{208}Pb$ 裂变反应碎片各向异性的解决方案》、1994 年日本科学家论文《一种用于一次通过核武器钚燃烧的新型燃料材料》、1999 年德国科学家论文《基于惰性矩阵的材料研究：一种筛分研究》、1998 年瑞士科学家论文《一种轻水反应堆锆基燃料材料的基本属性》、1998 年法国科学家论文《ThO_2 - MO_2 - P_2O_5（M = U，Ce，Zr，Pu）系统的调查：钍–铀（IV）和钍–钚（IV）磷酸–二磷酸盐的固溶解》和 1991 年土耳其科学家论文《催化聚变驱动的混合反应堆用于 CANDU 反应堆乏燃料再生的可能性》。

通常来说，较早发表的论文会有较高的被引频次。但是从钍基核燃料循环研究被引频次较高论文的前 10 名看，呈现出发表越晚的论文引用频次越高的特点，这可能说明钍基核燃料循环研究近年来受到大家的关注，热点研究主题的更新速度正在加快。

1.4 钍基核燃料循环发明专利分析与主题挖掘

1.4.1 数据来源及方法说明

本次分析采用的数据库为 Derwent Innovations Index，利用关键词结合 IPC 分类号的方式检索了所有钍基核燃料循环研究方面的专利。数据检索时间为 2010 年 11 月 25 日，共检索到有效数据 642 条。

分析利用 Thomson 公司开发的数据挖掘和可视化工具 Thomson Data Analyzer（TDA）和 Aureka 等工具对数据进行了统计分析、趋势分析和国家、机构分析等，并进行了可视化表达。

1.4.2 钍基核燃料循环专利结构分析

1.4.2.1 专利数量年度趋势

图 1-7 展示了 1956 ~ 2010 年钍基核燃料循环专利数量年度变化情况。从整体看，钍基核燃料循环专利申请的数量呈现稳定发展并整体上升的趋势。1968 ~ 1994 年，钍基核燃料循环专利申请数量发展比较平稳，1994 ~ 1997 年申请量较少，在 1997 年以后进入了一个高速发展的阶段。从 20 世纪 70 年代以前年均不足 10 件，到 20 世纪 70 ~ 90 年代前期的年均 20 件，再到 21 世纪初年均超过 30 件左右，钍基核燃料循环专利申请已经进入一个平稳发展的阶段，也出现了第一个高峰期。

1.4.2.2 专利的国家分布

图 1-8 展示了钍基核燃料循环专利数量排名前 10 位国家的专利数量年度变化情况。

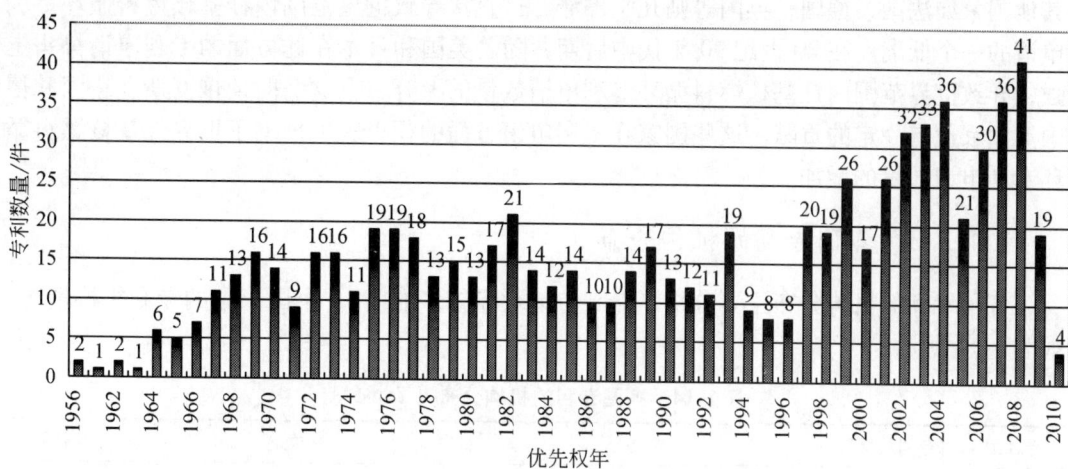

图 1-7 钍基核燃料循环专利数量年度变化

从中可以看出，前 10 国的专利年度变化情况与图 1-7 专利整体变化情况的发展趋势有较高的一致性，同样经历了 20 世纪 70 年代前的发展，并在 20 世纪 70 ~ 90 年代进入一个平稳发展阶段，随后在 20 世纪 90 年代后期掀起了钍基核燃料循环研究的新高潮。通过图 1-7 与图 1-8 的对比，可以发现钍基核燃料循环研究重点国家如美国在世界钍基核燃料循环专利申请中所占的重要分量，反映了这些领先国家对钍基核燃料循环研究的主导作用。

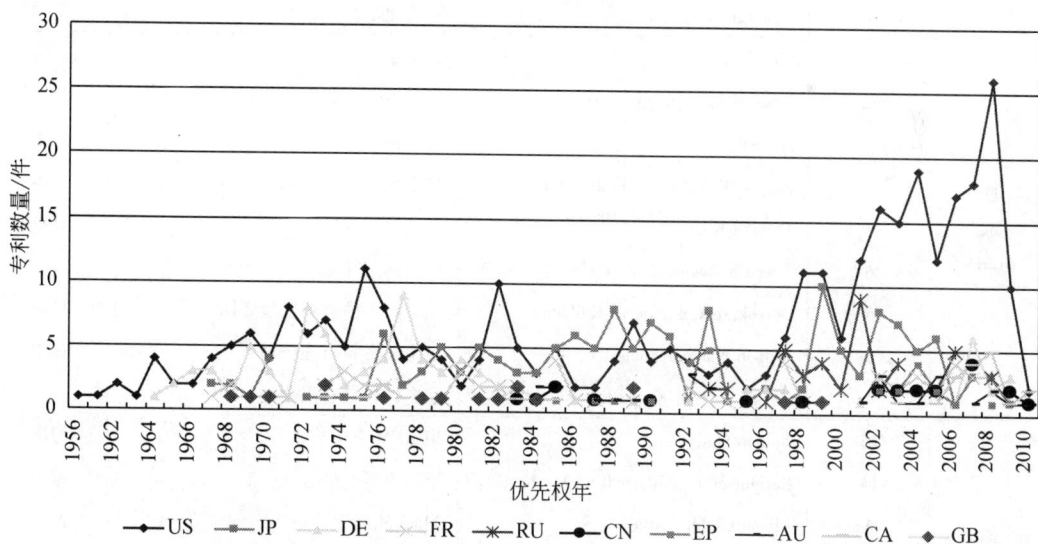

图 1-8 钍基核燃料循环专利数量前 10 国家专利年度变化（后附彩图）

在钍基核燃料循环专利发展的平稳发展期，美国和德国，日本、法国和英国，这 5 个国家发挥了重要作用。随后 20 世纪 80 年代后期，前 10 国家的钍基核燃料循环技术进入一个小低谷，在这段时期只有美国和日本在这方面的专利申请还在继续并保持较高规模，其他国家如法国、德国、英国等则几乎停滞，这直接导致世界范围内钍基核燃料循环专利申请的一个低潮。在 20 世纪 90 年代中后期，随着美国和日本在此方面的专利申请势头走强，导致世界范围内钍基核燃料循环专利申请数量的上升，在这一时期俄罗斯、法国和德国等国家也有一定的贡献。这些国家在专利申请方面的积极表现推动了世界钍基核燃料循环专利申请数量的增加。

1.4.2.3 各国专利的机构分布

各国专利的机构分布主要分析了专利申请数量较多的前 10 个国家中的专利机构情况，如表 1-14 所示。

表 1-14 各国专利的机构分布（Top 10）

受理国家	专利数量/件	机构	中文名	所属国家
美国 （222）	44	Us Dept Energy	美国能源部	美国
	13	General Electric Co	通用电气	美国
	13	Westinghouse Electric Corp	西屋电气	美国
	9	Us Energy R & D Admin	美国能源研究发展管理局	美国
	6	Searete LLC	斯瑞特有限责任公司	美国
	5	Meridian Res & Dev	子午线研究发展有限公司	美国
	5	Univ California	加利福尼亚大学	美国
	4	Battelle Memorial Inst	巴特尔纪念研究所	美国
	4	Dow Chem Co	陶氏化学	美国
日本 （146）	23	Mitsubishi	三菱重工	日本
	12	Japan Atomic Energy Res Inst	日本原子能研究所	日本
	9	Hitachi Ltd	日立株式会社	日本
	8	Nippon Kakunenryo Kaihatsu Kk	日本反应堆与核燃料发展有限公司	日本
	7	Toshiba KK	东芝株式会社	日本
	6	Tokyo Shibaura Electric Co	东京都芝朴电子	日本
	5	Doryokuro Kakunenryo Kaihatsu	动力炉·核燃料发展集团	日本
	5	Nippon Nuclear Fuels Kk	日本核燃料有限公司	日本
	4	Genshi Nenryo Kogyo Kk	元史核燃料有限公司	日本
德国 （83）	15	Nukem Gmbh	NUKEM 有限公司	德国
	14	Kernforschungsanlage Juelich（Kerj）	于利希研究中心	德国
	5	Alkem Gmbh（Alke）	ALKEM 有限公司	德国
	5	Ges Fuer Kernforschung Gmbh	GES 的核研究有限公司	德国
	5	Hobeg Hochtemperaturrea	Hobeg 高温堆燃料元件有限公司	德国
	5	Siemens Ag	西门子电子	德国
	3	Mavig Gmbh	MAVIG 有限公司	德国

受理国家	专利数量/件	机构	中文名	所属国家
法国 (56)	23	Commissariat Energie Atomique	原子能委员会	法国
	9	Cogema Cie Gen Matieres Nucleaires	COGEMA 核材料有限公司	法国
	6	Areva Np	阿海法集团	法国
	5	Cnrs Cent Nat Rech Sci	法国国家科学研究中心	法国
	5	Framatome	法马通有限公司	法国
	5	Rhone Poulenc Chim	罗纳普朗克公司	法国
	2	Pechiney Ugine Kuhlmann	佩希内于任库尔曼集团	法国
	1	Air Liquide Sa	法国液化气集团	法国
	1	Anvar Agence Nat Valorisation	国家研究促进机构	法国
	1	California Inst Technology Inc	加利福尼亚研究所科技股份有限公司	美国
俄罗斯* (51)	4	Eko-Tekhnologiya Res Prodn Firm Co Ltd	EKO 技术研究生产有限公司	俄罗斯
	4	Sibe Chem Combine	西伯利亚联合化学	俄罗斯
	3	Rosredmet Stock Co	ROSREDMET 股份公司	俄罗斯
	2	As USSR Nuclear Res Inst	苏联核能研究所**	俄罗斯
	2	Energiya Rocket Cosmic Corp Stock Co	太空火箭能源有限责任公司	俄罗斯
	2	Luch Res Prodn Assoc	LUCH 科学研究发展协会	俄罗斯
中国 (18)	3	Beijing Non-Ferrous Metal Inst	北京有色金属研究总院	中国
	3	Chinese Academy Of Sciences	中国科学院	中国
欧洲专利局 (17)	2	Siemens Ag	西门子电子	德国
	2	Techpowder Sa	科技动力有限公司	瑞士
澳大利亚 (16)	2	Belgonucleaire Sa	贝尔戈核能公司	比利时
	2	Exxon Res & Eng Co	埃克森研究与工程公司	美国
加拿大 (13)	2	Atomic Energy Of Canada Ltd	加拿大原子能有限公司	加拿大
	2	General Electric Co	通用电气	美国
英国 (12)	5	British Nuclear Fuels Plc	英国核燃料有限公司	英国
	3	Uk Atomic Energy Authority	英国原子能管理局	英国

*包括苏联时期

**现为俄罗斯核能研究所

在专利申请数量前 10 名国家中，各个专利申请机构的专利数量比较平均。美国在钍基核燃料循环方面申请专利的机构较多，专利申请量最多的机构是美国能源部，专利申请量占美国该领域专利总量的 19.82%；日本专利申请量最多的是三菱重工，专利申请量占日本该领域专利总量的 15.75%；德国专利申请量最多的机构是 NUKEM 有限公司，专利申请量占德国该领域专利总量的 18.07%；法国专利申请量最多的机构是原子能委员会，专利申请量占法国该领域专利总量的 41.07%；中国在钍基核燃料循环方面，申请专利最多的机构是北京有色金属研究总院的 3 件和中国科学院的 3 件。

除 Top 10 国家外，其他 13 个国家也受理了与钍基核燃料循环相关的专利，表 1-15 对这些受理国家进行了归类，并给出国家受理的数量。可见，欧洲国家相对活跃，有 9 个国家有专利受理，分别是意大利（11）、奥地利（3）、比利时（3）、荷兰（3）、瑞士（2）、卢森堡（2）、挪威（2）、丹麦（1）和瑞典（1）；而亚洲有 3 个国家受理了相关专利，分别是韩国（12）、以色列（4）和哈萨克斯坦（1）；南美洲巴西受理了 6 件专利。

表 1-15　各个国家受理专利的情况（除排名前 10 的国家）

洲	国家（受理专利数量/件）
亚洲	韩国（12）、以色列（4）、哈萨克斯坦（1）
欧洲	意大利（11）、奥地利（3）、比利时（3）、荷兰（3）、瑞士（2）、卢森堡（2）、挪威（2）、丹麦（1）、瑞典（1）
南美洲	巴西（6）

1.4.3　专利的技术主题分析

1.4.3.1　技术领域分析

如表 1-16 所示，钍基核燃料循环专利主要分布于以下 6 个技术主题：C22B（黑色或有色金属合金；合金或有色金属的处理）、C01F（金属铍、镁、铝、钙、锶、钡、镭、钍的化合物，或稀土金属的化合物）、C01G（金属的化合物）、G21C（核反应堆）、G21F（X 射线、γ 射线、微粒射线或粒子轰击的防护；处理放射性污染材料及其去污装置）、G21G（化学元素的转变；放射源）。其中 C22B 大类下共有 110 件专利，分别分布在 060（原子序数为 87 或高于 87 的放射性金属的提取）、059（稀土金属的提取）、003（用湿法从矿石或精矿中提取金属化合物）等主题下；C01F 大类下共有 50 件专利，全部集中在 015（钍的化合物）主题下；C01G 大类下共有 102 件专利，分别分布在 056（超铀元素的化合物）、043（铀的化合物）等主题下；G21C 大类下共有 316 件专利，分布在 001（反应堆）、003（反应堆燃料元件及其组装；用做反应堆燃料元件的材料的选择）、021（专用于制造反应堆或其部件的设备或工序）、019（用于反应堆，例如，在其压力容器中处理、装卸或简化装卸燃料或其他材料的设备）等主题下；G21F 大类下共有 69 件专利，全部集中在 009（处理放射性污染材料及其去污装置）主题下；G21G 大类下共有 19 件专利，全部集中在 001（用于以电磁辐射、微粒辐射或粒子轰击的方法转变化学元素的装置）主

— 28 —

题下。

表 1-16　燃料循环专利 IPC 分布（Top 10）

序号	记录数/个	IPC 号	IPC 分类内容
1	92	G21C-003/62	反应堆燃料元件及其组装；用做反应堆燃料元件的材料的选择/陶质燃料
2	62	C01G-056/00	超铀元素的化合物
3	50	C01F-015/00	钍的化合物
4	45	C22B-060/02	原子序数为 87 或高于 87 的金属（即放射性金属）的提取/钍、铀或其他锕系元素的提取
5	41	G21C-003/42	反应堆燃料元件及其组装；用做反应堆燃料元件的材料选择/用于反应堆燃料的材料选择
6	40	C01G-043/00	铀的化合物
7	34	G21C-021/00	专用于制造反应堆或其部件的设备或工序
8	30	G21C-021/02	专用于制造反应堆或其部件的设备或工序/装在非放射性外壳内的燃料或增殖元件的制造
9	29	G21C-019/46	用于反应堆，如在其压力容器中处理、装卸或简化装卸燃料或其他材料的设备/水溶液的流程
10	28	G21C-000/00	核反应堆
11	27	G21F-009/12	处理放射性污染材料及其去污装置/吸收，吸附，离子交换
12	22	C22B-059/00	稀土金属的提取
13	22	C22B-060/00	原子序数为 87 或高于 87 的金属（即放射性金属）的提取
14	22	G21C-003/02	反应堆燃料元件及其组装；用做反应堆燃料元件的材料的选择/燃料元件
15	22	G21F-009/00	处理放射性污染材料及其去污装置
16	21	C22B-003/00	用湿法从矿石或精矿中提取金属化合物
17	20	G21C-001/00	反应堆
18	20	G21C-003/00	反应堆燃料元件及其组装；用做反应堆燃料元件的材料的选择
19	20	G21F-009/06	处理放射性污染材料及其去污装置/处理过程
20	19	G21G-001/00	用于以电磁辐射、微粒辐射或粒子轰击的方法转变化学元素的装置，例如，生产放射性同位素

1.4.3.2　技术热点分析

图 1-9 为使用专利分析工具 Aureka 对反应堆的专利数据进行分析得出的专利地图。从中可以看出，反应堆的专利数据呈现出 18 个比较明显的技术热点，其中 14 个与钍基核燃料循环有着较好的相关性，下面通过专利内容分别对这 14 个研究热点进行分析。

　　1）混合凝结核燃料

该技术热点关注粉末状核燃料的混合凝结技术，用以改善核燃料燃烧过程中出现的一些问题，如热传导性、燃料托盘保养等。该技术热点内最新的专利是日本日立株式会社在 1999 年申请的 JP2001124883A，该专利是一种将氧化燃料粉末压缩成块状颗粒燃料的方法。

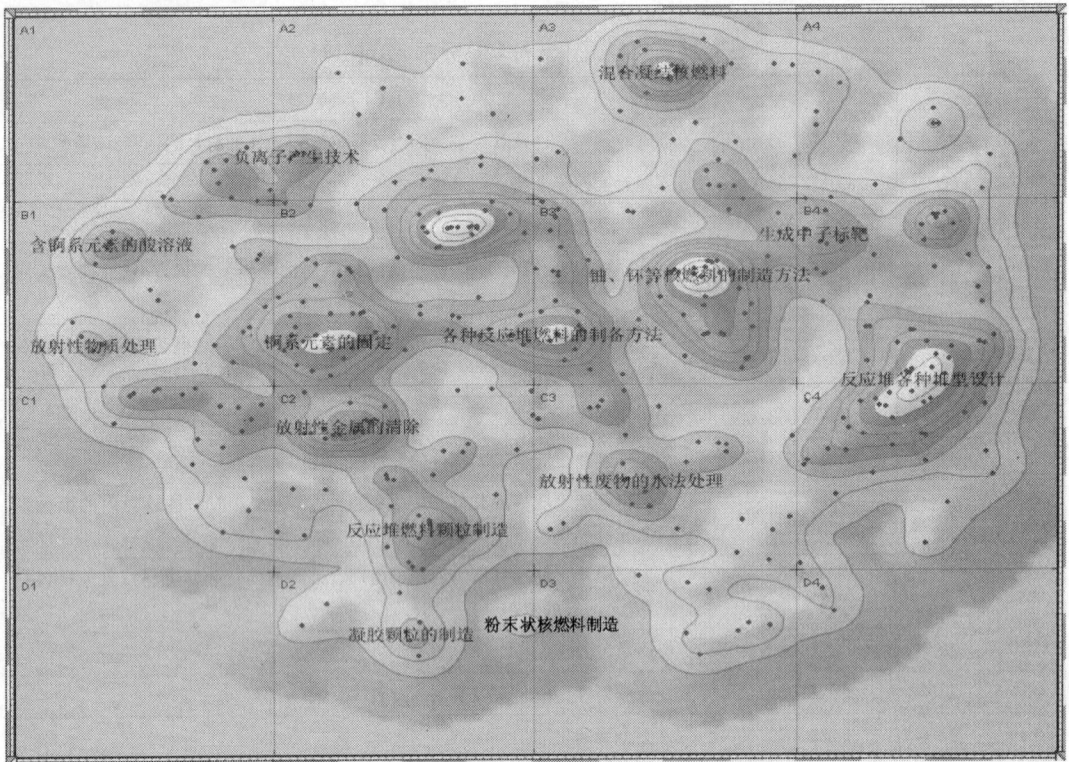

图 1-9　钍基核燃料循环专利主题地图（后附彩图）

使用 Aureka 工具，生成专利主题地图

2）反应堆各种堆型设计

该技术热点重点关注各种类型燃料反应堆的设计。该技术热点代表专利是 Maximov Lev Nikolaevich 公司 2008 年申请的专利 WO2003001534A1，该专利设计了一种基于钍燃料的反应堆，并提出通过控制反应堆中的中子能光谱控制核反应过程。

3）生成中子标靶

该技术热点重点关注利用中子、阿尔法粒子、^{3}He 等生成工业用、商用、医用同位素。该技术热点内代表专利是美国个人在 2006 年申请的专利 US20050105666A1，该专利设计了一种利用中子、阿尔法粒子、^{3}He 生成钍同位素^{229}Th 的方法。

4）放射性物质处理

该技术热点重点关注各种放射性物质的处理方法和技术，如铀和钍的提取、放射性物质的过滤等。该技术热点内最新的专利是日本的日立株式会社在 2005 年申请的专利 JP2006313078A，该专利提出一种将含有放射性物质的有机物废液转换为便于存储的固态形式的方法。

5）放射性废物的水法处理

该技术热点重点关注不同溶液中各种溶解物的萃取方法和技术。例如，从水溶液中提取金属离子和矿石粉末。该技术热点内最新的专利是日本的 Ando Takamori 在 1999 年申请的专利 JP2001070464A，该专利设计了一种从酸性水溶液中提取矿石粉末的方法和设备。

6）各种反应堆燃料的制备方法

该技术热点主要关于各种不同类型反应堆中核燃料的制备方法，如烧结燃料等。该技术热点内最新的专利是日本石川岛播磨重工在1984年申请的专利JP60178384A，该专利设计了一种反应堆核燃料的制备方法。

7）铀、钚等核燃料的制造方法

该技术热点主要关于铀、钚、钍等核燃料的制造方法。该技术热点内最新的专利是法国原子能委员会在2005年申请的专利FR2895137A1，该专利提出一种使用震动破碎机制造混合氧化铀燃料的工艺方法。

8）粉末状核燃料的制造

该技术热点重点关注粉末状核燃料的制造方法和过程。该技术热点内最新的专利是俄罗斯Maximov Lev Nikolaevich公司2006年申请的专利WO2007055615A2，该专利提出一种使用扩散媒介（如重水）制造混合粉末核燃料的方法。

9）凝胶颗粒的制造

该技术热点重点关注凝胶颗粒的制造方法和工艺。该技术热点内最新的专利是日本原子能研究所和日本电气兴业株式会社1994年申请的专利JP7275692A，该专利提出一种通过加热原材料滴液制备凝胶颗粒的工艺方法。

10）反应堆燃料颗粒制造

该技术热点重点关注反应堆燃料颗粒的制造方法。例如，将氧化金属粉末放置在多孔球或者热收缩容器中等。该技术热点内最新的专利是英国核燃料公司在1997年申请的专利GB2330684A，该专利提出将混合铀粉末放入凝胶多孔球中制造燃料颗粒。

11）放射性金属的清除

该技术热点重点关注各种溶液、物体表面的放射性金属的清除与过滤。例如，从碱性溶液中清除钍。该技术热点内最新的专利是Lottermoser 2007年在德国申请的专利DE102007038715A1，该专利设计了一种含有添加剂的轻型混凝土，可以用来清除水溶液中的铈、铀等金属。

12）锕系元素的固定

该技术热点重点关注锕系元素的固定与处理，如铀、钚等。该技术热点内的代表专利是美国能源部1999年申请的专利US6320091B1，该专利提出一种使用陶瓷组件固定锕系元素的方法。

13）负离子产生技术

该技术热点重点关注利用含铀、钍的矿物质制造负离子，这种负离子能够提高装饰品的性能。该技术热点内的代表专利是日本SANYU有限公司在2002年申请的专利JP2003321267A，该专利提出一种使用含有铀、钍的矿物质制造负离子的方法。

14）含锕系元素的酸溶液

该技术热点重点关注各种含锕系元素的酸溶液的处理，包括生产、提取等。该技术热点内的最新专利是法国国家科学研究中心在2003年申请的专利WO2003068675A1，该专利是一种含有钍或其他锕系元素的磷酸溶液产品的制备方法。

1.4.3.3 技术热点演进分析

图 1-10 展示了钍基核燃料循环技术研发热点的演进。早期（1979 年之前，黄色点标记）技术对各种反应堆燃料的制备方法、放射性金属的清除等方面的关注度较高；中期（1980～1999 年，绿色点标记）关于钍基核燃料循环的专利集中在水溶液中溶解物萃取技术、各种反应堆燃料的制备方法、含锕系元素的酸溶液、混合凝结核燃料、锕系元素的固定等方面；近期（2000～2010 年，红色点标记）钍基核燃料循环技术的研发热点集中在铀、钇等核燃料的制造方法、反应堆各种堆型设计、利用中子生成各种同位素、铀钇等核燃料的制造方法、凝胶颗粒的制造、锕系元素的固定、反应堆燃料颗粒制造、放射性物质处理、制造负离子、固体氧化物燃料电池、粉末状核燃料的制造等方面。

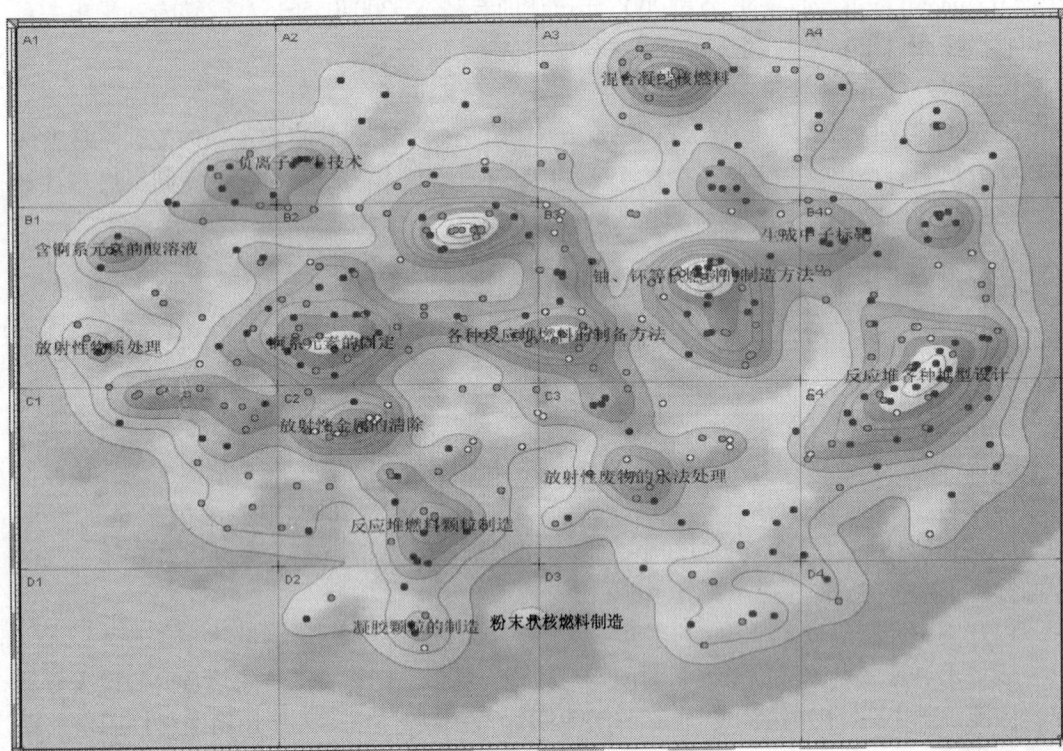

图 1-10 钍基核燃料循环技术研发热点演进图（后附彩图）

通过对钍基核燃料循环早期、中期、近期技术热点的分析，发现：①早期关于放射性金属的清除等技术的研发一直延续至今，但技术研发成果仍以早期为主，近年来没有较大进展；②对水溶液中溶解物萃取技术、各种反应堆燃料制备方法、含锕系元素的酸溶液、混合凝结核燃料等技术的研发在经历了中期的发展高峰后，近期有所回落；③锕系元素固定等热点技术至今仍是研发的热点；④铀钇等核燃料的制造方法、反应堆各种堆型设计、利用中子生成各种同位素、凝胶颗粒的制造等早期技术经过中期的发展，已成为近期技术研发的热点；⑤反应堆燃料颗粒制造、高能电场技术的应用、放射性物质处理、制造负离子等中期兴起的技术发展，近期已成为研发热点；⑥光学元件设计、固体氧化物燃料电池、粉末状核燃料的制造等技术领域是近期新兴的研发热点。

1.5 钍基核燃料循环的研发趋势分析

在钍燃料循环实现商业化之前，还需要进行大量的研发工作。但在有足够的铀可供使用时，似乎不可能对钍燃料循环的研发进行大量投入。

1.5.1 钍基核燃料尚无迫切需求

钍是一种潜在的核能资源。但是，在一些重要国家提出的核电发展战略中，没有一个国家对钍基核燃料的利用有明确的规划。在 2000 年发布的一份国际原子能组织技术文件中，法国认为钍燃料对今后几十年内的影响可能很小。作为美国最新的核能发展战略，美国于 2006 年 2 月提出的 GNEP 计划根本没有涉及钍燃料利用问题。在 2006 年 2 月举行的国际原子能机构先进核能系统技术咨询会上，俄罗斯代表提出的"俄罗斯核电发展远景规划"的核燃料循环部分，没有提及钍基核燃料循环计划。印度最近提出的核能发展战略中，预计 2052 年核电装机容量为 275 吉瓦，其中采用钍基核燃料的装机容量为 12 吉瓦，仅占核电总装机容量的 4.4% 。

1.5.2 防扩散是当前国际上钍基核燃料循环研发的主要动力

值得注意的是，近 10 年来国际上以美国为首的发达国家对钍燃料循环的研究开发，基本上被纳入其防扩散和处置武器级易裂变材料的计划之中。近年来美国对钍堆的兴趣，不在于其对核能发展的资源需求，而在于其防扩散的政治需要。

1.5.3 在未来 25~50 年采用钍基燃料循环的几个先进核能系统

从长远来看，钍燃料循环（在不使用快中子堆的情况下能够实现燃料增殖）还是具有发展潜力的，它将是实现可持续核能发展的重要影响因素。

未来，在印度以外的其他国家广泛采用商业钍循环技术，要依赖先进反应堆概念的发展。在未来 25~50 年，下面几个采用钍燃料循环的先进核能系统可能成为现实：

（1）先进重水堆（AHWR）：先进重水堆采用钍基燃料 ^{233}U 和钍作为燃料基质。如果印度根据计划的时间表成功实现先进重水反应堆的部署计划，可能会鼓励其他国家的先进重水反应堆也采用钍基核燃料。加拿大原子能公司将钍基燃料作为其坎杜堆（CANDU）6、先进坎杜堆 6 和 ACR-100 反应堆的候选方案。

（2）高转换沸水反应堆（HCBWR）：高转换沸水反应堆概念是第四代先进反应堆概念中考虑的，它利用美国、欧洲和日本在过去数年对高转换轻水反应堆的研究，包括先进的燃料设计，如金属基体分散燃料。

（3）先进高温气冷堆（HTGR）：根据 2020 年法国原子能委员会的规划，法国的极高温（气冷）反应堆（VHTR）应使用 TRISO UO_2/SiC 燃料或（后期）ZrC 包覆颗粒燃料。大约从 2025 年开始，极高温气冷堆将在法国进一步发展为气冷快堆。快中子增殖反应堆可以使用钍基燃料，由钍增殖得到 ^{233}U，然后先进的核能系统使用 ^{233}U。

1.6　对我国钍基核燃料循环研发的几点建议

通过定性调研和分析美国、加拿大、挪威、印度等国家在钍基核燃料循环方面的战略规划、计划、项目、重要研究报告等情况，结合对钍基核燃料循环领域的科研论文和发明专利的定量分析，提出以下几点建议，希望能够对中国科学院钍基核燃料循环研发有所借鉴。

1.6.1　整体规划我国发展战略

制定钍基燃料循环研究的国家战略，至少是中国科学院发展战略，近期目标应定位在放核扩散的相关问题实验研究及其 ADS 系统建设，远期目标开展全面的实验研究和相关技术研发。

1.6.2　进一步拓展国际合作内涵

中国科学院应在我国核电企业与加拿大合作的基础上，由中国科学院、清华大学和中核集团组成一个产学研整体，进一步拓展该领域国际合作的内涵，选择我们具有自主知识产权的高温气冷堆开展钍基核燃料循环研究、技术开发与应用，发挥各自优势探索出中国开展此领域研究的独特路径。

1.6.3　优先发展的基础实验研究

基础实验研究应关注铀钍燃料与金属合成的研究，钍的增殖及钍燃料反应堆裂变产物中锕系同位素的分离，长寿命堆芯和泄露谱的研究，石墨矩阵与铀获取的研究，二氧化钍的非接触性操作等问题的研究。

1.6.4　前瞻部署钍燃料技术研发

钍燃料元件制造技术开发应关注：使用震动破碎机制造混合氧化铀燃料的工艺方法，使用扩散媒介（如重水）制造混合粉末核燃料的方法，重点关注"振动溶胶路线"和"溶液、凝胶微球体"制粒工艺和渗透技术。

钍燃料反应堆裂变产物及其放射性物质处理技术的研发应关注：将含有放射性物质的

有机物废液转换为便于存储的固态形式的方法；使用含有轻型混凝土添加剂；清除水溶液中的铈、铀等金属的方法；使用陶瓷组件固定锕系元素的方法；制备含有钍或其他锕系元素的磷酸溶液产品的方法。

　　致谢：中国科学院高能物理研究所柴之芳院士、中国科学院基础科学局大科学工程与核科学处彭子龙博士、中国科学院物理研究所赵见高研究员、苏州热工研究院郭娟彦工程师对本报告提出宝贵意见和建议。在各位专家的建议下，进一步完善本报告的内容，谨致谢忱！

参 考 文 献

戴波. 2006. 钍基核燃料循环和发展现状. 国外核动力，4：11～15

郭志锋. 2008. 钍基燃料循环的发展与展望. 国外核新闻，22～24

英国国际核工程网站. 2009. 在坎杜堆中使用钍基燃料. 伍浩松译，王海丹校. 核燃料循环，25，26

中国科学院学部. 2007. 钍的核能利用研究. 中国科学院院刊，22（4）：303～306

American Nuclear Society. 2010- 10- 15. The Use of Thorium as Nuclear Fuel. http：//www. ans. org/pi/ps/docs/ps78. pdf

Gruppelaar H. 2010- 10- 15. Thorium Cycle as a Waste Management Option. http：//www. oecd-nea. org/pt/docs/iem/mol98/session6/SVIpaper2. pdf

International Atomic Energy Agency. 2010- 10- 15. Thorium Fuel Cycle — Potential Benefits and Challenges. http：//www-pub. iaea. org/mtcd/publications/pdf/te_ 1450_ web. pdf

Physorg. com. 2010- 10- 15. A Future Energy Giant? India's Thorium-based Nuclear Plans. http：//www. physorg. com/news205141972. html

Sinha R K, Kakodkar A. 2008. 先进重水堆的设计与开发——印度革新型钍燃料核反应堆. 国外核动力，3：18～34

Thorium Report Committee. 2010- 10- 15. Thorium as an Energy Source-Opportunities for Norway. http：//www. regjeringen. no/upload/OED/Rapporter/ThoriumReport2008. pdf

World Nuclear Association. 2010- 10- 15. Thorium. http：//www. world-nuclear. org/info/inf62. html

2 土壤污染修复国际发展态势分析

袁建霞 张 薇 董 瑜 邢 颖 张 博

（中国科学院国家科学图书馆）

土壤污染是一个全球面临的重大环境问题，不仅严重影响土壤质量和土地生产力，而且危及食物安全、人体健康乃至生态安全。因此，土壤污染修复成为许多国家和地区关注的重要科技领域，是消除污染物和恢复土壤生态功能必不可少的技术手段。本章选取土壤污染修复这一领域为研究对象，定性调研国内外相关法规政策、计划和项目布局以及国际会议信息等，并对相关研究论文和专利进行文献计量学分析。在此基础上，系统梳理该领域的相关法律政策，分析土壤污染修复研究布局，并探讨该领域的研究重点及发展趋势。另外，在本章结论与建议部分，针对中国与世界主要发达国家、地区间存在的差距，提出几点建议，旨在为土壤污染修复相关学科发展、研究布局及政策制定等提供决策参考。

从 20 世纪 60 年代荷兰、美国等发达国家因为化学废弃物的倾倒导致严重的土壤环境问题至今，土壤污染已遍及世界五大洲，并主要集中在欧洲，其次是亚洲和美洲。在我国，近 20 年来伴随着工业化、城市化、农村集约化进程的不断加快，土壤污染问题也日益突出，受不同程度污染的土壤面积在不断扩大，对全面建设小康社会和实现可持续发展的战略目标构成威胁。土壤污染不仅严重影响土壤质量和土地生产力，而且还导致水体和大气环境质量的下降。更严重的是将直接危害食物安全、人体健康乃至生态安全。此外，土壤污染问题在一定程度上还影响着我国的农产品对外贸易和环境外交利益。面对日益严重的土壤污染问题，我国与世界上许多国家一样，已将土壤修复作为消除大面积受污染土壤中污染物和恢复土壤生态功能必不可少的技术方法。

土壤污染修复技术研究起步于 20 世纪 70 年代后期。在过去 30 年，美国、日本、澳大利亚等国家纷纷制定了土壤修复计划，巨额投资于土壤修复技术与设备的研发，积累了丰富的现场修复技术与工程应用经验，成立了许多土壤修复公司和网络组织，极大地促进了土壤修复技术的快速发展。正因为如此，近 10 年来，土壤污染修复在传统土壤化学等分支学科体系的基础上，借鉴汲取了大量相关学科，包括物理学、化学、生态学、植物学、微生物学、地质学、水文学、农学、矿物学、工程学、信息学、计算机及管理学等的基本理论、方法和技术，逐步发展成为了具有鲜明学科交叉特点的分支学科。

本研究选取土壤污染修复这一领域开展学科发展态势战略情报研究，旨在利用情报学研究方法和手段，通过定性调研和定量分析（包括研究论文和专利文献计量分析），对该领域的相关法律、政策进行系统分析，研究其学科特点，探讨其研究重点和热点及技术发展趋势等，从而为相关学科发展、研究布局及政策制定等提供决策参考。

2.1　国内外土壤污染修复相关法律政策

土壤污染在很多国家已经成为严重的环境和发展问题，对环境和公众健康构成了巨大威胁。一些发达国家和地区建立了较为全面的污染场地管理框架和法律法规标准体系，对污染和调查修复责任的认定及相关资金机制做出了明确规定。

2.1.1　有关土壤污染修复法律框架体系的建立

美国1980年通过了《综合环境响应、赔偿与责任法案》（Comprehensive Environmental Response, Compensation and Liability Act, CERCLA），该法案是美国污染防治体系的法律基础，通过制定全国性计划来解决废弃或失控危险垃圾对环境和公众健康造成的风险，并规定了对污染的应急响应、信息收集和分析、责任方的责任及场地清理等措施。依据该法，政府还建立了一个名为"超级基金"的信托基金，旨在对实施这部法律提供一定的资金支持，因此该法案又称《超级基金法》。《超级基金法》在此后陆续进行了几次修订，逐渐完善，2011年又补充制定了《小型企业责任免除和棕色地块振兴法案》。此外，美国的《固体废弃物处置法》、《清洁水法》、《安全饮用水法》、《有毒物质控制法》等法律也涉及土壤保护，形成了较为完备的土壤保护和污染土壤治理法规体系。

在欧洲，根据欧盟《第六环境行动计划》（Sixth Environment Action Programme）的决定，2006年9月，欧盟委员会发布了欧洲土壤主题战略（Soil Thematic Strategy）。该战略包括欧盟委员会向其他欧洲相关机构发布的一份通讯、一个土壤框架指令建议和一份影响评价。土壤主题战略确定了土壤保护的战略框架，提出了战略的总目标，阐述了必须采取哪些类型的措施，并确立了一个欧盟委员会10年的工作计划。土壤框架指令建议确定了欧盟保护土壤的共同原则，在这一共同框架之下，欧盟成员国将决定如何最好地保护土壤，如何在本国内以可持续的方式应用这一指令。战略要求欧盟各成员国应基于污染场地的定义及潜在污染行为鉴别其领土内的污染场地，评估其当前和未来土地使用的风险，编制一份污染场地国家清单，清单应至少每5年公开接受一次审查，建立国家污染土壤修复战略，合理、透明地确定其对污染场地修复的优先次序，另外，还要求建立污染场地修复的资金机制。在研究方面，土壤保护主题战略指出需要在土壤保护和修复的实施程序与技术方面开展研究。

英国在历经经济高速发展之后，遗留下大量的受污染土地。据估计，英国约30万公顷土地受到不同程度的污染。英国在污染场地方面设置了全面的法律框架，最重要的法律是1990年颁布的《环境保护法》（Environmental Protection Act 1990）。1995年在该法的基础上增加了一部分，形成了《环境法》，该部分针对英国的土地污染设置了法律规范体系，其主要目标是提供一种方法来发现和处理历史遗留的受污染土地，法案要求地方授权机构识别出污染场地并确保污染场地的风险得到控制，另外，法案还制定了污染土壤修复的付费规则。

日本在 20 世纪 70 年代面临严重的土壤污染问题，曾经发生了数起土壤污染公害事件，造成很大的社会影响。为解决土壤污染问题，日本以《环境基本法》为基础，从农用地和城市用地两个方面构建起规范土壤污染的基本法律框架。日本国会将"土壤污染"追加为《公害对策基本法》中的典型公害之一，并制定《农用地土壤污染防治法》对农用地土壤污染问题进行管理。2002 年制定了主要规范城市用地土壤污染的《土壤污染对策法》。相关法规明确了污染土壤修复的责任，规定了明确污染调查与修复流程。

近年来，我国土壤污染问题日趋严峻。但是，我国现行法律中尚没有专门针对土壤污染修复的法律法规。有关土壤污染防治的法律规范主要包括《环境保护法》、《水污染防治法》、《农业法》、《土地管理法》、《基本农田保护条例》、《农产品质量安全法》及其配套规章《农产品产地安全管理办法》等，还有《土壤环境质量标准》、《土壤环境监测技术规范》等一系列标准和技术规范。然而，相比主要发达国家和地区，我国法律法规和标准体系不健全，相关法规多为原则性的规定，缺少详细、可操作的具体实施条款，对如何治理、相关责任、资金机制没有明确规定。

2.1.2 有关土壤污染修复的责任认定和资金机制

在美国，《超级基金法》规定场地修复费用按照"污染者付费"的原则由潜在的污染者承担，在某些情况下，由美国环境保护局使用超级基金先行支付修复费用，再通过诉讼等方式向相关责任方索回。拒绝支付费用的责任者，政府可以要求其支付应付费用 3 倍以内的罚款。超级基金的资金来源包括对特定的化学或石油制品的生产或进口征收环境税以及联邦政府的资助。此外，美国积极采取补助金和基金的方式推动土壤修复。1994 年美国实施了"棕色地块经济自主再开发计划"（Brownfields Economic Redevelopment Initiative），该计划提供了 4 种补助金，分别是"棕色地块修复补助金"（Brownfields Cleanup Grants）、"棕色地块评估补助金"（Brownfields Assessment Grants）、"棕色地块周转性贷款补助金"（Brownfields Revolving Loan Fund Grants）以及"棕色地块工作培训补助金"（Brownfields Job Training Grants），为污染场地的评价、修复、社区参与等提供资金。

英国在《环境保护法》中针对土壤污染修复的责任认定和资金机制做出如下规定：地方授权机构负责调查和识别污染场地，并根据一定的程序确定污染场地，污染场地调查和识别的费用由纳税人承担；污染场地修复费用按照污染者付费的原则由污染者承担，在污染者无法找到的情况下，修复费用由纳税人负担。除政府用税收承担污染场地修复的成本外，地方授权机构和英国环境署也可以获得其他资助来调查和修复污染。例如，在英格兰，英格兰地方授权机构可以通过提交标书的形式向环境、食品及农村事务部（Defra）的"污染场地资助计划"申请经费用于污染场地调查和修复；在威尔士，威尔士议会政府管理一项独立的基金程序用于调查和修复威尔士的污染场地，地方授权机构和威尔士环境署可以向其申请资金。另外，Defra 为英国环境署提供资金，支持每年一次的特殊污染场地修复计划。

日本土壤污染修复的责任认定分为两种情况：①农用地土壤污染。这不仅导致农作物的减产，而且通过农作物对人体健康造成严重损害，影响巨大，社会关注度高。为此，对农用地土壤污染修复采取由政府直接实施的模式，即由政府监测农用地土壤污染状况，确定污染区域，制定对策计划，组织实施修复工作，修复费用由污染者负担。②城市用地污染。由于城市用地数量众多，行政资源十分有限，如果全部由政府来组织实施，非常困难，因此采取由工业土地的所有者，包括土地的管理者、占有者和污染者具体实施的方式，即以污染者负担原则为指导，规定土地的所有者以及污染者有义务采取必要措施。如果污染是由土地所有者之外的其他人造成，土地所有者在实施污染去除等措施后，有权要求污染者承担费用。

2.1.3　有关土壤污染修复标准的制定

土壤污染修复标准制定的目的是在保证污染土地再用目的的前提下，使受到较为严重污染的土壤环境中的污染物降低或消减到不足以导致较大的或人们不可接受的生态损害和健康危害两方面的风险。因此，土壤污染修复标准的制定，对于应急土壤环境事故的处理在法规准则方面具有十分重要的指导作用。主要发达国家已基于土壤环境保护法律法规建立了较为完善的土壤质量或修复标准体系，根据土地用途及修复目标，设置了土壤污染物的筛选值、目标值或修复值等标准，同时给出了土壤污染调查、监测、污染场地筛选评估方法等技术指南性文件，为污染场地的识别、管理及修复提供技术支持。

美国环境保护局 1996 年颁布了《土壤筛选导则》，导则包括一系列场地评估和污染修复的标准化指南。2003 年颁布了《土壤生态筛选导则》，将土壤污染物浓度分为 3 个区间。加拿大环境部长委员会 1997 年推出了加拿大土壤质量基准，用于在土壤修复的行动中限制土壤中污染物的浓度。英国环境署和环境、食品及农村事务部公布了 10 种物质的土壤指导值。荷兰 2008 年建立了新的土壤质量标准框架，设立了 10 种不同土壤功能的国家标准。日本 2002 年的《土壤污染对策法》规定了一些工业污染场地、污染物及允许的浓度值。发达国家在土壤修复标准或土壤环境质量标准的制定原则方面存在以下一些共同之处。

（1）标准的制定及标准值的提出是基于多种可能暴露途径的健康风险评价或生态风险评价提出的。风险评价通过污染场地暴露评估模型计算土壤指导值，假设的风险暴露途径包括皮肤摄取、直接吸入、通过地下水影响、皮肤接触的敏感性等，标准值根据致癌或毒性的参考剂量，即不会对人一生健康有影响的个人（包括敏感人群）每天的暴露剂量计算得出。

（2）相关机构针对污染场地和污染土壤的不同利用功能和不同保护目标，确定了土壤污染修复的不同目标，进而制定一系列标准值。例如，美国新泽西州和马里兰州将土壤修复标准分为居住区标准、非居住区标准和影响地下水的土壤标准。加拿大土壤质量基准中，按修复地块的使用类型分为 4 个水平等级：工业用地、商业用地、居住与公园用地、农业用地。英国则分为带花园的住宅区、不带花园的住宅区、园地、商用/工业用地 4 种利用类型。

（3）此外，土壤标准的制定还综合考虑污染物的背景水平、仪器检测极限、其他相关环境标准值等。在联邦制国家，如美国与加拿大，两国除了在联邦层面上均制定了土壤质量指导标准外，各州或省根据各地的具体情况在联邦标准的基础上还制定了适合本州/省的标准，州/省的标准通常要比国家/联邦的标准更严格。

我国至今对土壤污染修复的基准和标准了解不多，在概念上常常与土壤环境基准、土壤环境质量基准和污染土壤修复相混淆，在实践中，也都是采用土壤环境质量标准来判断农业土壤是否可以改做非农业用地，没有专门的土壤修复标准。另外，有关土壤修复基准的研究也极为缺乏。

2.2 国内外土壤污染修复研究计划与项目布局

本部分调研了美国、英国、日本、加拿大、澳大利亚、中国内地和台湾近年来在土壤污染修复领域的研究项目布局，以了解该领域当前的研发现状。

2.2.1 美国

美国主要有三个联邦机构资助土壤污染修复方面的研究，分别是美国环境保护局（United States Environmental Protection Agency，EPA）、美国国家科学基金会（National Science Foundation，NSF）和美国农业部农业研究局（Agricultural Research Service（ARS），United States Department of Agriculture）这三个机构的资助方向主要集中在土壤污染修复机理和污染修复技术研发等方面。

（1）土壤污染修复机理。

在该资助方向上，主要集中在以下几个方面：重金属在土壤和水环境中的形态转化及其生物有效性；土壤和沉积物对污染物的吸附机理及其与生物有效性的关系；螯合剂的修复作用与机理；有机污染物的微生物修复机理等（表2-1）。

表 2-1 美国在土壤污染修复机理研究方向的主要研究内容

资助机构	主要研究内容
EPA	• 砷的地球化学形态转化与其在土壤－植物－水系统中的生物有效性之间的关系及植物砷吸收和解毒的生理和遗传机制 • 水环境中无机砷和硒的氧化还原转换、络合和土壤/沉积物的交互作用 • 重金属污染物释放过程的动力学 • 抗解吸污染物残留的生物扰动和生物有效性 • 吸附和生物降解耦合对沉积物和土壤中污染物生态风险评价和修复的影响 • 植物根系分泌物修复土壤中持久性有机污染物的机理研究 • 有毒金属离子与人工合成螯合剂的互作

资助机构	主要研究内容
NSF	• 高含水量地质材料中污染物运移的机制和意义 • 天然有机物含量对土壤中铅和氧化铁纳米颗粒的影响 • 电磁刺激污染物转移的机制 • 氯化合物污染土壤中类乙烯脱卤拟球菌微生物的还原脱卤素酶基因、基因转子及微生物群体变化 • 聚合法合成热敏感聚合物对土壤表面积及污染物迁移的影响 • 土壤/沉积物有机质在吸附过程中的非共价作用特征 • 潜在的土壤污染修复剂——黑炭在土壤中的再矿化研究 • 活性污染物在可变饱和地下环境的归趋与运移 • 污染物环境界面化学和生物过程的分子机制研究
ARS	• 杀虫剂对生物修复系统脱氮效果影响的研究

（2）修复技术研发。

在该资助方向上，主要集中于植物修复、微生物修复、化学修复以及化学–生物联合修复等领域，具体内容见表2-2。

表2-2　美国在修复技术研发方向上的主要研究内容

资助机构	资助方向	主要研究内容
EPA	植物修复	• 利用植物（主要是草和树）加速吸收或降解沉积物中的污染物 • 种植各种植物，包括禾本科植物、草本植物、灌木和木本植物等修复多氯联苯污染土壤
EPA	微生物修复	• 利用丁烷氧化菌降解氯化脂肪烃有机污染物
EPA	化学修复	• 利用铁粉修复多氯联苯和可溶性铅复合污染土壤
EPA	联合修复	• 联合运用生物、物理和化学处理过程进行土壤污染物原位修复及模型拟合
EPA	其他	• 自然衰减测定技术与源头控制策略相结合进行污染物修复
NSF	植物修复	• 生物能源作物对边际土地的原位修复作用的量化 • 蕨类植物蜈蚣草及其亲缘物种对砷等重金属污染的耐性和富集
NSF	化学及化学–生物联合修复	• 基于零价铁微粒与碳微球结合体的多功能粒子对氯化烃（如三氯乙烯）污染物的修复效率研究 • 控释聚合物在地下土壤污染修复中的应用 • 微生物燃料电池技术在土壤铬污染修复中的应用 • 开发厌氧条件下环境友好的生物表面活性剂等土壤污染物修复剂
NSF	模型应用与支持决策的数据库建立	• 运用数值模拟和数学分析，建立针对基质降解、养分和活性细菌的集中水平对流、反应和扩散方程系统的生物修复 Oya-Vallochi 模型，并应用于微生物土壤修复 • 开发可以展示沿海边缘土壤"基板、沉积物"的数据系统，加强修复决策支持系统和数值模型，提供数据资源

资助机构	资助方向	主要研究内容
ARS	植物修复	• 开发可吸收 TNT、RDX 和其他化合物的牧草修复炸药污染土壤 • 通过种植植物减少土壤中的 DDT 和狄氏杀虫剂等污染物
	微生物修复	• 开发可以修复外源化学品污染物的新型微生物
	化学修复	• 利用回收有机和无机材料修复持久性有机污染物 • 从农作物生产和加工副产品中开发天然的功能性植物化学品用于修复污染土壤

（3）其他资助方向。

除了常规项目布局外，NSF 还在突发事件快速研究应对计划（Rapid Research Response Program）之下资助了土壤污染修复研究。例如，针对墨西哥湾漏油事件，开发利用离子液体（Ionic Liquids，IL）从沙子分离石油和焦油的工艺流程。EPA 在修复效果评估研究和服务推广项目等方向进行了研究布局（表 2-3）。

表 2-3　美国其他资助方向及其主要研究内容

资助机构	资助方向	主要研究内容
NSF	突发事件快速研究应对计划	• 针对墨西哥湾漏油事件，开发利用离子液体（Ionic Liquids，IL）从沙子分离石油和焦油的工艺流程
EPA	修复效果评估研究	• 评估产单萜烯的植物对多氯联苯和多环芳烃污染土壤的修复
	服务推广项目	• 将大学教育和技术资源推广到受污染的社区 • 提供技术援助，帮助社区修复污染场地，并最大限度防止污染 • 提供基础和应用研究、技术转移和社区服务，解决有害物质问题，尤其是污染沉积物的工程管理等问题

2.2.2　英国

2009 年、2010 年，英国环境、食品及农村事务部（Defra）、英国自然环境研究理事会（NERC）、工程和自然科学研究理事会（EPSRC）资助开展了多项土壤污染修复的研究项目。其中，Defra 资助了矿区土地复垦与生态修复、综合利用田间技术进行土壤修复等研究，NERC 侧重支持土壤修复机理方面的基础研究，EPSRC 资助了利用土壤矿物进行土壤修复的研究（表 2-4）。

表 2-4　英国近年来资助的土壤污染修复相关项目涉及的研究方向及主要研究内容

研究方向	主要研究内容
修复机理研究	• 硫化砷形成过程中无机和生物成核现象及生长机制研究 • 芥子气污染土壤中控制污染物行为和生物降解的机制和因素 • 重金属/有机物污染土壤中细菌的多样性和种群结构变化研究 • 基于微生物活动性分析研究重金属对土壤质量的影响

研究方向		主要研究内容
修复技术研发	化学修复	• 利用工业废弃贵金属进行棕色地块的土壤修复 • 利用废弃的锰氧化物修复污染土地 • 纳米粒子对有毒金属在黏土屏障中运移的影响
	其他	• 利用综合田间技术恢复自然生境中被压实和退化的表土层 • 分析植物 – 土壤相互作用及明确污染土壤恢复能力的指标体系以促进草地的生物多样性 • 影响污染土地修复技术选择的因素分析及针对每种技术的经济、环境和社会成本效益分析 • 国际污染土地鉴定和恢复程序调研 • 通过规划管理系统评价和恢复污染土地 • 综合评价和模拟分析可修复城市地区土壤污染物的行为、运移和影响 • 研究金属间的交互作用及其生物有效性以对修复城市棕色地块进行风险评价
修复效果评估研究		• 评价矿区土地复垦与恢复的成效 • 评价矿区复垦 5 年后底土深耕对土壤结构的改良效果 • 选择最优策略对污染土地恢复进行经济效益评价

2.2.3 日本

日本的土壤污染修复研究主要由日本文部科学省（MEXT）和日本学术振兴会（JSPS）科研基金（Grants-in Aid for Scientific Research）资助。日本政府设置该基金的目的是为了推动科技研究，并为研究者进行自由创新学术研究提供支持，凡是具有独创性与先驱性的学术研究皆在受资助的范围，为竞争性研究经费。其资助范围涵盖由人文社会科学到自然科学，由基础研究到应用研究。2008 ~ 2010 年，日本共资助了 62 项与土壤污染修复相关的研究项目，这些项目主要分布在土壤污染（重金属）的测定方法、土壤修复技术（化学修复、生物修复）、土壤修复机理和土壤污染的环境评估方面。其中资助总金额在 1000 万日元以上的项目共 20 项（表 2-5）。

表 2-5　日本土壤污染修复研究项目涉及的研究方向及主要研究内容

研究方向	主要研究内容
修复机理研究	• 利用示踪法分析农业用地地下水环境污染形成的机理 • 污染物质的胶体态及其在土壤内的运移和预测分析 • 污染物固液界面反应的 X 射线荧光分析 • 土壤中离子拮抗的作用机理以及数据库的构建 • 土壤气体运动的建模和环境风险评估 • 土壤及地下水污染评价支撑体系的构建 • 土壤中汞甲基化及环境要素对其的影响 • 土壤中超微量重金属离子简易迅速化学计量法的开发 • 土壤污染的冻结溶解透水系数变化的机理研究 • 亚洲地域持久性有机污染物（POPs）污染状态解析和生态影响评价

续表

研究方向		主要研究内容
修复技术研发	生物修复	• 微生物分解石油本地化控制技术的开发和净化技术的应用 • 基于农业废弃物固定化担子菌的有机农药土壤污染的生物修复技术 • 汞、镉等重金属污染场地的生物工程修复研究 • 重金属土壤污染净化的新生物工程战略 • 加速苯厌氧分解的生理生态方法研究
	化学修复	• 以促进有机氯化合物氧化分解为目的的腐殖酸的性能改善 • 土壤重金属污染的固化技术开发
	其他	• 水中除砷装置的优化 • 应用活性污泥处理有机氟化合物等难分解性物质的新技术方法 • 废弃矿山的重金属污染及水净化风险评价的新技术

2.2.4 加拿大

自然科学与工程研究理事会（NSERC）是一个为全加拿大科学和技术发展进行战略性投资的国家资助机构。1992～2010 年，NSERC 共资助开展了 63 项有关土壤污染修复的研究项目（连续几年的滚动项目按一个项目计算）。这些项目涉及土壤污染修复机理研究、修复技术研发、环境效益评价等方向（表 2-6）。

表 2-6 加拿大土壤污染修复项目涉及的研究方向及主要研究内容

研究方向			主要研究内容
修复机理研究			• 根际矿物质对土壤发生及环境修复的意义 • 盐渍土壤修复场地土壤渗透性的时空变化特征 • 土壤修复过程中生物高聚物分界面及污染物运输的流变特性 • 土壤修复中植物菌根共生的动力学特性和植物生长策略 • 土壤中疏水性的微观和宏观机理、成因及其在修复中的应用 • 土壤修复和水液压动力学特性 • 碳氢化合物污染土壤微观结构的变化以及修复过程的预测模型
修复技术研发	生物修复	植物修复	• 利用转基因油菜、烟草进行植物修复重金属污染土壤 • 开发多组分植物修复系统去除土壤中多环芳烃及重金属混合污染物 • 对多进程植物修复系统进行实地测试和验证，以净化土壤中持久性有机金属化合物 • 盐渍土壤的植物修复 • 含爆炸性化合物污染土壤植物修复的可行性研究 • 植物修复风化的 DDT 污染土壤的潜力
		微生物修复	• 利用超微细菌原位修复土壤 • 利用玻璃研磨生物反应器修复污染土壤和污泥 • 利用旋转鼓轮生物反应器修复受污染土壤 • 嗜冷微生物修复金属污染土壤的潜力评估 • 利用生物通风法修复寒冷地区的受污染土壤 • 利用设计的有机土壤改良物质和叶堆肥技术对重黏土壤进行生物修复

研究方向			主要研究内容
修复技术研发	生物修复	其他	• 硝基芳烃污染土壤的生物修复 • 土壤中有机污染物的解吸作用和生物修复 • 寒冷气候下石油烃污染土壤的生物修复技术 • 有害废弃物污染土壤的生物修复 • 寒冷气候下烃污染土壤的生物修复技术 • 利用生物修复技术治理土壤中氯苯酚污染
	化学修复		• 利用有机酸土壤淋洗技术清洗重金属污染土壤 • 利用超临界流体萃取技术修复重金属和有机物污染土壤 • 利用超临界流体技术处理工业废水和修复污染土壤 • 利用萃取、超临界 CO_2 以及即时萃取物解毒等技术清除土壤、污泥及废液污染物 • 综合利用太阳能电化学修复土壤及尾矿砂 • 土壤修复中的应用：腔配体用于有机环境样品复杂混合物的选择性分离 • 综合利用电动修复和原位化学固化/稳定技术进行黏性土壤的修复 • 用酶催化剂修复污染土壤和水体 • 应用活化的过硫酸盐修复土壤及地下水污染的反应过程和机理 • 开发生物表面活性剂产品用于土壤修复 • 利用强化生物表面活性剂的办法综合修复石油和重金属污染土壤
	联合修复		• 综合利用吸附萃取和生物降解复修土壤中疏水性有机污染物 • 动电现象对连续的生物化学修复烃污染土壤的适用性 • 外加应力场下土壤的电动修复 • 石油污染黏性土壤的联合生物修复 • 利用高效液相色谱法监测利用生物表面活性剂修复石油污染土壤 • 通过土壤蒸气萃取和生物通风法进行有效的场地修复
	其他		• 汞污染土壤的修复 • 实验和数值模拟岩土进程以改进原位修复污染土壤 • 利用多学科综合方法结合污染物行为表现修复土壤和底泥 • 多氯联苯污染土壤异位修复的优化 • 调查与优化动电结合方法修复污染的土壤、污泥和底泥 • 利用波特兰水泥修复重金属污染土壤：分析渗滤液对植物的毒害作用，并评估开发其作为促进植物生长的土壤改良剂的潜力 • 开发综合模拟技术以优化土壤及地下水污染修复 • 开发系统分析与过程控制方法以优化土壤及地下水污染修复 • 评估各类土壤修复产品以修复氯苯和多氯联苯污染土壤 • 修复富含疏水有机污染物和有毒微量金属（四甲基硅烷）污染物的土壤 • 重金属污染土壤修复和废水处理系统的实验室研发 • 开发修复异质土壤中有机污染物的技术 • 土壤中有机污染物的归趋与修复 • 数值模拟和实验研究地下水和土壤修复技术 • 土壤非水相液体的润湿性：场地评估的工具及修复意义 • 利用吸压裂促进低渗透土壤的原位修复 • 研究金属污染土壤原位修复策略的特征 • 修复柴油污染土壤

研究方向	主要研究内容
修复效果评估研究	• 开发毒理学方法评估原位地下水/土壤修复计划的效果 • 评价和优化盐渍土壤及地下水的修复 • 考虑柴油排放的异位土壤修复工程的净环境效益分析

2.2.5 澳大利亚

澳大利亚研究理事会（ARC）是澳大利亚资助基础研究的重要机构。自2001年开始，ARC将资助体系设立为两大计划——"发现"（Discovery）计划和"联系"（Linkage）计划。其中"发现"计划对最具国际竞争力、水平最高的项目进行资源配置；"联系"计划关注拓展研究所、工业和大学之间的联合研究，并对具有战略意义的国家和国际研究基础设施进行投入。2001~2010年，ARC共资助开展17项有关土壤污染修复的研究项目。其中，"发现"计划项目8项，绝大多数是关于修复机理方面的研究；"联系"计划项目9项，主要集中在修复技术的开发和应用上（表2-7）。

表2-7　澳大利亚土壤污染修复项目涉及的研究方向及主要研究内容

研究方向		主要研究内容
修复机理研究		• 非饱和土壤机理研究和风险评估以解决矿山废弃物带来的环境问题 • 研究磷酸盐稳定性的科学原理以解决金属矿山废弃物带来的环境问题和土壤污染修复 • 研究多元环境下针铁矿中重金属的隔离和固定机制以解决土壤重金属污染问题 • 在分子水平上研究土壤有机污染物的吸附作用 • 拟南芥中重金属运输相关基因的特征及其在解毒和重金属积累中的潜在作用 • 研究金属富集植物的耐旱性和耐盐性机理以改良土壤萃取修复技术
修复技术研发	植物修复	• 利用砷超富集植物对砷污染场地进行修复 • 利用植物修复韦里比地区西部处理厂的生物固体物和重金属污染土壤 • 利用当地耐重金属植物修复昆士兰西北部铅锌银铁等尾矿废弃物污染的策略
	微生物修复	• 调查澳大利亚作物种类以对农田土壤中磺酰脲类除草剂残留污染开展根际修复
	物理修复	• 生物固体和粉煤灰混合物用于修复退化土地的潜力
	化学修复	• 利用树脂注射方法修复黏性土壤的基础原理研究 • 利用新兴的生物有效性减量技术评价斑脱土作为重金属污染土壤修复剂的成效
	其他	• 设计更好的土壤质量指标用于完善土地和环境管理 • 开发集成循环水利用，生物燃料生产以及植物修复的技术体系 • 分析镍和钴的生物地球化学循环以开发水稻土壤的生态功能修复实用方法
修复效果评估研究		• 修复和未修复的金属污染土壤和粉尘的潜在毒性评估

2.2.6 中国

近十几年来，我国对土壤污染修复研究十分重视，通过科技部、国家自然科学基金委员会、环境保护部等国家机构资助了相关研究，重点包括 973 计划、863 计划、国家自然科学基金等。

2.2.6.1 973 计划

通过 973 计划主要资助了三个相关研究项目，分别是 2002 年立项的"长江、珠江三角洲地区土壤和大气环境质量变化规律与调控原理"、2004 年立项的"东北老工业基地环境污染形成机理与生态修复研究"和 2007 年立项的"京津渤区域复合污染过程、生态毒理效应及控制修复原理"。这三个项目均是针对特定区域的复合污染布局开展的，涉及的研究方向比较广泛，包括修复机理研究、修复技术研发、风险评估及策略研究制定等，具体内容见表 2-8。

表 2-8　973 计划资助的土壤污染修复相关项目

项目名称	下设相关课题名称
长江、珠江三角洲地区土壤和大气环境质量变化规律与调控原理	地–气物质交换及大气复合污染对地表生态系统的影响 重金属在土壤–植物系统中迁移、转化和积累规律与农产品安全 持久性有机污染物在农田生态系统中的环境行为与生态效应 典型污染物在菜地生态系统中积累、转化机理及其对蔬菜品质的影响 氮、磷在农田土壤中的迁移转化规律及其对水环境质量的影响 土壤复合污染过程、形成机制及其生态效应 高风险污染土壤环境的生物修复与风险评价 典型区土壤和作物中重要化学物质的时空分布规律和风险预测 长江、珠江三角洲地区环境污染控制对策与环境质量调控战略
东北老工业基地环境污染形成机理与生态修复研究	东北老工业基地环境污染特征与时空演变 重要水系典型污染形成过程及环境行为 东北特定气候条件下复合污染生态过程、毒理效应及修复基准的方法体系 典型城区与矿区水–土–气界面污染过程及生态风险 污染水体生态修复与再生机理 污染土壤生态修复原理与方法 东北工业基地生态承载力与区域生态安全调控
京津渤区域复合污染过程、生态毒理效应及控制修复原理	京津渤区域主要污染物的源解析与时空分布规律 重点区域水体和土壤环境的复合污染特征 区域复合污染的多界面过程及多介质传输机制 复合污染对水体和土壤环境的生态毒理效应与健康风险 复合污染胁迫下近海主要生物资源的退化机制 复合污染控制及典型受损生态系统修复原理 区域复合污染的生态风险评价、预警与调控策略

2.2.6.2 863 计划

近年来，863 计划主要从技术研发与工程示范角度资助了多个重点项目，其中包括"典型工业污染场地土壤修复关键技术研究与综合示范"（2009 年启动）、"多环芳烃污染农田土壤的微生物修复技术与示范"（2007 年启动）、"金属矿区及周边重金属污染土壤联合修复技术与示范"（2007年启动）和"油田区石油污染土壤生态修复技术与示范"（2007年启动）（表2-9）。这些项目主要针对有机氯农药、挥发性有机污染物、多氯联苯、多环芳烃、重金属（包括铬、砷、镉、铅、铜等）、石油等污染物开展植物修复、微生物修复、化学修复及植物－微生物联合修复技术研发，相关材料和设备研制及相关风险评估、修复效率评价和技术管理规范的制定等。

表2-9　863计划资助的若干土壤污染修复重点项目及相关信息

项目名称	下设相关课题名称
典型工业污染场地土壤修复关键技术研究与综合示范	铬渣污染场地土壤修复技术设备研发与示范 挥发性有机物污染场地土壤气提修复技术设备研发与示范 有机氯农药类污染场地土壤修复技术设备研发与示范 多氯联苯类污染场地修复技术设备研发与示范
多环芳烃污染农田土壤的微生物修复技术与示范	多环芳烃高效降解菌筛选及高效微生物菌剂研制 多环芳烃污染农田土壤的高效强化微生物修复技术 多环芳烃污染农田土壤的植物－微生物联合修复技术 多环芳烃污染农田土壤的微生物修复技术集成与示范
金属矿区及周边重金属污染土壤联合修复技术与示范	矿区重度污染土壤中重金属的稳定化与钝化联合修复技术 矿区周边中轻度污染耕地土壤中重金属的联合修复技术 植物修复收获物的安全处置与资源化利用技术与设备 矿区及周边重金属污染土壤联合修复技术集成示范与技术规范
油田区石油污染土壤生态修复技术与示范	高效石油降解微生物菌株的筛选及菌剂的研制等

2.2.6.3　国家自然科学基金

国家自然科学基金从2001年开始总计资助了100多项土壤污染修复相关研究项目，资助的研究项目数量有逐年增加的趋势。这些研究项目主要分布在地学部的地理学和地球化学领域、化学部的环境化学领域及生命科学部的植物学和微生物学领域。项目涉及的研究方向和主要研究内容如下：

（1）土壤污染修复机理的探索。其中，涉及生物修复的项目有60多项（约40项属于植物修复，约20项属于微生物修复），涉及化学修复的有30多项。其中污染物的环境生物地球化学过程及土壤污染微界面过程是重要研究内容。

（2）修复技术研发。包括重点集中于超富集植物筛选的植物修复、微生物与植物联合作用强化的微生物－植物修复及重点研发电动修复和淋洗法修复的物理化学修复。针对的污染物包括重金属及农药和油矿污染物等有机污染物。另外，有若干项研究是针对重金属与有机物的复合污染开展的。

此外，环境保护部近年来还资助了10多项土壤污染修复相关研究项目，主要资助方向集中在土壤污染状况评价、风险评估及污染物分析方法等方面。典型项目有：钢绳产业区土壤重金属污染风险评估及控制技术研究、新疆生产建设兵团土壤残膜污染状况调查研究、世博会规划区域受污染土壤修复的评价标准研究、可抛洒绿色钻井液－土壤改良与增肥技术研究、危险废物焚烧设施排放及周边土壤二噁英类可持续有机污染物监测调查、土壤中二噁英类化合物分析方法及 EB 联合法处理城市污泥并施用于农田改良土壤研究。

2.2.7 中国台湾

在中国台湾，主要有三个机构（包括台湾行政当局科学委员会、农业委员会和环境保护署）资助土壤污染修复研究。1991~2010 年，这三个机构共资助开展 100 多项研究项目（连续几年的滚动项目按一个项目计算），涉及修复机理研究（包括土壤结构、理化性质对消除污染物和对修复效率的影响及其模拟等）、修复技术研发和修复效果评估研究等研究方向，涉及的主要研究内容见表 2-10。

表 2-10　中国台湾地区土壤污染修复研究项目涉及的研究方向及主要研究内容

研究方向			主要研究内容
修复机理研究			• 土壤的物理及化学不均质性对有机污染物修复成效之影响及模拟 • 土壤中的农作物残留和燃烧后之灰烬、碳质颗粒对多环芳烃的传输影响 • 土壤纳米尺度的物理化学性质对于有机污染物在土壤中传输与修复成效的影响 • 砂质土壤中黏土矿物与含水势能对酚生物降解的影响 • 应用 Blue-Native PAGE 与 Patch-Clamp 研究 merA 转殖小球藻之重金属运输机制
修复技术研发	生物修复	植物修复	• 土壤有机组成分与多环芳烃化合物的反应及其污染土壤的植物修复 • 以功能性基因体研究法研究阿拉伯芥对重金属逆境的反应及在土壤修复中的应用 • 以菌根植物修复技术处理遭受泄油污染土壤场地的研究 • 以植物修复生态技术处理石油烃污染土壤的机制与应用研究 • 以植物根部修复技术整治受多环芳烃——芘污染的土壤 • 污染农地根际土壤的重金属生物有效性与修复管理 • 利用植物根部修复技术整治多环芳烃污染土壤
		微生物修复	• 黏质沙雷氏菌（Serratia marcescens）对土壤污染之植物生长调节剂多效唑的生物分解 • 土壤双重污染生物修复程序中微生物菌相消长与交互作用研究——以五氯酚与戴奥辛污染为模拟基础 • 土壤污染生物修复过程中微生物菌相分布与交互作用实时分析系统研究——等温循环核酸扩增法技术平台的开发与应用 • 石油烃在含界面活性剂吸附微胞土壤的生物分解性 • 优化自然降解条件下多环芳烃、多氯联苯及氯酚分解菌群的研究
		其他	• 土壤污染修复的生物技术评估及应用 • 生物技术在重金属污染土壤修复及农药降解的利用 • 生物固体在土壤污染生物修复上的应用 • 生物技术运用于难分解的有机物污染土壤的场地整治修复研究
	化学修复		• 土壤中长半生期毒性含氯有机农药的超临界流体与滤膜处理方法研究 • 土壤中多环芳烃的超临界流体与滤膜前处理及层析质谱方法研究 • 土壤中邻苯二甲酸酯滤膜式前处理与超临界流体萃取方法研究 • 以电渗透法改善整治受污染的土壤 • 以电渗透法原位处理被镉及铅污染的土壤 • 以电解程序处理受重金属污染土壤修复时模拟洗出液

研究方向		主要研究内容
修复技术研发	物理修复	• 以微波原位处理受有机物污染土壤的技术研发 • 土壤修复的原位注气法研究 • 挥发性有机物的原位注气法之传输实验与模拟研究 • 挥发性有机物污染土壤修复工程中的吸脱附动力学研究
	联合修复	• 受重金属污染土壤场地的修复技术研究 • 受有机物污染土壤的整治技术群体研究 • 受污染场地的土壤及地下水修复技术开发整合型研究 • 现场土壤污染整治技术开发 • 应用整合型修复技术处理受燃料油污染的土壤及地下水 • 以电化学法修复重金属污染土壤及快速分析土壤重金属总浓度的研究 • 以电动力－界面活性剂法处理苯系有机物污染土壤研究 • 以电动力结合氨作为复合剂修复铜污染土壤
	其他	• 纳米材料在受污染土壤修复中的应用 • 土壤有机质吸持有机污染物与土壤污染程度审核标准研究 • 土壤污染源的探讨与污染土壤的改良与利用
修复效果评估研究		• 比较各种不同有机质材和化学还原剂还原整治铬污染土壤的效果 • 以序列萃取法评估生物界面活性剂去除污染土壤中镉和铅的成效 • 利用化学与毒性分析评估土壤有机污染物臭氧处理的效能 • 以地电阻剖面法评估植物修复以及土壤电动修复重金属污染土壤的效果

2.3 土壤污染修复相关研究论文分析

本节以汤森路透的科学引文索引数据库扩展版（SCI-E）作为数据源，利用关键词设计检索式：TS =（remediat* OR bio-remediat* OR phytoremediat* OR co-remediat*）AND TS =（contaminat* soil* OR pollut* soil* OR soil* pollut* OR soil* contaminat*）NOT PY = 2011。检索历年来（不包括2011年）发表的土壤污染修复相关研究论文（文献类型为Article，检索时间是2011年3月15日），共检索到5545篇。然后，以这些论文作为分析的数据集，利用汤森路透开发的分析工具——汤森数据分析器（Thomson Data Analyzer，TDA）对发文量变化趋势、发文重要国家和机构以及研究主题等进行了挖掘和分析。

2.3.1 相关研究论文的数量和研究主题分析

2.3.1.1 发文量的变化趋势

根据检索结果，从20世纪80年代末开始有土壤污染修复相关研究论文发表，截至2010年共发表了5500多篇，年度发文量呈逐年上升发展趋势（图2-1），从1989年的1

篇增长到2009年的650篇，年均增长率①约37.8%。由于数据库的滞后性，2010年的数据不完整，仅供参考。

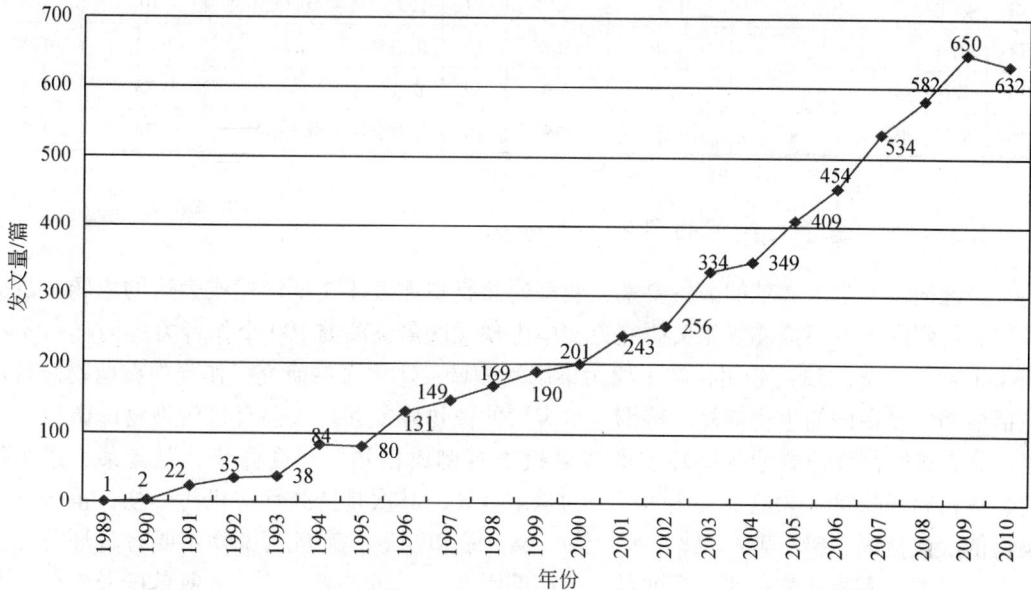

图2-1 土壤污染修复相关研究论文数量的年度变化趋势（1989~2010）

2.3.1.2 涉及的学科领域分析

根据SCI-E数据库对期刊进行的学科分类，分析了土壤污染修复相关研究论文涉及的学科领域，结果显示，土壤污染修复论文共涉及107个学科类别。其中，论文数量最多的前20个学科类别及其论文数和占该领域论文总量的百分比见表2-11。由表2-11可知，其中，属于环境科学的论文数量最多，有3569篇，占该领域论文总量的64.4%，其次是环境工程，有1286篇论文，占23.2%。由此表明，土壤污染修复已成为一个多学科交叉领域，其发展所形成的学科是一个环境科学的分支学科。

表2-11 土壤污染修复相关研究论文分布最多的前20个学科类别及其论文数

排序	学科类别	论文数/篇	比例/%	排序	学科类别	论文数/篇	比例/%
1	环境科学	3 569	64.4	7	植物科学	340	6.1
2	环境工程	1 286	23.2	8	地质科学	287	5.2
3	水资源	575	10.4	9	化学工程	257	4.6
4	土木工程	549	9.9	10	气象与大气科学	212	3.8
5	土壤科学	442	8.0	11	农艺学	206	3.7
6	生物技术与应用微生物学	356	6.4	12	毒理学	173	3.1

---

① 年均增长率计算公式：$[（末期数据/基期数据）^{1/(n-1)} -1] \times 100\%$。其中，$n$为年数

续表

排序	学科类别	论文数/篇	比例/%	排序	学科类别	论文数/篇	比例/%
13	微生物学	139	2.5	17	公共、环境与职业卫生	102	1.8
14	化学	130	2.3	18	生态学	82	1.5
15	分析化学	129	2.3	19	农业	73	1.3
16	能源与燃料	103	1.9	20	生物化学与分子生物学	72	1.3

2.3.1.3 基于关键词的研究主题分析

关键词作为学术文献的必备要素，能鲜明而直观地表述文献论述或表达的主题。数据清洗后得到的土壤污染修复相关研究论文中出现频次最高的前100个作者关键词（author's keywords）[1]（表2-12）表明，在土壤污染修复领域：①大量的研究工作集中在植物修复及包括植物修复在内的生物修复，特别是重金属的植物修复和持久性有机污染物的微生物修复。②在植物修复研究中采用较多的修复植物有柳属植物、印度芥菜、遏蓝菜、紫花苜蓿、杨树和蜈蚣草。③最受关注的污染物是重金属，其次是持久性有机污染物，重金属污染物依次包括镉、铅、砷[2]、锌、铜、铬、镍、汞和铁等，有机污染物主要有多环芳烃化合物、烃类、多氯联苯、菲、石油烃、三硝基甲苯、三氯乙烯、芘、五氯苯酚及农药、柴油、除草剂阿特拉津和原油中的有机成分等。另外，放射性物质铀和铯也是备受关注的污染物。④除了生物修复外，电动修复、稳定化/固化和淋洗等也是研究较多的修复方法。⑤有关污染物的生物有效性、形态和植物毒性，土壤微生物群落，丛枝菌根真菌对植物修复的加强作用，表面活性剂和环糊精对有机污染物的增溶作用，酶活性及动力学等方面的修复机理研究也开展的比较多。⑥污染修复效果评价和监测也是一个重要的研究方向，其中利用指示生物（包括植物和动物）的方法比较多，用到的指示植物主要有玉米、向日葵、烟草和水稻，指示动物主要是蚯蚓。

表2-12 土壤污染修复相关研究论文中出现频次最高的前100个关键词

排序	关键词	出现频次/次	排序	关键词	出现频次/次
1	植物修复	874	8	砷	173
2	重金属	625	9	生物降解	172
3	生物修复	313	10	超富集	153
4	镉	274	11	乙二胺四乙酸	151
5	多环芳烃化合物	270	12	锌	151
6	铅	241	13	铜	123
7	植物提取	214	14	表面活性剂	121

---

① 研究论文中作者提供的关键词

② 虽然砷是非金属元素，但由于其环境行为的类金属特性，在土壤污染修复或环境科学中习惯将其作为一种重金属

排序	关键词	出现频次/次	排序	关键词	出现频次/次
15	根际	101	50	生物强化技术	42
16	生物有效性	99	51	降解	42
17	电动力学	94	52	三氯乙烯	42
18	地下水	94	53	非水相液体	41
19	土壤清洗	92	54	遏蓝菜	41
20	金属	86	55	吸收	41
21	铬	85	56	黏土	40
22	电动修复	85	57	原位修复	40
23	螯合剂	80	58	淋洗	40
24	稳定化/固化	80	59	植物毒性	40
25	附着	70	60	耐受性	39
26	烃类	65	61	丛枝菌根	37
27	柳属	65	62	石油	37
28	镍	61	63	芘	37
29	多氯联苯	61	64	五氯苯酚	36
30	沉积物	61	65	地下水污染	35
31	菲	60	66	植物固定	35
32	解吸附	59	67	铀	34
33	吸附	56	68	丛枝菌根真菌	33
34	富集	55	69	微量元素	33
35	印度芥菜	55	70	细菌	32
36	汞	55	71	生物表面活性剂	32
37	建模	53	72	污水污泥	32
38	连续提取	53	73	臭氧化	31
39	毒性	52	74	微生物群落	30
40	石油烃	51	75	零价铁	30
41	三硝基甲苯	51	76	紫花苜蓿	29
42	玉米	51	77	铯	29
43	堆肥	49	78	蚯蚓	29
44	柴油	47	79	农药	29
45	形态	45	80	生物富集	27
46	总石油烃	45	81	过氧化氢	27
47	提取	44	82	动力学	27
48	风险评估	44	83	有机污染物	27
49	向日葵	44	84	石油污染	27

排序	关键词	出现频次/次	排序	关键词	出现频次/次
85	烟草	27	93	生物刺激	24
86	柠檬酸	26	94	原油	24
87	环糊精	26	95	酶活性	24
88	炸药	26	96	尾矿	24
89	自然衰减	26	97	持续有机污染物	24
90	阿特拉津	25	98	杨树	24
91	芬顿试剂	25	99	蜈蚣草	24
92	增溶	25	100	水稻	24

2.3.1.4 近3年出现的新主题

土壤污染修复相关研究非常活跃，自20世纪90年代以来，每年新出现的技术术语（Technology Terms）占当年所有技术术语的比例均超过一半（图2-2）。

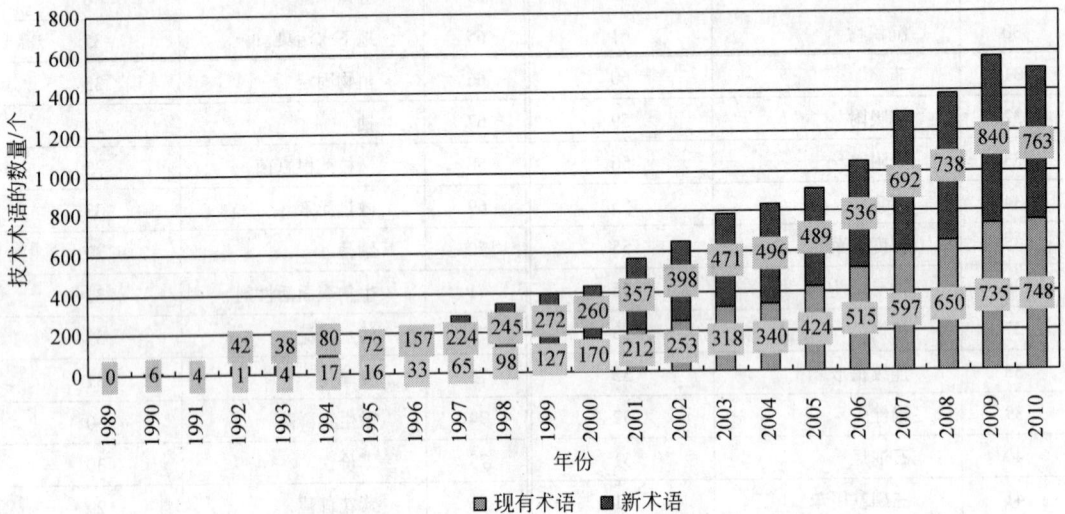

图2-2 土壤污染修复相关研究论文现有技术术语和新技术术语数量的年变化

另外，从近3年（2008~2010）首次出现的高频关键词（表2-13）可以看出近年来该领域的一些研究趋势：①开始研究利用观赏植物、麻疯树、多花黑麦草和亚麻进行土壤污染植物修复；②将促进植物生长和植物管理与土壤污染修复相结合；③研究利用植物内生菌、假单胞菌、青枯菌、幼套球囊霉、烃降解微生物、硫酸盐还原菌、铁还原菌等微生物修复污染土壤；④研究利用黑炭、微波加热等方法进行修复；⑤开始关注疏水性有机化合物的污染修复；⑥利用探地雷达进行土壤污染监测；⑦在修复机理方面开始关注植物生长调控与重金属的迁移性。

表 2-13　近 3 年土壤污染修复相关研究论文中新出现的出现频率在 3 及以上的 40 个关键词

排序	关键词	出现频次/次	排序	关键词	出现频次/次
1	抗氧化酶	8	21	多胺	3
2	内生菌	6	22	孔隙水	3
3	镉超富集植物	5	23	园圃土壤	3
4	观赏植物	5	24	假单胞菌	3
5	硫酸根	5	25	青枯菌	3
6	植物生长促进	4	26	幼套球囊霉	3
7	土壤酶活性	4	27	探地雷达	3
8	原生微生物	4	28	生物碳	3
9	麻疯树	4	29	重金属的流动性	3
10	多花黑麦草	4	30	阳极液调节	3
11	微生物生物量碳	4	31	烃降解微生物	3
12	纳米零价铁颗粒	3	32	疏水性有机化合物	3
13	精油	3	33	硫酸盐还原菌	3
14	生长素受体激动剂	3	34	表面活性剂冲洗	3
15	析因设计	3	35	铁还原菌	3
16	铁矿	3	36	总烃含量	3
17	适应	3	37	黑炭	3
18	亚麻	3	38	海洋沉积物	3
19	植物管理	3	39	耐金属细菌	3
20	铬固定	3	40	微波加热	3

2.3.2　重要国家和地区土壤污染修复相关研究论文分析

2.3.2.1　论文产出及其年度变化趋势

（1）论文产出总量。

根据检索结果，共有 94 个国家和地区发表了土壤污染修复相关研究论文，其中发文量最多的前 15 个国家和地区依次是美国、中国①、加拿大、英国、西班牙、意大利、德国、韩国、法国、日本、印度、中国台湾、澳大利亚、巴西和比利时（图 2-3）。这 15 个国家和地区的发文总量约占世界土壤修复相关研究论文总量的 90%。其中美国的发文量最多，为 1725 篇，约是发文量排在第二位的中国的 2.4 倍，占世界土壤修复相关研究论文总量的 31.1%；中国的发文量为 709 篇，占 12.8%；加拿大的发文量是 344 篇，约占 6.2%。

① 仅指中国内地，不包括香港、澳门和台湾的数据，只适用于本章

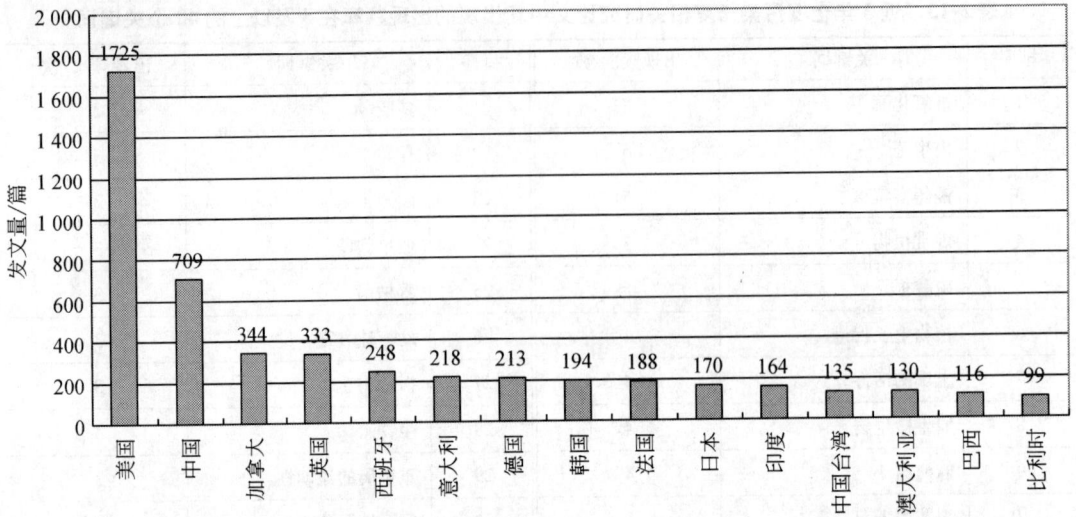

图 2-3　土壤污染修复领域相关研究论文数量最多的前 15 个重要国家和地区及其总发文量（1989～2010）

（2）论文产出的年度变化趋势。

根据检索分析结果，美国是发表土壤污染修复相关研究论文最早的国家，始见于 20 世纪 80 年代末，其次是加拿大，最早发表于 20 世纪 90 年代早期，其他国家都是集中于 20 世纪 90 年代中、末期开始发表相关论文。从发展趋势看，除美国和日本近两年有下降趋势外，其余国家和地区年度发文量总体上均呈上升增长趋势（图 2-4）。其中，中国增势最为迅猛，从 1997 年的 1 篇增加到 2010 年的 154 篇，在 2003 年时超过其他国家排在了

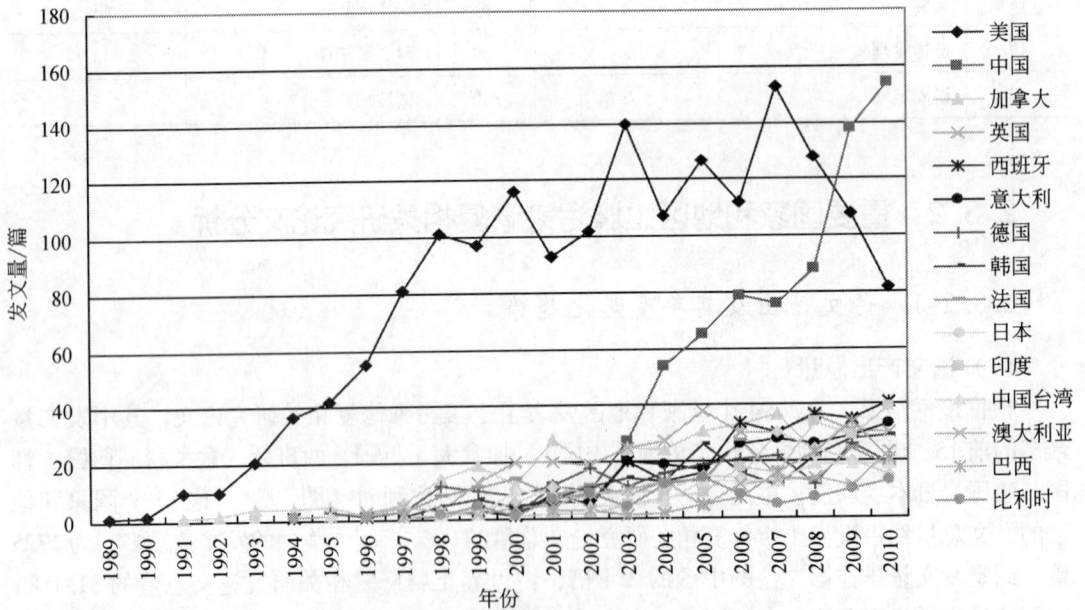

图 2-4　土壤污染修复领域 15 个重要国家和地区发表的相关研究论文数量
年变化趋势（1989～2010）（后附彩图）

仅次于美国的第二位，2009 年时又超过了美国，成为该领域年度发文量最多的国家；美国在 1998 年前，年度发文量逐年上升，此后直到 2007 年是在波动中呈上升态势，但在 2007 年后呈下降趋势；日本也是在 2007 年达到发文高峰后开始下降；其他 12 个国家和地区增幅都不大。其中，西班牙、意大利、印度、中国台湾、澳大利亚和巴西 6 个国家和地区基本上稳步增长，另 6 个国家呈波动状态。

（3）研究发展势头分析。

利用各国和地区在该领域近 3 年（2008~2010）的发文量及其占各自该领域发文总量的比例（表2-14），分析重要国家和地区近期的研发活跃程度。以各国和地区近 3 年的发文量为横轴，以近 3 年发文量占各国和地区发文总量的百分比为纵轴，并以各自的平均值为原点，绘制 15 个重要国家和地区的相对位置散点象限图（图2-5）。可以看出，位于第一象限的中国和西班牙近 3 年的发文量和所占比例均相对较高，属于近期研究发展势头最强劲的国家；位于第四象限的美国的发文量较高，但是所占比例很低，而位于第二象限的巴西、印度、中国台湾、韩国和意大利的发文量相对较低，但所占比例较高，认为这些国家是研究发展势头居中的国家；其余位于第三象限的英国、加拿大、日本等 7 个国家的发文量和所占比例最低，属于研究发展势头相对较弱的国家，或者说正处于平稳发展期。

表2-14 土壤污染修复领域 15 个重要国家/地区近 3 年发文量及其占各自总发文量的百分比

排序	国家/地区	近 3 年发文量/篇	近 3 年发文量占比/%	排序	国家/地区	近 3 年发文量/篇	近 3 年发文量占比/%
1	中国	380	53.6	9	巴西	78	67.2
2	美国	318	18.4	10	日本	59	34.7
3	西班牙	113	45.6	11	德国	57	26.8
4	印度	102	62.2	12	中国台湾	57	42.2
5	英国	97	29.1	13	法国	55	29.3
6	意大利	88	40.4	14	澳大利亚	48	36.9
7	韩国	79	40.7	15	比利时	30	30.3
8	加拿大	78	22.7				

2.3.2.2 研究论文被引分析

被引频次是文献计量学中反映论文质量和影响力的一个重要指标。本研究检索到的土壤污染修复相关研究论文 5545 篇的总被引频次是 69 929 次，篇均被引频次是 12.6 次，单篇最高被引频次 468 次。比较 15 个重要国家和地区所发论文的总被引频次、篇均被引频次和单篇最高被引频次（表2-15），可见美国、英国、法国和比利时的篇均被引频次高于世界平均水平（12.6 次）。其中，英国和比利时的最高，均是 19.4 次，法国 16.6 次、美国 16.5 次，其余 11 个国家和地区低于世界平均水平。从总被引频次来看，美国、英国和中国位居前三。其中，美国为 28 422 次，约占该领域所有论文总被引频次的 40.6%，约是排在第二位的英国的 4.4 倍。从单篇最高被引频次来看，美国最高，达到 468 次；其次是英国，223 次；再次是中国和德国，都是 146 次；法国和比利时分别是 134 次和 112 次；其余 9 个国家和地区均在 100 次以下。

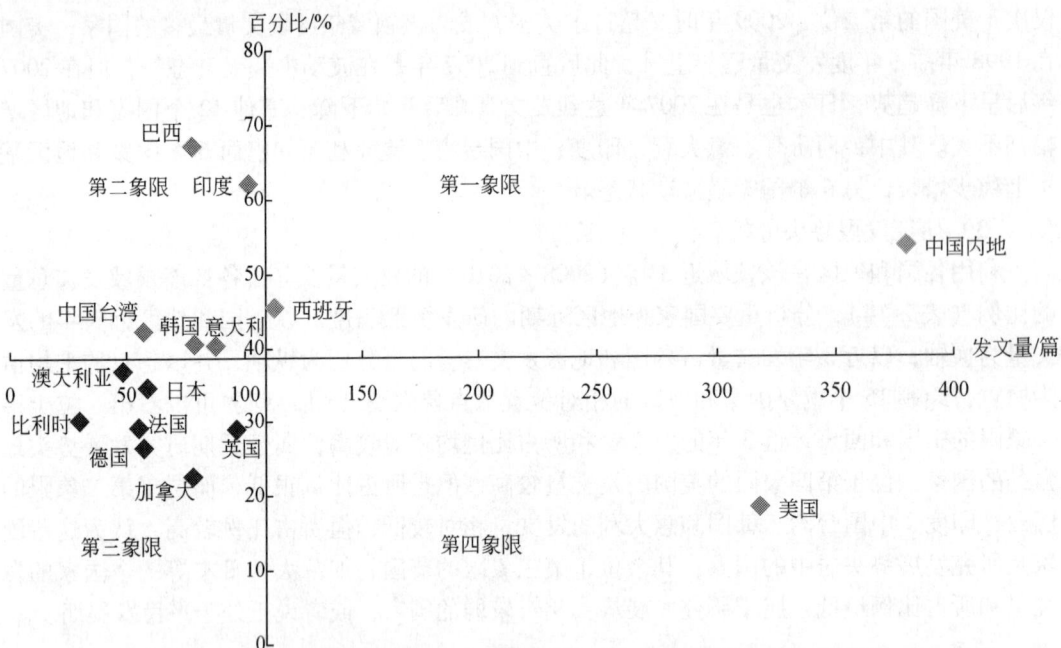

图 2-5　土壤污染修复领域 15 个重要国家和地区近三年发文量和近三年发文量占总发文量百分比的
相对位置分布图

该图以各国和地区近三年发文量为横轴，以近三年发文量占各国和地区总发文量的百分比为纵轴，并以各自的
平均值为原点

表 2-15　土壤污染修复领域 15 个重要国家和地区所发论文的总被引频次、
篇均被引频次和单篇最高被引频次

序号	国家/地区	发文量/篇	总被引频次/次	篇均被引频次/次	单篇最高被引频次/次
1	美国	1 725	28 422	16.5	468
2	英国	333	6 468	19.4	223
3	中国	709	5 552	7.8	146
4	加拿大	344	3 806	11.1	89
5	法国	188	3 112	16.6	134
6	西班牙	248	2 633	10.6	96
7	德国	213	2 567	12.1	146
8	意大利	218	1 998	9.2	89
9	比利时	99	1 923	19.4	112
10	澳大利亚	130	1 428	11.0	60
11	韩国	194	1 346	6.9	95
12	日本	170	1 246	7.3	87
13	中国台湾	135	1 077	8.0	50
14	印度	164	877	5.3	57
15	巴西	116	352	3.0	28

2.3.2.3 研究主题分析

表 2-16 是 15 个重要国家和地区所发表的论文中出现频次最高的前 5 位关键词，从中可以看出：①在修复技术上，除了中国台湾主要关注电动修复（一种物理化学修复技术）外，其余各地都重点集中于植物修复，同时韩国将化学修复（利用表面活性剂）也作为了重点；②在污染物方面，各国和地区都重点关注了重金属污染修复。在重金属中各地关注的种类又略有差异，美国重点是铅，中国、英国、西班牙、日本、印度和比利时重点是镉，意大利重点是铜，法国重点是镉和锌，印度是镉和铬，澳大利亚是砷。中国台湾重点关注的种类相对较多，包括铅、镉和铜。另外，美国、中国、加拿大、意大利、德国和法国对持久性有机污染物——多环芳烃化合物的修复也非常重视，韩国对柴油污染修复的相关研究较多。这些高频关键词还表明，日本多用水稻作为污染修复效果评价或污染监测的指示作物，比利时则在植物修复研究中多采用柳属植物。

表 2-16　土壤污染修复领域 15 个重要国家/地区发表论文中出现频次最高的前 5 位关键词

序号	国家/地区	出现频次最高的前 5 位关键词（出现频次/次）
1	美国	植物修复（239）、重金属（93）、生物修复（91）、铅（79）、多环芳烃化合物（77）
2	中国	植物修复（151）、重金属（125）、镉（81）、超富集植物（64）、多环芳烃化合物（48）
3	加拿大	植物修复（31）、生物修复（26）、重金属（21）、地下水（17）、多环芳烃化合物（17）
4	英国	植物修复（69）、重金属（39）、镉（26）、生物修复（22）、超富集植物（22）
5	西班牙	重金属（53）、植物修复（46）、砷（18）、生物修复（12）、镉（12）、微量元素（12）
6	意大利	重金属（38）、植物修复（32）、多环芳烃化合物（12）、铜（11）、植物提取（10）
7	德国	植物修复（42）、重金属（29）、生物修复（17）、多环芳烃化合物（15）、生物降解（10）、植物提取（10）
8	韩国	重金属（20）、生物降解（16）、表面活性剂（16）、植物修复（14）、柴油（12）
9	法国	植物修复（27）、重金属（23）、多环芳烃化合物（19）、镉（17）、锌（12）
10	日本	植物修复（40）、镉（29）、重金属（21）、砷（11）、超富集植物（11）、水稻（11）
11	印度	植物修复（41）、重金属（24）、镉（13）、铬（10）、生物修复（9）
12	中国台湾	重金属（14）、铅（10）、镉（9）、铜（8）、电动力学（8）
13	澳大利亚	植物修复（25）、超富集植物（12）、生物修复（11）、砷（9）、植物提取（9）
14	巴西	植物修复（26）、重金属（14）、生物修复（12）、石油（7）、植物提取（7）
15	比利时	重金属（26）、植物提取（16）、植物修复（16）、柳属（9）、镉（8）

2.3.3　重要研究机构土壤污染修复相关研究论文分析

2.3.3.1 论文产出及其年度变化趋势

（1）论文产出总量。

从机构角度分析，发表土壤污染修复相关研究论文数量最多的前 10 个机构依次是：中国科学院、浙江大学、西班牙高等科学研究委员会、佛罗里达大学、美国环境保护局、美国农业部农业研究局、中山大学、普渡大学、伊利诺伊大学和南开大学（表 2-17）。其中美国的机构最多，有5个，其次是中国的机构，占有4个席位，另有1个机构属于西班牙。排在第一位的中国科学院共发表了223篇相关研究论文，约占同期中国土壤污染修复研究相关论文的31.5%，是中国在该领域的重要优势机构；排在第三的西班牙高等科学研究委员会，发文97篇，占同期西班牙土壤污染修复相关研究论文的39.1%，是西班牙在该领域的优势机构；美国的5个机构排在第4~9位，占同期美国土壤污染修复相关研究论文的3%~6%，表明在该领域，美国各研究机构之间实力相当，没有特别突出的优势机构。

表2-17 发表土壤污染修复相关研究论文数量最多的前10个重要研究机构（1989~2010）

排序	机构名称	论文数量/篇	所属国家	占所属国家该领域发文总量的比例/%
1	中国科学院	223	中国	31.5
2	浙江大学	111	中国	15.7
3	西班牙高等科学研究委员会	97	西班牙	39.1
4	佛罗里达大学	90	美国	5.2
5	美国环境保护局	86	美国	5.0
6	美国农业部农业研究局	73	美国	4.2
7	中山大学	52	中国	7.3
8	普渡大学	51	美国	3.0
9	伊利诺伊大学	51	美国	3.0
10	南开大学	49	中国	6.9

（2）论文产出的年度变化趋势。

图2-6显示了10个重要研究机构1989~2010年发表土壤污染修复相关研究论文数量的年变化趋势。从中可以看出，美国的5个机构开始发文的时间相对较早，在20世纪90年代早期或中期，其历年发文量均变化不显著，佛罗里达大学在10篇左右波动，其余4个机构则基本在10篇以下徘徊；中国的4个机构的发文起始时间均相对较晚，集中于20世纪90年代末或21世纪初，其中，总发文量排在第一位的中国科学院自20世纪90年代末开始有相关论文发表以来，发文量呈增长态势，除了2005年和2007年分别较前一年有所下降外，其余各年均在前一年的基础上有所增长，其中2003~2004年和2007~2009年这两个时间段增幅最大，分别约增加了1.9倍和1倍；中国的浙江大学增势不显著，自2003年以来一直在10多篇变化，其中2005年达到峰值17篇；中国的中山大学和南开大学近两年发文量猛增，2009年在2008年个位数的基础上分别增加到了16篇和17篇，年增长率分别为300%和89.9%；排在第三位的西班牙高等科学研究委员会从90年代末开始发文，趋势起伏较大，2006年以前，呈增长态势，从1篇增加到了17篇，2006年后下滑到了10篇，此后又在2010年回升到了17篇。

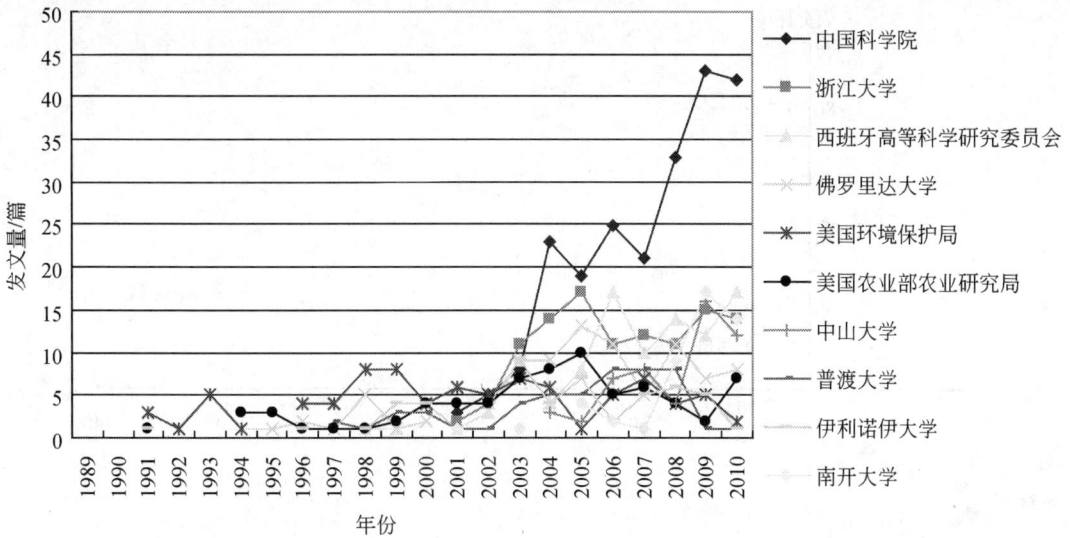

图 2-6 土壤污染修复领域 10 个重要研究机构发表相关研究论文数量的年变化趋势（1989~2010）
（后附彩图）

（3）研究发展势头分析。

利用各研究机构在该领域近 3 年（2008~2010）的发文量及其占各自在该领域的总发文量的比例（表 2-18），来分析近期重要研究机构的研发活跃程度。以各研究机构近 3 年发文量为横轴，以近 3 年发文量占各机构总发文量的百分比为纵轴，并以各自的平均值为原点，绘制 10 个重要研究机构的相对位置散点象限图（图 2-7）。可以看出，位于第一象限的中国科学院、浙江大学和西班牙高等科学研究委员会近 3 年的发文量和所占比例均相对较高，属于近期研究发展势头最强劲的机构；位于第四象限的南开大学的发文量较高，但是所占比例较低，而位于第二象限的中山大学的发文量相对较低，但所占比例较高，所以认为这两所大学的研究发展势头居中；其余位于第三象限的佛罗里达大学、伊利诺伊大学、美国农业部农业研究局等 5 个美国机构的发文量和所占比例均相对最低，认为其研究发展势头相对较弱，或者说正处于平稳发展期。

表 2-18 土壤污染修复领域 10 个重要研究机构近 3 年发文量及其占各机构总发文量的百分比

排序	研究机构	近 3 年发文量/篇	近 3 年发文量占比/%	排序	研究机构	近 3 年发文量/篇	近 3 年发文量占比/%
1	中国科学院	118	52.9	6	美国农业部农业研究局	13	17.8
2	浙江大学	40	36.0	7	中山大学	32	61.5
3	西班牙高等科学研究委员会	43	44.3	8	普渡大学	10	19.6
4	佛罗里达大学	26	28.9	9	伊利诺伊大学	12	23.5
5	美国环境保护局	11	12.8	10	南开大学	40	81.6

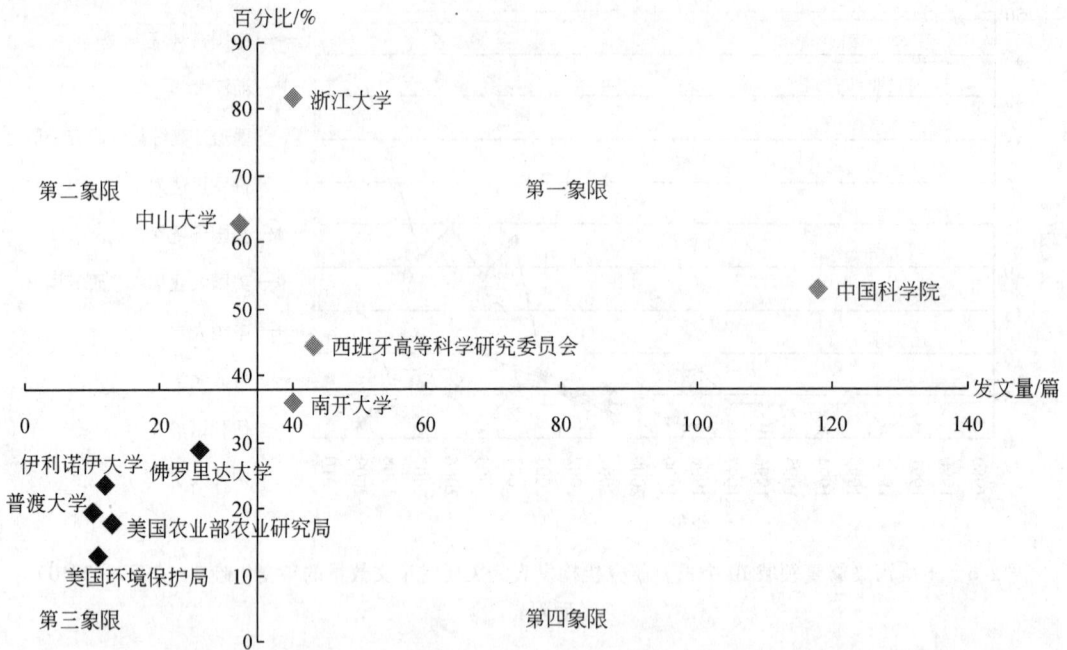

图 2-7　土壤污染修复领域 10 个重要研究机构近 3 年发文量和近 3 年发文量占总发文量百分比的相对位置分布图

该图以各机构近 3 年发文量为横轴，以近 3 年发文量占各机构总发文量的百分比为纵轴，并以各自的平均值为原点

2.3.3.2　研究论文被引分析

比较 10 个重要研究机构所发论文的总被引频次、篇均被引频次和单篇最高被引频次（表 2-19），可见美国农业部农业研究局、佛罗里达大学、环境保护局、伊利诺伊大学和西班牙高等科学研究委员会的篇均被引频次高于该领域的世界平均水平（12.6 次），其余 5 个机构低于世界平均水平；从总被引频次来看，中国科学院、佛罗里达大学和美国农业部农业研究局依次名列前三，差距不显著；从单篇最高被引频次来看，美国农业部农业研究局、佛罗里达大学和美国环境保护局名列前三，其中农业研究局最高，是 223 次，另两个机构均是 110 次，其余 7 个机构都低于 100 次。另外，单篇被引频次最高的机构是美国罗格斯大学（Rutgers University），其 1997 年发表在期刊《环境科学与技术》（*Environmental Science & Technology*）上的一篇论文《利用土壤应用螯合剂增强印度芥菜的铅富集》（*Enhanced Accumulation of Pb in Indian Mustard by Soil-applied Chelating Agents*）的被引频次达到了 468 次，不过该机构的发文量是 20 篇，没有进入发文量排名前 10 位。

表 2-19　土壤污染修复领域 10 个重要研究机构所发论文的总被引频次、篇均被引频次和单篇最高被引频次

序号	研究机构	发文量/篇	总被引频次/次	篇均被引频次/次	单篇最高被引频次/次
1	中国科学院	223	1945	8.7	89
2	佛罗里达大学	90	1679	18.7	110

序号	研究机构	发文量/篇	总被引频次/次	篇均被引频次/次	单篇最高被引频次/次
3	美国农业部农业研究局	73	1 613	22.1	223
4	美国环境保护局	86	1 583	18.4	110
5	西班牙高等科学研究委员会	97	1 354	14.0	86
6	浙江大学	111	1 171	10.5	90
7	伊利诺伊大学	51	856	16.8	97
8	普渡大学	51	548	10.7	66
9	中山大学	52	469	9.0	85
10	南开大学	49	190	3.9	41

2.3.3.3 研究主题分析

10 个重要研究机构发表论文中出现频次最高的前 5 位关键词（表 2-20）表明：在修复技术方面，除了美国的伊利诺伊大学以电动修复研究为主外，其余 9 个机构都以植物修复研究为主；在污染物方面，除了美国的普渡大学从这些词中无法获悉其关注的污染物外，其余机构都把重金属污染修复作为了重点。中国的 4 个机构，包括中国科学院、浙江大学、中山大学和南开大学，都把重金属镉修复作为了修复重点，与此同时，中国科学院和浙江大学还分别重点关注了砷和铜。除重金属外，浙江大学把有机污染物多环芳烃化合物和菲污染也作为了修复重点。对于美国的 5 个机构，除了普渡大学和伊利诺伊大学看不出其关注的具体污染物外，其余 3 个机构的差异相对比较大，佛罗里达大学重点关注的是砷和镉，美国环境保护局重点关注铅、有机污染物多环芳烃化合物及放射性元素铯和锶，农业研究局重点关注镍和有机氯类除草剂阿特拉津。西班牙高等科学研究委员会主要关注砷和一些微量元素。

表 2-20 土壤污染修复领域 10 个重要研究机构发表论文中出现频次最高的前 5 位关键词

序号	研究机构	出现频次最高的前 5 位关键词（出现频次/次）
1	中国科学院	植物修复（69）、重金属（51）、镉（35）、超富集植物（36）、砷（18）
2	浙江大学	植物修复（24）、多环芳烃化合物（17）、菲（14）、超富集植物（11）、镉（10）、铜（10）、重金属（10）
3	西班牙高等科学研究委员会	重金属（26）、植物修复（18）、砷（6）、生物修复（6）、微量元素（6）
4	佛罗里达大学	超富集植物（21）、植物修复（19）、砷（16）、重金属（14）、镉（12）
5	美国环境保护局	铅（7）、植物修复（4）、多环芳烃化合物（4）、铯（3）、放射性核素（3）、锶（3）
6	美国农业部农业研究局	植物修复（17）、超富集植物（7）、镍（6）、植物 Alyssum murale（可用于修复镍污染土壤）（4）、阿特拉津（4）、生物修复（4）、植物提取（4）、根际（4）
7	中山大学	重金属（20）、植物修复（16）、超富集植物（12）、镉（8）、植物提取（7）

序号	研究机构	出现频次最高的前 5 位关键词（出现频次/次）
8	普渡大学	植物修复（18）、植物（13）、根际（11）、生物降解（10）、生物修复（10）
9	伊利诺伊大学	电动力学（17）、黏土（15）、重金属（14）、电动修复（9）、表面活性剂（6）
10	南开大学	植物修复（16）、重金属（14）、超富集植物（8）、富集（7）、镉（7）

2.4 土壤污染修复相关专利分析

本部分以汤森路透的德温特专利创新索引数据库（Derwent Innovation Index，DII）作为数据源，利用检索式：TS =（remediat* OR bio-remediat* OR phytoremediat* OR co-remediat*）AND TS =（contaminat* soil* OR pollut* soil* OR soil* pollut* OR soil* contaminat*）。S 检索到 2011 年前的土壤污染修复相关专利申请 800 件（检索日期为 2011 年 3 月 2 日）。然后，以这 800 件专利为数据集，利用汤森路透的数据分析工具——汤森数据分析器（Thomson Data Analyzer，TDA）和 Aureka 专利在线分析工具等，从专利年度[①]申请趋势、专利受理机构、专利权人、技术领域、技术发展趋势以及相关机构的专利保护策略等角度对土壤污染修复研究相关专利数据进行了统计与文本挖掘分析。

2.4.1 土壤污染修复相关专利申请量的年度变化趋势

图 2-8 显示了土壤污染修复专利申请量的年度变化情况。从整体上看，自 1988 年以

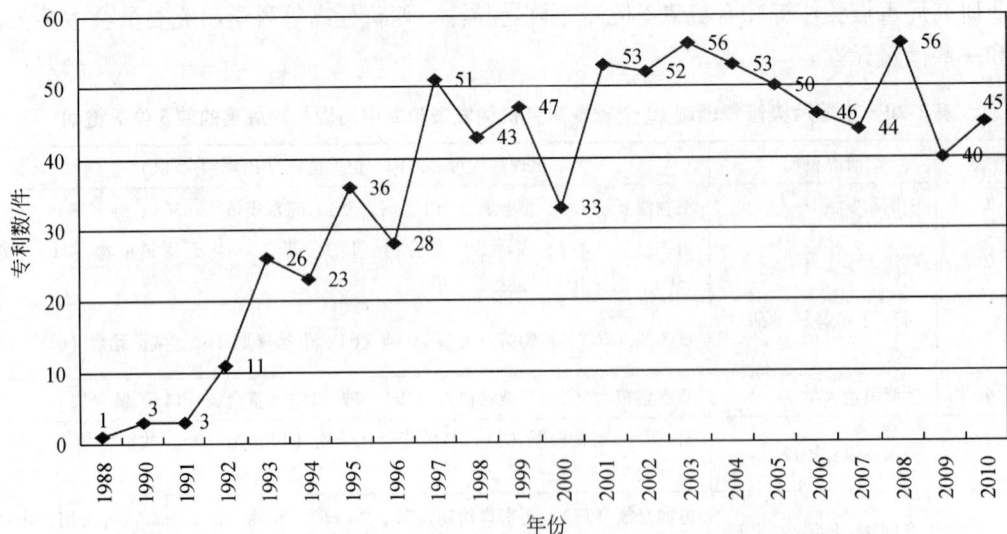

图 2-8 土壤污染修复相关专利申请数量的年度变化趋势（1988～2010）

---

① 以下文中如果没有特别说明，全部按基本专利年进行统计

来，专利申请数量在波动中呈增长态势，并大致经历了三个发展阶段：1988～1991年，经历了3年短暂的起步阶段，专利申请量只有个位数；1992～1997年，是快速发展阶段，在波动中从1992年的11件增长到了1997年的51件，增加了5倍多；1998～2010年，进入稳定发展阶段，相关专利申请量在40～60件之间波动（2000年除外）。其中，2003年和2008年专利申请量最多，均为56件（由于专利时滞，2010年度的数据仅供参考①）。

2.4.2 土壤污染修复相关专利申请受理机构分析

根据对土壤污染修复相关专利申请受理机构的统计，受理量最多的前10个机构依次是美国专利商标局（US）、世界知识产权组织（WO）、韩国专利局（KR）、中华人民共和国国家知识产权局（CN）、欧洲专利局（EP）、加拿大专利局（CA）、日本专利局（JP）、俄罗斯专利局（RU）、英国专利局（GB）和中国台湾专利局（TW），其所受理的专利申请量之和占专利申请总量的97%以上（表2-21）。其中，绝大部分专利受理集中在前3个受理机构，美国专利商标局受理的专利申请量最多，有348件，占专利申请总量的43%以上；排在第二位的世界知识产权组织受理了185件，占专利申请总量的23%以上；排名第三的韩国专利局受理了93件，约占专利申请总量的12%，其他7个受理机构的受理量均在40件以下。

表2-21 受理土壤污染修复相关专利申请最多的前10个专利机构

排序	专利机构		专利受理量/件	排序	专利机构		专利受理量/件
	中文名	英文缩写			中文名	英文缩写	
1	美国专利商标局	US	348	6	加拿大专利局	CA	28
2	世界知识产权组织	WO	185	7	日本专利局	JP	21
3	韩国专利局	KR	93	8	俄罗斯专利局	RU	12
4	中华人民共和国国家知识产权局	CN	39	9	英国专利局	GB	11
5	欧洲专利局	EP	37	10	中国台湾专利局	TW	7

图2-9为受理专利申请最多的前10个专利机构受理专利申请量的年变化。美国专利商标局从1988年开始受理土壤污染修复相关专利，1997年相关专利数量达到最高，为30件，1998～2005年受理的专利申请量基本在20件左右，近5年（除2008年是25件外）的受理量在10～15件；世界知识产权组织1990年开始受理该研究领域相关专利，1997年受理最多，为16件，2001～2003年为15件，其余各年度均在10件左右波动；韩国专利局从1998年开始受理相关专利，于2004年达到高峰，为19件，2007年以来受理量一般在5件左右；中华人民共和国国家知识产权局从2005年开始受理，总体上呈现逐年上升的趋势，2009年和2010年的受理量分别为5件和16件；欧洲专利局从1990年开始受理，总体上各年度受理量较低，一般在6件以下。美国、韩国和中国是该领域的重要研发竞争

① 以下同，即2010年数据仅供参考

区域。

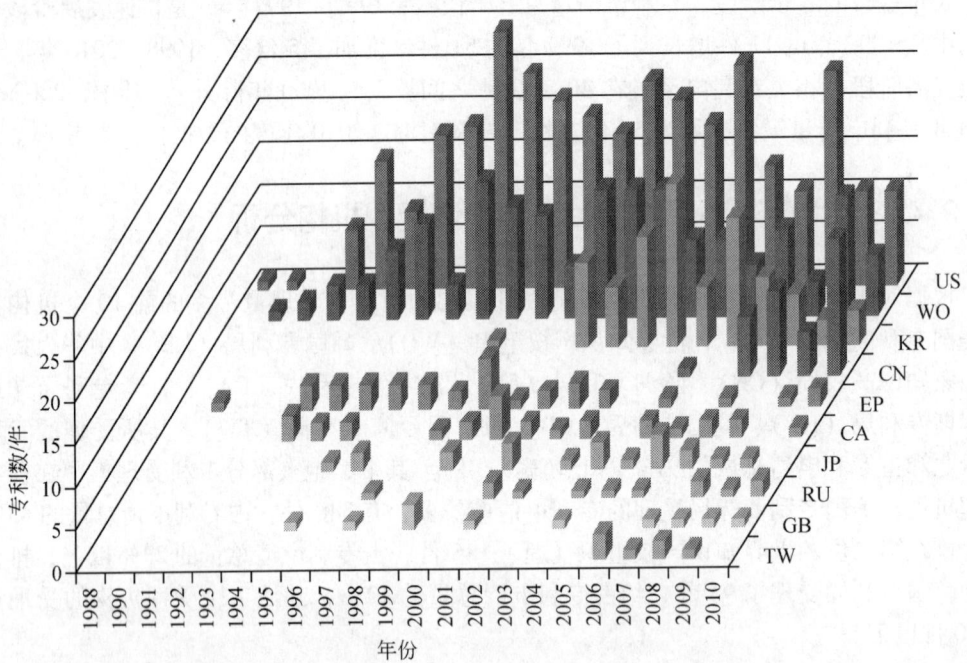

图 2-9　受理土壤污染修复相关专利最多的前 10 个专利机构受理专利的年分布（1988～2010）

2.4.3　土壤污染修复相关专利权人分析

根据对申请土壤污染修复相关专利的专利权人的统计，壳牌石油、日本佳能、美国通用、S. J. Han、S. S. Kim 、得克萨斯大学、美国环境保护局、B. L. Bruso、美国杜邦和韩国三星分别是该领域专利申请量最多的前 10 个专利权人（表2-22）。在这 10 个专利权人中，从所属国家来看，有 5 个来自美国，3 个来自韩国，其余 2 个分别来自日本和英国；从专利权人性质来看，有 5 个是企业（其中 3 个占据了前三名），3 个是个人，另外各有 1 个分别是高校和政府机构。

表 2-22　土壤污染修复相关专利申请量最多的前 10 个专利权人及其专利申请量

排序	专利权人	所属国家	专利申请量/件
1	壳牌石油	英国	18
2	日本佳能	日本	14
3	美国通用	美国	11
4	S. J. Han	韩国	9
5	S. S. Kim	韩国	9
6	得克萨斯大学	美国	8
7	美国环境保护局	美国	8

排序	专利权人	所属国家	专利申请量/件
8	B. L. Bruso	美国	7
9	美国杜邦	美国	7
10	韩国三星	韩国	7

专利申请量最多的前 10 个专利权人的专利申请量年度分布见图 2-10。其中，英国的壳牌石油申请量最多，最早开始于 1993 年，也是申请量最多的年份，为 6 件，1994～1997 年没有相关专利申请，1998～2005 年申请量在 3 件以下，2006 年至今没有检索到相关专利申请；日本佳能专利申请主要集中在 1994～2001 年，其中 1996 年数量最多，为 4 件，除此之外一般为 1～2 件，2001 年至今没有检索到相关专利申请；美国通用于 1993 年开始申请，1993 年申请量最多，为 3 件，2003 年至今没有检索到相关专利申请。这表明，近些年来，这些研发机构在土壤污染修复专利申请方面的积极性在降低。

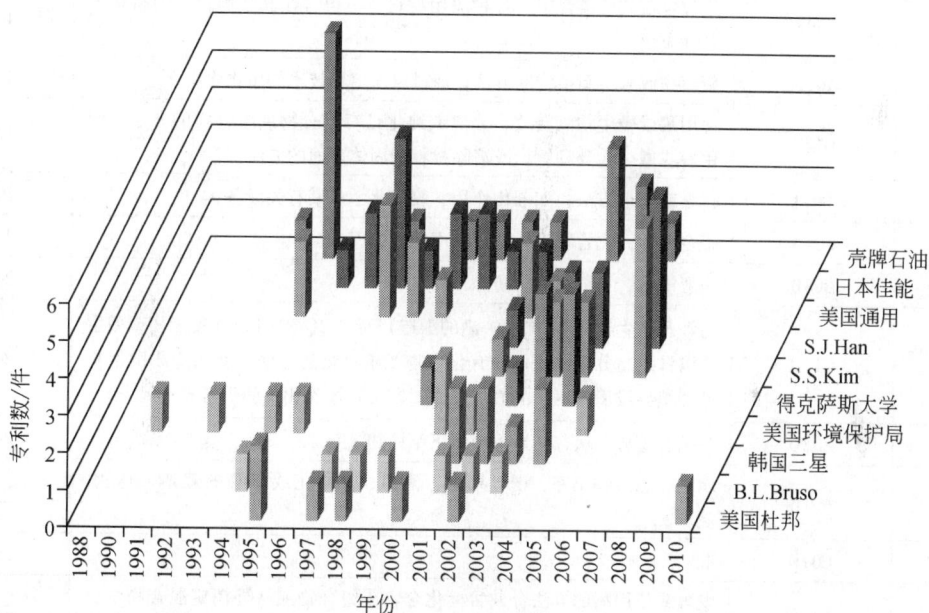

图 2-10　土壤污染修复相关专利申请量最多的前 10 个专利权人的专利年度分布（1988～2010）

2.4.4　土壤污染修复相关专利涉及的技术领域分析

2.4.4.1　相关专利涉及的技术领域分析

根据对土壤污染修复相关申请专利的国际专利分类进行的分析，97% 以上的申请专利集中在如表 2-23 所示的 20 个技术方向："污染的土壤的再生"、"水、废水、污水或污泥的处理"、"固体废物的处理"、"通过产生化学变化使有害的化学物质无害或减少害处的方法；用于防护有害化学试剂的覆盖物或衣罩的材料组合物等"、"微生物或酶，其组合物；繁殖、保藏或维持微生物，变异或遗传工程；培养基"等。

表 2-23　土壤污染修复相关专利申请数量最多的前 20 个方向

排序	国际专利分类代码（4 位）	代码定义	专利数量/件
1	B09C	污染的土壤的再生	383
2	C02F	水、废水、污水或污泥的处理	217
3	B09B	固体废物的处理	149
4	A62D	通过产生化学变化使有害的化学物质无害或减少害处的方法；用于防护有害化学试剂的覆盖物或衣罩的材料组合物等	124
5	C12N	微生物或酶，其组合物；繁殖、保藏或维持微生物，变异或遗传工程；培养基	118
6	B01D	分离	66
7	E21B	借助于测定材料的化学或物理性质来测试或分析材料	59
8	C09K	不包含在其他类目中的各种应用材料、不包含在其他类目中的材料的各种应用	46
9	A01H	新植物或获得新植物的方法；通过组织培养技术的植物再生	41
10	C12S	使用酶或微生物以释放、分离或纯化已有化合物或组合物的方法，使用酶或微生物处理织物或清除材料的固体表面的方法	34
11	B01J	化学或物理方法，如催化作用、胶体化学；其有关设备	30
12	G01N	组合化学；化合物库，如化学库、虚拟库	25
13	B08B	一般清洁、一般污垢的防除	24
14	C12R	与涉及微生物之 C12C（啤酒的酿造）至 C12Q 或 C12S（使用酶或微生物以释放、分离或纯化已有化合物或组合物的方法、使用酶或微生物处理织物或清除材料的固体表面的方法）小类相关的引得表	24
15	E02D	基础、挖方、填方、地下或水下结构物	24
16	A01G	园艺、蔬菜、花卉、稻、果树、葡萄、啤酒花或海菜的栽培，林业，浇水	23
17	C07K	肽	23
18	C12P	发酵或使用酶的方法合成目标化合物或组合物或从外消旋混合物中分离旋光异构体	23
19	B01F	混合，如溶解、乳化、分散	22
20	C05F	不包含在 C05B（磷肥）、C05C（氮肥）小类中的有机肥料，如用废物或垃圾制成的肥料	22

从前 10 个技术方向上申请专利的年度变化来看（图 2-11），B09C（污染的土壤的再生）小类最早出现于 1992 年，1995 年至今（除 1996 年外），其数量位居各小类之首，2003 年和 2004 年数量最多，均为 33 件，最近几年基本在 25 件以上；C02F（水、废水、污水或污泥的处理）小类最早出现于 1990 年，1991～1997 年为快速增长期，近几年一般在 10 件以上；B09B（固体废物的处理）小类最早出现于 1990 年，1990～1993 年为快速增长期，从 1990 年的 2 件增长到 1993 年的 16 件，其后总体上表现出下降的趋势，从

1994 年的 15 件下降到 2010 年的 1 件；其余小类中，除了 A62D（通过产生化学变化使有害的化学物质无害或减少害处的方法；用于防护有害化学试剂的覆盖物或衣罩的材料组合物等）和 B01D（分离）近几年的数量保持稳定或稍微增长外，其余小类均表现出下降的趋势。

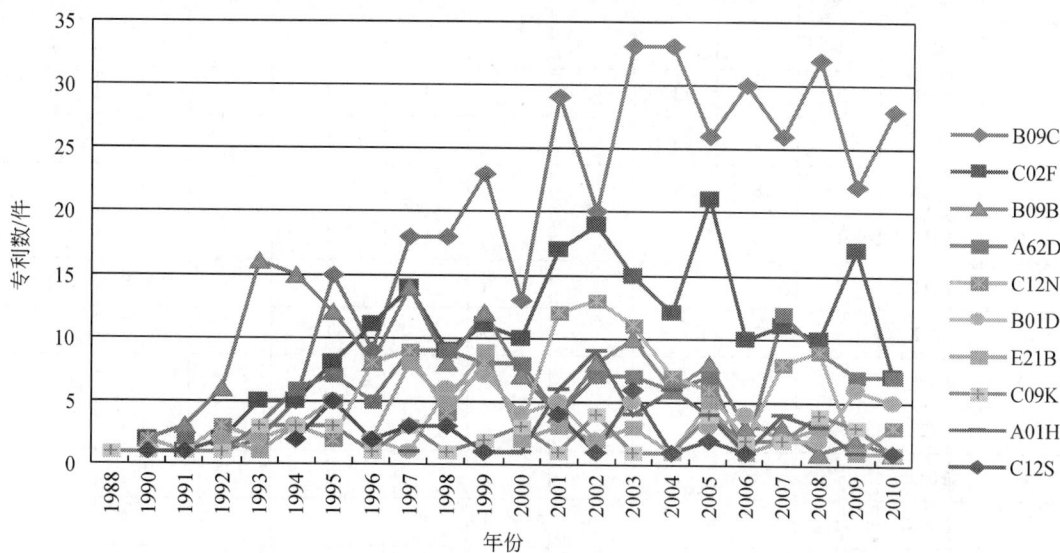

图 2-11　土壤污染修复相关专利申请技术领域的年分布（1988~2010）（后附彩图）

2.4.4.2　前 10 个专利权人专利申请的技术领域分布

相关专利申请量最多的前 10 个专利权人申请的专利在 20 个技术方向上的专利数量分布见表 2-24，可以看出专利权人的专利申请在技术领域分布上比较分散，主要集中于 B09C（污染的土壤的再生）、B09B（固体废物的处理）和 A62D（通过产生化学变化使有害的化学物质无害或减少害处的方法；用于防护有害化学试剂的覆盖物或衣罩的材料组合物等）等小类中。其中，壳牌石油主要集中在 B09C（污染的土壤的再生）、B09B（固体废物的处理）和 E02D（基础、挖方、填方、地下或水下结构物）等小类中；日本佳能申请的专利涉及的技术领域相对较广，主要集中于 B09C（污染的土壤的再生）、A62D（通过产生化学变化使有害的化学物质无害或减少害处的方法；用于防护有害化学试剂的覆盖物或衣罩的材料组合物等）、C02F（水、废水、污水或污泥的处理）、C12N（微生物或酶，其组合物；繁殖、保藏或维持微生物，变异或遗传工程；培养基）、B09B（固体废物的处理）、C12R［与涉及微生物之 C12C（啤酒的酿造）至 C12Q 或 C12S（使用酶或微生物以释放、分离或纯化已有化合物或组合物的方法，使用酶或微生物处理织物或清除材料的固体表面的方法）小类相关的引得表］等小类中；美国通用主要集中于 C02F（水、废水、污水或污泥的处理）、B09B（固体废物的处理）、A62D（通过产生化学变化使有害的化学物质无害或减少害处的方法；用于防护有害化学试剂的覆盖物或衣罩的材料组合物等）等小类。

表 2-24　土壤污染修复领域专利申请量最多的前 10 个专利权人的专利申请在 20 个方向上的分布

（单位：件）

排序	国际专利分类代码	壳牌石油	日本佳能	美国通用	S. J. Han	S. S. Kim	得克萨斯大学	美国环境保护局	韩国三星	B. L. Bruso	美国杜邦
1	B09C	8	13	2	9	9	5		6	5	1
2	C02F	1	8	5				5	1		2
3	B09B	10	6	3			4	4		2	1
4	A62D	1	9	3			1	1			3
5	C12N		8	1				4	1		
6	B01D	1	4				1	2			
7	E21B	3		2			1				1
8	C09K		2					1			4
9	A01H										
10	C12S		4					2			1
11	B01J		1								
12	G01N	1	1				1				
13	C12R		6					1			1
14	E02D	4	1				1			1	1
15	B08B	1		1							1
16	C12P		1								2
17	C07K							1			
18	A01G										
19	B01F		1								
20	C05F										

2.4.5　专利权人的专利保护策略分析

专利保护是知识产权战略的核心内容之一，同族专利的国家/地区分布可以反映出国际上对哪些国家/地区的市场比较重视（或有知识产权战略考虑）。图 2-12 为土壤污染修复领域同族专利的国家/地区分布。可以看出，占份额较大的前 5 位依次是美国（31.23%）、澳大利亚（9.42%）、欧洲（8.71%）、韩国（6.43%）、加拿大（6.26%），表明这些国家/地区是该领域重要的研发竞争地。

土壤污染修复专利申请量最多的前 10 个专利权人的专利族分布（表 2-25）表明，他们的国外专利保护策略有所不同。其中，壳牌石油、得克萨斯大学、日本佳能、美国环境保护局、美国通用、美国杜邦及美国的 B. L. Bruso（个人）等 7 个专利权人除在本国申请

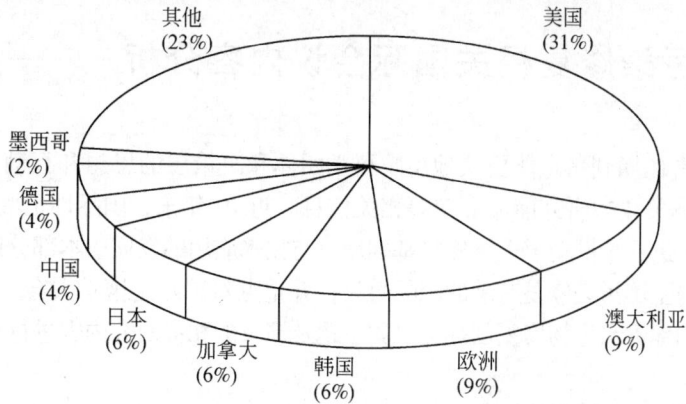

图 2-12　土壤污染修复领域同族专利的国家/地区分布

专利外，还比较注重知识产权在多个国家/地区的保护，其保护的国家/地区主要为美国、欧洲、澳大利亚、韩国、日本等；韩国三星和韩国的 S. J. Han（个人）和 S. S. Kim（个人）仅注重在本国的专利保护。

表 2-25　土壤污染修复领域相关专利申请数量最多的前 10 个专利权人的专利国家/地区分布

（单位：件）

受理机构＼专利权人	壳牌石油	日本佳能	美国通用	S. J. Han	S. S. Kim	美国环境保护局	得克萨斯大学	B. L. Bruso	韩国三星	美国杜邦
美国专利局	17	13	11			7	8	6		7
世界知识产权组织	6		1			2	4	2		2
澳大利亚专利局	6					1	2	2		
欧洲专利局	4	12	1			1	2	1		1
韩国专利局	3			9	9		2		7	
加拿大专利局	4	5	1			1	2	1		
日本专利局	3	14					2			1
中华人民共和国国家知识产权局	2									
德国专利局	4	11	1			1	2			1
墨西哥专利局	3						2			
西班牙专利局	1									
中国台湾专利局	1						1			
俄罗斯专利局										
巴西专利局	2						2			
新西兰专利局	1									

2.5 土壤污染修复相关国际会议内容分析

国际会议通常比期刊信息能更快地反映科学团体和决策层的思想和行动，因此可以在一定程度上反映国际关注的研究前沿方向等相关信息。近10年来，国际性土壤修复会议和专题研讨会不断举行，进一步推动了土壤修复基础理论与技术应用的发展。本部分调研了2000年以来国内外召开的与土壤污染修复有关的国际会议，并重点对国际土壤学大会、土壤污染与修复国际会议及土壤和地下水生物修复国际会议的主题及涉及的相关研究内容进行了分析。

2.5.1 国际土壤学大会

国际土壤学大会（The World Congress of Soil Science，WCSS）是每四年举办一次的国际性会议，由国际土壤学联合会（International Union of Soil Sciences，IUSS）负责组织，目的在于促进土壤科学及其应用的发展。随着土壤污染修复领域的研究与发展，1998年在巴黎召开第16届世界土壤科学大会上正式成立了国际土壤修复专业委员会。2002~2010，IUSS共召开了3次国际土壤学大学，其中土壤化学、土壤矿物、土壤与环境及土壤与自然灾害等多个专题与土壤污染修复研究领域相关，重点关注了土壤污染修复机理、土壤污染修复方法、污染风险评估及污染物的测定技术等方面。其中，在修复机理方面，主要包括污染物的积累、生物有效性、迁移和对土壤其他成分的影响及土壤矿物或界面互作对污染物行为的影响等；在修复方法方面，重点针对重金属和有机污染物开展植物修复、微生物修复、物理化学修复及自然衰减修复等（表2-26）。

表2-26 与土壤污染修复相关的历届国际土壤学大会及其所涉及的主要研究内容

会议名称	时间	地点	涉及的土壤污染修复的主要内容
第17届国际土壤学大会	2002年8月14~21日	泰国曼谷	• 土壤污染修复机理研究 ✓ 施肥过程中重金属积累机理 ✓ 污染物对土壤微生物、酶活性的影响及其适应、恢复机制 ✓ 黏土矿物对环境污染物，尤其对重金属行为的影响 ✓ 污染物在不同土壤中的生物、化学有效性及其迁移转化的动力学过程 • 土壤污染修复方法研究 ✓ 物理化学修复：针对重金属和有机污染物（农药、石油、多环芳烃等）及固体废弃物等污染物，研究采用石灰、有机物料、含铁矿物（矿渣）原位固定土壤中的污染物及通过改变pH等土壤性质来降低污染物的有效性，从而达到修复的目的 ✓ 生物修复：包括有机污染物（石油、农药等）的修复（主要是微生物生物降解）、重金属的植物修复及利用工业和城市垃圾对重金属污染土壤进行绿色修复并改善和防治土壤的富营养化 • 土壤污染物的测定 ✓ 运用现代仪器手段对土壤污染物形态进行分子测定

会议名称	时间	地点	涉及的土壤污染修复的主要内容

第18届国际土壤学大会	2006年7月9~15日	美国费城	• 土壤污染修复机理研究
			  ✓ 土壤吸附作用：土壤中与污染物吸附相关的物质的化学性质、影响土壤有机质吸附特征的因素、矿物的金属吸附特征
			  ✓ 土壤界面交互反应：土壤物理化学 – 生物界面的相互作用对金属和非金属环境污染物的影响，黏土矿物和有机质的相互作用机制及其对有机复合物吸附的影响以及土壤金属和非金属的物理化学和生物界面交互作用
			  ✓ 污染物在土壤中的化学和生物有效性以及污染物形态迁移转化的动力学过程
			  ✓ 典型区域土壤中有害化学物质的迁移和交互作用及土壤和作物中污染物质的毒性
			• 土壤污染修复方法研究
			  ✓ 涉及土壤碳、氮、磷淋失导致的水体富营养化、重金属污染和各种有机污染等。主要是采取硝化抑制剂、石灰、超累积植物、有机肥施用、生物刺激、生物扩张，改变pH值等措施降低污染物的有效性，从而达到修复目的
			• 土壤管理与修复
			  ✓ 通过土壤管理降低有害物质的毒害

第19届国际土壤学大会	2010年8月1~6日	澳大利亚布里斯班	• 土壤污染化学及有效性研究
			  ✓ 土壤中化学作用对砷迁移的影响
			  ✓ 土壤中金属积累的安全浓度评价
			  ✓ 土壤偏提取领域以及模拟污染物的生物有效性或生物可给性的提取体系
			  ✓ 克服胞外酶在土壤中破坏或活性抑制所采用的方式以及有关底物有效检测和利用的微生物适应策略
			  ✓ 建立并应用多区域吸附模型，预测局域和单个土体水平下多环芳烃的吸附和阻滞行为
			• 土壤矿物与污染控制
			  ✓ 水热蚀变地区岩石和土壤中有毒金属的淋溶行为，评价共存矿物和可溶性元素对有毒元素的淋溶和迁移行为的影响
			  ✓ 运用电化学方法研究亚铁配合物在异质二氧化硅悬浮液和均质亚铁溶液中对二硝基苯酚的还原转化作用
			  ✓ 通过宏观整合批次吸附实验、光谱分析及计算方法，探讨二噁英和膨胀性黏土矿物的相互作用
			• 土壤重金属污染、风险评估及基于风险的修复
			  ✓ 矿区周边农田土壤的重金属污染及其长期变化趋势以及磷肥施用后土壤镉污染问题
			  ✓ 局部城市重金属污染的空间分异以及来源研究
			  ✓ 铅、锌元素的迁移性和生物有效性
			  ✓ 污染物的"老化"效应在风险评估中的运用，基于污染物运移与归趋的暴露评估
			  ✓ 重金属的化学淋洗、堆肥处理、零价铁修复和植物修复技术的研究与应用，石油污染土壤的自然衰减修复

2.5.2 土壤污染与修复国际会议

土壤污染与修复国际会议（International Conference on Soil Pollution and Remediation）是由我国科研机构（中国科学院）主办的，旨在探索、交流和讨论土壤污染风险评估以及污染土壤修复的科学、技术与管理问题的国际会议。截至目前，已召开了 3 次，主要关注了土壤污染的起因、形成过程、修复治理的最新研究进展及与此相关的新理论、新方法和新技术以及相关法规、政策等管理问题（表2-27）。

表 2-27　历届土壤污染与修复国际会议及其涉及的主要内容

会议	时间	地点	涉及的主要内容
第一届	2000 年 10 月 15～18 日	中国 杭州	• 污染物的环境行为及其风险评价 • 土壤污染修复方法 　　有机污染的生物学修复、无机污染的植物修复与化学修复、放射性污染物的去除、重金属和有机污染物的固定及其生物有效性及利用有机和无机添加剂进行修复的实用技术
第二届	2004 年 11 月 10～12 日	中国 南京	• 污染物的风险评价 • 土壤污染修复方法 　　有机污染物的生物修复和无机污染物的植物修复、放射性核素和异型生物质污染物的修复，污染物固定和生物有效性及有机、无机和生物修复剂研发 • 土壤污染修复工程与政策 　✓ 污染土壤现场修复决策支持系统与技术规程 　✓ 污染修复工程和管理 　✓ 土壤污染控制和修复的政策与法规
第三届	2008 年 10 月 18～21 日	中国 南京	• 污染土壤污染的风险评估和土壤基准、标准 • 污染物分析 　✓ 新型污染物 　✓ 污染物分析和监测新技术 　✓ 污染物形态、毒性与生物有效性 • 土壤污染修复方法 　　包括植物修复/生物修复、物理化学修复和其他修复技术及土壤修复剂研制 • 土壤污染修复工程与政策 　✓ 场地修复及其技术规程 　✓ 修复决策支持系统 　✓ 土壤环境管理政策和战略

2.5.3 土壤和地下水生物修复国际会议

土壤和地下水生物修复国际会议（International Conference on Bioremediation of Soil and Groundwater）是由欧盟生物技术联合会环境生物技术分会和波兰科学院生物技术委员会合作举办的一项国际会议，已于 2004 年 9 月 5～8 日在波兰的克拉科夫召开了第一届。来自

23 个国家的 100 多位科学家交流讨论了有关"生物修复"研究的热点问题。会议包括 5 个专题，其中 2 个专题的内容为控制环境污染的（生物）监测技术，包括生物指示物、生物测试以及生物标记。另 3 个专题分别为金属的植物修复，土壤、沉积物以及地下水有机污染物的生物降解及修复技术的改进[①]。此外，会议还讨论了植物修复、微生物修复等的特点以及影响生物修复技术利用的因素。

此外，包括第二届土壤和地下水生物修复国际会议、第五次环境生物技术报告会、欧盟第七框架计划 Environment Brokerage Event 会议在内的环境（生物）技术国际会议将于 2011 年 9 月 5~8 日在波兰举行。根据目前公布的尚未最终定稿的会议相关主题，有关土壤污染修复的内容包括有毒物质探测技术、有毒物质的生物降解、清洁技术、土壤净化、模拟和决策支持工具等。

2.6 结论与建议

通过上述分析，得出如下几个方面的结论，并提出相关建议。

（1）法律政策。

一些发达国家和地区有专门的土壤环境保护与污染控制法律法规，构建了相对完整的政策管理体系；采用基于风险评估的管理模式；具有完善的土壤环保标准体系，不仅在国家层面建立污染土壤修复/清洁标准，而且还在各地建立了相应的更为具体的标准；具有土壤修复资金保障，采取多渠道的资金筹措方式。我国没有专门的土壤污染防治法律；未建立基于风险的管理模式；土壤环保标准体系不完善，全国采用统一的《土壤环境质量标准》；修复资金来源有限且没有保障。因此，我国一方面需要根据我国国情，建立综合考虑政策法规、技术条件、资金支持和监督管理的法律政策框架体系；另一方面要加强污染土壤修复基准研究，以促进科学的合乎我国实际的土壤污染修复标准的制定。

（2）研究布局。

在研究布局上，我国与发达国家和地区差别不是很大，体现在以下几个方面：均主要开展修复机理、技术研发和工程应用及风险评估和修复效果评估方面的研究；采用的修复技术主要集中在植物修复、微生物修复，另外还有化学修复和物理修复；针对的污染物也主要是重金属（包括镉、铬、锌、铅、砷和汞等）及可持续有机污染物，特别是多环芳烃。

但是总体而言，发达国家（尤其是美国）布局更加全面，除了上述几个方面，还布局了放射性物质（如铯和锶）污染修复，设立了服务推广项目和突发事件快速研究应对计划。当前，全球面临着巨大的环境挑战，自然灾害等突发事件增多以及人为的放射性物质泄漏等事件给生态环境和人类健康造成了巨大威胁。所以，我国也有必要设立一些有关土壤污染修复的应急计划，并防御性地布局一些具有潜在危险的有害物质的污染修复研究。

---

① Markert B. First International Conference on Bioremediation of Soil and Groundwater. J Soils & Sediments, 2004, 4 (4): 284

（3）研发态势。

● 土壤污染修复领域研发活动十分活跃，相关研究论文发文量和专利申请量均呈上升趋势，新的技术术语不断涌现。

● 我国在该领域表现出强劲的发展势头，取得了重要进展，但与美国和英国等发达国家相比，在创新性和影响力上还有很大的差距。我国该领域的总发文量排名第二，仅次于美国，而且自2009年以来，年度发文量超过了美国，排名第一。但是我国的篇均被引频次低于该领域的世界平均水平，还不到英国和美国的一半，总被引频次也仅排名第三。此外，我国进入机构发文量排名前十的4个机构（其中有2个名列第一和第二）的篇均被引频次也低于世界平均水平，并且低于美国进入前十的5个机构。另外，单篇被引频次最高的论文也是由美国发表的。在专利申请方面，申请总量排名前十的专利权人中没有我国的机构，而是主要集中在美国、英国、韩国和日本。因此，我国需要加强相关基础研究，开创新的修复方法和技术，研发具有自主知识产权的相关技术和资源，并加强知识产权保护。

● 修复机理研究重点集中于污染物的形态、迁移、界面反应、生物有效性和植物毒性等；土壤中污染物与土壤组分、微生物和生物间的互作；各种修复过程的分子机理等。

● 重金属的植物修复和有机污染物的微生物修复是各国关注的主要内容。利用的主要修复植物包括柳属植物、印度芥菜、遏蓝菜、紫花苜蓿、杨树和蜈蚣草，重金属污染物主要包括镉、铅、砷、锌、铜、铬、镍、汞和铁等，有机污染物主要包括多环芳烃化合物、烃类、多氯联苯、菲、石油烃、三硝基甲苯、三氯乙烯、芘、五氯苯酚及柴油、农药、除草剂阿特拉津和原油中的有机成分等。越来越多的修复植物和微生物被开发出来，新开发利用的植物包括观赏植物、麻疯树、多花黑麦草和亚麻等，微生物有植物内生菌、假单胞菌、青枯菌、幼套球囊霉、烃降解微生物、硫酸盐还原菌、铁还原菌等。

● 修复技术向绿色与环境友好的生物修复技术发展，从单一向联合修复技术发展，从异位向原位修复技术发展，从纯修复技术本身向土壤修复决策支持系统及后评估技术发展。与此同时，土壤污染修复逐步与植物生长促进和植物管理相结合。

● 注重污染修复效果评价和经济效益评估。主要利用指示植物玉米、向日葵、烟草和水稻及指示动物蚯蚓等评价修复效果和进行污染物监测；经济效益评估旨在为修复技术筛选和应用等修复决策提供参考依据。

致谢： 中国农业科学院农业资源与农业区划研究所李兆君副研究员在本报告的研究过程中提供了宝贵的指导意见，并在完稿后，与浙江大学环境与资源学院徐建明教授、中国科学院生态环境研究中心张丽梅副研究员对本报告初稿进行审阅，提出了非常有价值的修改意见，谨致谢忱！

参 考 文 献

晁雷. 2007. 污染土壤修复基准建立的方法体系、案例研究与评价. 沈阳：中国科学院沈阳应用生态研究所博士学位论文

晁雷，周启星，陈苏. 2006. 污染土壤修复效果评定方法的研究. 环境污染治理技术与设备，7（4）：

7~11

崔芳, 袁博. 2010. 污染土壤修复标准及修复效果评定方法的探讨. 中国农学通报, 26 (21): 341~345

第三届土壤污染与修复国际会议. 2008-08-15. 中国科学院国家科学图书馆兰州分馆《科学研究动态监测快报——资源环境专辑》, (16)

龚宇阳. 2010. 国际经验综述: 污染场地管理政策与法规框架. 美国华盛顿: 世界银行研究报告

国家自然科学基金委员会. 2011-03-01. http://159.226.244.28/portal/proj_ search.asp

环境保护部. 2011-03-20. http://www.zhb.gov.cn

科技部. 2007-05-29. 863计划资源环境技术领域"油田区石油污染土壤生态修复技术与示范"重点项目申请指南. http://www.most.gov.cn/tztg/200705/P020070530590478888388.doc

科技部. 2011-01-19. 科技部863计划重点项目《典型工业污染场地土壤修复关键技术研究与综合示范》2010年度总结研讨会在南京召开. http://www.nies.org/news/detail.asp? newid=674&leibieid=22

李培军, 刘宛, 孙铁珩等. 2006. 我国污染土壤修复研究现状与展望. 生态学杂志, 25 (12): 1544~1548

骆永明. 2009. 污染土壤修复技术研究现状与趋势. 化学进展, 21 (2/3): 558~565

骆永明, 腾应, 过园. 2005. 土壤修复——新兴的土壤科学分支学科. 土壤, 37 (3): 230~235

曲向荣, 孙约兵, 周启星. 2008. 污染土壤植物修复技术及尚待解决的问题. 环境保护, 12: 45~47

孙宁宁, 王红旗, 王帅. 2009. 转基因技术在污染土壤植物修复中的研究进展. 中国水土保持, (6): 43~46

王海峰, 赵保卫, 徐瑾等. 2009. 重金属污染土壤修复技术及其研究进展. 环境科学与管理, 34 (11): 15~20

王晓蓉, 郭红岩, 林仁漳等. 2006. 污染土壤修复中应关注的几个问题. 农业环境科学学报, 25 (2): 277~280

吴胜春. 2000. 第一届土壤修复国际学术会议即将召开. 土壤, 32 (2): 112

徐应明. 2007. 污染土壤修复、诊断与标准体系建立的探讨. 农业环境科学学报, 26 (2): 413~418

叶露, 董丽娴, 郑晓云等. 2007. 美国的土壤污染防治体系分析与思考. 江苏环境科技, 20 (1): 59~61

佚名. 2004-09-05. International Conference on Bioremediation of Soil and Groundwater. http://kbs.ise.polsl.pl/bioremediation2004/bio-2004-2nd-circular.pdf

佚名. 2004-12-03. 第二届土壤污染和修复国际会议在南京召开. http://www.cern.ac.cn/2news/detail.asp? channelid1=110100&id=4054

佚名. 2007-05-29. 863计划资源环境技术领域"金属矿区及周边重金属污染土壤联合修复技术与示范"重点项目申请指南. http://www.most.gov.cn/tztg/200705/P020070530590479038895.doc

佚名. 2008-08-06. 863计划将研发石油污染土壤生态修复技术. http://www.hjxf.net/special/2008/0806/article_ 36.html

佚名. 2009-03-06. 863计划资源环境技术领域"典型工业污染场地土壤修复关键技术研究与综合示范"重点项目课题申请指南. http://www.most.gov.cn/tztg/200903/W020090306615545091689.doc

佚名. 2011-01-10. 土壌汚染対策法について（法律、政令、省令、告示、通知）. http://www.env.go.jp/water/dojo/law.html

佚名. 2011-01-10. 農用地の土壌の汚染防止等に関する法律. http://law.e-gov.go.jp/htmldata/S45/S45HO139.html

佚名. 2011-03-01. 国家重点基础研究发展计划. http://www.973.gov.cn/AreaItem.aspx? fid=04

佚名. 2011-03-20. 973项目"长江、珠江三角洲地区土壤和大气环境质量变化规律与调控原理"简介. http://www.soilrem.ac.cn/research_ 05.aspx

佚名 . 2011- 09- 05 ~ 08. International Conference Environmental（Bio）Technologies & EU-FP7 Environment Brokerage Event. http：//www. envbiotech11. kongresy. com. pl/sites/bio_ gda11/index. php5？o = page&p = 3

赵其国 . 2007. 第 18 届国际土壤学大会综述 . 土壤, 39（1）：2 ~ 18

赵其国, 周健民 . 2002. 为 21 世纪土壤科学的创新发展作出新的贡献——参加第 17 届国际土壤学大会综述 . 土壤, 34（5）：237 ~ 256

赵其国, 周健民, 沈仁芳等 . 2010. 面向不断变化世界, 创新未来土壤科学——第 19 届世界土壤学大会综合报道 . 土壤, 42（5）：681 ~ 695

周启星 . 2010. 污染土壤修复基准与标准进展及我国农业环保问题 . 农业环境科学学报, 29（1）：1 ~ 8

周启星, 魏树和, 刁春燕 . 2007. 污染土壤生态修复基本原理及研究进展 . 农业环境科学学报, 26（2）：419 ~ 424

Department for Environment, Food and Rural Affairs. 2011-01-05. http：//www. defra. gov. uk/environment/quality/land

EUROPA（欧盟官方网站）. 2006- 09- 22. http：//eur-lex. europa. eu/LexUriServ/LexUriServ. do？uri = CELEX：52006DC0231：EN：NOT

European Commission Environment. 2010-05-21. The Soil Thematic Strategy. http：//ec. europa. eu/environment/soil/three_ en. htm

KAKEN. 科学研究費補助金データベース. 2011-01-10. http：//kaken. nii. ac. jp/ja/searchk. cgi

Markert B. 2004. First International Conference on Bioremediation of Soil and Groundwater. J Soils & Sediments, 4（4）：284

The Chartered Institute of Environmental Health. 2011-01-05. Contaminated Land. http：//www. cieh. org/policy/contaminated_ land. html

The National Archives. 1995-10-25. Environment Act 1995. http：//www. legislation. gov. uk/ukpga/1995/25/contents

UK Environment Agency. 2009. Dealing with Contaminated Land in England and Wales—A Review of Progress from 2000 ~ 2007 with Part 2A of the Environmental Protection Act. http：//publications. environment-agency. gov. uk/pdf/GEHO0109BPHA-e-e. pdf

United States Department of Agriculture's Agricultural Research Service. 2011-01-10. http：//www. ars. usda. gov/research/projects. htm

United States Environmental Protection Agency. 2011-01-13. http：//cfpub. epa. gov/ncer_ abstracts/index. cfm/fuseaction/search. welcome

United States National Science Foundation. 2011-01-12. http：//www. nsf. gov/awardsearch/piSearch. do？SearchType = piSearch&page = 1&QueryText = soil + remediation&PIFirstName = &PILastName = &PIInstitution = &PIState = &PIZip = &PICountry = &Restriction = 2&Search = Search#results

3 系统生物学领域国际发展态势分析*

王 玥 王小理 徐 萍 王慧媛 熊 燕 于建荣

（中国科学院上海生命科学信息中心）

系统生物学是一个跨学科的研究领域，它集合了生物学、计算机学、生物信息学等多个学科的研究方法。根据 Hood 教授的定义，系统生物学是研究生物系统中所有组成成分（基因、mRNA、蛋白质等）并在特定条件如遗传、环境因素变化时分析这些组分间相互关系的学科。同时，通过整合各组成成分的信息，以图画或数学方法建立能描述系统结构和行为的模型。也就是说，系统生物学不同于仅关注个别基因和蛋白质的生物学科，它同时研究许多水平如基因、蛋白质、代谢物、信息通路以及信息网络等复杂的相互作用，从而理解它们如何共同发挥作用。所以系统生物学是一门以整体为研究对象的学科。

近年来，随着各种高通量技术和生物信息学技术的不断发展，系统生物学领域也得到了快速发展。本章针对系统生物学领域目前的发展状况，对美国、欧盟、英国、德国、瑞士、日本和中国在系统生物学领域的研究规划和经费支持情况进行了简要分析，并对美国和英国的重要研究机构以及国际上比较典型的数据库和样本库进行了介绍，以期从政策规划和基础设施建设方面反映系统生物学领域的发展情况。在本章的第二部分中，则针对系统生物学领域中的两大技术领域——"组学"技术和建模技术，结合文献和专利计量分析，对国际上系统生物学的整体科研发展情况进行了简要分析，同时以生物标记物技术为例，分析了系统生物学的产业应用情况。最后，本章依据上述的分析结果，针对我国的系统生物学未来的发展提出了建议。

本章得出了以下结论：

（1）系统生物学的重要性已获广泛共识，国际上纷纷颁布重大规划，进行布局，并投入大量经费对相关研究进行资助。

（2）由系统生物学研究本身性质决定，很多国家都建立了系统生物学研究中心（机构），分别针对系统生物学不同领域开展研究。构建开放获取、共享、标准的数据库以及统一标准的样本库对于系统生物学研究尤为重要，这也是各国关注的焦点。目前，系统生物学的高度学科交叉性，要求科研人员也要具有学科交叉背景。这对研究人员是挑战。因此，人才培养也是各国推进系统生物学研究的重要举措。

*本章内容的研究得到国家自然科学基金委员会－中国工程院"中国工程科技中长期发展战略研究"联合基金项目支持

— 79 —

（3）在科研方面，系统生物学领域的研究总体呈现快速发展的势头。美国无论在技术研发领域，还是在技术应用领域，均位居世界领先行列；中国在系统生物学领域的起步晚于美国，但发展速度较快，目前在基因组学、蛋白质组学等多个领域也已经跻身世界前列。

（4）"组学"技术发展迅速，尤其是下一代基因组测序技术已有较大突破，也受到了广泛的关注，高通量、检测低痕量蛋白/代谢物、标准的、价格适宜的蛋白质组学技术和代谢组学技术等还有待突破。"组学"研究中分析技术缺乏标准化、研究结果无法实现有效验证以及研究结果缺乏整合等一系列问题仍有待解决。如何从针对"小系统"的系统生物学研究，转向针对"大系统"的研究，在生物信息学研究范畴，如何开发有效的计算和建模技术及平台，是亟待解决的问题。

（5）系统生物学已经初步应用于临床，尤其在重大慢性疾病的防治方面已经发挥作用，基于系统生物学的生物标记物开发是系统生物学临床应用和产业化的典型代表，虽已有部分技术和产品投入市场，然而，距离生物标记物的临床应用仍然存在一定距离。大部分产品仍然只能用于科研。同时，其商业化进程仍然存在诸多阻碍。

本章对我国系统生物学的发展提出了如下建议：

（1）制定长远规划。我国在系统生物学领域已经开展了很多工作，在某些领域也积累了一定的基础，但是从总体上看，研究体系还需完善。因此需要长远的规划，做好设计，确定科学的发展路线图，依据规划开展研究，根据国际发展动态和趋势以及我国的发展水平，定期调整和完善规划，确保规划的制定符合国际发展趋势并切实可行。

（2）持续性资助。目前，系统生物学应用于疾病的预防还存在很多问题，在经费方面需要制定特定的规划持续资助。例如美国的"GTL"计划、欧盟的框架计划持续多年的资助，逐渐形成了从基础研究到临床应用的系统生物学研究体系。根据我国目前水平，对优势领域或者已有研究基础的疾病，设计专项，围绕这一领域全方位设计规划，由此带动系统生物学的方法研究、工具开发、数据系统设计等的开展，逐步建立起完整的系统生物学研究体系。

（3）加强系统生物学基础设施建设。改变现有的、分散的研究机构体系模式，建立系统的国家部委长期资助的系统生物学实验室（中心）。这些实验室的研究方向各有侧重，可包括基础性数据的采集、临床应用研究、工具开发、技术改进等方向，形成综合交叉的系统生物学研究体系。建立国家级的生物信息、数据和样本的储存库，促进系统生物学相关数据和样本的标准化及可获取性，为系统生物学研究的开展提供最优化的服务。开发计算和建模平台，促进生物信息学研究的开展。

（4）培养交叉型人才。借鉴英国的资助模式或美国哈佛大学的"博士后计划"，专款专项培养下一代系统生物学人才，使之成为具有生物学背景的兼具医学、物理学、数学等背景的多学科人才。

（5）发展系统生物学技术。系统生物学的发展有赖于技术的进步。要在高通量基因测序技术不断革新的同时，关注蛋白质组学、代谢组学以及一系列后续学科相关技术的发展，如质谱技术、微阵列技术等。只有多领域技术同步发展，才能够真正实现"系统"规模的研究。此外，生物信息学相关技术是目前系统生物学领域中比较薄弱的环节，构建合理、实用的模型已经成为系统生物学发展的瓶颈。因此，要大力支持生物信息学技术的发展。

此外，还要不断深入探索系统生物学领域的新技术和新工具，从而扩大系统生物学研究的规模，并提高数据质量，改善对数据的保存和分析。同时，要大力加强系统生物学与其他学科如药理学的融合，逐步推进系统生物学的应用进程。

3.1　引言

系统生物学是一门非常年轻的学科。尽管早在 20 世纪 70 年代，奥地利科学家 L. Bertalanffy 就曾创立了"一般系统论"（General System Theory），但此时的系统论并不只针对生命科学，而是普遍适用于心理学、经济学和社会学等多门学科。"系统生物学"理论的真正提出距今只有 10 年。其创始人，同时也是人类基因组计划的发起人之一，美国科学院院士 Leroy Hood 教授 2000 年在美国西雅图创立了世界上第一个系统生物学研究所（Institution for Systems Biology），并于 2001 年在 Science 首次提出系统生物学概念。此后，"系统生物学"这一概念逐渐获得了生物学领域科研人员的认可，并成为近年来的研究热点。

系统生物学是一个跨学科的研究领域，它集合了生物学、计算机学、生物信息学等多个学科的研究方法。根据 Leroy Hood 教授的定义，系统生物学是研究生物系统中所有组成成分（基因、mRNA、蛋白质等）并在特定条件，如遗传、环境因素变化时分析这些组分间相互关系的学科。同时，通过整合各组成成分的信息，以图画或数学方法建立能描述系统结构和行为的模型。这里所说的系统可以是：①执行相同功能的一组蛋白质分子，如参与半乳糖代谢的酶；②由一系列蛋白质和其他分子组成的细胞器，如核糖体；③复杂的蛋白质网络，如参与细胞骨架形成的蛋白网络；④执行某一特殊功能的单个细胞或一组细胞等。因此一个生物系统可包括分子、细胞、器官、个体、人群甚至是整个生态系统。也就是说，系统生物学不同于以还原论为核心、仅着手于个别基因和蛋白质的生物学，它同时研究许多水平上，如基因、蛋白质、代谢物、信息通路以及信息网络等复杂的相互作用，从而理解它们如何共同发挥作用。所以说，系统生物学是一门以整体为研究对象的学科。

20 世纪分子生物学理论和技术的迅猛发展，使生物信息学得到充分发展。人类基因组计划、微生物基因组计划以及蛋白质组学等的顺利实施，有关核酸、蛋白质的序列和结构数据呈指数增长，并建立了众多 DNA、RNA、蛋白质等数据库。人类生物学研究已经进入后基因组时代，基因组的功能数据亦出现爆炸性增长，数据的整合综合利用越来越重要和迫切。如何利用这些 DNA、RNA、蛋白质等数据和信息从分子、细胞、器官乃至个体水平来阐明生物本质、信号传递、信息调控等，最终阐明生命、健康和疾病的本质，已成为当前研究者共同奋斗的目标。随着生物学研究深度和复杂性的增加，从生物功能出发和研究，迫切要求摆脱单纯的实验和数据管理、统计分析的模式，需要实验和理论相互交融的全新研究框架和研究方式。由于生物体不是基因、蛋白质等的简单集合，各种分子、细胞、器官、组织间存在广泛、复杂的协调和联系，唯有从系统水平才能充分理解生物学系统。这一观点已获得广泛的认同，系统生物学应运而生。

系统生物学以整体为研究对象的理念已经贯穿于生命科学研究的各个领域。它能阐明疾病的发生发展机制，包括疾病发生发展的生物标志物网络的动态变化及其调控研究等，从复杂的和整体的角度研究疾病的发生发展。同时可发现用于早期诊断的生物学标记物；建立从基因型到表型的多重分子标记物组合，从而能够根据基因组、蛋白质组和代谢组上的综合异常判断慢性病的发生发展过程，实现对疾病发生发展过程的全程监测。因此，系统生物学对解决人类面临的健康问题具有巨大的推动作用，是"4P"医学实现的基础。

系统生物学有四大研究目标：理解系统的结构如基因调控、生化网络和实体构造；理解系统的行为，定性、定量地分析系统动力学，并具备创建理论或模型的能力，可用来进行预测；理解如何控制系统，研究系统控制细胞状态的机制；理解如何设计系统根据明确的理论，设计、改进和重建生物系统。系统生物学研究的核心是建立一个理想的模型，实现对生物系统行为的预测。其研究的总体思路如下（图 3-1）：

（1）由假设开始，综合现有的基因、蛋白等多类型的研究数据，建立初始模型；

（2）人为干扰（如基因修饰、药物作用等）初始模型的各个组成成分，进而收集生物系统中各组分的动态应答数据；

（3）通过整合、分析试验数据，对初始模型进行调整；

（4）重复（2）（3）两个步骤，直到试验数据和模型相符。

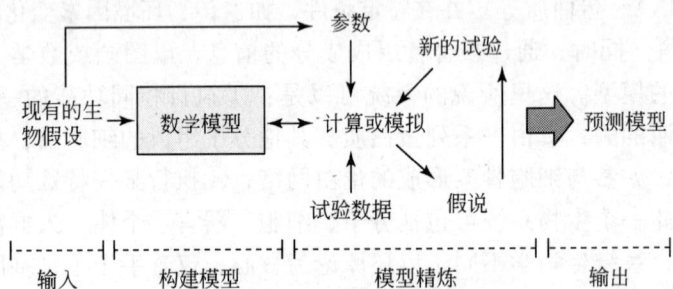

图 3-1　系统生物学的基本研究思路
(Laubenbacher et al., 2009)

根据这一研究体系，可以看到，系统生物学研究中涉及的主要技术集中在两个方面：信息的收集、信息的整合分析和建模。前者主要通过各种"组学"技术完成，而后者则需要借助生物信息学的方法。

3.2　系统生物学规划研究机构及相关数据库分析

3.2.1　国外系统生物学规划

系统生物学概念的引入，使得多学科领域研究复杂系统的多种复杂机制成为可能。例如，在人口健康领域，系统生物学为探明多种复杂性疾病的发生、发展机制提供了机遇，从而为多种不治之症的治疗带来了希望。系统生物学光明的应用前景获得了世界各国的普遍关注，各国纷纷制定相关的政策规划，支持系统生物学领域的研究，对这些政策规划进行分析，可以发现其中存在一些共同的特点，包括：

（1）各国普遍重视系统生物学领域的布局和发展，无论在大规模的科研规划（如欧盟框架计划），还是在针对系统生物学独立设置的支持计划（如欧盟 ERASysBio 计划）中，均有所体现。

（2）在各国制定系统生物学的研究规划时，普遍关注以下三个方面的内容：

首先，由于系统生物学领域的研究尚处于起步阶段，所以各国大都比较注重系统生物学相关工具的研发。其中，既包括用于获取数据的高通量技术，又包括数据处理过程中的计算和建模工具。例如，在美国国立卫生研究院（National Institute of Health，NIH）医药研究路线图中，"生物信息学和计算生物学项目"以及"表观基因组项目"均以工具的研发作为最终目标；而欧盟第七框架的系统生物学项目中也将常用工具、资源和方法的研发作为单独的项目进行资助。

其次，基础设施的建设同样获得各国普遍的关注，主要涉及系统生物学研究中心的建立以及资源库的构建。例如，美国国家癌症研究所（National Cancer Institute，NCI）在整合癌症生命学项目下建立了9个系统生物学研究中心，专门从事癌症相关的系统生物学研究；英国生物技术与生物科学研究理事会（Biotechnology and Biological Sciences Research Council，BBSRC）、英国工程和自然科学理事会（Engineering and Physical Sciences Research Council，EPSRC）共同出资建立了6个系统生物学研究中心，旨在实现传统独立学科的整合；而德国也通过"FORSYS"项目建立了4个研究机构。在资源库的构建方面，美国、欧盟、英国、日本等多个国家和地区均制定了相关的计划。

最后，各国普遍高度重视系统生物学在疾病诊断与治疗、药物开发等应用领域的研究。例如，美国 NIH 医药研究路线图、美国 FDA 关键路径计划、欧盟科学基金会系统生物学计划、英国"Beacon"项目和德国"HepatoSys"项目等，均有涉及疾病治疗的系统生物学研究项目，涉及的疾病类型包括癌症、肝病、糖尿病、炎症性疾病和神经系统疾病等。

（3）各国不仅重视系统生物学科研的发展，而且关注人才的培养，为系统生物学的持续发展奠定基础。例如，欧盟科学基金会（European Science Foundation，ESF）便将交叉学科的培训和教育工作纳入系统生物学规划；德国"FORSYS"项目也将青年科学家的培育以及学生和博士的教育和培训作为项目的目标之一。

下面对美国、欧盟及其成员国英国、德国以及瑞士和日本等国家和地区在系统生物学领域制定的科研规划进行简要的介绍。

3.2.1.1 美国

2000 年，美国国家科学院院士 Leroy Hood 教授成立了世界上第一个系统生物学研究所。从此，系统生物学正式作为一个独立的学科，进入生物学研究领域，并引发了空前的研究热潮。美国政府制定了大量的政策规划，并投入了大笔的资金支持系统生物学领域的发展。

NIH 是美国目前最大的生物科学研究的资助机构，对于系统生物学，NIH 同样进行了全面的支持，既包括针对特定领域研究项目的支持，又包括资助系统生物学研究中心的建设。例如，通过 NIH 医药研究路线图（NIH Roadmap for Medical Research），对多项涉及系统生物学的研究项目进行资助，并筹建了 7 个国家生物医学计算中心（National Centers for Biomedical Computing）。此外，NIH 还通过其下设的各研究所对系统生物学项目进行有针对性的资助，如资助 NCI 开展整合癌症生物学项目（Integrative Cancer Biology Program, ICBP），通过国家一般医学科学研究所（National Institute of General Medical Science, NIGMS）资助建立一系列专门从事系统生物学研究的中心。

除了 NIH 外，美国其他政府机构也都纷纷制定规划并出资支持系统生物学研究。例如，美国食品药品管理局（FDA）通过关键路径计划（Critical Path Initiative, CPI），对一系列生物标记物项目进行了资助；美国国家科学基金会（National Science Foundation, NSF）开展整合有机生物学项目（Integrative Organismal Biology Program），支持计算技术的开发；美国国防部（Department of Defence, DOD）下属的国防高级研究计划局（Defence Advanced Research Projetcs Agency, DARPA）向斯坦福大学的 Bio-X 项目、两项计算技术平台、系统生物学注释语言和 Bio-Spice 软件等项目投入 530 万美元的资助；美国能源部（The U. S. Department of Energy, DOE）发起基因组学：从基因组到生命（Genomes to Life, GTL）项目，关注微生物基因组的研究。下面对美国规模较大的系统生物学项目进行简要介绍。

（1）NIH 医药研究路线图。NIH 医药研究路线图于 2004 年启动，目标是解决医药研究中的障碍，并改变生物医药研究开展的方式。该路线图涵盖了健康和疾病研究所有的领域，并将 NIH 所有的研究所和中心均涵盖进来。路线图涉及的项目均为无法由单个研究所或中心资助或完成。在资金资助方面，2006 年美国国会创建了 NIH 公共基金（Common Fund），专门用来支持路线图项目的实施。该路线图目前正在开展的项目共 24 项，其中直接涉及系统生物学领域的项目 6 项（表 3-1）。

表 3-1 NIH 医药研究路线图中涉及系统生物学的项目及其内容

项目	内容
生物信息学和计算生物学项目	该项目主要支持建立国家生物医学计算中心，目标是开发新型前沿软件和数据管理工具，有效地挖掘通过现代顶尖实验室技术获得的丰富生物医学数据，并促进研究人员间的数据共享。
表观基因组项目	旨在获得新的研究工具、技术、数据库和基础设施，以加速对人类健康和疾病相关表观遗传学的了解——研究 DNA 上的化学修饰如何在不改变 DNA 序列本身的前提下，调控基因的行为和表达。

项目	内容
基于整合网络的细胞标签"图书馆"（LINCS）项目	旨在开发一个分子标签"图书馆"，以描述不同种类的细胞如何对各种干扰因子进行应答。
分子图书馆和成像项目	为生物医学研究人员提供获得大规模筛选能力的途径，以确定可以被优化成为化学探针的小分子，用来研究健康和疾病背景下基因、细胞和生物化学通路的功能。也可用于筛选新药靶点，为新药研发奠定基础。
国家网络和通路技术中心（TCNPs）项目	包含作为一个联合组织的三个中心，共同创造新技术，用于对动态系统进行高质、高时空分辨率的蛋白质组学研究。
蛋白质捕获试剂项目	开发新资源和工具，促进对众多细胞蛋白在正常发育、健康和疾病过程中的关键作用进行研究。这些资源能够使蛋白的分离和示踪成为可能，并成为疾病诊断的生物标记物。

（2）整合癌症生物学项目（ICBP）。ICBP 由 NCI 的癌症生物学部（Division of Cancer Biology）发起和建立，旨在通过系统的方法推进对癌症发生和发展机制的了解，研究内容主要基于开发和运用计算模型，模拟与癌症预防、诊断和治疗相关的进程。该项目将临床和基础癌症研究人员召集起来共同开展癌症生物学关键问题的研究，这些科研人员从事的学科包括数学、物理学、信息技术、成像科学以及计算科学。

2003 年 12 月 13 日，NCI 首次发布 ICBP 的招标书，并提供了 1490 万美元的经费资助。2004 年 10 月 1 日，NCI 在 ICBP 下建立了 12 个综合生物学研究中心。这些中心散布在整个美国地理区域，包括 Broad 研究所/ Dana Farber 癌症研究所、Caritas St. Elizabeth 医疗中心/塔夫茨大学（Tufts University）、哥伦比亚大学（Columbia University）、乔治敦大学（Georgetown University）、劳伦斯伯克力国家实验室（E. O. Lawrence Berkeley National Laboratory）、麻省理工学院（MIT）、斯隆－凯特琳纪念癌症中心（Memorial Sloan-Kettering Cancer Center）、卫理公会医院研究所（Methodist Hospital Research Institute）、美国俄亥俄州立大学（The Ohio State University）、赛智生物网络研究中心（Sage Bionetworks）、斯坦福大学医学院（Stanford University School of Medicine）和范德比尔特大学医学中心（Vanderbilt University Medical Center）。这 12 个研究中心涉及了癌症研究中的各个领域，是计算和数学癌症模型设计和验证的核心。这些中心在癌症研究的各个领域采用综合性和多学科的方法，参与一系列新技术，如基因组学、蛋白质组学和分子成像，构建计算和数学模型，从而模拟复杂的癌症发展进程，并解释癌症发展过程的所有阶段，从基本的细胞进程到肿瘤生长和转移。

（3）关键路径计划。CPI 是 FDA 制定的促进科学现代化发展的国家战略。目标是通过该战略的实施，促进 FDA 管理产品的开发、评估、生产和使用。

在 2004 年 3 月发布的名为《创新/停滞：新医药产品关键路径的挑战和机遇》（Innovation/ Stagnation：Challenge and Opportunity on the Critical Path to New Medical Products）的报告中，FDA 正式提出了 CPI。CPI 的内容主要是通过全社会的共同努力，发现并优先处理影响医疗产品研发的一些最紧迫的问题，从而使当代生物医学基础研究所取得的重大成果能迅速转变为提高公众健康的新医疗产品。提出关键路径计划的最主要目的在于通过创造新的、能更准确地判断和预测新医疗产品的安全性及有效性的工具，确保最新的生物医学基础研究成果能更快、更低成本地转化为新的更有效的治疗手段。

在宣布实施 CPI 后两年的时间里，FDA 通过与企业界、学术界及其他社会团体广泛合作并充分参考各方意见，于 2006 年 3 月正式发表了《FDA 关键路径机遇报告》（FDA's Critical Path Opportunities Report）和《关键路径机遇清单》（FDA's Critical Path Opportunities List）。2006~2007 年，无数的创新项目在 CPI 的支持下开展起来。CPI 已经成为了 FDA 推动创新的主要驱动力，对 21 世纪食品和药品监测技术以及医疗技术的开发起到了推动作用。2008 年，美国国会首次直接对该计划予以支持。表 3-2 列出了 2008 财年 CPI 中获得资助的生物标记物项目。

表 3-2　CPI 2008 财年获资助生物标记物项目

目标	支持项目
支持用于红细胞和血小板的新生物标记物开发，保护临床试验参与者	促进利用新的生物技术工具获得的新输血产品的开发和批准
通过生物标记物的开发促进个性化癌症治疗	寻找生物标记物，用于预测肿瘤对一种新的生物疗法，死亡受体靶向疗法的反应，从而改善肿瘤的治疗
探索在攻击性乳腺癌中与药物抗性相关的分子机制	探索引起一些乳腺癌患者对 Herceptin 疗法出现抗性的分子机制，并寻找能够预测这种抗性的生物标记物
开发新工具，识别治疗造成肾损伤的风险	寻找安全的预测肾脏损伤的生物标记物，从而改善公共健康，促进新疾病疗法的开发
开发成像生物标记物，用来研究乳腺癌的消融疗法	将成像技术与生物标记物相关联，从而对热消融癌组织的病理学领域进行研究
减少临床试验中心脏衰竭的风险	开发生物标记物，评估设备造成的影响，促进心脏衰竭恢复
通过寻找更多疾病风险预测因子，减少慢性疾病的发病率	开发一个能够使可变更风险因素或生物标记物在多种慢性疾病中生效的框架。寻找新的可变更生物标记物，并促进其符合使用标准
开发生物标记物来评价临床试验过程中由药物引起的基因损伤	开发一个 pig-A 基因变异的指标，用于检验药物在临床试验中的安全性，辅助开发一个确定候选药物在人体中是否能够引起基因损伤的模型

（4）美国能源部基因组学项目。美国 DOE 生物与环境研究办公室（Office of Biology and Environment Research）于 2002 年启动了基因组学项目（Genomic Science Program—Systems Biology for Energy and Enviroement），旨在充分认识生物系统，开发生物系统的预测和计算模型，通过揭示基因图谱和基本原理，利用植物和微生物系统，为解决生物燃料生产、环境治理和气候问题奠定生物学基础。

为了管理和有效利用课题产生的日渐庞大多样的数据，基因组学项目开发了 DOE 系统生物学知识库。2009 年 3 月，基因组项目颁布了关于建立 DOE 系统生物学知识库的报告。知识库被视为一个开放的综合了系统生物学数据、分析软件和计算机模型工具的网络基础设施，将免费提供给科研团体。知识库将进行两方面的工作：①实验设计；②模拟仿真。

系统生物学知识库建设的原则遵循：①开放获取，向所有用户提供数据和方法；②资源开放，源代码可以免费获取、修改；③开放性开发，任何人都可在建设原则和共享方针下为知识库的资源开发做出贡献。

3.2.1.2 欧盟

绝大多数欧洲国家具有较长的系统生物学研究历史，拥有众多当地的专家群，正在逐渐成为系统生物学研究团队和研究中心。在欧盟层面上，欧盟委员会力求通过各种渠道，集合各欧盟成员国的力量，使这一领先地位得以维持。目前，欧盟委员会已经将系统生物学纳入欧盟框架计划的制定，同时还推出了一系列大规模的系统生物学研究项目（表 3-3），在推进欧盟系统生物学技术研发的同时，开展对相关领域人才的培养。

表 3-3　欧盟委员会资助的系统生物学项目列举

项目	内容
euSYSBIO	年轻的科学家培养以及国际系统生物学研究网络的构建
ERASysBio	协调系统生物学的研究活动，构建欧洲系统生物学研究区域（European Research Area for Systems Biology）
酵母系统生物学网络	使用酵母作为模型系统，研究控制细胞系统动态运行的规则
BIOSIM	促进仿真技术研发和应用的卓越网络（Network of Excellence）
QUASI	采用多学科的方法，破译信号转导、细胞内通讯和转录活性的基本机制
COMBIO	旨在通过综合方法将计算生物学引入细胞信号和控制过程的研究
EMI-CD	一项用于开发应对复杂疾病的软件平台的建模计划
COSBICS	建立并应用一种新型的计算框架体系，研究细胞内分子间动态的相互作用

（1）欧盟第七框架计划。欧盟第七框架计划在健康主题下，提出了对系统生物学研究的资助计划，表 3-4 对第七框架 2010 年资助项目——整合生物学数据和进程进行简要介绍。

表 3-4　欧盟第七框架计划 2010 年资助系统生物学项目

领域	目标	项目	研究内容	资助计划
大规模的数据采集	利用高通量技术获得数据，以便阐明重要生物过程复杂网络中的基因、基因产物及其相互作用	小鼠功能基因组的大规模研究，确定基因的功能及其与疾病的关系	促进小鼠突变资源的增值，使之可作为生物医学界的一个极有价值且全面的工具，用于研究每个基因在发育、健康和疾病中的作用。研究包括以下几个方面：所有蛋白编码基因，或转录调节元件和非编码元件发生高品质条件突变的胚胎干细胞全球资源库的建立；促使突变在每种组织中有条件表达的小鼠品系的构建和特征描述	合作项目（大型综合项目）：600 万~1200 万欧元，支持一个项目
		大规模数据收集标准的协调行动	协调各种"组学"的研究，开发和应用数据收集、数据储藏和数据交换的标准和运作程序，同时确保公众对这些数据最优获取和使用	协调和支持行动（协调活动）：每个项目最高 200 万欧元，支持一个或多个项目

领域	目标	项目	研究内容	资助计划
系统生物学	整合多种生物学数据，开发和应用系统的方法了解和模拟所有相关生物和所有水平组织的生物过程	通过系统生物学的方法应对人类疾病	涵盖从基础到临床，从实验和计算模型的多学科交叉研究，利用系统生物学的整体方法来获取对疾病机制的认识。在实验室生成和整合大规模定量数据集的基础上，利用这些方法将可能获得可靠且有效的疾病模型	合作项目（大型综合项目）：每个项目600万~1200万欧元，支持一个或多个项目
		奠定人类健康相关的复杂生物学过程的系统生物学研究基础	建立必要的常用工具、资源和方法，为目前尚缺乏必要系统生物学方法框架的基本生物学过程领域奠定基础。收集多学科的专业知识，并鼓励这些不同学科间的交流	卓越网络项目（NoE）：每个项目最多1200万欧元，支持一个或多个项目
		开发系统生物学新的数学算法，同时改进现有的数学算法	致力于设计模拟复杂生物系统的运算法则。这些运算法则应该普遍适用于系统生物学领域，还应利用适当的健康相关模型进行彻底的检测	具体的国际协作行动（SICA）合作项目（中小规模的重点研究项目）：最高300万欧元，支持一个项目

（2）ERASysBio 计划。欧洲研究领域系统生物学网络项目（ERASysBio）是一项跨国的资助计划，用于支持生命科学与信息技术、系统科学之间的合作以及系统生物学领域"欧洲研究区"（European Research Area，ERA）的建设。ERASysBio 聚集了来自 13 个国家（德国、奥地利、比利时、芬兰、法国、意大利、荷兰、斯洛文尼亚、西班牙、英国、俄罗斯、以色列和挪威）的 16 个资助机构，同时卢森堡和瑞士的两个机构也以合作伙伴的角色参与进来。目标是协调各国的系统生物学研究国家资助项目，达成一项共同的欧洲系统生物学研究议程，使欧洲系统生物学领域的研究水平获得整体的提升。该计划第一阶段从 2006 年启动，持续至 2009 年。

2010 年 5 月，ERASysBio 开始启动第二阶段的项目资助（ERASysBio +），对 16 个项目进行资助（表3-5），涉及 14 个国家的 85 个研究团队，研究经费预算为成员国提供 1850 万~2400 万欧元，通过欧盟委员会 ERA-NET plus 框架提供 550 万欧元。在参与国家方面，计划的成员国减少到 10 个（奥地利、德国、西班牙、芬兰、法国、以色列、卢森堡、荷兰、斯洛文尼亚和英国），而合作伙伴国则增加到 4 个（意大利、冰岛、美国和南非）。

表 3-5　ERASysBio + 计划项目

项目名称	内容
FRIM	水果综合建模
LINCONET	模拟造成人类间充质干细胞谱系限制性（Lineage Commitment）的基因调控网络，确定对退行性疾病进行组织代谢治疗的药物靶点
BioModUE_ PTL	对子宫肌电图进行生物物理模拟，以了解和预防早产

项目名称	内容
Zebrain	理解大型神经元集群对斑马鱼行为的控制机制
SYNERGY	利用系统的方法开展细胞核受体对基因进行调控的生物学研究
SynProt	利用系统学方法解释局部蛋白合成编码对神经突触可塑性和记忆性的影响
LymphoSys	Th17 细胞分化的信号通路和基因调控网络
SHIPREC	比较植物和动物对沙门氏菌的应答
ModHeart	利用模式生物果蝇，模拟控制心脏发育的基因网络
C5Sys	癌症的节律和细胞循环生物钟系统
iSAM	茎端分生组织的综合系统分析
livSYSiPS	利用从病人特异性 iPS 细胞体外分化为肝细胞过程中收集的数据，开展网络胁迫的系统生物学研究
EpiGenSys	表型结构与功能之间关系的系统生物学决定因素
GRAPPLE	利用线虫，对胁迫、疾病和衰老相关的基因调控网络建立迭代模型
ApoNET	干细胞中 TNF and TRAIL 信号途径的系统分析
TB-HOST-NET	对结核杆菌和受感染的人类树突状细胞和巨噬细胞的转录和基因谱进行综合计算建模，从而了解宿主与病原体之间的相互作用网络

（3）ESF 系统生物学计划。2005 年 10 月，ESF 发布了题为"系统生物学：欧洲的大挑战"（System Biology：a Grand Challenge for Europe）的政策简报，谈到了 ESF 针对系统生物学制定的行动计划，其中指出，由于没有任何一个国家或企业能够独立管理如此大规模的行动，这就必须推出一个欧洲协调一致的有目的的行动计划。ESF 建议从以下几个方面推进系统生物学领域的研究：

- 建立一个包括主要利益相关者在内的小型工作小组，制定未来 10 年和 20 年欧洲系统生物学研究路线图；
- 建立欧洲参考实验室（ERL），提供系统生物学相关的核心知识；
- 构建合理的产业、学术和慈善机构之间的合作体系；
- 开展工作，使应对欧洲系统生物学研究挑战的策略获得公众认可；
- 开展交叉学科的培训和教育工作；
- 建立合理的财政筹资途径；
- 成立欧洲系统生物学办公室（ESBO），协调研究机构间、学科间的合作。

此外，ESF 同样关注系统生物学在实际应用领域的发展前景。欧盟第六框架计划曾经提出了一项名为 SysBioMed 的项目，核心目的是挖掘系统生物学在医学研究、治疗和药物开发中的潜力。2008 年，SysBioMed 项目召集了一系列相关领域的专家，共同确定并优化了系统生物学在医学科学中适用的领域，ESF 于 2008 年 12 月发布了题为"促进系统生物学的医疗应用"（Advancing Systems Biology for Medical Applications）的政策简报。该政策简报共提出了 6 个系统生物学适用的医学研究领域，包括癌症、癌症与衰老之间的关联、炎症性疾病、糖尿病、时间生物学和时间治疗学、中枢神经系统紊乱，并针对各领域分别提出了研究建议（表3-6）。

表 3-6　《促进系统生物学的医疗应用》中提出的系统生物学适用领域及研究建议

医学领域	建议
癌症	• 针对几类重要癌症，如结肠直肠癌，利用包含多时空尺度和数据集的模型，更好地了解治疗应答； • 启动利用多尺度数学模型，结合生物力学和流体动力学效应，研究肿瘤诱导性血管生成的系统生物学项目； • 资助结肠直肠癌建模的进一步研究，阐明涉及正常肠道组织再生的生物化学网络间的相互影响，了解这些生物化学网络在癌症发生过程的早期阶段是如何失控的； • 资助项目包括动物模型比较，已建立的细胞株和人体样本。这些研究将需要重新考虑欧盟水平的现有大型项目资助计划。
癌症与衰老之间的关联	• 启动跨学科的系统生物学研究项目，研究衰老过程中，由分子和细胞逐步发生损伤引起的衰老进程，从而带来的暂时的、累积的整体影响； • 利用数学模型来阐明细胞老化对机体的衰老和恶性转化的影响，同时特别关注干细胞衰老和与年龄有关的基质变化； • 定量阐述关键分子通路对癌症发生和衰老过程的重要作用； • 开发利用系统生物学的方法来研究卡路里限制对衰老、癌症发生和肿瘤生长的影响。
炎症性疾病	• 研发调控 T 淋巴细胞和其他炎症反应相关细胞增殖、归巢、细胞功能和存活的细胞因子网络的多尺度计算模型，预测药物治疗和细胞治疗的效果； • 创建组织特异性体外和体内模型，阐明细胞信号和细胞组织在炎症反应和癌症发展过程中相互影响的时空动态变化。
糖尿病	• 建立一个体内代谢平衡相关的综合计算模型，其中包括对胰岛素信号通路和细胞与组织相互作用的定量描述； • 将 β 细胞的三维结构、转录组、进化途径、胰岛素分泌机制、细胞内胰岛素信号生成、生长因子、GLP-1 和其他调节因子，以及细胞凋亡的相关数据整合到虚拟的 β 细胞中； • 使用虚拟的三维 β 细胞来了解 β 细胞对使其进入临界稳定性的进程的具体问题，探讨 β 细胞对药物的反应。
时间生物学和时间治疗学	• 针对单细胞、外周组织和患者个体三个层面，对昼夜节律进行定量测定； • 利用系统生物学方法，建立细胞代谢和药物解毒作用昼夜节律调控的动态模型； • 通过模拟慢性治疗时间表，优化优先药物名单的治疗指数。
中枢神经系统紊乱	• 启动大规模的数据收集，主要关注实验设备的建设，以获取中脑多巴胺神经元、纹状体 – 黑质（D1）中等多刺神经元和纹状体 – 黑质（D2）中等多刺神经元三大细胞群中蛋白质含量的标准化信息； • 应用系统化的方法，研究帕金森病和药物成瘾。

3.2.1.3　英国

早在 2002 年，英国贸工部（DTI）生物科学组（BioScience Unit）便发起了一项名为"Beacon"的项目，旨在通过促进大学和企业之间的合作，在系统生物学领域取得重要成果。该项目的预算经费约 800 万英镑，涉及 6 个领域的研究：

（1）疾病影像学：物理学家与医学研究人员及其他多学科的科研人员合作，旨在将功能成像技术平台，用于解决一系列生物医学、医药和临床问题，包括实时诊断和监测疾病。

（2）用于计算生理学研究的虚拟器官：生物学家、数学家、工程学家和计算机科学家共同实现建立肝脏的虚拟模型。这项工作将为理解疾病的发展以及新药的研发提供新型方法。

（3）检测疾病的快速新方法：物理学、化学、生物技术和电子工程学相结合，开发基于能够对电子或生物化学信号产生应答，并能够整合入虚拟芯片的 DNA 仪器生产的平台技术，从而为未来开发能够实现疾病的体内检测和预防的仪器奠定基础。

（4）检测毒性的计算模型：计算和结构生物信息学以及代谢研究的专家，共同开发计算工具"Metalog"以预测毒性，其主要应用领域为制药产业，用于毒性物质的筛选，从而实现药物研发过程的转变。

（5）计算机模拟生物化学：开发一种用户友好型计算工具，用以模拟和分析一系列生化系统，旨在促进药物的开发。

（6）观察活动基因：目标是开发一种高通量平台，利用一种创新的活细胞成像技术，研究功能基因，最终促进药物研发进程。

BBSRC 是英国生物领域科研工作的主要协调和资助机构。在系统生物学领域，BBSRC 联合 EPSRC 共同出资在 6 所大学中建立了 6 个整合系统生物学中心（Centers for Integrative and Systems Biology，CISB），旨在将传统独立的学科，如生物学、化学、计算科学、工程学、数学和物理学整合为定量的预测系统生物学项目。这些中心在 2005 年和 2006 年共获得 4700 万英镑的资助。中心运行初期，各大学仅为各自的研究中心提供一些直接或间接的支持，但在第一个五年之后，各研究中心的日常运转经费将完全由各所属学校提供。

3.2.1.4 德国

德国是欧洲系统生物学研究领先国家之一。系统生物学作为德国联邦政府高科技战略的一部分，一直都受到高度的重视。早在 2001 年，德国联邦教育与研究部（Federal Ministry of Education and Research，BMBF）就启动了系统生物学领域的基金资助计划"生命系统——系统生物学"（Living Systems—Systems Biology）。其试点项目"肝细胞系统生物学——HepatoSys"现在已经发展为国家级的专业网络，也得到了国际认可。在此后的几年中，BMBF 又陆续开展了一系列系统生物学研究项目，包括 2005 年启动的重点科研项目"通过定量分析描述生命系统的动态过程——Quant-Pro"、2007 年启动的"系统生物学研究单位——FORSYS"项目以及 2008 年初发布的资助措施"医学系统生物学——MedSys"。这些项目的开展将德国的系统生物学领域推向了一个更高的水平（表 3-7）。

表 3-7　BMBF 开展的系统生物学研究项目

项目	内容
肝细胞系统生物学——HepatoSys	长期目标是建立预测肝中生命过程的模型，从而促进个性化医疗以及药物研发领域的发展。HepatoSys 团体在 2004~2006 年的一期资助中首要关注创建功能性基础设施。目前，除了两个细胞生物学平台和利用可比细胞建模外，HepatoSys 中有超过 40 个团队致力于在解毒、铁代谢、内吞作用和再生等四个地区性研究网络中开展研究活动。第二期资助为 2007~2009 年，所有项目都关注以结果为导向的研究

项目	内容
通过定量分析描述生命系统的动态过程——Quant-Pro	受资助的研究计划都是基于基因组、蛋白质组、代谢组和生物信息学研究,其核心目标是在"组学"技术和系统生物学之间搭建一座桥梁。就长远而言,QuantPro 计划旨在更有针对性地与人类及动植物疾病作斗争、培育更加高产的谷物、开发更加有效和有利于环境的生物技术方法和产品,从而替代化学工业加工。在环保方面,其目标是开发一种利用细菌进行环境整治的策略
系统生物学研究单位——FORSYS	目的是拓展和加强德国的基于主题的系统生物学研究。主要目标是改善现有的基础设施,为这一前沿分支研究领域的进一步发展奠定理想的研究基础,共建立了弗赖堡大学 FRISYS 中心、海德尔堡大学 MaCS 中心、马格德堡大学 GoFORSYS 中心、波茨坦大学 VIROQUANT 中心四家研究中心。这些中心的一个重要项目就是资助青年科学家,除了建立青年研究人员小组外,还关注对学生和博士候选人进行教育和培训
医学系统生物学——MedSys	重点关注系统生物学在医药开发方面的应用潜力。除了学术研究团队,这一资助的目标还有制药及生物技术企业的研发部门,主要关注疾病诊断和治疗相关工具的研发或者应用系统生物学以提高临床试验的效率

除了大力支持本国的系统生物学研究,德国联邦教育与研究部还积极参与欧洲水平的系统生物学研究项目。例如,2006 年六个欧洲伙伴国共同开展了跨国资助措施 SysMO(微生物系统生物学),作为 ERA-Net ERASysBio 项目的一部分。此外,还有一项正在筹划中的 ERASysBio 项目,主要的资助来源是德国和英国。通过这些资助方式,BMBF 正在向其目标迈进:通过国际网络,提高德国系统生物学科研水平,并促进系统生物学中心之间的合作。在经费方面,BMBF 每年投入系统生物学国家和国际研究的资金总额达到 3700 万欧元(表3-8)。

表3-8　BMBF 资助经费

项目	持续时间/年	基金/百万欧元
HepatoSys	3 + 3	36
FORSYS	3 + 2	51
QuantPro	3	27
SysMO	3 + 2	11

除了德国政府的大力支持,德国其他独立研究组织也对系统生物学研究进行资助。例如,德国亥姆霍兹国家研究中心联合会资助建立了一个生物信息学网络,以协调相关资源的获取和提供;马普学会(Max Planck Society)是另一个支持系统生物学的重要组织,其下设的马普植物生理研究所、马普分子遗传学研究所和马普复杂技术系统动力学研究所都有系统生物学资助项目。德国国内各州也有相关的资助,如巴登－弗腾堡州生物系统分析中心。

3.2.1.5　瑞士

SystemsX 是瑞士目前正在进行的规模最大的系统生物学研究项目。该项目由苏黎世联邦理工学院(ETH Zurich)、巴塞尔大学(University of Basel)和苏黎世大学(University of

Zurich）共同创立，9 所大学和 3 个研究机构组成了联合团队参与研究。在 2008～2011 年期间，瑞士政府提供了 1 亿法郎的预算资助，加上配套资金，SystemsX 项目总经费至少有 2 亿瑞士法郎。瑞士国家自然科学基金对项目进行整体的管理和监督。

该项目对 5 种类型的课题进行了支持：

（1）研究、技术和发展（RTD）是 SystemsX 的旗舰课题，研究时间长达 4 年，获得 2000 万法郎的支持；

（2）特别设立跨学科博士课题，每个学生由两名导师带领；

（3）跨学科试验性课题（IPP），资助传统渠道不大可能赞助的种子期和高危险系统生物学研究课题；

（4）产业桥（BIP）；

（5）产业人员学术机构进修（ISA），鼓励学术研究与产业伙伴相结合，课题持续 1 年。

目前，SystemsX 支持已经立项 62 个课题、250 多个研究团体、大约 750 名研究人员。250 多个研究团体的领导大约有 50% 是生物学家，其他的 50% 由化学家、物理学家、工程师、计算机科学家、医药学家、数学家甚至经济学家组成。

3.2.1.6　日本

日本政府已经启动众多极大规模的计划。例如，千禧年计划（Millenium Project）主要关注基因组学和蛋白组学。日本直接支持系统生物学的国家级计划在 2004 年由文部科学省启动。这项基因组网络计划包括人类基因组网络研究、开发新的基因组分析技术等，主要由理化学研究所（RIKEN）承担。

此外，日本科学技术振兴机构（JST）在系统生物学下列出了 16 项资助项目。大量设备完善的研究所也正在以各种形式进行系统生物学研究。其中，最大规模的是 RIKEN，它在日本本土拥有 5 个园区，在海外还有大量研究点。位于横滨的基因组科学中心和植物科学中心也都有与系统生物学相关的研究活动。日本众多企业大力支持学术活动，资助方式多样，包括人才奖励、合作研究、商业创业等。

3.2.2　国外重要研究机构及研究方向分析

各国为了实现系统生物学领域的有序和持续发展，纷纷建立了一系列专门开展系统生物学研究的学术机构和研究中心。对这些研究机构进行比较分析，可以发现存在以下几个方面的共同特征：

（1）多国均建立了专门从事系统生物学的研究机构，并且大都为国家资助，部分国家还形成了一定体系和规模。例如，美国通过国立普通医学研究所（NIGMS）建立了 14 个系统生物学分中心，每个研究中心的研究方向各有侧重；英国 BBSRC 建立了 6 个整合系统生物学研究中心。上述研究机构无论从数量上、研究人员组成上还是开展的研究内容和方向上，都形成了比较系统的体系规模。

（2）国外科研机构在人员设置上体现出了多学科交叉的特点。系统生物学本身便是一个多学科交叉的研究领域，涵盖了生物学、计算机科学等一系列学科领域。因此，在进行相关研究中，也需要多学科的科研人员之间相互协作，才能够真正地形成系统生物学研究的体系。英国 BBSRC 资助的 6 家整合系统生物学研究中心中便汇集了包括生物科学、工程学、数学、统计学、物理学、化学和计算机科学等多学科的专家。

（3）研究水平逐渐从简单的"组学"分析跨越到系统建模和模拟分析。目前，国外领先科研机构的研究内容已经不仅仅停留在利用各种组学技术来确定单一靶向标记物，而是开始转向从系统的角度，利用生物信息学的方法整体研究各个网络的机制问题。例如，美国 NIH 资助的系统生物学研究中心的研究内容便包括理解生物体内的分子与环境之间的相互作用，转录调控网络的动态模拟，免疫和癌症细胞信号网络等问题。英国的剑桥系统生物学中心则主要关注模式生物果蝇的信号通路研究。

此外，国外一些研究机构已经开始将系统生物学领域的研究上升到针对某些疾病相关的治疗方法。美国纽约系统生物学中心便开展了药学和临床学的研究，英国系统生物学和医学整合研究中心则采用系统学方法和基于网络的方法解决临床相关问题，如动脉高血压、败血症和肌肉萎缩等。

（4）重视技术创新和设备的研制。先进的技术是系统生物学研究的保障，国外科研机构均比较关注相关仪器、设施和技术的开发。主要关注的领域包括高分辨率的成像技术和设备，定量化高通量技术、建模技术、高端计算机技术、生物纳米技术以及分析软件等的研制和开发。

下面对美国和英国的系统生物学研究机构进行简要的介绍。

3.2.2.1 美国系统生物学研究机构

1）美国系统生物学研究所

美国系统生物学研究所（Institute for Systems Biology，ISB）于 2000 年在美国西雅图，由 Alan Aderem、Ruedi Aebersold 和 Leroy Hood 联合创办。其宗旨是揭开人类生物学的奥秘，寻求预测和预防癌症、糖尿病和艾滋病等疾病的新方法。

为了建立一个能够应对系统生物学挑战的研究所，ISB 的创办者们特别强调，要实现跨学科和跨组织的合作。基于这一理念，在短短 10 年的时间内，ISB 已经成为了一个拥有超过 300 名员工，十几个研究团队的世界知名系统生物学研究所。2009 年，ISB 的总收入达到 3960 万美元，年底净盈利达到了 1500 万美元。

ISB 汇聚了计算生物学、软件和数据库开发、生物学、物理学、化学、工程学、计算科学、数学、医学、免疫学、生物化学以及遗传学等多领域的专家，并建立了多个研究团队，分别致力于系统生物学不同领域的研究。同时，ISB 还通过与外部学术机构和企业建立战略伙伴关系，超越传统的学术合作和联邦政府资助的模式，为科学发展创造一个最有利的公私部门间的合作机遇，并将一系列学科和产品部门融入 ISB 的系统生物学研究，引进足够的科研经费，从而促进创新。

ISB 已经建立了若干核心研究设施（包括 DNA 测序、微阵列、基因分型、蛋白质组学、细胞分选等湿式实验室设备），并配套有经验丰富的技术管理人员、先进的仪器和顶尖水准的研究方法，通过自动化、稳健的、高通量的、高成本效益的步骤从大量的生物样本中收集和处理高可靠性数据。除了数据收集设施，ISB 还建立了一套计算资源，包括高性能硬件和数据存储、管理、分析等支持技术。

在研究方向上，主要分为四类：疾病导向研究、技术开发、软件开发和系统生物学研究（表3-9）。

表3-9　ISB 的研究项目

项目类型	项目名称	项目内容
疾病导向研究	T1DBase	用于 1 型糖尿病研究的生物信息资源
	HDBase	亨廷顿病的社区网站
	PDDB	用于朊病毒病系统生物学研究的转录组学综合资源
技术开发	纳米系统生物学癌症中心（NSBCC）	应对癌症和免疫学挑战，运用现代癌症生物学和免疫学技术，整合新兴的纳米技术和微流体工具，从而实现超快速诊断疾病
	西雅图蛋白质组学中心（SPC）	开发一系列新的系统指标，来全面研究健康人和病人体内细胞的动态
软件开发	Cytoscape	软件公共平台，为分子相互作用网络的可视化，相互作用网络与基因表达谱、其他数据的整合提供的生物信息学软件
	系统生物学标记语言（SBML）	能够模拟生化反应网络的计算机可读格式软件。SBML 可用于代谢网络、细胞信号通路、调节网络以及其他很多方面的研究
	RepeatMasker	筛选散在重复 DNA 序列和低复杂度 DNA 序列的程序。该程序的结果输出形式是对查询序列中重复序列进行详细注释，同时，改程序也通过隐藏这些重复序列，输出查询序列的修订版本
	人类蛋白质组折叠项目	科学家面临的最大挑战之一就是发现人类基因组编码的所有蛋白质的功能。这项计划的实施得到了世界共同体网格计划（World Community Grid）的协助
系统生物学研究	嗜盐菌模型	这些微生物为了解环境效应系统在系统水平的机制提供了一个令人难以置信的机遇

2）美国国立普通医学科学研究所——国家系统生物学中心

美国国立普通医学科学研究所（NIGMS）在 NIH 的支持下，建立了一系列美国国家系统生物学研究中心，其主要任务是促进多学科研究、培训和推广体制的发展，主要关注在系统水平对 NIGMS 任务范围内的生物医学现象进行研究。NIGMS 希望将这些系统生物学中心建成系统生物学研究和教育领域中的领头者。目前，该项目共建立了 14 个系统生物学研究中心（表3-10）。

表3-10　NIGMS 系统生物学中心

中心名称	成立时间	地点	研究方向
复杂生物系统研究中心（CCBS）	2001 年成立，2007 年加入 NIGMS	加利福尼亚大学欧文分校（UCI）	模式生物中生物学系统如何处理发育过程中的位置信息、细胞内信号传导以及细胞增殖；开发计算工具及光学工具，动态系统测量和建模

中心名称	成立时间	地点	研究方向
细胞动力学中心	2002年	华盛顿大学	用于分子相互作用可视化的高分辨率图像技术，通过计算机模拟，探索无脊椎动物发育模式、细胞骨架动态和细胞周期调控的系统特征
整合代谢系统模拟中心	2002年	克利夫兰州立大学	细胞代谢和生理应答定量化
细胞决定研究中心	2003年	麻省理工学院	哺乳动物细胞凋亡和增殖过程的信号传导网络的数值模型开发和测试
量化生物学研究中心	2004年	普林斯顿大学Lewis-Sigler研究所	利用计算机方法理解生物体内的分子与环境的互动
基因组和动力学研究中心	2006年	Jackson实验室	研究遗传变异长期范围内出现和维持的模式。基因表达模式确定基因组组织如何影响表型的
系统生物学研究中心	2006年	华盛顿西雅图系统生物学研究所（ISB）	致力于了解复杂生物过程的调控过程
分子生物学研究中心		哈佛大学	解释生物学一般原则，集结大型研究团体致力于跨学科生物学研究
纽约系统生物学研究中心	2007年		开发和公开细胞内调节网络中分子是如何相互作用的，从而了解组织器官的生理功能，以及治疗药物如何影响细胞调控网络，从而改变病理生理学状态
杜克系统生物学研究中心	2007年	杜克大学	描述并了解生物网络的动态过程，包括网络动态——网络不同部分的分子浓度变化——以及网络结构的动态变化——在进化过程中网络遗传突变增多的组成变化和相互作用
芝加哥系统生物学研究中心	2008年	芝加哥大学	一次十几个甚至几百个的多种基因或蛋白如何作为网络发挥作用，以调节生命的基本活动
新墨西哥细胞信号时空模型研究中心	2009年	新墨西哥大学	其科学目标是了解膜受体和信号蛋白的时空邻近、动态、相互作用和生化修饰，确定相互作用的细胞信号网络复合体对免疫功能和癌症发生过程中的作用
系统与合成生物学研究中心	2010年	加利福尼亚大学圣弗朗西斯科分校	加利福尼亚大学圣弗朗西斯科分校系统与合成生物学研究中心结合正向和反向生物工程，以获得对细胞网络在信号转导和调控方面解决生理学问题机制的进一步理解
圣迭戈分子应激反应的系统生物学研究中心	2010年	加利福尼亚大学圣迭戈分校	结合"自上而下"和"自下而上"的系统生物学方法，了解控制细胞对DNA和代谢损伤试剂及病原体应激反应的调控网络功能

3.2.2.2 英国系统生物学研究机构

如前所述，英国 BBSRC 等机构资助 6 家整合系统生物学研究中心（CISB）（表 3-11），这也是英国最重要的系统生物学研究机构。这些中心汇聚了各学科包括生物科学、工程学、数学、统计学、物理学、化学和计算机学的研究专家，共同致力于某个生物学主题的研究。

表 3-11　英国 BBSRC 和 EPSRC 联合资助的 CISB

中心名称	依托单位	对象
帝国理工学院整合系统生物学中心（CISBIC）	帝国理工学院（Imperial College）	宿主与病原体的相互作用
曼彻斯特整合系统生物学中心（MCISB）	曼彻斯特大学	酵母与哺乳动物细胞生物学定量建模；培养下一代系统生物学研究人员
衰老与营养整合系统生物学中心（CISBAN）	纽卡斯尔大学（Newcastle University）	老龄化与营养
爱丁堡系统生物学中心（CSBE）	爱丁堡大学	RNA 代谢，干扰素通道及生理节奏
牛津整合系统生物学中心（OCISB）	牛津大学	细菌与真核微生物的信号传导网络系统
整合系统生物学中心（CPIB）	诺丁汉大学	用于控制植物根系生长的综合生物学

此外，目前英国已有很多大学建立了独立于 BBSRC 和 EPSRC 的系统生物学研究中心（表 3-12）。这些中心成立时间大多不长，并主要对基础科学和低空间层次进行研究。例如，加的夫（Cardiff）系统生物学研究中心则将生物多样性、细胞组学和转录组学预测作为主要研究课题。还有一些研究中心已经尝试将系统学方法应用到组织、器官和生物体中。例如，诺丁汉大学医学整合系统生物学研究中心（NCISBM）将利用系统学和网络学方法来解决临床相关问题如动脉高血压、败血症、肌肉萎缩、生长和新陈代谢以及营养基因组学等。并非所有大学采取建立系统生物学研究中心的方式来发展系统生物学。目前英国利物浦大学正计划实施一项项目，建立一个生物复杂性虚拟研究中心，将 6 个学院中的 4 个纳入其中。

表 3-12　英国部分系统生物学中心

名称	依托机构	研究重点
剑桥系统生物学中心	剑桥大学	利用系统学方法研究模式生物果蝇的信号通路
加的夫系统生物学整合中心	加的夫大学	生物多样性、细胞组学和转录
系统生物学和医学整合研究中心（NCISBM）	诺丁汉大学	采用系统学方法和基于网络的方法解决临床相关问题，如动脉高血压、败血症、肌肉萎缩、生长和代谢、营养基因组学
数学和物理应用生命科学和实验生物学研究中心	伦敦大学学院	多方面研究，包括从细胞水平及更微观的多个层次模拟人类肝脏

名称	依托机构	研究重点
膜和系统生物学研究所	利兹大学	各个层次的多方面的研究
生命科学交叉博士培训中心	牛津大学	生物纳米技术、生物信息学、医学图像和信号及整合生物学
系统生物学博士培训中心	牛津大学	单细胞生物体控制其行为的复杂机制研究
致病微生物整合中心	设菲尔德大学	致病微生物致病机制
系统生物学中心	沃里克大学	多方面（很多集中在细胞和分子水平上）

3.2.3　国外系统生物学相关数据库分析

系统生物学区别于传统生物学科的特征之一，便是以大量的信息和数据作为研究的基础。近年来，各种高通量技术飞速发展。例如，基因组测序技术已经发展到第三代，测序能力甚至有望达到三分钟完成人类全基因组测序，随之而来的是大量"组学"研究项目的开展，获得的数据量成指数增加；而继基因组学之后，蛋白质组学、代谢组学等多领域的研究项目不断涌现，使得数据的复杂程度也在不断增加。如何能够实现对如此繁杂的数据进行有效的整合，如何对这些数据进行标准化的管理，如何能够使科研人员以最便捷的途径获取这些数据，如何能够实现对这些数据最优化的利用，这些都无疑为系统生物学研究提出了挑战。

此外，在开展慢性疾病系统生物学相关基础研究时，还需要血液、细胞和组织等基本材料。在不同研究中独立提取这些组织样本，不仅操作程序复杂，而且并不是随时都可以获得所需要的样本，样本供体的寻找和选择也是相关研究的阻碍因素。与此同时，样本的内在特性也会随着样本来源以及提取时间、空间的差异而改变，从而造成不同研究的结果间无法进行标准化的比较。因此，对组织样本进行统一、标准化的存储，供科研人员随时取用，无疑是系统生物学研究中的理想状态。

为了满足上述需求，世界各国纷纷建立了一系列数据库，收集和存储海量的信息和数据，同时也建立了一系列生物银行，对组织样本进行存储。这些数据库和样本储存库的建立实现了对信息、数据和样本的标准化管理，科研人员可以随时获取其中的数据和样本，在很大程度上促进了系统生物学的发展，数据和样本标准化的实现也为系统生物学用于疾病治疗的研发进程起到了推动作用。为了避免数据的重复，并实现国家间数据的共享，一些数据库还建立了国际合作关系。例如，美国 GenBank、日本 DNA 数据库（DDBJ）和欧洲分子生物学实验室（EMBL）三个数据库建立了国际核苷酸序列联合数据库（International Nucleotide Sequence Database Collaboration，INSDC），实现了数据的交换与共享，大大提高了科研人员可获取数据的数量。

表 3-13 列举了国外系统生物学相关数据库。

表 3-13　系统生物学相关数据库列举

类别	名称		国家/地区	创办/组织机构	简介
基因组	国际核苷酸序列联合数据库	GenBank	美国	国家生物技术信息中心	GeneBank、DDBJ 和 ENA 联合组成国际核苷酸序列联合数据库，旨在形成全球核苷酸序列存储网络
		DDBJ	日本	国家遗传研究所生物信息中心	
		EMBL 核酸序列数据库	欧洲	欧洲生物信息研究所（EBI）	
	Ensembl		欧洲	欧洲生物信息研究所	与维康信托基金会桑格研究所合作开发，提供包括基因数据存储、信息整合、数据分析及生物信息可视化等多种功能
	人类基因注释数据库（H-IN-vDB）		日本	大阪大学	人类基因和转录的综合数据库，通过对人类基因转录信息的广泛分析，提供对人类基因和转录信息的注释
	京都基因与基因组百科全书（KEGG）		日本	京都大学 Kanehisa 实验室	1995 年建立，主要包含 16 个数据库，涵盖了系统信息、基因组信息和化学信息
蛋白质组	世界蛋白质数据库（ww-PDB）	RCSB PDB	美国	结构生物信息研究合作实验室（RCSB）	RSCB、PDB、PDBe 和 PDBj 共同组建，BMRB 于 2006 年加入。其任务是建立一个供全球科研团体免费获取蛋白质大分子结构的公共数据库
		PDBe	欧洲	欧洲生物信息研究所	
		PDBj	日本	日本独立行政法人科学技术振兴机构	
		BMRB	美国	国际核磁共振协会/蛋白和核酸 NMR 光谱结构数据基础标准化跨联盟工作小组	
	UniProt Knowledgebase	SwissProt	瑞士	瑞士生物信息学研究所	收集蛋白质功能信息，加以准确、丰富的注释
		UniProtKB			
	人类蛋白质参考数据库（HPRD）		印度	印度生物信息研究所/约翰·霍普金斯大学 Pandey 实验室	可视化的描述、整合与蛋白域结构、转录后修饰、相互作用网络相关的信息以及在人类基因组中与疾病相关蛋白的信息
代谢组	麦迪逊代谢组学联盟数据库 PID		美国	威斯康星大学麦迪逊分校	为代谢组学研究提供基于 NMR 光谱和质谱数据的资源库
	人类代谢组学数据库（HMDB）		加拿大	阿尔伯塔大学	包含人体内小分子代谢物详细信息的数据库，数据类型包括化学数据、临床数据和分子生物学/生物化学数据

续表

类别	名称	国家/地区	创办/组织机构	简介
相互作用组	通路相互作用数据库（PID）	美国	NCI、*Nature* 出版集团	提供信号通路中生物分子相互作用以及关键细胞过程的信息
	InAct	欧洲	EBI	提供蛋白质相互作用数据
	生物分子相互作用动态数据	新加坡	新加坡国立大学	收集文献中蛋白－蛋白、蛋白-RNA、蛋白-DNA、蛋白-配体、RNA-配体、DNA-配体之间的关联性数据
	人类生物学反应及信号通路数据库（Reactome）		EBI、基因本体委员会（Gene Ontology Consortium）	包含经过同行评议的信号通路数据
生物建模	生物模型数据库（BioModels Database）		EBI、美国凯克研究所、日本系统生物学研究所、南非斯泰伦博斯大学	免费的生物模型在线数据库。数据库中主要存储数量型生物化学模型
生物标记物	传染病生物标记物库（IDBD）	韩国	韩国国立健康研究所	提供用于传染病和生物进程模拟的病原体和生物标记物，比如核酸、蛋白、碳水化合物和免疫抗原表位
生物样本库	生物银行	英国	英国医学研究委员会（MRC）、维康信托基金会、英国健康部（DH）	40～69岁志愿者提供的血液和尿液样本，DNA数据，研究癌症、心脏病、糖尿病、痴呆症等数种现代常见疾病的基因构成
	生物银行项目	日本		血液和组织样品，癌症、糖尿病和风湿性关节炎、其他常见疾病
	澳大利亚生物样本网络	澳大利亚	国家健康和医学研究委员会	包括维多利亚、新南威尔士、昆士兰和西澳大利亚州的组织库。旨在收集、处理和传播生物样本，用于实验室研究和临床试验
	新加坡生物银行（SBB）（新加坡组织网络）	新加坡	新加坡科技研究局	国家级的组织和DNA储存库，旨在推进新加坡高质量转化研究和人口研究
疾病应用	癌症生物医学信息网格（caBIG®）	美国	NCI	癌症研究相关分析工具、网络基础设施、政策文件、工作组报告、研究共同体重大事件报道、新闻出版物、相关网站、数据门户、培训资料、知识库、服务提供商信息和其他重要资源的集成

3.2.3.1　国际核苷酸序列联合数据库

1988年，美国NIH建立的GenBank、欧洲EMBL核酸序列数据库和日本DDBJ世界三大核酸序列数据库建立合作关系，成立了 INSDC，旨在建立一个实现全球核酸序列数据共享的存储设施。三个数据库各自搜集世界各国相关实验室和测序机构发布的核酸序列数据，并通过计算机网络进行每日更新及数据交流。由于大多数其他的生物信息数据都要以核苷酸序列作为基础，因此，这一联合数据库无疑成为最重要的生物信息资源。目前，该数据库已存储了超过 8000 万条核苷酸序列数据。

3.2.3.2 世界蛋白质数据库

蛋白质数据库最早于 1971 年在美国布鲁克黑文国家实验室（Brookhaven National Laboratory）成立。1998 年，PDB 被移交给了美国结构生物信息研究合作实验室（RCSB）管理。2003 年，PDB 与欧洲生物信息研究所蛋白质数据库（PDBe）以及日本蛋白质数据库（PDBj）合作，成立了一个国际性组织 wwPDB。美国生物磁共振数据库（BMRB）于 2006 年加入。其中，PDBe 由 EBI 建立，PDBj 由日本独立行政法人科学技术振兴机构负责管理，而 BMRP 则由国际核磁共振协会与蛋白和核酸 NMR 光谱结构数据基础标准化跨联盟工作小组（Inter-Union Task Group on the Standardization of Data Bases of Protein and Nucleic Acid Structures Determined by NMR Spectroscopy，IUPAC-IUBMB-IUPAB）共同组织创建。

wwPDB 的任务是构建一个独立的大分子结构数据公共存储设施，供全球的科研团体免费使用。虽然 PDB 的数据是由世界各地的科学家提交，但每条提交的数据都会经过 wwPDB 工作人员的审核与注解，并检验数据是否合理。

3.2.3.3 人类代谢组学数据库

人类代谢组学数据库 2007 年由加拿大阿尔伯塔大学建立，是全球首个人类小分子代谢物数据库。该数据库主要提供三种数据：化学数据、临床数据和分子生物学/生物化学数据。该数据库收录了 7900 种代谢物的信息。此外，该数据库还将 7200 种蛋白序列链接到这些代谢物上。利用 HMDB 中的数据，人们可以查找到代谢物与疾病之间的关联，代谢物浓度是否正常，还可以发现代谢物的位置、基因与代谢物之间的关系。

建立该数据库的计划起步于 2004 年。参与该计划的 50 位科学家分别来自加拿大阿尔伯塔大学和卡尔加利大学。他们在两年半的时间里研究并收集了所有已知的人类代谢物及其与化学、生物和疾病有关的数据，将其编入了人类小分子代谢物组中。

3.2.3.4 生物模型数据库

生物模型数据库是一个免费的生物模型在线数据库，由 EBI、美国凯克研究所（Keck Graduate Institute）、日本系统生物学研究所以及南非斯泰伦博斯大学（Stellenbosch University）共同组建，并获得了 EMBL 和美国国家通用医学研究所（National Institute of General Medical Sciences，NIGMS）的资助。该数据库主要存储已经在学术刊物上公开发表，且经过同行评审的生物化学定量模型。所有模型中的元素都被链接到相关参考数据库中，方便用户快速获得相关详细信息。

3.2.3.5　通路相互作用数据库

通路相互作用数据库是由美国 NCI 与 *Nature* 出版集团共同创建，旨在提供信号通路中生物分子相互作用以及关键细胞进程的高度结构化数据。

该数据库主要关注人类细胞中已知或肯定会发生的生物分子相互作用，并针对癌症研究人员，如神经科学家、发育生物学家和免疫学家感兴趣的细胞通路。

3.2.3.6　传染病生物标记物库

传染病生物标记物库由韩国国立健康研究所（KNIH）建立，是一个用于传染病诊断、检验、预防和特征描述的生物标记物知识库。该数据库主要提供用于传染病和生物进程模拟的病原体和生物标记物，如核酸、蛋白、碳水化合物和免疫抗原表位。

目前该数据库共包含 77 种疾病、79 种病原体和 710 种生物标记物的数据（表 3-14）。

表 3-14　IDBD 数据数量　　　　　　　　（单位：种）

疾病类型	疾病	病原体	生物标记物	疾病类型	疾病	病原体	生物标记物
胃肠道感染	14	14	107	动物传染病	10	9	124
呼吸系统感染	16	18	154	虫媒病毒感染	5	5	110
神经系统感染	2	1	13	抗生素耐药	6	6	83
泌尿生殖系统感染	9	10	46	生物恐怖	10	10	112
病毒性肝炎	5	5	10	媒介传播感染	10	6	62
出血热	4	4	37	总计	77	79	710

注：不同疾病类型的数据之间有重叠

3.2.3.7　生物银行

生物银行由英国卫生部、英国医学委员会、苏格兰政府和维康信托基金会医疗慈善机构共同创建，总部位于英国曼彻斯特大学，旨在研究英国 50 万 40～59 岁人群的健康受其生活习惯、环境和基因影响的状况，并改善大量疾病（如癌症、心脏病、糖尿病、痴呆和关节疾病）的预防、诊断和治疗，从而提高全社会的健康水平。

3.2.3.8　癌症生物医学信息网格

美国 NCI 于 2003 年提出 caBIG® 项目，并于 2004 年正式启动。caBIG® 愿景是通过整合虚拟数据、研究人员和组织机构，优化科学研究的过程、改善患者/参与人员与生物医学研究共同体的互动机制。caBIG® 目标是：通过共享、可互操作基础设施平台，链接癌症研究共同体；通过建立和扩展标准、制定规则和统一框架，提高信息共享效率；开发和改善癌症研究相关信息采集、分析、整合和共享工具。

3.2.4　中国系统生物学规划

中国在完成人类基因组测序工作后，参与人类蛋白质组计划，启动了肝脏蛋白质组计划等。在这些计划实施中，取得了很多的成果，但是还没有如"GTL"形式的大的计划，在一个大的目标下，针对众多关键问题进行各个击破，进行广泛的基因或蛋白的大批量的采集。资助的计划中也有针对疾病的系统生物学项目，但是在生物信息学和计算生物学方面、信息数据库和建模等领域的资助计划少，而刚刚启动的"生物信息学基础信息整编"项目表明我们国家已经开始重视对该类研究的资助。

3.2.4.1 人类蛋白质组计划

人类蛋白质组计划（HPP）是继人类基因组计划之后的又一项大规模的国际性科技工程，于2003年启动。按照人类蛋白质组组织（HUPO）的计划，人类蛋白质组计划的首批计划包括人类肝脏蛋白质组计划（HLPP）和人类血浆蛋白质组计划（HPPP），分别由中国和美国科学家牵头执行。HPP是21世纪的第一个大科学工程，各国负责实施的项目分别为：美国HPPP、中国HLPP、英国人类蛋白质组标准计划（HPSI）、德国人类脑蛋白质组项目（HBPP）、加拿大小鼠和大鼠蛋白质组项目（HMRPP）、瑞典人类抗体计划（HAI）、日本人类糖组学/蛋白质组学计划（HGPI）等。中国从2002年开始启动HLPP，到2005年在完成表达谱的任务方面，已经鉴定出高可信度的6788个非冗余蛋白。

3.2.4.2 中国近年来开展的系统生物学相关项目

在863计划、973计划的支持下，我国陆续开展了一系列系统生物学相关的研究项目，表3-15列举了近年来开展的一些项目的相关内容。

表3-15 我国开展的系统生物学相关研究项目列举

项目名称	启动时间	参与单位	项目内容
973计划：多基因复杂性状疾病的系统生物学研究	2004年	中国医学科学院基础医学研究所、中国科学院上海生命科学研究院、清华大学、上海交通大学医学院附属瑞金医院	该项目以具有我国特点的精神神经性疾病、心血管疾病、恶性肿瘤和代谢性疾病等多基因复杂性状疾病为研究对象，建立系统生物学的分析方法和技术平台，整合由基因组、转录物组、蛋白质组、代谢物组研究获得的生物信息数据，鉴定与疾病表型相关的生化途径、信号通路及分子网络结构，阐明其调控机制，模拟疾病的分子和细胞模型，为在生物系统层次上提供多基因复杂性状疾病预警、诊断、治疗、预防和药物筛选的新思路、新途径和新导向奠定科学基础
重大科学研究计划蛋白质专项项目：模式生物与细胞等功能系统的系统生物学研究	2006年	中国科学院遗传与发育生物学研究所、中国科学院上海生命科学研究院、北京大学	该项目是国内第一个典型的系统生物学重大研究项目。该项目拟解决的关键科学问题是：发现与重要功能相关的模式生物和细胞等功能系统的基因调控和蛋白质相互作用网络，了解其结构和动力学特征，发现其进化、变异的规律、功能相关的作用机制及其与疾病的内在关联；通过对模式生物和细胞等功能系统的蛋白质复杂多样的结构功能、相互作用和动态变化的机制和机理的研究，认识分子、细胞和生物体等多个层次上生命现象的本质，同时为理解疾病发生和发展的分子机理提供重要的线索

续表

项目名称	启动时间	参与单位	项目内容
"十一五"重大研究计划：蛋白质功能的代谢和多肽组学研究	2006年	上海交通大学、中国医学科学院肿瘤研究所、中国科学院上海生命科学研究院、中国科学院植物研究所、河北师范大学	主要研究内容：①利用代谢组学方法寻找与早期肿瘤诊断、治疗敏感性相关的生物标识物；②开发可以用于临床精神疾病诊断的代谢组学技术；③探索胆固醇代谢平衡对代谢网络系统的调节机理；④建立高效多肽组学方法以系统研究多肽在信号转导中的作用；⑤研究植物细胞外蛋白及多肽在逆境胁迫及发育调节中的作用；⑥建立可以进行多肽功能分析的活体动态可视化成像技术，并针对上述研究内容设置6个研究课题。预期目标：①得到与肿瘤、精神疾病和胆固醇代谢性疾病相关的早期标识性化合物；②开发可用于临床诊断的代谢物分析技术；③建立广谱多肽组学分析方法；④发展可用于多肽功能分析的活细胞分析技术；⑤获得影响重要生命过程和疾病发生相关的多肽和代谢化合物
973计划蛋白质重大科学研究计划重大项目：抑郁症的蛋白质组学多肽组学研究	2009年	重庆医科大学、军事医学科学院、武汉大学、中南大学等	该项目从基础研究角度和抑郁症发病机制的研究入手，进行与神经有关的蛋白质组学和多肽学的研究，希望找出受环境影响的抑郁症发病规律和影响机制，为降低发病率和有效治疗提供科学基础。项目应用神经科学的基本方法，探讨神经科常见精神障碍抑郁症的发病规律，观察首发重度抑郁症患者的激活脑区，以揭示抑郁症发病机制的器质性脑代谢基础，为深入研究神经科疾病和其他精神障碍研究和脑的认知功能研究提供有益探索；项目还涉及神经生化、神经干细胞、中枢神经系统感染性疾病等方面的研究
国家科技基础性工作专项重点项目：生物信息学基础信息整编	2010年	中国科学院等机构	建立一个具有权威性的生物信息学基础资料整编规范及完整的国内外生物信息资源、数据和信息目录；构建我国自主产生的涵盖核酸序列、基因表达谱、蛋白质序列、结构及相关信息、代谢组学数据的基础数据库和知识库

3.2.5　中国系统生物学研究机构分析

中国在系统生物学领域也积极开展各项研究工作，创办了许多专注于系统生物学的机构，包括：中国科学技术大学系统生物学系、大连海事大学环境系统生物学研究所、哈尔滨医科大学生物信息学系统生物学教研室、华中科技大学系统生物学系、军事医学科学院放射医学研究所系统生物学实验室、中国医学科学院蛋白质组学研究中心、天津大学化工学院生物工程系代谢工程和系统生物学实验室、上海交通大学系统生物学研究所、西南大学蚕学与系统生物学研究所、复旦大学生物医学研究院系统生物学研究室、上海系统生物医学研究中心、上海中医药大学中医方证与系统生物学研究中心、中国科学院上海生命科学研究院系统生物学重点实验室以及中国科学院生物物理研究所系统生物学研究中心等。

　　分析中国系统生物学科研机构的设置及科研情况，与国际上先进的科研机构相比，还存在一定的差距，主要表现在以下几个方面：

　　（1）研究体系较零散，还没有形成系统和规模。中国在系统生物学领域创办了许多专注于系统生物学的机构，但是这些研究机构多数是研究所或大学自发建立的一些实验室或中心。

　　（2）科研人员设置上相对单一。在科研人员的设置上，中国大部分系统生物学研究机构中还存在人员学科组成单一的问题，多数研究人员均从事生物学领域的研究，而像化学、物理学等领域的科研人员相对较少，甚至完全缺乏。系统生物学的全面发展需要计算机学、物理学、数学等多学科的全面协作，人员结构的单一性无疑会使我国系统生物学的研究受到局限。

　　（3）研究总体水平和体量有差距。中国在人类蛋白质组计划中是主要承担国家，说明中国在系统生物学领域，至少是蛋白质组学领域的研究水平还是处于国际领先地位的，然而，还应该看到，中国的系统生物学总体研究水平还是落后于美国、英国等国家。

　　（4）较少进行技术研发和设备的研制。国外的科研机构在科研方向设置上比较重视相关的技术和科研设施的开发，但中国的科研机构对于该领域的关注较少，这与中国生命科学领域整体的技术和设备的原创能力有关。表3-16对中国比较典型的研究机构进行了简要的介绍。

表3-16　中国系统生物学研究机构的重点关注领域

研究中心	创办机构	关注领域
中国科学院系统生物学重点实验室	中国科学院	生物体和细胞内蛋白质群体的动态行为的过程及其调控机制、代谢性疾病的系统生物学研究、系统生物学相关的研究技术的建立和发展
北京蛋白质组研究中心	军事医学科学院、中国科学院、中国医学科学院、清华大学、北京大学、江中集团及北京生物技术和新医药产业促进中心	人类肝脏蛋白质组组成及其功能网络、重大疾病相关的蛋白质组学、基于蛋白质组学的系统生物学、蛋白质组学新技术新方法
复旦大学生物医学研究院系统生物学研究室	复旦大学	蛋白质组学技术平台、肝脏蛋白质组的生物信息数据库、生物信息学的技术平台、发展系统整合语言
清华大学医学系统生物学研究中心	清华大学医学院和生物芯片北京国家工程研究中心（博奥生物有限公司）	生物芯片技术与相关器件及应用
上海系统生物医学研究中心	上海交通大学	推动基础研究与临床医学相结合，推动新型诊断、治疗技术的研究和药物创新
上海中医药大学中医方证与系统生物学研究中心	上海中医药大学	实现现代系统生物学与中医传统医学理论的有机结合，构建中医理论指导下的中药复方创新药物研究开发平台
中国科学院上海生命科学研究院系统生物学重点实验室	中国科学院	生物体和细胞内蛋白质群体的动态行为的过程及其调控机制、代谢性疾病的系统生物学研究

研究中心	创办机构	关注领域
中国科学院生物物理研究所系统生物学研究中心	中国科学院	系统生物学的方法学研究、模式生物系统研究、生物信息学研究、功能结构基因组学研究、膜蛋白质组学研究

3.2.6 中国的系统生物学相关数据库

在系统生物学相关数据库的建设方面，中国多个机构也自主建立了一系列数据库，对中国的系统生物学研究起到了推动作用（表3-17）。

表3-17 中国系统生物学相关数据库列举

类别	名称	创办/组织机构	简介
基因组	普通核酸数据库	上海生物信息技术中心	除EST、GSS、STS以外的其他核酸序列。其数据来源可以分为两部分：用户直接提交以及数据中心根据需要从其他核酸数据库（如Genbank、EMBL）中下载的数据
	引物数据库	上海生物信息技术中心	引物数据库接受研究者、研究组织以及专利申请者提交的引物数据并予以发布，注册用户可以通过FTP批量提交数据
	水稻、家蚕、家鸡、流感病毒和人类基因组数据库	中国科学院北京基因组研究所	数据来自于北京基因组所测序的各物种全基因组原始序列以及分析得到的二级数据，包括Gene、EST、cDNA、SNP等等，同时也导入最新的转录组原始数据和二级分析数据
蛋白质组	蛋白质数据库	上海生物信息技术中心	其数据来源主要是UniProt数据库。UniProt数据库是一个经过整理后的蛋白质序列数据库，它致力于提供一个高水平的注释（如描述蛋白质的功能、作用域结构、翻译后修饰、突变体等）、最低水平的冗余以及与其他数据库的整合

3.3 系统生物学技术的研究和应用现状

系统生物学概念自提出后，相关技术发展迅速，系统生物学的思维也逐渐被广泛地应用于生物学研究中。图3-2显示了系统生物学主要的研究流程。可以看出，系统生物学领域的关键技术主要涉及两个方面，即获取数据和数据处理的技术。其中，"获取数据"主要是通过各种"组学"方法，采用高通量实验技术，获取各系统组件相关的数据和信息；而"处理数据"则是在对数据进行梳理、整合的基础上，利用生物信息学的方法建立生物模型，从而实现对生物系统的体外模拟，进而用于后续的科学研究或实现产业应用。

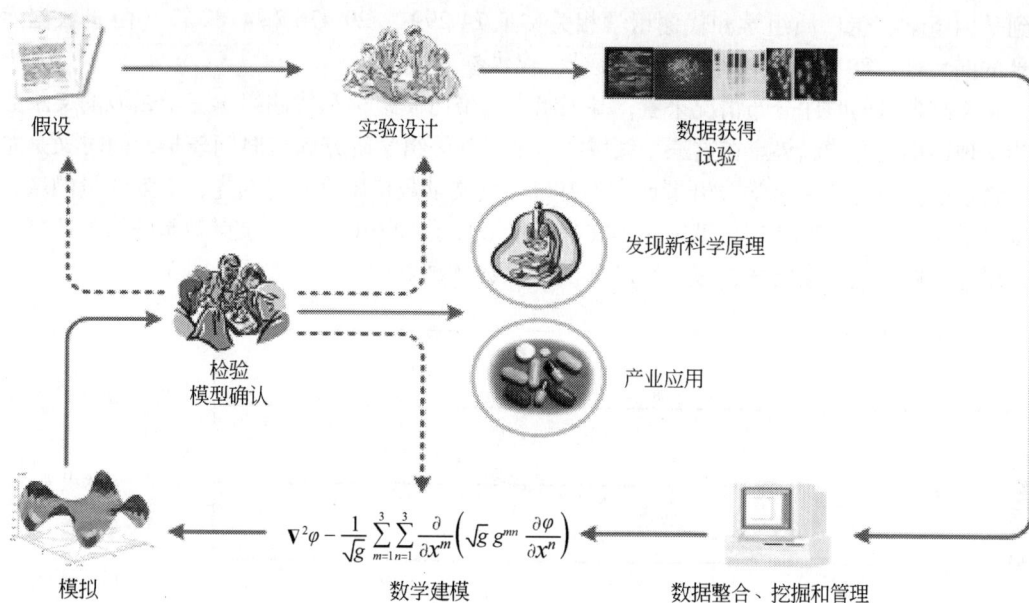

图 3-2　系统生物学研究流程

3.3.1　"组学"技术的发展现状

"组学"（omics）是利用高通量技术，从整体上对某一系统的全部组分进行研究。例如，基因组学的研究对象就是基因组的结构、功能及表达产物。最早开展的"组学"研究领域是基因组学，随着"组学"技术的不断发展，目前已经拓展到转录组学（transcriptomics）、蛋白质组学（proteomics）、代谢组学（metabonomics）、离子组学（ionomics）以及相互作用组学（interactomics）、代谢通量组学（fluxomics）、生理组学（physionomics）和表型组学（phenomics）等多个学科领域（图 3-3）。这些领域的发展为系统生物学研究奠定了坚实的基础。本节将对基因组学、蛋白质组学以及代谢组学三个领域的技术发展和应用现状进行简要的分析。

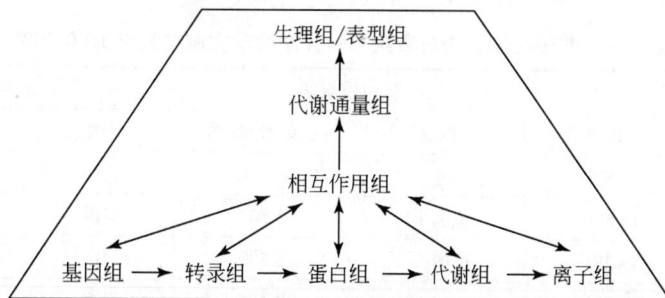

图 3-3　系统生物学中的"组学"领域（刘瑞瑞，2009）

利用科学引文索引（Science Citation Index Expanded，SCI-Expanded）数据库作为数据源，对 2001～2010 年基因组学、蛋白组学和代谢组学相关的研究文献进行检索，分别检索到基因组学、蛋白质组学和代谢组学相关文献 14 2991、29 476 和 4182 篇（由于数据库收录的滞后性，2010 年的文献未完全收录，仅供参考）。

从文献数量的时序分布情况来看，基因组学、蛋白质组学和代谢组学三个领域的文献数量均呈现逐年上升的趋势。在这三个领域中，由于基因组学研究起步时间较早，同时又是系统生物学中其他各种"组学"开展研究的基础，其文献数量始终遥遥领先，文献数量的增长幅度也最大，2001~2010 年，基因组学文献数量增长了 10 670 篇。从文献数量的增长速度来看，增速最快的是代谢组学领域，2010 年的文献数量是 2001 年的 37 倍（图 3-4）。

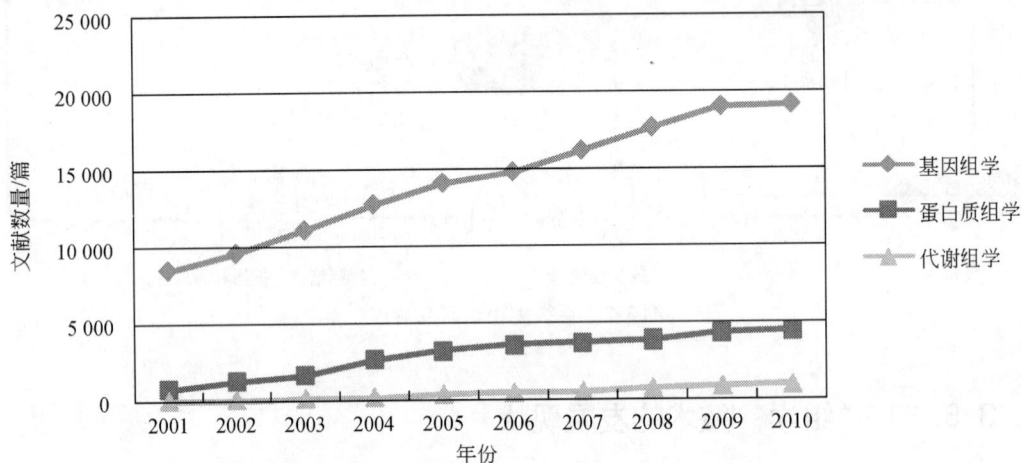

图 3-4　基因组学、蛋白质组学和代谢组学文献的时序分布

从文献数量的国家分布情况看，在基因组学、蛋白质组学和代谢组学三个领域中，位居前 10 位的国家较类似，在三个领域中均进入前 10 位的国家包括美国、英国、德国、中国、日本、法国、加拿大和荷兰。其中，美国在三个领域的文献数量均远远高于其他各国，位居首位。中国在基因组学、蛋白质组学和代谢组学三个领域中，文献数量分别位列第 6、4、5 位（表 3-18）。在人类基因组计划中，中国承担了 1% 的测序工作，而在此后开展的人类蛋白质组计划中，中国更是作为牵头国家，负责"人类肝脏蛋白质组计划"的开展。可见，中国在"组学"研究中，已经具备一定的基础和实力。

表 3-18　基因组学、蛋白质组学和代谢组学文献数量前 10 位国家

基因组学		蛋白质组学		代谢组学	
国家	文献数量/篇	国家	文献数量/篇	国家	文献数量/篇
美国	62 893	美国	11 391	美国	1 349
英国	16 568	德国	3 507	英国	799
德国	13 381	英国	2 580	德国	449
日本	11 853	中国	2 405	日本	370
法国	10 219	日本	1 620	中国	355
中国	9 250	法国	1 550	荷兰	292
加拿大	7 844	加拿大	1 430	加拿大	209

基因组学		蛋白质组学		代谢组学	
国家	文献数量/篇	国家	文献数量/篇	国家	文献数量/篇
意大利	5 088	意大利	1 305	法国	189
澳大利亚	5 060	韩国	996	瑞士	164
荷兰	4 811	荷兰	964	西班牙	114

在基因组学和蛋白质组学两个领域中，文献数量前10位的机构大部分为美国的机构。其中，美国哈佛大学和美国华盛顿大学分别位居前两位。在代谢组学领域，排在首位的机构为英国伦敦帝国理工学院。在三个领域中，中国科学院的文献数量均位居前列，分别位列第4、3、2位，可见，中国科学院在"组学"领域已经具备一定的实力（表3-19）。

表3-19　基因组学、蛋白质组学和代谢组学文献数量前10位的机构

基因组学		蛋白质组学		代谢组学	
机构	文献数量/篇	机构	文献数量/篇	机构	文献数量/篇
美国哈佛大学	3 842	美国哈佛大学	562	英国伦敦帝国理工学院	205
美国华盛顿大学	3 220	美国华盛顿大学	482	中国科学院	126
日本东京大学	2 078	中国科学院	439	美国加利福尼亚大学戴维斯分校	110
中国科学院	2 038	美国斯科利普斯研究所	367	英国曼彻斯特大学	102
英国牛津大学	1 834	美国西北太平洋国家实验室	356	英国剑桥大学	80
美国斯坦福大学	1 627	美国国家癌症研究所	317	英国伯明翰大学	70
英国剑桥大学	1 550	加拿大多伦多大学	307	日本千叶大学	69
法国国家科学中心	1 536	美国密西根大学	281	德国马普分子植物生理研究所	68
美国科内尔大学	1 450	法国国家科学中心	280	荷兰莱顿大学	65
法国国立农业研究所	1 418	法国国立农业研究所	261	日本庆应义塾大学	62

3.3.1.1　基因组学技术研究

基因组包含了生物的全部遗传信息，因此，获得生物体基因组全部序列对于进行生物学研究，探寻生命的奥秘具有十分重要的现实意义。基因组学出现于20世纪80年代，以噬菌体 Φ-X174 的测序作为标志；1995 年，首个自由生活的物种——嗜血流感菌（*Haemophilus influenzae*）的测序完成，从此，基因组测序工作开始大规模展开。

20 世纪90年代启动的人类基因组计划是基因组学史上一个辉煌的里程碑，由英、法、美、德、日、中等六国科学家花费了 10 年时间和 40 亿美元经费，于 2000 年首次完成了人类全基因组的测序工作，为基因组学在人类疾病治疗等领域的应用奠定了坚实的基础。

此后，随着新一代测序技术的成熟，生命科学迎来了"个体基因组"时代。世界各国

陆续发起了一系列人类基因组的测序计划，其中包括：名列世界第三大基因组研究中心的深圳华大基因研究院启动的"炎黄计划"以及合作启动并参与的"国际千人基因组计划"；美国洛克菲勒 J. Craig Venter 研究所的 Craig Venter 博士提出的"至少测定 10 000 个体"的研究计划；由美国 Google 公司资助的将目标瞄准 100 000 名美国志愿者的"个体基因组计划"。

伴随着这些个体基因组测序计划的开展，2007 年以来，基因组学家陆续发表了 5 个"个体基因组"全序列：Craig Venter 博士用经典的 Sanger 测序技术测定了他自己的基因组序列，用新一代 454 测序仪完成的 James Watson 博士的基因组全序列，2008 年 11 月 6 日在 Nature 杂志上作为封面文章发表的我国华大基因研究院完成的首个匿名亚洲人全基因组序列以及同期发表的首个匿名非洲人、一个匿名白血病人的全基因组序列。

"个体基因组技术"的发展，为个性化医疗带来了希望。该技术被美国 Time 杂志评为"2008 年十大医学突破"之一，并被 Forbes 杂志评为"改变未来 10 年的 5 项技术"之一。2009 年更是有人预测，10 年后，英国的每个新生儿都将在出生之际很快拥有自己的 DNA 序列。

1）DNA 序列分析技术

DNA 序列分析能够为基因 DNA 序列提供最真实可靠的信息，能够比较全面地描述基因的复杂性和多样性，所以测序技术是基因组学的核心技术之一。

纵观 DNA 测序技术和仪器的发展，Sanger 建立的"DNA 双脱氧链末端终止测序法"（Sanger 测方法）以及 Macam 和 Gilbert 建立的"DNA 化学降解测序法"是第一代 DNA 测序技术，其中以 Sanger 测序法应用最广。20 世纪 80 年代中期，依据 Sanger 测序法的原理研制了自动测序仪，该仪器实现了 DNA 测序的全自动化，大大节约了人力与物力。此后，毛细管凝胶电泳测序技术、杂交测序技术、基因芯片测序技术、PCR 直接测序技术以及 cDNA 微阵列测序技术等一系列技术陆续出现，推动了基因组学的发展。

近年来，DNA 测序技术和方法不断得到创新和改良。目前，市场上新一代测序仪主要有四种，即利用合成法测序（Sequencing by Synthesis）的 454（美国罗氏公司）和 Solexa（美国 Illumina 公司）测序仪，使用连接法测序（Sequencing by Ligation）的 SOLiD™ 系统（美国 ABI 公司）和 Polonator 系统（美国 Danaher Motion 公司）。这些测序仪具有较高的准确性，操作程序得到优化，测定通量急速增加，甚至达到传统 Sanger 法的几百到几千倍。例如，SOLiD™ 系统测序的准确度能够超过 99.94%，而且单次运行能产生 50GB 的人基因组序列数据。在读长方面，虽然还无法与传统 Sanger 方法的 1000bp 读长相比，但新一代测序技术的阅读长度也在稳步提高。其中，454 测序仪目前的读长已增至为 400bp 左右。

测序成本是基因组学发展过程中一个主要的瓶颈问题。20 世纪 90 年代开展的人类基因组计划是利用 1977 年 Sanger 建立的"DNA 双脱氧链末端终止测序法"进行的，其测序成本约为 1 个碱基 1 美元。此后，随着基因组学技术的不断发展，测序成本得到了极大降低。新一代测序技术已经基本实现了"10 万美元基因组"的目标，即将测定一个人类基因组的成本降至 10 万美元。而被称为"下一代测序技术"的新设想正在不断涌现，以实现"1000 美元基因组"的目标。

然而，尽管新一代测序技术优势多，其局限性也不容忽视，这些局限性主要表现在以下两个方面（聂志扬等，2009）：

首先，分析软件无法跟上高通量测序技术发展的步伐。测序速度提高了，但测序产生的海量数据却为后续的分析与储存带来了巨大的挑战。现有的生物分析软件还没有能力处理如此大量的数据资料，只有发展出能迅速准确分析和储存大量测序数据的软件和方法，才能充分体现出新技术高通量和高准确度的应用价值。

其次，成本问题也是制约高通量测序技术应用的主要障碍之一。一台新一代测序仪的价格大约50万美元，一般小型实验室难以负担。因此，对于Kb到Mb范围的小型项目，传统DNA测序方法无疑还是最佳的选择；但在全基因组测序、鉴定体细胞突变及病毒细菌感染与变异等大型基因组计划的实施中，新一代测序技术无疑将发挥巨大作用。

2）基因芯片技术

基因芯片又称DNA芯片、DNA微阵列，是专门用于核酸检测的生物芯片，也是目前运用最广泛的微阵列芯片。它是指在固相载体上按照待定的排列方式固定上大量序列已知的DNA片段，形成DNA微矩阵，通过杂交测序的原理，对DNA序列进行测定。

与传统的分子生物学技术相比，基因芯片技术采用了集成的方式，改变了以前孤立的研究单个基因在某个特定位置、特定时间的表达状况，可以对人体600多种细胞、50多种组织器官不同时空的表达，能够实现基因表达谱分析的高通量、微量化、连续化和自动化，并具有高度并行性的特点，所获取的总信息量远远超过了传统技术（赖铭裕，2009）。

利用Derwent Innovation Index数据库作为数据源，对基因芯片相关专利进行检索，共检索到相关专利（族）5265件（由于专利公开和数据库收录的滞后性，2009~2010年的专利不全，仅供参考）。

对优先权年为1991~2010年的基因芯片专利进行分析，发现1998年之前每年的专利（族）数量均较少，直至1999年，相关专利（族）数量开始增加，到2000年达到顶峰。这一阶段正是人类基因组计划即将完成之时。2001年之后，相关专利（族）的数量有所下降，近年来一直保持平稳态势（图3-5），体现出基因芯片技术已经日趋成熟，进入了一个相对平稳的发展期。

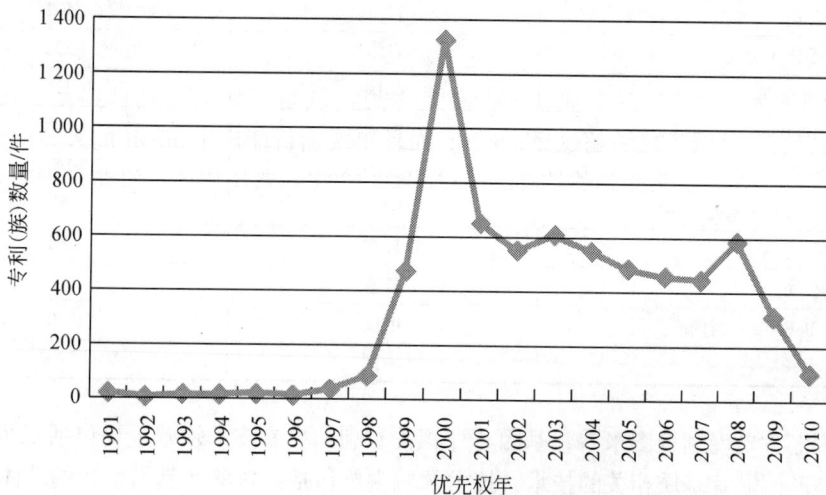

图3-5 基因芯片专利（族）的优先权年分布

在受理基因芯片专利的国家/地区中，日本和中国位居前两位，而且受理专利（族）的数量显著高于其他国家，美国位居第三位，其受理相关专利（族）的数量为中国的63%（图3-6）。可见，中国逐渐成为基因芯片技术的主要市场。另外，中国台湾进入专利（族）数量前10位。

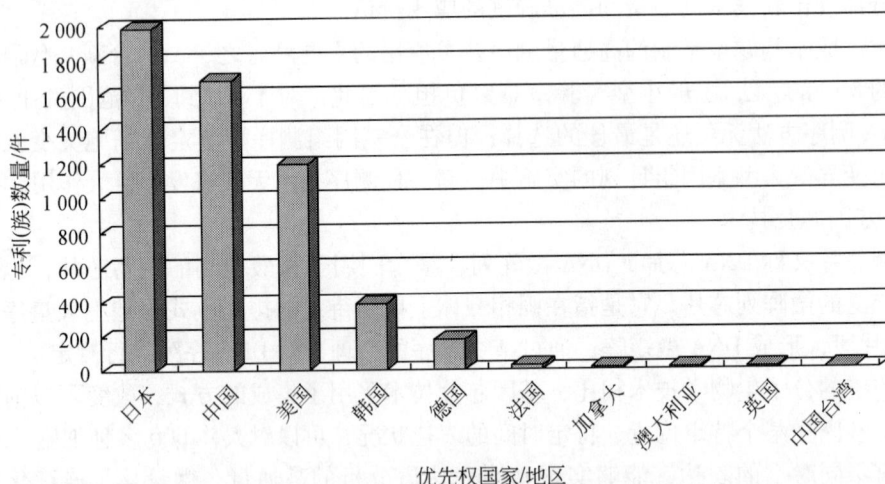

图 3-6　基因芯片专利（族）受理数量前 10 位国家/地区
注：数据库收录的中国数据包括中国内地、香港和澳门，但不包括台湾

申请基因芯片专利（族）数量前10位的机构以公司居多，仅有复旦大学一个科研机构。其中，中国的机构有5个，日本的机构有4个，美国的机构有两个。位居首位的机构为上海博德基因发展公司，其专利（族）数量显著高于其他机构（表3-20）。

表 3-20　基因芯片专利（族）数量前 10 位专利权人

专利权人	国家	专利（族）数量/件
上海博德基因发展公司	中国	894
尼康公司	日本	502
精工爱普生公司	日本	292
Applera 公司	美国	236
上海 BioDoor 基因发展公司	中国	220
PE 公司	美国	167
上海 BioRoad 基因发展公司	中国	87
索尼公司	日本	86
佳能公司	日本	86
上海 BoRong 基因发展公司	中国	70
复旦大学	中国	70

从基因芯片的专利地图来看，基因芯片相关专利的主要技术领域主要包括三个方面（图3-7）。一是基因芯片基质相关的技术，技术领域主要包括：核酸及其衍生物的载体（Carrier，Nucleotide Derivatives，Nucleotide）、芯片生产基质（Formed，Manufacturing，Substrate）、基

质检测反应（Substrate，Testing，Reaction）、固定基质生产（Substrate，Manufacturing，Immobilized）、玻璃基质获得（Substrate，Obtained，Glass）等；二是基因芯片信息处理技术，主要技术领域包括：表达统计分析（Expression，Statistical，Analysis）、信息控制输出（Information，Control，Outputting）、数据价值信号（Data，Values，Signal）、利用设备进行信息测定（Information，Devices，Measuring）等；第三个方面集中在应用领域，包括细胞表达序列（Expression，Cell，Sequences）、植物 DNA 表达阵列（Expression，Plant，DNA Array）、确定药物应答的方法（Drug，Response，Methods Identifying）、癌症 Klf 基因表达（Cancer，Klf DNA，Expression）、人类病毒调查（Virus，Probe，Human）等。

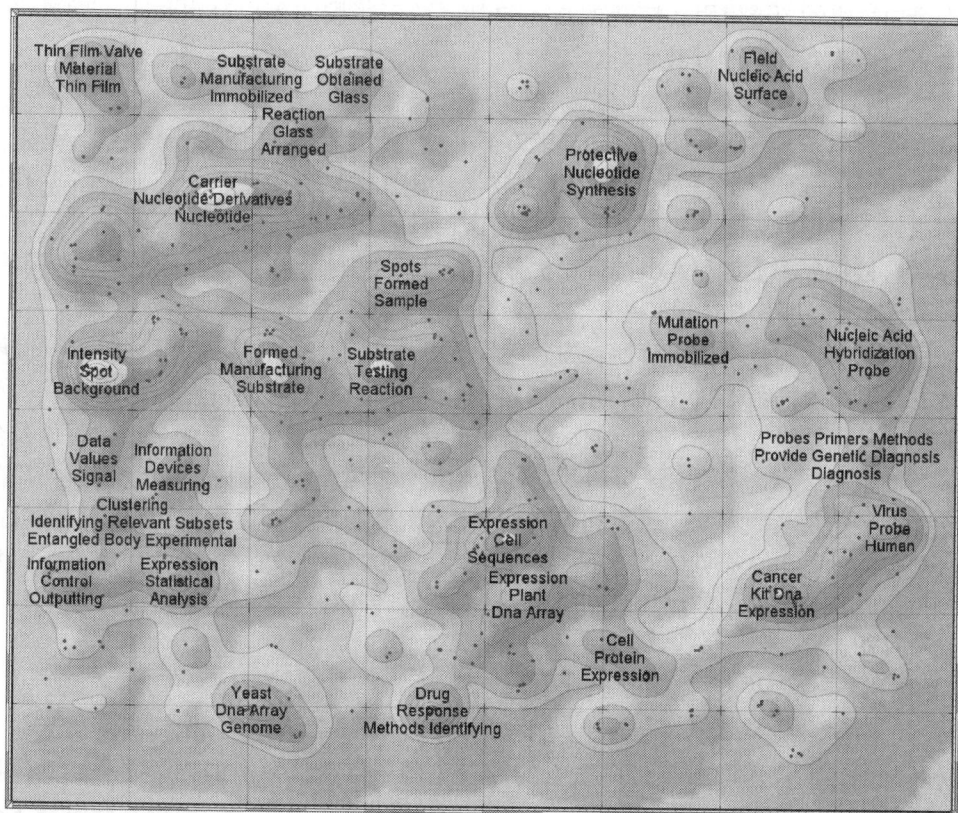

图 3-7　基因芯片专利地图（后附彩图）

3.3.1.2　蛋白质组学技术

人类基因组计划的完成，极大地推动了后基因组时代的到来。基因数量的有限性和结构相对稳定性与生命现象复杂性和多变性之间的巨大反差，使人们的目光逐渐从基因组学转向蛋白质组学，作为生命活动执行者，基因组编码的所有蛋白质随之成为研究热点。1994 年澳大利亚 Macquarie 大学的 Wilkins 和 Williams 等第一次提出了蛋白质组（Proteome）概念，是指细胞或组织基因组所表达的全部蛋白质。蛋白质组学内容包括鉴定蛋白质的表达、存在方式（修饰形式）、结构、功能和相互作用等。

国际上蛋白质组研究进展十分迅速，不论基础理论还是技术方法，都在不断进步和完善，相应已经建立多种细胞的蛋白质组研究中心。1996 年，澳大利亚建立了世界上第一个蛋白质组研究中心——澳大利亚蛋白质组分析中心（APAF）。丹麦、加拿大、日本也先后成立了蛋白质组研究中心。在美国，各大药厂和公司在巨大财力的支持下，也纷纷加入蛋白质组的研究阵容。2001 年 4 月，美国成立了人类蛋白质组组织（HUPO），随后欧洲、亚太地区都成立了区域性蛋白质组研究组织，试图通过合作的方式，融合各方面的力量，完成人类蛋白质组计划（Human Proteome Project）。

经过十几年的发展，蛋白质组学相关研究技术获得了巨大的进步，正在从对蛋白质进行逐个分离和检测，发展到利用高通量技术对蛋白质组中的全部蛋白进行同时测定。目前，在蛋白质组学领域使用较广泛的技术包括：基于凝胶的蛋白分离技术、质谱（MS）技术和蛋白微阵列（芯片）技术等。

1）双向凝胶电泳技术

双向凝胶电泳（2-DE）技术是于 1957 年由意大利生化学家 O'Farrell 发明，是蛋白质组学研究中使用最广泛的一种蛋白质分离技术。该技术具有简便、快速、分辨率高等优点，可以用于多种样品中蛋白质的分离。在这种技术中，蛋白质首先根据等电点进行分离，然后再根据分子重量和大小进行二次分离。目前主要应用的是 Gorg 等建立的固相 pH 梯度的凝胶电泳（IPG-DALT）。

然而，尽管这种技术使用简便，而且不需要昂贵的设备，但是存在一些显著的缺点。首先，并不是所有的蛋白质（如膜蛋白、疏水蛋白和 >150kDa 的蛋白）都能够获得很好的凝胶电泳分离效果。另外，凝胶的承载能力很有限，限制了可分离的蛋白数量以及蛋白质组涵盖的范围，而这一点对于分析复杂的生物流体非常重要。例如，血清中蛋白质的浓度会达到 5 个数量级。因此，想要利用 2-DE 技术识别和定性样品中的蛋白质修饰就需要附加一些额外的技术，如免疫印迹法（Xie et al.，2009）。此外，自动化程度低、重复性差等问题也是该技术应用的局限性所在。尽管如此，2-DE 技术仍然是目前大规模分离蛋白的最有效手段。

2）质谱（MS）技术

MS 技术的发展弥补了基于凝胶的蛋白质组学技术的一些缺陷，尤其是解决了复杂样品的分析问题，而且还增加了蛋白质组的涵盖范围。目前，常用的 MS 技术主要包括两种：基质辅助激光解析电离飞行时间（MALDI-TOF）MS 和表面增强激光解析电离飞行时间（SELDI-TOF）MS。

在细胞器蛋白质组、蛋白质组复合物的形成和定位以及蛋白质修饰等研究中，基于 MS 的蛋白质组学技术显示出强大的力量。MS 可以用来分析酶促降解肽和完整蛋白（分别利用"从下到上"和"从上到下"的蛋白质组学方法）。在"从下到上"的蛋白质组学方法中，蛋白质首先被切成片段，然后在质谱仪中进行电离、检测；而在"从上到下"的方法中，则首先测定完整蛋白质的量，然后再切成片段、分离并利用质谱仪进行检测。在这两种方法中，电离蛋白片段都是根据气相离子的质荷比进行分离。

虽然这两种方法都具有其各自的优点，但"从下到上"的蛋白质组学能够更广泛地用于蛋白识别的研究。这是由于这种方法能够很方便地将蛋白质经过酶促降解为肽，而且能够利用传统蛋白质分离技术进行蛋白耦合的直接测定。在"从下到上"的蛋白质组学中，蛋白质首先利用凝胶电泳或液相色谱法进行分离，此后再降解为肽，并利用 MS 进行识别。完整蛋白样品则是先通过消化，然后再对获得的肽进行分离和分析。这种方法具有可以利用多重液相色谱技术分离复杂肽混合物的优势。然而，由于获得的肽的数量超过 200 万，利用相似的质荷比和设备的敏感性进行离子分离的能力具有一定的局限性。此外，蛋白识别仅仅基于肽的一个小片段，从而导致翻译后修饰信息的缺失（Xie et al. , 2009）。

3）蛋白质微阵列技术（蛋白芯片）

上述的技术虽然在蛋白质组研究领域得到了广泛的应用，但是对于大规模的蛋白质分析，还需要更加敏感和高通量的工具，从而实现较宽动态范围的检测。蛋白微阵列便是这样一种高通量技术，微阵列中包含几千种固定在支架表面的蛋白。这些蛋白具有微小化的特征，从而实现对样品和试剂敏感和高通量的商业化筛选。

目前，主要有 3 种蛋白微阵列类型：功能蛋白阵列、分析或捕获蛋白阵列以及反向蛋白阵列。功能蛋白阵列用来显示折叠和活性蛋白质，用于分析其功能特征。这种方法被用来筛选分子间的相互作用、研究蛋白通路、识别 PTM 的靶标和分析酶的活性。在分析或捕获微阵列中，亲和试剂（如抗体）或抗原（可能是未折叠的）被用来研究蛋白的表达特征或在复杂的样本（如血清）中对抗体进行定量。抗体阵列的应用包括生物标记物的发现以及对信号通路中蛋白数量和活性状态的监测。抗原阵列则被用来研究自身免疫、癌症、感染或接种疫苗后的抗体库的特征。反向阵列可以以细胞裂解液或血清作为样本，需要利用不同抗体对阵列进行重复探测。反向阵列尤其适用于研究随着疾病的发展，特定蛋白表达和修饰的变化，因此主要用于生物标记物的发现。

尽管蛋白质阵列在蛋白质组高通量的筛选和鉴定中具有光明的前景，但是目前这种技术仍然存在一些问题，还无法实现全面的应用。除了该技术本身的灵敏性、蛋白质固定方法等领域有待改善，其大规模的应用还存在成本问题。目前，蛋白质阵列每个玻片的价格要 1000 美元，这对于蛋白质阵列的商业化造成了阻碍。此外，该技术应用于学术研究时，希望能够按照用户需求显示出某些蛋白的阵列，而不是全部蛋白质组的阵列，这也是蛋白阵列有待改善的领域。此外，阵列的有效期问题也是限制其应用的一个主要障碍，尤其是功能蛋白阵列。

在未来的几年内，蛋白质微阵列技术将会得到继续优化。越来越多的基因克隆和基因序列的获得将会促进多个物种蛋白质组阵列的完成。高通量蛋白表达和纯化方法的不断改善将会提高蛋白的质和量，并增加阵列蛋白的功能。此外，无细胞蛋白合成系统将会成为一种广泛应用的替代技术，利用原位合成制作蛋白质阵列的技术将会改善和加速阵列的生产。表面化学和结构特征、固定方法和读取技术的进一步优化将会使阵列的生产实现亚微米级的规模。在蛋白质组学应用中，重要的应用领域将包括分子相互作用网络的高通量体外功能筛选。而在医疗领域，阵列将会被开发用于诊断以及相关生物标记物的识别。通过国家计划，如欧盟第六框架计划资助下的 ProteomeBinders，可获得的亲和试剂越来越多，这将会为癌症蛋白质组的特征描述成为可能，从而能够对病人的血浆和肿瘤提取液中特征蛋白标记物进行监测，进而实现早期诊断和病情预测（Stoevesandt et al. , 2009）。

利用 Derwent Innovation Index 数据库对蛋白质芯片专利进行检索，共检索到相关专利（族）1227 件（由于专利发布和数据库收录时间的滞后性，2009～2010 年专利不全，仅供参考）。

从蛋白质芯片专利的时序分布情况来看，1991 年出现了首个蛋白质芯片专利（族），专利权人为日本味之素株式会社，此后直到 1997 年，蛋白质芯片的专利（族）一直都较少，相关技术尚未形成大规模研发态势。1997 年后，蛋白芯片的专利（族）数量开始呈现逐年增长的态势，到 2001 年专利（族）数量达到顶峰，2001 年的专利（族）数量是 1997 年的 13.3 倍。而 2001 年之后，相关专利（族）的数量开始出现缓慢降低的趋势，说明该技术进入发展平台期（图 3-8）。

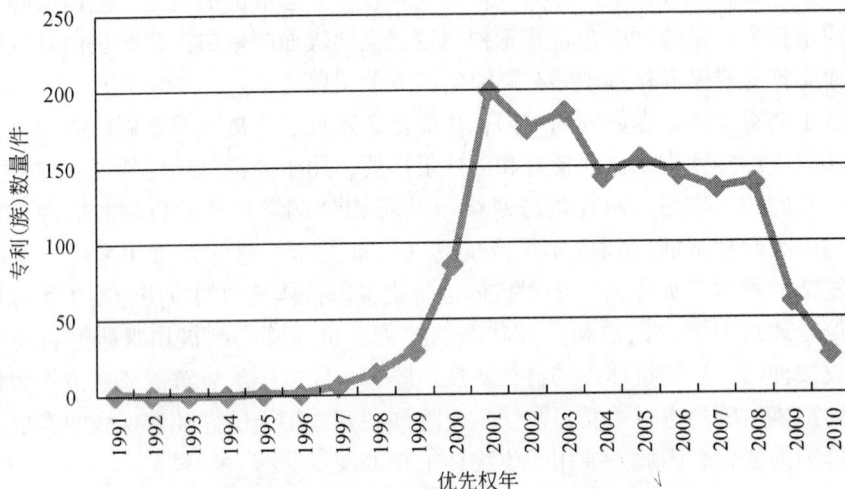

图 3-8　蛋白质芯片专利（族）的时序分布

从受理专利的优先权国家/地区来看，美国和日本分别位列前两位，其受理蛋白质芯片专利（族）数量显著高于其他国家，中国位居第三位，受理专利（族）的数量仅为美国的 18%，日本的 56%。亚洲区域进入专利（族）数量前 10 位的还有韩国和中国台湾。其中，中国台湾尽管位居第 10 位，但专利（族）数量较少，仅有 9 件（图 3-9）。

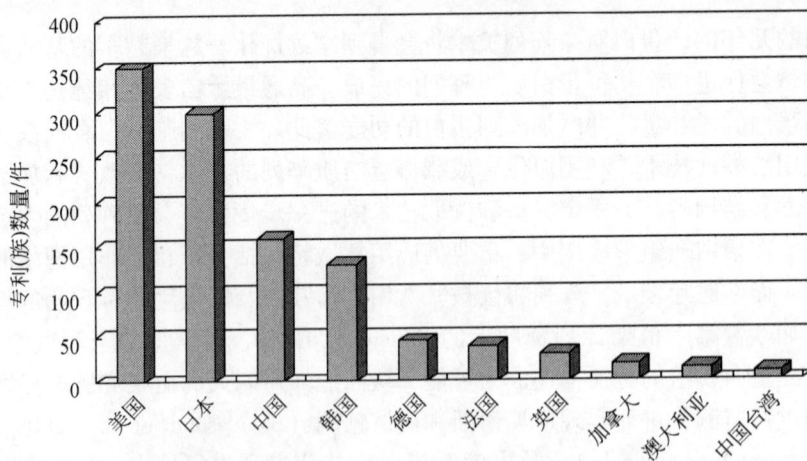

图 3-9　蛋白质芯片专利（族）数量前 10 位的优先权国家/地区

在申请蛋白质芯片专利（族）数量前10位的11个机构中，有6个机构属于日本，超过半数，而且日本的爱普生公司以专利（族）数量36件位居首位，另外5个公司分别位列第3、4、5和10位。这体现出日本在蛋白质芯片方面具有相对较强的实力。另外，韩国也有3个机构进入前10位的行列。中国没有机构进入前10位的行列（表3-21）。

表3-21　蛋白质芯片专利（族）数量前10位的专利权人

专利权人	国家	专利（族）数量/件
爱普生公司	日本	36
Myriad 基因公司	美国	22
富士胶片公司	日本	21
独立行政法人产业技术综合研究所	日本	16
日本科技局	日本	14
韩国生物科学与生物技术研究所	韩国	13
电子通信研究院	韩国	12
分子发动机实验室	法国	12
三星电子公司	韩国	12
住友电木株式会社	日本	12
东丽株式会社	日本	12

通过蛋白质芯片相关专利地图，可以了解蛋白质芯片相关专利主要关注的技术领域。从图3-10中可以看到，蛋白质芯片专利的技术领域主要包括基础技术及应用两个方面，前者主要包括光学免疫传感器（Light Sensor, Immunoassay, Eletrode）、固定化酶载体（Solid Support, Immobilized, Enzyme）、自动化分离鉴定设施（Automated, Separation Identification Characterzation, Separation）、蛋白微阵列支持胶质层（Layer, Support Gelatin, Protein Microarray）等。而应用方面的技术领域主要集中在滞留层析法分析生物药物（Retentate Chromatorgraphy, Analysis, Biology Medicine）、病人癌症诊断（Patiente, Diagnosis, Cancer）和利用原位杂交和反转录 PCR（RT-PCR）技术检测人类肿瘤（Human Primary Tumors, RT-PCR Examine Expression, Blotting Situ Hybridization）等。

3.3.1.3　代谢组学技术

目前，在代谢组学研究中应用最广泛的技术包括 MS 和核磁共振（NMR）光谱。其中，MS 主要包括傅里叶变换（FT）离子回旋共振质谱或称为 FT 质谱（FTMS）、液相色谱（LC-MS）和气相色谱（GC-MS）。其他技术，如 LC 比色电化学阵列检测（LC-Coulorimetric Electrochemical Array）和金属阳离子 X 射线测定技术也被用于代谢组学研究中（Spratlin et al., 2009）。

FTMS 具有较高的分辨率和精确性，能够探测 1ppm[①] 或更低量的代谢物，如肽。该技术与高通量基质辅助激光解析电离（MALDI）技术的结合已经证明，在精确性、敏感性、

---

① 　1ppm = 10^{-6}

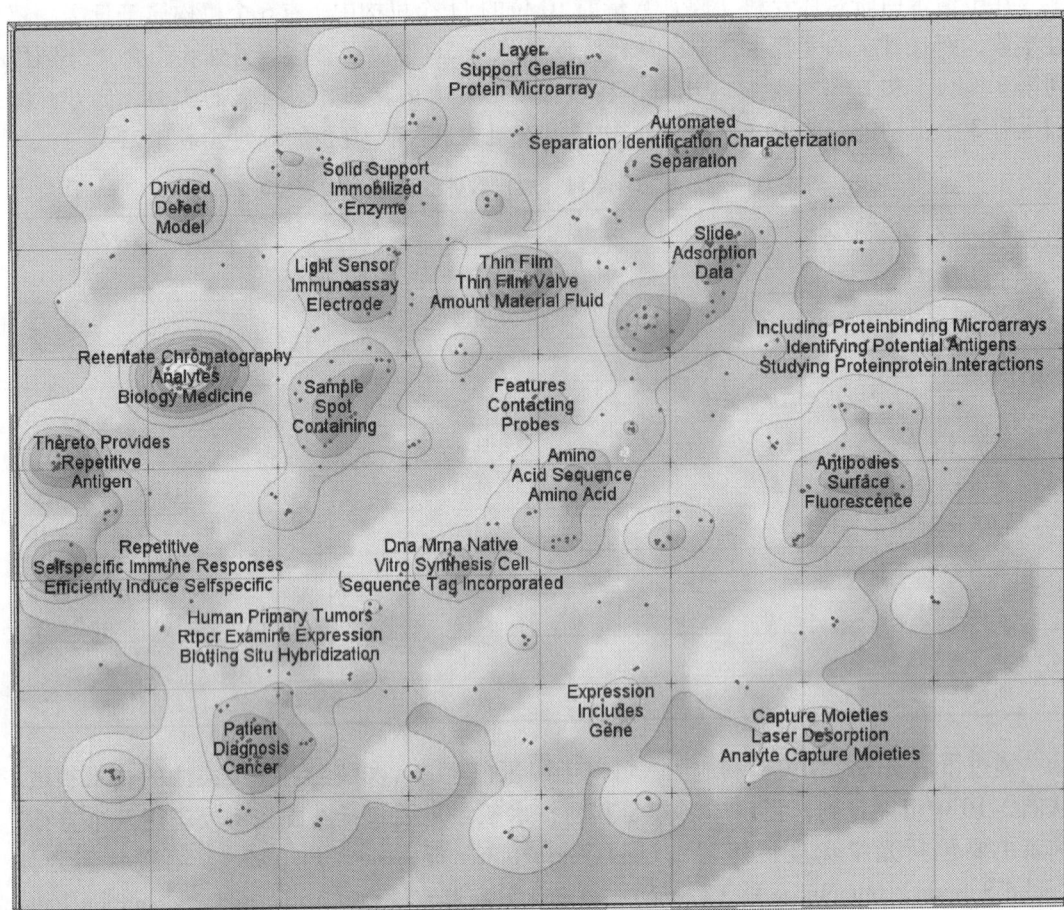

图 3-10　蛋白质芯片专利地图（后附彩图）

分析能力和串联质谱能力上比传统的 MALDI 与飞行时间质谱相结合的效果好。此前，定量哺乳动物组织的代谢物非常困难，通过该技术可以解决这一难题，因此该技术是一个重要的进步。

　　一些 NMR 技术可以在体内实现无创伤性的使用。NMR 光谱，包括^{1}H NMR，可以用于探测肿瘤中的代谢物，还可以用于开发代谢指纹，在肿瘤种类和治疗效果的诊断中非常有价值。许多测定的代谢物都是组织代谢网络中的节点，因此对于代谢干扰因素非常敏感。此前，对于基因突变或毒物的干扰因素已经可以实现灵敏的检测，但是追溯引起这些变化的原因却非常困难。最近，研究人员已经使用高分辨率的魔角自旋^{1}H NMR 光谱来检测受 BT4C 神经胶质瘤细胞株感染的小鼠中正在发生细胞凋亡的神经胶质瘤细胞中代谢物的特征，同时还利用 RT-PCR 技术，对这些代谢物紊乱对细胞凋亡基因转录组学特征的影响进行了评估。此外，利用^{1}H NMR 技术开发的代谢指纹也已经作为一种无创的工具用于探测疾病早期情况，并监测和评价干预策略的效果。

　　除了上述详细介绍的 FTMS 和 NMR 技术，其他正在代谢组学中应用的技术也各有其优缺点，表 3-22 对这些技术的优缺点进行了简要的介绍（马延磊，秦环龙，2008）。

表 3-22　各种代谢组学技术的优缺点

分析技术	优点	缺点
气质联用质谱（GC-MS）	高灵敏度、高重复性、费用较低	样品的准备较为耗时，并不适合所有化合物分离
液质联用质谱（LC-MS）	越来越多地用于替代 GC-MS 作为样品分离的手段，耗时很少，高灵敏度	费用较高，较难操作，且非极性物质难以分离
傅里叶变换红外光谱测定法（FT-IR）	较易鉴定，代谢物高通量的首选筛选方法，费用较低，较为准确	难以鉴定引起变化的代谢物，对同类化合物的代谢产物分辨率低
拉曼光谱测定法	由于水有微弱的拉曼光谱，因此可以观测到许多的官能团	分辨率低，较难分辨同类化合物的代谢产物
代谢物微阵列	在既定的条件下是很好的筛选工具	难以对未知的和异源性代谢产物进行筛选
薄层色谱测定法	便宜，便捷	存在内在测定的变异，限于特定条件下代谢物的定量测定

3.3.1.4　"组学"技术存在的问题

尽管不同"组学"领域存在的问题有所差异，但是仍然有一些共性的问题亟待解决（Mendrick，Schnackenberg，2009）。

（1）分析方法的标准化。在利用各种"组学"技术进行生物标记物的筛选时，使用不同的技术，如在蛋白质组学中使用不同种类的 MS 技术，会得到不同的候选生物标记物。甚至当使用同一种技术，而利用不同的试验平台，或由不同的实验室完成，所得到的结果仍然不尽相同。这种情况便造成对候选生物标记物的可信度的质疑，从而影响了这些标记物在临床上的应用。

这种不一致性的部分原因是样本收集或样本处理程序的差异性。例如，在代谢组学研究中，样本来源个体的饮食、健康状态、年龄、昼夜节律、压力、遗传变异等各种因素均会影响生物样本的代谢成分，从而便会造成分析结果的差异性。因此，要对研究过程中所使用的技术以及样本采集等试验过程进行规范化。人类蛋白质组学组织此前便发布了一项关于能够影响血浆蛋白质组学模式的分析前因素的研究成果，提出了样品处理的建议。除了分析前阶段，还需要强调在样品收集、样品处理、试验、数据分析和结果确认等环节中，一致和严格的坚持预先定义的程序或标准，从而将可变性减到最小，并获得一致和可重复的结果，并保证候选生物标记物的稳定性和安全性。

（2）研究结果的验证。在利用各种"组学"技术寻找生物标记物的研究中，许多生物标记物都是仅在一项研究中报道，而缺乏相关的验证研究。由于在单一研究中，所分析的样本有限，而且所使用的技术和试验设计等多种因素都未必完善，所以研究结果在一定程度上并不具备准确性。只有通过多个验证性研究对这些结果的准确性进行确认，才能够最终确定这些生物标记物是否具备应用于临床的资格。

（3）研究结果的整合。在此前的研究中，不太重视代谢组学、蛋白质组学、基因数据以及临床数据之间的交叉融合，研究者容易在各自的领域中对研究数据进行挖掘，以此来寻找生物标记物、探寻疾病发生机制。但实践证明，这样得到的各个潜在的生物标记物之间错综纷繁，关联性不强，缺乏交叉验证和说服力，与疾病诊断、治疗和药物研发系统的建立还有一定距离。在这个问题上，应该强调各种组学数据结合，特别是还要关注与临床相关数据的结合，以此来发现包含了不同数据内容的复合生物标记物，这也是今后系统生物学发展的方向。

3.3.2 模型构建

在系统生物学研究中，如上所述，各种"组学"技术层出不穷，而且在"生物标记物"等信息的挖掘中已经得到广泛的应用，并获得了大量的信息，然而，系统生物学的研究对象并不是单个基因、蛋白质或代谢物，而是要研究各个元件之间的关系，从而对整个系统进行描述。因此，便需要一系列生物信息学技术对庞杂的数据进行梳理和整合，并构建系统模型，从而实现对未知系统的预测。系统生物学在这一领域的发展要滞后于"组学"，目前仍然处于起步阶段。

3.3.2.1 建模的过程

总体来说，系统生物学的建模过程包括以下几个程序（Engl et al.，2009）：

（1）整合关于网络结构和调控关系的试验数据和信息。相关数据从实验或数据库中获得，而网络结构和调控关系的信息从文献中收集。需要指出的是，由于一些试验只提供定性或半定量的数据，所以，为了解决测量误差和数据失踪等引起的失真问题，建设系统生物学模型时必须整合不同来源的试验数据。此外，网络结构和调控关系的信息无法完全从文献中获得，还需要在之后的步骤中进行推导。

（2）确定系统结构，选择合适的描述水平和数学公式。为了定义包含在数学模型中的系统组件及其交互作用，还需要提出一些假设。此后，要选择一个适用的框架，并构想出符号方程。

（3）参数识别和模型分析。识别符号模型中的未知参数，构建与试验数据一致的数学模型。从稳态、鲁棒性、参数敏感度和分歧方面对数学模型进行分析。

在参数识别中，主要的策略就是寻找那些能够实现数据错配率最小的参数。最理想的参数集就是利用这些参数获得的数据能够最好地与实验数据相匹配。由于体内测定的难度和细胞环境的复杂性，试验测定数据难免出现错误。此外，许多生化网络数学模型中的参数都具有较宽范围的敏感度，其推断出的特征值分散在不同的数量级上。以上这些均表明，参数识别问题存在不适定问题。许多文献都报道了这种不适定问题，并开发了控制数据错误的正规化技术。对于由许多组件组成的系统来讲，由于参数识别的不稳定性随着未知参数的增加而增加，所以这个问题变得尤为重要。因此，参数识别策略的开发在一定程度上是一个重要的数学问题，有着深远的实际意义。

（4）模型确认和修订。在此过程中，要利用未参与数学模型构建的实验数据对该模型进行检测，并利用已有的参数和实验数据对此前所做的所有假设进行验证，并进行修订，从而对模型进行完善，此后再利用完善的模型，重复进行验证和修订工作。这个过程便是通过计算预测和实验证实的过程无限次地重复，直到主要的生物学特性被模拟出来（图3-11）。

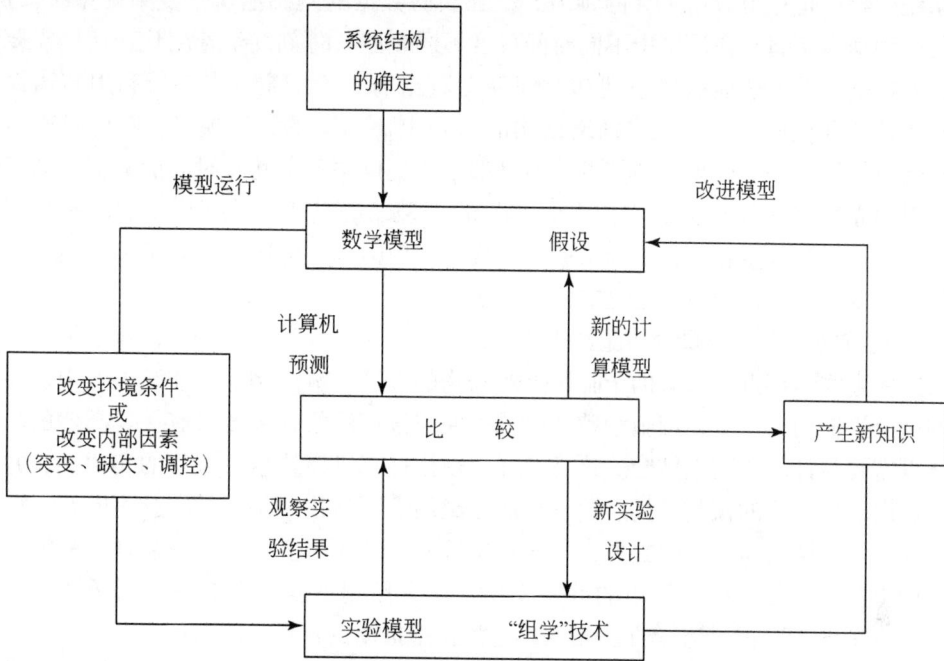

图3-11　系统生物学建模的过程

在系统生物学模型的构建过程中，存在"自下而上"和"自上而下"两种策略。"自下而上"的策略则适用于那些系统中大部分基因、蛋白等因素及其调控关系比较清楚的情况，大多数情况下是通过查阅文献，或由专门设计的试验来提供网络信息。这里用代谢网络举例说明：生化学家首先在体外研究单一的酶，确定其辅因子和影响因子，并测定不同的底物和影响因子浓度下的初始反应速率，从而在这些数据的基础上建立该酶的数学模型。在分别获得多种单一酶促反应过程的模型之后，这些数据便可以综合起来形成一个整体的模型，这就是所谓的"自下而上"策略。这一策略的主要不足之处在于单一酶促反应的信息来源不同，如在不同条件下或不同生物体内进行实验。因此，在许多情况下，单一模型之间的整合无法成功，或者需要重新改良或运用更多的数据。

而"自上而下"的策略则是指通过各种"组学"方法，利用各种高通量技术获取关于某一生物系统各种组件的数据，从而进行网络结构的推导，这种策略适用于那些此前研究较少的网络系统。例如，可以通过一个稳态受到微小干扰时的瞬间反应，推导出系统的雅可比函数行列式（Jacobian），或者从系统对任意一个干扰的时间响应推断出网络的结构差异。还有一种方法是利用对大幅度干扰的响应，计算出系统组件作用的时间间隔。运用相关度量体系建设（CMC），可以重建网络结构，并确定交互作用的强度。

3.3.2.2　系统生物学建模过程中存在的问题

系统生物学的建模过程面临着一些主要的挑战，这些挑战成为系统生物学在临床试验应用上的重要瓶颈（Gökmen-Polar，Badve，2010）。

（1）需要设计新的计算和实验平台，来促进数据的整合和对有生物学意义的结果的理解。系统生物学是一个数据主导的领域，是在实验数据的基础上研究复杂的系统。例如，肿瘤是一种动态疾病，在环境中不同时间尺度不同刺激下时刻发生着变化，所以需要改进现有计算模型，设计也能提供空间和时间动态数据的实验模型。大多数利用高通量技术（如 DNA 芯片和质谱分析）获取网络结构的"自上而下"的计算模型，都已经产生了基因组和蛋白质组水平的大规模的信息，但是都不能提供关于空间和时间的数据。对于通过文献资料建立细胞信号通路的"自下而上"的模型，也应考虑肿瘤信号的动态特征。因此，为实现计算系统生物学在临床试验中的成功应用，开发可作为预测工具使用的动态计算模型是非常关键的，当然，也是非常具有挑战性的。

（2）现有的计算模型缺少功能性生物学终点（biological end points），包括细胞繁殖或凋亡。这些生物学终点能够有助于临床上对药物的效果预测。例如，在乳腺癌中，在接受了新的内分泌辅助治疗后，细胞增殖率的减少便与该疗法的临床效果有关。类似的功能性生物终点需要与计算模型相结合。这将增加大规模计算机模拟生物应答的实用性，并为临床实践提供了更准确的预测工具。这种方法已经用于"基因网络科学结肠癌模型"中，通过综合分析细胞增殖与凋亡的数据，来显示出该模型的表型值。另外一个研究利用"自上而下"的方法，开发出一种简单的计算模型，用来预测细胞凋亡对细胞因子的反应。然而，与"自下而上"的动态学方法相比，这种模型推断的灵活性很有限。

（3）从人类组织获得的实验数据，为预测临床治疗效果的新计算算法的开发提供了必要的依据。目前，预测方法开发过程中数据的主要获取方法是利用免疫组织化学对单一蛋白质标记物进行测定。然而，由于类似肿瘤这种疾病不是单一标记物的疾病，所以这种方法还远远不能精准地预测疗法的效果。因此，病理学分析对综合多种标记物进行疗法效果预测是至关重要的。为了建立上述提到的动态计算系统，需要对标记物进行一些新的病理学分析，这些分析应该具有稳定性的特征，不能受临床试验标本固定和处理的影响，并且能够在组织内对标记物进行定量测定。此外，还应该将新的试验方法和计算建模方法用于新药的筛选和验证，从而在临床中引进已知靶点的新药物。系统生物学方法与药物开发的结合，将会通过消除毒性和治疗的副作用，并最大限度地提高对特定靶点的影响，来增加多靶向药物的效能，同时通过对关键细胞通路中的多个靶点同时作用，为疾病治疗带来希望。

3.3.3 系统生物学在慢性疾病防治中的应用现状

在人口健康领域，癌症、糖尿病、心血管疾病以及神经退行性疾病等慢性病的预防和治疗是系统生物学的主要应用领域之一。

慢性疾病预防的关键是对疾病本身的认识。目前，在西医中，对疾病的认识基本上还是基于"还原论"思想，将疾病的致病因素和发病机制归因为单个关键分子或功能有一定联系的若干个分子。不可否认这种认识和带来的治疗模式在以往推进人类健康进程中发挥的重大作用，也不可否认未来这种治疗模式在若干疾病预防和治疗中依然将发挥积极作用，但是将这种认识和干预的方式应用于非单一分子主导、不存在线性因果关系的慢性疾病，特别是重大慢性疾病的时候，通常导致重大慢性疾病的发现晚，诊断存在诊断方法复杂、高成本、误诊现象，而且治疗成本更高，多达不到理想效果，有时候还伴有严重的治疗副作用，患者经济负担重且伴有严重的疾病痛苦。

系统生物学的出现为慢性疾病的防治提供了全新的、更符合生物体自身特征的分析、研究和干预视角。通过系统功能性多分子和系统性状态的描述、定义和体系重建，系统生物学不仅可能描述生物系统的现在状态，预测未来发展趋势，甚至可以反推生物系统的以往发展路径；不仅可能分析健康个体，而且可能分析患病生物个体和具有患病风险的生物个体。通过界定系统的宏观边界，疾病和"未病"将没有明确的边界，乃至模糊的边界。

3.3.3.1 基于系统生物学的慢性疾病防治研究现状

目前，在慢性病防治领域，系统生物学尽管还无法实现全面应用，但已经逐渐渗透到了慢性疾病的研究中，其应用主要表现为以下几点：

（1）系统生物学初步运用于若干慢性疾病发病机制研究。慢性疾病的产生大多数是缘于多个基因的突变或缺失对信号转导途径、分子通路和相互作用网络的阻碍，因此对疾病发病机制的研究是要建立在对信号转导和分子通路的研究取得一定成果的基础之上。

目前，通过对各种组学数据，特别是基因组、蛋白质组、相互作用组数据的整合以及生物信息学的数据挖掘技术，已经初步构建了与慢性疾病相关的若干代谢网络、基因调控和信号转导的通路和网络的模型，如参与肿瘤转化的磷酸肌醇 3 激酶信号通路、自身免疫应答的 toll 样受体完整信号通路等。

慢性疾病发病机制研究已经起步。研究人员通过对肿瘤细胞信号通路和网络的解析，发现该系统对各种治疗手段所具有的鲁棒性，一方面源于癌症细胞本身迅速增殖的功能和异质特性，另一方面源于系统内部存在的反馈调控机制。这为阐明肿瘤的发病机制奠定了初步基础。然而，在系统水平上，在癌症等病理条件下，功能失调的表皮生长因子 ErbB 信号通路鲁棒性和脆弱性同时存在，提示疾病发生早期经历了一个非常微妙的系统转换，这可能为也是疾病发生最早期事件。

虽然通过相互作用组学研究，可以提供复杂的分子相互作用网络，但如何通过与其他组学数据的整合，抽提出关键信息，并将这些信息整合到慢性疾病的信号转导途径和代谢调控网络等功能性模块中，目前还在探索中。

（2）系统生物学在慢性疾病的生物标记物发现、分子分型和预后中取得丰硕成果。各种"组学"技术和生物信息学技术的蓬勃发展，带动了慢性疾病生物标记物的批量出现。在后基因组时代，各种高通量、低成本的基因组测序技术广泛应用于个体基因组中癌症、糖尿病等慢性疾病相关 DNA、染色体变异和表观遗传等方面的研究。DNA 芯片、多重PCR 则可用于基因表达谱和 microRNA 表达谱的研究，包括双向凝胶电泳、各种新型质谱技术、多维蛋白识别技术在内的蛋白质组学技术，在肝癌、胰腺癌、前列腺癌、乳腺癌、糖尿病肾病、非肥胖型 2 型糖尿病，动脉粥样硬化等疾病的单分子蛋白标记物的发现中已经得到广泛应用。利用微流体技术、基于芯片的诊断 MRI 技术等，可直接测量特定肿瘤类型的循环癌细胞数量，并将其作为肿瘤生物标记。另外，利用生物学自身的网络干涉方法，还可发现新的原癌基因。

上述各种类型的生物标记物在慢性疾病的分型诊断、发病预测和治疗措施中已经开始发挥重要作用。例如，利用蛋白质组学识别若干肿瘤亚型的分子特异性标记；通过转录组学和基于生物信息学的模式识别技术，构建肿瘤的多分子基因表达谱，提高肿瘤个性化诊断和治疗预后的准确率。目前已经有以若干基因表达谱作为标记物的诊断产品进入市场，如用于乳腺癌预后的 70 基因表达谱标记物 MammaPrint、16 基因表达谱标记物 Oncotype DX 和双基因表达谱标记物 H/I test 等。

然而，由于受到技术发展阶段制约和条件限制，生物系统内的一些微量生物标记物还未能从其他高丰度系统组分中得到完整分离或分析，如血清中的极低丰度蛋白、蛋白翻译后修饰等。更重要的是，目前研究发现的生物标记物通常只是组成系统单元的单个分子标记物，或是没有直接功能联系的多分子表达谱，因而存在以下问题：假阳性，过高估计疾病发生概率；假阴性，低估疾病发生概率，这两者都会导致慢性疾病负担的增加。因此，需要通过技术手段的改进和系统生物学"系统"角度的研究，确证这些分子标记物的存在以及它们之间的实质功能联系。

（3）已经建立若干慢性疾病的各层次计算生物学模型。目前已经利用计算生物学实现对疾病研究的虚拟模拟。初步构建了肿瘤细胞的特定基因敲除的网络模型以及若干关键细胞信号通路的模型。

（4）系统生物学在慢性疾病治疗药物开发的应用方面还处于起步阶段。系统生物学在药物开发领域的应用主要集中于慢性疾病药物靶标发现，药物吸收、代谢和毒性的系统生物学建模和药物动力学模拟。在相关研究中，仍然存在生物学、数学、计算机学等方面巨大的技术挑战，这一领域的研究工作还处于起步阶段。

3.3.3.2 基于系统生物学的慢性疾病防治研究趋势

系统生物学在慢性病的防治中具有巨大的应用前景，其发展趋势主要表现为以下几点：

（1）发现慢性疾病发生和发展相关超低含量的特异性标记物，呼唤筛选技术不断改进。系统生物学的最终目标是对一个生物学系统中的所有组分以及这些组分的功能、相互关系进行定量化描述。一些与慢性疾病发生、发展相关的系统关键组成原件，如基因组的长程相互作用、疾病组织的极低丰度蛋白等，还有待通过"组学"研究技术的进一步改进得以发现。

（2）着重"组学"数据整合、生物系统数学建模、计算机动态模拟，阐明慢性疾病发病机制。对已经建立的慢性疾病细胞（组织、器官）水平上的分子相互作用网络，通过假设提出、虚拟模拟和分子验证的网络优化过程，将优化细胞（组织、器官）水平上系统相互作用网络的生物状态刻画，提出、还原和证实有机体从健康走向疾病的关键环节，为揭示疾病发病机制提出系统水平上的深刻解释。

（3）整合分子和系统两个水平上的指标，逐步实现慢性疾病的个性化诊断和药物高效开发。更具特异性的分子标记物的发现和细胞（组织、器官）水平上关键通路和网络作用状态的量化，将使慢性疾病的诊断方式更加个性化，实现疾病的精细分型、更加早期的筛查，并实现疾病未来发展的预测以及各种治疗措施的预后。

同时，慢性疾病的个性化治疗措施高效开发将真正迎来快速发展的时期。慢性疾病的药物靶点将从当前主要以特定基因或蛋白为主，转为靶向特定细胞（组织、器官）组分的相互作用网络为主。药物的发现、开发的效率将得到高度提升，部分慢性疾病的药物开发将可能走向个性化订制。

（4）重视环境、社会等因素对机体患病的影响，实现慢性疾病的早期预警和干预。环境、心理和社会等因素在慢性疾病的发生发展中起着重要作用。从更广泛意义上而言，这些因素也是未来系统生物学研究的重要组成部分。通过对环境、心理和社会等各种因素对机体内分子相互作用网络动态影响的研究，辨别出与有机体发病相关的外在因素，从而实现对慢性疾病更早期、更广泛的预警，进而提出新的干预策略、技术和方法。

（5）深化其他学科的交叉融合，推动系统生物学在慢性疾病防治上的成功运用。无论是高通量"组学"技术的改进、"组学"数据的规模存储以及高保真、高信息度的知识挖掘，还是代谢网络、基因调控网络、信号通路和网络的细胞定位、数学建模及动态模拟分析，又或是慢性疾病的新型治疗措施的创造和应用，都依赖于系统生物学与纳米技术、微机械、超级计算、数学、先进成像、人工智能等学科的交叉融合。

3.3.3.3　基于系统生物学生物标记物的开发和产业发展现状

寻找生物标记物是目前系统生物学最主要的应用领域之一。所谓生物标记物（biomarker），美国 NIH 在 1999 年 4 月举行的"生物标记物和替代终点：推动临床研究和应用"研讨会上将其定义为"经过客观测量和评估的一种特性，可作为正常生物学过程、致病过程或干预疗法的药理反应的一种指标"（图 3-12）。

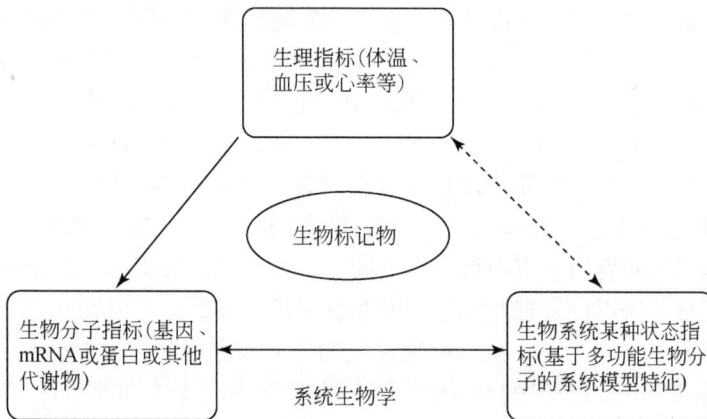

图 3-12　生物标记物的概念演变

疾病的发生往往都伴随着基因、蛋白和代谢物的变化，可能表现在基因变异、蛋白或代谢物浓度变化等方面。生物标记物便是指可供客观测定和评价的一个普通生理或病理或治疗过程中的某种特征性的生化指标，通过对它的测定可以获知机体当前所处的生物学过程中的进程。寻找疾病的特异性、且稳定的生物标记物，对于疾病的鉴定、早期诊断及预防、治疗过程中的监控可能起到帮助作用。此外，生物标记物还有助于探寻疾病的发病机制，从而用于治疗药物的早期临床开发，包括药物鉴定、验证、治疗靶点和药物优化、测定和验证药物作用机制、预测和监测药物的疗效、毒性以及抗药性（图 3-13）。

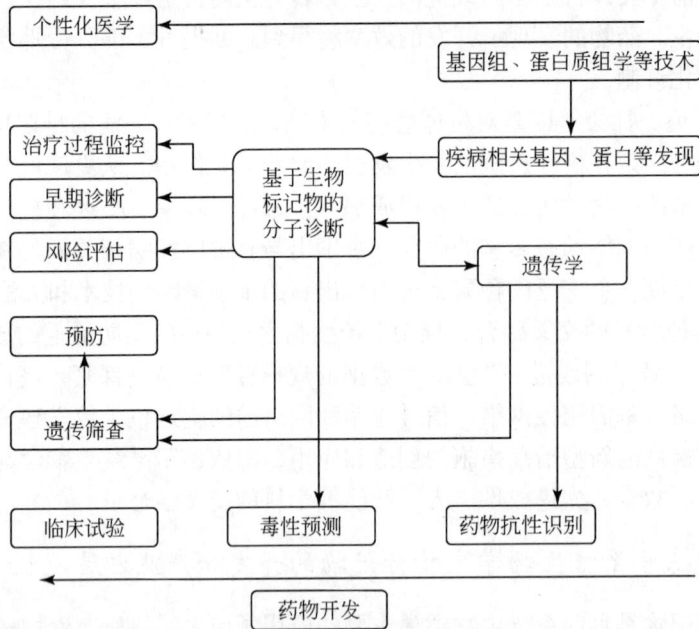

图 3-13　基于生物标记物的分子诊断在医学中的角色（Burrill & Company）

1）生物标记物在疾病治疗中的产业化发展现状

生物标记物是目前系统生物学领域为数不多的，能够实现商业化开发的领域之一。尽管大部分生物标记物的应用仍然停留在探究疾病发病机制的阶段，仍然无法实现在实际临床治疗中的应用。但相信随着"组学"技术的不断发展以及生物标记物商业化模式的不断完善，越来越多的生物标记物会得以发现，并进而形成体系。同时随着生物信息学的发展，相关的"通路"和"系统"模型也会随之得以构建，从而最终实现真正的临床应用。目前，国际上生物标记物的商业化现状可以概括为以下两个方面的特点。

（1）已经建立相对完整的基于"组学"技术的生物标记物发现—开发—应用链条，一批生物标记物得到开发和上市销售。在美国、荷兰和英国等国家，生物标记物的开发和应用链条相对完整。这不仅表现在大学和专业研究机构踊跃参与生物标记物的发现，还表现在一批熟练应用"组学"技术进行生物标记物开发和应用的众多中小企业上。例如，美国 Aureon Laboratories 公司开发的 Prostate Dx 可用于前列腺癌复发预测；美国 diaDexus 公司则提供 PLAC 诊断产品，用于评估心脏病风险；荷兰 Agendia 公司开发出用于乳腺癌复发预测的产品 MammaPrint 和用于原发肿瘤识别的 CupPrint 两种诊断试剂。但由于这些公司多数为 2000 年以来成立的企业，发展规模有限，这些企业通过各种形式与大学附属医院或大型医药企业建立合作关系，获取进行生物标记物开发所需的生物原材料。例如，荷兰 Agendia 公司主要通过荷兰癌症研究所提供样品和专业技术，而成立于 2004 年英国 Oxford Genome Sciences 公司通过与拜耳诊断等公司合作，来识别结直肠癌生物标记物。不仅如此，一批大型上市医药企业也开始进入分子生物标记物开发和应用市场。例如，美国 Genzyme Genetics 公司主要从事癌症分型标记物的许可和诊断试剂的销售；罗氏分子诊断公司主要从事与药物代谢相关等位基因识别和相关生物标记物，并开发出 AmpliChip Cyto-chrome P450 基因分型诊断试剂，这也是美国 FDA 批准的首个 DNA 芯片诊断试剂。

值得注意的一个现象是，在国际上出现了若干面向生物标记物开发的联盟组织形式，其中包括生物标记物联盟（BC）、美国 NCI 临床蛋白质组学项目和若干生物标记物开发企业与大型医药企业之间的合作。

在完整的产业链条带动下，目前已经有一批基于生物标记物的诊断产品获得美国 FDA 和欧盟 EMEA 审批许可上市，或者通过其他途径在临床实验室中应用。

（2）从临床应用角度来看，具有标志性意义的事件是 FDA 和 EMEA 现在要求，若干特定药物在临床应用前必须进行基于基因组的生物标记物测试。目前，在美国 FDA 批准上市的药物中，有 10% 的药物标签中均含有基于基因组的生物标记信息。FDA 在其网站中发布了其认可的基因组生物标记物列表（目前有 31 种），指导已经审批上市药物的临床使用。然而，从 FDA 认可的基因组生物标记物列表中，依然可以清晰地看到，只有 4 种生物标记物"必须"进行基因测试。例如，在 Erbitux 等药物用于结直肠癌治疗时，需要进行表皮生长因子受体（EGFR）表达基因测试。而其他生物标记物测试，只是"推荐使用"或出于"获取信息"目的可以使用。

欧洲 EMEA 报告显示，批准上市的 100 多种药物标签中包含有基因组生物标记物信息。目前，至少有 11 种药物在使用时需要开展"必须"的相关基因组生物标记物测试（表3-23）。例如，在欧盟，美国 Amgen 公司生产的 Vectibix 药物用于治疗结直肠癌时，需要进行"必须"的 EGFR 表达阳性和 KRAS 基因无突变测试。

表3-23 部分进行使用前"必须"生物标记物测试的欧盟 EMEA 审批上市药物

药物	生产商	测试要求
Ziagen（abacavir）	葛兰素史克	HIV 患者，HLA-B*5701 等位基因
Epitol/Tegretol（carbamazepine）	诺华公司	神经精神病患者 HLA-B*1502
Herceptin（trastuzumab）	Genentech 罗氏	癌症患者 HER2/neu 过表达
Tasigna（nilotinib）	诺华	imatinib 抗性 Ph+慢性髓性白血病
Sprycel（dasatinib）	百时美施贵宝	imatinib 抗性 Ph+慢性髓性白血病
Trisenox（arsenic trioxide）	Cephalon	PML/RAR alpha 基因+［或 t（15；17）转位］急性早幼粒细胞性白血病
Erbitux（cetuximab）	Genentech 罗氏	EGFR+转移性结直肠癌；KRAS 野生型转移性结直肠癌
Tarceva（erlotinib）	Genentech 罗氏	晚期非小细胞肺癌
Vectibix（panitumumab）	Amgen	EGFR+，非突变型 KRAS 转移性结直肠癌
Tykerb / Tyverb（lapatinib）	葛兰素史克	Her2+阳性乳腺癌
Iressa（gefitinib）	阿斯利康、提瓦	EGFR-TK 活性突变晚期或转移性非小细胞肺癌

2）生物标记物开发面临挑战和解决方案

目前，在生物标记物的开发和临床应用过程中，存在生物材料来源限制、生物标记物的临床价值局限、价格过高和市场前景不明朗、商业开发模式不明晰、监管有待跟进等问题。

（1）生物标记物临床应用中的问题。目前，开发的用于疾病的诊断和治疗的生物标记物，通常是单个分子或若干分子的组合。然而，单一的生物标记物可能会受到细胞内外多种因素的影响，从而可能呈现出一些"假阳性"结果，从而使疾病的诊断产生差错，或导致疾病的无效治疗。

这方面的典型例子是罗氏公司的 AmpliChip CYP450 诊断产品。这种基于芯片的诊断可以判断两种药物代谢酶的基因分型，从而识别哪些病人药物代谢速度快而哪些患者药物代谢慢。然而，由于还存在一些其他因素影响患者个体的药物代谢机制，因而 AmpliChip CYP450 的诊断结果无法指导临床医生的精确用药判断。

事实上，目前单个分子标记或若干分子标记物组合面临的问题，与单分子药物作用面临的问题非常类似。这只不过再次证明，从单个分子本身无法解决生物系统问题。建立疾病和健康机体的状态标记，从系统生物学的角度来理解疾病的发生和发展，在生物系统模型中提高分子标记物的预测价值，是生物标记物的真正科学内涵，也是进一步提高临床价值的基础。

（2）生物标记物开发流程的问题。与药物治疗疾病的功能不同，生物标记物的重要功能是预测系统特征和结果，因此，在疾病症状发生前，无法精确衡量生物标记物预测结果的价值。理论上，生物标记物的开发过程应该伴随患者的整个生命过程。但事实上，生物标记物的开发过程只需要 2 年左右时间。因为在生物标记物和诊断试剂目前的开发模式中，判断诊断产品临床价值的依据并非病人的临床使用结果，而是基于与病人相关联的生物样品。因此，即使有充分证据证明，某种诊断产品可以预测病人是否将患上癌症、药物是否有效，器官移植是否存在排斥反应等等，但在生物标记物开发过程中，通常缺乏依据诊断试剂的诊断结果进行治疗的案例依据，从而导致很难说服患者采用这些诊断产品，也很难科学地指导临床医生的医疗决策。同时，对于依据诊断试剂进行治疗的案例进行疗效的追踪，可能超出原有医疗系统的能力，超越部分诊断产品开发者本身的能力，属于卫生健康基础设施范畴。针对这方面的问题，美国和欧洲政府的卫生机构开展了一系列项目。美国 NCI 资助了一项 TAILORx 临床试验项目，项目将对超过 10 000 名使用 Oncotype DX 诊断产品的乳腺癌患者进行最长可达 20 年的后期随访。在欧洲，一项包括 6000 名患者的前瞻性临床试验项目将用于评价 Agendia 公司的 MammaPrint 产品，女性患者将根据 Mamma-Print 诊断结果或基于传统病理学结果随机分组接受治疗。两项前瞻性临床试验的初步结果预期将在 2012 年发布。研究将同时筹建肿瘤和组织生物银行。

（3）用于生物标记物开发的生物材料来源问题。生物材料，如人体血液、尿液、唾液，特别是各种健康与疾病状态下的组织，是目前面向临床应用的生物标记物的开发原材料。缺乏生物材料，生物标记物的开发无从谈起。开发基于"组学"技术的诊断试剂的公司，通过各种渠道获取生物材料。如，美国 Genomic Health 公司通过"全美外科辅助乳房和肠道项目"（NSABP）获取和追踪样品，并将样品与病人临床数据整合，建立起自有的数据库并进行样品处理。荷兰 Agendia 公司的合作伙伴是母体组织荷兰癌症研究所，后者可以提供大量的冷冻肿瘤样本。而对于大多数分子标记物开发企业来说，还存在与大学附属医院合作、与大型药物开发企业合作方式来获取临床生物材料。

在开发新型诊断试剂时，能不能获得用于研究的高品质、标准化的生物样品成为关键环节之一。面对研究合作、样品共享和实施统一标准的需求，生物银行领域目前正在迅速推进。1987 年成立的美国人体组织合作网络（CHTN）和 1999 年成立的国际生物和环境资源协会（ISBER）是生物银行发展历程的重要里程碑。目前，英国、加拿大、欧盟及欧洲许多国家均成立了生物银行。

（4）基于生物标记物的诊断产品价格和市场前景。与预期相反，与传统的生物标记物相比，通过"组学"模式开发的诊断产品价格目前并不便宜（表 3-24）。例如，美国 Exact Sciences 公司开发的结直肠癌筛选诊断产品 PreGen-Plus，每项测试费用为 500 美元；Genomic Health 公司开发的 Oncotype DX 产品，基于对 21 种基因表达谱的联合分析，用于手术后淋巴结阴性、激素敏感乳腺癌的复发风险预测，价格高达 3460 美元；荷兰 Agendia 公司产品 MammaPrint 用于术后淋巴结阴性乳腺癌复发风险预测，其价格也在 3000 美元以上。而美国 Clinical Data 公司开发的用于评价心脏离子通道疾病相关基因疾病致病性的诊断产品 Familion，价格则达到 5400 美元。

表 3-24　部分基于"组学"的诊断试剂用途和价格

诊断试剂（公司）	用途	技术	价格
AlloMap（XDx 公司）	预测心脏移植患者是否排斥供体心脏	分析血液样品中的 20 个基因表达谱	2950 美元
AmpliChip CYP450（罗氏诊断）	测试 3 种 P450 基因，识别与药物代谢相关等位基因	微芯片基因分型	500 美元
BRAC Analysis（Myriad Genetics 公司）	评估有癌症家族史患者的乳腺癌和卵巢癌风险	分析 BRCA1 和 BRCA2 基因 DNA 突变	2975 美元
ChemoFx（Precision Therapeutics 公司）	患者对癌症治疗药物的可能性应答定量化	肿瘤细胞培养和药物刺激，免疫组织化学方法评价	450 美元（每种抗癌药物）
Familion（Clinical Data 公司）	评价心脏离子通道疾病相关基因的疾病致病性	对血液样品中 5 种心脏离子通道基因（KCNQ1，KCNH2，SCN5A，KCNE1，KCNE2）进行测序	5400 美元
MammaPrint（Agendia 公司）	术后淋巴结阴性乳腺癌复发风险预测	微芯片中冷藏组织 70 个基因表达谱分析	>3000 美元
Oncotype DX（Genomic Health 公司）	术后淋巴结阴性、激素敏感乳腺癌复发风险预测	RT-PCR 肿瘤样品中 21 种基因表达谱分析	3460 美元
Phenosense GT（Monogram Biosciences 公司）	识别对感染患者最有效的 HIV 药物	使用关键 HIV 基因，检测抗 HIV 药物抗性	1460 美元
PreGen-Plus（Exact Sciences 公司）	通过 LabCorp 销售；基于粪便中 DNA 的结直肠癌筛选	分析粪便中 DNA，识别 3 个基因的定点突变、微卫星不稳定性和细胞凋亡	500 美元
Prostate PX（Aureon 公司）	前列腺切除术后前列腺癌复发风险预测	评估 8 种标记物，包括临床因子和细胞中关键蛋白分布	1968 美元

基于生物标记物的分子诊断产品价格包含了诊断产品开发过程中的各个阶段的成本，包含了通过诊断产品的使用从药物和其他治疗措施成本中转移过来的价值，更包含了生物标记物相关的技术专利价值。但最重要的是，作为一种产品，价格和性能问题是生物标记

物和早期诊断产品市场发展的关键。如果不能建立牢固的早期诊断产品效能与成本的科学评价体系，很难进入以性价比为基础的公立和私立医疗保险体系。因此，价格和性能问题将是生物标记物市场前景和长远发展的主要问题。

（5）统一标准和管理框架问题。诊断试剂的精确度问题由来已久。不同的检测方法得到的结果不尽相同，更重要的是，不同的实验室由于采用不同的监测质量控制标准，同一方法也会得到不同的结果。这对于生物标记物的发现和应用都将产生重大影响。针对这一问题，美国 NCI 临床蛋白组学技术平台项目就采取了不同实验室间校准项目来予以部分解决。

另外，生物标记物监管格局面临挑战，有关监管机构正在考虑机构间合作。对于具有预测功能的生物标记物而言，可能有许多公司开发用于不同目的的不同类型检测试剂。因而在生物标记物的开发和临床使用中，可能遵循不同的终端市场销售策略，从而需要统一监管框架下不同的监管模式。这便导致了生物标记物监管的复杂性。

此外，在生物标记物开发中还存在与准确衡量若干分子诊断试剂类型临床价值的 4 期临床试验相互配套、用于患者使用批准上市分子诊断试剂后期临床结果追踪和分析的医药健康临床基础设施问题；诊断试剂不同用途监管相对应的监管机构监管模式问题；与提高诊断试剂和药物开发效率相关的监管机构积极参与开发流程的问题；与分子诊断试剂价格消费者接受和医疗保险相关的问题；与生物标记物和分子诊断试剂开发相关的商业化模式问题等。这些问题相互交叉，既有技术又有管理和商业化的问题。

3.4 系统生物学研究面临的挑战

在过去的 10 年中，全世界的主要资助机构都对系统生物学相关的研究项目进行了资助，同时无数生物学家也开始应用系统的方法开展研究。然而，系统生物学想要成为一门主流学科仍需时日，前进道路上存在的障碍可能比预期的还要多。

（1）对于系统生物学研究的意义仍存在争议。生物学家对于什么是系统生物学的研究重点以及系统生物学在生物学研究中的地位等问题仍然存在很大争议。此外，对于系统方法的有效性，一些研究人员仍然存在质疑，甚至领导德国最大规模系统生物学研究项目的 Henney 也坦言，直到目前为止，系统生物学并没有展现出许多真正的成功案例。

当然也有一些研究人员不同意上述观点，认为系统的方法已经取得了很多成功。例如，牛津大学计算生理学系副主任 Denis Noble 表示，其实验室早在 20 世纪 60 年代就开始利用系统的方法开展研究，其中包括基于计算机建立的心脏细胞电节律模型。他们利用系统生物学方法已经开发出了两种心绞痛药物：伊伐布雷定和雷诺嗪。

尽管存在正反两方面的声音，但是不可否认系统生物学研究的全面开展的确存在很多困难。在工程领域，数学模型拥有其固有的地位。例如，在喷气发动机的设计中，一些基本参数（如温度和压力）很容易测量，同时这些参数之间的关系也能够通过热力学定律得到很好的建立。相比较而言，生物系统的基本参数很难测量。这些参数会随着时间而改变，同时也会存在许多不相关信号带来的噪音。因此，我们所能看到的这些组件之间相互关系的全景图往往是不全面的。同时，大多数大学也没有针对用于模拟如此复杂网络的数学方法开设生物学课程。

（2）应用系统的方法开展研究的多，从事系统生物学学科研究的人员较少。只要购买了一部测序仪，任何人都可以开展基因研究，这也是基因组学研究大爆炸的原因。但是想要把良好的数学模型融入生物学研究，不是那么容易。

目前，在全球范围内，越来越多的细胞生物学家、免疫学家和其他生物学家正逐渐将系统的方法融入其工作，但是专注于系统生物学研究的科研人员却非常少。

ISB 的创始人 Hood 认为，真正的系统生物学研究需要开展集中的多学科研究。他认为，目前在系统生物学研究中，许多科学家过多地依赖花哨的数学模型，甚至从其他学科中借用模型，却没意识到，系统生物学的核心驱动力是生物学，而不是计算科学。我们需要建立具有预测性和适应性的模型，而不是构建那些毫无用处的数学模型。

（3）系统生物学研究的规模问题。利用酵母半乳糖系统和真核细胞循环，研究人员已经对"小"系统进行了详细的描述，并取得了巨大的成功。而目前存在的问题就是提出问题，并设计和解释试验，以阐明更大的系统如何实现复杂的运作。随着对大系统日益增加的研究，将会出现全新的概念。对于每一个系统，无论是细胞器、单细胞组织、多细胞动物或植物，我们都需要去定义各个组件及其之间的联系，构建理论框架，从而不仅获得基本的设计原则，而且真正从时间和空间上，动态地了解简单的组件功能如何共同发挥作用，进而帮助我们认识这种复杂性的实现方式。这就需要对高通量技术进行持续不断的探索和应用。对系统发展途径、维持自我平衡的能力及其对外界信号或干扰的应激方式等全面深入理解，对于理解系统如何在老龄化和疾病中发挥作用是至关重要的。

（4）数据的质量问题。生物学家的普遍观点是我们正沉浸在数据中，利用高通量技术开展基因组学、蛋白质组学、代谢组学、脂类代谢组学和活细胞成像研究，每个实验室都会产生大量数据。因此，系统生物学面临的一个挑战便是开发高质量的数据集。在系统生物学研究中，可以通过对特定系统进行一系列的有针对性的干扰，定量分析产生的分子变化；利用通过多重序列循环干扰和测定获得的数据，可以获得或改进描述系统动态行为的数学模型，从而增加对生物的了解。在这一研究过程中，数据质量变得比数量更为重要。对于系统生物学研究有效的数据集需要能以最小的误差，在各个干扰阶段确定系统各组件的数量，同时，数据集应当是定量的、精确的、可重现的和完整的，除了转录分析外，具有此类属性的数据集少之又少。幸运的是，技术正飞速发展，特别是新型质谱分析方法，具有高灵敏度、高重现率，能够在动态范围内精确定量预测整套分子（蛋白质、磷酸蛋白、代谢物和脂类），从而满足系统生物学对高质量数据集的需求。

（5）工具、数据保存和建模问题。

首先，需要新型工具在细胞和组织水平上，系统性的干扰、监测信号过程和功能。这就需要具有工程学和化学背景的研究人员，开发化学的和光学的方法，干扰和监控复杂系统，改进图像分析，便于数据获取。

其次，需要大型数据集来生成基因间、基因与其生物学功能之间相互作用的图谱。一项较大的挑战是对所产生的信息进行组织和说明，这需要掌握计算机技能并具有"图书管理员"思维的生物学家，不仅要生成数据，而且要保护和更新数据集。

最后，系统生物学的最终目标是构建定量模型，将基因、蛋白质、其他生物分子与细胞、机体功能相联系。其中，较大的挑战是，从最初利用不同方程式描述的原始模型出发，提出最具信息价值的干扰工具和生物反应器，从而产生新的数据集，反过来用于改良原始模型。系统生物学是一个在理论和实践中寻找趋同循环的探索过程。这就需要一批新的拥有扎实的生物学、细胞学、分子机制和应用数学知识功底，并拥有解决此类问题创新理念的研究人员。

（6）背景因素的影响。在分子到生态环境多种尺度上开展系统生物学研究所获得的数据，正在呈指数增长，对这些个别获得数据的管理也逐渐发展到集中存储，并向公众开放。这无疑为数据的管理带来了技术挑战。这些挑战在一些生物学研究领域中已经存在，所以应对概念上的挑战才更为艰巨。

其中，一项重要挑战是对背景因素的影响进行定量评估——实验参数和环境因子对结果的共同影响。内部和环境因素共同影响生物系统的特征。例如，人类疾病会受到复杂的基因和环境因素影响，而我们对后者的了解甚少，且在目前的研究中通常会忽略不计。

另一个挑战是，假定没有自然的组织环境，我们能从细胞系的培养中获得多少信息？许多现有的技术会为真正的生物学信号带来噪音。由于生物系统存在许多相互作用的组件和混杂的变量而变得非常复杂，我们要如何才能评估那些科学发现在其他的背景条件下仍然适用。因此，迫切需要对生物系统（元数据）的状态和环境进行全面的描述，这样不仅可以提高观察值的重现性和可比性，而且可以定量分析特定环境条件的影响，从而减少对数据的过度诠释（极易发生间接关系），减少错误结果。

（7）系统药理学。系统生物学在药理学上面临着最为实际的挑战和机遇。尽管所有人都认为，药物作用是剂量和多成分等因素共同影响的问题，但药物靶标不是通路而是个体分子。于是问题出现了：如果药物的最终靶标是单个基因的产物，那么利用我们从生物化学和基因组学研究中得到的定性认识，能否有效地确定这些靶标？或者在高度整合的水平上对通路的动力学进行定量分析能否有助于靶标的识别？

我们可以认可高水平整合的存在，但不同意对其定量分析能够促进有效的开展新型或改良药物的高风险筛选。然而，我们应该很快便会知晓答案。如果除了现有方法的生产力较低再无其他原因，那么对通路的系统生物学研究方法必定会与更多的传统药理学领域发生融合。但是，仅仅将系统生物学看做用于药理学研究的工具，那必然是错误的。与分子生物学和细胞生物学此前的发展类似，系统生物学也正在逐渐进入一些未知的知识领域，从而产生新的问题，提出一些可供试验的假说，对长期存在的理念提出质疑，并将改变我们对生物学行为的理解。系统生物学带来的大量的知识，而不仅仅是新工具，将为生理学和药理学研究带来新的切入点。

3.5 结论与建议

以个别基因、蛋白为研究对象的分子解析方法在生命科学研究领域已经进入平台期，在解决人类健康问题上难有突破性进展，系统生物学是以整体为研究对象的学科。其研究理念已经广泛贯穿于人口健康研究的各个领域，有望解决人类面临的健康问题。

3.5.1 结论

（1）系统生物学的重要性已获广泛共识，国际上纷纷颁布重大规划进行布局，并投入大量经费对相关研究进行资助。

（2）由系统生物学研究本身性质决定，很多国家都建立了系统生物学研究中心（机构），分别针对系统生物学不同领域开展研究。构建开放获取、共享、标准的数据库以及统一标准的样本库对于系统生物学研究尤为重要，这也是各国关注的焦点。目前，系统生物学的高度学科交叉性，要求科研人员也要具有学科交叉背景。这对研究人员是个挑战。因此，人才培养也是各国推进系统生物学研究的重要举措。

（3）在科研方面，系统生物学领域的研究总体呈现快速发展的势头。美国无论在技术研发领域，还是在技术应用领域，均位居世界领先行列。中国在系统生物学领域的起步晚于美国，但发展速度较快，目前在基因组学、蛋白质组学等多个领域也已经跻身世界前列。

（4）"组学"技术发展迅速，尤其是下一代基因组测序技术已有较大突破，也受到了广泛的关注，高通量、检测低痕量蛋白/代谢物、标准的、价格适宜的蛋白质组学技术和代谢组学技术等还有待突破。"组学"研究中分析技术缺乏标准化、研究结果无法实现有效验证以及研究结果缺乏整合等一系列问题仍有待解决。如何从针对"小系统"的系统生物学研究，转向针对"大系统"的研究以及在生物信息学研究范畴，如何开发有效的计算和建模技术和平台也是亟待解决的问题。

（5）系统生物学已经初步应用于临床，尤其在重大慢性疾病的防治方面已经发挥作用。基于系统生物学的生物标记物开发是系统生物学临床应用和产业化的典型代表，虽已有部分技术和产品投入市场，然而，距离生物标记物的临床应用仍然存在一定距离，大部分产品仍然只能用于科研。同时，其商业化进程仍然存在诸多阻碍。

3.5.2 对我国系统生物学发展的建议

（1）制定长远规划。我国在系统生物学领域已经开展了很多工作，在某些领域也积累了一定的基础，但是从总体上看，研究体系还需完善。因此，需要长远的规划，做好设计，确定科学的发展路线图，依据规划开展研究，根据国际发展动态和趋势以及我国的发展水平，定期调整和完善规划，确保规划的制定符合国际发展趋势并切实可行。

（2）持续性资助。目前，系统生物学应用于疾病的预防还存在很多问题，在经费方面需要制定特定的规划持续资助，如美国的"GTL"计划、欧盟的框架计划持续多年的资助，逐渐形成从基础研究到临床应用的系统生物学研究体系。根据我国目前水平，对优势领域或者已有研究基础的疾病，设计专项，围绕这一领域全方位设计规划，由此带动系统生物学的方法研究、工具开发、数据系统设计等的开展，逐步建立起完整的系统生物学研究体系。

（3）加强系统生物学基础设施建设。改变现有的、分散的研究机构体系模式，建立系统的国家部委长期资助的系统生物学实验室（中心）。这些实验室的研究方向各有侧重，可包括基础性数据的采集、临床应用研究、工具开发、技术改进等方向，形成综合交叉的系统生物学研究体系。建立国家级的生物信息、数据和样本的储存库，促进系统生物学相关数据和样本的标准化及可获取性，为系统生物学研究的开展提供最优化的服务。开发计算和建模平台，促进生物信息学研究的开展。

（4）培养交叉型人才。借鉴英国的资助模式或美国哈佛大学的"博士后计划"，专款专项培养下一代系统生物学人才，使之具有生物学背景的兼具医学、物理学、数学等背景的多学科人才。

（5）发展系统生物学技术。系统生物学的发展有赖于技术的进步。要在高通量基因测序技术不断革新的同时，关注蛋白质组学、代谢组学以及一系列后续学科相关技术的发展，如质谱技术、微阵列技术等。只有多领域技术同步发展，才能够真正实现"系统"规模的研究。此外，生物信息学相关技术是目前系统生物学领域中比较薄弱的环节，构建合理、实用的模型已经成为系统生物学发展的瓶颈。因此，要大力支持生物信息学技术的发展。

此外，还要不断深入探索系统生物学领域的新技术和新工具，从而扩大系统生物学研究的规模，并提高数据质量，改善对数据的保存和分析。同时，也要大力加强系统生物学与其他学科，如药理学的融合，逐步推进系统生物学的应用进程。

致谢：中国科学院上海生命科学研究院副院长吴家睿研究员、上海生物信息技术研究中心主任李亦学研究员对本报告进行审阅，并提出宝贵修改意见，谨致谢忱！

参 考 文 献

赖铭裕. 2009. 基因芯片及其在肿瘤研究中的应用. 医学综述, 15（13）: 1960～1962

刘瑞瑞. 2009. 现代生物学研究中的"组学". 中国农学通报, 25（18）: 61～65

马延磊, 秦环龙. 2008. 代谢组学及其在肿瘤生物学研究中的应用进展. 世界华人消化杂志, 16（34）: 3877～3883

聂志扬, 肖飞, 郭健. 2009. DNA测序技术与仪器的发展. 中国医疗器械信息, 15（10）: 13～16

Biomarker Database for Infectious Diseases. 2010-12-17. http: //biomarker. korea. ac. kr/About/AboutIDBD _ en. jsp? m = IDBD

BioModels Database. 2010-12-17. http: //www. ebi. ac. uk/biomodels-main

caBIG ® . 2010-12-17. https: //cabig. nci. nih. gov

Engl H W, Flamm C, Kugler P et al. 2009. Inverse Problems in Systems Biology. Inverse Problems, 25: 1～51

ERASysBio. 2010-12-17. http: //www. erasysbio. net/index. php? index = 311

European Science Foundation. 2010- 12- 17. Advancing Systems Biology for Medical Applications. http: //www. esf. org/nc/research-areas/medical-sciences/activities/science-policy/advancing-systems-biology-for-medical-applications. html

European Science Foundation. 2010-12-17. System Biology: A Grand Challenge for Europe. http: //www. esf. org/research-areas/medical-sciences/activities/science-policy/systems-biology-a-grand-challenge-for-europe. html

FDA. 2010- 12- 17. Critical Path Initiative. http: //www. fda. gov/ScienceResearch/SpecialTopics/CriticalPathInitiative/default. htm

Federal Ministry of Education and Research. 2010-12-17. Systems Biology. http：//www. bmbf. de/en/1140. php

Gökmen-Polar Y, Badve S. 2010. Promise of Computational Systems Biology for Cancer Clinical Trials：The Voyage to be Realized? Personalized Medicine, 7 (2)：129~131

Human Proteome Project. 2010-12-17. http：//www. hupo. org/research/hpp

Institute for Systems Biology. 2010-12-17. http：//www. systemsbiology. org

International Nucleotide Sequence Database Collaboration. 2010-12-17. http：//www. insdc. org

Laubenbacher R, Hower V, Jarrah A et al. 2009. A Systems Biology View of Cancer. Biochimica et Biophysica Acta, 1796：129~139

Mendrick D L, Schnackenberg L. 2009. Genomic and Metabolomic Advances in the Identification of Disease and Adverse Event Biomarkers. Biomarkers Med. , 3 (5)：605~615

National Cancer Institute. 2010-12-17. Integrative Cancer Biology Program. http：//icbp. nci. nih. gov/icbp

NIGMS. 2010-12-17. National Centers for Systems Biology. http：//www. nigms. nih. gov/Initiatives/SysBio

NIH. 2010-12-17. About the NIH Roadmap. http：//commonfund. nih. gov/aboutroadmap. aspx

Pathway Interaction Database. 2010-12-17. http：//pid. nci. nih. gov

Spratlin J L, Serkova N J, Eckhardt S G. 2009. Clinical applications of metabolomics in oncology：A review. Clin Cancer Res, 15 (2) ：431~440

Stoevesandt O, Taussig M J, He M Y. 2009. Protein Microarrays：High-Through-put Tools for Proteomics. Expert Rev. Proteomics, 6 (2)：145~157

System biologie. 2010-12-17. Systems Biology in Germany. http：//www. systembiologie. de/en/home. html

Systems X. ch. 2010-12-17. The Swiss Initiative in Systems Biology. http：//www. systemsx. ch

The Human Metabolome Database. 2010-12-17. http：//www. hmdb. ca

UK Biobank. 2010-12-17. http：//www. ukbiobank. ac. uk

UK Department for Business, Innovation and Skills. 2010-12-17. DTI Life Science Beacon Project Outlines. www. bis. gov. uk/files/file31706. doc

US Department of Energy Office of Science. 2010-12-17. Genomics Science Program. http：//genomicscience. energy. gov/#page = newsv

Worldwide Protein Data Bank. 2010-12-17. http：//www. wwpdb. org

Xie S N, Moya C, Bilgin B et al. 2009. Emerging Affinity-Based Techniques in Proteomics. Expert Rev Proteomics, 6 (5)：573~583

4 生物炼制领域国际发展态势分析

丁陈君　陈云伟　陈　方　邓　勇　郑　颖

（中国科学院国家科学图书馆成都分馆）

　　进入21世纪，随着能源、资源、环境问题的日趋严峻，生物炼制已经成为世界各国的战略性研究方向，生物基产品也被全球所广泛接受和迅速发展。本章分析了美国、欧盟、加拿大、日本等推动生物炼制、生物基产品发展的相关政策、规划和举措，发现这些国家和地区都十分重视生物炼制产业的发展，尤其是美国，政府的支持力度最大。通过对生物炼制领域以及聚羟基脂肪酸酯、乳酸、丁醇、丁二酸等代表性产品的发明专利申请进行专利计量分析，研究生物炼制领域专利研发的国家和机构布局以及技术主题分布。总结了生物炼制领域的关键技术以及主要产品的研究进展，包括存在的问题和解决方法，指出计算机建模、固定化催化剂及菌株开发、优化技术的重要性。最后对加强我国生物炼制产业的发展给出了几点建议：加大政府对生物炼制产业的扶持力度；建立健全生物炼制的原料供应和产品体系；发展生物炼制产业与石化产业相结合的模式；引导生物炼制相关产业集群的形成；关注合成生物学等重要科学问题与相关技术的发展。

4.1 引言

　　美国科学家杰里米·里夫金在《生物技术世纪》中说："我们正处在世界历史的一场伟大变革中，一场从物理学和化学时代转变到生物学时代、从工业革命转变到'生物技术世纪'的伟大变革。"预计到2020年，生物产业将有更出色的表现：生物医药占全球药品的比重将超过33%；生物质能源占世界能源消费的比重达5%；生物基材料将替代10%～20%的化学材料。美国2010年生物基产品由之前占总产品量的5%增加到12%，燃料酒精则由占运输燃料总量的0.5%提高到4%；2009年欧洲的生物柴油年产量已达900万吨，2010年欧洲生物柴油的年生产力已达2200万吨（EBB，2010）；日本尽管生物质资源匮乏，但在生物质利用技术研究方面所取得的专利占据世界前列。我国清华大学生命科学学院陈国强教授也提出了生物基材料的"低碳经济"，建议把生物基材料作为战略产品来开发，使其成为我国的特色产业。所有这些事实都表明生物产业颇具前景。

　　中国工程院院士、中国科学院上海生命科学研究院研究员杨胜利指出，工业经济的基础是化学和物理学，生物经济以生物学、生命科学为基础，对于发展生物经济来讲，现在最关键的就是系统生物学和合成生物学；从技术来看，工业经济主要依靠蒸汽机和电力，生物经济则是基因工程、分子机器和细胞工厂；在资源利用方面，工业经济主要利用化石型资源，生物经济是可持续的可再生的生物质，这也是优于工业经济的优势所在。两者的代表产业分别是石油炼制和生物炼制。生物炼制逐步取代传统石油炼制，对于降低化石资源消耗、最终实现工业原材料来源的战略大转移、促进经济社会的可持续发展具有重要意义。

1982年，"生物炼制"（biorefinery）的概念在《科学》杂志上首次出现。与石油炼制相对应，生物炼制是以现代石化工业为模板，采用类似于流化催化裂化、热裂解和加氢裂解等集成化平台技术，用先进的预处理和酶水解等生物平台技术将生物质转化为各种糖类，再通过糖平台技术转化为大宗产品和各种高附加值中间体化学品，生产出生物能源、生物材料、生物基化学品等。高级生物炼制已被设想作为新型生物产业的基础。通过开发新的化学、生物和机械技术，生物炼制大幅扩展可再生植物基原材料的应用，使其成为环境可持续发展的化学和能源经济转变的手段。

生物炼制的产品主要包括四个方面：①生物基化学品（乙烯、乙醇、丙烯酸、丙烯酰胺、1，3-丙二醇、1，4-丁二醇、琥珀酸）；②生物基材料（PLA、PTT、尼龙工程塑料）；③生物能源（沼气、生物乙醇、生物柴油）；④药品和食品添加剂（大豆蛋白改性纤维）等。

近年来，根据研究开发的不同情况，已开发了多个生物炼制系统，如表4-1所示。未来的生物炼制将主要依靠生物转化技术和化学裂解技术的组合，包括改进的木质纤维素分级和预处理方法、可再生原料转化的反应器的设计优化和合成、生物催化剂及催化工艺的改进。近年来，随着高通量生物催化剂筛选技术、生物催化剂改造的合理分子设计和定向进化技术、现代过程工程技术等领域的进步，极大地推动了生物催化与生物转化技术的发展。生物催化与生物转化技术生产精细化学品已成为发达国家的重要科技与产业发展战略。

表4-1 目前已开发的生物炼制体系

概念	原料类型	主导的处理技术	发展阶段
绿色生物炼制	自然界中湿的生物质，如青草、紫花苜蓿、三叶草和尚未成熟的谷物作为原料	预处理、冲压、分馏、分离和消化	试验工厂（和研发）
全谷物生物炼制	谷物或玉米作为原料	干磨或湿磨、生物化学的转化技术	试验工厂（和示范工厂）
木质纤维素原料的生物炼制	自然界中干的原料，如含纤维素的生物质和废弃物作为原料	预处理、化学方法和酶法水解、发酵和分离	研发/试验工厂（欧盟），示范工厂（美国）
双平台概念的生物炼制	所有类型的生物质	糖平台（生物化学的转化过程）与合成气平台（热化学转化过程）结合的技术	试验工厂

概念	原料类型	主导的处理技术	发展阶段
热化学法生物炼制	所有类型的生物质	热化学转化、烘焙、热解、气化、水热浓缩（hydrothermal upgrading，HTU）、产物分离和催化合成	试验工厂（研发和示范工厂）
海洋生物炼制	水生生物质；微藻和巨藻（海草）	细胞破碎、产物抽提和分离	研发（试验工厂）

本章从介绍生物炼制领域国际上重要的计划和规划入手，结合生物炼制技术以及重要产品的专利计量分析，阐述了生物炼制领域主要技术和代表性产品的研究进展与趋势。在展望部分，本章重点介绍了利用合成生物学促进生物炼制的发展，最后提出加强我国生物炼制发展的对策建议。

4.2 国际生物炼制领域重要政策规划与举措

近年来，在能源短缺和气候变暖的双重挑战下，美国、欧盟、加拿大和日本政府先后出台了多项政策规划积极发展生物炼制产业，除了生物燃料外，生物基材料和生物基化学品也越来越受到重视。美国国会通过颁布农业法案，对发展可再生能源、生物基产品等进行了前瞻性部署。同时，能源部和农业部也斥巨资开发多个生物炼制项目，促进美国社会和经济的可持续发展。欧盟推出的欧洲先导市场战略计划以中小企业为重点开发非粮生物基产品；加拿大政府出台《生物基原料、燃料和工业产品创新路线图》对发展生物基产品制定了详细的目标；日本经产省发布的《技术战略路线图2010》提到了日本的精细化工已居世界领先地位，但在大宗化学品领域与美国存在较大差距，因此该"路线图"对于大宗化学品尤其是生物塑料做出了详细规划。目前，中国虽然在生物炼制的某些领域落后于欧美和日本，但中国政府已加大支持力度，中国科学院、科技部等机构都纷纷投资立项，以期在全球生物炼制产业中占据一席之地。此外，英国、巴西、新西兰等国也对生物炼制领域做出了相关规划。

4.2.1 美国

4.2.1.1 国会

2007年7月27日，美国国会众议院通过了2007～2012年农业法案。这一前瞻性提案将主要通过发展可再生能源、生物基产品和可持续发展的新型生物质原料，减少美国的温室气体排放、减轻美国对外国原油的依赖。为了达到足够的生物燃料生产规模，真正实现减轻美国对进口能源的依赖，还需要对生物能源产业进行延续性的投资，包括大规模生物精炼厂的建设、酶制剂的研究与开发、其他生物炼制原料与工艺的研究。新的农业法案将支持对新一代生物精炼厂的建设提供贷款担保,并将继续施行《生物质研究与开发法案》——该法案主要在生物质向化学品、燃料和电力的转化方面提供支持,减少其商业化过程中的阻力。

新的农业法案还将大力支持生物燃料生产商购买新一代的能源作物,以帮助减少其生产纤维素乙醇的成本投入,同时还将启动一个新的生物质能源储备项目,为农民和农民团体在新型生物质作物的种植、收获和运输等环节产生的费用提供补贴。

更重要的是,新的农业法案更新和扩充了政府购买可再生能源制成的生物基产品的协定,并鼓励消费者选择带有生物基产品标签的产品。

另外,为了鼓励生物能源作物产品的开发,农业法案要求研究人员争取政府在农业生物技术方面的研究基金,并积极参加授权机构的相关培训,以了解开展此类研究的各项政府规定。此类培训可以帮助确保所生产出来的产品具有良好品质。

4.2.1.2 能源部

(1)投资 2 亿美元整合生物精炼厂。美国能源部于 2008 年 12 月 22 日宣布,将在未来 6 个财政年度(2009~2014)投资总计 2 亿美元,支持建设中试级与示范级的生物精炼厂。这些精炼厂将利用水藻原料生产先进的生物燃料,如生物丁醇、绿色汽油以及其他新型生物燃料。

美国能源部的这项计划旨在支持美国政府全面的能源战略,即通过减少对外国石油的依赖,降低温室气体排放量,加强美国的能源、经济和国家安全。美国能源部通过支持生物燃料的开发和利用,继续加强对先进生物燃料技术的研究与开发。

美国能源部预期将支持 5~12 个项目。这些项目提供的运行数据将减少精炼厂的商业化风险。这次招标行动将整合中试级与示范级生物精炼厂项目,入选项目都将在 3~4 年后投入运行。要求所有项目都必须设在美国,利用美国国内生物质资源为原料,并且在整个生命周期中表现出明显的温室气体减排效果。

这些中试级与示范级精炼厂将带头向商业化发展。如果这些商业化精炼厂能够大规模生产,将极有利于"能源独立与安全法案"(EISA)提出的至 2022 年生产 210 亿加仑[①]先进生物燃料目标的实现。

(2)投资近 6 亿美元用于先进生物炼制项目。2009 年 12 月 4 日,美国能源部宣布,将有 19 个综合生物炼制项目获得来自美国恢复和再投资法总计 5.64 亿美元的资助,以加快生物炼制示范工厂的建设和运行,并最终实现商业化生产。这些项目分布于美国 15 个州,将验证生物炼制技术,并为美国发展生物质工业的完全商业化奠定基础。目前,所选择的项目将在中试、示范以及完全商业化规模利用生物质原料生产先进的生物燃料、生物能和生物产品,以帮助减少美国对外国石油依赖,推动美国国内建立生物产业,为农村地区提供新的就业机会。

本次宣布的来自恢复和再投资法的 5.64 亿美元的资金中,约 4.83 亿美元将用于资助全美 14 个试验规模和 4 个示范规模的生物炼制项目,其余 8100 万美元将重点放在加快先

---

① 1 加仑 = 3.785 41 升

前获拨款资助的生物炼制项目的建设。这些项目还将获得来自私营公司和非联邦资金 7 亿多美元的配套经费,因此共计获得近 13 亿元的项目投资。

这些项目生产的生物燃料和生物产品将取代石油原料,加快行业的生产能力,满足联邦可再生燃料标准规定的生产目标。这些投资将有助于缩小目前少量生物精炼厂运行的现状与可再生燃料标准设立的宏大的纤维素和先进生物燃料生产目标之间的差距(DOE,2009;Lane,2010)。

(3)美国能源部对建立综合性生物精炼工厂的规划。2010 年,美国能源部于 2009 年启动的生物质计划就建设综合性生物精炼厂做出了重要规划。美国国会早在 2007 年定下至 2020 年生产 210 亿加仑先进生物燃料的目标表明,迫切需要填补具有前景的研究项目和大规模商业化生产先进能源之间的缺口,使成果转化能够顺利完成。因此,为实现国家能源和气候目标,将需要有一个经济上可行、环境上可持续的大规模生物产业作为支撑。

开发这一产业的关键步骤是要建立综合性生物精炼厂,有效转换多种生物质原料生产具有经济效益的生物燃料、生物电力和其他生物基产品。与传统精炼厂类似,综合生物精炼厂在生产一系列产品时也要考虑到原料利用和生产工艺的优化问题,但不同的是它利用了新技术和更多样化的生物质原料。这方面的研发、应用项目都需要大量投资以减少成本,提高竞争力。

美国能源部开发的生物质计划促进了能源部与产业界的合作,两者共同开发、建设、运行和验证各种规模的综合生物精炼厂,包括中试级、示范级和商业化规模的工厂。这些项目位于全国各地,使用多种原料和转化技术。

联邦政府对一级(first-of-a-kind)综合性生物精炼厂的支持在成本验证、显著降低与新技术应用相关的技术及资金风险方面已被认可,由此大大加速了美国生物产业的发展步伐。

该领域存在的关键挑战包括:

①投资新技术:部署和验证新的技术和工艺需要大量的资金投入,并存在技术风险。开展应用新技术的中试级、示范级和商业化规模项目的融资总是面临诸多挑战,尤其是处于目前信贷紧缩时期的市场环境下。

②市场与经济可行性:综合生物精炼厂必须优化生物质原料利用过程,以创造一类符合市场需求、可与化石燃料竞争的产品组合。

③原料多样性:生物精炼厂需要利用全国范围内的多种生物质原料,并根据各地区地理和气候条件的不同,因地制宜地利用当地资源的多样性。这种多样性对开发可重复性原料供应系统和专用性的转换技术带来了新的挑战。

④技术许可:为了获得适当的许可,每个生物精炼厂必须有利于社会的发展,并评估其对环境可能产生的潜在影响。由于每个工厂拥有的专门转换工艺和原料利用过程对其各自的环境足迹和对社会产生的影响都不同,评估的过程可能会十分复杂。

⑤可持续性:以生命周期为基础,必须谨慎地建立相关模型并监测对经济、环境和社会可能造成的影响。

⑥持续的研发与应用投资:政府、学术界和产业界已对原料和生物炼制技术的开发做出了重大投资,以推动新兴生物产业的快速发展。其中,许多技术仍然处于开发初期,需

要得到持续支持。

生物质计划采取公私合作，成本平摊的方式进行，以解决在技术部署方面的重要挑战。这些生物炼制项目已证明了各种原料利用和转换技术的可行性，并依照从中试到示范再到商业化规模的进程整体降低技术和资金风险。这个进程中的每个步骤都是对生产能力的验证，从而为最终实现商业化做好各项准备工作。

①中试规模项目：具有前景的创新技术都需要经过中试项目的筛选和验证，一般这个规模的工厂每天将处理至少1干吨生物质原料。美国政府通过执行《美国恢复与再投资法案》（American Recovery and Reinvestment Act，ARRA）已资助12个中试规模的生物炼制项目。

②示范规模的项目：在中试阶段通过验证的技术将扩大规模，每天至少处理50干吨原料（占商业化规模处理量的1/50～1/10）。美国能源部资助了9个示范规模的项目（其中，5项通过定期拨款，其余4项通过执行ARRA拨款）以进一步降低技术和资金风险。

③商业规模的综合生物炼制项目：这些项目属于小型商业化规模，每天至少处理700干吨生物质以生产出具有成本效益的生物燃料、生物电力和生物基产品。美国能源部和产业界以共同承担成本的方式建设了6个商业化规模的综合生物精炼厂，它们都具有每年生产1000万加仑生物燃料的潜能（其中一个通过执行ARRA资助）。

在全国不同地区战略性地部署生物炼制项目推动了地方和区域经济的发展，并促进每个地区生物质原料转化技术的优化。由于私营部门占据技术优势，并对新的综合性生物精炼厂扩大了投资，地理分布的多样性也将为国家各个区域的私营部门开展国内可再生能源供应业务提供机会（DOE，2010）。

4.2.1.3　农业部

（1）美国农业部的项目将有助于生物炼制产业的发展。为响应美国总统奥巴马促进生物燃料发展项目加快实施的要求，美国农业部提出振兴援助计划（The Repowering Assistance Program）、美国农村能源计划（The Rural Energy for America Program）和生物质作物援助计划（The Biomass Crop Assistance Program）等，以帮助生物乙醇生产商获益。

振兴援助计划在2009财年提供了3500万美元经费。其中，1500万美元将用于2009～2012财年间资助给生物精炼厂。生物炼制项目贷款将用于发展第二、第三代生物燃料技术，生产各种可再生燃料，包括纤维素乙醇和甲烷气体。

另外，作为计划的一部分，美国农业部还准备提供3000万美元支持符合要求的农业生产者，支持和扩大先进生物燃料生产，鼓励生产新一代生物燃料。

美国农业部将通过美国农村能源计划接受对可再生燃料能源系统和提高效率相关项目的可行性研究、贷款担保和资助，接受对以农业生产者和农村小企业名义进行能源审计的项目申请。

生物质作物援助计划将向生物质生产者或生产实体提供财政援助，支持这些生产者或实体向指定的生物质转化工厂提供符合要求的生物质材料，生产热能、电力、生物基产品或生物燃料。该计划将初步用于支持符合要求的生物质材料的收集、收割、储存和运输。根据美国农业部的要求，在获得资助两年后，生产者或生产实体在向指定的生物质转化工厂交付合格的生物质材料时，每吨生物质材料（干重）最高将获45美元的收入（Deutscher，2009）。

（2）发布生物燃料区域发展路线图。2010年6月22日，美国农业部发布了生物燃料区域性发展路线图，主要针对专用的能源作物柳枝稷进行研究，以此作为先进燃料生产实践平台，并将美国分成五个区域，对原料、生产潜力和土地利用情况等进行了规划，推动区域生物能源设施建设（表4-2）。

表4-2 美国五个区域生物燃料发展规划

区域	原料	生产潜力	土地利用情况
东南部和夏威夷	大豆、能源甘蔗、高粱、多年生草本植物以及木本生物质	年产105亿加仑先进生物燃料，将累计投入838亿美元以建立263家年产4000亿加仑生物燃料的生物精炼厂。由于该地区生产力增长迅猛，USDA估计，其产量将达到美国增加210亿加仑产量的50%	占用土地950万英亩*，相当于耕地和农用牧场总面积的11.4%
东北部	多年生草本植物和木本生物质	年产4.237亿加仑先进生物燃料，来自约64万英亩的专用生物能源作物（多年生草本）和170万英亩的伐木后残留物，累计投入35.2亿美元建立11家年产4000亿加仑生物燃料的生物精炼厂，产量占增加210亿加仑产量的2%	东北部共有1510万英亩的耕地和农用牧场以及7930万英亩的森林，其中4.5%的耕地和农用牧场用于种植生物燃料原料
中东部	多年生草本植物、高粱、作物秸秆、大豆和木本生物质	累计投入720亿美元建立226家年产4000亿加仑生物燃料的生物精炼厂，年产91亿加仑的生物燃料，占增加210亿加仑产量的43.3%	中东部共有2.41亿亩的耕地和农用牧场以及近1.1亿英亩的森林，其中1080万英亩的专用生物能源作物和200万英亩的伐木后残留物用于先进生物燃料生产
西北部	木质生物质、油料作物、杂草和谷物残留物	累计投入83.2亿美元建立27家年产4000亿加仑生物燃料的生物精炼厂，年产10亿加仑的生物燃料，占增加210亿加仑产量的4.6%	西北部共有3690万英亩的耕地和农用牧场以及8640万英亩的森林，其中250万英亩的专用生物能源作物和91.15万英亩的伐木后残留物用于先进生物燃料生产
西部	木本生物质和油料作物（如油菜籽）	年产仅6400万加仑生物燃料，但不包括藻类商业化生产生物燃料的产量	西部共有2970万英亩的耕地和农用牧场以及4890万英亩的森林，其中4.9万英亩的专用生物能源作物和44.26万英亩的伐木后残留物用于先进生物燃料生产

*1英亩=4046.86平方米
资料来源：USDA（2010）

农业部预计实现可再生燃料标准计划（RFS）的目标将由多个部分组成。其中，134亿加仑来自能源作物包括多年生草本植物、能源甘蔗以及高粱生物质等；5亿加仑来自油料作物；43亿加仑来自作物秸秆（玉米秸秆和麦秆等）；28亿加仑来自林木采伐后的生物质残留物（木质残余物）；150亿加仑是来自玉米淀粉生产的生物乙醇。农业部的报告并未涉及由市政废弃物、动物脂肪以及藻类生产生物燃料的项目。

生物精炼厂的产量每提高 1 加仑需要的平均成本为 8 美元（初始成本较高），以年产 4000 万加仑生物燃料的生产能力计算，需要建设 500 家生物精炼厂，因此至 2022 年，需要投入的资金总量达 1600 亿美元。

（3）实施生物基产品标签计划。2011 年 1 月，美国农业部的生物优先计划推出一个自愿产品认证及生物优先（BioPreferredSM）认证的生物基产品标签计划，旨在为由可再生资源制造的产品提供认证。该标签计划将有助于促进生物基产品的商业贸易和在消费市场中的销售情况，同时，也将有助于联邦政府买家在采购过程中确认此类产品。

4.2.1.4 美国生物技术工业组织

1）为大力发展生物炼制而提出的决策建议

2009 年 4 月，美国生物技术工业组织（BIO）代表第二代生物燃料技术的开发公司向美国国会提出了以下七条政策建议：

（1）对先进生物燃料和生物基产品的部署实施一项全面的系统方法，这种方法需要认识到开发协调的端到端基础设施的必要性。

（2）通过美国能源部生物炼制贷款担保计划、美国农业部生物炼制援助计划和美国农业部作物生物质援助计划，立即向生物炼制建设、原料开发和燃料的运输基础设施注入资本，扩展生物燃料混合设施的性能以及铁路与燃料车辆的运输能力。

（3）通过维持可再生燃料标准，解决混合燃料壁垒问题，延长纤维素生产税收抵免政策（直至 2011 年以后）。

（4）将对液体燃料的支持计划扩展到其他生物基产品，鼓励生物精炼厂生产多种生物基产品。

（5）积极资助正在进行的研究和开发，最大限度地提高先进生物燃料和生物基产品的经济竞争力、可持续发展和温室气体效益。

（6）在气候变化的立法中明确制定鼓励温室气体减排生物技术的条例，如节能生物技术、固碳技术和提高作物产量的生物技术。

（7）利用统一的固定的科学方法对土地利用变化造成的排放量不同进行评价。

2）为美国发展生物基产品产业提供决策建议

2010 年 3 月，美国 BIO 在《生物基化学品与产品：美国经济发展与绿色就业的新动力》报告中指出发展生物基产品将促进美国经济发展，提高绿色就业机会，改善贸易平衡，减少温室气体排放和增强能源安全（BIO，2010）。

美国联邦政府应为发展生物基产品的创新研发和商业化提供政策支持，包括资助或提供贷款建设生物精炼厂、设立生物基市场项目和为新兴商业化生产提供税收优惠等。BIO 就美国积极发展生物基产品产业的政策再次提出以下建议：

（1）美国国会需要在税收政策方面为可再生生物基产品的早期研发和生产提供支持，制定激励措施，促进资本投资和商业化。

①制定生产税收抵免政策。税收抵免政策将促进对生物基产品的投资、生产和利用，这在生物柴油和纤维素生物燃料上已得以实现。2008 年，生物燃料的发展已增加 24 万个就业机会，为 GDP 贡献了 650 亿美元，生物燃料生产、能力建设和研发还产生了 49.4 万

个就业机会。而通过税收抵免政策，促进生物基产品的发展也将创造就业机会，促进资本投资。

②向可再生生物基产品生物精炼厂开放先进生物能源制造贷款计划。目前，先进生物能源制造贷款计划为可再生能源技术提供了信贷支持，促进可再生能源技术（包括生物燃料）的广泛发展，但没有明确是否支持生物基产品制造的项目，应对贷款计划进行明确，确保生物基产品制造项目获得资助资格。

③加大早期阶段研发税收抵免政策扶持力度，推动专业化生物基化学品的发展。专业化生物基化学品的商业化初期由于缺乏规模经济，成本很高，销量较低。在这些高成本阶段实施税收减免政策将加快市场增长和刺激创新。

（2）通过设立基金和项目的方式增加对非燃料生物基产品的资助。

正如美国能源部和农业部设立项目直接支持下一代生物燃料的发展一样，其他生物基产品也需要政府以拨款、贷款担保和其他财政援助等方式刺激发展，重点支持下一代生物基产品技术，刺激新原料与转化技术的发展，建立以农业原料生产生物基产品的示范工程。

①向生物基产品项目开放美国能源部和农业部现有的贷款担保计划。目前，生物基产品制造项目还没有获得美国能源部和农业部可再生能源贷款担保计划的支持，国会应该明确将生物基产品项目纳入这些计划中。

②确保能源部和农业部拨款支持生物基产品的研发项目。美国能源部和农业部应在现有的支持计划中，明确支持生物基产品的研发，授权拨款和贷款项目以充分支持生物精炼厂增加高附加值的专业化生物基化学品生产，通过提供利润更高的非周期性产品维护生物精炼厂的稳定性并提高利润。多年来，美国能源部和农业部大力支持生物燃料和生物基化学品等大宗商品的研发，大大促进了这些产品的发展，专业化生物基化学品也需要类似的拨款和计划支持。

（3）确保生物基产品在气候变化/碳立法中的作用。

生物基产品与传统的石油基产品相比在温室气体减排方面具有极大优势。事实上，许多生物基产品在整个生命周期中，能够捕获大气中的碳，其生产过程是碳负性的。但是，目前的气候立法中并未体现出塑料和其他化学品对碳排放的作用，没有将生物基和化石产品的碳排放区别开来，因而也就没有激励发展生物基产品取代化石燃料替代品的机制，因此，国会应该将"生物基产品生产"包括在气候变化和碳立法中，提供必要的市场信号，推动对重要低碳生物基产品的投资。

（4）确保美国农业部生物产品自愿标签计划与优先采购计划，及时确定并执行可再生生物基化学品的采购资格。

4.2.2 欧盟

2007年12月，欧盟委员会推出的欧洲先导市场战略计划（The Lead Market Initiative for Europe，LMI）将生物基产品作为其支持的六个领域之一。该计划承诺促进非粮生物基产品如生物塑料、生物润滑油、酶制品和医药制品等实现商业化。该计划的具体内容详见

表4-3。该计划重点支持创新性中小企业。这为中小企业的发展提供了难得的机遇。

表 4-3 欧洲 LMI 计划

政策部署	目标	具体行动	时间表	执行者
立法	制定影响生物产品市场开发前景的一致性、全面性和协调发展的政策和规定	建立高水平的咨询小组，为专向面对生物制品的专题服务提供支撑，包括对现有的行动计划提出发展意见；分析相关政策领域立法提案对生物基产品市场发展的影响	2008 年	欧盟 利益相关者
公共采购	鼓励针对生物基产品的绿色公共采购	在生物基产品的公共采购者之间建立联系网络，以促进其使用欧盟创新性公共采购指南，明确生物基产品领域的最佳实践，并在欧盟范围内推广，建立的网络应做到： （1）提供生物基产品标准和技术功能的概述； （2）对领域内成功的实践给予认证并公诸于网络，并促进其在欧盟领域的应用； （3）启动培训计划	2008～2010 年	欧盟 成员国企业
		成员国对发展里程碑和发展蓝图进行规划，加大生物制品在绿色公共部门国家行动计划中的使用	2008～2009 年	成员国
标准、统一标签、验证	汇总合作制定生物基产品标准化和统一标识的需求	为特殊生物基产品建立标准/标识： （1）分析生物基产品标准/标识的潜力； （2）与欧盟委员会合作，将此项工作授权给欧洲标准化委员会（CEN）； （3）在欧洲生命周期评估平台现有工作的基础上开发建立标准/标识，包括成本效率评估准则和程序； （4）提议第一套标准	2008 年 2008 年 2008～2011 年 至 2010 年	欧盟 欧洲标准化委员会（CEN） 企业 其他利益相关者
实施行动	关于生物基产品政策和生物基产品利益的交流 支持获取研发和实施经费	通过各种媒体聚焦中小型企业倡导一次信息活动 加快建设重要的生物精炼试验工厂，促进战略性生物加工型模式植物的确立，在欧盟、成员国和地区各级鼓励投资	2008～2012 年	欧盟 欧盟成员国 利益相关者

2010 年 3 月，欧盟委员会宣布投入近 8000 万欧元用于生物炼制的研究项目，以促进 LMI 计划的进行。其中，欧盟委员会出资 5200 万欧元，其余的 2800 万欧元由来自 20 个国家的 81 个大学、研究机构和企业的合作伙伴来提供。整个项目分为以下四个子项目，包括：

（1）欧洲可持续性生物质加工的多层次综合生物炼制设计方案（EuroBioRef 项目）共获得 3740 万欧元的资助，历时 4 年，由法国国家科学研究中心（Centre National de la Recherche Scientifique，France）负责协调工作。研究内容涉及生物质转化的整个过程，从生物质采收到最终生产出商业性产品。其中，4 个中小企业合作伙伴参与该项目，做出 21%

的贡献。

（2）BIOCORE 项目共获得 2030 万欧元资助，由法国国家农业研究院（the Institut National de la Recherche Agronom，France）协调工作，以创建纤维素生物炼制并实现商业化为目标。该项目主要以农业残留物，如小麦、水稻秸秆和不同种类的木屑为原料，产品包括第二代生物燃料、大宗化学品、聚合物、特殊分子、热能和电力。其中，有 7 个中小企业参与该项目，做出 18% 的贡献。

（3）Star-COLIBRI 项目共获得 240 万欧元资助，是生物精炼厂的合作计划，旨在集中生物炼制领域的研究成果。五个以产业为导向的欧洲技术平台和五个研究合作伙伴将对涉及整个生物炼制价值链中的各个概念进行明确定义，并由国际自然及自然资源保护联盟（IUCN）进行验证。

（4）SUPRA-BIO 项目共获得 1900 万资助，由英国牛津大学负责协调工作。生物燃料、生物基化学品和生物基材料的生产过程需要符合可持续发展的宗旨且具有经济效益。开发用于转化和分离纯化过程的技术工具盒（technology toolbox）以适应各种不同产品的混合生产。其目的是减少对环境的影响，并从多种产物中实现最大价值。其中，有 9 个中小企业参与该项目，做出 47% 的贡献。

该项目还有利于欧洲能源和气候实施方案，其目标是，至 2020 年每个成员国生产的可再生能源至少达 10%，尤其是生物燃料比重将增加。同时，生物炼制也是欧洲战略能源技术（SET）计划对生物燃料规划的重要方面（European Commission，2010）。

此外，由欧盟第七框架资助的名为 BREW-PACK 项目，主要研究利用可再生原料生产大宗化学品和化学中间体的应用生物技术。此项研究提出了一个有关技术建议的整体方案，涉及环境、经济效益及相关风险，由化学工业和研究机构的专家组成的工作组研究并提出未来 10～20 年甚至更长时期的发展建议。同时，该项目在远景规划中提出："到 2025 年，利用生物催化和生物转化作为加工手段的化学品和材料的制造过程必须大幅增加，可再生资源的高效利用将通过生物催化和生物转化来实现，并推动大量工业产品的生物制造过程面向经济和环境的可持续发展。"

据欧洲媒体 EurActiv 称，鉴于美国生物精炼厂得到了政策的大力支持，欧洲担心最终会落后于美国。欧洲技术市场化方面存在的问题主要是缺乏有力的政策支持。在取得了许多研究进展的同时，由于缺乏激励机制，许多技术都是在美国应用之后才得以在欧洲采用。

帝斯曼生物技术公司副主管沃克特·克拉森介绍，欧洲的做法与美国明显不同，美国是强制汽油生产商向石油化工汽油添加先进生物燃料，并对利用第二代原料制造生物燃料的生产商给予大量补贴。欧洲 EuropaBio 公司的娜塔莉·莫尔指出，示范工厂需将研究成果尽快转化为产品。美国在这方面做得很好，他们正在为生物精炼厂创造更良好的行业环境。莫尔认为与美国相比，欧洲对于示范项目缺乏足够的公共财政支持。虽然一些成员国有少许投入，但与美国的政府投入相比，欧洲在专门的项目规划方面仍有待改进。（Euractiv，2010；European Commission，2010；张发宝，2009）

4.2.3 英国

2008 年 8 月，英国 BBSRC 联合其他 10 家赞助公司发起了新的研究计划——综合生物炼制技术计划（The Integrated Biorefinery Technologies Initiative，IBTI），以加速发展化工产品可持续生产的生物炼制技术。这些赞助商包括 Biocaldol 公司、BP 生物燃料公司、英国糖业公司、Croda 公司、Danisco A/S Genencor 公司、绿色生物制品公司、AHDB-HGCA 公司、英国 KWS 公司、Syngenta 公司和 TMO 可再生能源公司等。

该研究计划设立 500 万英镑的基金，经费来源于英国 BBSRC 基金和公司的赞助，旨在解决第二代生物炼制面临的基础生物学问题，开发利用农业与食品废弃物生产化学品、材料和燃料的技术。该研究计划是 BBSRC 生物能源投资战略的一部分。未来几个月理事会对生物能源研究领域拨款达 2500 万英镑。BBSRC 投资的目的是加强该研究领域的能力建设和知识建设，为英国提供可持续的能源来源，帮助英国利用可再生植物基的第二代生物能源，而不再使用食物链中的可食产品生产生物燃料。

综合生物炼制技术计划持续 5 年，重点在优化原料组成、综合生物过程和提高产品价值。这能确保生物炼制尽量利用更多的原料，开发更有效率的微生物过程以帮助原料分解，将最新的化学生物分离过程与先进的酶工程相结合以便从木质纤维原料提取单糖，加工生物炼制副产品成为高价值的化学品。

综合生物炼制技术计划将资助的生物炼制研究有：

（1）尽量提高生物炼制过程中生物质的产量和产品的数量与质量；

（2）开发综合生物过程技术，以消除目前加工系统的瓶颈，从原料中提取最有价值的化合物；

（3）提高生物炼制过程中副产品的价值，以提高工艺的经济活力。

英国 KWS 公司技术总监克里斯认为，公共机构与私营企业合作开发生物炼制技术的成效将远高于二者各自为阵的情况。该计划召集了世界一流的英国科学家与工业合作伙伴，可确保所投资的项目与生物炼制技术面临的挑战相关，从改善原料、改进工艺到增加产品附加值，努力开拓创新技术，创建新的示范工程（BBSRC，2008）。

4.2.4 加拿大

4.2.4.1 生物基原料、燃料和工业产品创新路线图

早在 2001 年，加拿大政府就对生物炼制产业进行了规划，并制定了创新路线图。其中，对于生物基产品至 2010 年的发展目标详见表 4-4。

表 4-4 加拿大 2010 年生物基产品产业发展目标

	生物燃料	生物化学品	生物材料
年收益增长率/%	15	12	14
市场优先事宜	渗透北美的运输燃料市场（乙醇 10%，生物柴油 5%）	完成与新兴化学技术平台挂钩的农业和森林价值链	为国内和出口市场提供材料（硬纸板、纤维板、树脂）

	生物燃料	生物化学品	生物材料
化学产品目标	• 全面实施 Iogen 公司的秸秆乙醇技术 • 将纤维素乙醇生产设施设计成通过糖发酵液生产乙醇和平台化合物 • 就 BIOX 工艺和 Rothsay 公司生物柴油技术设立产业化规模的示范项目	• 将平台化合物（糖、乳酸等）的生产能力提升至年产数百万吨，且生产成本具有国际竞争力 • 建立至少一项主导的新型装置由糖或油脂等平台化合物生产聚合物 • 建设主导的新型木质裂解装置，生产用于制造黏合树脂的苯酚	• 创建或吸引至少一家由糖或油脂生产生物塑料的加拿大主要制造商 • 2～3 个汽车/航空零件供应商（如麦格纳和庞巴迪）开始在生产过程中使用亚麻和大麻纤维来替代玻璃纤维 • 在加拿大西部再建 2～3 个农业纤维生产设施
年度研发目标	• 开发增加碳向乙醇转化率和不经过蒸馏直接从发酵液中提取乙醇（减少 30% 的能耗成本）的新技术 • 开发高效分离高附加值的生物化学品的新技术（如半透膜等） • 开发由生物质生产氢气的热解/气化技术，通过从共产物中捕获高附加值副产物提高成本竞争力	• 确认和开发 2～3 个与加拿大生物质类型匹配的新的化学平台（如将油菜转化为塑料） • 开发具有成本效益的中间化学品生产的专利技术 • 从目前对反刍动物寄生菌的研究中开发一组新的酶，将木质素分解成芳烃类和酚类化合物	• 鉴定可以与碳纤维相竞争的高性能生物纤维，并替代其成为塑料生产的原料 • 借鉴蜘蛛丝的性能，开发蛋白纤维 • 生物技术和纳米技术的结合为催化表面和智能材料等的发展创造了机遇
市场份额	• 国内市场：高渗透率 • 国际市场：进入美国市场	• 国内市场：制定支持加拿大绿色产品出口的战略，确保对纳入供应链的中间化学品（如用于合成树脂的苯酚）的国内和出口市场的高渗透率 • 国际市场：进入美国市场，对全球市场的渗透率达到 3%～4%（接近加拿大全球化学品市场现有渗透率的两倍）	• 国内市场：保持加拿大合成建材和构成汽车/航空产品的农业纤维市场的高渗透性（在来源于农业、森林和海洋的材料之间寻求协同作用；寻求可以利用这些原料生产消费品和工业品的制作商之间的协同作用） • 国际市场：增加 50% 加拿大供应商所占国际原材料（包括纤维和生物塑料）市场和建材、汽车、航空以及消费品部门成品市场的份额

资料来源：Industry Canada（2010）

　　此外，路线图还确定了需要大力资助发展科学技术和技能型人才的领域包括：植物科学、土壤微生物生态学和生物勘探；开发地理信息系统根据生物质浓度确定生产基地和废弃物处理厂选址；生物催化，尤其是酶的优化；利用生物质成分（碳水化合物、木质素和优质）的优质属性开发新的化学品；扩大可用于燃料和化学品制造的纤维素、甲壳素、海藻酸钠和淀粉的研究规模；发展热电联产。

4.2.4.2 加拿大投资基因组学研究发展生物基产品和作物

2009 年 4 月 20 日，加拿大科技部部长 Gary Goodyear 和非营利的加拿大基因组组织（Genome Canada）主席 Calvin Stiller 联合宣布，将支持 12 个基因组学和蛋白质研究项目，致力于发展生物基产品和作物。

加拿大政府认为这些项目将会促进就业和经济增长，并带来环境效益。此次资助的 12 个项目是从 48 个项目中筛选出的。它们将共同分享 1.12 亿加元经费。其中，政府通过加拿大基因组组织提供 5300 万加元，其余部分由国内外的合作伙伴提供。

受资助的项目包括：高值植物代谢物生产的合成生物学系统研究（卡尔加里大学和肯考迪亚大学，1360 万加元）、生物质能的绿色生产和提取的宏基因组学研究（卡尔加里大学 1158 万加元）、向日葵基因组学研究（英属哥伦比亚大学，1048 万加元）、酿酒葡萄基因组学研究（英属哥伦比亚大学，344 万加元）、木质纤维素原料近期供应的基因组学预测工具开发（阿尔伯达大学，800 万加元）、基因组学衍生价值研究（渥太华大学，541 万加元）、生物燃料及副产品精炼工艺的微生物基因组学研究（曼尼托巴大学，1047 万加元）、亚麻综合利用基因组学研究（加拿大农业与农业食品部，1198 万加元）、生物基产品和生物过程的酶基因组学研究（肯考迪亚大学，1742 万加元）、作物改进功能基因组学（麦基尔大学，459 万加元）、应用环境宏基因组学开发生物基产品与酶的研究（多伦多大学，1094 万加元）、农业虫害控制基因组学研究（西安大略大学，639 万加元）（Marketwire，2009）。

4.2.5 日本

4.2.5.1 日本政府积极规划生物燃料

（1）制定"生物燃料革新技术计划"。2008 年 3 月，日本经济产业省和农林水产省发布《生物燃料革新技术计划》，主要制定了两项规划：以芒草等材料为原料，推进技术革新，降低生产成本，到 2015 年将每升的价格降至 40 日元；以农业废弃物为原料的生物燃料到 2015 年每升价格降至 100 日元，并计划到 2030 年使国产生物燃料达到 600 万吨（王玲，2009）。

（2）加快推行乙基叔丁基醚（ETBE）。同时，日本石油协会（PAJ）于 2008 年 3 月 20 日表示，日本炼制商已制定目标，旨在到 2013 年 3 月底的财年，将使用生物燃料替代 5 亿升/年石油当量燃料，使得 2010 年替代 2.1 亿升/年的初期目标翻一番多，促进炼制工业减少二氧化碳排放。日本炼制工业主要利用 ETBE 与汽油进行调和。日本认定，ETBE 与汽油调和，作为含氧化合物燃料，可使汽油更清洁燃烧。ETBE 由乙醇与异丁烯生产，可解决较多地使用乙醇会增大汽油挥发度的问题（生物谷，2010）。

（3）经产省发布"新增长战略"报告加大对可再生能源支持力度。2009 年 12 月 30 日，日本经济产业省在"新增长战略（基本方针）"中对于环境与能源、健康领域做出规划。环境与能源领域 2020 年的目标是：建立 50 万亿日元以上的新市场；新增就业人员

140 万；温室气体减排 13 亿吨。主要措施包括：固定价格买断制度及对可再生能源加大支持力度；以革新技术开发为先导；面向生态社会形成的集中投资。

此外，日本内阁在 2010 年 12 月份批准的 2011 年 4 月至 2012 年 3 月的下个财年预算中将提高炼油厂供应链的投入。其中，8.9 亿日元将用于改善生物燃料推广设施的建设。

4.2.5.2 经产省发布《技术战略路线图》规划生物基产品

2010 年 6 月，日本经济产业省发布了《技术战略路线图 2010》（日本经济产业省，2010）。该路线图自 2005 年首次发布以来，每年修订一次。报告反映了日本化学会及应用物理学会等五大学会汇总的建议，对于了解日本各重要技术领域的发展战略具有典型的代表意义。《技术战略路线图 2010》共分为 31 个技术领域。其中，生物功能利用技术领域涉及对生物基产品的发展的部署，主要内容包括：

（1）目标。利用生物技术促进环保型制造工艺和循环型工业体系的建立，以克服资源限制，实现环境友好的可持续性经济与社会发展，为国民创造安全稳定的生活环境。对生物功能的利用主要包括：①利用植物和藻类的光合作用固定二氧化碳，积累生物质；②通过基于微生物和酶的生物过程和碳固定过程进行生物质生产和转化，该方法可以降低能源消耗；③重复利用生物质废弃物生产生物基材料和生物能源。

（2）研究与开发措施。制定战略发展目标，建立高效的研究开发体系，促进生物产业的研发。

在微生物利用环节，要充分发挥发酵产业传统育种技术的优势，促进生产各种有用的生物基材料和生物燃料的通用基础技术的开发，同时通过控制微生物群的组成和配置创建高效的环境净化系统。

在植物利用环节，开发有助于生物燃料及高附加值材料生产的转基因植物开发与工艺控制技术，以及基础的栽培系统构建技术，以将大学基础研究中的高级知识发现作为产业技术用于实用植物生产。

日本农林水产省正在开发基因功能解析和生物质利用技术，目的是以水稻基因为中心进行粮食生产和品种开发。文部科学省也正在实施基于生物质的物质生产项目，以打造植物学基础研究基地和融合领域的研发基地。

（3）其他相关措施。为实现生物功能利用技术领域的目标和愿景，在开展研发的同时，需要针对各项技术整顿相关制度，以促进国民的理解，知识基础的建设和标准化进程。

就"生物塑料"而言，目前尚无严密的定义，但因其能降低环境负担而备受瞩目。因此在推行标准化方面，有三点需要注意：①生物塑料的原料不是化石燃料，而是自然界的生物质，日本产业技术综合研究所和日本生物塑料协会已开始着力推进生物质含量测试方法的开发。②生物塑料具备生物降解性，在有氧和无氧条件下具有适合的分解速度和生物降解度。在这方面，日本在继 2007 年的有氧降解试验方法后，又提出了无氧降解试验方法，并为了通过 ISO 认证正在付诸审议。③进行生命周期评估，由于存在多种评估方式，今后应着重于谋求国内外相关利益者的意见一致。

在知识基础建设方面，理化学研究所等相关机构应完善生物遗传资源图书馆和数据库的建设；在知识产权保护方面，应采取战略性的专利措施；另外，还应大力促进国际合作及国内各政府机构间的合作。

此外，为了促进生物塑料的生产与使用，对于基于生物炼制工艺的产品，应考虑根据"绿色购买法"，将利用这些工艺生产的产品纳入绿色产品采购目录。

（4）企业开发现状。在基于微生物利用的生物工艺方面，日本开发的技术占据世界领先地位。尤其是在基于日本传统发酵技术的氨基酸、食品，难以通过化学过程合成的医药品中间体，维生素等具有高附加值的精细化学品领域，日本占据着绝对的优势。此外，在大宗化学品领域，取代传统的化学合成工艺，发明了环境友好的丙烯酰胺生产工艺，并进行推广。

然而，在大宗化学品领域，国外企业仍然占据着先机。例如，美国企业的聚乳酸年产量达 7 万吨，聚羟基脂肪酸酯（polyhydroxyalkanoates，PHA）的年产量达 5 万吨。而日本在该方面相对薄弱。日本计划 2011 年使生物塑料的年产量达到 5000 吨，2010 年力争 PHA 的年产量达 1000 吨，几年后将 PHA 的年产量提升至 1 万吨。

4.2.6 巴西

美国著名的增长咨询公司弗若斯特沙利文公司在其研究报告中称，虽然巴西的生物塑料市场目前还处于起步阶段，但作为世界头号甘蔗生产国，巴西拥有无与伦比的原材料成本优势，利用这一优势，未来巴西的生物塑料市场的增长势头强劲。

2009 年，巴西的化工市场总销售额为 1030 亿美元，世界排名第九。巴西化学工业的发展目标是，在保持贸易顺差和巩固全球绿色化学工业领导地位的基础上，步入世界化工的前 5 名。为了实现这一雄心壮志，巴西化学工业协会牵头组织了《国家化学工业条约》，计划到 2020 年，巴西将在绿色化学品生产和研发中投资约 160 亿美元，以推动该国绿色塑料行业的发展。

与欧洲和美国相比，巴西是新兴的生物塑料市场。巴西国内正在进行生物塑料的小规模试点，主要应用领域是食品包装袋和农用薄膜。2009 年，巴西的生物塑料市场主要由聚乳酸树脂、淀粉基树脂和 PHB 树脂组成，总量和总销售额分别为 1286 吨和 440 万美元。

弗若斯特沙利文公司指出，要使生物塑料在巴西真正获得大发展，巴西政府应该出台一些政策法规，一方面激励塑料制造商，尤其是中小型制造商从事生物塑料研发和生产，另一方面与行业协会一起制订堆肥和生物塑料认证等规范和标准。作为清洁发展机制的一部分，生物塑料的生产和使用还可以提高客户的环保意识。可堆肥塑料能够提供一个更稳定的土壤生态系统，增加土壤的肥力，提高蓄水能力和通透性。从长远来看，制造商需要进行更多的宣传工作，普及生物塑料的益处及节约长期成本的优点。

虽然目前巴西政府还没有针对生物塑料生产的激励措施，但因为生物塑料产业链涉及蔬菜种植和生物塑料制造等产业链的诸多领域，这一行业有望在将来吸引更多投资。经济发展状况将对巴西生物塑料市场未来 5 年的发展起决定性作用。一方面，市场需求的增长与生产规模的扩大，将极大地促进该市场的发展，同时，其盈利水平也会逐步提高；另一方面，政府对于新兴市场发展提供的优惠政策与法规，对于环境保护与技术革新的相关要求，也会促进该市场的快速发展。

4.2.7　新西兰

2010 年 3 月，新西兰政府发布了《新西兰生物能源战略》，其目的是提高新西兰种植和加工木质作物的能力与专业知识水平，将有机物副产品转化为能源。到 2040 年，生物能源产品供应超过该国能源总需求的 25%，生物运输燃料超过运输燃料总需求的 30%。该战略将分成以下三个阶段实施：

（1）建立阶段（2010～2015 年）：这一阶段将大力发展供应链的基础设施，围绕作物种植、加工和燃料生产确定开发阶段的技术和经济平台，包括实现相关的商业化。

（2）开发阶段（2015～2020 年）：将在前一阶段的基础上建设生物运输燃料生产示范厂，在选定区域种植能源林和燃料作物。必须建设木材加工部门的基础设施，扩大种植面积以提供规模经济。这一阶段政府计划投资 6 亿美元用于纤维素运输燃料生物炼制过程地研发和相关工厂地兴建。

（3）推广阶段（2020～2040 年及以后）：将扩大燃料作物和能源林种植，继续支持相关研发，投资生产生物运输燃料和其他相关生物基产品的生物精炼厂。

4.2.8　中国

（1）中国科学院纤维素乙醇和生物炼制研究重大项目。为发展可再生能源，改善我国能源结构，保障我国能源安全和粮食安全，实现环境与经济协调可持续发展，中国科学院于 2007 年底启动"纤维素乙醇的高温发酵和生物炼制"重大项目。项目以发展生物质能、解决制约我国经济发展的能源问题为目标，以系统生物技术为指导思想，集中力量，重点攻关，针对由木质纤维素生产燃料乙醇的关键技术瓶颈，开发具有自主知识产权与市场竞争能力的重大创新技术。项目实施年限为 2008～2011 年，设置了 4 个课题（各分成若干个专题），包括：①木质纤维素预处理技术研究；②新型木质纤维素降解酶系的发现、改造与应用；③高温乙醇菌的系统生物技术改造；④纤维素乙醇发酵过程优化与控制。

（2）生物制造是我国生物产业发展的五大重点领域之一。中国的生物产业经过 20 多年的发展，已经开始了从跟踪仿制到自主创新的转变，从实验室探索到产业化的转变，从单项技术突破到整体协调发展的转变。

生物制造的产品主要是大宗化工产品，包括生物能源、生物材料和化学品等。在 2009 年 6 月 2 日国务院办公厅发布的《促进生物产业加快发展的若干政策》中，已将生物制造与生物医药、生物农业、生物能源、生物环保领域共同确定为现代生物产业发展的五大重点领域。

目前，我国生物制造业已经进入工业化阶段，正在形成产业。中国对于生物制造的发展应解决"与人争粮、与地争粮"的问题。开发农业以废弃物为原料发酵生产的燃料酒精、生物材料、大宗化工产品等生物制造产品。同时，改造现有生产菌种，减少微生物细胞在生长过程中的二氧化碳排放，提高原料转化为产品的转化率。

（3）生物制造是中国科学院战略规划的重要发展方向之一。中国科学院在面向 2050 年的战略思考中提出了"以科技创新为支撑的八大经济社会基础和战略体系"的整体构想，其中明确提出了构建生物产业体系。中国科学院于 2009 年底启动了中国科学院先进工业生物技术创新基地中国科学生物制造重要方向项目。该项目由 25 个课题组成，以工业生物制造技术创新性研究和重大产品产业化为重要目标，重点突破工业生物催化、生物炼制、生物加工等共性关键技术，系统优化生物基产品、生物材料、生物化工等重大工业产品经济技术指标，研究生物制造的新理论、新方法和新工艺，开发具有自主知识产权与市场竞争能力的重大新产品与新技术。希望通过该短期培育项目的预研，产生新的生长点，提高中国科学院承担国家生物制造相关研究任务的能力。中国科学院在生物制造领域关注的关键科技问题是：有机化学品生物催化合成；生物催化剂替代化学催化剂；可再生碳资源利用效率和转换途径；复杂生物系统的工程效率。

（4）863 计划生物和医药技术领域重大化工产品的先进生物制造重大项目（2010.10）。"十二五"期间，该重大项目以培育生物制造战略性新兴产业为目标，重点研究化工产品生物合成途径构建与优化、原料综合利用与生物炼制、工业生物催化与转化、生物－化学组合合成等关键技术，突破生物基平台化合物、手性化工中间体、生物基材料等重大化工产品生物制造的产业化瓶颈，形成有机酸、化工醇、生物基材料等产品制造的平台技术体系，形成手性醇、手性酸、甾体等高附加值手性中间体生产的创新生物制造路线。

项目总体目标：获得一批重大化工产品的先进生物制造核心技术，建立 15 个以上万吨级生物基大宗化学品与生物基材料及其单体、10 个以上吨级至百吨级手性中间体的工业化生产示范线；项目完成后，实现新增工业产值 80 亿元/年以上，综合社会经济效益达 500 亿元/年以上；形成 4 个以上产学研技术创新战略联盟，培养、引进 10～15 名领军人才，申请 200 项以上发明专利，获得授权发明专利 40 项以上。

国家对项目拨款控制额为 3 亿元。

项目设计的 11 个课题包括：

课题 1：生物聚合物材料的全生物合成技术。

课题 2：新一代聚乳酸的生物－化学组合合成技术。

课题 3：聚丁二酸丁二醇酯的生物－化学组合合成技术。

课题 4：聚氨酯类产品的生物－化学组合合成技术。

课题 5：化工有机酸的生物转化技术。

课题 6：C4 二羧酸的全生物合成技术。

课题 7：化工多元醇的生物炼制技术。

课题 8：生物长链醇的微生物合成及系统集成技术。

课题 9：手性醇的生物不对称合成技术。

课题 10：手性酸的化学－酶法耦联合成技术。

课题 11：甾体类化合物的生物转化技术。

4.2.9　企业对生物基产品的发展规划

2010 年 7 月，在华盛顿附近举办的世界工业生物技术和生物工艺大会上，化学品替代燃料成为与会者关注的焦点。众多希望通过工业生物技术商业化从而获得高额利润的企业在实际应用开发中发现，用生物技术生产化学品要比生产汽油的利润更为丰厚。会上还公布了世界经济论坛（WEF）的最新研究结果，预计大型生物炼制生产设施的发展趋势将在很大程度上降低对化石资源的依赖程度，且到 2020 年由生物质转化而成的燃料、能源和化学品有望为全球创造 2300 亿的产值（Business Wire, 2010）。

美国 Elevance 可再生科学公司副总裁安德鲁·沙弗在会上表示，两三年前，生物燃料确实很热，但如今许多企业已意识到仅仅依靠生产生物燃料来赚钱是非常困难的。Elevance 可再生科学公司的目标是以棕榈油、大豆及油桐果为原料，利用烯烃复分解反应生产化学品。该公司在会议期间宣布，它与全球农业综合企业丰益国际集团组建了一个合资企业，将在印度尼西亚的泗水建设一座商业化规模的生物精炼厂。该精炼厂初始可年产 20 万吨的生物基石蜡产品（可进一步再生产化学品和燃料）及 9-癸烯酸酯等（中国化工报，2010）。

此外，其他公司也都纷纷采取加大研发投入、扩建设备和建立商业化工厂等措施开发生物基产品。Genomatica 公司称，他们正在试验发酵法生产 1，4-丁二醇生产工艺并以普通糖为原料制备出 3000 升产品（中国化工信息网，2009）。

ZeaChem 于 2010 年 4 月 20 日宣布，公司研发的核心技术平台生产出了商用级别的乙酸乙酯。这一成就标志着该公司生物炼制平台在生物燃料和生物基化学品工业领域的应用已经通过了最后一关测试。公司称其以可再生生物质为原料发酵生产醋酸的工艺，实现了从 0.5 升到 5000 升的 10000 倍规模化放大。公司将冰醋酸转化为乙酸乙酯的转酯化工艺过程已经通过了过程工艺专家的验证，产品浓度和酯化工艺都已达到商业化生产的标准。

OPX 生物技术公司利用大肠杆菌把糖转化为丙烯酸。这项技术已在一家示范厂得到论证。该示范厂有一个 200 公升的发酵罐，公司计划从 2011 年开始建一个 2 万升的系统，并计划在 2014 年建立一个商业化工厂，可产生 1 亿吨丙烯酸。迄今为止，公司已筹集 2240 万美元的风险资本（凯文·布利斯，2010）。

杜邦公司与 Tate&Lyle 公司的合资企业于 2010 年 5 月宣布，使其在美国田纳西州 Loudon 的生物基 1，3-丙二醇（Bio-PDO）生产扩能 35%，于 6 月开始扩能建设，将于 2011 年第二季度完成扩能（国际能源网，2010）。

2010 年 9 月，瑞典 Purac 公司宣布投建新的生物聚合物生产装置。该装置将提供 Purac 公司持续增长的可融合聚合物市场。目前，公司在荷兰和美国分别拥有一个生产生物聚合物的装置。此次新建装置投资金额达 1500 万欧元，将于 2011 年开建，并计划于当年年底前完成（中国塑料网，2010）。

Braskem 公司在巴西开发一个由生物乙醇生产聚乙烯的项目。这类生物基塑料有可能在市场上直接与石化产品竞争。巴西的 Mazzaferro 公司开发了用蓖麻油制备聚酰胺的技术；阿科玛公司则以菜籽油为原料制备生物基工程塑料。

日本催化合成公司是全球丙烯酸领先的生产商，其占丙烯酸市场份额 13%。该公司于 2009 年 11 月 20 日宣布，推进基于甘油的工艺生产丙烯酸，甘油是从植物油制取生物柴油得到的副产物。催化合成公司获得日本政府 2000 万日元资助，开发由甘油生产丙烯酸的技术并建设中型生产装置。该公司已计划在日本姬路的丙烯酸生产基地建设中型装置，该中型生产装置将于 2011 年第一季度投产。催化合成公司的新技术采用高活性催化剂，制取生产丙烯酸的中间体丙烯醛。与石油来源原料相比，新技术将有助于使 CO_2 排放减少约 1/3。从可再生原料制取丙烯酸的技术障碍主要在于产量、产率和催化剂寿命。迄今开发的大多数催化剂具有强酸性，但是，催化合成公司通过控制催化剂的酸性而解决了这些问题。

4.3 国际生物炼制研究专利分析

基于国际专利分类体系中有关生物炼制及代表性生物炼制产品聚羟基脂肪酸酯、乳酸（LA）、生物丁醇和生物丁二酸的分类，以德温特创新索引数据库（Derwent Innovations Index^{SM}，DII）收录的发明专利申请（以下简称"专利"）为基础，本章分析了生物炼制及上述相关代表性产品的专利发展情况，专利计量分析采用的主要分析工具包括 TDA 和 Aureka。现将专利分析章节涉及的一些概念定义如下：

专利家族指专利权人在不同国家或地区申请、公布的具有共同优先权的一组专利，对于专利家族数量的研究，可观察全球竞争对手和专利申请的态势，探索动态的技术蓝图。专利家族成员数指专利家族中所包含的专利成员总数，数量多少反映了专利申请的国际市场占有意图或技术发展的变化情况。

专利合作化程度反映了技术创新与他人合作的程度，报告用专利合作强度指数反映机构在专利申请研发工作中与外界合作力度的强弱，专利合作强度指数指每件专利平均拥有的专利权人数。

为了比较分析各个机构从事专利研发工作的人员队伍规模情况，本章引入了件均发明人指数（也称为团队强度）。本章所述的件均发明人指数指每件专利平均拥有的发明人数，可以反映出参与一件专利申请研发工作的人员数量的多少。

某专利被后继专利引用的绝对总次数高，提示该技术属于基础性或领先技术，处于核心技术或位于技术交叉点。同理，某主题平均每件专利被引频次高，也反映出该主题的研发处于相对基础性、核心或技术交叉地位，对科技创新起到更重要的作用。

4.3.1 生物炼制专利分析

基于国际专利分类体系中有关利用"发酵或使用酶的方法合成目标化合物或组合物"（C12P）的分类，以基本专利年（DII 数据库首次收录的专利家族成员专利的公开年）为年度划分依据，从发酵或使用酶的方法合成目标化合物或组合物的角度分析生物炼制相关专利 2006～2010 年的发展情况，专利计量分析采用的主要分析工具包括 TDA 和 Aureka。

1）生物炼制专利年度发展态势

2006 年至 2010 年 12 月 15 日，DII 数据库共公开了基本专利年为 2006~2010 年的有关生物炼制的发明专利 21 393 件（数据下载日期：2010 年 11 月 15 日）。其中，2010 年的专利尚不完整，显示出的数量减少并非实际情况。从 2006~2009 年的专利数据角度分析，除 2006 年公开的生物炼制专利数量超过 5000 件以外，其他几年公开的专利数量总体相当，处于 4200~4500 件之间（图 4-1）。

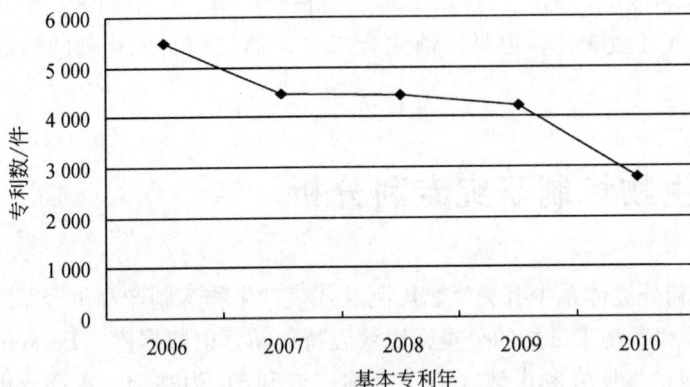

图 4-1　生物炼制专利数年度统计图
2010 年数据仅截止到 11 月 15 日

2）生物炼制专利国际布局

本节通过研究专利家族成员国的分布情况，以了解生物炼制专利的国家布局情况。

（1）生物炼制专利国家（地区）分布。统计发现 21 393 件专利总计拥有的专利家族成员数为 55 447 个，平均每件专利在 2.6 个国家（或地区）提出申请。受理生物炼制专利最多的 10 个国家（组织）是美国、WO（通过 PCT 提出的国际申请）、中国、日本、欧洲专利局、澳大利亚、加拿大、韩国、印度和俄罗斯（图 4-2）。

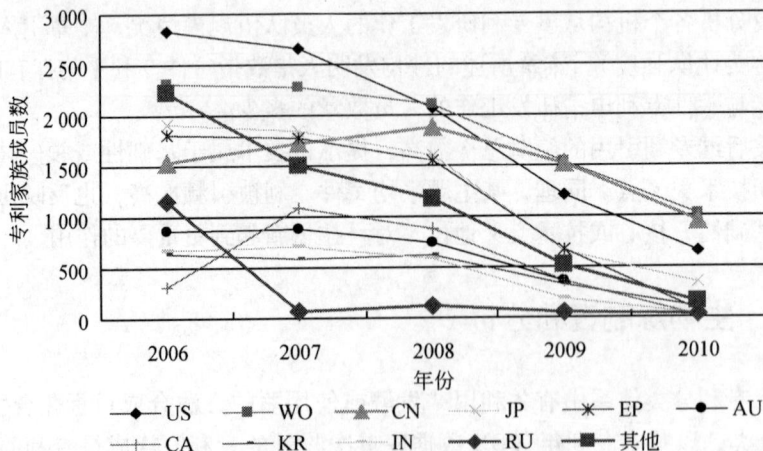

(a) 各专利家族成员国专利家族成员数变化态势图

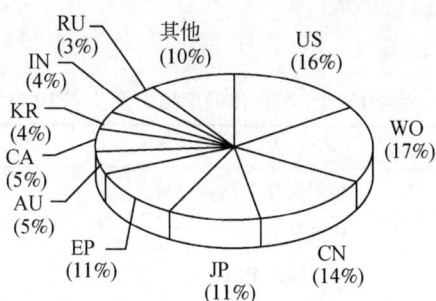

(b) 2006～2010年专利家族成员国分布图

图4-2 专利家族成员国分布图

上述数据清晰显示，美国、中国、日本和欧洲已经成为生物炼制的主要专利受理国家（或地区）。俄罗斯的生物炼制专利由2006年的1158件骤降到以后各年均在100件左右；其他国家或地区的专利数量总和在2006年尚位居第三位，低于美国和欧洲专利局，而到2009年，却被中国、日本超过。中国在2009年和2010年受理的专利数已经超过美国，与欧洲专利几乎相当。

（2）生物炼制中国专利。

表4-5 中国专利

优先权			专利权		
排名	优先权国家/组织	专利数/件	排名	专利权人	专利数/件
1	CN	7 624	1	中国科学院	294
2	WO	2 877	2	江南大学	167
3	EP	2 834	3	浙江大学	119
4	US	2 676	4	瑞士罗氏企业	101
5	JP	2 445	5	荷兰帝斯曼知识产权资产有限公司	95
6	AU	1 735	6	德国巴斯夫	83
7	IN	1 696	7	清华大学	81
8	KR	1 505	8	丹麦诺维信	63
9	CA	1 449	9	华东理工大学	57
10	MX	1 071	10	南京理工大学	52

表4-5统计数据发现，2006～2010年，有关生物炼制的中国专利7246件，优先权涉及40个国家/地区。其中，以中国为优先权国的位居首位，其他注重在中国寻求生物炼制领域专利保护的国家/地区包括欧洲、美国、日本、澳大利亚、印度、韩国、加拿大和墨西哥。专利申请数量最多的10个专利权人中有6个均来自中国，以中国科学院专利数最多，江南大学、浙江大学、清华大学、华东理工大学和南京理工大学依次减少。其他四家国外专利权人分别是瑞士罗氏企业、荷兰帝斯曼知识产权资产有限公司、德国巴斯夫和丹麦诺维信。数据表明，在中国申请保护的生物炼制专利中，中国的本土专利权人占主要

地位。

3）生物炼制专利机构分布

表 4-6　生物炼制专利合作强度指数及 TOP10 专利权人

排名	专利权人	专利数/件
1	俄罗斯 O. I. Kvasenkov	878
2	中国科学院	294
3	日本味之素株式会社	217
4	荷兰帝斯曼知识产权资产有限公司	206
5	美国杜邦	203
6	南京理工大学	181
7	江南大学	167
8	日本国际农林水产业研究中心	149
9	瑞士罗氏企业	147
10	丹麦诺维信	145

注：专利数（N）=21393，专利权人申请累计件次（ANA）=23611，专利合作强度指数（ANA/N）=1.1

2006~2010 年，有关生物炼制的 21 393 件专利分别来自 5000 多个专利权人（说明：由于美国专利法规定专利申请必须由发明人提出，再将专利权转让给所属机构，所以 DII 数据库中某些专利的专利权人包括发明人，为了准确比较机构的专利产出量及合作情况，本章不考虑专利权人为个人的情况）。若将每个专利权人所拥有的专利数求和，则得到它们累计申请专利 23 611 件，由此计算可得平均每件专利仅拥有 1.1 个专利权人。说明生物炼制领域的专利合作行为并不活跃。

从专利权人的排名来看，俄罗斯 O. I. Kvasenkov 在数量上遥遥领先，然而其专利主要集中在 2006 年，2007 年以后的专利数量则很少。中国科学院的专利数量位居第二位，另外两家进入前 10 位的中国机构是南京理工大学、江南大学，分别位居第六、七位（表 4-6）。从专利数量角度分析，数据表明了我国在生物炼制领域拥有较强的研发实力，其他机构分别来自日本、美国、荷兰、瑞士和丹麦。

4）生物炼制专利发明人分布

表 4-7 的统计数据显示，2006~2010 年，生物炼制专利件均拥有 4.15 个发明人。

表 4-7　专利团队强度指数

	2006~2010 年
专利数（N）	21 393
发明人申请累计件次（ANI）	88 699
团队强度指数（ANI/N）	4.15

5）专利主题领域分布图

生物炼制专利主题图（图 4-3）反映出，生物炼制的专利产出重点集中在疾病（特别是癌症）的治疗用化合物（Treating Disease Cancer）和进行生物炼制的发酵液体培养基

（Fermentation Liquid Culture）两大方面，其次还包括乙醇发酵、纤维素乙醇生产和水提物和胶质的抽提方法等方面。

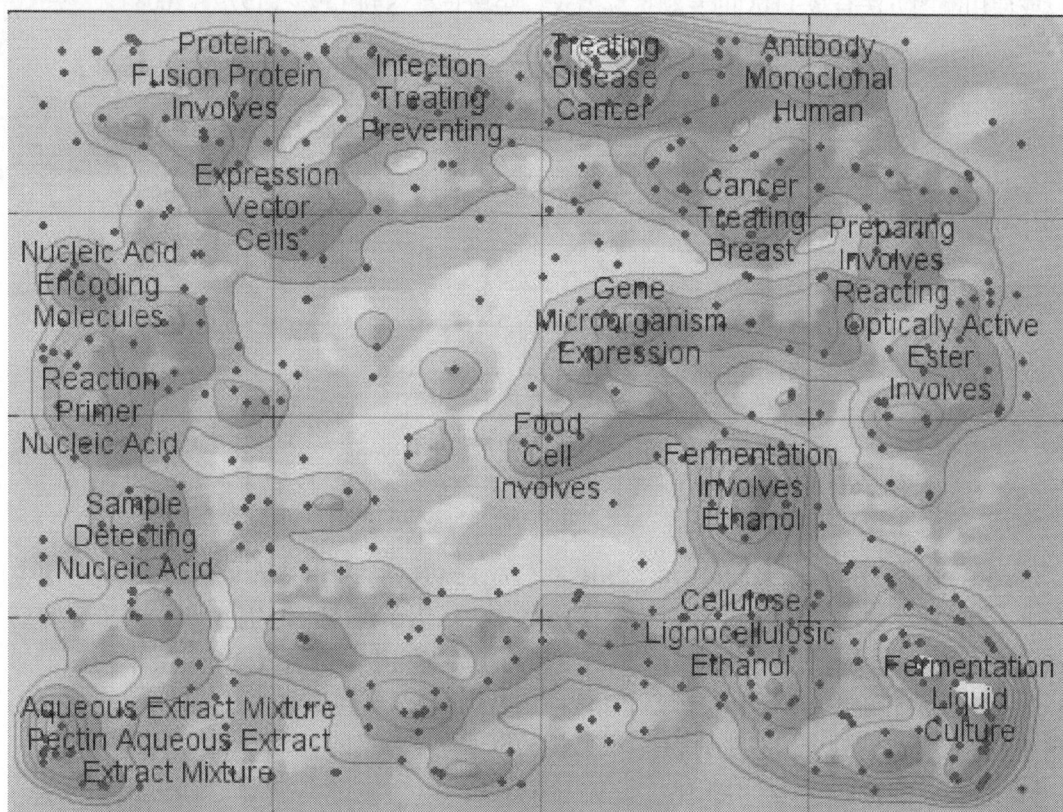

图 4-3　专利主题图（后附彩图）

4.3.2　代表性生物炼制产品的专利分析

4.3.2.1　聚羟基脂肪酸酯

PHA 是近 20 多年迅速发展起来的生物高分子材料，是很多微生物合成的一种细胞内聚酯，是一种天然的高分子生物材料。因为 PHA 具有良好的生物相容性能、生物可降解性和塑料的热加工性能，同时可作为生物医用材料和生物可降解包装材料，PHA 已经成为近年来生物材料领域最为活跃的研究热点。本节从采用发酵或使用酶的方法合成 PHA 专利申请角度分析 PHA 专利的国际发展态势。DII 检索策略：IP = C12P-007/62，数据下载日期：2010 年 12 月 15 日。

（1）PHA 专利年度发展态势。根据 DII 检索结果，1976 年以前，仅 1970 和 1974 年各有 1 件 PHA 专利，自 1976 年以后，各年均有 PHA 专利产出，截止到 2010 年 12 月 15 日，DII 专利数据库共收录采用发酵或使用酶的方法合成 PHA 的已公开专利 2130 件。图 4-4 为 1970～2008 年全球 PHA 专利申请的数量变化趋势，以 DII 收录专利的最早优先权年（DII

数据库收录的专利家族成员优先权年中的最早年份）为年度划分依据，进行统计。1970 ~ 1978 这 9 年间，专利申请数量很少，累计只有 6 件专利申请；1979 年以后，有关采用发酵或使用酶的方法合成 PHA 的专利持续增长，年增长率达到 15%（1979 ~ 2008）。

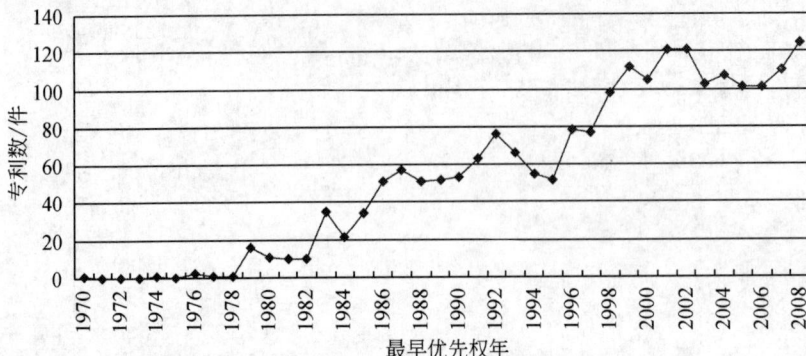

图 4-4　PHA 专利申请数量逐年变化趋势

优先权年为 2009 年、2010 年的专利申请，按照专利法有关规定，因为专利审查的原因目前尚未完全公开，因此 2009 年和 2010 年数据未列出

（2）PHA 专利国际布局。1970 ~ 2010 年，受理 PHA 专利申请数量居前 10 位的国家（地区）分别是日本、美国、欧洲、澳大利亚、德国、中国、韩国、加拿大、西班牙和巴西，前 10 个国家（地区）在 PHA 领域所受理的相关专利申请数量占全球专利申请总量的 83%。由图 4-5 可见，日本和美国是 PHA 生产技术领域的专利受理大国，两国受理的专利申请数量已分别达到全球总量的 21% 和 15%，超过全球总量的 1/3。

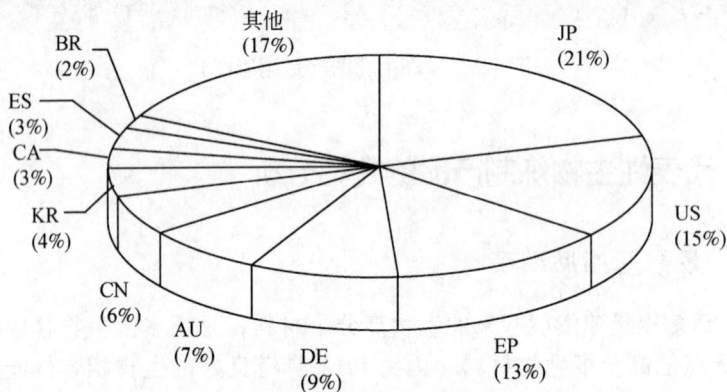

图 4-5　PHA 领域国际专利申请数量分布

可以看出日本和美国的专利受理量在各年都占据绝对的主导地位。专利受理申请数量遥遥领先于其他所有国家，而我国自 1995 年受理第一件 PHA 专利后，专利受理量稳步增长，并一举占据到全球第四的位置，占全球受理总量的 10%。

（3）PHA 专利机构分布。有关 PHA 研发的 2130 件专利申请中，专利申请量前 10 位专利权人分析结果如表 4-8 所示。TOP10 专利权人有 5 家来自日本，3 家来自美国，2 家分别来自丹麦和德国，数据表明了日本和美国公司在 PHA 领域的领先地位。这也是日本和美国在此领域专利拥有总量领先于其他各国的一个反映。

表 4-8 PHA 专利申请数前 10 位的专利权人

排序	专利权人	所属国家	专利申请数/件
1	佳能（Canon）	日本	83
2	Kaneka 公司	日本	76
3	巴斯夫（Basf）	德国	54
4	三菱化学（Mitsubishi Chem）	日本	39
5	住友化学（Sumitomo Chem）	日本	37
6	Metabolix 公司	美国	36
7	诺维信（Novozymes）	丹麦	36
8	孟山都公司（Monsanto）	美国	33
9	杜邦（Dupont）	美国	25
10	三共株式会社（Sankyo）	日本	25

从专利权人合作强度指数角度分析，2130 件 PHA 专利累计来自 980 个专利权人（不含个人），980 个专利权人累计申请 2723 件次，平均每件专利拥有 1.3 个专利权人。

（4）PHA 专利发明人分布。2130 件 PHA 专利共拥有 5193 位发明人，5193 位发明人累计申请专利 7765 件次，平均每件专利拥有 3.6 位发明人（件均发明人指数）。表 4-9 统计了 PHA 领域专利产出最多的 10 位专利权人，他们当中有 7 位来自佳能。

表 4-9 PHA 专利 TOP10 发明人统计

排名	发明人	所属公司	专利数/件
1	YANO T	佳能	55
2	HONMA T	佳能	43
3	IMAMURA T	佳能	32
4	KENMOKU T	佳能	27
5	KOZAKI S	佳能	24
6	NOMOTO T	佳能	21
7	HAUER B	巴斯夫	20
8	SUGAWA E	佳能	19
9	LEE S	永进药业	18
10	YASOHARA Y	日本 KANEKA 公司	16

（5）PHA 专利引证分析

表 4-10 列出了 PHA 专利中被引频次最高的 10 件专利。其中，有 4 件来自美国（其中有 1 件为美英共同申请）、3 件来自英国（其中有 1 件为美英共同申请）、2 件来自日本，还有两件分别来自德国和荷兰。这说明美国、英国和日本的 PHA 专利具有的高影响力，

特别值得一提的是由美国罗门哈斯公司、安捷伦和 ROHM&HAAS 公司在 1998 年联合申请的一件专利（EP950669-A），在 12 年的时间里，累计被引高达 108 次，位居第三位，成为 PHA 领域最具影响力的专利之一，值得关注。该专利公开的是一种交联的氧化聚合物，可以用于表面涂层、中间涂层和底面涂层等。

表 4-10　PHA 被引 Top 10 专利

排名	专利号（最早优先权年）	专利名称	专利权人	国家	被引频次/次
1	FR2483912-A1（1980）	Derivs. of ML-236B- which are cholesterol biosynthesis inhibitors useful in treating hypercholesterolaemia	三共株式会社	日本	223
2	US4231938-A（1979）	Lactone cpd. designated MSD803, obtd. by culturing Aspergillus-is hypocholesterolaemic and plant-protecting antifungal	默克化工	德国	203
3	EP950669-A（1998）	Crosslinking oxidative polymer used as top coats, intermediate coats, primer coats and paints	罗门哈斯公司安捷伦 ROHM&HAAS	美国	108
4	EP870837-A（1987）	Construction and modification of polyester bio: polymers-by introduction of poly- hydroxy- butyrate and- alkanoate genes into bacteria or plants	麻省理工学院	美国	88
5	EP533144-A（1991）	Copolymer e. g. polyester for wide variety of rigid to elastic plastic materials-contg. 3- hydroxy butyrate and 3- hydroxy hexanoate obtd. by culturing microorganism genus aeromonas, used for biodegradable plastic	三共株式会社	日本	87
6	EP52459-B1（1980）	High mol. wt. co-polyester (s) prepd. by fermentation-contain hydroxy: butyric acid units and units of other hydroxy acids	帝国化学工业公司	英国	85
7	EP69497-A2（1981）	Co- polyester contg. mainly 3- hydroxy- butyrate units-obtd. by culturing polyester-producing microorganism, in presence of metabolisable acid, during polyester accumulation stage	帝国化学工业公司	英国	82
8	EP807624-A（1991）	Modulation of processes mediated by retinoid receptors-by performing in presence of high affinity, high specific ligands, used e. g. for acne, wrinkling, skin cancers, leukaemia, lung cancer, etc.	萨克生物研究学院；贝勒医学院；LIGAND 制药公司	美国	77
9	WO9640968-A（1993）	Prepn. of combinatorial poly: ketide library- used for prodn. of known and novel poly: ketides which can be used as, e. g. antibiotics, antitumour agents or immunosuppressants	斯坦福大学；JOHN INNES 中心	美国英国	72
10	EP274151-A2（1986）	Prodn. of polyester (s) by fermentation- using pseudomonas oleovorans, excess carbon source and limiting quantity of at least one other nutrients	格罗宁根大学	荷兰	68

4.3.2.2 乳酸/聚乳酸 (PLA)

聚乳酸作为生物医药材料的应用早在 20 世纪 80 年代就已经开始，但是作为工业高分子材料的应用是在 90 年代中期美国的 Cargill 公司向市场提供了大量性能稳定且廉价的聚乳酸树脂之后才全面展开的。随后，许多发达国家尤其是日本在聚乳酸的应用开发方面做了大量突出的工作。本节从采用发酵或使用酶的方法合成乳酸专利申请分析乳酸专利的国际发展态势。DII 检索策略：IP = C12P-007/56，数据下载日期：2010 年 12 月 15 日。

（1）乳酸/聚乳酸专利年度发展态势。根据 DII 检索结果，从 1970 年的第一件乳酸专利至 2010 年 12 月 15 日，DII 专利数据库共收录采用发酵或使用酶的方法合成乳酸的已公开专利 666 件。图 4-6 为乳酸领域 1970~2008 年全球专利申请的数量变化趋势情况，以 DII 收录专利的最早优先权年进行统计。1970~1979 年这 10 年间，专利申请数量很少，每年维持在 1 件左右；1980 年以后，有关采用发酵或使用酶的方法合成乳酸的专利持续增长，年增长率达到 18%（1980~2008）。

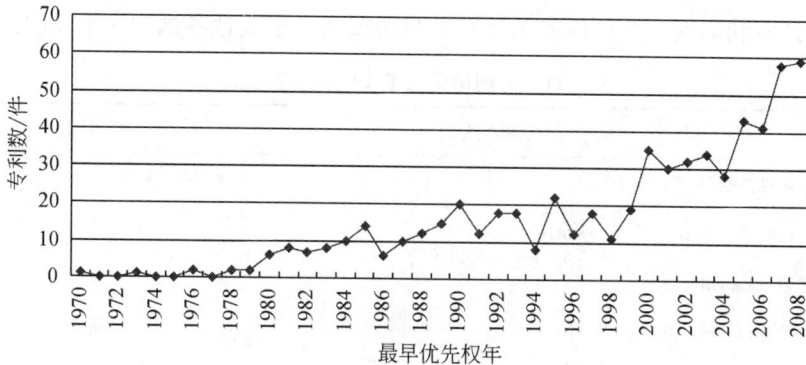

图 4-6 乳酸领域专利申请数量逐年变化趋势

优先权年为 2009 年、2010 年的专利申请，按照专利法有关规定，因为专利审查的原因
目前尚未完全公开，因此 2009 年和 2010 年数据未列出

（2）乳酸/聚乳酸专利国际布局。1970~2010 年间，受理乳酸专利申请数量居前 10 位的国家/组织分别是日本、美国、欧洲、中国、澳大利亚、德国、巴西、韩国、加拿大和西班牙，前 10 个国家在乳酸领域所受理的相关专利申请数量占全球专利申请总量的 83%。由图 4-7 可见，日本和美国是乳酸生产技术领域的专利受理大国，两国受理的专利申请数量已分别达到全球总量的 19% 和 13%。这表现出日本和美国公司在乳酸生产技术领域开展了大量的研发工作。

可以看出日本和美国的专利受理量在各年都占据绝对的主导地位。专利受理申请数量遥遥领先于其他国家，而我国在 2000 年以后专利受理量才有较大幅度的增长，并一举占据到全球第四的位置，占全球受理总量的 10%。预期，在未来的一定时间内，我国受理乳酸专利的数量将进一步提升，在全球所占份额也将增加。

（3）乳酸/聚乳酸专利机构分布。日本在聚乳酸的研发和产业化过程中的贡献也可以从专利权人数量上得以印证。在 DII 数据库的乳酸专利检索结果中，表 4-11 统计了专利申

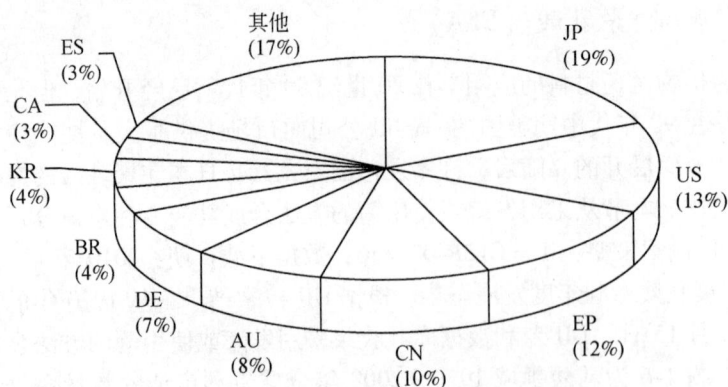

图 4-7 乳酸领域国际专利申请数量分布

请量前 10 位的专利权人。其中，TOP10 专利权人有 5 家均是日本公司，其他 3 家来自美国，2 家分别来自荷兰和德国，体现了日本和美国公司在聚乳酸领域的专利意识与研发实力。这也是日本和美国在此领域专利拥有总量遥遥领先于其他各国的一个反映。

表 4-11 专利申请数前 10 位的专利权人

排序	专利权人	所属国家	专利申请数/件
1	东丽株式会社（Toray）	日本	39
2	丰田自动车株式会社（Toyota）	日本	31
3	嘉吉（Cargill）	美国	16
4	普拉克（Purac Biochem）	荷兰	12
5	美国 Natureworks 公司	美国	11
6	日本武藏野化学研究所（Musashino Kagaku Kenkyusho KK）	日本	10
7	日本国际农林水产业研究中心（Dokuritsu Gyosei Hojin Sangyo Gijutsu So）	日本	8
8	美国阿彻丹尼尔斯米德兰公司（Archer-Daniels Midland Co）	美国	7
9	月岛机械株式会社（Tsukishima Kikai Co Ltd）	日本	7
10	巴斯夫（Basf）	德国	6

从专利权人合作强度指数角度分析，666 件乳酸专利累计来自 391 个专利权人（不含个人），391 个专利权人累计申请 730 件次，平均每件专利拥有 1.1 个专利权人。数据提示在乳酸研发领域，专利权人之间的合作现象并不显著。

（4）乳酸/聚乳酸专利发明人分布。666 件乳酸专利共拥有 1668 位发明人，1668 位发明人累计申请专利 2477 件次，平均每件专利拥有 3.7 位发明人（件均发明人指数）。表 4-12 统计了乳酸领域专利产出最多的 10 位专利权人，他们全部来自日本的两家企业——东丽株式会社和丰田自动车株式会社。

表 4-12　乳酸专利 TOP10 发明人统计

排名	发明人	所属公司	专利数/件
1	H. Sawai	东丽株式会社	33
2	K. Yamada	东丽株式会社	26
3	H. Takahashi	丰田自动车株式会社	16
4	Nobuhiro Ishida	丰田自动车株式会社	18
5	K. Sawai	东丽株式会社	16
6	A. T. Mimizuk	东丽株式会社	14
7	E. Nagamori	丰田自动车株式会社	13
8	M. Ito	东丽株式会社	8
9	S. Saito	丰田自动车株式会社	11
10	S. Minegishi	东丽株式会社	11

（5）乳酸/聚乳酸专利引证分析。表 4-13 列出了乳酸专利中被引频次最高的 10 件专利。其中，有 9 件来自美国，说明美国的乳酸专利具有非常高的影响力。特别是被引频次最高的两件专利均是来自美国嘉吉集团，且其中被引频次最高的专利最早优先权年是 1999 年，并于 2002 年公开。该专利在短短 10 年左右的时间里，就成为乳酸领域最具影响力的专利，值得关注。该专利公开的内容如下：

生产乳酸的方法，利用 crabtree-negative（CN）表型的克鲁维酵母、厌氧菌或汉森酵母，至少由一个外源基因编码的乳酸脱氢酶转化，CN 微生物在含有葡萄糖碳源的培养基中培养，先在好氧的促进细胞呼吸的环境下进行第一步培养，然后在促进乳酸生产的富含葡萄糖碳源的厌氧条件下进行第二步培养。

表 4-13　乳酸被引 TOP10 专利

排名	专利号（最早优先权年）	专利名称	专利权人	国家	被引频次/次
1	US6485947-B1（1999）	Making lactic acid by culturing Pichia having crabtree-negative phenotype and having exogenous gene encoding lactate dehydrogenase in culture medium comprising glucose under aerobic conditions and anaerobic conditions	嘉吉陶氏聚合物公司	美国	105
2	EP804607-A，等（1993）	Recovery of lactic acid from a lactate feed soln-by combining feed soln. with extract comprising water immiscible tri：alkylamine in presence of carbon di：oxide to form aq. and organic phase contg. lactic acid	嘉吉	美国	47
3	US4771001-A（1984）	Lactic acid prodn. with reduced lactose content-by fermentation of microorganism, e. g. Lactobacillus casei, in closed vessel with continuous removal of prod	Neurex 公司	美国	39
4	EP690931-A，等（1993）	Prodn of sugars from cellulose and hemicellulose-by decrystallisation with acid and hydrolysis and sepn of sugars from the liquids obtd	Arkenol 公司	美国	33

排名	专利号（最早优先权年）	专利名称	专利权人	国家	被引频次/次
5	US4698303-A（1984）	Fermentation of pre-treated whey compsn. -to produce lactic acid	Engenics 公司	美国	32
6	EP512021-A（1990）	Production of lactate ester from ammonium lactate-obtd. by fermentation，comprises reaction with alcohol and carbon di：oxide catalyst	巴特尔纪念研究所	美国	28
7	EP1023258-A（1997）	Production of lactic acid products from mixture of free lactic acid and dissolved lactate salt	嘉吉	美国	27
8	EP443543-A（1990）	New Streptococcus salivarius ssp. thermophilus strains-producing new antibacterial substance，useful in fermented milk starters	雪印乳业	日本	27
9	EP1012298-A（1997）	Yeast strain transformed with lactic dehydrogenase gene	史丹利公司泰莱公司	美国	26
10	AU9661031-A（1995）	Recovery and purificn. of organic acids from a feed produced esp. by fermentation-in which electrodialysis is preceded by nano-filtration，chelation or both	Chronopol 公司	美国	26

4.3.2.3 生物丁醇

丁醇可通过化工合成和微生物发酵两种方法生产。化工合成法以石油为原料，投资较大，技术设备要求较高，而微生物发酵法可利用农副产品为原料，工艺设备要求较低，原料相对廉价，来源广泛，设备投资较小。本节从采用发酵或使用酶的方法合成丁醇专利申请分析丁醇专利的国际发展态势。DII 检索策略：IP = C12P-007/16，数据下载日期：2010年12月15日。

（1）生物丁醇专利年度发展态势。根据 DII 检索结果，从 1979 年的第一件采用发酵或使用酶的方法合成生物丁醇专利申请至 2010 年 12 月 15 日（最早优先权年），DII 专利数据库共收录生物丁醇的已公开专利 362 件。生物丁醇专利申请数变化趋势图（图 4-8）反映出，有关采用发酵或使用酶的方法合成丁醇的最早专利产生于 1979 年，但是在 2005 年之前的 27 年里，各年的专利数量均未超过 10 件。然而，从 2006 年开始生物丁醇专利产出在数量上呈现出逐年迅增的态势，年均增长率达到 87%，仅 2006~2008 三年的生物丁醇专利量就是 2005 年以前 27 年专利数总和的 2.3 倍。可见，从 2006 年开始，随着国际社会对先进工业生物技术重视度的逐步提高，多国政府机构和国际组织纷纷出台政策规划等推动工业生物技术的发展，许多公司企业也纷纷开始对生物炼制产生了极大的兴趣和投资热情，生物丁醇产业作为生物基产品产业开发的领跑者，迅速迎来了生物丁醇的研发热潮。

（2）生物丁醇专利国际布局。1979~2010 年，受理生物丁醇专利申请数量居前 10 位的国家（地区）分别是美国、欧洲、中国、日本、澳大利亚、加拿大、韩国、德国、印度和墨西哥，前 10 个国家在生物丁醇领域所受理的相关专利申请数量占全球专利申请总量的 88%（图 4-9）。

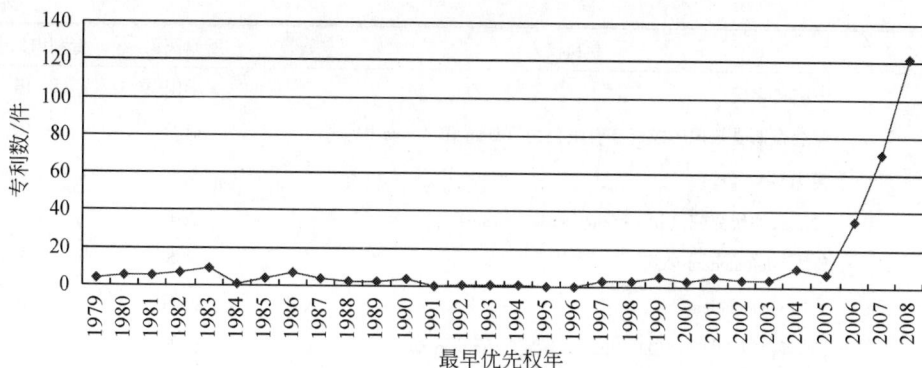

图 4-8　生物丁醇领域专利申请数量逐年变化趋势

优先权年为 2009 年、2010 年的专利申请，按照专利法有关规定，因为专利审查的原因目前尚未完全公开，
因此 2009 年和 2010 年数据未列出

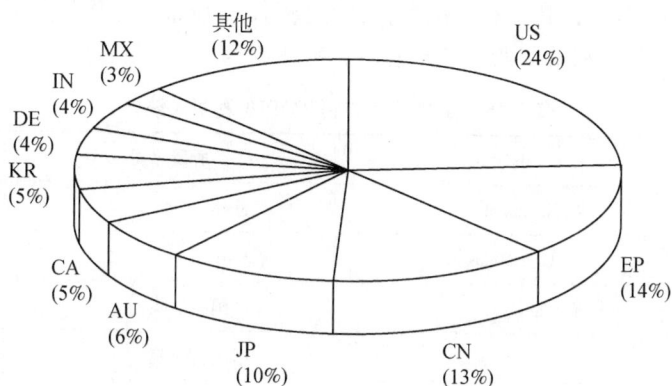

图 4-9　生物丁醇领域国际专利申请数量分布

（3）生物丁醇专利机构分布。362 件生物丁醇专利共拥有 180 个专利权人（不含专利权人为个人的情况），180 个专利权人累计申请专利 369 件次，平均每件专利仅拥有 1.02 个专利权人（专利合作强度指数），说明在生物丁醇研发领域，专利研发合作或技术转移活跃度极低。表 4-14 列举了专利申请数最多的 10 个专利权人，其中有 4 家来自美国，其他 6 家分别来自中国、荷兰、法国、日本、韩国和新西兰。美国杜邦公司的生物丁醇专利数最多，中国科学院位居第三位。数据提示，在作为生物基产品产业开发的领跑者——生物丁醇的研发方面，各国科研机构和研发企业均给予了高度的热情，并充分利用自身的研发基础，开展技术创新活动，进而在多个国家均涌现出领军性机构或企业，并在国家竞争体系中占据一定优势地位。

表 4-14　专利申请数前 10 位的专利权人

排序	专利权人	所属国家	专利申请数/件
1	杜邦（Du Pont）	美国	36
2	Butamax 先进生物燃料公司（Butamax Advanced Biofuels Llc）	美国	20

排序	专利权人	所属国家	专利申请数/件
3	中国科学院	中国	16
4	荷兰帝斯曼知识产权资产有限公司（Dsm IP Assets BV）	荷兰	10
5	美国 Gevo 公司	美国	9
6	法国石油研究院（Inst Francais Du Petrole）	法国	9
7	日本 Biofuelchem 公司	日本	5
8	美国 Genomatica 公司	美国	5
9	韩国科学技术院（Korea Inst Sci & Technology）	韩国	5
10	新西兰 Lanzatech 公司	新西兰	5

（4）生物丁醇专利发明人分布。362 件生物丁醇专利总计拥有 916 位发明人，916 位发明人累计申请专利 1422 件次，平均每件专利拥有 3.9 位发明人。专利数量产出最多的前 10 位发明人见表 4-15，其中有 6 位来自杜邦公司，2 位来自中国科学院，其他两位分别来自美国的 GEVO 公司和俄罗斯 PROF 公司。

表 4-15　生物丁醇专利 TOP10 发明人统计

排名	发明人	所属公司	专利数/件
1	V. Nagarajan	杜邦	15
2	M. G. Bramucci	杜邦	12
3	S. Wang	中国科学院	10
4	Y. Li	中国科学院	10
5	G. K. Donaldson	杜邦	8
6	D. Flint	杜邦	8
7	P. Meinhold	美国 GEVO 公司	8
8	E. R. Davidov	俄罗斯 PROF 公司	7
9	C. E. Nakamura	杜邦	7
10	L. A. Maggio-Hall	杜邦	7

（5）生物丁醇专利引证分析。表 4-16 列出了生物丁醇专利中被引频次最高的 10 件专利，其中有 4 件来自美国，3 件来自日本，其他 3 件分别来自德国、法国和加拿大。数据说明美国和日本在生物丁醇领域拥有较高的影响力。其中，特别值得关注的是杜邦公司，4 件被引频次最高的美国专利有 3 件均是来自杜邦公司，且这 3 件专利的最早优先权年是 2005 年和 2006 年，在短短四五年时间里，成为生物丁醇领域最具影响力的专利，值得关注。杜邦公开被引较高的专利主要涉及的主题是有关至少包含一种催化底物转化成丁醇的 DNA 分子的重组细胞的研究。

表 4-16　生物丁醇被引 TOP10 专利分析

排名	专利号（最早优先权年）	专利名称	专利权人	国家	被引频次/次
1	EP645453-A (1993)	New alcohol dehydrogenase enzyme-used for the prodn. of ketone（s），aldehyde（s）or alcohol（s），partic. optically active alcohol（s）	大赛璐	日本	27
2	WO2007041269-A2（2005）	New recombinant microbial host cell comprising at least one DNA molecule encoding a polypeptide that catalyzes a substrate to product conversion，useful in producing 1-butanol	杜邦	美国	22
3	US4517298-A (1981)	Fuel-grade alcohol produced continuously from biomass-fermentation via solvent extn. from aq. liquor with much reduced energy consumption	佐治亚技术开发公司	美国	19
4	WO9953071-A (1998)	Preparation of recombinant isoprenoid compounds useful for treatment of heart diseases，osteoporosis and hemostatis，preventing cancer and immunopotentiation	协和发酵工业株式会社 三共株式会社	日本	18
5	US2007092957-A1（2005）	New recombinant microbial host cell comprising a DNA molecule encoding a polypeptide that catalyzes a substrate to product conversion，useful in producing isobutanol	BUTAMAX 先进生物燃料公司杜邦	美国	16
6	EP1275728-A1 (2001)	Manufacturing polyhydroxyalkanoate-containing structure useful as toner for electrophotography，by immobilizing polyhydroxyalkanoate synthase on base material and synthesizing polyhydroxyalkanoate on base material	佳能	日本	15
7	FR2553292-A1 (1983)	Fermented juice treatment by reverse osmosis-by passing through semi-permeable membrane under pressure to obtain retention material having desired concn. of organic substances	INST NAT RECH CHIM APPLIQUEE	法国	15
8	US2007259410-A1（2006）	New recombinant microbial host cell comprising DNA molecule encoding a polypeptide that catalyzes a substrate to product conversion，useful for fermentative production of four carbon alcohols	杜邦	美国	14
9	EP32659-A1 (1980)	Fungicide intermediate optically active 3-phenyl-2-methyl derivs. -of propionic acid，1-propanol or 1-propanal，prepd. by microbiological hydrogenation of 3-phenyl-2-propene cpds.	巴斯夫	德国	14
10	CA1212061-A (1983)	Fungal halo：peroxidase enzymes-produced from a dematiaceous hyphomycete fungus and used to catalyse halogenation	CETUS 公司	加拿大	12

4.3.2.4　丁二酸

本节从采用发酵或使用酶的方法合成丁二酸专利申请分析丁二酸专利的国际发展态势。DII 检索策略：IP ＝（C12P-007/40 OR C12P-007/44 OR C12P-007/46）AND TS ＝

("succinic acid *" OR "butanedioic acid *" OR "Butane diacid *" OR "ethylene dicar-boxylic acid *")。数据下载日期：2011 年 1 月 27 日。

（1）丁二酸专利年度发展态势。根据 DII 检索结果，从 1971 年的第一件采用发酵或使用酶的方法合成丁二酸专利申请至 2011 年 1 月 27 日，DII 专利数据库共收录丁二酸的已公开专利 267 件。丁二酸专利申请数变化趋势图（图 4-10）反映出，有关采用发酵或使用酶的方法合成丁二酸的最早专利产生于 1971 年。但是在 2002 年以前，各年的专利数量均不超过 10 件，有的年份甚至没有专利产出。直到 2004 年开始，各年专利数才迅速增加。可见，近几年许多机构开始对采用发酵或使用酶的方法合成丁二酸产生了极大的兴趣和投资热情，关注度持续提高。

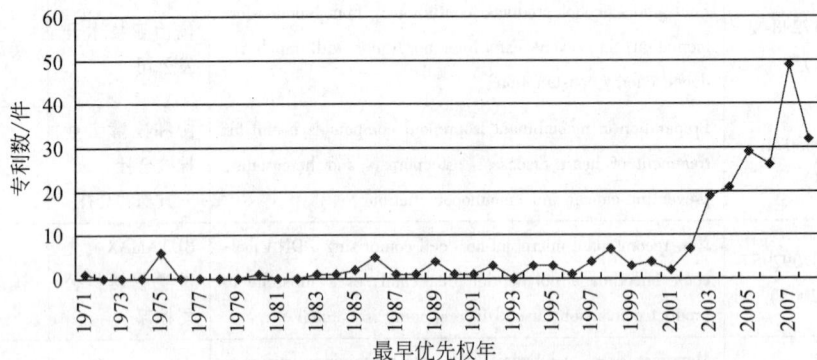

图 4-10　丁二酸领域专利申请数量逐年变化趋势

优先权年为 2009 年、2010 年的专利申请，按照专利法有关规定，因为专利审查的原因
目前尚未完全公开，因此 2009 年和 2010 年数据未列出。

（2）丁二酸专利国际布局。1971～2010 年，受理丁二酸专利申请数量居前 10 位的国家（地区）分别是日本、中国、美国、EP、韩国、澳大利亚、德国、巴西、加拿大和印度，前 10 个国家在丁二酸领域所受理的相关专利申请数量占全球专利申请总量的 92%（图 4-11）。

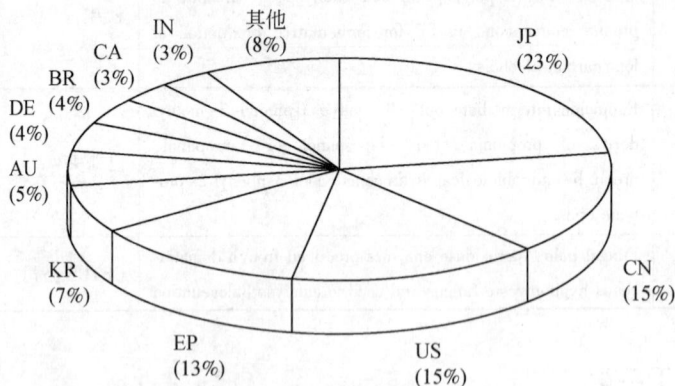

图 4-11　丁二酸领域国际专利申请数量分布

（3）丁二酸专利机构分布。267 件丁二酸专利共拥有 110 个专利权人（不含专利权人为个人的情况），110 个专利权人累计申请专利 324 件次，平均每件专利仅拥有 1.21 个专利权人（专利合作强度指数），说明在丁二酸研发领域，专利研发合作或技术转移活动高于生物丁醇和乳酸。表 4-17 列举了专利申请数最多的 10 个专利权人。其中，来自日本和中国的各 3 家，韩国 2 家，另外 2 家分别来自荷兰和美国。

表 4-17 丁二酸专利申请数前 10 位的专利权人

排序	专利权人	所属国家	专利申请数/件
1	三菱化学（Mitsubishi Chem）	日本	40
2	味之素（Ajinomoto）	日本	29
3	韩国科学技术研究院（Kist）	韩国	19
4	帝斯曼知识产权管理有限公司（Dsm IP Assets）	荷兰	11
5	晓星（Hyosung）	韩国	11
6	密歇根生物技术研究所（Michigan Biotechnology Inst）	美国	9
7	东丽（Toray）	日本	9
8	江南大学	中国	9
9	南京理工大学	中国	8
10	中国科学院	中国	6

（4）丁二酸专利发明人分布。267 件丁二酸专利总计拥有 705 位发明人，705 位发明人累计申请专利 1232 件次，平均每件专利拥有 4.6 位发明人。专利数量产出最多的前 10 位发明人见表 4-18，除了有两名发明人来自韩国、一名来自中国外，其他 7 位均来自日本。

表 4-18 丁二酸专利 TOP10 发明人统计

排名	发明人	所属公司	专利数/件
1	S. Y. Lee	韩国科学技术研究院	17
2	M. Murase	三菱化学	13
3	K. Yamagish	三菱化学	12
4	R. Aoyama	三菱化学	11
5	Z. Sun	江南大学	11
6	H. Yukawa	日本地球环境产业技术研究所	10
7	K. Fukui	味之素	9
8	A. Sakamoto	三菱化学/味之素	9
9	H. Sawai	东丽	9
10	H. Song	韩国科学技术研究院	9

（5）丁二酸专利引证分析。表 4-19 列出了丁二酸专利中被引频次最高的 10 件专利。其中，8 件来自美国，2 件来自日本。数据说明美国和日本在丁二酸领域研究的高

影响力。其中，特别值得关注的是美国的密歇根生物技术研究所，被引频次最高的 10 件专利有 5 件均是来自该研究所，其他影响力较高的机构还包括美国芝加哥大学和日本三菱化学。

表 4-19　丁二酸被引 TOP10 专利分析

排名	专利号（最早优先权年）	专利名称	专利权人	国家	被引频次/次
1	EP389103- A1（1986）	Succinic acid prodn. and purification-by growing an organism capable of producing succinate salt on a suitable substrate and nutrient	密歇根生物技术研究所	美国	40
2	WO9716528-A（1995）	Mutant bacteria with increased succinic acid production-are derived from a parent lacking genes for pyruvate formate lyase and lactate dehydrogenase, useful for generating chemical precursors	芝加哥大学	美国	32
3	EP410728-A（1989）	Purificn. by water-splitting electrodialysis of carboxylic acid-for crystallising succinic acid in presence of acetic acid	密歇根生物技术研究所	美国	30
4	EP405707-A（1986）	Microbial prodn. of succinic acid-with addn. of calcium ion to ppte. calcium succinate and reaction with sulphuric acid	密歇根生物技术研究所	美国	29
5	EP249773-A（1986）	Microbiological prepn. of succinic acid-by anaerobic culture of anaerobiospirillum succiniproducens in aq. medium contg. carbon di: oxide	密歇根生物技术研究所 精细化工国际公司	美国	26
6	US2006046288-A1（2004）	New genetically engineered bacterial strain with reduced activity of lactate and alcohol dehydrogenases or proteins e. g., citrate synthase, useful in producing carboxylic acids or succinic acid in an anaerobic bacterial culture	莱斯大学	美国	19
7	WO2005021770-A1（2003）	Producing succinic acid, by reacting modified bacteria or its processed material having increased fumaric acid reductase activity, with organic raw material in reaction liquid having carbon dioxide, and extracting succinic acid	三菱化学 味之素	日本	18
8	US5504004-A（1994）	New succinate-producing bacterium 130Z-useful for fermentative prodn. of succinic acid used in foods, cosmetics and pharmaceuticals	密歇根生物技术研究所	美国	18
9	JP11113588-A（1997）	Enzymatic synthesis of carboxylic acids e. g. lactic or acetic acid-involves using aerobic coryneform bacteria on organic solution containing carbonate (s), bi: carbonate (s) or carbon di: oxide	三菱化学	日本	17
10	WO9833930-A（1995）	Production of carboxylic acids-comprising inoculating medium having carbon source with carboxylic acid-producing organism having biomass	美国洛克希德马丁公司、芝加哥大学、BATTELLE 公司、美国阿尔贡国家实验室	美国	17

4.4 国际生物炼制领域主要技术和代表性产品的研究进展

大自然每年产生 1600 多亿吨的生物质，是人类取之不尽的资源。在各种可再生资源中，生物质资源是最稳定、最高效同时也最环保的一种资源。因为生物质的生产过程是一个环境净化的过程，可以吸收空气中的二氧化碳，吸收有机污染。所以，世界科学界都把生物质资源作为重要的替代资源。中国科学院院长路甬祥院士指出，真正生物时代的到来不仅有赖于生物对农业和医药的推动，而且更有赖于对生物技术在开拓未来可再生能源和可再生资源方面所起的作用。也就是说，未来的人类可能要重新回归到新的阶段，主要能源和资源来源于的自然界，来源于生物过程。而生物炼制强调的就是以植物或更复杂的生物质作为原料进行工业处理的工艺。

与石油类似，生物质也具有复杂的组分。它先要被分离成某些合适的组分，随后再对这些不同的组分进行处理，从而生产出整个产品系。生物质经过预处理的基本产品包括碳水化合物、木质素、蛋白质、脂肪以及各类其他物质，如维生素、染料、香料、不同化学结构的香精等。生物合成的生物质中大部分为碳水化合物，主要为纤维素、淀粉和蔗糖等；小部分为木质素；仅有 5% 为其他天然物质。因此，需要集中精力开发有效获得碳水化合物以及如何将其转化为化学品和相关终产品的工艺。目前，从技术层面上讲，用于分离或后续处理这些基本成分的可行性操作技术仍处于发展的初级阶段。从生物质到终产品的整个工艺流程涉及主要技术包括生物质提炼或预处理；热化学法转化（气化、高温分解、HTU）；发酵与生物转化；产品的分离与浓缩。本章主要介绍发酵与生物催化与转化的技术研发进展。

4.4.1 发酵与生物催化

4.4.1.1 生物催化存在的问题

随着对催化反应过程环境友好的要求，大规模化学工艺研究日臻成熟。然而大多数化学工艺都是在高温高压下进行；化学工艺尤其是精细化工和专用化学品，不仅产量低、合成步骤多，而且效率低、环境危害大。在该领域，传统的有机合成比催化工艺更普遍。这导致大量的废物排放以及能量浪费。生物催化工艺通常在温和的条件下进行，而且生物催化剂、底物、中间体以及副产物、产物本身都是生物可降解的，并通常以水为溶剂。

但同时也常常存在许多问题，表 4-20 列出了基于生物技术工艺的常见问题以及可能的解决方法。化工产品中有一些适合化学工艺，而还有一些则适合利用生物技术合成，如手性化合物、某些维生素和氨基酸、多功能底物（如糖）的高选择性转化等。其中，有很多化合物是通过酶蛋白作为催化剂专门合成的，如脂肪酶、淀粉酶、蛋白酶以及许多具有应用潜力的纤维素酶等。为了建立基于生化反应的大规模生产工艺，首先必须实现建立多种有效的方法保持生物反应器中催化剂（如酶）的活力。通过生长、休止或死亡细胞或酶蛋白等催化剂的固定化可减缓催化剂的失活。

表 4-20　基于生物技术工艺的常见问题和可能的解决方法

常见问题	解决方法
缺少合适的生物催化剂	细胞筛选、菌株优化、诱变/选择、代谢途径设计
产率低	高密度发酵、细胞循环使用、固定化
底物昂贵	细胞筛选、底物筛选
无法利用廉价底物	基于工程、代谢途径设计
不利的副产物、产物浓度低	菌株优化、诱变/选择
产物回收	原位分离过程
过程控制	在线分析

4.4.1.2　发酵与生物催化过程的力学模型

杨胜利院士指出，目前整个生物炼制的技术平台需要经历酶、分子机器、细胞工厂、过程工程和系统工程等一系列阶段。在分子生物学和分子机器方面研究人员已做了大量工作，也已广泛应用于各类工艺。系统生物学和合成生物学要求合成细胞工厂，就需要将计算生物学也整合到整个工作平台中，最终提供简单生物体的数学模型。从某种意义上说，这个数学模型也是合成生物学中最为关键的。

近年来，人们对发酵和生物催化过程的力学模型研究产生了新的兴趣。其最大的驱动力来自制药工业。其中，以过程分析技术（process analytical technology，PAT）在该领域应用中最具代表性。此外，必须强调力学模型不仅适用于制药工业，其在发酵和生物催化过程的应用也极为重要。发酵和生物催化过程的力学模型是根据质量、温度和动量平衡等指标，辅以适当的力学数学公式而建立。与经验模型不同，力学模型的推断能力更强。

（1）力学建模方法。目前，最常用的建模方法是通用模型（unsegregated model）。其中，非结构模型（unstructured model）最为简单，仅用一个变量来描述生物质。基于通用结构模型再形成一个重要的组，用于描述含有多个变量（如 NADH、前体、代谢物、ATP和生物质等）的生物质。

（2）模型的复杂性与适用性。非结构模型因方法简单，适用于描述生长动力学，所以可直接用于过程设计。事实上，最近建立的发酵模型大多是采用该模型来描述生长情况、底物消耗和代谢物产量等。

（3）建模成本。力学模型最常被提到的缺点之一是在建模过程中过量地消耗时间和资源。

作为用于下一代发酵和生物催化过程的当前最先进的力学模型，其发展机遇和挑战并存。

（1）模型日益复杂。计算能力的增强无疑为建模带来了极大的发展机会，为人们建立更加复杂的模型提供了可能。以一个指定单元操作为例，可通过两种途径增加力学模型的复杂性：①为指定单元操作模型增加更多的详细内容；②为工艺模型增加新的单元操作。

前者有助于增加模型的精确性和预测能力，在实际工作中，可以利用结构化模型代替非结构化模型，或把通用模型转化为非通用模型以实现对更多详细内容的计算。同时，可以采用计算流体动力学技术（CFD）为大反应器中反应物的空间分布进行建模。两个决定性因素包括：①工业部门正关注实现产量的最大化，CFD 有助于实现该目标；②商业的开源软件包支持 CFD 模型的顺利发展和执行。

后者将更多地被用于全厂规模的工艺模型中，如同时包含发酵和下游过程的模型。PAT 的发展与连续处理的趋势将进一步促进这些模型的发展。

全厂模型的第一个优势是可以考虑不同单元操作之间的相互作用，这对比较不同控制策略来说至关重要。第二个优势来自化学品制造工厂，只有集中于对整个过程的考虑才能实现操作效率的最大化，而不是仅考虑个别单元。在生物过程中也一样，上游与下游之间存在紧密的关联。为此，在设计全厂模型时，常通过与独立单元操作的模块进行连接，以模块形式进行设计。

（2）细胞异质性的建模。在建立力学模型中如果考虑单一细胞群体的异质性，则模型的复杂性增加。可以采用群体平衡模型（PBM）和细胞整体建模的方法来描述这种异质性。二者的区别在于，PBM 可以描述无限数量细胞的分布，但仅能有一个或两个变量；而细胞整体建模仅可以描述有限的细胞，但可以用于大量的变量。未来的发展方向将包括通过联合 CFD 和 PBM 或细胞整体建模而整合空间和群体异质性的建模。

采用多维 PBM 还可以进一步增加模型的复杂程度，通常期望 CFD 与 PBM 的组合将更多地被用于发酵和生物催化研究。然而，必须强调的一点是，与标准 CFD 模型相比，这些模型变得更加复杂，计算时间增长。尽管如此，从长远观点来看，这些详细的模型将被用于更加高效的生物反应器操作中。

（3）不确定条件下的多目标决策。制药工业越来越多地使用力学模型，然而，对替代路径的决策和选择并非易事，经常要考虑多个竞争性的标准，如生产过程的技术、环境、安全性、合法性和经济性等因素。此外，还要考虑决策过程中有关技术、商业和法律的不确定因素的影响。

（4）改进产物选择性的建模。药物具备更高的选择性是制药工业的发展方向，进而要求药物拥有更加复杂的结构，所以拥有多个官能团和手性中心的蛋白和小分子药物早已司空见惯。药物分子复杂性的增加意味着未来需要对生物技术进行更强的调控。

因此，当前所面临的一个主要挑战是设计一个能完全开发酶的选择性的方法，目前有许多至少包含一步生物基步骤的方法，但是开发 PAT 尚需进一步的发展。需要有效地构建在非自然条件下、针对非天然底物的可以描述发酵、全细胞催化和酶动力学的力学模型。此方面的研究还需要更加详细和复杂的模型（Gernaey et al.，2010）。

4.4.2 代表性产品的研发进展

如同石油化工炼制行业一样，生物炼制工艺和产品是适应社会发展的需求而发展起来的。尽管首次提出生物炼制的概念是针对燃料和能源生产，但随着生物炼制的生产规模不断扩大，生物炼制也会包含工业原料生产类似石油化工炼制产品的其他行业。随着近年来生物技术的发展，很多石油化工炼制产品都可以利用可再生性原料通过生物炼制的工艺来生产。本章以聚乳酸、丁醇和丁二酸为例对生物基材料、生物能源和生物基化学品的研发进展进行了概述。

4.4.2.1 聚乳酸

随着世界各国对环境保护的日益关注，可降解塑料成为各国研究的主要课题，生物降解塑料作为可降解塑料发展的主要方向，受到欧、美、日等发达国家和地区的青睐。各国和地区纷纷投入大量的资金进行相关的研发活动，并积极推进其产业化进程。

目前，欧洲的超市已开始大量推广使用淀粉基系列和聚乳酸系列的生物可降解购物袋及食品包装袋，每年消费量可达 260 亿个，意大利利用玉米淀粉生产生物可降解塑料生产能力达 3.5 万吨/年；美国已有 50 多家公司生产可降解塑料，其产品已广泛应用于食品包装领域；东欧生物降解包装也保持较高增长率；中国、日本、泰国等亚洲国家也出现了许多公司生产可降解塑料包装，每年产量也都在万吨级以上。下面以聚乳酸为例介绍其近年来的研究进展。

一般来说，目前聚乳酸研究主要包含以下三个方面：一是高纯度乳酸的制备；二是高分子量的聚乳酸的合成；三是改进聚乳酸晶体结构改善材料特性，进行聚乳酸材料的应用开发。

（1）高纯度乳酸的制备。乳酸（Lactic Acid, LA）又名二羟基丙酸，是一种能够由可再生碳水化合物转化而来的重要平台化合物。乳酸及其乳酸盐，在化工、医药和食品加工等各行各业有着广泛的用途。作为一种传统的多用途精细化学品，乳酸可作为酸味剂、芳香剂、防腐剂、植物生长调节剂，可用于制造生物可降解性材料、药物和农药等，广泛应用于食品、制药、酿造、制革、纺织、环保和农业中。乳酸最重要、最大宗的工业应用，是用于生产可降解聚合物——聚乳酸。光学纯乳酸，尤其是高光学纯 L-乳酸是聚乳酸合成的主要单体。但是，纯的聚 L-乳酸（PLLA）性能不稳定，加入适当比例的聚 D-乳酸可以提高聚乳酸的性能，因此，光学纯 L-乳酸和 D-乳酸具有广泛的应用前途。

NatureWorks 公司是以玉米淀粉为原料生产聚乳酸的，而丰田汽车公司曾经提出要建立以马铃薯淀粉为原料的聚乳酸生产装置。以玉米等粮食为原料生产工业产品，如果不能科学管理和规划，容易造成盲目发展，不仅不利于农业结构调整，而且不利于玉米加工产业的健康发展，并有可能造成粮食价格上涨，引发国家粮食安全问题。因此，发展非粮食原料制备乳酸进而合成聚乳酸的技术路线非常重要，具有现实意义。

最近，人们开始了使用粮食以外的原料生产乳酸的研究。一种是有机资源循环法，即用家庭排出的有机垃圾为原料，利用有机垃圾中含有的糖质进过发酵制备乳酸，继而聚合为聚乳酸。另一种是生化方法，即利用植物的根茎叶等农业收割废弃物、伐木废屑等林业废弃物为原料，经过酸解或用纤维素酶分解转化为葡萄糖，发酵成乳酸，进一步合成聚乳酸。

通过酶合成乳酸而不用发酵方法的生物技术也正在探索中。

聚乳酸生产成本高的主要原因在于，从葡萄糖制备高纯度 L-乳酸的过程。为此，为了提高发酵效率，目前科研人员正在研究包括转基因等生物技术在内的酶和菌种的开发，酸生产原料的拓展即廉价底物的利用，乳酸发酵和新型提取纯化工艺研究等。

（2）高分子量聚乳酸的合成。乳酸合成高分子量聚乳酸的主要方法是直接聚合法和开环聚合法。

直接聚合法制备高分子量聚乳酸的方法最早有日本三井化学公司开发成功。开环聚合法是目前 NatureWorks 公司生产聚乳酸采用的方法，丰田汽车公司承接了原岛津制作所聚乳酸的业务，也是采用该方法。

人们还在积极尝试其他方法以合成高分子量聚乳酸。较为有效的是先聚合得到低分子量聚乳酸，然后通过固相缩聚技术或再挤出机等设备中进行熔融扩链技术提高聚乳酸的分子量。

（3）聚乳酸的应用开发。聚乳酸的最大特征在于它是唯一透明的可生物降解聚合物，已经应用在制造各种透明包装容器、包装膜以及日用品等领域。室温下，聚乳酸呈玻璃态，在生物降解高分子中刚性最高，但是其耐热性和韧性差，热变形温度低。因此，为了扩大聚乳酸的应用领域，必须对其进行各种改性。主要改善的性能包括耐热性、韧性/柔软性、耐水解性、刚性、阻燃性、阻隔性等。

①耐热性。耐热性差是生物降解高分子材料共有的缺点。在分子中引入高刚性链段（与工程塑料、液晶高分子设计思路相同）、提高结晶度或抑制分子链的热运动等，可以提高聚乳酸的耐热性。日本尤尼吉卡公司开发的聚乳酸/Clay 纳米复合材料中，由于 Clay 纳米片层显著促进取向结晶以及固定分子链运动的双重作用，显著地提高了聚乳酸的耐热性，耐热温度高达 130℃以上，由此制备的耐热食品容器可以经受微波炉加热、洗碗机多次洗刷而不变形。

②韧性/柔软性。利用与高抗冲聚苯乙烯（HIPS）相同的增韧机制，可以完全解决聚乳酸的增韧问题。例如，聚乳酸/PBS 共混，能够使聚乳酸的 Izod 缺口冲击强度提高 1.4 ~ 1.8 倍。其技术关键是相容性问题的解决。日本开发了专门用来改善聚乳酸韧性和柔软性的树脂系列，商品名为"PLAMATE"，可以在保持聚乳酸透明度不受损失的同时大幅提高聚乳酸的韧性和柔软性。

③增加强度。玻璃纤维增强是提高高分子强度的一种非常有效的手段。但是在制品废弃、再资源化过程中，由于玻璃纤维的存在，这类玻璃纤维强化高分子很难回收处理。最近诞生了一种用植物纤维增强其可生物降解高分子的新型复合材料，又成为生物分解性 FRP。其中，洋麻纤维增强的聚乳酸材料，已经作为个人电脑部件和外壳、手机外壳及汽车内饰材料实用化。特别是在汽车备用轮胎盖板开发中，将聚乳酸作为植物纤维的黏胶树脂发挥作用，成为材料改性中的新概念。

④耐水解性。耐水解性差也是生物降解高分子材料/生物基高分子材料所共有的缺点。通过分子设计对聚乳酸的酯基封端，另外通过结晶、交联技术抑制分子链运动速度，可以提高聚乳酸的耐水解性，从而保证产品质量的长久使用稳定性，有效解决了耐久性、耐热性、韧性以及阻燃性的聚乳酸材料已经在电子电器外壳方面实现了实用化。

⑤外消旋聚乳酸的开发。外消旋聚乳酸具有 230℃的高熔点，可以通过等量的聚乳酸异构体 PLLA 与 PDLA 共混或共聚技术来制备。2006 年 3 月，日本帝人化学公司－武藏野化学研究所公司宣布开发成功熔点为 210℃的高耐热透明外消旋聚乳酸材料。12 月，帝人公司宣布已经开发出熔点达到 220℃的聚乳酸材料，L- 与 D- 光学异构体实现了结晶化，两者的结晶结构比 L- 光学异构体单独结晶时更紧密，而且结晶时间短。这种高熔点材料有望

在汽车底板、挡泥板的内侧以及车门内饰等方面展开应用。

近年来，随着高分子材料科学技术的进步，对聚乳酸的突出缺点如韧性、耐热性等问题已经能够改善提高，但是还有一些关键问题有待于深入研究解决，如生物降解速度的控制，即如何通过新的分子设计技术使聚乳酸等生物降解高分子在使用期间性能稳定、不发生分解，而使用后能够在一定时间内快速分解等。总之，聚乳酸的改性仍是今后聚乳酸应用开发的重点研究领域。

4.4.2.2 丁醇

生物丁醇被看做超级可再生燃料，但在以前要想实现工业化生产还面临一定的挑战。而如今，在提高生物丁醇大规模生产的经济性方面，过程技术以及微生物工程都取得了重大进步。

事实上，从历史发展的角度分析，糖基给料发酵生产丁醇的重要地位仅次于乙醇。在两次世界大战期间，包括美国、英国、中国、俄罗斯、南非和印度在内的许多国家都拥有生物丁醇工厂。这些工厂通过利用微生物发酵糖蜜和玉米淀粉等给料生产丙酮，丙酮再被用于生产无烟火药和火箭推进剂。有趣的是，丙酮并不是这种发酵的唯一产物，主要的发酵产物是丁醇，并伴有少量乙醇。

从 20 世纪 60 年代开始，逐步增长的石油工业使以石油生产丁醇比以可再生给料生产丁醇更加便宜，从而使生物基丁醇工厂逐步荒废，最后一家位于南非生物基丁醇工厂也于 1980 年停产。但是，随着近年来石油价格的不断增长以及人们对环境和国家安全的关注，对生物丁醇的研发与兴趣又逐步提升。而且与乙醇相比，生物丁醇更具一些优势：丁醇分子含有 4 个碳，而乙醇只有 2 个，丁醇在燃烧时可以释放更多的能量；此外，丁醇的挥发性比乙醇弱，它可以在未加任何修饰的情况下 100% 地用于内燃机中；丁醇不吸水，所以可以通过现有的管道进行运输；丁醇对低温不敏感。当汽油价格进一步升高后，生物丁醇将比乙醇和汽油更加有效。

一些能源领域的知名公司似乎很赞同这一观点。2006 年，英国 BP 和美国杜邦公司合资研发先进生物燃料，一开始就瞄准了生物丁醇。2008 年春季，两家公司公布了燃料试验结果，包括：16% 的生物丁醇掺入率与 10% 的乙醇掺入率有相近的性能，同时更高的生物丁醇掺入率也能带来更理想的结果；生物丁醇的能量密度（energy density）与无铅汽油接近；在有水条件下，生物丁醇不会发生相位分离。可见，可以由可再生资源以合理的成本大量地生产生物丁醇，丁醇可以容易地用于现有交通运输工具，可以利用现有的运输管网，将给消费者带来益处。

2008 年年初，美国杜邦和英国 BP 两家公司宣布研发用于生产 1-丁醇和 2-丁醇（丁醇的异构体）的生物催化剂。其目标是到 2010 年使生物丁醇的生产成本与乙醇相当。目前，两家公司已经在生物学、发酵过程、化学和生物丁醇终端应用领域申请了 60 多项专利。

改进过程技术和发酵微生物的挑战也为学术和政府部门的研究者带来了动力。例如，USDA 的化学工程师 Qureshi 对生物丁醇的研究已经超过 20 年的时间，他重点研究可以更加有效地从发酵肉汤中提取更多丁醇的膜方法（membrane process），同时还致力于研发高效的丁醇生物反应器。在过去的几年内，他的研究具有几个不同的方向。其中，一个方向集中于优化更具经济性的给料的过程技术。这些给料包括小麦秆、大麦秆、柳枝稷和玉米秸秆。但此方向的研究并不容易。

微生物发酵生产丁醇存在固有的矛盾：尽管丁醇生产菌生产的酶可以把单糖转化成乙醇，但是丁醇自身对这种转化会产生抑制作用（"毒性"）。丁醇的抑制作用导致在发酵的肉汤中乙醇浓度偏低，进而导致丁醇产率下降，回收成本增加。这只是采用高纯度给料时表现出的挑战，当采用廉价的生物质给料时，在预处理过程还会产生额外的微生物抑制剂。

目前，针对降低丁醇"毒性"、提高产率的战略有所进步，包括在处理过程中整合一些步骤以及改良和分离微生物优势菌株。

（1）利用整合步骤提高产率。Qureshi 已经在原料、抑制剂去除和产品分离方面取得了较大的进步，其团队研发从农业残渣生产丁醇的方法包括 4 个步骤：①预处理阶段破坏细胞壁并去除木质素；②利用酶将半纤维素和纤维素水解成己糖和戊糖；③利用厌氧细菌 *Clostridium beijerinckii* P206 的纯培养物将单糖发酵生产丁醇；④回收丁醇。特别值得一提的是，后三个步骤是整合在一起的并且在一个反应器内完成，以提高该方法的经济效益。在早期试验中，改进的方法使生物丁醇产率增加了 2 倍，经多次改进后，被称为 fed-batch-feeding 的新方法进一步提高了生物丁醇的产率。

此外，Qureshi 还与华盛顿大学的环境工程师 Lars Angenent 以及其他 USDA-ARS 的研究人员合作，对提高水解步骤的经济性进行研究，主要思想是采用混合细菌培养物替代昂贵的酶。该项目获得 USDA 为其提供的 42.5 万美元资助。Angenent 实验室致力于研究未经确定的混合培养物，以期发现其功能。在与 Qureshi 的合作中，Angenent 将收集来自厌氧分解的淤泥以及羊胃中的微生物，利用这些微生物对玉米纤维进行发酵预处理生成丁酸，丁酸常见于腐臭的黄油、干奶酪和呕吐物中。这种丁酸将在 Qureshi 实验室通过 *Clostridium* 纯培养物发酵成丁醇。此外，Angenent 团队还通过调控 pH 值和温度对丁酸生产进行优化。

（2）通过大肠杆菌的遗传改良生产丁醇。来自加利福尼亚大学的化学和生物分子工程团队也报道了一种截然不同的方法。James Liao 领导的该团队在 *Nature* 杂志上发表了他们如何对人们熟知的大肠杆菌（通常不能合成丁醇）进行修饰、进而高效合成丁醇的方法。该团队能将 *E. coli* 用来生产氨基酸的一些代谢物转用于成生产丁醇的代谢途径中，为了实现这种转变，Liao 的团队向 *E. coli* 基因组内插入了两个基因，一个来自用于奶酪生产的微生物，一个来自酵母。这些基因的表达产物可以将酮酸（氨基酸生物合成途径的元件）转化成丁醇。此外，通过抑制其他基因的表达以及改变生物合成途径中的某些特定蛋白质，Liao 可以将该方法的效率提高到工业应用的水平。

这种技术非常具有发展前景，美国 Gevo 公司已获得了对 Liao 的方法的商业化独家许可。Gevo 公司与 Richard Branson、Vinod Khosla 公司联合组建了 Sun Microsystems 公司，致力于采用此类 *E. coli* 细菌解决生产丁醇的成本竞争性问题。

（3）改良梭菌的 ABE 发酵。众所周知，梭菌属某些菌种可通过丙酮－丁醇发酵（ABE 发酵）生产丁醇。但其丁醇产量低，且丁醇对微生物的生长抑制作用都迫使研究人员寻找替代途径，包括寻找溶剂耐受性强的微生物。近期，在代谢工程方面的新进展主要集中在以下两方面：丙酮丁醇梭菌（*C. acetobutylicum*）的代谢工程以及其他各种丁醇产量高和能水解生物质生产有机溶剂的梭菌菌株的分离工作。目前，一些生物技术公司利用梭菌发酵生产丁醇已取得了一定进展。例如，TetraVitae Bioscience 公司利用拜氏梭菌的一个极其稳定和强健的突变菌株提高了 ABE 发酵的效率。与野生型菌株相比，该生产型菌株可高选择性地生产丁醇，对产物的耐受性强，并能有效利用低成本的纤维素原料。该公司还将进一步降低生产成本。

（4）极端微生物直接用于丁醇生产。许多微生物在丁醇浓度高于 2% 时停止生长。但也有一些微生物能耐受 2.5%~7% 高浓度丁醇，如假单胞菌属细菌，它可通过外排泵和膜酯来除去丁醇。近日，对恶臭假单胞菌（*Pseudomonas putida*）的研究开辟了利用耐受有机溶剂的微生物生产丁醇的新领域。英国绿色生物制剂公司利用混合的多种极端微生物由生物质废弃物生产丁醇。基因改良的微生物菌株优化了发酵途径，有望实现丁醇的商业化生产（国际能源网，2010；Barnard et al.，2010）。

（5）我国生物丁醇的技术进展。北京化工大学采用先进的育种技术，利用玉米发酵法生产丙醇和丁醇获得成功。其采用自然分离、诱变、选育得到高丁醇比例菌种，可进行工业规模化连续发酵生产。

山东省科学院能源研究所已试验出生产丁醇的理想菌株，发酵效率高，提炼出来的丁醇燃料理想，引起众多国外公司的关注。

吉林省松原市的吉安生化公司与中国科学院过程工程研究所、上海生命科学院等科研机构合作，成功研发出以玉米芯或秸秆等农林废弃物中的 C5 糖作为发酵碳源生产丁醇的技术。

中国科学院过程工程研究所与吉安生化公司合作已完成"秸秆半纤维素发酵丁醇及其综合利用技术与示范"项目，建成了秸秆半纤维素发酵丁醇及多联产的中试生产线，研制出以减压蒸馏、离子交换、电渗析等为主导的秸秆半纤维素水解液精制分离新工艺，为秸秆发酵燃料丁醇工业化生产提供了一条新的技术路线（新能源汽车聚焦网，2010）。

4.4.2.3 丁二酸

丁二酸（琥珀酸）作为三羧酸循环的中间代谢产物和微生物代谢终产物存在于人体、动植物和微生物中。琥珀酸广泛应用于食品、医药和化工领域。2004 年，美国能源部公布的 12 种最具潜力的大宗化学品中，琥珀酸排第一位。

与传统化学方法相比，微生物发酵法生产琥珀酸具有诸多优点：生产成本具有竞争力；利用可再生的农业资源作为原料，避免了对石化原料的依赖；减少了化学合成工艺对环境的污染。

目前，全球已有很多琥珀酸厌氧生产方法申请了专利，包括发酵的微生物、纯化方法以及如何从细胞物质中分离和盐析等。美国密歇根生物技术协会（MBI）和阿尔贡国家实验室（ANL）在这一领域开展了广泛而深入的研究。另外，美国佐治亚大学、日本和韩国的实验室也都进行了大量研究工作。

实现琥珀酸的工业化生产之前，主要面临以下几个挑战：

（1）微生物退化。自然界中生产琥珀酸的微生物一般不能忍受高浓度酸或盐，且旺盛的新陈代谢等因素使得这些菌种不适合工业应用，而低浓度的产物增加了生产和分离成本。

（2）培养基成本高。一般来说，昂贵的酵母膏是必需的。发酵培养基中营养物的成本使总成本大大增加。

（3）副产物如乙酸盐和丙酮酸盐的产生。

（4）微生物适应的 pH 范围很窄。生产丁二酸必须为中性条件（通常为 pH5.8～7.2）因此需要利用中和反应，加入中和剂使实际得到的发酵产品并不是丁二酸而是其铵盐、钾盐或钠盐，这就使得酸化作用占了有机酸生产总成本的 30%。

从源自生物质的葡萄糖和其他糖类发酵生产丁二酸为工业化生产重要的化学品提供了有价值的平台化合物，但实现其商业化生产仍面临很多困难。首要的障碍就是必须降低发酵葡萄糖生产丁二酸的成本，包括采用低成本的营养物质（如玉米浆）来减少培养基成本，同时需要提高发酵的单位产量和开发低 pH 条件下的发酵。就催化剂而言，催化剂的寿命是必须要解决的问题，它直接决定了丁二酸和丁二酸二铵转化成重要的商业化学中间体的经济可行性。

总体来说，在培育大量用于商业化生产的丁二酸菌株的基础上，现今的研究工作主要集中于提高最终产物的浓度、微生物生产能力和产物选择性（产生更少的乙酸盐）等方面。此外，许多研究机构普遍认为，低 pH 值发酵条件下的研究工作将会取得一定进展。

4.5　展望与建议

4.5.1　利用合成生物学促进生物炼制发展

2010 年 5 月 20 日，美国的克雷格·文特尔研究所（J. Craig Venter Institute，JCVI）在 Science 杂志上发表论文，宣布创造了世界首例由人造基因组控制的细胞。该成果一经报道立即引起了科学界、哲学界的轰动，合成生物学这一新兴学科也因此再次引起了人们的高度关注。英国皇家工程院（Royal Academy of Engineering）在《合成生物学：范围、应用和意义》的报告中对合成生物学的应用及技术进行了展望，指出利用新的基于合成生物学的大规模燃料生产过程，促进更先进的生物燃料（如生物柴油和航空生物燃料）生产；美国国家科学院"Keck 未来计划"最新一轮未来计划基金将资助纽约州立大学开发能生产生物燃料的基于蛋白的细胞器合成；欧盟已启动的"合成生物学"计划中也涉及了利用合成生物学促进生物催化工艺的改进。

4.5.1.1　合成生物学的研究方向

合成生物学，顾名思义就是通过设计和构建自然界中不存在的人工生物系统，来解决能源、材料、健康和环保等问题。合成生物学的研究方法是从最基本的要素开始一步步地制成零部件直至人工生命系统。这也是这门新兴学科的核心思想。

据欧洲科学院科学咨询理事会 2010 年 12 月发布的报告称未来合成生物学在以下六个

方面仍存在发展机遇，包括：

（1）最小基因组——明确创建具备新功能的最小细胞工厂生活所需的最少零部件数量；

（2）正交设计法的生物合成——工程化设计细胞提高其遗传密码编码能力，开发新的信息存储和处理性能；

（3）调控途径——在细胞或有机体中插入熟知特性、模块化的人造途径网络赋予其新的功能；

（4）代谢工程——将创建可持续性化学产业相关的生物合成途径遗传修饰的复杂性提升到新的高度；

（5）原细胞——利用可程序化的化学设计技术以生产半合成细胞；

（6）生物纳米科学——开发分子级马达和其他组分用于执行复杂新任务的以细胞为基础的机器或非细胞装置。

4.5.1.2 利用合成生物学推动生物炼制领域的发展

2010 年 7 月，美国生物技术工业组织（BIO）发文总结了全球企业在应用合成生物学改进生物炼制工艺方面的成果，包括：

（1）生产天然可再生橡胶轮胎。异戊二烯是重要的商业化学品用于生产各种产品，包括合成橡胶等。几乎所有生物都能产生异戊二烯。目前合成橡胶完全来源于石油基原料。由杰能科公司为代表的企业正在着手进行生物基橡胶的研发，通过合成生物学技术开发高效的发酵工艺生产生物基异戊二烯单体。2010 年 3 月，杰能科与固特异公司宣布组建联合体开发从糖类生产生物异戊二烯的一体化发酵、回收和提纯的系统。杰能科表示将在今后 5 年内使该技术推向商业化。

从可再生来源生产异戊二烯的技术挑战主要在于要开发高效工艺，以使碳水化合物转化为异戊二烯。这一工作的要点在于新陈代谢路径的优化，新工艺使碳水化合物基质脱氧化，形成 C_5 的类异戊二烯前身物 3, 3-二甲基烯丙基焦磷酸酯（DMAPP），DMAPP 再通过酶的催化反应，转化为生物异戊二烯产品。据杰能科方面称，该过程可在发酵情况下生产超过 60g/L 当量的生物异戊二烯单体。从整体上来看，该工艺过程显示了利用合成生物学和过程控制的组合使碳水化合物转化为有价值化学品的潜力。

（2）生产具经济效益可再生的生物基丙烯酸。OPX 生物技术公司正在开发具有石化丙烯酸性能的可再生生物基丙烯酸，但生产成本降低，二氧化碳排放量减少85%。该公司通过对自然菌株的重新设计创造的新菌株，优化微生物生产路径，满足了生物基丙烯酸生产工艺的各项需求。目前，该公司已实现中试规模的生物基丙烯酸生产，预计到 2013 年将建成商业化规模的生产厂，并希望将成本控制在 50 美分/磅以内。

（3）从农业废弃物打造"绿色化学品"产业。全球每年从石化原料生产表面活性剂排放的二氧化碳相当于燃烧 36 亿加仑的汽油。由种子的油脂，如棕榈油或椰子油作为原料生产表面活性剂虽然较为绿色，但原料数量有限，且有可能破坏热带雨林。因此，利用合成生物学中的生物模块设计创造的微生物可以将农业废弃物转化成新型表面活性剂，且作用效率比传统产品高 10 倍。投资咨询公司 Peter J. Solomon 副总裁 Frederick Frank 对可持续化学品产业充满信心。他表示，许多研究报告指出 2/3 的有机化学品将来源于可再生原料，预计其市场潜力将达到 1 万亿美元。

（4）提升常用化学品的经济优势。己二酸是一种宝贵的化学中间体，用于生产尼龙，面向多个市场，如汽车零部件、鞋类制品和建筑材料等。由石化原料生产一吨己二酸会排放 4 吨二氧化碳当量。美国 Verdezyne 公司正在研发具有成本优势、环境友好的己二酸发酵工艺。该公司利用合成基因文库优化代谢途径，通过独特的计算方法和合成生物学工具箱进行有效设计，在异源重组酵母中表达人工合成的基因。

（5）生产直接替代石油的生物燃料和化学品。美国生物技术公司 LS9 开发的技术平台只需简单的一步发酵，即微生物脂肪酸生物合成过程，就能高效生产一系列生物燃料和可再生、低成本的化学品。LS9 利用合成生物学技术，开发的微生物细胞可以将可再生糖类一步转化为两款柴油替代品，脂肪酸甲酯和烷烃。合成生物学在 LS9 微生物催化工艺设计中起到关键作用。野生型大肠杆菌不能生物合成燃料物质，研究人员整合了来自细菌、植物和动物的基因，依次设计合成多条脂肪酸、脂肪醇和脂肪酸酯的生产途径，通过合成编码途径中每个酶的基因，并构建多基因生物合成操纵子，使大肠杆菌能够高效分泌类似于原油、柴油、汽油或其他烃类化学品的物质。

（6）提高聚合物自然发酵的效率。通过微生物发酵工艺，PHA 聚合单体由微生物细胞产生并收集。回收的聚合物制成颗粒生产生物塑料。Metabolix 公司致力于开发能将糖高效转化成 PHA 的工业菌株。完成这项任务需要依靠现代生物技术的各项工具，包括 DNA 测序和构建编码目标氨基酸序列的基因结构，并优化其在工业寄主中的表达效率。

（7）提高生物制药工艺的效率。德国默克公司和美国 Codexis 公司合作研制了一种改进的转氨酶，使 II 型糖尿病的治疗药物——西他列汀（Sitagliptin）的合成路径更为环保。他们开发的酶催化剂代替了金属催化剂，利用酶催化反应合成西他列汀，提高了反应效率和生产的安全性。

（8）先进的抗生素和维生素生物合成工艺。荷兰帝斯曼公司利用合成生物学技术极大地改良了头孢氨苄现有的商业化生产过程。该公司以青霉素的生产菌株为基础引进分别编码酰基转移酶和扩环酶的两个异源的优化基因，将中间体 7- ADCA 通过两步酶催化步骤生成头孢氨苄，替代了传统的 13 步化学步骤。借助合成生物学的进展，帝斯曼还开发了可以共发酵己糖和戊糖的重组酵母。也是应用合成生物学的方法，帝斯曼降低了纤维素糖化过程的成本，并与法国 Roquette Frères 公司合作开发了生物基琥珀酸的生产技术。该方法在生产琥珀酸过程中吸收了二氧化碳，能够减少温室气体的排放量，且不会产生任何废物，因此具有更好的环保性能。

4.5.2 加强我国生物炼制产业发展的建议

（1）加大政府对生物炼制产业的扶持力度。生物产业，尤其是化工产品生物炼制产业的初期发展都面临一定阻力。其中，缺乏风险投资基金的支持是一个较为突出的问题。相关部门应推行生物产业发展的融资体系，发挥财政、金融、证券的共同投资体系；同时，政府对这种高科技的长期持续的扶持也非常重要，包括制定发展生物炼制产业的国家计划，统筹规划，合作实施；加强系统集成和资源整合；加强人才引进力度；资助建立示范/试验工厂；制定有利的税收政策和调节生产政策以支持新的生物基产品；营造良好的投资环境，吸引外资和私有资本等。

（2）建立健全生物炼制的原料供应和产品体系。合理发展生物炼制必须依靠可持续发展的非粮作物、非食用油料作物和农林废弃物。应全面开展生物质资源统计和核查，了解适合我国开发的生物质废弃物及农业资源的数量和分布情况，根据我国区域资源和区域经济的特点对生物能源产业进行系统的可行性研究，在此基础上因地制宜地合理规划，建立科学的生物炼制产业发展路线图。

生物质原料的收集、储存、运输成本较高，一些有较好资源条件的生物炼制项目由于缺乏先进成熟的生物技术而难以真正实现产业化，生物质工业转化过程中副产品数量庞大。针对以上这些问题，建议开发利用多种原料利用和多种产品生产体系，科学选址，就近转化，突破技术局限，使分散的农业生产和连续化、自动化工业生产有机衔接。

（3）发展生物炼制产业与石化产业相结合的模式。石油炼制有 90 多年的历史，其发展模式会给生物炼制提供许多宝贵经验，如原料利用率的最大化、多产物联产等。而我国生物炼制产业目前还处于初步发展阶段，总体落后于美国等国。有条件地结合两种生产模式，实现生物炼制与石油炼制一体化，是促进我国生物炼制产业发展的有效对策之一。工业生物技术在生物炼制的产业化过程中将发挥重要作用。生物化工在生物质预处理技术、发酵技术、发酵产品深加工技术以及发酵残渣处理技术等方面具有显著而优越的特点，而化学催化经过百年来的发展与不断完善也在工业催化技术与化工工艺技术方面形成了自己独特的优势。结合两者的优势，形成相互取长补短的更为良好的发展态势。

（4）引导生物炼制相关产业集群的形成。我国生物炼制产业应构建生物质加工新体系和新生物催化剂体系，充分发挥生物催化和生物转化的高效性和高选择性，并以生物多样性和大生物链为基础，构建生物质循环模式。同时，生物炼制产业的发展可以带动相关产业集群的兴起。以生物基材料 PHA 为例，首先，它可用做塑料、包装材料、医用植入材料，用完后搜集起来可加工成生物柴油；其次，PHA 降解后得到的单体可作为提高记忆力、促进脑细胞再生的药物，也可作为饲料添加剂。所有这些行业相互联系构成了整个产业链。如果从更广的范围来看，该产业还应包括设备制造等工程建设企业、可行性研究和危机管理等咨询服务公司以及教育培训、公路运输等。

（5）关注合成生物学等科学问题与相关技术的发展。当前，发达国家和新兴工业国家正在加速发展基于合成生物学的生物制造在内的工业生物技术，促进形成与环境协调的战略产业体系，抢占未来生物经济的制高点。加强合成生物学等具有重要影响和有可能发生重大变革的科学问题研究与相关技术创新，将有效提高我国未来在全球生物经济领域的核心竞争力。建议参照该领域相关的研究组织和国际合作情况，建立我国合成生物学研究网络，同时开展跨学科研究。资助一批切实可行、具有导向作用的示范项目；成立专门的合成生物学政策协调小组，研究合成生物学在生物能源、生物材料和新药开发方面的应用以及社会伦理等重要问题。

致谢：感谢中国科学院天津工业生物技术研究所（筹）马延和研究员、中国科学院微生物研究所李寅研究员在本报告撰写过程中给予的指导！

参 考 文 献

丁峰. 2009-02-02. 我国生物炼制产业发展路线图. http：//www. biotechworld. cn/news/display/article/14588

格润清洁能源网. 2010-08-17. 农业巨头嘉吉公司拟在阿根廷投资建生物柴油厂. http：//www. gerun369. com/coin/ennews/2010081714735. html

国际能源网. 2010-05-25. 杜邦 Tate&Lyle 生物产品公司生物丙二醇生产扩能. http：//www. in-en. com/new-energy/html/newenergy-1617161770657757. html

国际能源网. 2010-11-11. 生物丁醇的技术开发进展. http：//www. cceec. com. cn/html/NewEnergy/Bio-massEnergy/StudyView/2010/1111/14383. html

凯文·布利斯. 2010-09-25. 用细菌制造塑料和燃料. http：//www. mittrchinese. com/single. php？ p = 2916

日本经济产业省. 2010-06. 技术战略路线图 2010. http：//www. meti. go. jp/policy/economy/gijutsu_ kak-ushin/kenkyu_ kaihatu/str2010/all. pdf

生物谷. 2010-04-09. 日本生物燃料推行计划. http：//www. bioon. com/bioindustry/bioenergy/439362. shtml

王玲. 2009-10-13. 生物燃料政策的变迁. http：//www. biotechworld. cn/news/display/article/17747

新新能源汽车聚焦网. 2010-11-11. 国内外生物丁醇发展现状及进展情况. http：//www. nevfocus. com/news/20101111/1562. html

张发宝. 2009-04-26. 欧洲市场先导计划简介. http：//www. bioon. com/z/zmb/column/200904/393385. shtml

中国化工报. 2010-07-12. 美国生物基化学品研发热火朝天. http：//www. ebiotrade. com/newsf/2010-7/201079120610542. htm

中国化工信息网. 2009-07-30. Genomatica 用微生物来生产 1，4-丁二醇（BDO）. http：//www. polymer. cn/polymernews/2009-07-30/_ 200973091743522. htm

中国塑料网. 2010-09-21. Purac 公司拟建生物材料聚合物新装置. http：//news. plastic. com. cn/show-72104

Barnard D, Casanueva A, Tuffin M et al. 2010. Extremophiles in biofuel synthesis. Environmental Technology，31（8～9）：871～888

BBSRC. 2008. Integrated Biorefining Research and Technology Club（IBTI Club）. http：//www. bbsrc. ac. uk/business/collaborative-research/industry-clubs/ibti/ibti-index. aspx

BIO. 2010-03-10. Biobased Chemicals and Products：A NEW DRIVER OF U. S. ECONOMIC DEVELOPMENT AND GREEN JOBS. http：//bio. org/ind/20100310. pdf

Business Wire. 2010-07-29. Agriculture and Bio-Based Industries to Generate ＄230 Billion；Create More Than 800 000 Jobs. http：//www. businesswire. com/portal/site/home/permalink/？ ndmViewId = news_ view&newsId = 20100629005766&newsLang = en

Department of Energy（DOE）. 2010-11. Biofuels，Biopower，and Bioproducts：INTEGRATED BIOREFINERIES. http：//www1. eere. energy. gov/biomass/pdfs/ibr_ portfolio_ overview. pdf

Department of Energy. 2009-12-04. Department of Energy to Invest ＄600 Million for Advanced Biorefinery Projects. http：//www. the govmonitor. com/world_ news/united_ states/department-of-energy-to-invest-600-mil-lion-for-advanced-biorefinery-projects-17833. html

Deutscher H. 2009-08-10. USDA Programs Help Biofuels Producers. http：//ethanolproducer. com/articles/5897/usda-programs-help-biofuels-producers

EBB. 2010-07-22. 2009-2010：EU Biodiesel Industry Restrained Growth in Challenging Times. http：//www. ebb-eu. org/EBBpressreleases/EBB% 20press% 20release% 202009% 20prod% 202010_ capacity% 20FINAL. pdf

Euractiv. 2010-10-21. Bio-economy Poses New Competitiveness Challenges to Europe. http：//www. euractiv. com/

en/innovation/bio-economy-poses-new-competitiveness-challenges-europe-news-498984

European Commission. 2010-03-04. Commission Steps up Biomass Use—Nearly € 80 Million for Biorefinery Research. http：//ec. europa. eu/research/index. cfm？ pg = newsalert&lg = en&year = 2010&na = na-010310

European Commission. 2010-09-01. Innovation：Biobased Products. http：//ec. europa. eu/enterprise/policies/innovation/policy/lead-market-initiative/biobased-products/index _ en. htm， http：//ec. europa. eu/research/index. cfm？ pg = newsalert&lg = en&year = 2010&na = na-010310

Gernaey K V， Lantz A E， Tufvesson P et al. 2010. Application of Mechanistic Models to Fermentation and Biocatalysis for Next-generation Processes. Trends in Biotechnology，28（7）：346～354

Industry Canada. 2010-11-13. Innovation Roadmap on Bio-based Feedstocks，Fuels and Industrial Products. http：//www. ic. gc. ca/eic/site/trm-crt. nsf/vwapj/biobased-biomasse_ eng. pdf/FILE/biobased-biomasse_ eng. pdf

Lane J. 2010-10-22. Vilsack Announces Funding for 5 New Biorefineries，FAA Partnership，Among Major New Bioenergy Measures. http：//biofuelsdigest. com/bdigest/2010/10/22/vilsack-announces-funding-for-5-new-biorefineries-faa-partnership-among-major-new-bioenergy-measures

Marketwire. 2009-04-20. Government of Canada and Genome Canada Invest in Applied Genomics Research to Strengthen Canada's Agriculture，Crop and Bioproduct Sectors. http：//in. sys-con. com/node/926851，http：//www. genomecanada. ca/data/Nouvelles/Fichiers/en/330_2_4%20list%20of%20approved%20projects. pdf

USDA. 2010-06-23. A USDA Regional Roadmap to Meeting the Biofuels Goals of the Renewable Fuels Standard by 2022. www. usda. gov/documents/USDA_ Biofuels_ Report_6232010. pdf

5　极地研究国际发展态势分析

王雪梅[1]　任贾文[2]　李传金[2]　王文成[3]　王金平[1]　黄丽珺[1]

(1. 中国科学院国家科学图书馆兰州分馆
2. 中国科学院寒区旱区环境与工程研究所
3. 中国极地研究中心极地信息中心)

北极和南极位于地球的高纬度地区，因其在气候系统中的重要作用及对气候变化响应的敏感性、独特的地质地貌和生态环境而具有重要的科学研究意义，成为世界许多国家科研机构的重点研究区域，尤其近年来显著的气候变化、北极航道开通趋势加快和南北极丰富的能源储备更使其备受世界关注。

科学家研究发现，北极正在经历着持续并不断扩大的变暖趋势，南极半岛也有明显的升温，全球海平面每年升高3毫米以上。预计2050～2100年的夏天北极浮冰可能会消失一段时间，2100年南极西部冰盖可能融化，到3000年南极洲西部的冰川也许会出现大范围的坍塌。海洋CO_2含量的增加导致海水酸性增强。气候变化使极地生态系统发生变化，极区一些物种受到影响并有可能被替代。由于受气候变化和人类活动的影响，极区环境发生着显著的变化。随着地球资源的日益缺乏，南北两极丰富的矿产资源日渐成为很多国家特别是周边相邻国家之间争夺的焦点。

本章围绕国际极地研究重要的科学计划、相关组织机构及主要国家极地研究，结合国际极地研究领域发表的科研文献和极地考察成果的分析，论述了两极地区的大气、海洋、海冰、陆地、冰川、生物、矿产、地质、社会科学等领域的研究进展，对当前国内外极地科学发展状况进行了剖析和综述。

通过ISI Web of Science收录的极地研究论文计量分析可以看出，20世纪90年代以来国际上关于极地研究的论著大量涌现。论文发表量与地域优势有着密切关系，南半球国家的极地研究论文大多是关于南极的，环北极国家对北极的研究明显多于南极。当前极地研究主要涉及地球科学综合、海洋学、生态学、气象与大气科学、环境科学、生物学、自然地理学、地球化学与地球物理学等学科领域。极地研究的热点问题包括气候变化、北极生态系统和环境污染、南极地质构造和磷虾等。南极研究前沿关注脂肪酶、气候变化、海冰、生物柴油、酯交换、生物分类、生物地理学等；北极研究前沿关注气候变化、海冰、多年冻土、苔原、稳定同位素、浮游动植物、生物多样性等。

美国、俄罗斯、加拿大、英国、德国、法国、澳大利亚、日本、新西兰等国家已具备相当强的极地考察规模，且极地科学研究水平高，对极地商业活动的开发程度也比较高。20多年来，中国对南北极的科学研究取得了显著的进展，但由于起步较晚，与世界科技发达国家相比还存在一定差距。为了在未来的国际极地战略中占据有利地位，建议我国继续加强极地科学战略规划，增强极地科学的国际合作；重点围绕极地气候研究这一国际热点问题，加强学科交叉与融合，促进极地科学研究的发展；同时，注重新技术、新手段的研发应用；开展极地研究科普宣传和商业活动开发；鼓励多学科领域的科学家围绕极地科学有计划、有步骤地开展研究，争取在国际重要事务和热点研究领域中发挥积极的作用。

5.1 引言

极地是地球上温度变化最快的地区之一，可看作为全球气候变化的重要指示器。近几十年来，北极地表温度升高的速率是全球的2倍，北冰洋已有40%的薄冰块消融，常年冰正在以每10年7%~10%的速度减少，政府间气候变化专门委员会（IPCC）第四次评估报告中预测在2050年至2100年的夏天北极浮冰可能会消失一段时间。气象观测站数据显示过去50年南极地区表现出强烈的、显著的变暖趋势，但是整个南极地区长期的数据记录却是变暖和变冷的趋势都存在（Fingar，2008）。极地温度的变化对人类社会、动植物生存、大气环流、海平面和海洋环流产生很大影响。美国亚利桑那大学和美国国家大气研究中心的科学家研究发现，人类排放的温室气体等因素会加快南北两极冰盖融化，使全球海平面以每世纪4~6米的速度上升（Overpeck et al.，2006）。2011年1月发表在《自然—地球科学》杂志上的研究指出，2100年全球变暖可能会使南极西部冰盖融化，到3000年南大洋中等深度的变暖将使南极洲西部的冰川出现大范围的坍塌。南极洲和格陵兰岛两个区域的冰盖贮存了全球69%的淡水，如果其中一个冰盖显著融化，海平面将会显著上升，淹没许多海滨城市（Radić，Hock，2011）。

气候变化和人类活动给极地的生态环境造成了巨大影响。气候变暖使北极高纬地区许多植物的花期、动物羽化日期和产卵孵化时间显著提前，植物和动物物种向极地和高海拔地区迁移（Toke et al.，2007）。《美国地质勘探》一篇报道中预测到2050年地球上北极熊数量可能减少2/3。随着冻土的融化，冻土和湿地储存着的大量二氧化碳和甲烷将以惊人的速度向大气中释放（David，2010）。北极地区的天气变化预计将造成包括欧洲和北美洲等地区的气温和降水变化，从而严重影响到这些地区的农业、林业和供水系统。19世纪后期和20世纪早期北半球工业污染使得北极冰雪的黑炭（烟灰）含量增加了7倍，卫星数据表明北极地区已经有大的尘埃烟雾并很有可能在未来持续增长。美国航空航天局用卫星观测南极臭氧空洞平均面积为 1060 万平方英里①，完全修复需要 50～60 年时间（Alok，2009）。美国国家地理网站 2011 年 3 月报道，最新研究显示北极第一个臭氧洞可能已经形成。南极海洋生物环境也日益遭到破坏。脆弱的极地生态环境一旦遭到破坏很难恢复。

极地的地质构造和地球物理研究是整个地球研究的重要组成部分。研究发现在过去的 25Ma 里，火山爆发非常普通，该时期与导致南极冰层形成的气候变化时期相一致。美国华盛顿大学在南极洲的东西部安装地震仪，和宾夕法尼亚州立大学、俄亥俄州州立大学、哥伦比亚大学以及来自中国、法国、日本和意大利的地震学家一起收集地震数据，研究冰川下的信息，确定山脉的形成。东南极大陆高级变质岩变质作用与构造变形及同位素年代学的研究已经成为近几年来国际地学界研究冈瓦纳（Gondwana）超大陆和罗迪尼亚（Rodinia）超大陆形成演化的前沿课题，被第 24 届南极研究科学委员会和国际地科联分别通过，并列为国际性计划与国际地质对比计划 IGCP 368 计划。

极地观测需要先进的设备和技术。卫星观测可以对那些人类不能达到的极地地区进行观测，美国国家航空航天局发射极地号宇宙飞船和磁层顶及北极光全球探测者号（IMAGE）宇宙飞船拍摄两极极光图像，研究极光如何对太阳风产生反应，更好地测定未来空间天气的影响。美国将动用最高级的观测研究性航空平台之一——环境研究的高性能仪器空基平台（HIAPER）飞机，完成跨越地球南北极的历史性飞行研究任务，将首次为科学家提供该区域的实时观测数据来检验和支持气候模型。欧空局曾于 2005 年发射 CryoSat-1 卫星失败，2010 年再次发射极地冰层探测卫星（CryoSat-2），对极地冰层及海洋浮冰进行精确监测。俄罗斯航天署提出利用"北极"多用途空间系统进行水文、气象和气候监控，提议在 2014 年启动北极太空监视计划。美国伍兹·霍尔海洋地理学研究所（WHOI）的科学家和工程师专门为北冰洋冰层下的研究设计了机器人，用于搜寻北极海底生命和热液喷口。欧洲极地破冰船北极光号（Aurora Borealis）预计 2014 年投入使用，将适用于南、北两极全年全海域作业，可以在 2 米甚至更厚的冰面上进行动态定位，将成为世界上第一个四季破冰船。

南、北两极蕴藏着丰富的矿产资源。全球变暖使北极冰盖快速融化，打开了开发北极巨量资源的大门，据预测到 2050 年前大西洋与太平洋间将出现新的航线，这可能引发加拿大与美国的领土争议。美国地质调查局公布的一份研究报告表明，全球未探明石油的 13% 和未探明天然气的 30% 埋藏在地球最北部的贫瘠土地和冰冷水域之下（Gautier，2009）。北极还有丰富的煤炭、铁矿、铜镍钚复合矿、贵金属（如金）和金刚石矿，以及铀和钍等放射性元素。俄罗斯、美国、加拿大等北极国家纷纷制定各种北极发展规划声称北极地区是本国未来优先发展的地域之一，非北极国家也表达了关注北极可持续发展的愿望。随着各国对石油和天然气等资源的需求加大，如何解决北极争端以及北极的资源与环境可持续发展已经成为世界关注的焦点。南极地区蕴藏着 220 余种矿物，煤、铁和石油的蕴藏量极为丰富（Tessensohn，1979）。各国政府耗巨资支持南极探险和考察，其重要目的之一在于跻身南极，为未来着眼，抢先开发和利用南极大陆丰富的资源——尤其是为能源开发做好各种准备。目前已有 28 个国家在南极建立了 150 多个科学考察基地。谁能在南

---

① 1 平方英里 = 2.589 988 平方千米

极的科学竞技场上获得较高的荣誉地位，谁就能在南极丰富资源的未来开发问题上有较大的发言权（施雅风等，1989）。

随着地球资源的日益缺乏，寒冷的南北两极渐渐成为很多国家争夺的焦点地区。为解决南极领土争端，世界主要国家 1958 年成立南极研究科学委员会，促进和协调国际南极研究的科学活动，1959 年签署《南极条约》，承诺搁置南极领土主权。北极圈内的国家在 1990 年成立国际北极科学委员会，积极协调并指导各国的北极考察活动和国际合作计划。1996 年北极理事会成立，以加强北极环境保护战略。为协同和组织欧洲国家基金组织、国家极地研究所和研究机构在北极和南极的主要战略，欧洲科学基金会成立欧洲极地委员会，当前正积极建立高水平的极地区域科学研究和运营能力的战略框架。

世界主要国家一直在积极开展对极地的考察、研究和保护。为了加强极地科学研究，世界各国纷纷成立专门的极地组织和机构。俄罗斯南北极研究所始建于 1920 年。1947 年美国成立美国海军北极研究所，1958 年成立美国科学院极地研究委员会，美国国家基金委成立南、北极研究协会和科学部，1984 年国会组建部门间北极研究政策委员会和北极考察委员会。美国国家冰雪数据中心、俄亥俄州立大学伯德极地研究中心、俄罗斯极地海洋渔业与海洋研究所、德国亥姆霍兹国家研究中心联合会阿尔弗雷德·魏格纳极地与海洋研究所、英国南极调查局、澳大利亚南极局、加拿大极地委员会、挪威极地研究所、新西兰南极局、阿根廷南极研究所、日本国立极地研究所、中国极地研究中心等组织开展了大量极地研究。此外，美国国家航空航天局、俄罗斯科学院、意大利国家研究理事会、法国国家科学研究中心、加拿大渔业和海洋部、澳大利亚地球科学局、中国科学院等研究机构以及美国华盛顿大学、科罗拉多大学、阿拉斯加大学、加利福尼亚大学、辛辛那提大学，加拿大阿尔伯塔大学、澳大利亚塔斯马尼亚大学，挪威特罗姆瑟大学，丹麦哥本哈根大学，芬兰拉普兰大学，瑞典斯德哥尔摩大学，英国南安普敦大学、威尔士大学、智利麦哲伦大学、中国科学技术大学等高等院校长期以来也很关注极地研究。中国从 1984 年和 1999 年起分别开始对南极和北极地区开展科学考察活动。

国际极地年是全球科学家共同策划、联合开展的大规模极地科学考察活动，被誉为国际南北极科学考察的"奥林匹克"盛会，1882 年至今已举办了四次活动。世界气候研究计划（WCRP）、国际地圈生物圈计划（IGBP）、国际海洋生物普查计划（CoML）、全球观测系统研究与可预报性试验（THORPEX）、国际大洋钻探计划（ODP）、全球地球观测系统（GEOSS）、全球能量与水循环协调观测计划（CEOP）等以多种方式参与和支持国际极地年的极地地球系统科学研究。

文章主要围绕国际极地年等重要极地科学计划，介绍了美国、俄罗斯、德国、英国、澳大利亚、新西兰、日本、巴西和中国的极地战略和科学研究主题；通过大量文献的定量分析从宏观上了解极地研究的国际发展态势；对南、北极的大气、海冰、海洋、陆地、冰川、生物和矿产资源等研究进展及相关政策进行了论述；最后，结合中国的极地研究进展，对我国未来的极地研究提出建议。本章可为开展国家极地战略研究、制定国家未来的极地考察规划和在激烈的国际竞争中占据有利形势提供有益的参考。

5.2　极地研究计划与主要国家极地研究

5.2.1　主要国际极地研究计划

5.2.1.1　国际极地年

在国际极地年（IPY）的框架下已经举办了四次活动，IPY 1882～1958 年共组织 3 次，分别于 1882～1883 年、1932～1933 年和 1957～1958 年举行。2007～2008 年国际极地年的研究得到 12 亿美元经费支持，涉及 60 多个国家的研究人员。这些活动使全球的科学家联合起来，在极地实施集中的科学和勘察计划。全球有 100 多个国家先后参加 IPY 合作研究与教育活动，宣传有关南北极地区的科学知识，并开展任何单一国家难以独立完成的大规模研究项目。国际极地年的实施几乎涉及了极地科学研究已知的所有学科。

第一次国际极地年（IPY1）：国际气象组织（WMO 前身）发起并组织 12 个国家联合开展了 13 次北极考察，2 次南极考察、以极地地球物理学为重点，标志着极地考察从探险时代步入了科学考察时代。

第二次国际极地年（IPY2）：国际气象组织发起并组织 40 个国家参加，主要考察当时新发现的大气"急流"的全球意义。在北极地区建立了 40 个常年观测站，极大地推动了气象、大气科学、地磁、极光、无线电等学科的发展。

第三次国际极地年（IPY3）：由国际科联（ICSU）和国际气象组织发起，67 个国家（8 万名科学家）参加，12 个国家在南极建立了 65 个考察站，培育了高水平的国际合作项目：首次观测南极冰盖质量，首次发现环绕地球的范·阿伦辐射带，诞生了南极研究科学委员会（SCAR）、海洋研究科学委员会（SCOR）等国际组织，直接促进了《南极条约》的诞生，标志着"和平利用南极"时期的开始。此次极地年将极地科学推向了一个新的高度，是国际地球物理年（IGY）的重要组成部分，也是现代极地科学考察时代的开始。

第四次国际极地年（IPY4）：仍由国际科联和国际气象组织发起。2007～2008 年，来自 63 个国家、39 个国际组织的 5 万多名科学家参加和介入，提出了 200 多项行动计划建议书。研究领域涵盖气象学、气候学、海洋学、冰川学、地质学、生物学、地球科学、遥感科学等。IPY4 是 50 年来全球在科学工作方面开展的规模最大的合作，进一步扩大和加深对于地球运行的了解，改进观测网络系统，建立国际合作伙伴关系，培养一代有激情、高素质的年轻科学家和社会公民。

IPY4 科学目标：①利用极区地理优势开展以高新技术为依托的大型国际观测与研究；②积累极地科学知识，为研究地球科学的前沿问题奠定重要的科学基础；③建立新的极区观测、监测网络；④增强极地科学的国际合作；⑤加强极地与全球科学的相互作用研究；⑥加强学科交叉与融合，促进极地科学的发展；⑦增强数据的获取与国际共享；⑧优化后勤保障、观测检测系统和基础设施、新技术的使用；⑨培养新一代极地科学家，推动极地科学的普及。

IPY4 主题：①确定极区目前的环境状态；②定量了解极区自然和社会环境在过去、当前的变化，及未来变化的趋势；③增强对极区与全球其他区域相互作用过程和调控机制在各尺度的关联；④发掘极地科学新的科学前沿；⑤利用极区独特的地理优势开展日 - 地 - 宇宙系统的观测；⑥研究极区人类社会的文化、历史、人文方面的可持续发展问题，调查其对全球文化多样性的贡献。

IPY4 重点项目：①南极冰下湖计划；②南极甘布尔采夫冰下山脉研究计划；③国际冰芯科学伙伴关系计划；④南极海洋生物普查；⑤纯男性驯鹿牧民研究；⑥极地天文学研究。

5.2.1.2 气候与冰冻圈计划

世界气候研究计划（WCRP）北极气候系统研究（ACSYS）是一个研究北极地区气候（包括其大气圈、海洋、海冰和水文条件）的区域性项目，并逐步发展成为一个研究冰冻圈在全球气候中作用的全球性项目——气候与冰冻圈计划（Climate and Cryosphere，CliC）。早在 1998 年就由 WCRP 开始酝酿组织，2000 年正式设立 CliC 计划，2004 年南极研究科学委员会（SCAR）成为这一计划的共同资助机构。CliC 计划与北极气候系统计划（Arctic Climate System，ACSYS，1991 年设立）有着紧密的联系，拥有相同的项目办公室和科学指导委员会，因此也合称为 ACSYS/CliC。

CliC 主要研究地球系统中全部的冰冻圈（如雪盖、海/河/湖冰、冰川、冰原、冰帽、冰架和冻土）及其与气候的关系。CliC 的目标在于扩大人们对冰冻圈在气候系统中的过程和相互作用的认识，了解全球冰冻圈的稳定性情况，评估并量化气候变化对冰冻圈的影响以及冰冻圈变化对气候系统的意义。其主要任务如下：

（1）加强对冰冻圈的观测和监测，以支持过程研究、模式评价和了解冰冻圈变化趋势等工作；

（2）增强对冰冻圈在气候系统中的作用和反馈的认识；改善在各种模式中对冰冻圈的描述，减少气候变化预测与气候模拟中的不确定性。

5.2.1.3 国际地圈生物圈计划

国际极地年在极地地区的整个地球系统科学研究中，已经执行了许多国际地圈生物圈计划（IGBP）及其相关的合作项目，包括：泛北极冰盖的勘探（PAICEX）；空气 - 冰化学的相互作用（AICI）；横越南极科学断面的勘探（TASTE）；北极圈 - 极地沿岸观测网（ACCO-Net）；亚北极海域生态系统的研究（ESSAS）；大洋 - 大气 - 海冰 - 冰雪（OASIS）相互作用对北极大气圈生物地球化学和生态系统的影响等。

5.2.1.3.1 变化的冰冻圈对地球系统的影响

在 IGBP 近期新的集成、综合和勘探活动中，变化的冰冻圈对地球系统的影响（ESICC）是其主题之一。ESICC 的目标是研究地球冰雪区域的变化对生物系统产生的主要影响，及其对社会的直接和间接影响。

ESICC 研究的关键问题：

（1）冰覆盖海域在海洋食物网中非常重要；温度升高导致的海冰消失将会对该区域和相邻区域的食物链产生级联效应；邻近区域富含有机质的径流的汇入使这一效应更为严重。

（2）山区降雪为远在下游的生态系统和生物群落提供新鲜的水源。山区雪和冰川的消退将会改变土壤水分和径流的供应量和季节变化，最后导致生态系统的变化和生态供水的持续减少。在很多区域，冰川消退也会形成一些不稳定的堰塞湖。

（3）泥炭地在极地地区广泛分布，永久性冻土阻止了水的排放，夏天永久性冻土的退化和活动层融化厚度的增加将导致整个极地地区的地表水文过程和河流湖泊系统中的生物地球化学过程发生变化。这会影响整个大区域中的水生生态系统，包括河流汇入的近海岸水域。

（4）在北纬地区和山区，冬天河流和湖泊会结冰。冰覆盖的变化将会影响光照条件和生物生产力，从而影响湖泊河流生态系统。河冰融化模式的改变可能会导致冰坝和洪水，对社会的基础设施产生威胁。

5.2.1.3.2 地球系统分析、综合与模拟计划

地球系统分析、综合与模拟计划（AIMES），是 IGBP 中的一个核心计划。该计划包括"北半球高纬度地区的区域—全球相互作用：量化并理解全球变化与北方地区、北极地区之间的联系"研究。

在区域全球相互作用的影响下，由于人类的压力和全球变暖的影响，北半球高纬度地区（NHL）正在发生着剧烈的变化。由于在地球系统和 NHL 之间地球生物化学、水文学以及能量的反馈作用，整个地球系统将来的状况会受 NHL 对全球变暖的响应的影响。

典型的 NHL 活动涉及的初步调查（过去、现在以及将来的计划）并不局限于国际极地年，通过 GLOBEC 的亚北极海生态系统研究（ESSAS）、全球陆地网络 - 永久性冻土（GRN-P）、欧亚大陆北部地球科学计划（NEESPI）、北方生态系统 - 大气研究（BORE-AS）、欧洲 - 西伯利亚区碳通量、NSF 北极系统科学计划（ARCSS）、国际冻原计划（ITEX）、环北极环境监测网络（CEON）、北极区域模拟比较计划（ARCMIP）、北极气候过程与反馈作用的全球影响（GLIMPSE），这些大量的研究活动为当地或区域演变过程提供更深刻的认识。

在 NHL 的活动中，AIMES 将关注整个过程的研究与模型的集成。AIMES 协同各北半球高纬度地区的研究以及与全球环境变化相关的项目。全球模拟框架将为人类、生物地球化学和气候之间的反馈作用分析提供便利。目的在于改进地球系统模型中关键的 NHL 过程是如何利用观测的范围、试验以及区域模拟研究来进行描述的。

5.2.1.4 南大洋观测系统计划

南大洋影响全球尺度的气候、生物地球化学循环和生物生产力。如果不提升对南大洋过程、反馈机制及对全球变化敏感性的研究，就无法对气候变化、海平面上升、海洋酸化和海洋资源保护等问题做出有效的应对。南极绕极流是全球最大的环流，它在世界洋盆之间建立起联系，是影响全球气候的主要因素之一。南大洋观测系统需要提供持续的、综合

的、多学科的观测资料，以应对南大洋科学研究的挑战。

综合的南大洋观测系统将在未来 10 年中实施，这是在 2006 年的一次专题讨论会上，全球海洋联合观测组织（POGO）、南极海洋生物普查计划（CAML）、南极科学委员会（SCAR）和联合国海洋研究科学委员会（SCOR）共同提议的。南极科学委员会和联合国海洋研究科学委员会的海洋专家组与其他相关组织在南大洋观测系统战略的建立中起着领导职能。

南极研究科学委员会 2010 年 8 月公布了南大洋观测系统（The Southern Ocean Observing System，SOOS）计划的初稿。IPY 的观测范围遍及南大洋，从亚热带到南极大陆架，涉及南大洋科学的所有学科，南大洋观测系统的建设基础是在 IPY 实施过程中完成的。世界海洋环流计划（WOCE）和气候变化与可预报性研究计划（CLIVAR）的一些工作也为南大洋观测系统奠定了一定的基础。

南大洋观测系统具有以下特点：①持久性；②可行性和成本效益合理；③极地附近，范围从亚热带到南极大陆，从海表面到海底；④多学科（包括物理、生物地球化学、海冰、生物学和表面气象学）；⑤明确定位面临的科学挑战；⑥与全球海洋和气候观测系统结合；⑦系统最初基于成熟技术建立，随着技术进步而升级；⑧与现有观测设备的数据管理系统结合；⑨具备将观测数据传送给广泛的终端用户的能力；⑩系统的规划要考虑过去、现在和未来的研究项目。

5.2.1.5 北冰洋科学钻探计划

与其他海区的研究相比，北冰洋地区短期和长期的古气候、古海洋学历史以及板块构造演化的研究比较薄弱。在 2004 年之前，北冰洋地区的采样仍然只停留在近表层沉积物的采集上，重力和活塞采样器仅能采集 5～15 米深度的样品，其研究被限制在第四纪之内（Coakley，Stein，2010）。

2004 年综合大洋钻探计划（IODP）第 302 航次即"北极取芯考察"航次（Arctic Coring Expedition，ACEX）成功完成，该航次的成功实施开启了北极研究的新纪元。在此次考察航次中，科学家们首次对北冰洋地区永久冰覆盖地区进行了钻探，钻探深度达到了430 米，涉及的地质时期有地质第四纪、晚第三纪、早第三纪，还对接近北极点附近的罗蒙诺索夫海陵顶部的坎帕阶沉积物进行了钻采。科考结果使人们对于北冰洋气候历史及其在全球气候中的重要作用有了全新的认识。

为了加强交流同时为未来的北冰洋科学钻探制定计划，2008 年来自欧洲、美国、加拿大、俄罗斯、日本和韩国的科学家在德国阿尔弗雷德·魏格纳极地与海洋研究所举办了一次专题讨论会。讨论会在古海洋学、构造学、岩石学、天然气水合物等方面为未来 IODP 的北冰洋钻探和大洋钻探工作的研究主题提出了建议。

5.2.1.6 格陵兰冰盖钻探计划

20 世纪 60～80 年代在格陵兰冰盖钻取的 Camp Century 和 Dye 3 冰芯其时间尺度就已达到末次冰期，但因冰芯下部分辨率较低以及冰体运动和底部融化等原因，未能很好展现末次冰期气候变化的细节。20 世纪 80 年代末，欧洲和美国在格陵兰冰盖中部最高区域同时启动两个深冰芯计划——格陵兰冰芯计划（GRIP）和格陵兰冰盖第二计划（GISP2），力图详细重建末次间冰期以来的气候变化。为了验证 GRIP 和 GISP2 冰芯记录，并确认末次期是否存在快速气候变化，20 世纪末在格陵兰冰盖最高区域偏北的地方实施了格陵兰北部冰芯计划（NGRIP）。

由于末次间冰期和当前所处的时代有些相像，而且这一时期的气候变化无疑只是自然因素所驱动，研究这一时期的气候变化规律对认识当今气候变化和格陵兰冰盖的演化非常重要。特别是目前对格陵兰冰盖的模拟结果认为，在未来一个世纪全球增温幅度为 1.9 ~ 4.6℃且以后不再发生显著变化的情景下，格陵兰冰盖有可能在数百年至上千年间消融殆尽。而 NGRIP 冰芯记录的末次间冰期温度比现今温度高出 5℃，那时的格陵兰冰盖虽然大量融化却并未完全消失。在这种背景下，新的格陵兰深冰芯计划被提出。该计划主要针对末次间冰期，这一时段被称做 Eemian（对应于海洋同位素 5e 阶段），打钻地点定在积累率更高、比 NGRIP 更靠北的地方，该计划被命名为 NEEM 计划（任贾文等，2009）。

NEEM 计划的主要科学目标是高分辨率重建末次间冰期以来的气候环境变化，特别是图解温度、降水、温室气体等重要指标；确认末次间冰期时气候是否比现在更暖；查验末次间冰期时是否出现快速气候变化；评估与末次冰期类似气候条件下的格陵兰冰盖变化；揭示末次冰期期间暖事件的发生规律；详细地表述全新世以来的气候变化；将末次间冰期和现代气候变化与预测的全球气候变化情景相关。NEEM 计划由由丹麦倡导提出，联合了众多国际冰芯研究的科学家参加。

5.2.2 极地研究的主要国际组织和研究机构

国际北极科学委员会、南极研究科学委员会、北极理事会、美国国家科学院极地研究委员会、加拿大极地委员会、俄罗斯南北极研究所、德国阿尔弗雷德·魏格纳极地与海洋研究所、英国南极调查局、澳大利亚南极局、新西兰南极局、日本国立极地研究所、中国极地研究中心等国际组织和国家研究机构针对极地研究开展了大量工作，下面对这些国际极地组织和研究结构予以简要介绍。

5.2.2.1 极地研究和管理的主要国际组织

1）南极条约体系

南极条约体系（Antarctic Treaty System，ATS，http：//www.ats.aq/e/ats.htm）。是国际政府间管理南极政治事务的组织。领土主权曾一度成为南极的焦点问题，英国、澳大利亚、新西兰、法国、智利、阿根廷、挪威先后都对南极提出了领土主权的要求。为此，1957 ~ 1958 年国际地球物理年南极考察活动结束后，美国邀请苏联、日本、比利时、南非以及上述有领土要求的 12 个国家的代表，在华盛顿签署了搁置一切领土主张的《南极条约》（1961 年生效），中国于 1983 年加入《南极条约》。2009 年是《南极条约》缔约 50 周年，在第 32 届南极条约协商会议（ATCM）上，与会各国通过两个重要的宣言——《南极条约五十周年部长宣言》和《国际极地年和极地科研部长宣言》，重申继续冻结南极领土主权、南极仅用于和平目的、承诺该条约无限期有效等原则。

2）南极研究科学委员会

南极研究科学委员会（Scientific Committee on Antarctic Research，SCAR，http：//www. scar. org）。1957 年 9 月，国际科联决定邀请在南极从事科学研究活动的 12 个国家建立一个组织，以代替国际地球物理年特别委员会。1958 年 SCAR 成立，隶属于国际科学理事会，是负责发起、促进和协调南极科学活动、制订和审查具有极地范围和意义的科学规划的国际学术机构，是南极条约体系和其他国籍学术机构关于南极科学的咨询组织，总部设在英国剑桥。SCAR 在国际南极环境监测和保护中起主导作用，主要提供南极洲在全球变暖、气候变化和海平面上升中的作用以及气候变化对各种生物的影响等重要信息。

3）国家南极局局长理事会

国家南极局局长理事会（Council of Managers of National Antarctic Programs，COMNAP，http：//www. comnap. aq）。成立于 1988 年，承接了原来由 SCAR 负责的国际南极后勤和技术支援等职能。既是各国主管南极事务的部门负责人的组织，也是南极条约体系关于南极管理方面的咨询组织。每年召开一次会议，使各成员国有关南极站船和设施设备管理、后勤支援、环境保护、安全和救生等的合作问题能及时、有效、和谐地加以讨论、交流并得到解决。主要议题有：在南极提供医疗保障、空中保障、先进的能源资源、南极水域的航行、垃圾处理技术等。

4）国际北极科学委员会

国际北极科学委员会（The International Arctic Science Committee，IASC，http：//arctic-council. org）。1990 年 8 月 28 日，在北极圈内有领土和领海的加拿大、丹麦、芬兰、冰岛、挪威、瑞典、美国和苏联共 8 个国家的代表，在加拿大的瑞萨鲁特湾市签署了国际北极科学委员会章程条款，成立了第一个统一的非政府国际北极科学组织。宗旨是科学、交流与协调，并且对正在北极或不在北极开展与北极有关的重要科学活动的非北极国家开放。在北极"和平、科学、合作"原则的基础上，委员会积极协调并指导各国的北极考察活动；针对一些重大科学问题组织大型国际合作计划；以公约、议定措施和现行决议等方式对北极的生物资源、矿产资源、能源和环境实施及时有效的保护。

5）北极理事会

北极理事会（Arctic Council，AC，http：//www. arctic-council. org）。成立于 1996 年，历来秉承北极环境保护战略。作为高级别的政府间论坛，北极理事会提供了一个关注北极国家政府和北极土著居民共同关心和面临的问题和挑战的机制。北极理事会现有成员国为加拿大、丹麦（包括法罗群岛和格陵兰岛）、芬兰、冰岛、挪威、俄罗斯、瑞典和美国。北极理事会的观察员席位向所有非极地国家、政府间和各国议会间组织、国际和区域非政府组织开放。

5.2.2.2　主要国家极地研究机构

1）美国极地研究组织机构

美国的极地研究机制比较特殊，国家没有设立专门的极地研究机构，极地研究项目主要由美国国家基金委主管，单位和个人都可申请研究资助。下面对美国具有政府管理职能及规划、咨询职能的极地组织予以简要介绍。

1947 年，在阿拉斯加的巴罗城成立美国海军北极研究所，在相当长的时间里成为美国极地科学研究中心。1949 年建立了北极卫生研究中心。1952 年建立 "T-3" 浮冰站。1957 年实施国际地球物理年计划。国际地球物理年期间，该中心成为北极科学研究的一个后勤基地。

美国国家科学院极地研究委员会（US Polar Research Board，PRB，http：//dels. nas. edu/prb）始建于 1958 年，目的是为了促进极地科学的发展，为联邦机构和国家提供关于北极、南极及其他寒冷地区科学问题的独立的科学指导。致力于使极地研究更高效地响应美国的国家需要，保持美国在国际科学计划中的地位。主要研究机构包括美国北极研究协会（Arctic Research Consortium of the US，ARCUS）、美国南极研究协会（US Scientific Committee on Antarctic Research，SCAR）、美国国家基金委北极科学部（Arctic Sciences，ARC）和美国国家基金委南极科学部（Antarctic Sciences，ANT）。

美国国会于 1984 年通过了《北极考察和政策法案》。根据这一法案，组建了北极考察委员会和部门间北极研究政策委员会两个直接隶属于总统和国会的平行机构。北极考察委员会由总统直接任命的 8 名各领域专家组成，其职能主要是负责向总统和国会就北极科学研究方面的事务提出意见和建议。部门间北极研究政策委员会主要是对政府各部门的北极考察事务进行规划和协调，以避免各自为政、互相封锁、互相重复的弊端，并负责制定国家统一的北极考察政策和计划美国进行北极考察的主要任务，为其水面和水下舰船在北极海区的活动获取多学科的资料，为在海冰环境中活动的舰船以及为管理在冰雪上的装备和设施提供必不可少的技术依据。

2）加拿大极地委员会

加拿大极地委员会（Canadian Polar Commission，CPC，http：//www. polarcom. gc. ca）始建于 1991 年，是加拿大极地研究的领头机构。主要负责：监测、推广和传播关于极地地区的知识；提高公众对极地科学重要性的认识；增强加拿大作为极地周边国家的国际形象；为政府提供极地科学政策的建议。为履行其职责，加拿大极地委员会通过举办会议和研讨会、出版有关极地科学研究的资料、与其他政府机构和非政府机构紧密合作，促进和支持加拿大的极地科学研究。

3）俄罗斯南北极研究所

俄罗斯极地研究机构始建于 1920 年，1958 年正式命名为俄罗斯南北极研究所（Arctic and Antarctic Research Institute，AARI，http：//www. aari. nw. ru）。从 20 世纪初开始收集大量关于冰、海洋、大气、地球物理以及其他过程的数据处理模块，通过自动系统可以获得关于极地地区环境变迁、气候变化和生态状况评估的数据、模型、计算和预测等，开展现代水平的极地环境研究，满足国家国防和经济部门的需求。AARI 与美国、加拿大、挪威、德国等国家的极地研究机构和中心开展合作，积极参与极地地区研究的国际计划、科学考察、专题讨论、工作组和委员会。

4）德国阿尔弗雷德·魏格纳极地与海洋研究所

德国阿尔弗雷德·魏格纳极地与海洋研究所（Alfred Wegener Institute，AWI，http：//www. awi-bremerhaven. de）开展在北极、南极以及高中纬度海洋的研究。负责协调德国的极地研究，建设国家和国际科学重要的基础设施，如破冰船 "极地星" 号和在南北极建立研究站。参与德国亥姆霍兹国家研究中心联合会"海洋、海岸与极地系统"研究项目的制定和执行。

5）英国南极调查局

英国南极调查局（British Antarctic Survey，BAS，http：//www.ac.uk）是自然环境研究理事会的成员之一。总部设在英国剑桥，已经建立 60 多年，来自 30 多个国家的科学家围绕南极大陆开展了许多研究。雇用职员 400 多位，支持在南极的三个研究站（罗瑟拉站、哈利站和西格尼站）、在南乔治亚岛的两个站（国王爱德华点站和鸟岛站）。英国南极行动和科学计划的执行和管理都来自剑桥，依靠广泛的团队和专业人员进行。

6）澳大利亚南极局

澳大利亚南极局（Australian Antarctic Division，AAD，http：//www.antarctica.gov.au）主管澳大利亚南极和南大洋的科学计划和研究项目，涉及可持续发展、环境、水文、人口和社区研究，促进与澳大利亚其他机构和国际组织的合作研究，其宗旨是确保澳大利亚在南极和亚南极区利益的优先权。

7）新西兰南极局

新西兰南极局（Antarctica New Zealand，ANZ，http：//www.antarcticanz.govt.nz）成立于 1996 年，负责制定、管理和执行新西兰在南极洲和南大洋特别是罗斯属地的活动的主管机构。新西兰南极局通过管理新西兰南极斯科特站而维护其在南极洲的永久存在。主要工作包括促进科学研究、保护南极的自然环境和提高民众对南极洲与南大洋的全球意义的认识。

8）日本国立极地研究所

日本国立极地研究所（National Institute of Polar Research，NIPR）成立于 1973 年，专门从事极地综合研究考察。2004 年 NIPR 加入日本大学共同利用信息系统研究机构，展开多学科极地科研与极地考察，其研究人员分别属于科研教育部下的五个科学小组（空间与上层大气小组、气象与冰川小组、地球物理小组、生物科学小组和极地工程小组），除从事项目研究和南极考察以外，还负责日常科研等多项职责，高级科研小组还参与科研项目的推广。

9）中国极地研究中心

中国极地研究中心（Polar Research Institute of China，PRIC，http：//www.pric.gov.cn）成立于 1989 年，是我国唯一专门从事极地考察的科学研究和保障业务中心。主要开展极地冰川学、极地海洋学、高空大气物理学、极地生物与生态学以及极地科学基础平台技术等领域的研究；负责"雪龙"号极地科学考察船、南极长城站、中山站、昆仑站和国内基地的运行与管理，以及中国南北极考察队的后勤保障工作；PRIC 还是我国极地科学的信息中心，负责中国极地科学数据库、极地信息网络、极地档案馆、极地图书馆、样品样本库的建设与管理。

5.2.3　主要国家极地发展战略和规划

世界各国近年来积极开展对极地的研究和保护，下面对主要国家的极地战略和科学研究予以介绍。

5.2.3.1　美国

美国目前在北极进行的考察，主要有声学、地质学、地球物理学、环境预报、冰、雪、永久冻土工程学、极地物质系统和人对严寒的适应性等项目。在适应性研究方面，重点研究影响水下活动的海洋预报。美国国家基金会（NSF）设立极地项目办公室专门负责极地项目。2011 年，NSF 极地项目办公室招募能集成管理跨学科大型项目的科学家，这名科学家将在 NSF 资助下对正在进行的几个跨学科研究项目进行集成管理。

美国国家大气与海洋管理局 2010 年发布《NOAA 未来十年战略规划》（NOAA's Next-Generation Strategic Plan），列出长期战略目标，包括建立安全、环境友好型北极通道和资源管理。2011 年发布《NOAA 的北极远景与战略》（NOAA's Arctic Vision & Strategy），提出通过实施 NOAA 未来五年北极行动计划，准确预测海冰，提高基准观测和对北极气候和生态系统的理解，促进国内外的合作与数据资源共享，科学的保护和管理北极，支持健康、高效和富有活力的北极生态系统，改善地理空间基础设施、安全航行和溢油应急反应，缓解和适应北极地区的气候、环境变化。初期计划投资 1000 万美元实施该战略计划，实际可能需要更多的经费。

5.2.3.2　俄罗斯

2010 年 10 月俄联邦政府会议上，普京强调作为缔约国之一，俄罗斯严格遵循《南极条约》宗旨确定中长期南极战略，计划进一步扩展在南极冰雪大陆上的科学考察，使南极站和科考船现代化，积极参与各种国际极地项目。该战略的目标是根据国际法准则和俄罗斯内外政策的基本方向实现俄联邦在南极的国家利益，以及防止在该地区可能出现的对俄联邦国家利益的威胁。该战略的实现将促进发展以自然现象为对象的监测系统、促进南极科研资料积累和南极自然资源的评估、提高气候变化预报的准确性、发展格洛纳斯卫星系统、发展远洋捕鱼业、保护南极独特的自然状态，开发海洋生物资源被列为俄罗斯目前南极科考的优先发展方向。

5.2.3.3　德国

德国亥姆霍兹国家研究中心联合会资助、阿尔弗雷德·魏格纳极地与海洋研究所参加的《海洋、海岸与极地系统研究计划：变化的地球系统之两极地区和海岸研究》（Marine, Coastal and Polar Systems：Polar Regions and Coasts in the changing Earth System）（2009 ～ 2013）的研究主题包括：

主题一：变化中的北极和南极。通过现场研究、实验和建模方法，对海洋、大气层、冰冻圈、大陆架系统、永久冻土区的主要过程进行物理、化学、生物研究，从而认识北极和南极地区近期的气候可变性和变化过程，并定量分析。

主题二：海岸变迁。揭示全球和区域性变化对温带和极地地区沿海系统的功能和多样性的影响。

主题三：过去的气候变化。了解极地气候的历史，极地地区对不同气候状态的反应和影响，以及极地气候的变化范围。

主题四：极地视野下的地球系统。通过分析组成地球系统的各部分的共享数据集和耦合模型，综合其他主题成果，重点分析两极地区所扮演的角色。

主题五：基础设施。提供最理想的现场研究和实验室研究设备与计算机设备。

主题六：大型设备。研究、支援"极星号"、"海因克号"（一条中型多用途研究舰）、极地科考飞机和极地科学考察站（纽梅因站、科嫩站、达尔曼站、AWIPEV北极研究基地），为科研服务。

5.2.3.4 英国

英国南极调查局2009年发布《探索2010：南大洋生态系统与地球系统关联计划》（Discovery 2010：Integrating Southern Ocean Ecosystems into the Earth System）。该计划将研究和摸清海洋生态系统对气候变化与商业性开发的响应，对微型生物到更高级捕食者（企鹅、海豹和鲸）的交互作用和过程进行定性、定量与模型化研究。目标是：评估局部地区海洋生物网与南大洋变化间的联系；建立一套相互关联的生态系统模型，以适应于从局部地区到整个南大洋各个尺度的海洋物理学与生物学。

英国自然环境研究理事会（NERC）2010年发布《2011～2015年的研究规划报告》（NERC Delivery Plan 2011～2015），报告提出NERC 2011～2015年战略研究计划，其中"地球系统科学"的优先领域包括极地变化及其对全球地球系统的反馈、冰层的稳定性与海平面升高和海洋酸化研究。

5.2.3.5 澳大利亚

澳大利亚南极科学未来十年战略计划（Australian Antarctic science strategic plan 2011-12 to 2020-21），以鼓励、引导并集中南极和南大洋科研活动，为澳大利亚及国际社会创造最大利益为目的。致力于研究气候变化、海洋酸化、人口增长及其带来的食品和能源安全问题，以及人类在南极活动增多等所带来的全球性挑战。

主题一：气候过程和变化。重点帮助澳大利亚确定其在联合国气候变化框架公约内的政策立场；为政府间气候变化专门委员会服务；以及为澳大利亚政府的气候议程提供顾问咨询服务。主要研究南极冰盖、南半球的海洋和海冰、大气过程和变化、南极古气候。

主题二：陆地和近海生态系统的环境变化与保护。了解局地和全球过程引起的环境变化对南极和亚南极陆地和海岸生态系统的影响，为加强这些地区生态系统的环境保护提供科学依据。研究包括变化的趋势和敏感性，脆弱性和空间保护，人类的预防、减缓和补救措施。

主题三：南大洋生态系统的环境变化与保护。了解全球变化对南大洋生态系统的影响，有效保护南极和南大洋的野生动物，可持续的、以生态系统为基础的南大洋渔业管理。主要研究海洋生态系统的变化、野生动物保护、南大洋渔业和海洋生物多样性保护。

主题四：前沿科学。鼓励和支持澳大利亚国家科学优先领域内的前沿科学研究，除以政府需求为导向外，还支持南极研究中的新学科，如天文学、地球科学、人类生物学和医学、空间天气学、基础生物学和生理学等。

5.2.3.6 新西兰

根据《新西兰南极和南大洋的科学方向和优先领域2010～2020》（New Zealand Antarctic and Southern Ocean Science Directions and Priorities 2010 ~ 2020），全球变化是新西兰未来 10 年南极和南大洋科学研究的主题，包括气候变化、海洋酸化、动植物群的分布及丰度等，这些主题将促进多学科和跨学科研究，推动对全球变化影响的认识及相关政策的制定。关键研究领域包括：

主题一：气候、冰冻圈、大气。更好地了解南极在全球变化中的作用和影响。

主题二：内陆和沿海生态系统。增强对罗斯海沿海生态系统的认识，推进对南极环境的保护。

主题三：开放的海洋系统。提高对南极海洋环境资源的保护和管理。

新西兰南极海洋生物资源保护方面长期与美国合作，并将进一步加强与澳大利亚、加拿大、意大利、俄罗斯和韩国的合作，继续加强优秀研究人员的培养，保证高质量的南极科学研究。

5.2.3.7 日本

日本国立极地研究所 2008 年发起"通过极地历史变化了解地球系统演变：精确清晰地重现第四纪极地环境和全球大气变化"的新旗舰项目（高级科研项目）。目标是加深对气候系统的理解，提高未来气候预测的精确度。NIPR 建立了极地计划部以便有效推动极地研究和考察，由南极计划中心和北极环境研究中心组成。

日本下一个南极科考活动（JARE）六年计划，跨越财政年度 2010 ~ 2015 年（JARE 52 ~ 57）。该计划目前正在研究之中。随着 2009 年新的破冰船投入使用，南极洲的航线网络如毛德皇后地空中网络（DROMLAN）的开发，昭和站引进 INTELSAT 卫星通信系统，以及多船舰海洋观测活动的开展，未来南极考察可以考虑采取新的科研方式，更利于开展国际合作研究项目。按计划，JARE 还将引进新技术，以减少人类活动对南极环境的影响。

5.2.3.8 中国

中国国家海洋局极地考察办公室近期组织有关专家编制我国极地科学研究中长期发展规划，目前处于初稿阶段。其中极区空间物理研究领域优先发展的基础性科学问题和关键技术是：极光连续监测和太阳风－磁层－电离层耦合机制研究，灾害性空间天气事件和日地系统相关关系的研究，近地空间与极区大气相互作用的研究，空间天气预报模式与方法的研究，空间环境关键探测技术研究。

5.2.4 近期召开的极地研究专题会议

近期召开的极地专题会议及其主题见表 5-1

表 5-1 近期召开的极地专题会议及其主题

会议名称	时间	地点	会议主题
第 15 届极区健康国际会议	2012 年 8 月 5 ~ 12 日	美国阿拉斯加	推动健康相关知识交流和最新研究成果讨论。参会者包括关注极区人类健康的科学家、卫生保健专家、政策分析者、政府机构代表和社会活动家

续表

会议名称	时间	地点	会议主题
国际极地年 2012 "从知识到行动" 会议	2012 年 4 月 22 ~ 27 日	加拿大蒙特利尔	IPY4 的最后活动,是各学科承担的极地研究的最大的国际合作。该会议将聚集国际知名极地研究人员同极区的政策制定者、分析员、社会工作者、工业代表、民间组织和其他感兴趣组织展开讨论
第 35 届南极条约协商会议	2012 年	澳大利亚霍巴特市	为南极条约缔约国提供南极洲相关信息的交流机会,并为各国政府提供政策建议,以促进《南极条约》目标的深化和实现
北极石油潜力会议及展览	2011 年 8 月 30 日至 9 月 2 日	加拿大新斯科舍	覆盖北极及其周边的沉积盆地地质、石油地质和地球物理学领域
第 11 届南极地球科学国际会议	2011 年 7 月 10 ~ 16 日	苏格兰爱丁堡	包含 11 个科学主题,涉及冰盖、超大陆、景观和生物学、生命科学、新领域和交叉学科、新露出的大陆、极地观测系统、数据和制图等方面
第 34 届南极条约协商会议 – 第 14 次环境保护会议	2011 年 6 月 20 日至 7 月 1 日	阿根廷布宜诺斯艾利斯	讨论南极环境保护、南极旅游、生物勘探等问题
北极科学高峰周会议	2011 年 3 月	韩国首尔	科学论坛的主题为"北极——全球科学的新前沿",综合北极科学、政策及管理议题,由业务会议和科学论坛组成

5.3 极地研究文献计量分析

据美国汤姆森科技(Thomson Scientific)公司的基本科学指标数据库统计,2000 ~ 2010 年国际地球科学领域研究前沿排在第 7 位的是格陵兰和南极等地区的冰芯研究,第 9 位的是关于南极和格陵兰等地区的冰盖研究。在 ISI Web of Science 数据库的自然科学索引(SCI-E)、社会科学索引(SSCI)和国际会议索引(CPCI-S)里,本章检索 20 世纪 70 年代以来正式发表的关于南极和北极的学术论文、研究进展和综述性文章。主要利用 Thomson Data Analyzer(TDA)软件进行统计分析。检索到的论文虽未囊括所有极地相关文章,但通过获取到的大量具有一定学术水平的科研文献的定量分析,能从宏观上了解极地研究的国际发展态势,纵览极地科学研究的进展。

5.3.1 论文数量年度变化趋势

20 世纪 70 年代,国际上关于极地研究的论文数量还不多,但一直呈增长趋势,到 80 年代,论文数翻了一番。进入 20 世纪 90 年代以后,极地相关论文数量涨势明显,90 年代与70年代相比，论文数增长了9倍多，21世纪前10年的论文数在90年代的基础上又增长了近1倍（图5-1）。

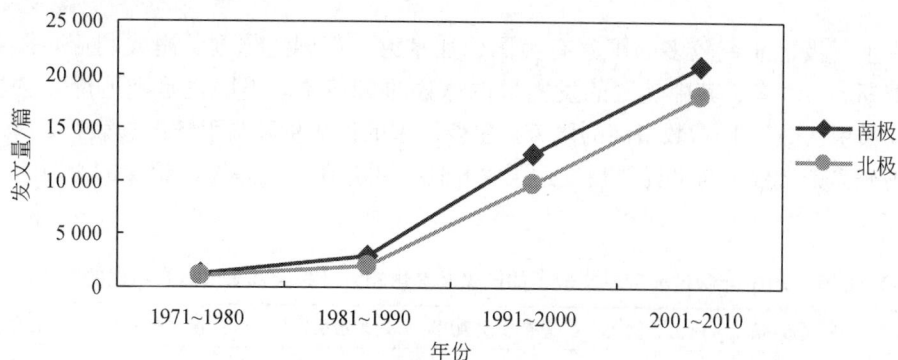

图 5-1　1971～2010 年极地研究发文量的变化情况

南极不属于任何一个国家，它丰富的矿产资源和独特的地理位置吸引着世界各国的探险者前往探索，1971～2010 年有 180 个国家和地区发表了关于南极的论文 37629 篇。与无人居住的南极大陆不同，北极地区的陆地和岛屿及其近岸海域分别属于俄罗斯、加拿大、美国、丹麦、挪威、冰岛、芬兰和瑞典 8 个环北极圈的国家，20 世纪 50 年代这些国家就开始组织开展大规模的北极科学考察活动，1971～2010 年 149 个国家和地区发表了 31063 篇关于北极的研究论文。

从图 5-2 明显可见，论文发表量与地域优势密切相关，南半球国家的极地研究基本上都是关于南极的，环北极国家对北极的研究比例明显占优势。科技强国美国是世界上对极地研究最多的国家，其南北极的研究论文产出基本持平。由于南极是公共领域，其他北半球国家对南极的研究比例高于北极。

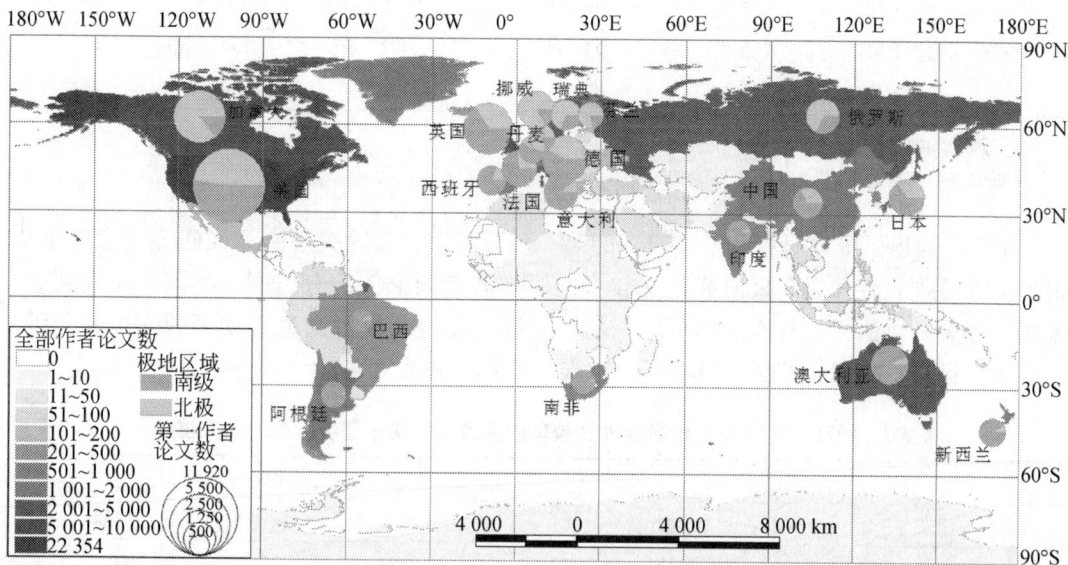

图 5-2　世界各国关于极地研究论文的数量及其比例（后附彩图）

5.3.2 主要国家和研究机构

国际上对极地研究较多的国家有美国、加拿大、英国、德国、澳大利亚、挪威、法国、俄罗斯、日本等，其中美国的发文量占总数的 32.7%。美国也是极地论文总被引次数、篇均被引次数和 H 指数最高的国家。主要国家的论文量和被引情况如表 5-2 所示。中国的极地研究论文数量与世界科技发达国家相比，还存在一定差距，论文的影响力也低于这些国家。

表 5-2　1971～2010 年极地研究发文较多的国家及其影响力（按全部著者各自所属的国家统计）

国家	发文量/篇	所占比例/%	总被引次数/次	篇均被引次数/次	论文被引率	H 指数 *
美国	22 302	32.7	530 309	23.8	87.8	206
加拿大	8 517	12.8	187 510	21.4	89.8	133
英国	7 522	12.5	162 039	19.0	87.6	128
德国	6 673	9.8	134 468	20.1	89.8	118
澳大利亚	4 183	6.1	80 536	19.2	90.7	95
挪威	4 006	5.9	68 630	17.1	87.5	86
法国	3 879	5.7	81 443	20.9	89.0	105
俄罗斯	3 254	4.8	35 671	10.9	71.3	74
日本	3 185	4.7	44 357	13.9	84.5	72
意大利	2 948	4.3	32 173	10.9	81.4	60
瑞典	2 414	3.5	50 556	20.9	90.3	84
新西兰	1 931	2.8	31 244	16.1	89.4	68
丹麦	1 784	2.6	36 645	20.5	89.0	76
西班牙	1 674	2.5	23 942	14.2	87.4	60
中国	1 584	2.3	12 804	8.0	69.8	47

注：按发文量的高低进行排序

* 即"高引用次数"，指至少有 h 篇论文的被引用次数不低于 h 次

表 5-3 列出了极地研究和发文较多的第一著者国家。美国关于南北极研究的发文量在世界上遥遥领先。发表南极研究论文较多的第一著者国家依次有美国、英国、澳大利亚、德国、意大利、法国、日本、西班牙、新西兰等。发表北极研究论文较多的依次有美国、加拿大、挪威、德国、英国、俄罗斯、瑞典、日本、丹麦等。

表 5-3　1971～2010 年极地研究发文较多的国家（按第一著者所属的国家统计）

南极		北极	
国家	发文量/篇	国家	发文量/篇
美国	6 154	美国	5 766
英国	3 468	加拿大	4 865

南极		北极	
国家	发文量/篇	国家	发文量/篇
澳大利亚	2 419	挪威	2 104
德国	2 354	德国	1 811
意大利	1 833	英国	1 796
法国	1 560	俄罗斯	1 314
日本	1 470	瑞典	889
西班牙	952	日本	787
新西兰	927	丹麦	683
中国	833	法国	589
加拿大	769	芬兰	576
阿根廷	699	中国	434
俄罗斯	595	荷兰	343
印度	551	波兰	260
荷兰	525	意大利	243

分析国家间的合作情况，从表5-4可见，南极研究两至四个国家合作发文的情况比较多，北极研究10个以上国家合作发文的数量多于南极。南极研究中，美国、英国、澳大利亚、德国、加拿大、法国、新西兰等国家间的合作比较频繁；北极研究中，美国、加拿大、俄罗斯、德国、英国、挪威、日本等国家间的合作比较多。

表5-4　1971~2010年极地研究国家间合作发文情况

合作国家数	南极	北极
2~4	8 788	7 439
5~10	316	350
11~20	16	27

从作者合作发文情况来看，在极地研究中，10人以下作者合作发文是普遍现象，11~50人规模的研究团队在南北极研究中比较常见，南极研究中百人以上的研究团队多于北极（表5-5）。

表5-5　1971~2010年极地研究作者合作发文情况

合作作者数	南极	北极
2~10	31 137	25 105
11~50	785	758
51~100	6	5
101~200	16	1
200人以上	5	

通讯著者是文章可靠性的承担者和联系人，担负文章的主要设计和把关。按通信地址统计，南极和北极研究发文较多的机构见表 5-6。

表 5-6 1971～2010 年极地研究发文较多的机构（按通讯著者所属研究机构统计）

南 极	北 极
英国南极调查局	俄罗斯科学院
德国阿尔弗雷德·魏格纳极地与海洋研究所	德国阿尔弗雷德·魏格纳极地与海洋研究所
澳大利亚塔斯马尼亚大学	挪威特罗姆瑟大学
意大利国家研究理事会	美国华盛顿大学
美国国家航空航天局	美国科罗拉多大学
俄罗斯科学院	美国阿拉斯加大学
美国加利福尼亚大学圣迭戈分校	美国国家航空航天局
澳大利亚南极局	加拿大渔业和海洋部
美国俄亥俄州立大学	加拿大阿尔伯塔大学
法国国家科学研究中心	丹麦哥本哈根大学

5.3.3 发文期刊和学科主题

关于南极和北极的研究论文除发表于 *Polar Biology*（德国）、*Polar Record*（英国）、*Polar Research*（挪威）、*Polish Polar Research*（波兰）、*Antarctic Journal of the United States*（美国）、*Antarctic Science*（英国）、*Arctic*（加拿大）、*Arctic Antarctic and Alpine Research*（美国）、*Arctic Anthropology*（美国）、*British Antarctic Survey Bulletin*（英国）、*International Journal of Circumpolar Health*（芬兰）、*International Journal of Offshore and Polar Engineering*（美国）、*Journal of Offshore Mechanics and Arctic Engineering-Transactions of the ASME*（美国）等极地研究专门性期刊外，还有大量文章发表在其他相关科学刊物上，如 *Geophysical Research Letters*、*Journal of Geophysical Research-Atmospheres*、*Journal of Geophysical Research-Oceans*、*Nature*、*Marine Ecology-Progress Series*、*Deep-Sea Research Part II-Topical Studies in Oceanography*、*Science*、*Journal of Climate*、*Annals of Glaciology*、*Earth and Planetary Science Letters*、*Geochimica et Cosmochimica Acta*、*Quaternary Science Reviews*、*Marine Biology*、*Palaeogeography Palaeoclimatology Palaeoecology*、*Deep-Sea Research Part I-Oceanographic Research Papers*、*Journal of Physical Oceanography*、*Geology* 等。

这些期刊主要的学科主题分布情况见图 5-3。南极研究重点涉及地球科学综合、海洋学、生态学、气象与大气科学、海洋与淡水生物学、自然地理学、地球化学与地球物理学等主题领域。北极研究在地球科学综合、气象与大气科学、环境科学、生态学、海洋与淡水生物学、自然地理学等领域的分布相对比较均衡。此外，关于南极的研究论文还较多涉及生物化学与分子生物学、天文学与天体物理学、古生物学、地质学、微生物学、生物技术与应用微生物学等，北极研究还较多涉及渔业、植物学和环境工程学等。

从主要学科主题的论文量和被引情况来看，极地研究中地球科学综合领域的论文数量

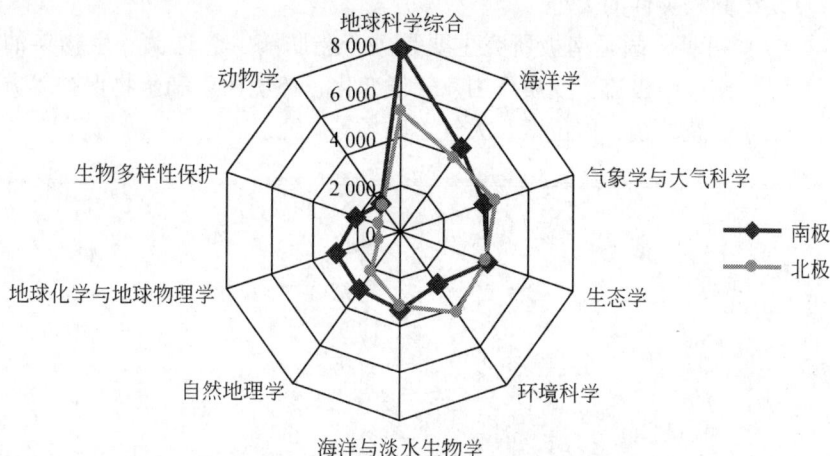

图 5-3　1971～2010 年极地研究的学科主题分布（单位：篇）

和总被引次数最高，是国际极地研究成果论文发表最多的领域；极地气象与大气科学、海洋学、生态学领域论文的被引率、篇均被引次数和 H 指数高于地球科学综合领域，表明这几个学科领域是极地研究的前沿热点；此外，环境科学、地球化学与地球物理学、海洋与淡水生物学等领域也受到较多关注（表5-7）。

表 5-7　极地研究主要学科领域的被引情况

学科主题	论文数量/篇	所占比例/%	总被引次数/次	篇均被引次数/次	论文被引率	H 指数
地球科学综合	12 963	19.0	196 322	15.1	85.9	117
海洋学	8 340	12.2	172 646	20.7	86.9	125
生态学	7 953	11.6	155 091	19.5	89.8	121
气象与大气科学	7 775	11.4	157 326	20.2	86.5	126
环境科学	7 012	10.3	118 317	16.9	86.9	106
海洋与淡水生物学	6 353	9.3	115 228	18.1	90.7	94
自然地理学	5 373	7.9	73 833	13.7	87.1	76
地球化学与地球物理学	4 019	5.9	78 692	19.6	85.8	101
生物多样性保护	2 975	4.4	41 871	14.1	89.3	65
动物学	2 808	4.1	42 300	15.1	88.0	72

注：按论文数量进行排序

5.3.4　研究主题与热点领域

利用美国 Thomson 公司的 Aureka 分析平台，根据 2000～2010 年极地研究论文绘制关键词聚类图谱，分析进入 21 世纪以来极地研究的主题分布情况。该聚类图与自然地理上的高程图相似，颜色浅的高海拔地区表示这些关键词在论文中出现的频次高，关键词之间的距离远近反映出其相关性的大小。

从图5-4（a）可见，国际南极研究主要是关于脂肪酶、念珠菌、生物柴油、宇宙射线、海冰、海洋、南极绕极流、变质作用、气候变化、环境污染和生物保护等方面，另外还关注基因、水团、紫外线、同位素、大气、磁场等研究。

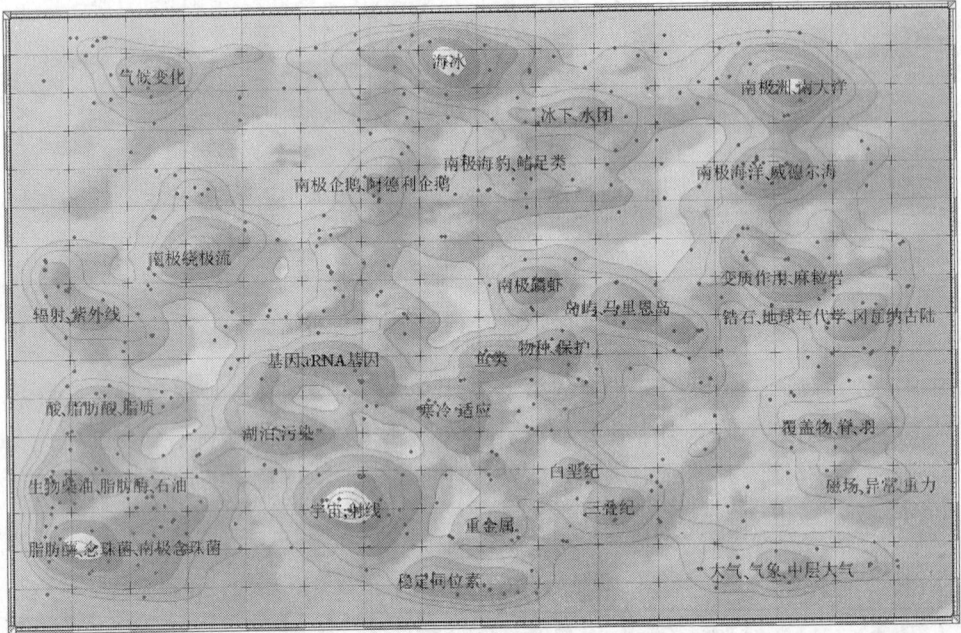

(a) 南极

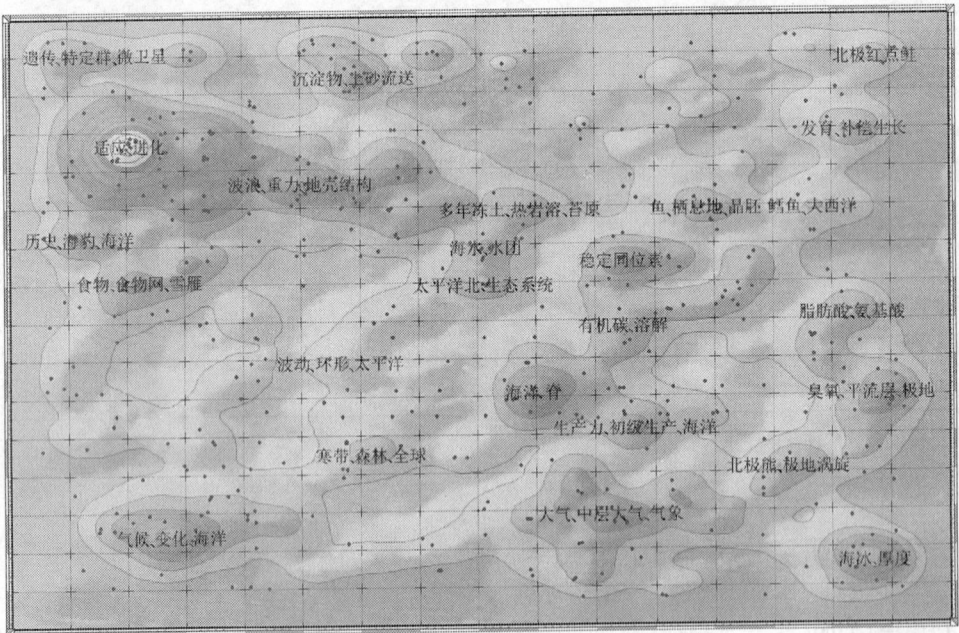

(b) 北极

图5-4　2000～2010年论文关键词图谱（后附彩图）

　　图5-4（b）可见，国际北极研究最主要的是关于适应和进化的研究，此外，还关注气候变化、海冰、大气、波浪、地壳结构、沉淀物、冻土、生态系统、食物网等方面，研究中采用了同位素和微卫星等先进技术。

　　用荷兰莱顿大学科学技术研究中心（CWTS）开发的科学图谱工具 VOS（Visualization of Similarities）viewer，对极地研究被引次数大于等于20次的论文中的热点关键词进行共现矩阵分析。从图5-5（a）可见，南极研究的高被引论文的研究热点比较集中，重点是关于冈瓦纳古陆演化、南乔治亚岛海域的磷虾、脂肪酸、南极脂肪酶及低温微生物研究等。

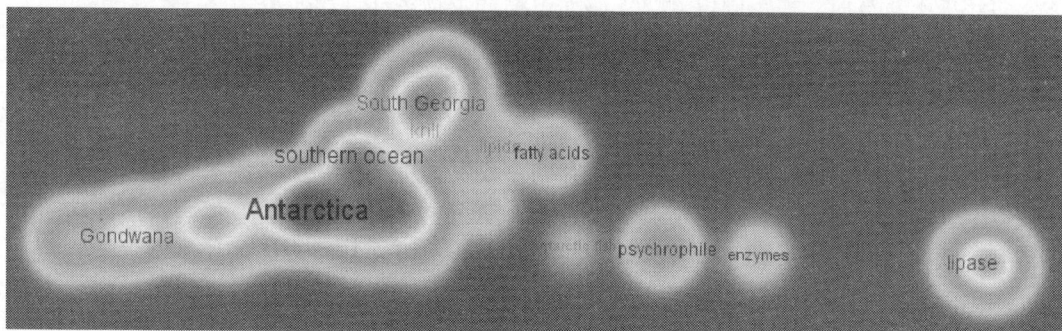

(a) 南极

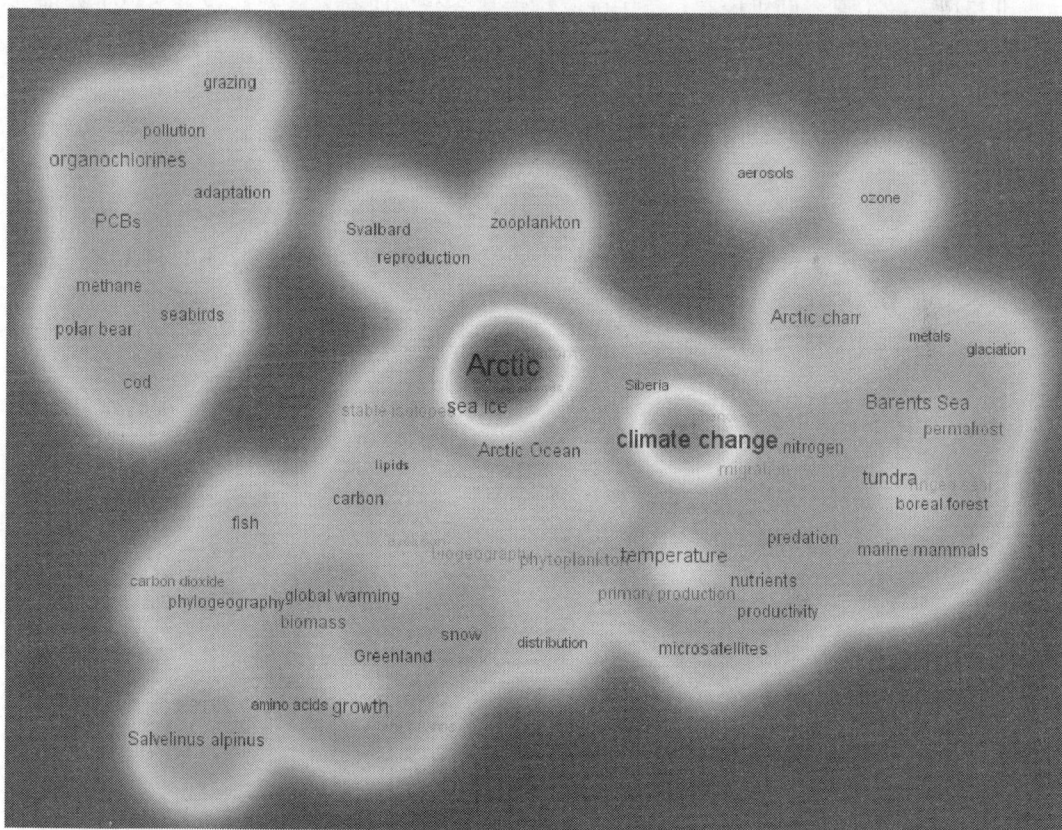

(b) 北极

图5-5　被引次数≥20 论文的热点关键词共现图谱（后附彩图）

图 5-5（b）可见，北极研究的高被引论文中，关于气候变化的研究尤为突出，其他各热点领域相互关联形成主题比较分散的布局，主要有关于温度变化对北极生产力的影响、北极苔原生态系统、有机氯对北极生物的影响等研究，其中对格陵兰、巴伦支海、阿拉斯加等地区的研究较多。

2008～2010 年这三年中，极地研究论文中出现频次较高的关键词可以大致描绘出近期国际极地研究关注的新前沿。国际南极研究近期更加关注脂肪酶、气候变化、海冰、生物柴油、酯交换、生物分类、生物地理学等研究；国际北极研究近期更加关注气候变化、海冰、多年冻土、苔原、稳定同位素、浮游动植物、生物多样性等研究。

5.3.5 主要研究资助机构

根据论文里的标注，统计得到南极研究的主要资助机构有：美国国家科学基金会、美国航空航天局、中国国家自然科学基金委员会、澳大利亚研究理事会、英国自然环境研究理事会、欧盟、欧洲委员会、俄罗斯基础研究基金会、澳大利亚南极局、德意志研究联合会、中国国家重点基础研究发展计划（973 计划）、美国国家海洋和大气管理局、瑞典研究理事会、瑞士国家科学基金会、英国南极调查局等。

北极研究的主要资助机构有：美国国家科学基金会、加拿大自然科学与工程研究理事会、挪威研究理事会、俄罗斯基础研究基金会、美国航空航天局、英国自然环境研究理事会、欧盟、中国国家自然科学基金委员会、瑞典研究理事会、欧洲委员会、美国国家海洋和大气管理局、加拿大北极网络、芬兰科学院、极地大陆架项目、加拿大环境部、德意志研究联合会等。

从图 5-6 可见，美国（主要是美国国家科学基金会）对极地考察的经费投入每年平均300 多万美元，近年来一直呈增长趋势，尤其是 2009 年经费涨势明显。澳大利亚每年的经费投入有 100 多万美元。英国南极局每年投入四五十万美元，法国极地研究每年投入二三

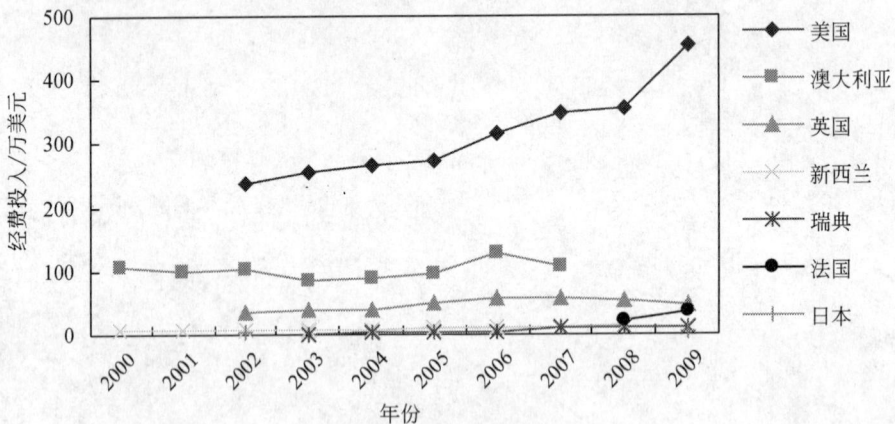

图 5-6　各国极地考察经费投入

资料来源：中国极地研究中心．极地软科学研究网－指标系统．2011-3-10.

http：//softscience. chinare. org. cn/softscience/countryInspectList. jsp? sortName = -1&pageNo = 1&sortDirection = asc

十万美元。新西兰和瑞典一直对极地考察有比较稳定的投入。日本极地考察的经费主要来自日本国立极地研究所。

5.3.6 各国极地考察能力指标

中国极地研究中心极地战略研究室委托南京大学信息管理系对主要国家的极地考察能力进行评估，部分成果发布在"极地软科学研究网"（http：//softscience. chinare. org. cn/softscience/index. jsp，详细报告预计 2011 年出版）。该评估包括考察活动规模、科学研究水平、科普教育水平、环境保护水平、商业活动水平、南极系统活跃度 6 个方面。

（1）考察活动规模的指标包括：国家经费投入、考察站可容纳人员数量、常年站数量、夏季站数量、内陆站数量、营地数量、考察船数量、固定翼飞机数量、直升机数量、油料消耗、考察与研究人员数量、国内支持人员数量、后勤支持人员数量。

（2）科学研究水平的指标包括：研究与观测项目数量、牵头大型国际研究计划数量、参加大型国际研究计划数量、共享科学数据集个数、发表 SCI 论文数量、SCI 论文被引次数、担任 IPY 项目负责人次、参与 IPY 项目数量。

（3）科普教育水平的指标包括：网站流量排名、网站访问频次、用户的页面浏览量、有无 IPY 活动网站、大学南极课程设置数量、举办南极展览次数、南极科普教育资源网站数量。

（4）环境保护水平的指标包括：国内立法与否、清洁能源使用率、人均垃圾处理量、初步环境评价（IEE）次数、综合环境评估（CEE）次数、保护区数量、管理区数量。

（5）商业活动水平的指标包括：旅游人次、南大洋渔获量、民间探险活动次数。

（6）南极系统活跃度的指标包括：优势地位（原始缔约国/协商国）、南极条约协商会议（ATCM）提交报告数量、南极环境保护委员会（CEP）会议提交报告数量、参加南极条约系统内各条约数量、担任国际组织领导职务人次、南极条约履约视察次数。

这些指标的统计结果显示，美、英、德、澳、俄及阿根廷、智利等国家的极地考察活动规模具备相当强的实力；美、欧、澳、俄、日等极地科学研究水平高；美、德、英、澳及新西兰、乌拉圭等重视极地的环境保护；美、欧、澳、日、韩等对极地的商业活动开发程度比较高；中国、保加利亚、厄瓜多尔、乌拉圭、印度等国的极地科普教育发展比较迅速；南极原始缔约国具有优势地位，在南极系统的活跃度高，中国、乌拉圭、印度、韩国、巴西等积极参与国际南极事务。

5.4 极地研究国际前沿态势

通过前面的国际极地科学研究计划、主要国家极地研究主题和极地文献计量分析，可以看出世界上许多国家已经对南北两极诸多科学问题开展了大量的考察和研究，取得了许多丰硕的成果，这些研究仍在继续并且不断扩展。极地研究涉及大气、海洋、海冰、陆地、冰川、生物、矿产、地质、社会科学等各个领域。

5.4.1 极地科学研究前沿与进展

5.4.1.1 大气环流和大气温度

最近 50 年，随着南极洲沿海气压的降低，中纬度地区气压升高，南半球年际模态（Southern Hemisphere Annular Mode，SAM）呈现出加强的趋势。自 20 世纪 70 年代后期以来，这一变化导致南大洋西风增强 15%～20%。导致 SAM 变化的原因包括温室气体增多、南极洲臭氧洞变大，其中尤以平流层臭氧消耗影响最大。南极洲位于南纬 60°～70°的沿海地区，除了阿蒙森–别林斯高晋海地区外，气旋数量均减少，但强度却有所增强。近几十年，厄尔尼诺现象频繁出现，强度也更大。其中有几次，在南极洲也观察到了厄尔尼诺现象。但目前尚无证据表明厄尔尼诺会影响到南极洲的长期气候趋势。

表面温度变化趋势表明，自 20 世纪 50 年代早期以来，南极半岛有明显的升温，西南极洲升温程度略低，而南极大陆其他地区的温度变化很小。重建数据表明，自从 19 世纪末以来，南极洲温度平均升高了 0.2℃。根据南极洲无线电探空仪温度数据，过去 30 年，海平面以上 5 公里处的对流层温度有所升高，而其上的平流层则有降温趋势。一般认为这是温室气体排放量增加所致。冬季该地区该高度的对流层升温程度最显著，居全球之冠。其中部分原因，可能是由于冬季极地平流层云量增加，产生隔热效应所致。臭氧洞引起平流层降温，最终导致平流层云的形成。

2009 年北极地区年平均温度的增长速率稍有下降，2010 年前半年在加拿大的北部地区每月温度出现了超过 4℃ 的近乎创纪录的异常。在夏末，由于持续的接近历史记录的海冰损失，北冰洋中持续存储了过多的热量。有证据表明，北极地区较低纬度区低层大气温度的升高对北极地区及北半球中纬度地区的大气环流产生了影响。2009～2010 年冬季，北半球出现的极端寒冷与冰雪事件与北极地区风力模式的变化有着一定的关联，这就是所谓的暖北极–冷大陆模式（Warm Arctic-Cold Continents Pattern）。

据观测数据显示，2009 年北极陆地地区的年平均气温比近几年的都要低，但近 10 年来的平均温度仍然是自 1900 年记录以来的最暖温度。2009 年的 2 月（10 年来最低温）与 12 月，北极地区受亚欧大陆严寒的影响温度较低，但其余时间温度仍然是变暖的。2009 年度的温度异常空间分布特点是整个北极地区的温度与 1968～1996 年同期的平均数据相比高了 2℃。

5.4.1.2 臭氧空洞

20 世纪中期开始，全世界范围内逐渐形成了对大气臭氧的全球观测系统，并按国际气象组织的统一规范对大气臭氧进行日常观测。1985 年英国科学家乔·弗曼等人首次报道，1980～1984 年，南极上空每年春季（10 月）臭氧含量与同年 3 月相比大幅度下降，这引起了世界各国的普遍关注。平流层臭氧损耗，特别是南极地区臭氧的急剧减少成为中层大气研究的核心课题。

1986 年和 1987 年美国国家航空航天局组织数十位科学家赴南极，寻求揭示臭氧空洞形成的机制。基于大量研究结果发现，南极臭氧洞主要是人类向大气中排放氟氯烃化合物（CFCS）造成的。20世纪90年代以来，南极臭氧洞继续发展。美国国家航空航天局公布2000年10月南极上空的臭氧空洞面积达到2900万平方千米。2010年英国南极调查局和美国国家航空航天局的科研人员利用海冰卫星图像和计算机模型，发现臭氧空洞使南极洲周围的地表风力增强，围绕南极大陆的南太平洋地区风暴加强，这导致南极洲西部罗斯海上空的冷空气流动加剧，从而致使该区域冰量增加。在未来的几十年中，随着臭氧层空洞的减小，南极夏季的绕极风将减弱，南极大陆将加速变暖。

美国国家地理网站2011年3月报道，德国阿尔弗雷德·魏格纳极地与海洋研究所物理学家马库斯·雷克斯根据北极30个臭氧监测站获得的初始数据，发现2011年春天来临之前"第一个北极臭氧洞也许已经形成"，引起的紫外辐射增加会影响北极生态系统和人类健康。例如，更多阳光照射会导致特定海洋藻类的生长速度变慢，使较大生物体的食物来源匮乏，从而影响整个食物链。消耗臭氧的空气借助北极涡旋，还可能会向南部人口密集区扩散。

5.4.1.3　极区海洋环流和海冰覆盖

根据检潮仪和测高仪得到的数据，1990~2000年，全球海平面每年升高3毫米以上。南极绕极流比全球大洋整体升温快。1950~1980年，700~1100米深处的南极绕极流温度升高了0.17℃。1979~2006年卫星测量数据表明，海冰面积以每十年1%的速率增大。除了别林斯高晋海以外，南极洲其他地区海冰面积都呈增大趋势；在别林斯高晋海，海冰面积明显减少。从南纬40°一直到南极地带，二氧化碳在大洋中的增长速度大于在大气中的增长速度，海洋中二氧化碳含量增加导致海水酸性增强。

南极海冰以各种方式影响气候和海气相互作用。在冬季，南极海冰大约覆盖1900万平方千米的面积，夏季的覆盖面积大约减少到这个面积的20%。冰表面可以反射大约20%的太阳辐射，这种反射的效率依赖于冰的厚度和雪覆盖状况。海冰面积的减少降低了反照率，使海洋升温，形成一种正反馈，加速了冰的融化。海冰形成时释放的盐分是产生密度较大的海水的关键因素。

在2009年，由风力驱动的北冰洋环流模式具有明显的飓风特点，形成了自1997年以来首次出现的飓风。这种模式的出现非常明显地改变了海冰覆盖与海洋的一些特点：相比2007年夏季观测到的历史极端最高温度，在2009年夏季，上层海水的最高温度呈持续下降趋势。与2008年相比，西伯利亚海岸线的海平面有着明显的下降。在加拿大盆地，可以观测到很明面的地球化学变化，即由于海冰融化造成的海水增加与表层海水 CO_2 的吸收（使海水呈酸性）对加拿大盆地的钙化生物造成侵害。

北极地区海冰覆盖的年度变化中，每年的3月海冰范围最大，9月海冰范围最小，因此这两月是观测对比海冰变化的最佳月份。2010年9月19日，海冰的范围达到了最小，面积为460万平方千米。2010年的夏季海冰范围是自1979年以来的第三大最低纪录，仅次于2008与2007年的最低纪录。总体来讲，2010年的最低海冰范围比1979~2000年平均的范围减少了31%（210万平方千米）。卫星记录显示，过去的连续4个夏季是卫星记录以来海冰范围最低的夏季。2010年夏季，整个北极地区的地面气温比正常的要高，在6

月份的时候，强烈的大气环流促使冰区边界的冰块离开海岸。但2010年的这种环流模态并没有像2007年那样盛行整个夏季。

5.4.1.4 陆地冰川冻土

近几十年南极半岛的冰架变化迅速，温度升高导致南极半岛两侧冰架都有所退缩。冰架消退以后，内陆的冰川加速流向边缘。最近的被动微波数据表明，沿海冰盖消融速度日渐加大。1963~1990年，西格尼岛的永冻土活性层（即进行季节性冻结－消融过程的一层）增加了30厘米，同期西格尼岛温度上升；1990~2001年，活性层变薄，同时西格尼岛温度下降。在麦克默多湾，地下360厘米冻土温度基本保持稳定，仅以每年0.1℃的低速下降。

在北极地区，对陆地变化的观测范围较广，包括植被、永久冻土、河流径流、积雪层、高山冰川与冰冠等。一般来讲，这些观测为北极地区的变暖趋势提供了进一步的证据。这些变化也进一步解释了北极地区各要素之间的关联性，这些变化与大气环流模态、海冰状况、海洋表层温度的变化有着密切联系。

2009~2010年，冬季天气的变暖与干燥加上夏季气温的升高，导致格林兰冰川发生自1958年以来的最大消融。2010年在格陵兰岛彼得曼冰川消失的速率是之前8年定期观测记录的3.4倍（419平方千米）。这些证据表明，过去10年冰川面积消失的速率（平均每年120平方千米）比前2000年的消融速度要高。在阿拉斯加州、加拿大西北部、西伯利亚与北欧等地区，过去几十年中永久冻土层的温度呈普遍上升趋势，而在过去5年中，许多极地地区海岸带附近的永久冻土呈现出加速变暖的趋势。植被中，最大的变化发生在加拿大、格陵兰西部与阿拉斯加北部的高纬度极地地区，观测发现，在1982~2008年间，这些地区的植被增加了15%。

5.4.1.5 冰芯记录的温室气体

随着现代大气中温室气体含量的增长以及对气候变化的显著影响，人们更多的关注历史时期大气中温室气体的含量及其与气候变化的关系。冰芯特殊的沉积过程，使其包裹了原始状态的古大气，为研究古大气中的温室气体提供了直接的证据，这是其他沉积记录所不具备的。近10年来，格陵兰和南极冰盖深冰芯中温室气体的提取和研究为认识古大气中温室气体的含量及其对环境的影响提供了基础（李传金等，2009）。

1800年以前，南极Law Dome冰芯中CO_2含量显示呈现较小的浓度及波动趋势。13世纪以前，大气中CO_2体积分数约277 ppm，在随后的近一个世纪的时间里，CO_2浓度缓慢上升，并在13世纪末期达到一个浓度的高值。接下来的一个世纪里，CO_2体积分数则持续下降，14世纪末期降至约277 ppm。16~17世纪为南极冰芯中CO_2含量的低值期，在1600年左右达到最低值。这一CO_2低值阶段和历史时期（1300~1850年）温度较低的"小冰期事件"时间上较为一致。不同的研究者对于这一时段CO_2变化的研究结果不尽相同，Barnola等的研究结果显示，在1350~1750A.D.这一更长的研究时段中，冰芯中CO_2体积分数只降低约6ppm。1750~1800年冰芯中CO_2的含量又有小幅度增长，可能是由于气候刚从"小冰期事件"中恢复，引起大气中CO_2含量有所上升，但增长幅度较之工业时期的增长有较大差距。另外，冰芯气体中CO_2稳定同位素碳13（$\delta^{13}C$）的含量在1800

年以前呈现出较高的含量水平，且稍有上升。1600～1800 年为气体 CO_2 中 $\delta^{13}C$ 含量最高的时段，之后 $\delta^{13}C$ 的降低与"小冰期事件"在时间上有很好的一致性。

格陵兰 GRIP 冰芯记录的 1800 年之前大气中 CO_2 含量结果显示，从 1100 年的较高体积分数值（295ppm）开始，CO_2 浓度呈现缓慢下降趋势。比较 1800 年以前南极与格陵兰冰芯中 CO_2 含量可以发现，格陵兰冰芯中 CO_2 平均体积分数较南极高出约 9ppm，这是由于两地所处地理位置的差异，导致影响两者的环境条件有较大不同，格陵兰冰盖地区较高的温度和冰芯中较多的杂质导致其 CO_2 的含量较南极地区高。

工业革命以后，南极和格陵兰冰芯记录的大气 CO_2 含量有较为一致的变化趋势，两地冰芯中 CO_2 的含量差值逐渐减小，并趋于一致，均表现出显著的线性增长趋势。人类活动对大气中 CO_2 含量的显著影响始于 1780～1870 年，自 1870 年开始，大气 CO_2 含量明显升高。正如冰芯记录所揭示的，大气中 CO_2 含量总体上以越来越高的增长率在上升，1935～1945 年大气 CO_2 含量增长率较为稳定，此后 CO_2 含量再次开始上升。在 1800～2000 年 200 年时间里，南极冰芯中 CO_2 含量增加约 37%。2005 年大气中 CO_2 实测结果为 379 ppmv，达到 650 000 年以来的最高含量值。格陵兰冰芯中 CO_2 含量在工业革命后也呈现出快速的增长趋势。与此相对应，南极冰芯中 CO_2 中 $\delta^{13}C$ 的含量最后的 1～2 个世纪里有较大幅度的下降，这主要是人类活动影响了温室气体含量的缘故（图5-7）。大量化石燃料的燃烧、水泥等建筑用品的生产排放、地表植被的破坏、森林的砍伐以及开矿等活动，都直接或间接地影响了大气中 CO_2 的含量及 CO_2 中 $\delta^{13}C$ 的变化。

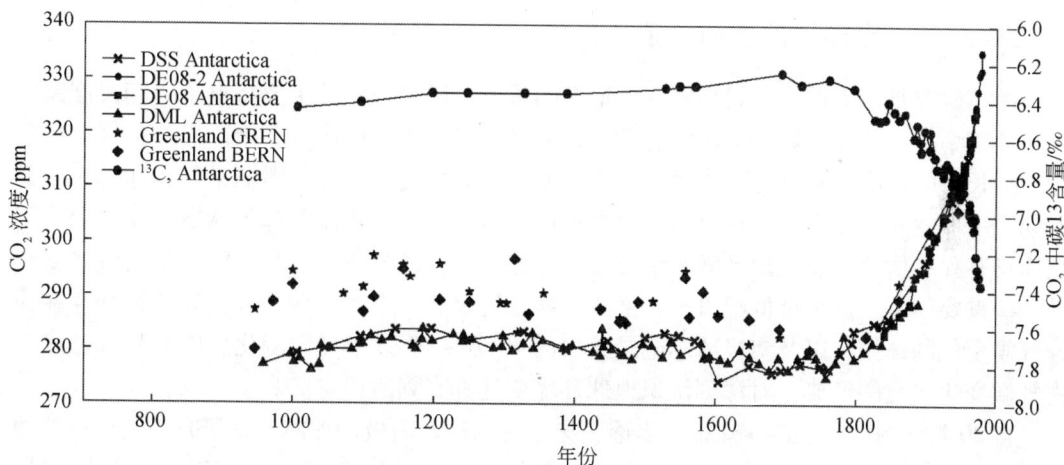

图5-7 两极冰芯记录恢复的过去 1000 年大气中 CO_2 含量及 $\delta^{13}C$ 的变化

过去 1000 年以来，南极和格陵兰冰盖冰芯中记录的大气 CH_4 含量变化与 CO_2 有所不同，南极和格陵兰冰盖地区冰芯记录的 CH_4 含量差异较小，这可能是由于 CH_4 的含量受冰温及冰芯杂质的影响小。从总体趋势看，18 世纪以前，全球大气中 CH_4 的平均体积分数较低，约 700ppb[①]，且浓度值波动小，18 世纪以后，尤其是工业革命以后，伴随着人类

---

① 1ppb = 10^{-9}

活动对环境影响的加剧，大气中 CH_4 的含量呈现出一种线性的增长趋势。尤其是近一个世纪以来，大气中 CH_4 的含量增加了近 1000ppb。格陵兰冰芯记录的北半球高纬度大气 CH_4 体积分数从 1000 年前的约 700ppb，到工业革命前增长到 790ppb。南极冰芯中 CH_4 含量表现出同样的趋势，从 1000 年前的约 670ppb，到工业革命前增长到 730ppb。此现象可能反映出 1850 年以前人类活动对大气中 CH_4 影响较弱。

1000 年至工业革命前的时段里，自然源中的湿地释放是大气中 CH_4 的主要自然来源（约 75%），另外，陆地生物不完全分解和煤炭、天然气、火山等自然气体排放对大气中 CH_4 含量也有很大贡献，海洋对大气中 CH_4 的贡献量比较小（至多 5 ~ 10 太克/年）。全新世工业革命前晚期（Late Preindustrial Holocene，LPIH，约公元 1 ~ 1700 年）$\delta^{13}CH_4$ 的变化有两个显著特征：①$\delta^{13}CH_4$ 含量至少比科学家对 0 ~ 1000 年时段的期望值高出 2‰；②CH_4 1000 ~ 1700 年体积分数上升不少于 55ppb，$\delta^{13}CH_4$ 含量的降幅约 2‰。最新研究表明，植物在有氧环境里也可以生产 CH_4，但这种来源对古大气中 CH_4 的贡献量还亟待进一步的研究。工业革命之后，与人类活动有关的各种来源是大气中甲烷的主要贡献者。生物源主要是水稻田和食草家畜，非生物源主要为各种生物体的燃烧和石油、天然气及煤矿的排放。另外，T. Blunier 等研究证实，工业革命以后大气中 CH_4 的含量波动与世界人口的数量变化具有很好的一致性。1800 年以后，大气中 $\delta^{13}CH_4$ 含量也呈现出快速上升趋势。大气中 CH_4 的清除主要是通过干燥土壤的吸收和在大气中的氧化，其中与 OH 自由基的反应损失量可达全部 CH_4 的 85%~90%。CH_4 和 OH 的反应速率非常慢，反应速率常数与温度有关。

5.4.1.6 古环境演变的记录

冰芯研究是恢复过去气候环境变化记录的重要手段之一，其主要特点是时间尺度跨度大、分辨率高、保真度好，不仅信息量大，而且不同信息可以区分开来。极地地区的冰芯记录对长时间尺度气候环境变化研究尤为重要。南极内陆由于降水量非常低，冰芯记录的时间尺度可达几十万年至上百万年，对揭示由于地球轨道变化而引起的冰期 – 间冰期旋回规律具有独特优势。北极地区降水量较大，冰芯记录以高分辨率见长，能够辨析气候变化的一些重要细节。近半个世纪以来，格陵兰冰芯记录关于末次冰期和末次间冰期均存在快速气候变化的证据，以及南极冰芯记录给出的 40 万 ~ 80 万年气候变化总体概貌都已成为古气候变化研究的经典，对深刻认识地球环境变迁具有划时代意义。

自 20 世纪 60 年代在 Byrd 站钻取透底深冰芯以来，南极深冰芯记录研究不断取得新的突破。特别是 Vostok 冰芯研究于 20 世纪 80 年代接连给出 15 万年、16 万年气候变化记录，20 世纪末又将记录延伸到 42 万年，展示了以 10 万年为周期的 4 个冰期—间冰期旋回，成为古大气环境记录的经典。2004 年欧洲南极冰芯计划（EPICA）冰穹 C（Dome C）冰芯记录将记录延伸到了 70 多万年。

冰穹 A（Dome A）不仅是南极冰盖的最高点，也是东南极大陆的中心，其大气环境具有大尺度代表性，是冰芯记录研究的理想之地。20 世纪末以来的 10 年间，中国南极考察队进行了 5 次中山站——Dome A 断面考察，2005 年终于到达 Dome A 顶点（图 5-8）。对冰体厚度的雷达探测和自动气象站对表面温度、积累速率的连续监测表明，该区域是目前地球上已知温度最低、年雪层厚度最小的地方。按简单的稳定状态温度分布和冰体动力学模式推算，3100 米深处冰的年龄大于 1.1 兆年，温度为 -8.4℃。Dome A 成为突破百万年尺度冰芯记录的希望之地，引起国际科学界极大的兴趣。

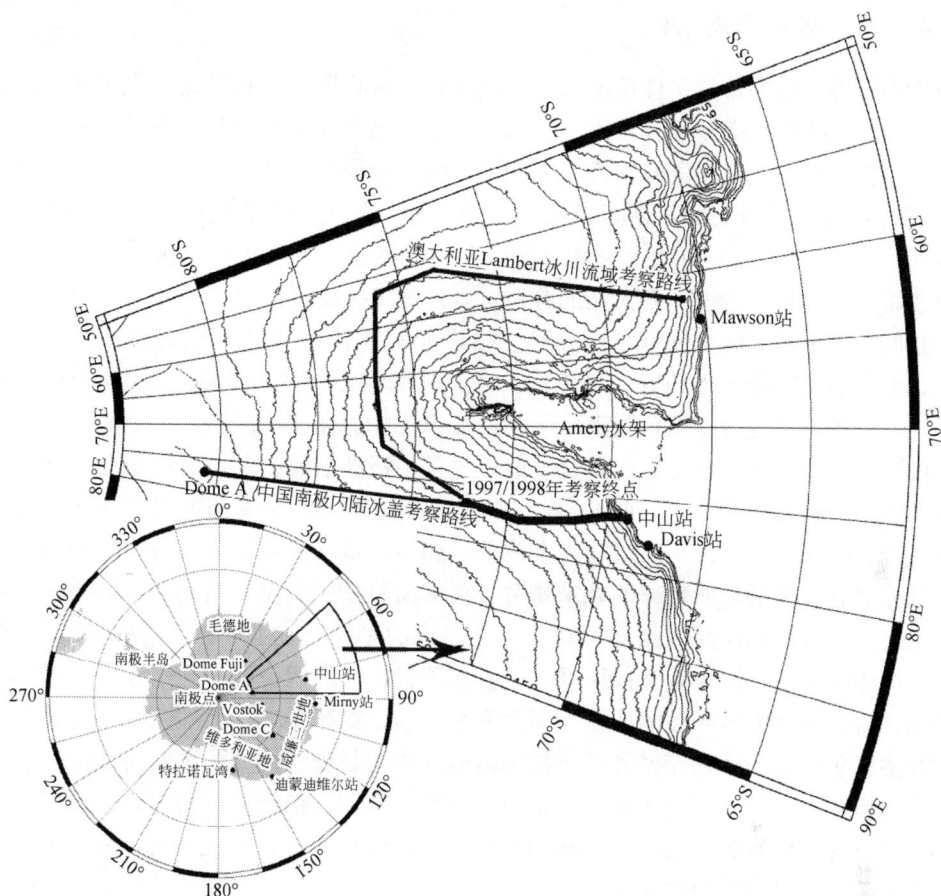

图 5-8　东南极 Dome A 冰芯钻取点位置及 CHINARE 中山站——Dome A 考察路线（丁明虎等，2010）

通过对 2004/2005 年中国第 21 次南极考察队在南极冰盖最高区域——Dome A 地区钻取的一支 109.91 米冰芯进行的测试和分析研究，表明东南极内陆地区晚全新世以来气候状况较为稳定（气温波动幅度约 ±0.6℃），且变化趋势具有一致性。Dome A 冰芯中过量氘的值较高（平均值为 17.1‰），是南极雪冰中过量氘的高值中心，这可能与过饱和环境下降雪过程中稳定同位素动力分馏效应有关，另外 Dome A 冰芯过量氘自晚全新世以来的升高趋势主要反映了水汽源区位置向赤道方向的总体迁移（侯书贵等，2007；2008）。

南极和格陵兰冰盖冰芯中火山沉积记录的研究不仅可以繁衍过去火山喷发的历史，而且相关记录对火山喷发造成的气候影响也有所反映。2010 年 Ren 等通过对 102.65 米 DT401 中包含的过去 2680 年历史中火山活动沉积记录的研究显示，整支冰芯共记录了 36 次显著的火山事件，平均记录的事件频率为 1.4 次/世纪。最近 1000 年火山喷发记录的次数比之前 1000 年明显为高，且火山记录的喷发强度最近 1000 年内也显著强于之前 1000 年。最早的 680 年中仅记录了 7 次火山事件，但火山信号的强度较大。DT401 冰芯中火山沉积记录结果与其他南极冰芯（PR-B，Dome C，DT-263，and Byrd）对比显示，在东南极低积累率地区，沉积后过程对火山喷发物质的沉积具有较大的影响（Ren et al.，2010）。

5.4.1.7 极地生态系统

南极洲极端严酷的自然条件使南极大陆地区野生生物资源比较贫乏，但围绕南极大陆的海洋南大洋，特别是南极辐合带附近的水域，无论是海洋生物种类还是其生物量都很可观，鲸、海豹、磷虾和鱼类资源富饶。据南极生物学家研究和统计，常年或季节性栖息在南极地区的鸟类有41种之多，南极鱼类约有200种。除企鹅和海豹等大型生物外，南大洋还有须鲸7种，齿鲸11种。蓝鲸是南极最大的哺乳动物，也是世界兽类之最。南大洋中鲸的数量和捕获量均占世界各大洋的首位。磷虾是南极附近海域中最重要的甲壳类浮游生物，是南大洋中最大的生物资源。海洋生物普查项目2010年绘制的海洋生物多样性分布图，显示在南极冰面下生活着大量生物，尤其是海洋底部约有8000多种物种。在南极的海洋中，一些新发现的特殊鱼类解释了为何海洋生物能在冰冷的海水中生活的奥秘。

南极陆生生物对气候演变反应最显著的例子是南极洲沿海的两种有花植物（维管束植物，南极发草和南极漆姑草），在个别地方发现有大量繁殖。温度和降水变化减少了湖上冰覆盖的延长时间和范围，从而增加了湖泊的生物生产量。多数亚南极群岛以及南极大陆的某些部分都有人类活动所带来的外来物种，包括微生物、真菌、植物和动物等，它们给当地的生态系统和生物区系的结构和功能带来一定的影响。过去50年，南极海洋生物区系居住环境相当稳定，海洋生态系统受人类直接干扰很小。但是这一生态系统却受到气候变化影响，特别是在南极半岛的西侧，那里海水升温，海冰减少，繁殖活动与海冰息息相关的侧纹南极鱼减少，磷虾储量和浮游植物群落减少，凝胶状的樽海鞘向南迁徙。

过去的研究提供了一些南大洋生态系统的资料，例如，初级生产力、南极磷虾的生物学和生态学信息、桡脚类生物和食肉动物的信息等，但对于生态系统对气候变化的响应机制以及模式工具的研究仍相当匮乏。

北极地区的生物对全球生物多样性有着重要的贡献，这一地区有全球非常重要的鸟类、哺乳动物与鱼类种群。全球近一半的海岸鸟类与全球80%的雁类种群生活在北极与亚北极区域。陆地动物除北极熊和灰熊外，还有上百万只驯鹿、数万头麝牛、北极狼、北极狐、北极兔以及数亿万的北极旅鼠。海洋生物资源主要为鱼类、鲸和海豹。巴伦支海、挪威海和格陵兰海都是世界著名的渔场，近年的捕鱼量约占世界的8%～10%。北极的森林资源也十分丰富，最典型的是泰加林的落叶松。北极地衣是菌类和蓝藻类的结合体，是寒区重要的物种资源，其寿命最长可达400年。在北极苔原上还有900多种显花植物。

2010年在北极圈生物多样性监测计划委托和协调下完成的北极物种动向索引（The Arctic Species Trend Index）报告"北极野生动物动向追踪"显示，1970～2004年生活在高北极地区的哺乳动物、鸟类和鱼类的种群数量下降了26%；低北极物种种群增长了46%；亚北极地区的种群数在这段时间内保持稳定。海水温度上升使低北极鱼类如鳕鱼的种群数增加；旅鼠、驯鹿和红腹滨鹬的种群数量有所下降；经过北极地区的候鸟数量平均下降了6%；过去15年中，棕熊种群数量下降高达50%；2008～2009年间，北极熊生存依赖的北极海冰消失情况严重。北极地区一些自然特点的改变（如气温上升、海冰覆盖范围缩小）将使生物的生存出现危机。在环境变化的影响下，一些南方（亚北极区）的物种与生态系统将受到影响并有可能被替代。《2010 北极生物多样性趋势报告》分析 22 项指标得出，气候变化是促使北极生物多样性发生变化的最深远和最重大的推动力。

极地地区由于其独特的地理及气候特征，生存于这些环境中的微生物，具备独特的生物学适应机制和生理生化特性，如嗜冷/耐冷特性、嗜盐/耐盐特性、抗辐射特性等。极地微生物作为极端微生物的一个重要组成部分已成为国际科学研究的热门领域。

5.4.1.8　北极海岸环境

气候变化以及人为影响因素的增加，例如石油与天然气勘探以及北极海岸沿线的航海，对北极产生了重大的环境和社会影响。北极海岸与海洋生态的健康面临与日俱增的压力，支撑沿海生物群落的生态产品与服务处于风险之中。在北极，生态系统与沿海生物群落对于恶劣的环境事件相当脆弱。对管理者和治理者来说，不仅面临当地资源管理的挑战，还面临处理新的经济体与本地、国家以及全球利益和需求紧张关系的挑战。北极地区目前所面临的大部分挑战源自全球性问题，比如气候变化、全球过度捕捞、远洋石油资源开发、海洋资源探索等。

过去 10 年里关于北极的状况有大量评估，2010 年国际极地年发布《北极海岸状况 2010——科学回顾与展望》(*State of the Arctic Coast* 2010 —*Scientific Review and Outlook*) 从多视角对北极海岸的状况进行全面深入的描述和分析。北极圈海岸带的研究问题包括：

1）对变化的观测、监测

北极环境在迅速变化，主要通过实地监测、遥感等方法以及数据挖掘与再分析对北极的海洋物理和生态环境变化进行监测。北极海岸带的现场监测受到地域偏远、交通、极端寒冷环境中的仪器性能等因素的制约，利用高分辨率的遥感新技术手段可以更好地分析北极沿海的时空变化。北极沿海和海洋生态系统的健康面临越来越大的压力，人文因素变化的监测更多是基于社区的监测、人类健康监测等。

2）北极沿海变化的应对计划

建立模型，帮助理解复杂的自然交互作用和气–海–陆耦合系统，包括生物物理和社会系统的因素。要素包括：海平面、海冰状况、沿海永久冻土的稳定性、降水、河流流量、沿海生态系统的生物多样性、沿海自然灾害等。模型种类包括物理模型、沿海生态系统模型和社会经济模型。北极海岸带预测与建模的制约因素有：对北极沿海区域海平面的认识还不够，对地表热通量的分析技术尚不成熟，中长期的监测数据不足，这些对模型来说都至关重要。

3）影响与适应

在气候变化的背景下考虑人为因素，适应性不仅包括应对变化的潜在能力，也包括对变化进行反应时高度的积极性。显著和频繁的气候变化是影响北极沿海社区的重要因素，特定沿海社区适应变化的能力取决于其社会、经济和政府的能力。

5.4.1.9　极地矿产资源

南极地区的矿产资源极为丰富，南极的石油和天然气主要分布在南极大陆架区。罗斯海和罗斯冰架区、威德尔海和菲尔希内冰架区、普里兹湾和兰伯特地堑区是石油天然气资源潜力最大的主要勘探区；南极半岛陆架区、别林斯高晋海和阿蒙森海陆架区也是油、气显示好的勘探区；新西兰、高斯伯格—克尔盖伦、克洛泽和福克兰海底高原等海域，是寻找油、气资源的远景区。南极地区的石油储存量为 500 亿~1000 亿桶，天然气储量为 30 000 亿~50 000 亿立方米。

据已查明的资源分布来看，南极地区煤、铁的储量为世界第一，其他矿产资源还在勘测过程中。南极的煤资源主要分布在南极横断山脉中，其总蕴藏量约 5000 亿吨，是世界上最大的煤田之一。号称"铁山"的查尔斯王子山铁矿是具有工业开采价值的富铁矿床，初步估算其蕴藏量可供全世界开发利用 200 年，是世界上最大的铁矿之一。除铁和煤之外，南极半岛的铜、钼以及少量的金、银、铬、镍和钴，南极横贯山脉地区的铜、铅、锌、银、锡和金，东南极洲的铜、钼、锡、锰、钛和铀等有色金属储量也很丰富。蕴藏的金属矿物地层范围达 3.3 万平方千米，有的含矿地层厚 6500 米。南极还富集云母、石墨、萤石和宝石等非金属矿物。

北极地区资源丰富，从 20 世纪 60 年代末起，先后在该地多处发现了丰富的油气资源。《科学》杂志公布的北极地区石油和天然气储备分布图显示，全世界 30% 未被开采的天然气和 13% 未被开采的石油在北极周围的冰层下，数亿桶石油和几万亿立方英尺的天然气静卧在北极圈内（Gautier et al.，2009）。北极地区的油气资源主要分布于沿岸陆地盆地和沿岸大陆架。目前全球待发现油气资源 1/4 分布在北极地区，有约 900 亿桶原油储量（USGS World Energy Assessment Team，2000；Charpentier et al.，2008）。据俄罗斯等国资料，北极地区天然气储量估计为 80 万亿立方米。位于伦敦的咨询公司 Wood Mackenzie 认为大陆架油气资源主要集中于美国阿拉斯州加北侧、俄罗斯北极大陆架等。北极地区还拥有世界上 9% 的煤炭资源，大量的金刚石、金、铀、钼、钽、银、铂等矿藏和渔业资源也沉睡在这一片冰封的大陆中。

5.4.1.10 南极板块与地质构造

南极和南大洋在指示全球过程驱动和地质信息的保存方面有着重要意义。南极洲板块是地球六大板块之一，监测南极板块运动是国际南极地学界多年来关注的大尺度、长周期研究计划。科学家用 GPS 精确观测发现，南极板块整体在向南美洲方向移动。在数百万年的时间尺度上，地球构造板块的运动引起了海洋"开关"的开合，形成了海流的重大重组，并对过去的气候造成影响。根据航空地球物理数据可以对极地冰川断裂系统的地球动力学开展研究。

深入研究南极地质构造，可掌握南极山脉的形成和矿产资源的分布。东南极的太古宙陆核在中元古代时经历了不同的构造运动。罗迪尼亚超级古陆的形成至少经历了三次形成时期：1600 兆年、1400~1200 兆年和 1190~980 兆年。罗迪尼亚古陆形成不久，即开始破裂，这一破裂主要始于 1100~750 兆年前。冈瓦纳古陆的演化可分为：罗迪尼亚古陆裂解阶段（950~570 兆年），独立冈瓦纳古陆阶段（570~320 兆年），冈瓦纳-劳亚联合古陆（潘加古陆）阶段（320~170 兆年），冈瓦纳-劳亚联合古陆（潘加古陆）解体阶段（170~30 兆年）。冈瓦纳古陆的主体是在晚寒武世—早奥陶世最终形成的。

白垩纪时，随着冈瓦纳古陆各陆块的进一步漂移，古地理发生变化，开始形成威德尔浅海动物地理区；晚白垩世晚期至始新世后期，在陆地上形成了以假山毛榉为代表的植物地理区，即威德尔陆地生物地理区。陆地威德尔生物地理区的发展成为全球变化的一个关键问题。冈瓦纳古陆的最后分裂，对南大洋的洋流分布、全球大气循环以及生物演替产生了巨大的影响。这一结果一直影响到现在，构成现代地理、海洋、气候和生物分布的基本格局（陈廷愚等，2008）。

位于南极冰穹 A 冰下的甘布尔采夫山脉，是形成于冈瓦纳古大陆运动期间的古老山脉。利用冰盖集成观测技术获得的最新研究成果显示，南极冰下甘布尔采夫山脉距今 3400 万年前开始出现冰川，这里成为南极冰盖的一个关键起源地；1400 万年以来，山脉被冰层完全覆盖封存，冰下地貌特征得以保存至今。另外相关研究证实，甘布尔采夫山脉年代可能超过 3400 万年（Sun et al.，2009）。

绘制南极地质图是许多国家南极考察的主要任务之一。美国 2008 年带领来自 6 个国家的科学家对南极甘布尔采夫地区开展调查。装备了特殊雷达设备、重力计和磁场传感器的英国南极调查局和美国国家科学基金会的航行器在空中对该区域进行勘查。来自华盛顿大学和宾夕法尼亚州的科学家利用地震记录仪进行实地调查，对该地区山脉下的地壳进行绘图。

5.4.1.11 科学观测系统

南大洋过程、反馈机制及对全球变化敏感性的研究，对气候变化、海平面上升、海洋酸化和海洋资源保护等至关重要。南大洋最紧要的研究挑战常常是跨学科的，需要观测系统提供持续的、综合的、多学科的观测资料。南大洋观测系统（SOOS）未来 10 年的展望包括：①增加生物地球化学传感器，可测量深度范围更大、寿命更长的剖面浮标；②成本合理、长期的锚泊时间序列观测站，并进行数据传输；③利用滑翔测量器进行关键海域和水团等信息的测量；④利用卫星传感器和现场数据相结合，测量冰雪厚度；⑤南大洋状态评估以及增加对观测说明的深入分析；⑥提高其他国家的南大洋观测能力；⑦开发成本适中的各类传感器；⑧利用锚系基阵监测水流，进行全年的包含物理和化学参数的海水采样；⑨开发叶绿素传感器、流式细胞仪等传感器；⑩观测船进行综合的多学科的采样。

北极斯瓦尔巴特群岛的地理位置和广泛的研究基础设施，为生态系统变化及其对食物链的影响、北极地区海洋与大气运输模式、北极冰盖变化的综合观测与分析、从大气边界层到地球表面之间的大气能量平衡，以及大气密度都给卫星监测提供了极好的研究机会。气候变化、污染和其他对环境压力的影响，在北极高纬度地带产生的后果比低纬度出现的更快，并且更加严峻，北极高纬度地区可被看做早期预警系统。斯瓦尔巴特群岛已经建立了基于海洋与陆地协同的研究平台，北极斯瓦尔巴特群岛综合观测系统（SIOS）将升级现有的基础设施和北极地球观测系统，建成集地球物理、地球化学与生物过程研究于一体的平台，监测全球环境变化。

极地地区是世界上进行天文观测最好的地方之一。第四次国际极地年，有 15 个国家参加极地天文学研究项目。对极光等离子体的研究，能更好地理解太阳系的演变、进化。南极许多科学考察站都有研究极光的专门仪器设备和专业研究人员。受美国国家科学基金

会等资助，2010 年全世界最大中微子天文台经过 10 年建设，在南极高原冰层中建成，
"冰立方中微子天文台"有助于科学家探索宇宙中与中子星和黑洞相关的一些最剧烈的天
文演变过程。

卫星观测已经发展为一种可靠、成熟的科学数据获取方式，可以使科学家提高监测地
球系统变化的能力。极地地球观测网（POLENET），利用从卫星到位于极地海底的深海气
象台的一系列技术来采集地震、海洋学和化学数据并将这一覆盖范围极广的观测网传给下
一代极地科学家。

5.4.1.12　社会和人文科学研究

第四次国际极地年的一大特色是有社会学家参与其中，许多北极居民，包括土著居
民，参加了国际极地年的项目。有 30 个项目涉及北极社会和人文科学问题，包括食品安
全、污染以及其他健康问题。

英国通过采集数据并输入南极人类健康事件流行病学数据库中，提高对个体和群体在
受限的环境中如何相互作用以及人类生理如何适应极端环境的了解。新西兰考察人类在南
极洲的心理活动和身体活动模式的关系，针对在南极进行短期工作的人类出现健康、安
全、工作表现等方面的问题提出对策。俄罗斯的驯鹿放牧和狩猎有很多方式，其中一种只
有男性的牧民群体，"纯男性驯鹿牧民"研究项目就长期没有女性和极端的自然环境对牧
民的社会性和精神造成怎样的影响展开研究。加拿大科学家对海洋脂肪（omega-3）在预
防因纽特人心血管疾病和精神紊乱方面的重要性开展研究；调查因纽特人的健康，研究因
纽特人健康的过渡状态和可恢复性；考古学家和其他科学家与因纽特人社区和遗产组织合
作，以更好地了解因纽特人文化在过去 1000 年是如何发展变化的。中国南极考察也对冰
盖高原的人体医学开展了实验研究。

5.4.2　未来研究与政策管理

5.4.2.1　未来南极的研究与政策建议

1）预测未来 100 年南极的环境演化

从年际、百年到几千年不同的时间尺度，南极气候系统一直都在不断地发生着变化，
并与全球其他地区的气候系统有着密切联系。《南极气候演变及环境评估报告》中 ACCE
讨论的正是南极地区在地质时期和过去 50 年所发生的气候变化，及其对生物圈所造成的
影响，并以大气中温室气体和氯氟碳化合物的排放量来度量人类对气候的干扰，据以说明
最新的数字模型如何预测未来气候变化状况。

预测未来 100 年南极洲环境将发生怎样的演化将是个很大的挑战，但对于科学界和决
策者来说却意义非凡。只有综合考虑了大气 – 海洋 – 冰川三因素的模型，才能有把握地预
测未来气候演变。

（1）大气环流：预计南大洋在夏秋两季将出现更多的海面风，进而导致南大洋的风暴
路径继续向南极移动。

（2）温度：根据模型，一直到 2100 年，南极洲地表温度将有较大幅度的升高，在陆地和陆上冰盖表现为每 10 年升高 0.34℃，波动范围在 0.14~0.5℃之内。

（3）降水：目前所采用的数字模型低估了 20 世纪的降水情况。模型输出数据表明，未来南极大陆的降雪将比现今增加 20%。

（4）臭氧洞：到 21 世纪中叶，春季的平流层臭氧浓度将得到显著恢复，但仍无法达到 1980 年的数值。

（5）对流层化学性质：许多微量气体，如浮游生物释放的二甲基硫化物（DMS），来自南极洲附近的海洋。在任何情况下，一旦海冰减少，这些微量气体的排放量都会增加。

（6）陆生生物：升温将增大由水流或由人类带来的更具竞争力的外来物种入侵的可能性。

（7）陆地低温层：如果说在 2100 年之前，极地地区冰盖消融可能导致海平面上升几十厘米，并非夸夸其谈。

（8）海平面：《IPCC 第四次评估报告》预测，1980~1999 至 2090~2099 年，海平面将上升 18~59 厘米，这个预测值没有考虑到格陵兰和南极洲冰盖的动态不稳定性对海平面变化也有影响。另外，海平面也不是均一变化。海平面上升预测的立体图显示，在南大洋将出现海平面上升的最低值，在北冰洋将出现海平面上升的最高值。

（9）生物地球化学性质：根据模型预测，南大洋将聚集越来越多的大气二氧化碳。

（10）海洋环流和水团：根据模型预测，未来南大洋西风带将向南移，风力加强，南极绕极流随之增强。

（11）海冰：模型显示，海冰总面积将以平均每年 260 万平方公里的速率递减。

（12）永冻土：永冻土面积很可能会减少，随之将发生地表下陷以及附带的块体崩移。

（13）海洋生物：可能只有少数物种会在 2100 年之前灭绝，灭绝的主要原因是它们不能适应升温所带来的生态和生理问题，或者由于升温时它们恰巧被限制在升温超过平均水平的地区内。

2）南极政策建议

南极和南大洋联盟（ASOC）根据《南极气候演变与环境》评估报告内容提出了核心政策建议，要求《南极条约》缔约国认真考虑这些针对 ACCE 报告提出的政策建议，并采取相应措施。在南极地区采取具体的局地性和区域性措施将有助于减小南极气候变化所带来的负面影响：

（1）支持全球碳排放量降低计划，希望《南极条约》缔约国在哥本哈根联合国世界气候变化大会上坚决就降低碳排放量达成公正、有效、科学的协议。

（2）鼓励《南极条约》协商国在整个南极地区实施全套生物保全管理，包括减少外来物种引入南极洲的预防措施，以及一旦出现外来物种意外引入现象，立即采取措施将其彻底消除。

（3）考虑到未来极大的不确定性和潜在的问题，面对温室气体引起的温室效应，应采取预防措施保护海洋资源。利用海洋保护区，包括开放和封闭性区域，保护健康的生态系统，保持海岸生物多样性。减少非气候变化引起的问题。例如，必须减少人类开采活动、入侵物种和环境污染，给生态系统留出更多"喘息的机会"，以适应气候变化所带来的环境压力。

5.4.2.2 北极海岸带管理

2005 年第二届北极研究计划国际会议（The Second International Conference on Arctic Research Planning，ICARP-II）指出北极海岸带对正在发生和即将发生的环境变化极为敏感，对此提出 4 个建议：改进对生物物理过程及其对生态系统可能造成的影响的理解；生态区的管理；北极海岸带可持续发展的科研支持；改进为海岸带的研究与教育提供基本数据的网络。

2009 年北极理事会部长级会议通过一个项目，研究如何满足北极国家对以生态系统为基础的海洋管理的需要，由可持续发展工作组与北极海洋环境保护工作组执行。项目产生的一份报告上载有以北极生态系统为基础的海洋管理的国家案例研究，以及一系列关于北极基于生态系统的海洋管理"最优方案"。最佳做法包括：高效的基于生态系统的海洋管理办法的灵活应用；决策必须是全面的并在科学基础上做出的；要求国家委员会进行有效管理；需要立足本地的方法与跨边界视角；利益相关者与北极当地居民的参与是关键因素之一；适应性管理很重要。

5.4.2.3 极地生物多样性保护政策

历史上人类曾对南、北极海洋哺乳动物大肆捕杀，使白鲸、海象、海豹等濒临灭绝。20 世纪 70 年代以来，严格的国际协议控制着捕猎南极海豹（《南极海豹保护公约》）和鲸（《国际捕鲸公约》）。1982 年建立《南极海洋生物资源养护公约》，以促进南极海洋生物资源的保护和合理利用，防止过度捕捞对生态系统造成的损害。

2010 年联合国环境规划署挪威阿伦达尔全球资源数据库（GRID-Arendal）的极地中心研究编写的《保护北极生物多样性：环境协定的优势与局限》报告指出，要解决北极生物多样性面临的不断上升的压力，需要政策制定者、科学家以及其他利益攸关方具有更加全球化、跨部门和跨学科的理念。报告建议加强现有生物多样性的保护与养护机制，为进一步加强北极地区各国的资金、目标和活动指出了四大领域，强调了影响北极未来可持续管理和发展的地区和全球问题：

（1）北极地区应该加强共同管理投资和适应项目投资，全球统筹方法和各级行动也势在必行。

（2）北极各国需要大幅度扩大保护区范围，尤其是沿海地区和海洋环境。

（3）北极各国需要加强北极生物多样性的监测，并推动与非北极地区国家的合作，共同分担保护北极移徙野生动物的责任。

（4）北极理事会应效仿其在应对大范围越境污染物方面的努力，在保证保护与可持续利用北极自然生物资源方面发挥更加积极的作用。

5.4.2.4 极地矿产资源管理

1988 年通过《南极矿物资源活动管理公约》的最后文件，该公约在向各协商国开放签字之时，由于《南极条约环境保护议定书》的通过而中止。但由于南极条约环保议定书中的很多条款直接引自矿物资源活动管理公约，因此《南极矿物资源活动管理公约》仍被视为可引为参考的重要法律文件。根据世界南极矿物资源管理条约的规定，各国在南极可开发时能够享受的资源份额将由其对南极科考事业的贡献程度来决定。

北极地区行政区域的划分由北极理事会的"北极监测与评估项目"确定，不时还有所调整。近年来，能源价格上涨、北极冰加速融化、国际法治理能力不足等因素促使北极地区发展成为国际政治的一个热点地区。北极地区的海洋主权、海域边界、资源开采、航道控制等与未来资源开采相关的权益竞争错综复杂，相关国家纷纷从不同领域争夺北极事务的主动权，抢占地缘政治的制高点。

5.5　中国极地研究进展、启示与建议

5.5.1　中国极地研究进展

中国极地科学考察经过 27 年积累，形成了以"雪龙号"考察船、南极长城站、中山站、昆仑站、北极黄河站和国内基地为主体的极地科学考察和研究支撑体系，为极地科学研究奠定了坚实的基础。

5.5.1.1　我国的南极考察

（1）1984 年至 2011 年中国共进行了 27 次南极考察，开展了大量科学考察活动，取得了丰硕的成果。历次南极考察的主要内容和成果有：首次南极考察建立了中国第一个南极考察基地——长城站，开展了首次陆上和海上科学考察活动，并在站上首次越冬；第 2 次考察进行了地质学、地貌学、高空大气物理、地震、地磁脉动、生物学、气象学、海洋学、冰川学、天文学、大地测量和固体潮的考察观测；第 3 次考察启用中国第一艘极地考察运输船"极地号"，获得从中山站到南极内陆 1000 千米的科学考察剖面；第 7 次考察开始由建站为主转入以科学考察和资源调查为主；第 13 次考察进行了中国首次内陆冰盖考察，沿国际横穿南极科学考察计划中国断面线路，向南极大陆内陆腹地的 A 冰穹完成了336 千米的冰雪断面的建立；第 19 次考察在南极埃默里冰架考察取得了突破，利用自行设计的海冰观测仪在世界上首次对南极海冰的厚度变化进行了跟踪监测，回收得到陨石 2000多块使我国陨石拥有量跃居世界第三，对格罗夫山地区进行了 1:10 万比例尺的遥感测图，完成了大洋走航观测；第 25 次考察建立中国南极内陆科考站——昆仑站；第 26 次考察，是中国南极考察历史参与人数最多的一次；第 27 次考察圆满完成了冰川、大气、海洋等20 多项任务。

（2）南极考察站。

南极长城站是中国在南极建立的第一个科学考察站，位于西南极洲南设得兰群岛的乔治王岛。作为对南极地区进行科学考察而在南极洲设立的常年性科学考察站，在科研方面主要开展了生物研究，环境监测，常规气象观测、冰雪、海冰、地质、地磁、地震学观测、卫星测绘等项目。

中山站位于东南极洲拉兹曼丘陵地区，主要开展高空大气物理学、极光物理学、冰川学、地质地球物理学、气象学、南极海洋科学和矿产资源调查，南极内陆冰盖和地质科学考察及陨石收集，此外还开展了生物研究，环境监测，常规气象观测、电离层观测、天文观测、极区高空大气物理、地磁和地震学观测、卫星测绘、冰雪和大气、海洋、地质、地球化学、地理、人体医学等科学观测和研究等。

昆仑站是中国第一座、世界第六座南极内陆科考站，也是人类在南极地区建立的海拔最高的科考站。主要开展深冰芯钻探、天文学观测、冰下山脉地质钻探等科学观测计划。

5.5.1.2 我国的北极考察

1999～2010 年中国组织了四次北极科学考察，开展了北极大气、海冰和海洋过程观测，以及生态系统多学科综合考察。

（1）中国首次北极考察的主要内容：北极在全球变化中的作用和对我国气候的影响；北冰洋与北太平洋水团交换对北太平洋环流的变异影响；北冰洋邻近海域生态系统与生物资源对我国渔业发展影响。

（2）中国第二次北极考察的主要内容：北极对全球变化的响应与反馈；北极变化对我国气候环境的影响；通过调查北极海洋－大气－海冰系统变化和多种相互作用过程，结合历史资料，分析研究北极海洋－大气－海冰系统变异与北极气候变化的关系以及对我国气候环境的影响。

（3）中国第三次北极考察的主要内容：北极的快速变化及其生态、环境和气候效应；北极环境的快速变化对中国气候环境及经济社会的影响；科考将主要针对北极气候变化对我国气候变化的影响、北冰洋独特的生物资源和基因资源、北极地质和地球物理等展开研究。

（4）中国第四次北极考察的主要内容：北极海冰快速变化过程及其机制研究；生态系统对北极海冰快速变化的响应研究。

（5）北极黄河站。自 2004 年中国在北极建立黄河站之后，已经开展了 7 个年度的科学考察。2010 年共安排科考项目 12 项，其中度夏考察 11 项，越冬考察 1 项。主要包括微生物学、冰川学、海洋生态学、气象学、高空物理学和测绘学。

5.5.1.3 中国极地研究的重要项目

1）国家高技术研究发展计划（863 计划）重点项目

（1）面向全球气候变化的极地环境遥感关键技术与系统研究（地球观测与导航技术领域）。

研究目标：利用国内外对地观测卫星在极区的观测资源，突破极区海冰、海洋、冰盖、大气一系列关键参数的遥感信息定量反演关键技术，形成我国极地遥感监测能力，完成现场综合试验的检验；建立极地环境遥感信息业务化应用服务系统，实现业务化运行，为国家在气候变化研究、极地权益维护、资源利用等方面的重大需求提供科学数据。

（2）全南极洲遥感制图与高分辨率影像库建设技术（海洋技术领域）。

研究目标：全南极多源海量遥感数据融合技术；全南极土地覆盖制图技术；南极大陆边缘特定地区快速变化监测技术。

（3）南极磷虾快速分离与深加工关键技术（海洋技术领域）。指南已经发布，正在申请中。

2）"十一五"国家科技支撑计划重点项目：南极环境变化预测与资源潜力评估技术研究（2007~2010）

研究目标：通过对南极气候、资源环境变化特征和演变历史的研究，以观测、分析和研究南极冰盖、海洋、大气、生物、空间环境等多种关键过程对气候变化的响应与反馈为研究重点，从不同学科和时间尺度上揭示南极关键过程的变化规律，提高我国在全球变化科学、空间科学等领域的应用研究能力和技术水平。

3）南北极环境综合考察专项项目已启动

5.5.2 启示与建议

极地丰富的科学资源、矿产资源、生物资源以及得天独厚的环境，引起世界范围的广泛关注。南极不属于任何一个国家，它丰富的矿产资源和独特的地理位置吸引着世界各国。全球气候变暖引起北极冰盖消融，打开了开发北极巨量资源的大门，资源的大规模开发给北极环境、经济和社会的带来重大的机遇、影响与挑战，北极地区的可持续发展和安全不仅是环北极国家的事，已成为全球关注的热点。

美国、加拿大、北欧国家、俄罗斯、德国、英国、澳大利亚、新西兰以及阿根廷、智利等南美洲国家已具备相当强的极地考察活动规模。美、欧、澳、俄、日等在极地科学研究方面已经达到比较高的水平，并且越来越重视极地的商业活动开发。乌拉圭、印度、韩国、巴西等国家也相继参与国际极地事务和开展极地科学研究。中国对极地的研究历史不长，在20多年的时间里取得了显著的成效，但与世界科技发达国家相比仍存在较大差距。作为联合国安理会常任理事国之一和发展中的大国，中国可以在未来的国际极地事务和科学研究方面发挥更为重要的作用。基于前面的分析，建议我国从以下几个方面来继续加强极地研究：

（1）科学制定我国未来的极地科学研究规划。通过加入各种国际极地组织和争取在其中担任领导职务，来增强我国在国际极地事务中的发言权；积极参与各种大型国际极地研究计划，在时机成熟时可考虑牵头某些国际极地研究计划；增强极地科学的国际合作伙伴关系，在今后的极地研究中这种合作、协同将进一步深入。

（2）重点围绕极地气候这一国际热点开展研究。一方面，两极地区对全球气候变化有着高度的敏感性，通过极地气候变化研究可以及时掌握和预测全球气候变化趋势；另一方面，南极、格陵兰冰盖等冰川学研究为古环境记录的恢复提供了重要条件，时间序列更长的冰芯记录能提供更长历史时期中气候变化的规律与周期。随着监测要素和内容的不断丰富，利用已有的资料可以集成、模拟研究各种环境因子对气候变化的贡献，各种区域尺度的数值模式正在快速发展，为预测未来气候变化提供了可能。

（3）加强学科交叉与融合，促进极地科学的发展。国际上从大气学、海洋学、生物学、环境学、地理学、地质学、地球化学与地球物理学、生物化学与分子生物学、天文学与天体物理学、古生物学、渔业、生物多样性保护、环境工程学、社会学、人类学等多学科领域和交叉学科领域对南北两极开展了大量研究。我国科学家提出南极普里兹湾－埃默里冰架－冰穹A断面科学考察与研究计划（PANDA，又称"熊猫计划"），得到了各国科学家的积极响应，被纳入国际极地年全球核心计划。因此可在已有研究的基础上，积极组织策划有影响力的科研计划，争取在某些关键和热点学科领域获得重大突破，引领世界极地研究。

（4）注重新技术、新手段的研发应用，开展综合的多学科联合观测。极地独特艰苦的地理环境更加需要先进技术和设备的支撑，要更好地开展极地研究，必须加强破冰船舶的研制技术和生产制造，加强海底科学探察技术和极地卫星监测技术等，实现南极和北极冰冻圈的动态监测与数据的快速传递。自动观测设备的使用，可以突破环境对人类的制约，获取更丰富、更准确的数据，还可减少人力的投入和人类活动对极地环境的影响。深入开展极地研究需要长期持续的科学观测资料，在参与国际联合观测系统的同时，加强自主综合集成观测平台的建设。

（5）从早期的自然科学研究为主的模式向兼顾自然和社会科学研究转变，加强极地研究的科普宣传和商业活动的开发。极地主权问题、极地环境保护、资源的管理与开发、食品安全、污染及健康、人类生理对极端环境的适应等都是国际极地研究关注的问题。增进公众对极地研究活动的兴趣和了解，宣传有关南北极地区的科学知识。在保护极地生态环境的前提下，开展极地捕鱼业和极地旅游业等商业活动。

总之，应密切关注国际极地研究的发展态势与进展，鼓励我国海洋学家、气象学家、地质学家、环境生态学家、生物学家和社会经济政治学家围绕极地科学有计划有步骤地开展研究，组成联合研究团队参与极地科学研究的大型国际计划，加强跨学科研究，争取在国际极地战略研究中占据有利地位，使我国在国际重要事务和热点研究领域中发挥积极的作用。

致谢： 在本报告撰写和修改过程中咨询多位相关领域专家意见。中国极地研究中心董兆乾研究员、凌晓良研究员、张侠研究员，国家海洋局极地考察办公室科技发展处王勇处长，中国科学院青藏高原研究所阳坤研究员，中国科学院国家科学图书馆张志强研究员，中国科学院寒区旱区环境与工程研究所王宁练研究员，中国科学院海洋研究所李超伦研究员、申辉副研究员等专家对本报告进行了细致的审阅，并提出宝贵的修改意见，谨致谢忱！

参 考 文 献

陈廷愚，沈炎彬，赵越等 . 2008 . 南极洲地质发展与冈心纳古陆演化 . 北京：商务印书馆 . 352 ~ 360

丁明虎，效存德，金波等 . 2010 . 南极冰盖中山站-Dome A 断面表层雪内 $\delta^{18}O$ 分布 . 科学通报，55（13）：1268 ~ 1273

国家海洋局极地考察办公室 . 2011-01-20 . 南极历次考察 . http：//www . chinare . gov . cn/njp/njp/lckc . htm

侯书贵，李院生，效存德等 . 2007 . 南极 Dome A 地区近期积累率 . 科学通报，52（2）：243 ~ 245

侯书贵，李院生，效存德等 . 2008 . 南极 Dome A 地区 109.91m 冰芯气泡封闭深度及稳定同位素记录的初步结果 . 中国科学（D 辑），38（11）：1376 ~ 1383

华薇娜，张洁，刘芳等 . 2009 . 美国 WoS 数据库收录的中国南北极研究论文的调研与分析 . 极地研究，21（2）：124 ~ 140

李传金，任贾文．2009．过去1000年大气中主要温室气体冰芯记录研究概述．冰川冻土，31（5）：896～906

陆俊元．2010．北极地缘政治与中国应对．北京：时事出版社．101～305

任贾文，效存德，侯书贵等．2009．极地冰芯研究的新焦点：NEEM和Dome A．科学通报，54（4）：399～401

施雅风，任贾文．1989．南极洲——国际上的科学竞技场．科技导报，1：48～50

史春阳．2010．"北极五国"争北极．世界知识，22：44～45

效存德，李院生，侯书贵等．2007．南极冰盖最高点满足钻取最古老冰芯的必要条件：Dome A最新实测结果．科学通报，52（20）：2456～2460

岳来群，杨丽丽，赵越．2008．关于北极地区油气资源的战略性思考．中国国土资源经济，11：12，13

中国极地研究中心．2004～2011．极地科技．http：//www. pric. gov. cn/news. asp？sortid=9&subid=32

中国极地研究中心．2011．极地软科学研究网．http：//softscience. chinare. org. cn/softscience/index. jsp

中国科学院国家科学图书馆兰州分馆．2007～2011．科学研究动态监测快报－地球科学专辑．http：//www. llas. ac. cn/InfoService. aspx？cid=104900

中国科学院国家科学图书馆兰州分馆．2007～2011．科学研究动态监测快报－资源环境科学专辑．http：//www. llas. ac. cn/InfoService. aspx？cid=104800

中国科学院国家科学图书馆兰州分馆．2008～2011．科学研究动态监测快报－气候变化科学专辑．http：//www. llas. ac. cn/InfoService. aspx？cid=104910

朱建钢，颜其德．2009．南极洲领土主权与资源权属问题研究．上海：上海科学出版社．2～16

朱建钢，颜其德，凌晓良．2005．南极资源及其开发利用前景分析．中国软科学，8：17～22

朱建钢，颜其德，凌晓良．2006．南极资源纷争及我国的相应对策．极地研究，18（3）：215～221

Adam D. 2010-01-14. Arctic Permafrost Leaking Methane at Record Levels, Figures Show. http：//www. guardian. co. uk/environment/2010/jan/14/arctic-permafrost-methane

Australian Antarctic Division. 2010-07-19. Australian Antarctic Science Strategic Plan 2011-12 to 2020-21. http：//www. antarctica. gov. au/science/australian-antarctic-science-strategic-plan-201112-202021

AWI. 2009. Programme "Polar Regions and Coasts in a changing Earth System"：PACES. http：//www. awi. de/en/research/research_ programme/paces_ 2009_ 2013

A Workshop to Prepare for Arctic Ocean Scientific Drilling. 2008-11-03. Arctic Ocean History, from Speculation to Reality. http：//www. oceanleadership. org/programs-and-partnerships/usssp/workshops/past-workshops/usssp-past-workshops-2008/arctic-ocean-history-from-speculation-to-reality

Bradley R S. 2010. Earth System Impacts from Changes in the Cryosphere （ESICC）. http：//www. igbp. kva. se/documents/IGBP_ ESICC_ v1. 1. doc

Charpentier R R, Klett T R, Attanasi E D. 2008. Database for Assessment Unit-scale Analogs （Exclusive of the United States）. US Geological Survey Open-File Report 2007-1404. http：//pubs. usgs. gov/of/2007/1404

CliC International Project Office. 2009-05-25. The Climate and Cryosphere （CliC）Project. http：//clic. npolar. no

Coakley B, Stein R. 2010. Arctic Ocean Scientific Drilling：The Next Frontier. Scientific Drilling, 9：45～49

EPICA Community Members. 2004. Eight Glacial Cycles from an Antarctic Ice Core. Nature, 429：623～628

Fingar T. 2008-06-25. National Intelligence Assessment on the National Security Implications of Global Climate Change to 2030. http：//www. dni. gov/testimonies/20080625_ testimony. pdf

Forbes D L. 2010. State of the Arctic Coast 2010-Scientific Review and Outlook. http：//arcticportal. org/news/2010/state-of-the-arctic-coast-2010-report

Gautier D L, Bird K J, Charpentier RR et al. 2009. Assessment of Undiscovered Oil and Gas in the

Arctic. Science, 324 (5931): 1175~1179

Hohn J, Jaakkola E. 2010. The Arctic Biodiversity Trends. http://www. arcticbiodiversity. is/index. php/en/the-report

Høye T T, Post E, Meltofte H et al. 2007. Rapid Advancement of Spring in the High Arctic. Current Biology, 17 (12): 449~451

IGBP. 2010. Analysis, Integration and Modelling of the Earth System Science Plan and Implementation Strategy. http://www. aimes. ucar. edu/docs/AIMES_ SPIS. pdf

IPY. 2011-01-10. International Polar Year. http://ipy. arcticportal. org

Jha A. 2009-12-01. Antarctica May Heat up Dramatically as Ozone Hole Repairs, Warn Scientists. http://www. guardian. co. uk/environment/2009/dec/01/ozone-antarctica? INTCMP = SRCH

Johnsen K I, Alfthan B, Hislop L et al. 2010. Protecting Arctic Biodiversity: Limitations and Strengths of Environmental Agreements. http://www. grida. no/publications/arctic-biodiversity

National Oceanic & Atmospheric Administration. 2011-02. NOAA's Arctic Vision & Strategy. http://www. arctic. noaa. gov/docs/arctic_ strat_ 2010. pdf

New Zealand Ministry of Foreign Affairs & Trade. 2010-09-01. New Zealand Antarctic and Southern Ocean Science Directions and Priorities 2010—2020. http://www. mfat. govt. nz/downloads/foreign-relations/antarctica/NZ-AntarcticDirectionsPriorities-2010-2020. pdf

NOAA. 2010. The Arctic Report Card. http://www. arctic. noaa. gov/reportcard

Overpeck J T, Otto-Bliesner BL, Miller GH et al. 2006. Paleoclimatic Evidence for Future Ice-sheet Instability and Rapid Sea-level Rise. Science, 311 (5768): 1747~1750

Qiu J. 2009-01-06. China Builds Inland Antarctic Base. http://www. nature. com/news/2009/090106/full/457134a. html

Radić V, Hock R. 2011. Regionally Differentiated Contribution of Mountain Glaciers and Ice Caps to Future Sea-level Rise. Nature Geoscience, 4: 91~94

Ren J, Li C, Hou S et al. 2010. A 2680 Year Volcanic Record from the DT-401 East Antarctic Ice Core. J. Geophys. Res. , 115, D11301, doi: 10. 1029/2009JD012892

SCAR. 2009. Antarctic Climate Change and the Environment. http://www. scar. org/publications/occasionals/acce. html

SCAR. 2010-05-03. The Southern Ocean Observing System: Initial Science and Implementation Strategy. http://www. scar. org/treaty/atcmxxxiii/ATCM33_ ip050_ e. pdf

Sun Bo, Siegert M J, Mudd S M et al. 2009. The Gamburtsev Mountains and the Origin and Early Evolution of the Antarctic Ice Sheet. Nature, 459: 690~693

The Scientific Website of the International Polar Foundation. 2008-12-16. Frozen Grail: Dome A and the Future of Ice Coring in Antarctica. http://www. sciencepoles. org/articles/article_ detail/frozen_ grail_ dome_ a_ and _ the_ future_ of_ ice_ coring_ in_ antarctica

USGS World Energy Assessment Team. 2000. US Geological Survey World Petroleum Assessment 2000-Description and Results. http://pubs. usgs. gov/dds/dds-060

Росгидромета. 2010-10-22. На Заседании Правительства Российской Федерации Одобрена Стратегия Развития Деятельности Российской Федерации В Антарктике. http://www. ec-arctic. ru/index. html? news_ id = 1110&page = 1

Новости. 2011-01-15. Правительству Поручено Разработать Программу Освоения Шельфа Арктики. http://www. ec-arctic. ru/index. html? news_ id = 1210

6　地质灾害研究国际发展态势分析

安培浚　张志强　李　栎　张树良　宋　丹　赵纪东

（中国科学院国家科学图书馆兰州分馆）

随着全球气候的变暖，极端天气导致强降雨的频繁出现，再加上重大工程开工建设等人类活动的影响，世界各地正在遭受前所未有的地质灾害严重威胁。地震、滑坡、泥石流等突发性地质灾害日益增加。地质灾害研究已成为当前地球科学研究的热点领域，而且还是维护人民生命财产安全和实现社会经济持续发展的紧迫需要。

本章中的地质灾害狭义上指突发性强，危害程度最大的地震与滑坡、泥石流灾害。报告从国际上主要的地质灾害研究计划、规划入手，重点阐述地震与滑坡、泥石流研究的国际发展态势、前沿研究领域和重点方向以及地震预测的现状与未来，国外地震预警系统的发展应用，2010 年初以来全球主要地震活动分析与近 5 年滑坡、泥石流研究现状与未来发展方向。

本章通过分析国际 ISI 数据库收录的相关论文和 Aureka 专利平台中收录的专利数据，利用美国 Thomson 公司的数据分析工具 TDA 以及 Aureka 综合平台，对 1900～2010 年地震、滑坡、泥石流研究的科学论文和专利文献进行了计量分析，揭示出近年来国际上地震、滑坡泥石流 研究与技术研发的发展趋势、研究热点和重点方向。

国际上地震研究的论文数量一直呈增长趋势，特别是 1991～2010 年，为研究的快速发展期。这些论文主要分布于美国、欧盟主要国家（包括意大利、法国、德国、英国）、中国、日本、加拿大、俄罗斯及印度等国家和地区。国际地震相关研究主要热点研究方向包括：地震原理及成因、地震监测、地震影响及效应、地震次生灾害及其成因、地震模拟、地震分布及古地震学。

国际滑坡、泥石流领域的大量研究开始于 1991 年，此后，平均每年出版文献 405 篇。滑坡、泥石流、地理信息系统、地震、边坡稳定性、灾害、侵蚀、崩塌、海啸、地貌等方面是该领域的主要研究主题，对滑坡、泥石流专利的 IPC 号进行统计分析，滑坡、泥石流专利的研究主题主要集中在防治泥石流设备、边坡稳定、泥石流冲洗设备三个部分。

通过对国际地震、滑坡、泥石流的研究态势分析，以及相关领域的文献计量与专利分析，总结归纳出目前地震研究的前沿与重点主要集中在如下几个方面：地震预测/预报、地震遥感观测技术、地震预警系统、地震工程和地震灾害分析与评估几个方面；滑坡泥石流研究的前沿与重点主要集中在如下几个方面：泥石流建模、泥石流监测与分析、泥石流风险评估、泥石流触发机制、新型泥石流监测传感器研发。

报告最后提出了加强我国地质灾害研究的一些建议：①建立重点地震区带地震预警系统；②加强地震科学研究，修订地震区划；③加强和完善地震台网建设；④加强地震空间观测技术；⑤着力提高地质灾害监测预警、预报技术水平；⑥改进滑坡、泥石流预测数学模型；⑦加强地质灾害风险管理系统建设。

6.1 引言

地质灾害，通常指由于地质作用引起的人民生命财产损失的灾害。除地震外，其他常见的地质灾害主要指危害人民生命和财产安全的崩塌、滑坡、泥石流、地面塌陷、地裂缝、地面沉降等 6 种与表层地质作用有关的灾害（地质灾害防治条例，2003）。

地质灾害的分类，有不同的角度与标准，十分复杂。就其成因而论，分为自然地质灾害与人为地质灾害两类。就地质环境或地质体变化的速度而言，可分突发性地质灾害与缓变性地质灾害两大类。前者如崩塌、滑坡、泥石流等，即习惯上的狭义地质灾害；后者如水土流失、土地沙漠化等，又称环境地质灾害。本研究报告中的地质灾害狭义上仅指危害程度最大的地震与滑坡、泥石流灾害。

近年来，世界各国地质灾害的发生呈急剧上升态势，每年给人民生命财产造成巨大损失。特别是地震、滑坡、泥石流等灾害的频发性、广泛性、破坏性都呈空前态势，并在不断地刷新历史纪录。2010 年以来的全球特大地震、山体滑坡及泥石流灾害见表 6-1。2010 年以来的地震的灾难非常巨大，全球 7 级以上地震发生 28 次，远远高于年平均地震发生次数（近百年来，7 级以上地震全球年平均 18 次）。

表 6-1　2010 年以来全球重大地震、山体滑坡及泥石流灾害

时间	滑坡、泥石流		地震	
	灾害地点	伤亡人数	灾害地点	伤亡人数
2010 年 1 月	巴西里约热内卢州著名旅游岛屿格兰德岛因连降大雨引发两起山体滑坡	造成至少 30 人死亡	海地地震	造成 22.257 0 万人死亡，370 万民众受灾
2010 年 2 月			智利地震	造成 562 人死亡，受灾人数为 267.155 6 万人

时间	滑坡、泥石流		地震	
	灾害地点	伤亡人数	灾害地点	伤亡人数
2010 年 3 月	乌干达东部布杜达行政区遭遇大规模泥石流袭击，导致 3 座村庄被埋	94 人死亡，另有约 320 名村民失踪	玉树地震	2010 年 5 月底确认的数据为 2 698 人，受灾人数超过 20 万人
2010 年 4 月	巴西里约热内卢州连降暴雨并引发洪水和山体滑坡等自然灾害	造成 212 人死亡，161 人受伤，另有 100 多人失踪		
2010 年 5 月			土耳其地震	造成 51 人死亡，造成 5 100 人受灾
2010 年 6 月	孟加拉国东南部科克斯巴扎尔县和班多尔班县因连降暴雨引发洪水和山体滑坡	造成至少 48 人死亡，数十人失踪	印度尼西亚地震	造成 17 人死亡
	缅甸西部与孟加拉国交界处连降暴雨引发泥石流灾害	造成至少 46 人死亡		
	巴西东北部遭受洪水和泥石流灾害袭击	44 人死亡，1 000 多人失踪		
2010 年 8 月	印控克什米尔列城因暴雨引发洪水和泥石流等自然灾害	造成至少 166 人死亡，约 400 人失踪		
	巴基斯坦北部遭受暴雨袭击，引发山体滑坡和泥石流	造成至少 63 人死亡		
	强降雨引发中国甘肃省舟曲县发生特大泥石流灾害	1 467 人遇难，298 人失踪。		
2010 年 9 月	持续 3 天的强降雨以及大雨引发危地马拉山体滑坡等灾害	45 人死亡，近 5 万人受灾		
	由于持续降雨，墨西哥南部瓦哈卡州和恰帕斯州河水泛滥并发生多起泥石流	33 人死亡		
2010 年 12 月	哥伦比亚西北部安迪奥基亚省贝约市发生严重泥石流灾害，至少 50 栋民房被掩埋	2 人死亡，7 人受伤，另有约 150 人可能被土石掩埋		
2011 年 2 月			新西兰地震	死亡 148 人，失踪 200 人左右，造成经济损失 150 亿美元
2011 年 3 月			日本地震海啸	11 362 人死亡、16 290 人失踪，经济损失1 220 亿～2 350 亿美元，并造成严重的核泄漏

2010 年 1～8 月，我国共发生地质灾害 26 014 起，其中大于 6 级地震 1 次，滑坡 19 101起、崩塌 4756 起、泥石流 915 起、地面塌陷 332 处、地裂缝 161 处、地面沉降 36 处；造成人员伤亡的地质灾害 253 起，4274 人死亡，580 人失踪，直接经济损失72 985.91 亿元。2010 年 8 月间，甘肃舟曲、四川绵竹和汶川、云南贡山等地相继发生山洪泥石流灾害，致使短短十来天，国土资源部先 3 次启动地质灾害应急一级响应。2010 年我国地质灾害数量是 2009 年同期的近 10 倍。

地质灾害是威胁人民生命与财产安全、影响经济社会可持续发展的重大问题。我国是世界上地质灾害最严重的国家之一，加强地质灾害研究关乎国计民生。目前，各国政府都高度重视地质灾害管理，防灾和救灾，已成为各国政府的重要任务。因此，地质灾害也已经发展成为当代地球科学关注的热点领域。在这个领域，出现了 6 个热点研究方向：地质灾害调查监测新技术和新方法；地质灾害监测预警；地质灾害风险管理；重大地质灾害应急系统；把地质灾害风险性评估纳入城市与土地利用规划管理和地质灾害国际合作。

目前在国际领域，世界各国在地质灾害预防和治理方面已经积极开展合作。早在 2005 年 1 月，由联合国发起，世界各国在日本神户召开大会并通过了《2005～2025 年兵库行动框架》，该框架有 165 个参与成员国。框架规定了世界各国及一些相关国际组织应该采取积极措施，达到较好的减灾效果，同时框架还阐明了世界减灾委员会承担的责任与义务。

其他国际组织也积极推进地质灾害方面的国际合作研究，2007 年，在韩国首尔举行的第六届亚洲工程地质灾害区域会议上，中韩签订合作协议，约定将在工程地质灾害领域展开新的合作。同时会议也对亚洲地区工程灾害的现状和防治进行了深层次讨论。2008 年 11 月，在日本东京召开的国际滑坡会议上，我国和其他一些国家就全球开展地质灾害防治合作进行了讨论。国际组织也早就开始推进全球地质灾害防治合作。2007 年在中国成都召开的"第四届国际泥石流学术会议"，会议主要讨论了泥石流机制、泥石流灾害预报及防治等所有泥石流研究相关领域，展示了国际泥石流领域最新的研究成果。

国际科学理事会亚太地区办公室于 2002 年创建了一个关于地质灾害和灾难的科学计划，该计划初步考虑了地震、洪水和滑坡 3 种主要地质灾害，设计目标是减轻自然灾害。他们提出的实施方案，逐渐发展成为了全球观测战略的 8 个主题之一，并由欧洲空间机构对外发布。

世界上地质灾害多发国家和地区，特别是发达的多灾国家，通过经验积累和科学总结，已逐步健全完善了一套地质灾害研究、防治和应急管理的体系，并周期性地制定相关研究规划和发展战略计划，重点研究涉及灾害预防、预测/预报、监测技术与方法、救灾与灾后重建、风险评价与灾后评估等方面的关键问题。以期从防灾减灾、保障经济活动和社会公共安全、维护社会稳定的国家需求出发，加强地质灾害、环境地质等领域的基础性和应用性研究，发展相关学科的理论，促进这些学科为重大工程建设、地质灾害防治与环境保护以及国民经济可持续发展服务。中国也不例外。例如，中国科学院面向 2050 年科技路线图提出构建八大体系，在未来继续关注并加强地质灾害方面相关的科学问题。《国家中长期科学和技术发展规划纲要（2006—2020 年）》设立的 62 个优先研究主题中提出加强重大自然灾害监测与防御，重点研究开发地震、台风、暴雨、洪水、地质灾害等监测、预警和应急处置关键技术，以及重大自然灾害综合风险分析评估技术；在提出的 8 个科学前沿问题中规划开展地球系统过程与资源、环境和灾害效应研究；面向国家重大战略需求的基础研究中提出，开展复杂系统、灾变形成及其预测控制研究。

6.2 国际地质灾害研究战略与计划

6.2.1 国际地震研究战略与计划

6.2.1.1 美国国家地震减灾计划 2009～2013 年战略规划

美国联邦应急事务管理总署（FEMA）、美国国家标准技术局（NIST）、美国国家科学基金会（NSF）和美国地质调查局（USGS）等 4 个联邦机构于 1977 年首次启动了美国国家地震减灾计划（NEHRP），旨在提高全社会的抗震减灾意识，减少地震风险，降低地震损失。2008 年 10 月，4 个机构联合发布了 2009～2013 年美国国家地震减灾计划，为美国未来 5 年的地震减灾活动提供了一个简明、现实和可操作的战略规划。

（1）NEHRP 战略目标。

NEHRP 建立在支撑其愿景的长远目标的基础之上，共有 3 个长期的战略目标，每个战略目标下各有 4 个或更多的具体目标/阶段性目标。①改善对地震过程及其影响的认识。②发展有效的措施来减轻地震对个人、建筑环境和社会造成的影响。③提高全美国的地震抗震性。

（2）战略优先领域。

为了支持 NEHRP（2009～2013）这一战略计划的发展，在经过地震专家们的开放性讨论、社会大众的公开评论以及现行计划活动间问题分析之后，NEHRP 机构间协调委员会（ICC）确定了 9 个战略优先领域，以全面支撑上述战略目标及其相关具体目标的实现，其中大多数优先领域需要协调的多机构、多学科活动。这 9 个战略优先领域分别是：全面完善、有效维护美国国家地震监测台网系统（ANSS）；改善评估、修复现有建筑物的技术；进一步发展基于建筑物性能的抗震设计；增强对与减灾行动实施有关的社会经济问题的考虑；发展美国国家震后信息管理系统（PIMS）；发展先进的地震风险减轻技术及实施方法；发展具有抗震性的生命线要素和系统；为地震风险减轻、响应、恢复计划的编制而预测地震情景；推动国家和地方层面上的地震灾害减轻工作。

6.2.1.2 卡斯卡底区域地震工作组（CREW）2009～2014 年战略规划

卡斯卡底俯冲带是美国西海岸一个著名的俯冲带，同时也是一个地震高发的板块边界。由于对太平洋东北地区地震灾害性质的认识需求，以及公共机构和私人组织在地震应对过程中的互相依赖，卡斯卡底区域地震工作组（CREW）于 1996 年应运而生。CREW 2009～2014 年战略计划（草案）是该组织的第一个规划。

计划矩阵包括针对每个长远目标的具体目标，这些具体目标一般分为短期（1～2 年）

或中期（3~5年）两种，其中有些则贯穿整个战略计划执行期。计划矩阵可望作为一种工具，以创建和审查年度工作计划，CREW 工作人员将负责监测战略计划的实施进展情况。CREW 2009~2014 年的战略计划矩阵如表 6-2 所示。

表 6-2　CREW 2009~2014 年的战略计划矩阵（CREW，2009）

长期目标 1：促进科学家、关键基础设施供应商、企业和政府机构（与社会抗灾力有关）间的有效联系

　　具体目标 1.1：确保 CREW 理事会知晓并积极从事于现有的项目或专题

　　具体目标 1.2：确定与 CREW 具体职能有关的主要合作伙伴

　　具体目标 1.3：使用现有最佳科学知识分析地震的可能情景，以便企业、机构和公众使用

　　具体目标 1.4：每年举行商业圆桌会议讨论业务需求

长期目标 2：提高经济复苏力和公众生存力

　　具体目标 2.1：发展区域需求评估工具，以确定经济复苏力的有关问题

　　具体目标 2.2：向当地企业分发 CREW 地震工具包

　　具体目标 2.3：确定并发展具体战略，促进经济复苏力重要组成部分的实现

　　具体目标 2.4：推动社会对地震的防预准备工作

　　具体目标 2.5：向社会传播与地震有关的社会影响事宜

长期目标 3：促进地震灾害科学数据向主要决策者的传递

　　具体目标 3.1：提出一个地壳地震的情景

　　具体目标 3.2：将新的科学知识融入地震专题通信

　　具体目标 3.3：召开决策者参加的年度会议

　　具体目标 3.4：建立在线资源中心

　　具体目标 3.5：制定政策和办法，促进现有科学知识向主要受众的传播

长期目标 4：利用组织资源并发展可持续资源

　　具体目标 4.1：制定一个资源开发计划，以确定资源能被利用的可能性，以及能够使用的财政资源

　　具体目标 4.2：确定与从事相关工作的其他实体的潜在联系，并建立伙伴关系

　　具体目标 4.3：组织成员理事会积极地寻求资源，包括货币和实物

　　具体目标 4.4：追踪金融杠杆和实物捐助

6.2.1.3　美国地质调查局地震灾害计划：对外合作研究优先资助领域和主题

USGS 地震灾害计划（EHP）对外合作研究设立了 5 个优先资助领域和 2 项优先资助主题（USGS，2008）。鼓励能直接改善新完成的和正在进行的美国中部和东部（CEU）高风险城市地震灾害图质量和效用的项目。开发能将 CEU 地区地震灾害计划研究成果转移向潜在的用户群体的产品；通过使用仪器记录模拟区域大板块内地震和 CEU 小型地方性地震，推断 CEU 破坏性地震的震源特征；进行古地震调查，估计史前大地震发生的时间、地点和地面运动特性。

发展和完善产生宽频带（0.1~20 赫）大地震合成地震记录的方法，包括近源定向脉冲、断层突变、三维盆地效应、非线性土壤响应、散射以及频度辐射模式。开发和运用将

复杂断裂中波传播动态模拟结合入三维非均质地壳模型的方法。通过与观察到的强烈地壳运动记录比较，在时间和频率（光谱响应）域对该方法进行验证。

改进对有关高风险城市地区近地表物质震动行为的观测结果。描述相关的土壤参数，进行观测实验，以提供地面运动数据，并研究有关厚沉积物行为的非线性过程；改善用于建筑规范及其他应用的场地特征描述。开发和测试可靠的地震发生和结束时间的预测模型，以及验证这种模型需要的观测数据集；开发和测试评价俯冲带产生巨大的（震级里氏8.5级或以上）板块间逆冲地震灾害（有可能产生跨洋海啸）的方法。重点放在利用基于物理学的标准评估评价这类灾害。完善和评价模拟地震发生的实证方法，包括那些用于断裂分裂、特征地震假说和递归概率密度函数的形态；制定以时间为基础的地震概率和振动灾害的评估策略。验证和完善加利福尼亚州北部全区域三维地质和地震速度模型。

发展采用大地测量数据估算沿断层或跨区域滑动速率的方法以及应用于地震灾害分析的地震重现；界定用于建立美国国家地震灾害分布图的参数和方程的不确定性。开发检验灾害地图的程序；制定和实施改善全球地震定位精度的切实可行方法；制定切合实际的大地震震源快速描述方法。鼓励早期的准确震级/时刻/能量测定研究。运用新的地震波形和参数数据定位方法，改进和分析区域地震编目；结合地质和大地测量的滑动速率与地震活动性观测结果制定量化模型；确定有利于近实时报道俄勒冈州和华盛顿州地壳和贝尼奥夫带地震余震概率的关系；制订并实施新的与时间有关的和与时间无关的灾害评估测试。

发展速度结构区域模型，提高对断层与地震相互作用的认识。检查中期（几个月到几年）地面变形和地震活动性速率的变化；改进对地震序列及区域地震活动的统计量化；建立活动变形和断裂与地震相互作用的区域模型；进行大地测量和建模研究，特别着重于分析加利福尼亚南部地震中心（SCEC）地壳运动图和干涉合成孔径雷达数据，以及通过建模优化未来板块边界观测站设备的安置；发展更高精确大地测量数据（如连续全球定位系统数据、干涉合成孔径雷达数据以及机载激光扫描测绘数据）的分析与建模方法。

6.2.1.4　2006～2015年黄石火山天文台的地震监测计划

为了给黄石国家公园（Yellowstone National Park，YNP）及其周边地区提供一个现代化的、全面的火山与地震监测系统，USGS于2006年制定了黄石火山天文台2006～2015年监测计划。该计划可以提供地震、火山和热液活动的实时资料，并能在灾难事件发生之前进行预测。

犹他州立大学地震台（UUSS）负责管理黄石地震台，另外一个地震台由USGS及其先进的国家地震系统管理。用于黄石火山观测（Yellowstone Volcano Observatory，YVO）监测网的大部分资金均来自USGS，另外一些则来自YNP和美国国家科学基金会。地震网中有三种类型的地震仪监测站。单一组成的地震站测量短周期（1～10Hz）垂直地面运动但并不测量水平运动；三分量监测站不仅可以获得水平方向的数据还可以获得垂直方向的数据；宽带地震站是三分量地震站的一种类型，既可以探测短周期能量，也可以探测较长的波长，周期从1秒到几百秒不等。YVO网包括了26个地震仪站点，其中6个是宽带站，3个是三分量监测站，17个时间长些的是单一成分地震站。有20个位于黄石国家公园内。可以在UUSS和YVO网站上获得实时数据。

目前，黄石地区的地表变形是通过 4 种主要的技术进行监测的：连续的全球定位系统（GPS），这是一个以卫星为基础的技术，它能够持续（每天或者每小时）、高精度地提供安置在公园古迹处的单个接收器的位置并且每天对 YVO 进行数据遥测。该技术是进行火山监测的关键，这是因为它能够获得很高的瞬时清晰度（且不断更新），因此就能够提醒科学家注意地面快速发生的运动，它们有可能伴随着地下岩浆运动。干涉合成孔径雷达（InSAR），这也是以卫星为基础的技术，该技术每年会提供 1～2 份有关整个公园地面运动的大致观察。InSAR 数据最好能在夏季收集，因为该仪器不能穿透雪盖，这可以防止对地表上升过程中发生的变化进行重复测量。进行 GPS 调查，调查过程中可以通过临时部署一些 GPS 接收器每年（或时间更短一些）对许多地震台的 GPS 数据进行收集。这就可以增加获得 GPS 数据的空间覆盖率，将会比水准测量提供更多的区域性信息（USGS，2006）。

（1）对地震网络进行改进的建议。

把 10 个单分量地震检波器改进成为现代宽带站台。该改良还将包括加速器的安装以及 6 个频道数据的遥感勘测。给公园里监测薄弱的地区增加多达 5 个新的地震仪站点。这样 YVO 就可以为偏远地区的小型地震进行定位。安装 5 个三分量钻孔地震检波器，与 PBO 安装的钻孔应变计以及水平面指示器相配套。钻孔仪器的高信噪比将使得 YVO 能够探测出可能被现有网络忽视的一些地震信号。

（2）对测量网络进行改进的建议。

与 PBO 配套，安装 3 个连续的 GPS 站点和 5 个钻孔应变计，并且安装钻孔地震检波器。在发达地区现存的钻孔中增加 2 个测斜仪站点，使其具备对地面变形进行实时监测的能力。该安装在应变计的部署延时情况下将非常有用。

（3）对气体、水以及热量监测网络提出的改进建议。

安装 3 个或者 4 个连续的气体检测站用来测量活跃的热区空气中的二氧化硫和二氧化碳的浓度。YVO 人员可以对数据进行实时遥测。安装 3 个或者 4 个二氧化碳气体溶剂站，在这些站点可以直接测量气体排放率。

（4）数据的传送和存档。

上述提到的大部分监测工作都将需要通过调频广播、无线网络或者卫星技术进行实时数据传输。通过智能化数据库系统的组合，那么科学家、资源管理者、应急处理者以及普通民众就可以通过互联网对数据进行质疑。没有这项技术的话，YVO 将不能增加新的监测技术或者额外的站点。

（5）非永久性监测（临时试验）。

上面列出的长期改进工作将为黄石系统的地球物理监测以及地球化学监测提供一个更加强大、可靠的支撑。但是，有许多改进措施还是可以从安装在一些关键位置如诺里斯热水盆地或河流盆地临时部署的密集的、便携式的网络中学到一些经验。这样的部署还包括了地震检波器、GPS 站点、测斜仪、温度记录仪、气体传感器或者其他使用到的仪器之间的任何组合形式。

6.2.1.5 全球地震模型（GEM）行动计划

自然灾害是一个全球性的问题，有些灾害具有跨境/跨界特点。因此，需要有非常精确的模型，以便做出更科学的风险决策。2009 年 3 月 9 日，全球地震模型（Global Earth-quake Model，GEM）基金会正式成立，这拉开了 GEM 行动计划的帷幕。GEM 计划由经济合作与发展组织（OECD）的全球科学论坛发起，旨在提供一个开放通用的标准，以便在全世界进行地震风险的计算模拟与沟通交流。GEM 行动计划的第一个 5 年计划（2009 ~ 2013）将花费 3500 万欧元建立第一个工作模型。在完成全球地震模型的第一个版本之后，GEM 计划不会终止，将继续对模型进行维护和完善，深化能力建设，扩大 GEM 伙伴网络，拓展现有的及新的利益相关者。

GEM 的主要目的是建立计算和传递地震灾害与风险信息的独立、统一标准，成为世界范围内减轻地震损失决策与行动的关键工具。GEM 通过以下目标实现风险的减轻（OECD，2009）：在全球背景下，整合地方专家意见，以最高的可利用性标准，统一计算世界范围内的地震风险；提供社会损失、经济损失的计算工具；以上述工具计算可能情景，对减灾行动（如建筑物系统性加固）进行成本效益分析，以便进行保险及具有选择性的风险传递；清晰、准确地传递地震风险信息，为一个社区或组织提供关键信息，以支持其降低风险水平，特别是发展中国家；在那些没有可持续建筑标准的国家，积极推动可持续建筑标准的宣传，或者加强/改进现有的建筑标准。

GEM 将通过以下两个主要战略实现其目标：发展顶尖的开源软件和数据库，作为地震风险可靠性绘图、监测及信息传递的必要基础；通过采取各种措施、动员世界各个地方的专家等方法提升风险意识，推动具有成本效益的减灾行动。

GEM 将提供各种类型的软件和工具，以满足各种利益相关者群体的需求。为了实现这一目标，GEM 将以国家、区域、全球元素的整合为基础，集成地震科学与工程发展的最前沿知识，如信息技术方法和工具。GEM 科学框架（图 6-1）是构建地震模型的根本基础，以三个主要模块的整合来进行组织：地震灾害、地震风险、社会经济影响。

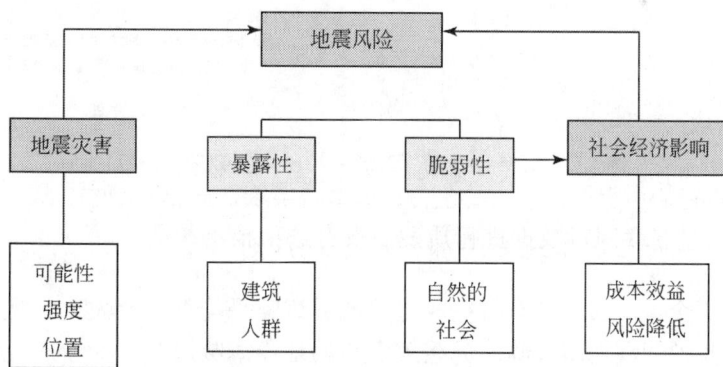

图 6-1 GEM 的科学框架

GEM 路线图（图 6-2）中各标号的具体说明：1. GEM1；2. 里程碑——GEM 这一合法实体成立；3. 项目申请（Requests for Proposals，RfPs）——全球灾害组件（第一轮）；4. 宣传和通信，增进参与，启动区域性计划；5. 欧洲和中东的区域性计划；6. 评估和测试会议（ETHZ）；7. GEM1 中期检查；8. RfP——网上审查截止；9. 路线图—社会经济影响模块；10. RfP——全球风险组件；11. 全球灾害组件（第一轮）；12. GEM1 终期检查；

13. RfP——全球社会经济影响组件；14. 里程碑——确定 GEM 建模设施（GEM1 结束）；15. 全球风险组件；16. RfP——建模工具；17. 里程碑——启动所有区域性计划；18. 里程碑——18 个国家参与 GEM；19. 全球社会经济影响组件；20. RfP——集成；21. 建模工具；22. 能力建设及面向最终用户的宣传和教育；23. 集成；24. RfP——评估和测试；25. 里程碑—私人参与者提供共计 1 600 万欧元的经费；26. RfP——全球灾害组件（第二轮）；27. 评估和测试；28. 全球灾害组件（第二轮）；29. 里程碑——30 个国家参与 GEM；30. 里程碑——公开发布全球地震风险模型。

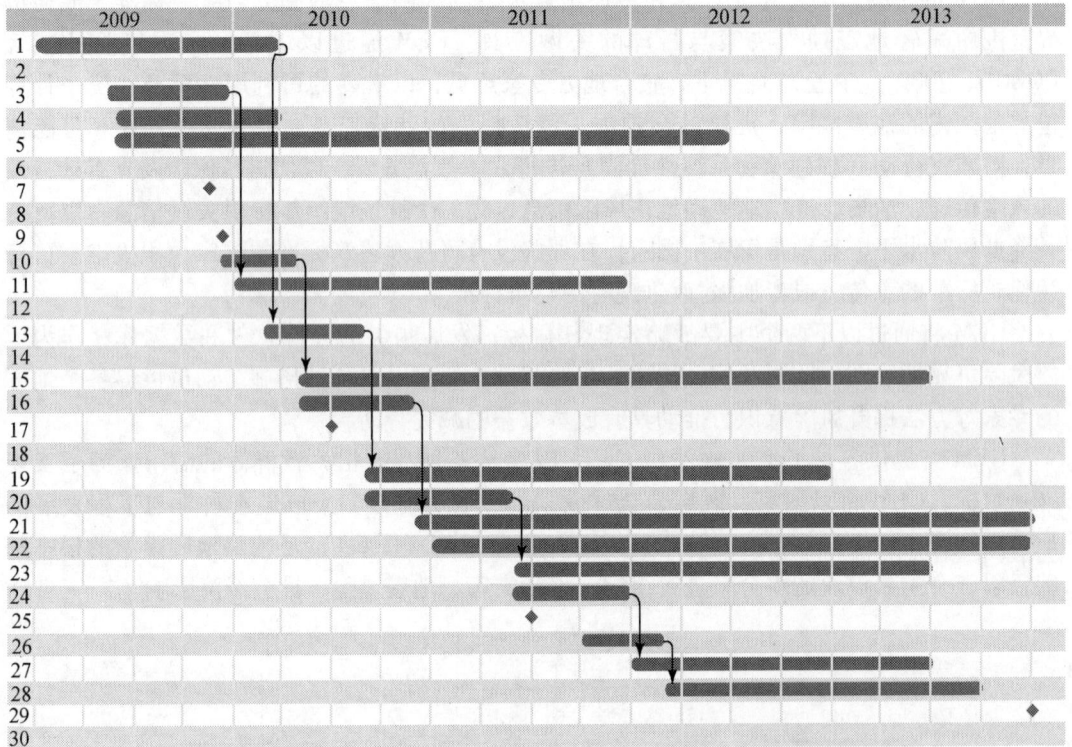

图 6-2　GEM 路线图（2009 ~ 2013）（OECD，2009）

6.2.1.6　新西兰国家地震海啸预警系统计划

从 2001 年至今，新西兰具有潜在威胁的地震海啸平均每 2 年发生一次，其中包括最近一次的 2010 年的智利地震海啸。为缓解潜在的地震海啸威胁，为今后可能发生的地震海啸灾害的预防以及灾害减轻提供技术保障，新西兰联合国际多方努力构建起集地震海啸预警及监测功能于一体的先进的国家海啸预警系统。该系统刚刚于 2010 年建成并启用，成为全球致力于地震海啸及其灾害预警研究以及相关先进技术应用的最新范例。

新西兰地质与核科学研究院（GNS）根据海啸传播时间即从发生源到新西兰最近海岸的时间具体确定海啸传播过程中所产生的不同威胁。本地海啸达到时间通常在 1 小时以内，仅有极短的时间实施官方警告程序，而大部分情况下，本地海啸在 30 分钟之内即到达新西兰最近海岸。因此，新西兰民防及应急管理部正积极推动开展提升公众的海啸威胁识别及个人对海啸自然预警信号响应能力的公共教育活动。区域海啸到达时间通常也仅为1~3小时，因此也没有足够时间实施官方应急响应，而只能在全国通报或警告发布之前，基于地震相关参数的经验阈值对威胁水平作出初步的判断；远源海啸到达时间一般超过3小时，将有充足的时间发布国家通报和警告，包括海啸预计到达时间、区域威胁水平以及届时海岸的浪高等信息。

最有效的建议是基于数值模拟发布海啸预警。尽管目前海啸模拟系统已经发展到可以模拟海啸从发生、传播到产生影响的全过程，从而为海啸到来之前预测其效应提供了可能，并且在某些情况下，对海啸的模拟过程可以预期实际发生，但问题的关键在于确保模拟机构的可靠性。因此，新西兰最初所采用的方法是开发一个预先模拟情景数据库，以便在目前无法实时模拟的情况下获得海啸的近似模式。与此同时，开始利用 SIFT、webSIFT 等工具开展对海啸实时预测的相关研究，并有望应用于未来的海啸预测。海啸评估模拟系统利用了包括预先情景模拟和实时模拟在内的综合方法。

未来对地震海啸的研究重点将是关注低感知度地震海啸，因为低感知度地震海啸使当地居民的及时疏散和撤离几乎不可能，而且给迅速精确确定地震震级造成困难。同时，在未来的地震海啸预警中利用海岸带连续观测站点的实时 GPS 数据流的可能性也正在论证过程中，这将有助于预先确定可能引发海啸的地震。

6.2.1.7　日本10年地震调查研究计划

1999 年 4 月日本新的地震调查研究推进地震观测、测量、调查及研究。日本地震调查研究推进本部目前的调查观测对象都限于全国 110 个主要活断层带和主要的海沟型地震的范围，但近几年也有人提出了把几乎没有进行过调查观测的沿岸海域作为震源的灾害地震频发等研究课题。这样，应该根据环境的变化和地震调查研究的进展，制定展望未来新的地震调查研究方针的计划。为此，2007 年 8 月，地震调查研究推进本部第 32 次政策委员会上，设置了新的综合性基本措施专门委员会，2008 年 8 月第 28 次本部会议提出今后 10 年日本地震调查研究基础的研究计划的报告。

当前 10 年间应开展的地震调查研究的重点主要在以下 3 个项目：①通过以海沟型地震为对象的调查观测研究阐明地震现象；②进一步提高与活断层等有关的信息的体系搜集和提高其评价水平；③推进以防灾减灾为目标的工程学和社会科学研究，强化未来化机能。

另外，还提出了在全国范围横向应加强的以下 5 项工作：①继续开展和建设完美基础观测等；②人才的培养和保证；③向群众普及和宣传研究成果；④强化国际间的联系；⑤确保预算和实施评价。

6.2.2　国际滑坡、泥石流研究战略与计划

6.2.2.1　国际减灾十年计划

自 20 世纪 80 年代末起，随着联合国"国际减灾十年（INDR）"计划的启动，包括滑

坡在内的自然灾害引起了国际社会的空前重视,许多国际和区域性自然灾害合作研究计划相继实施,极大地推动了全球范围内包括降雨滑坡在内的自然灾害预测预报研究。

1998 年,"国际减灾十年秘书处"在德国波茨坦专门召开以"减轻自然灾害的早期预警系统"为主题的会员国大会。在会后的《波茨坦宣言》中强调:"早期预警应该是各国和全球 21 世纪减灾战略中的关键措施之一。"1999 年,联合国会员大会决定在"国际减灾十年"计划结束后,继续实施"国际减灾战略(ISDR)",成立"国际减灾战略秘书处"。该秘书处随后成立了"跨国际组织的特别工作小组"。2000 年,特别工作小组在瑞士日内瓦召开第一次工作会议,决定将推动灾害早期预警为工作时间表上的首要任务,并将着重致力于协调全球的早期预警实践,促进和推广将早期预警作为减灾的主要的对策之一。欧盟在 1999 ~ 2002 年的第五个框架计划(能源、环境和可持续发展)中,启动了"滑坡早期预警综合系统"(LEWIS)和"服务于当地终端用户的山区汇水盆地地区泥石流评价"(DAMOCLES)项目。目前在 2002 ~ 2006 年的第六个框架计划(全球变化与生态系统)中,继续资助一系列与"环境风险和灾害"有关的降雨滑坡灾害预测预报研究项目。

6.2.2.2 国际滑坡研究计划

国际滑坡研究计划(IPL)是国际滑坡协会(ICL)的一项国际性行动计划。其目的在于指导国际滑坡减灾研究合作,建立权威机构,尤其是针对发展中国家而言。"国际滑坡研究计划"通过拟定各种项目实施方案,为国际减灾战略(ISDR)作贡献。IPL 立案项目的主题范围如下:

1)滑坡的基础性研究

地质工程、岩土工程和地球物理学模型;遥感等监测系统;新技术、专家和智能系统;地震触发和降雨诱发滑坡;突发性和缓变运动现象。

2)全球性滑坡数据库和滑坡灾害评价

全球性滑坡数据库开发;气象、水文和全球气候变化对滑坡的影响;滑坡评估信息;GIS 在滑坡方面的应用。

3)滑坡风险减灾研究

滑坡风险评价包括:灾害性质评价,灾害制图和易发程度评价;早期预报预警系统研究;国土开发和土地利用计划;滑坡补救措施研究。

4)项目的文化和社会应用性

文化遗产和自然遗址地区滑坡研究,例如秘鲁的马丘比丘世界文化胜地和伊朗巴姆要塞世界文化遗产等;高社会价值区滑坡研究;对灾难性滑坡灾害的联合调查;发展中国家典型滑坡案例研究。

5)能力建设和信息交流

组织国际性合作;《滑坡》期刊、书籍和方针纲要等相关的出版物;会议的组织与召开;通过新闻发布会和公开性研讨会增强公众意识;相关的课程培训;提供专业知识。

6.2.2.3 美国地质调查局滑坡灾害 5 年计划(2006 ~ 2010)

在美国,滑坡的发生频率较高,是一个全国性的问题。20 世纪 70 年代中期,滑坡灾害计划（LHP）作为一个国会授权的项目，就已开始实施，旨在减少破坏，避免不同类型的滑坡发生。尽管该项目只是针对美国一个国家的项目，但是也需要其他国家和国际机构如世界银行和联合国的协助。

滑坡灾害研究的基础问题是滑坡会在何时何地发生，滑坡的规模、速度和影响以及如何避免或减轻这些灾害的影响。如果 LHP 想要在解决大暴雨、地震、火山活动、海浪冲刷和野火诱发的滑坡灾害问题中取得重大进步的话，那么对这些基础问题的研究是非常重要的。下面讨论的这些问题将是未来的科学研究方向（USGS，2006）。

1）新的预测模型

最近几年，LHP 开发了一些评价斜坡稳定性或滑坡敏感性的模型。根据这些模型可以推测将来滑坡发生的时间、位置和规模。其中一个模型（SCOOPS）可以分析从沿海峭壁到火山爆发的三维深部旋转破坏。LHP 计划对这一模型进行改进，使其可以分析相似尺度下的三维滑动破坏。由于这个模型可以提供破坏体积的信息，LHP 也计划将这一模型与火山灾害计划的模型结合起来，预测滑坡和泥石流沿坡而下的泛滥区。

2）新的滑坡监测技术

LHP 计划改进和发展动态滑坡环境的监测技术。这些技术可以更好地预测将来的滑坡活动。该计划预计可以提高基于地面的实时监测能力，采用成本较低的 GPS 接收器等仪器来监测从缓慢蠕变到迅速灾难性破坏的滑坡活动。提高滑坡监测能力，也可以进一步认识初始条件以及由暴雨导致的地表水和地下水的变化。这些条件控制着泥石流和深部滑坡的发生和运动。如果条件允许的话，还计划应用地球资源探测卫星数据和高分辨率的遥感数据，如 LIDAR 和 SAR，对滑坡活动进行探测、绘图或做出迅速评价。

3）对知之甚少的滑坡过程的研究

LHP 计划将研究重点放在以下特别棘手且缺乏认识的滑坡灾害上。这一成果有助于开发新的评价工具：计划进行野外分析研究，以更好地认识泥石流的发展过程。许多破坏性的泥石流的规模最初都很小，通过侵蚀流经的通道和向下运移过程中携带沉积物的"体积膨胀"作用而逐渐扩大。认识泥石流的发展机制和前期状态有助于对泥石流灾害进行评价；需要对能够引起滑坡沉积物再次活动的必要条件进行研究。在给定的地理区域，滑坡会在相似的地理、地形、地震和气候条件下发生，当这些相似条件足够多时，就可以通过对以前的滑坡进行区域的岩土和模拟研究（如 SCOOPS 或 TRIGRS 以及有限元分析等）进行预测。

计划的科学目标是相互依赖、相互关联的，主要是通过降低未来滑坡事件发生的位置、时间和规模（大小、速度和运移距离）的不确定性来减少灾害损失，提高公共安全。以下是计划的长期目标，以及每一目标的成果衡量标准与合作伙伴（USGS，2006）。

（1）滑坡灾害评价。在美国进行滑坡野外调查、研究、监测和分析以减小滑坡灾害和风险时，特别要强调的是采用 GIS 和遥感技术开发新方法和开展试点研究。根据以后发生的滑坡，对滑坡灾害评价进行有效性检验。提高降雨阈值的准确度，预测发生特大暴雨事件时滑坡的发生概率，特别是阿巴拉契亚山脉地区。与其他联邦、州和当地机构以及 USGS 水资源处（WRD）科学中心合作，建立区域数据库和工具（包括滑坡的详细目录、模型、重现的时间间隔、相对和绝对年龄），来确定降雨、融雪、地震和发生火灾后的滑坡发生概率。

（2）活动滑坡监测和模拟。对活动滑坡和不稳定斜坡进行远程和近实时监测，有助于提高公共安全，进一步认识滑坡的启动机制和滑坡速度。与 NOAA、NWS、USGS 地震和火山灾害计划、NPS 以及其他联邦、州和地方机构合作，对可能诱发滑坡的外部因素进行监测。进行包括模拟和分析在内的研究，以进一步认识滑坡的诱发机制和发生前的征兆，这样有助于预测滑坡的启动、扩大或再活动。需要不断开发预测滑坡位置、启动和影响的物理模型。为了使滑坡研究顺利进行，LHP 计划在俄勒冈州西部地区增加一些监测点。

（3）滑坡灾害发生后的迅速评价。开发随机性和确定性模型及方法，包括降雨阈值，来预测与气候相关的滑坡启动机制。与 NWS 合作，为迅速处理数据、进行预测以及通知合作伙伴和其他用户，建立分析系统、运算法则、协议和程序。这些系统和运算法则，如简单的降雨累积和降雨持续时间的阈值模型，可以通过现有的实时雨量站网获取的数据进行评估和改进。这个雨量站网由 USGS 科学中心进行管理，多位于暴雨时易发生滑坡的山区。在这项工作中，州和地方合作伙伴是当地的 NWS 预报办公室和州应急机构。进行灾后的调研工作是为了收集重要数据，以确定新的或改进已有的降雨阈值，编制滑坡敏感性图和灾害图或类似的产品。

（4）交流和减灾。不断向联邦、州和当地政府，私人企业，土地规划人员，那些监测土地开发的环境影响和制定土地利用政策的人以及部分市民提供滑坡信息。研究滑坡信息在提高减灾能力中的作用，根据这些研究结果，可以对信息传递进行改进，以达到减灾的目标。需要在全国范围内不断汇编与滑坡相关的损失数据，收集可用的滑坡图件和详细目录。

6.2.2.4 NOAA-USGS 泥石流预警系统

USGS 和美国国家海洋和大气局（NOAA）共同合作开发并运行了泥石流预警系统。

泥石流预警系统（DFWS）理论上应该由独立的产品、监测和预警体系组成，特别是能够在空间和时间上为系统用户（紧急事务管理者、计划者和回应者）提供应有用的服务。训练美国地质调查局和美国气象局工作人员加强对泥石流发生过程和灾害评价技术以及降水预报和测量的理解尤为重要。通知系统用户和公共用户以及系统的限制用户也非常必要。另外，能够提高系统效率的方法也非常必需。

USGS 将通过预报给定区域连续 10 年内暴雨发生概率来发展预测系统；预测系统将能识别有潜在泥石流危险的州县。其中，有一些造成泥石流危险的特殊信息。预测系统因拥有更新精确的降水预报信息而变得非常有效。

USGS 将发展泥石流的监测系统，把降水预报信息输入详细的水文模型和地质模型，通过分析泥石流的敏感性、山坡的水文条件和斜坡的稳定性推断出泥石流发生的可能性。泥石流监测系统将会识别出泥石流敏感区。该系统还将包括泥石流危险的其他特殊信息。监控系统也因为能够更新精确的降水预报信息而变得可行。

USGS 将发展泥石流的警报系统，利用雷达获得的降水资料、ALERT 网络获得的降雨数据和其他的一些信息，输入详细的水文模型和地质模型，预测泥石流的敏感性、山坡的水文地质条件和斜坡的稳定性，并最终预测泥石流的发展状态。报警系统将会确定泥石流活动的区域和一些泥石流危险的特殊信息。该系统还将及时更新降水的实时信息和泥石流的发展情况。

　　原型系统研究项目将最终依赖于现有的低投入的泥石流预报和预警试验操作方法。自从 10 年前结束了在圣弗朗西斯科海湾地区的勘探项目以来，这些方法和泥石流的相关知识已经取得了很大程度上的进步。虽然如此，目前可利用的资源却远远少于理想的需求。因此，还必须进一步加强对系统缺点的研究和改进。当然，这将需要寻找新的资金来源，并有可能在确保美国地质调查局和美国海洋和大气管理局的预算过程上花费更多的时间和精力。因此，需要延期或者逐步实现相关的研究活动。有价值的研究包括气象学、水文学和地质学方面的一些问题；这些问题都集中在广泛实施原型预测/预警模型的研究区域内。

6.3　地质灾害研究进展

6.3.1　地震预测研究进展

　　通过世界各国地震学家长期不懈的努力，地震预测，特别是中长期地震预测，取得了一些有意义的进展。但是地震预测是极具挑战性尚待解决的世界性的科学难题，目前尚处于初期的科学探索阶段，总体水平仍然不高，特别是短期与临震预测的水平与社会需求仍相距甚远。

　　1）长期预测

　　20 世纪 60 年代板块大地构造学说的确立为根据板块边界的地形变和历史地震活动性"收支"平衡情况估算在地质年代里板块边界的地形变速率提供了精确的运动学参考框架。作为地震长期预测的一种方法，特征地震方法取得了一定程度的成功。用这个方法预测大地震原理很直观，看上去很简单，做起来似乎也很容易。但是要把它推广应用仍有一定的困难，因为不易确定特征地震的震级并且缺少估计复发时间所需的完整的地震记录资料（陈运泰，2007）。

　　2）中期预测

　　在中期预测方面，① 运用"应力影区"方法对许多地震序列做的回溯性研究取得了很有意义的结果；② 日本地震学家运用关于地震活动性图像的"茂木模式"成功地预报了 1978 年墨西哥南部瓦哈卡（Oaxaca）7.7 级地震；③ 俄罗斯克依利斯 - 博罗克及其同事提出了一种称做强震发生"增加概率的时间"的中期预测方法，对 2003 年 9 月 25 日日本北海道 8.1 级大地震以及 2003 年 12 月 22 日美国加利福尼亚中部圣西蒙（San Simeon）6.5 级地震做了预报，并取得了成功（陈运泰，2007）。但是，这些方法的准确性及真实性仍存在问题。

　　3）短、临预测

　　与中、长期地震预测的进展形成对照，短期与临震预测进展不大。1980 年代以后，国际上对地震前兆的研究重点转移到探索大地震前的暂态滑移前兆，但至今进展不大。

6.3.2 国外地震预警系统的发展应用

地震预警主要利用电磁波与地震波的速度差，以及地震 P 波与 S 波的速度差来实现地震发生后的及时预警。发出预警的时候，有害的地震波（S 波、L 波、R 波）往往还未到达地表，因此，人们仍然有时间采取紧急措施。虽然地震预警的时间非常短，往往只有几秒、十几秒或数十秒，但是如此短的时间仍然可以挽救很多生命，减少很多损失。

6.3.2.1 地震预警技术及地震预警系统

1868 年，美国的库珀（Cooper）最先提出建立地震早期预警系统的构想，1985 年，西顿（Heaton）提出了电脑现代化后的地震警报系统。20 世纪 90 年代，计算机技术、数字通信技术和数字化强震观测技术日趋成熟，日本、墨西哥等国纷纷开始建立地震预警系统。

现在的地震预警系统的预警方式为地震参数预警，与之相对的是较为传统的地震动值预警。地震参数预警是利用台站的 P 波或 S 波确定出震级、震源深度、震中距等参数，从而确定预警的范围和级别。这种方式所需决策时间长，但有效性高。地震动值预警则直接利用地震动值是否超过给定的阀值来判断预警，它既不区分 P 波与 S 波震相，也不确定地震的有关参数，有效性较低。另外，根据与预警目标区（城市或重大工程场地）的距离远近，地震预警系统又可分为异地震前预警和本地 P 波预警两类。

6.3.2.2 国外主要地震预警系统的发展和应用

目前，墨西哥、日本、罗马尼亚等国，以及一些重大工程，如水坝、核电站等都已部署了地震预警系统，这些预警系统的具体构建和性能各有不同，现简介如下：

1）墨西哥城地震预警系统

墨西哥处在环太平洋地震带上，从 1978 年以来，墨西哥一直处于频繁的地震状态，这促使了墨西哥进行地震预警系统的开发。墨西哥城地震预警系统 SAS（Seismic Alarm System）于 1991 年 8 月投入使用，是世界上唯一向公众发布地震警报的地震预警系统。

SAS 由四部分组成：①地震检测系统，在格雷罗（Guerrero）沿海地区 300 千米长的范围内布设了间距为 25 千米的 12 台数字强震仪，每个台站有一台微机，可在 10 秒内确定震级，如 $M > 6$ 或 $5 \leqslant M \leqslant 6$ 即发布警报，如有 2 台以上确定地震的发生，就向公众发布警报；②通信系统，有一个甚高频（VHF）中央无线电中继站和 3 个超高频（UHF）无线电中继站，可在 2 秒内将地震信息传至墨西哥市；③中央控制系统，设在距格雷罗海岸地区约 320 千米的墨西哥市，可连续接收地震信号并自动处理，确定震级后决定是否发布警报；④警报发布系统，通过商业电台发布警报，有关部门配有专用接收机，由专人负责接收并协调防灾活动（Espinosa-Aranda，2004）。

2）日本地震早期预警系统

日本先进的地震监测系统是日本防震减灾不可缺少的重要组成部分，日本已建成实时进行数据交换的高密度地震观测网，1000 个左右观测点的高灵敏度地震仪，建成高密度地震观测网，实现数据实时交换。为大幅度提高地震观测精度，日本政府作出决定，文部科学省防灾科学技术研究所和各大学，以及气象厅已经打破省、厅界限，对以前分别收集和分析的高灵敏度地震仪记录数据进行实时交换。防灾科学技术研究所在全日本设有 600 个观测点，以东京大学为首的全国主要大学设有 200 个点，气象厅设有 200 个点。观测点越多，越能精确了解震源位置和发震机制。而且，不仅能检测出单个地震仪检测不出来的微震，还能大范围地把握地壳应变状态等。以 1995 年阪神大震灾为契机，日本气象厅将全国的强震观测点扩大到了约 600 个。科学技术厅也在全国铺设了由 1000 台强震计构成的地震观测网（K-NET）。这样一来，通过安装密度比过去高达数十倍的强震计，就能够正确且迅速地获得地震发生时震动强度的分布状况，这是巨大的进步。而且，如果能够由这些计算地震震动的观测网络积累震源附近强烈震动的相关数据，加深对地震震动强度以及空间分布的认识，就可以把它们进一步反映到建筑物的设计上。

日本气象厅（JMA）所建构的地震早期预警系统 EEW（Earthquake Early Warning）已经在 2007 年 10 月上线，推广到全日本境内。EEW 之所以能够发出预警，主要归功于日本境内密集分布的地震测站（大约每 20 千米一座），以及计算机能够迅速计算出地震发生地点与震波传播方向的能力。当地震发生，邻近震源的地震测站会根据所收到的 P 波讯号，首先判断地震强度。一旦地震强度在 4 级以上（根据日本气象厅地震震度分级），相当于麦加利地震强度（Mercalli Intensity Scale）的 6～7 级时，EEW 便会发出预警（Hoshiba，2008）。

2011 年 3 月 11 日在地震发生前 1 分钟，日本发起了地震警报，这一分钟的时间可以挽救不少人的生命。虽然发布震后海啸预警，仍然带来较大损失，主要原因是此次地震震中离大陆很近，海啸在很短时间就来到，来不及预警。但日本这一次地震预警系统和民众防灾减灾应急训练还是发挥了很大的作用，纯地震的影响灾害损失已经减少到比较低的水平，日本在此次强震后，第一时间启动了海啸信息发布程序，各大电视台自动切换电视画面，滚动播发海啸警报；地震海啸发生仅 5 分钟，日本首相官邸就设立了官邸对策室，并在之后的内阁会议成立紧急对策部，协调指挥全国的地震和海啸灾害应对工作；沿海居民按照既定的应急手册有序撤离，核电站、新干线、机场等重要基础设施紧急关闭。

位于夏威夷群岛的太平洋预警中心立即分 4 批向 53 个太平洋沿岸国家和地区发布海啸预警通知。

3）罗马尼亚地震即时预警系统

罗马尼亚是地震频发的国家之一。罗马尼亚人对一些轻微地震引发的建筑物晃动，似乎早已经习惯。然而，震级达到里氏 7 级以上的毁灭性强震，仅在 20 世纪就在罗马尼亚境内发生过 3 次。罗马尼亚目前的地震预报与监测重点，主要集中在首都布加勒斯特东北 180 千米远的弗朗恰山区一带。这里不但是罗马尼亚的地震多发区，而且几次强震的震中均位于此地，罗马尼亚政府在这里建立的即时地震预警系统有各种最现代化的电子装置与设备。

4）美国加利福尼亚的地震预警系统

目前，美国加利福尼亚综合地震台网（California Integrated Seismic Network，CISN）正在进行地震预警系统方面的测试，该项目计划于 2009 年完成，其目标是成为一个可对地震进行较为准确预警的公共预警系统。

CISN 在实时地震网络上测试了 3 种早期预警系统。其中，在北加利福尼亚测试的 ElarmS 系统（Earthquake Alarm Systems）测出了明矾岩（Alum Rock）的地震，这是 1989 年加利福尼亚洛马普列塔（Loma Prieta）地震以来圣弗朗西斯科湾最大的地震，并且，仅用了 3 或 4 秒的时间就估计出了震级，准确度在 0.5 级之内。ElarmS 还推测出了地震分布情况，与麦氏震级强度范围的误差在一个单位之内。即使是 ElarmS 的 15 秒延迟处理，其预测的地震的时间也比地震高峰来临的时间早了好几秒。现在，CISN 的研究人员正努力将延迟处理的时间缩减到 10 秒，以争取更多的时间，这意味着如果将来加利福尼亚再次发生地震，圣弗朗西斯科和奥兰多在 10 秒后就可知道预警信息。

5）日本的高速铁路地震预警系统

目前最新型、最先进的铁路地震预警系统为日本的紧急地震检测与预警系统 UrEDAS（Urgent Earthquake Detection and Alarm System），这是一个利用地震 P 波和 S 波信息快速估计地震参数并结合已有震害统计结果有针对性发布地震预警信号的智能系统，该系统的最大特点是单个台站用 P 波初动就能确定震源参数。考虑到多台站系统的复杂性和网络系统的脆弱性，UrEDAS 采用单台信号报警，实时监测单个观测点处的地面运动。UrEDAS 在检测到地震 P 波后的 3 秒内估算出震中方位、震级、震中距和震源深度等地震参数，并发出第一次警报，在 S 波到达后计算出更精确的地震参数后，再发出第二次警报。由中心台接受各台发布的警报并进行综合处理，在第一个台检测到 P 波后 2 分钟内自动发出警报。

6）立陶宛伊格纳利纳核电站地震预警系统

立陶宛伊格纳利纳（Ignalina）核电站地震预警系统于 1999 年建成，采用地震动值预警。该系统由 1 个中心控制台和位于距电站约 30 千米圆周上的 6 个台站组成，形成所谓的地震"围栏"。每个台站有 1 台地震仪和 3 台加速度计连续运行，3 台加速度计的记录都输入一个"地震开关"。当其中 2 个记录到的加速度超过预置的阈值（初始设置为 0.025 g）时，地震开关发出警报信号，经数字编码后用 UHF 调频波段无线电发送到控制中心。系统能提供 4 秒预警时间，而反应堆控制棒的插入时间为 2 秒，这说明该地震预警系统能使伊格纳利纳核电站在地震波到达前停止运转。

7）伊朗卡尔黑水坝地震监测网络

伊朗水电资源开发公司 IWPC（Iran Water and Power Resources Development Company）的卡尔黑（Karkheh）水坝地震监测网络由瑞士 GeoSIG 公司承建。该系统实质是一个水坝地震安全性监测网络，其任务范围包括：① 评估和观测大坝结构的安全与完整；② 评估和比较水坝是否达到抗震设计要求；③ 发展和改进应对紧急情况的措施；④ 提供该地区的地震数据。该系统的地震动观测设备为 6 台 AC-63 型三分量力平衡加速度计和 6 台 GSR-18 型强震记录仪；通信系统为电缆、调制解调器和两个转发器，以此实现各强震台和控制中心的互连，提供定时、触发和通信服务；控制中心为拥有 18 个频道和一个指令舱模块的中心台。

6.3.2.3 地震预警系统的未来发展趋势

目前，地震预警系统大体上仍处于摇篮阶段，但发展中的这种系统还是十分有效，日本、墨西哥等国家已经部署（赵纪东，2009）。就目前的状况看来，其未来的发展趋势应该是提高系统的准确率和速度。

1）提高系统准确率，减少误报或不报

地震预警系统确实能够有效地减轻地震灾害，但误报是这项技术的主要挑战之一。地震预警系统存在自身的缺陷，对于发生在距预警目标区 20 千米以内地区的直下型地震，除了可以安装由 P 波触发的自动控制装置外，已没有时间对人员发出预警。因此，在震中距 20 千米以内的地区，被认为是地震预警的盲区。如果发生大型地震（七级以上），因为断层破裂的时间较长，日本的 EEW 就会无法完整推估地震强度；当两个地震连续发生在同一地点时，EEW 亦无法精确识别出两个先后发生的地震

2）提高系统速度，延长预警时间

地震预警时间的长短，依地震发生地点到预警地区的距离远近而定。地震发生地点愈靠近预警地区，则预警时间愈短。

地震预警系统要求把许多传感器分布在广阔的地理区域，传感器的数目越大，震中和震级的计算越准确，预警也越早。为了填补常规地震仪留下的空白，一些研究人员建议开发膝上型计算机里面的传感器，把它们用做分布式 P 波传感器。虽然膝上型计算机传感器不是十分敏感，但它们巨大的数量也许会有价值。

6.3.3　2010 年初以来全球主要地震活动分析

2010 年以来，全球相继发生了一系列强震：海地 7.0 级地震、智利 8.8 级地震、印度尼西亚 7.7 级地震等。这些地震有什么样的特征，他们之间有没有关联，全球是否从此进入了一个地震活跃期？为此，我们对 2010 年以来的全球主要地震活动进行简要分析。

6.3.3.1　主要地震活动情况

1）海地地震

2010 年 1 月 12 日，海地发生 7.0 级强烈地震。海地是加勒比海的一个岛国，全境位于西大西洋第二大岛伊斯帕尼奥拉岛西部，与多米尼加共和国接壤。

成因分析。此次地震发生在加勒比海与北美洲板块交汇处附近的一个高度复杂的构造断层上，这是一条走滑断层，断层线以南的加勒比板块向东滑动，而断层线以北的更小的 Gonvave 小板块向西滑动。但更为复杂的是，除了加勒比以及北美板块外，在这两个板块之间的大片区域由更小的"块状"板片或"小板块"（如 Gonvave 小板块）镶嵌而成（图6-3）。美国伍兹·霍尔海洋地理学研究所地质学和地球物理学资深科学家 Jian Lin 表示，有三个因素让此次地震变得极具破坏性：①震中位于首都太子港西南方向只有 10 英里[①]的地方；②震源浅，距地面只有 10 ~ 15 千米；③更重要的是，海地这个经济贫困国家的许多住宅和建筑并没有被建造得能够抵御如此大的地震破坏力，结果房屋大量倒塌。最终，所有这些因素使得让 1 月 12 日的海地地震成为了最坏情境（Jian Lin，2010）。

---

① 1 英里 = 1.609 344 千米

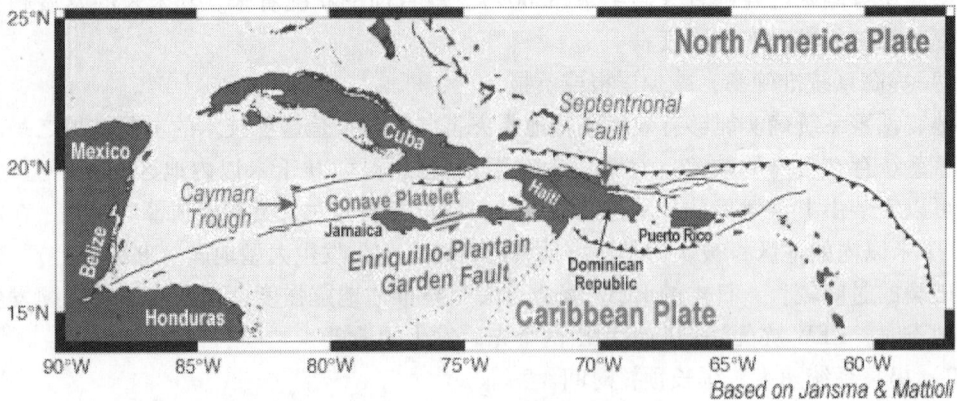

图 6-3　海地地震构造背景图

资料来源：WHOI

此外，法国巴黎地球物理学院（Institut de Physique du Globe de Paris，IPGP）地震学家 Yann Klinger 还指出，世界上其他地方发生的地震大多是一个板块俯冲到另一板块下导致，而海地地震却是两大板块发生水平运动碰撞所致，这种类型的地震通常会释放出巨大的能量，因此会造成重大的破坏。

震前"预警"①。2008 年 3 月，在多米尼加举行的一次会议上，美国普渡大学（Purdue University）Eric Calais 教授和得克萨斯大学（University of Texas）的 Paul Mann 等曾公布了有关 Enriquillo-Plaintain Garden 断层带地震隐患的发现。

Calais 通过全球定位系统探测发现，由于应力不断增加，Enriquillo-Plaintain Garden 断层带所在位置的地壳正缓慢变形。结合 Mann 的研究以及海地 1770 年发生的一次大地震，两人预测，这一断层带可能将发生里氏 7.2 级地震。这一预测接近于海地 12 日发生的里氏 7.3 级地震，但是并没有给出可能发生地震的时间范围。

未来地震风险。在美国科罗拉多州威斯敏斯特市地球科学顾问委员会（Earth Scientific Consultants Inc.）任职的 McCann 表示，此次海地地震仅仅破坏了断层的一部分，因此还有很多积聚的应力等待释放，这将很可能形成另一场里氏 7.5 级的地震，到时太子港将会被全部摧毁（Kerr，2010）。

此外，在伊斯帕尼奥拉岛（海地和多米尼加共和国所在地）的其他地方依然存在大破坏的可能性。1751 年，一场里氏 8.0 级的地震沿着潜伏在该岛下的相同断层袭击了多米尼加共和国的南岸。两个月后，这里又发生了一场 7.5 级的地震，而随后便是发生在 1770 年的大地震。

2）智利地震

2010 年 2 月 27 日凌晨，智利发生里氏 8.8 级地震，震中位于智利外海，距智利第二大城市康赛普西翁（Concepcion）北东方向 115 千米处，地震还引发环太平洋沿岸的中等规模海啸。

---

① 在本章指地震发生前一些预报地震可能发生的时间、地点及与震级有关的信息

成因分析。南美洲西海岸是一个地质俯冲带（Subduction Zone），在这里，纳斯卡板块（the Nazca Plate）在南美洲板块下面以年均 80 毫米的速度移动。两个板块的碰撞形成了壮观的安第斯山脉，同时也带来了毁灭性的大地震（图6-4），2010 年 2 月 27 日发生在智利的地震就是一例。

日本名古屋大学研究生院地震、火山和防灾研究中心的主任山冈耕春指出，在阿拉斯加、智利以及日本以南的海槽沿线，当板块发生沉降时，由于其沉降角度

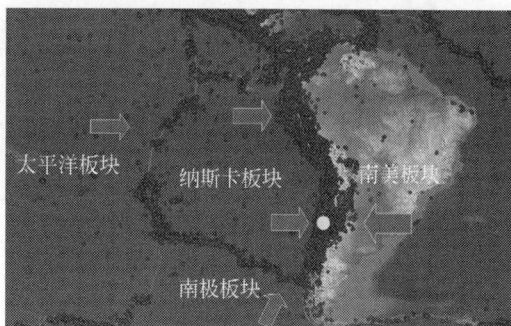

图6-4 智利地震构造背景图（后附彩图）
资料来源：中国地震局地球物理研究所

较小等特点会产生非常大的摩擦力，容易发生较大地震，同时海底会急剧隆起，容易发生海啸。该中心副教授山中佳子表示，此次地震发生后，距离震中约 340 千米的圣迭戈出现强烈晃动。据此可以认为，震源的断层从海沟沿线延伸到圣迭戈附近，所以才发生如此强烈的晃动。因为此次板块破裂的起始点比较深，但板块破裂主要在距地表较浅的范围出现，所以仍然引发了海啸。

震前"预警"。2009 年，地球物理学家 Jean-Claude Ruegg 及其同事在 *Physics of the Earth and Planetary Interiors* 发表了根据 GPS 观测的报告，通过测量因 Nazca 板块挤压海岸导致的陆地缓慢上升和下降，他们计算了新的累积应力，预测未来几十年内可能发生里氏 8.0～8.5 级大地震。海地大地震和智利大地震发生的时间要比地震学家预言的早得多。

造成的影响。美国国家航空航天局（NASA）的科学家经过研究发现，2010 年 2 月 27 日的智利大地震不仅仅造成了地表的人员伤亡和财产损失，还可能移动了地球形状轴，改变了整个地球质量的平衡。NASA 喷气推进实验室的地球物理学家 Richard Gross 表示，如果他们的计算是正确的，此次智利地震让地轴移动了 8 厘米（2.7 毫弧秒），使一天的时间缩短了 1.26 微秒。但由于幅度是如此之小，因此人很难察觉到。但地震造成的其他变化可能更为明显，比如岛屿移动。靠近智利第二大城市 Concepcion 的圣玛丽亚岛，在地震后升高 2 米。2010 年 3 月 10 日，美国《连线》杂志网站报道，美国俄亥俄州地球科学家 Mike Bevis 等通过对震前和震后 GPS 的精确测量结果进行分析发现，智利首都圣迭戈被向西平移了 11 英寸（约 28 厘米）的距离，即使距离震中近 800 英里（约 1288 千米）的阿根廷首都布宜诺斯艾利斯也位移了 1 英寸（约 2.54 厘米）距离。

3）印度尼西亚地震

2010 年 4 月 7 日，印度尼西亚苏门答腊附近发生里氏 7.7 级强烈地震。此次地震的震源深度为 31 千米，强震发生后，当地又发生了 5.0～5.3 级的几次余震。此外，地震后还引发了海啸。

成因分析。澳大利亚板块和欧亚板块的共同作用，使得印度板块东部成为多发地震带和强烈变形带，其显著标志为大量断层活动和大地震发生。2010 年的此次印度尼西亚地震的主要原因是澳大利亚－印度板块与巽他板块的活动（图6-5）。

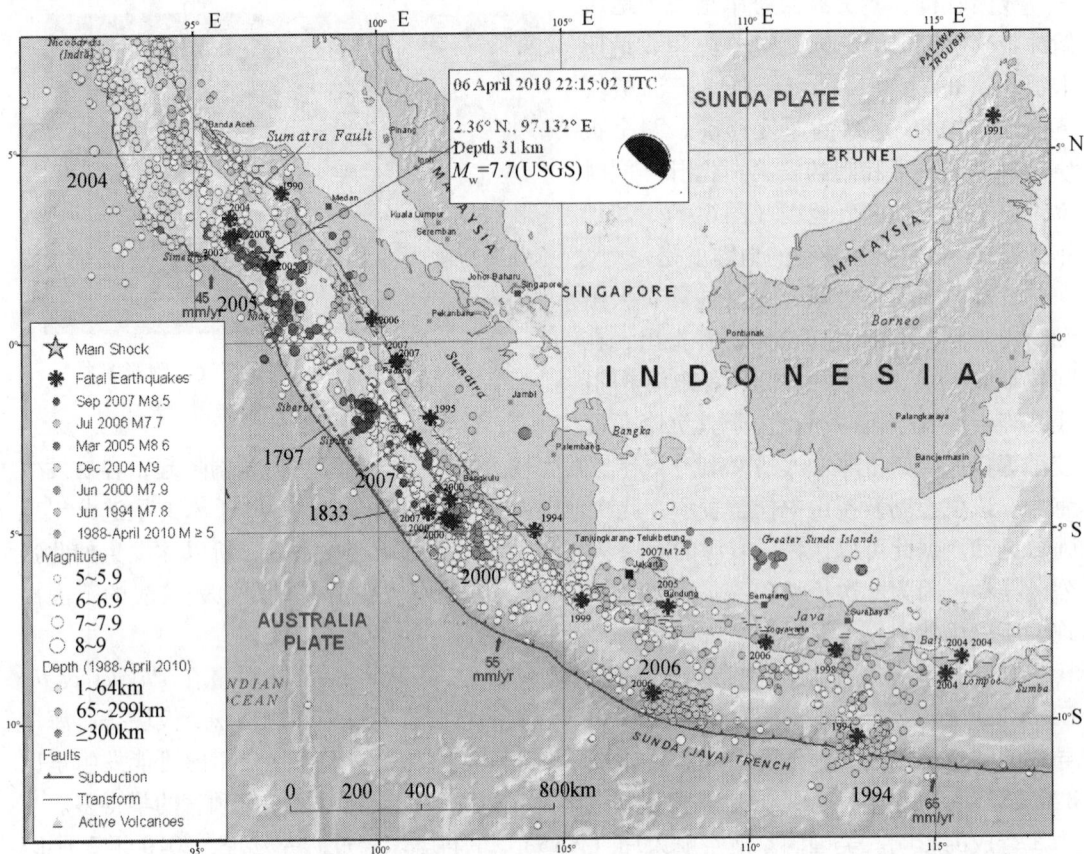

图6-5　印度尼西亚地震构造背景图（后附彩图）

　　具体的板块活动情况是：印度洋板块沿着巽他海沟以 6~7 厘米/年的速率向北北东 23°方向运动，与南亚板块发生斜向聚敛俯冲。印度洋板块与南亚板块之间的这一斜向聚敛俯冲，在缅甸微板块的两侧表现为两种不同形式的断层运动。一是沿着巽他海沟发生在印度洋板块与缅甸微板块之间的正向俯冲，另一是发生在缅甸微板块与南亚板块主体之间的大规模右旋走向平移运动。

　　震前"预警"。2010 年 1 月 17 日，北爱尔兰阿尔斯特大学（University of Ulster）的 John McCloskey 等在线发布在 Nature Geoscience 上的一封信指出，不能放松对印度尼西亚发生地震风险的警惕。

　　研究者认为，2009 年 9 月袭击印度尼西亚巴东的大地震不是地球科学家所预计的那场大地震，因为巴东地震没能释放从缅甸到北澳大利亚延伸 5500 千米巽他大型逆冲断层的应力，这条断层是欧亚构造板块和印度 - 澳大利亚构造板块相遇的地方，经过苏门答腊岛的西南一侧。该断层在西比路岛下面的一小段 200 年来都没有破裂，据此，科学家预计，下一场大地震将来自该区域，而且很可能是导致海啸的地震类型，估计震级可能达到里氏 8 级（McCloskey，2010）。

　　印度尼西亚科学研究院的 Danny Hilman Natawidjaja 表示，面临风险最大的地区是苏门答腊的西南沿海地区，包括巴东和明古鲁，以及明打威群岛在苏门答腊附近的巴盖岛、西比路岛和锡波拉岛。

6.3.3.2 主要地震活动情况分析

1）震前存在不同程度"预警"

在海地、智利以及印度尼西亚地震发生前，均存在不同程度上的"预警"。但是，这些信息不够全面、准确。具体来说，地震预测需要同时给出未来地震的位置、大小、时间和概率四种参数，并且每种参数的误差应小于等于下列数值：①位置：$\pm 1/2$ 破裂长度；②大小：$\pm 1/2$ 破裂长度或 ± 0.5 级；③时间：$\pm 20\%$ 复发时间；④概率：预测正确次数/（预测正确次数 + 预测失误次数）。而这些地震发生前的"预警"信息均存在不同程度上的遗漏，往往不涉及地震发生的确切时间，以及具体的震中位置。实际上，这些"预警"应该算是对未来地震的风险性分析，人们则可以借此提高对未来地震的警惕性。

2）发生于复杂的地质背景

海地地震的构造背景除了加勒比以及北美板块外，还有镶嵌在这两个板块之间更小的板片或"小板块"（如 Gonvave 小板块）。此外，海地地震主要是加勒比与北美板块的水平碰撞所致（释放能量大，破坏性强），而世界上其他地方的大多数地震则是由于板块间的相互俯冲所致。

日本名古屋大学研究生院地震、火山和防灾研究中心研究人员的分析表明，智利地震的震源断层可能从海沟沿线延伸到距离震中约 340 千米的圣迭戈附近，所以圣迭戈才出现强烈晃动。印度尼西亚的苏门答腊地区是一个大地震活跃区，由于地质构造背景的复杂，科学家们一直无法准确预报该地未来大地震的发生时间。

3）多发于环太平洋地震带

除了以上提及的三次地震外，2010 年初以来全球还发生了其他几次大地震：①2010年 1 月 4 日，所罗门群岛发生 7.1 级地震；②2010 年 2 月 27 日，日本琉球群岛发生 7.0级地震；③2010 年 4 月 5 日，美国下加利福尼亚和墨西哥交界处发生 7.2 级地震。从这些地震发生的地理位置来看，多位于环太平洋地震带上。

环太平洋地震带是全球分布最广、地震最多的地震带，所释放的能量占全球的 80% 以上。全球约 90% 的地震都发生在环太平洋地震带上，而 7 级以上的强震有 80% 以上发生在这一区域。

4）这些地震间不存在关联

法国巴黎地球物理学院的地震学家 Eléonore Stutzmann 表示，海地和智利地震都是板块移动造成的，但两次地震没有任何关联。海地地震是加勒比板块和北美板块发生水平运动碰撞所致，而智利地震则是紧邻南美洲西海岸的纳斯卡板块俯冲到了南美板块之下。

美国地质调查局的 Paul Caruso 表示，由于发生在智利、海地和日本的地震间的距离太大，很难将他们联系起来。亚利桑那大学的地质学家 Ramon Arrowsmith 也认为智利地震与日本的 7.0 级地震没有直接关系。因为距离太遥远了，不可能是直接引发的。因为如此遥远的距离，海地或日本地震传来的地震波在衰减之后变得非常微弱。但是，如果智利的断裂带已经近乎断裂，这些微弱的地震波也可能使之越发接近于断裂。

5）抗震建筑突显防灾力

海地与智利两个地震相隔不到50天，一个7.0级，发生在中美洲，死亡近30万人；另一个8.8级，发生在南美洲，几百万人受灾，死亡799人。此外，智利地震释放的能量是海地地震的近800倍，而监控录像表明，智利地震时，地面震动幅度非常之大，震动时间非常之长，非其他地震可以与之相比。但是，为什么智利地震造成的损伤却比海地地震小呢？加拿大蒙特利尔大学地球物理学教授嵇少丞表示，答案其实很简单——建筑的质量。

地球科学顾问委员会的McCann指出，海地的首都建立在沉积层上，而非坚硬的岩床，因此整个地区在地震时就像是在一个碗中抖动的果冻。作为西半球最贫穷的国家，海地缺乏合理的建筑标准，而这正是强化建筑以抵抗震动所必需的。同时他还指出，海地这个国家"几乎没有执行"已有的建筑标准，而这导致数以万计的人死亡。

6）争议：全球进入地震活跃期？

鉴于2010年初以来的多次强震，人们感觉全球似乎进入了地震活跃期。但是，专家们的意见却各不相同。

支持者：密苏里科技大学的地球物理学家Stephen S. Gao认为，相对于20世纪70年代中期到20世纪90年代中期的20年，地球在过去15年间确实更加活跃。人们尚未找到其中的原因，这可能只是因为地球岩石圈的应力场由于自然原因而发生了暂时性的改变。

质疑者：亚利桑那大学的地质学家Ramon Arrowsmith表示，人类的记忆相对短暂而不完整，世界各地的通信则越来越发达。在这种情况下，人们了解到更多关于地震的消息，所以地震好像更加频繁了。但是，这可能并不表明强烈地震的发生频率出现了全球性的变化，因为全世界平均每年也只发生一次8级地震（表6-3）；英国剑桥大学地球科学系教授Keith Priestley认为，近来发生在海地和智利的地震广受关注，不过海地地震单从震级上讲并不罕见，其造成巨大破坏主要是因为当地人口密集和建筑抗震性能较差，全球每年都会发生10多次类似的里氏7级以上地震。智利地震震级虽然较高，但从过去全球平均每年会发生一次里氏8级以上地震来看，这也算不上异常；牛津大学地球科学系教授Mike Searle称，当前全球地震活动并未明显超出正常水平。此外，他还指出，在地质板块冲突的地区，如喜马拉雅山地区、印度尼西亚苏门答腊岛附近地区、秘鲁和智利附近地区都可能是近期发生地震的热点地区。

表6-3 全球地震发生频率统计

震级	年平均/次
8.0以上	1（1900～2009）
7～7.9	15（1990～2009）
6～6.9	134（1990～2009）
5～5.9	1 319（1990～2009）
4～4.9	13 000（估计）

资料来源：USSGS

6.3.4　近5年滑坡研究现状与未来发展方向

国际期刊《滑坡》于 2004 年 4 月首次发行。它是国际滑坡计划的核心工程（IPL-C100），由国际滑坡协会、联合国及其他全球性机构联合发起。《滑坡》创刊的目的是推动滑坡科学、技术和能力建设，在联合国国际减灾战略下加强滑坡风险减轻的全球合作。《滑坡》期刊就第一个 5 年的工作进展，滑坡的研究方法、类型和主要诱发原因，每个国家不同投稿者的数量，每期的"被引用次数"，最常被引用的文章等部分内容作简要分析。

6.3.4.1　简介

国际滑坡协会（ICL）成立于 2002 年 1 月，其目标是促进滑坡研究和能力建设（特别在发展中国家），通过制定国际滑坡计划（IPL）使社会和环境受益。2002 年 11 月 19～21 日，在巴黎 UNESCO 总部举行的 ICL 代表圆桌会议的第一次会议上，Kyoji Sassa 提议创立国际滑坡协会期刊——《滑坡》，作为 IPL 的核心工程，是世界上第一本全彩色的科学期刊。《滑坡》于 2004 年第一次出版，从 2005 年开始出现在 ISI（The Institute for Scientific Information）检索期刊中。在 2008 年 ISI 知识库提供的期刊引用报告中，影响因子是 0.986，2009 年是 0.754。

6.3.4.2　《滑坡》研究主题

滑坡研究现在还未作为一门独立学科，必须确定《滑坡》涵盖的主题。在 2003 年 10 月温哥华峰举行的国际滑坡协会（International Consortium on Landslides）代表圆桌会议的第二次会议上，借由《滑坡》第一次编委会会议讨论了滑坡主题的范围。约有 20 位人士参与了讨论，代表了多样化的国际滑坡专家意见，为新期刊选出了一些合适的滑坡主题，如动力学，机制和过程；危害、脆弱性和风险的制图与评价；地质学、岩土力学、水文学和地球物理模拟方法；气候变化、气象和水文因素的影响；地震引发的滑坡；监测，包括遥感和其他非侵入性系统；新技术、专家和智能系统；GIS 技术的应用；岩滑、岩崩、泥石流、泥流和侧向扩展；火山区的大型滑坡、火山泥流、火成碎屑流；海底和水库滑坡；海啸和湖震引发的滑坡；对人类、财产、经济和环境的影响；城市地区和重要基础设施沿线的滑坡灾害；滑坡和文化遗址；滑坡和自然资源；土地开发和土地利用实践；修复措施，防御工作和稳定技术；时间和空间预测方法及其应用；早期预警和撤离；全球滑坡数据库（Sassa et al.，2009）。

6.3.4.3　《滑坡》中发表文章分类

Sassa 对《滑坡》近五年发表的文章分为如下几类：基础研究（地质研究、地貌研究、岩土力学研究、水文和气象研究、地球物理学研究、其他），机制和动力学（稳定性分析和发生机制、液化和滑动面液化、移动和运动距离、其他），监测、遥感和地面探测（实时监测和数据传送、遥感、卫星遥感、地面探测、其他），灾害制图、脆弱性和风险评价（灾害制图、风险制图、GIS 应用、脆弱性和风险评价，通信风险、其他），文化遗址和具有较高社会价值的场所（确定自然文化遗产所在地的风险、利用非侵入性技术保护文化遗址、文化遗址的减灾措施、其他），地震引发的滑坡和灾难性滑坡（地震引发的滑坡、大型滑坡、威胁城市居民的灾难性滑坡、由采矿、发电、道路建设和其他人类活动引发的滑坡、其他），泥石流、海底滑坡和火山碎屑流（泥石流、海底滑坡和水库滑坡、火山碎屑流、其他），减轻、防御和恢复（预报时间、早期预警和撤离、修复措施、预防工作和稳定技术、山区保护和流域管理、政策、规划和土地利用管理、其他），能力建设和数据库（建设人类在滑坡管理方面的能力和专门技术、加强地方或者社团一级的执行力和行动力、技术转移、区域和全球滑坡数据库、滑坡后恢复和滑坡二级风险预防、其他），案例研究和其他（区域案例研究、土壤类型的案例研究、气象条件的案例研究、气候变化和全球变暖的影响、其他）。

2004 年第 1 卷第 1 期至 2009 年第 6 卷第 2 期已刊发文章的分类情况进行了统计。共有 46 篇滑坡"案例研究"，占文章总数的 23.7%，属于数量最多的一类。在案例研究中，日本 7 篇，加拿大 7 篇，美国 4 篇，中国 4 篇，意大利 3 篇，新西兰 2 篇；其他文章来自阿根廷、比利时、不丹、捷克斯洛伐克、印度尼西亚、菲律宾、希腊、俄罗斯、瑞士和乌克兰。岩崩和岩滑的案例研究包括加拿大的 Orwin 等（2004），美国的 Strouth 等（2006），菲律宾的 Catane 等（2007），新西兰的 Cox 和 Allen（2009），研究法国和西班牙之间的比利牛斯山脉的 Corominas 等（2005a）。泥石流的案例研究包括 Brooks 等（2005）介绍了秘鲁安第斯山脉的一个古滑坡，中国 Zhang 等（2009），以及挪威的 Breien 等（2008）。泥石流案例研究出版了一期特刊——《泥石流灾害》（第 5 卷第 1 期），其中包括意大利的 Bertolo 和 Bottino（2008）和美国的 Wooten 等（2008）等。

第二大类是"灾害制图、脆弱性和风险评价"，包括 33 篇文章（占总数的 17.0%），其中意大利 5 篇，日本、瑞士、西班牙和美国各有 3 篇，加拿大、中国、挪威、韩国和印度各有 2 篇，捷克斯洛伐克、法国、葡萄牙、古巴、斯洛伐克和瑞典各有 1 篇。在该类别中，有 8 篇文章出版在第 2 卷第 4 期由 Christophe Bonnard 和 Jordi Corominas 编辑的专题"世界滑坡灾害管理实践"上。灾害制图的文章包括日本的 Ayalew 等（2004），研究全球尺度的 Nadim 等（2006），意大利的 Catani 等（2005），研究马来西亚的 Lee 和 Prahdan（2007），研究喜马拉雅山脉的 Kanungo、Mathew、Willenberg 等（2008、2009）。风险评价文章包括：美国的 Baum 等（2005）介绍了详细绘图过程。

第三大类是"机理和动力学"，包括 28 篇文章，占总数的 14.4%。其中，日本 11 篇，意大利 4 篇，挪威 2 篇，加拿大 2 篇，中国 2 篇，西班牙、法国和韩国各一篇。滑坡动力学文章包括 Sassa 等（2004，2005），McDougall 等（2006），Ochiai 等（2004），及 Fukuoka 等（2006，2007）。关于机理的文章包括 Take 等（2004）（利用离心分离机进行测试），Yang 和 Dykes（2006）（利用液限进行测试），Comegna 等（2007）（研究泥石流的发生机制，重点从孔隙水压力研究），Okada 和 Ochiai（2007）（利用三轴压缩测试的数据，从液化现象来研究）。

其他是"基础研究"类，如地质、地貌、岩土力学研究、水文学和气象学研究以及地球物理学研究，与此相关的文章共有 20 篇，占全部文章的 10.3%。"监测、遥感以及地面探测"类包括测量滑坡运动，认识地面结构，共有 19 篇文章（9.8%）。这两大类在滑坡研究中属于基础性的重要内容。"泥石流、海底滑坡和火山碎屑流"占文章总数的8.2%，"地震引发的滑坡和灾难性滑坡"和"具有极高社会价值的文化遗址和场所"各有10篇文章。

为了促进滑坡风险减轻，已提议将"减灾、防御和恢复（3.1%）"与"能力建设和数据库（1.5%）"作为"东京行动计划"全球合作当中的课题，但是此次统计当中这一类的文章极为有限。把"防御和恢复"与"能力建设和数据库"归到原创文章、最新滑坡和技术说明类中似乎不太合适。其他没有归类文章占总数1.6%。

6.3.4.4 滑坡类型和成因

对《滑坡》期刊中涉及的滑坡类型和成因进行分析汇总。滑坡分为滑动、流动、崩落、扩展、倾倒，以及复合型。这是 Cruden 和 Varnes（1996）继国际岩土工程学会 UNESCO "世界滑坡编录"（属于联合国"国际减轻自然灾害十年"中的一项活动）工作组之后，根据国际地科联滑坡工作组的解释提出的分类。

滑坡类型包括滑动、流动、崩落、扩展、倾倒和复合型。"滑动"属于最常见的滑坡类型，关于滑动的文章占全部151篇文章的43.7%。

"流动"的文章占27.2%，"崩落"的文章占13.2%，"复合型"的文章占15.9%。Cruden 和 Varnes（1996）将"扩展"作为一类；但是，从发生机制来看，尽管坡度很缓，但是"扩展"仍然属于滑动或者流动（Sassa，1985，1989）。《滑坡》中任何已刊发的文章都未将"扩展"作为主要的滑坡类型。Dykes 和 Warburton（2008）介绍了发生在英国设得兰群岛（Shetland Islands）的泥炭滑动，它与所谓的"扩展"有着相似的特征。"倾倒"可以当成复合型中的一部分，但是目前还未作为一种主要的滑坡类型（Sassa et al.，2009）。

这151篇文章并不总是在论述真实的滑坡事件，而是包括对滑动、流动、崩落等的理论研究，还包括成因尚未确认的滑坡的室内试验和区域调查。

介绍滑坡成因的102篇文章分为降雨、地震、侵蚀和风化、地下水位、人类活动等。很多滑坡并不是只有一种起因，但是在统计时对一篇文章只考虑一个主要的起因。超过一半的文章（54.2%）介绍了降雨诱发的滑坡；18.7%的文章涉及的是地震诱发的滑坡。当然，地震在降雨之后发生，如2004年发生的日本新潟县中越大地震，诱发了很多大型滑坡，可见 Sassa（2005）和 Sassa 等（2005）的报道。"海岸侵蚀和河流侵蚀"是滑坡发生的主要诱因，如 Bromhead 和 Ibsen（2006）以及 Strom（2004）的研究，"长期风化"也能引发滑坡，可对历史悠久的文化遗址造成威胁，如 Vlcko（2004）和 Guo 等（2009）的研究。"人类活动"也属于滑坡诱因，如修建大坝和水库，比如 Wang 等（2009）讨论的三峡大坝。Zhang 等（2009）对灌溉诱发滑坡的影响进行了报道。Margottini（2004）介绍了阿富汗 Bamiyan 地区因佛像爆破而引起的峭壁失稳。还有其他一些原因，比如 Wang 等（2009）和 Ma 等（2006）分别对加拿大和青藏高原永久冻土区融化引起滑坡的研究。Vilímek 等（2005）介绍了秘鲁冰退造成的滑坡，Breien 等（2008）报道了挪威一个冰湖溃决洪水引起的泥石流，提出冰退和永久冻土区融化相关的滑坡事件可能受全球气候变暖的影响。Dixon 和 Brook（2007）研究了因长期气候变化导致的降雨变化对英国滑坡再次活动的影响。

对于历史滑坡，直接的触发因素并不总是很明确，但是可以估计出原因。Perrotta 等（2006）调查了意大利一次考古挖掘中发现的维苏威火山爆发引起的火山泥流造成的破坏。Solberg 等（2008）根据挪威道路开挖时的发现，调查了史前流黏土缓慢变形导致的黏土滑动。

6.3.4.5 研究方法

对《滑坡》期刊中已刊发文章的滑坡研究方法进行了统计分析。研究方法可以分为"理论/分析/数值研究"、"试验"、"野外调查"、"监测"、"GIS/遥感"和"编目"。技术性的文章一般会使用不只一种方法来解决问题。因此，每篇文章中所使用的各类方法都计算在内。根据对《滑坡》（原创文章、最新滑坡和技术说明）已刊发的 192 篇文章中的 100 篇的分析，共涉及 285 种不同的方法（Sassa et al., 2009）。几种独立方法的使用对于提高研究的可靠性是非常重要的，因为它们能从不同的角度加深思考和调查研究的深度。

典型的例子有 Sassa 等（2004），Corominas 等（2005a，2005b）和 Greif 等（2006），文章的摘要简述如下。Sassa 等（2004）对滑坡威胁区内人口密集的城市地区因地震诱发的快速长距离运动的滑坡进行了风险评价。他们对 Nikawa 地区进一步发生牵引式滑坡的可能性进行了调查，该地区曾经在日本 1995 年发生的兵库县南部地区的阪神地震期间遭受重创，人员伤亡严重。利用野外调查、钻探和实验室环形剪切试验，揭示了另一个滑动面液化的可能性。该方法被应用于东京附近的多摩居民区。一系列的野外调查和试验室研究，包括激光扫描仪、地质钻探和环形剪切试验，显示了滑动面液化的风险。最后利用岩土工程数值模拟对每一个街道都进行了城市滑坡危害性分区。

Corominas 等（2005a）对西班牙 Vallcebre 滑坡进行了研究，该地区降雨、地下水水位和地面位移从 1996 年就开始了监测。通过求解一个带黏滞项的动量方程（宾汉定律和幂律）对滑坡位移和速度进行了预测，计算位移和观测位移拟合很好。这些案例研究表明利用地下水位来预测位移是可行的。

Greif 等（2006）调查了日本中部的一个中世纪城堡，这个城堡因为地基岩体的长期变形而受到破坏。他们综合运用了野外调查、高精度监测和物理模拟实验。通过这些系统而准确的调查，搞清楚了失稳机制，并揭示了其他失稳类型发生的可能性。

《滑坡》上的很多文章常在野外调查的基础上同时使用几种方法。"野外调查"是最基础也是最主要的研究方法（占总数的 36%）。Picarelli 等（2005）报道对意大利泥流长期野外调查所取得的一些成果，同时通过室内试验、原位测试、监测和数值分析进行了研究。Lundström 等（2009）介绍了借助野外调查并结合岩土力学及地球物理方法所取得的一些成果，他们的研究表明电阻率和圆锥触探仪测试对于流黏土分布的三维绘图是非常有用的。

"GIS/遥感"是第二大常被使用的方法（占研究方法的 19%）。有了其他方法，比如"野外调查"、"试验"和"监测"手段的辅助，"GIS/遥感"结果将更为可靠。Baum 等（2005）针对美国西雅图提出了基于 GIS 的滑坡灾害绘图。在这篇文章中，滑坡评价像斜坡稳定性分析那样基于"安全系数"，使用地形地貌、地质、岩土力学和水文学的数据。Jelínek 和 Wagner（2007）对斯洛伐克的一处滑坡使用了类似的研究方法。这些研究中使用的方法看起来比较可靠，也易于应用到其他滑坡易发区。"GIS/遥感"的覆盖范围广。Nadim 等（2006）以全球为研究对象，而 Sato 等（2007）则关注巴基斯坦北部受地震破坏的地区。"GIS/遥感"提供的风险图对于风险评价和管理是非常有用的。如 Colombo 等（2005）利用 Web-GIS 向地方当局提供服务。

"理论/分析/数值研究"占总方法的 18%。很多文章利用其中一种方法或综合运用理论、分析和数值方法进行研究，来分析现象、解决问题。Kveldsvik 等（2008）利用极限平衡和数值方法分析了挪威一处大型岩滑。Okada 和 Ochiai（2007）使用离散单元方法数值模拟液化现象。Tacher 等（2005）和 Shrestha 等（2008）利用非稳定流水文地质三维有限元或有限差分方法优化修复设计中的排水系统。Hong 等（2005）利用水箱模型（tank model）来模拟降雨和地下水位之间的关系，向当地居民提出了一个早期预警系统。

"试验"占研究方法的 16%。"试验"包括实验室和原位岩土力学测试、物理模型测试、野外试验和物理勘探，这些都是滑坡研究人员和工程师们经常用到的方法。Take 等（2004）进行了离心模型测试，从斜坡行为的观测，来评价松散斜坡发生滑坡的触发机制。离心测试对滑坡研究非常有用，本章极力推荐它们的应用。Ochiai 等（2004）报道日本用人工降雨使一个天然斜坡流化的野外试验。从这个试验当中获得的结果和信息对调查天然斜坡的滑坡机制具有重要意义。

"监测"是滑坡调查中一个很有用的手段，占研究方法的 9%。"监测"包括对降雨、地下水位、地面变形和地震运动等因素的观测。Berti 和 Simoni（2005）用在松散的河床里埋置的传感器监测降雨和孔隙水压力，判断河床运动，研究泥石流的发生机制和预测方法。Comegna 等（2007）已经尝试进行滑坡运动和孔隙水压力的长期监测，来分析意大利泥流的发生机制。

"编目"是对已取得认识的滑坡和已知的参数创建一个数据库，在这个数据库当中，从不同的角度对滑坡进行分类，从该数据库可以获得关于滑坡的一系列的统计数据（Sassa et al.，2009）。Devoli 等（2007）展示了尼加拉瓜利用 GIS 生成的一个滑坡编目。Runqiu（2009）讨论了中国西南部从 20 世纪初至今发生的大型滑坡的编目。

6.4 地质灾害研究文献计量分析

6.4.1 地震研究文献计量分析

自 20 世纪 90 年代初地震相关研究文献开始大量出现。为了能够宏观地把握国际地震研究的进展，充分地反映该领域的发展动态，本研究选择美国科学信息研究所（ISI）的科学引文索引（SCIE）作为数据来源。SCIE 收录了世界各学科领域内最优秀的科技期刊，其收录的论文能在一定程度上及时反映科学前沿的发展动态。对 SCIE 数据库收录的地震研究文献进行统计分析，从文献计量的角度，看国际地震研究文献的年代、学科、研究主题、国家和机构分布等情况，可以分析国际地震研究领域的发展态势，把握国际地震研究的发展状况。

分析数据时间范围为 1900~2010 年（数据入库时间至 2010 年）。分析工具采用美国汤姆森路透公司下属汤姆森科技信息集团开发的专业数据分析软件 TDA（Thomson Data Analyzer）分析工具。根据检索式 TS = (((earthquake * or earthshock * or quake * or seism * or temblor *) and (geologic or geological or geology)) not ("seismic method *" or "seismic prospect *" or "seismic explor *" or prospect * or "geologic * explor *" or mining or mine or mineral * or log * or oil or gas or methane or hydrocarbon or "nature gas")), 共获得符合检索条件的原始论文记录 7438 项（最终记录为 7437 项）[①]。

6.4.1.1 国际地震研究论文增长趋势

1904~2010 年，国际地震研究论文呈稳定增长态势。论文总量增长反映出国际地震研究的两大发展阶段：第一阶段：1904~1990 年，为研究的萌芽期，论文数量增长缓慢，且论文总量极为有限。第二阶段：1991~2010 年，为研究的快速发展期，论文数量迅速增加，论文总量明显扩大（图 6-6）。1991~2010 年，国际地震研究论文总量由 1904~1990 年的 291 篇增至 7146 篇，后一阶段较前一阶段论文总量增长 23.6 倍。

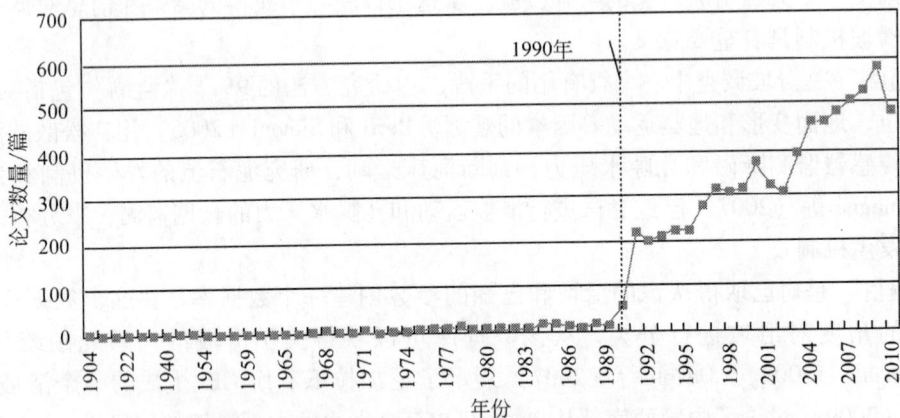

图 6-6　国际地震研究论文增长趋势（1991~2010）

6.4.1.2 国际地震研究论文分布

1) 国家/地区分布

国际地震研究论文主要分布于美国、欧盟主要国家（包括意大利、法国、德国、英国）、中国、日本、加拿大、俄罗斯及印度等国家和地区（图 6-7）。其中美国以绝对优势处于该领域研究的第一集团，其论文总数占国际论文总量的 27%，意大利、中国和法国则组成第二集团，三者的发文总量大致同美国相当；日本、德国、英国、加拿大、俄罗斯和印度则组成第三集团。

2) 机构分布

在机构层面，发文总数 50 篇以上（论文数量 $N \geqslant 50$）的机构共 17 所。其中，论文总

---

① 初始检索时间：2010 年 12 月 10 日，数据最后更新时间：2011 年 1 月 20 日

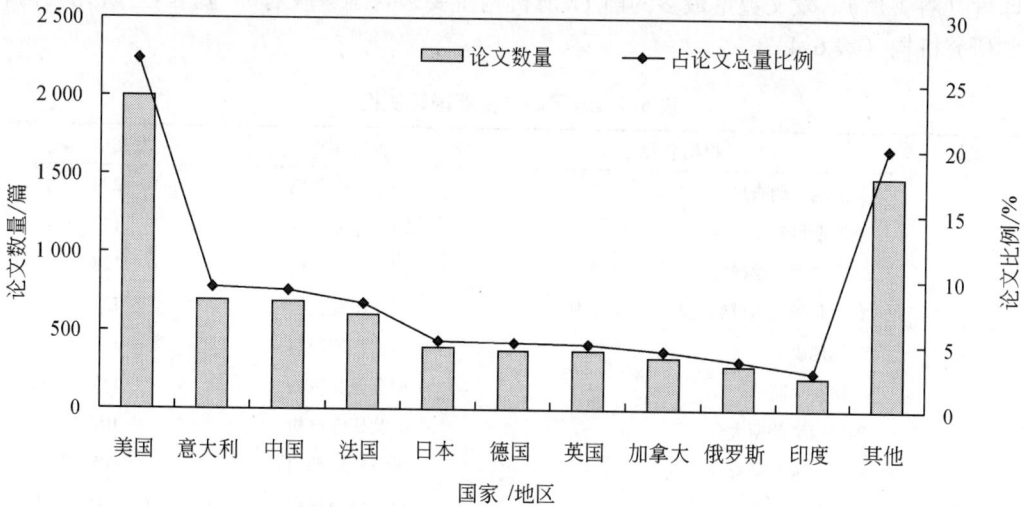

图 6-7　国际地震研究论文国家/地区分布

数超过 100 篇（论文数量 $N \geq 100$）的机构 8 所，分别为美国地质调查局、俄罗斯科学院、法国国家科学研究中心，意大利国家地球物理与火山研究所、中国地震局①、中国科学院、美国得克萨斯大学、加拿大地质调查局（图 6-8）。

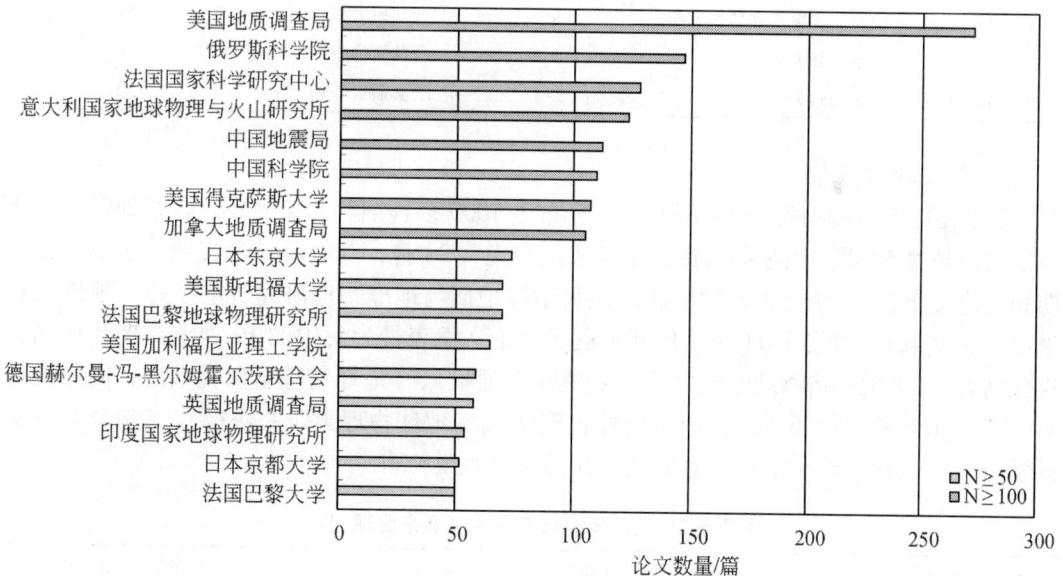

图 6-8　地震研究国际主要机构

其中，美国地质调查局在该领域优势明显。在发文数量最多的前 17 所机构中，美国 4 所，法国 3 所，中国和日本各 2 所，其余分别来自俄罗斯、意大利、加拿大、英国、德国

---

① 为按照组织建制，将国家地震局和地方政府地震局合并后的结果，下同

和印度（各1所）。发文数量最多的前17所机构主要来自国家政府部门、国立研究机构和公共研究机构（表6-4）。

表6-4　地震研究主要国际机构

排名	机构名称	机构性质	发文量/篇
1	美国地质调查局	国家政府部门	272
2	俄罗斯科学院	国立研究机构	147
3	法国国家科学研究中心	国立研究机构	128
4	意大利国家地球物理与火山研究所	国立研究机构	123
5	中国地震局	国家政府部门	112
6	中国科学院	国立研究机构	110
7	美国得克萨斯大学	公共研究机构	107
8	加拿大地质调查局	国家政府部门	105
9	日本东京大学	公共研究机构	74
10	法国巴黎地球物理研究所	公共研究机构	70
11	美国斯坦福大学	公共研究机构	70
12	美国加利福尼亚理工学院	公共研究机构	65
13	德国赫尔曼－冯－黑尔姆霍尔茨联合会	国立研究机构	59
14	英国地质调查局	国家政府部门	58
15	印度国家地球物理研究所	国立研究机构	54
16	日本京都大学	公共研究机构	52
17	法国巴黎大学	公共研究机构	50

3）论文来源分布

至2010年，国际地震相关研究论文分布于1000多种期刊和论文集。收录地震研究相关论文数超过50篇的国际同行评议期刊或论文集共28种，其中收录论文数超过100篇的期刊或论文集为12种（表6-5），由中国科学院地质与地球物理研究所主办的《地球物理学报（英文版）》排名第11位。国际地震研究论文发表最为集中的10种重要期刊或论文集分别为：《大地构造物理学》、《美国地震学会通报》、《地球物理学研究杂志：固体地球科学》、《国际地球物理学杂志》、《地球物理学》、《地球物理学研究快报》、《地球与行星科学通讯》、《构造地质学》、《理论与应用地球物理学》和《地质学》。

表6-5　国际地震研究论文主要来源期刊

排名	期刊名称	收录论文/篇
1	大地构造物理学	507
2	美国地震学会通报	439
3	地球物理学研究杂志：固体地球科学	432
4	国际地球物理学杂志	322
5	地球物理学	168

排名	期刊名称	收录论文/篇
6	地球物理学研究快报	144
7	地球与行星科学通讯	139
8	构造地质学	133
9	理论与应用地球物理学	126
10	地质学	122
11	地球物理学报（英文版）	118
12	工程地质学	113

图 6-9 为全部论文来源分布和国际主要研究机构论文来源分布（Top 10 期刊或论文集）的比较。除上述重要来源刊物外，受重要研究机构关注的刊物还有《加拿大地球科学杂志》和《美国地质学会通报》。地震研究领域，最具吸引力和影响力的刊物包括《地球物理学研究杂志：固体地球科学》、《美国地震学会通报》、《大地构造物理学》、《国际地球物理学杂志》和《地球物理学报（英文版）》。

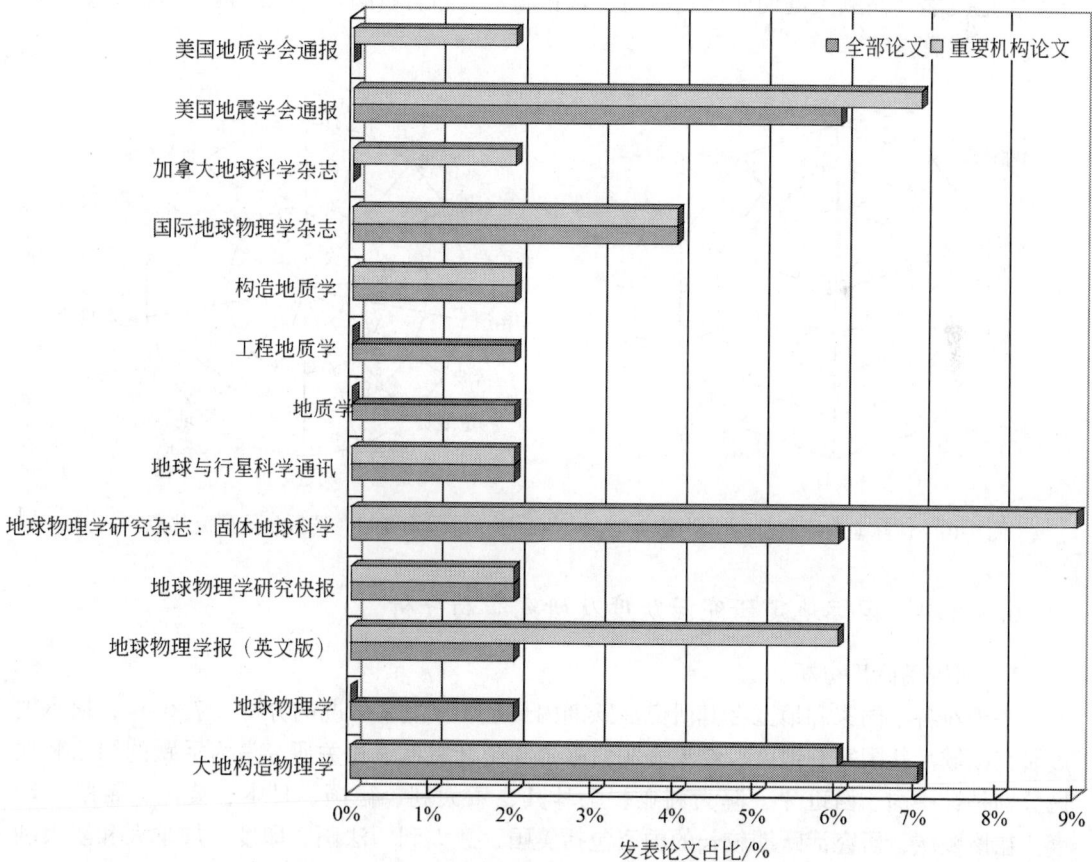

图 6-9　国际地震研究论文重要来源分析

6.4.1.3　国际地震研究热点领域及方向

1）重点学科领域

国际地震研究所涉及的重要学科领域包括：地球化学与地球物理学、地学交叉科学、地质工程学、地质学、建筑工程学、海洋学、交叉科学、水资源学、自然地理学以及环境科学（图 6-10）。

2）热点研究方向

基于对全部论文和高被引论文[①]关键词词频分析，对国际地震研究热点予以揭示。图 6-11 展示了主要高频关键词的分布情况。结果显示，国际地震相关研究主要热点研究方向包括：①地震原理及成因（高频关键词如地壳结构、构造地质、俯冲（作用）、活动构造、大地构造、地幔等）；②地震监测（高频关键词如 GPS、地震活动、地震波反射等）；③地震影响及效应（高频关键词如地震危害、滑坡、变形、新构造等）；④地震次生灾害及其成因（高频关键词如地震危害、滑坡、变形、断层分析、流变学、液化等）；⑤地震模拟（高频关键词如地震层析、地震波反射、断层分析、场地效应、反演等）；⑥地震分布及古地震学（高频关键词如地震活动、岩石圈、大陆岩石圈、地壳结构、构造地质、新生代、古地震学等）。

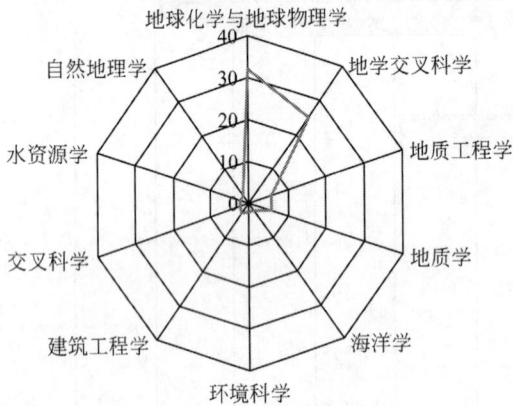

图 6-10　国际地震研究重点学科领域

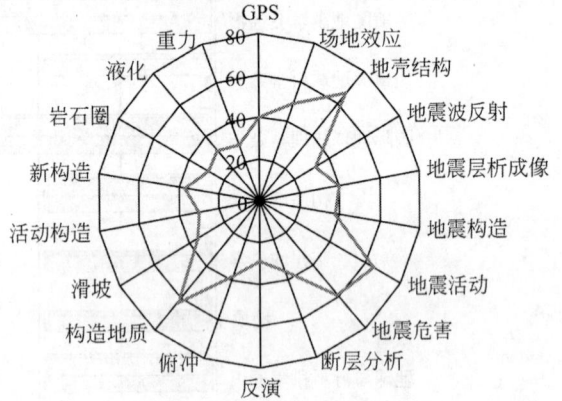

图 6-11　国际地震研究热点

6.4.1.4　国际地震研究活跃度及研究布局分析

1）研究活跃度分析

基于对各个国家和地区在其研究活跃期内最近 3 年发文情况的分析（表 6-6），揭示地震研究领域活跃国家和地区。结果表明，最近 3 年开展地震相关研究最为活跃的国家和地区分别是：中国、西班牙、澳大利亚、土耳其、意大利、德国、日本、英国、希腊和印度。在该领域，研究活跃期较长的国家包括美国、意大利、法国、印度、加拿大和澳大利

---

① 被引频次 ≥50

亚，中国相关研究起步较晚。拥有绝对优势的美国在该领域研究起步最早，但其最近3年的研究活动有所减弱。由于近年来地震灾害频发，特别是受汶川地震的影响，中国对该领域的关注度迅速提升。

表6-6 国家（地区）研究活跃度

国家/地区	研究活跃期	总发文量/篇	最近3年论文比例/%	活跃度排名
美国	1973~2010年	2 001	14	8
意大利	1974~2010年	694	18	4
中国	1984~2010年	683	29	1
法国	1975~2010年	603	14	8
日本	1984~2010年	394	16	6
德国	1990~2010年	380	17	5
英国	1980~2010年	371	16	6
加拿大	1978~2010年	333	10	10
俄罗斯	1990~2010年	279	13	9
印度	1975~2010年	211	15	7
西班牙	1990~2010年	186	23	2
澳大利亚	1978~2010年	167	23	2
土耳其	1991~2010年	145	21	3
希腊	1985~2010年	142	16	6
瑞士	1991~2010年	133	10	10

最近3年，在地震科学研究领域表现较为活跃的研究机构包括中国地震局、中国科学院、俄罗斯科学院、英国地质调查局、法国国家科学研究中心、意大利国家地球物理与火山研究所、美国地质调查局和加拿大地质调查局。对于发文总量排名前15位的研究机构而言，仅有不到一半（7所）的机构具有持续的研究活跃性（至2010年），其余机构在最近3年中均没有论文产出。中国研究机构表现突出也是受到中国近期地震活动频繁和汶川地震的促动（表6-7）。

表6-7 研究机构研究活跃度

研究机构	研究活跃期	总发文量/篇	最近3年论文比例/%	活跃度排名
美国地质调查局	1975~2010年	272	1	5
俄罗斯科学院	1993~2010年	147	3	3
法国国家科学研究中心	1991~2010年	128	2	4
意大利国家地球物理与火山研究所	1974~2010年	123	2	4
中国地震局	1984~2010年	112	28	1
中国科学院	1990~2010年	110	23	2
美国得克萨斯大学	1976~2007年	107	0	6

续表

研究机构	研究活跃期	总发文量/篇	最近3年论文比例/%	活跃度排名
加拿大地质调查局	1991~2009年	105	1	5
日本东京大学	1984~2009年	74	1	5
法国巴黎地球物理研究所	1991~2007年	70	0	6
美国斯坦福大学	1992~2007年	70	0	6
美国加利福尼亚理工学院	1975~2008年	65	0	6
德国赫尔曼－冯－黑尔姆霍尔茨联合会	1997~2007年	59	0	6
英国地质调查局	1975~2010年	58	3	3
印度国家地球物理研究所	1993~2007年	54	0	6

2）研究布局分析

分别从宏观（国家和学科领域）和中观（研究机构和研究主题）视角，对国际地震研究的布局及其特点进行分析。

基于论文主题共现分析得到的主要国家（地区）地震研究所涉及的主要学科领域分布情况。地球化学与地球物理学为最受关注的领域，主要国家包括美国、意大利、法国、中国和意大利；其次为地学交叉科学领域，主要国家包括美国、中国、意大利、法国和日本；再次为地质工程学领域，主要国家包括美国、中国、意大利、日本和希腊。此外，地质学领域受到各主要国家的普遍关注。

机构层面，地震相关的基础研究，如地壳演化、地壳构造、地质应力等为国际研究机构普遍所关注；其次是有关地震机制及成因的研究，如地壳运动、板块俯冲作用、地壳变形、活动构造等；同时，地震效应及地震危害（如断层、滑坡、海啸等）、地震模拟以及地震模拟也是各研究机构的研究重点。此外，受地震的构造选择性和区域性影响，地震研究在机构层面的地域性更为显著，特定区域构造成为研究重点，如对中国的青藏高原及汶川地震带、日本的Itoigawa-Shizuoka构造带和Nojima断层、东欧克拉通、澳大利亚克兰造山带等的研究（国际地震研究主要机构及其研究布局分析见表6-8）。

表6-8　国际地震研究主要机构及其研究布局

国家	主要研究机构	主要研究主题
美国	美国地质调查局、得克萨斯大学、斯坦福大学	地震机制、大地构造、海洋地震、地震波分析
意大利	意大利国家地球物理与火山研究所、的里雅斯特大学	地震分布、地震场地效应
中国	中国地震局、中国科学院、中国地质大学	地震层析、地壳结构、汶川地震
法国	巴黎地球物理研究所、巴黎大学、法国国家科学研究中心	活动构造、地震影响与危害
日本	东京大学、京都大学、北海道大学	地壳构造、Itoigawa-Shizuoka构造带、Nojima断层、地壳变形
德国	德国赫尔曼－冯－黑尔姆霍尔茨联合会、卡尔斯鲁厄大学、基尔大学	地壳结构、德国东北盆地、地震波分析、地震反演

国家	主要研究机构	主要研究主题
英国	剑桥大学、利兹大学、英国地质调查局	地壳构造、板块俯冲、地震危害
加拿大	加拿大地质调查局、英属哥伦比亚大学、阿尔伯塔大学	地震效应、地震危害
俄罗斯	俄罗斯科学院、莫斯科大学	地震预警、非线性应力应变关系
印度	印度国家地球物理研究所、印度理工学院、印度地质调查局	地壳构造、壳幔边界（莫霍面）
西班牙	西班牙国家研究理事会、格拉那达大学、巴塞罗那大学	地壳演化、地壳构造、地壳浅层构造、地壳垂直运动
澳大利亚	澳大利亚国立大学、澳大利亚地球科学局、墨尔本大学	地壳演化、地壳变形、构造增生、拉克兰造山带
土耳其	伊斯坦布尔技术大学、伊斯坦布尔大学、Bogazici 大学	活动构造、居里面、震波相位
希腊	雅典大学、雅典国家观测中心、亚里士多德大学	地震演化、大地运动、地壳变形、地震海啸
瑞士	苏黎世理工学院、瑞士联邦技术研究院	地壳变形、探地雷达数据分析、地震数据解析

6.4.2　滑坡、泥石流研究文献计量分析

6.4.2.1　数据来源和分析工具

在 SCIE 文献数据库中，以 landslide * or land slide * or rock fall * or rockfall * or rotational slump or planar block slide * or rock slide * or earth flow or debris flow or mudslide * or mud slide * 为主题词进行检索，共得到研究论文 8539 篇（数据采集时间为 2010 年 12 月 15 日），去除无效记录和重复记录最终获得 8503 篇文献。利用美国 Thomson 公司开发的 Thomson Data Analyzer（TDA）分析工具进行文献数据挖掘和分析，利用 UCINET（UCINET 6 for Windows）进行可视化分析。

6.4.2.2　总体情况分析

1）论文数量年度变化情况

此次检索共得到滑坡泥石流领域有效记录 8503 篇（1902～2010），文献数量的年度变化趋势如图 6-12 所示（由于数据库的滞后性，2010 年的数据不完整，仅供参考，下同）。从图 6-12 可以看出，滑坡泥石流相关研究文献的年代分布呈现出前部分低缓（论文数量为 0 的年代没有在图中标注），后部分尖耸的形态。从相关文献整体数量上看，滑坡、泥石流的研究大体可以分为三个阶段：第一阶段是 1902～1974 年，此期间平均每年出版的文献 <2 篇，其中大部分年代为 0 或 1 篇；第二阶段是 1975～1990 年，此期间文献数量变化特点为平稳中略有增长，平均每年出版的文献约 20 篇；第三阶段是 1991～2010 年，1991 年文献数量发生飞跃，这一年发表了 148 篇文献，此后文献数量稳步快速增长，此期

间平均每年出版文献405篇。

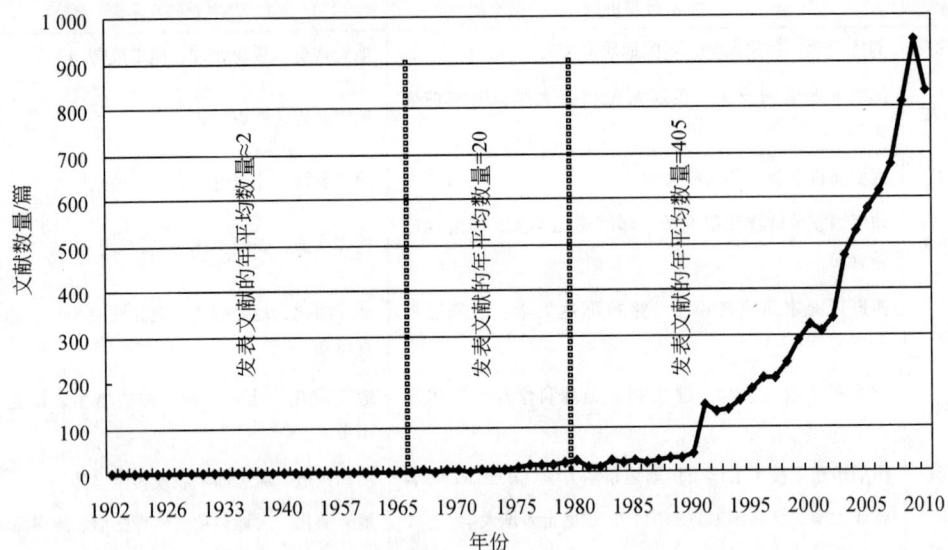

图 6-12　国际滑坡、泥石流研究论文数量年度变化趋势

2）论文被引频次年度变化分析

由于 SCIE 数据库中 1902～1974 年的数据量很少，且记录大多不完整，因此以下研究仅对 1975～2010 年的数据进行统计分析。对 1975～2010 年国际滑坡、泥石流领域研究论文的被引频次进行分析（图 6-13），可以看出 1975～1990 年（8440 次）的总被引频次整体低于 1991～2010 年（92 324 次）的总被引频次，而 1975～1990 年的篇均被引次数（26次/篇）却高于 1991～2010 年的篇均被引次数（16 次/篇）。其中被引频次最高的 10 篇文章分别出现在 1997 年（521 次）、1998 年（479 次）、1984 年（357 次）、1975 年（335次）、1994 年（332 次）、1972 年（329 次）、1994 年（309 次）、2001 年（299 次）、1999年（294 次）、1999 年（277 次）。

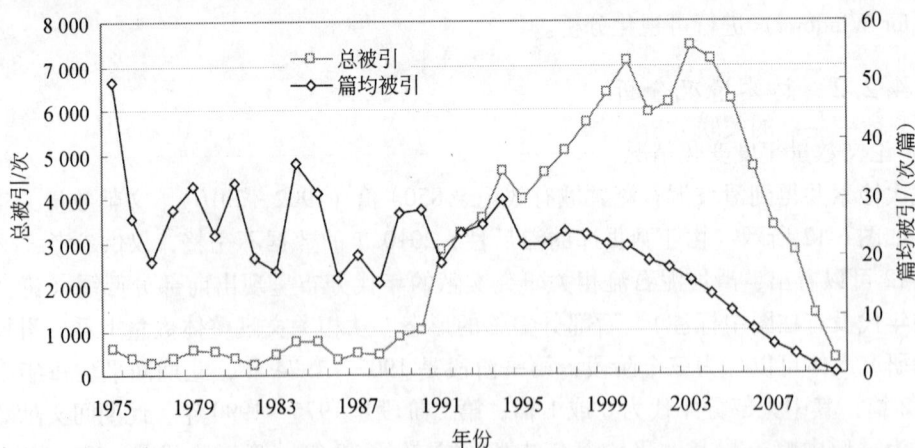

图 6-13　1975～2010 年国际滑坡、泥石流领域论文的被引频次年度变化趋势

对 1974 年之前发表的文章被引频次进行分析可以发现，这一阶段的文章被引频次普遍比较低，基本都在 10 次以下，但其中也不乏被引频次较高的文章，分别为 1972 年（329 次）、1966 年（94 次）、1970 年（90 次）、1959 年（56 次）、1937 年和 1965 年（41 次）。

3) 研究主题整体分析

根据研究论文的关键词（基于著者关键词）词频的分布情况（图 6-14），1990～2010 年国际滑坡、泥石流研究领域的研究（SCIE 数据库中 1990 年以前的文献没有关键词）主要集中在以下方面：滑坡（Landslide）、泥石流（Debris flow）、地震（Earthquake）、边坡稳定性（Slope stability）、灾害（Hazard）、地理信息系统（GIS）、侵蚀（Erosion）、地貌（Geomorphology）、崩塌（Rockfall）、海啸（Tsunami）、海底滑坡（Submarine landslide）、降雨（Rainfall）、数值模拟（Numerical modelling）、建模（Modelling）、监测（Monitoring）等。其中，2000～2010 年该研究领域的研究基本也是集中在上述方面，1990～1999 年国际滑坡泥石流领域的研究热点集中在以下方面：滑坡、泥石流、边坡稳定性、地震、地貌、抗剪强度、降雨、冲积扇、侵蚀、灾害等，近 10 年增长最快的关键词为地理信息系统、海啸、数值模拟、海底滑坡等，说明这些领域是近 10 年新出现的研究热点。

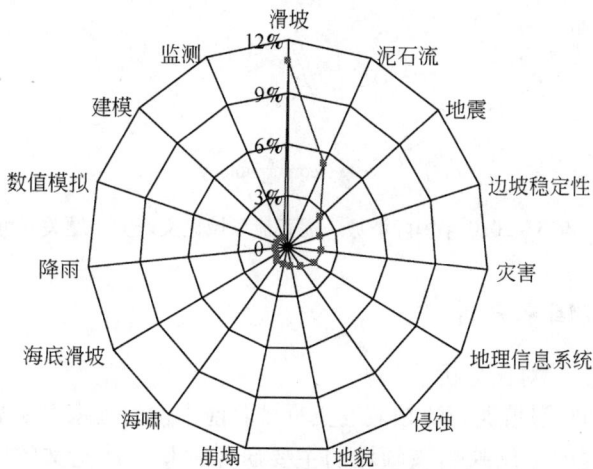

图 6-14　1990～2010 年国际滑坡泥石流领域论文关键词词频分布

4) 研究主题的关联分析

经过对主题词进行统计分析，得到主题词间的关联关系（图 6-15）。从中可以看出，滑坡与地震、地理信息系统、泥石流、边坡稳定性都具有非常强的关联度（实线，非常粗），滑坡与灾害、降雨、侵蚀、监测、地貌和海啸具有很强的关联度（实线，粗），这些在整体上反映了滑坡泥石流领域的主要研究主题。滑坡与建模，泥石流与侵蚀、灾害，海啸与海底滑坡，滑坡与数值模拟、降雨，地理信息系统与灾害，泥石流与降雨、建模都具有较强的关联度。这些在一定程度上反映了滑坡泥石流领域的另一重要研究主题。

从中还可以看出，滑坡、泥石流的论文数量远高于其他主题词，再结合上述分析，可以发现滑坡、泥石流、地理信息系统、地震和边坡稳定性等是该领域的主要研究内容，而建模是进行研究的主要方法。

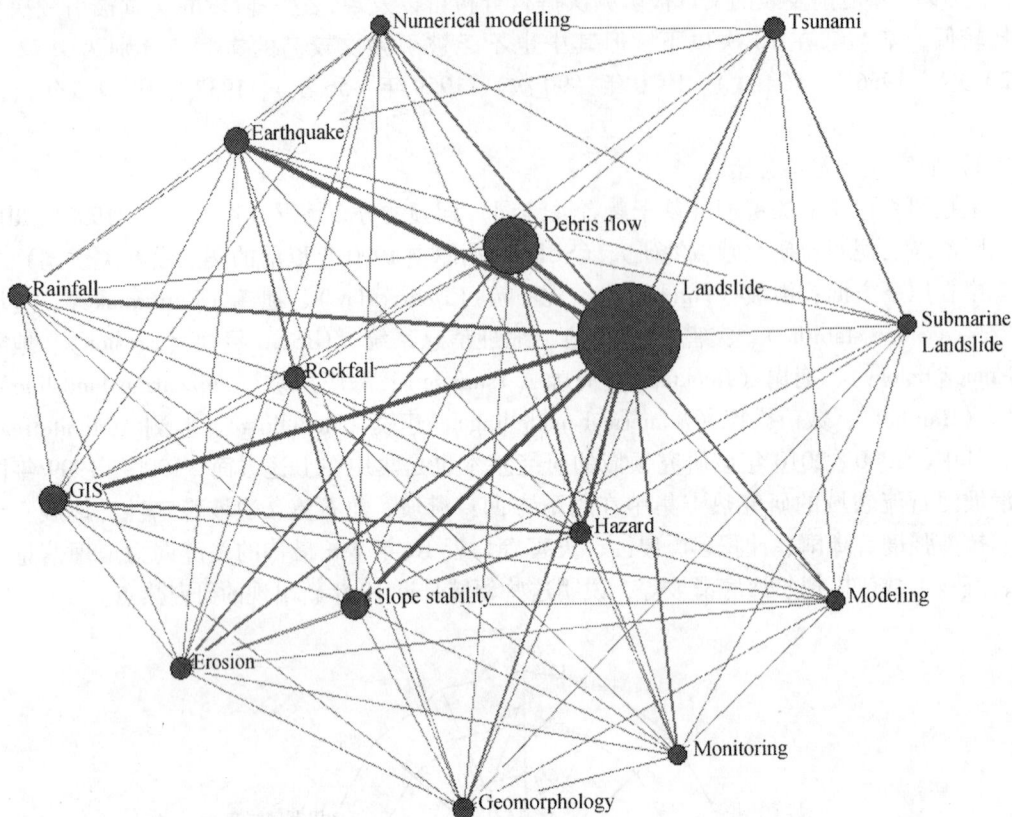

图 6-15　1975～2010 年国际滑坡、泥石流领域论文研究主题关联可视化图

6.4.2.3　主要国家分析

1）主要国家发文量对比分析

1975～2010 年国际滑坡泥石流领域发文量排名前十位的国家发文数占该领域论文总数的 67%，这在一定程度上反映出该领域的主要研究力量。从论文的国家分布（图 6-16）来看，论文产出最多的是美国，超过 2000 篇，其论文产出占该领域论文总量的 19.9%，这从侧面反映出美国在该领域具有较强的研究实力。位居美国之后的国家为意大利、英国、加拿大、法国、日本、中国、德国、瑞士、西班牙，分别位居 2～10 位。其中，中国排名第七。这些国家发文量均低于 1000 篇。

分析上述 10 个国家发文量随时间的变化趋势（图 6-17），可以看出，从 1991 年后美国的论文数量一直保持很高的水平，保持了稳步、快速的发展，且领先优势一直非常明显。自 2002 年以来，紧随美国之后的意大利论文数量也保持对其他国家的绝对领先优势，整体的增长速率与美国接近。20 世纪 90 年代以来，其他 8 个国家的论文数量也呈上升增长态势，法国从 1990 年的 1 篇增加到 2009 年的 73 篇、2010 年的 78 篇，中国也从 1990 年的 0 篇增加到 2009 年的 88 篇、2010 年的 90 篇，均跃居世界第三位，相较于论文总量排名第七说明中国近两年在该领域加大了研究力度，并取得了较丰硕的成果。

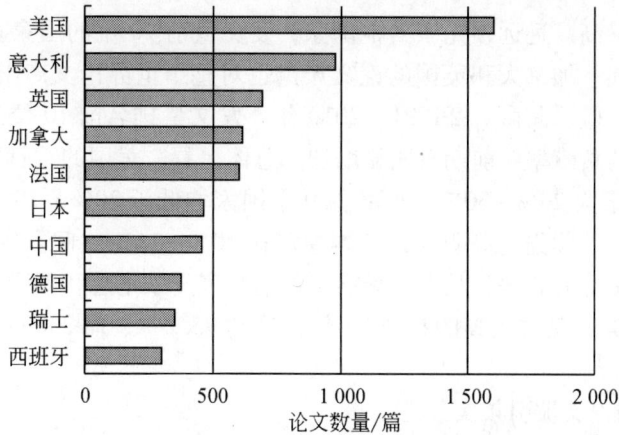

图 6-16　1975～2010 年主要国家滑坡、泥石流领域的论文数量

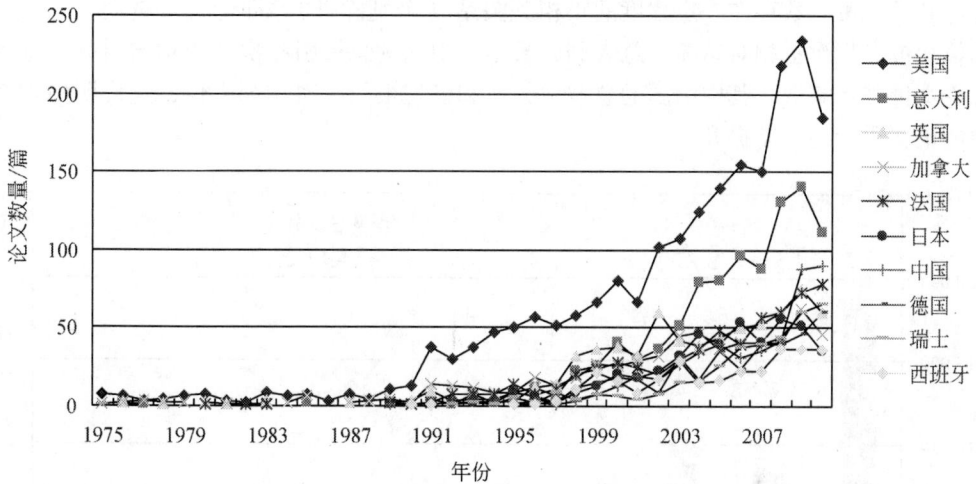

图 6-17　1975～2010 年主要国家滑坡泥石流领域的论文数量年度变化趋势（后附彩图）

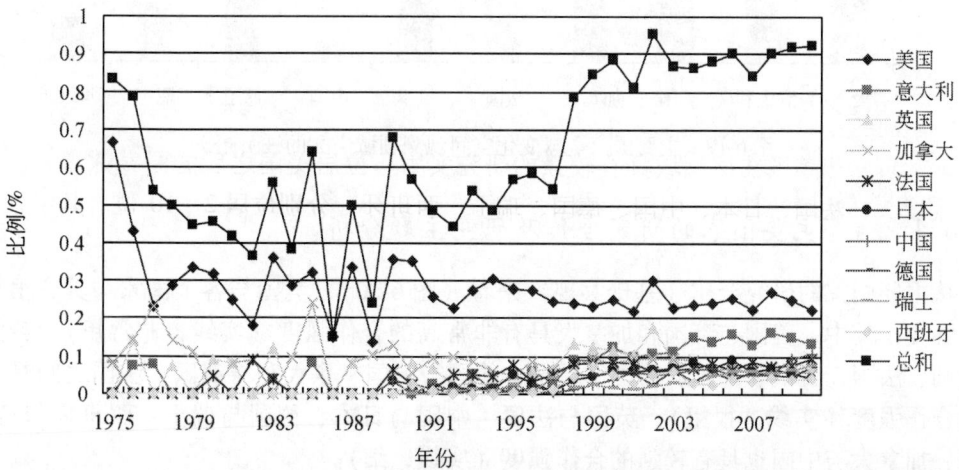

图 6-18　1975～2010 年主要国家论文数占世界同期论文数比例的年度变化趋势（后附彩图）

从主要国家论文产出对整个世界论文产出的贡献率（图 6-18）来看：①1975～1990

年,美国的贡献率最高,远远领先于其他国家,发文量前 10 位的国家贡献率总和与美国的变化趋势几乎相同。加拿大和英国的论文产出也对整个世界论文产出做出了较大贡献,而其他国家的贡献率微乎其微。②1991～2010 年,发文量排名前 10 位的国家论文产出对整个世界论文产出的贡献率较前期有明显增加。总体上看,美国的贡献率仍然最大,且整体较平稳,基本稳定为 20%～30%,而其他 9 个国家均低于 20%。2003 年之后,意大利的贡献率跃居第二,且领先优势明显,基本稳定在 10%～16% 之间。发文量前 10 位的其他国家贡献率整体呈上升趋势,从发文量前十位的国家贡献率总和来看,1999～2010 年总贡献率一直高于 80%,其中最高的是 2002 年,达到 95.2%,而 2009 年、2010 年分别为 91.8% 和 92.1%。

2)主要国家的论文被引频次分析

从图 6-19 可以看出,主要国家滑坡泥石流领域研究论文的总被引频次和篇均被引频次都与其发文量总数存在一定程度的正相关关系(个别除外),即论文量越大,总被引频次和篇均被引频次也相对越高。意大利、日本、中国的总被引频次和篇均被引频次排名均比总论文量排名略低,其中中国的总被引频次和篇均被引频次均列末位,这说明中国在该领域的论文质量还亟需提升。

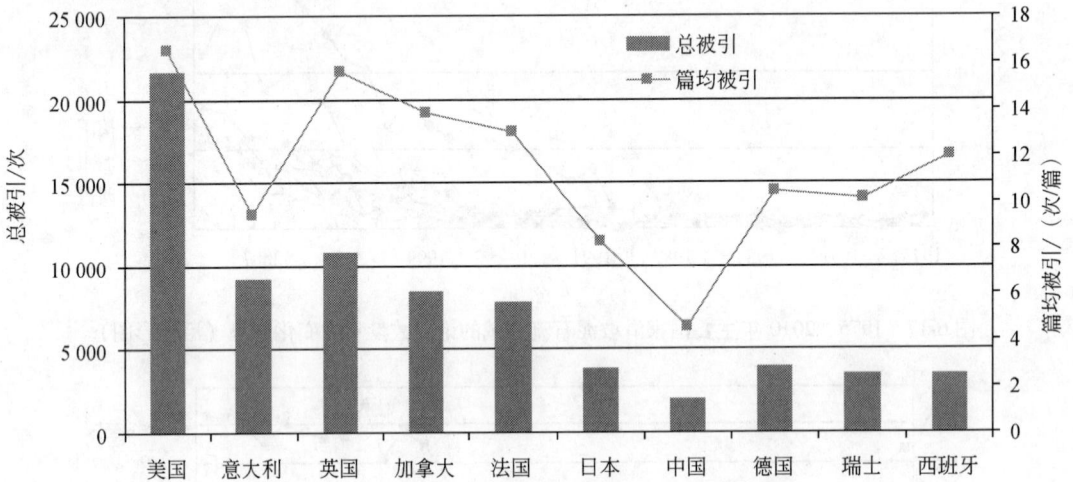

图 6-19　主要国家全球变化空间观测领域论文的被引频次

6.4.2.4　主要国家的研究合作及研究主题分析

从主要国家的研究合作(基于共现)来看(图 6-20),美国与各个国家均具有很高的合作强度,其中,美国与英国和加拿大具有非常高的合作强度(实线,非常粗),美国与意大利、法国、日本、中国、德国、瑞士,德国与英国、意大利与英国、法国之间具有很强的合作强度(实线,很粗),英国与法国、中国与日本、德国与瑞士、西班牙与英国、美国,加拿大与中国也具有较强的合作强度(实线,细)。

通过对主要国家的研究主题进行对比分析,得到各国在滑坡泥石流领域的关联可视化图(图 6-21)。从中可以看出,美国与意大利、中国之间的研究主题关联度非常强(实

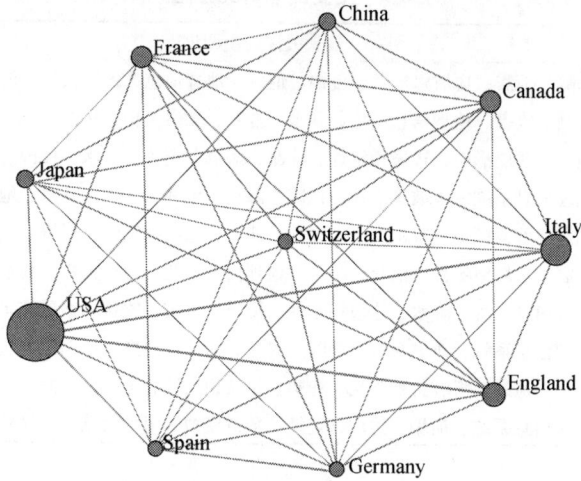

图 6-20　主要国家研究合作可视化图

线，非常粗）；而美国与英国、加拿大、日本，意大利与英国、中国、加拿大、日本之间的研究主题关联度很强（实线，很粗）；而法国与美国、意大利，英国与中国、加拿大、日本、法国，加拿大与中国、法国，日本与中国也具有较强的关联度（实线，细）。此外，德国、瑞士、西班牙这三国之间以及与其他各国的研究主题关联都较弱。

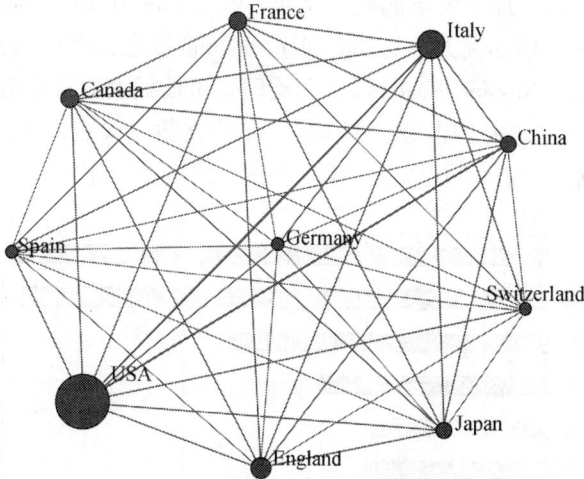

图 6-21　基于研究主题的主要国家关联可视化图

从各国关注的研究主题来看（表6-9，以词频降序列出了各国最受关注的前 10 个主题词），虽然滑坡（Landslide）、泥石流（Debris flow）、地震（Earthquake）、边坡稳定性（Slope stability）、灾害（Hazard）、地理信息系统（GIS）等研究主题是各个国家所共同最为关注的，但各国的关注程度却不尽相同。英国比较关注浅层滑坡和浊流，法国比较关注火山泥流，德国比较关注海底滑坡和海啸等，意大利、日本和中国比较关注降水。

表 6-9　主要国家研究主题

国家	最受关注的主题词
美国	滑坡、泥石流、海啸、地震、边坡稳定性、侵蚀、地貌、地理信息系统、火星、海底滑坡
意大利	滑坡、泥石流、监测、灾害、地理信息系统、降水、地震、数值模拟、建模
英国	滑坡、泥石流、地震、浅层滑坡、边坡稳定性、浊流、海啸、灾害、洪水、侵蚀
加拿大	滑坡、泥石流、地理信息系统、边坡稳定性、地震、海啸、侵蚀、灾害，降水、地貌
法国	滑坡、泥石流、地震、数值模拟、火山泥流、侵蚀、浊流、边坡稳定性、崩塌、岩石雪崩
日本	滑坡、泥石流、地震、边坡稳定性、液化、降水、地理信息系统、边坡失稳、滑坡抗剪强度、海啸
中国	滑坡、泥石流、地理信息系统、降水、边坡稳定性、边坡、地震、灾害、地质灾害、遥感
德国	滑坡、泥石流、地理信息系统、海底滑坡、海啸、灾害、崩塌、遥感、第四纪、边坡稳定性
瑞士	滑坡、泥石流、火星、遥感、滑坡抗剪强度、海啸、边坡稳定性、沉降、监测、地震
西班牙	滑坡、泥石流、地理信息系统、崩塌、边坡稳定性、数值模拟、滑坡敏感性、逻辑回归、地貌、浅层滑坡

6.4.2.5　主要机构研究情况分析

1）主要机构发文量对比分析

1975~2010 年滑坡泥石流领域发文量排名前 10 位的机构（基于所有作者机构，下同）依次是（图 6-22）：美国地质调查局（US Geol Survey）、意大利国家研究理事会（CNR）、中国科学院（Chinese Acad Sci）、日本京都大学（Kyōto Univ）、加拿大地质调查局（Geol Survey Canada）、加拿大英属哥伦比亚大学（Univ British Columbia）、中国台湾大学（Taiwan Univ）、美国华盛顿大学（Univ Washington）、意大利博洛尼亚大学（Univ Bologna）、俄罗斯科学院（Russian Acad Sci）和英国布里斯托大学（Univ Bristol）。其中美国地质调查局、意大利国家研究理事会、中国科学院论文数量较多，均超过 150 篇，这些机构从所属国家来看比较分散，美国、意大利、加拿大均有两个机构。

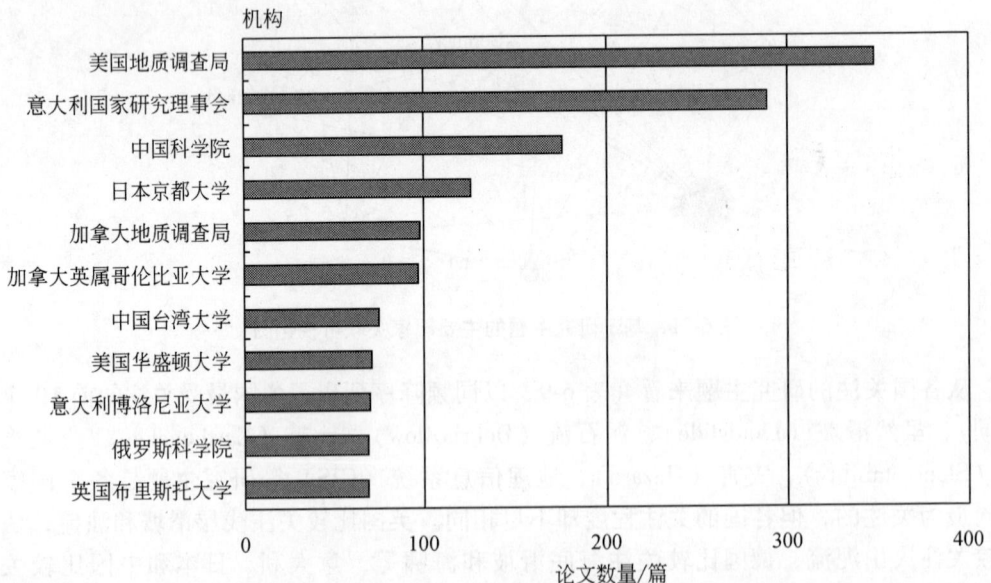

图 6-22　1975~2010 年主要机构滑坡泥石流领域的论文数量

2）主要机构的论文被引频次分析

发文量排名前 10 位的机构中，美国华盛顿大学的篇均被引次数最高，且远远高于其他机构，达 35.3 次/篇，其次为加拿大地质调查局、美国地质调查局、加拿大英属哥伦比亚大学、意大利国家研究理事会和英国布里斯托大学，篇均被引频次均在 10～15 次/篇之间（图6-23），最低的为中国科学院和俄罗斯科学院，中国科学院的发文总量位居世界第三，但篇均被引次数却仅排名第十位，这在一定程度上说明其在该领域的研究与其他机构还存在很大的差距。

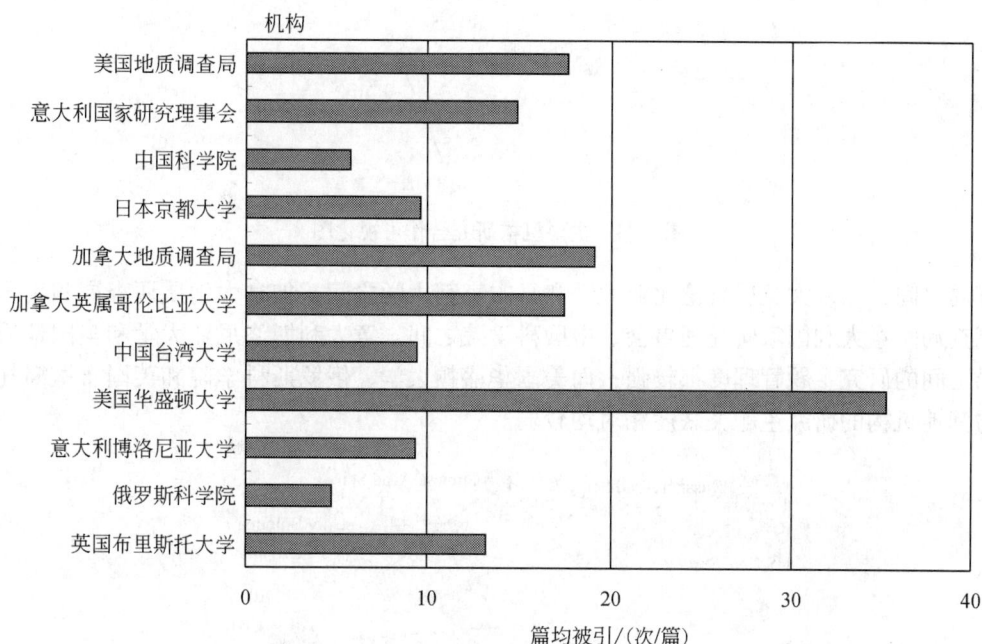

图 6-23　1975～2010 年主要机构滑坡泥石流领域论文的篇均被引频次

3）主要机构的研究合作及研究主题分析

从机构层面的研究合作（基于共现）来看（图6-24），各个机构之间的合作相对不多，很多组机构之间不存在合作关系，合作强度最高的分别为意大利国家研究理事会和意大利博洛尼亚大学之间、美国地质调查局和华盛顿大学之间、加拿大英属哥伦比亚大学和日本京都大学之间，均具有很强（实线，很粗）的合作关系。加拿大地质调查局和加拿大英属哥伦比亚大学之间、日本京都大学和美国地质调查局之间具有较强（实线，细）的合作关系。从中可以看出，意大利国家研究理事会、日本京都大学和美国地质调查局位于关系图的中心位置，这三个机构与其他机构的合作关系相对较多。

从图 6-25 可以看出，美国地质调查局、意大利国家研究理事会和中国科学院者三个机构之间具有非常强的研究主题关联度；日本京都大学和美国地质调查局、意大利国家研究理事会、中国科学院，加拿大英属哥伦比亚大学和美国地质调查局、意大利国家研究理事会、中国科学院之间的研究主题关联度都很强；中国台湾大学和美国地质调查局、意大利国家研究理事会、中国科学院、日本京都大学、加拿大英属哥伦比亚大学、加拿大地质

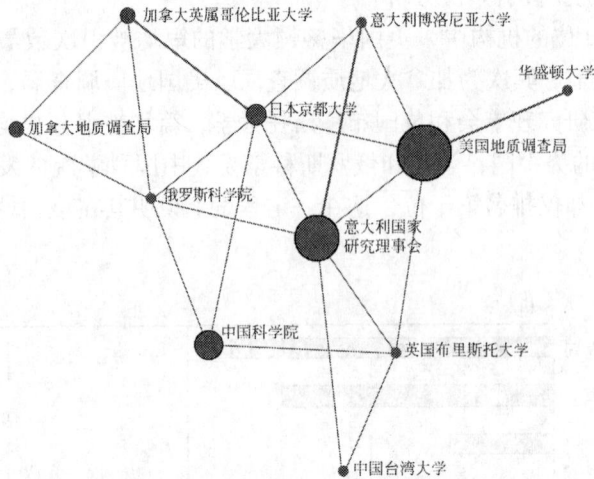

图 6-24　主要机构研究合作可视化图

调查局之间，加拿大英属哥伦比亚大学和日本京都大学之间，加拿大地质调查局和美国地质调查局、意大利国家研究理事会、中国科学院之间，意大利博洛尼亚大学和美国地质调查局之间的研究主题管理度都较强；而美国华盛顿大学、俄罗斯科学院和英国布里斯托大学与其他机构的研究主题关联度相对均较弱。

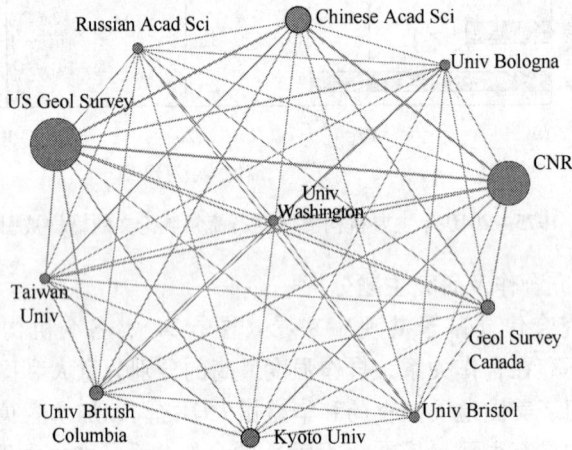

图 6-25　基于研究主题的主要机构关联可视化图

从各机构关注的研究主题来看（表 6-10，以词频降序顺序列出了各机构最关注的前10 个主题词），滑坡、泥石流、地震、地理信息系统仍然是各个机构最为关注的，但关注程度各不相同。此外，美国地质调查局和意大利博洛尼亚大学比较关注海啸，意大利国家研究理事会和俄罗斯科学院比较关注火山，加拿大地质调查局、加拿大英属哥伦比亚大学和英国布里斯托大学比较关注岩崩，英国布里斯托大学和俄罗斯科学院比较关注浊积岩的研究。

表 6-10 主要机构研究主题

机构	最受关注的主题词
美国地质调查局	滑坡、泥石流、地震、海啸、灾害、边坡稳定性、夏威夷、侵蚀、火星、野火
意大利国家研究理事会	滑坡、泥石流、灾害、监测、数值模拟、降水、火山泥流、地震、建模、洪水
中国科学院	滑坡、泥石流、汶川、地理信息系统、降雨、地貌、预测、地震、洪水、遥感
日本京都大学	滑坡、环剪试验、液化、泥石流、边坡稳定性、地震、风化、暴雨、降雨、监测
加拿大地质调查局	滑坡、泥石流、地层学、地震、风险、灾害、岩崩、第四纪、预测、空间建模
加拿大英属哥伦比亚大学	泥石流、滑坡、边坡稳定性、岩崩、动态分析、数值模拟、灾害评估、雪崩、震级、动态建模
中国台湾大学	滑坡、泥石流、台风、集集地震、地震、地理信息系统、灾害、暴雨、遥感、数值模拟
华盛顿大学	滑坡、泥石流、侵蚀、火星、地理信息系统、边坡稳定性、气候、建模、喜马拉雅、尼泊尔
意大利博洛尼亚大学	滑坡、泥石流、海啸、斯特龙博利、监测、全球定位系统、数字摄影测量、浅水体、数值模拟、海底滑坡
英国布里斯托大学	滑坡、泥石流、地震、侵蚀、岩崩、浊积岩、地理信息系统、崩塌、地貌、建模
俄罗斯科学院	滑坡、泥石流、浊流、边坡稳定性、浊积岩、植被、抗剪强度、水文、火山碎屑、海底泥石流

6.4.2.6 重要期刊

对 SCIE 中 1975 ~ 2010 年收录的滑坡泥石流领域的论文进行统计，得到该领域论文发表的主要刊物（表 6-11）。从中可以看出，发表该领域论文最多的 15 种期刊中，论文的总被引频次最高的为 "Geomorphology"，其次依次是 "Engineering Geology"、"Geological Society of America Bulletin"、"Marine Geology"、"Environmental Geology"、"Earth Surface Process and Landforms"、"Geology"、"Sedimentology" 等。篇均被引次数最高的为 "Geological Society of America Bulletin"，达 32.51 次/篇，其次依次是 "Geology"、"Sedimentology"、"Environmental Geology"、"Canadian Geotechnical Journal" 和 "Earth Surface Process and Landforms"，篇均被引次数为 16.25 ~ 27.8 次/篇。

表 6-11 1975 ~ 2010 年 SCIE 收录出版物排名

排名	来源出版物	论文数量/篇	总被引/次	篇均被引/（次/篇）
1	Geomorphology	530	6 695	12.63
2	Engineering Geology	398	4 940	12.41
3	Landslides	228	1 087	4.77
4	Natural Hazards and Earth System Sciences	224	1 107	4.94
5	Marine Geology	204	3 806	18.66
6	Earth Surface Process and Landforms	192	3 119	16.25

排名	来源出版物	论文数量/篇	总被引/次	篇均被引（次/篇）
7	Natural Hazards	184	1 242	6.75
8	Environmental Geology	174	3 305	18.99
9	Journal of Volcanology and Geothermal Research	174	1 593	9.16
10	Sedimentary Geology	171	2 238	13.09
11	Canadian Geotechnical Journal	157	2 565	16.34
12	Geological Society of America Bulletin	121	3 934	32.51
13	Sedimentology	115	3 079	26.77
14	Geology	112	3 113	27.8
15	Geophysical Research Letters	100	1 269	12.69

6.4.2.7 小结

对 SCIE 网络数据库所收录的滑坡泥石流研究方面的论文进行文献计量分析，得出国际滑坡泥石流领域的论文数量一直呈增长趋势，尤其是 1991 年以来论文数量急剧增加，总体来说，国际滑坡泥石流文献的多年变化趋势与世界上总发表文献的变化趋势相似，这反映了 20 世纪 90 年代以来，滑坡泥石流研究日益成为一个重要的科学研究领域。

（1）从时间上来看，国际滑坡泥石流领域的大量研究开始于 1991 年，1991～2010年，每年发表的文献平均数量为 405 篇；1975～1990 年间该领域的研究相对比较少，每年的文献平均数量为 20 篇；而 1902～1974 年间该领域的研究量非常少，年均文献量不足2 篇。

（2）从研究实力来看，美国、英国、意大利、加拿大、法国等发达国家具有很大的优势，中国虽然在论文数量上有一些突破，但研究质量与发达国家还存在较大的差距，仍需大幅度的提高。

（3）从研究的内容来看，滑坡、泥石流、地理信息系统、地震、边坡稳定性、灾害、侵蚀、崩塌、海啸、地貌等领域是该领域的主要研究主题，建模是该领域研究的主要方法。而地理信息系统、海啸、数值模拟、海底滑坡等是近 10 年新出现的研究热点。

（4）从出版平台来看，"Geomorphology"、"Engineering Geology"、"Landslides"、"Natural Hazards and Earth System Sciences"、"Marine Geology"是发表滑坡频率最高的平台。而发表在"Geological Society of America Bulletin"、"Geology"、"Sedimentology"、"Environmental Geology"、"Canadian Geotechnical Journal"上的文献篇均被引频次最高。

（5）在不久的将来，可能会出现其他与滑坡相关的创新研究。这些研究包括滑坡风险评价、滑坡时间预测和早期预警系统。为了达到这样的目的，应该清楚地了解滑坡机制。为此，可能会增加滑坡演化方面的研究。但是，滑坡也许是最复杂的自然现象，由于这种复杂性，要了解这一自然过程仍有许多工作要做。

6.5 地质灾害研究专利分析

6.5.1 地震研究专利分析

6.5.1.1 数据来源及方法

分析采用的数据库为 ISI Web of Knowledge 其中的 Derwent Innovations Index 数据库，利用关键词检索方式，对 1963～2010 年 12 月各国在泥石流领域发表的专利文献进行了检索。数据采集时间为 2010 年 11 月 17 日，共得到有效数据 28 134 条。分析利用的数据挖掘和可视化工具是美国 Thomson 公司开发的 TDA（Thomson Data Analyzer）分析工具。

6.5.1.2 基于专利数量的分析

1）专利数量的年度变化趋势

2000～2010 年，有关地震的专利数量变化趋势以 2003 年分界点呈现出逐年递减和逐年递增两种趋势。如图 6-26 所示，2000～2003 年专利数量逐年递减，2003～2009 年专利数量逐年递增。在这 11 年期间，2003 年专利数量最少为 1181 篇，2009 年专利数量为 2575 篇，增长了 2.2 倍。由于数据库的滞后性，2010 年的数据不完整，仅供参考。

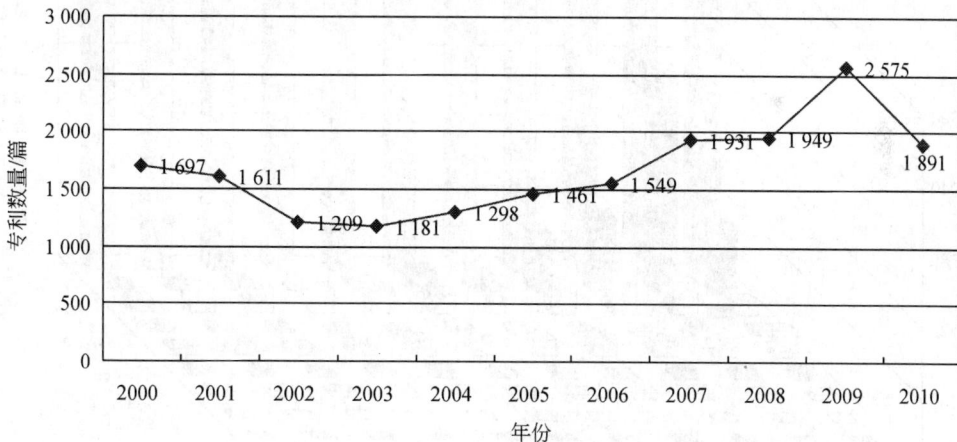

图 6-26　2000～2010 年地震专利数量的变化趋势

2）重点国家专利量对比分析

对不同国家的专利量进行统计，如图 6-27 所示，可以看出日本的专利数量最多，达到 20 491 件，约占专利种综述的 72.8%，这从一个侧面反映出日本在地震研究领域超出其他国家的绝对实力，这种突出优势与该国的地理位置有联系。中国位居第二，占专利总数的 8.9%。

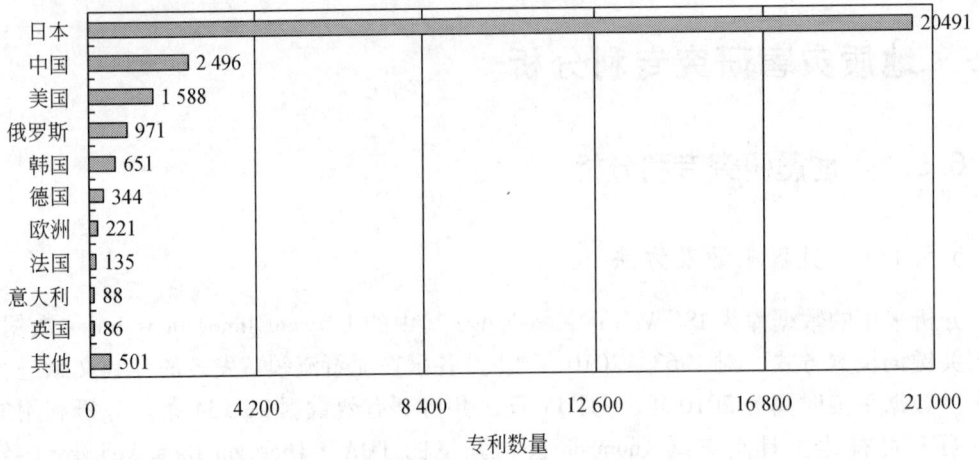

图 6-27　主要国家的专利数量

分析上述 10 个国家从 2000~2010 年的专利数量随时间的变化趋势，如图 6-28 所示，可以看出，日本的专利数量一直保持在较高的水平，明显优于其他国家。中国 2006~2009 年的专利数量增长速度最快。虽然，俄罗斯的专利总量排在第四位，但是从图 6-29 可以看出，2000~2010 年，俄罗斯的专利低于韩国，专利增长速度不明显。

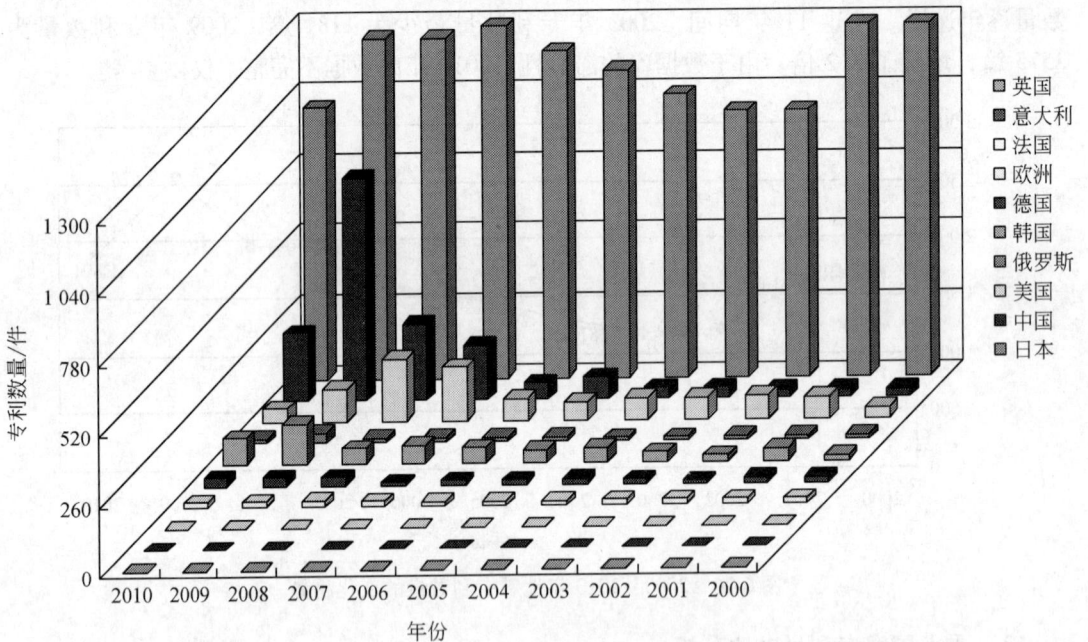

图 6-28　2000~2010 年主要国家的专利数量随时间变化趋势（后附彩图）

分析主要国家近 3 年的专利数量占其总专利数量的比例，如表 6-12 所示，可以看出，中国在近 3 年发表专利最多，占到专利发文总量的 72.7%，排名第一，从一个侧面反映了，近 3 年中国在地震研究方面非常活跃。

表 6-12 主要国家近 3 年专利量占其总发文量的比例

排序	国家	专利出版时间	总发文量/篇	最近 3 年专利量占总发文量的比例/%
1	日本	1963~2010 年	20 491	17.1
2	中国	1963~2010 年	2 496	72.7
3	美国	1963~2010 年	1 588	21.4
4	俄罗斯	1963~2010 年	971	5.9
5	韩国	1963~2010 年	651	47.9
6	德国	1963~2010 年	344	9.6
7	欧洲	1963~2010 年	221	10.9
8	法国	1963~2010 年	135	26.3
9	意大利	1963~2010 年	88	29.5
10	英国	1963~2010 年	86	11.6

3）国际重要机构专利数量的对比分析

在本次检索的关于地震研究专利中，2000~2010 年专利数量居前 10 位的机构如图 6-29 所示。可以看出这 10 个机构全部都是日本的机构，可以看出日本在该方面研究的绝对优势。

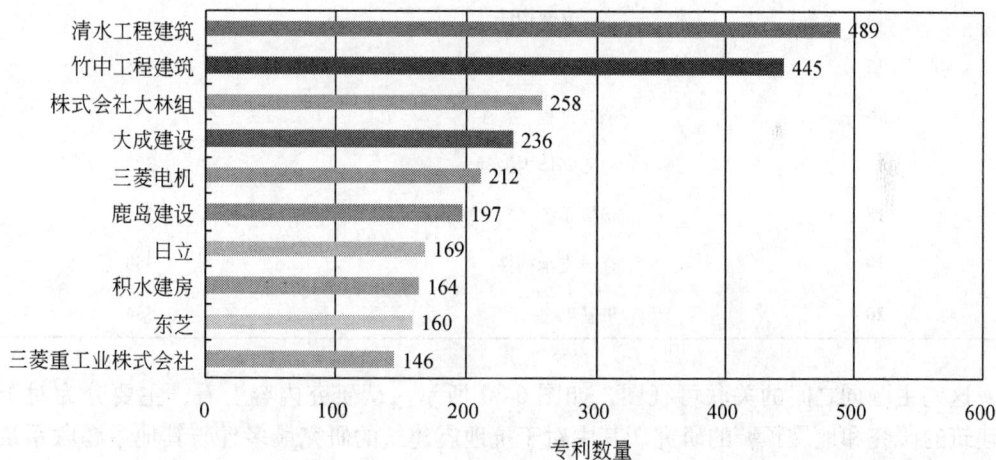

图 6-29 2000~2010 年主要研究机构专利数量

6.5.1.3 基于主题的分析

Derwent Innovations Index 数据库中专利的主要采取 IPC 进行分类，对专利主题进行标记。国际专利分类号可以鲜明描述文献论述或表达的主题。对地震研究专利的主题词进行分类。可以从一个侧面解释该领域的总体特征、发展趋势、研究热点和重点方形。在对地震专利的 IPC 号进行统计排序的基础上，得到了排名前 20 位的主题词，如表 6-13 所示。

可以看出，关于地震专利研究主题最多的是有关抗地震建筑的研究。

表 6-13 排名前 20 位的主题词

排序	主题词	专利数量/件
1	抗地震建筑	5 302
2	非螺旋系统振动的抑制	2 110
3	使用弹簧装置	1 538
4	允许移动的支座	1 380
5	沉陷或地震区用的基础	1 230
6	防震动	1 012
7	修建	970
8	地震勘探或探测	788
9	框架或墩柱结构的墙	754
10	报警	728
11	条形结构构件	699
12	报警器	561
13	家具	545
14	木制支架构件	537
15	支座	468
16	响应过程	459
17	检测固体内振动	392
18	报警系统	359
19	金属支承构件	350
20	桩基础	334

　　这些主题词之间的关联可视图，如图 6-30 所示。从研究内容上看，主要分为对于抗震建筑的研究和地震预警的研究。其中对于抗地震建筑的研究最多且与其他主题联系最紧密。此外，非螺旋系统振动的抑制、利用弹簧装置、允许移动的支架的研究较多且联系紧密。

　　通过对发文国家的研究主题进行分析，得到专利数量排在前 10 位国家的关联可视化图，如图 6-31 所示。可以看出在地震专利的研究主题中，日本与德国、俄罗斯、法国、英国等国家的研究主题非常紧密，其中与英国的研究最为紧密。但是，中国与韩国在这些研究领域与其他国家的联系非常少，从一个侧面反映出中国在抗震建筑和报警系统等研究领域的研究与其他国家联系较少。主要国家/组织研究主题见表 6-14。

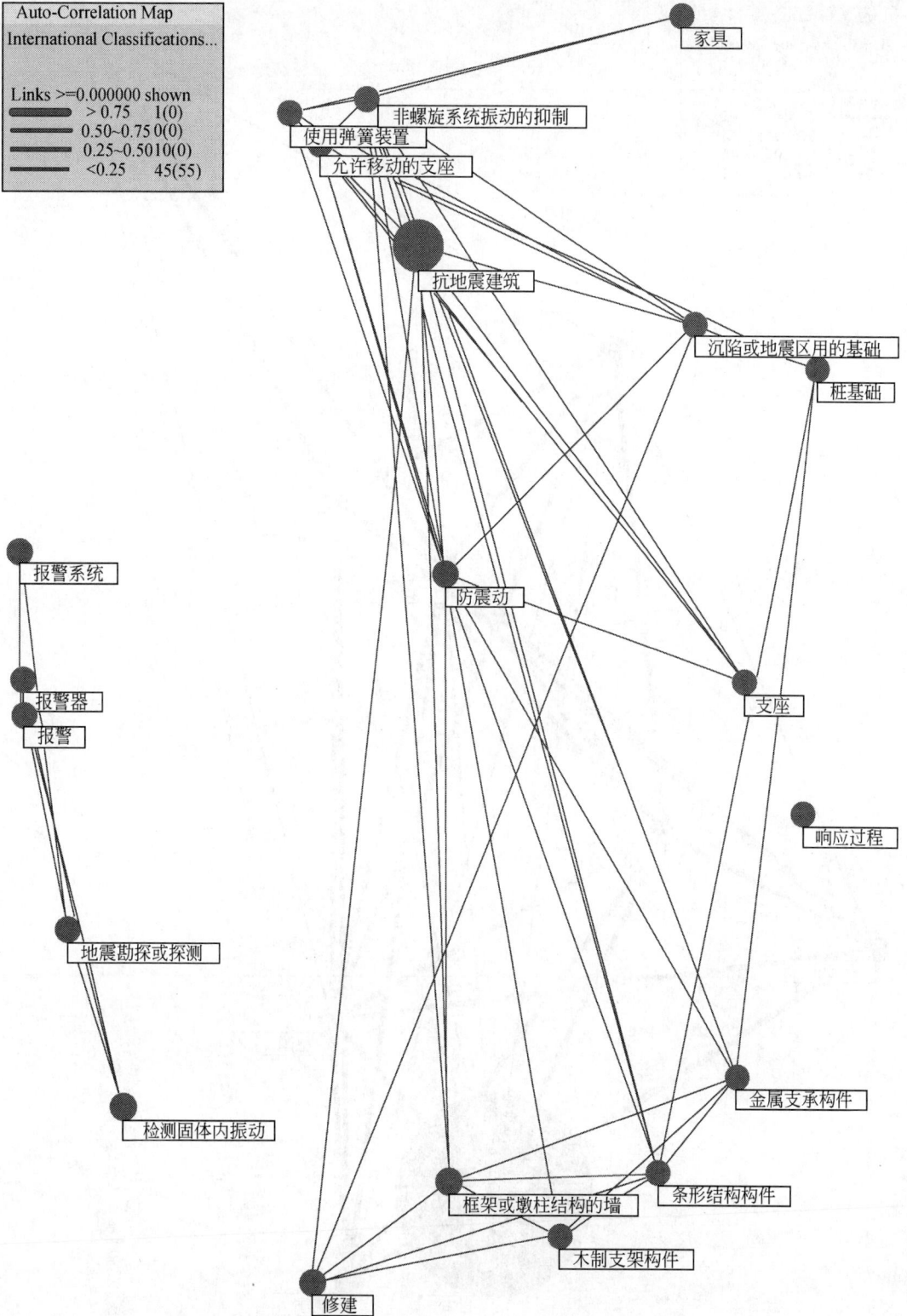

图 6-30 研究主题关联可视图

Cross-Correlation Map

Basic Patent Country (Cleaned...
International Classifications...

Links > 0.25 shown

━━━━━	> 0.75	25 (0)
─────	0.50~0.75	7 (0)
─ ─ ─	0.25~0.50	4 (0)
········	< 0.25	0 (0)

中国

韩国

美国

加拿大

法国

俄罗斯

德国

日本

英国

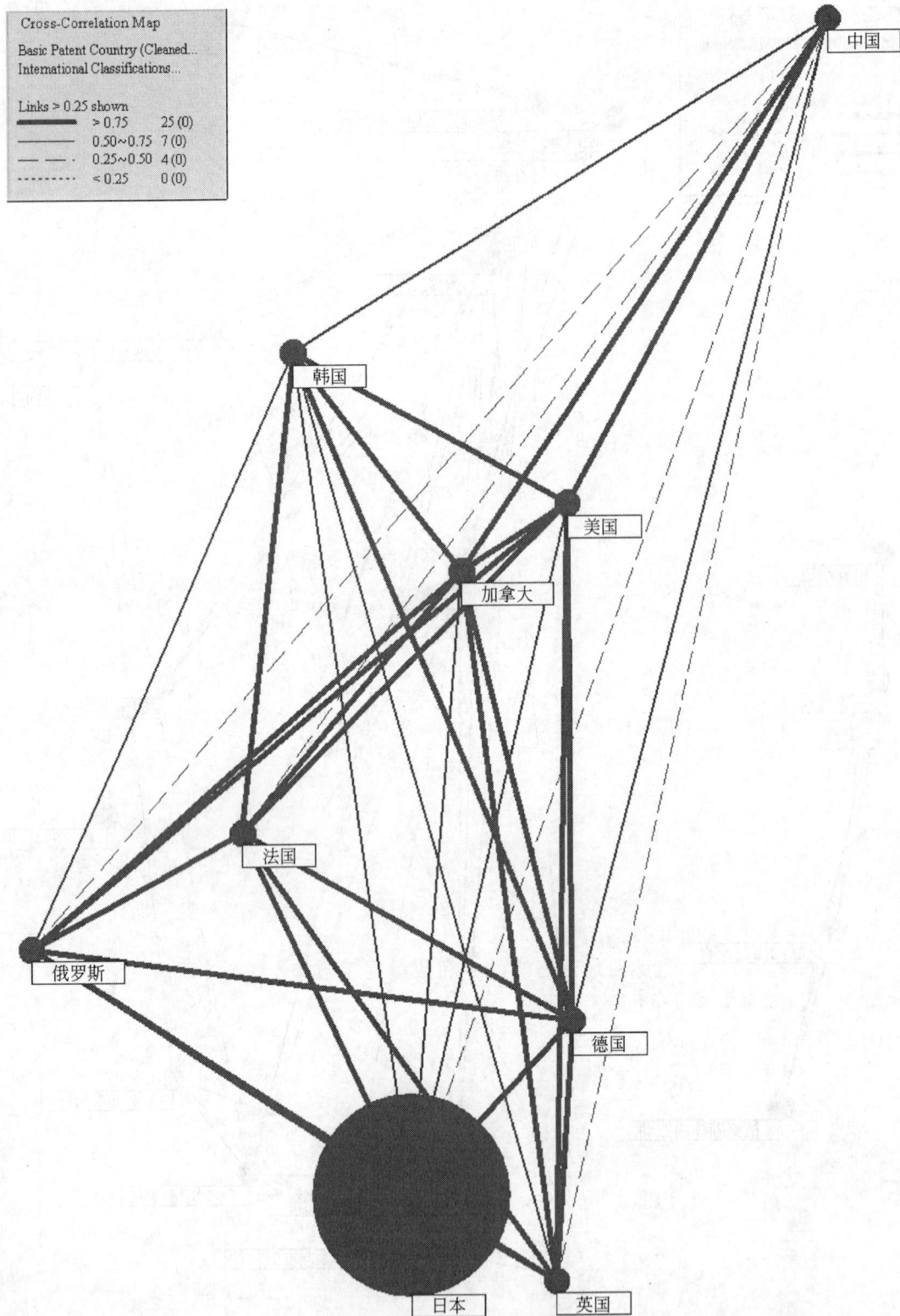

图 6-31   主要国家研究主题关联可视化图

表6-14 主要国家/组织研究主题

排序	国家/组织	研究主题
1	日本	修建、沉陷、地震区用的基础、框架结构、家具、地震勘探、木制支架构件、抗地震建筑、响应过程、非螺旋系统振动的抑制
2	中国	防震动、报警、报警器、抗地震建筑、地震勘探、支座、允许移动、框架结构墙、金属支承构件
3	美国	抗地震建筑、防震动、报警、沉陷、地震区用的基础、地震勘探、允许移动的支架、报警系统
4	俄罗斯	抗地震建筑、沉陷、地震区用的基础、地震勘探、技术支承构件、防震动、桩基础
5	韩国	抗地震建筑、支座、防震动、修建、金属支承构件、沉陷、地震区用的基础
6	德国	抗地震建筑、防震动、沉陷、地震区用的基础、允许移动的支架、地震勘探
7	欧洲专利局	抗地震建筑、防震动、沉陷、地震区用的基础、地震勘探、允许移动的支座
8	法国	抗地震建筑、沉陷、地震区用的基础、防震动、允许移动的支座、使用弹簧装置
9	意大利	抗地震建筑、报警、修建、金属支承构件
10	英国	抗地震建筑、响应过程、报警、地震勘探、沉陷

6.5.2 滑坡、泥石流研究专利分析

6.5.2.1 数据来源及方法

分析使用的关键词检索为（landslide * or （ land slide * ） or （ rock fall * ） or rockfall * or（rotational slump）or（planar block slide * ）or（rock slide * ） or （ earth flow ） or （debris flow） or mudslide * or （mud slide * ）） 对 1963～2010 年 12 月各国在滑坡泥石流领域发表的专利文献进行了检索。数据采集时间为 2010 年 11 月 11 日，共得到有效数据 21 436 条。

6.5.2.2 基于专利数量的分析

1）专利数量的年度变换趋势

2000～2010 年，有关滑坡泥石流的专利数量逐年增加，如图 6-32 所示。2000 年为 735 篇，2009 年达到 1544 篇，增长了 2.1 倍。其中，2000～2006 年的增长速度较缓慢，2006～2009 年的增长速度较快快。由于数据的滞后性，2010 年的数据不完整，仅供参考。

2）重点国家/组织发文量对比分析

对主要国家/组织的发文量进行统计，如图 6-33 所示，可以看出美国的专利数量最多，多达 7025 件，约占专利总数的 32.8%。日本排名第二，占专利总数的 24.3%，美日两国的专利数量占专利总数的 57.1%，这从一个侧面反映出美国和日本在滑坡泥石流研究领域具有较强的实力。位居其后的分别是俄罗斯、德国、中国、英国、法国、韩国、加拿大、欧洲专利局，位居专利数量排名的第 3～10 位。排名前 10 位国家/组织的合计专利综述的比例高达 94.9%，可以从一个侧面看出，有关滑坡泥石流专利的研究呈现国家集中现象。

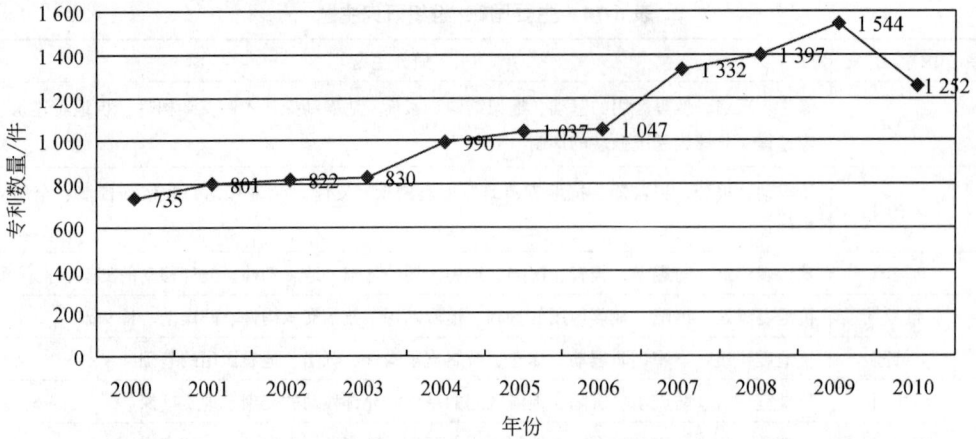

图 6-32　2000～2010 年滑坡、泥石流研究专利数据的变化趋势

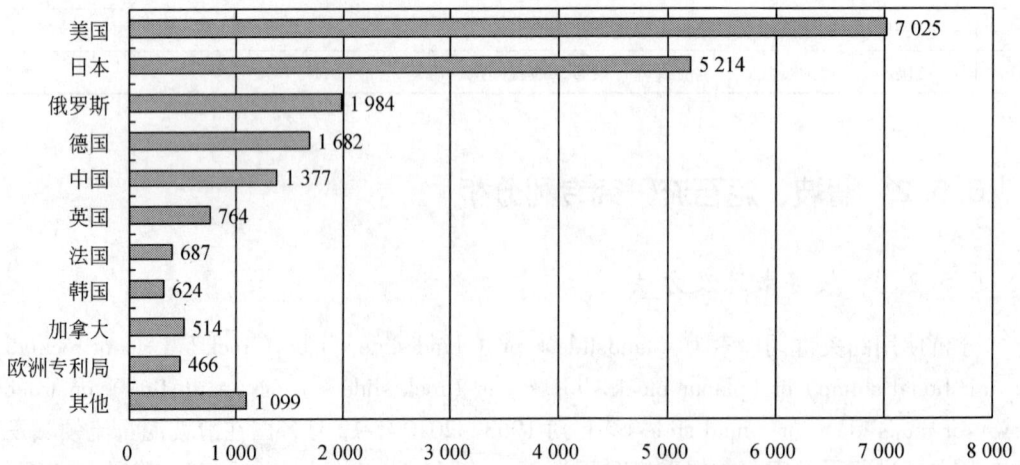

图 6-33　1963～2010 年主要国家/组织的专利数量

分析上述 10 个国家/组织的专利数量随时间的变化趋势，如图 6-34 所示，可以看出，

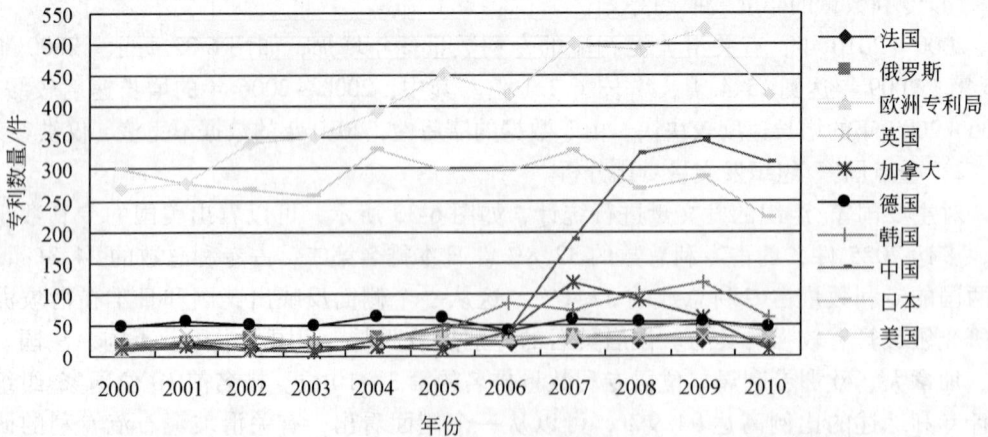

图 6-34　2000～2010 年主要国家/组织专利数量随时间变化趋势（后附彩图）

美国的专利数量一直保持较高的水平，中国近 4 年的发展态势强劲，尤其是 2007 年专利数量猛增，从 2008 年开始中国在滑坡泥石流研究方面的专利数量超过日本，位居第二。

分析这些国家/组织近 4 年的专利数量占其总专利数量的比例，如表 6-15 所示，可以看出，中国近 4 年的专利数量占其总量的 84%，在 10 个国家中比例最高，相比之前成明显增加态势，这从一个侧面反映出，近 4 年中国在滑坡泥石流专利研究领域非常活跃。

表 6-15 主要国家/组织近 4 年专利量占其总发文量的比例

排序	国家	专利出版时间	总发文量/篇	最近 4 年专利量占总量的比例/%
1	美国	1963～2010 年	7 025	27.6
2	日本	1963～2010 年	5 214	21.5
3	俄罗斯	1963～2010 年	2 404	5.00
4	德国	1963～2010 年	1 682	12.8
5	中国	1963～2010 年	1 377	84.0
6	英国	1963～2010 年	764	14.5
7	法国	1963～2010 年	687	12.2
8	韩国	1963～2010 年	624	57.0
9	加拿大	1963～2010 年	514	51.0
10	欧洲专利局	1963～2010 年	466	34.3

3）国际重要机构专利数量的对比分析

在本次检索的滑坡泥石流研究专利中，专利数量位居前 10 的机构如图 6-35 所示。其中位居第一的是美国贝克休斯公司（BAKER HUGHES INC），排名第二的是英国通用电气公司（GENERAL ELECTRIC CO），排名第三的是美国的卡特彼勒公司（CATERPILLAR INC）。可以看出这些公司在滑坡泥石流专利研究中具有领先地位。

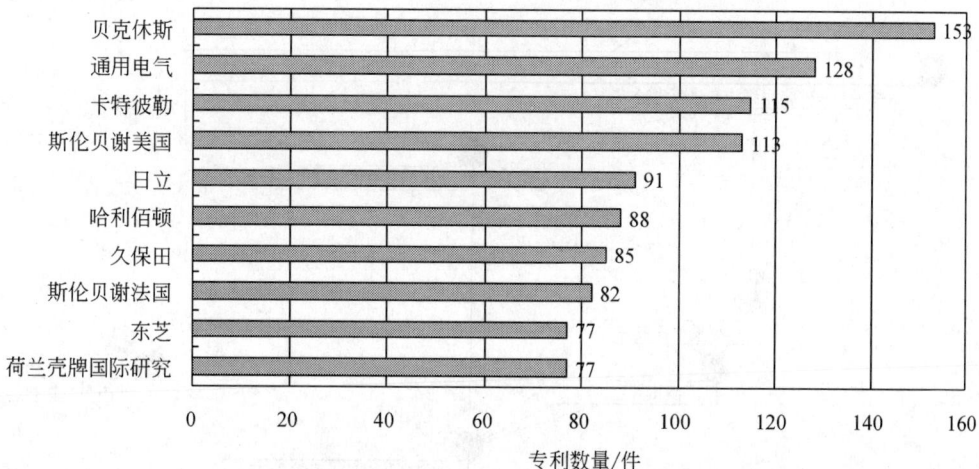

图 6-35 2000～2010 年主要研究机构专利数量

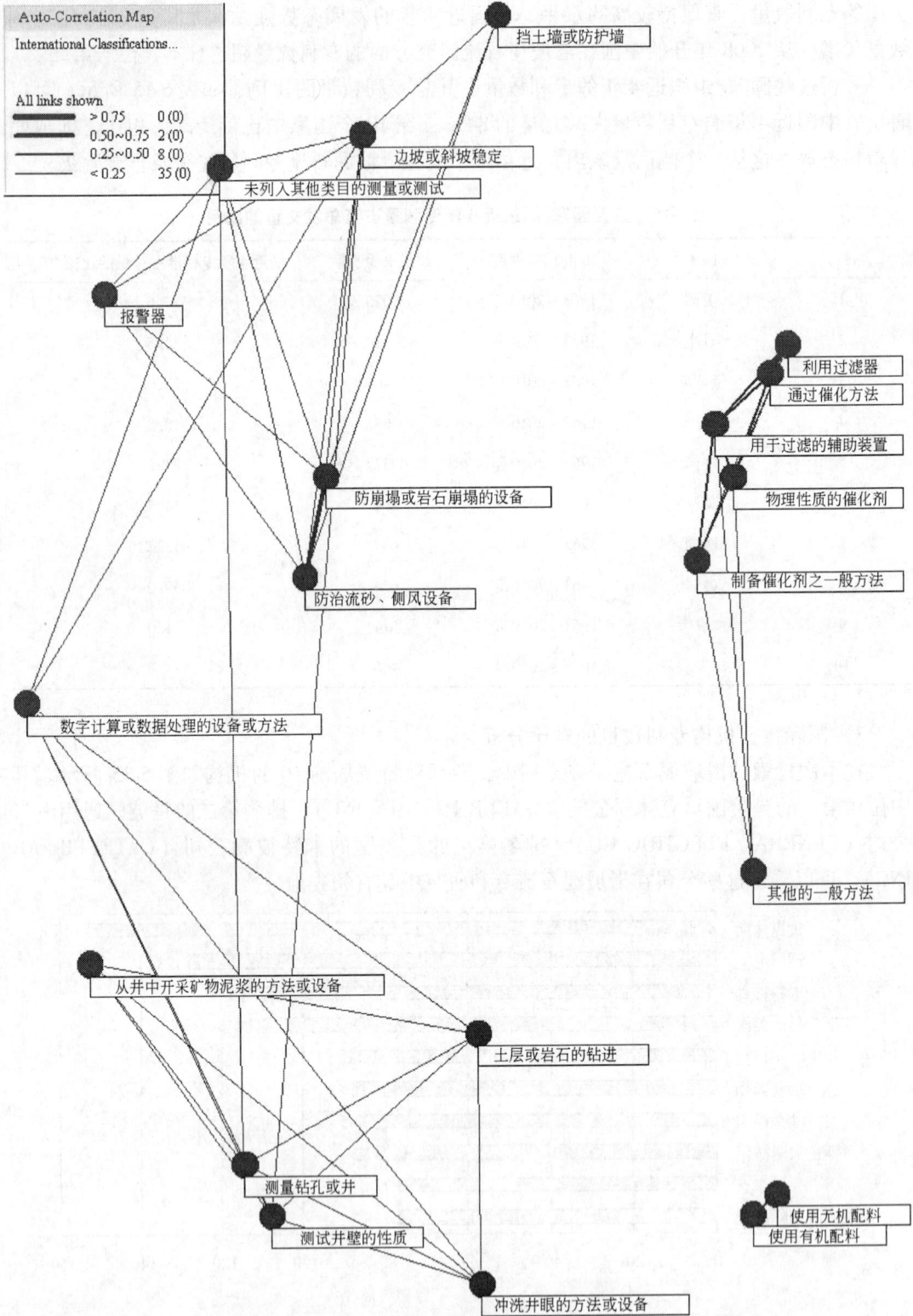

图 6-36 研究主题的关联可视图

6.5.2.3　基于主题的分析

Derwent Innovations Index 数据库中专利的主要采取 IPC 进行分类，对专利主题进行标记。国际专利分类号可以鲜明描述文献论述或表达的主题。在对滑坡泥石流专利的 IPC 号进行统计排序的基础上，得到了主题词之间的关联可视图。如图 6-36 所示。可以看出，关于滑坡泥石流的专利研究主题主要集中在防（岩石）坍塌设备和防治流沙、侧风设备的研究，其次是关于利用过滤器的专利研究，关于无机配料和有机配料的专利量较少，且与前两个部分的关系较小。

通过对专利国家的研究主题进行分析，关联强度主要分为三个关联集团。其中美国、英国和加拿大三国的联系强度大，欧洲、法国和德国联系强度，三个亚洲国家中国、韩国和日本的联系紧密。

6.6　地质灾害研究前沿与重点

6.6.1　地震研究前沿与重点

1）地震预报研究

尽管地震预报是世界公认的难题，但相关研究一直没有停止，这一领域将成为重要的科研领域。地震预报研究需要运用多种方法和手段，比如可以通过模拟试验积累判断地质运动情况的经验，还可以利用雷达遥感测距卫星分析地理数据，准确判断断层情况等。随着这些研究的深入开展，人们预报地震的能力会不断增强。

一些新技术，如主动源探测、GPS、INSAR 等，开始显现出值得注意的发展前景。传统的"地震危险性"研究一般不涉及时间尺度，或者涉及的时间尺度很长。但近年来，科学界也开始考虑与时间相关的地震危险性，并开始和中期—中尺度地震预报接轨。

2）地震遥感观测技术研究

随着卫星遥感技术的发展，红外遥感，干涉雷达，气体反演等技术相继被应用到地震的观测当中，因其宏观性强、精度高、重复观测周期短和不受地面条件限制等诸多优势，弥补了常规方法的不足，成为研究断裂活动性及研究地震前后异常现象的观测手段，大大促进了地震监测和预报的发展。地震后可能发生崩塌、滑坡、泥石流等次生灾害，其造成的损失对地震的危害起了放大作用。在对次生灾害的监测预防中，雷达遥感可以起很大作用。充分发挥火箭、卫星以及航空遥感等方面的优势，积极配合环境与减灾及其他卫星计划，力争在地震观测技术方面有所突破，是许许多多科学家都在认真思考的热点问题。重点支持的学科方向包括：对地观测与遥感；结构物（高层建筑、桥梁）形变监测；地震学与地球物理学；电子工程；地理信息系统；计算机软件工程。

3）地震预警系统

尽管地震预警在国外已有了近 50 年的实践历史，在目前需要进一步研究的科学和技术问题包括如下：强震动数据的实时处理与地震三要素的快速确定；地震动场的生成；基于地震动参数的震害快速评估；应急决策与自动控制；地震预警系统的集成。

开发专用的计算机软件来接收、分析强震动监测台网的信息、实现震害的快速评估与应急决策、启动应急控制系统等等。地震预警和应急控制系统作为重大工程地震应急反应的内容之一，不仅可以减轻人员伤亡和降低次生灾害的发生，而且可以为震后紧急救援和抢修提供第一手的信息（李山有，2004）。预警系统在关键技术上还没能做到十全十美，尤其是地震参数的快速判定。目前，仅有罗马尼亚、土耳其、墨西哥、中国台湾和日本拥有投入使用的地震预警系统，正在开发预警系统的国家和地区有美国加利福尼亚、冰岛、瑞士、意大利、希腊、埃及和印度。作为5个部署了地震预警系统的国家地区之一，日本的投入最大，性能也是最好的。美国虽然没有部署地震预警系统，但相关研究已经开展了很多年，包括一个在圣弗朗西斯科湾区进行研究的名为ElarmS的地震预警系统。

4）地震工程

减轻地震灾害乃至消除破坏性地震对人类和环境的影响是地震工程研究的最终目的。当前减轻城市地震灾害是国内外地震工程界面临的重要任务。强震观测是地震工程的基础性工作，必须持之以恒。美日两国在北岭地震与阪神地震中取得了丰富的主震记录，在地震工程研究中，特别对近场强地震动研究发挥了重要作用。

近20年来，各种隔震技术的研究和应用迅速发展。中国、日本、美国、新西兰、欧共体先后颁布了隔震技术规范或规程。近年来，隔震技术的发展主要是开发三维隔震支座和低弹性模量的天然橡胶和铅芯橡胶隔震支座，通过降低橡胶材料的弹性模量，即降低橡胶支座的水平刚度来延长隔震建筑的固有周期，达到进一步减少结构地震反应的目的，当前结构控制理论和应用正在逐步发展；高技术正在同地震工程联姻；新的数学方法（如模糊数学、神经网络、小波分析与希尔伯特、黄锷变换等）已经或将要敲开地震工程科学的大门，从而推动它向前迈入多学科研究的新领域（罗群，2005）。

5）地震灾害分析与评估

在评价的过程中，地质学家面临一系列的问题，包括与地震灾害及其引发的次生灾害相关联的理论与实际问题、引发地震的内外因素等。在最近的20年间，地质学家们已经为解决上述的这些问题付出了很大的努力。他们的研究成果主要体现在以下几个关键性领域：在不同区域内结合地质构造、地震、地质地形以及土体历史情况所得出的地震灾害模型的进一步研究以及这些区域内的土动力的理性评价；用于评价地震所引发的诸如沙土液化、滑坡、崩塌、地裂缝等次生灾害的适宜地质模型研究以及适用于城市规模的地震分析；结合断层以及其他近似断层影响因素的地震危险性分析；用于评估在建筑结构中地震引发的灾害的模型研究；地震引发的损失的评价过程及其相关联的社会经济影响的分析研究。

6.6.2 滑坡、泥石流研究前沿与重点

泥石流是所有同水有关的灾害中最具破坏力的灾害，它会对农村及城市的地形及气候环境产生严重影响。近年来，由于泥石流灾害伤亡人数猛增而使得泥石流越来越引起科学界及公众的广泛关注。目前，在全球范围内，受到气候变化、污染及城市发展等因素的影

响，泥石流灾害发生频率呈持续增高态势，因此今后必须提高对泥石流灾害的重视程度。泥石流研究前沿与重点包括以下 5 个方面。

1）滑坡、泥石流建模

建立不同类型滑坡形成的地质模型，模拟分析在地下水、暴雨、河流冲刷、雪线变化、地震等作用下滑坡远距离滑动（飞行）的机制。建立降水－地下渗流－斜坡岩土体位移破坏的耦合模型；开展基于 GIS 技术，以地质灾害气象预警为目的的滑坡、泥石流空间预警区划，建立区域降雨型滑坡、泥石流预警模型。

2）滑坡、泥石流监测与分析

在分析山体滑坡时，长期以来监测仪器一直处于优先考虑对象。这样的实例很多，在国际上也是如此，对于安装有仪器的斜坡，可以对其演化过程进行监测。然而，从技术角度来看，监测人为活动造成的不稳定斜坡存在严重问题。一方面，由于施工，斜坡会被严重改造，会出现不同的稳定性问题（即自然斜坡的稳定性，出现人造斜坡，开挖过程中碎屑物质积累和斜坡加固工事等）；另一方面，安装含有传感器的长期监测系统（如倾斜仪、应变仪、裂缝探测仪和差分全球定位系统）或基准（例如棱镜全站仪）可能并不够，因为它们在大部分斜坡上的运行会受到建筑工程的影响。开展地面合成孔径雷达干涉方法来监测滑坡与基础设施相互作用研究，采用综合监测系统以及滑坡和大规模岩质和土质斜坡运动早期预警系统，是风险和灾害减少的主要手段。

3）泥石流风险评估

开展区域和单体滑坡泥石流灾害风险评估关键技术和管理方法研究。GIS 技术的发展使得泥石流风险评价的空间数据集成更简便，分析速度更快，精度更高，促进了泥石流风险评价的快速发展，主要体现在风险制图方面。目前泥石流风险评价工作关键在于 GIS 专家，统计专家和地学工作者共同对相关数据获取、处理和分析，开发可靠性强的评价模型。

4）滑坡、泥石流触发机制

认识把握区域滑坡、泥石流活动机制始终是地质灾害研究的核心任务之一，也是制定实施区域滑坡泥石流灾害防治战略的基础。分析触发响应机制与区域滑坡泥石流活动关系，为深入认识区域滑坡泥石流活动规律、展开相关研究工作，把握区域滑坡泥石流灾害防治重点提供思路。依据触发响应机制是控制区域滑坡泥石流活动规模、强度以及致灾程度的核心机制。通过对区域触发响应因子时空耦合关系研究以及两者互应的响应阈值关系观测、调查，可以从根本上掌握区域滑坡泥石流活动机制，以及准确认识滑坡泥石流活动时空分布规律。

5）研发新型滑坡、泥石流监测传感器

针对不同地质灾害，开发具有自主知识产权的光纤传感监测技术。开展适用于极端环境下的光纤传感器研制，利用波分复用技术开发准分布式光纤光栅解调器，利用微波电光调制技术，研究适合于地质灾害监测的光纤传感系统。

英国工程和自然科学研究委员会资助的研究人员在 2010 年开发出了一种利用声学来监测滑坡等地质风险的系统，可对将要出现的地质险情进行预警，帮助减少损失。这种监测系统由埋设在可能出现地质灾害区域的传感器以及中央计算机组成，适用于易滑坡山体、地质结构不稳的道路和堤坝基座等区域。当地质结构出现变化，可能引起滑坡、路基或堤坝崩塌时，传感器会感知到土壤中的声音变化，将信号传给中央计算机，计算出地质灾害风险可能发生的实际概率，然后对相关部门进行预警，提前疏散人员或清空道路。

英国南安普敦大学教授 2010 年研制出一个可以测量光、导电性和倾斜的小型版可以预测滑坡的传感器。该传感器探针每隔几分钟就读取一次数据，监测土壤湿度和活动等因素。每小时数据详情都会直接返回美国圣迭戈和南安普敦大学进行分析。无线传感器网络是为感知环境而开发的一种技术，它可以靠电池电量运行多年，互相连接以实现远程无线电通信。它们被设计为共同工作并且在"闲置"时段节省电力，而不是持续地采集和发送数据。在沟谷地区没有合适的排水系统，当滑坡发生时，安放在斜坡的无线传感器可以及时测量地面的斜度、湿度、温度和压力，预防滑坡。

6.7 加强我国地质灾害研究的建议

6.7.1 建立重点地震区带地震预警系统

我国位于全球两大地震带——环太平洋地震带与喜马拉雅 - 地中海地震带之间，受太平洋板块、印度板块和菲律宾海板块的挤压，地震断裂带十分发育，50% 的国土面积位于Ⅶ度以上的地震高烈度区域，23 个省会城市和 2/3 的百万人口以上的大城市位于地震高烈度区域。

2008 年 5 月 14 日，也就是 5·12 汶川大地震后的第三天，美国麻省理工学院出版的 *Technology Review* 在线刊登了一篇题为"中国缺少地震预警系统"（China Lacks Earthquake Early-Warning System）的文章。该文一开篇就指出："中国四川星期一的地震再次唤起人们的注意，需要更好的技术来预警这种毁灭性的自然活动。虽然目前中国缺少地震预警系统，但这不仅仅是中国存在的问题。"美国加利福尼亚理工学院地震学实验室前主任 Kanamori 更是在文章中指出："虽然地震预警系统仍处在探索阶段，但目前，这是对将要发生的事情（地震）作出某种预测的唯一方法。"

现在，我国已经准备建立类似的地震预警系统。2009 年初，上海开始建设其海域海底实况的"直播室"，该观测平台的一项重要功能将是以灵敏度和信噪比最高的地震监测手段连续观测洋底地壳变化过程，进而"预报"地震，但其与真正的地震预警系统还有一定区别。

6.7.2 加强地震科学研究，修订地震区划

地震发生的时间和强度很难预测，但发生地点都无一例外地位于断层。但是，直至今天，人类对地震断层的了解和观测还远远不够。2008 年 3 月 *Geology* 上的一篇文章《全球 9 级地震的频率》指出：超级大地震可能发生在任何一个俯冲带，如 2004 年的印度尼西亚大地震，事前人们根本没有想到这个地方会发生地震。

对于地震学研究而言，一直以来，我国普遍比较注重理论研究，而实际操作却相对比较薄弱，基础性的研究也不够深入。法国有"地球透镜计划"（GEOSCOPE），日本有"海神计划"，美国也有"地球透镜计划"（EarthScope）。另外，美国还有"洛杉矶地区地震试验"（LASE）、"板块边界观测计划"（PBO）、"圣安德烈斯断层深部观测"（SAFOD）等研究计划。而我国能够与国外这些重大计划相提并论的基础性研究项目实在是太少。

因此，我国目前的当务之急应该是基础资料的观测，把地下每条断层的位置探测清楚，把每条断层的历史活动状况研究清楚。在摸清断层的基础上，需要不断修订地震区划，提高区划图的精细程度。5·12汶川大地震所发生的四川龙门山断裂带的危险性就曾经被低估，这说明我国的地震危险性区划工作远远滞后。与此同时，在地震危险性区划中的断层就应当成为未来地震预警系统的重要监测点所在。

6.7.3　加强和完善完善地震台网建设

地震预警系统的基础是庞大而密集的地震台网，其数目越大，获得的资料越丰富，震中和震级的计算越准确，预警也越迅速。对我国而言，这项基础工作还有待完善。与国际水平相比，我国数字台网建设依然不足。以强震台覆盖密度为例，日本为1323台/万千米^2，美国为53台/万千米^2，我国只有0.3台/万千米^2。

地震台网的管理也不可忽视。日本的地震观测点主要隶属于日本气象厅、大学、防灾科学技术研究所和国土交通省等机构，平时分散管理，但发生地震时可以立刻形成一个完整的网络。我国目前的地震监测网络大体有三级：国家级地震台网和前兆台网、省区市一级的地震台网、重大工程（如三峡水库）的局域性地震台网。在关键时刻，这三级网络能不能联合起来形成一个大网络，以及以何种方式来联合等，都是非常值得思考的问题。

6.7.4　加强地震空间观测技术

我国在地震预报方面的投资很大，有关专家和研究人员在地震和减灾预测方面也做了大量工作，作出了巨大努力，在某些卫星技术方面已处于领先地位，因此在未来的地震预报研究方面，中国有望走在世界前列。

目前我国微波遥感的理论和应用研究方面仍存在不少问题，必须引起重视。首先，数据来源就是一个难题。目前，我国机载雷达很多，但没有民用雷达卫星。我国使用的卫星雷达数据基本上都是外国提供的。卫星是有国籍的，因此很多数据都需要付费使用，除了国际合作项目或者发生重大灾害时，数据才可以共享。其次，我国地面观测网数量有限，密度不够。应在全国增加一定数量的观测站，科学部署，才能使灾害发生前不仅能确定某个大范围可能发生灾害，而且能确定受灾的具体地点。最好能够建立卫星星座，在降低技术要求的同时降低费用。此外，遥感数据分析能力也需要改进。遥感数据分析需要建立模型和实验。遥感技术的应用前景非常广泛，对地震预测、地质灾害的预测预报、灾后监测、灾后评估都有帮助。

地震预测的关键是创立地震成因理论、理顺预测思路、整合监测手段、实施强震立体预测系统工程。要以更宽广的视野、全新的思路探求大陆板块内地震发生的规律和机制，找到有效的地震前兆；发展我国航天、航空、地面到地下的多层次高科技立体监测技术体系和手段，提高地震预报水平。

6.7.5 着力提高地质灾害监测预警、预报技术水平

在滑坡监测中应用遥感、自动化和信息技术。地面干涉雷达通过地面传感器进行作业，在评价大范围的地表位移中已经证明了其优越性能，特别是沿观测器的传感器目标线它可以探测高精度位移。地面雷达的应用可以克服许多与机载干涉测量相关的限制因素，而且可以获得斜坡固有特征的一些变量，如范围、运动机制、位移程度、含水率、活动情况和分布状态等。

在开展滑坡灾害调查评价中采用不同分辨率的多光谱遥感数据，分别进行 DEM 数据生成、地质环境条件解译和滑坡体的识别。在 GIS 平台上将已有的数字化的地质、地理的主题图件，和遥感解译成果图件进行处理，采用多因子分析方法进行滑坡的易发性（敏感性）评价。

在滑坡等突发性地质灾害监测方面，要继续强化群测群防监测体系，加强宣传培训，着力提高群众的识灾、报灾能力和水平、充分发动群众防灾潜力。同时，要加大专业队伍对群测群防的技术支持，不断总结滑坡等突发性地质灾害的特征和简易判别标志，研制经济有效的监测预警设备；要逐步推行重点地质灾害隐患点专业监测工作，加强监测技术含量，提高监测自动化水平，增强监测效果。要加大对适合我国国情的专业监测仪器应用的研发工作力度，为推行自动化水平较高的专业监测工作提供保障。

在滑坡等突发性地质灾害预报方面，就是要切实加强与气象、水利等部门的协调、沟通、协作，建立信息互动机制和沟通渠道，进一步改进预报方式，增强预测预警的针对性和准确性；要在以往区域性、趋势性、大范围预测预报的基础上，加强对居民聚集区、交通干线、旅游风景区等人口集中区和重要场所的预测预报，不断提高预报精度和水平。

6.7.6 改进滑坡、泥石流预测数学模型

计算机建模、卫星通信以及信息技术的发展对于改进滑坡泥石流灾害减轻措施、预测数学模型以及灾害发生的早期预警至关重要。当前国际社会支持上述研究活动所面临的主要挑战是：在研究所需资源极为有限的地区，特别是发展中国家，开展相关研究受到很大的限制。

因此，我们需要是对泥石流发生现场数据的系统收集，以便为大型数据库的构建提供可靠数据源；经过持续的开发、升级、测试及应用获得有效的计算机数学模型；确定适宜的水文系统测绘技术并进行可能情景的识别，以便能基于规划系统，制定并实施最佳的灾害减轻方案。

6.7.7 加强地质灾害风险管理系统建设

地质灾害风险管理系统根据地质灾害信息在空间的分布特征，提供人机交互的综合分析处理和编图的计算机辅助处理功能，产生对区域规划、灾害防治、管理决策等方面的有用信息。我国在地质灾害风险评价系统开发方面还有待进一步开展，目前尚未见到较成熟实用的地质灾害评价预测的 GIS 系统。今后应加强地质灾害风险管理系统的建设，开展区域和单体地质灾害风险评估关键技术和管理方法研究。研究滑坡崩塌泥石流灾害风险评估指标体系；开展重大地质灾害风险评估区划与土地安全利用的关系研究；开发适用于城镇和新农村建设减灾防灾规划的风险管理决策支持系统。

致谢：中国科学院－水利部成都山地灾害与环境研究所邓伟研究员、中国地震局地质研究所李志强研究员、中国科学院－水利部成都山地灾害与环境研究所马东涛研究员、甘肃省科学院地质自然灾害防治研究所赵洪涛研究员、中国地震局地质研究所苏桂武研究员、中国科学院－水利部成都山地灾害与环境研究所乔建平研究员等专家学者对本报告初稿进行审阅，并提出宝贵的修改意见，特致谢忱。

中国科学院"西部之光"人才培养计划项目"基于知识分析的甘肃省环境灾害减轻技术路线图研究"资助完成本报告。

参 考 文 献

陈运泰. 2007. 地震预测的现状与未来. 中国科学院. 2007 科学发展报告. 北京：科学出版社. 173～182

李山有，金星，马强等. 2004. 地震预警系统与智能应急控制系统研究. 世界地震工程，20（4）：21～26

罗群，渠建新，朱葳. 2005. 地震工程研究的新进展. 广州大学学报（自然科学版），4（5）：428～436

人民网. 2003-12-30. 国务院颁布施行《地质灾害防治条例》

赵纪东，张志强. 2009. 地震预警系统的发展、应用及启示. 地质通报，28（4）：456～462

Ayalew L, Yamagishi H, Ugawa N. 2004. Landslide Susceptibility Mapping Using GISbased Weighted Linear Combination, the Case in Tsugawa Area of Agano River, Niigata Prefecture, Japan. Landslides, 1：73～81

Baum R, Coe J A, Godt J W et al. 2005. Regional Landslide-Hazard Assessment for Seattle, Washington, USA. Landslides, 2：266～279

Berti M, Simoni A. 2005. Experimental Evidences and Numerical Modelling of Debris Flow Initiated by Channel Runoff. Landslides, 2：171～182

Bertolo P, Bottino G. 2008. Debris-flow Event in the Frangerello Stream-Susa Valley (Italy) —Calibration of Numerical Models for the Back Analysis of the 16 October, 2000 rainstor. Landslides, 5：19～30

Breien H, Fabio V, De Blasio F et al. 2008. Erosion and Morphology of a Debris Flow Caused by a Glacial Lake Outburst Flood, Western Norway. Landslides, 5：271～280

Bromhead E N, Ibsen M L. 2006. A Review of Landsliding and Coastal Erosion Damage to Historic Fortifications in South East England. Landslides, 3：341～347

Brooks W E, Willett J C, Kent J D et al. 2005. The Muralla Pircada—an Ancient Andean Debris Flow Retention Dam, Santa Rita B Archaeological Site, Chao Valley, Northern Perú. Landslides, 2：117～123

Catane S G, Cabria H B, Tomarong C P et al. 2007. Catastrophic Rockslide-debris Avalanche at St. Bernard, Southern Leyte, Philippines. Landslides, 4: 85～90

Catani F, Casagli N, Ermini L et al. 2005. Landslide Hazard and Risk Mapping at Catchment Scale in the Arno River Basin. Landslides, 2: 329～342

Colombo A, Lanteri L, Ramasco M et al. 2005. Systematic GIS-based Landslide Inventory as the First Step for Effective Landslide-hazard Management. Landslides, 2: 291～301

Comegna L, Picarelli L, Urciuoli G. 2007. The Mechanics of Mudslides as a Cyclic Undrained-drained Process. Landslides, 4: 217～232

Corominas J, Moya J, Ledesma A et al. 2005a. Prediction of Ground Displacements and Velocities from Groundwater Level Changes at the Vallcebre Landslide (Eastern Pyrenees, Spain). Landslides, 2: 83～96

Corominas J, Copons R, Moya J et al. 2005b. Quantitative Assessment of the Residual Risk in a Rockfall Protected Area. Landslides, 2: 343～357

Cox S C, Allen S K. 2009. Vampire Rock Avalanches of January 2008 and 2003, Southern Alps, New Zealan. Landslides, 6: 161～166

CREW. 2009. Cascadia Region Earthquake Workgroup 2009- 2014 Strategic Plan (Draft). http://www.crew.org/sites/default/files/CREW%20Strategic%20Plan.pdf

Cruden D M, Varnes D J. 1996. Landslide Types and Processes. In: Turner A K, Schuster R L, eds. Landslides-investigation and Mitigation Special Report No. 247, U.S. National Research Council, 36～75

Devoli G, Strauch W, Chávez G et al. 2007. A Landslide Database for Nicaragua: A Tool for Landslide-hazard Management. Landslides, 4: 163～176

Dixon N, Brook E. 2007. Impact of Predicted Climate Change on Landslide Reactivation: Case Study of Mam Tor, UK. Landslides, 4: 137～147

Dykes A P, Warburton J. 2008. Characteristics of the Shetland Islands (UK) Peat Slides of 19 September 2003. Landslides, 5: 213～226

Espinosa-Aranda J M, Rodriquez F H, 任秀珍等. 2004. 墨西哥城的地震警报系统. 世界地震译丛, (3): 1～7

FEMA. 2008. National Earthquake Hazards Reduction Program Fiscal Years 2009－2013. http://www.nehrp.gov/pdf/strategic_plan_2008.pdf

Fukuoka H, Sassa K, Wang G. 2007. Influence of Shear Speed and Normal Stress on the Shear Behavior and Shear Zone Structure of Granular Materials in Naturally Drained Ring Shear Tests. Landslides, 4: 63～74

Fukuoka H, Sassa K, Wang G et al. 2006. Observation of Shear Zone Development in Ring-shear Apparatus with a Transparent Shear Box. Landslides, 3: 239～251

Greif V, Sassa K, Fukuoka H. 2006. Failure Mechanism in an Extremely Slow Rock Slide at Bitchu-Matsuyama Castle Site (Japan). Landslides, 3: 22～38

Guo Q, Wang X, Zhang H et al. 2009. Damage and Conservation of the High Cliff on the Northern Area of Dunhuang Mogao Grottoes, China. Landslides, 6: 89～100

Hong Y, Hiura H, Shino K et al. 2005. Quantitative Assessment on the Influence of Heavy Rainfall on the Crystalline Schist Landslide by Monitoring System—Case Study on Zentoku Landslide, Japan. Landslides, 2: 31～41

Hoshiba M. 2008. Earthquake Early Warning Starts Nationwide in Japan. EOS, 89 (8): 74, 75

Jelinek R, Wagner P. 2007. Landslide Hazard Zonation by Deterministic Analysis (Velk1 Causa Landslide Area, Slovakia). Landslides, 4: 339～350

Jian Lin. 2010. WHOI Expert: Haiti Quake Occurred in Complex, Active Seismic Region. http://

www. whoi. edu/page. do? pid = 51334&tid = 282&cid = 66766&ct = 162

Kanungo D P, Arora M K, Gupta R P et al. 2008. Landslide Risk Assessment Using Concepts of Danger Pixels and Fuzzy Set Theory in Darjeeling Himalayas. Landslides, 5: 407 ~ 416

Kerr R A. 2010. Foreshadowing Haiti's Catastrophe. Science, 327 (5964): 398

Kveldsvik V, Nilsen B, Einstein H et al. 2008. Alternative Approaches for Analyses of a 100 000 m^3 Rock Slide Based on Barton-Bandis Shear Strength Criterion. Landslides, 5: 161 ~ 176

Lee S, Pradhan B. 2007. Landslide Hazard Mapping at Selangor, Malaysia Using Frequency Ratio and Logistic Regression Models. Landslides, 4: 33 ~ 41

Lin Jian. 2010. WHOI Expert: Haiti Quake Occurred in Complex, Active Seismic Region. http://www. whoi. edu/page. do? pid = 51334&tid = 282&cid = 66766&ct = 162

Lundstrom K, Larsson R, Dahlin T. 2009. Mapping of Quick Clay Formations Using Geotechnical and Geophysical Methods. Landslides, 6: 1 ~ 15

Margottini C. 2004. Instability and Geotechnical Problems of the Buddha Niches and Surrounding Cliff in Bamiyan Valley, Central Afghanistan. Landslides, 1: 41 ~ 51

Mathew J, Jha V K, Rawat G S. 2009. Landslide Susceptibility Zonation Mapping and Its Validation in Part of Garhwal Lesser Himalaya, India, Using Binary Logistic Regression Analysis and Receiver Operating Characteristic Curve Method. Landslides, 6: 17 ~ 26

Ma W, Niu F, Akagawa S et al. 2006. Slope Instability Phenomena in Permafrost Regions of Qinghai-Tibet Plateau, China. Landslides, 3: 260 ~ 264

McCloskey J, Lange D et al. 2010. The September 2009 Padang Earthquake. Nature Geoscience, 70, 71

McDougall S, Boultbee N, Hungr O et al. 2006. The Zymoetz River Landslide, British Columbia, Canada: Description and Dynamic Analysis of a Rock Slide-debris Flow. Landslides, 3: 195 ~ 204

Nadim F, Kjekstad O, Peduzzi P et al. 2006. Global Landslide and Avalanche Hotspots. Landslides, 3: 159 ~ 173

Ochiai H, Okada Y, Furuya G et al. 2004. A Fluidized Landslide on a Natural Slope by Artificial Rainfall. Landslides, 1: 211 ~ 219

OECD. 2009. Global Earthquake Model. http://www. globalquakemodel. org/system/files/GEM-Report _ 20092010-high. pdf

Okada Y, Ochiai H. 2007. Coupling Pore-water Pressure with Distinct Element Method and Steady State Strengths in Numerical Triaxial Compression Tests under Undrained Conditions. Landslides, 4: 357 ~ 369

Orwin J F, Clague J J, Gerath R F. 2004. The Cheam Rock Avalanche. Fraser Valley, British Columbia, Canada. Landslides, 1: 289 ~ 298

Perrotta A, Scarpati C, Luongo G. 2006. Volcaniclastic Resedimentation on the Northern Slope of Vesuvius as a Direct Response to Eruptive Activity. Landslides, 3: 295 ~ 301

Picarelli L, Urciuoli G, Ramondini M et al. 2005. Main Features of Mudslides in Tectonised Highly Fissured Clay Shales. Landslides, 2: 15 ~ 30

Runqiu H. 2009. Some Catastrophic Landslides since the Twentieth Century in the Southwest of China. Landslides, 6: 69 ~ 81

Sassa K. 1985. The Geotechnical Classification of Landslides. Proceedings of the 4th International Conference and Field Workshop on Landslides. 31 ~ 40

Sassa K. 1989. Geotechnical Classification of Landslides. Landslide News, 3: 21 ~ 24

Sassa K. 2004. The International Programme on Landslides (IPL). Landslides, 1: 95 ~ 99

Sassa K. 2005. Landslide Disasters Triggered by the 2004 Mid-niigata Prefecture earthquake in Japan. Landslides,

2：135～142

Sassa K, Fukuoka H, Wang G et al. 2004. Undrained Dynamic-loading Ring-shear Apparatus and Its Application to Landslide Dynamic. Landslides, 1：7～19

Sassa K, Fukuoka H, Wang F et al. 2005. Dynamic Properties of Earthquake-induced Large-scale Rapid Landslides within Past Landslide Masses. Landslides, 2：125～134

Sassa K, Tsuchiya S, Ugai K et al. 2009. Landslides：A Review of Achievements in the First 5 years（2004 － 2009）. Landslides, 6（4）：275～286

Sato H P, Hasegawa H, Fujiwara S et al. 2007. Interpretation of Landslide Distribution Triggered by the 2005 Northern Pakistan Earthquake Using SPOT 5 Imagery. Landslides, 4：113～122

Shrestha H K, Yatabe R, Bhandary N P. 2008. Groundwater Flow Modeling for Effective Implementation of Landslide Stability Enhancement Measures. Landslides, 5：281～290

Solberg I, Hansen L, Rokoengen K. 2008. Large, Prehistoric Clay Slides Revealed in Road Excavations in Buvika, Mid-Norway. Landslides, 5：291～304

Strom A L. 2004. Rock Avalanches of the Ardon River Valley at the Southern Foot of the Rocky Range, Northern Caucasus, North Osetia. Landslides, 1：237～241

Strouth A, Burk R L, Eberhardt E. 2006. The Afternoon Creek Rockslide near Newhalem, Washington. Landslides, 3：175～179

Tacher L, Bonnard C, Laloui L et al. 2005. Modelling the Behaviour of a Large Landslide with Respect to Hydrogeological and Geomechanical Parameter Heterogeneity. Landslides, 2：3～14

Take W A, Bolton M D, Wong P C P et al. 2004. Evaluation of Landslide Triggering Mechanisms in Model Fill Slopes. Landslides, 1：173～184

USGS. 2006. The U. S. Geological Survey Landslide Hazards Program 5-Year Plan 2006 － 2010. http：// landslides. usgs. gov/nlic/LHP _ 2006 _ Plan. pdf

USGS. 2006. Volcano and Earthquake Monitoring Plan for the Yellowstone Volcano Observatory, 2006 － 2015. http：//pubs. usgs. gov/sir/2006/5276/sir2006 － 5276. pdf

USGS. 2008. United States Geological Survey Earthquake Hazards Program External Research Support. http：// earthquake. usgs. gov/research/external

Vilímek V, Zapata M L, Klimeš J et al. 2005. Influence of Glacial Retreat on Natural Hazards of the Palcacocha Lake Area, Peru. Landslides, 2：107～115

Vlcko J. 2004. Extremely Slow Slope Movements Influencing the Stability of Spis Castle, UNESCO Site. Landslides, 1：67～71

Wang B, Paudel B, Li H. 2009. Retrogression Characteristics of Landslides in Fine-grained Permafrost Soils, Mackenzie Valley, Canada. Landslides, 6：121～127

Willenberg H, Eberhardt E, Loew S et al. 2009. Hazard Assessment and Runout Analysis for an Unstable Rock Slope above an Industrial Site in the Riviera Valley, Switzerland. Landslides, 6：111～119

Wooten R M, Gillon K A, Witt A C et al. 2008. Geologic, Geomorphic and Meteorological Aspects of Debris Flows Triggered by Hurricanes Frances and Ivan during September 2004 in the Southern Appalachian Mountains of Macon County, North Carolina（southeastern USA）. Landslides, 5：31～44

Yang J, Dykes A P. 2006. The Liquid Limit of Peat and Its Application to the Understanding of Irish Blanket Bog Failures. Landslides, 3：205～216

Zhang D, Wang G, Luo C et al. 2009. A Rapid Loess Flowslide Triggered by Irrigation in Chin. Landslides, 6： 55～60

7 太赫兹科学研究与应用国际发展态势分析

杨 帆 王海霞 韩 淋

（中国科学院国家科学图书馆）

太赫兹波（Terahertz，或称太赫兹辐射、T-射线、亚毫米波、远红外，简称 THz）通常指 0.1~10 太赫兹范围内的电磁辐射。太赫兹波段位于电磁波谱上由电子学向光子学过渡的特殊区域，也是宏观经典理论向微观量子理论的过渡区域。近年来，人们对利用太赫兹辐射研究化学、生物学、物理学、医学和材料科学问题的兴趣激增。同时迅速开发出各种用于太赫兹辐射研究工作的实验工具。有学者认为，21 世纪的太赫兹波研究将成为推进生物学、物理学以及其他交叉学科发展的最具潜力的研究领域之一。另一方面，过去 20 年来太赫兹技术，特别是源和检测技术已经有了长足的发展并形成现在的市场。根据对这个新兴市场的调研可知，目前，除了已经建立的天文和用于研究的太赫兹设备市场外，材料检测、安全检查等太赫兹设备的应用已经开展，并有望在未来 10 年扩大市场规模，扩展应用领域。

本章对美国、欧盟、俄罗斯、日本等国在太赫兹科学研究与应用领域的发展战略及重要计划、项目进行调研和分析，结合对该领域科学论文和专利文献的定量分析，揭示了太赫兹科学研究与应用的特点及发展趋势，并提出加强太赫兹波特性基础研究，开发不可取代的太赫兹优势技术，强化太赫兹技术知识产权保护策略，建设太赫兹数据库和搭建综合研究平台的建议。

7.1 引言

7.1.1 太赫兹波段的基本特性

20 世纪以来，电磁波理论和技术不断取得重大成就。电子学研究领域（电磁频谱的长波方向）和光学研究领域（电磁频谱的短波方向）的发展极大地促进了射频、微波以及红外相关技术的开发与应用。但是，在电磁频谱中依然存在一个研究空白区，称为电磁频谱中的"太赫兹空白"。

太赫兹波是指频率在 0.1~10 太赫（波长为 3000~30 微米）范围内的电磁波，1 太赫 = 10^{12} 赫。由图 7-1 可见，太赫兹波在长波段与毫米波（亚毫米波）相重合，而在短波段与红外线相重合，因此在电磁波频谱中占有非常特殊的位置。

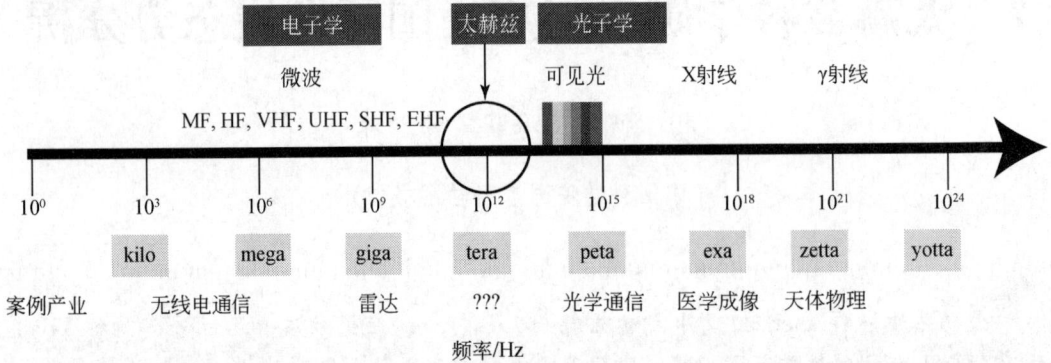

图 7-1 电磁频谱和"太赫兹空白"

与短波长电磁波相比，太赫兹波具有以下特性：

● 太赫兹辐射对于很多非极性物质（如电介质材料、塑料、纸张、衣物等，包括非极性液体）具有很强的穿透性，因此，太赫兹波可对该类物体进行透视成像，而其他电磁波对其是不透明的（无法进行探测）。太赫兹辐射可作为 X 射线成像等技术的有益补充，在安全检查或无损检测中具有广泛的应用前景。另外，由于灰尘、烟尘等悬浮颗粒物对太赫兹波的散射效应远小于红外波段的电磁波，因此，太赫兹辐射光源成为烟尘（火灾现场）/风沙（沙漠作战）环境中成像的理想光源。

● X 射线的光子能量为千电子伏，而太赫兹辐射的光子能量量级为毫电子伏，且低于化学键键能，不会产生电离辐射（破坏被检测物质），而且水分子对太赫兹辐射具有极强的吸收作用，使得太赫兹辐射不能够穿透人体皮肤（微波可穿透到人体内部），因此，在人员安全检查等应用中，太赫兹波技术将具有重要的应用价值。

● 大多数极性分子（如水分子等）对太赫兹辐射具有强吸收作用，可通过其特征光谱分析物质的组成成分，而且，许多极性大分子的振动能级和转动能级均位于太赫兹频段，因此，太赫兹光谱技术在大分子研究领域具有重要的应用价值。

● 太赫兹波段包含着丰富的光谱信息。由于分子（有机分子）的转动和振动能级跃迁，在太赫兹波段呈现出强吸收和色散的光谱特征。太赫兹波的光谱分辨特性使得太赫兹探测技术，尤其是太赫兹光谱成像技术，不仅能够识别物体的形状等外部特征，而且能够探测出物体的不同化学组成成分。太赫兹光谱技术信噪比高，而且是一种非接触测量技术，能够对半导体、电介质薄膜等材料的物理性质进行快速准确测量。

● 利用（生物）分子在太赫兹频段的特殊光谱特征可产生高对比度的成像，太赫兹成像技术比其他电磁波段的成像技术得到的图像分辨率和景深都有明显的增强，其他波段，如红外、X 射线技术等，也能够提高图像分辨率，而毫米波成像得到的图像分辨率偏低。相对于毫米波技术，太赫兹技术能够实现高分辨率成像（高一个量级）、降低光学孔径以及增加视场深度。

与长波长的电磁波（如微波）相比，太赫兹波具有以下特性：

• 由于太赫兹波具有更高频率，用做通信载体时，单位时间内可承载更多的信息；

• 由于太赫兹波的波长更短，其辐射方向性强于微波，太赫兹波在中短距离高容量无线通信中具有应用潜力，在成像应用中，其短波长性质使其具有更高的空间分辨率/更长的景深。

综上，太赫兹波的独特性质可以概括为几个方面：

（1）能量：约 50 % 的宇宙空间光子能量和大量星际分子的特征谱线在太赫兹范围。

（2）特征：大量有机分子转动和振动跃迁、半导体的子带和微带能量在太赫兹范围，可用于指纹识别和结构表征。

（3）安全性：太赫兹光子能量小，不会引起生物组织的光离化，适合于生物医学成像。

（4）穿透性：太赫兹辐射能穿透非金属和非极性材料，如纺织品、纸板、塑料、木料等包装物，能穿透烟雾和浮尘。

太赫兹波的上述特点决定了太赫兹技术在基础研究领域、工业应用领域、生物学、医学领域以及军事领域中将有着重要的应用前景。但是，太赫兹波辐射也存在一些局限性：

• 源自技术的局限性。

太赫兹波的相关技术远未达到成熟阶段，尤其在实验室技术走向实际应用方面，存在很多有待挖掘的空间。

• 源自物理性质的局限性。

由于太赫兹辐射不能穿透金属导体，因此无法对金属物体进行透视探测研究；强极性液体（如水）对太赫兹辐射具有强吸收性，太赫兹辐射无法穿透人体、对人体内部结构进行探测研究；大气的吸收效应极大地限制了太赫兹辐射在空气中的远距离传输，不过由于还存在一些对太赫兹波透明的大气窗口（如 350 微米、450 微米、735 微米、870 微米），使得太赫兹波能够在这些频率区间进行长距离传输，实现太赫兹波中短距离通信和远程探测应用。

微波、红外、拉曼和太赫兹频谱技术对不同应用领域的影响评价见表 7-1，太赫兹技术对材料研究的影响最为突出。

表 7-1   微波、红外、拉曼和太赫兹技术对不同应用领域的影响比较

应用领域	激光技术	微波技术	红外技术	拉曼技术	太赫兹技术
国防安全	高	高	高	低	一般
医学	高	低	一般	一般	低
材料研究	高	高	高	高	高
制造业	高	低	高	低	低
通信	高	高	低	低	低

7.1.2   太赫兹尖端技术突破

20 世纪 80 年代之前，由于多种科学技术原因，特别是太赫兹波源的问题未能很好解决，与微波、可见光和 X 射线等频段相比，太赫兹波段的基础研究、创新研究以及先进技术开发非常有限[①]。近 20 年来，随着高速电子学和远红外光学（包括激光）的迅速发展，超快激光器技术的实现为太赫兹技术领域研究带来了突破性进展。一些关键研究领域的太赫兹技术不断取得重要进展，例如功率更高的太赫兹源技术将产生非线性太赫兹光谱学，用于揭示更多的材料特征，如量子级联太赫兹激光器；又如灵敏度更高的接收器技术将用来研究太赫兹辐射与材料之间的相互作用，如量子结构和生物材料；等等。高功率太赫兹辐射源技术发展历程见图 7-2。

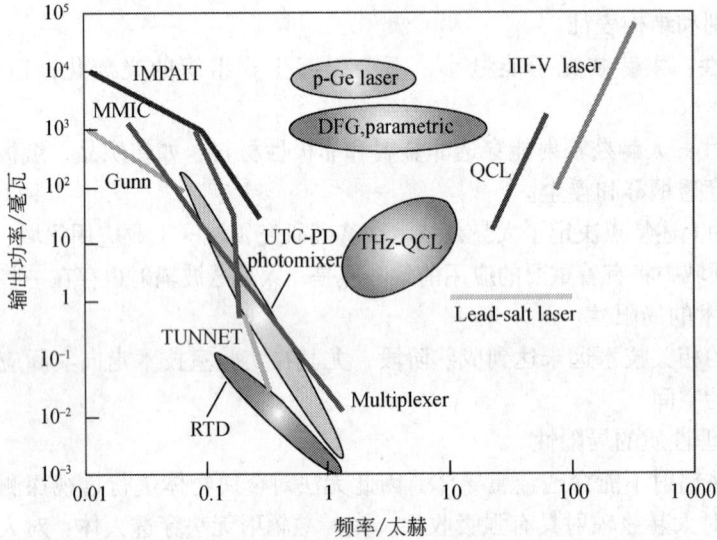

图 7-2　太赫兹辐射源与频率的关系

实线型代表传统太赫兹辐射源，IMPATT 二极管表示碰撞电离雪崩渡越时间二极管，MMIC 表示微波单片集成电路，TUNNET 表示隧道发射渡越时间二极管，复用器代表单平衡倍频器，椭圆型代表近期开发的太赫兹辐射源

7.1.3　太赫兹科学技术研究与应用进展

早期太赫兹电磁波主要用于天文光谱学研究，化学、生物和武器探测等安全领域。近年来，除亚毫米波天文学和光谱学不断取得重大进展之外，太赫兹应用、组件和仪器也取得前所未有的拓展。各国和重要国际组织、不同科学领域对太赫兹这一独特谱段第一次出现了广泛的兴趣，其应用范围呈现出多样化特征，例如可以用于生物危险检测和肿瘤识别等。世界范围内的众多研究团队已经将专用太赫兹技术用于疾病诊断、蛋白质结构状态的识别、受体结合监测、无标记 DNA 测序以及其他均匀组织的造影比对等。商业化太赫兹成像系统已在医院进行测试，并开发出组织穿透能力更强的新型高灵敏成像仪。美国国防部（DoD）、国家航空航天局（NASA）、国家科学基金会（NSF）和国立卫生研究院（NIH）等向美国政府提出发展更高级的仪器和使能太赫兹元件的建议。从美国到欧洲和

---

① http：//userpages. umbc. edu/~ schou//colloquia/? sid = 103&window = 1

亚洲，世界范围内为数众多的新的研究组如雨后春笋般涌现。

目前世界范围内成立了若干规模较大的太赫兹组织和/或太赫兹网络，这些组织的成员数从 100 人左右直至数百人。其中，4 个大型专业网站在促进国际合作方面贡献突出：

美国：太赫兹科学与技术网络①，目标是减少太赫兹辐射实验和理论研究的障碍，推动交流和技术创新，扩大太赫兹研究团体。

欧洲：TeraNova 项目②，TeraNova 是欧盟第六框架研究行动中的一项信息科学与技术综合项目，为期 48 个月。TeraNova 协会由欧洲的大公司、中小型企业、大学等 18 个成员组成，任务是开展太赫兹谱段的基础科学研究和新用途开发。

日本：太赫兹技术论坛③，论坛致力于研究和开发太赫兹波产生、检测和控制新技术及其应用。

中国：太赫兹研究与开发网络④，向海外研究者和相关专家提供中国太赫兹研究进展，介绍最新进展，实验，研究主题和新闻。

根据太赫兹科学与技术网络的流量统计，对太赫研究最感兴趣的研究者主要分布在东亚地区、欧洲和美国。

重要的太赫兹年会和期刊包括 NASA 空间太赫兹技术国际研讨会，IEEE 太赫兹电子学国际会议，SPIE 毫米和亚毫米波国际会议，MIT 磁体实验室会议以及相关期刊"红外和毫米波国际会议"，应用物理快报，空间太赫兹技术国际研讨会⑤，第 21 届国际空间太赫兹技术研讨会⑥⑦等。

2011 年 IEEE 学会将新增专题期刊："太赫兹科学与技术"（THz Science and Technology），并于 2010 年 10 月 1 日开通期刊网站⑧。根据 IEEE 的规划，将太赫兹科学、技术、仪器及应用划分为几个主题领域：

- 太赫兹在天文学、空间和环境科学中的应用。
- 太赫兹在生物和医学中的应用。
- 太赫兹在化学和光谱学中的应用。
- 太赫兹等离子体科学和仪器。
- 太赫兹雷达和通信。
- 太赫兹工业和无损检测。
- 太赫兹器件和元件。
- 太赫兹光子学。
- 太赫兹非线性光学，光源和成像。
- 太赫兹波束形成和波导结构。

---

① http://thznetwork.net
② http://www.teranova-ist.org
③ http://www.terahertzjapan.com/lang_english/index.html
④ http://www.thznetwork.org.cn
⑤ http://www.nrao.edu/meetings/ISSTT2009
⑥ http://www.physics.ox.ac.uk/stt2010/schedule.aspx
⑦ http://www.physics.ox.ac.uk/stt2010
⑧ http://www.mtt.org/publications/118-terahertz.html

● 太赫兹建模和分析技术。

7.1.4　太赫兹技术与市场评估和预测

1）太赫兹系统：技术与市场

2007 年，美国 Thintri 咨询公司对太赫兹系统的技术和市场前景进行了评估，全球太赫兹系统和技术在研究、环境和空间领域的市场份额为 504 万美元，在制药业检验领域的市场份额为 428 万美元[1]。2010 年，报告新版本推出[2]。

2）太赫兹技术，研发，商业前景和市场预测

2007 年中期，美国 Fuji Keizai 公司也进行了评估，但结果较为保守，如表 7-2 所示[3]。

表 7-2　美国 Fuji Keizai 公司对太赫兹系统市场的估计（2007）（单位：百万美元）

应用领域	2007 年	2017 年
生物医学	可忽略	20
安全和监视	13	161
通信	可忽略	50
农业和食品	可忽略	8
制造质量控制和无损检测（NDT）	15	136
环境	可忽略	10
天文学	4	8
其他	可忽略	5
所有"可忽略"项合计	1.5	n
总计	33.5	398

Fuji Keizai 与 Thintri 二者最大差异源自对安全和监控的评估。这些数字说明源于太赫兹技术的产品和服务拥有巨大市场潜力。根据 Thintri（2007）和 Fuji Keizai（2007）的市场报告，将 2007 年估计值进行合并，则 2007 年太赫兹技术市值为 1230 万~3350 万美元。

3）太赫兹辐射系统：技术与全球市场

2008 年 11 月，美国 BCC Reseach 公司发布研究报告，对 2007~2018 年全球太赫兹器件和系统（包括太赫兹成像器件、太赫兹光谱仪、其他传感器、太赫兹通信器件及计算系统）的市场信息进行了估计和预测[4]：

● 2008 年太赫兹辐射器件与系统的全球市场估计为 7720 万美元，预计这一市场到

---

[1]　Thintri. 2007. Terahertz Systems：Technology & Emerging Markets. http：//www. thintri. com/Terahertz-brochure. pdf

[2]　http：//www. thintri. com/Terahertz-report. htm

[3]　Fuji-Keizai 2007. Terahertz Technologies，R&D，Commercial Implication & Market Forecast. http：//www. research-andmarkets. com/reportinfo. asp？report_id=499232

[4]　BCC research 2008. Terahertz Radiation Systems：Technologies & Global Markets. http：//www. bccresearch. com/report/IAS029A. html

2013 年会略微下降到 6320 万美元，然后到 2018 年再增加到 5.214 亿美元，复合年增长率为 52.5 %。

• 太赫兹成像系统 2008 年的市场估计为 7180 万美元，预计到 2013 年会有所下降，但到 2018 年则会达到 2.067 亿美元，复合年增长率为 37.2 %。

• 光谱仪系统 2008 年的市场估计为 540 万美元，预计到 2013 年会增加到 770 万美元，复合年增长率为 7.4 %。

4）太赫兹成像新趋势

2008 年，著名的 Frost & Sullivan 咨询公司结合市场调查，推出技术预见报告，分析了太赫兹成像（成像系统，光谱仪，太赫兹源，太赫兹探测器，太赫兹调制平台）的专利领域概貌，并对实际的和可能的太赫兹成像市场（包括化学、材料及食品，信息和通信技术，电子学和安全，航天和国防，生物医学，制药，分析仪器）规模进行了预测①。

7.1.5 本研究的主要方法和数据来源

本研究采用定性调研与定量分析相结合的分析方法。其中，定性研究方法主要包括专题情报调研、归纳、总结等，定量分析方法主要包括文献计量分析、专利分析、统计分析等。此外，在分析过程中还使用了汤森路透（Thomson Reuters）集团开发的汤森数据分析器和 Aureka 专利分析工具。

科学研究论文检索自汤森路透的科学引文索引数据库扩展版（SCI-E），专利数据检索自德温特世界专利创新索引（Derwent Innovations Index，DII）。

7.2 主要国家和国际组织发展战略及重要计划

由于太赫兹在电磁频谱中处于非常特殊的位置，具备很多优越特性，具有非常重要的学术和应用价值，因而全世界各国都给予极大关注，美国、欧洲和日本尤为重视。

7.2.1 美国重要研究计划和项目

太赫兹技术在美国得到很大的重视和发展。目前美国有多个政府机构、大学等研究机构和民间企业等正在积极研究此项技术。从 20 世纪 90 年代中期开始，美国国家航空航天局（NASA）、美国国防部高级研究计划局（DARPA）、美国国家科学基金会（NSF）、美国能源部（DOE）、美国国立卫生研究院（NIH）以及多个重要的国家实验室等都对太赫兹科技研究进行了大规模的投入，包括常青藤大学在内有数十所大学也在开展太赫兹研究工作，并取得众多成果。

---

① Frost & Sullivan. 2008. Emerging Trendsin Terahertz Imaging. http://www.frost.com/prod/servlet/report-brochure.pag? id = D12B-01-00-00-00

7.2.1.1 DOE-NSF-NIH 联合研讨会（2004）

2004 年 2 月 12～14 日，NSF、DOE 和 NIH 在阿灵顿联合主办主题为"太赫兹科学的机遇"的研讨会，邀请物理、化学、生物学、医学和材料科学领域与太赫兹辐射相关的研究者共同探讨太赫兹领域的新的研究机遇和普遍的资源需求。主办者的职责是关注这些学科中已经和可以利用太赫兹辐射回答的基本科学问题。空间太赫兹科学的机遇在 NASA 的 10 年报告中讨论，因此没有在会议上重点讨论。研讨会不关注太赫兹辐射在工程、防卫和国家安全或关乎国家经济的商业和政府部门的广泛应用。

会议对研究领域和研究机遇进行分析；强调为了发展太赫兹科学，必须扩大从小型桌面光源直至大型加速器光源的太赫兹辐射源的应用；确定了可以促进研究推进的新型光源特征；并就太赫兹科学领域的大小、发展机遇以及资助机构的行动建议进行了讨论。

1）太赫兹科学领域新的研究机遇

电磁频谱中 0.3～20 太赫兹（波长 5 微米至 1 毫米）的区域是物理、化学、生物学、材料科学和医学的前沿领域。该区域几乎没有高质量的辐射源，但是近来这个空隙开始涌现出大量新技术。现在可以获得单周期或更短的连续波和脉冲太赫兹辐射，峰值功率高达 10 兆瓦。新型光源在许多领域形成新科学，科学家开始认识到在他们的研究领域中使用太赫兹辐射推动研究进展的新机遇。

（1）科学前沿。

太赫兹电磁辐射的基本周期是 1 皮秒，非常适于研究和控制极端重要的系统。例如，受到强激发的里德堡态原子轨道中电子的频率为太赫兹；小分子的旋转频率为太赫兹；室温下气态分子的碰撞时间约 1 皮秒；生物学中重要的蛋白质集体振动模式的频率为太赫兹；旋转和集体振动模式受损导致极性液体（如水）的吸收，其频率为太赫兹；半导体中电子及其纳米结构的共振频率为太赫兹；超导能隙位于太赫兹谱段；英特尔太赫兹晶体管中电子的速度约为 1 皮秒；气态和固态等离子体的振动频率为太赫兹；物质在温度高于 10 K 的条件下发出黑体辐射的频率为太赫兹。如果可以广泛使用太赫兹光源和太赫兹探测器，其他研究中也有无数可能。可以说，机遇是无限的。

（2）电磁过渡区。

太赫兹辐射位于传统电子学的频段上，但低于光学和红外发生器频段。由于太赫兹频段位于光子学和电子学之间的过渡区，因此为源开发带来无限可能。固态电子学、真空电子学、微波技术，超快可见激光器和近红外激光器、单模连续波近红外激光器，斯坦福直线加速器中心尺寸几英寸至几英里直线电子加速器以及新型材料综合在一起，产生了输出性能多样的各种光源。在会议报告中，根据峰值功率（最高和最低）及瞬时波长，将光源划分为四类。

（3）太赫兹实验。

利用太赫兹电磁辐射可以开展各种实验。利用设定特殊参数的太赫兹光源可以进行实验或对实验进行优化。例如，可以利用较高的平均功率和峰值功率，通过半周期脉冲激发开展实验。这种辐射只有通过一种基于大型加速器产生的亚皮秒电子束的新型光源才能够获得。一些高分辨率光谱实验将需要线宽为千赫兹而功率只有几百微瓦的连续波太赫兹光源。其他实验则要求带宽小于或等于1%，且可以利用自由电子激光器、可再生放大激光器和非线性光学材料获得的强脉冲。由于具备时间相干性以及频谱带宽非常宽的特点，太赫兹时域光谱的应用范围将继续扩大，从超导光谱到皮肤癌的皮下成像。

2）资源需求

（1）建立太赫兹研究网络。

太赫兹辐射源在物理和材料科学实验室中非常稀缺，在化学、生物学和医学实验室中几乎没有。利用太赫兹辐射开展实验的障碍非常大。不仅需要太赫兹光源，还需要合适的接收器，并需要理解许多实验细节，例如大气和普通材料的吸收特性，去哪里购买或建造极化器、镜头和波片等简单的光学元件等，此外由于衍射在太赫兹频段会发挥重要作用，因此需要深入理解电磁波的传播原理。在实验室中建造太赫兹装置在时间和金钱方面也需要巨大投入。

2004年报告认为，截至当时，由于参与太赫兹科学研究存在巨大障碍，用户团体的规模远小于可能的科学机遇。太赫兹辐射的医学应用讨论会吸引了众多听众。团体规模的不断扩大增加了支持包括用户设施在内的大型太赫兹用户网络的可能性。机会巨大，关键的问题是减少研究障碍。

太赫兹用户网络可以平衡现有的对太赫兹研究和基础设施的大量资助，扩大太赫兹研究团体的规模。研究网络将尽可能为科学团体提供太赫兹科学的机遇信息，将互相不甚了解的太赫兹研究团体组织起来，降低太赫兹研究的门槛。

太赫兹研究网络行动的具体计划包括：通过全球网络发布太赫兹科学领域的技术和机遇信息，在科学大会上主办太赫兹技术会议，由太赫兹领域的不同团体共同主办会议，对现有卓越中心的小型用户设备提供资助，为对太赫兹科学感兴趣的研究者提示最适宜的技术/合作者，鼓励关键太赫兹元件的商业化，以及提高公众对太赫兹科学和技术的认知，形成共同利益问题的研究团队，例如产生更高的峰值或脉冲整型技术。

（2）机构间的支持非常关键。

NIH、NSF和DOE都将从太赫兹科学的发展中获益，必须通力合作。太赫兹研究网络最终将提供判断可能需要何种新设备的最好和最有效的途径。如果网络建成，太赫兹领域的新用户也将很容易了解这一领域。

（3）确定共同目标。

研讨会明确列出几项共同的未解决的技术需求，并列举了其中的几项，如：峰值更高的场；覆盖10太赫（或更高）的相干宽带光源；全脉冲整型；具备上述特征且稳定性极佳的光源；容易使用元件，例如发射器和接收器，以及时域太赫兹光谱仪；近场太赫兹显微镜；非低温灵敏探测器。随着网络的建成，列表内容也将不断更新。

2004年DOE-NSF-NIH联合研讨会对美国的太赫兹科学发展产生了重要影响。在2004年麻省理工学院出版的《技术评论》期刊中，太赫兹被列为"改变未来世界的十大新技术之一"（排名第五），文章还对太赫兹技术在医疗技术上的应用进行了展望。

受2004年研讨会的影响和推动，太赫兹科学与技术网络①成立，该网络的目标是降低

① http://thznetwork.net

太赫兹辐射的实验和技术研究障碍，促进交流和技术革命，扩大太赫兹研究群体。该网络的一个重要作用是可以提供广泛的信息，包括太赫兹研究领域略图，太赫兹研究研究节点的细节描述，专家联络表，电子杂志，频谱数据库，校准数据，教育材料，交互式虚拟光谱仪，顾客指南，手册，新闻发布，成果交流中心，会议以及常见问题解答。网络的另一个作用是教育，扩大服务范围，健康和校准标准开发，以及与企业界和国际合作者之间的联系。除此之外，目前美国每年都会召开多次全国性太赫兹会议，从政府的层面对太赫兹研究给予支持。

7.2.1.2　NSF 资助项目

在建议成立美国国家科学基金会（NSF）之初，美国著名科学家范内瓦·布什称基础科学对于经济、国家安全、人民健康和福祉必不可少。太赫兹技术就是这样一门科学[①]。为了支持新技术的发展，NSF 加大了对太赫兹研究的投资，特别是化学和物理部以及两个工程部。NSF 对太赫兹研究的投资重点包括：半导体设备和检测器，材料表征与测试，太赫兹辐射和传播特性，以及光谱、传感和成像系统，相关项目突出医学和国家安全方面的应用。

上述所有领域研究的共性特征是发展每个有助于转变我们的生活、工作、思考和管理方式的概念所需要的学科之间的融合。西北大学领导的亚表面传感工程研究中心就是一个极好的案例，可以解释一个领域的进展如何用于其他领域：该中心正在开发的传感器技术可以看到物质的表面以下（below the surface），从细胞到组织直至深海。中心利用太赫兹成像作为 X 射线成像的补充，可以进行快速危险探测。

1）多用途传感和成像技术开发行动（工程部，2000）

行动主要聚焦将传感/成像技术应用于健康监测、表面和表面下监测、过程控制和传输现象以及分布式感知与控制等高风险、高回报研究。该项目得到工程部支持，重点开展可满足特殊关键用途需求或广泛用于各种可能领域的新型信息获取技术和新型传感材料的多学科研究。包括共聚焦显微镜、多光子显微镜和太赫兹成像在内的最新表面检测技术被列入研究最关注的兴趣点之一。

2）生物光学合作行动（BPIII，BPIV）（生物工程与环境系统部，2002~2003）

由 NSF 生物工程与环境系统部发起的第三轮生物光学行动围绕生物光学新概念（即用于诊断和治疗的生物医用光子学）进行高风险高回报的多学科研究。NIH 和 DARPA 参与评审，确定共同感兴趣的、可能共同资助且满足其规划和相关要求的高质量项目提议。由于研究中不包括现有技术的进展，因此行动未单独考虑太赫兹技术，但是对于其与新型使能技术的结合予以关注。

3）打击恐怖主义的手段（ACT）（数学和物理科学部以及情报系统，2004）

联合行动的目标是识别可能有助于维护国家安全的基础研究新概念，促进数理学科的发展。研究涵盖的领域包括天文学、化学、材料研究、数学科学和物理。在化学新概念部分明确指出在反恐行动中可应用的光谱分析先进技术包括更好地理解和使用

---

① http://www.nsf.gov/news/speeches/olsen/08/ko091508_infrared.jsp

太赫兹光谱，综合化学和生物试剂以及爆炸物的光谱信号，以及改进光源和探测器技术。

4）加强射频频谱的利用（EARS）（2010）[①]

项目的目的是支持提高射电频谱利用效率的交叉研究，其目标是支持可以让更多用户使用固定的射电频谱的研究。毫米波和太赫兹技术是 EARS 项目的关键研究领域之一。

5）分析化学和表面化学项目（ASC）（化学分部）[②]

受 2004 年联合研讨会的影响，分析化学和表面化学项目（化学分部）支持定向所有物质形态的表征和分析的基础化学研究，包括元素和分子成分，以及整体和表面的微观结构。该项目支持有助于发展检测科学、新型传感器和新仪器以及数据处理和集成创新方法的相关研究计划。太赫兹科技是实现上述目标的最具发展前景的路径之一。

6）通信、电路和传感系统项目（CCSS）（电子通信与信息系统部，2011 年资助提议）[③]

项目力求激励系统导向的合作、多学科和集成研究行动。CCSS 项目支持芯片内部和芯片间高速互联、新技术和先进射频技术、毫米波和光学无线及混合通信系统、以及太赫兹传感和成像的技术集成。亚毫米波/太赫兹成像和传感技术被列入项目研究计划。

7.2.1.3 NASA 空间任务及主要研究机构

NASA 以往的任务，例如宇宙背景探测者（COBE）以及普朗克（Planck）和赫歇尔（Herschel）探测器的开发，已经或即将为我们带来关于宇宙亚毫米谱段的更多信息。

1）搭载太赫兹元件的空间仪器及任务概况

2010 年，太赫兹领域研究资深专家 Peter H. Siegel 发表了题为"空间太赫兹的黄金年代"的文章，对过去 30 年利用太赫兹仪器在地球大气层之外进行独特的光谱测量所取得的巨大发展进行了评述。自从 1974 年 Cosmos 669 的历史性飞行以及 1978 年第一台配备低温冷却探测器的太赫兹望远镜在 Salyut 6 上运行以来，卫星仪器在星际空间、银河系外、行星和彗星大气圈以及地球同温层中进行了多次直接探测和外差光谱测量。17 个配备了太赫兹传感器的轨道仪器实现了其任务目标或目前正在运行中。这些太赫兹仪器由俄罗斯、日本、欧洲和美国建造，应用领域包括天体物理和宇宙学，行星科学和小型太阳系天体科学，以及地球污染、二氧化碳和气候监测（表 7-3）。作者认为，目前就空间科学和应用而言，正处于太赫兹的黄金时代。该文综述了过去、目前和未来搭载红外、毫米波和太赫兹元件的空间仪器及其科学目标。

2006 年，来自 NASA 戈达德空间飞行中心（GSFC）和加利福尼亚大学的研究者因发现宇宙微波背景辐射的黑体形式和各向异性而获得诺贝尔物理学奖。这是诺奖折桂者第二次利用宇宙微波背景辐射观测证明宇宙起源的大爆炸理论。装配有太赫兹元件的 COBE 卫星的数据信息是他们的主要证据源[④]。

---

① http：//www. nsf. gov/funding/pgm_ summ. jsp？ pims_id＝503480
② http：//www. nsf. gov/funding/pgm_ summ. jsp？ pims_id＝5677&org＝NSF&more＝Y#more
③ http：//www. nsf. gov/funding/pgm_ summ. jsp？ pims_id＝13381
④ http：//www. terahertzjapan. com/lang_ english/nobel2006/nobel2006. html

表 7-3 主要的太赫兹、毫米波和红外（及其前身）空间仪器及其应用简表

任务或仪器	发射时间	机构或国家	应用领域	频段范围	仪器描述	状态
Mariner 2	1962 年	NASA	飞跃金星	15.8～22.2 吉赫	第一个微米波探测器	完成
Cosmos 243 Cosmos 384	1968 年 1970 年	苏联	地球	3～37 吉赫	水蒸气和温度探测	完成
Nimbus 5	1972 年	NOAA	地球	22～60 吉赫	水蒸气和温度探测，冰/雪测量	完成
Cosmos 669	1974 年	苏联	地球和天体物理学	≈300 吉赫至<60 微米	第一次采用冷却和辐射热测量计的地球和空间红外测量	完成
Salyut 6	1978 年	苏联	天体物理学	≈200 吉赫至<20 微米	配备 4 K 主动冷却器和辐射热探测器的空间站望远镜	完成
IRAS	1983 年	NASA	天体物理学	8～120 微米	采用氦制冷和低温铍的天线	完成
COBE	1989 年	NASA	天体物理学	30 吉赫～3 太赫，1～240 微米	利用高分辨干涉仪和光度计进行宇宙背景和红外探测	完成
UARS-MLS	1991 年	NASA	地球	63 吉赫、183 吉赫、205 吉赫	第一个用于平流层成分离高分辨光谱测量的外差接收器	完成
SSM/T-2	1991 年	NOAA/DoD	地球	91 吉赫、150 吉赫、183 吉赫	外差水蒸气测量器	完成
ISO	1995 年	ESA	天体物理学	2～240 微米	超流体氦冷却盘法布里珀罗光度计和光电探测器	完成
SWAS	1998 年	NASA	天体物理学	490 吉赫、550 吉赫	第一个测量水、氧气和一氧化碳的亚毫米外差仪器	完成
Odin	2001 年	瑞典	天体物理学和地球	118 吉赫、490～500 吉赫、540～580 吉赫	采用 Stering 冷却剂的外差式空间和地球探测器	运行中

续表

任务或仪器	发射时间	机构或国家	应用领域	频段范围	仪器描述	状态
WMAP	2001 年	NASA	天体物理学	90 吉赫	微米级亚毫米波宇宙背景探测器	运行中
Spitzer	2003 年	NASA	天体物理学	5~140 微米	冷却式望远镜，多频带光度计和光谱仪	运行中
MIRO	2004 年	ESA	彗星	188 吉赫，560 吉赫	第一个亚毫米波行星任务，利用外差法测量水、一氧化碳、氨及甲醇	运行中（尚未交会对接）
Aura MLS	2004 年	NASA	地球	118 吉赫，180 吉赫，240 吉赫，640 吉赫，2520 吉赫	第一个太赫兹外差仪器任务，进行臭氧和气候变化探测	运行中
AKARI	2006 年	JAXA	天体物理学	1~180 微米	利用冷却剂和主动制冷器控制望远镜的温度为 6 K，进行全天空监测	运行中
Herschel	2009 年	ESA	天体物理学	480~1900 吉赫和 60~200 微米	外差接收器和直接探测接收器，冷却式望远镜，多仪器	运行中
Planck	2009 年	ESA	天体物理学	30~70 吉赫，100~850 吉赫	利用高频和低频进行宇宙背景探测	运行中
SMILES	2009 年	JAXA	地球	625~650 吉赫	第一个地球观测超导外差式系统	运行中
Vesper	2012 年后	NASA	金星	460~560 吉赫	高分辨光谱，用于监测云和风	批准项目概念
Submilli-metron	约 2015 年	俄罗斯	天体物理学	150~1500 吉赫	国际空间站项目，冷却盘，氢辐射热量计	批准项目概念
未来	2015 年后	NASA/ESA	天体物理学	毫米波段，红外波段	SAFIR，SPIRIT，SPECS，ESPRIT，STO，TIP …	项目概念提议
未来地球研究	2012 年后	NASA/ESA	地球	毫米至亚毫米	CAMEO，ACECHEM，气象干涉仪 …	项目概念提议
未来行星研究	2015 年后	NASA/ESA	行星	毫米至亚毫米	火星，土卫六，木卫二…	项目概念提议

2）重要研究机构

1992 年，NASA 空间技术大学项目通过竞争筛选最终确定支持了 8 个大学空间工程研究中心，资助期至 1995 年。密歇根大学的空间太赫兹技术中心（NASA/CSTT）是 8 个中心之一[①]。

NASA 下属喷气推进实验室（JPL）专门成立了亚毫米波先进技术（SWAT）小组[②]，致力于亚毫米波和太赫兹遥感技术的开发，并将这些技术应用于 NASA 的各项任务以及其他非空间的新领域。

无损检测（NDE）科学部[③]是 NASA 的重点科学部门之一，在 NDE 研究项目方面取得重要进展。该项目聚焦于保持 NDE 科学的基本核心，为 NASA 开发新技术，为用户提供问题解决方案。该机构与兰利研究中心（LaRC）、其他领域中心、航空航天承包商、美国工业界以及大学的科学家和工程师合作。兰利研究中心的 NDE 研究项目主要由安全与任务质量办公室和航空运输技术办公室负责，主要用于空间运行、运输系统（宇宙飞船完整性）以及亚音速超音速和超高音速航空（飞机完整性）。NASA 向美国政府强调发展航空 NDE 技术，以及将技术向其他政府、企业和大学中心转移提供国家的重要性，并举办专门的技术研讨会，以增进美国企业界对技术的了解，加快从专利向技术商业化的技术转化。目前，NASA 正在开发和利用太赫兹反射 NDE 技术，用于检测航天飞机外部隔离层泡沫材料（SOFI）中的缺陷，通过逐点扫描得到各部分的时域波形，然后分析波形的变化来判断缺陷的大小、形状、位置和种类。已见多篇相关新闻报道、研究论文和技术报告。

7.2.1.4　DARPA 研究计划

近年来，美国国防高级研究计划局（DARPA）积极推进以国防为主要目的的超高速电子学领域相关研究计划。

1）亚毫米波成像焦平面技术（SWIFT）[④] 和太赫兹成像焦平面技术（TIFT）计划[⑤]

SWIFT 的目标是验证高性能发送/接收亚孔径，以获得全天候、多种平台适用的衍射极限视频倍率的亚毫米波（340 吉赫）成像仪。TIFT 计划则致力于开发大型多单元传感接收器焦平面阵列用于探测太赫兹波段（>0.557 太赫）辐射，目标是获得便携式衍射极限视频倍率的太赫兹探测成像仪。两个计划的工作频段、应用领域和技术对比如图 7-3 所示。

2）太赫兹电子学计划[⑥⑦]

在 SWIFT 计划和 TIFT 计划取得的丰硕成果的基础上，DARPA 开展了太赫兹电子学计划，该计划的目标为开发半导体器件和集成的关键技术，实现中心运行频率超过 1 太赫的紧凑型高性能电子电路。计划所关注的两个重要太赫兹研究领域是太赫兹晶体管电子器件

---

① http：//ranier. hq. nasa. gov/sensors_ page/university/univ. html
② http：//microdevices. jpl. nasa. gov/capabilities/submillimeter- devices
③ http：//researchtech. larc. nasa. gov/branches/nondes_ eval_ sci. htm
④ http：//www. darpa. mil/mto/programs/swift/index. html
⑤ http：//www. darpa. mil/mto/programs/tift
⑥ http：//www. darpa. mil/Docs/2010PBDARPAMay2009. pdf
⑦ http：//www. darpa. mil/mto/programs/thz/index. html

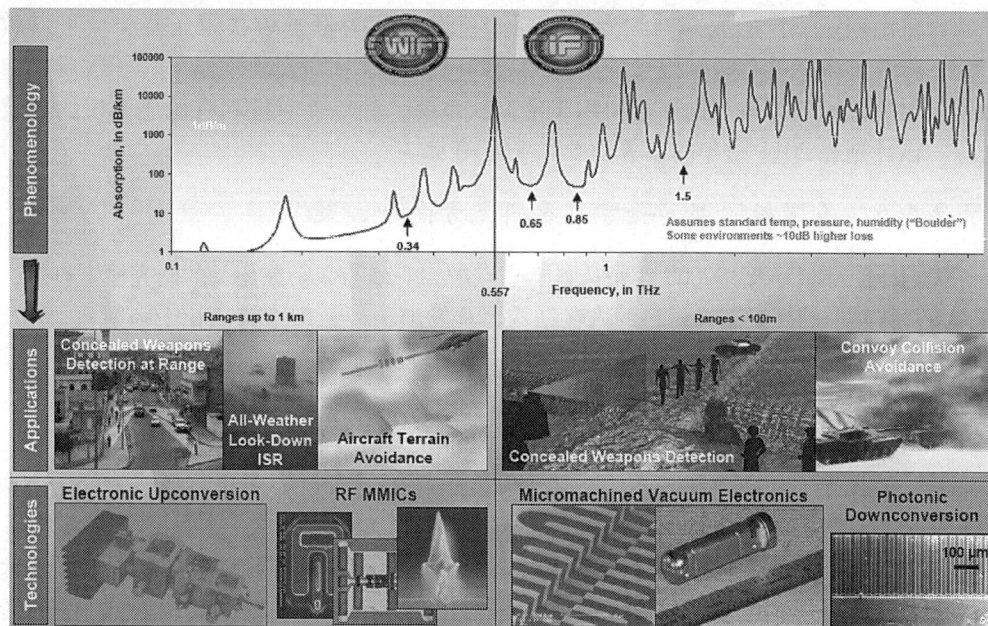

图7-3 SWIFT 计划和 TIFT 计划工作频段、应用领域和技术对比

（包括激励器、接收器和动态分配器）和紧凑型、高功率太赫兹放大器模块。计划分3个阶段实施，相应的器件中心频率分别不低于0.67太赫、0.85太赫和1.03太赫。

DARPA于2009年开始太赫兹电子学计划第一阶段的招标工作①。2009年4月，DARPA 授予科学应用国际公司一份1160万美元的合同，授予诺思罗普·格鲁曼公司电子系统分部一份890万美元的合同，用于开发并验证高功率放大模块中太赫兹信号的高功率放大技术，包括验证对太赫兹辐射进行放大的高功率放大器性能、开发紧凑的太赫兹高功率放大模块（包括天线和与固态励磁电路集成的能力）以及太赫兹计量等。同月，DARPA 授予诺思罗普·格鲁曼公司空间与任务系统分部一份3700万美元的合同，用于开发工作在670吉赫，能够传输高分辨率图像和其他应用程序的军事和空间卫星有源接收器和发射器。2009年5月，DARPA 授予特勒达因科学与成像有限公司一份1880万美元的合同，开发载波频率在670吉赫、850吉赫、1030吉赫的接收器和激励器。

在美国国防部2011财年预算②中，太赫兹电子学计划2009年取得的进展包括：开发并验证了运行频率0.67太赫的器件和电路；验证了0.67太赫时18分贝的功率放大输出。计划在2010年开发并验证运行频率0.85太赫的器件和电路，在0.85太赫下获得14分贝的功率放大输出。该计划2009财年获得1226万美元资助，2010财年获得1398万美元资助，2011财年的预算达到1772万美元。

3）太赫兹光子学计划

美国国防部2011财年预算③还提及另一太赫兹计划——太赫兹光子学计划，该计划目

---

① http：//www. defenseindustrydaily. com/DARPAs-THz-Electronics-Program-05440
② http：//www. darpa. mil/Docs/FY2011PresBudget28Jan10%20Final. pdf
③ http：//www. darpa. mil/Docs/FY2011PresBudget28Jan10%20Final. pdf

标是获得室温连续工作的太赫兹激光源，两个备选方案为量子级联激光器和量子点激光器。计划将改进激光器有源区设计或者采用新的材料体系从而实现室温下粒子数反转，产生激光激射。计划成果将有助于获得用于便携式系统，如红外对抗和有源成像仪的高效率激光源。该计划在 2011 财年的预算为 674.5 万美元。

7.2.1.5　美国能源部实验室重要研究方向和成果

在美国能源部（DOE）2008 年精选科学亮点中，一项与太赫兹相关的研究榜上有名，即利用具备特殊晶形的高温超导材料的内在结构，开发出一种新型太赫兹相干辐射[①]。DOE 科学办公室（SC）管理的多个国家实验室积极参与和开展太赫兹相关研究工作，例如：

1）阿尔贡国家实验室（ANL）

2007 年，由 ANL 主导，与土耳其和日本的研究人员合作开发出便携式"T-Ray"光源，这是一项无损太赫兹成像技术，T-Ray 可以提高机场安检和癌症监测能力[②]；ANL 开发的太赫兹和毫米波检测设备，利用太赫兹技术，通过光谱"指纹"检测恐怖分子携带的违禁品，包括爆炸物和生化试剂，甚至可以识别出化学品和爆炸物的制造工厂[③]；毫米波雷达监测系统，可以快速遥感检测低浓度的空气化学成分、气体泄漏和辐射[④]；在将毫米波和太赫兹波遥感用于国家安全方面，ANL 的工作主要包括基于同步辐射的太赫兹光源和基于超导体的太赫兹光源的开发[⑤]。

2）布鲁克黑文国家实验室（BNL）

BNL 在同步加速器和太赫兹辐射的研究和应用领域世界领先。位于 BNL 的国家同步辐射光源（NSLS）是世界著名的同步辐射光源之一，2007 年研究人员生成了超短太赫兹辐射脉冲。实验室的研究团队正致力于增强单个太赫兹脉冲的能量以拓展对于此类光的潜在用途，这也是本领域的科学家所一心向往的目标。

3）斯坦福直线加速器中心（SLAC）

SLAC 的光子科学项目主要包括：直线加速器相干光源（LCLS）、LCLS 超快科学仪器计划（LUSI）、光子超快激光科学与工程研究所（PULSE）、斯坦福材料和能源科学研究所（SIMES）的相关研究计划、斯坦福同步辐射光源（SSRL）计划[⑥⑦]。

4）橡树岭国家实验室（ORNL）

ORNL 与田纳西大学合作开展"穿墙计划"，利用太赫兹成像技术（太赫兹相机）从墙外获得墙内信息，这项穿墙技术在国家安全方面具有重要价值。

5）杰弗逊实验室（JLab）

JLab 的自由电子激光器（FEL）可以产生 100 瓦的太赫兹光，举世瞩目[⑧]。

---

① http：//www.science.energy.gov/bes/accomplishments/vignettes.html
② http：//www.anl.gov/Science_and_Technology/History/2000s.html
③ http：//www.anl.gov/techtransfer/pdf/Profile_Terahertz_facility.pdf
④ http：//www.ne.anl.gov/capabilities/sinde/factsheets/Profile_MMWave_9-16-04.pdf
⑤ http：//www.ne.anl.gov/capabilities/sinde/highlights/homeland_security.html
⑥ http：//www.slac.stanford.edu
⑦ http：//www6.slac.stanford.edu/ScientificPrograms.aspx
⑧ http：//www.jlab.org/FEL

6) 劳伦斯伯克力国家实验室（LBNL）

LBNL 加速器与核裂变研究部（AFRD）的激光光学与加速器系统综合研究（LOASIS）项目及超导磁体项目中都包括太赫兹辐射研究①。研究人员利用先进光源（ALS），从激光调制电子束中生成高能相干太赫兹辐射脉冲②③；此外还利用太赫兹辐射控制材料特性④。

7.2.1.6　其他主要部门和实验室重要研究方向和成果

美国国家安全部（DHS）2009 年公布的报告中，由爆炸物技术分部负责的先进成像算法开发被列入科技基础研究重点领域之一，太赫兹成像先进算法是其重点方向之一⑤。

海军研究实验室（NRL）的超快激光设备（ULF）目前已被用于测量用于光子学研究的有机高分子上和固态有机薄膜中的超快光物理过程。一台超快太赫兹光谱设备正在建设中，拟用于测量有机固体和液体的低频振动响应⑥。2009 年，NRL 与俄荷拉赫马州立大学合作，利用导向太赫兹波进行爆炸物分析，创造性地利用金属平行板波导（PPWG）测量固体爆炸物的震动指纹光谱⑦。NRL 还开展了多项与太赫兹光源相关的研究工作。

劳伦斯 – 利弗莫尔国家实验室（LLNL）利用太赫兹光谱成像隔离检测烈性炸药，取得重要进展⑧。美国俄克拉何马大学⑨和 RIT⑩ 等学校在太赫兹成像和波谱方面得到政府的大力支持。

7.2.2　欧盟战略投资重点领域

欧盟第六框架在"信息社会技术"（IST）、"人力资源与流动性"（MOBILITY）、"纳米技术、材料与新工艺"（NMP）等研究领域对与太赫兹相关的研究计划的资助额合计约 2364 万欧元，主要研究内容有：可在太赫兹频率下工作的半导体材料、太赫兹成像与安检系统等；在第七框架的"运输"（Transport）、"空间"（Space）、"安全"（Security）、"支持研究者的流动和事业发展"（PEOPLE）、"纳米技术、材料与新工艺"（NMP）、"前沿研究"（IDEAS）、"信息与通信技术"（ICT）等研究领域对与太赫兹相关的研究计划的资助额合计约 6348 万欧元，主要研究内容包括太赫兹光子学、太赫兹电子学、太赫兹半导体材料、太赫兹源、太赫兹量子级联激光器、太赫兹成像系统以及应用于空间任务和宽带无线通信的太赫兹接收和探测器件等。表 7-4、表 7-5 列出了获框架资助的部分计划。

---

① http：//www-afrd. lbl. gov/techxfer. html
② http：//www. lbl. gov/Science-Articles/Archive/ALS-t-rays. html
③ http：//www. als. lbl. gov/als/science/sci_archive/135terahertz. html
④ http：//www. lbl. gov/Science-Articles/Archive/MSD-material-properties. html
⑤ http：//www. dhs. gov/xabout/structure/gc_1242398969694. shtm
⑥ http：//www. nrl. navy. mil/estd/ulf. php
⑦ http：//www. nrl. navy. mil/content_images/09_Chemical_Melinger. pdf
⑧ http：//www-eng. llnl. gov/pdfs/meas_tech_explosives. pdf
⑨ http：//www. ou. edu/web. htm/
⑩ http：//www. rit. edu

表 7-4 欧盟第六框架下资助的与太赫兹相关的计划（部分）

起始年	项目名称	年限/年	所属领域	总预算/万欧元	欧盟出资/万欧元	组织国	主要研究内容
2004	用于生物技术、卫生保健、安全和过程监控的新型太赫兹传感和成像系统（TERANOVA）	4.5	IST	660	500	英国	开发运行在太赫兹领域的新型功能材料、子系统和系统
2004	用于最终定标（ultimate scaling）的外延技术（ET4US）	3.5	IST	893	373	希腊	验证可获得高质量大面积绝缘体上锗（GOI）和绝缘体上化合物半导体（CSOI）的柔性衬底；验证 Ge 基和 CS 基的高质量栅极堆栈；将新的沟道和栅极材料与 200 毫米半导体晶圆生产线整合，验证几种优选材料系统的高迁移率晶体管
2005	用于太赫兹成像探测的氧化物纳米结构（NANOTIME）	4	MOBILITY	–	93	法国	计划目标是：在热点研究领域培养养年轻科学家；建立科学的温床使计划参与者所获取的知识能长期维持；阻止人才外流
2006	用于宽带连接的集成光子毫米波功能器件（IPHOBAC）	3	IST	1 100	570	英国	利用微波光子学技术，与无线电波和光学技术相结合，开发可运行在 30～300 吉赫范围内的集成光子功能器件，用于电信系统、安全和仪器领域
2007	基于纳米技术的低成本全被动太赫兹安全检查系统（TERAEYE）	4.5	NMP	945	600	意大利	开发新型的基于太赫兹波的被动检查系统，探测有害材料。主要应用于手机场、铁路和地铁等人口密集区域的安全系统，邮包和货物中化学和生物物质的探测

资料来源：根据 http://cordis.europa.eu/fetch? CALLER=FP6_PRUJ&USR_SORT=EN_QVD 网站整理

表 7-5　欧盟第七框架下资助的与大赫兹相关的计划（部分）

起始年	项目名称	年限/年	所属领域	总预算/万欧元	欧盟出资/万欧元	组织国	主要研究内容
2008	氮化铟和富铟氮合金的高质量材料和本质特性（RAINBOW）	4	PEOPLE	478	478	法国	氮化铟是一种新型窄带隙半导体材料，除了用于开发高效太阳能电池之外，还是开发可工作在太赫兹频率下的高电子迁移率材料。该研究将了解氮化铟的层生长机制并将优化其材料特性，以确保生产出可靠的商业氮化铟器件
2008	大赫兹工程和科学的新机遇（NOTES）	5	IDEAS	154	154	英国	通过开发和利用大赫兹技术，研究量子约束电子系统的大赫兹频率/皮秒响应，从而在介观电子系统的研究中迈出一大步；开发准光导波导技术来产生太赫兹/皮秒电子脉冲（放在低温保持器中）的单周期太赫兹一系列基于太赫兹量子级联激光器的成像技术，开发一步进行干涉测量、相干成像、相干太赫兹全息摄影，最终实现高深度解析的太赫兹全息
2008	多光谱太赫兹、红外、可见光成像和光谱仪（MUTIVIS）	3	ICT	474	320	德国	开发工作在可见光、长波红外和太赫兹频段的多光谱成像传感器，所有成像功能都将集成在一块 CMOS 芯片上，并在室温下工作；利用工作在 1.5 微米波段的激光器，设计窄带室温大调谐范围的太赫兹源；将成像传感器与太赫兹元结合，构成多光谱成像和光谱仪子系统
2008	0.5 大赫兹硅锗异质结双极技术（DOTFIVE）	3	ICT	1 474	970	法国	目的是使欧洲的半导体工业在硅锗异质结双极晶体管在毫米波的应用领域建立领导地位
2008	光驱动大赫兹放大器（OPTHER）	3	ICT	410	245	意大利	开发用于放大大赫兹波的新型真空器件（QCL 与光学混频系统结合），这些器件有可能满足航天、安全、医学应用以及艺术品鉴定等不同领域的潜在应用需求

续表

起始年	项目名称	年限/年	所属领域	总预算/万欧元	欧盟出资/万欧元	组织国	主要研究内容
2008	用于对紧凑型实验室芯片进行太赫兹快速分析的超快电子学（UL-TRA）	3	ICT	441	290	荷兰	开发用于医学、生物学和化学分析的太赫兹系统，将电子学、微流控、太赫兹和3D封装技术结合，将为这一新兴市场提供低成本、可靠的高集成解决方案。计划将建立两个集成的太赫兹成像仪和光谱仪样品，使用非线性传输线（NLTLs）作为产生皮秒（太赫兹）电信号源的基本组件，用在系统的发射和接受部分
2009	集成移动安全工具箱（IMSK）	4	SECURITY	2347	1 486	瑞典	结合多种技术用于区域监控，检查站控制，核生化、辐射和高泄露爆炸物（CBRNE）探测；并支持在临时需要增强安全性的聚集地点和场所进行快速部署时，将贵宾转入移动系统进行保护
2009	利用复合增强型光谱仪进行单个或少量分子探测（SMD）	3	NMP	443	342	意大利	结合光子晶体和等离子体纳米透镜，设计和加工能产生等离子体偏振振动的新型器件。利用这些器件通过拉曼、红外和太赫兹信号探测少量（单个）分子，同时要结合原子力显微镜和光镊光谱仪，空间分辨率分别低于10纳米（拉曼和红外）、100纳米（太赫兹），获取太赫兹图像，探索该光谱范围对生物医学扫描的可能性
2009	太赫兹焦平面阵列的研究（TFPA）	5	IDEAS	90	90	荷兰	开发用于焦平面阵列的高级边带隔离混频器技术，通过研究新型超导体材料增加超导体的工作频率；开发上千像素的动力感应探测器阵列，为天文及其他太赫兹应用提供大型焦平面阵列
2010	毫米波和太赫兹光子学（MITE-PHO）	3	PEOPLE	310	310	西班牙	该计划是一个初始训练网络，将研究和优化微波和太赫兹振荡频率的CW信号产生光源。主要目标是通过基于光子振荡器概念的技术开发，产生频率范围内的低噪声信号

续表

起始年	项目名称	年限/年	所属领域	总预算/万欧元	欧盟出资/万欧元	组织国	主要研究内容
2010	太赫兹光电子学－从科学到应用（TOSCA）	5	IDEAS	249	249	英国	实现通用的紧凑型太赫兹系统，在太赫兹技术的利用方面产生重大进步。开发周期利非周期的光栅结构模式，设计太赫兹QCLs的光子特性；演示动态可调光源；开发基于QCL光源、波导和集成固态探测器的单片连续波系统与连续波太赫兹干涉仪；开发基于1.55微米飞秒激发的光导天线的光纤耦合宽带太赫兹系统；对于太赫兹QCLs的基础科学研究，将包括激光器的磁场增益测量，以探讨超晶格光电结构中非马尔可夫输运的作用
2010	近红外和太赫兹频率下的近场纳米X射线断层摄影（TERATOMO）	5	IDEAS	146	146	西班牙	核心目标是在红外和太赫兹频率范围内，开发具有纳米尺度空间分辨率的3D光谱成像方法。利用散射式扫描近场光学显微镜（s-SNOM），扫描样品表面以上的体积，利用重建方法得到样品表面以下的三维结构。这种红外和太赫兹纳米断层摄影方法也将为整个纳米科学成像中的一个新范例，近场纳米断层扫描也将提供一种潜在的全新方法，比如复杂环境性组件中的单个（生物）纳米粒子的非破坏性鉴定，以及半导体纳米线或器件中自由载流子浓度和迁移率的测量
2010	太赫兹无损检验航空复合多层结构的开发和优化（DOTNAC）	3	TRANSPORT	450	330	比利时	开发一种基于太赫兹波的安全、无接触、高分辨率无损检验工具，能够容易与工业设施相结合，监测航空复合材料的表面及深层缺陷
2010	毫米波集成二极管和放大器源（MIDAS）	3	SPACE	131	94	英国	旨在纠正欧洲与美国在亚毫米波的科学研究和商业利用中存在的技术失衡。为加工和设计先进的亚毫米波器件和光源，开发关键的肖特基二极管和模拟工具；进一步加工可产生射频级功率的太赫兹演示器

续表

起始年	项目名称	年限/年	所属领域	总预算/万欧元	欧盟出资/万欧元	组织国	主要研究内容
2010	用于未来欧洲空间任务的太赫兹异质结接收器复合器件 (TERACOMP)	3	SPACE	200	151	瑞典	发展欧洲的工业能力，基于高频肖特基二极管、异质结构势垒变容二极管和Mhemt MMICs，设计和加工用于太空的太赫兹前端电子学设备
2010	用于超宽带无线通信的亚太赫兹波集成光接收器件 (IPHOS)	3	ICT	448	310	西班牙	开发紧凑型、低功率、亚太赫兹的高数据率，用于未来的无线数据传输接收发器，短距离通信链路。第一个应用领域将要由法国THALES公司开发的在飞机飞行娱乐系统
2010	太赫兹室温集成参数源 (TREASURE)	3	ICT	231	171	法国	旨在演示一种集成的太赫兹发射器，基于AlGaAs器件的参量光学处理，将材料的强非线性与高光学限制相结合。该次赫兹源的主要优势是：室温运行，电泵浦，发射功率超过1微瓦，发射波长可定制，光谱纯净，相干探测以及二维阵列方案
2010	用于室温太赫兹发射和探测的半导体纳米器件 (ROOTHZ)	3	ICT	210	157	西班牙	目标是利用宽带隙和窄带隙半导体的特性以及新型器件构造的优势，如槽二极管和可调纳米二极管（纳米通道的对称性被破坏，也被称作自开关二极管，SSDs），制造固态发射器和大赫兹频率的探测器，二极管的加工过程只有蚀刻半导体表面的绝缘沟槽一步。独特的几何形状可提供耿氏振荡，这克服了传统系统的频率（300吉赫）限制

资料来源：根据http://cordis.europa.eulfetch? CALLER = FPT_PROJ&USR_SORT = EN_QVD 网站整理

下面重点介绍六项投资较大的研究计划。

7.2.2.1 ET4US 计划[①]

硅基 CMOS 正在迅速衰退，其最终发展很可能是应变硅（SS）晶体管。整个半导体产业都在探讨当路线图向太赫兹领域发展时，下一种材料将会是什么；但有一点很明确，那就是：目前晶体管所采用的几乎所有材料必须在未来 10 年内替换掉，所有这一切都必须在不影响工业界的发展这一至关重要的条件下进行。

主要有两类高迁移率材料有潜力作为硅的替代品，即锗（Ge）和化合物半导体（CS）。该项目的目的是发现二者中哪种是未来最好的技术平台。这就需要对所有材料和工艺重新进行深入思考，并将从以下所有技术相关层面得以解决：先进的大面积晶圆，新颖的栅极堆栈和晶体管工艺。通过严格控制流程和新颖的快速材料表征路线，将确定每种材料的主要优势和特点。

第一个技术目标是验证可获得高质量大面积绝缘体上锗（GOI）和绝缘体上化合物半导体（CSOI）的柔性衬底。将开发一种基于分子束外延的"硅基应变氧化物模板"技术生长 GOI 和 CSOI。

第二个技术目标是验证 Ge 基和 CS 基的高质量栅极堆栈。难点在于找到一系列可作为栅极电介质，并具备高迁移率沟道的合适的高 k 化合物材料。无定形或外延生长的金属栅极的开发是这个研究计划的一个重要组成部分。

第三个技术目标是将新的沟道和栅极材料与 200 毫米半导体晶圆生产线整合，验证几种优选材料系统的高迁移率晶体管。

7.2.2.2 IMSK 计划[②]

集成移动式安全套件（IMSK）项目将结合多种技术用于区域监控，检查站控制，核生化、辐射和高泄露爆炸物（CBRNE）探测；并支持在临时需要增强安全性的聚集地点和场所进行快速部署时，将贵宾转入移动系统进行保护。IMSK 可接收多种类型传感器模块的输入，无论来自原有系统或是特定场合下的新设备。

IMSK 具有采用直观符号的先进人机界面和用于训练的仿真平台，传感器数据将通过安全通信模块和数据管理模块进行整合，输出到指令和控制中心。终端用户将确定整个系统的要求，确保与既有安全系统和规程的兼容性。IMSK 将与新型传感器兼容用于威胁检测和验证，包括摄像机（可见光及红外），雷达、声学和振动，X 射线和伽马射线，CBRNE。例如，采用非侵入式太赫兹传感器对货物、车辆以及个人进行跟踪，将提高对态势的感知并无需侵扰个人。

为确保能采用合适的技术，来自几个欧盟国家的警察和反恐特工参与了相关领域的项目内容定义。利用 IMSK，即使在不对称的情况下，公民安全也将得到加强。

---

① http://www.ims.demokritos.gr/ET4US/index.htm

② http://www.imsk.eu

7.2.2.3　DotFive 计划[①]

DotFive 计划目的是在毫米波的应用领域使欧洲的半导体工业在硅锗异质结双极晶体管方面建立领导地位。详细的毫米波应用领域见表 7-6。新兴的高容量毫米波应用包括 77 吉赫汽车雷达和 60 吉赫的无线区域网（WLAN）通信系统等，据美国市场研究公司战略分析，到 2011 年，汽车的长距离防撞击预警系统市场将增加 65%。除了这些已经显现的市场之外，DotFive 技术对于硅基毫米波电路穿透来说也是一项使能技术，能使安全、医学和科学领域的成像系统得到加强。

表 7-6　毫米波应用领域

高速通信		雷达应用		毫米波太赫兹成像和传感	
无线	个人和局域网	汽车	长距离雷达 ○避碰，自动巡航控制（77 吉赫）	安全	非侵入性成像
	用户电子设备				药物和爆炸物检测
	无线回程			传感	地球遥感和气候控制
	室内通信、E 波段（71 ~ 76 吉赫、81 ~ 86 吉赫）		短距离雷达（SSR） ○预碰检测，时停时走，变道辅助（77 ~ 81 吉赫）		工业过程控制
					天文学、微波背景
	安全连接和监控			生物技术	医学成像、肿瘤识别
	空间和星间通信		路况检测		○遗传筛查
数字	高速互联	空间	能见度极差条件下的航空安全（94 吉赫）		
	数据开关				
	模拟 – 数字转换		机场地面安全（94 吉赫）		
		工业	测距		
			报警系统和运动检测		

目前最先进的硅锗异质结双极晶体管在室温下最高可实现约 300 吉赫的工作频率。通过 DotFive 计划，欧洲将超越射频半导体国际技术路线图（ITRS）所预定的指标（图 7-4）。

	2007	2008	2009	2010	2011	2012	2013
ITRS*工作峰值频率/吉赫	280**	305**	330***	350***	370***	390***	400***
DotFive 研发峰值频率/吉赫		330	400	500			500**（工作）

图 7-4　2007 年版半导体国际技术路线图

＊射频与模拟混合信号双极技术需求

＊＊制造解决方案既有及正在优化

＊＊＊制造解决方案已知

DotFive 项目的目标是在室温下工作频率达到 500 吉赫，这一指标通常被认为只有 III-V 族化合物半导体技术才能达到。在超高频下，较高的运行速度可以开辟许多新的应用

---

① http：//www.dotfive.eu

领域，可换取较低的功耗，有助于降低低频下工艺、电压和温度变化的影响，提高电路可靠性。硅锗异质结双极晶体管是高频低功耗应用的关键器件，相较于 III- V 族化合物半导体器件，其高密度和低成本的优势使它们更满足用户需求。

为了实现目标，DotFive 计划将组队进行硅基晶体管结构、器件模拟和电路设计的研究和开发工作。该项目涉及 5 个国家共 15 个来自工业界和学术界的合作伙伴。

7.2.2.4 TERAEYE 计划[①]

TERAEYE 计划的目标是：开发新型的基于太赫兹波的被动检查系统，探测有害材料。主要应用于机场、铁路和地铁等人口密集区域的安检系统，邮包和货物中化学和生物有害物质的探测。通过开发一种加工相对便宜的纳米制造二维矩阵阵列探测器的新过程，大大降低太赫兹传感器加工成本，这是 TERAEYE 计划在太赫兹方面的主要技术突破，详见图 7-5。

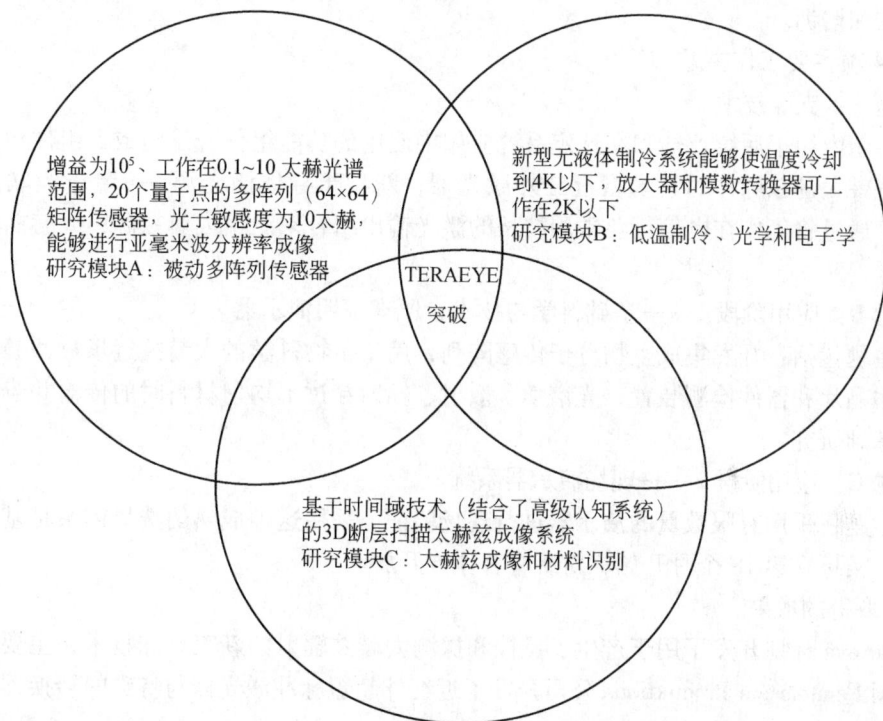

增益为 10^5、工作在 0.1~10 太赫光谱范围，20 个量子点的多阵列（64×64）矩阵传感器，光子敏感度为 10 太赫，能够进行亚毫米波分辨率成像
研究模块A：被动多阵列传感器

新型无液体制冷系统能够使温度冷却到4K以下，放大器和模数转换器可工作在2K以下
研究模块B：低温制冷、光学和电子学

TERAEYE 突破

基于时间域技术（结合了高级认知系统）的3D断层扫描太赫兹成像系统
研究模块C：太赫兹成像和材料识别

图 7-5　TERAEYE 计划的创新模块

为实现太赫兹成像在安全领域的实际应用，伦敦大学皇家霍洛威学院（RHUL）将纳米制造的半导体量子点和耦合金属单电子晶体管组成的混合结构，加工成廉价的单探测器单元。在实验室条件下，工作在亚开尔文温度下的实验装置，能够将单个的太赫兹光子转化成 1000 万个电子，验证了传感器具有异常高的增益。

TERAEYE 最终将实现：1 分钟内低虚警率探测爆炸物；探测隐藏在人体和包裹内的武器和药品，能够穿透衣服、塑料和纸张；由于只使用自然发射的太赫兹辐射，可进行人

---

① http：//www.teraeye.org

员和货物的安全检查。

7.2.2.5　TeraNova 计划[①]

1）计划的目标

开发太赫兹频率功能组件；利用这些功能组件实现技术演示器；进行基础科学研究和可行性研究，以确保识别并致力于新的应用领域；鼓励中小型企业、学术界和产业界的合作，以解决太赫兹技术发展领域中共同关心的问题；实施开发和技术感知战略，对于参与者和欧洲工业界整体均有益处；通过高端渠道传播成果，宣传欧洲在该领域的活动；对技术人员、学者、研究人员和最终用户实施高质量的培训和教育计划。

这些目标已转化为一系列基于四个主题的具体活动：支撑技术，应用阶段 1——基础科学与技术、原理证明演示器，应用阶段 2——现场演示器系统，科学的协调、审查、开发、宣传和培训。

2）4 项主要工作主题

主题 A：支撑技术。

该主题由用于后续评估和在选定系统应用中使用的功能组件开发组成。组件包括：用于产生宽带太赫兹脉冲的紧凑型近红外激光器；新型半导体激光源——量子级联激光器（QCL）；通过将工作在电信行业常用波长的激光输出组合来产生太赫兹源；太赫兹放大器和调制器。

主题 B：应用阶段 1——基础科学与技术、原理证明演示器。

该主题包括：开发集成生物分子传感阵列，用于生物科学的太赫兹近场显微镜，太赫兹半导体晶片和器件检测装置；光谱学、散射、辐射穿过不均匀材料时的传输并辨识隐藏目标等基础研究。

主题 C：应用阶段 2——现场演示器系统。

该主题将采用有限数量的演示器进行现场验证。采用这种成熟的选择体系是基于招投标程序，招标在第 18 个月开始，对所有合作方开放。

3）取得的成果

TeraNova 计划开发了用于产生、操控和探测太赫兹辐射的新工具和技术，主要成果包括：德国 Femtolasers Produktions 公司开发了近红外超短脉冲激光器与特殊的转换器系统结合，可产生宽带太赫兹脉冲；Alpes Lasers、Leeds University、University of Neuchâtel、Université Paris VII Denis Diderot、SNS Pisa 和 ETH Zurich 在量子级联激光器开发领域居于世界领先水平；作为另一项太赫兹源可选技术，Alcatel Thales IIIV Lab、Université Paris VII Denis Diderot 和 Thales R&T 开发了一种利用廉价光子元件结合室温工作量子级联激光器的连续工作太赫兹源；University Neuchatel、Université Paris VII Denis Diderot 和 Technische Universitaet Wien Photonik Institut 开发了世界上第一台太赫兹放大器。

TeraNova 也进行了大量的基础科学研究，设计并实现了大量的演示系统，主要成果包括：太赫兹技术可在一定类型的药物化合物中检测关键药物成分，并识别普通包装内的隐

---

① http://www.teranova-ist.org/project/background

藏药物样品，这可用于货物运输中的检测；在下列技术发展过程中增进了对太赫兹辐射的认识：如用于药品和爆炸物探测的太赫兹光谱起源，太赫兹辐射穿过粉末和衣物时，太赫兹散射过程的本质等；Durham 和 Leeds University 利用这一信息确定了用于不同安全检测装置和探测系统的系统需求，并开发了用于 X 射线断层扫描的太赫兹系统；Technical University of Denmark 开发了先进的太赫兹设备，可以快速判断塑料瓶或玻璃瓶中的液体是否易燃。利用该设备测量并获得极少量生物材料的太赫兹光谱，这一信息可用于非接触式太赫兹突变探测研究；Technical University of Delft 和 Technical University of Denmark 还验证了太赫兹波可在一种新型聚合物基光子晶体光纤中很好地传播，这可用于开发医用太赫兹内窥镜。

TeraNova 利用新的基础知识和开发的光学功能组件，搭建了大量演示系统。这些系统代表了太赫兹技术的重要应用，并且正在由合作者或第三方进行商业开发，组建新的公司等。TeraNova 这方面的重要计划包括：Rheinisch Westfälische Technische Hochschule Aachen 和 Universitaet Siegen 开发了一种具有高灵敏度的高通量生物芯片基因诊断系统，之后的进展包括基于可选频率面的器件和量子级联激光器芯片读取设备；Universitaet Siegen 成功演示了可用于流体环境中生物传感的流量毛细管系统；Scuola Normale Superiore Pisa 开发了基于量子级联激光器源和利用光圈选择信号采集区域的单细胞成像太赫兹系统；Technical University of Delft 开发了可从 20 微米尺寸试验样品上采集太赫兹频段光谱学信息的太赫兹显微镜系统；Femtolasers Produktions GmbH 和 Technische Universitaet Wien，以及 TeraView Limited 和 Photonik Institut 分别开发了用于半导体工业质量控制的太赫兹系统，Femtolasers Produktions GmbH 和 Technische Universitaet Wien 开发的系统在半导体晶片生产过程中利用太赫兹束进行质量控制；TeraView Limited 和 Photonik Institut 开发的系统是具有高频探针的时域反射计，可通过集成电路的塑封探测其失效机制。

4）市场开发前景

TeraNova 计划所取得的进展让太赫兹技术更趋于商业应用。从计划一开始，TeraNova 的合作方在各自领域不断寻找商业机遇并通过专利、产品和创立企业来实现。TeraNova 计划期间，形成了巨大的太赫兹商业市场，许多相关公司成立，出现了有关太赫兹技术创新的商业贸易。TeraNova 的合作者组织在太赫兹领域的开发利用管理所取得的成果包括：

（1）TeraNova 计划产生的公司，包括英国 Durham Photonics，德国 TeraTec Systems，意大利一家从 Siena Nanotech 分拆出来的公司和一家联营公司 New tera technology（Ntt）；

（2）TeraNova 计划产生的新产品，包括一系列改进款超短脉冲激光器（Femtolasers），可在不良环境中便于太赫兹脉冲产生的遥控散射控制模块 MOSAIC（Femtolasers），太赫兹量子级联激光器（Alpes Lasers）；

（3）TeraNova 计划产生的接近商业应用的产品，如用于集成电路封装缺陷探测的时域反射计，闭合循环量子级联激光器系统，用于产生吉赫波的双波长系统，正在向商业化转化的演示验证，用于质量控制的半导体晶片检测装置，多用途液体分析工具，超快激光脉冲的光纤传输，去除太赫兹图像伪影并增强信号的软件，可探测太赫兹辐射的小型廉价高敏感温差电堆；

（4）八项专利和专利应用。

5）未来预见

TeraNova 计划取得了一系列丰硕成果。

欧盟继 TeraNova 之后的相关研究开发计划包括：MUTIVIS，开发单片多光谱太赫兹、红外和可见聚焦平面阵列成像系统；OPTHER，创新性地将量子级联激光器与光混频器通过小型真空系统结合在一起；

TeraNova 计划所激励的国家研究计划包括：奥地利的安全与质量控制中的先进材料鉴定研究计划，该计划将太赫兹技术及其他技术结合，用于安检或工业非破坏性检测中的材料鉴定；英国的人工材料太赫兹频段的应用研究计划（35 万英镑）；英国的药品及爆炸物的太赫兹探测研究计划（42.8 万英镑）。

TeraNova 对太赫兹技术的未来进展进行了预见：①几乎可以确定，成像与传感领域的应用将越来越依赖于量子级联激光器技术；室温太赫兹源非常可能实现，同时，大尺寸、高分辨率宽带太赫兹源还将在适合的研究领域得到应用，但需要降低成本；TeraNova 研究团队展示了利用电信系统常用组分建造太赫兹源的可行性，并认为这一趋势将继续下去；探测系统将更加完备，尽管外差式检波对高端应用还是必不可少的，薄膜式大面积辐射探测器的出现是未来的另一选择；这些有源器件的进展结合人工材料的不断涌现，将催生新型调制器、滤波器件和成像工具；光子晶体光纤和其他方法也将确保目前在太赫兹脉冲传播上遇到的困难得以解决。②基于 TeraNova 所取得的成果，在未来 5 年，半导体质量控制和失效分析应用将持续增长；生物技术将更多地关注太赫兹技术，但近场显微镜开发方面的挑战仍很大；在量子级联激光器技术的驱动下，结合超声系统，可能重新掀起医学成像和传感研究的新热潮；安全系统，特别是采用双频运行的安全系统，将更多地运用到进出港安检中，其开发也很可能从量子级联激光器技术及混合真空管性能中获得益处；采用太赫兹技术的食品质量检测系统也将以较低成本进入商业化开发。

7.2.2.6　IPHOBAC 计划[①]

IPHOBAC 计划的主要目标是：基于量子点锁模 DBR（带有综合调节）和双模 DFB/DBR 激光器结构，开发可产生毫米波信号的高级光源；基于 UTC 和 TW 光电二极管，开发超宽带高功率光混合器；基于行波电吸收调节器（高于 110 吉赫），开发超宽带发射器；基于反射的电吸收调节器，与半导体光学放大器结合，开发专用于 60 吉赫双通信的收发器；开发一种低功率、带有集成天线的可调光毫米波光源，达到甚至超过 300 吉赫；结合毫米波光源，开发集成光学锁相环以实现高纯度毫米波信号；利用以上组件实现光子矢量调制器和演示器，在实验室环境下演示 10 吉比特/秒无线传输。

7.2.3　俄罗斯重点基础研究项目

2005 年，俄罗斯科学院主席团基础研究项目 "太赫兹电磁波"[②][③] 启动，项目截止时间为 2008 年。该项目是俄罗斯科学院主席团基础研究项目 "相对论脉冲稳态高功率电子" 的两个子项目之一，总项目的 2008 年度经费预算为 6600 万卢布。项目完成机构包括：俄

---

① http://www.ist-iphobac.org/introduction/index.asp
② http://www.ras.ru/viewnumbereddoc.aspx?id=52e0dff7-0358-48bd-9b70-defb4a3758b9&_Language=ru
③ http://www.kinetics.nsc.ru/center/public/rep05.pdf

罗斯科学院 П. Л. 卡皮茨物理问题研究所（位于莫斯科），俄罗斯科学院应用物理研究所（位于下诺夫哥罗德），俄罗斯科学院微结构物理研究所（位于下诺夫哥罗德），俄罗斯科学院无线电工程与电子学研究所（位于莫斯科），俄罗斯科学院专业仪表制造科学技术中心（位于莫斯科），俄罗斯科学院西伯利亚分院布德科尔核物理研究所（位于新西伯利亚）。项目协调员、学术委员会主席为俄罗斯科学院西伯利亚分院布德科尔核物理研究所所长、俄罗斯科学院院士 Г. Н. 库利帕诺夫。

项目背景：自由电子激光应用范围广泛，但是实际操作中，所需的设备从俄罗斯国内外的公司几乎都无法购买，必须由实验者自己来开发与利用。

项目的目的：集成俄罗斯科学院系统内的、提供各类辐射源的研究所；向俄罗斯科技界提供可行的俄罗斯太赫兹辐射源与实验技术的信息；跨学科教育；通过讨论最新的实验结果，确定新的研究可行性。

研究方向：在该项目框架下，共有 3 个主要领域的 16 个研究子项目，详见表 7-7。

表 7-7　俄罗斯科学院太赫兹电磁波项目主要研究方向

研究领域	子项目
太赫兹源	开发亚毫米波奥罗管
	开发频段为 0.3 ~ 1.0 太赫的脉冲和连续工作振动陀螺仪
	半导体激光二极管和波导中太赫兹辐射的变量产生
	通过半导体结构的倍频产生太赫兹辐射
	3 ~ 10 太赫自由电子激光器的第二阶段项目
	超宽带相干太赫兹脉冲产生的光学方法
太赫兹波段的基础研究	超导元件和工作频率达 1 太赫的集成接收机的开发与制造
	采用毫米波束气体放电（化学气相沉积（CVD）技术）高速生长多晶金刚石薄膜/片的研究与技术开发
	高灵敏测辐射热计的亚毫米波辐射计阵
	超低温标准金属反射电子加热的太赫兹超高灵敏测辐射热计的开发与研究
太赫兹辐射的应用基础开发	高灵敏度超导频谱分析仪亚毫米波射电天文学和大气研究
	开发基于自发相干辐射的高灵敏度太赫兹光谱仪
	采用超宽带相干太赫兹脉冲的太赫兹时域光谱分析技术在生态学、医学和安全问题等方面的应用
	利用高频动态核极化增强高场核磁共振的灵敏度
	自由电子激光器太赫兹辐射输出通道的设计、制造与装配
	自由电子激光器太赫兹辐射表面等离子体激元的产生及其有效折射率的测定

7.2.4　日本发展战略和主要研究机构

日本非常重视太赫兹相关领域的研究。2005 年 1 月，日本政府把太赫兹技术确立为今后 10 年内重点开发的"国家支柱技术十大重点战略目标"之首，并列入日本政府从 2006 年开始到 2010 年结束的第三期科学技术基本计划予以支持①。多家日本研究机构都在积极

---

① http：//www.most.gov.cn/gnwkjdt/200501/t20050111_18554.htm

进行太赫兹相关技术研究。

7.2.4.1 发展战略

1）太赫兹电子学发展路线图（2005～2040）

日本应用物理学会在其未来至2040年学术路线图中共列出18个应用物理未来重要发展方向，太赫兹电子学就是其中之一。在其给出的2005～2040年太赫兹电子学发展路线（图7-6）[1] 中，描绘了太赫兹电子学在2010年前后实现在超快无线通信、太赫兹成像、多晶型分析、生物医学光谱学、过程控制和射电天文学等领域的应用；2020年前后实现在环境传感与监测、太赫兹近场扫描光学显微镜等领域的应用；2025～2030年实现振幅与相位可控的太赫兹波产生、太赫兹传感器网络和基因组与蛋白质功能分析等；2035～2040年实现在位元控制、医药开发和宇宙暗物质物理起源中的应用等。

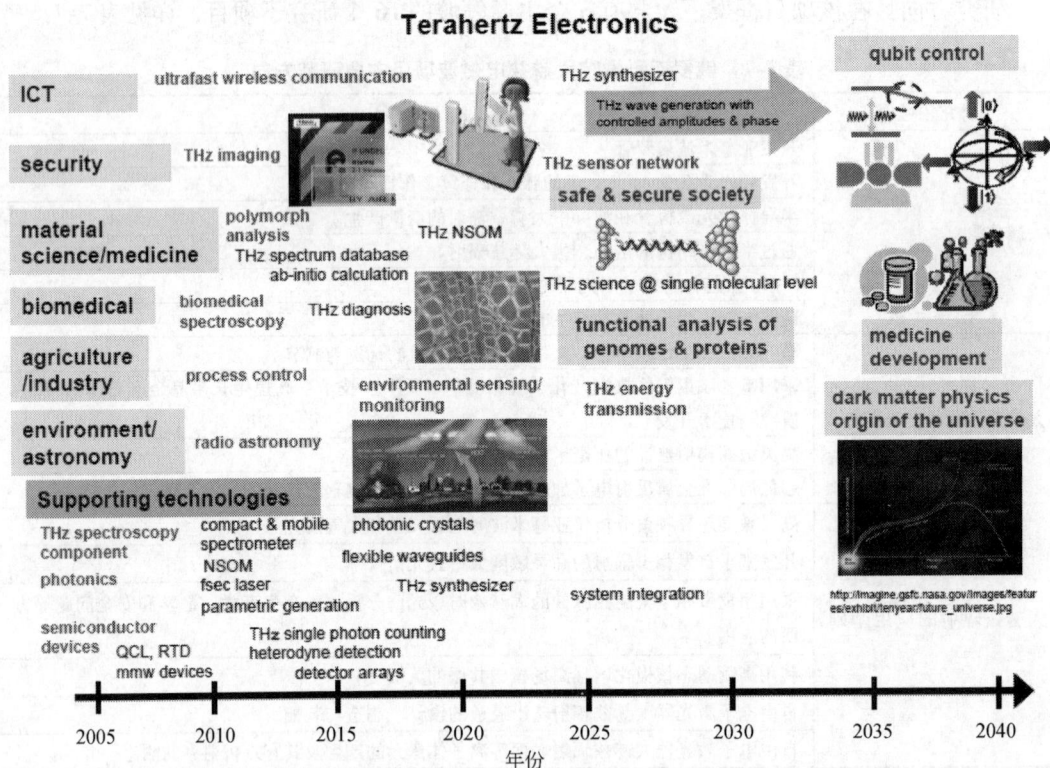

图 7-6　日本应用物理学会太赫兹电子学发展路线图（2005～2040）

2）太赫兹应用路线图（2007～2015）

2007年日本学者在《自然·光子学》杂志上发表太赫兹技术综述文章，提出太赫兹在室内外通信、安全筛查、药物检测、生物识别、食品、农业、医学、DNA、药学、半导体晶片检测、半导体大规模集成电路检测、空气污染观测等若干领域的应用路线图（2007～2015，见图7-7），论文发表后引发研究界和产业界的关注和讨论。

---

[1]　http：//www.jsap.or.jp/english/images/academic_roadmap/arm_e_03.pdf

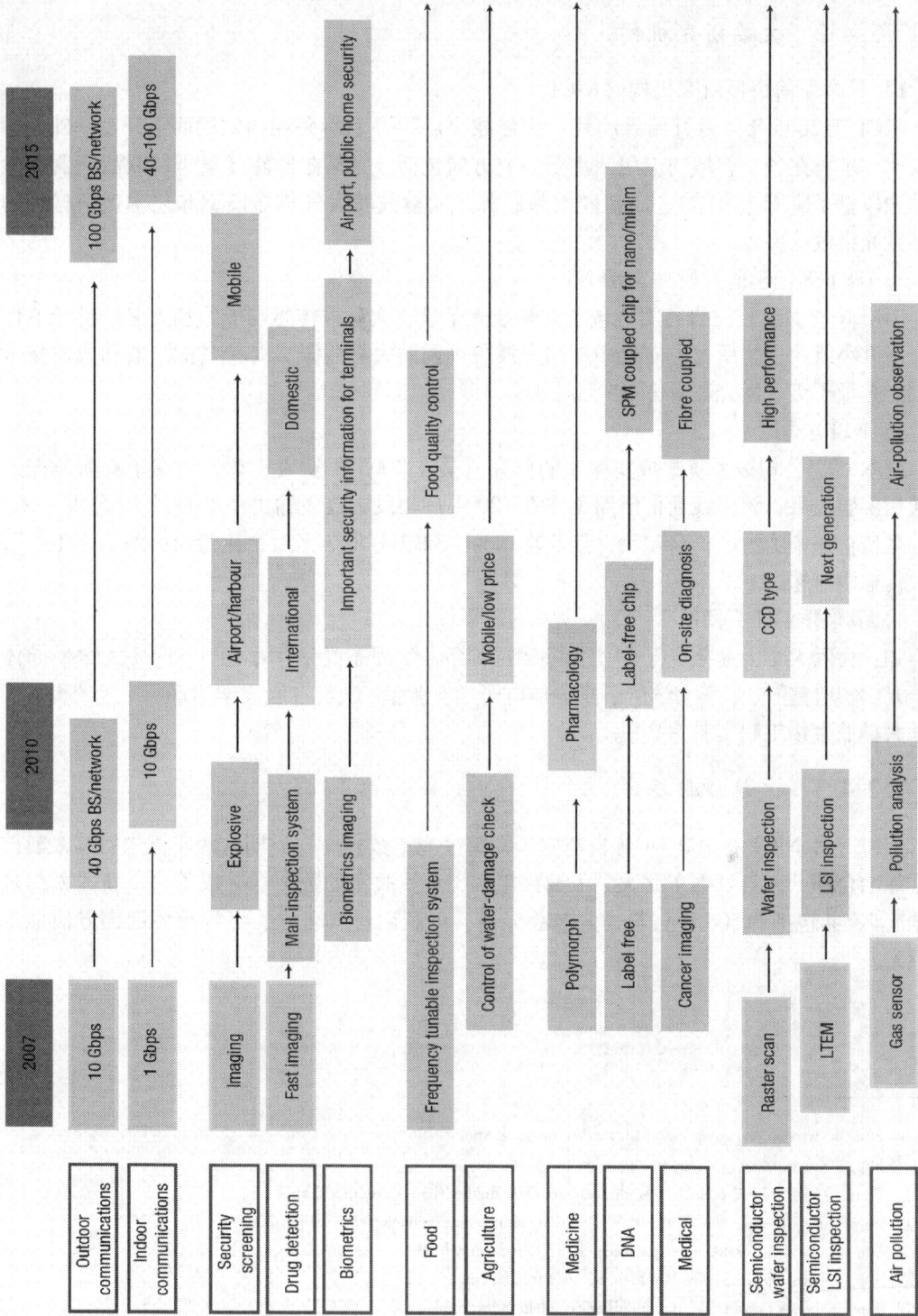

图7-7 太赫兹应用路线图（Tonouchi，2007）

7.2.4.2 主要研究机构

1）日本通信情报研究机构（NICT）

NICT 于 2006 年 4 月开始启动其"太赫兹项目"[1]，目标是在国家层面上开发基础太赫兹技术，扩大在各个领域的应用。主要研究方向包括：太赫兹器件（量子级联激光器和太赫兹频段量子阱光探测器）、高精度太赫兹源、太赫兹波大气传播模型和艺术保护材料的太赫兹光谱数据库等。

2）日本理化学研究所（RIKEN）

RIKEN 的太赫兹波研究团队包括太赫兹光子学、太赫兹传感与成像和太赫兹量子器件三个研究小组，主要研究方向集中在超宽波段可调谐太赫兹源、太赫兹探测器和成像技术及太赫兹量子级联激光器等方面[2][3]。

3）NTT 公司

日本 NTT 公司微系统集成实验室的研究人员在 2005 年发表文章，介绍了亚太赫兹无线通信实验成果，该无线通信链路工作在 120 吉赫频段，最大输出功率超过 10 分贝·米，当数据传输速率为 10 吉比特/秒，接收功率为 -32.2 分贝·米时，比特误码率小于 10^{-10}，最大传输距离超过 1 千米[4]。

4）其他重要研究团队

如：大阪大学太赫兹光子学实验室[5]、京都大学固态光谱学小组[6]、广岛大学半导体量子光学实验室[7]、东京大学量子半导体电子学实验室[8]、名古屋大学川濑研究室[9]和东北大学太赫兹生物工程实验室[10]等。

7.2.4.3 太赫兹数据库

RIKEN 和 NICT 在 2007 年各自建立了太赫兹光谱数据库，近期这两家机构将其太赫兹数据库结合部分来自日本东北大学太赫兹生物工程实验室的数据合并成了一个新的太赫兹数据库[11]，共包括约 500 种材料的太赫兹光谱，可利用材料名称、机构等关键词方便地进行检索。

---

[1] http：//www2. nict. go. jp/w/w113/thz/en/main_e. html
[2] http：//www. riken. jp/ExtremePhotonics/index_th. html
[3] http：//www. riken. jp/engn/r-world/research/lab/frontier/tera-wave/index. html
[4] Nagatsuma, T. etal, Sub-TerahertzWirelessCommunicationsTechnologies, IEEE, 2005
[5] http：//www. ile. osaka-u. ac. jp/research/THP/indexeng. html
[6] http：//www. hikari. scphys. kyoto-u. ac. jp/en/index. php
[7] http：//home. hiroshima-u. ac. jp/hikari/english/index. html
[8] http：//thz. iis. u-tokyo. ac. jp/english. html
[9] http：//www. nuee. nagoya-u. ac. jp/labs/optlab/kawase/index. html
[10] http：//www. agri. tohoku. ac. jp/thz/jp/index_e. htm
[11] http：//www. thzdb. org

7.2.5 其他国家和地区

7.2.5.1 韩国

韩国也在积极开展太赫兹的研发工作。2010 年 3 月，韩国国立首尔大学举办了韩国"THz‑Bio"专题讨论会暨太赫兹生物应用系统中心成立典礼，会议由韩国国立首尔大学物理与天文学院主任 Gun‑Sik Park 教授主持，10 多位本领域国际杰出专家特邀出席会议。该太赫兹生物研究中心由韩国 10 家有实力的科研单位以及 19 名韩国知名教授联合组成。会议中提到，该中心已为韩国太赫兹科学技术发展做了 10 年规划，每年各家组成单位都将获得数百万美元的资助[①]。

韩国浦项工业大学纳米–太赫兹光子学国家研究实验室[②]的研究工作集中在纳米光子学和太赫兹光子学两个领域，其中在太赫兹光子学领域，主要研究内容包括小型太赫兹源、太赫兹波导和太赫兹腔、太赫兹时域光谱学及太赫兹技术在生物和医药领域的应用等。

7.2.5.2 中国台湾

太赫兹在台湾称为兆赫，主要研究机构包括台湾"清华大学"物理系、台湾大学光电工程学研究所和电机工程学系以及台湾中央研究院应用科学研究中心等。

台湾"清华大学"潘犀灵教授获得国科会（NSC）V 和 W 频段无线与超宽带讯号光纤通信之关键组件及技术之研究——总计划暨子计划一：超宽带讯号载于光纤通信之基础与应用研究的资助（2009～2012），该项目团队由来自台湾"中央大学"、台湾"清华大学"和台湾交通大学的研究小组组成，探讨在 W 频段及更高频段（＞100 吉赫）的超宽带突波无线——光纤通信的若干重要问题[③]。

台湾大学超快光电实验室重点在极高频光通信与光侦测器、微型兆赫波辐射器、兆赫波光纤系统、兆赫波生物感测及生物芯片和兆赫波生物影像等领域开展研究[④]。

台湾联华电子[⑤]采用 0.13 微米 RMCMOS 工艺技术，制造出振荡频率为 0.192 太赫兹的双推式电压控制振荡器，创下 2009 年度硅芯片最高振荡频率纪录，目前正在采用新工艺向高频进发。

7.2.5.3 新加坡

新加坡在太赫兹领域的主要研究机构包括新加坡科技研究局（A＊STAR）下的多个研究所、新加坡国立大学、南洋理工大学等。

新加坡科技研究局于 2010 年 3 月公布了其与日本科学技术厅在战略国际计划（SICP）

---

① http：//www.thznetwork.org.cn/shownews.asp？id=411
② http：//www.postech.ac.kr/ee/ntp
③ http：//www.phys.nthu.edu.tw/c_teacher/clpan.html
④ http：//ufo.ee.ntu.edu.tw/project-3.html
⑤ http：//www.umc.com/chinese

框架下共同资助的三项合作项目①，三个项目的支持额度总计达到 200 万美元，其中一项为"极化太赫兹频域光谱系统研究"，首席科学家分别来自新加坡科技研究局的资讯与通信研究院和日本理化学研究所的先进科学研究所（ASI）。

新加坡太赫兹研究网站②是新加坡数个太赫兹研究机构对其太赫兹研究项目介绍及研究活动展示的资讯平台，简要介绍了新加坡科学与工程研究理事会（SERC）、新加坡生物成像联盟实验室（SBIC）、新加坡国立大学和南洋理工大学在太赫兹研究方面的项目情况。

7.2.5.4 澳大利亚

澳大利亚阿德雷德大学电气与电子学工程学院太赫兹研究小组③的太赫兹研究工作始于 1997 年。在 1999 年，获得澳大利亚研究理事会（ARC）重大资助，开发了澳大利亚第一个太赫兹成像程序。2005 年，获得 ARC 重要基础设施资助，开发了世界第一个激光太赫兹用户设施（The Adelaide T-ray Facility）④。该研究小组目前在太赫兹领域的主要研究方向是生物传感、安全和短程通信等。

7.2.5.5 德国–俄罗斯太赫兹研究中心⑤

德国–俄罗斯太赫兹研究和技术中心位于德国雷根斯堡大学应用与实验物理研究所，受德国联邦教育研究部（BMBF）资助建立，俄罗斯的 Ioffe 研究所、圣彼得堡工业大学和罗蒙诺索夫大学参与合作⑥。

该中心的科学目标⑦是：研究太赫兹在材料科学中的应用，开发太赫兹源、探测器、器件和技术，以及在自旋电子学、非线性光学和光电子学领域的基础研究；深入研究太赫兹波与生物组织相互作用的物理机制，比如在医学、安全和通信领域的应用；利用太赫兹波对化学和生物材料进行鉴定。

7.3 太赫兹研究论文的科学计量分析

7.3.1 数据来源与分析工具

7.3.1.1 数据来源

本研究的分析数据来源于 ISI Web of Science-Science Citation Index Expanded（SCI-E）

---

① http：//www.a-star.edu.sg/Portals/0/media/Press% 20Release/ASTAR- JST% 20SICP% 20Inaugural% 20Grant% 20Call_FINAL.pdf

② http：//thz-program-singapore.i2r.a-star.edu.sg

③ http：//www.eleceng.adelaide.edu.au/groups/thz

④ http：//www.eleceng.adelaide.edu.au/groups/thz/article/ARC_annual_report_2005.pdf

⑤ http：//www.terahertzcenter.de

⑥ http：//www.research-in-germany.de/39450/university-of-regensburg-german-russian-centre-for-terahertz.html

⑦ http：//www.physik.uni-regensburg.de/TerZ

数据库。利用关键词 TS =（terahertz or THz or T-ray *）进行检索，检索日期为 2010 年 12 月 14 日。

7.3.1.2 分析方法

利用汤森路透集团开发的数据分析器（TDA），对论文数据进行统计分析。

7.3.2 太赫兹研究论文的总体分析

7.3.2.1 论文数量的变化趋势与增长速度

1970～2010 年世界范围内发表的太赫兹研究相关论文总数为 15 566 篇，其中期刊论文 8478 篇，会议论文 6667 篇，评述 206 篇，会议摘要 91 篇，编辑材料 85 篇，快报 39 篇。论文数量年均增长率为 17.6%。

论文数量取对数，然后与论文发表时间作图，得到一条近似的直线，经过线性拟合得到二者的数学关系为：log（论文数量）= 0.0906 × 年份 − 178.65，R^2 = 0.944，拟合效果良好，证明 1970～2010 年太赫兹研究相关论文数量呈指数增长。

观察论文数量增长趋势（图 7-8、图 7-9），类似于 Logistic 生长曲线[①]的萌芽期和快速增长期第一阶段。采用 Logistic 曲线方程对 1970～2009 年数据（由于数据库的时延，2010 年数据不完整，故不参与计算）进行拟合，参数计算结果见表 7-8，得到论文数量渐增期（1970～2003），快增期（2004～2015），缓增期（2016～∞）。结合图 7-8，从 1970 年开始至 2003 年为太赫兹科技领域论文渐增期。其中，1970～1990 年每年发表的论文数多数仅为个位数，年均增幅为 1 篇/年；1991 年论文数陡然突破 100 篇，以后整体稳定增加，至 2003 年论文数量年均增幅为 49.2 篇/年；2004 年论文数量突破 1000 篇，成为论文发表时间的重要分水岭，其后论文数量高速增长，进入快增期，至 2009 年论文数量年均增幅

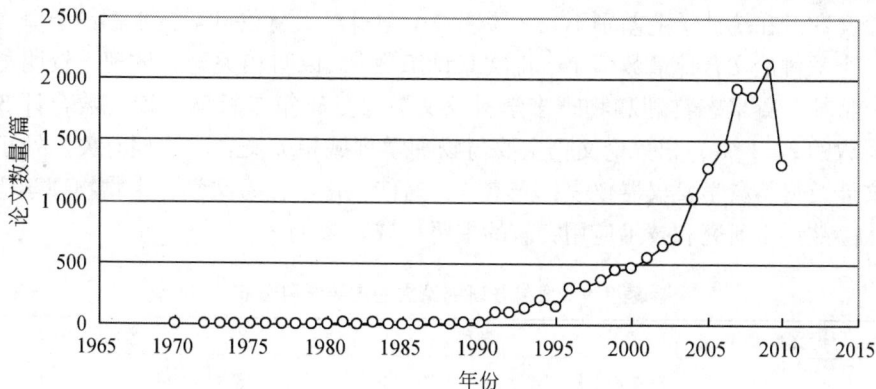

图 7-8 1970～2010 年世界太赫兹研究论文数的变化趋势

---

① Logistic 曲线实质上是一个累积增长或生长曲线，略呈拉长的"S"形，可用于描绘文献量或词汇的增长。其公式表达形式为：$y = K/(1 + ae^{-bt})$，Logistic 曲线增长关键点分别为：$t_1 = (\ln a - 1.317)/b$，$t_2 = \ln a/b$，$t_3 = (\ln a + 1.317)/b$

为 216.6 篇/年；根据 Logistic 方程模拟结果，这种快速增长预计可持续至 2015 年，然后论文增速将明显放缓。

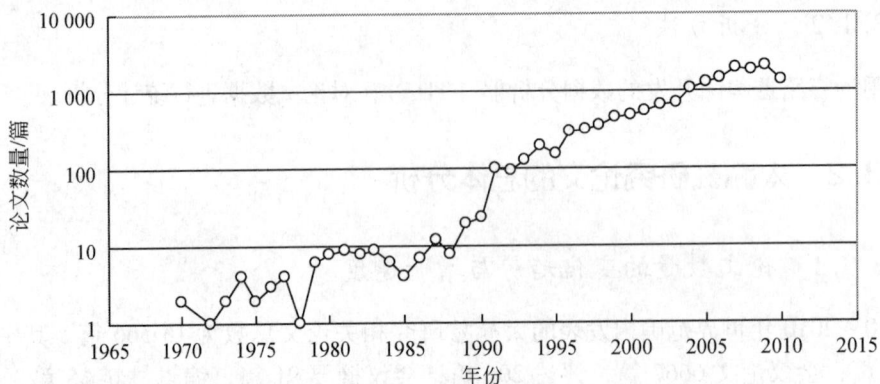

图 7-9 1970~2010 年世界太赫兹研究论文数（对数坐标）的变化趋势

表 7-8 Logistic 曲线方程拟合参数及关键时间点

参数	K	a	b	t_1	t_2	t_3
计算值	4 328.08	8 109.42	0.23	33.25	38.95	44.65

7.3.2.2 论文的学科分布

从学科领域的角度看，1991~2010 年太赫兹科技相关论文涉及 126 个学科，表 7-9 中列出论文数量大于 100 篇的学科及其论文数。论文数量最多的前 20 个学科论文数合计 14 589 篇，占 1991~2010 年论文总数（15 428 篇）的 94.6%。应用物理，光学，电气与电子工程领域文章数量最多，构成第一梯队，论文数量合计 10 548 篇，占论文总数的 68.4%。论文集中在这三个学科与太赫兹波段处于光学和电子学的过渡区间直接相关，三个学科论文数量在统计学上差别不大，说明三个学科对太赫兹科学技术都给予非常高的关注；且三个学科论文合计篇数远小于论文累计篇数①，说明相关论文体现出较明显的学科交叉研究特征。凝聚态物理和物理多学科论文数量处于第二梯队，论文数合计 3107 篇，占论文总数的 20.1%，相关论文仍主要与物理学领域相关概念、原理有关。处于第三梯队的论文涉及材料科学，仪器仪表，光谱学，通信，化学，天文学，生物物理学等，可能反映出太赫兹科学研究和技术应用突破的主要领域。

表 7-9 太赫兹研究论文的主要学科分布

排名	论文数量/篇	学科	学科（中文）
1	5 374	Physics, Applied	应用物理
2	4 797	Optics	光学
3	4 390	Engineering, Electrical & Electronic	电气与电子工程

---

① 本章中不同学科论文数合计是指涉及相关学科的论文总数，不同学科论文数累计是指相关学科论文数的数学加和，因一篇论文可能同时涉及多个学科，因此不同学科论文数合计小于或等于不同学科论文数累计

排名	论文数量/篇	学科	学科（中文）
4	1 876	Physics, Condensed Matter	凝聚态物理
5	1 232	Physics, Multidisciplinary	物理多学科
6	665	Materials Science, Multidisciplinary	材料科学多学科
7	627	Instruments & Instrumentation	仪器仪表
8	624	Physics, Atomic, Molecular & Chemical	原子、分子和化学物理
9	495	Spectroscopy	光谱学
10	471	Chemistry, Physical	物理化学
11	416	Telecommunications	通信
12	392	Nanoscience & Nanotechnology	纳米科技
13	229	Chemistry, Multidisciplinary	化学多学科
14	165	Physics, Particles & Fields	粒子与场物理
15	145	Astronomy & Astrophysics	天文学与天体物理学
16	139	Multidisciplinary Sciences	多学科科学
16	139	Physics, Fluids & Plasmas	流体物理和等离子体物理
18	113	Nuclear Science & Technology	核科学和技术
19	104	Biophysics	生物物理学
20	102	Physics, Mathematical	数学物理学

7.3.2.3　涉及的主要研究主题

分析 1991～2010 年太赫兹科学论文涉及的 100 个高频关键词[①]表明，太赫兹研究主题主要涉及三个方面：基础科学研究、技术研究（主要是单向技术）和应用研究。

（1）在机制研究方面，最重要、也是研究最多的是太赫兹辐射的机制，这直接关系到太赫兹信号产生技术的发展。相关研究可以归为三类，即基于光子学的太赫兹辐射机制、基于电子学的太赫兹辐射机制、基于光子学和电子学相结合的太赫兹辐射机制，主要研究主题包括非线性光学、硅半导体、输运和跃迁等。太赫兹基础科学研究的另外两个热点分别是太赫兹波的传播、反射与散射特性，以及太赫兹波与超晶格、等离子体、超常材料、超导超晶格等介质的相互作用特性与机制研究。

（2）在太赫兹技术研究方面，主要研究主题包括太赫兹信号源技术、太赫兹信号的检测技术、太赫兹建模和分析技术。

（3）在应用研究方面，依托于现有技术状态应用相对较广的领域是太赫兹检测与成像系统，具体案例包括太赫兹的谱分析与检测、太赫兹安检与成像探测、材料的无损检测等，主要研究主题包括太赫兹光谱、太赫兹时域光谱、显微镜、X 射线断层摄影术、太赫兹激光光谱、爆炸物检测等；另一个重要的应用研究主题是太赫兹器件。

---

① 在作者提供的关键词（author's keywords）和数据库增补的关键词（keywords plus）中出现频率居于前 167 位的关键词，频率大于或等于 61

表 7-10　太赫兹科学论文的主要研究主题

			laser	激光器
基础科学研究	太赫兹辐射机制	基于光子学的太赫兹辐射机制	Light	光
			nonlinear optics	非线性光学
			far-infrared	红外
			optical properties	光学性能
			phonons	声子
			laser-pulses	激光脉冲
			photoconductivity	光电导性
		基于电子学的太赫兹辐射机制	semiconductor	半导体
			quantum well	量子阱
			silicon	硅
			semiconductor surfaces	半导体表面
			GaP	磷化镓
			field-effect transistors	场效应晶体管
			magentic-field	磁场
			electric-field	电场
			electrons	电子
			electromagnetic puleses	电磁脉冲
		基于光子学和电子学相结合的太赫兹辐射机制	transport	输运
			transition	跃迁
			relaxation	弛豫
			excitation	激发
			oscillations	振荡
			oscillator	振荡器
			Bloch oscillations	布洛赫振荡
			excitons	激子
			2nd-harmonic generation	二次谐波生成
			electroluminescence	场致发光
	太赫兹波的传播、反射与散射特性		scattering	散射
			modes	模
			propagation	传输
			absorption	吸收
			transmission	传输
			beam	波束
			resonance	共振
			dispersion	色散

基础科学研究	太赫兹波的传播、反射与散射特性	coherent	相干
		polarization	极化
		Raman-scattering	拉曼散射
		extraordinary optical-transmission	光学异常透射
		refraction	折射
		diffraction	衍射
		wave-guides	波导
		gain	增益
		gratings	光栅
	太赫兹波与物质相互作用特性与机制	superlattices	超晶格
		plasma	等离子体
		metamaterials	超常材料
		semiconductor superlattice	超导超晶格
		photonic crystals	光子晶体
		Media	介质
		films	膜
		thin films	薄膜
		conductivity	传导率
		molecules	分子
		refractive index	折射率
		ionization	离子化
技术研究	太赫兹信号产生技术（太赫兹信号源技术）	terahertz（wave）generation	太赫兹（波）生成
		terahertz pulses	太赫兹脉冲
		GaAs	砷化镓
		optical rectification	光学校正
		crystals	晶体
		antennas	天线
		quantum-cascade lasers	量子级联激光器
		diode	二极管
		Power	能量
		InAs	砷化铟
		single-crystals	单晶
		free-electron laser	自由电子激光器
		femtosecond laser	飞秒激光器
	太赫兹信号的检测技术	temperature-grown GaAs	低温生长砷化镓
		terahertz detector	太赫兹探测器

技术研究	太赫兹信号的检测技术	SIS mixer	超导隧道节混频器
		noise	噪声
		heterostructures	异质结构
		temperature-dependence	温度依赖
		LiNbO$_3$	铌酸锂
		poled lithium-niobate	极化铌酸锂
		III-V semiconductors	III-V 族半导体
		superconductors	超导体
	太赫兹建模和分析技术	dynamics	动力学
		model	模型
		simulation	模拟
		molecular-dynamics simulation	分子动力学模拟
应用研究	太赫兹检测/成像技术与系统	terahertz spectroscopy	太赫兹光谱
		Time-Domain spectroscopy	时域光谱
		terahertz imaging	太赫兹成像
		spectra	频谱
		microscopy	显微镜
		tomography	X 射线断层摄影术
		terahertz laser spectroscopy	太赫兹激光光谱
		resolution	分辨率
		near-field	近场
		Water	水
		DNA	DNA
		AIR	空气
		explosives	爆炸物
		gas	气体
		liquid water	液体水
	太赫兹器件	Devices	器件

　　基于表 7-10 中 100 个高频关键词的分类结果，1991～2010 年侧重基础科学研究、技术研究和应用研究的论文数量分别占论文总数的 52.2%、34.8% 和 24.6%[①]。

　　1991～2010 年太赫兹科技相关论文中新出现的重要主题词见表 7-11。特别值得关注的主题词包括高速光学技术（2008）、低温生长砷化镓（2004）、量子阱激光器（1999）、镓砷/铝镓砷量子阱（1997）等。

---

① 因一篇论文可能同时关注基础研究、技术开发或术应用，因此科学、技术和应用研究领域论文数站论文总数的百分比累计大于100%

表 7-11 1991~2010 年太赫兹研究论文新出现的主题词

年份	新出现的主题词
2010	亚毫米工业科学医疗频段、工业科学医疗频段结构、含水酒精
2009	太赫兹波谱、时间分辨光谱、本征值和本征方程
2008	高速光学技术、亚毫米波谱、亚毫米波激光器
2007	振幅、超透镜、脱水、干涉滤光片
2006	亚太赫兹表面波、药品、二氧化钛、阵列堆
2005	碱基
2004	孔阵列、介质光谱、低温生长砷化镓、相干渡越辐射、微分电导
2003	子带间电致发光、互动式语音应答、氧化铝、能级、晶体结构、反射几何学、内旋
2002	内部跃迁、激子结合能、缺陷
2001	氮化镓、微波陶瓷、复合、惯性约束聚变
2000	实验室方法、索菲亚空间天文台、工业科学医疗频段、分子学
1999	激子极化激元、太赫兹全光解复用器、电光取样、相干声子、频率测量、电子回旋共振、量子阱激光器、反射光谱、差频、不稳定性
1998	太赫兹激光光谱学、单片光栅耦合器、无定形固体、旋转隧道光谱
1997	AB-INITIO 研究、波分复用、水分子团簇、光学频率转换、镓砷/铝镓砷量子阱、光导天线、高转变温度超导体
1996	频率转换、光响应、半导体光放大器
1995	逆温层、锂-铜、电光晶体、相干控制、远红外辐射、锑化铝镓、传导、稳恒光电导、准粒子散射、特殊点
1994	电荷振荡、亚皮秒增益机制、金属、半导体超晶格
1993	半导体、波导、铌酸锂、模式、反馈、光放大器、陀螺仪、准晶、半导体激光器、模拟、非弹性中子散射
1992	温度依赖性、毫米波、锁相
1991	太赫兹脉冲、电导、晶体

7.3.3 重要国家/地区太赫兹研究论文分析

7.3.3.1 论文产出及年度变化趋势

1）重要国家/地区的论文总量

1991~2010 年太赫兹研究论文发表数量最多的前 10 个国家/地区依次是美国、日本、德国、英国、中国、俄罗斯、法国、加拿大、韩国和意大利。其中美国的发文量最多，达 4768 篇，占世界太赫兹相关论文总量的 30.9%；其次为日本和德国，分别占世界太赫兹相关论文总量的 15.8% 和 13.7%。中国发文量居于世界第 5 位，共计 1311 篇，占世界太赫兹研究论文总量的 8.5%（图 7-10）。

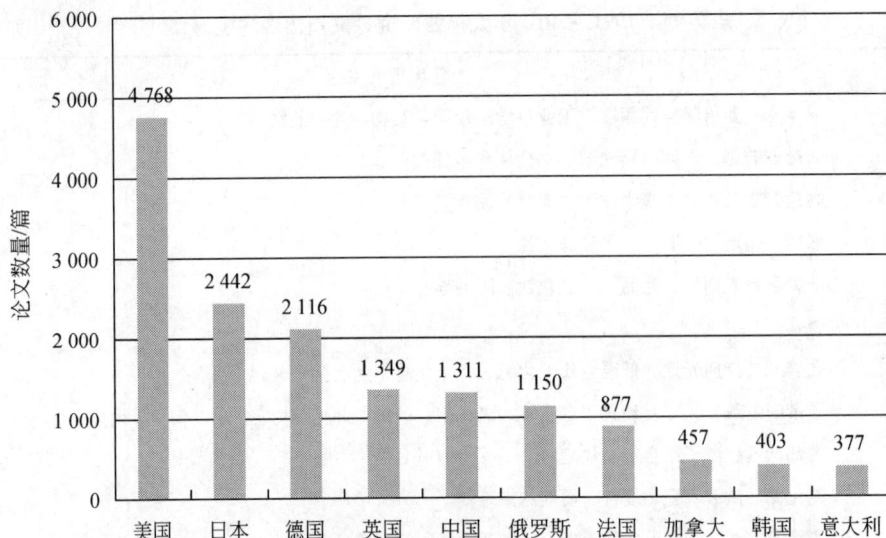

图 7-10　太赫兹研究论文发表数量最多的前 10 个国家

2）重要国家/地区论文量的年度变化趋势

表 7-12 对比了 1991~2003 年和 2004~2010 年两个时间段太赫兹研究论文数排名前 10 位的国家及其占世界同期太赫兹研究论文总量的比例。从中可以看出，美国始终遥遥领先于其他各国；日本和德国的论文数量次之；中国的排名提升明显，从世界第 9 位升至第 4 位；韩国是另一提升较为显著的国家，从世界第 13 位（占 1991~2003 年世界太赫兹研究论文总量的 1.4%）一举升至第 9 位（3.1%）；荷兰在 2004~2010 年这一时间区间淡出前 10 位。

表 7-12　在两个时间区间太赫兹研究论文数量排名前 10 位的国家变化

1991~2003 年				2004~2010 年			
排名	国家	论文数/篇	比例/%	排名	国家	论文数/篇	比例/%
1	美国	1 722	38.8	1	美国	3 046	27.7
2	日本	697	15.7	2	日本	1 745	15.9
2	德国	697	15.7	3	德国	1 419	12.9
4	英国	367	8.3	4	中国	1 203	11.0
5	俄罗斯	326	7.3	5	英国	982	8.9
6	法国	244	5.5	6	俄罗斯	824	7.5
7	荷兰	115	2.6	7	法国	633	5.8
8	意大利	113	2.5	8	加拿大	359	3.3
9	中国	108	2.4	9	韩国	343	3.1
10	加拿大	98	2.2	10	意大利	264	2.4

注：因论文按全部作者统计，一篇论文可能同属于多个国家，所以各国论文数占世界同期论文总数的比例累计大于 100%

图 7-11 显示了重要国家 1991~2010 年太赫兹研究论文发表数量的年度变化。可以看出，美国、德国、英国、日本、俄罗斯和法国在太赫兹领域的研究起步较早。2007~2010 年，各

重要国家/地区在太赫兹领域的研究均呈现出非常活跃的发展态势，特别是中国和韩国在此期间的发文量占各自1991～2010年发文总量的69.5%和67.3%，增幅明显。

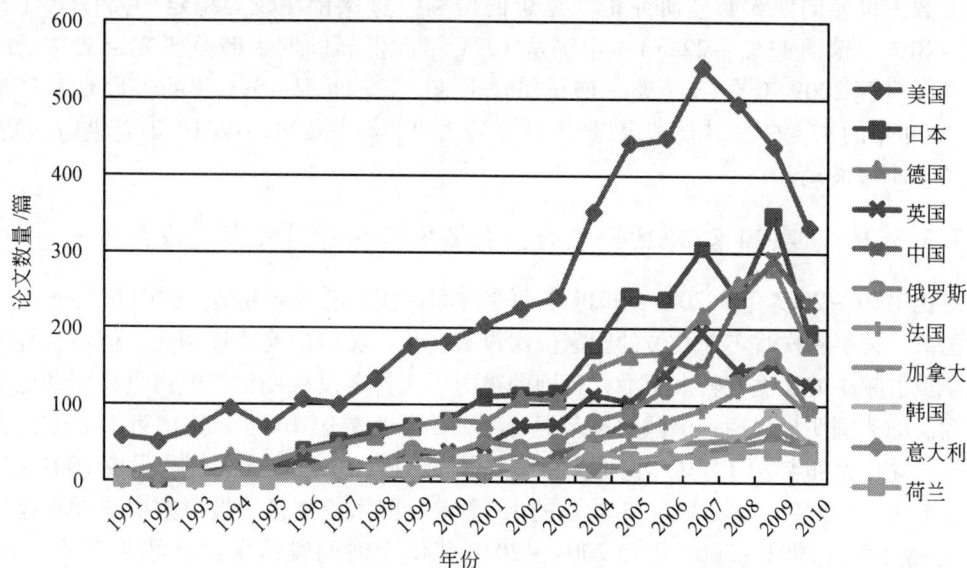

图7-11　1991～2010年重要国家太赫兹研究论文数量的年度变化趋势（后附彩图）

7.3.3.2　重要国家/地区的论文产出对世界的贡献

1991～2010年太赫兹研究论文发表量排名前10位的国家年论文数量占同期世界论文总量的比例变化如图7-12所示。美国论文数量占世界论文总量的比例，尽管整体上

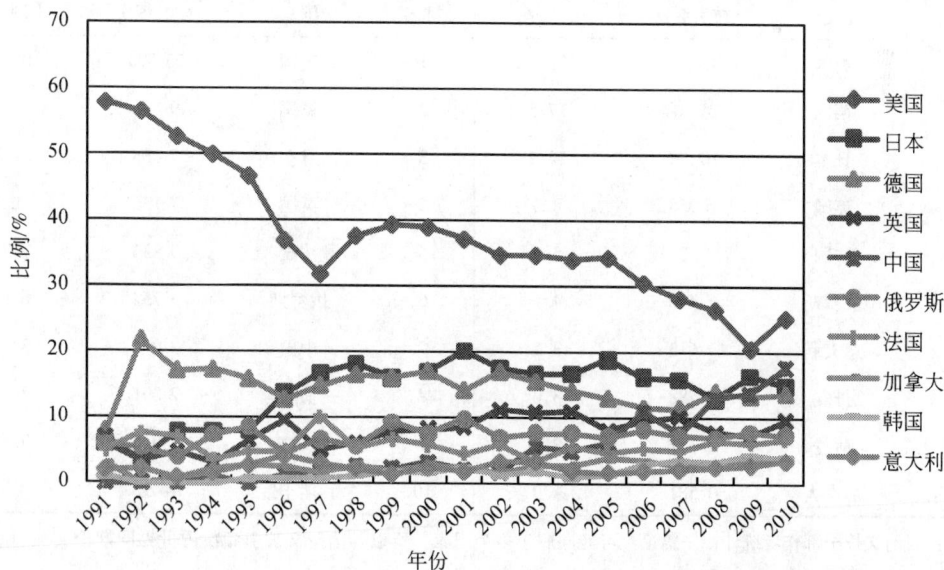

图7-12　1991～2010年重要国家太赫兹研究论文数量占世界同期太赫兹研究论文
总量的比例变化趋势（后附彩图）

有逐年下降的趋势，但始终保持着很高的水平（20％以上），尤其在1991～2006年始终保持在不低于30％的水平上。日本在1996年之后、德国在1992年之后，太赫兹研究论文数占世界同期太赫兹研究论文总量的份额一直保持在较为稳定的高位上（日本13％～20％，德国11％～22％）。中国从1991年占世界同期太赫兹研究论文总量的不足1％上升到2009年的13.8％，增长非常迅速。韩国也从1991年的占世界1.0％增长至2009年的4.4％。其他国家/地区论文数占世界份额1991～2010年变化均不显著，在低位上小幅波动。

7.3.3.3 重要国家/地区论文的被引频次与相对引文影响的变化

对比1991～2003年和2004～2010年两个时间区间太赫兹研究论文被引频次排名前10位的国家，被引频次排名前6位的国家位次没有变化；美国始终遥遥领先，但占世界同期论文总被引频次的比例有较大下滑；英国的被引频次排名没有变化，但占世界同期论文总被引频次的比例明显提高；中国的排名提升明显，从世界第16位（比例为1.1％）升至第7位；瑞士从世界第14位（比例为1.3％）升至第10位；意大利和丹麦2004～2010年淡出前10位排名。比较表7-13涉及的13个重要国家论文篇均被引频次和世界篇均被引频次的比值在1991～2003年和2004～2010年两个时间段的变化，可见美国、德国、英国、荷兰、瑞士、丹麦等国的相对引文影响均高于或等于世界平均水平，其他国家/地区均低于世界平均水平或有明显波动，中国、俄罗斯、日本和韩国的相对引文影响较低。

表7-13　在两个时间区间太赫兹研究论文被引频次排名前10位的国家变化

1991～2003年				2004～2010年			
排名	国家	被引频次	比例/%	排名	国家	被引频次	比例/%
1	美国	44 525	53.0	1	美国	23 895	44.1
2	德国	14 704	17.5	2	德国	9 198	17.0
3	日本	10 290	12.2	3	日本	7 588	14.0
4	英国	6 958	8.3	4	英国	7 136	13.2
5	法国	4 324	5.1	5	法国	3 836	7.1
6	俄罗斯	3 430	4.1	6	俄罗斯	3 752	6.9
7	意大利	2 613	3.1	7	中国	3 074	5.7
8	丹麦	2 488	3.0	8	荷兰	2 091	3.9
9	荷兰	2 321	2.8	9	加拿大	2 076	3.8
10	加拿大	1 581	1.9	10	瑞士	1 496	2.8

注：因论文按全部作者统计，一篇论文可能同属于多个国家，所以各国论文被引频次占世界同期论文被引总频次的比例累计大于100%

重要国家太赫兹研究论文篇均被引次数相对于世界平均影响的位置见图7-13。

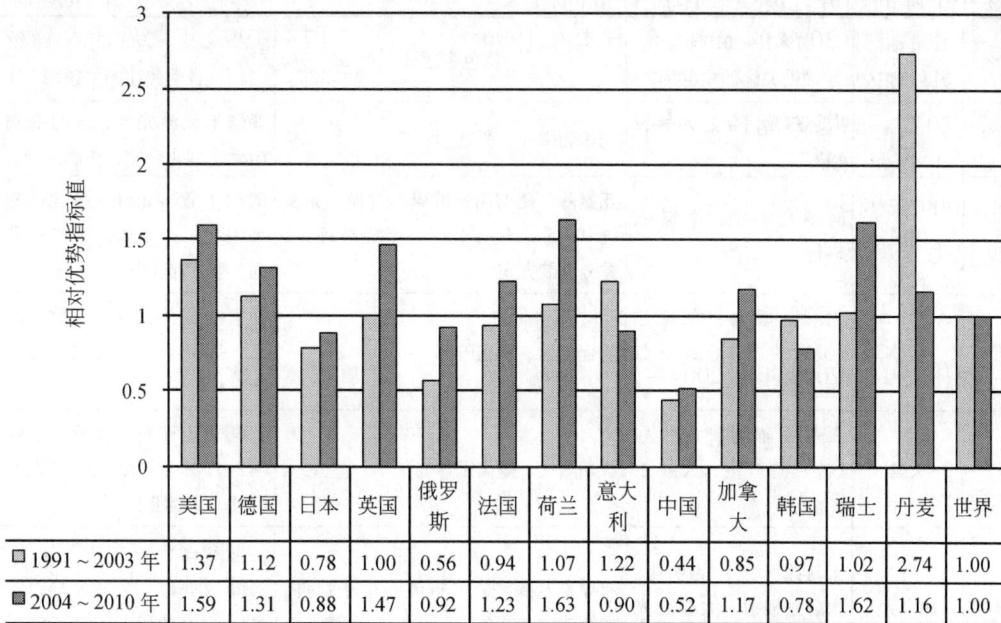

	美国	德国	日本	英国	俄罗斯	法国	荷兰	意大利	中国	加拿大	韩国	瑞士	丹麦	世界
1991～2003 年	1.37	1.12	0.78	1.00	0.56	0.94	1.07	1.22	0.44	0.85	0.97	1.02	2.74	1.00
2004～2010 年	1.59	1.31	0.88	1.47	0.92	1.23	1.63	0.90	0.52	1.17	0.78	1.62	1.16	1.00

图 7-13　重要国家太赫兹研究论文篇均被引次数相对于世界平均影响的位置

相对优势指标（PI）也称相对比较优势或活跃指数，该指示是对某领域相对于世界在同一领域产出分布的测度，反映某国对全球知识生产系统的贡献。PI 值大于 1、小于 1 和等于 1 分别表示某国/地区在具体领域的产出高于、低于和等于世界平均水平。可利用论文数也可以利用引文数来计算相对比较优势或活跃指数。具体计算公式为：PI = (n_{ij}/n_{i0}) / (n_{0j}/n_{00})。其中，n_{ij} 表示 i 国在 j 分支领域的产出，n_{i0} 表示 i 国在主领域的所有分支领域的产出，n_{0j} 表示在分支领域 j 的世界产出，n_{00} 表示在主领域的所有分支领域的世界产出

7.3.3.4　重要国家/地区的研究主题分析

1）重要国家/地区的主题词分析

表 7-14　重要国家/地区的主题词

排名	重要国家/地区	1991～2010 年最受关注的主题词	特色主题词	近 3 年最受关注的主题词
1	美国	太赫兹辐射、太赫兹光谱学	亚毫米波、磷锗锌、毫米波、远红外、无损探测、外差检波器、惯性约束聚变、干涉、DNA 双螺旋	分光镜技术、本征值和本征方程、工业科学医疗频段：结构、氮、工业科学医疗频段：亚毫米
2	日本	太赫兹辐射、太赫兹（波）的产生、太赫兹光谱学	半导体拉曼激光器、超电流分布、整体式光栅耦合器、谐振隧道二极管、相干声子	准粒子注入、二维电子、镓化合物、约瑟夫森效应、有机导体、孤立子
3	德国	太赫兹光谱学、太赫兹辐射、太赫兹（波）的产生	荧光核苷酸、德国联邦物理技术研究院、质量控制、BESSY-II 同步辐射源	量子阱、工业科学医疗频段：亚毫米、元素半导体、工业科学医疗频段：射电谱线

排名	重要国家/地区	1991~2010年最受关注的主题词	特色主题词	近3年最受关注的主题词
4	英国	太赫兹光谱学、太赫兹辐射	光学频率梳、光敏	亚毫米波激光器、表面等离子激元、铟化合物、金属波导
5	中国	时域光谱学、太赫兹辐射	亚氨基、曼彻斯特编码、过模、光系统II、重水气体分子、半经典理论、差分调制方案	碳纳米管、光纤、极化、基底细胞癌、石墨烯、亚波长孔阵列、宽禁带半导体
6	俄罗斯	太赫兹辐射、太赫兹（波）的产生、太赫兹光谱学	复合辐射、稠密气体	元素半导体、镓化合物、杂质态、等离子激元模式、宽禁带半导体
7	法国	太赫兹辐射、太赫兹（波）的产生、太赫兹光谱学	香烟烟气、等离子体光子学、差分	高电子迁移率晶体管、工业科学医疗频段：分子学、光电探测器、太赫兹波谱
8	加拿大	太赫兹（波）的产生、太赫兹辐射、太赫兹光谱学	超导光电探测器、行波光电子器件、连续波太赫兹源	工业科学医疗频段：分子学、科隆数据库、金属波导、工业科学医疗频段：亚毫米、透明介质
9	韩国	太赫兹辐射、太赫兹脉冲、太赫兹光谱学、时域光谱学	韩国原子能研究所、伪-脯氨酸、多孔光纤、势形共振	光学传输、基底细胞癌
10	意大利	太赫兹光谱学、太赫兹辐射、太赫兹（波）的产生、量子级联激光器	聚合物光纤	磷化镓、金属波导、聚合物光纤

基于表7-10中100个高频关键词的分类结果，得到1991~2010年主要国家太赫兹科学研究、技术研究和应用研究论文的相对影响力，见图7-14。在太赫兹基础科学研究方面，俄罗斯、加拿大的相对影响力分别比世界平均水平高13.2%和11.5%；在技术研究

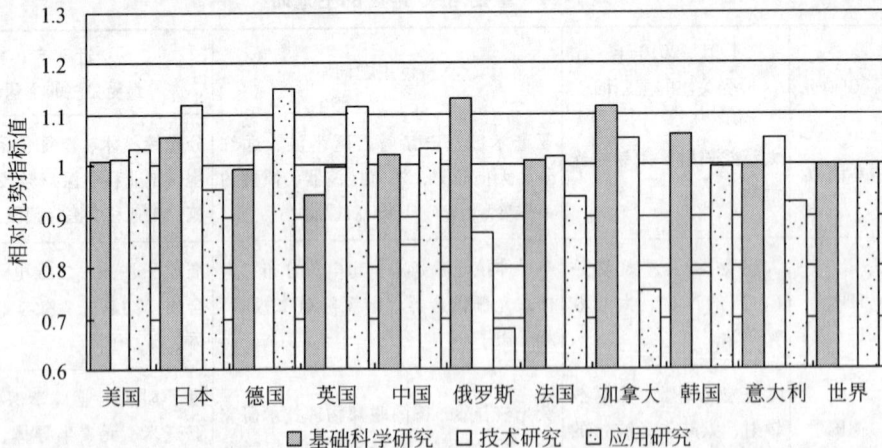

图7-14 主要国家太赫兹科学研究、技术研究和应用研究论文份额相对于世界平均水平的位置

方面，日本的相对影响力最大，比世界平均水平高 11.8 %，加拿大、意大利的相对影响力也比世界平均水平高 5 %左右；在应用研究方面，德国和英国的相对影响力比较突出，分别比世界平均水平高 15.0 %和 11.5 %；美国在太赫兹基础理论、技术研究和应用研究三方面齐头并进，其相对影响力比世界平均水平略高 1.0%～3.3%。相对于世界平均水平，中国的技术研究明显薄弱。

2）重要国家/地区基于研究主题的关联对比分析

1991～2010 年论文数最多的前 10 个国家/地区在太赫兹研究领域的主题关联可视化分析（图7-15）结果显示，美国、日本、英国、德国、中国、法国、加拿大和俄罗斯在研

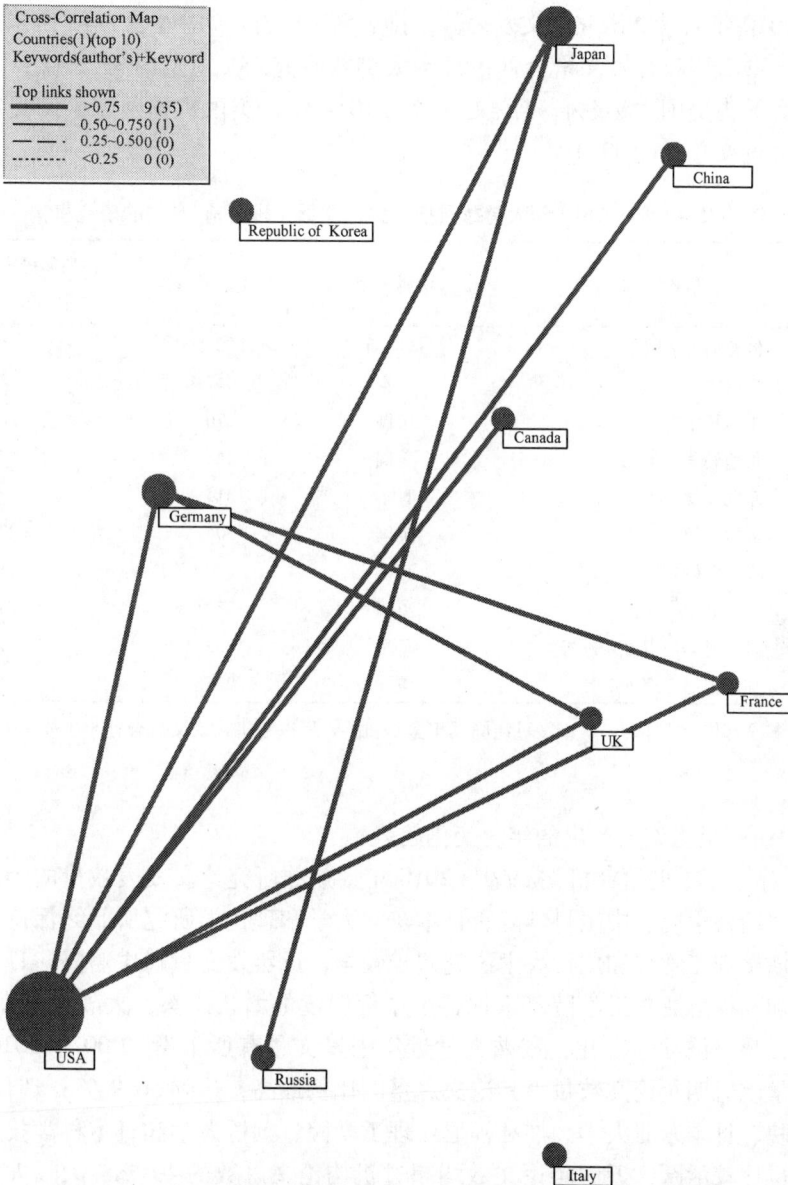

图 7-15　基于研究主题（关键词）的国家/地区关联可视化图

究主题上具有较强的关联度，形成了一个研究网络，其中美国处于这一网络的中心，与多个国家的关联度都较强；韩国和意大利各自以散点形式分散在这一研究网络之外，表明这两个国家的研究主题相对较为独立，与其他国家的研究主题关联度很弱。

7.3.4 国际重要研究机构太赫兹研究论文分析

7.3.4.1 论文产出及年度变化趋势

1) 重要研究机构的论文总量

1991~2010 年太赫兹研究论文发表数量排名前 10 位的机构如表 7-15 所示。其中，日本机构最多，共有四家，发文量合计占日本太赫兹研究论文总量的 37.3%；美国机构两家，发文量合计占美国太赫兹研究论文总量的 10.4%；英国机构两家，发文量合计占英国太赫兹研究论文总量的 32.4%。

表 7-15 1991~2010 年太赫兹科技相关论文数量排名前 10 位的研究机构

排名	机构名称	所属国家	论文数量/篇	占所属国家太赫兹科技相关论文的比例/%
1	俄罗斯科学院	俄罗斯	701	61.0
2	大阪大学	日本	447	18.3
3	中国科学院	中国	376	28.7
4	伦斯勒理工学院	美国	346	7.3
5	东北大学	日本	314	12.9
6	剑桥大学	英国	304	22.5
7	理化学研究所	日本	270	11.1
8	利兹大学	英国	252	18.7
9	日本科学技术振兴机构	日本	233	9.5
10	加利福尼亚理工学院	美国	226	4.7

注：因论文按全部作者统计，一篇论文可能同属于多个机构，所以各机构论文数合计小于或等于各机构论文数累计

2) 重要研究机构论文产出的年度变化趋势

图 7-16 显示了重要研究机构 1991~2010 年太赫兹研究论文发表数量的年度变化。可以看出，俄罗斯科学院、中国科学院、日本东北大学和理化学研究所始终保持了较强的增长态势；伦斯勒理工学院和剑桥大学研究起步较早，近年发文量稳中略降；日本科学技术振兴机构和加利福尼亚理工学院基本保持了中等幅度的增长态势；大阪大学发文量较高，但近年来发文量呈波动性变化；利兹大学近年来发文量有所下滑。2007~2010 年情况来看，中国科学院近四年论文数量占其论文总量的比例最高，达到 56.9%；理化学研究所、俄罗斯科学院、日本东北大学、加利福尼亚理工学院、剑桥大学和日本科学技术振兴机构的研究态势也比较活跃，近四年论文数均超过机构论文总数的 40%；大阪大学、伦斯勒理工学院和利兹大学近年论文产出比例低于上述机构，但仍高于 30%，说明上述机构近 4

年均处于研究的活跃期。

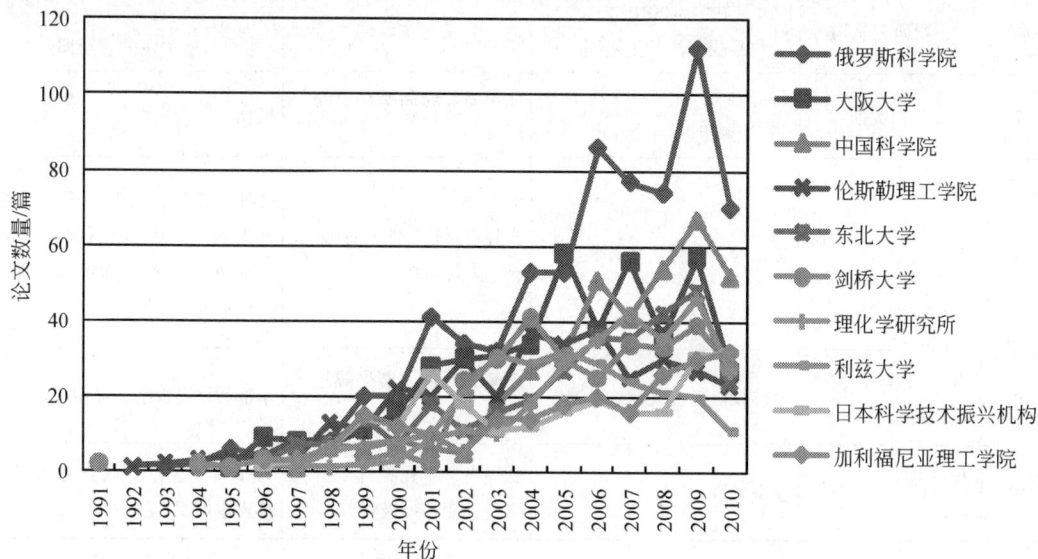

图 7-16 1991～2010 年论文数排名前 10 位的研究机构年度发文数量变化趋势（后附彩图）

7.3.4.2 重要研究机构的研究主题分析

1）重要研究机构的主题词分析（表 7-16）。

表 7-16 国际重要研究机构的主题词

排名	重要研究机构	1991～2010 年 最受关注的主题词	特色主题词	近 3 年 最受关注的主题词
1	俄罗斯科学院	太赫兹辐射、太赫兹光谱学、太赫兹（波）的产生	谐振态、浅受主、光学击穿	自由电子激光器、Ⅲ-Ⅴ族半导体、镓化合物、太赫兹波谱、宽禁带半导体
2	大阪大学	太赫兹辐射、太赫兹光谱学、太赫兹（波）的产生	亚太赫兹波段、金刚石结构、微立体光刻、准速度匹配	频率梳、效率、高速光学技术、太赫兹波谱、随行载波二极管、无线链接
3	中国科学院	太赫兹辐射、时域光谱学	光系统 Ⅱ、红外光电探测器、光吸收	爆炸物、石墨烯
4	伦斯勒理工学院	太赫兹辐射、太赫兹（波）的产生、太赫兹脉冲、太赫兹光谱学	等离子体波电子学、隧穿注入、纳米尺度、场诱导	Ⅲ-Ⅴ族半导体、相干控制、氮
5	东北大学	太赫兹辐射、太赫兹（波）的产生、带隙	相匹配	二维电子、本征约瑟夫森结、涡流、镓化合物
6	剑桥大学	太赫兹光谱学、量子级联激光器	消融、太赫兹脉冲成像、缓释、控释	砷化镓、亚毫米波激光器、消融、Ⅲ-Ⅴ族半导体

排名	重要研究机构	1991～2010 年最受关注的主题词	特色主题词	近 3 年最受关注的主题词
7	理化学研究所	太赫兹辐射、太赫兹光谱学、铌酸锂	化学品、药品检测、超导隧道结	极化
8	利兹大学	激光器、太赫兹光谱学	光导发射元件、探测波长、人体组织	脉冲光谱学、电子迁移、远红外光谱、合金、金属波导，分子束外延、光电探测器、硅、亚毫米波激光器
9	日本科学技术振兴机构	太赫兹辐射、太赫兹光谱学	太赫兹器件、谐振隧道二极管	本征约瑟夫森结、准粒子注入
10	加利福尼亚理工学院	亚毫米波	低噪声、单孔径远红外天文台、变容二极管	工业科学医疗频段：分子学、科隆数据库

2）重要研究机构基于研究主题的关联对比分析

1991～2010 年太赫兹研究论文发表数量排名前 10 位的机构的主题关联可视化分析（图 7-17）结果显示，大阪大学、理化学研究所、日本科学技术振兴机构、东北大学、伦斯勒理工学院和俄罗斯科学院形成了一个研究主题关联度较强的网络，其中大阪大学和日本科学技术振兴机构位于该研究网络的中心，与多个机构的研究关联度都较强；剑桥大学与利兹大学的研究关联度较强；中国科学院和加利福尼亚理工学院的研究主题较为独立，与其他机构的关联度很弱。

7.4　太赫兹专利技术分析

7.4.1　数据来源与方法

7.4.1.1　数据来源

本研究的分析数据来源于汤森路透的德温特专利创新索引（DII）数据库。利用关键词 TS =（terahertz or THz or T-ray*）进行检索，检索日期为 2010 年 12 月 20 日。

7.4.1.2　分析方法

利用汤森路透的 TDA 专利分析工具，从专利年度申请趋势、专利技术领域、专利受理国家/地区、主要机构的专利保护策略等角度，对太赫兹相关技术的专利数据进行了统计分析。

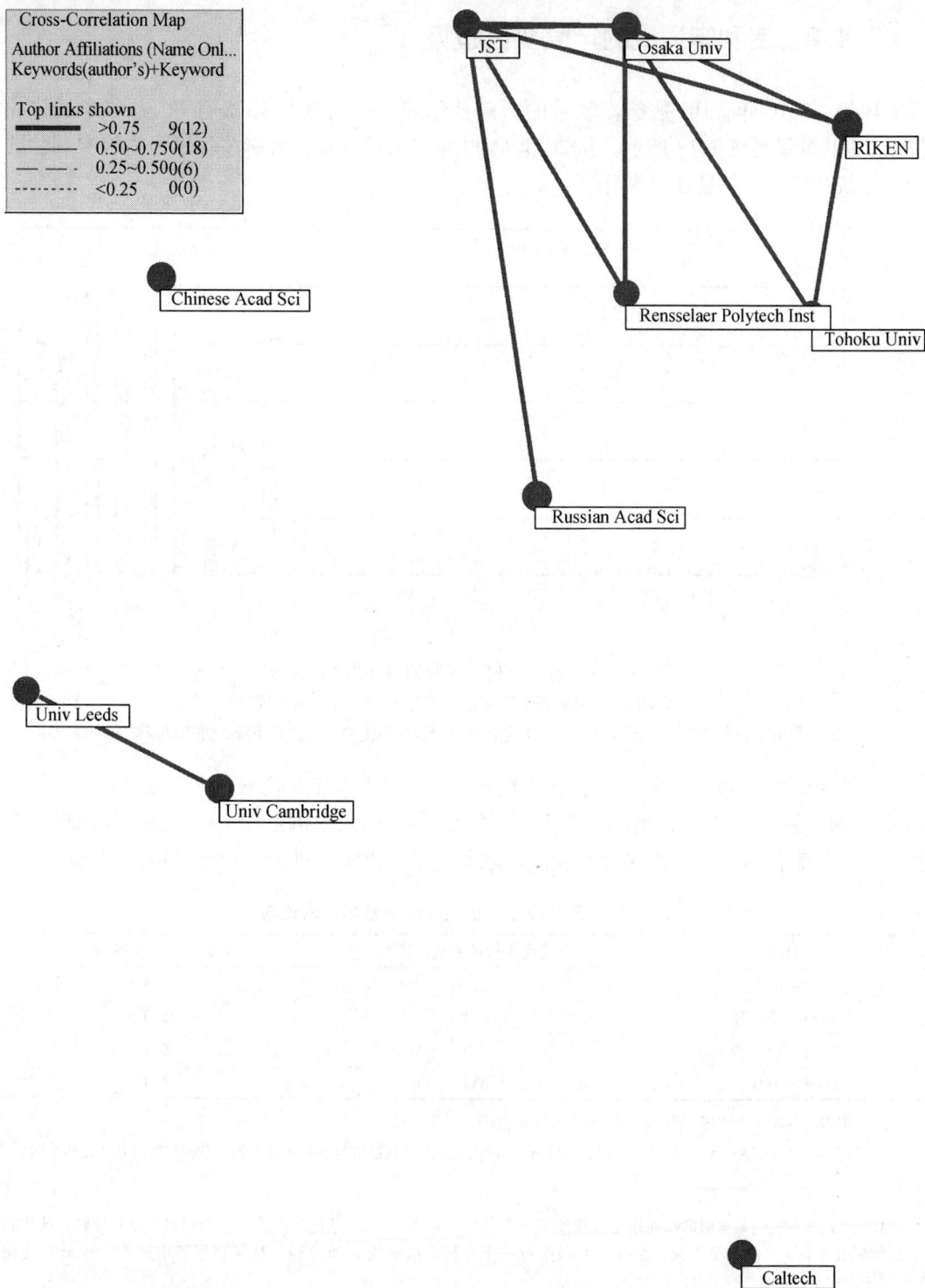

图 7-17 基于研究主题（关键词）的研究机构关联可视化图

7.4.2　专利申请量的年度变化趋势

1969~2010 年，DII 数据库收录的太赫兹领域专利数据共 1378 条[①]，各年申请优先权[②]的专利数量见图 7-18 所示。从 20 世纪 90 年代末期开始，太赫兹领域优先权专利的数量开始快速增长，并且逐年攀升。

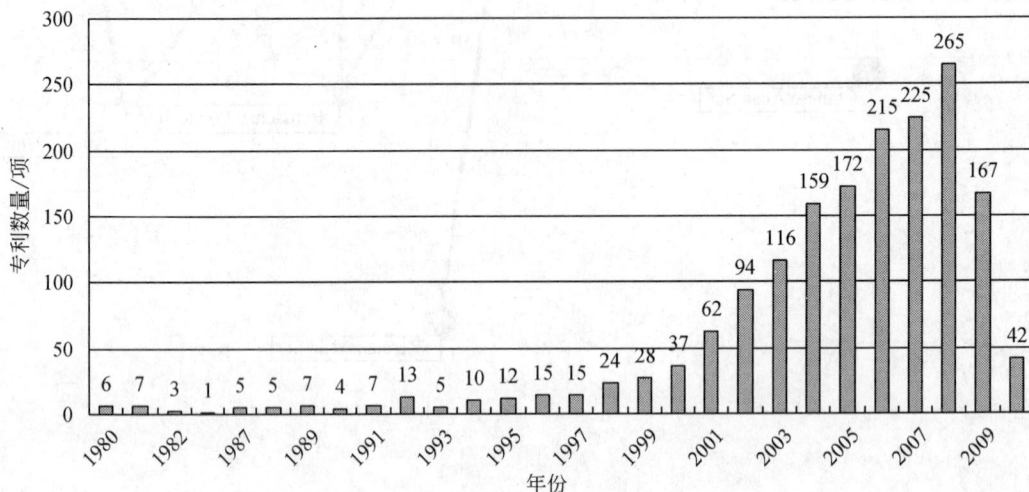

图 7-18　申请优先权的专利数量年度变化趋势

早期的专利数据量非常零星，本图从 1980 年开始呈现

注：因专利申请到发布需要一定时间，近 2 年优先权申请数量不完整，故出现下降，并不能反映真实情况

根据表 7-17，1991~2005 年，优先权专利申请量的 5 年年均增长率明显提高，2001~2005 年的数量是 2000 年之前的 3 倍多，研发活动进入活跃阶段。2006~2008 年的增长率虽有所下降，但这 3 年的优先权专利数量之和超过了 2001~2005 年的专利数量之和。

表 7-17　各阶段专利优先权申请量年均增长率

时间段	申请优先权的专利数量/项	5 年年均增长率/%
1991~1995 年	34	14.4
1996~2000 年	103	25.3
2001~2005 年	513	29.1
2006~2008 年	638	5.4

注：①2009~2010 年数据不完整，故未计入计算范围

②一项专利可能有多个优先权，故某时间段内申请优先权的专利数量与该时间段内各年专利数量的累计之和不同。

---

①　德温特专利创新索引的每一条记录描述了一个专利"家族"，每一条记录可能有一个或多个专利号码，这代表了这个专利"家族"的成员。为了区分，本章中对一个专利家族称为一项专利，对专利家族中的专利成员则使用"件"来表示

②　专利优先权：《保护工业产权巴黎公约》规定，当申请人在缔约国提出专利申请时，有权要求将第一次提出申请的日期作为后来在就同一主题申请专利的日期。第一次提出申请的日期成为优先权日，其意义在于为判断专利的新颖性和创造性提供了时间标准

7.4.3　技术领域分析

7.4.3.1　主要技术

根据国际专利分类号（IPC），统计了太赫兹专利技术的主要技术领域，见表7-18。

表7-18　太赫兹相关专利申请前10位的技术

排名	出现频次/次	IPC 小类	IPC 释义
1	498	G01N	借助于测定材料的化学或物理性质来测试或分析材料
2	260	G01J	红外光、可见光、紫外光的强度、速度、光谱成分，偏振、相位或脉冲特性的测量；比色法；辐射高温测定法
3	255	H01S	利用受激发射的器件
4	206	G02F	用于控制光的强度、颜色、相位、偏振或方向的器件或装置，例如转换、选通、调制或解调，上述器件或装置的光学操作是通过改变器件或装置的介质的光学性质来修改的；用于上述操作的技术或工艺；变频；非线性光学；光学逻辑元件；光学模拟/数字转换器
5	193	H01L	半导体器件；其他类目未包含的电固体器件
6	155	G02B	光学元件、系统或仪器
7	77	H01Q	天线
8	62	G01R	测量电变量；测量磁变量
9	60	A61K	医用、牙科用或梳妆用的配制品
10	57	H04B	传输

7.4.3.2　研发细节的变化

为了进一步揭示研发细节，图7-19显示了根据IPC小组进行统计的技术分类以及近10年的变化情况。可以看出：

（1）利用红外光测试材料在特定元素或分子的特征波长下的相对效应（G01N-021/35和G01N-021/31）是太赫兹相关专利申请的主要技术方向，并从2004年开始，两者在各年中所占的比例基本保持稳定；

（2）在光波导结构中基于陶瓷或电－光晶体的，对强度、相位、偏振或颜色的控制技术（G02F-001/35）所占比例在经历了2007年的锐减之后，2008年迅速增长，可能是在关键技术研发上取得了进展；

（3）入射光根据所测试的材料性质而改变的系统（G01N-021/17）技术，在2005～2006年期间进入了发展滞涨期，2007年之后有所恢复。

其他技术的详细情况请见表7-19。

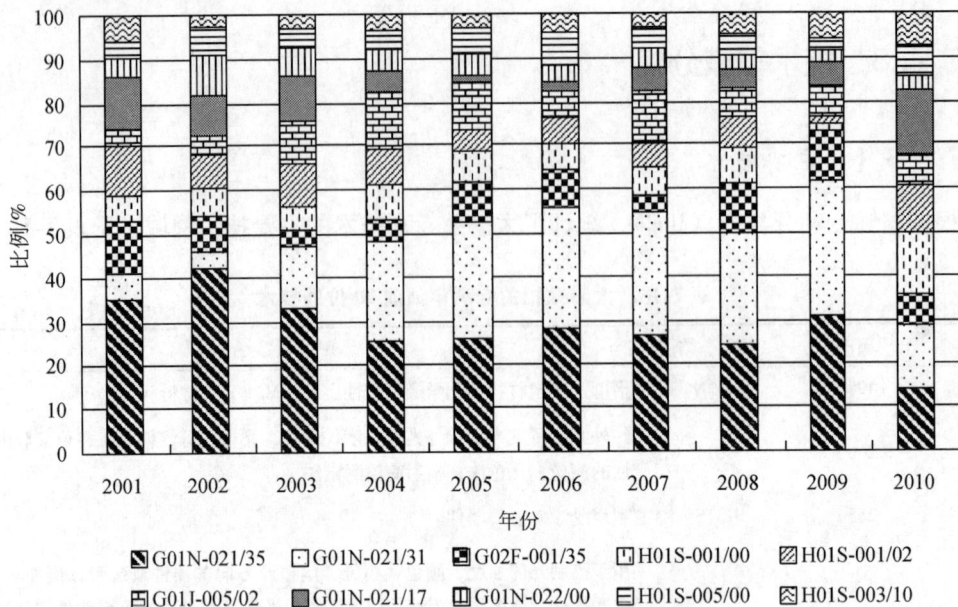

图 7-19   太赫兹相关专利技术的构成比例年度变化

表 7-19   前 10 位专利技术及其详细情况

排名	出现频次/次	IPC 小组	IPC 释义	申请活动起始年份	活跃程度/%
1	354	G01N-021/35	利用红外光测试材料在特定元素或分子的特征波长下的相对效应,例如原子吸收光谱术	1995	23
2	294	G01N-021/31	测试材料在特定元素或分子的特征波长下的相对效应,例如原子吸收光谱术	1999	29
3	111	G02F-001/35	在光波导结构中基于陶瓷或电—光晶体的,对强度、相位、偏振或颜色的控制	1988	33
4	87	H01S-001/00	微波激射器,即利用受激发射对波长比红外射线长的电磁波进行产生、放大、调制、解调或变频的器件	1995	24
5	86	H01S-001/02	固体微波激射器,即利用受激发射对波长比红外射线长的电磁波进行产生、放大、调制、解调或变频的器件	1995	22
6	84	G01J-005/02	辐射高温测定法零部件	1999	14
7	67	G01N-021/17	入射光根据所测试的材料性质而改变的系统	1995	21
8	60	G01N-022/00	利用微波测试或分析材料	1996	15
9	59	H01S-005/00	半导体激光器	1997	22
10	47	H01S-003/10	控制辐射的强度、频率、相位、极化或方向,例如开关、选通、调制或解调	1996	30

7.4.3.3 研发布局

借助 Aureka 工具的 Theme Map 功能，依据专利的题名和文摘，绘制太赫兹领域技术研发布局图（图7-20）。其中，点代表相应的专利簇，由于显示比例的原因，若干个相关的专利在图上表现为一个点；用"等高线"圈闭出不同的专利集中区域，"等高线"越密集，说明对应研究方向的专利数量越多。对图 7-20 基于专利的摘要和题名短语进行聚类，得到太赫兹领域的三大研发热点：

（1）太赫兹波的产生技术和器件，如量子级联激光器、光电导器件、磁振子激光器等；

（2）太赫兹波的测量技术；

（3）太赫兹波的应用技术，如太赫兹成像与探测技术、利用太赫兹波进行样品检测和生物分子结合检测的方法与装置、太赫兹光非对称解复用器的应用等。

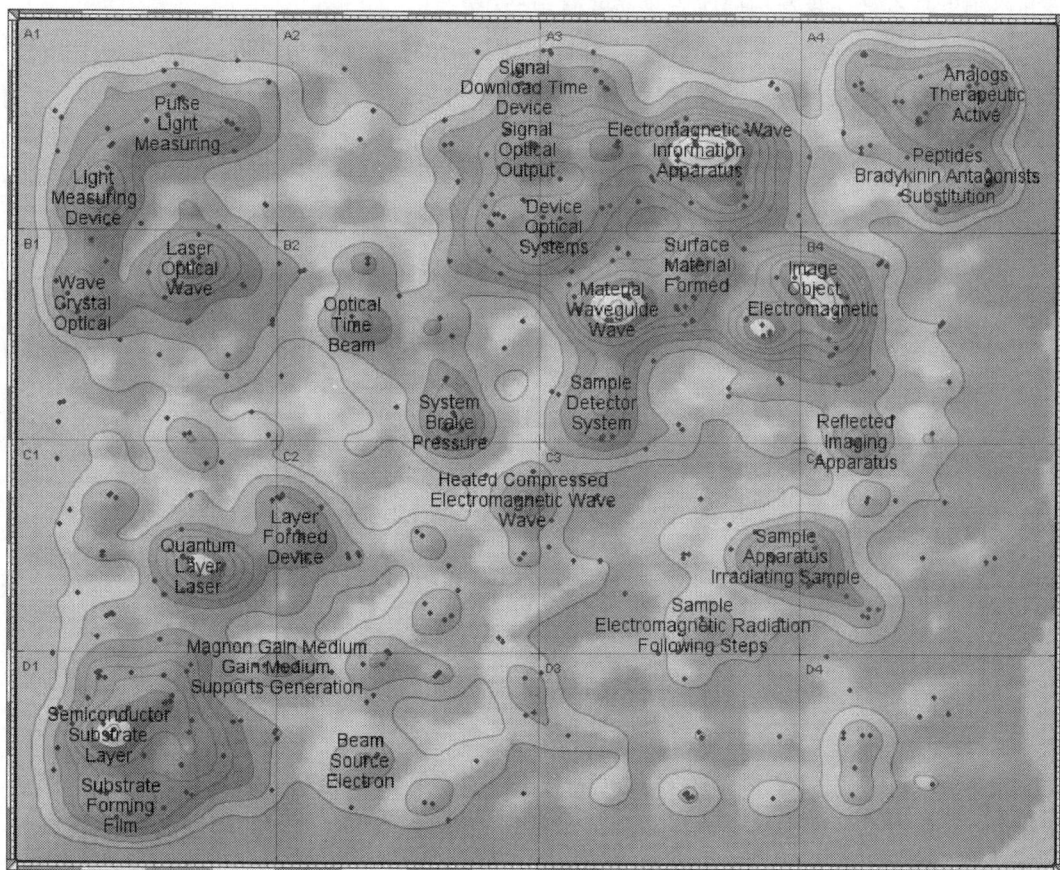

图 7-20　太赫兹技术专利地图（后附彩图）

7.4.4　主要专利受理国家/组织

7.4.4.1　各国（组织）受理专利总量对比

通常情况下，专利申请的优先权国家/组织代表了该专利技术最早申请的国家/组织，一定程度上反映了技术创新的起源地分布情况；另一方面，由于受专利申请制度的熟悉程度及语言等方面的限制和影响，一般申请人会将技术创新优先申请本国（组织）的专利。因此，专利申请优先权国家（组织）分布情况在某种程度上反映了某国家（组织）在该领域的技术发展水平。

图 7-21 是太赫兹领域专利技术主要优先权国家/组织分布对比情况，据此大致可将全球太赫兹领域专利技术主要国家/组织划分为 3 组：

第一组：日本和美国，两国的专利受理量超过全球受理量的 2/3，占绝对领先地位，这两个国家是全球太赫兹领域研发最活跃区域的代表；

第二组：中国、德国和英国，这三个国家的专利申请受理量与日本、美国相比还有较大的差距，但相比其他国家，则保持一定优势；

第三组：韩国、加拿大、法国、欧洲专利局和俄罗斯。

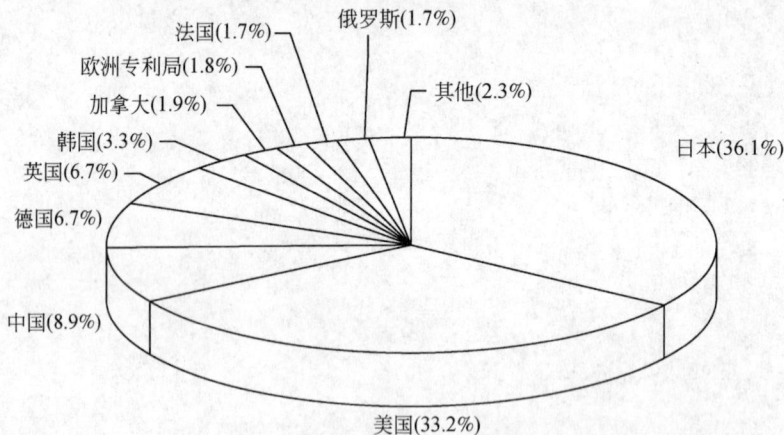

图 7-21　国家组织受理优先权申请的比例

注：向多个国家组织提出申请的专利按受理国家组织分别统计，
因此国家组织比例之和大于 100%

表 7-20 反映了这 10 个国家/组织优先权专利起始受理时间以及近 3 年的专利受理活跃程度[1]。其中，受理太赫兹领域专利最早的国家是美国，而日本的起始受理时间比美国晚了 18 年；从近 3 年的专利受理量来看，中国、俄罗斯和韩国是受理专利最为活跃的国家。

---

① 用最近 3 年的专利数量与总量之比表示活跃程度

表7-20 受理量前10位的国家/组织排名及其活跃程度

机构	受理专利量/件	起始受理时间	活跃程度/%
日本	497	1987年	24
美国	457	1969年	16
中国	123	1995年	62
德国	92	1979年	27
英国	91	1980年	7
韩国	46	2001年	39
加拿大	26	2005年	4
欧洲专利局	25	1981年	26
法国	24	1975年	29
俄罗斯	23	2000年	52

7.4.4.2 专利优先权受理国家/组织的研发领域

根据IPC统计，受理量在前10位的国家/组织均重视：借助于测定材料的化学或物理性质来测试或分析材料（G01N）；红外光、可见光、紫外光的强度、速度、光谱成分，偏振、相位或脉冲特性的测量，比色法，辐射高温测定法（G01J）；利用受激发射的器件（H01S）三方面的专利，但在具体研发方向上的侧重有所不同：

日本受理的专利侧重于：利用光学手段，即利用红外光、可见光或紫外光来测试或分析材料（G01N-021）；辐射高温测定法（G01J-005）；控制来自独立光源的光的强度、颜色、相位、偏振或方向的器件或装置，例如，转换、选通或调制；非线性光学（G02F-001）；微波激射器，即利用受激发射对波长比红外射线长的电磁波进行产生、放大、调制、解调或变频的器件（H01S-001）；光谱测定法，分光光度测定法，单色器，测定颜色（G01J-003）；等等。

美国受理的专利侧重于：G01N-021和G01J-005方面，与日本相似；还侧重于激光器，即利用受激发射对红外光、可见光或紫外线进行产生、放大、调制、解调或变频的器件（H01S-003）；光导，包含光导和其他光学元件（如耦合器）的装置的结构零部件（G02B-006）等。

中国受理的专利主要涉及：利用光学手段，即利用红外光、可见光或紫外光来测试或分析材料（G01N-021）；控制来自独立光源的光的强度、颜色、相位、偏振或方向的器件或装置，例如，转换、选通或调制；非线性光学（G02F-001）；激光器（H01S-003）、光导；包含光导和其他光学元件（如耦合器）的装置的结构零部件（G02B-006）等。

德国受理的专利侧重：利用光学手段，即利用红外光、可见光或紫外光来测试或分析材料（G01N-021）；微波激射器（H01S-001）；对红外辐射、光、较短波长的电磁辐射，或微粒辐射敏感的，并且专门适用于把这样的辐射能转换为电能的，或者专门适用于通过这样的辐射进行电能控制的半导体器件；专门适用于制造或处理这些半导体器件或其部件的方法或设备；其零部件（H01L-031）等。

英国受理专利侧重：G01N-021、G01J-005 和 G02F-001 方面；与日本类似，其他方面还有利用微波测试或分析材料（G01N-022）和光谱测定法，分光光度测定法，单色器，测定颜色（G01J-003）等。

7.4.5　太赫兹领域研发机构分析

7.4.5.1　研发机构类型分布

根据数据统计结果，太赫兹专利的专利权属者包括 482 个机构和 481 个个人，机构拥有知识产权的专利数量共计 1253 项，占专利总数的 90.9%。机构主要为企业、大学和科研单位，各类机构拥有的专利数量分布见表 7-21。

表 7-21　各类机构申请优先权专利的数量分布与活跃程度

机构类型	机构数量/个	专利数量/件	优先权专利占总体的比例/%	活跃程度/%
企业	300	832	60.4	29.6
大学	133	317	23.0	42.6
科研机构	49	162	11.8	27.2

显然，企业作为研发主体，在专利数量上占有绝对优势，但所占比例有所下降，而大学申请专利的比例有上升趋势（图 7-22）。大学的研发活跃程度高于总体水平的 34.4%。从专利权人信息反映出的迹象表明，英国、日本和韩国的不少大学都成立了支持技术研发、技术转移和与企业合作的商业公司和基金机构，如剑桥大学企业有限公司（Cambridge Enterprise Limited）、汉城大学的工业－学院合作基金等。整体而言，相对于较弱的活跃程度，科研机构在专利数量上与企业和大学之间的差距更大。

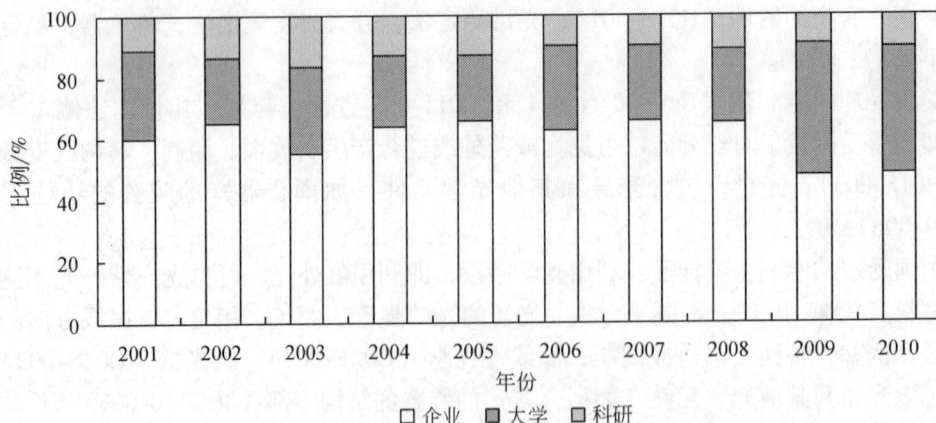

图 7-22　各类研发机构申请专利优先权的比例分布

7.4.5.2　主要研发机构

主要研发机构指申请量在 10 件以上的研发机构，共有 21 家（表 7-22），其中企业数量约是科研机构和大学数量之和。

表 7-22 前 20 专利申请人的申请量和活跃程度

排名	机构名称	申请优先权专利数量/件	所属国家	机构性质	活跃程度/%
1	佳能公司	73	日本	企业	25
2	尼康公司	52	日本	企业	2
3	TERAVIEW 公司	38	英国	企业	3
4	松下电器产业株式会社	31	日本	企业	32
5	东北大学	25	日本	大学	40
6	日本国际农林水产业研究中心	24	日本	企业	21
6	中国科学院	24	中国	科研机构	39
8	电信电话公司	21	日本	企业	14
8	伦斯勒理工学院	21	美国	大学	0
8	财团法人半导体研究振兴会	21	日本	科研机构	0
11	滨松光子学株式会社	19	日本	企业	16
12	理研计器株式会社	18	日本	企业	28
12	中国计量学院	18	中国	大学	67
14	独立行政法人情报（信息）通信研究机构	17	日本	科研机构	0
15	东芝公司	15	日本	企业	0
16	爱德万测试公司	14	日本	企业	50
17	霍尼韦尔公司	13	美国	企业	23
17	爱信精机公司	13	日本	企业	38
17	电子通信研究院	13	韩国	科研机构	62
20	日立公司	12	日本	企业	0
20	麻省理工学院	12	美国	大学	17

注：以上机构经过清理合并

＊该机构已于 2008 年解散

在这些机构中，中国计量学院、韩国电子通信研究院、日本爱德万测试公司、日本东北大学、中国科学院、日本爱信精机公司的研发活跃程度超过总体水平（34.4%），松下电器与总体水平相当。作为科研单位，韩国电子通信研究院和中国科学院具有一定的竞争优势和明显的潜在优势。

7.4.5.3 主要机构的专利技术保护区域分析

根据对专利家族的统计，前 20 专利申请人的专利保护区域分布如表 7-23 所示。整体上，美国、日本和欧洲受到各专利申请人的普遍关注，澳大利亚也受到一些机构的重视，成为专利技术竞争的区域。

从申请人角度来看，大部分日本机构更注重本土的专利保护，只有佳能、理研计器和东芝等少数几家机构重视欧美市场。作为前 20 专利申请人中的唯一欧美企业，TERA VIEW 公司更加注重全球市场。我国机构目前只申请了中国专利，不利于技术保护和对潜在市场的把握，相应机构当重视调整其知识产权战略。

表 7-23　前 20 专利申请人的专利保护区域分布

机构名称	美国	日本	欧洲	中国	德国	澳大利亚	韩国	英国	加拿大	中国台湾
佳能公司	53	68	23	20	3		2			
尼康公司	4	52	2			7	2			2
TERAVIEW 公司	29	19	23		3	16		38		
松下电器产业株式会社	4	31	2	2	1	1				1
日本东北大学		25								
Dokuritsu Gyosei Hojin Rikagaku Kenkyush	14	24	8	1	1					
中国科学院				24						
日本电信电话公司		21								
伦斯勒理工学院	20	4	3		1		5	1		
财团法人半导体研究振兴会		21								
滨松光子学株式会社	6	18	4				1			
理研计器株式会社	16	18	9	1	1					
中国计量学院				18						
独立行政法人情报（信息）通信研究机构	4	16	1							
东芝公司	11	12	9		2		8	10		
爱德万测试公司	5	12	1		1					
霍尼韦尔公司	13	3	8					1	3	
爱信精机公司	6	2					13			
韩国电子通信研究院	6	12	5							
日立公司	1	10	1							
麻省理工学院	11									

7.4.6　高被引专利分析

专利被引频次与专利价值密切相关，通常情况下，专利被引频次越高，从一个侧面反映此专利越重要，技术价值越高。对太赫兹领域专利进行分析，得到被引频次最高的前 10 项专利（表 7-24）。从总体可以看出，高被引专利主要来自美国和德国。其中，美国拥有 7 项专利，朗讯公司占 3 项。

表 7-24 太赫兹相关专利中被引频次最高的 10 项专利

排名	专利号	专利题名	专利权人	被引频次/次	最早申请日期
1	US5710430	太赫兹成像方法和装置	美国朗讯公司	87	1995-02-15
2	US20020068018	使用微型腔结构的紧凑传感器	美国休斯研究所	71	2000-12-06
3	WO2005062025	生物或化学物质光谱分析方法	德国蔡司公司	63	2003-12-22
4	US6909104	小型化太赫兹辐射源	德国 NAWOTEC 公司	60	2000-02-12
5	US5493433	太赫兹光学非对称解复用器	美国普林斯顿大学董事会	57	1994-03-02
5	US5351321	在光波导中实现的布拉格光栅	无	57	1992-10-20
7	US4745452	隧道迁移装置	美国麻省理工学院	56	1987-04-06
8	US5789750	利用太赫兹辐射的光学系统	美国朗讯公司	50	1996-09-09
9	US20060062258	史密斯-珀塞尔电子激光器及其操作方法	美国范德堡大学	49	2005-06-30
10	US5894125A	近场太赫兹成像	美国朗讯公司	42	1997-08-18

对被引频次最高的专利 US5710430（太赫兹成像方法与装置）进行被引演进分析表明，其全部后续专利（被引用树中的专利）达到 1392 件，其中 2000 年以后的被引情况见图 7-23。引用该专利的主要机构见表 7-25。

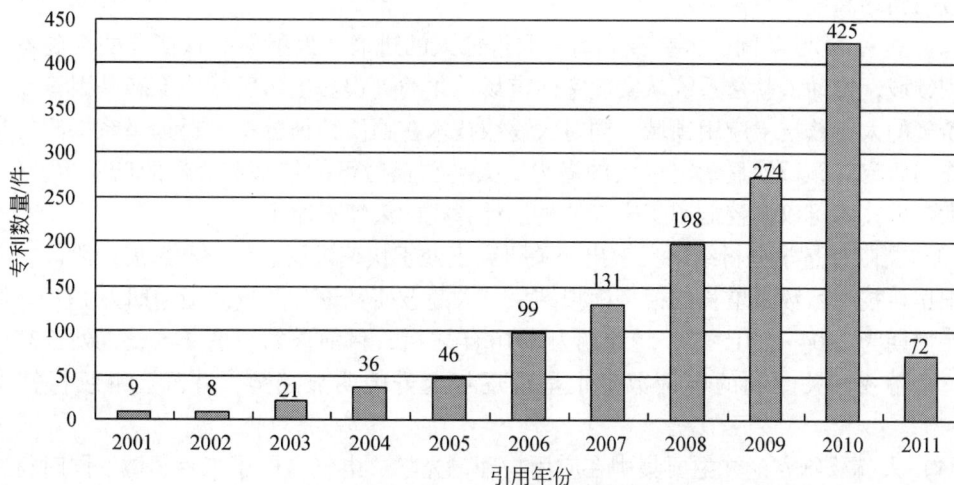

图 7-23　2000 年以后专利 US5710430 的被引情况

表 7-25 引用专利 US5710430 次数最多的前 10 机构

机构名称	引用次数/次
美国 Micron 公司	44
美国 Virgin Islands 微系统公司	37
日本佳能株式会社	36
美国惠普公司	27
麻省理工学院	23

机构名称	引用次数/次
美国 Zygo 公司	21
美国 Nanosys 公司	20
日本精工爱普生公司	20
英国 TERAVIEW 公司	17
美国 Cascade Microtech 公司	16
日本三星电子公司	16

7.5 太赫兹科学与应用的研究特点与发展趋势分析

本章对美国、欧洲、日本等国家和地区发展战略与重大计划项目、研究论文科学计量分析与研究主题挖掘、发明专利分析与技术领域挖掘进行总结凝练，发现太赫兹科学研究与应用领域的发展呈现出下述特点和发展趋势：

（1）由于太赫兹在电磁频谱中所处的位置正好处于科学技术发展相对较好的微波毫米波与红外光学之间，形成一个相对落后的"空白区"，近年来，对其学术和应用价值，世界科技强国均高度关注。

（2）过去的 20 年间，太赫兹光谱学取得惊人的进展，发射器和探测器的发展不断拓展应用领域，推动太赫兹系统从实验室向市场转化的进程。生物医学成像和基因诊断学是最有希望的太赫兹技术应用领域，同时太赫兹技术在物质特征分析、遥远星系探测、量子相互作用研究等领域均显示出极大的潜力。太赫兹辐射可能带来革命性的新应用，例如，利用太赫兹技术可以调控能用于未来的量子计算机的束缚态原子。

（3）文献计量学分析结果反映出相关研究正处于快速发展、深化和扩展的阶段。

根据科技文献数量增长的模型模拟结果，太赫兹研究论文数量的渐增期为 1970～2003 年，快增期为 2004～2015 年，缓增期为 2016 年之后，目前该领域论文数量正处于高速增长期。太赫兹相关专利的申请数量也呈现逐年上升的明显趋势，并且会继续保持增长势头。

（4）太赫兹研究论文主要集中在应用物理、光学、电气与电子工程领域，同时材料科学、光谱学、通信、化学、天文学和生物物理学等领域的太赫兹科学技术研究也逐渐展开。太赫兹研究论文显示出明显的学科交叉性特征，既与太赫兹频段在整个电磁频谱中的重要位置密切相关，也在一定程度上预示着太赫兹光电子技术将可能成为连接宏观电子学和微观波长学的桥梁。

（5）根据 SCI-E 论文的研究主题反映基础研究涉及的主题，太赫兹科学与应用研究主题包括基础科学研究、技术研究和应用研究三个层面：

①超过一半（52.2%）的论文侧重基础科学研究：太赫兹辐射机制是基础科学研究的重中之重，主要研究主题包括非线性光学、硅半导体、输运和跃迁等；太赫兹波的传播、反射与散射特性，以及太赫兹波与超晶格、等离子体、超常材料、超导超晶格等介质

的相互作用特性与机制研究也是研究的热点。

②34.8%的论文关注单向技术研究：主要研究主题包括太赫兹信号源技术、太赫兹信号的检测技术、太赫兹建模和分析技术。目前基于光子学和电子学均有多种产生太赫兹信号的方法，但没有一种方法具有绝对优势，因此是一种取长补短、相互融合、并存发展的状态。

③24.6%的论文重点研究太赫兹科技的应用：主要研究主题包括太赫兹时域光谱、显微镜、X射线断层摄影术、太赫兹激光光谱、爆炸物检测、太赫兹器件等。

（6）美国的相关论文数量遥遥领先，其次是日本和德国，中国排名第5位。太赫兹研究论文数量整体呈逐年增长趋势，特别是2007年以来，太赫兹领域研究呈现出非常活跃的发展态势。其中，中国和韩国的论文总量和占世界份额均高速增长，排名上升。

在机构层面，俄罗斯科学院的论文数量最多，其次为大阪大学和中国科学院。虽然日本的论文总量明显少于美国，但是从机构的角度看，论文数排名前10位的机构中日本占据4席，反映出日本的科研机构在太赫兹科学研究与应用领域实力强劲的总体面貌。

（7）美国太赫兹研究论文的影响力最高，但论文总被引频次占世界同期论文总被引频次的比例明显下降；英国和中国的论文总被引频次占世界同期论文总被引频次的比例明显提高；目前，中国的论文总被引频次排名升至第7位；美国、德国、英国、荷兰、瑞士、丹麦等国的相对引文影响均高于或等于世界平均水平，中国和俄罗斯相对引文影响较低。

（8）各国的太赫兹科学与应用研究各有侧重。俄罗斯和加拿大较侧重基础科学研究；日本更侧重技术研究；德国和英国更侧重于应用研究；美国太赫兹基础理论、技术研究和应用研究的相对份额基本与世界平均水平持平，反映出其研究产出对领域整体表现的决定性影响。中国对基础研究和应用研究的关注程度与世界平均水平相当，但对技术研究的重视程度明显不足。

（9）从专利分析的角度看，日本和美国的专利受理量占整个太赫兹领域专利受理量的2/3，是全球太赫兹领域研发最活跃区域。日本的专利起始受理时间比美国晚18年，但增长非常迅速，目前专利受理总量已超过美国。中国、德国和英国在全球也居于领先地位，尤其是中国，虽然专利受理量与美日仍有一定差距，但近年来呈现出良好的发展势头。俄罗斯和韩国近3年的专利受理也很活跃。

（10）太赫兹技术研发的主体是企业，但近期大学的研发活跃程度更高。全球领先专利申请人类型在一定程度上反映出了两种不同的技术创新模式：①日英模式，研发活动活跃于产业界，企业是专利活动的主体，技术研发更多地面向市场与应用；②中美韩模式，研发重心主要在研究界，明显领先于产业界，技术研发更多地侧重在创新链上游，注重基础研究。日本机构在太赫兹领域具有明显的领先优势，前20专利申请人中有13家来自日本。美国机构在高被引专利中表现突出，前10高被引专利有7项属于美国，说明美国机构的太赫兹专利价值较高。

（11）根据专利反映技术及其应用领域，分析太赫兹技术研发主题主要集中在如下方面：

①利用红外光测试材料在特定元素或分子的特征波长下的相对效应，是太赫兹领域专利申请的重要方向。

②太赫兹领域具有三大研发热点。

（12）论文数与专利数反映出产出侧重论文还是专利的倾向，或侧重基础研究还是应用研究。1991 年至今，太赫兹研究论文数与专利数之比为 9∶1（15428/1683），表明论文产出倾向明显，世界太赫兹科学研究与应用领域处于基础研究阶段。

（13）太赫兹科学研究发展趋势：

在太赫兹科学研究层面，由于太赫兹的长波方向主要依靠电子学科学技术，而太赫兹的短波长方向主要是光子学科学技术，从而在电子学与光子学之间形成一个空白区。考虑到：①太赫兹波的量子能量和黑体温度很低；②许多生物大分子，如有机分子的振动和旋转频率都在太赫兹波段，所以在太赫兹波段表现出很强的吸收和谐振；③太赫兹辐射能以很小的衰减穿透物质如陶瓷、脂肪、碳板、布料、塑料等，因此可用其探测低浓度极化气体，适用于控制污染；太赫兹辐射可无损穿透墙壁、布料，使得其能在某些特殊领域发挥作用；④太赫兹的时域频谱信噪比很高，这使得太赫兹非常适用于成像应用；⑤带宽很宽（0.1~10 太赫兹）；⑥很短的太赫兹脉冲却有着非常宽的带宽和不同寻常的特点，因此基础科学（包括凝聚态物理、半导体物理、量子光学、光学及若干交叉学科）领域将拥有巨大的研究前景和机遇，如基于一定材料的微细结构内部的量子表征、半导体材料中的元激发过程、受太赫兹辐射影响的器件内部电学输运和光学特性、基于太赫兹的量子调控、与等离子体的相互作用等。

（14）太赫兹技术发展趋势：

太赫兹技术开创了新的科学和技术研究领域。太赫兹时域光谱技术因具有低能激发和超快动力学的特点为探测不同类型材料的性质提供了有力工具；太赫兹成像技术在国家安全、工业检测等领域具有广泛的应用前景。可以说，太赫兹时域光谱技术极大地激发了基于太赫兹技术的基础研究和应用研究领域，而太赫兹量子级联激光器技术则更进一步促进了太赫兹研究领域的发展。此外，超快光学继电器、光混频装置/系统以及亚太赫兹电子学也得到了迅速发展：在不久的将来有望利用光混频器和单行载流子光电二极管技术实现 10 吉比特/秒无线通信。这些研究活动还将推进太赫兹信号的处理和应用。

（15）太赫兹应用发展趋势：

在太赫兹技术应用方面，NASA 用太赫兹技术来探测航天飞机的泡沫绝缘层的裂缝，Teraview 公司的设备已经用于已包装的医疗用品的检测。太赫兹技术在过程控制、产品检测和材料评估等方面有着巨大的潜在市场，而这些也只是未来 10 年太赫兹技术应用的一小部分。太赫兹技术市场的发展趋势表现为：

①目前的太赫兹技术市场：根据 Thintri（2007）和 Fuji Keizai（2007）的市场报告，2007 年太赫兹技术市值为 1230 万~3350 万美元；BBC（2008）的市场估计值为 7720 万美元。在目前的市场中，基础研究、环境及空间，无损检测和制造，安全与监视是市场投资的重点。

②未来可能的市场及规模：根据 Fuji Keizai 的预测，到 2017 年太赫兹技术的市场可能达到 4 亿美元；根据 BCC 的预测，到 2018 年太赫兹技术市场的规模可能达到 5.21 亿美元。未来 10 年可能得到大力发展的市场包括：无损检测与制造，安全，传感器应用；10 年之后开发的市场可能包括医学和无线通信。

（16）太赫兹技术应用研究领域未来发展战略和新方向包括：用于生物学、医疗、医学、安全及其他领域的太赫兹传感，用于短距离通信和热点地区、速度超过 10 吉比特/秒的太赫兹无线通信等，详见表 7-26。

表 7-26　太赫兹应用的重要研究主题

领域	任务与挑战
信息与通信	太比特/秒通信，太赫兹无线通信，超快数据处理系统，太赫兹信息技术器件，太赫兹测量器件，太赫兹传感器和相机，太赫兹传感器网络，生物网络，卫星通信，电磁兼容等
生物/医疗/医学/基础设施	癌症诊断，免疫相关疾病研究，不同晶型分析，诊断测量系统，数据库，生物分子，现场太赫兹成像系统，生物电磁兼容，医疗用自由电子激光器
安全/环境/基础设施	危险材料/违禁药物检查系统，危险材料/违禁药物数据库，太赫兹传感器和相机，环境监测系统和数据库，交通与道路监测系统，灾难无线通信，利用量子级联激光器进行气体与环境诊断
工业/标准	工业用太赫兹时域光谱成像系统，半导体材料、纳米材料、电子材料及其他材料评价系统，太赫兹传感器和相机，大规模集成电路测试系统，食物和农业监测控制与安全运行系统，食物与农业领域数据库，功率、频率及其他太赫兹标准系统，电磁兼容
基础科学/天文学	功能性太赫兹时域光谱/成像系统，太赫兹发射和控制器件，量子极限太赫兹探测器，太赫兹自由电子激光器，太赫兹本地振荡器，生物分子结构分析，数据库，其他探测研究

7.6 启示与建议

通过上述分析，获得以下几点启示和政策建议：

（1）太赫兹波属于电磁波，因此首先具有电磁波的共性。同时，由于其处于电子学和光学之间的过渡区，基础科学相关的问题非常多，因此值得深入探讨。从太赫兹研究论文涉及的主要研究主题也可以看出，目前大量的工作还是对一些机制问题的探索和研究，该领域的相关技术还不够成熟，应用研究更是没有全面铺开。

（2）目前，我国的太赫兹研究论文和发明专利产出数量呈明显的上升趋势，可以说搭上了太赫兹科学研究与应用快速发展的列车。但是我国科研成果对世界的影响力总体水平还比较低，技术研发能力相对于基础研究和应用研究明显不足。为此建议在太赫兹领域研究中根据国家战略需求，加强顶层设计，推进原创性基础研究和自主技术开发。

①在基础研究中，针对未来优先发展方向，加强对于过渡区电磁波的特性研究，如太赫兹窗口大气探测研究，与物质的相互作用目标特征谱研究，用于深空的环境适应性问题、探测机制研究等，以更好地支撑未来技术的发展和应用的推进。

②在技术研究中，加快太赫兹关键器件和重要技术攻关，着力开发实用化太赫兹源技术（如常温工作的量子级联激光器）、太赫兹时域光谱技术、太赫兹阵列探测系统技术等，重点解决系统关联技术（如制冷、小型化技术等）及器件的工艺和加工技术等，尽快摆脱目前严重依赖国外技术和产品的局面。

③在应用开发中，瞄准太赫兹独有的、非其他技术可取代的应用领域，如太赫兹深空探测，同时协调、加强相关基础研究和技术的开发进度。

（3）从主要专利申请人的专利保护范围来看，美国、日本、欧洲是专利技术竞争的主要区域。我国机构目前只申请了中国专利，不利于技术保护和对潜在市场的把握。建议我国机构在进行太赫兹技术攻关的同时，重视知识产权的保护，适时调整知识产权战略。

（4）由于目前掌握的物质太赫兹谱非常有限，建议加强国家级机构联合太赫兹数据库的建设，促进机构间的合作研究，发挥各自的能力优势。同时建议设计和建设国家级太赫兹综合研究平台，以平台牵动基础科研究、技术开发和应用实践整个研发链条。

致谢：中国科学院上海微系统与信息技术研究所曹俊诚研究员、中国科学院紫金山天文台史生才研究员、中国科学院上海微系统与信息技术研究所田彤研究员、中国科学院电子学研究所李超等专家为本报告提供宝贵的指导意见。在参加中国科学院高技术局组织的"太赫兹技术战略研讨会"时，笔者从许多与会专家的研讨中受到启发。中国科学院高技术局肖伟刚高级工程师审阅本报告，并提出宝贵的修改意见，谨致谢忱！

参 考 文 献

刘盛纲. 2006. 太赫兹科学技术的新发展. 中国基础科学，8（1）：7~12

姚建铨. 2010-12-30. 姚建铨院士谈太赫兹技术：抢占未来技术的制高点. http：//www. lightfc. com/html/ jiguang50nian/2010/0407/29057. html

Anastasi R F, Madaras E I, Seebo J P et al. 2007. Terahertz NDE Application for Corrosion Detection and Evaluation under Shuttle Tiles. Proceedings of SPIE 6531, Nondestructive Characterization for Composite Materials, Aerospace Engineering, Civil Infrastructure, and Homeland Security

Anscombe N. No Place to Hide. 2005. IEE Review, 26~30

Bolivar P H, Brucherseifer M, Nagel M et al. 2002. Label-free Probing of Genes by Time Domain Terahertz Sensing. Physics in Medicine and Biology, 47（21）：3815~3821

Bradley F, Zhang Xicheng. 2002. Materials for Terahertz Science and Technology. Nature Materials, （1）：26~33

DARPA. 2007. http：//www. darpa. mil/mto/programs/tift/pdf/MTT_THz_Workshop. pdf

DOE, NSF, NIH. 2004. DOE-NSF-NIH Workshop on Opportunities in THz Science. http：//www. sc. doe. gov/ bes/reports/files/THz_rpt. pdf

Fitch M J, Dodson C, Ziomek D S et al. 2004. Time-domain Terahertz Spectroscopy of Bio-agent Simulants. Proceedings of SPIE 5584, Chemical and Biological Standoff Detection II, 16~22

Humphreys K, Loughran J P, Gradziel M et al. 2004. Medical Applications of Terahertz Imaging：A Review of Current Technology and Potential Applications in Biomedical Engineering. Proceedings of the 26th Annual International Conference of the IEEE EMBS, 1302~1305

Information Society Technologies. 2009. TeraNova Final Publishable Activity Report. http：//www. teranova. info/ files/final_activity_report. pdf

Kawase K, Ogawa Y, Watanabe Y. 2003. Non-destructive Terahertz Imaging of Illicit Drugs Using Spectral Fingerprints. Optics Express, 11（20）：2549~2554

Kemp M C, Taday P F, Cole B E et al. 2003. Security Applications of Terahertz Technology. Proceedings of SPIE 5070, Terahertz for Military and Security Applications, 44~52

Markelz A, Whitmore S, Hillebrecht J et al. 2002. THz Time Domain Spectroscopy of Bimolecular Conformational Modes. Physics in Medicine and Biology, 47 (21): 3797 ~ 3805

Mickan S P, Menikhu A, Liu H et al. 2002. Label-free Bioaffinity Detection Using Terahertz Technology. Physics in Medicine and Biology, 47 (21): 3789 ~ 3795

MIT. 2004. 10 Emerging Technologies That Will Change Your World. http://www. technologyreview. com/Infotech/13438

NSF. 2000. Initiative on Sensing and Imaging Technologies for Multi-use Applications. http://www. nsf. gov/pubs/2000/nsf00106/nsf00106. pdf

NSF. 2002. Biophotonics Partnership Initiative III. http://www. nsf. gov/pubs/2002/nsf02012/nsf02012. pdf

NSF. 2003. Biophotonics Partnership Initiative IV. http://www. nsf. gov/pubs/2003/nsf03005/nsf03005. htm

NSF. 2004. Approaches to Combat Terrorism (ACT) . http://www. nsf. gov/pubs/2004/nsf04561/nsf04561. pdf

NSF. 2010. Final Report of the 2010 NSF EARS Workshop. http://www. nsf. gov/mps/ast/nsf_ears_workshop_2010_final_report. pdf

Pickwell E, Cole B E, Fitzgerald A J et al. 2004. In Vivo Study of Human Skin Using Pulsed Terahertz Radiation. Phys. Med. Biol. , (49): 1595 ~ 1607

Redo-sanchez A, Zhang Xicheng. 2008. Terahertz Science and Technology Trends. IEEE Journal of Selected Topics in Quantum Electronics, 14 (2): 260 ~ 269

Seibert K J, Loffler T, Quast H et al. 2003. All-optoelectronic Continuous Wave THz Imaging for Biomedical Applications. Physics in Medicine and Biology, 47 (21): 3743 ~ 3748

Shen Y, Watanabe T, Arena D A et al. 2007. Nonlinear Cross-phase Modulation with Intense Single-cycle Terahertz Pulses. Physical Review Letters, 99 (4): 1 ~ 4

Siegel P H. 2002. Terahertz Technology. IEEE Transactions on Microwave Theory and Techniques, 50 (3): 910 ~ 928

Siegel P H. 2007. Terahertz Technology in Outer and Inner Space. http://web. jrc. ec. europa. eu/emf-net/doc/events/Terahertz%20Technology%20in%20Outer%20and%20Inner%20Space. pdf

Siegel P H. 2007. THz Instruments for Space. IEEE Transactions on Antennas and Propagation, 55 (11): 2957 ~ 2965

Siegel P H. 2010. THz for Space: The Golden Age. http://ieeexplore. ieee. org/stamp/stamp. jsp? tp = &arnumber = 5515761

Siegel P H, Dengler R J. 2004. Terahertz Heterodyne Imager for Biomedical Applications. Proceedings of SPIE 5354, THz and GHz Electronics and Photonics III, 1 ~ 9

Thintri. 2007. Terahertz Systems: Technology & Emerging Markets. http://www. thintri. com/Terahertz-brochure. pdf

Tonouchi M. 2005. New Frontier of Terahertz Technology. http://ieeexplore. ieee. org/stamp/stamp. jsp? arnumber = 01613443

Tonouchi M. 2007. Cutting-edge Terahertz Technology. Nature Photonics, (1): 97 ~ 105

Ulaby F T. 1990. Overview of the University of Michigan Space Terahertz Technology Program. First International Symposium on Space Terahertz Technology, 5 ~ 32

US Department of Homeland Security. 2009. Basic Research Focus Areas. http://www. dhs. gov/xlibrary/assets/st_basic_research_focus_areas_may_2009. pdf

Woodward R M, Wallace V P, Pye R J et al. 2003. Terahertz Pulse Imaging of *ex vivo* Basal Cell Carcinoma. J of Inv Dermatology, 120 (1): 72 ~ 78

Woolard D L, Brown E R, Pepper M et al. 2005. Terahertz Frequency Sensing and Imaging: A Time of Reckoning Future Applications. Proceedings of IEEE, 93 (10): 1722~1743

Woolard D L, Jensen J O, Hwu R J et al. 2007. Terahertz Science and echnology for Military and Security Application. World Scientific Publishing Co Pte Ltd

Zimdars D, White J S, Stuk G et al. 2005. Large Area High Speed Time Domain THz Imager for Security and Non-Destructive Evaluation Imaging. IEEE, IRMMW-THz, (1): 5, 6

8 无线传感器网络国际发展态势分析

张 娟 姜 禾 唐 川 田倩飞 房俊民

（中国科学院国家科学图书馆成都分馆）

无线传感器网络是一种全新的信息获取和处理技术，是当前国际上备受关注、涉及多学科高度交叉、知识高度集成的前沿热点研究领域，也是信息领域的一大研究热点，它是由大量具有通信和计算能力的微小传感器节点以无线方式连接构成的自治测控网络，综合了传感器技术、嵌入式计算技术、现代网络及无线通信技术、分布式信息处理技术等，具有重要的科研价值和广泛的应用前景，可广泛应用于环境监测、交通管理、医疗护理、建筑物监控、智能家居、反恐抗灾、国防军事和工业应用等领域，被公认为是将对21世纪产生巨大影响的技术之一。美国、欧盟、日本、韩国、澳大利亚等国家和地区都投入了大量的人力物力开展相关研究。美国国家科学基金会、国防部、标准与技术研究院陆续投入巨资启动相关项目，支持各学术机构和企业进行无线传感器网络研究；欧盟框架计划将无线传感器网络列为重点研发方向之一；日本和韩国早于2004年就启动了无所不在的传感器网络研发计划，并陆续推出了配套和后续规划。此外，澳大利亚、韩国、亚太经合组织等国家和机构也加大了无线传感器网络研发的力度和规模。我国无线传感器网络的研究与国际上相比具有同发优势、同等水平，在研究、应用及标准化等方面与国际先进水平基本同步，但在企业规模、科技创新能力、产学研结合、技术转化等方面仍然存在不小差距。

据文献计量分析，无线传感器网络技术正处于生命周期的发展阶段，美国、韩国、中国是无线传感器网络研发活动最为活跃的三个国家。尤其是近3年来，中国无线传感器网络技术力量快速增长，相关市场备受重视。不过中国的研发主要集中在学术界，企业的研发力量相对薄弱。无线传感器网络、传感器节点、协议、通信网络设计、规划与路由是其中最为热门的技术主题。从论文作者和专利申请者的年度分布可以看出，无线传感器网络研发队伍在不断增长，每年都有大量新的研究人员投入无线传感器网络领域的研发。

针对无线传感器网络的发展形势和我国的具体情况，报告最后提出了几点建议：从宏观上制定一系列政策和措施，引导无线传感器网络的技术研发和产业发展；关注技术热点，加大对技术热点研发的资源投入，大力扶植优秀企业，建立良好的技术转化机制，加强研发合作；努力解决无线传感器网络应用面临的数据采集与管理、能源供应、无线通信等技术挑战；积极参与无线传感器网络相关的国内和国际标准制定，提升我国产品的技术水平和竞争力，占领行业制高点。

8.1 引言

8.1.1 无线传感器网络的定义与系统架构

无线传感器网络（Wireless Sensor Network，WSN），也称无线传感网一种普遍被接受的无线传感器网络的定义为：大规模、无线、自组织、多跳（Multihop）、无分区、无基础设施支持的网络，其中节点是同构的、成本较低、体积较小，大部分节点不移动，被随意散布在工作区域，要求网络系统尽可能长的工作时间。（余向阳，2008）

传感器是 WSN 的一个节点（Node），通常是一个微型嵌入式系统，具备自动传感与通信功能，能够实现对环境现象的物理传感，并经过无线通信报告测量值。传感器一般由 5 个主要硬件组成：处理器（Processor）、收发器（Transceiver）、存储器（Memory）、电源（Power Source）和可以根据环境参数产生信号的传感器件（Transducer），有时还包括模数转换器（Analogue to Digital Converters，ADC）。这些组件构成了一个完整的传感器节点，并分别承担了传感、处理和传输三个部分的工作。不过传感器节点的处理能力、存储能力和通信能力相对较弱，通过携带能量有限的电池供电。传感器节点的架构如图 8-1 所示。

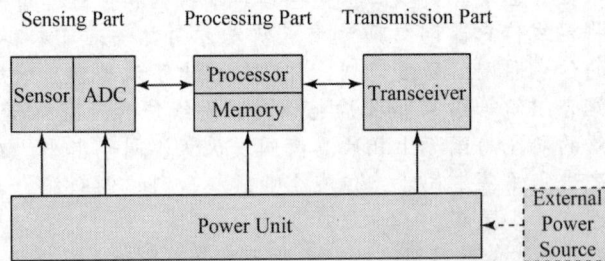

图 8-1　传感器节点的架构
资料来源：Gomez et al.，2011

一个典型的无线传感器网络的系统架构由分布式无线传感器节点（群）、接收发送器汇聚节点（Sink）、互联网或通信卫星和任务管理节点等部分组成，如图 8-2 所示。大量传感器节点随机部署在指定的监测区域内部或附近，能够通过自组织方式构成网络。每个传感器节点都可以监测和采集数据，并将数据沿着其他传感器节点逐跳地进行传输，在传输过程中数据可能被多个节点处理，经过"多跳"路由方式传送至 Sink。Sink 也可以用同样的方式将信息发送给各节点。Sink 直接与互联网或通信卫星相连，通过互联网或通信卫星实现任务管理节点（即终端用户）与传感器之间的通信。

8.1.2 无线传感器网络的发展阶段

WSN 的基本思想起源于 20 世纪 70 年代，1978 年，美国国防部高级研究计划局

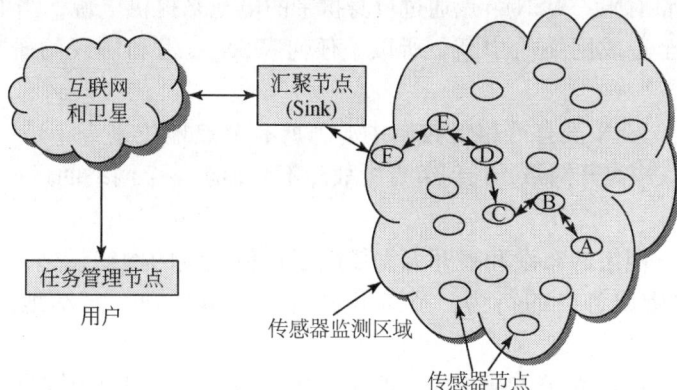

图 8-2 典型的无线传感器网络的系统架构

资料来源：李建中等，2003

（DARPA）在卡耐基－梅隆大学成立了分布式传感器网络工作组，1980 年，DARPA 的分布式传感器网络项目开启了传感器网络研究的先河。20 世纪 80～90 年代，研究主要集中于军事领域，WSN 成为网络中心战的关键技术，拉开了无线传感器网络研究的序幕。20 世纪 90 年代中后期，WSN 引起了学术界、军界和工业界的广泛关注，发端了现代意义上的无线传感器网络技术。

传感器网络的发展可划分为四个阶段。第一代传感器网络始于 20 世纪 70 年代，是由传统传感器所组成的测控系统，具备简单的点到点信号传输功能和信息获取能力；第二代是由智能传感器和现场控制站组成的测控网络，具备获取多种信息的综合能力，并采用串/并接口与传感控制器相连；从 20 世纪 90 年代后期起，传感器网络进入第三代，主要是基于现场总线的智能传感器局域网络；第四代传感器网络采用大量的具有多功能多信息获取能力的传感器，在通信方式上采用自组织无线接入，从而构成了现代意义的无线传感器网络。无线传感器网络研究始于 20 世纪 90 年代末期，最早用于军事上战场信息的收集。2003 年，美国《技术评论》杂志在论述未来新兴十大技术时，将无线传感器网络列为第一项未来新兴技术。同年，美国《商业周刊》未来技术专版在论述四大新技术时，也将无线传感器网络列入其中。美国《今日防务》杂志更认为无线传感器网络的应用和发展，将引起一场划时代的军事技术革命和未来战争的变革。目前无线传感器网络正处于研究和开发阶段，其应用领域也发生了很大的变化。

8.1.3 无线传感器网络的特点及其与 MANET 网络和物联网的区别

8.1.3.1 无线传感器网络的特点

无线传感器网络具有以下特点：

（1）硬件资源有限：WSN 节点采用嵌入式处理器和存储器，计算能力和存储能力十分有限。所以，需要解决如何在有限计算能力的条件下进行协作分布式信息处理的难题。

（2）电源容量有限：WSN 节点通过自身携带的电池来提供电源，当电池的能量耗尽，往往被废弃，甚至造成网络的中断。所以，任何 WSN 技术和协议的研究都要以节能为前提。

（3）无中心：WSN 没有严格的控制中心，所有节点地位平等，是一个对等式网络。节点可以随时加入或离开网络，任何节点的故障不会影响整个网络的运行，具有很强的抗毁性。

（4）自组织：网络的布设和展开无需依赖于任何预设的网络设施，节点通过分层协议和分布式算法协调各自的行为，节点开机后就可以快速、自动地组成一个独立的网络。

（5）多跳路由：WSN 节点通信能力有限，覆盖范围只有几十到几百米，节点只能与它的邻居直接通信。如果希望与其射频覆盖范围之外的节点进行通信，则需要通过中间节点进行路由。WSN 中的多跳路由是由普通网络节点完成的。

（6）动态拓扑：WSN 是一个动态的网络，一个节点可能会因为电池能量耗尽或其他故障，退出网络运行；也可能由于工作的需要而被添加到网络中。这些都会使网络的拓扑结构随时发生变化，因此网络应该具有动态拓扑组织功能。

（7）节点数量众多，分布密集：WSN 节点数量大、分布范围广，难于维护甚至不可维护。所以，需要提高传感器网络软硬件的健壮性和容错性。

8.1.3.2　无线传感器网络与 MANET 网络的区别

从某方面而言，WSN 与移动自组织网络（MANET）有着相似之处，如两者都采用了多跳连接和自组织模式。然而，两种系统在应用和技术需求方面却存在着极大不同。

（1）WSN 的典型通信模式是从多个数据源到一个数据接收点或汇聚节点，换言之，传感器节点主要采用多点传送或广播方式进行通信，而 MANET 大都采用点对点通信模式；

（2）大多数传感器节点是固定的，不像 MANET 的节点能快速移动；

（3）WSN 中多个传感器采集的数据都是基于同一环境，很容易出现数据冗余的现象，并对 WSN 的流量形成依赖，从而可能造成部分典型的随机存取协议模式无法满足排队分析的要求，而这两种情况一般不会在 MANET 中出现；

（4）能源是 WSN 的主要限制，由于 WSN 较长时间需要处于无人操作的状态，必须要实现先进的能源管理，因为这也会影响到高效率的数据传输。而 MANET 的通信设备主要由人工操作，能够经常进行更换和充电，并不存在这一问题；

（5）WSN 中的传感器节点数量极大，是 MANET 节点的几个数量级。

鉴于以上原因，MANET 的路由协议并不适用于 WSN，需要寻找更适合的方案。

8.1.3.3　无线传感器网络与物联网的区别

无线传感器网络和物联网都是当前较新的技术领域，在我国更是炙手可热，受到全社会的普遍关注，更有不少人将无线传感器网络等同于物联网。物联网的核心是信息感知层，而 WSN 是物联网感知层的终极形态，是物联网信息获取的主要方式。换言之，WSN 只是物联网架构的一部分，而不等同于物联网本身。

首先，从网络架构和协议上看，物联网与 WSN 完全不同，这是两者最为本质的区别，不过这并不妨碍它们进行技术共享。其次，WSN 和无线个域网（WPAN）、无线体域网（WBAN）以及其他特殊无线网络同属于常说的短程无线互联的范畴，只能在战场、地震监测、建筑工程、保安、智能家居等局部区域使用。而物联网的范围则要大得多，它可以把世界上任何物品通过电子标签和网络联系起来，形成物物相连的网，其中包括了 WSN，射频识别（RFID）和二维码等。再次，WSN 只负责感知信号，并不强调对物体的标识和测控，更像一个单向信息采集的网络；而物联网不光是对物体进行标识，而应该是一个可以双向互动的测控网络。最后，从目标特征看，物联网探测的一定是已知物品，而 WSN 探测和判断的更多是未知的人或物。

无线传感器网络综合了现代传感器技术、微电子技术、通信技术、嵌入式计算技术和分布式信息处理技术等多个学科领域，是新兴的交叉研究领域，它的出现引起了全世界范围内的广泛关注，世界各国的科研机构和科研人员对无线传感器网络的研究投入了极大的热情。各国政府也纷纷将无线传感器网络研究上升至国家层面，投入巨资支持相关的研究工作。

8.2 各国无线传感器网络发展动态与战略部署

8.2.1 美国

美国是传感网技术的发源地。目前美国在传感器网络方面处于领先地位，美国佛罗里达大学和飞思卡尔半导体公司开发的低功耗、低成本的 MEMS 运动传感器、美国罗格斯大学开发的多模无线传感器（MUSE）多芯片模块、伊利诺伊大学香槟分校开发的热红外无线 MEMS 传感器等目前在全球市场仍然处于领先地位。EPCglobal 标准已在国际上取得主动地位，其标准架构已被许多国家所采纳。这要归功于美国大学、企业等机构的共同努力。

加利福尼亚大学洛杉矶分校、加利福尼亚大学伯克利分校、麻省理工学院、科内尔大学、哈佛大学、卡耐基－梅隆大学等在 WSN 研究领域成绩较为突出。克利夫兰州立大学的移动计算实验室在基于 IP 的移动网络和自组织网络方面结合无线传感器网络技术进行了研究。麻省理工学院从事着极低功耗的无线传感器网络方面的研究。

美国各大知名企业也都纷纷开展了无线传感器网络的研究，并与大学建立了合作关系。克尔斯博公司是国际上率先进行无线传感器网络研究的先驱，它为全球超过 2000 所高校以及上千家大型公司提供无线传感器解决方案；Crossbow 公司与微软、传感器设备巨头霍尼韦尔、硬件设备制造商英特尔、网络设备制造巨头、加利福尼亚大学伯克利分校等都建立了合作关系（物联中国，2010）。

近年来，美国国家科学基金会（NSF）、美国国防部（DOD）、美国标准与技术研究院（NIST）等联邦机构纷纷资助美国高校开展无线传感器网络的相关项目研究。

8.2.1.1　NSF 的研发资助情况

1）传感器与传感器网络研究计划

NSF 于 2003 年启动传感器与传感器网络（Sensor and Sensor Networks）研究计划，并在加利福尼亚大学洛杉矶分校成立了嵌入式网络传感研究中心（UCLA's Center for Embedded Networked Sensing，CENS）。自 2003 年起，该计划进行了数次招标，历次招标的金额和资助重点如表 8-1 所示。

表 8-1　NSF 的传感器与传感器网络计划历年资助情况

年份	资助金额/万美元	资助重点
2003	3 400	（1）新传感器和传感系统的材料工程、概念和设计 （2）阵列传感器网络和联网 （3）基于传感器数据的解释、决策和行动
2004	3 100	（1）新传感器和传感系统的材料工程、概念和设计，重点是适用工程、生物或环境应用的材料和设备 （2）以网络化传感器为基础的解释、决策和行动，主要解决系统级应用方面的问题，包括生物医学健康监测、诊断和治疗；民用/机械/航空结构的健康监测系统；传感器嵌入制造过程和工程系统；危机管理传感器系统；恶劣环境事件的监测和反应等 （3）传感器研究与教育的集成，包括课程开发、学生教育等
2005	2 000	（1）新传感器和传感系统的材料工程、概念和设计，重点是适合技术和环境观察应用的材料和设备 （2）网络化传感器的工程应用、数据的解释和反应行动，解决系统级应用问题 （3）环境传感器和传感系统，促进就地和远程传感系统的根本性进步，以对一系列的复杂环境材料或化合物、生活方式和过程进行观察、建模和分析 （4）传感器研究与教育的集成
2007	2 000	项目名称更名为"爆炸物和相关威胁：预测和检测的前沿"，支持有助于检测爆炸物和相关威胁的传感器及其他研究，有关生物、有毒化学和核武器的预测与监测研究不在此项目资助范围之列： （1）新传感器和传感系统的材料科学与工程、概念和设计 （2）网络化传感器的科学与工程应用、数据的解释、反应行动 （3）传感系统的信息管理 （4）预测的社会和行为科学，以利用心理学家、社会学家、地理学家来提高对威胁的预测能力

由上可看出，新传感器和传感系统的材料工程、概念和设计以及基于传感器数据的解释、决策和行动这两个方向是该计划资助的核心，历年来都予以了支持。

2）资助项目

历年来资助的部分项目包括：

（1）CitySense——全城无线传感器网络项目。

在 NSF 的资助下，美国哈佛大学在 2007 年与 BBN 公司、剑桥城一起启动了一项为期

4 年的项目——CitySense，目标是打造世界上第一个能够在整个城市范围内实时传送传感器数据的无线网络，科学家将使用这个名为 CitySense 的网络监控城市的天气和环境污染。

研究人员计划 2011 年前在遍布于马萨诸塞州剑桥城的路灯上安装 100 个传感器，而每个节点将包括一个嵌入式 PC，一个 802.11a/b/g Wi-Fi 接口和各种用于监测气候状况和空气污染物的传感器。

目前，哈佛大学工程与应用科学学院计算机科学系副教授 Matt Welsh 研究小组的这个项目还处在原型试验阶段，但他们希望可以在两年内安置 20 个传感器，到第三年达到 50 个，最后一年完成剩下的部分。该无线传感网系统解决了过去电池寿命对无线网络的限制——研究人员把节点装在市政街灯上，从而通过城市电力系统获得电能。该方法使得传感器的使用增加了很多新的途径，如进行实时环境监测这样的长期实验、研究小气候和人口健康之间的关系、跟踪生化制剂的扩散等。

一个更大的挑战是如何让分散在城市各处的远程节点和位于哈佛大学、BNN 的中心服务器连接。CitySense 通过把每个节点同相邻的节点相连形成网状网来解决这一问题。在该网络中利用一个 1 英里射程的小无线电装置，任何一个节点都可以从远程服务器中心下载软件或上传传感器数据。Welsh 已经在实验室里运行了一个有 5 个节点的网络模型。Welsh 说："它就像一个会传染所有节点的'病毒'，每个节点都可以和相邻的节点'对话'、传递数据，最终可以使一个程序在所有节点上运行。"

此前，曾有小规模的类似网络得到应用，但那些都是为私人目的而建，或是为麦迪逊市、香槟市这样的城镇提供无线网络连接。而 CitySense 则是一个开放的、资源公开的测试平台。从收集气候数据、监测交通状况到噪声污染，全世界的研究人员都可以使用 CitySense。Welsh 表示："CitySense 将是这类项目中最大的一个，由 100 个传感器组成的系统将最终向所有网民开放。这意味着，美国塔尔萨市的大气科学研究人员或者圣弗朗西斯科的高中老师只要预定一个时间，就可以在 CitySense 上运行自己设计的实验。"

同时，CitySense 的服务器会把数据库的信息张贴在网络上。微软公司表示将用 Virtual Earth 和 SensorMap 技术把数据覆盖到地图上。这样的话，科学家足不出户就可以追踪污染物扩散情况，获得更好的解决方案和更长的监测时间。而现在，研究人员获得这些数据的唯一办法就是背着装满传感器、电池和 GPS 追踪器的背包满城跑。

据悉，CitySense 网络最初将用于监测环境变量，如温度、风速、降雨量、大气压和空气质量等，但未来传感器的用途将会呈现多种可能性，从计算大气污染物的传感器到用于测量噪声污染的麦克风，甚至可以通过轿车和公交车上的移动传感器收集信息。

（2）低成本沿海水质监测系统。

美国北卡罗来纳州立大学的研究人员正在开发一种具有成本效益的电子监测系统，该系统允许用户实时追踪海岸的水质数据，从而提高对重要沿海生态系统的认识。而现有的电子监测技术非常昂贵，难以大规模实施，并且不易使用。

参与此项目的切萨皮克湾环境中心（CBEC）的研究人员正在开发价格低廉的无线传感器，这些传感器能被固定在海底、系于浮标或船只后面以收集数据，并将数据传送到中央服务器，使这些数据可以立即在线使用。这些传感器将收集水温、水中的盐度和清澈度等数据。

这一数据收集系统能够帮助跟踪环境健康，帮助科学家解答生态学研究的一些问题。例如，CBEC 小组正计划将这些传感器纳入监测牡蛎活动的网络，从而比较牡蛎活动与环境质量的数据，了解什么样的条件最有利于牡蛎生长。

研究人员将在水中采用价格低廉的商用传感器，并开发和运行新的工具，以确保数据的实时处理，以及使传感器、数据处理设备更节能。这是使系统具有成本效益的关键。研究人员也将公开其硬件和软件设计，从而使该系统能够在任何地方复制使用。

该项目得到了 NSF 的资助和美国国家安全局（NSA）的支持。尽管该项目的重点在于水中数据的收集，但其研究进展也可在国家安全领域得到更广泛的应用。

8.2.1.2　DOD 的研发资助情况

美国军方最先开始无线传感器网络技术的研究，开展了 CEC、REMBASS、TRSS、SensorIT、WINS、Smart Dust、SeaWeb、μAMPS、NEST 等研究项目。为了提高大学对于美国国防基础研究的贡献，1983 年美国国防部开始实施"大学研究倡议"项目（University Research Initiative，URI）。随着该项目的不断改进，1996 年开始的 URI 项目正式以"多学科大学研究计划"（MURI）为核心。2009 年 5 月 8 日，美国国防部宣布将在未来 5 年内为 69 所科研院校提供总共 2.6 亿美元的资助，支持他们开展跨学科的基础研究。

近年来国防部通过 MURI 资助了多项传感器相关的研究，部分项目如下。

1）"伺机性传感"新技术

2009 年 5 月，莱斯大学、耶鲁大学、加利福尼亚大学洛杉矶分校等五所大学赢得国防部 MURI 项目 630 万美元的资助，意欲通过开发"伺机性传感"新技术确立美国在传感器设计、信号处理、通信和机器人领域的领先地位。这项计划由陆军研究办公室提供资助，可能会直接影响未来地面监视和空中监视系统的设计，让它们更强大，更可信，更好地辨别敌友。

2）新型传感器网络的非线性动态学

2007 年马里兰大学伯克分校和杜克大学赢得了国防部 MURI 项目的资助，旨在开发用于军事传感的新的非线性动态概念、设备和网络。由物理学家、工程师和数学家组成的协同团队将开发一个高度敏感的、波长范围广泛、灵活、重量轻、低功率的检测器。项目将研究复杂环境下的网络概念。项目的目标是创建一种新型的传感器和传感器系统，将在军事行动中发挥前所未有的作用和效率。

3）实现可信融合的传感器网络工程结构

2007 年宾夕法尼亚州立大学、哈佛大学、杜克大学等五所大学赢得了国防部 MURI 项目的资助，旨在解决以下问题的理论基础：随着国防部的战术转向以网络为中心，研究多源传感器数据的扩散；全球恐怖主义战争环境下的城市地区监测需求；未来作战系统平台的合作需求。重点是网络科学与工程，以实现传感器网络的动态构建，支持可靠的信息融合。

8.2.1.3　NIST 的研发资助情况

NIST 的研究人员正在开展与无线传感有关的研究工作，包括研究信号传输涉及的基础物理、探索无线传感器的新的应用领域、开发通过网络传输信号的有效方法，以及便于无线传感技术应用的标准。

具体开展的与无线传感器相关的研究工作包括：智能传感器的 IEEE 1451 标准、Ad hoc 传感网络的实时部署、美国国土安全部的传感网络标准、用于监测建筑物条件的无线传感器网络、工业环境的无线技术、应急救援人员的战术决策辅助、建筑行业的 RFID 传感器等。

目前 NIST 正在制定国土安全部用于部署传感器网络和建立国家预警系统的标准，以监测化学、生物、放射性、核标准和爆炸的危险。来源于许多无线传感网络的数据将用于查明问题的根源，并帮助相关人员做出正确的应对。为了确保这些传感器网络的数据能够提供给那些需要它们的人员，需要制定相关的标准，包括：为建立物理连接以传输数据信号的标准、用来传输传感器数据的数据格式的标准，以及用于自我识别特征的标准，它们使传感器可以很容易地获得验证和纳入应用程序。IEEE 1451 标准、不同的 XML 架构和 Web 服务准则正被调查研究，以确保数据可以从无线传感器网络传输至应急救援人员和其他需要这些数据的人员。

NIST 的传热和替代能源系统小组正致力于鼓励在建筑物内使用无线传感器，作为改善室内环境质量、降低建筑物的能源消耗和向建筑物管理人员提出设备问题或损坏警报的一种方式。目前正在开发用于将数据从无线传感器网络传输至软件应用程序的标准化协议。

其中"用于监测建筑物条件的无线传感器网络"是 NIST 的一个研究重点。

1）NIST 确定未来基础设施先进传感技术资助方向

2009 年 11 月，NIST 发布了四份有关其"技术创新项目"（Technology Innovation Program）未来资助方向的白皮书，并公开征求公众意见。这四个方向之一即"基础设施先进传感技术和先进修复材料：供水系统、大坝、堤坝、桥梁、道路和高速公路"。

NIST 技术创新项目的目标是通过开展符合国家重大需求的高风险、高回报的研究，帮助美国企业、高等教育研究机构和其他组织支持、促进和加速美国的创新。这些符合国家重大需求的领域是社会面临的亟待解决的重大挑战，备受政府特别关注。

利用更好的工具来管理基础设施是每个城市和州在管理基础设施方面所面临的挑战，因为部分基础设施的使用寿命已经接近尾声，而目前还没有具有成本效益的方法来监测基础设施的完整性，并优先安排和实施对存在危险的基础设施部件的修复或改造。

传感技术是基础设施管理的一个方面。自动传感技术可以提供有用的信息，帮助做出修复基础设施部件的管理决定，如图 8-3 所示。

新的传感技术可以获取实时的监测数据，帮助解释所获取的数据，对基础设施结构的完整性发出及时、准确的预警，从而确保公众的安全。新的传感技术还可以对基础设施投资进行更智能化的管理，避免过早的更换基础设施或创建能在确定需要后立即采取行动的基础设施。新的修复/改造材料和手段则为基础设施管理者提供了工具，可以更有效地解决基础设施老化带来的挑战。

因此获取与基础设施部件的结构完整性有关的实时数据不仅有益于维修改造，而且有助于在即将发生灾难性故障前进行紧急预警。而目前缺乏可以提供这些信息的具有成本效益的、可实地部署的传感系统。尽管人们已经开始在新修建筑中安装嵌入式传感器，但这

```
┌─────────────────────────┐      ┌─────────────────────────┐
│ 检查技术                 │      │ 监测技术                 │
│ ●非破坏性检测/评估       │      │ ●传感器/传感材料         │
│ ●信号处理-数据融合       │      │ ●有线/无线传感网络       │
│ ●图像处理                │      │ ●实时监测                │
└─────────────────────────┘      └─────────────────────────┘
```

┌─────────────────────────────────────┐
│ 修复/改造材料和应用技术   │
│ ●不开挖修复和自动安装   │
│ ●能够提供更强大功能的修复材料和系统 │
│ ●用于水下修复的材料   │
│ ●可使用更长时间的修补材料   │
│ ●延长基础设施使用寿命的涂料   │
└─────────────────────────────────────┘

┌─────────────────────┐
│ 更有效的基础设施管理 │
└─────────────────────┘

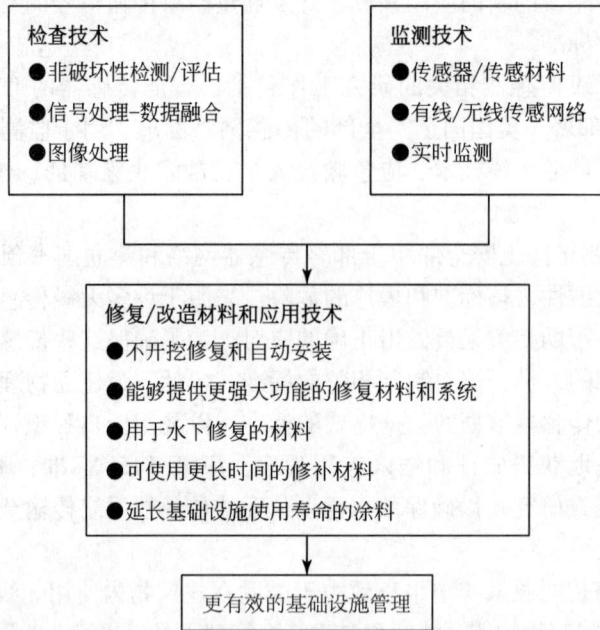

图 8-3　传感技术与基础设施管理

些系统不能部署到现有的基础设施中。

目前能够提供基础设施的完整性数据的技术非常昂贵，并且只能提供与所用技术有关的部分图片。更先进的检测系统包括地面穿透雷达、声 – 波传播的方法、电阻抗测量设备以及其他可以检测到地下存在的缺陷的方法。这些方法成本很高，需要昂贵的设备和进行安装、测量和解释结果的大量熟练工人。

美国环境保护局（EPA）和联邦公路管理局（FHWA）一致认为现有基础设施的检查和监测系统还远远不够，而基于现有技术建立更好的基础设施传感系统很难实现或不具备经济可行性。有关分析提出应当在基础设施修复材料和修复过程方面开展变革性的研究，而不是研究对现有技术的逐步改进。

技术创新项目已经决定投资于"基础设施先进传感技术和先进修复材料：供水系统、大坝、堤坝、桥梁、道路和高速公路"，其目标是：

• 开发新的工具和技术，使基础设施管理者可以监测这些国家关键基础设施的健康情况；

• 探索可以探知处于地上、地下、水下的工程结构的安全、完整程度的方法，及时向系统管理者传递相关信息；

• 开发新的先进材料/应用技术，能够对现有民用基础设施实施更经济有效的修复或改造，延长其使用寿命。

2）NIST 资助基础设施监测与检查技术研发项目

2009 年 1 月，NIST 宣布为数个科研项目提供资助，帮助他们开发先进传感技术，以便对桥梁、道路、水利系统等基础设施的状况进行及时且详细的监测与检查。这是 NIST 技术创新项目首次对科研项目提供资助。未来 5 年内 NIST 将为基础设施监测与检查技术的研发投入 8820 万美元。其中, 4250 万美元来自技术创新项目。资助的与传感器网络相关的项目见表 8-2。

表 8-2 TIP 资助的基础设施监测与检查相关项目

项目名称	承办人	期限	经费	项目目标
自供电无线传感器网络, 用于桥梁结构健康预后	物理声学公司	5 年	TIP 资助: 693 万美元。其他资助: 696.9 万美元	开发一种新型系统, 利用多种无线传感器监测桥梁结构的健康, 这种系统还能借助震动/风力来发电
用于预防和减轻水利系统基础设施灾害的下一代 SCADA	美国加利福尼亚大学欧文分校	3 年	TIP 资助: 280 万美元。其他资助: 288.5 万美元	开发一种新型系统, 利用先进 SCADA 系统中的无线传感器节点监测和检测水利及废水基础设施中的管道系统
快速、可靠、经济的高速公路桥梁检测与监测方法	美国德州大学奥斯丁分校	5 年	TIP 资助: 342.1 万美元。其他资助: 342.1 万美元	开发用于检测桥梁的传感器网络, 包括动态、自供电的系统, 可以持续监测桥梁的裂缝或缺陷, 以及用于检测钢筋混凝土桥楼甲板的无源系统 项目将开发两套相关的无线网络系统, 监测裂纹或缺陷和关键结构部件的腐蚀, 其中一套系统是低功率无线传感器网络。该传感器节点将采用"能源收集"技术, 从太阳能或风能或桥梁结构的振动中获取能量, 从而独立于电网。该节点将能够支持多个传感器, 并有足够的计算能力来处理原始的传感器数据, 发现重要的事件和发送场外通知

8.2.1.4 其他机构的研发资助情况

1) IBM 智慧地球战略:传感网是核心技术

（1）智慧地球战略。

2009 年 1 月 28 日, 在奥巴马就任总统后的首次美国工商业领袖圆桌会上, IBM 首席执行官彭明盛首次提出"智慧地球"这一概念, 建议新政府投资新一代的智慧型基础设施。2009 年 2 月, IBM 大中华区首席执行官钱大群在 2009 IBM 论坛上公布了名为"智慧的地球"的最新策略。传感网是"智慧地球"的核心技术之一。

IBM 认为, IT 产业下一阶段的任务是把新一代 IT 技术充分运用在各行各业之中, 具体地说, 就是把传感器嵌入和装备到电网、铁路、桥梁、隧道、公路、建筑、供水系统、大坝、油气管道等各种物体中, 并且被普遍连接, 形成物联网。在策略发布会上, IBM 还提出, 如果在基础建设的执行中, 植入"智慧"的理念, 不仅能够在短期内有力地刺激经济、促进就业, 而且能够在短时间内打造一个成熟的智慧基础设施平台。上述提议得到了奥巴马总统的积极回应, 认为"智慧地球"有助于美国的"巧实力"（Smart Power）战略, 是继互联网之后国家发展的核心领域。

IBM 把中国作为实施全球"智慧地球"战略的主要中心, 全面部署"智慧地球"中国战略, 设计制定中长远发展计划。2009 年 2 月 24 日, IBM 正式提出"智慧地球赢在中国"计划，明确了"智慧地球"中国战略的十年规划，确定了六大推广领域，即智慧电力、智慧医疗、智慧城市、智慧交通、智慧物流、智慧银行。这六大领域，都是资源丰富、资金充沛，关系国计民生的重点行业（东鸟，2010）。

（2）IBM开发传感器网络操作系统。

未来数年数十亿传感器可能会遍布全世界。但如果不能轻松对已经部署的传感器开发软件应用程序及升级其功能，目前和未来的传感器网络就不能实现其潜在的价值。2010年6月7日，IBM发布了一个名为"Mote Runner"的软件包，希望有助于物联网的实现。

该软件包是一个无线传感器网络的操作系统，也是一个应用开发平台。学生和大学研究人员可通过www.alphaworks.ibm.com免费下载该工具包。

运行于Mote Runner的应用程序可以用Java或C编程语言编写。由于Mote Runner是一个虚拟机，一个应用程序可以只编写一次就能在不同的传感器网络硬件上运行。同时Mote Runner也使得这些传感器网络能够动态升级其功能。

领先的传感器网络公司MEMSIC已经同意从2010年7月开始在其产品中配置Mote Runner。但这仅仅只是一个开始，IBM研究人员希望Mote Runner能作为催化剂，促进其他科学家能够在同样的技术规范基础上开发他们自己的兼容平台。

2）惠普地球中枢系统十年计划

惠普公司于2009年启动了一个名为"地球中枢系统"（Central Nervous System for the Earth，CeNSE）的十年计划，计划在全球范围内安装1万亿个微小的传感器。

CeNSE旨在创建新的信息生态系统所需技术的数学和物理基础，包括嵌入大环境中的1万亿个纳米传感器和驱动器，通过各种网络实现与计算机系统、软件和服务的连接，从而在分析引擎、存储系统和最终用户间交流信息。

为此惠普公司下属的智能基础设施实验室（Intelligent Infrastructure Lab）将重点开展以下研究：

- 大大改进嵌入式传感器和执行器的成本、尺寸、功耗效率、准确性、灵敏度；
- 研究纳米级非线性光学应用，以提供新的化学传感器和分析。

2009年11月，惠普公司开发出新的惯性传感技术，能够帮助开发数字微机电系统（MEMS）加速度计，与现有的产品相比，灵敏度能提高1000倍。MEMS加速度计是一种可用于测量振动、冲击或速度变化的传感器。通过部署多个此类监测器作为一个完整的传感器网络的一部分，惠普公司将实现实时数据采集、管理评估和分析。这些信息使人们能够更好、更快的做出决策，并采取后续行动，改善多领域的安全、可持续性，比如桥梁和基础设施健康监测、地球物理测绘、矿山勘探和地震监测。

这一新的传感技术采用过去25年来惠普公司研发的流MEMS技术，代表了纳米传感研究的新突破，是实现惠普有关CeNSE愿景的关键推动力量。

8.2.2 欧盟

8.2.2.1 欧盟ICT规划将无线传感器网络作为重点之一

2009年7月公布的欧盟第七框架计划《ICT 2009～2010年工作计划》将"网络监测

和控制系统工程"作为一项重点，旨在解决用于监控的大型、分布式合作系统（包括无线传感网络）的工程技术问题，这些问题没有被"嵌入式智能系统先进研究和技术"（Advanced Research and Technology for Embedded Intelligence and Systems，ARTEMIS）项目所解决，因此与 ARTEMIS 能够互补，其目标产出之一即是"无线传感网络和合作对象"（European Commission，2009）。无线传感网是公认的处理合作对象的一种典型方式。合作对象即是小的拥有无线通信能力的计算设备，使它们能合作和自动组织连成网络，以实现一个共同的任务。

计划指出，"无线传感网络和合作对象"的目标即：开发系统架构、硬件/软件集成平台和工程方法，用于由异构网络化智能对象组成的分布式系统，这些智能对象通过传感器、执行器和嵌入式处理器得以实现。这将有助于工厂、建筑和大型基础设施（包括环境管理系统）实现更好的可靠性、安全性、成本和能源效率。

研究挑战包括：支持对象间的自发特定合作的方法和算法；以网络为中心的计算，拥有动态资源发现和管理能力；轻量级操作系统和内核；用于工业或室外等恶劣环境的开放无线通信协议；可进行（重新）编程的支持工具；通过低成本的传感器和执行器的聚集，实现虚拟传感和驱动；进行新的大规模无线传感器网络的应用试验，目的是支持利用一个 IP 地址来解决框架和集成平台的设计与验证，用于非常大规模的合作对象和无线传感器网络系统。

2010 年 7 月公布的《2011~2012 年规划》也将利用无线传感器网络作为实现"低碳多模式移动和货运交通"的重要方法之一，并提出要开发基于工厂的智能传感器网络的应用（European Commission，2009）。

8.2.2.2 欧盟物联网战略研究路线图提出传感网发展设想和研究需要

2009 年 9 月 15 日，欧盟发布了《物联网战略研究路线图》（Internet of Things Strategic Research Roadmap），提出了 2010~2020 年欧盟物联网的研究领域和研究路线图。路线图指出，物联网愿景中的所有"物"具有一个共同特征，即"可以附加传感器，从而能与它们所处的环境互动"，并提出了未来的技术发展设想和研究需要，其中多项涉及传感器和无线传感网络，如表8-3、表8-4所示。（European Commission Website，2009）

表8-3 路线图提出的未来技术发展设想

	2010 年之前	2010~2015 年	2015~2020 年	2020 年之后
网络技术	传感网	自我感知和自组织网络 传感网络位置透明 延迟容忍网络 存储网络和能源网络 混合网络技术	网络环境感知	网络认知 自我学习，自我修复网络
软件和算法	面向物联网的关系数据库管理系统 基于事件的平台 传感器中间件 传感网络中间件等	大范围、开放的语义软件模型 组合算法 基于物联网的下一代社会软件	目标导向软件 分布式智能、问题解决 物物相连合作环境	面向用户的软件 无形物联网 易部署的物联网 物–人的合作

	2010 年之前	2010~2015 年	2015~2020 年	2020 年之后
硬件	RFID 标签和传感器 建立移动设备中的传感器等	多协议、多标准阅读器 更多传感器和执行器 安全、低成本的标签	智能传感器（生物化学） 更多传感器和执行器（微型传感器）	纳米技术和新材料
发现和搜索引擎技术	传感网络本体论 特定领域命名服务	分布式登记、搜索和发现机制 传感器和传感数据的语义发现	自动路由标记和识别管理中心	认知搜索引擎 自主搜索引擎
安全和隐私技术	安全机制和协议定义 RFID 和无线传感网设备的安全机制和协议	用户中心环境感知隐私和隐私策略 隐私意识数据处理 虚拟化和匿名化	基于隐私需求的安全和隐私特性选择 隐私需求自动评估 环境中心安全	自适应安全机制和协议

表 8-4　路线图提出的未来研究需要

	2010 年之前	2010~2015 年	2015~2020 年	2020 年之后
通信技术	传感器网络、ZigBee、RFID、蓝牙、WirelessHart，IAA100、UWB	远程（更高的频率 – 10GHz） 互操作协议 使标签对电力中断和错误感应具有弹性的协议	芯片网络和多标准射频架构 即插即用标签 自我修复标签	自我配置、协议无缝网络
网络技术	宽带 不同网络（传感器、移动电话等） 互操作框架（协议和频率） 网络安全（如获取权限、数据加密、标准等）	网格/云网络 混合网络 特定网络形成 自组织无线 mesh 网 多授权 基于联网的 RFID 系统 – 其他网络界面 – 混合系统/网络	基于服务的网络 集成/普遍授权 通过市场机制的数据代理	基于需求的网络非停止信息技术服务的匿名系统
硬件设备	MEMS 高密度电容器，可协调的电容器 低丢失开关 射频过滤	超低电力 EPROM/FRAM NEMS 聚合电子标签等	基于聚合物的存储器 分子传感器 自治电路 自我供电传感器等	可降解天线
硬件系统、电路和架构	混合技术传感器、执行器、显示器、存储器的集成 电力优化硬件软件设计 片内系统电力控制（SoC） 高性能、小型、低成本被动功能的开发等	多频带，多方式的无线传感架构 具有感应和执行能力的标签智能系统（温度、压力、湿度、显示、执行器等）	适应性架构 可重构的无线系统 变化的和适应的环境功能性等	混合架构 "流体"系统、连续的变化和适应

	2010 年之前	2010～2015 年	2015～2020 年	2020 年之后
数据和信号处理技术	网格计算 各种传感器数据建模 虚拟物件识别（如基于 A/V 信号处理的物件识别） 传感器虚拟化	普通传感器本体（跨领域） 分布能源有效数据处理	匿名计算	认知计算
标准	RFID M2M 无线传感网络 H2H	隐私和安全标准 "智能"物联网设备标准的采用 用于对象交互的语言	动态标准 交互设备标准的采用	演进的标准 个性化设备标准的采用

8.2.2.3　研发资助情况

1）ARTEMIS

98%的计算设备都被嵌入各种各样的电子设备和产品。根据预测，到 2010 年，市场将销售 160 亿台嵌入式设备，到 2020 年，将超过 400 亿欧元。因此欧盟于 2008 年启动了"嵌入式智能系统先进研究和技术（ARTEMIS）"计划。ARTEMIS 是欧洲嵌入式计算系统的技术平台，对于提高欧盟的竞争力具有重要的意义。ARTEMIS 将通过公开招标，管理和协调嵌入式计算系统的相关研究活动，预计 10 年将投入 25 亿欧元。2008 年 ARTEMIS 进行了首次招标，资助了 12 个项目。2009 年 3 月，ARTEMIS 发布了第二次招标公告，计划投入的经费为 2.1 亿欧元（ARTEMIS JU，2010）。

ARTEMIS 的研究领域分为 8 个子领域，其中与传感器相关的领域包括：

（1）以人为本的健康管理。

总体目标是基于互操作元件（设备及服务）的无缝集成概念，建立一种全面系统的以人为本的健康管理方法。这将利用新技术提供个性化的预防和治疗疾病战略。

这些新技术包括：收集由各种各样的传感器和控制治疗中的各种驱动器所提供的数据，比如在家里、在移动路途中、在工作场所、保健中心、诊所和医院的有关信息；分析收集到的历史数据和正在进行护理过程中的数据，以适当的方式向人们提供其相关的任务和形势的信息；在遵循隐私法律的前提下，可随处获得公民的健康数据；

在 eHealth 方面，与嵌入式系统技术相关的重要组成部分包括：用于交流信息的传感器和驱动器，为诊断和进行流行病学调查分析所需的设施等。

（2）高效制造与物流。

主要目标是提高制造和物流业的生产效率、设备综合效率，同时显著降低能源消耗。其中与传感器相关的两大目标包括：

利用 RFID 和传感器网络技术，研发连续跟踪原材料及最终产品等的流动情况的方法；

研发与大规模无线传感器网络及执行器网络有关的新的多学科协调与控制原则，包括整合控制、计算和通信（C3）战略。

2）欧盟辅助生活环境项目

2008 年欧盟部长理事会批准了辅助生活环境（Ambient Assisted Living，AAL）项目。AAL 项目旨在促进开发创新的信息通信产品和服务，使老年人能够更加独立、轻松地生活和工作，提高他们的生活质量，帮助政府当局实现未来健康和社会福利系统的可持续发展。AAL 项目为期 6 年，由 20 个欧盟成员国参加，预计经费为 6 亿欧元，其中一半由参与国和欧盟的第七框架计划提供，另外一半则由私立部门承担。

目前 AAL 项目已经进行了三轮招标，其中资助的与传感器网络相关的部分项目如下：

（1）CARE 项目。

该项目旨在实现适用于独立生活老年人的智能监控和报警系统。具体来说，该项目的目标是利用视觉传感器和实时处理，实现对关键情况（如跌倒侦测）的自动识别和报警，同时保护老年人的隐私。

（2）eCAALYX：增强完成实验辅助生活环境。

该项目的主要目的是开发一套有效的辅助健康监测解决方案，解决老年人的慢性疾病问题，并可可靠、长期、免维护运行，从而评估老年人的健康风险，监测和控制他们的健康状况，教导他们如何管理自己的健康状况，提高老年人的生活质量。

项目采用了两套系统：一套是包括家庭传感器的家庭系统，一套是包括可配戴人体用传感器、嵌于衣物中的医疗传感器的移动系统（Ambient Assisted Living Website，2010）。

3）其他相关项目

近年来欧盟资助的其他与传感器网络相关的部分项目如下：

（1）嵌入式监测：EMMON 项目。

EMMON（EMbedded MONitoring）项目自 2009 年 3 月启动，为期 3 年，经费共 257 万欧元，由来自 6 个国家的 9 家机构参与。

项目旨在利用无线传感器网络设备来监测地理变化。为实现此目标，EMMON 将开展设备层面的技术研究，开发新的有效的低能耗通信协议、拥有更高能效的嵌入式软件、用于大规模监测的安全容错和可靠的中间件，以及终端用户使用的远程命令/控制操作系统。

项目的目标是将这些嵌入式设备放置在环境中进行连续的监测和情况分析，监测特殊情况（水管道、城市生活质量、森林和海洋环境、民防）的异常变化，并快速进行广播警报。

技术创新点在于：

- 部署比目前应用多 10 倍的传感网；
- 构建通用架构和互操作基础设施，以实现服务创新；
- 新的嵌入式中间件，拥有更好的整体能源效率、安全性和容错性；
- 新的高效和低功耗的通信协议；
- 用于大规模监测的可靠中间件。

（2）用于保护关键基础设施的无线传感网络：WSAN4CIP 项目。

WSAN4CIP（Wireless Sensor and Actuator Networks for Critical Infrastructures Protection）项目于 2009 年 1 月 1 日启动，为期 3 年，得到了第七框架计划的资助，项目经费为 402 万欧元。WSAN4CIP 项目的目标是大力推动无线传感反应网络（WSANs）的技术进展，并将

其用于保护关键基础设施。

特别需要指出的是，WSAN4CIP 项目将运用这些先进的无线传感器网络的发展用于管理发电和配电基础设施的管理系统（这是对无线基础设施要求极高的应用之一），以证明该项目成果的适当性和有效性。

WSAN4CIP 项目面临的主要挑战之一是目前最先进的无线传感反应网络技术在关键基础设施的使用方面可靠性不够。因此 WSAN4CIP 项目将：

- 设计新的传感器节点保护机制，以提高它们的可靠性；
- 开发无线传感反应网络的创新、可靠的网络途径；
- 建立在无线传感反应网络上运行的可靠服务，确保在发生故障时，使信息得到控制的下降，而不是整个管理系统发生故障。

（3）用于结构监测的绿色传感网络：GENESI 项目。

GENESI（Green sEnsor NEtworks for Structural monItoring）项目自 2010 年 4 月 1 日启动，为期 3 年，项目经费为 301 万欧元。

GENESI 项目旨在解决阻碍无线传感网络用于监测结构、建筑物和公共场所的所有关键障碍和挑战。特别是，结合新的硬件和软件设计，GENESI 将提供用于结构健康监测的系统，其可以实现长期持续性、完全分布和自治性。

该项目将开发新的无线传感器节点，其能够通过一系列尖端技术（如从多个来源收集能源、低成本无线触发等）来实现无限的生命周期，最大限度地减少闲置能源消费和用于智能干扰管理的算法。

（4）水下监测合作嵌入式网络：CLAM。

CLAM（CoLlAborative eMbedded networks for submarine surveillance）项目旨在开发一个用于水下监测的合作嵌入式监测和控制平台，结合领先的声矢量传感器技术、水下无线传感器网络协议、合作情景感知和有关水平和垂直线性传感器阵列的分布式信号处理技术。项目结果将是一个对水下环境进行联机监测的合作的、灵活和强大的水下测量、推理和通信平台，在不同水深处部署异类传感器节点，使传感和驱动设备进行数据交换、自动联网、评估所监测环境，并采取相关行动。

（5）集成无线传感器网络的简易编程：makeSense 项目。

无线传感器网络将在用于合作对象和智能嵌入式设备的下一代计算方面发挥重要作用。不过，由于目前的传感器网络难于编程，阻碍了其应用。

makeSense 项目自 2009 年 9 月 1 日启动，为期 30 个月，项目经费为 281 万欧元，旨大幅简化无线传感器网络的编程。按照设计，makeSense 将无线传感器网络整合进业务流程中，使传感器网络能够迅速被欧洲工业所使用。

（6）面向危险和紧急应用的具有自我组织能力的无线传感器网络：WINSOC 项目。

WINSOC 是欧盟第六框架计划支持的项目，于 2006 年 9 月启动，于 2009 年 2 月结束。该项目旨在借鉴生物学设计方法来提高传感器网络系统的性能。

目前的无线传感器网络存在一些问题：它们的电量、存储空间和计算资源有限，并且网络配置会发生变化。WINSOC 的主要目标是采用一种新的模式来解决传感器网络中的冲突性需求问题，比如传感器设备结构简单、整个网络决策/评估/测量能力的可靠性低、生命期短、可扩展性差等问题。

因此项目设想将网络设计成一种可自我组装成有组织结构的系统，传感器节点可以根据它们本身所处的环境和自身的状态做出相应的决定。这些节点可以作为网络中的小型计算单元，只遵循简单的规则，而不再需要效率低的复杂协议来进行端对端的通信。这种方法可以形成分布式的监测、评估能力，这对于了解无线传感器网络所处的环境状况非常关键。

WINSOC采用一种创新的设计方法，通过在相邻的、低成本传感器间进行适当的耦合，可以进行整体的分布式监测或评估，而不仅仅是利用单个传感器，从而提高整个网络的准确度和可靠性。这样也不再需要将所有数据传递到一个整合中心（fusion centre）。通过这种从生物学中发现的方法来设计传感器网络，WINSOC可以显著提高通用网络传感器设计的性能和竞争力，同时在环境和应急应用方面的应用领域也更加广泛。研究人员开发和测试了三个系统级的模拟器，用来预测和监控山崩，也可用于监测温度场，这可以用于森林监测和火灾风险评估。

项目的一个独特之处在于利用了分布式算法，从而将决策权分散到节点级。研究人员称，他们已经获得了一个分布式一致机制，不需要一个整合中心就可以使大量节点进行最优化评估或探测测试。这使得系统特别适用于监测和评估方面的应用。另外研究人员正在开发一个传感器网。

由于WSN是一种应用驱动的技术，除了单纯传感器网络技术的开发外，项目特别重视在应用方面的研究。野火和山崩是项目针对的目标领域。

（7）IMSK：综合移动安全装备。

该项目自2009年3月1日启动，为期4年，项目经费为2346万欧元。

综合移动安全装备（Integrated Mobile Security Kit，IMSK）项目的目的是在公众聚集时，例如大规模的体育赛事（从足球比赛到奥运会），政治首脑会议（八国首脑会议）等情况下，提高公民的安全性。

为了应对这种形势，需要开发新的系统，其能涵盖各种安全问题并允许不同利益相关者之间的合作。这些系统需要具有移动性和适应性，以便处理不同类型及不同地点的各种情况。项目的主要目标是研究、开发、评估和推广IMSK系统，为快速监测和应对威胁提供潜在的解决方案。

综合移动安全装备（IMSK）项目将在一个可移动的系统中整合多种技术，包括区域检测，检查站控制，对化学、生物、放射性、核与高强度的爆炸物（CBRNE）的检测技术，支持贵宾保护的技术，以快速部署在需要临时加强保护的饭店、体育馆等场所。IM-SK从范围广泛的传感器模块接受输入信号，而不论它是在特定场合的原有系统或是新引进的设备。传感器的数据将通过（安全）通信模块和数据管理模块汇总并输出到指挥及控制中心。

IMSK将包含一个先进的人机界面，它使用了直观符号和培训用的仿真平台。该系统的总体要求将由终端用户决定，以确保与之前的安全系统和程序兼容。IMSK将与新的检测和验证威胁的传感器兼容，包括数码相机（可视及红外线）、雷达、声振动、X射线、伽马射线以及CBRNE。

该项目将采用传统及新型传感器技术，设计出具有可行性的系统（IMSK），这个系统将传感器的信息集成以产生通用作战图。项目将开展隐私影响评估，以确保系统的设计和使用指导方针充分考虑到隐私权和有关公民自由问题。项目将进行现场试验以验证概念的有效性、展示系统的功能以及此项研究计划的结果。

8.2.3　日本

日本早于2004年就启动了无线传感器网络研发计划，随后无线传感器网络建设也一直成为日本IT战略的重点研发方向之一。

8.2.3.1　"无所不在的传感器网络技术研发"计划

2004年，遵循e-Japan战略Ⅱ和e-Japan重点计划2004的精神，日本总务省（MIC）开展了一项名为"无所不在的传感器网络技术研发"的计划，旨在通过确立形成无所不在的传感器网络的技术，促进医疗保健、安全、防灾、农业和环境风险应对等领域的发展，及传感器网络在各种社会经济活动中的应用，打造安全稳定的社会，提高生产力和生活舒适度。日本IT战略本部在2006年和2007年发布的重点计划中，均将"无所不在的传感器网络技术研发"计划列为重点方向之一。

该计划由松下电器公司和三菱电机公司牵头进行，2005～2007年持续3年，每年度的经费分别为4亿、3.02亿和2.1亿日元。该计划确立了三大技术研发重点及相关技术主题。

1）无所不在的传感器节点技术

旨在开发能防止多个传感器收集的信息在传送过程中发生冲突，并能控制信息校正和同步的无所不在的传感器节点技术。

（1）防冲突技术：使多个传感器能根据动作环境、设置环境和利用状态，在协调时间的基础上进行通信；开发能将事件转换为参数信息从而大幅削减信息量的可编程平台技术；开发时间控制技术。

（2）时间同步技术：在考虑了无线通信会引发延迟的基础上开发最适用于具备时间同步协议、时间校准方式和基准时间的传感器的技术，尽可能实现高精度的传感器无线通信的时间同步。

2）传感器网络控制和管理技术

旨在开发可实现自组织无线传感器网络中传感器自身定位和远程维护的传感器网络控制和管理技术，方便随时随地在所需场所安装传感器。

（1）Ad hoc网络技术：开发最佳路由选择技术，以确立相关评估指标并以此选择符合应用和各种传感器状态的通信路由的最佳条件（例如，延迟时间最短、多跳数最少、最省电等）。

（2）传感器定位技术：开发相关技术，以确定多个传感器间的相对位置和作为基准点的传感器的位置，在WSN中新引入传感器时能自动设置位置信息。

（3）远程维护技术：开发故障传感器节点检测技术和网络自愈技术，以在传感器网络发生故障时确定故障节点、进行故障诊断，并通知系统管理服务器。

（4）网络高速跟踪技术：旨在根据信息量高效使用有限带宽，同时可在发生灾害等紧急情况时，强制开关路由，优先传送重要的传感数据。

3）实时大容量数据处理和管理技术

旨在针对未来的图像传感开发实时大容量数据处理和管理技术，以切实处理实时传感信息，优化管理。

（1）传感数据处理技术：多个传感器同时运行时，实时收集各传感器的状态信息或传感数据，并对这些海量数据进行处理与存储。

（2）数据挖掘技术：旨在抽提传感数据中有意义的信息，同时对不同的用户界面进行管理。

8.2.3.2 u-Japan 战略：创造无所不在的网络社会

2004 年日本总务省发布 2006～2010 年的 IT 发展任务——u-Japan 战略，提出要在 2010 年建成一个所有人在任何时间、任何地点都能够上网并充分享受信息化好处的"无所不在的网络社会"。该战略以基础设施建设和利用为核心在三个方面展开。一是泛在网络的基础建设；二是 ICT 的高度化应用；三是打造利用环境。此外，贯穿在三方面之中的横向战略措施还包括国际战略和技术标准战略。

其中，泛在网络的基础设施建设的一大重点是建立实物间网络，传感器网络建设是其中一个重要的研究方向，包括：确立传感器网络的基础技术，开发可构成自组织移动网络的安全传感器，开展食物溯源的示范项目，促进住宅网络标准化，研发包括传感器在内的无所不在的终端设备等。

2009 年 6 月，延续 u-Japan 战略的精神，总务省发布了《智能泛在网络社会实现战略》，指出要通过开发基于 IPv6 的开放传感器网络技术、基于卫星的微尘传感技术和网络机器人技术等，解决粮食、水资源和宇宙/海洋开发问题。而同时发布的《面向 2015 年的技术战略》制定了 14 个重点技术领域的研发和标准化战略。其中"泛在平台技术"领域的研发目标是构建由传感器组成的泛在平台，使所有人都能随时随地根据现场情况轻松利用信息通信服务。而"住宅网络技术"领域则致力于通过家用传感器、住宅设备等通信末端的联网，对住宅实行综合控制，打造智能家居。

8.2.3.3 其他相关规划

2006 年，日本综合科学技术会议制定并颁布了"各领域推进战略"，信息技术领域包括：网络、泛在技术、设备、安全与软件、人机交互与数字内容、机器人技术、研发基础设施等七大重点研发领域，其中前三大领域均将传感器网络或先进传感器的研发列为重要研发方向之一。

日本 IT 战略本部在其"2008 年重点计划"中将"泛在界面技术研发"列为重点研究方向之一，其目的即是为了提高传感器网络、电子标签等泛在网络技术的便利性。2009 年 4 月 9 日，IT 战略本部又公布了《面向数字化新时代的新战略——三年紧急计划》，将发挥地方和产业活力、培育新产业领域列为三大重点措施之一，指出应推广远程作业，开发基于 IPv6 技术的传感器网络，并在此基础上构建环境管理系统。

8.2.4 韩国

8.2.4.1 韩国 u-IT839 战略将泛在传感器网络作为战略重点

继日本提出 u-Japan 战略后，韩国也随后确立了 u-Korea 战略。在具体实施过程中，韩国信通部推出 IT839 战略以具体呼应 u-Korea。u-Korea 战略是一种以无线传感器网络为基础，把韩国的所有资源数字化、网络化、可视化、智能化，以此促进韩国经济发展和社会变革的国家战略。u-Korea 意味着信息技术与信息服务的发展不仅要满足于产业和经济的增长，而且在人们的日常生活中将为生活文化带来革命性的进步。

u-Korea 战略的核心是"IT839"行动计划，主要内容包括 8 项服务、3 个基础设施、9 项技术创新产品。后来韩国政府将"IT839"行动计划修改为"u-IT839"行动计划，引入了"无处不在的网络"概念，旨在利用 RFID/USN 技术，实现 U-life，到 2010 年占据全球 RFID/USN 市场的 7%，并将其应用于交通、医药、环境和物流领域。

在三大基础设施中，包含下一代互联网协议（IPv6）/宽带聚网（Broadband Convergence Network，BcN）、泛在传感器网络（USN）以及软件基础设施。在 9 项技术创新产品中，包括了 RFID/USN，为打造"智能社会"打下基础。

8.2.4.2 韩国政府大力发展 RFID/USN 技术

从 2010 年年初开始，韩国政府陆续出台了推动 RFID/USN 发展的相关政策。

2010 年 1 月，韩国首尔市表示将耗资 27 亿韩元，建设 RFID 公共自行车系统示范项目。韩国海洋研究院出台了构建 RFID 资产管理系统的政策；韩国警察厅宣布试行第四次 RFID 基础档案管理系统扩大项目；韩国国土海洋部推出了关于构建顺天地区 USN 海洋群及融合服务的项目；韩国行政安全部推出 2010 年视频档案 RFID 运用安全扩大项目。

4 月 14 日，行政安全部宣布实施根据垃圾倾倒量收费的 RFID 触摸式食物垃圾容器项目。该项目属于"2010 年地区基础 u-服务"系列项目。

在 2010 年 3 月 31 日召开的危机管理对策会议上，韩国知识经济部、保健福祉部、教育科学技术部与食品医药品安全厅等四大部门共同发表了《制药与 IT 融合发展战略》。该战略计划推动韩国 50% 以上医药品至 2015 年贴上可简易确认、追踪的 RFID 电子标签，预期可诱发 9100 亿韩元（约合人民币 54 亿元）的生产效果与 4100 亿韩元（约合人民币 24 亿元）的附加价值，年平均可节省约 106 亿韩元（约合人民币 6300 万元）物流费用。并拟对积极执行 RFID 的制药厂商或零售商额外提供税收优惠。随后，韩国知识经济部于 2010 年 12 月 30 日发布了《制药与 IT 融合发展战略后续对策》，对《制药与 IT 融合发展战略》做了补充。《制药与 IT 融合发展战略》计划的核心内容如下：

（1）设置制药融合 IT 的基础环境。实行医药品张贴 RFID 电子标签制度；制定《制药产业 RFID 共同标准指南》参考，以减少医药品张贴 RFID 电子标签有关障碍；设置提供安全资讯系统；培植制药融合 IT 相关服务产业；医药品的开发、生产、流通与 IT 融合时，增加提供出口保险与保证支援。

（2）生产融合IT，以促进品质优良、可信度高的医药产品的生产。加强医药品原料企业与制药厂商间的IT合作体制；部署高效的生产管理系统；以GMP为标准参考典范，开发与推广企业间可通用的韩国版《生产、质量管理系统规范》。

（3）流通融合IT，使医药品的流通透明化并提高物流效率。推动采用以RFID为基础的电子商务交易模式，以节省流通费用；设置物流自动化与提高物流效率的系统；支援设立医院与药店的药方与用药管理系统；链接医药品管理综合资讯中心的流通资讯。

（4）开发融合IT，提高开发创新医药品的效率。成立共同研究合作网；开发超高速检查原创技术；开发与推广发掘生化新药的基础IT系统；开发利用IT技术的遗传基因分析服务设备与开发复合型新药。

政府推出的一系列示范项目及大力支持给RFID/USN技术在多领域的运用提供了机会，也对RFID的生产起到了积极的促进作用。

8.2.4.3　其他相关规划

1）韩国将整合传感器网络 建立"未来物体通信网络"

2009年6月12日韩国通信委员会（KCC）决定促进建设一个"未来物体通信网络"，其将整合零星的传感器网络，加强可扩展性和移动性。该项目将获得约1200万美元的资助，是开发广播通信网络长期计划的一部分。

该对象通信网络基于"后泛在网络"概念，提出u-Korea愿景的Won-Kyu Ha教授也建议将该网络作为一个继泛在以后的新的IT战略算法。该网络将允许人们安全和方便地利用"人与物体"和"物体与物体"间的智能通信服务。

2）韩国耗资20亿美元欲借无线网络治理河流

为了保护环境和预防洪水造成的灾害，韩国政府正在实施一个针对韩国四条主要河流（汉江、荣山江、洛东江和蟾津江）及周边游憩区的修复项目，预计耗资20亿美元。在政府的资助下，韩国的水资源管理公司已选择Daelim I&S与全球电信公司作为经销商，部署用于四条河流修复的Firetide无线基础设施解决方案。Firetide的多业务无线基础设施将提供一个有关水位、温度和污染测量的传感器网络、一个视频监控网络以监控水坝，以及用于相邻河滨公园的公共Wi-Fi服务，预计将于2012年完工。

四大河流总长超过240英里。为了覆盖这一广泛的区域，将有超过200个Firetide公司的MIMO、非MIMO网状结点和300个照相机被部署到这一区域，以支持传感器和视频监控应用。此外，利用Firetide的基于MIMO的无线接入点和客户端设备，邻近的公园将提供免费的公共Wi-Fi服务。

8.2.5　其他国家

8.2.5.1　澳大利亚

澳大利亚最大的国家级科研机构——联邦科学与工业研究组织（CSIRO）启动了传感

器及其网络方面的变革式功能平台计划。该计划旨在创造能改变科学发现过程的技能。其目标是彻底提高自然界中实验数据的可用性和可访问性。最终研究成果将使科学家们拥有新的工具，以完成数据使能的科学发现，改善人们对环境的理解和管理（CSIRO，2010）。相关项目如下。

1）环境监测

无线传感器网络为科学家提供了以时空尺度来测量和记录自然环境信息的机会。项目成员期望通过研究提升无线传感器网络用于环境监测的可用性，进而实现如下目标：

（1）扩大可检测信息的种类（超出简单标量数据的范围）；

（2）扩大部署无线传感器网络的环境范围；

（3）移除广泛利用无线传感器网络的障碍，如网络可靠性、生命周期、部署简易度、操作总成本和数据完整性等。

项目组还在开发相关工具，使科学家能更有效地查询和分析来自传感器网络的信息。

2）先进传感器

该研究项目重在利用如下材料或技术开发传感器：

（1）固态纳米材料，如用于 pH 和溶氧传感器的掺杂或未掺杂纳米氧化物；

（2）用于水路中农药检测的碳纳米管；

（3）用于淡水和循环水中有机物跟踪的紫外线 LED 技术。

该项目的长期目标是开发一系列的超灵敏传感器，以测量环境污染物。

3）下一代传感器结点

针对新的传感器节点参考模型，项目成员已开发出新颖方法为传感器节点供电，并根据如下条件对之加以评估：

（1）在一定的物理大小限制下，能长时间（超过 5 年）为节点提供可靠的、低成本有效的供电；

（2）能准确预报在传感器结点端的可获能量；

（3）确定适当的能源收获和存储技术组合，以可靠地供电给传感器结点/网络；

（4）管理和控制结点能源生产和消耗。

8.2.5.2 新加坡

新加坡和美国麻省理工学院（MIT）在 2008 年共同启动了一项国际研究项目—CENS-AM（Center for Environmental Sensing and Modeling），旨在开发广泛而深入的环境传感网络，收集来自多个途径的水、空气质量等方面的参数数据，并利用这些数据对环境进行精确、实时的监测、建模和控制。

CENSAM 是新加坡 - 麻省理工科研中心（Singapore-MIT Alliance for Research and Technology Centre，SMART Center）下属的一个研究单元。CENSAM 项目的初期研究目标是在像新加坡这样实行了规范管理的城市验证项目理论的可行性，更高的目标是希望这些理论可以在未来应用于不同范围的环境（小到一座建筑物，大到地球大气环境），提供有关环境质量的最新数据。最终建成的环境模型将通过卫星、空中平台、多种地面传感器网络、可移动的自主式水下机器人（AUV）传感器平台等途径获取传感数据。

CENSAM 项目汇聚了来自 MIT、新加坡国立大学、新加坡南洋理工大学以及其他政府组织和公司的研究人员。MIT 的 Andrew Whittle 教授是该项目研究团队的首席科学家，他已经开发出用于监测波士顿地下水分布和污水管的传感器网络技术原型。

CENSAM 项目的研究集中在 5 个广泛的领域：建筑与自然环境、城市水文与水供应、海岸环境、海洋环境、城市环境监控与建模方法开发。其中与传感器研发相关的部分项目如下。

1）用于 AUV 的化学传感器

该研究的目标是开发可供 AUV 监测环境化学物的新型传感器，同时完成可进行实时数据显示、分析的水下数据网络，允许用户根据实际需要控制运输工具。项目的重点是用于天然水、挥发性有机化合物等污染监测的水下质谱仪。

2）水分布系统的持续监测

该研究的目标是开发通用的可对水分布和污水管进行实时监测的无线传感器网络，主要有三个方面的应用：一是水的保存；二是对水压、水的质量参数的联合监测；三是对渗漏的远程探测和管道爆破事件的预警。

3）用于近距离流动模型的 MEMS 压力传感器阵列

该研究将开发价格低廉、能耗低的传感器，根据压力的变化监测入侵物体。

此外，2010 年 10 月召开的亚太经济合作组织（APEC）第八次电信部长会议公布了 APEC TEL 战略行动计划 2010~2015，将发展传感器网络列为重要领域之一。

8.2.6 中国

2009 年 8 月，温家宝总理提出"物联世界，感知中国"战略，指出"在传感网发展中，要早一点谋划未来，早一点攻破核心技术"，"尽快建立中国的传感信息中心，或者叫'感知中国'中心"；11 月，温家宝总理在北京人民大会堂发表了题为《让科技引领中国可持续发展》的重要讲话，指出"要着力突破传感网、物联网的关键技术，及早部署后 IP 时代相关技术研发，使信息网络产业成为推动产业升级、迈向信息社会的'发动机'"（陆绮雯，2010）。自此以传感器网络为基础的物联网在中国得到了极大的关注。

实际上，我国现代意义上的无线传感网络及其应用研究几乎与发达国家同步启动。早在 1999 年，中国科学院在战略研究报告"知识创新工程试点领域方向研究——信息与自动化领域研究报告"中就建议开展传感网技术项目，当时项目名称为"重点地区灾害实时监测、预警和决策支持示范系统"。2004 年中国国家自然科学基金委将无线传感器网络列为重点研究项目。2006 年初发布的《国家中长期科学和技术发展规划纲要（2006—2020年)》为信息技术定义了三个前沿方向。其中，智能感知技术、自组织传感器网络技术与无线传感器网络的研究直接相关。在中国科学院发布的《创新 2050：科学技术与中国的未来》的系列战略研究报告中，《中国至 2050 年信息科技发展路线图》将发展可扩展、高可信的自组织无线传感网络列为重点，提出最终要实现传感"尘埃"无处不在。根据《科技革命与中国的现代化》报告总结的影响中国现代化进程的 22 个战略性科技问题中，"新型可再生能源电力系统"、"海洋能力拓展计划"、"空间态势感知网络"、"纳米科技"

等都与无线传感器网络的研发紧密相关。

2001 年，中国科学院适时抓住机遇，成立了微系统研究与发展中心，挂靠在中国科学院上海微系统所，成员单位包括声学所、微电子所、研究生院等十余家研究所和高校，旨在整合中国科学院内部的相关单位，共同推进传感器网络的研究。上海市科委在早期就大量部署了传感器网络的课题，为上海市走在传感网领域的前列奠定了重要基础，在其领导下，中国科学院上海微系统所还牵头组建了传感网产学研上海联盟。此外，无锡国家传感网创新示范区建设总体方案及行动计划（2010—2015 年）也已发布。

另外，我国哈尔滨工业大学、清华大学、北京邮电大学、西北工业大学、天津大学和国防科技大学等高校在国内也较早开展了传感器网络的研究，目前绝大多数工科院校都已经开展了有关无线传感器网络方面的研究工作，一些高科技企业，如中国移动、华为、中兴、诺基亚、阿尔卡特等大型企业，也加入了研究行列。

8.2.7 小结

由于无线传感器网络广阔的应用前景和巨大的商业价值，近年来在国际上引起了广泛重视，美国、欧盟、日本、韩国、澳大利亚等国家和地区都投入了大量的研发力量开展这方面的研究，与此同时应用研究也已经全面展开。

我国无线传感器网络的研究与国际上相比具有同发优势、同等水平，在研究、应用及标准化等方面与国际先进水平基本同步。传感器网络已经成为我国信息领域少数位于世界前列的方向之一。但我国物联网用传感器产业仍存在不少问题，主要包括：企业规模偏小，科技创新能力差；产、学、研结合不够，技术成果转化率低；缺少敏感元件核心技术，拥有自主知识产权的产品少；工艺装备落后，产品质量差；人才资源匮乏，产业发展后劲不足。

因此在 2011 年 1 月工业和信息化部电子信息司组织召开的"基于物联网应用的传感器产业发展战略研讨会"上，代表们提出了做好相关产业规划、设立专项发展基金、科学界定传感器内涵及外延、促进产业互动及成果转化、推动标准体系和公共服务平台建立、支持龙头企业发展和核心技术研发等建议（RFID 世界网，2010）。

8.3 无线传感器网络重点技术领域及其发展态势分析

本部分将通过相关专利与研究论文分析无线传感网的重点技术领域及其发展态势。

8.3.1 无线传感器网络专利分析

无线传感网是一种全新的信息获取和处理技术，是当前在国际上备受关注的、涉及多学科高度交叉、知识高度集成的前沿热点研究领域。它综合了传感器技术、嵌入式计算技术、现代网络及无线通信技术、分布式信息处理技术等，能够通过各类集成化的微型传感器协作地实时监测、感知和采集各种环境或监测对象的信息，这些信息通过无线方式被发送，并以自组多跳的网络方式传送到用户终端，从而实现物理世界、计算世界以及人类社会三元世界的连通。

本次分析选择 ISI 的德温特专利创新索引数据库（DII），检索① 2001～2010 年公开的无线传感网专利申请数据，通过数据清洗获得最早优先权年 2001～2010 年专利共 6970 项，并利用汤姆森路透集团的 Thomson Data Analyzer（汤姆森数据分析师）和 Aureka 平台进行分析②。

8.3.1.1 技术生命周期分析

根据专利申请数量、发明人数量和专利申请人数量的变化情况，分析无线传感网领域技术生命周期的特点。

1）专利申请数量与专利申请人数量

由专利申请数量（按最早优先权年统计）与专利申请人（公司、机构、个人）数量的变化趋势（图 8-4）可见：无线传感网技术在 2001～2008 年处于快速增长阶段，专利申请数量和申请人数都在大幅增长，有较多公司与个人发明者进入该技术市场，说明无线传感网技术正处于生命周期的发展阶段。

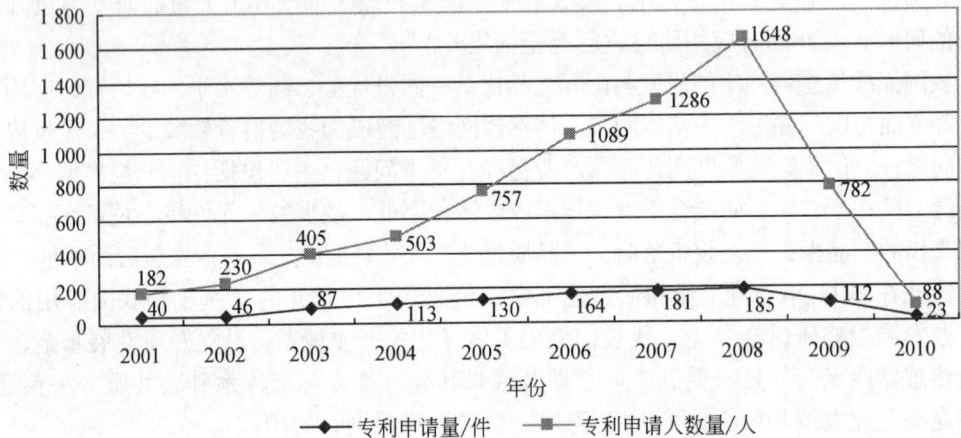

图 8-4　无线传感网专利申请量与申请人数量走势

由图 8-5 可知，人均申请量在 2001～2004 年有所起伏，2004～2008 年则保持着攀升势头，到 2008 年平均每位专利申请人提交了 8.91 项申请，说明申请人的平均研发强度在持续提升。

① 检索策略：TS =（（"sens * network *" and（QoS or quality-of-servic * or clust * or aggregat * or data stor * or time synchron or locat *））OR（（ad-hoc * or ad hoc *）and network * and sens *）OR（（sens * same node *）and（wireless * or ad-hoc * or ad hoc *））OR（（ZigBee or（IEEE same（802.15.4 or 802.15.5））or MAC or Z-Wave or INSTSON or（ISA same SP same 100）or UWB or ultra wide band *）and sens * and（wireless * or network *））OR（（wireless * and sens * and network *）not（cellular * or telephone * or phone * or optic *）））。数据库 = EDerwent，MDerwent；入库时间 = 2001－2010；检索时间 = 2010 年 11 月 25 日

② 说明：按照专利法有关规定，优先权年为 2009 年、2010 年的专利申请目前仍有部分处于专利审查阶段尚未完全公开，因此 2009 年、2010 年数据缺乏足够的参考意义

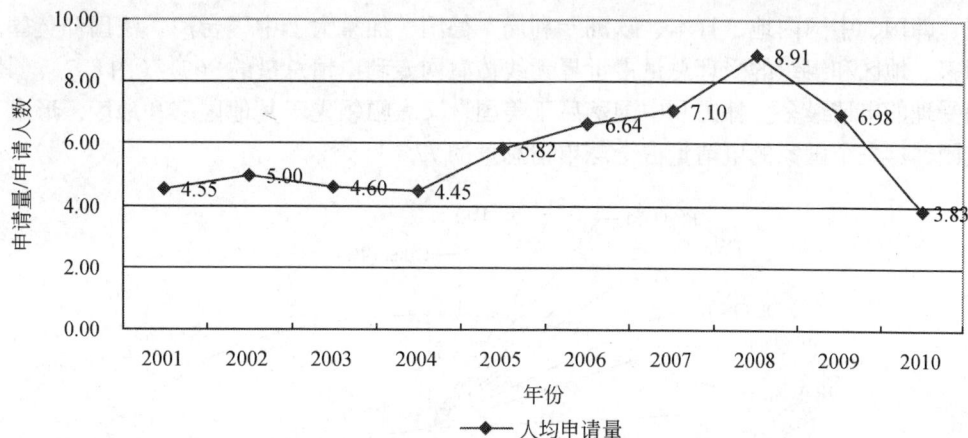

图 8-5　无线传感网专利人均申请量走势

2）发明人群规模

图 8-6 显示了发明人数量的年度增长趋势（2001 年作为起始年，因此 2000 年已有发明人数量为 0）。

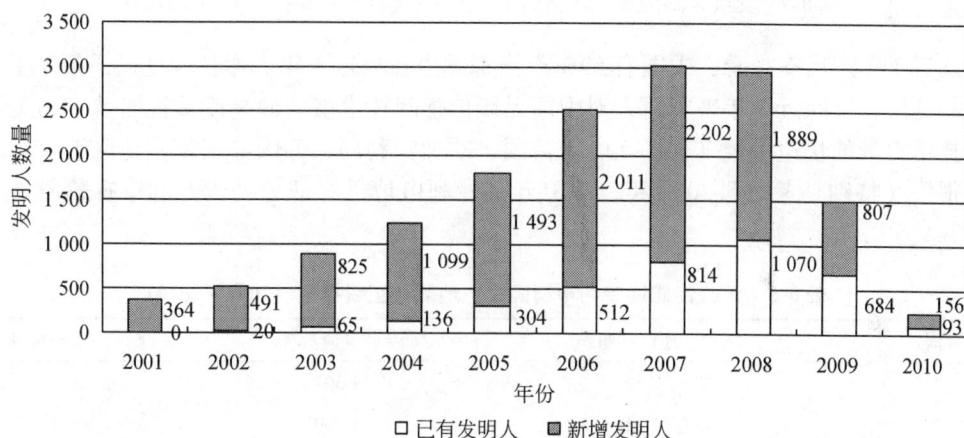

图 8-6　发明人年度数量增长示意图

白色标识代表上年已有发明人，黑色标识代表当年新增发明人

● 2001～2007 年，发明人总数呈现历年显著增长趋势，在 2007 年达到最大值，2008 年有小幅下滑。

● 历年新增发明人数均超过已有发明人数，说明每年都有大量新人员投入无线传感网领域。

发明人数量的这一变化趋势，反映了该领域研发机构在不断地增量投入人力。国际上无线传感网研发队伍不断壮大，并且仍保持着持续的加速增长，这也是该技术领域正处于生命周期的发展阶段所表现出来的一个显著特性。

8.3.1.2　国家与地区分布

2001～2010 年受理无线传感网专利申请数量最多的前 10 位国家、地区和组织依次是美国、韩国、中国内地、日本、欧洲专利局、德国、加拿大、中国台湾、法国和英国。这些国家、地区和组织的受理总量占世界无线传感网专利申请总量的96%（图8-7）。其中，美国受理的申请最多，韩国和中国落后于美国，又大幅领先于其他国家和地区，形成了第二集团，这三个国家的申请量占全球申请总量的77%。

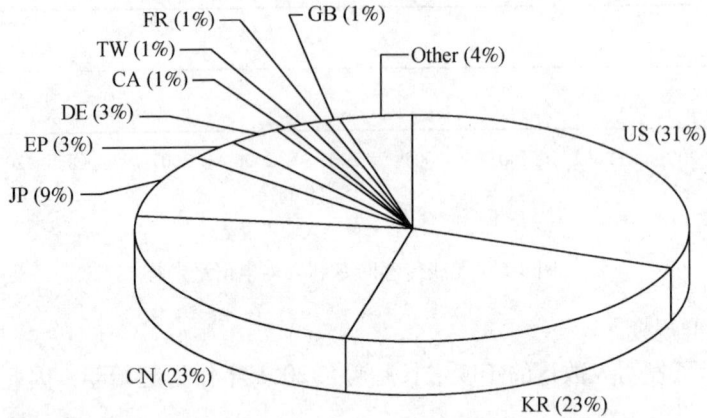

图 8-7　无线传感网专利申请国家、地区和组织分布图（2001～2010）

从近3年产出率来看，中国有69%产出都发生在最近3年，增长速度遥遥领先于其他国家和地区，反映近3年来申请人对中国无线传感网技术市场的高度重视以及中国无线传感网技术力量的快速增长（表8-5)[①]。德国、欧洲专利局、韩国等国家和地区近3年的增长也很快（特别是考虑到2009年、2010年的专利申请仍有部分处于专利审查阶段尚未完全公开）。

表 8-5　无线传感网专利申请国家、地区和组织排名（2001～2010）

排名	国家、地区和组织	专利申请量/件	近3年产出率/%
1	美国（US）	2 307	19
2	韩国（KR）	1 709	31
3	中国内地（CN）	1 651	69
4	日本（JP）	650	21
5	欧洲专利局（EP）	198	34
6	德国（DE）	196	36
7	加拿大（CA）	100	3
8	中国台湾（TW）	98	29
9	法国（FR）	66	24
10	英国（GB）	65	25

① 说明：各国受理的专利申请不一定都是由本国机构和公民提出，但本国机构和公民提出的申请量通常情况下将在本国受理总量中占有较高比例。此外，根据大多数国家规定，涉外申请时通常要求首先向本国提交申请。因此，专利申请的优先权国家分布情况基本可以反映出各国的专利产出情况

8.3.1.3 主要研发者分析

1) 申请人前20强

无线传感网历年累计专利申请量居前20名的申请人如表8-6所示。

- 前20名申请人中有6名来自韩国，6名来自美国，4名来自日本，2名来自中国，1名来自荷兰，1名来自德国。
- 韩国电子通信研究院拥有240项申请，排名第一，韩国三星公司、LG公司也分列2、4名，前5名申请人中就有3名来自韩国，前20名中有6名来自韩国，可见韩国的申请人在无线传感网领域拥有超强的实力。
- 中国科学院拥有171项申请，排名第3，其中64%来自最近3年，此外排名第13的中国浙江大学拥有51项申请，其中82%来自最近3年。与其他国家相比，中国的这两名申请人具有两项特征：①最近3年处于快速增长阶段。②都是非企业研究机构。这一方面说明中国的申请人近年来取得了飞速发展，另一方面反映出中国无线传感网领域还未出现有强大竞争力的企业，今后物联网技术的产业应用可能将是一项挑战。

表8-6 无线传感网专利申请量 Top 20 （2001~2010）

排名	申请人	申请量/件	近3年产出率/%
1	韩国电子通信研究院	240	25
2	韩国三星公司	196	17
3	中国科学院	171	64
4	韩国LG公司	95	27
5	荷兰飞利浦电子公司	91	26
6	日本日立公司	85	20
7	美国摩托罗拉公司	77	16
8	美国霍尼威尔公司	72	24
9	德国西门子公司	65	35
10	日本立邦公司	59	22
11	韩国KT公司	54	41
12	美国国际商用机器公司	52	25
13	中国浙江大学	51	82
14	韩国SK电信公司	49	14
15	韩国电子技术研究院	49	27
16	日本三菱公司	47	23
17	日本电气公司	47	17
18	美国高通公司	47	36
19	美国英特尔公司	43	2
20	美国微软公司	42	29

2）主要研发者合作关系

在无线传感网专利申请量排名前 20 的申请人之间，存在一个由 8 位申请人组成的合作网络，以及一个由 3 位申请人组成的合作网络（图8-8）。这些申请人主要来自日本和韩国，说明日本和韩国的研发者更具开放性。美国摩托罗拉公司有 6 位合作申请人，韩国三星公司有 5 位合作申请人。

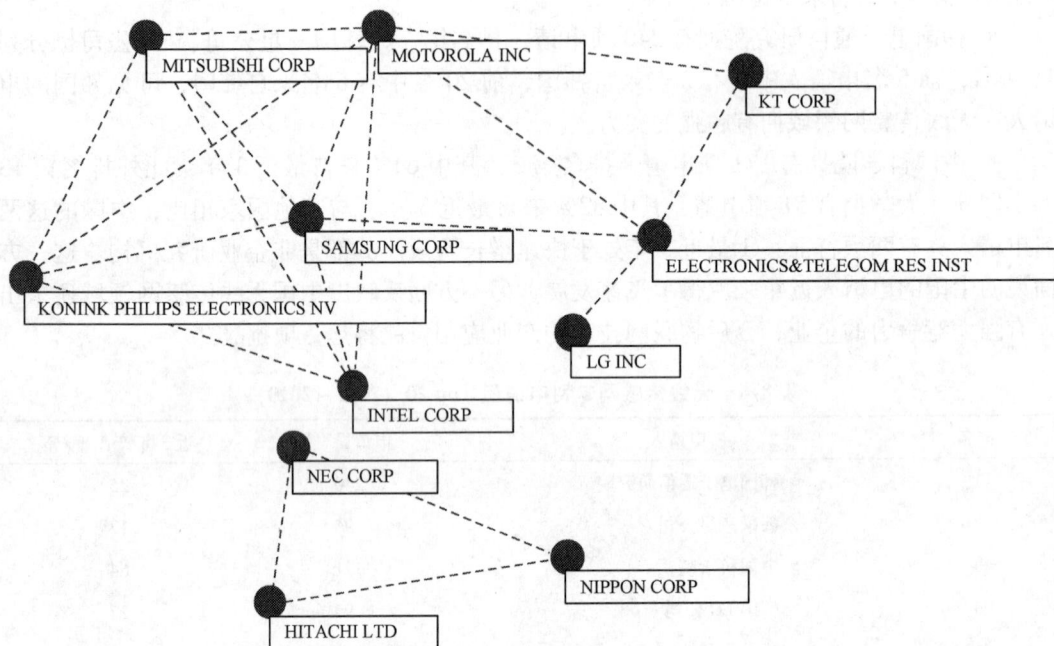

图 8-8　物联网主要研发者合作关系

8.3.1.4　技术创新领域分布及热点

分析专利申请的国际专利分类属性，是了解该领域创新活动的技术结构分布的重要途径。表 8-7 是无线传感网专利申请件次居前 15 位的 IPC 小类①：

● 在 H04L（数字信息的传输，如电报通信）领域中分布的专利申请最多，占 20%，遥遥领先于其他 IPC 小类，是无线传感网最主要的技术创新领域。

● 近 3 年申请量增长最快的领域是 H04W（无线通信网络）、G01S（无线电定向、无线电导航、采用无线电波测距或测速、采用无线电波的反射或再辐射的定位或存在检测、采用其他波的类似装置）、G05B（一般的控制或调节系统、这种系统的功能单元、用于这种系统或单元的监视或测试装置）、H04N（图像通信，如电视）近 3 年的产出率相对较高，是现阶段研发与应用活动较为活跃的热点方向。

---

① 一般而言，一件专利文献会标引以一个以上 IPC 分类号（由各专利局赋予），因此，汇总各分类号下的专利文献的数量，会数倍于专利文献实际数量

表 8-7   2001~2010 年技术领域

序号	申请量/件	技术领域	所占比例/%	近3年产出率/%
1	2 471	H04L：数字信息的传输，如电报通信	20	32
2	1 266	H04B：电通信技术 – 传输	10	24
3	1 081	H04W：无线通信网络	9	67
4	1 062	G06F：电数字数据处理	9	23
5	852	H04Q：选择	7	10
6	690	G08B：信号装置或呼叫装置、指令发信装置、报警装置	6	24
7	662	G08C：测量值、控制信号或类似信号的传输系统	5	38
8	297	A61B：诊断、外科、鉴定	2	30
9	292	G01S：无线电定向、无线电导航、采用无线电波测距或测速、采用无线电波的反射或再辐射的定位或存在检测、采用其他波的类似装置	2	47
10	282	H04M：电话通信	2	18
11	279	H04J：多路复用通信	2	18
12	260	G05B：一般的控制或调节系统、这种系统的功能单元、用于这种系统或单元的监视或测试装置	2	47
13	246	H04N：图像通信，如电视	2	40
14	241	G06Q：专门适用于行政、商业、金融、管理、监督或预测目的的数据处理系统或方法；其他类目不包含的专门适用于行政、商业、金融、管理、监督或预测目的的处理系统或方法	2	27
15	202	G06K：数据识别；数据表示；记录载体；记录载体的处理	2	26

此外，专利申请 IPC 小类年度变化情况如图 8-9 显示，伴随申请量的逐年递增，每年

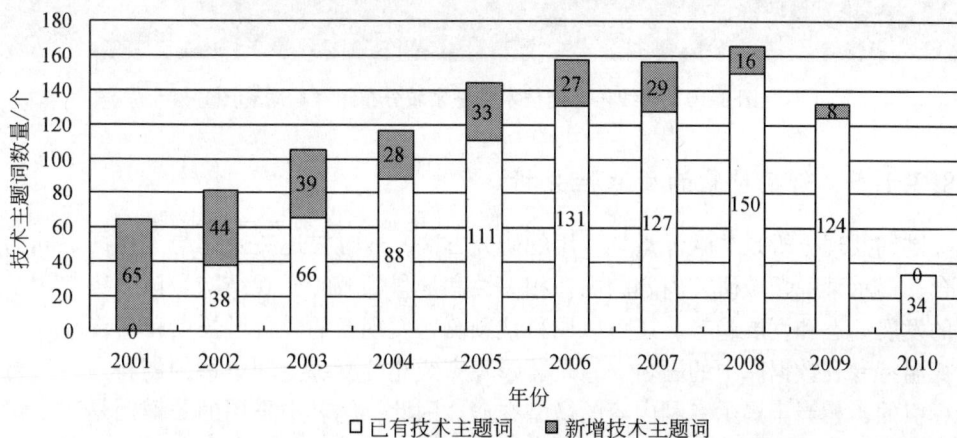

图 8-9   新增技术年度示意图

白色标识代表上年已有 IPC 小类，黑色标识代表当年新增 IPC 小类

涉及的 IPC 小类也在增长（2001 年作为起始年，因此上年已有 IPC 小类数量为 0）。由此显示，无线传感网领域技术创新活动的范围在不断拓宽，研发者在不断地探索新技术与新应用领域。

利用 Aureka 平台的 Thememap 功能，对无线传感网技术的总体研究布局进行了分析。由图 8-10 可见，无线传感网技术的研究热点主要涉及 Controller、Vehicle Operational Control、Power Circuit Electrical、Monitoring、Remote Monitoring、Detection、Patient、Medical Information、Game Player、Displaying、Image、Camera 等。

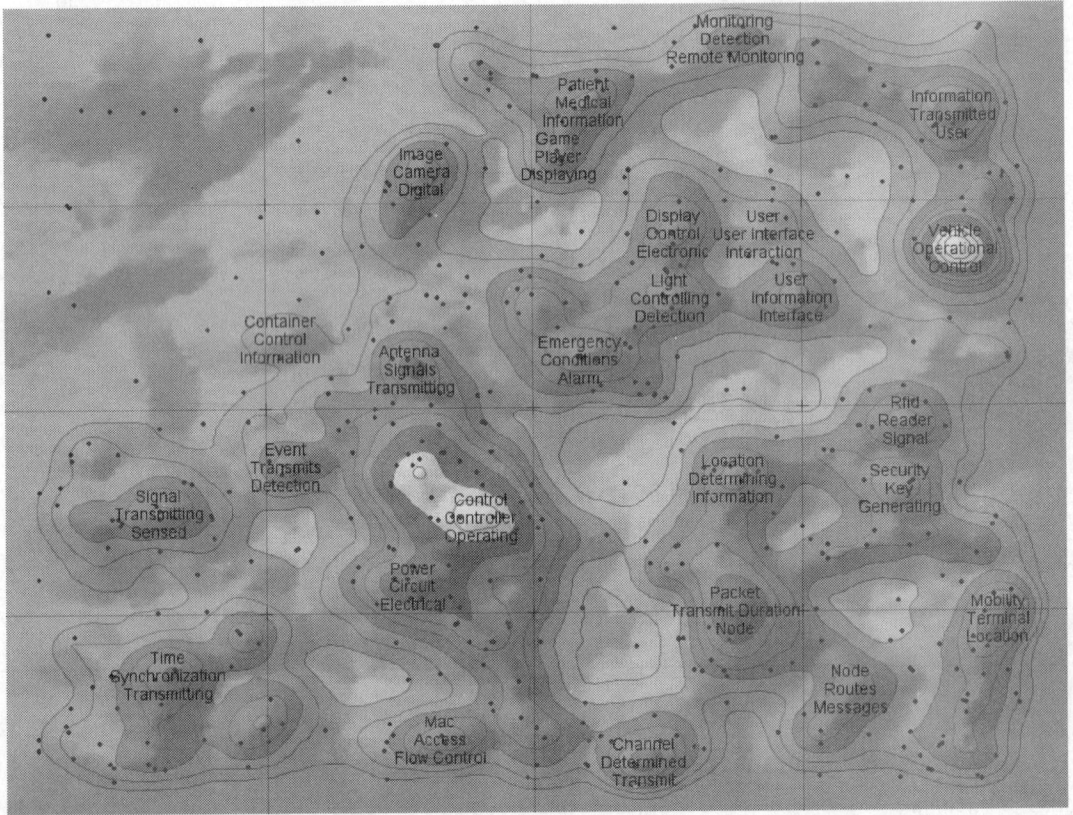

图 8-10　无线传感网技术主题领域分布图（后附彩图）

8.3.1.5　研究对象的关联性分析

关键词共现分析是文献计量学常用的研究方法，通过描述关键词与关键词之间的关联与结合，揭示某一领域研究内容的内在相关性和学科领域的微观结构。该方法常用于展示学科的发展动态和发展趋势，还可以用科技预测，发现新的学科增长点和突破口。

德温特专利数据库中的题名项，是著录专家经充分凝练专利申请的创新内容后再加以著录标引的，相当于揭示专利内容的微型文摘。因此，题名中采用的关键词是对申请人技术创新内容的精炼提示符，可作为计量研究的重要指标。

对无线传感网专利申请题名作词频分析，从中离析出每份申请的研究对象。选取较高词频的 94 个关键词作共词分析。图 8-11 是分析结果的关联图表现形式，结果显示：

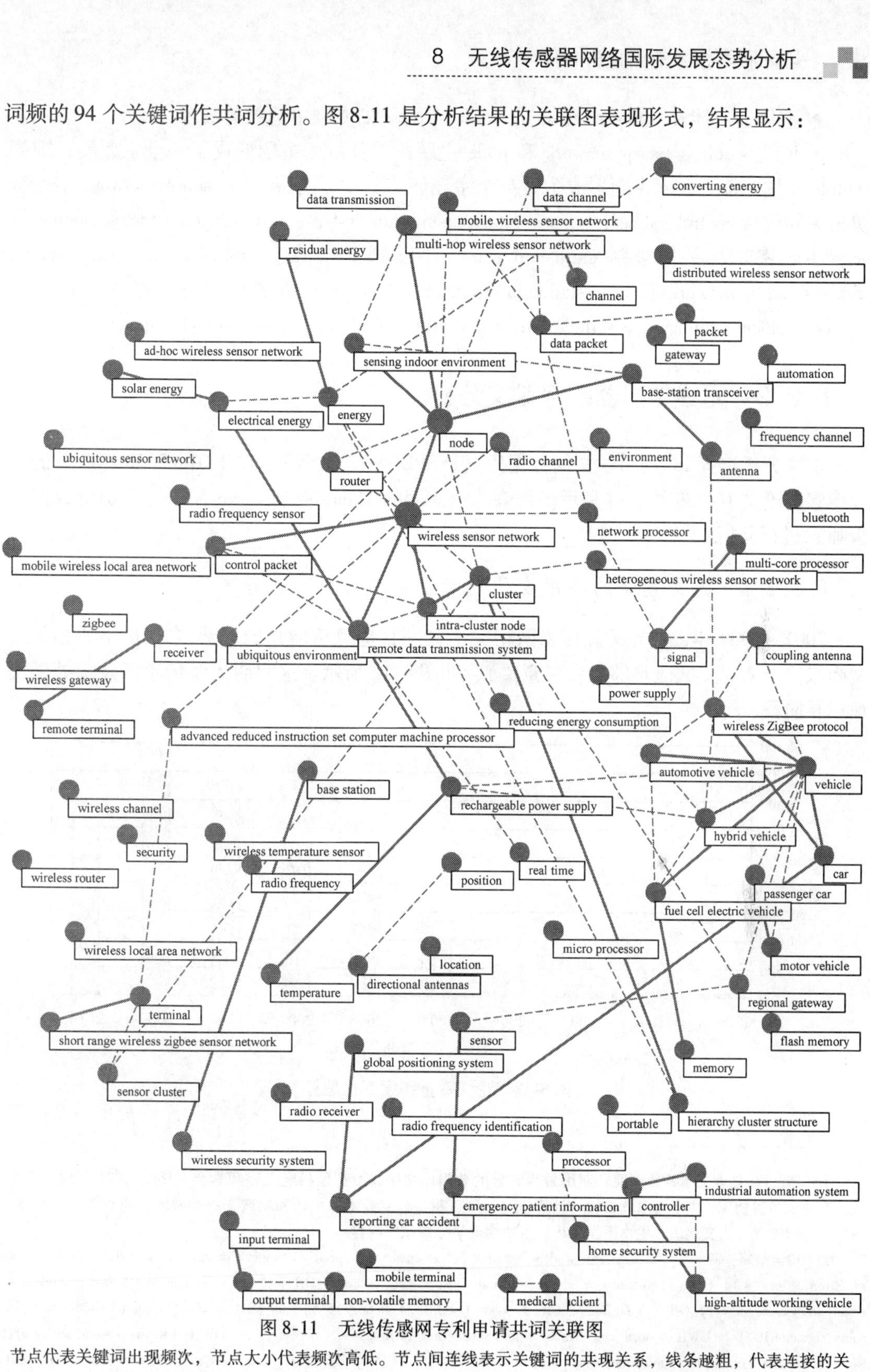

图 8-11　无线传感网专利申请共词关联图

节点代表关键词出现频次，节点大小代表频次高低。节点间连线表示关键词的共现关系，线条越粗，代表连接的关键词在专利文献中共现频次越高，表明二者在专利文献中的关联性越强

- 整体上，涉及 wireless sensor network 与 node 的专利申请数量最多。
- 围绕 wireless sensor network 和 node 主题，部分技术主题形成了一个主题簇；围绕 vehicle 主题，部分技术主题形成了另一个主题簇。其中，与 wireless sensor network 主题密切相关的包括 control packet、remote data transmission system、intra-cluster node 和 node；与 node 主题密切相关的包括 multi-hop wireless sensor network、sensing indoor environment、wireless sensor network 和 base-station transceiver；与 vehicle 主题密切相关的包括 wireless ZigBee protocol、automotive vehicle、hybrid vehicle、fuel cell electric vehicle 和 car。

8.3.2 无线传感器网络论文分析

本次分析选择 ISI 的科学文摘数据库（INSPEC）[①]，检索[②]了在 2001～2010 年收录的无线传感网论文 16 379 篇，并利用汤姆森路透集团的 Thomson Data Analyzer（汤姆森数据分析师）进行分析。

8.3.2.1 论文数量的年度变化趋势

2001～2009 年，世界无线传感网相关论文一直呈急速增长的趋势（2010 年的相关论文尚未完全入库，缺乏足够的参考意义），如图 8-12 所示。这表明无线传感网技术处于快速成长阶段。

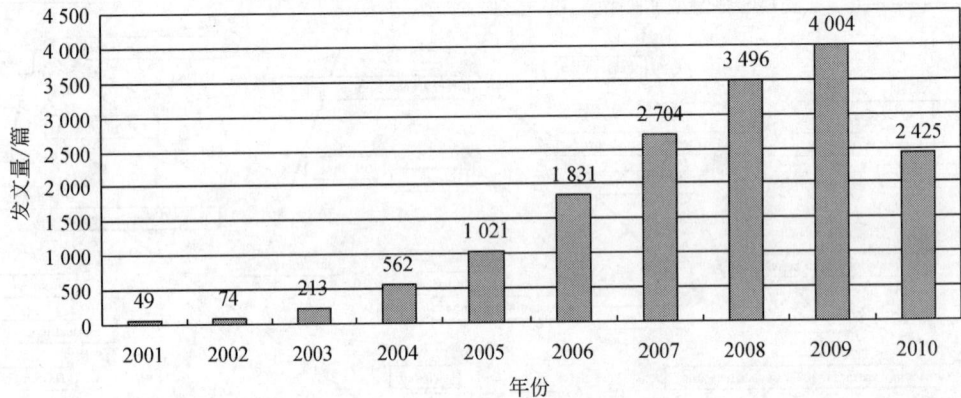

图 8-12　论文数量年度变化趋势

---

① INSPEC 是理工学科最重要、使用最为频繁的数据库之一，由英国机电工程师学会（IEE, 1871 年成立）出版，专业面覆盖物理、电子与电气工程、计算机与控制工程、信息技术、生产和制造工程等领域，还收录材料科学，海洋学，核工程，天文地理、生物医学工程、生物物理学等领域的内容

② 检索策略：TI = （（"sens∗network∗" and （QoS or quality-of-servic∗ or clust∗ or aggregat∗ or data stor∗ or time synchron or locat∗）） OR （（ad-hoc∗ or ad hoc∗） and network∗ and sens∗） OR （（sens∗ same node∗） and （wireless∗ or ad-hoc∗ or adhoc∗）） OR （（ZigBee or （IEEE same （802.15.4 or 802.15.5）） or MAC or Z-Wave or INSTSON or （ISA same SP same 100） or UWB or ultra wide band∗） and sens∗ and （wireless∗ or network∗）） OR （（wireless∗ and sens∗ and network∗） not （cellular∗ or telephone∗ or phone∗ or optic∗）），AND 文献类型 = （Journal Paper OR Conference Paper OR Conference Proceedings OR Dissertation）。数据库 = INSPEC，入库时间 = 2001-2010，检索时间 = 2010 年 11 月 25 日

8.3.2.2　主要国家/地区发文量对比

2001～2010 年无线传感网发文数量最多的前 10 位国家/地区依次是中国、美国、韩国、中国台湾、加拿大、印度、意大利、英国、德国、日本。这些国家/地区和无线传感网发文数量占世界总量的 80%（图 8-13）。其中，中国和美国的发文量超过了世界总量的一半。

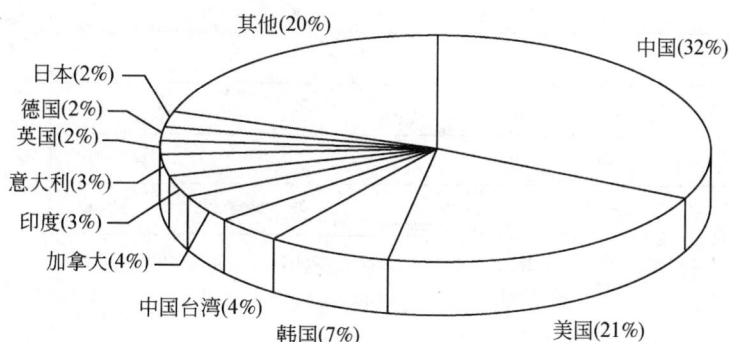

图 8-13　各国（地区）无线传感网论文发文量份额

从近 3 年产出率来看（表 8-8），只有美国不足 30%，印度和中国内地分别有 50% 和 47% 的发文量都发生在最近 3 年，其他国家/地区近 3 年产出率都是 35%～43%，反映出这些国家近 3 年对无线传感网的重视程度进一步提升。

表 8-8　国家/地区发文量 top10

排名	国家/地区	发文量/篇	最近 3 年产出率/%
1	中国内地	5 127	47
2	美国	3 344	24
3	韩国	1 098	35
4	中国台湾	662	42
5	加拿大	593	35
6	印度	532	50
7	意大利	416	36
8	英国	373	43
9	德国	344	43
10	日本	341	40

从国家/地区发文增长趋势图（图 8-14）来看，中国内地近两年的发文量与增长速度都远超其他国家/地区。

8.3.2.3　技术创新领域分布及热点

利用 INSPEC 数据库中的"受控词索引"分析无线传感网相关文献的技术创新点，结

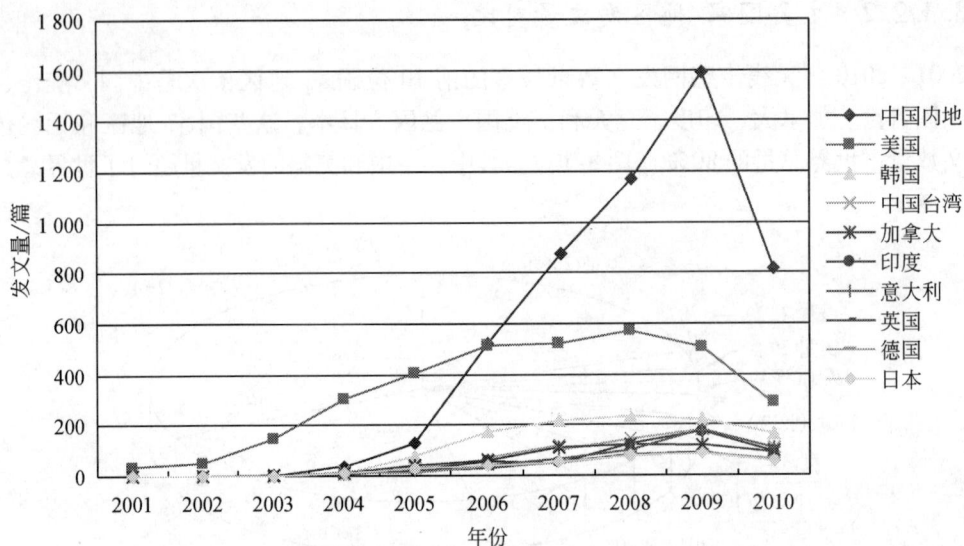

图 8-14　Top 10 国家/地区发文量年度增长（后附彩图）

果见图 8-15，每年都有大量的新增技术点。

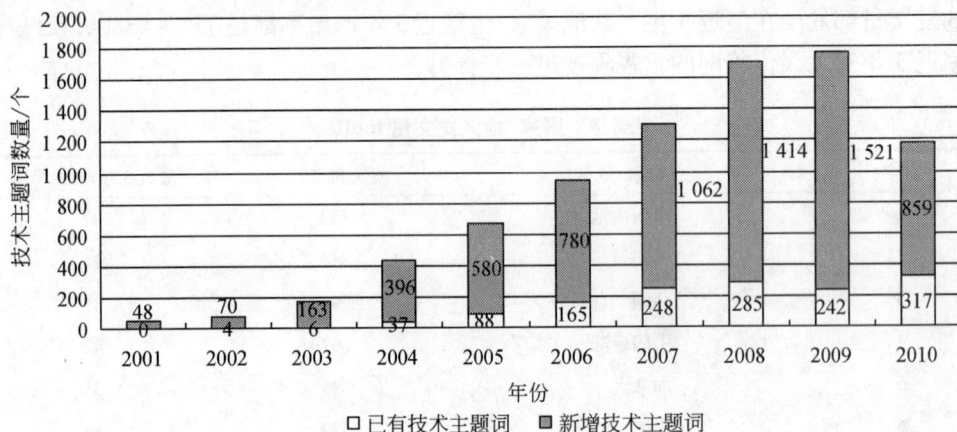

图 8-15　新增技术年度示意图

白色标识代表上年已有技术点，黑色标识代表当年新增技术点

在无线传感网论文涉及的主要技术点中，近 3 年最受关注的有："无线传感网：协议"，"无线传感网：通信网络设计、规划与路由"、"无线传感网：协议，通信网络设计、规划与路由"。曾经很受关注、但近 3 年已经不再是关注热点的技术点有："无线电连接与设备"、"无线电连接与设备：传感器件与变频器"、"无线电连接与设备：协议"、"无线电连接与设备：通信网络设计、规划与路由"、"无线电连接与设备：通信网络设计、规划与路由"、"无线电连接与设备：协议，通信网络设计、规划与路由"（表 8-9）。

表 8-9　无线传感网主要技术点近 3 年产出率

排名	发文量/篇	技术点	近 3 年产出率/%
1	921	无线传感网	74
2	475	无线电连接与设备	1
3	447	无线电连接与设备 传感器件与变频器	0
4	420	无线传感网 协议	80
5	402	无线传感网 通信网络设计、规划与路由	80
6	326	无线传感网 协议 通信网络设计、规划与路由	79
7	263	无线电连接与设备 协议	2
8	222	无线电连接与设备 通信网络设计、规划与路由	1
9	186	无线电连接与设备 协议 通信网络设计、规划与路由	0
10	184	无线传感网 通信网络设计，规划与路由 协议	76

8.3.2.4　论文作者数量发展趋势

图 8-16 显示了无线传感网论文作者数量的年度增长趋势（2001 年作为起始年，因此

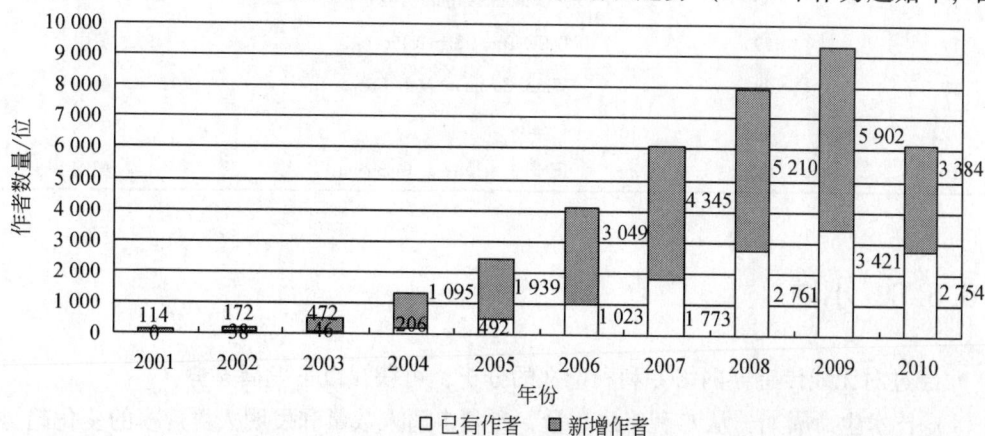

图 8-16　年新增作者示意图

白色标志代表上年已有作者，黑色标志代表当年新增作者

上年已有作者数量为0）。可见，近10年来每年都有大量研究人员投入无线传感网的研发活动中，国际上无线传感网研发队伍不断庞大，并且仍保持着持续的加速增长，这表明该技术领域正处于生命周期的发展阶段。

8.3.2.5 主要论文来源出版物

表8-10列举了无线传感网发文量排名前20的期刊，中国和美国分别拥有7份，是无线传感网领域最主要的研究阵地。

表8-10 主要论文来源出版物

排名	发文量/篇	期刊	国家
1	262	Chin. J. Sens. Actuators	中国
2	204	Proc. SPIE-Int. Soc. Opt. Eng.	美国
3	134	Comput. Commun.	荷兰
4	126	Comput. Eng.	中国
5	116	Comput. Eng. Applic.	中国
6	104	Appl. Res. Comput.	中国
7	91	IEEE Trans. Mob. Comput.	美国
8	84	IEEE Trans. Wirel. Commun.	美国
9	82	Ad Hoc Netw.	荷兰
10	77	IEICE Trans. Commun.	日本
11	72	Comput. Netw.	荷兰
12	71	Int. J. Sensor Netw.	瑞士
13	65	Microcomput. Inf.	中国
14	61	IEEE Trans. Veh. Technol.	美国
15	60	IEEE Commun. Lett.	美国
16	60	J. Comput. Applic.	中国
17	59	IEEE Trans. Signal Process.	美国
18	58	Wirel. Commun. Mob. Comput.	英国
19	57	J. Softw.	中国
20	52	IEEE J. Sel. Areas Commun.	美国

8.3.3 小结

● 经过对无线传感器网络专利和论文的分析，可获知以下发展态势：

（1）技术生命周期：从专利申请数量、专利申请人数量和发明人群规模的变化趋势来看，无线传感网技术正处于生命周期的发展阶段。

（2）主要国家/地区：无线传感网专利申请数量最多的依次是美国、韩国、中国内地、日本、欧洲专利局、德国、加拿大、中国台湾、法国和英国，这些国家、地区和组织的受理总量占世界无线传感网专利申请总量的96%，美国受理的申请最多，韩国和中国落后于美国，又大幅领先于其他国家和地区，形成了第二集团；中国有69%产出都发生在最近3年，增长速度遥遥领先于其他国家和地区，反映近3年来申请人对中国无线传感网技术市场的高度重视，以及中国无线传感网技术力量的快速增长。

（3）主要申请人：无线传感网专利申请排名前5的申请人依次是韩国电子通信研究院、韩国三星公司、中国科学院、韩国LG公司和荷兰飞利浦电子公司，韩国的申请人在无线传感网领域拥有超强的实力；中国有中国科学院和浙江大学入围前20名，它们具有两项共同特征：①最近3年处于快速增长阶段。②都是非企业研究机构。这一方面说明中国的申请人近年来取得了飞速发展，另一方面反映出中国无线传感网领域还未出现有强大竞争力的企业，今后物联网技术的产业应用可能将是一项挑战。在研发者合作方面，日本和韩国的研发者更具开放性。中国科学院和浙江大学在top20里没有合作者，应加强对外合作，特别可以考虑与日本、韩国的研发者合作。

（4）技术创新领域分布及热点：H04L（数字信息的传输，如电报通信）是无线传感网最主要的技术创新领域；现阶段研发与应用活动较为活跃的热点方向包括H04W（无线通信网络）、G01S（无线电定向、无线电导航、采用无线电波测距或测速、采用无线电波的反射或再辐射的定位或存在检测、采用其他波的类似装置）、G05B（一般的控制或调节系统、这种系统的功能单元、用于这种系统或单元的监视或测试装置）、H04N（图像通信，如电视）；无线传感网领域技术创新活动的范围在不断拓宽，研发者在不断地探索新技术与新应用领域；无线传感网技术的研究热点主要涉及Controller、Vehicle Operational Control、Power Circuit Electrical、Monitoring、Remote Monitoring、Detection、Patient、Medical Information、Game Player、Displaying、Image、Camera等。

（5）研究对象的关联性分析：在无线传感网领域，涉及wireless sensor network与node的专利申请数量最多，很多申请都围绕这两个主题展开，另外围绕vehicle展开的申请也较多。

- 经过对无线传感网论文进行的分析，可获知以下发展态势：

（1）无线传感网技术研究活动处于快速增长阶段。

（2）无线传感网研究活动最活跃的前10位国家/地区依次是中国内地、美国、韩国、中国台湾、加拿大、印度、意大利、英国、德国、日本。

（3）无线传感网领域技术创新活动的范围在不断拓宽，研发者在不断地探索新技术与新应用领域。

（4）近3年最受关注的无线传感网技术点有："无线传感网：协议"、"无线传感网：通信网络设计、规划与路由"、"无线传感网：协议，通信网络设计、规划与路由"。

（5）国际上无线传感网研发队伍在不断增长，每年都有大量新研究人员投入进来，表明该技术领域正处于生命周期的发展阶段。

（6）在无线传感网发文量排名前20的期刊中，中国和美国分别拥有7份，是无线传感网领域最主要的研究阵地。

8.4 无线传感器网络应用

基于微机电系统的微小传感器技术和节点间的无线通信能力为无线传感器网络赋予了广阔的应用前景。虽然由于技术等方面的制约，目前与无线传感器网络应用相关的工作大多集中于科学研究和试验方面，大规模商业应用还有待时日，但许多研究都已从不同侧面显示了无线传感器网络的应用潜能和良好的商业应用前景。最近几年，随着计算成本的下降以及微处理器体积日益缩小，为数不少的无线传感器网络开始投入使用。目前无线传感器网络的应用主要集中：环境监测、交通管理、医疗护理、建筑物监控、智能家居、反恐抗灾、国防军事和工业应用等领域。下文将通过案例介绍无线传感器网络在其中几个领域的应用。

8.4.1 环境监测

环境监测是无线传感器网络的典型应用领域之一。将传感器节点散布于某个特定的区域（如城市地区、森林、丛林等）以监测温度、湿度、大气压力、空气质量、环境噪声、污染物浓度等参数。在农村地区尤其是那些交通落后的地区，传感器节点可以通过直升飞机空投进行随机部署，并维持静止。传感器和汇聚节点收集的数据将通过相连的网络提供给远程访问，有助于研究该区域的环境条件及其对该区域人类和动植物的影响。

具体而言，无线传感器网络在环境监测方面的应用包括：气象和地理研究、自然和人为灾害监测、农田和热带雨林的小气候监测、水质监控、牲畜和家禽监控、动物跟踪、生物多样性监测等。

8.4.1.1 水质监测

澳大利亚联邦科学与工业研究组织（Commonwealth Scientific and Industrial Research Organisation，CSIRO）与 Seqwater 公司合作开发了一种集成传感器 iSnet 系统，用以监测储水与取水，帮助水管理部门监控水质、事件流和温室气体排放。持续监控有助于实现早期预警、对基于数据的模型和预测进行验证，并为操作人员提供实时信息反馈，帮助他们提高水管理程序的成本效率。

iSnet 系统由浮动传感器节点、地面传感器节点、取水区牧牛随身携带的传感器节点，以及一艘穿行于储水区的机器人船组成，可以进行详细测试并探测可能的反常情况。完整的系统还包括数据存储与管理、质量控制、可视化和分析软件。

2008～2009 年度，CSIRO 在作为澳大利亚布鲁斯班市主要饮用水源的威文霍湖区试点安装了由 120 个静态传感器节点和一艘机器人双体船组成的 iSnet 系统，进行水质监测。其中浮动节点能依靠太阳能持续运转，自动管理自身能源需求并与不同环境传感器进行交互。而机器人船可通过高精度船上传感器进行整体储水量感、原位校准和反常探测。传感器节点和机器人船收集的数据将传送至数据库进行存储与分析，并通过安全的网络接口实现访问。2009~2010 年度，该系统得到了进一步完善，并为该区的水管理节约了大量成本。

8.4.1.2 雨林再生监测

澳大利亚几家机构联合在春溪国家公园创建了一个无线传感器网络，用以监测雨林的再生情况，而用于生长雨林的这片土地原先是一片草原。该网络建成后将提供一个有价值的研究平台，方便科研人员开展有关土地再利用，入侵物种对生物多样性的影响，雨林的生态功能，气候变化的影响等研究。

该 WSN 由安置于开放草原区、再生雨林区和原始雨林区的太阳能传感器节点组成，它们负责监测包括温度、光线、湿度、叶片湿度、土壤湿度、风速和风向在内的雨林小气候指标。每个节点可感知方圆 500 米以内的指标参数，并通过多跳的方式将数据传送至基站，再从基站上传至服务器进行分析并显示在门户网站上。通过引入多媒体传感器，该 WSN 的功能还可得以扩展，如对动物区系进行音频监测或通过图像分析监测植被生长。目前该网络已部署了 152 个传感器节点，并计划至 2011 年中期扩展至 175 个，同时传感器功能也将得以扩展，可以获取植被生长、树干液流、云雾模式、二氧化碳浓度等信息，还可对青蛙、鸟类和蝙蝠种群进行声学监测，对物种进行视频监测和自动认证以评估其种群趋向。

创建大规模类似环境监测 WSN 的一大关键挑战是传感器节点的能源管理，因为传感器节点的太阳能供应会随雨林的生长而降低，必须要谨慎管理无线电传播和音频处理等功能，以尽量节约传感器可用的能源。

8.4.1.3 生物多样性监测

对澳大利亚北部热带稀树大草原的生物多样性进行监测是一项非常重要但又极为困难的任务，需要长期倾听、记录和辨别生活在这一偏远和难以到达之地的动物的声音。为此，CSIRO 的科研人员开发出一个生物声学和小气候监测平台，用于记录动物的声音及环境数据并反馈回实验室。

澳大利亚约克角半岛西海岸是一个偏远地区，尤其是雨季的时候几乎无法通过陆路到达。CSIRO 的科研人员在该地设置了两个生物声学和小气候传感站，记录声音和小气候数据并通过无线网络将数据传送回实验室。利用无线传感器网络获得的音频数据质量很高，可以很清楚地辨认出青蛙、鸟类等动物的声音。而通过对青蛙声音的监测还能监测水生生态系统。未来还可利用智能音频传感器节点监测小型哺乳动物的运动。

8.4.1.4 极端环境观测

2010 年 12 月 28 日，由中国北京师范大学全球变化与地球系统科学研究院的科研人员研制的"极端环境无线传感器网络观测平台"在南极冰盖安装成功。该项目是在 863 重点项目"面向全球气候变化的极地环境遥感关键技术与系统研究"支持下完成的。平台内核采用全球变化与地球系统科学研究院自主研发的嵌入操作系统，在其统一调度下管理数据的采集、传输、系统的智能保温、风光互补的智能电源控制和远程升级等任务。该平台的观测参数包括：垂直剖面 9 层雪温、雪表面湿度、光照、大气压、GPS、雪深等参数，系统具有卫星数据传输和远程控制能力（北京师范大学，2010）。

微型化和智能化的极地极端环境的无线传感器网络冰雪观测平台，可以提高人类对极区地表的实时观测能力，弥补极区现有自动气象站点稀少、分布不均匀的现状。该系统与卫星遥感观测相互结合将大大增强研究人员对南极地区的认识和了解，推进全球变化研究。

8.4.1.5 风险管理

瑞士洛桑联邦工业大学（EPFL）的科研人员开发出一种名为 SensorScope、基于无线传感器网络的大规模分布式环境监测系统，能进行高时空密度的环境测量。该创新系统由多个太阳能传感站组成，并通过无线连接构成传感器网络。传感器站负责测量空气温度与湿度、地表温度、太阳辐射、风速与风向、降雨量、土壤湿度、土壤蓄水能力等关键的环境数据，其设计必须实现成本低、能耗低、通信距离长、安装简单、防水、自动能源管理、高质量数据获取和实时数据检索等功能。

EPFL 在几个区域进行了 SensorScope 系统的试点部署，其中一处是位于瑞士和意大利交界、海拔高达 2400 米的大圣伯纳关隘。通过在大圣伯纳关隘部署无线传感器网络，瑞士的风险管理部门可以针对该区域建立精确的水文学模型，进行空间密度测量。模拟结果有助于避免雪崩和意外事故的发生。

8.4.2 交通管理

无线传感器网络为交通管理提供了一种有效手段。通过在车辆、停车场所和道路/公路两旁安装传感器节点，可以定时收集和感知区域内车辆的速度、车距等交通信息。多个终端节点将各自采集并初步处理后的信息通过汇聚节点汇聚到网关节点，进行数据融合，获得道路车流量与车辆行驶速度等信息，从而为路口交通信号控制提供精确的输入信息，实现减缓拥堵，提高交通效率的目的。

安装在车辆中的传感器节点存储有车主的身份及其他相关信息，当车辆到达收费站时，车辆中的传感器节点与安置在收费站附近的传感器进行通信，并交换必要信息，完成道路使用收费。更先进的情况是，传感器可以检测到车辆的承载人数，从而根据车辆承载量采取不同的收费方式。嵌入车辆的传感器还可与安装在停车场所的定点控制设备进行交互，计算该车辆的停车时间及应收取的停车费。此外，通过给终端传感器节点安装温湿度、光照度、气体检测等多种传感器，还可以进行路面状况、能见度、车辆尾气污染等检测。

8.4.2.1 道路监控

美国每年因交通拥堵造成的经济损失估计约 750 亿美元，亟须改善交通监控能力。为此，诺基亚所属子公司 NAVTEQ 开发出一种名为交通脉冲（Traffic Pulse）的无线传感器网络技术，并将其运用至提供美国交通信息的 Traffic. com 网站，旨在通过传感器网络采集相关交通数据，并在数据中心进行处理与存储，以供应用。

交通脉冲系统被安置于主要交通要道上，用以采集车辆行驶速度、车道占有率、车辆数量等交通信息，由此计算出车辆平均速度和行驶时间，并将相关数据传送至数据中心进行格式重定。该系统能够全天候持续监控道路情况，且每隔1分钟就能通过WSN将实时更新的信息提供给数据中心，其采集的关键交通信息包括：车辆速度、数量，道路密度等。

Traffic.com网站在每个主要城市都设立了交通脉冲运营中心，通过视频、飞行器、移动设备、应急和维护服务监控等多种途径收集和报道实时事件、建筑结构情况和意外事故。这些信息弥补了传感器收集数据的不足，相关应用包括：

（1）该网站的实时和存档数据不仅为美国公民提供个人交通信息，而且还为各种商业和政府应用提供了有价值的工具；

（2）该网站提供的交通信息可作为车载导航设备的补充，告诉司乘人员行驶路线及相关行驶时间，甚至包括为他们提供可供选择的替代路线。

8.4.2.2 动态停车收费

2010年夏天，美国圣弗朗西斯科市政府开展了一项为期两年的试点项目，启动了一个名为SFpark的智能停车收费模型，以减少车辆寻找停车地点的时间和燃油消耗。根据SFpark模式，圣弗朗西斯科市的所有停车场将安装传感器，以向驾驶人员提供实时数字化信息，帮助他们确认停车场是否有空位以及可停车时间的长短。这些传感器与一个数据库相连，可以协调整个圣弗朗西斯科市的车辆停放。传感器采集的信息是逐块编译的，可以通过网络、智能手机、文本信息和道路标记获取。

为了优化整个城市的停车场所使用，每小时的停车费会按需变动，但每月最多进行一次调价而且会提前公布，此举的目的是确保每个停车场所都预留10%~30%的空位。该举措可以给予市民更多的选择与方便，减少交通拥堵的现象。美国交通部城市合作项目为圣弗朗西斯科市交通局提供了1980万美元资助，约占SFpark项目总经费的80%，剩下的20%将由市交通局的预算支付。

8.4.2.3 车辆分类统计

美国MEAS公司经过多年研究，开发出一种压电薄膜交通传感器，被广泛用于检测车轴数、轴距、车速监控、车型分类、动态称重（WIM）、收费站地磅、闯红灯拍照、停车区域监控、交通信息采集（道路监控）及机场滑行道等智能交通应用。

压电薄膜交通传感器的主要用途是车型分类，不同的国家使用不同的分类表对车辆分类。在美国，联邦公路管理局（FHWA）把车辆定义为从摩托车到多用途拖车的13种类型，车辆的类型是根据轴数和轴距确定的。由于车速在小于等于3米的距离内基本上是匀速，用车轴经过传感器时建立的信号时间差乘以车速，就得出轴距。另外用电感线圈＋压电传感器的方案则可同时测得轴数和车数。韩国等国对车辆的分类则基于轮距，将传感器以一定角度斜埋就能分辨轮距。巴西是以双轮胎作为等级划分标准的，通常在与车流方向成一定角度再加装一个传感器。当双轮胎经过斜埋的传感器时，会产生一个双峰脉冲，通过电路的处理可识别双轮胎信号。垂直车流安装的传感器仍用来正常探测车速，轴数，并与斜埋传感器计数进行比较。

此外，基于无线传感器网络的行驶中称重（WIM）在美国、巴西、德国、日本和韩国得到了广泛应用。即利用安装在高速公路上的传感器判断正在高速行驶中的车辆，尤其是驶过桥梁的车辆是否超载，由视频系统拍下车牌号记录在案，然后再由执法机构用精度较高的低速称重系统判断超载量并根据超载量罚款。

8.4.2.4 车速监测

一般的做法是在每条车道上安装两个传感器，计算出车辆的速度。当轮胎经过传感器 A 时，启动电子时钟，当轮胎经过传感器 B 时，时钟停止。两个传感器之间的距离可根据需要确定。将两个传感器之间的距离除以两个传感器信号的时间周期，就可得出车速。当汽车以 200 公里/小时的匀速行驶时，测量精度可达到 1%。通常都安装 2 个传感器作为一组，有的国家为了校验，也安装 3 个。如果车辆超过了规定的时速，在前轮经过最后一个传感器时，立刻给车辆拍照，并计算出车速。在第一张照片拍摄后的固定时间进行第二次拍照，这样观测仪可以校验车速。即使在车流量很高的情况下，也可得到各个车道的信息。传感器可以交错安装，以便照相机有稳定的焦点，从而使得照片清晰可读。

通过车速监测既可以对超速车辆罚款，又可以根据车流量建立可变限速标志和可变情报板。在车流量较高时，设置较低的限速；流量较低时，设置较高的限速，建立动态的管理系统，从而实现路面管理智能化。

8.4.3 医疗护理

无线传感器网络在检测人体生理数据、老年人健康状况、医院药品管理以及远程医疗等方面可以发挥出色的作用。将无线传感器网络集成到医院的建筑物中，可以。在患者身上安置体温采集、呼吸、血压、心电图（ECG）等测量传感器，可为精确诊断提供帮助。而安置于医院或家庭的传感器节点可用于病患定位、追踪和监控所有医疗资源，行动不便的患者和老年患者可以在家中接受医疗服务，实现远程医疗和护理。一旦病患发生诸如跌倒等意外，传感器就会发出警报。家庭医护有助于促进住宅自动化 WSN 的发展，从而增强住宅与远程主机的连接。

8.4.3.1 生理监测

1）用于灾害和临床环境的生理监测系统

自动监测病患的系统能够提高在灾害和临床环境中对病患的看护质量。这方面的系统包括美国哈佛大学研制的 CodeBlue、约翰霍普金斯大学研制的 MEDiSN 以及华盛顿大学的生命体征监测系统。以哈佛大学开发的 CodeBlue 平台为例，它能借助 WSN 来改进对灾害事件中的伤员进行鉴别分流的过程。CodeBlue 实际上是一个软件平台，集成了各种医疗传感器与微型设备，并提出了以发布/订阅为基础的网络架构，该架构能够支持确定优先事件和远程传感器控制。CodeBlue 系统包含一个名为 MoteTrack 的系统，该系统能利用基于射频信号信息的定位技术，跟踪监测和定位那些安装了传感器节点的患者。MoteTrack 系统通过在医院、诊所或其他地方安装一整套定点无线电台节点，可以计算携带了无线传感器的患者的 3D 位置，或用于医疗设备的定位。

除 CodeBlue 外，哈佛大学之前还开发了一系列无线医用传感器。例如，无线脉搏血氧仪和无线双导程心电图可采集心律、血氧饱和度、心电图等数据，并通过一个短程（100 米左右）的无线网络将这些数据实时传送至 PDA、电脑等任一接收设备显示，并整合入入院前病患护理记录中。这些传感器还可用于处理生体特征数据。

2）用于家庭护理的生理监测系统

除上述旨在改进医院或灾难事件中的病人看护质量的系统外，研究人员也开始着手解决老龄化社会对应急医疗服务的需求问题。

美国弗吉尼亚大学实时与嵌入式计算实验室的科研人员开发的 AlarmNet 是基于 WSN 的典型家庭护理系统，可以对老龄人口进行持续监护并满足其他医疗需求。它是一个基于可扩展的、异构网络架构的系统，针对临时性的、大规模的部署应用，包括定制的和商用的传感器、嵌入式网关，以及拥有各种分析程序的后端数据库。

英特尔西雅图研究中心和华盛顿大学建立了一个原型系统，可以推断个人的日常生活。在该系统中，传感器标签（无源和有源）被放置在日常物品中。该系统跟踪附有标签读写器的标签物体的移动。这个项目的长期目标是开发一个计算机化的、不显眼的系统，帮助管理老龄人口的日常生活。

佐治亚理工学院建立了一个"有知觉的家庭"（Aware Home），作为智能空间的原型，这个空间收集空间本身和其中居民活动的相关信息。"有知觉的家庭"结合了情景感知和无所不在的传感、基于计算机视觉的监测和声学跟踪，对用户的日常活动进行无处不在的计算，并对用户保持"透明"。

美国麻省理工学院（MIT）和 TIAX 公司正联手开展一项名为"PlaceLab"的计划，它在一套单卧室公寓中安装了上百个传感器，用于开发创新性用户接口，帮助用户更轻松地控制其所居住的环境、节约资源、维持生理和心理活跃和健康。科研人员还可利用这些传感器监控该公寓中发生的所有活动，以研究用户对家用新设备、系统与复杂架构设计的反应。该计划是 MIT"House_n"项目的一部分。

8.4.3.2 动作和行为监测

高精度的动作和行为监测是 WSN 的另一大医疗应用领域。便携式传感器能测量四肢运动、手势、肌肉运动，并在临床试验中用于步态分析、运动分类、运动表现评价和神经肌肉疾病的康复等。不同于生理监测，用于行为监测和分析的传感器数量众多，带宽和能量的限制会使大量数据的实施传输尤其是基于多跳方式的传输面临困难，必须要小心平衡数据取样、存储、处理和通信各步骤，以确保电池寿命和数据精确度。

可以解决以上难题的典型系统包括 SATIRE 和 Mercury。美国伊利诺伊大学开发的 SATIRE 系统通过在衣物上嵌入加速器和全球定位系统传感器，判断用户的行为。SATIRE 的传感器节点可以测量和记载加速器数据并将其通过低功率无线电随机传送至基站，研究人员对基站收集的数据进行在线处理后可以确定用户的行动模式，是走？是坐？还是在打字？哈佛大学开发的 Mercury 系统则在 SATIRE 的能源管理方法基础上，集成了多种能源感知适应能力，正被用于帕金森氏症和癫痫患等多项神经肌肉疾病的长期研究中。

此外，荷兰 McRobert 公司与意大利博洛尼亚大学的研究人员共同开发了一种名为 DynaPort 的无线传感设备，可在一个紧凑的封装包内进行移动传感、数据收集和数据传输。DynaPort 混合设备一次充电可运行 75 小时，厚度仅 14 毫米，重量仅 74 克，便于携带。将该设备佩戴在患者的腰部，可以监测和记录患者的身体运动和身体姿势，帮助他们开展康复训练，并可配置为自动提醒，以在患者跌倒时提供紧急服务。该设备通过内部陀螺议和加速计收集用户的运动和姿势数据，将数据存储在闪存中，并通过蓝牙无线传输协议发送至医生或用户的个人电脑。除了改进运动监测方面的问题外，该设备还可以将运动数据转换为音频或触觉信号，让患者了解他们是否正确地进行了康复训练，从而极大帮助了患者的康复。作为全面康复计划的一部分，该应用程序允许在家里对患者进行远程监控，而不用前往医院或康复中心。

8.4.3.3 大规模生理与行为研究

AutoSense 是一个分布式近身无线传感器网络，可测量研究对象所处的自然环境对个人造成的心理压力，以及人体接触到的成瘾物质（如酒精）含量，该项目是美国国立卫生研究院基因、环境与健康（GEI）计划的一部分。AutoSense 系统包括六个功能各异的传感器，安装在人体上的这些传感器形成了身体所处区域的无线传感网络，可以测量研究对象的心率、呼吸频率、皮肤电导率、体温、动脉血压和血液中的酒精浓度等。传感器采集的数据在经过初步验证和清洗后，将传送至智能手机，实时计算出研究对象的心理压力和成瘾程度。研究人员还可通过这些信息进行有关心理压力、成瘾和两者关系的行为研究。

另一个例子是由加利福尼亚大学圣迭戈分校研发的便携式系统——"身体活动和位置测量系统"（PALMS），可以对研究对象的日常生活进行长期的监测，以检测身体活动和能源消费模式。通过研究不同传感器收集的心率、行动和定位等信息，可以分析人类在不同活动中的能源消耗模式，理解人类的身体活动和能源消耗是如何受到所处环境影响的。

这些用于一定人口规模的医学研究的系统仍处于早期阶段，需要解决一些技术和算法的挑战。供能是挑战之一。虽然一些用于人体的传感器具有高采样率，但耗电量很大，因此需要解决经常充电的问题。另外更大的挑战是信息隐私问题。

除了以上医疗应用之外，便携式传感器还可用于运动测试，例如心率传感器可以显示运动成果。这些测试数据可通过 WSN 传送至远程数据库，并在那里对测试数据进行处理和分析，并在此基础上为用户提供"虚拟教练"服务。此外，基于无线传感器网络的情绪监测也开始逐渐引起全世界研究人员的兴趣，如可以利用生物传感器实现情感传感（Emotional Sensing）。

8.4.4 建筑结构监测

房屋、桥梁、隧道、电厂、机场等重大基础设施需要进行定期的结构监测，以预防或避免可能的威胁。可以通过无线传感器网络对重大基础设施与建筑结构的安全状态进行长期可持续监测,一旦传感器节点检测到紧急情况(如地震和结构损伤等),就可以迅速传达这些信息,方便相关部门采取适当的应急行动。

8.4.4.1　建筑物健康监测

美国爱胜科技公司(Acellent)与美国国土安全部合作,开发了一种用于监测焊接钢力矩框架接合处的无线传感器网络,旨在对建筑物健康状况进行实时评估,降低急救人员可能遇到的风险,提高营救行动的成效。该系统能成功监测梁柱接点弯矩及焊接区域的裂缝生成与扩张。其具体功能包括:对建筑结构的稳定性和即将发生的坍塌进行实时评估,绘制结构损伤与温度图以确定热点,减少结构检查的时间与成本,降低灾难性事故发生的几率,实现自动结构检查。

此外,对珍贵的古老建筑进行保护,是文物保护单位长期以来的一个工作重点。将具有温度、湿度、压力、加速度、光照等传感器的节点布放在重点保护对象当中,可有效地对建筑物进行长期的监测。西班牙 Santa María la Real 基金会为始建于公元 12 世纪的圣玛丽亚德马韦(Santa María de Mave)教堂及其修道院开展了一项修复工程,在教堂改造完成后,基金会意识到需要对该文化遗产进行持续监测以保护其不受环境衰退的侵害。为此,教堂保护团队采用了美国国家仪器公司的 WSN 技术开发了一套监测系统,可在不同地点将多种传感器灵活组成网络,用以监测教堂的环境参数,包括:教堂中殿内部的空气温度以及相对湿度、教堂外部的空气温度和相对湿度、一套位于教堂上部的微型气象站的数据采集系统、结构振动的测量。

8.4.4.2　桥梁与公路监测

利用压电、加速度、超声、湿度等适当的传感器可以有效构建一个三维立体的防护检测网络,用于监测桥梁、高架桥、高速公路等道路环境。许多老旧的桥梁,桥墩长期受到水流的冲刷,传感器能够放置在桥墩底部,用以感测桥墩结构,也可放置在桥梁两侧或底部,搜集桥梁的温度、湿度、震动幅度、桥墩被侵蚀程度等,能减少断桥所造成生命财产的损失。

美国新墨西哥州立大学的民用工程研究人员在位于拉斯克鲁塞斯州际公路 I-10 的一座 20 世纪 70 年代修建的桥上,安装了 120 个光纤传感器,用以监测大桥的安全状况。这些光纤传感器可以为研究人员提供持续的数据流,显示大桥对交通流量、天气状况、时间侵蚀的反应。对比 WSN 收集的数据和标准检查技术得到的结果,可以帮助研究人员开发更有效的桥梁监测与维护程序。该项目得到了美国国家科学基金会和联邦公路管理局的支持。

8.4.4.3　管道监测

负责输送油气和水的管道经常因化学、环境和微生物腐蚀或出现裂缝而受到损害,削弱管壁的厚度,而传统的管道腐蚀检测技术需要在检测和修复时关闭管道,会因停工而带来经济损失。

爱胜科技公司利用其开发的实时自动管道集成检测系统部署了一个分布式无线传感器网络,可实现对管道腐蚀部分的远程、自动高精度监测。从而降低管道结构检测费用,避免意外的管道损伤,并从定期管道维护转变为根据实际情况进行维护。

8.4.5 其他应用

除了上述领域外,无线传感器网络还被常常被用于军事、家居或办公自动化、工业监控、物流、城市监控等诸多领域。

1)军事应用

无线传感器网络的相关研究最早起源于军事领域。无线传感器网络具有可快速部署、可自组织、隐蔽性强和高容错性的特点,非常适合在军事上应用。利用 WSN 能够实现对敌军兵力和装备的监控、战场的实时监视、目标的定位、战场评估、核攻击和生物化学攻击的监测和搜索等功能。目前国际许多机构的课题都是以战场需求为背景展开的。

在军事领域应用方面,WSN 的远景目标是:利用飞机或火炮等发射装置,将大量廉价传感器节点按照一定的密度布放在待测区域内,对周边的各种参数,如温度、湿度、声音、磁场、红外线等各种信息进行采集,然后由传感器自身构建的网络,通过网关、互联网、卫星等信道,传回信息中心。

WSN 可用于敌我军情监控。在友军人员、装备及军火上加装传感器节点以供识别,随时掌控自己情况。通过在敌方阵地部署各种传感器,做到知己知彼,先发制人。另外,该项技术可用于智慧型武器的引导器,与雷达、卫星等相互配合,利用自身接近环境的特点,可避免盲区,使武器的使用效果大幅度提升。

2)家居自动化

无线传感器网络能将住宅内的各种家居设备联系起来,使其能够自动运行,相互协作,为居住者提供尽可能多的便利和舒适。具体应用包括:

(1)照明控制:可通过任何一个开关控制同一盏灯,减少了有线连接。更先进的是,当亮度传感器检测到用户所在的房间光线很暗时,就会自动开启照明。

(2)远程控制:利用红外技术可实现远程控制设备与电视、空调等家用电器间的无线通信。然而红外技术需要瞄准线,且只适合短程通信,射频技术可以解决这一问题。

(3)安全:可以利用几种传感器(如烟雾检测器、玻璃破碎传感器、运动传感器)设计先进的安全系统,以发现可能的危险,从而进行适当的响应。例如,烟雾传感器可激活火警。

(4)通过相关传感器对温度、湿度、光线和人的存在进行监测,并根据收集的信息控制窗帘、空调、集中供热等设备的开关。可避免不必要的能源浪费。

家用传感器节点的数量可能很多,它们主要为静态传感器,但是部分也显现出机动性。根据所用协议,家居自动化网络能通过网关或路由与其他网络(如因特网)相连。大厦自动化与家居自动化相似,但网络规模和结构一般相对较大。在办公楼里,现场传感器能自动控制照明开关,温度传感器则可控制加热装置开关。

3）工业监控

工业环境中的关键通信都是基于有线网络，因为它比无线连接更可靠。不过可以利用无线传感器节点监控那些尚未联网的设备，进一步完善工业监控体系。

在工业过程控制中，主要的 WSN 应用是针对实时操作、非关键回路控制等不同需求的监控。在工厂自动化环境下，可利用 WSN 进行目前由手动完成或无法完成的监控操作。工厂自动化中需要的传感器节点数以百计。这些节点将其采集到的数据传送至一个或多个汇聚节点。而节点的部署是手动完成的。

此外，WSN 可以用于车辆的跟踪、机械的故障诊断、工业生产监控、建筑物状态监测等。在一些危险的工作环境，如煤矿、石油钻井、核电厂等。利用无线传感器网络可以探测工作现场的一些重要信息。

4）物流

可利用无线传感器网络进行货物/包裹追踪、供应链管理、零售商店的定价变化信息的更新等。例如，利用嵌入式传感器节点监测非法的包裹开启。一旦发现包裹在未经允许的情况下被开封，这些传感器节点就与安装在仓库里的静态节点通信触发警报。此外，这些传感器节点还可以存储每个货物的信息，例如货物身份、当前位置、包裹内部温度等等。RFID 也适用于这种场合。

5）城市监控

城市监控的内容繁多，下面是一些例子：

（1）绿化带灌溉控制：在绿化带安置地下湿度传感器，当湿度低于某一阈值时，传感器就将信息传送给控制灌溉系统的执行器，从而自动开启灌溉设备。

（2）垃圾选择回收：在垃圾箱内部放置传感器节点，感知其中的垃圾容量，并将信息传送给负责垃圾回收的车辆，方便其优化路线，避免经过垃圾箱很空的街道。

（3）照明：晚上的路灯照明有助于人们活动并提高安全。利用 WSN 检测是否有人在灯柱附近区域，从而控制路灯开关，节约能源。

（4）公共安全：对民用设施中的化学试剂进行监控，污染物远程管理。

（5）灾难救援：可将一套传感器节点分布安置于营救区域。例如，让机器人或消防队员随身携带这些传感器节点，利用自组织无线网状网络迅速绘制出受灾区域的地图，并将其传输至指挥中心。

（6）实时能源监控：基于无线传感器的智能电表能以低成本收集住户的水电气用量，而先进测量基础设施可与智能电表实现双向交互，将得自电表的信息上传给相关管理部门。

8.4.6　无线传感器网络应用面临的挑战

就目前的科研情况和技术开发来看，实现无线传感器网络的大规模应用和部署还需要解决许多挑战。

1）数据采集与管理

无线传感器网络的部署将产生海量数据，很难用传统方法来处理，也很难仅凭人力有效管理和控制数据质量。传感器老化、遭受生物污染、通信状况不良等问题都会影响传感器采集的数据的质量，必须要采取措施为用户提供高质量的数据。目前已有研究人员正在开发数据和元数据获取工具与服务，数据集成的标准则根据环境和人而有所不同。

此外，数据采集前后均需进行错误检查，因此开发一种可嵌入数据库的自动质量控制与管理系统，在数据采集前后进行自动错误检查就显得尤为重要。网络基础设施的发展提供了一条新途径，使得研究人员能实时获取来自传感器网络的所有数据源。这意味着设备错误、断电和校准错误都能迅速得到确认和矫正，最大程度地避免和减小重大数据差距。

2）能源供应

对于依靠电池运行的无线传感器网络而言，系统能源供应和能量管理是一大挑战。尤其是对于那些用于影像和声学监控的传感器节点而言，进行高速率和高精度模拟/数字（A/D）转换需要消耗大量能源。无线传感器网络在通信设计中需要采用高精尖的能量管理技术。目前主要的解决方案有：使用高能电池；降低传感功率；以及 WSN 的自我能量收集技术和电池无线充电技术。其中后两者备受关注。

3）无线通信

无线传感器网络在正常通信联系时，信号可能因一些障碍物或其他电子信号干扰而受到影响，如何安全有效地进行通信是个有待研究的问题。此外，无线传感器网络的网络结构是组织无线传感器的成网技术，有多种形态和方式，合理的无线传感器网络可以最大限度地利用资源。在这里面，还包括网络安全协议问题和大规模传感器网络中的节点移动性管理等诸多问题有待解决，可以通过推进标准化活动，建立能源基础设施，创建数据通信线路等方法予以解决。

8.5　无线传感器网络标准建设

信息革命的第三次浪潮正悄然来临并将最终改变社会、企业、社区和个人生活的方式。这次信息革命既是大家热论的物联网，也是新一代互联网和无处不在计算模式的最新版本。其中无线传感器网络技术备受关注（谭文晔，薛之扬，2010）。

无线传感器网络是面向应用的研究领域，其标准化工作是连接科研和产业的纽带。无线传感器网络标准化一开始在国内外都纳入了无线个域网（Wireless Personal Area Network，WPAN）范畴，随着工作的进展逐步分化成专门的工作组，独立开展工作。

8.5.1　标准组织

8.5.1.1　IEEE 802.15

IEEE 802.15 工作组成立于 2002 年，专门从事无线个人局域网标准化工作，旨在开发一套适用于短程无线通信的标准。目前，IEEE 802.15 WPAN 共拥有 4 个工作组：

1）蓝牙 WPAN 工作组

蓝牙是无线个人局域网的先驱。在初始阶段，IEEE 并没有制定蓝牙相关的标准，所以经过一段快速发展时期后，蓝牙很快就有了产品兼容性的问题。现在，IEEE 决定制定行业标准来开发能够相互兼容的蓝牙芯片、网络和产品。

2）共存组

为所有工作在 2.4 吉赫频带上的无线应用建立一个标准。

3）高数据率 WPAN 工作组

其 802.15.3 标准适用于高质量要求的多媒体应用领域。

4）802.15.4 工作组

为了满足低功耗、低成本的无线网络要求，IEEE 标准委员会正式批准并成立了 802.15.4 工作组，任务就是开发一个低数据率的 WPAN（LR-WPAN）标准。它具有复杂度低、成本极少、功耗很小的特点，能在固定、便携或可移动低成本设备之间进行低数据率的传输（科技日报，2009）。

8.5.1.2 Zigbee Alliance

ZigBee 联盟成立于 2001 年 8 月，最初成员包括：霍尼韦尔（Honeywell）、英维思（Invensys）、三菱（Mitsubishi）、摩托罗拉和飞利浦等，目前拥有超过 200 多个会员。Zigbee 制订了短距离无线通信标准的网络层和应用层，针对不同的应用制订了相应的应用规范。Zigbee 目前正式发布的规范涵盖了下面几种应用：智能电力、遥控、家庭自动化、医疗、楼宇自动化、电信服务应用和零售服务应用等。Zigbee 组织目前包含 23 个工作组和任务组，部分工作组涵盖的相关技术包括：架构评估、核心协议栈、IP 协议栈、低功耗路由器；安全及应用包括：楼宇自动化、家庭自动化、医疗、电信服务、智能电力、远程控制、零售业务；还有与市场、认证相关的一些工作组（徐勇军等，2009）。

ZigBee 联盟也负责 ZigBee 产品的互通性测试与认证规格的制定。ZigBee 联盟定期举办 ZigFest 活动，让发展 ZigBee 产品的厂商有一个公开交流的机会，完成设备的互通性测试；而在认证部分，ZigBee 联盟共定义了 3 种层级的认证：第一级是认证物理层与介质访问控制层，与芯片厂有最直接的关系；第二级是认证 ZigBee 协议栈（Stack），又称为 ZigBee 兼容平台认证（Compliant Platform Certification）；第三级是认证 ZigBee 产品，通过第三级认证的产品才允许贴上 ZigBee 的标志，所以也称为 ZigBee 标志认证（Logo Certification）。

8.5.1.3 因特网工程任务组（IETF）

IETF 成立了 3 个工作组进行低功耗 IPv6 网络方面的研究。第一，6LowPan（IPv6 over Low-power and Lossy Networks）工作组主要讨论如何把 IPv6 协议适配到 IEEE 802.15.4 MAC 层和 PHY 层协议栈上的工作。第二，RoLL（Routing Over Low power and Lossy networks）工作组主要讨论低功耗网络中的路由协议，制定了各个场景的路由需求以及传感器网络的 RPL（Routing Protocol for LLN）路由协议。第三，CoRE（Constrained Restful Environment）工作组由 6LowApp 兴趣小组发展而来，主要讨论资源受限网络环境下的信息读取操控问题，旨在制订轻量级的应用层协议（Constrained Application Protocol，CoAP）（曹振等，2010）。

8.5.1.4 中国无线个域网标准工作组

2005 年 12 月在全国信息技术标准化技术委员会下成立了"无线个域网标准工作组（CWPAN）"，该项目组主要负责无线个域网相关技术及标准的研究、制定工作。目前，该工作组有"低速无线个域网"项目组（PG1）、"超宽带无线个域网"项目组（PG2）、"无线个域网测试"项目组（PG3）、"60GHz 无线个域网"项目组（PG4）等。该项目组目前共有 30 余家成员单位，主要包括信产部电子标准化研究所、无线电管理委员会、华为海思、威讯紫晶、西电捷通、中国科学院上海微系统与信息技术研究所、中国科学院微电子研究所、香港应用科学研究院、新加坡资讯通信研究院、北京航空航天大学、清华大学、北京邮电大学、复旦大学、东南大学等。

8.5.1.5 中国传感器网络标准工作组

中国传感器网络标准工作组于 2009 年 9 月召开成立大会，是由国家标准化管理委员会批准筹建，全国信息技术标准化技术委员会批准成立并领导，从事传感器网络标准化工作的全国性技术组织。

传感器网络标准工作组的主要任务是根据国家标准化工作的方针政策，研究并提出有关传感网标准化工作方针、政策和技术措施的建议；按照国家标准制订、修订原则，积极采用国际标准和国外先进标准，制订和完善传感网的标准体系表。提出制订、修订传感网国家标准的长远规划和年度计划的建议；根据批准的计划，组织传感网国家标准的制订、修订工作及其他标准化有关的工作。

8.5.2 标准列举

8.5.2.1 IEEE 1451

IEEE 1451 标准族是通过定义一套通用的通信接口，以使工业变送器（传感器＋执行器）能够独立于通信网络，并与现有的微处理器系统、仪表仪器和现场总线网络相连，解决不同网络之间的兼容性问题，并最终能够实现变送器到网络的互换性与互操作性。IEEE 1451 工作组建立了一个智能传感器即插即用（Plug-and-Play）的标准，使所有符合标准的传感器能和其他仪器和系统一起工作。这一系列标准被称为 IEEE 1451 的智能传感器（包括传感器和驱动器）接口标准，包括界定不同接口的不同标准用来连接传感器和微处理器、仪表系统以及控制异地网络（谭文晔，薛之扬，2010）。

IEEE 1451 标准族定义了变送器的软硬件接口，将传感器分成两层模块结构。第一层用来运行网络协议和应用硬件，称为网络适配器（Network Capable Application Processor, NCAP）；第二层为智能变送器接口模块（Smart Transducer Interface Module, STIM），其中包括变送器和电子数据表格 TEDS。IEEE 1451 工作组先后提出了五项标准提案（IEEE 1451.1 ~ IEEE 1451.5），分别针对了不同的工业应用现场需求。在这些标准中，IEEE 1451.5 部分是目前很多研发活动的集中点。

IEEE 1451.5 标准提案于 2001 年 6 月最新推出，它提出了一个开放的标准无线传感器接口，以满足工业自动化等不同应用领域的需求。IEEE 1451.5 尽量使用无线的传输介质，描述了智能传感器与网络适配器模块之间的无线连接规范，而不是网络适配器模块与网络之间的无线连接，实现了网络适配器模块与智能传感器的 IEEE 802.11、Bluetooth、ZigBee 无线接口之间的互操作性。IEEE 1451.5 提案的工作重点在于制定无线数据通信过程中的通信数据模型和通信控制模型。IEEE 1451.5 建议标准必须对数据模型进行具有一般性的扩展以允许多种无线通信技术可以使用，主要包括两方面：一是为变送器通信定义一个通用的服务质量（QoS）机制，能够对任何无线电技术进行映射服务，另外对每一种无线射频技术都有一个映射层用来把无线发送具体配置参数映射到服务质量机制中。

8.5.2.2　IEEE 802.15.4

IEEE 在无线个域网的两个重要标准是 IEEE 802.11 和 IEEE 802.15。其中，IEEE 802.15.4 标准正逐渐成为低速率无线个域网物理层和媒体访问控制的标准。IEEE 802.15.4 满足国际标准组织（ISO）开放系统互连（OSI）参考模式。图 8-17 给出了 IEEE 802.15.4 层与层之间的关系以及 IEEE 802.15.4/ZigBee 的协议架构（徐勇军等，2009）。

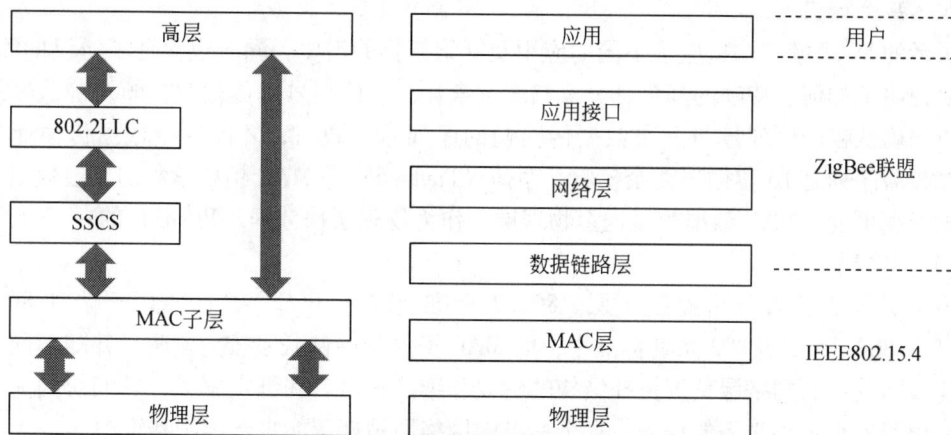

图 8-17　IEEE 802.15.4 及 ZigBee 协议栈架构（徐勇军等，2009）

SSCS：业务相关聚合子层（Service Specific Convergence Sublayer）。802.2LLC 是 IEEE 802 标准中定义逻辑链接控制 Defining Logical Link Control（LLC）的部分

IEEE 802.15.4 包括物理层、介质访问层、网络层等。

1）物理层

IEEE 802.15.4 提供两种物理层的选择（868/915 兆赫和 2.4 吉赫），物理层与 MAC 层的协作扩大了网络应用的范畴。这两种物理层都采用直接序列扩频（DSSS）技术，降低数字集成电路的成本，并且都使用相同的包结构，以便低作业周期、低功耗地运作。2.4 吉赫物理层的数据传输率为 250 千比特/秒，868/915 兆赫物理层的数据传输率分别是 20 千比特/秒、40 千比特/秒。

2.4 吉赫物理层的较高速率主要归因于一个较好的调制方案：基于 DSSS 方法 16 个状

态的准正交调制技术。来自 PPDU 的二进制数据被依次（按字节从低到高）组成 4 位二进制数据符号，每种数据符号（对应 16 状态组中的一组）被映射成 32 位伪噪声 CHIP，以便传输。然后这个连续的伪噪声 CHIP 序列被调制（采用最小频移位键控方式 MSK）到载波上，即采用半正弦脉冲波形的偏移四相移相键控（O-QPSK）调制方式。

868/915 兆赫物理层使用简单 DSSS 方法，每个 PPDU 数据传输位被最大长为 15 的 CHIP 序列（m-序列）所扩展。即被多组 +1，−1 构成的 m-序列编码，然后使用二进制相移键控技术调制这个扩展的位元序列。不同的数据传输率适用于不同的场合。举例如下，868/915 兆赫物理层的低速率换取了较好的灵敏度（−85 分贝·米/2.4 吉赫，−92 分贝·米/868，915 兆赫）和较大的覆盖面积，从而减少了覆盖给定物理区域所需的节点数。2.4 吉赫物理层的较高速率适用于较高的数据吞吐量、低延时或低作业周期的场合。

2）介质访问层（MAC）

IEEE 802.15.4 MAC 层的特征是：联合、分离、确认帧传递、通道访问机制、帧确认、保证时隙管理和信令管理。MAC 子层提供两个服务与高层联系，即通过两个服务访问点（SAP）访问高层。通过 MAC 通用部分子层 SAP（MCPS-SAP）访问 MAC 数据服务，用 MAC 层管理实体 SAP（MLME-SAP）访问 MAC 管理服务。这两个服务为网络层和物理层提供了一个接口。

灵活的 MAC 帧结构适应了不同的应用及网络拓扑的需要，同时也保证了协议的简洁。帧控制说明了如何看待帧的其余部分及它们包含什么。序列号是传输数据帧及确认帧的序号。仅当确认帧的序列号与上次数据传输帧的序列号一致时，才能判定数据传输业务成功。帧校验序列是 16 位循环冗余校验。净荷（Payload）是 MAC 帧要承载的上层数据，它的字段长度可变。MAC 数据帧被送至物理层，作为物理层帧数据（PPDU）的一部分。

3）网络层

网络层包括逻辑链路控制子层。802.2 标准定义了 LLC，并且通用于诸如 802.3、802.11 及 802.15.1 等 802 系列标准中，而 MAC 子层与硬件联系较为紧密，并随不同的物理层实现而变化。网络层负责拓扑结构的建立和维护、命名和绑定服务，它们协同完成寻址、路由及安全这些必需的任务。这个标准的网络层被期望能自己组织和维护。

IEEE 802.4 标准支持多种网络拓扑结构，包括星形和点–点拓扑结构。应用的设计选择决定了拓扑结构；一些应用，诸如 PC 外设，适合低延时星形连接，而对于别的，诸如涉及安全要求领域，适合大面积的点–点拓扑结构。

802.15.4 WPAN 具有如下的特点：

- 可升级：卓越的网络能力，可对多达 254 个的网络设备进行动态设备寻址。
- 适应性：与现有控制网络标准无缝集成。通过网络协调器（Coordinator）自动建立网络，采用 CSMA-CA 方式进行信道存取。
- 可靠性：为了可靠传递，提供全握手协议。

8.5.2.3 ZigBEE 标准

ZigBee 1.0（Revision 7）规格正式于 2004 年 12 月推出，2006 年 12 月，推出了 Zig-Bee 2006（Revision 13），即 1.1 版，2007 年又推出了 ZigBee 2007 Pro，2008 年春天又有一

定的更新。ZigBee 协议栈底层是基于 IEEE 802. 15. 4 2003 的物理层和媒体接入层机制构成。上层包括网络层、应用层等（魏佳杰等，2009）。ZigBee 协议体系结构如图 8-18 所示。

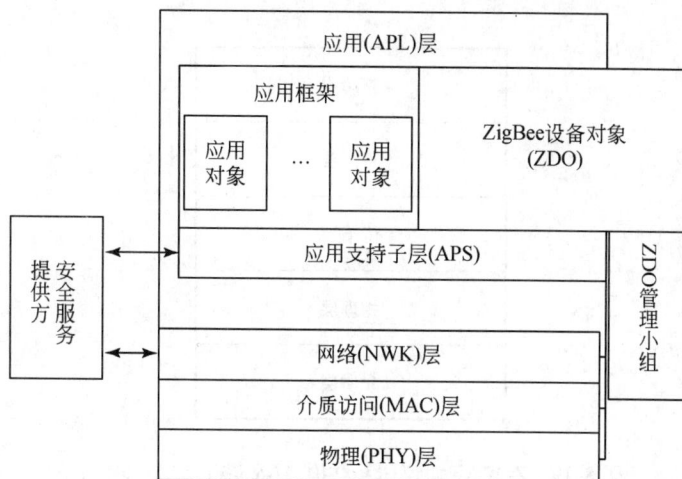

图 8-18　ZigBee 协议体系结构（Gómez et al.，2010）

　　网络设备类型可分为 ZigBee Coordinator、ZigBee Router、ZigBee End Device 等三种。网络拓扑有星形、树形、网格形等三种，使用自组织网来通信。具有低功耗、低成本、低速率、近距离、短时延、高容量、高安全、免执照频段等特点。采用直接序列扩频于工业、科学、医疗（ISM）频段：2.4 吉赫（全球）、915 兆赫（美国）和 868 兆赫（欧洲），数据传输速率分别为 250 千比特/秒（2.4 吉赫）、40 千比特/秒（915 兆赫）和 20 千比特/秒（868 兆赫）。

　　ZigBee 最初是不支持 IP 协议的，目前 ZigBee 已经正式发布的应用规范都没有对 IP 协议的支持。但是随着相关工作的推进，以及 ZigBee 内部成员单位的推动，ZigBee 的智能电力 Smart Energy 2.0 应用已经开始全面支持 IP 协议。同时，ZigBee 内部成立了 IP-stack 工作组，专门制定 IPv6 协议在 ZigBee 规范中的应用方法。ZigBee Smart Energy2.0 应用也将采用 IETF 6LowPan 制订的适配层，要求 IEEE 802. 15. 4 设备的网络中使用这种轻载的 IPv6 协议栈，同时把对 6LowPan 的支持作为一种必选。在应用层，新的规范也支持轻量级的 CoAP 协议。

8.5.2.4　Z-Wave

　　家庭自动化无线网络（Z-Wave）是新一代的无线网络的传输技术，针对建筑自动化、家庭控制。该技术让家庭中每个设备可以独立通过无线信号，和处于相同网络的其他设备沟通连接，而不受限于中央控制器的控制。Z-Wave 耗电量极低，它只需要在房子周围传送少量的资料，且它的收发器常处于近似休眠的状态进而提升了电池的续航力。Z-Wave 只有 9.6 千比特/秒的传输率，因为感测监控本就不需要太高的传输速率，而是力求实时送达与正确收发。Z-Wave 主要的工作频段有二：一是 868.42 兆赫（运用于欧洲），二是

908.42 兆赫（运用于美国）。在传输上，Z-Wave 以单一天线进行半双工传输。而调制方面是使用简易的频移键控调制法，编码使用最基础的曼彻斯特编码法，不过 Z-Wave 在编码、解码程序上都以硬件方式实现，以降低执行核心的功耗负荷。Z-Wave 协议的体系结构参见图 8-19。

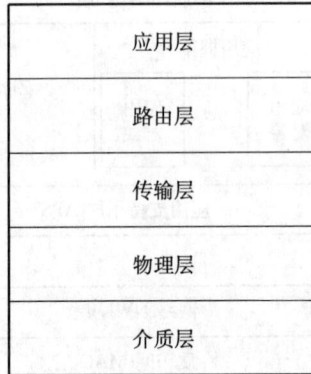

| 应用层 |
| 路由层 |
| 传输层 |
| 物理层 |
| 介质层 |

图 8-19 Z-Wave 协议体系结构（Gómez et al.，2011）

8.5.2.5 WirelessHART

WirelessHART 是第一个开放式的可互操作无线通信标准，用于满足流程工业对于实时工厂应用中可靠、稳定和安全的无线通信的关键需求。WirelessHART 通信标准是建立在已有的经过现场测试的国际标准上的，其包括 HART 协议（IEC 61158）、EDDL（IEC 61804-3）、IEEE 802.15.4 无线电和跳频、扩频和网状网络技术。WirelessHART 是用于过程自动化的无线网状网络通信协议。除了保持现有 HART 设备、命令和工具的能力，它增加了 HART 协议的无线能力。每个 WirelessHART 网络包括三个主要组成部分：连接到过程或工厂设备的无线现场设备；使这些设备与连接到高速背板的主机应用程序或其他现有厂级通信网络通信的网关；负责配置网络、调度设备间通信、管理报文路由和监视网络健康的网管软件。网管软件能和网关、主机应用程序或过程自动化控制器集成到一起。该网络使用兼容运行在 2.4 吉赫 ISM 频段上的无线电 IEEE 802.15.4 标准（中国物联网研究发展中心（筹），2010）。

8.5.2.6 6LoWPAN

基于 IEEE 802.15.4 实现 IPv6 通信的 IETF 6LoWPAN 所具有的低功率运行的潜力使它很适合应用在从手持机到仪器的设备中，而其对 AES-128 加密的内置支持为强健的认证和安全性打下了基础。采用包头压缩方法去除 IP 包头中的冗余或不必要的网络级信息。IP 包头在接收时从链路级 802.15.4 包头的相关域中得到这些网络级信息，增加了更大的 IP 地址。当交换的数据量小到可以放到基本包中时，可以在没有开销的情况下打包传送。对于大型传输，6LoWPAN 增加分段包头来跟踪信息如何被拆分到不同段中。6LoWPAN 协议的体系结构如图 8-20 所示。

```
┌─────────────────────────────────────┐
│        HTTP/TFTP/SNMP/其他            │
├─────────────────────────────────────┤
│          TCP/UDP/其他                 │
├─────────────────────────────────────┤
│             IPv6                      │
├─────────────────────────────────────┤
│          6LoWPAN 层                   │
├─────────────────────────────────────┤
│      IEEE 802.15.4 媒体层             │
├─────────────────────────────────────┤
│      IEEE 802.15.4 物理层             │
└─────────────────────────────────────┘
```

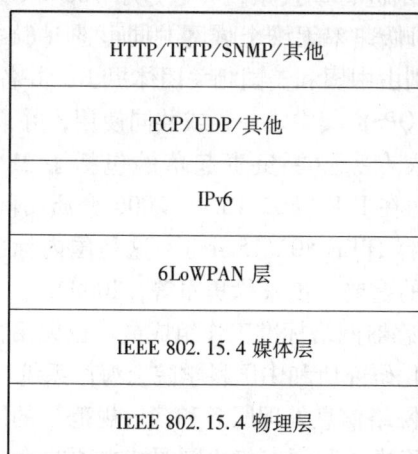

图 8-20　6LoWPAN 协议体系结构（Gómez et al.，2011）

8.5.2.7　RuBee

IEEE 所推出的无线传输标准 RuBee（也称 IEEE 1902.1），是个双向性、随选（On Demand）、点对点的无线传输标准，工作频率低于 450 千赫，并且在 132 千赫可以得到最佳的传输效果，传输距离 3～30 米。RuBee 的基站或者是标签都是采用磁性播送方式，利用电磁波来传送资料，由于电磁波可以穿透绝大部分的物体，因此可以协助 RuBee 应用在过去 RFID 所无法顺利使用的环境之中，比如金属、水甚至是石头，甚至是电子噪声干扰严重的环境。当处在这些环境之下，传统产品电子代码（Electronic Product Code，EPC）标签无法作用时，RuBee 就可发挥其优势。RuBee 在信号接收方面适当地降低了敏感性，也使其不易受环境噪声干扰（中国物联网研究发展中心（筹），2010）。

8.5.2.8　国内标准

近几年来，国内无线传感器网络领域的标准化工作在全国信息技术标准化技术委员会（以下简称信标委）推动下，取得了较大进展。信标委经过一年多的酝酿，于 2005 年 11 月 29 日组织国内及海外华人专家，在中国电子技术标准化研究所召开了第一次"无线个域网技术标准研讨会"，讨论了无线个域网标准进展状况、市场分析及标准制定等事宜，会议建议将无线传感器网络纳入无线个域网范畴，并成立了专门的兴趣小组（另外还有低速无线个域网、超宽带等兴趣小组），自此中国无线传感器网络标准化工作迈出了第一步。

经过国内三十多个科研及产业实体近两年的共同努力，工作组先后组织了八次全国范围的技术研讨会，提出了低速无线个域网使用的 780 兆赫（779～787 兆赫）专用频段及相关技术标准，获得国家无线电管理委员会的正式批准（日本使用 950 兆赫、美国使用 915 兆赫）。针对该频段，工作组提出了拥有自主产权的 MPSK 调制编码技术，摆脱了国外同类技术的专利束缚。2008 年 3 月 3 日到 4 日，工作组对《信息技术系统间远程通信和信息交换局域网和城域网特定要求第 15.4 部分：低速率无线个域网（WPAN）物理层和媒体访问控制层规范》意见函进行了投票，并通过了780兆赫工作频段采用MPSK和O-QPSK调制编码技术提案作为低速率无线个域网共同可选（Co-alternative）的物理层技术规范（MPSK和O-QPSK分别由中国和美国相关团体提出，并各自拥有知识产权），即LR-WPAN可以采用MPSK和O-QPSK其中之一，或共同使用，并最终将形成IEEE 802.15.4c标准。另外，由中国及华人专家主要负责起草的包括了MAC/PHY两层协议的IEEE 802.15.4e也在顺利推进中（在IEEE 802.15.4—2006介质访问控制中加入工业无线标准支持ISA SP-100.11a，并兼容IEEE 802.15.4c）。这是国内标准化工作的一个重要进展，也是我国参与国际标准制定的重要一步（徐勇军等，2009）。

2010年4月，由国家传感器网络标准工作组成员单位无锡物联网产业研究院提出，工业和信息化部电子工业标准化研究所和中国科学院上海微系统与信息技术研究所的专家共同完成的一项关于"传感器网络信息处理服务和接口规范"的国际标准提案，通过了传感网国际标准工作组的立项，确立了我国在传感网领域立项的第一个国际标准。未来，此标准出台后将为物联网行业应用的开发提供有效支撑。

8.5.3 小结

标准是连接科研和产业的纽带，参与标准化工作，特别是参与国际标准的制定，对提升我国产品的竞争力和技术水平，占领行业制高点，有着举足轻重的作用。制定标准的最终目的还是为提升产业水平、满足产品国际化、保护自主知识产权、兼容同类或配套产品等方面提供便利。如果能参与无线传感器网络相关的国内和国际标准的制定，就会在本领域的芯片设计、方案提供及产品制造等方面获得有力保障。目前国内在芯片设计及产业化（特别是射频芯片）方面的水平都较低，能力比较弱，这是无线传感器网络领域亟需取得突破的两个关键环节（徐勇军等，2009）。

8.6 结论与建议

作为物联网重要支柱的无线传感器网络是当前信息领域的一个研究热点，具有重要的科研价值和广泛的应用前景，被公认为是将对21世纪产生巨大影响的技术之一。它的出现引起了全世界的广泛关注，美国、欧盟、日本、韩国、澳大利亚等国家和地区都投入了大量的研发力量开展这方面的研究，与此同时应用研究也已经全面展开。美国将传感器网络技术列为"在经济繁荣和国防安全两方面至关重要的技术"，并将以传感器网络应用为核心的"智慧地球"计划上升至国家战略层面。美国国家科学基金会、国防部、标准与技术研究院陆续投入巨资启动相关项目，支持各学术机构和企业进行无线传感器网络研究。而以IBM、惠普为首的美国各大知名企业也都纷纷开展了无线传感器网络的研究，并与大学建立了合作关系。欧盟框架计划将无线传感器网络列为重点研发方向之一，并启动了众多规模不等的研发项目。日本和韩国早于2004年就启动了无所不在的传感器网络研发计划，并陆续推出了配套和后续规划。此外，澳大利亚、韩国、亚太经合组织等国家和机构也加大了无线传感器网络研发的力度和规模。

无线传感器网络技术目前正处于生命周期的发展阶段。在中国科学院发布的《创新2050：科学技术与中国的未来》的系列战略研究报告中，《中国至2050年信息科技发展路线图》将发展可扩展、高可信的自组织无线传感网络列为重点，提出最终要实现传感"尘埃"无处不在。我国无线传感网的研究与国际上相比具有同发优势、同等水平，在研究、应用及标准化等方面与国际先进水平基本同步。传感器网络已经成为我国信息领域少数位于世界前列的方向之一。但我国物联网用传感器产业仍然存在着不少问题：企业规模偏小，科技创新能力差；产、学、研结合不够，技术成果转化率低；缺少敏感元件核心技术，拥有自主知识产权的产品少；工艺装备落后，产品质量差；人才资源匮乏，产业发展后劲不足。

展望未来，机遇与挑战并存，为促进我国无线传感器网络的发展，本章提出以下建议：

（1）从政策层面而言，相关主管部门和机构应从宏观上制定一系列政策和措施，力求引导无线传感器网络的技术研发和产业发展。例如，做好相关产业规划、设立专项发展基金、科学界定传感器内涵及外延、促进产业互动及成果转化、推动标准体系和公共服务平台建立、支持龙头企业发展和核心技术研发等。

（2）从技术研发和创新角度而言，应关注当前的热点研发领域尤其是传感器节点、网络协议、路由等重点领域的技术发展与应用，加大资源投入，壮大技术力量，争取建立技术优势。此外，我国无线传感器网络的研发活动主要集中在学术界，企业活动相对不够活跃，应大力扶植优秀企业，建立良好的技术转化机制，加强研发合作。

（3）努力解决无线传感器网络应用面临的数据采集与管理、能源供应、无线通信等技术挑战。例如，构建先进网络基础设施以提高数据采集和管理质量，开发无线传感器网络的自我能量收集技术和电池无线充电技术，通过推进标准化活动、建立能源基础设施、创建数据通信线路等措施实现安全有效的无线通信等。

（4）标准是连接科研和产业的纽带，应积极参与无线传感器网络相关的国内和国际标准特别是国际标准的制定，以求在本领域的芯片设计、方案提供及产品制造等方面获得有力保障。这对提升我国产品的竞争力和技术水平，占领行业制高点，有着举足轻重的作用。

致谢：中国科学院上海微系统与信息技术研究所无线传感网与通信重点实验室袁晓兵研究员、中国科学院上海微系统与信息技术研究所所长助理暨第五研究室主任王营冠研究员对本报告提出宝贵的意见和建议，在此谨致谢忱！

参 考 文 献

北京师范大学.2010-12-29.我院研制的"极端环境无线传感器网络观测平台"在南极成功安装运行. http://www.gcess.cn/news/list_xwkb.jsp?id=372&space=read

曹振,邓辉,段晓东.2010-08-18.物联网感知层的IPv6协议标准化动态.http://www.iot-online.com/zhengce/2010/0818/3476.html

陈建峰.2010.无线传感器网络应用实例荟萃.http://www.chengfengtech.com/Chengfeng%20Paper%20Application.pdf

东鸟.2010-11-05.中国输不起的网络战争.http://book.people.com.cn/GB/69399/107423/207171/13141800.html

科技日报.2009-06-10.什么是 IEEE 802.15 标准? http://www.stdaily.com/kjrb/content/2009-06/10/content_69725.htm

陆绮雯.2010-10-14.物联网，通向更智能的未来，解放日报，（10）

全国信息技术标准化网.2006-05-07.无线个域网标准工作组简介.http://www.nits.gov.cn/getIndex.req? action=findAllNews&req=modulenvpromote&type=0&moduleId=426&sid=33

全国信息技术标准化网.2009-12-04.中国传感器网络标准工作组简介.http://www.wgsn.org/getIndex.req? action=findAllNews&req=modulenvpromote&type=0&moduleId=683&sid=51

日本经济产业省.2010-11.APEC TEL 戦略行動計画 2010 – 2015.http://www.meti.go.jp/press/20101031001/2010 1031001-6.pdf

日本总务省.2004.《基本計画》ユビキタスセンサーネットワーク技術に関する研究開発.http://www.soumu.go.jp/menu_seisaku/ictseisaku/ictR-D/pdf/jigyou_ichiran_h17_1_0.pdf

日本总务省.2004.ユビキタスセンサーネットワーク技術に関する研究開発.http://www.soumu.go.jp/menu_seisaku/ictseisaku/ictR-D/051020_2_3_3.html

日本总务省.2009-06-05.2015 年に向けた技術戦略.http://www.soumu.go.jp/main_content/000025478.pdf

日本总务省.2009-06-05.ICTビジョン懇談会報告書 —スマート・ユビキタスネット社会実現戦略—領域.http://www.soumu.go.jp/main_content/000026663.pdf

日本总务省.2010.U-Japan 政策パッケージ（1）：ユビキタスネットワーク整備.http://warp.ndl.go.jp/info: ndljp/pid/997626/www.soumu.go.jp/menu_seisaku/ict/u-japan/prcss10.html

谭文晔，薛之扬.2010-06-03.无线传感器网络技术专利分析.http://www.mittrchinese.com/single.php? p=991

魏佳杰，郭晓金，李建寰.2009.无线传感网发展综述.信息技术，（6）：175~178

我国传感器网络领域首个国际标准获得通过.2010-04-21.http://customer.3721bearing.com/blog/013/article.asp? id=963

物联中国.2010-09-14.分析推进美国物联网发展的自身特殊因素.http://www.50cnnet.com/bwgd/2010/0914/6151.html

厦门科昊自动化有限公司.2010-12-21.无线传感器网络广泛的应用前景.http://www.kehaoauto.com.cn/article/2008-10-8/926-1.htm

徐勇军，朱红松，崔莉.2009-08-01.无线传感器网络标准化工作进展.http://www.ccf.org.cn/sites/ccf/contxxjskb.jsp? contentId=2545067371029

杨震.2010.无线传感器网络与物联网.http://www.wsncs.zjut.edu.cn/download/20101105203653139.pdf

余向阳.2008.无线传感器网络研究综述.单片机与嵌入式系统应用，8：8~11

余子轩.2010.无线传感网和物联网中网络的地位和作用.http://wenku.baidu.com/view/7ab5a61c59eef8c75fbfb3d2.html

智能交通网.2009-02-25.智能交通传感器及其应用.http://www.meas-spec.cn/manage/sensortypes/%E6%99%BA%E8%83%BD%E4%BA%A4%E9%80%9A%E4%BC%A0%E6%84%9F%E5%99%A8II.pdf

中国物联网.2010-10-20.无线传感网络：物与物间的互联网.http://www.wlw.gov.cn/zxzx/wldt/515709.shtml

中国物联网研究发展中心（筹）.2010-04-15.标准汇总.http://www.ciotc.org/news_view.asp? newsid=203

Ambient Assisted Living Website. 2010. AAL Joint Programme Brochure Overview of Funded And Running Projects Call 1 (2009) and Call 2 (2010). http://www. aal-europe. eu/projects/aal-brochure-2010

ARTEMIS JU. 2010. The ARTEMIS JU Annual Work Programme 2010. http://www. artemis-ju. eu/attachments/127/AWP_2010. pdf

Barrenetxea G, Ingelrest F, Schaefer G et al. Wireless Sensor Networks for Environmental Monitoring: The SensorScope Experience. http://infoscience. epfl. ch/record/115311/files/izs. pdf

Carles Gomez, Josep Paradells. 2011. Whitepaper: A Brief Review of Current Solutions for Wireless Home Automation Networks. http://hiddenwires. co. uk/resourcesarticles2011/articles20110104-08. html

Cordis. 2009-12-24. Special Feature: What Connects the Elderly and Sports People? Smart Sensor Technology. http://cordis. europa. eu/ictresults/index. cfm? section = news&tpl = article&id = 91077

Corke P, Wark T, Jurdak R et al. 2010. Environmental Wireless Sensor Networks. Proceedings of the IEEE, 98 (11): 1903~1917

CSIRO Website. 2010. Sensors and Sensor Networks. http://www. csiro. au/files/files/pxqc. pdf

European Commission. 2009-07. Updatel Work Programme 2009 and Work Programme 2010: Cooperation themf 3 ICT-Information and Communications Technologies. ftp://ftp. cordis. europa. eu/pub/fp7/ict/docs/ict-wp-2009-10_en. pdf

European Commission. 2010-07. ICT-Information and Communications Technologies Work Programme 2011-12. ftp://ftp. cordis. europa. eu/pub/fp7/ict/docs/ict-wp-2011-12_en. pdf

European Commission Website. 2009-06. Internet of Things—An Action Plan for Europe. http://ec. europa. eu/information_society/policy/rfid/documents/commiot2009. pdf

Gómez C, Paradells J, Caballero J E. 2011. Sensors Everywhere—Wireless Network Technologies and Solutions. Fundación Vodafone

Harvard Sensor Networks Lab. 2010. CodeBlue: Wireless Sensors for Medical Care. http://fiji. eecs. harvard. edu/CodeBlue

Ko J G, Lu C, Srivastava M B et al. 2010. Wireless Sensor Networks for Healthcare. Proceedings of the IEEE, 98 (11): 1947~1960

Kumar S, Kedia S, Ward K et al. 2009. AutoSense: Wireless Skin Patch Sensors to Detect and Transmit Addiction and Psychosocial Stress Data. http://www. gei. nih. gov/exposurebiology/program/docs/SantoshKumar. pdf

Liu M, Patwari N, Terzis A. 2010. Special Issue on Sensor Network Applications. Proceedings of the IEEE, 98 (11):1804~1807

Merrett G V, Tan Y K. 2010. Wireless Sensor Networks: Application-Centric Design. Croatia: InTech

MIT House_n website. 2010. The Placelab. http://architecture. mit. edu/house_n/placelab. html

RFID 世界网. 2010. 工信部将研制推动传感器产业发展. http://news. rfidworld. com. cn/2011_01/ec4b74e19ab82d26. html

Rundel P W, Graham E A, Allen M F et al. 2009. Tansley Review: Environmental Sensor Networks in Ecological Research. New Phytologist, 182: 589~607

Sohraby K, Minoli D, Znati T. 2007. Wireless Sensor Networks—Technology, Protocols, and Applications. New Jersey: John Wiley & Sons, Inc

Transportation for America. 2010-10-07. Smart Mobility for a 21st Century America. http://www. itsa. org/itsa/files/pdf/ITS-White-Paper-100710-FINAL. pdf

9　高端洁净煤发电技术国际发展态势分析

李桂菊　金波　陈伟　魏凤　张军　马廷灿

（中国科学院国家科学图书馆武汉分馆）

中国是世界上主要的煤炭生产和消费国之一，用于发电的煤炭约占煤炭总产量的40%，燃煤发电在电力供应中的比例占80%以上，但是，煤炭燃烧同时产生的烟气中含有大量的粉尘、有害气体和温室气体等污染物，造成了严重的环境问题。采用高端洁净煤发电技术，可以尽可能高效、清洁地利用煤炭资源进行发电。目前，高效洁净煤发电主要包括超超临界发电技术、整体煤气化联合循环、多联产技术以及增压流化床联合循环等。

本章的目标是通过对国际主要高端洁净煤发电技术研究战略与计划的比较分析、高端洁净煤发电技术领域文献计量与专利分析、洁净煤发电标准信息分析以及高端洁净煤发电技术优势对比，研究洁净煤发电技术领域的总体发展态势，确定相关技术领域的重要研究方向和核心技术，把握全球洁净煤发电技术、产品及其产业发展情况，为进一步从宏观把握我国和中国科学院洁净煤技术研究总体方向以及对技术战略路线的制定部署提供借鉴和参考。

本章的具体研究路径如下：研究主要国家洁净煤发电技术战略与计划，比较各国科技布局与发展路线；运用文献计量、专利分析确定高端洁净煤发电技术领域发展趋势、重要方向、核心技术；运用标准信息分析确定高端洁净煤发电技术、产品及其产业发展情况；通过主要高端洁净煤发电技术参数对比，分析各项洁净煤发电技术的优势情况；基于我国、中国科学院发展现状，针对洁净煤发电技术的未来研发战略路线和产业布局提供合理的建议。

从主要发达国家的洁净煤发电技术发展计划来看，发达国家普遍把发展洁净煤发电作为国家能源战略，政府从资金、人力等方面给予了长期投入与全方位支持，对洁净煤发电技术开发投入了大量资金推进洁净煤技术的示范与应用，各发达国家洁净煤发电技术发展计划均将研究、开发及示范作为执行计划的主线。

从文献计量初步结果来看，近10年来洁净煤技术的研究还在不断深化和加强，不断有更多的研究主题涌现，呈现出了明显的学科交叉特点；同时关注于将先进的分析方法和过程模拟应用到科学研究中，以为各技术的放大与工业化集成提供有效优化方法和工具。我国在洁净煤技术领域的科研论文不论是规模还是发展速度都领先于其他国家，但在研究质量和影响力方面还有待于进一步提升。

　　从专利分析初步结果来看，其中大部分领域经过几十年不断的技术创新，已经拥有了丰富的专利积累，这一方面说明相关领域的技术已趋于成熟，新的技术方向和突破较为有限，且专利权人必然会采取各种策略设置专利保护壁垒或陷阱，给新技术研发和应用造成一定的困难；另一方面，一些领域中仍然不断有大量新的发明人进入，说明市场需求、政策法规等因素仍然对研发需求起着推动作用，依然存在着技术创新的空间。

　　从标准分析结果来看，燃煤发电技术标准的制定工作至少开展有半个世纪。其中，中美两国燃煤发电技术的国家级标准数量较多；欧洲燃煤发电产品标准较多，也较为系统。从标准时间来看，中国制定的时间全球最早，但20世纪60~80年代处于停滞阶段，从1983年开始继续发展起来；而其他国家的标准制定工作持续性强。

　　从技术的优势对比来看，各种燃煤发电技术在效率、环保性能、可利用性、成本等方面都有各自的优势，但各技术分阶段的发展重点应当有所区别。对于常规发电系统的渐进技术（如超超临界燃煤发电技术）应当作为近期洁净煤发电的关键技术，而对于商业化运行可靠性和经济竞争力方面还存在挑战的技术（如增压循环流化床联合循环、整体煤气化联合循环）应当作为中长期持续发展的技术，促进技术创新，加快技术示范，为未来煤化工能源技术的发展奠定坚实基础。

　　基于上述分析，本章从政策和技术两个角度针对我国、中国科学院在制定未来洁净煤研发战略路线和进行产业化布局方面提出建议。从政策层面而言，应采取有力措施，提供政策扶持。主要体现在：集中科研力量，制定战略规划；加强统筹协调，优化产业格局；鼓励技术创新，升级核心装备；加强国际合作，引领国际前沿。从技术层面而言，煤炭洁净燃烧发电技术中循环流化床已趋成熟，超临界技术和超超临界技术已经可以进入工业化运行阶段，应当成为我国煤炭产业今后采用的主体技术；增压流化床锅炉发电技术方面，第二代技术已成为技术发展的主流，不过第二代技术目前处于中试阶段，宜于进行小规模示范；IGCC技术作为国际公认的最高效、最洁净的燃煤发电技术，应当成为我国煤炭产业近、中期重点跟踪、中长期重点采用的洁净煤发电技术。

9.1　引言

　　洁净煤发电技术是尽可能清洁、高效地利用煤炭资源进行发电的相关技术，它的主要特点就是提高煤的转化效率、降低燃煤污染物的排放。目前，在提高机组发电效率上主要有两个方向（姚强等，2005），一个是在传统粉煤锅炉的基础上通过采用高蒸汽参数来提高发电效率，如超超临界发电技术（USC）；另一个是利用联合循环来提高发电效率，如增压流化床燃烧联合循环（PFBC）、整体煤气化联合循环（IGCC）等。

　　超临界机组技术经过几十年的发展已成为目前世界上先进、成熟和达到商业化规模应用的洁净煤发电技术。从其发展过程来看，超临界和超超临界发电技术的发展可以分为三个阶段（国家高技术研究发展计划先进能源技术领域专家组，2010；西安热工研究院，2008；刘建成，2004）。第一个阶段大致为 20 世纪 50～70 年代，主要以美国、德国和苏联技术为代表，初期参数就已到超超临界参数。第二个阶段是从 20 世纪 80 年代起的超临界机组优化及新技术发展阶段。由于材料技术的发展，尤其是锅炉和汽轮机材料性能的大幅度改进，以及对电厂水化学方面的认识和深入，克服了早期超临界机组所遇到的可靠性问题。第三个阶段是 20 世纪 90 年代至今的新一轮超超临界参数发展阶段，这一阶段是国际上高效超超临界机组快速发展的阶段，即在保证机组高可靠性、高可用率的前提下采用更高的蒸汽温度和压力。

流化床燃烧（FBC）技术有很多种类型，包括常压流化床燃烧（FBC）、循环流化床燃烧（CFBC）、增压流化床燃烧（PFBC）和增压循环流化床燃烧（P-CFBC）（Franco，Diaz，2009）。流化床锅炉无论从燃料适应性还是从环保性能上都是粉煤锅炉无法比拟的，而增压流化床锅炉则是在普通流化床锅炉的基础上发展的一种新技术。增压流化床燃烧通过燃气/蒸汽联合循环发电，发电效率得到提高，目前可比相同蒸汽参数的单蒸汽循环发电提高 3%～4%，效率可以达到 44% 左右。增压流化床燃煤联合循环根据燃烧室的类型不同，分为增压鼓泡流化床和增压循环流化床联合循环（王海兰等，2004）。目前得到商业应用的第一代增压流化床燃烧联合循环电站采用的是增压鼓泡流化床技术；第二代增压流化床燃烧联合循环（A-PFBC）是指将部分煤在气化炉汽化后送入辅助燃烧室燃烧，产生的高温燃气再与 PFBC 的 850℃ 左右燃气混合，送入燃气轮机，把燃机进气温度提高到 1150～1200℃，使热效率从现有 PFBC 的 42% 提高到 45%～48%。体积更小，排放更清洁，其发电成本比常规的燃粉煤电厂加烟气脱硫工艺低 20%。目前，第一代为增压流化床燃煤联合循环实际应用的主流，而第二代已成为未来流化床联合循环的发展方向。

整体煤气化联合循环是一种将煤气化技术、煤气净化技术与高效联合循环发电技术相结合的先进动力系统，它在获得高循环发电效率的同时，又解决了燃煤污染排放控制的问题，是极具潜力的洁净煤发电技术。整体煤气化联合循环技术经过 20 世纪 70 年代研究开发、80 年代试验验证、90 年代商业示范（40%～45%）和 21 世纪初应用与发展（45%～50%）后，现已发展到第二代（许世森，2005），其特点为：采用水煤浆或干煤粉纯氧气化技术，全热回收，常温湿法＋部分高温净化，F 级燃机，双压/三压蒸汽系统，部分/整体化空分，功率在 250 MW 级。第三代整体煤气化联合循环目前正处于研发中，其技术特点是：将常温净化改为高温净化，采用 G/H 级燃气轮机，并对整体系统进行优化，从而使全场热效率进一步提高 1～2 个百分点。

此外，将燃料电池、燃气轮机和汽轮机组合在一起发电的整体煤气化燃料电池联合循环（IGFC）系统也成为当前各种发电技术的排头兵，具有十分广阔的开发应用前景。整体煤气化燃料电池联合循环因具有高效率、大比功、低污染及变况性能好等特点，被认为是最有前途的高效、洁净煤发电系统（汪普林，2003）。对于重视资源利用和环境保护的可持续性发展战略，将会发挥重大作用，成为当今先进国家电力界研究的热点。

表 9-1 中列出了现阶段几种高端洁净煤发电技术的技术经济比较。

表 9-1　几种高端洁净煤发电技术技术经济对比

发电技术	效率/%	容量/兆瓦	环保性能	可靠性	技术成熟度	投资/电价	业绩
USC	43~47	1 000	较优	最高	成熟	中等/中等	批量化
CFBC	38~40	300	一般	中等	基本成熟	较低/较高	初步可批量化
PFBC	41~43	360	一般	低	尚待成熟	次高/较高	中试阶段
IGCC	43~45	300	优	低	尚待成熟	最高/最高	示范阶段，少量商业运行

资料来源：据（刘建成，2004），有修改

9.2　主要国家和地区洁净煤发电战略与计划

9.2.1　超超临界燃煤发电技术

9.2.1.1　美国

美国是发展超临界发电技术最早的国家。美国 Philo 发电站 6 号机于 1957 年投产，这是世界上第一台超超临界机组。但是由于当时的材料技术发展水平有限，过高的蒸汽参数导致诸如机组运行可靠性较差等问题。到 20 世纪 80 年代，美国的超临界机组的参数基本稳定在这个水平。

美国 2001 年启动 700℃ 超超临界机组研究项目——AD760，政府资助的资金比例为 30%。AD760 计划采取的起步参数定为 37.9 兆帕/732℃/760℃，热效率将达到 47% 左右。其设定的蒸汽参数目标显著高于欧洲的 700℃，其原因是该参数更适合美国的高硫煤种。AD760 研究内容：包括概念设计与经济型分析、先进合金的力学性能、蒸汽侧氧化腐蚀性能、焊接性能、制造工艺性能、涂层、设计数据和方法等。

此项目中，美国电力科学研究院为技术牵头单位，负责项目管理，并深入探索新电厂设计和材料有关的问题。作为新材料研究开发工作的一部分，将对新型锅炉和汽轮机的设计及其对电厂性能和造价的影响进行评估，目前，美国已完成 732℃/760℃/35 兆帕/7.5 兆帕的 750 兆瓦机组的可行性分析，效率为 46%（HHV），两次再热机组为 48%（HHV），如果按照欧洲的 LHV 计算为 52% 左右。但该项目的研究内容仅局限于锅炉材料研究，因此，没有汽机行业的机构和企业参与，美国 700℃ 超超临界发电技术和设备的研发时间表定为：2015 年完成各项研究项目，2017 年建设示范电厂（国家重大技术装备网，2010）。

9.2.1.2　欧洲

欧洲于 20 世纪 80 年代开始实施 "COST 研究计划 501"，由电站设备和钢铁制造商合作分工开发采用奥氏体钢的超超临界机组，其目标是研制可与燃气蒸汽联合循环相竞争的新一代化石燃料电站新材料和超超临界机组。其研究成果已应用于高参数化石燃料电站，应用温度高达 610~625℃。

欧洲目前的 AD700 计划正在支持一项旨在推动欧洲发展超超临界发电技术的项目，

其目的是论证和准备发展具有先进蒸汽参数的未来燃煤电厂形式，欧洲各国约有40个单位参加了这个项目，其中有26家是设备制造商（包括汽轮机、锅炉、主要辅机和材料等制造商），其他则分别是有关的研究机构、大学、电力公司等部门。

该项目计划于2013年完成。关键部件将采用镍基高温合金，热效率由目前最好水平的47%提高到预期的52%～55%，CO_2排放降低15%。项目要解决的主要问题是研发满足运行条件的成熟高温材料，并通过优化设计降低建造成本。2014年将在欧洲建立第一个参数为35兆帕，700℃/720℃的示范电厂。AD700发展计划是目前世界上进展最快，并唯一有示范电厂的700℃超超临界发电计划，AD700项目分六个阶段实施，具体内容如下：

（1）第一阶段是可行性研究和材料基本性能研究（1998～2002）。内容包括新材料开发、设备部件设计和研究AD700计划的技术经济可行性三个方面，取得成果如下：确定了所需材料；开始材料性能试验且多数已完成；热力计算结果取得了一致；可行性研究证明了项目竞争力；完成了新的锅炉设计，减少了镍基合金的使用量。

（2）第二阶段是材料验证和初步设计（2002～2004）。取得成果如下：关键部件的设计和测试；对设计进行优化，进一步减少镍基合金用量；完成第三阶段所需试验台的概念设计；一家商业运营电厂的策划。

（3）第三阶段是建造试验装置（2004～2009）。九家主要欧洲发电企业组成了Emax集团，决定和有关委员会分担建造试验装置的成本。试验装置的第一个方案是，计划对炉壁、过热器、带高压旁路和安全阀的蒸汽管道进行全尺寸示范，并由Siemens和Alston两家汽轮机制造商分别制造一台高压汽轮机。这一试验装置原本将对汽/水循环的所有主要部件进行全尺寸示范，并可使AD700技术的商业化时间缩短5年左右。项目计划在E. ON的Scholven电厂F机组上安装一个规模较小的部件试验装置（CTF）。除汽轮机之外，CTF包含的部件和全尺寸试验装置相同，但尺寸较小。CTF的运行温度将达到700℃，汽轮机阀门由Siemens和Alston联合制造。

（4）第四阶段、第五阶段和第六阶段是全尺寸电厂示范（E. ON电力公司，2009～2014）。2006年10月底，德国E. ON公司宣布建造700℃的示范电厂。2007年9月确定机组容量为500兆瓦左右，2008年底完成设计，2010年开始建设，2014年投入运行。机组净效率为50%以上，投资10亿欧元。但从2009年起未见有关该项目的官方报道，2010年的E. ON在建电厂列表也未见该项目（国家重大技术装备网，2010）。

9.2.1.3 日本

日本电力（J-Power）在日本通商产业省支持下，从政府得到50%的补助金，与其他单位共同组织超超临界发电技术的开发。第一阶段目标是：第一步用铁素体钢使主蒸汽温度达到593℃，第二步用奥氏体钢达到649℃。第二阶段目标是用新型铁素钢达到630℃，相应的蒸汽压力达到31～35兆帕。日本三大设备制造公司对转子、气缸、法兰、螺栓等主要部件进行了相应参数下的实物中间试验。与此同时，日本金属所（NRIM）从1997年起开始实施一项面向650℃级别机组所需的铁素体耐热钢的研发计划。

在2008年G8会议之后，针对2050年CO_2减排50%的目标，日本提出了"清凉地球计划"（Cool Earth），列出重点发展的21个技术领域，洁净燃煤发电技术列为6项能源供给技术中的一个（图9-1）。

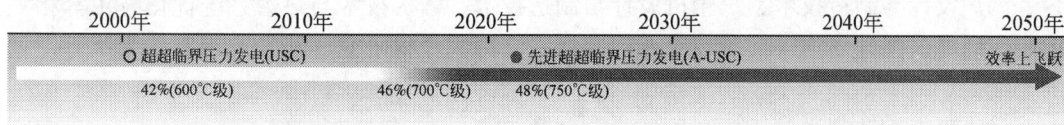

图9-1 日本"清凉地球计划"超临界发电技术路线图（METI, 2008）

随后于2008年推出了日本700℃超超临界发电技术和装备的九年发展计划"先进的超超临界压力发电（A-USC）"（2008~2016年）项目。由日本政府组织材料研究、电力及制造厂联合进行700℃超超临界装备的研发工作，明确在2015年达到35兆帕/700℃/720℃以及2020年实现750℃/700℃超超临界产品的开发目标。项目内容包括系统设计、锅炉、汽轮机、阀门技术开发、材料长时性能试验和部件的验证等。为了实现CO_2减排要求，对现有大量超临界机组，日本提出25兆帕不变，采取700℃的一次再热USC+AUSC改造方案，实现整个日本燃煤电厂的升级换代。此计划没有样机，其技术路线是在反动式实验透平完成所有产品必须的材料部套试验后，直接推广到具体产品。目前项目处于初期阶段。

进度情况及计划分工 2008~2012年，主要部件及工艺实验；2012~2016年，锅炉部套及小汽轮机制造及实验。阀门工作参与研制单位有日立、三菱、东芝和福士等；锅炉参与研制单位有Babcock、IHI、三菱、国家材料研究中心等；汽轮机参与研制单位有日立、三菱和东芝等（表9-2）。

表9-2 各国超超临界燃煤发电计划主要研究内容汇总

项目	美国 AD760	欧盟 AD700	日本 A-USC
发展目标	750兆瓦 37.9兆帕/732℃/760℃ 机组净热效率≈45%~47%	500兆瓦 37.5兆帕/705℃/700℃ 机组净热效率≈50%（LHV）	650兆瓦 35兆帕/700℃/720℃ 机组净热效率≈46%
周期	15年（2001~2015）	17年（1998~2014）	9年（2008~2016）
计划时间	2001~2006年：材料研究 2006~2007年：深入研究（包括纯氧燃烧的应用） 2008~2015年：建造750兆瓦示范电厂	1998~2003年：总体设计和可行性研究 2002~2005年：锅炉、透平设计 2004~2008年：部件测试 2008~2014年：示范电厂试车及投运	2008年以前已经完成第一阶段和第二阶段材料方面的研究 2008~2012年：锅炉、透平及阀门技术研究，材料长期测试 2012~2016年：材料测试，实验透平
主要任务	经济性和可行性研究 材料研究（锅炉、透平材料） 电站设计（锅炉、透平优化设计） 示范工程建设和运行	可行性研究 材料研究 电站设计（锅炉透平优化设计） 示范工程建设和运行	可行性研究和经济性分析 材料研究 锅炉优化设计、透平相关技术 高压试验透平
目前状态	完成第二阶段研究 示范电厂设计建造	关键部件的现场测试 示范电厂建设	完成第二阶段研究 材料长期测试，制造工艺研究

资料来源：国家重大技术装备网（2010）

由上可以看出主要发达国家的超超临界发电技术发展计划中，都涉及高温高强度材料、锅炉设计与制造技术、汽轮机设计与制造技术、辅机技术与热力系统优化技术等相关内容，同时这些计划均得到了政府部门的经费支持，并将研究、开发及示范作为执行计划的主线。

9.2.2　增压流化床燃烧联合循环

增压流化床燃烧技术 20 世纪 60 年代末在英国开创，后经多个国家的研究开发，从实验室规模研究向中间试验装置发展，到 20 世纪 90 年代初进入商业电站应用阶段。与目前应用的其他洁净煤发电技术相比，增压循环流化床燃烧技术无论从投资、效率、污染排放、技术成熟度都有不错的表现。

9.2.2.1　美国

美国的增压流化床燃烧技术的发展主要是基于美国能源部的洁净煤技术以及洁净煤发电计划。增压流化床燃烧技术的具体发展方案如表 9-3 所示。从中可以看出，美国 PFBC 技术发展主要分为两个阶段：第一阶段是 2000 年发展第一代发电技术，第二阶段是 2010～2015 年发展第二代发电技术。

表 9-3　美国 PFBC 技术发展方案

PFBC 发电系统	第一代发电技术	第二代发电技术	
		最初	最终
系统净效率/%	40	45 +	50 +
目标日期	2000 年	2010 年	2015 年
SO_2 排放（NSPS 标准）	$\frac{1}{4}$	$\frac{1}{5}$	$\frac{1}{10}$
NO_x 排放（NSPS 标准）	$\frac{1}{3}$	$\frac{1}{5}$	$\frac{1}{10}$
空气有毒排放物质（1990 年 CAAA 标准）	满足	满足	满足
资本成本/（美元/千瓦）	1300	1100	1000
发电成本/常规 PC 燃煤发电厂/%	90	80	75

注：NSPS, New Source Performance Standrds；CAAA, Clean Air Act Amendments

第一代 PFBC 系统是利用如石灰石或白云石作为脱硫剂，将燃料和脱硫剂一起送入增压流化床锅炉中，完成燃烧和脱硫过程。第二代 PFBC 系统是在增压流化床锅炉之前增加一个炭化炉，在燃气轮机之前增加一个顶置燃烧室，煤在炭化炉内发生部分气化生产低热值煤气和焦炭。其中焦炭送入增压流化床锅炉中进行燃烧，生成主燃气以及蒸汽动力循环所需的主蒸汽；低热值煤气则经除尘后送到顶置燃烧室，与从锅炉中出来的同样经过除尘的主燃气混合燃烧。

9.2.2.2 欧洲

对于欧洲国家而言，增压流化床燃烧技术的主导国家是西班牙和瑞典。这两个国家早在 20 世纪 90 年代就运行了国内首座 PFBC 示范电站。位于瑞典 Vartran 的 80 兆瓦 PFBC 示范电站于 1990 年开始运行，由两个 PFBC 锅炉组成，可产出 135 兆瓦的电力和 220 兆瓦的热力。位于西班牙 Escatron 的 PFBC 电站是一座小规模的电站，作为进一步扩大发展的基础。该电站 1991 ~ 1993 年运行时间约 1 万小时。1993 年的平均利用率为 56.5%。1994 年完成了 5000 小时的运行测试。

9.2.2.3 日本

日本早在 20 世纪 80 年代末就开始发展大力增压流化床燃烧技术，由日本煤炭能源中心和 J-POWER 公司合作发展日本第一台 PFBC 电站，项目周期为 1989 ~ 1999 财年。该电站是世界上首次采用全规模陶瓷管过滤器（Ceramic Tube Filter，CTF），在高性能状态下收集高温高压气体中的灰尘。该电站的设计输出功率为 71 兆瓦，燃烧温度为 860℃，燃烧空气压力位 1 兆帕。PFBC 技术发展目标有三个：利用增压流化床燃烧提高效率到 43%；提高环保性能，包括直接脱硫减少 SO_x 排放，减少灰尘以及通过提高效率来减少 CO_2 排放；通过采用紧凑型增压锅炉和取消脱硫单元来节约空间。

PFBC 发展路线大致为（Japan Coal Energy Center，2006）：1989 ~ 1991 年完成基础和细节设计；1991 ~ 1993 年开始建设示范电站；1993 ~ 1994 年为测试运行和调整；1994 ~ 1996 年为示范运行第一阶段；1997 ~ 1998 年为修改阶段；1998 ~ 1999 年示范运行第二阶段。

与此同时，日本从 20 世纪 90 年代中期开始研发更高一级的增压流化床燃烧技术（A-PFBC），目前是通过运行一座工艺开发单元（PDU）试验机组来获取技术数据。同时，通过评价技术以及技术的实施可行性来为 A-PFBC 做必要的准备。这项计划的项目周期大致为 1996 ~ 2002 年。具体安排如下（JCOAL，2006）：首先是规划阶段，其次是组件测试（1996 ~ 1997）、PDU 测试（1998 ~ 2001）、工艺评估（2001 ~ 2002）。

这座 A-PFBC 系统的特点包括：效率高达 46%；煤种选择范围更广，降低了气化条件；采用高温度干法脱硫系统；采用微型除尘装置来改善工作条件的可能性；提供系统化来提高效率。

从以上分析可以看出，国际上对增压流化床燃烧技术的研发活动似乎远不及超超临界燃煤发电技术以及整体煤气化联合循环技术。20 世纪 90 年代左右研究活动还比较活跃，而最近十年的研究活动相对较少。这可能与目前采用的第一代增压流化床燃烧技术存在的很多技术限制有关。目前对第二代增压流化床联合循环的研究在国际上尚处于中试阶段，美国能源部和福斯特惠勒公司（Foster Wheeler）、日本电力开发公司和三菱重工等正在进行相关的中试研究。

9.2.3 整体煤气化联合循环技术

整体煤气化联合循环（IGCC）电站系统是一种将煤气化技术、煤气净化技术与高效的联合循环发电技术相结合的先进动力系统，是很有前途的洁净煤发电技术，其优势是效率高和环境性能好。IGCC 对污染物的处理是在高压力、高浓度、小流量的煤气中进行，所以净化效果较好，且处理费用低。

世界上已投入商业运行和正在建造的 IGCC 项目数十个，而已投入运行的、典型的、单套容量在 250 兆瓦以上的 IGCC 发电站分别是美国的 Wabash River（260.6 兆瓦）和 Tampa（250 兆瓦）、荷兰的 Demkolec（253 兆瓦）、西班牙的 Puertollano（300 兆瓦）和意大利的 Portoscuso（2004 年，450 兆瓦）、ISAB（1999 年，512 兆瓦）、SARLUX（2000 年，548 兆瓦）、API Energia（280 兆瓦）和 AGIP Petroli（250 兆瓦）。美国 Wabash River 发电站燃料为石油焦炭，Tampa 发电站燃料为煤炭和石油焦炭混合物。荷兰的 Demkolec 电站自 1993 年一直运行至今，目前尝试使用 30% 的生物质原料。意大利的 ISAB（1999 年，512 兆瓦）、SARLUX（2001 年，548 兆瓦）、API Energia（280 兆瓦）和 AGIP Petroli（250 兆瓦）所用的主要原料为精炼焦油和石油焦炭（IEA，2007）。目前，中国、韩国、日本、美国、德国、意大利、印度、苏格兰、法国、捷克、新加坡等国家正在筹建以煤炭或渣油（或垃圾）气化的 IGCC 电站几十座，总容量已达到 8 吉瓦（许世森，2005）。

9.2.3.1 美国

美国将洁净煤发电技术列为国家能源可持续发展战略和国家能源安全战略的重要组成部分。1985～2000 年，美国先后部署了 5 轮"洁净煤发展计划"（CCT），开展了先进的燃煤发电技术、环境保护设备、煤炭加工成洁净能源技术和工业化应用等关键技术研究与开发。美国能源部对 IGCC 示范电站的资助比例均在 50% 以上，有的高达 80% 以上。所有美国的 IGCC 示范项目均采用美国本土的技术，通过政府的支持和示范项目的带动实现技术的发展。例如，1993～1997 年，美国政府和相关企业共投资 48 亿美元，先后在 18 个州对 36 个项目进行示范（上海情报服务平台，2010）。

进入 21 世纪，美国基于其 IGCC 的技术基础，开发未来近零排放的煤基能源系统。2002 年，美国能源部部署了新一轮洁净煤创新发展计划（CCPI），为期 10 年，总投资 20 亿美元。

美国能源部于 2003 年提出"未来发电"项目（FutureGen），计划投资 10 亿美元建造一座世界一流的燃煤发电和制氢的近零排放示范发电厂原型，发电装机容量为 275 兆瓦，发电厂利用最先进的整体煤气化联合循环并结合碳捕获与封存技术。为了评估可选择的技术和发电厂选址问题成立了"未来发电联盟"（FutureGen Alliance，由 13 家电力和煤炭公司组成）。能源部负责这个项目 74% 的成本，最初的预算约 9.5 亿美元。其余成本由"未来发电联盟"资助。2007 年下半年，"未来发电联盟"将原型示范发电厂的地址定在美国伊利诺伊州 Mattoon。但是到 2008 年年初，能源部指出"未来发电"项目成本翻番，已经接近 18 亿美元，而且预计以后还会进一步增加。出于成本和政治等各方面的压力，能源部提出了"未来发电"项目调整方案，计划将项目调整为在多个电站示范 CCS 技术（不包括制氢），加速技术进步，使 300 兆瓦等级的 IGCC 2015～2016 年能开始商业运作（李桂菊，2009）。2010 年 8 月 8 日美国能源部宣布，投入 10 亿美元刺激性资助，资助应用于改版的 FutureGen 煤气化项目。该计划要求采用先进的氧燃烧技术改造位于美国伊利诺伊州 Meredosia 现有的电厂，这些技术将捕获二氧化碳（CO_2）排放量的 90%，并消除绝大多数硫氧化物、氮氧化物、汞和颗粒排放。该项目还将在伊利诺伊州 Mattoon 建设 CO_2 贮存设施，以及贮存设施与发电厂之间的连接管道。管道和贮存设施将每年运送和贮存超过 100 万吨的 CO_2（李现勇，2009）。

美国 IGCC 电站技术已经进入商业化推广阶段。此外，IGFC-CC 发电技术成为当今各种发电技术的排头兵，具有十分广阔的开发应用前景。尽管 IGFC-CC 系统还处在发展的初期阶段，美国也开展了一些研发与示范项目。美国能源部 2005 年在固态节能联盟（Solid State Energy Conversion Alliance，SECA）计划之下启动了 IGFC 研究项目，GEHPGS、FuelCell Energy 和 Siemens Power Generation 等公司获得为期 10 年的政府资助，研究开发 100 兆瓦级 SOFC。

9.2.3.2 欧洲

2004 年，欧盟在其"第六框架计划"（FP6）中，启动了"氢电联产"计划（Hypogen），目标是开发以煤气化为基础的发电、制氢以及二氧化碳捕获与封存的煤基发电系统，实现煤炭发电的近零排放。该项目就和"未来发电"项目一样计划建造一座理想的 IGCC 示范电厂，其中包含二氧化碳的捕获和储存以及制氢（用于化学原料和可能用于运输）。电力和氢气输出预计分别为 400 兆瓦$_e$ 和 50 兆瓦$_e$。计划到 2015 年完成建设和示范运行，总投资达 13 亿欧元。

欧共体制定的"兆卡计划"，旨在促进欧洲能源利用新技术的开发，减少对石油的依赖和煤炭利用造成的环境污染，确保经济持续发展。其主要目标是减少二氧化碳和其他温室气体排放，使燃煤发电更加洁净。英国的"能源白皮书"，明确提出要把电厂的洁净煤技术作为研究开发的重点。德国提出了 COORETEC（CO_2 Reduction Technologies for Fossil-Fired Power Plants）计划，旨在研究开发以化石燃料为基础的近零排放发电技术。该计划研发和示范的技术重点是提高电站供电效率的技术和 CO_2 分离与运输技术，主要包括 6 个工作小组，分别是燃气联合循环电站、传统粉煤电站和燃烧后捕集、IGCC 和燃烧前捕集、纯氧燃烧、CO_2 封存和叶轮机械。在该计划的支持下，德国 RWE 公司正在筹建一个包含 CO_2 捕集与封存的 IGCC 示范电站，该电站功率为 450 兆瓦，净功率为 330 瓦，计划 2010 年开始建设，2014 年投入运行，每年捕集 260 万吨 CO_2。英国和德国在选煤、型煤加工、煤炭气化和液化、循环流化床燃烧技术、煤气化联合循环发电、烟气脱硫技术等方面取得显著成就。

2006 年 3 月启动为期 3 年的"DYNAMIS"预项目，旨在为氢电联产项目做准备，涉及来自 12 个国家的 31 个合作伙伴。另外，荷兰的 Buggenum（253 兆瓦）和西班牙的 Puertollano（300 兆瓦）两座 IGCC 电站分别于 1994 年和 1997 年建成并投入运行，参与的国家有荷兰、德国、西班牙、法国等，IGCC 示范电站所采用的技术也全部来自欧盟国家。从技术的角度看，欧洲的 IGCC 示范电站技术更先进，这些示范电站使欧洲的煤气化技术和燃气轮机技术得到了巨大的发展。前者使用的燃料是国际煤炭，而后者采用高灰分煤和高硫焦炭的混合物。

NUON 能源公司在荷兰拥有的 Buggenum IGCC 电站（250 兆瓦$_e$）主要采用壳牌气化炉。电站经过示范阶段后，自 1998 年以来一直进行商业化运作，供应范围越来越广。

2004 年，该电站利用天然气和煤气总运行时间约为 8000 小时，达到了 80% 的煤气供应。电站已经开展关于生物质燃料联合气化的试验以满足政府补贴要求。电厂最高使用了 30% 的生物燃料用于联合气化。尽管在运行过程中出现了一些问题（包括一些煤气冷却器因污水污泥增加 4%~5% 而淤塞），但电厂燃料灵活性良好。目前正在考虑联合气化时寻求增加电厂产出的途径，以达到 250 兆瓦。的燃煤水平。尽管这可能会影响电厂的热效率，但是现在正在开展降低电厂一体化程度可能性的可行性研究。还考虑可能的途径以捕获与储存二氧化碳和制氢。

西班牙 ELCOGAS 公司拥有的位于 Puertollano 地区的 IGCC 电站（欧盟资助）采用 Krupp-Uhde PRENFLO 气化炉，该电厂 1996 年开始运行。气化系统与壳牌的煤炭气化进程类似。反应室不是一个分离的冷却系统，而是一个完整的产气冷却系统。气化条件为压力 25 巴[①]、温度 1200~1600℃。原料气在到达两个蒸汽发生器（产生用于总循环的高压和中压蒸汽）中的第一个之前，通过混合淬冷的气体，从 1550℃ 冷却至 800℃。该电厂使用了西门子 V94.3 燃气轮机，使用混合燃料的净效率超过 42%（据 LHV）。气体洗涤之前先通过运行温度约 240℃ 陶瓷过滤器除去微粒。自 2000 年以来，电厂通过调整供应煤的比例以及使用更好的循环离线清洗过滤器提高了煤气的利用，目前采用 50/50 的混合物。由于电厂高度集成的性质，电厂启动比较缓慢，因此，ELCOGAS 计划今后的任何安装中采用部分集成。目前，ELCOGAS 公司也参与了一项包括 CO_2 捕获和制氢的 IGCC 电站最理想设计的 CARNOT 项目。

9.2.3.3 日本

日本非常重视 IGCC 的研究开发，走的是一条自主开发的道路。从煤气化技术到燃气轮机技术，在政府和企业的共同努力下，取得了较大的进展。

面向未来，日本新能源开发机构（NEDO）于 1998 年在"新阳光计划"中，提出了名为 EAGLE（Coal Energy Application for Gas, Liquid & Electricity）的计划。该计划以煤气化为核心，以煤气净化、燃气轮机和燃料电池发电、交通用液体燃料为主要内容，目的是实现煤洁净高效地转化为电力及液体和气体燃料的技术和工艺。计划周期为 1995~2006 年，最终目标是 IGFC 碳转化率大于 98%，煤气化效率大于 78%，日本已在若松建成 8 兆瓦中试厂（Japan Coal Energy Center, 2006; Hiroyuki Kondo, 2008）。

2004 年，日本在"煤炭清洁能源循环体系"（C3）中，提出了以煤炭气化为核心、同时生产电力、氢和液体燃料等多种产品、并对二氧化碳进行分离和封存的煤基能源系统。日本的"21 世纪煤炭计划"提出在 2030 年前分 3 个阶段研究开发洁净煤技术，其主要项目包括先进的发电、高效燃烧、脱硫脱氮和降低烟尘、利用煤气的燃料电池、煤炭制造二甲醚和甲醇、水煤浆、煤炭液化和煤炭气化等。目前，日本正在建设一座 250 兆瓦空气气化的 IGCC 示范电站，预计 2009 年底投入运行。

日本洁净煤电力公司（CCP）正在 Iwaki 地区 Nakoso 电站建造一座基于 MHI 吹空气二阶干燥供应气流气化炉和 MHI 701DA 燃气轮机的 IGCC 示范电站（250 兆瓦。）。日本经

---

① 1 巴 = 10^5 帕

济、贸易和产业省（METI）资助该项目30%的费用。气化炉采用水冷却的膜壁代替厚的耐火材料，以减少维修需要。用来气化的部分空气将从燃气轮机压缩机析出，同时空气中富含氧气，不使用淬冷的气体。该电厂将使用低等级煤炭作为原料。使用气旋和高温过滤器使烧焦物从气体中分离，离开气化炉。化学洗涤（使用MDEA）将除去脱尘气体中的含硫化合物。燃气轮机的入口温度为1200℃。目标净效率为42%（据LHV）。电厂包括一种SCR系统，以满足16%氧气时NO_x极限为5 ppm，相当于6%氧气时NO_x浓度为30毫克/米^3。该示范工厂于2007年开始运行。该系统将为基于M501F最终达到M501G燃气轮机的电厂设计提供有用参考，净效率分别为45%和48%。

2008年"清凉地球计划"（Cool Earth）中，IGCC中期发展目标为：2015年使用热气体净化方法达到48%的发电效率，2025年采用1700℃级燃气轮机达到50%的发电效率。长期目标是2030年及以后采用蒸汽重整过程提高气化效率，发电效率达到57%（图9-2）。

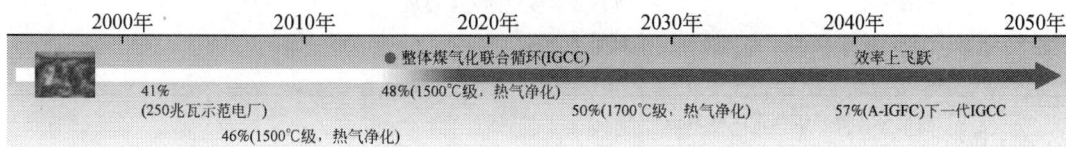

图9-2 日本"清凉地球计划"IGCC发展路线图
资料来源：据（METI, 2008）

日本政府资助日本电源开发株式会社计划建设一座IGFC示范电厂，通过煤气化，利用燃料电池、燃气轮机和蒸汽轮机技术，提高资源利用效率，降低排放浓度，该项计划中燃料电池采用固体氧化物燃料电池（SOFC）。

2008年"清凉地球计划"（Cool Earth）中，IGFC中期发展目标为：2025年达到55%的发电效率。长期目标为：下一代IGFC（A-IGFC）通过蒸汽重整过程提高发电效率达到65%，见图9-3。

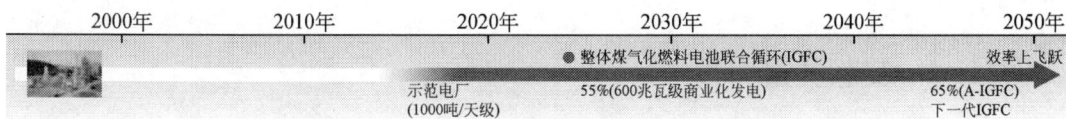

图9-3 日本"清凉地球计划"IGFC发展路线图
资料来源：据（METI, 2008）

各国IGCC计划主要内容汇总如表9-4所示。

表9-4 各国IGCC计划主要研究内容汇总

项目	美国 FutureGen	欧盟 Hypogen	日本 Cool Earth
发展目标	300兆瓦 捕获二氧化碳（CO_2）排放量的90%	电力和氢气输出预计分别为400兆瓦$_e$和50兆瓦$_e$	A-IGCC发电效率达到57%
周期	2003~2016年	2004~2015年	2008~2050年

续表

项目	美国 FutureGen	欧盟 Hypogen	日本 Cool Earth
计划时间	2003 年提出"FutureGen"项目； 2008 年 8 月对"FutureGen"项目进行重组，计划将项目调整为在多个电站示范 CCS 技术（不包括制氢）	到 2015 年完成建设和示范运行	2015：使用热气体净化方法达到48%的发电效率 2025：采用 1700℃ 级燃气轮机达到50% 的发电效率 2030 年及以后：采用蒸汽重整过程提高气化效率，发电效率达到57%
主要任务	利用最先进的整体煤气化联合循环并结合碳捕获与封存技术示范发电厂	开发以煤气化为基础的发电、制氢以及二氧化碳捕获与封存的煤基发电系统，实现煤炭发电的近零排放建造示范电厂	实现煤洁净高效地转化为电力及液体和气体燃料的技术和工艺
目前状态	改造位于美国伊利诺伊州 Meredosia 现有的电厂		

9.3 高端洁净煤发电技术研究重点与趋势分析

由于科研论文和专利能够从某种角度反映科学和技术的发展情况，本章利用定量计量的方法，通过对相关数据库收录的高端洁净煤发电技术研究论文和专利文献进行了分析，以期能够从专利、文献多角度揭示出国际高端洁净煤发电技术的研发现状、特征和发展趋势。

9.3.1 文献计量

9.3.1.1 数据来源与分析方法

本次分析采用 SCI-EXPANDED（Science Citation Index Expanded）数据库，利用关键词和文献类型对全球科研人员发表的洁净煤发电技术相关论文进行了检索，构建全球煤热解、煤气化、循环流化床领域的相关文献分析数据集。数据采集时间为 2010 年 12 月 14 日，文献类型限定为 Article、Review、Proceedings Paper，时间范围为近 10 年（2001~2010）。本次分析采用汤森数据分析器（Thomson Data Analytics，TDA）进行文献数据挖掘和分析。

9.3.1.2 煤热解

1）整体发展态势
此次检索共得到煤热解领域 2001~2010 年 3826 篇论文，其数量年度变化趋势如图 9-

4 所示（由于数据库收录的滞后性，2010 年的数据不完整，仅供参考）。从中可以看出，近 10 年来全球煤热解领域研究论文数量总体呈现上升趋势，2009 年发文量已经突破了 500 篇。

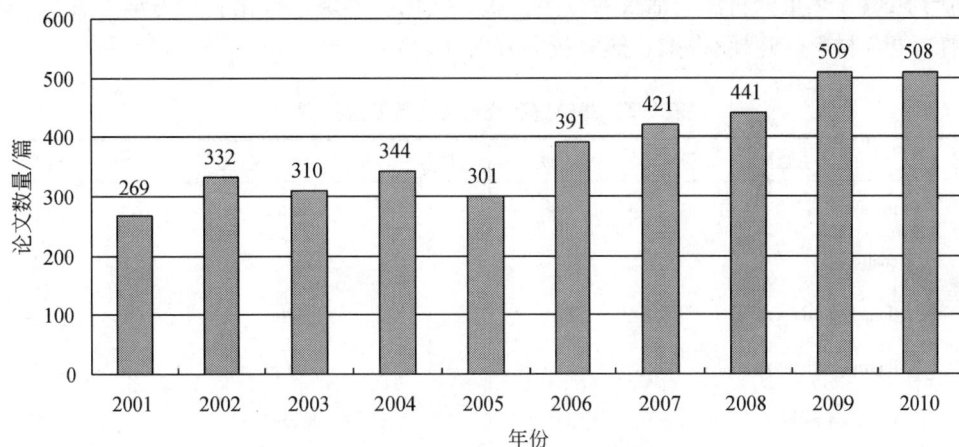

图 9-4　全球煤热解研究领域论文数量年度变化态势

根据 ISI 数据库对期刊的学科分类，对煤热解研究论文的主要研究领域进行分析（图 9-5），可以看出其研究学科领域主要分布在能源与燃料（Energy & Fuels）、化学工程（Engineering，Chemical）、高分子科学（Polymer Science）、分析化学（Chemistry，Analytical）、物理化学（Chemistry，Physical）、环境科学（Environmental Sciences）、多学科材料科学（Materials Science，Multidisciplinary）、应用化学（Chemistry，Applied）、光谱学（Spectroscopy）、热力学（Thermodynamics）等 10 个学科，其中又主要集中在前两个学科

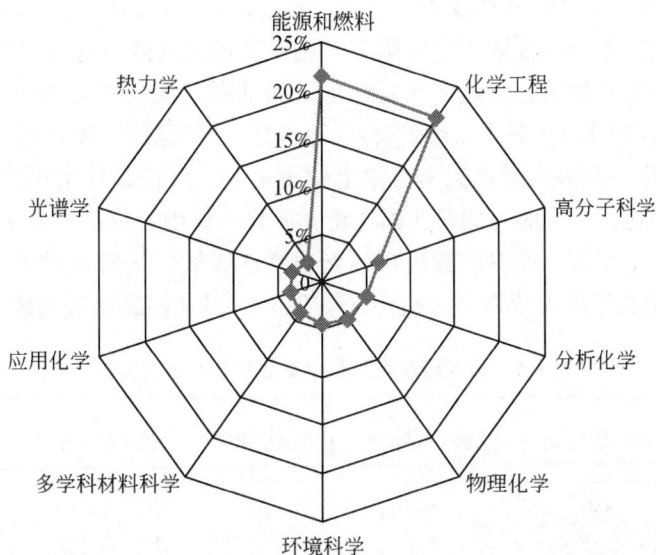

图 9-5　煤热解研究论文学科主题领域分布

领域。此外，环境工程、多学科化学、地球科学等学科也有少量论文分布。反映出煤热解研究是以能源和燃料、化学工程科学研究为主，结合其他学科研究的学科交叉特点。

根据论文的关键词（基于著者关键词）词频分析，全球煤热解研究领域的研究主题主要集中于阻燃、热重分析法、活性炭、生物质、气化、燃烧、碳化、动力学、焦炭、热性质、纳米复合材料、建模/模拟、热分析等方面（表9-5）。

表 9-5　煤热解研究论文主要研究主题

序号	主题词	频次/次	序号	主题词	频次/次
1	pyrolysis	518	11	kinetics	111
2	coal	324	12	char	100
3	flame retardant	211	13	lignite	94
4	thermogravimetric analysis	165	14	adsorption	77
5	activated carbon	155	15	thermal properties	58
6	biomass	152	16	nanocomposites	57
7	gasification	124	17	modelling	55
8	combustion	122	18	thermal analysis	55
9	thermal degradation	119	19	reactivity	52
10	carbonization	111	20	coke	52

2）主要国家分析

本次分析的3826篇文献共涉及84个国家/地区，表9-6给出了发文量排名前10位的国家（本节的后续其他排名仅限于这些国家）的发文量及其被引情况。可以看出，中国在论文总数上大幅领先其他国家，近3年发文也更为活跃，反映了近10年对煤热解研究的日益重视，美国（474篇）、日本（412篇）、西班牙（343篇）、澳大利亚（240篇）分别位列发文量2~5位。我国虽然在论文总数上位居第一，但在篇均被引次数、被引率等被引指标排名均不理想，一方面可能是我国在论文质量方面亟待提高；另一方面也可能是由于大部分文章为近年发表，被引次数还未达到很高的缘故。从发文量年度变化情况来看，2005年后，中国发文量呈现急剧上升趋势（图9-6）。其他国家则表现较为平稳。

表 9-6　重点国家煤热解论文数量及其被引情况

国家/地区	论文总数/篇	总被引次数/次	篇均被引次数/次	论文被引率/%	近3年发文量占总发文量比例/%
中国	840	3 943	4. 7	66. 7	55
美国	474	4 192	8. 8	83. 5	37
日本	412	2 680	6. 5	76. 5	28

国家/地区	论文总数/篇	总被引次数/次	篇均被引次数/次	论文被引率/%	近3年发文量占总发文量比例/%
西班牙	343	3 279	9.6	88.0	30
澳大利亚	240	2 157	9.0	82.5	36
英国	226	1 678	7.4	85.4	29
土耳其	181	1 217	6.7	75.7	35
波兰	175	1 053	6.0	74.3	35
印度	147	687	4.7	69.4	43
法国	139	1 291	9.3	88.5	25
德国	139	1 324	9.5	83.5	42

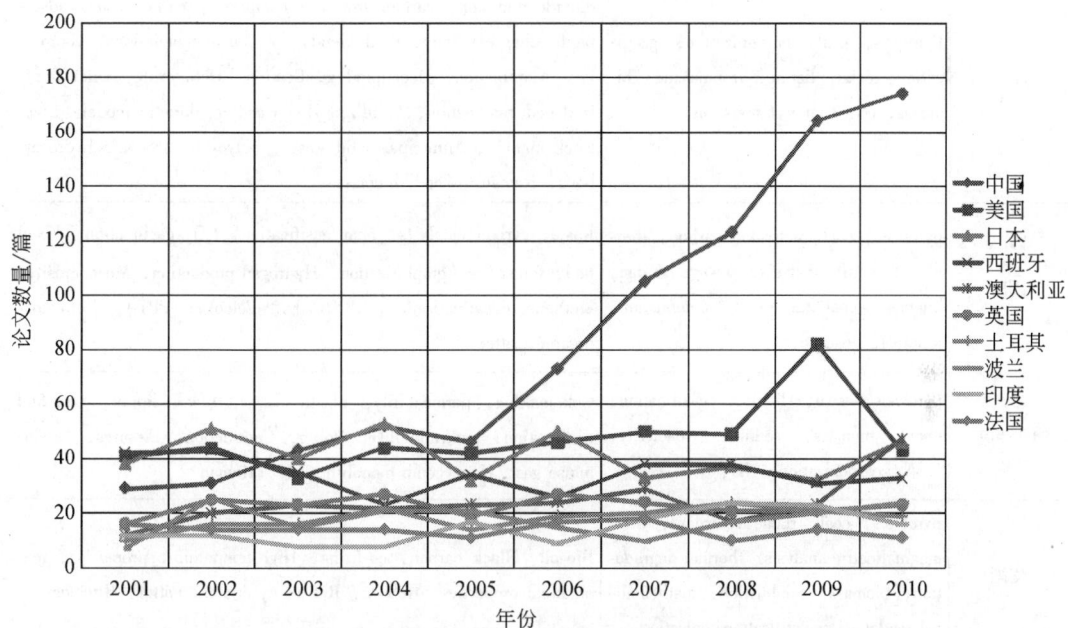

图 9-6 主要国家煤热解研究领域论文数量年度变化趋势（后附彩图）

表 9-7 按照由高到低的词频顺序列出了主要国家开展煤热解研究最受关注的主题词。从各国研究情况来看，热解、阻燃、热重分析、生物质共燃、热降解、焦炭、动力学分析是各国共同所关注的。但各国关注程度和研究水平有所不同。近期主题词则显示了各国最近开展的热解研究主题，如中国近期关注的研究主题包括聚磷酸铵阻燃剂、碳纳米管、生物油、燃烧行为、密度泛函理论、改性等，美国近期关注的研究主题包括生物燃料、合成气、吸附胶团聚合、生物焦、聚硅氧烷、杨氏模量等，日本近期关注的研究主题包括空气氧化、生物质焦、碳素铁合成物、碳质吸附剂等。

表 9-7　主要国家开展煤热解研究的研究主题

国家/地区	最受关注的主题词	近期主题词
中国	flame retardant, pyrolysis, coal, thermal degradation, thermogravimetric analysis, polypropylene, thermal properties, intumescent flame retardant, kinetics, coal pyrolysis	ammonium polyphosphate, carbon nanotubes。Bio-oil, combustion behavior, Density functional theory, Modification, Black carbon, Coal liquefaction residue, combustion characteristics, curing of polymers, elevated temperature, Gas separation, Hydrogen production, lanthanum oxide, Layered double hydroxide, melamine phosphate, Morphology, Oxy-fuel combustion, phosphorus, polystyrene, polyurethane, Pore size distribution, solvent extraction, thermal behavior
美国	Pyrolysis, coal, char, biomass, carbonization, combustion, polycyclic aromatic hydrocarbons, thermal degradation, kinetics, nanocomposites, flame retardant	Biofuel, Syngas, Admicellar polymerization, Analytical technique, Biochar, Char gasification kinetics, crosslinking, Flame retardant finishing, polysiloxanes, Renewable, synthesis, Textile flammability, Tire derived fuel, Young's modulus
日本	Pyrolysis, coal, carbonization, gasification, coke, lignite, ironmaking, biomass, coal char, combustion	air oxidation, biomass char, biomass injection, Biomass tar, carbon dioxide emission, carbon iron ore composite, carbonaceous adsorbent, char reactivity, Coal blends, combustion emissions, composites, Contraction, Decoupled gasification, Dewatering, Dual fluidized bed gasification, Fluidized Bed Gasifier, kinetic model, Livestock manure, Municipal solid waste, polycyclic aromatic hydrocarbons, Raman, Woody biomass
西班牙	pyrolysis, coal, activated carbon, thermogravimetric analysis, sewage sludge, biomass, coal tar pitch, combustion, kinetics, adsorption	waste, carbon catalysts, char gasification, CO_2 gasification, Fixed bed, forest fire, graphitization, Hydrogen production, Mesoporosity, Methane decarbonization, PCDD/Fs, Petcoke, PPTA, Refractory organic matter
澳大利亚	pyrolysis, coal, lignite, gasification, char, biomass, sodium, reactivity, HCN, carbonization, NH_3	Cokemaking, permeability, plastic layer, black liquor, Oxy-fuel combustion, bioavailability, Boron, Contraction, Fissures, Greenhouse gas, Honeycomb monolith, LIF, Raman
英国	pyrolysis, coal, flame retardant, thermogravimetric analysis, thermal degradation, biomass, combustion, mathematical model, Devolatilisation, plastics	Bio-oil, Black carbon, co-firing, High-temperature properties, mechanical properties, Reburn, Refractory organic matter, Rheology
土耳其	pyrolysis, lignite, thermogravimetric analysis, coal, biomass, combustion, Oil shale, activated carbon, kinetics, char	column chromatography, Co-combustion, Formed coke, FTIR, resol, Biodesulphurization, Coats-Redfern method, coke breeze, cured briquettes, Loquat stone, mechanical properties, metallurgical coke, nanocomposites, NaOH, Novalac, Pellet, Sugar beet pulp, temperature, waste oil
波兰	coal, pyrolysis, activated carbon, coal tar pitch, oxidation, coke, carbonization, lignite, activation, Electron paramagnetic resonance, porosity	Coal blends, thermogravimetric analysis, Chemical activation, Dynamic mechanical analysis, NO_2 adsorption, PAHs, Plum stones

国家/地区	最受关注的主题词	近期主题词
印度	pyrolysis, thermal degradation, coal, flame retardant, thermogravimetric analysis, kinetics, char, thermal analysis, thermal stability, biomass	fluidized bed, thermal properties, wood, Assam coal, black liquor, char yield, Co-combustion, co-cracking, Co-pyrolysis, devolatilization, Indian coal, intumescence, primary fragmentation, synergistic effect
法国	pyrolysis, coal, activated carbon, carbonization, flame retardant, fluidized bed, modelling, biomass, porosity, incineration, thermal degradation, intumescence, kinetics	methane, Mechanism, Polylactide
德国	pyrolysis, flame retardant, gasification, coal, combustion, biomass, Black carbon, thermogravimetric analysis, kinetics, lignin, coal analysis	nanocomposites, Cokemaking, Discrete Element Method, lipids, mathematical model, Molecular beam mass spectrometry, PAHs, polyesters, potassium, Refractory organic matter, Release of sodium, sediment, soil, Stamp charge, TEM

3）主要机构分析

本次分析的 3826 篇文献共涉及 1825 个机构，表 9-8 给出了发文量排名前 10 位的机构（本节的后续其他排名仅限于这些机构）的发文量及其被引情况。前 10 位机构中有 4 家中国机构、3 家日本机构、1 家西班牙机构、1 家澳大利亚机构和 1 家英国机构，反映了煤热解研究领域的主要研究力量。从被引指标来看，中国机构的篇均被引次数、论文被引率等均不理想，在论文质量方面亟待提高。中国科研机构和大学在近 3 年表现较为活跃，其中最为活跃的中国科学技术大学有 60% 的论文是近 3 年发表的。

表 9-8　重点机构煤热解论文数量及其被引情况

机构	论文总数/篇	总被引次数/次	篇均被引次数/次	论文被引率/%	近3年发文量占总发文量比例/%
中国科学院	194	1 063	5.5	70.6	42
西班牙科学研究委员会	183	1 336	7.3	89.1	27
澳大利亚莫纳什大学	69	809	11.7	88.4	25
日本北海道大学	61	503	8.2	88.5	21
中国科学技术大学	60	311	5.2	66.7	60
伦敦大学帝国理工学院	58	369	6.4	87.9	28
太原理工大学	54	170	3.1	64.8	33
日本东北大学	54	476	8.8	87.0	24
日本产业技术综合研究所	51	329	6.5	86.3	24
上海交通大学	50	211	4.2	74.0	58

从各机构关注的研究主题来看（表9-9，由高到低的词频顺序列出了各机构最受关注的主题词），煤热解产生的化学物质（如多环芳烃、HCN、NH$_3$、脱硫）、气化、分析方法（热性质、热重－质谱联用分析、热重分析、热分析、动力学）、阻燃方面的研究是各机构所共同关注的研究主题。近期主题词则显示了各机构最近开展的热解研究主题，如中国科学院近期关注的研究主题包括：X 射线衍射分析（XRD）、碳沉积、催化气化、交联反应、解耦气化、双流化床气化、扫描电镜分析等；西班牙高等科学研究委员会近期关注的研究主题包括：焦气化、中孔性、微孔性、聚对苯二甲酰对苯二胺（PPTA）、耐火有机物；澳大利亚莫纳什大学近期关注的研究主题包括：富氧燃烧；拉曼光谱分析；中国科学技术大学近期关注的研究主题包括：膨胀阻燃剂、燃烧行为、协同效应、热重－红外联用分析、热稳定性等；太原理工大学近期关注的研究主题包括：密度泛函理论、热解机制、煤显微组分；日本东北大学近期关注的研究主题包括：鼓风炉、生物质注入、二氧化碳、碳素铁复合材料；上海交通大学近期关注的研究主题包括：分布式活化能模型、干馏因子。

表 9-9   主要机构开展煤热解研究的研究主题

地区	最受关注的主题词	近期主题词
中国科学院	pyrolysis, coal, lignite, PAHs, gasification, coke, combustion, TG-MS, thermal properties, carbonization, kinetics, desulfurization, Catalysis, nanocomposites, flame retardant, fluidized bed	Source, XRD, Black carbon, carbon deposition, carbon membrane, Catalytic gasification, Clay, Cross-linking reaction, Decoupled gasification, Dual fluidized bed gasification, Gas separation, H$_2$S uptake, High temperature, High water content biomass, SEM, Surface sediment
西班牙科学研究委员会	pyrolysis, coal, coal tar pitch, thermogravimetric analysis, mesophase, biomass, sewage sludge, activated carbon, Microwaves, carbonization, adsorption	Black carbon, char gasification, CO$_2$ gasification, Mesoporosity, microporosity, Petcoke, PPTA, Refractory organic matter
澳大利亚莫纳什大学	lignite, pyrolysis, gasification, HCN, NH$_3$, reactivity, Victorian brown coal, Char structure, coal, sodium, Volatile-char interactions, biomass	Oxy-fuel combustion, Raman
日本北海道大学	pyrolysis, lignite, gasification, biomass, coal, tar, reactivity, HCN, steam gasification, Victorian brown coal, Volatile-char interactions, NH$_3$, char, Char structure, Pressure	Raman
中国科学技术大学	flame retardant, thermal degradation, UV curing, intumescent flame retardant, phosphate, polypropylene, pyrolysis, combustion, hyperbranched, UV-curable, nanocomposites, epoxy resin	intumescent flame retardant, polypropylene, combustion, melamine phosphate, ammonium polyphosphate, combustion behavior, lanthanum oxide, metal oxide, Pentaerythritol phosphate, phosphorus, synergistic effect, TG-IR, thermal stability, water resistance

地区	最受关注的主题词	近期主题词
伦敦大学帝国理工学院	size exclusion chromatography, coal liquefaction, UV-fluorescence, coal, Spouted beds, hydrocracking, tar characterisation, thermal degradation, gasification, pyrolysis	
太原理工大学	pyrolysis, coal, HCN, NH_3, gasification, coal pyrolysis, NO_x precursors, plasma, acetylene, biomass	Density functional theory, pyrolysis mechanism, macerals
日本东北大学	supercritical water, pyrolysis, coal pyrolysis, carbonization, N_2 formation, coal, blast furnace, coke, ironmaking, partial oxidation, ammonia decomposition, hot gas cleanup	blast furnace, biomass injection, carbon dioxide, carbon dioxide emission, carbon iron ore composite
日本产业技术综合研究所	coal, carbonization, gasification, acid treatment, specific surface area, spontaneous ignition, Steam, hydrogen, upgrading with solvent, waste, zeolite, low-rank coals, biomass, clean solid fuel, pyrolysis	
上海交通大学	pyrolysis, thermogravimetric analysis, combustion, flame retardant, thermal degradation, kinetics, coal, Retorting factors, solid heat carrier, ignition, Comprehensive utilization technology, thermal analysis, mathematical model, Distributed activation energy model	Distributed activation energy model, Retorting factors

9.3.1.3 煤气化

1）整体发展态势

此次检索共得到煤气化领域 2001～2010 年的 2427 篇论文，其数量年度变化趋势如图9-7所示（由于数据库收录的滞后性，2010 年的数据不完整，仅供参考）。从中可以看出，近10年来全球煤气化领域研究论文数量呈现明显的逐年上升趋势，2010 年发文量已经突破了 380 篇。

根据论文的关键词（基于著者关键词）词频分析，全球煤气化研究领域的研究主题主要集中于：气化、煤、生物质、建模/模拟、氢、煤气化、热解、流化床、动力学、合成气、IGCC、活性炭、焦炭、燃烧、反应性、CO_2 捕获、煤焦、地下煤气化、蒸汽气化等方面（表9-10）。

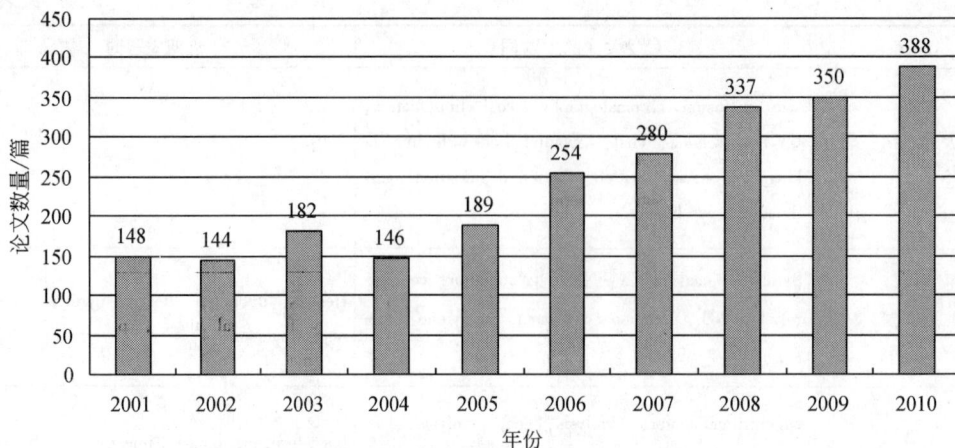

图 9-7　全球煤气化研究领域论文数量年度变化态势

表 9-10　煤气化研究论文主要研究主题

序号	主题词	频次/次	序号	主题词	频次/次
1	gasification	332	11	IGCC	73
2	coal	216	12	activated carbon	68
3	biomass	144	13	char	66
4	modeling	129	14	combustion	64
5	hydrogen	124	15	reactivity	60
6	coal gasification	121	16	CO_2 capture	52
7	pyrolysis	118	17	lignite	46
8	fluidized bed	94	18	coal char	36
9	kinetics	85	19	underground coal gasification	35
10	Syngas	85	20	steam gasification	34

2）主要国家分析

本次分析的 2427 篇文献共涉及 70 个国家/地区，表 9-11 给出了发文量排名前 10 位的国家（本节的后续其他排名仅限于这些国家）的发文量及其被引情况。可以看出，前 10 位均是能源结构中煤炭占比较大的国家，较为关注煤气化领域的研究。近 3 年发文更为活跃的国家依次是中国、意大利、印度、美国、德国。我国虽然在论文总数上位居第一，但在篇均被引次数、被引率等被引指标排名均不理想，说明了我国在论文质量方面亟待提高。从发文量年均变化情况来看（图 9-8），各国发文量均呈现上升趋势，中国上升趋势最为明显。自 2007 年之后发文量领先于其他国家。

表 9-11　重点国家煤气化研究论文数量及其被引情况

国家/地区	论文总数/篇	总被引次数/次	篇均被引次数/次	论文被引率/%	近3年发文量占总发文量比例/%
中国	454	1 782	3.9	65.4	57
美国	398	3 310	8.3	77.4	45
日本	348	2 614	7.5	78.4	32
澳大利亚	222	1 966	8.9	79.7	38
西班牙	186	1 520	8.2	85.5	37
英国	136	849	6.2	77.9	36
印度	85	422	5.0	68.2	48
意大利	83	688	8.3	71.1	53
韩国	81	369	4.6	70.4	36
德国	72	512	7.1	77.8	40

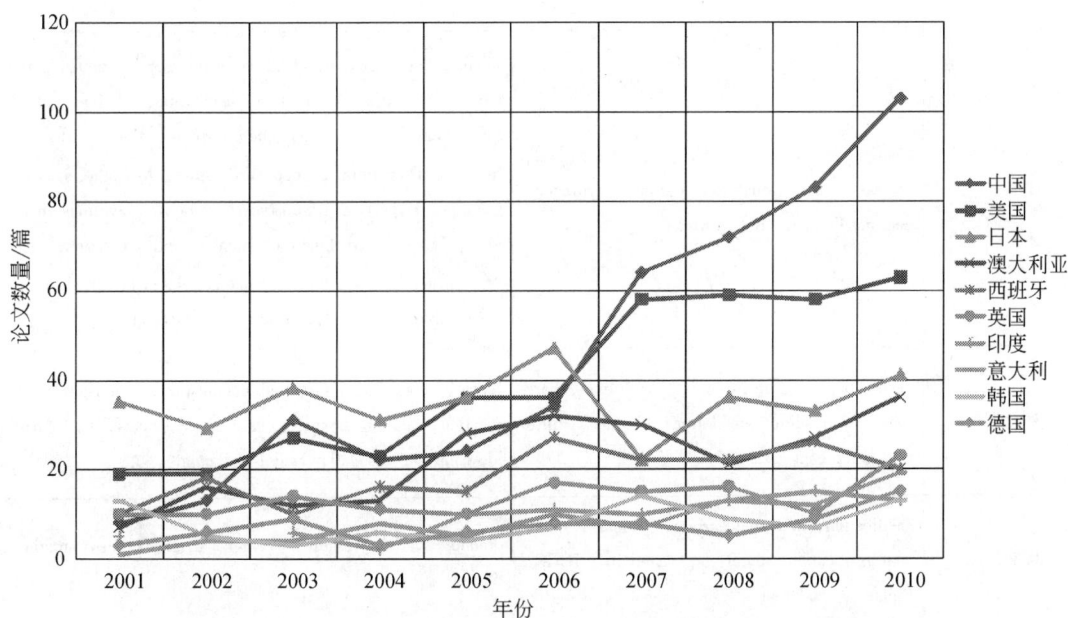

图 9-8　主要国家煤气化研究领域论文数量年度变化趋势（后附彩图）

表 9-12 按照由高到低的词频顺序列出了主要国家开展煤气化研究最受关注的主题词。从各国研究情况来看，建模/模拟、生物质、IGCC、流化床、氢是各国关注比较多的研究主题，中国关注的研究主题还包括煤地下气化，美国关注的研究主题还包括固体氧化物燃料电池，英国关注的研究主题还包括化学链燃烧、韩国关注的研究主题还包括气流床气化。近期主题词则显示了各国最近开展的气化研究主题，如中国近期关注的研究主题包括氧载体、系统集成、热重 – 傅里叶红外光谱联用技术（TG-FTIR）等，美国近期关注的研究主题包括碳捕集与封存（CCS）、焦气化、发电、燃料电池电站、燃气轮机、离子性液

体、过程模拟等，日本近期关注的研究主题包括生物质焦、CO_2 化学吸收、解耦气化、双流化床气化等。

表 9-12　主要国家开展煤气化研究的研究主题

国家/地区	最受关注的主题词	近期主题词
中国	gasification, coal, pyrolysis, modeling, kinetics, biomass, coal gasification, fluidized bed, underground coal gasification, Syngas	oxidation, Oxygen carrier, Petroleum coke, $CaSO_4$ oxygen carrier, Coal-sludge slurry, Combustion characteristics, high temperature, System integration, TG-FTIR, viscosity
美国	gasification, coal, hydrogen, coal gasification, Syngas, char, modeling, biomass, pyrolysis, Solid oxide fuel cell, IGCC	CCS, clean coal technology, corrosion, Refractories, adsorption, Ash flow temperature, Bio-oil, char gasification, coatings, CVD, electricity generation, exergy, Fly ash carbon, fuel cell power plants, Gas turbine, H_2S, Impurities, ionic liquids, liquid fuel, optimization, Process simulation, Regenerable sorbent, sensitivity analysis
日本	gasification, coal, pyrolysis, fluidized bed, biomass, coal char, modeling, hydrogen, coal gasification, blast furnace	biomass char, coal composite iron ore hot briquette, ammonia, Biomass tar, carbon gasification, Carbon structure, char reactivity, CO_2 chemisorption, Decoupled gasification, Dual fluidized bed gasification, hydrothermal extraction, HyperCoal, iron-based sorbent, Livestock manure, Low-NO_x combustion, Raman, redox reaction, self reaction test under a blast furnace simulated heat and load, sustainable society, Tar elimination, viscosity
澳大利亚	gasification, lignite, coal, pyrolysis, char, reactivity, sodium, modeling, kinetics, fluidized bed, coal gasification	black liquor, LIF, Oxy-fuel combustion, water-gas shift reaction, Carbon dioxide, coal-derived syngas, Fe-Cr oxide catalyst, molecular models, Raman
西班牙	gasification, activated carbon, biomass, coal, coal gasification, pyrolysis, reactivity, IGCC, kinetics, modeling	dolomite, High pressure, Oxygen carrier, Process simulation
英国	gasification, coal, pyrolysis, biomass, coal gasification, trace elements, IGCC, Chemical looping combustion, thermodynamics, hydrogen	Costs, CCS, CO_2 separation, Coal tailings, electricity, Fly ash carbon, Heat integration
印度	coal gasification, gasification, biomass, coal, char, energy analysis, pyrolysis, reactivity, rice husk, IGCC, Indian coals, Corex, modeling	Corex, activation energy, ash, blast furnace, coal char, fluidized bed, Iron ore, melter gasifier, Producer gas, reduction

国家/地区	最受关注的主题词	近期主题词
意大利	hydrogen, coal, gasification, CO_2 capture, IGCC, biomass, coal gasification, combustion, pyrolysis, thermal annealing	calcium, Combined hydrogen and power production, fluidized bed, hydrogasification, Oxy-fuel, solid fuels
韩国	gasification, Syngas, coal gasification, IGCC, coal, fluidized bed, kinetics, entrained-flow gasifier, slag, steam gasification, Aspen Plus, thermobalance, coke, modeling	Biofuels, Gas turbine
德国	gasification, modeling, biomass, CO_2 capture, fluidized bed, coal, hydrogen, IGCC, lignite, combustion	CO_2 capture, biomass gasification, Molecular beam mass spectrometry, potassium, Release of sodium, Syngas

3）主要机构分析

本次分析的2427篇文献共涉及1184个机构，表9-13给出了发文量排名前10位的机构（本节的后续其他排名仅限于这些机构）的发文量及其被引情况。前10位机构中有3家中国机构、3家日本机构、2家澳大利亚机构、1家美国机构和1家西班牙机构，反映了煤气化领域的主要研究力量。从被引指标来看，中国机构的总被引次数、篇均被引次数、论文被引率等大幅落后于国外机构，在论文质量方面亟待提高。近3年表现较为活跃的机构依次是华东理工大学、东南大学、美国能源部、中国科学院，其中最为活跃的华东理工大学有超过80%的论文是近3年发表的，反映了其对该领域的重视。

表9-13 重点机构煤气化论文数量及其被引情况

机构	论文总数/篇	总被引次数/次	篇均被引次数/次	论文被引率/%	近3年发文量占总发文量比例/%
中国科学院	110	378	3.4	69.1	47
美国能源部	84	721	8.6	69.0	56
西班牙科学研究委员会	73	736	10.1	87.7	32
东南大学	67	361	5.4	74.6	64
澳大利亚莫纳什大学	57	650	11.4	86.0	28
日本北海道大学	48	436	9.1	89.6	21
日本产业技术综合研究所	45	397	8.8	84.4	42
日本东北大学	44	392	8.9	84.1	23
华东理工大学	40	83	2.1	62.5	82
澳大利亚昆士兰大学	36	334	9.3	80.6	39

各机构关注的研究主题详见表9-14。气化方式、分析方法、合成气利用是各机构普遍关注的研究内容，但关注程度各有侧重，如中国科学院关注的研究主题包括流化床气化、

动力学分析、多联产、费托合成、氢等，美国能源部关注的研究主题包括固体氧化物燃料电池、热力学分析、动力学分析、计算流体力学分析、氢、IGCC 等，东南大学关注的研究主题包括化学链燃烧、流化床、喷流床、CO_2 捕获、氧载体、计算流体力学分析等，日本产业技术综合研究所关注的研究主题包括氢、Hypercoal 工艺、催化气化等，日本东北大学关注的研究主题包括利用煤气作为冶金还原气炼铁研究，华东理工大学关注的研究主题包括动力学分析、煤与生物质联合气化、气流床气化、氢等，澳大利亚昆士兰大学关注的研究主题包括煤地下气化、逆向燃烧耦合、动力学分析等。近期主题词则显示了各机构最近开展的气化研究主题，如中国科学院近期关注的研究主题包括系统集成、催化气化、解耦气化、双流化床气化、高含水量生物质等，美国能源部近期关注的研究主题包括热力学分析、二氧化碳、离子性液体等，西班牙高等科学研究委员会近期关注的研究主题包括 CO_2 捕获、焦气化、联合气化等，东南大学近期关注的研究主题包括 CO_2 捕获、$CaSO_4$ 氧载体、催化剂、固定床、TG-FTIR 联合分析等，澳大利亚莫纳什大学近期关注的研究主题包括生物质气化、富氧燃烧等。

表 9-14　主要机构开展煤气化研究的研究主题

机构	最受关注的主题词	近期主题词
中国科学院	gasification, coal, Syngas, pyrolysis, fluidized bed, calcium, kinetics, biomass, Polygeneration, Fischer-Tropsch synthesis, lignite, hydrogen	high temperature, System integration, catalytic gasification, Coal ash, coal char, Decoupled gasification, Dual fluidized bed gasification, High water content biomass
美国能源部	coal, coal gasification, Syngas, gasification, fuel cell, Solid oxide fuel cell, thermodynamics, oxidation, Anodes, Refractories, slag, Carbon dioxide, hydrogen, hydrogen sulfide, IGCC, kinetics, Membrane, computational fluid dynamics	thermodynamics, Carbon dioxide, oxidation, Refractories, slag, ionic liquids
西班牙科学研究委员会	coal gasification, activated carbon, coal, fly ash, reactivity, biomass, pyrolysis, adsorption, hydrogen, IGCC, kinetics	CO_2 capture, char gasification, co-gasification, CO_2 gasification, High pressure
东南大学	coal, Chemical-looping combustion, fluidized bed, spout-fluid bed, CO_2 capture, coal gasification, Oxygen carrier, Fluidization, computational fluid dynamics	CO_2 capture, Oxygen carrier, $CaSO_4$ oxygen carrier, biomass, catalyst, fixed bed, NO_x precursors, O_2/CO_2 environment, pyrolysis, reactivity, TG-FTIR
澳大利亚莫纳什大学	gasification, lignite, pyrolysis, NH_3, HCN, char structure, reactivity, coal, sodium, Volatile-char interactions	biomass gasification, Oxy-fuel combustion, Raman

续表

机构	最受关注的主题词	近期主题词
日本北海道大学	gasification, pyrolysis, lignite, biomass, char structure, NH₃, coal, reactivity, steam gasification, HCN, Volatile-char interactions	Raman
日本产业技术综合研究所	coal, hydrogen, gasification, biomass, calcium, CO₂, coal gasification, reactivity, ash, steam, HyperCoal, computer-controlled scanning electron microscope, catalytic gasification, activated carbon	catalytic gasification, HyperCoal, reactivity
日本东北大学	modeling, ammonia decomposition, blast furnace, gasification, hot gas cleanup, supercritical water, combustion, ironmaking, metallic iron	ironmaking, biomass char, Carbon dioxide, carbon gasification, carbon iron ore composite
华东理工大学	gasification, Petroleum coke, coal char, kinetics, co-gasification, Coal-sludge slurry, biomass gasification, elevated temperature, entrained-flow gasifier, Entrained-flow gasification, black liquor, Slurryability, Gasification reactivity, steam gasification, viscosity, hydrogen	Petroleum coke, co-gasification, Coal-sludge slurry, biomass gasification, black liquor, elevated temperature, entrained-flow gasifier, Gasification reactivity, hydrogen, Slurryability, viscosity
澳大利亚昆士兰大学	gasification, underground coal gasification, modeling, char, energy, coal, reverse combustion linking, carbon, kinetics	–

9.3.1.4 循环流化床

1) 整体发展态势

此次检索共得到循环流化床领域 2001~2010 年的 1260 篇论文，其数量年度变化趋势如图 9-9 所示（由于数据库收录的滞后性，2010 年的数据不完整，仅供参考）。从中可以看出，

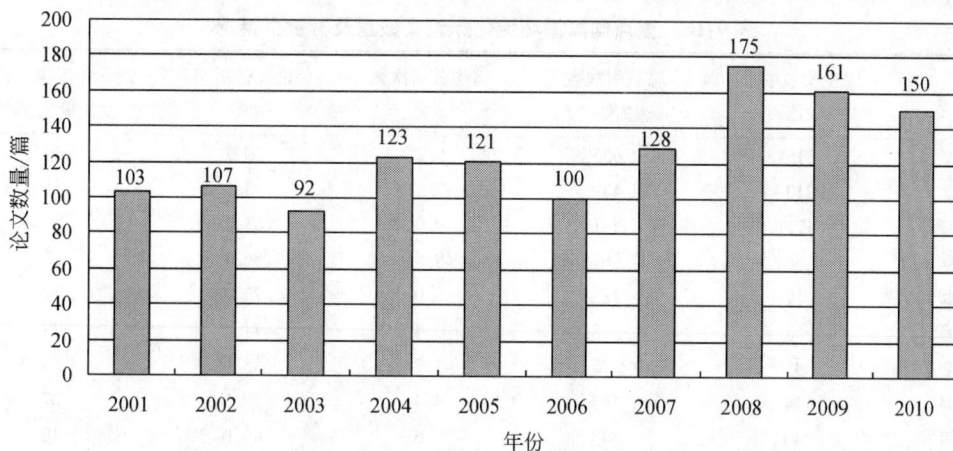

图 9-9　全球循环流化床研究领域论文数量年度变化态势

近10年全球循环流化床研究论文数量呈现波浪式递增趋势，2008年发文量达到最高点。

根据论文的关键词（基于著者关键词）词频分析，全球循环流化床领域的研究主题主要集中于：建模/模拟、流态化、流体力学分析、气－固流、提升管、生物质、计算流体力学分析、传热、燃烧、气化、动力学分析、多相流、颗粒团、下行床、内循环流化床、压力下降、固体循环速率等方面（表9-15）。

表9-15　循环流化床研究论文主要研究主题

序号	主题词	频次/次	序号	主题词	频次/次
1	circulating fluidized bed	446	11	combustion	39
2	modeling	104	12	gasification	37
3	fluidization	96	13	kinetics	35
4	fluidized bed	87	14	multiphase flow	34
5	hydrodynamics	70	15	cluster	32
6	gas-solid flow	63	16	downer	26
7	riser	51	17	coal	20
8	biomass	50	18	internally circulating fluidized bed	19
9	computational fluid dynamics	46	19	pressure drop	18
10	heat transfer	40	20	solid circulation rate	18

2）主要国家分析

本次分析的1260篇文献共涉及56个国家/地区，表9-16给出了发文量排名前10位的国家（本节的后续其他排名仅限于这些国家）的发文量及其被引情况。可以看出，近10年来，中国、加拿大、美国位居循环流化床研究发文量前3位，大幅领先于其他国家，是循环流化床的主要研究国。近3年发文更为活跃的国家依次是印度、中国、加拿大、英国、美国。我国虽然在论文总数上位居第一，但在篇均被引次数、被引率等被引指标排名均不理想，说明了我国在论文质量方面亟待提高。从发文量年均变化情况来看（图9-10），中国、加拿大、美国的发文量均呈现波浪形上升趋势，中国到2008年年均发文量达到50篇，是2001年的2倍多。除上述3个国家之外，其他国家的年均发文量均在10篇以下。

表9-16　重点国家循环流化床论文数量及其被引情况

国家	论文总数/篇	总被引次数/次	篇均被引次数/次	论文被引率/%	近3年发文量占总发文量比例/%
中国	315	1 635	5.2	70.2	46
加拿大	210	1 489	7.1	73.3	41
美国	171	1 541	9.0	83.6	34
瑞典	66	561	8.5	86.4	21
日本	57	283	5.0	73.7	32
韩国	56	358	6.4	71.4	29
印度	45	77	1.7	55.6	53
德国	44	195	4.4	70.5	27
英国	40	343	8.6	85.0	38
法国	38	264	6.9	86.8	29

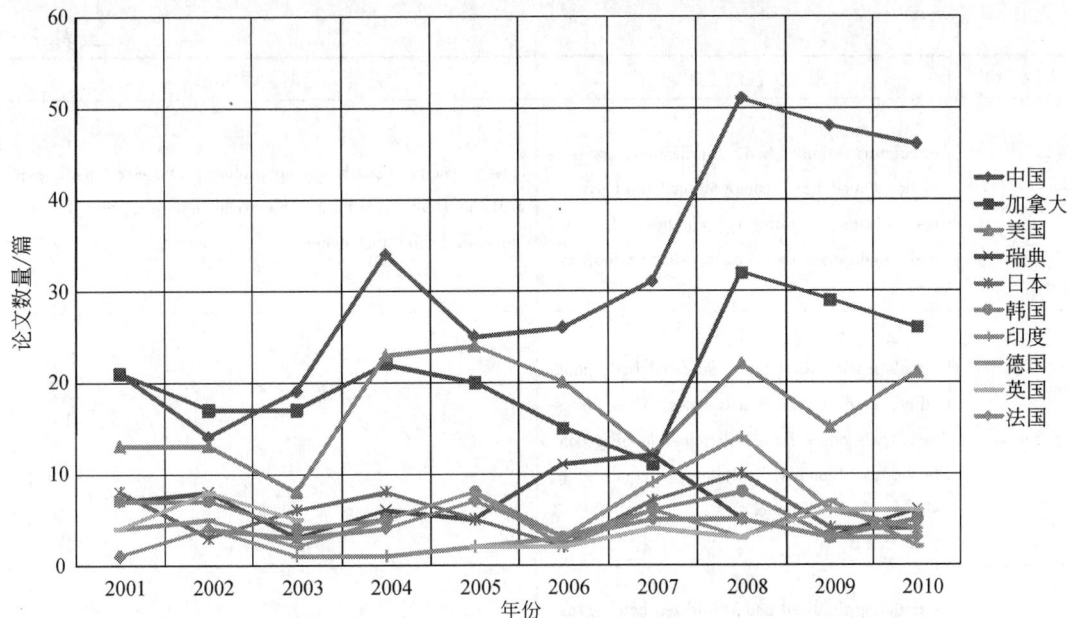

图 9-10　主要国家循环流化床研究领域论文数量年度变化趋势（后附彩图）

　　表 9-17 按照由高到低的词频顺序列出了主要国家开展循环流化床研究最受关注的主题词。从各国研究情况来看，建模/模拟、流态化、流化床部件（如提升管、下行床）、各种分析方法（流体力学分析、计算流体力学分析、动力学分析）是各国关注比较多的研究主题。近期主题词则显示了各国最近开展的循环流化床研究主题。

表 9-17　主要国家开展循环流化床研究的研究主题

国家	最受关注的主题词	近期主题词
中国	circulating fluidized bed, modeling, gas-solid flow, fluidization, hydrodynamics, riser, computational fluid dynamics, downer, cluster, fluidized bed	Multiscale, Ozone decomposition, particle rotation, Sequential extraction, Clapboard-type internal circulating fluidized bed gasifier, Coal-fired plants, Cohesive particles, Cotton stalk, diffusion, Flow pattern, fractal dimension, High temperature air, High-temperature erosion, microstructure, Particle emission control, Particulate matter, Pollutant emissions, Pulverized coal combustion, Quartzite particle, square circulating fluidized bed, Sub-grid, Sub-grid scale model, Thermogravimetric analysis
加拿大	circulating fluidized bed, fluidization, hydrodynamics, heat transfer, fluidized bed, modeling, downer, riser, gas-solid flow, biomass, liquid-solid circulating fluidized bed	Biomass yield, maleic anhydride, Nitrification-denitrification, oxidation, Protein recovery, Vanadyl pyrophosphate, axial flow profile, Axial heat transfer, Bed-to-wall heat transfer, biological phosphorus removal, enhanced biological phosphorus removal, Fibre optic, Finned tube, friction, gas turbine, Genetic algorithm, ion exchange, LSCFB, mass transfer, Membrane water wall tube, Ozone decomposition, Pareto set, simultaneous nitrification denitrification, Slip factor, turbulence

续表

国家/地区	最受关注的主题词	近期主题词
美国	circulating fluidized bed, fluidization, gas-solid flow, modeling, computational fluid dynamics, cluster, hydrogen, kinetics, fluidized bed, multiphase flow, riser, steam reforming	mass transfer, Vanadyl pyrophosphate, Dispersed particles, methane steam reforming, Sherwood number, Slip factor, Stockpiled ash, turbulence
瑞典	circulating fluidized bed, fluidized bed, modeling, fluidization, heat transfer, Co-combustion, two-phase flow, Chemical looping combustion, Biofuels, Boilers, combustion, sludge, hydrodynamics	
日本	circulating fluidized bed, fluidized bed, gasification, solid circulation rate, fine powders, fluidization, Tar, internally circulating fluidized bed	hydrogen
韩国	circulating fluidized bed, three-phase, solid circulation rate, heat transfer, internally circulating fluidized bed, pressure fluctuations, Tube Wear, kinetics, Korean anthracite	Gas Bypassing Fraction
印度	circulating fluidized bed, hydrodynamics, fluidized bed, riser, solid circulation rate, Solids holdup, biomass, pressure drop, fluidization, computational fluid dynamics, liquid-solid circulating fluidized bed	computational fluid dynamics, fluidization, pressure drop, acceleration length, Axial voidage, fast fluidized bed, gasification, modeling
德国	circulating fluidized bed, fluidized bed, modeling, combustion, fluidization	3D modeling, CO_2 capture, particle population balance, Refuse-derived fuel
英国	circulating fluidized bed, computational fluid dynamics, biomass, electrical capacitance tomography, Positron Emission Particle Tracking, fluidization	Positron Emission Particle Tracking, hydrodynamics, kinetics, Positron tracking, riser, tracer
法国	circulating fluidized bed, modeling, fluidization, two-phase flow, cluster	

3）主要机构分析

本次分析的 1260 篇文献共涉及 585 个机构，表 9-18 给出了发文量排名前 10 位的机构（本节的后续其他排名仅限于这些机构）的发文量及其被引情况。前 10 位机构中有 3 家中国机构、4 家加拿大机构、1 家瑞典机构、1 家美国机构和 1 家韩国机构，反映了循环流化床领域的主要研究力量。从被引情况来看，瑞典查尔姆斯理工大学、加拿大不列颠哥伦比亚大学、美国能源部这三家机构的被引指标表现最好；中国机构中中国科学院和清华大学表现尚可，但哈尔滨理工大学在论文质量方面亟待提高。近 3 年表现较为活跃的机构依次是哈尔滨理工大学、加拿大西安大略大学、中国科学院、美国能源部，均有四成以上论文在近 3 年发表。

表 9-18　重点机构论文数量及其被引情况

机构	论文总数/篇	总被引次数/次	篇均被引次数/次	论文被引率/%	近 3 年发文量占总发文量比例/%
中国科学院	86	561	6.5	72.1	41
加拿大西安大略大学	83	458	5.5	66.3	53
清华大学	77	426	5.5	79.2	35
瑞典查尔姆斯理工大学	45	449	10.0	88.9	24
加拿大不列颠哥伦比亚大学	43	465	10.8	88.4	35
美国能源部	40	341	8.5	90.0	40
韩国高等科学技术研究院	36	205	5.7	66.7	31
哈尔滨理工大学	28	67	2.4	57.1	68
加拿大达尔豪斯大学	26	71	2.7	73.1	23
加拿大 New Brunswick 大学	21	107	5.1	81.0	19

各机构关注的研究主题详见表 9-19。建模/模拟、流化床部件、分析方法是各机构普遍关注的研究内容，但各机构也有自身的研究特色，如加拿大西安大略大学关注的研究主题还包括生物膜、电阻层析成像分析、相含率等，清华大学关注的研究主题还包括光纤探测、气旋等，瑞典查尔姆斯理工大学关注的研究主题还包括化学链燃烧，加拿大不列颠哥伦比亚大学关注的研究主题还包括快速流态化、喷流床，韩国高等科学技术研究院关注的研究主题还包括内循环流化床，哈尔滨理工大学关注的研究主题还包括直接模拟蒙特卡罗（DSMC）分析。近期主题词则显示了各机构最近开展的循环流化床研究主题，如中国科学院近期关注的研究主题包括隔板式内循环流化床、气旋分离装置、粉煤燃烧、亚网尺度模型等，哈尔滨理工大学近期关注的研究主题包括方形循环流化床等，加拿大 New Brunswick 大学近期关注的研究主题包括轴向热传递、床-壁热传递等。

表9-19 主要机构开展循环流化床研究的研究主题

机构	最受关注的主题词	近期主题词
中国科学院	circulating fluidized bed, fluidization, gas-solid flow, modeling, computational fluid dynamics, multiphase flow, cluster, mass transfer, fluidized bed, hydrodynamics	Multiscale, Ozone decomposition, Clapboard-type internal circulating fluidized bed gasifier, cyclone separator, High temperature air, Pulverized coal combustion, Sub-grid, Sub-grid scale model
加拿大西安大略大学	circulating fluidized bed, hydrodynamics, downer, biofilm, riser, gas-solid flow, liquid-solid circulating fluidized bed, fluidized bed, fluidization, electrical resistance tomography, phase holdups	Biomass yield, biomass, Nitrification-denitrification, Protein recovery, axial flow profile, biological phosphorus removal, combustion, enhanced biological phosphorus removal, Fibre optic, friction, Genetic algorithm, ion exchange, LSCFB, Pareto set, simultaneous nitrification denitrification, turbulence
清华大学	circulating fluidized bed, riser, downer, hydrodynamics, modeling, computational fluid dynamics, pressure drop, optical fiber probe, combustion, fluidization, Cyclone, kinetics, large-scale	combustion, Coal-fired plants, Particle emission control, Particulate matter
瑞典查尔姆斯理工大学	fluidized bed, circulating fluidized bed, modeling, Co-combustion, fluidization, two-phase flow, Chemical looping combustion, Biofuels, sludge	
加拿大不列颠哥伦比亚大学	circulating fluidized bed, fluidization, modeling, flow regimes, hydrogen, biomass, hydrodynamics, coal, fast fluidization, fluidized bed, spouted bed, heat transfer	cluster, computational fluid dynamics, downer, mass transfer, Ozone decomposition
美国能源部	circulating fluidized bed, gas-solid flow, fluidization, cluster, computational fluid dynamics, fluidized bed, Granular temperature	mass transfer
韩国高等科学技术研究院	circulating fluidized bed, solid circulation rate, heat transfer, three-phase, internally circulating fluidized bed, pressure fluctuations, Tube Wear	Gas Bypassing Fraction

机构	最受关注的主题词	近期主题词
哈尔滨理工大学	circulating fluidized bed, modeling, cluster, kinetics, DSMC method, particle cluster, riser	particle cluster, riser, Dispersed particles, fluidization, square circulating fluidized bed
加拿大达尔豪斯大学	circulating fluidized bed, heat transfer, stand-pipe, loop-seal, fluidization, hydrodynamics, bed temperature	
加拿大 New Brunswick 大学	circulating fluidized bed, heat transfer, suspension density, bed temperature, fluidized bed, fluidization, Axial heat transfer, axial liquid dispersion, riser, high-density riser, Bed-to-wall heat transfer, Voidage	Axial heat transfer, Bed-to-wall heat transfer

9.3.2 专利分析

9.3.2.1 数据来源与分析方法

为全面了解各国在洁净煤发电专利技术方面的发展全貌，本研究以德温特创新索引（DII）数据库作为数据信息来源。在进行相关知识调研的基础上，经过与专家的沟通，综合考虑相关技术关键词和有关分类号，设定检索策略，据此构建全球煤热解、煤气化、循环流化床等技术领域的相关专利分析数据集。利用汤森数据分析器（TDA）以及 Aureka 分析平台等工具，对数据进行清洗和整理，从年度专利申请态势、国家/地区受理量及其技术布局、专利申请人分布及其保护策略、在华申请专利、核心技术识别与分析等几个方面展开分析，从不同的角度揭示高端洁净煤技术的宏观发展态势。

9.3.2.2 煤热解

1）整体发展态势

通过对 DII 专利数据库进行检索，共检索到与煤热解技术相关的专利（族）4602 件（检索时间范围为 1985~2010 年，数据检索日期为 2010 年 5 月 19 日）。从年度变化趋势来看（图9-11），1985 年以来，煤热解相关专利年度（优先权年）申请量变化情况可以大致分为两个阶段：①20 世纪 80 年代中期至 90 年代中期，专利申请数量逐年下降；②20世纪 90 年代末期至今，专利申请数量逐年上升，特别是 2005 年以来专利申请数量上升迅速，表明煤热解相关技术正重新受到越来越多的关注。

利用 Aureka 平台的专利地图功能，对煤热解相关技术的研究布局进行分析（图9-12），发现煤热解相关技术的热点专利技术领域包括：①焦炉；②加氢液；③含氮氧化合物的处理；④气化炉与半焦气化；⑤监测与保护装置等。

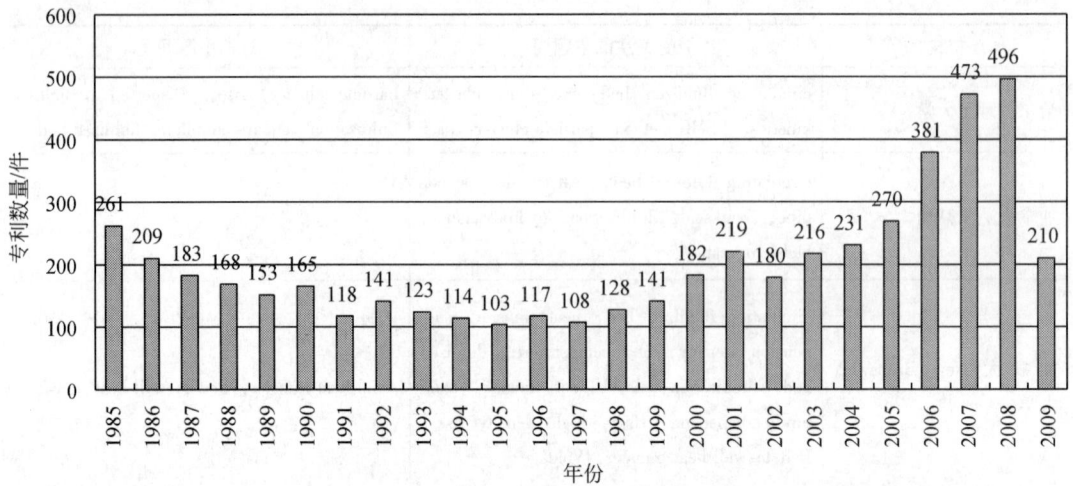

图 9-11　煤热解专利年度申请态势

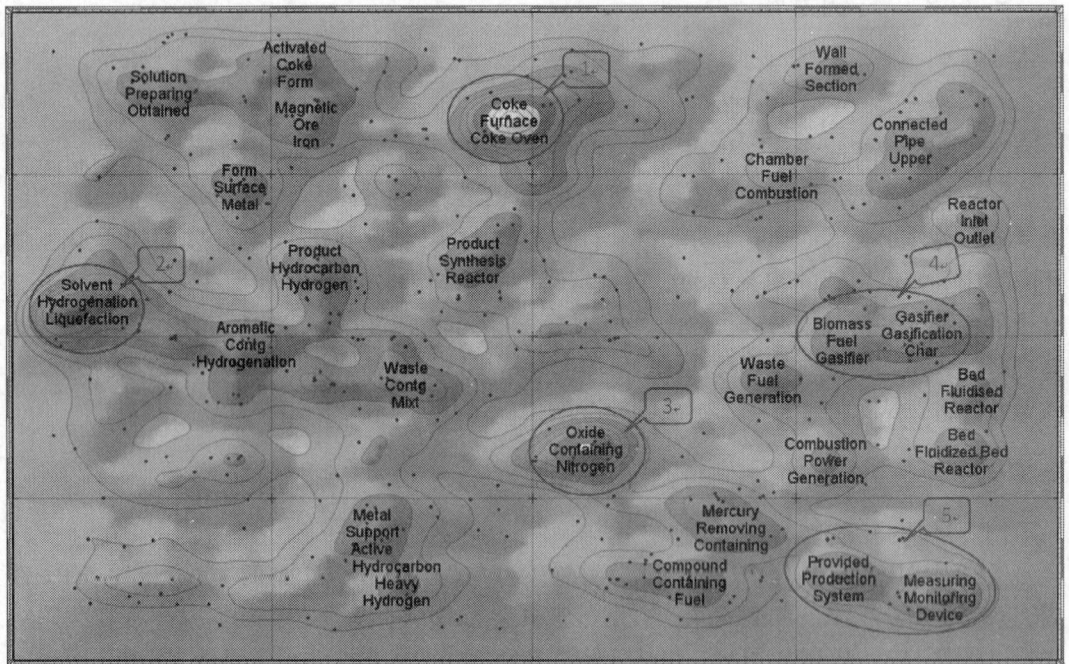

图 9-12　煤热解相关技术总体研发布局（后附彩图）

对煤热解相关专利进行基于国际专利分类号（IPC）的统计分析（表 9-20）。可以看出，煤热解相关专利主要集中在 B01J（化学或物理方法，如催化作用、胶体化学；其有关设备）、C10G（烃油裂化；液态烃混合物的制备，如用破坏性加氢反应、低聚反应、聚合反应；从油页岩、油矿或油气中回收烃油；含烃类为主的混合物的精制；石脑油的重整）、C10B（含碳物料的干馏生产煤气、焦炭、焦油或类似物）、C10J（由固态含碳物料生产发生炉煤气、水煤气、合成气或生产含这些气体的混合物，空气或其他气体的增碳）

等方向，这几个方向一直是煤热解相关专利申请的主要领域。

表 9-20　煤热解相关专利申请技术布局（基于 IPC）

排名	IPC 分类号	申请量/件	技术领域
1	B01J	1 682	化学或物理方法，如催化作用、胶体化学；其有关设备
2	C10G	1 521	烃油裂化；液态烃混合物的制备，如用破坏性加氢反应、低聚反应、聚合反应；从油页岩、油矿或油气中回收烃油；含烃类为主的混合物的精制；石脑油的重整；地蜡
3	C10B	1 060	含碳物料的干馏生产煤气、焦炭、焦油或类似物
4	C10J	844	由固态含碳物料生产发生炉煤气、水煤气、合成气或生产含这些气体的混合物，空气或其他气体的增碳
5	B01D	614	分离（一般的物理或化学的方法或装置）
6	C01B	537	非金属元素、其化合物（无机化学）
7	C10L	361	不包含在其他类目中的燃料，天然气（不包含通过 C10G 或 C10K 小类中的方法得到的合成天然气），液化石油气，在燃料或火中使用添加剂，引火物
8	C07C	358	无环或碳环化合物
9	C10K	177	含一氧化碳可燃气体化学组合物的净化和改性
10	B09B	169	固体废物的处理

2）国家/组织分布分析

煤热解相关专利受理数量最多的前 10 个国家/组织依次是日本、美国、中国、德国、俄罗斯（包括苏联时期）、加拿大、欧洲专利局、韩国、澳大利亚、英国。其中，日本 1472 件，美国 1205 件，中国 836 件（图 9-13）。从年受理量来看（图 9-14），专利受理数量排名第一的日本的年受理量相对稳定，一直保持在前 3 名；专利受理数量排名第二的美国年受理量变化趋势与煤热解相关专利的整体年度分布趋势基本一致；中国的专利受理数量从 2000 年起快速上升，目前已位居第一；此外值得注意的是，近 5 年来，加拿大受理的煤热解相关专利数量上升迅速。

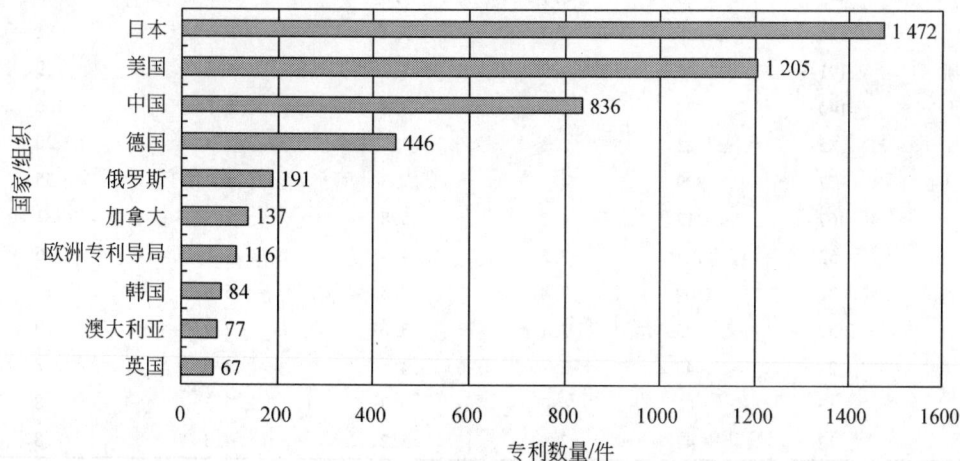

图 9-13　煤热解相关专利受理量国家/组织排名

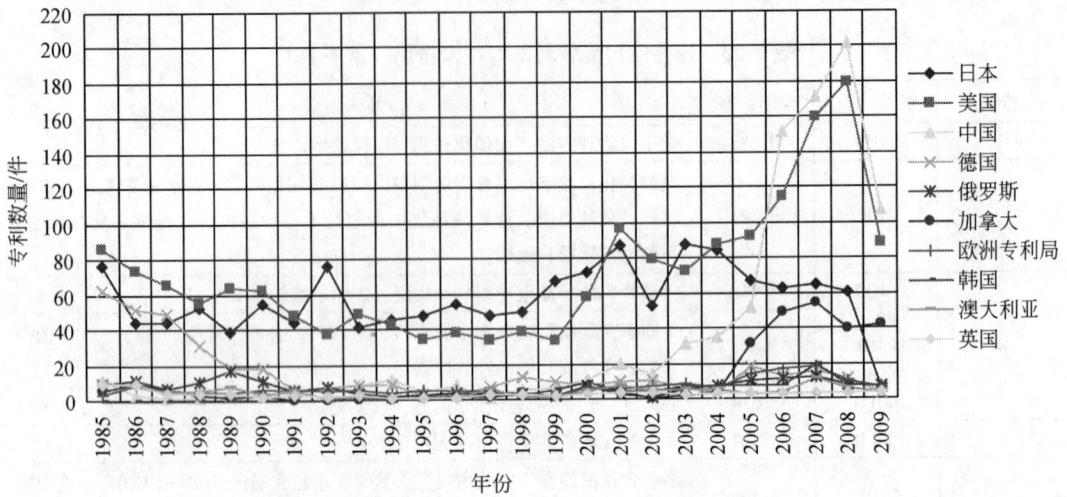

图 9-14　煤热解相关专利受理量前 10 位国家/组织受理量年分布（后附彩图）

通过综合考量专利数量、被引次数、专利族大小、保护区域数量、PCT 专利数量等几个指标表 9-21、图 9-15，可以看出欧美的专利质量相对较高，这些国家的煤热解相关专利族平均大小都在 4 以上，平均保护区域数量都在 3 个以上，表明这些国家的机构非常重视对他们的专利进行广泛的保护。相比之下，亚洲国家的专利质量则相对偏低，专利保护强度也落后于欧美。

表 9-21　煤热解重点国家专利质量及专利保护力度对比

国家	专利数量/件	总被引次数/次	平均被引次数/次	平均专利族大小*	平均保护区域数量	PCT 专利数量/件
日本	1 474	2 133	1.4	2.1	1.6	98
美国	1 209	7 019	5.8	4.1	3.4	520
中国	845	80	0.1	1.6	1.3	43
德国	446	1 186	2.7	3.4	2.9	81
俄罗斯	191	45	0.2	1.2	1.2	9
加拿大	140	277	2	5.8	5.3	106
韩国	85	23	0.3	3	2.3	20
澳大利亚	77	309	4	7.3	5.2	55
英国	67	312	4.7	5.8	5.3	31
法国	53	173	3.3	4.4	4.1	16
意大利	32	109	3.4	7.5	6.8	14
印度	31	33	1.1	3.6	2.9	10
南非	24	48	2	4	3.6	8
荷兰	13	61	4.7	5.8	5.3	8
芬兰	12	47	3.9	5.2	4.3	8

* 在 DII 中检索出的专利为经过加工的专利族，"专利族大小"指的是专利族的构成成员专利数量

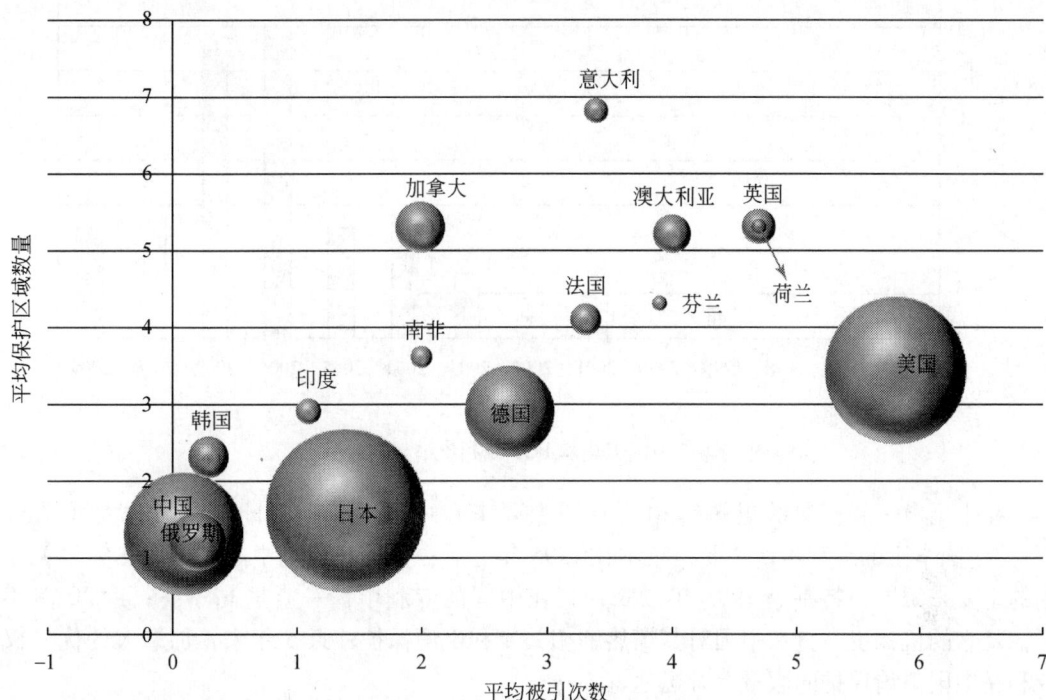

图 9-15　煤热解专利重点国家对比

　　具体从 PCT 专利来看，在检索到的 4602 件专利（族）中，共有 PCT 专利 926 件（表 9-22）。其中，美国的 PCT 专利数量为 520 件，占了全部 PCT 专利的一半以上，遥遥领先于其他国家/地区。PCT 专利较多的国家/地区还包括加拿大、日本、德国、欧洲专利局、澳大利亚等。中国 PCT 专利的数量和比例都落后于上述领先国家。不过，通过进一步分析 PCT 专利数量的年分布情况可以看出（图 9-16），近年来，中国的煤热解相关 PCT 专利申请数量持续上升，表明越来越多的中国企业把目光投向海外，更加重视海外专利布局，在国际市场上参与竞争的能力也正在不断提升。

表 9-22　煤热解 PCT 专利的国家分布

国家/组织	专利数量/件	PCT 专利数量/件	国家/组织	专利数量/件	PCT 专利数量/件
美国	1 209	520	澳大利亚	77	55
加拿大	140	106	中国	845	43
日本	1 474	98	英国	67	31
德国	446	81	韩国	85	20
欧洲专利局	116	81	法国	53	16

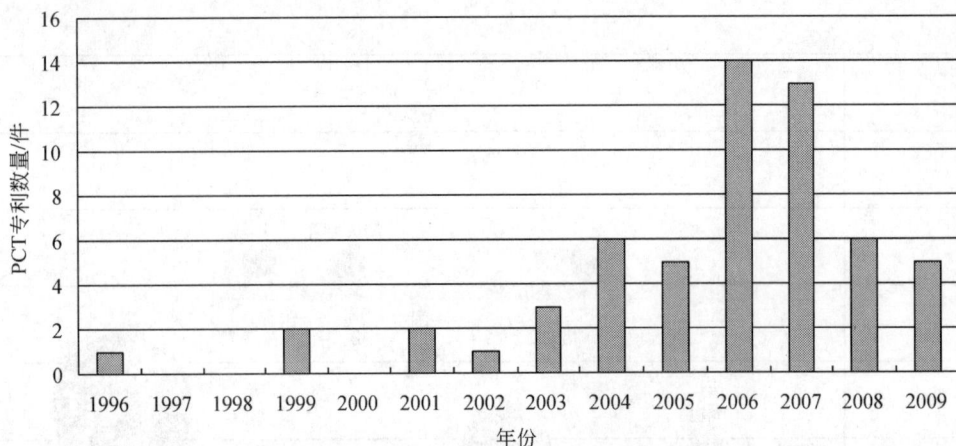

图 9-16 中国煤热解 PCT 专利申请量的年分布

在中国申请和授权的煤热解相关专利主要来自中国、美国、日本和加拿大（图 9-17）。中国本土的专利申请主要是集中在 1995 年之后；美国一直是中国外来煤热解相关专利的主要来源国，特别是 1995 年以来，其在中国的专利申请一直居高不下；近 20 多年来，日本的机构也一直在中国对其煤热解相关专利申请保护；近 5 年来，加拿大的优先权专利在中国申请保护的数量上升迅速。

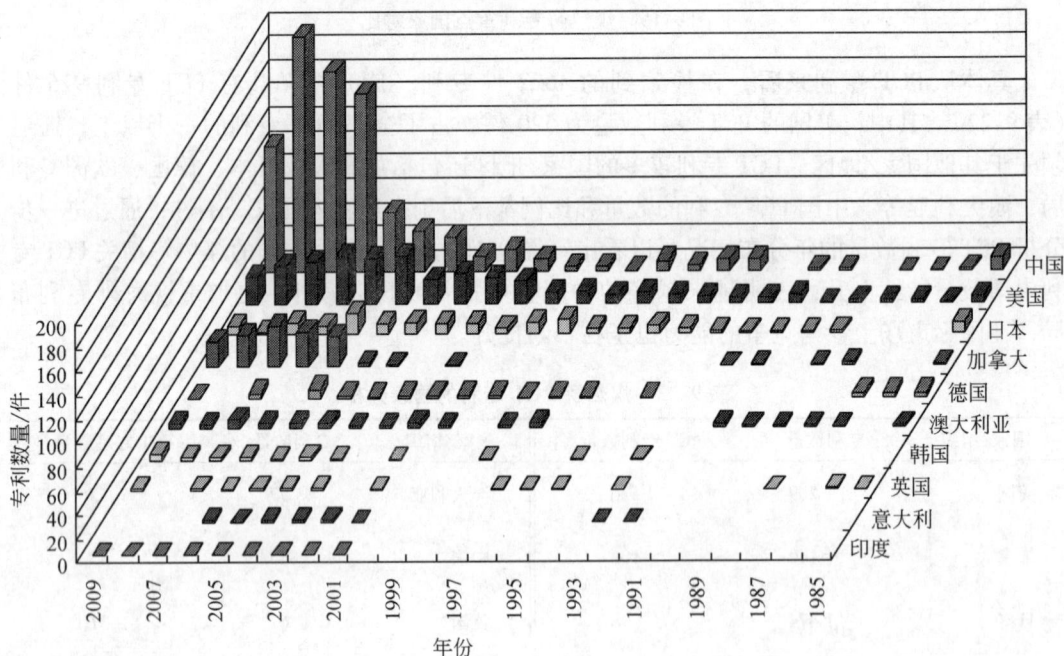

图 9-17 在中国申请和授权的煤热解相关专利的国别时序分析

3）专利申请人分析

根据统计分析结果，煤热解相关专利的专利权人包括 3000 多个机构和个人。专利申请数量居前 10 位的主要申请人包括新日本制铁、三菱、埃克森、日立、川崎制铁、中国石化、住友、雪佛龙、三井、日本钢管（图 9-18），主要是日本、美国和中国的一些大型集团公司。其中，近 3 年在煤热解相关技术领域中，专利申请比较活跃的机构包括中国石化、雪佛龙、新日本制铁、三菱、埃克森、日立等（图 9-19）。上述分析表明，日本、美国和中国在煤热解相关技术市场领域占据着领导地位。

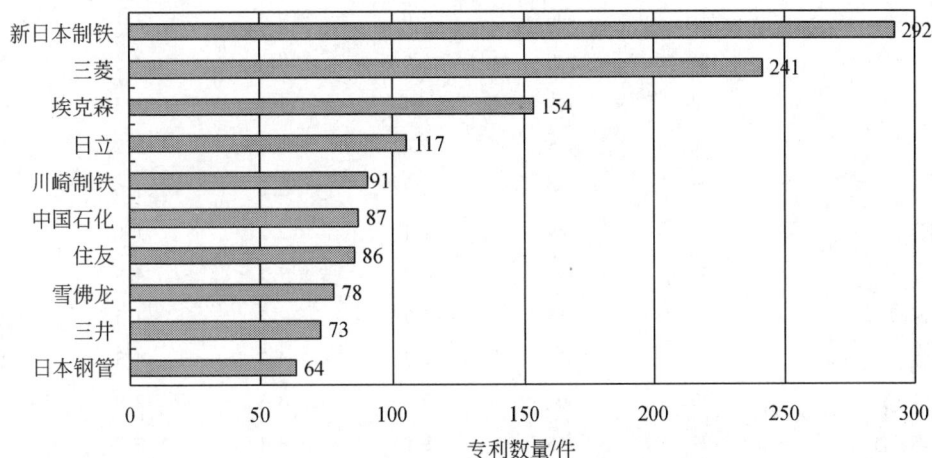

图 9-18　煤热解相关专利前 10 位专利申请人

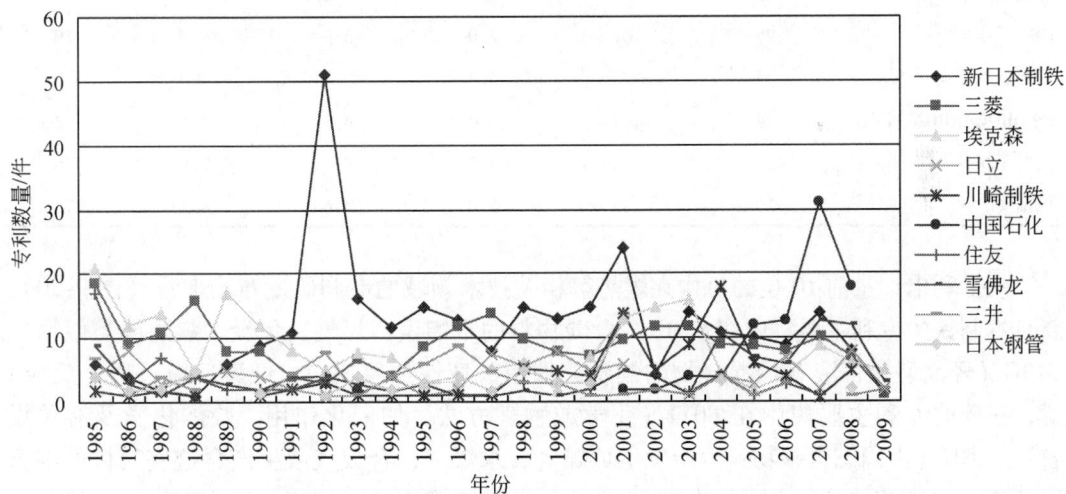

图 9-19　煤热解前 10 位专利申请人专利申请量年度分布（后附彩图）

　　通过综合考量专利数量、被引次数、专利族大小、保护区域数量、PCT 专利数量等几个指标（表 9-23），可以看出欧美大型企业集团的专利质量相对较高，特别是埃克森、雪佛龙、壳牌、英国石油、法国石油研究院、意大利埃尼集团、GE、西门子、巴斯夫等，这些机构的专利族平均大小都在 4 以上，平均保护区域数量都在 3 个以上，也大都申请了较多的 PCT 专利，表明这些机构也非常重视对他们的专利进行广泛的保护。相比之下，亚洲地区企业集团的专利质量则相对偏低，不过日本荏原的表现相对较好。

表 9-23　煤热解重点机构专利质量及专利保护力度对比

专利权人	专利数量/件	总被引次数/次	平均被引次数/次	平均专利族大小	平均保护区域数量	PCT 专利数量/件
新日本制铁	292	159	0.5	1.7	1.3	16
三菱	242	496	2.0	2.3	1.7	13
埃克森	154	929	6.0	4.4	3.5	54
日立	118	167	1.4	1.9	1.5	8
雪佛龙	78	425	5.4	4.3	3.7	34
三井	73	60	0.8	2.0	1.6	4
日本钢管	64	69	1.1	2.2	1.6	2
壳牌	54	447	8.3	7.1	4.9	30
美国能源部	38	215	5.7	2.2	1.5	1
英国石油	33	374	11.3	4.7	4.3	10
美国 UOP	30	304	10.1	3.3	2.9	10
菲利普斯石油	29	255	8.8	3.1	2.7	1
法国石油研究院	27	119	4.4	4.7	4.5	9
日本荏原	25	172	6.9	6.1	3.6	10
意大利埃尼集团	25	84	3.4	7.8	7.0	12
GE	25	101	4.0	5.3	4.6	10
大阪燃气公司	25	130	5.2	3.0	2.0	2
HYDROCARBON TECH	24	149	6.2	4.6	3.8	2
西门子	20	70	3.5	4.5	3.6	5
巴斯夫	20	57	2.9	4.6	4.1	14

从专利申请量前 10 位的机构在煤热解相关技术领域的专利研发布局来看（图 9-20），新日本制铁的专利主要集中在 C10B（含碳物料的干馏生产煤气、焦炭、焦油或类似物）、C10G（烃油裂化；液态烃混合物的制备，如用破坏性加氢反应、低聚反应、聚合反应）等；三菱的专利主要集中在 B01J（化学或物理方法，如催化作用、胶体化学及有关设备）、C10J（由固态含碳物料生产发生炉煤气、水煤气、合成气或生产含这些气体的混合物）等；埃克森的专利主要集中在 B01J（化学或物理方法，例如，催化作用、胶体化学及有关设备）、C10G（烃油裂化；液态烃混合物的制备，如用破坏性加氢反应、低聚反应、聚合反应）等；日立的专利主要集中在 B01J（化学或物理方法，例如，催化作用、胶体化学及有关设备）、B01D（分离）、C10J（由固态含碳物料生产发生炉煤气、水煤气、合成气或生产含这些气体的混合物）等；川崎制铁的专利主要集中在 C10B（含碳物料的干馏生产煤气、焦炭、焦油或类似物）、C10J（由固态含碳物料生产发生炉煤气、水煤气、合成气或生产含这些气体的混合物）；中国石化、日本住友、美国雪佛龙、日本三井的专

利主要集中在 B01J（化学或物理方法，如催化作用、胶体化学及有关设备）、C10G（烃油裂化；液态烃混合物的制备，如用破坏性加氢反应、低聚反应、聚合反应）等。

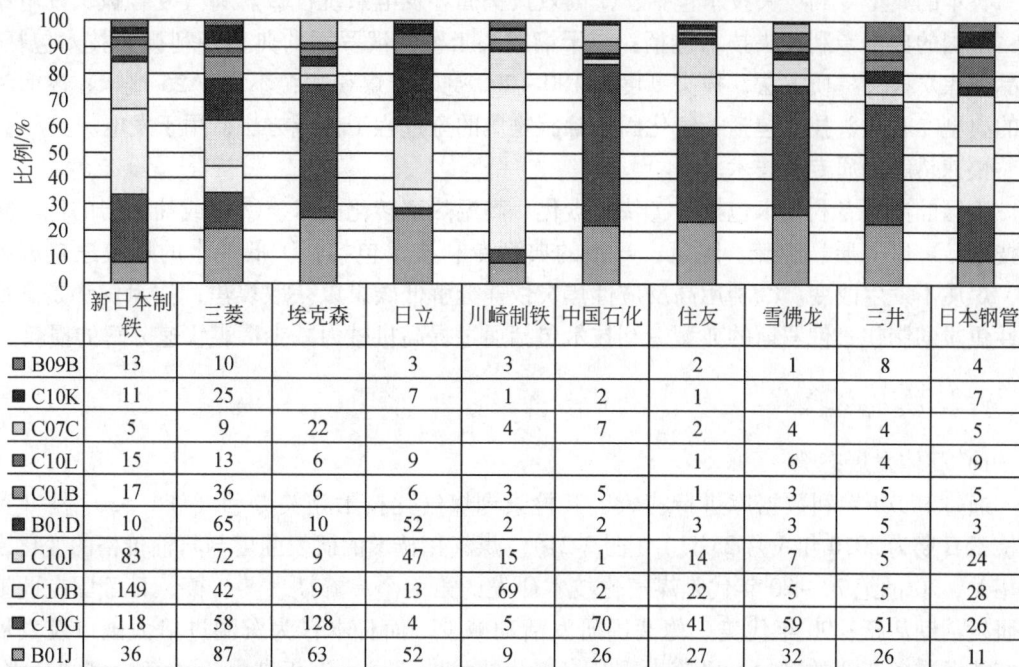

	新日本制铁	三菱	埃克森	日立	川崎制铁	中国石化	住友	雪佛龙	三井	日本钢管
■ B09B	13	10		3	3		2	1	8	4
■ C10K	11	25		7	1	2	1			7
□ C07C	5	9	22		4	7	2	4	4	5
■ C10L	15	13	6	9			1	6	4	9
■ C01B	17	36	6	6	3	5	1	3	5	5
■ B01D	10	65	10	52	2	2	3	3	5	3
□ C10J	83	72	9	47	15	1	14	7	5	24
□ C10B	149	42	9	13	69	2	22	5		28
■ C10G	118	58	128	4	5	70	41	59	51	26
■ B01J	36	87	63	52	9	26	27	32	26	11

图 9-20　煤热解重要机构研发布局（基于 IPC）（后附彩图）

从煤热解相关专利申请数量最多的前 10 个机构的专利保护策略来看（表9-24），除日本住友外，各主要专利权人不仅注重在本国申请专利，同时还积极在其他国家申请专利保护，也大都申请了一定数量的 PCT 专利。国外保护区域主要集中在日本、美国、中国、欧洲、澳大利亚、韩国等，表明这些区域是全球煤热解相关技术的主要市场。

表9-24　煤热解专利申请量前 10 位机构的专利申请保护区域分布

	JP	US	CN	WO	EP	DE	AU	CA	KR	RU	ZA	IN
新日本制铁	291	7	12	16	4	4	9	4	12	3	1	4
三菱	237	38	11	12	29	25	16	10	6	1		1
埃克森	63	132	15	54	64	21	64	34	7		12	3
日立	114	16	7	8	8	8	2	1	5	1		2
川崎制铁	91	4	3	3	5	1	2	2	4			
中国石化	2	8	83	8	5	1		3	5		1	5
住友	86	3				2						
雪佛龙	24	72	17	34	21	9	15	18	13	1	3	2
三井	70	8	9	4	4	4	4	5			1	1
日本钢管	63	7		5	2	6	4	6	1		4	

4）重点专利技术解读

通过对拔头和快速热解两个具体技术方向的重点专利进行逐篇解读，总结出了主要国家的相关典型技术。

拔头专利技术

日本的典型专利拔头技术包括：①高效拔头循环发电系统；②燃料气复合拔头发电系统；中国的典型专利拔头技术包括：煤干馏拔头工艺；俄罗斯的典型专利拔头技术包括：低品位焦炭拔头提质方法，拔头高度为 100~200 毫米，煤粉颗粒不大于 25 毫米；澳大利亚的典型专利拔头技术包括：气化固态含碳物质的全过程工艺或方法，用于发电。

快速热解提质专利技术

美国的典型专利技术包括：①快速碳化、高温热解转化技术。②煤或油页岩的低温热解技术，可以提质、脱硫、除氧；日本的典型专利技术包括：①低成本的煤快速热解方法，煤质不发生改变。②利用高反应性焦炭快速分解低碳煤以获取煤焦，技术优势是高反应性焦炭的制作；俄罗斯的典型专利技术包括通过提高机械力减少褐煤快速分解的损耗。

9.3.2.3 煤气化

1）整体发展态势

通过对 DII 专利数据库进行检索，共检索到煤气化技术相关专利（族）8507 件（数据检索日期为 2010 年 5 月 25 日）（图 9-21）。煤气化技术的研发强度与石油价格的变化密切相关，20 世纪 70~80 年代是煤气化技术研发的第一个高峰期，美、德、日等国在此期间研发活动活跃；90 年代美、德两国研发活动减少，而日本作为资源进口大国以及发展高端能源装备产业的目的，仍较为重视煤气化技术的研发；近年来由于油气价格的高涨，煤气化技术的研发又开始升温，中国的专利申请最为活跃，有超过 40% 的专利是近 3 年申请的；其次是美国，超过 10% 的专利是近 3 年申请的。

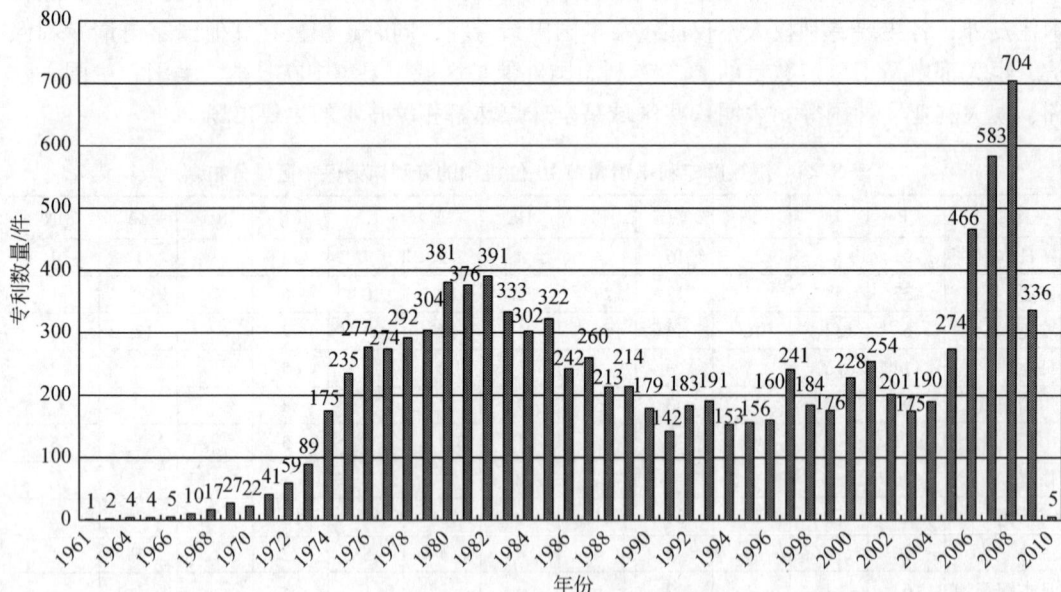

图 9-21 煤气化专利年度申请态势

专利文献技术图谱显示（图 9-22），煤气化专利申请的热点技术可分为三大类：①煤气利用研究，包括 CO 和 H_2 合成气研究、利用煤气作为冶金还原气炼铁研究、煤气化发电研究、焦炉煤气研究等；②气化工艺流程研究，包括脱硫、除灰、排渣、冷却研究、焦热解、焦分离研究、碱金属作为煤催化气化催化剂研究、加氢气化研究、地下气化研究、废物燃烧气化研究等；③气化设备装置研究，包括流化床研究、气化设备部件研究、加压设备及部件研究、抗腐蚀材料研究等。

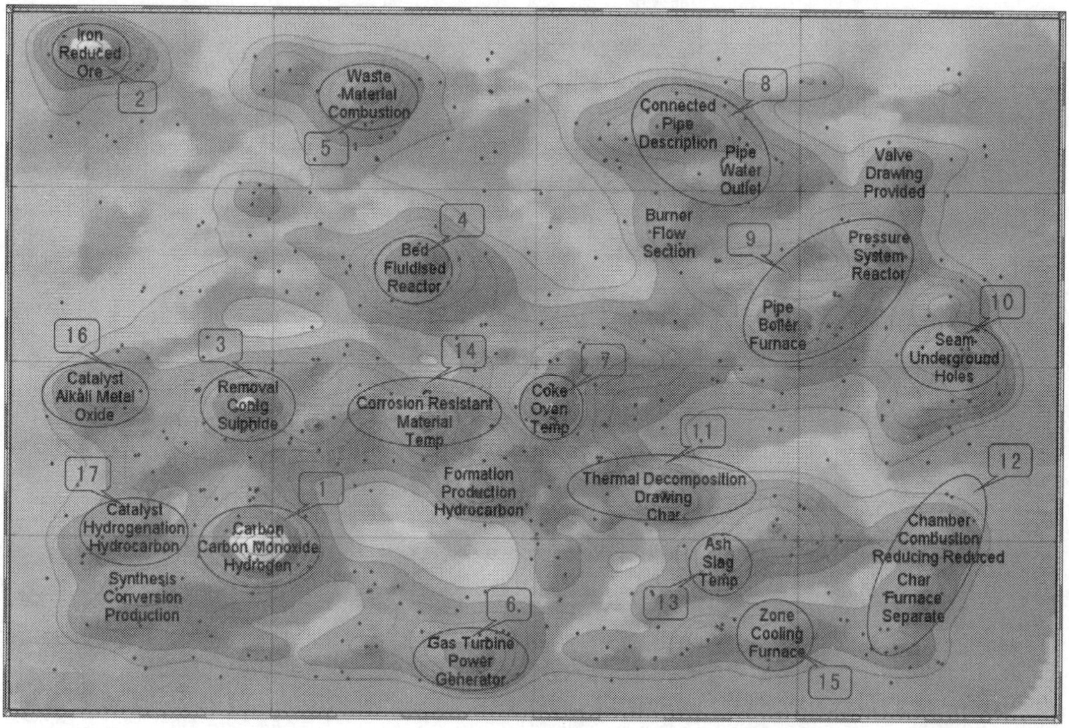

图 9-22 煤气化相关技术总体研发布局（后附彩图）

1. CO 和 H_2 合成气研究；2. 利用煤气作为冶金还原气炼铁研究；3. 脱硫研究；4. 流化床研究；5. 废物燃烧气化研究；6. 煤气化发电研究；7. 焦炉煤气研究；8. 气化设备部件研究；9. 加压气化设备及部件研究；10. 地下气化研究；11. 焦热解研究；12. 燃烧、焦分离研究；13. 除灰、排渣研究；14. 抗腐蚀材料研究；15. 冷却研究；16. 碱金属作为煤催化气化催化剂研究；17. 加氢气化研究

对煤气化相关专利进行基于国际专利分类号（IPC）的统计分析（表 9-25）。可以看出，"在悬浮状态下粒状或粉状燃料的气化"的工艺过程和设备装置（C10J-003/46、C10J-003/48、C10J-003/54）是专利申请的重点，其次是"块状燃料的固定床气化"的工艺过程和设备装置（C10J-003/02、C10J-003/20），"含一氧化碳可燃气体的提纯"（C10K-001/00）。上述技术领域的专利申请活动均开始于 20 世纪 70 年代早期，并一直持续到现在。最早的是"Winkler 技术即用流化作用气化粒状或粉状燃料"（C10J-003/54）从 1964 年即开始有专利申请活动。从各技术领域最近 3 年的申请量占总量的比例发现，C10K-001/00、C10J-003/02、C10J-003/20 相对比较活跃，均在 25% 以上（结合国家/地区分析可知，后两个领域的活跃程度主要受到中国近年来偏向于"块状燃料的固定床气化"专利申请数量增多的驱动）。

表 9-25　煤气化相关专利申请技术布局（基于 IPC 小组）

排序	数量/件	IPC 分类代码	技术主题	申请活动持续时间	近 3 年专利数量占总数量的比例/%
1	1 260	C10J-003/46	由固态含碳燃料制造含一氧化碳的可燃气体——在悬浮状态下粒状或粉状燃料的气化	1968～2009 年	10
2	1 113	C10J-003/00	由固态含碳燃料制造含一氧化碳的可燃气体	1968～2009 年	22
3	647	C10J-003/02	由固态含碳燃料制造含一氧化碳的可燃气体——块状燃料的固定床气化	1972～2010 年	26
4	469	C10J-003/48	由固态含碳燃料制造含一氧化碳的可燃气体——在悬浮状态下粒状或粉状燃料的气化 - 设备；装置	1971～2009 年	10
5	433	C10J-003/54	由固态含碳燃料制造含一氧化碳的可燃气体——在悬浮状态下粒状或粉状燃料的气化 - 用文克勒（Winkler）技术即用流化作用气化粒状或粉状燃料	1964～2009 年	6
6	330	C10J-003/20	由固态含碳燃料制造含一氧化碳的可燃气体——块状燃料的固定床气化 - 设备；装置	1969～2010 年	28
7	321	C10K-001/00	含一氧化碳可燃气体的提纯	1970～2009 年	29
8	293	F02C-003/28	以利用燃烧产物作为工作流体为特点的燃气轮机装置——使用单独气体发生器在燃烧前使燃料气化的	1977～2009 年	6
9	269	C10J-003/72	由固态含碳燃料制造含一氧化碳的可燃气体——其他特征	1972～2009 年	15
10	266	B09B-003/00	固体废物的破坏或将固体废物转变为有用或无害的东西	1980～2009 年	8

2）国家/地区分布分析

从专利总体数量来看，作为技术产业国或煤炭资源/消费国的日本、美国、德国和中国受理的专利优先权数量远远领先于其他国家/组织（图 9-23）。这四国研究热点有相似之处，同时各有侧重：日、美、德三国主要侧重"在悬浮状态下粒状或粉状燃料的气化"

方向的研究，而中国则侧重"块状燃料的固定床气化"方向的研究（图9-24）。

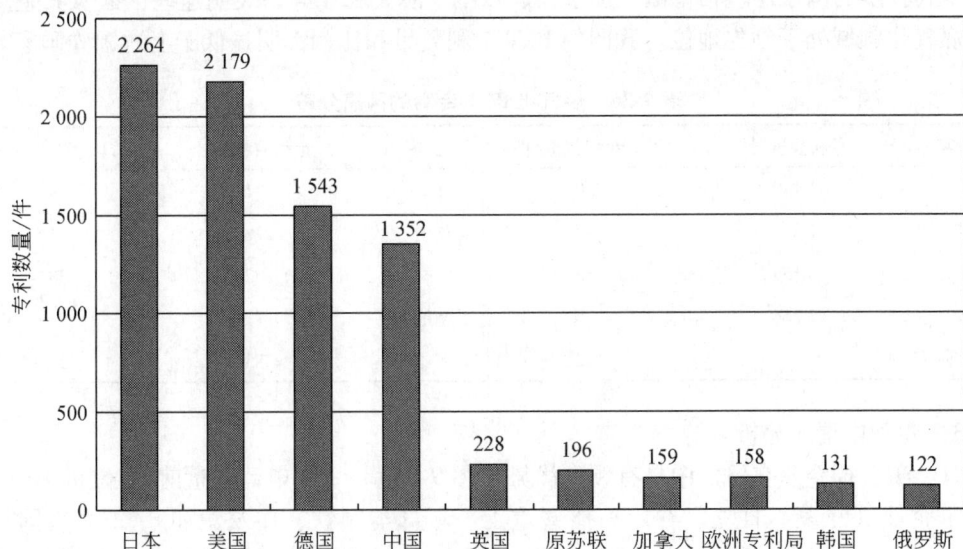

图9-23　煤气化相关专利优先权受理量国家/组织排名

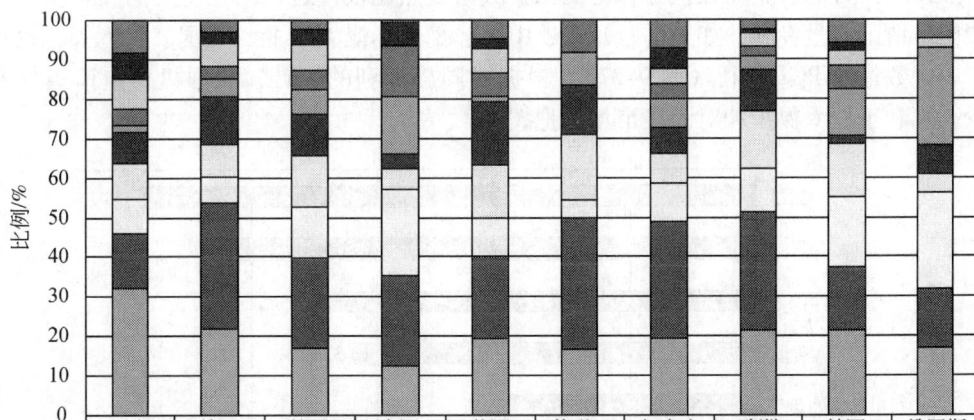

	日本	美国	德国	中国	英国	苏联	加拿大	欧洲专利局	韩国	俄罗斯
B09B-003/00	192	29	16	6	4		10	3	3	2
C10J-003/72	149	28	26	64	2		7	1	1	
F02C-003/28	175	58	45	1	5		5	4	2	1
C10K-001/00	97	30	31	141	5	2	5	3	3	
C10J-003/20	43	43	43	159	1	2	10	4	6	10
C10J-003/54	183	119	68	43	13	3	9	12	1	3
C10J-003/48	211	79	88	57	11	4	10	17	7	2
C10J-003/02	196	65	86	239	8	1	13	13	9	10
C10J-003/00	317	311	155	251	17	8	40	35	8	6
C10J-003/46	747	211	113	135	16	4	26	25	11	7

图9-24　煤气化相关专利受理量前10位国家/组织的技术构成分布（基于IPC小组）（后附彩图）

从PCT专利来看（表9-26），在检索到的8507件专利（族）中，共有PCT专利

（族）899 件。美国的 PCT 专利数量遥遥领先于其他国家，占到全部 PCT 专利的一半。PCT 专利较多的国家还包括德国、加拿大、日本、澳大利亚等，表明这些国家及其企业集团在煤气化领域处于领先地位。我国的 PCT 专利数量和比例都明显低于上述领先国家。

表 9-26 煤气化 PCT 专利的国家分布

国家	专利数量/件	PCT 专利数量/件	国家	专利数量/件	PCT 专利数量/件
美国	2 179	450	韩国	131	38
德国	1 543	97	英国	228	34
加拿大	159	83	中国	1 352	33
日本	2 264	70	奥地利	71	23
澳大利亚	93	52	南非	83	21

3）专利申请人分析

日、美、德企业在研发中具有领先优势（图 9-25），专利申请数量前 10 位机构中有 5 家日本企业（三菱、日立、石川岛播磨重工、新日本制铁、住友集团），2 家美国企业（通用电气、埃克森美孚），政府科研机构（美国能源部），2 家欧洲企业（西门子、壳牌）。主要机构的专利保护均以本国为重点，同时非常重视专利在国外地区的保护，具有很强技术实力的大企业在世界各地的保护战略重点比较接近，均在主要的煤炭资源国和消费国申请了大量专利，如美国、日本、中国、德国、澳大利亚、英国、欧盟等，也都申请了一定数量的 PCT 专利（表 9-27）。根据对同族专利的统计，我国机构申请国外专利过少，不利于技术保护和对潜在市场的把握。

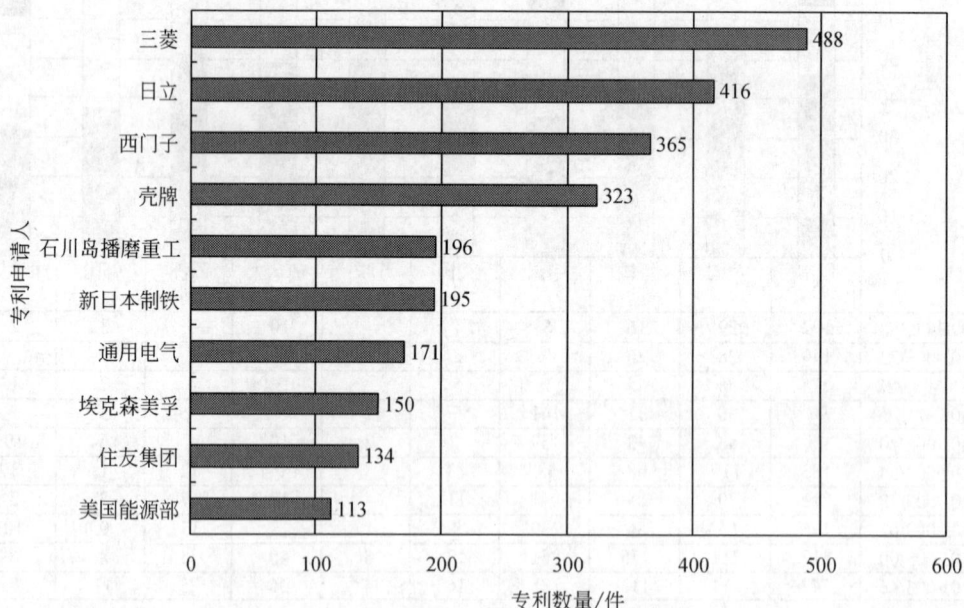

图 9-25 煤气化相关专利前 10 位专利申请人统计

表 9-27 煤气化主要专利申请人专利申请区域分布

	三菱	日立	西门子	壳牌	石川岛播磨重工	新日本制铁	通用电气	埃克森美孚	住友集团	美国能源部
JP	477	413	29	55	193	193	46	34	130	6
US	48	20	81	202	6	2	142	119	12	111
DE	28	15	294	93	3	1	64	30	8	8
CN	25	8	27	25	5	3	18	5	0	1
EP	35	7	47	88	3	2	44	39	8	7
WO	17	3	30	45	12	5	22	10	1	1
AU	13	6	36	79	5	2	22	14	3	4
ZA	1	0	23	37	1	0	18	17	4	5
CA	11	3	21	45	1	2	22	14	6	4
GB	1	3	19	25	0	0	21	12	3	10
FR	2	1	16	11	0	0	16	18	4	6
KR	6	3	7	6	1	2	9	1	1	0
RU	1	0	0	5	0	0	3	0	0	0
BR	0	0	4	0	0	0	3	15	3	1
SU	0	0	8	1	0	0	0	0	1	0
BE	0	0	4	19	0	0	7	4	0	1
ES	11	0	7	14	0	1	3	0	0	1
IN	0	1	1	12	3	0	6	2	0	0
NL	0	0	1	28	0	0	5	5	0	1

　　从前 10 位机构的技术研发领域布局来看（表 9-28），日本企业在技术方向上较为接近，均在"在悬浮状态下粒状或粉状燃料的气化"方向申请了大量专利，此外，新日本制铁、石川岛播磨重工和住友集团在"块状燃料的固定床气化"也申请有一定数量的专利。德国西门子在两个技术方向的工艺过程和设备装置范畴上均申请有一定数量专利。壳牌的主要技术方向包括"煤炭就地处理"和"在悬浮状态下粒状或粉状燃料的气化"。通用电气的主要技术方向包括"在悬浮状态下粒状或粉状燃料的气化"、"由煤－油悬浮液或水乳液所组成的液体含碳燃料"。美国埃克森美孚公司的主要技术方向包括"在悬浮状态下粒状或粉状燃料的气化"、"固态含碳物料或类似物制备液态烃混合物"和"含碳物料的干馏生产煤气、焦炭、焦油或类似物"。美国能源部的主要技术方向包括"块状燃料的固定床气化"、"含碳物料的干馏生产煤气、焦炭、焦油或类似物"和"煤炭就地处理"。

表 9-28　煤气化相关专利前 10 位申请机构技术布局（基于 IPC 小组）

排名	机构	主要技术主题	排名	机构	主要技术主题
1	日本三菱	C10J-003/46（181）	6	新日本制铁	C10J-003/46（98）
		C10J-003/48（63）			C10G-001/00（32）
		C10J-003/00（55）			C10G-001/02⑤（31）
		F02C-003/28（55）			C10J-003/02（27）
		C10J-003/54（42）			C10J-003/00（25）
2	日本日立	C10J-003/46（197）	7	美国通用电气	C10J-003/46（43）
		C10J-003/48（58）			C10J-003/00（27）
		F02C-003/28（49）			C10J-003/48（18）
		C10J-003/72（42）			C10L-001/32⑥（14）
		C10J-003/00（36）			C10J-003/02（14）
3	德国西门子	C10J-003/00（42）	8	美国埃克森美孚	C10J-003/54（35）
		C10J-003/16①（37）			C10G-001/00（22）
		C10J-003/46（35）			C10J-003/00（19）
		C10J-003/48（35）			C10G-001/06⑦（14）
		C10J-003/34②（24）			C10B-000/00⑧（12）
4	英荷皇家壳牌集团	E21B-043/24（57）	9	日本住友集团	C10J-003/46（36）
		E21B-043/243（51）			C10J-003/57⑨（11）
		E21B-043/30③（45）			C10J-003/02（10）
		C10J-003/46（40）			C10G-001/06（9）
		B01D-053/34④（31）			C22C-033/04⑩（9）
5	石川岛播磨重工	C10J-003/46（101）	10	美国能源部	C10J-003/30⑪（8）
		C10J-003/00（48）			C10B-000/01（8）
		C10J-003/48（36）			C10J-000/00⑫（6）
		C10J-003/02（25）			E21B-043/24（6）
		C10J-003/54（24）			C10J-003/20（5）

注：①C10J-003/16 含义：块状燃料的固定床气化 – 连续工艺过程 – 同时用氧和水与含碳物料反应

②C10J-003/34 含义：块状燃料的固定床气化 – 设备；装置 – 炉蓖；机械除灰装置

③E21B-043/24 含义：使用热能提高开采碳氧化合物的方法

　E21B-043/243 含义：使用热能现场燃烧提高开采碳氧化合物的方法

　E21B-043/30 含义：从井中开采油、气、水、可溶解或可熔化物质或矿物泥浆的方法或设备 – 井的特殊布置，如使井的间距最佳化

④B01D-053/14 含义：废气的化学或生物净化

⑤C10G-001/00 含义：由油页岩、油砂或非熔的固态含碳物料或类似物，如木材、煤，制备液态烃混合物

　C10G-001/02 含义：用蒸馏方法由油页岩、油砂或非熔的固态含碳物料或类似物，如木材、煤，制备液态烃混合物

⑥C10L-001/32 含义：由煤 – 油悬浮液或水乳液所组成的液体含碳燃料

⑦C10G-001/06 含义：用破坏性加氢方法由油页岩、油砂或非熔的固态含碳物料或类似物，如木材、煤，制备液态烃混合物

⑧C10B-000/00 含义：含碳物料的干馏生产煤气、焦炭、焦油或类似物

⑨C10J-003/57 含义：用熔盐或熔融金属气化由固态含碳燃料制造含一氧化碳的可燃气体

⑩C22C-033/04 含义：用熔炼法制造铁基合金

⑪C10J-003/30 含义：块状燃料的固定床气化的燃料加料装置

⑫C10J-000/00 含义：由固态含碳物料生产发生炉煤气、水煤气、合成气或生产含这些气体的混合物

近 3 年煤气化领域专利申请最为活跃的前 10 位机构包括美国巨点能源、石川岛播磨重工、三菱、西门子、通用电气、壳牌、中国科学院、中国新奥集团、德国 THYSSEN KRUPP 集团、中国石化（表 9-29）。最为活跃的机构是美国巨点能源公司，该公司主要利用催化加氢甲烷化技术在加压流化气化炉中一步合成煤基天然气。中国科学院主要关注的技术方向为"由固态含碳燃料制造含一氧化碳的可燃气体"和"含一氧化碳可燃气体的提纯"；新奥集团关注的主要是煤炭的地下气化；中国石化关注的是气化设备的材料开发。

表 9-29　近 3 年煤气化专利申请数量前 10 位机构技术布局（基于 IPC 小组）

排名	机构	专利数量	主要技术主题	排名	机构	专利数量	主要技术主题
1	美国巨点能源公司	38	C10J-003/00 C10J-003/46 C10L-003/00①	6	英荷皇家壳牌集团	12	C10J-003/00 E21B-043/16③ E21B-043/24
2	石川岛播磨重工	16	C10J-003/46 C10J-003/00 C10J-003/54	7	中国科学院	12	C10K-001/00 C10J-003/00
3	日本三菱	15	C10J-003/46 C10J-003/48 F02C-003/28	8	中国新奥集团	11	E21B-043/295 E21B-043/00④
4	德国西门子	15	C10J-003/46 C10J-003/00	9	德国 Thyssen Krupp 集团	11	C10J-003/48 C10J-003/46 C10J-003/52⑤
5	美国通用电气	14	C10J-003/46 C10J-003/00 C10K-003/00②	10	中国石化	8	C04B-035/66⑥

注：①C10L-003/00 含义：气体燃料；天然气；用不包含在小类 C10G，C10K 的方法得到的合成天然气；液化石油气

②C10K-003/00 含义：含一氧化碳的可燃气体的化学组合物的改性，以产生改性燃料，如一种不同热值、可不含一氧化碳的燃料

③E21B-043/16 含义：提高开采碳氧化合物的方法

④E21B-043/295 含义：从井中开采石油、气、水、可溶解或可熔化物质或矿物泥浆的方法或设备 – 矿物的气化，如用于生产可燃气体的混合物

E21B-043/00 含义：从井中开采石油、气、水、可溶解或可熔化物质或矿物泥浆的方法或设备

⑤C10J-003/52 含义：在悬浮状态下粒状或粉状燃料的气化的除灰装置

⑥C04B-035/66 含义：含有或不含有黏土的整块耐火材料或耐火砂浆

中国授权的煤气化相关专利数量排名第 1 的机构是中国科学院，前 10 位机构中外国大企业占据了 6 席（西门子、壳牌、三菱、韩国浦项制铁、奥地利钢铁联合公司、通用电气），此外还有 3 所国内大学（华东理工大学、太原理工大学、东南大学）（表 9-30）。中国科学院近 3 年的专利申请量占总数量的 26%。近 3 年来西门子、通用电气、壳牌在我国的专利申请活跃程度较高，其中西门子的活跃程度是前 10 位机构中最高的，有接近一半的专利是近 3 年申请的。从专利申请显示的主要技术方向来看，前 10 位机构大多集中在

"在悬浮状态下粒状或粉状燃料的气化"方向。从总体数量来看，国内企业和个人作为专利权人申请专利的技术领域大部分集中在"块状燃料的固定床气化"这一方向。

表 9-30　中国授权煤气化相关专利数量排名前 10 位的专利权人

排名	申请机构	授权专利数量/件	申请时间范围	近 3 年申请数量占总数量的比例/%
1	中国科学院	46	1986～2009 年	26
2	华东理工大学	28	1994～2009 年	21
3	德国西门子	28	1984～2009 年	48
4	英荷皇家壳牌集团	26	1987～2008 年	15
5	日本三菱	25	1987～2008 年	8
6	韩国浦项制铁	25	1993～2007 年	0
7	奥地利钢铁联合公司	22	1985～2004 年	0
8	美国通用电气	18	1994～2009 年	33
9	太原理工大学	18	2001～2009 年	32
10	东南大学	16	2004～2009 年	44

9.3.2.4　循环流化床

1）整体发展态势

通过对 DII 专利数据库进行检索，共检索到与循环流化床技术研究相关的专利（族）1526 件（检索时间范围为 1985～2010 年，数据检索日期为 2010 年 5 月 31 日）。从申请量的年度分布来看，2000 年以前，循环流化床相关专利申请数量相对稳定，近 10 年来呈现整体上升趋势（图 9-26）。

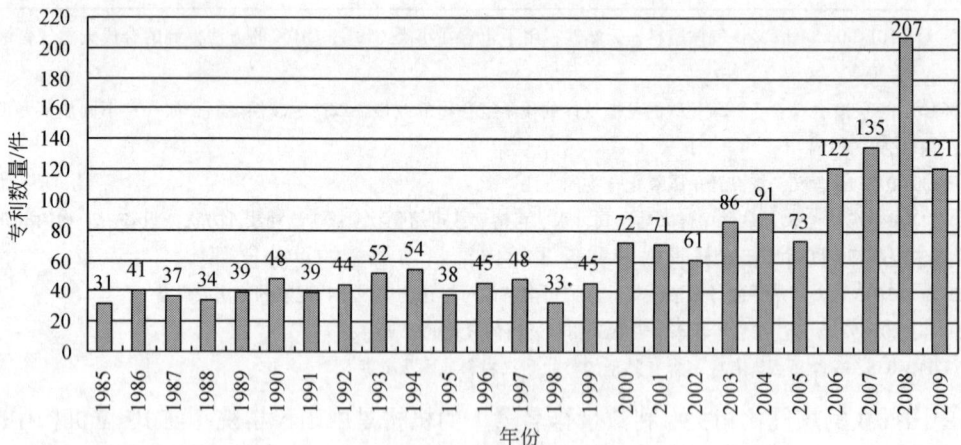

图 9-26　循环流化床专利年度申请态势

利用 Aureka 平台的 Thememap 功能，对循环流化床相关技术的总体研究布局进行分析，发现循环流化床相关热点专利技术领域主要包括：催化反应、脱硫塔入口、热交换器、流化床反应器、温度控制器、气化炉等（图 9-27）。

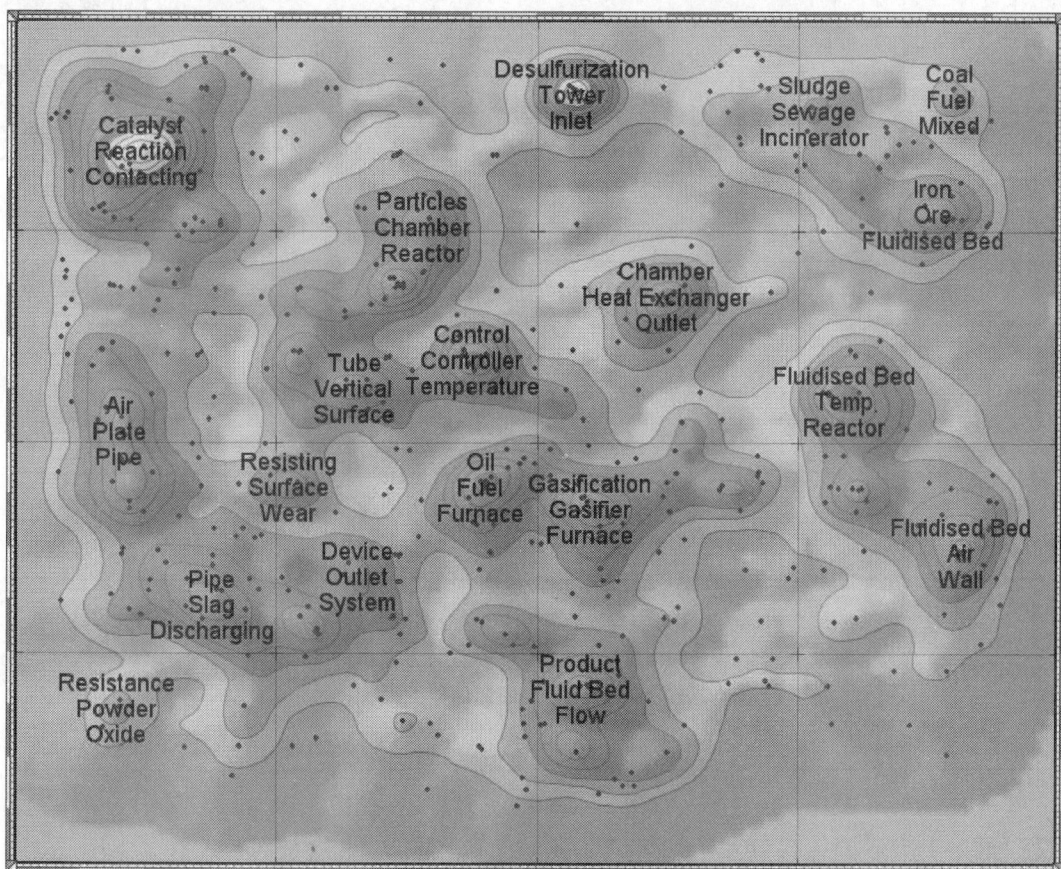

图 9-27　循环流化床相关技术总体研发布局（后附彩图）

　　为进一步揭示循环流化床相关专利的技术细节，对循环流化床相关专利技术布局进行了基于 IPC 小组的技术分类统计（表 9-31）。可以看出，从细分技术领域来看，F23C－010/00（燃烧发生在燃料或其他颗粒的流化床内的设备）、F23G－005/30（专门适用于焚烧废物或低品位燃料的方法或设备）、B01J－008/24（在有流体和固体颗粒的情况下所进行的一般化学或物理的方法及装置）、F23C－010/18（燃烧发生在燃料或其他颗粒的流化床内的设备）四个方向申请总量和近 3 年申请量占总量的百分比都比较高，表明这些技术领域是目前循环流化床相关专利申请的热点技术领域。

表 9-31　循环流化床专利申请量居前 10 位的专利技术领域及其申请情况（基于 IPC 小组）

IPC 分类	申请量/件	技术领域	申请活动持续时间	近 3 年申请量占总量的比例/%
F23C-010/00	379	燃烧发生在燃料或其他颗粒的流化床内的设备	1988～2009 年	48
F23G-005/30	213	专门适用于焚烧废物或低品位燃料的方法或设备——有流化床	1983～2009 年	15

IPC 分类	申请量/件	技术领域	申请活动持续时间	近3年申请量占总量的比例/%
B01J-008/24	200	在有流体和固体颗粒的情况下所进行的一般化学或物理的方法、这些方法所用的装置——根据"流化床"技术	1983～2009 年	24
F23C-011/02	176	燃烧发生在燃料或其他颗粒的流化床内的设备	1983～1998 年	0
F23C-010/02	131	带有专门适用于实现或促进床体中颗粒循环运动或者专门适用于再循环从床体中携带出的颗粒的装置	1990～2008 年	8
F23C-010/18	121	燃烧发生在燃料或其他颗粒的流化床内的设备——零部件、辅助设备	1990～2009 年	50
F22B-031/00	87	取决于燃烧设备安装的锅炉结构或管系改进、燃烧设备的排列或配置（以加热方法为特点的蒸汽发生入 F22B 1/00，燃烧设备本身入 F23）	1984～2009 年	13
F27B-015/00	73	流化床炉、其他应用或处理细碎散料的炉（在燃料或其他微粒的流化床中发生燃烧的燃烧设备入 F23C 10/00）	1983～2009 年	12
B01J-008/18	70	有流态化颗粒	1984～2009 年	14
F22B-001/02	69	利用热的热载体的热容量	1984～2009 年	7

2）国家/地区分布分析

循环流化床相关专利受理数量最多的前 10 个国家/组织依次是中国、日本、美国、德国、法国、芬兰、韩国、欧洲专利局、印度、俄罗斯（包括苏联时期），其中中国 540 件，日本 302 件，美国 264 件，德国 129 件，四国优先权专利数量大约占了全部专利的 80%（图 9-28）。从前 10 位国家/地区年度受理量分布来看（图 9-29），我国的相关专利申请主要是集中在近 10 年，特别是近 5 年；专利受理数量排名第 2 的日本和排名第 3 的美国的年度受理量相对稳定；专利受理数量排名第 4 的德国的专利主要是集中在 2000 年之前。前 10 个国家/地区中，近 3 年最为活跃的国家包括中国（最近 3 年受理的专利占其全部受理专利总量的 62%）、日本（最近 3 年受理的专利占其全部受理专利总量的 14%）、美国（最近 3 年受理的专利占其全部受理专利总量的 14%），这些国家是目前循环流化床相关技术的主要研发和竞争区域。

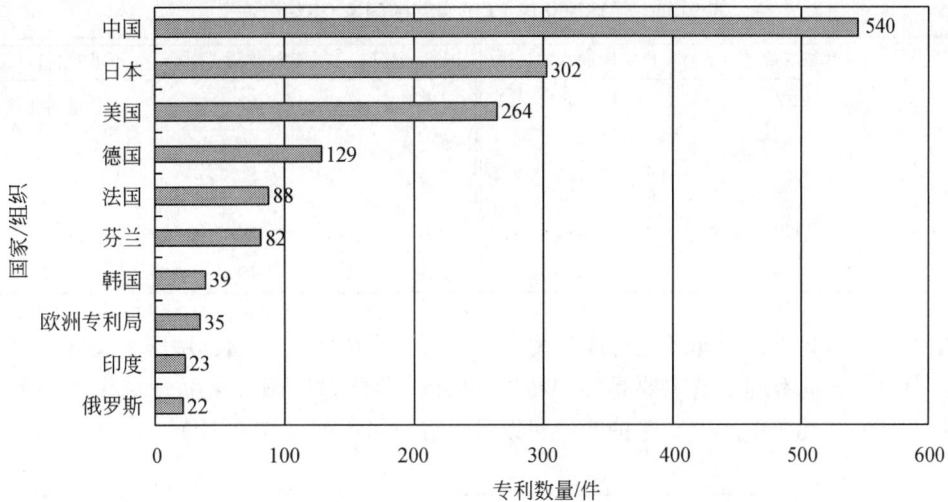

图 9-28　循环流化床相关专利受理量国家/组织排名

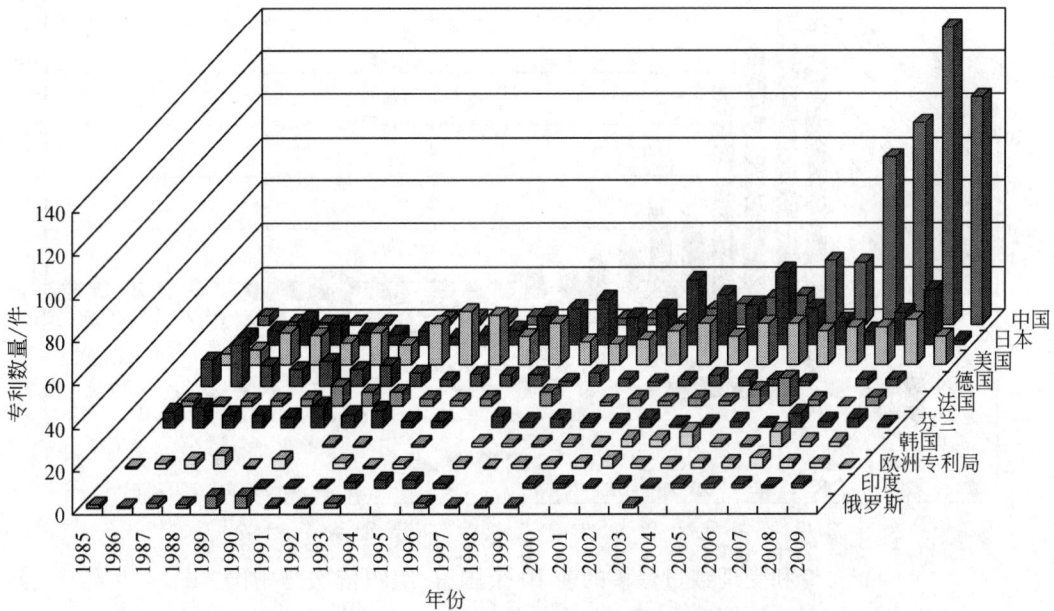

图 9-29　循环流化床相关专利受理量前 10 位国家/组织受理量年分布

从 PCT 专利来看（表 9-32），在检索到的 1526 件专利（族）中，共有 PCT 专利（族）303 件。美国的 PCT 专利数量遥遥领先于其他国家/组织，占到全部 PCT 专利的 40% 以上。PCT 专利较多的国家/地区还包括芬兰、欧洲专利局、德国、法国、日本等，表明这些国家/地区及其企业集团在流化床领域处于领先地位。我国的 PCT 专利数量和比例都明显低于上述领先国家。不过，通过进一步分析 PCT 专利数量的年度分布，可以看出，近年来，我国的循环流化床相关 PCT 专利申请数量呈现明显上升趋势，说明越来越多的中国企业正在把目光投向海外，更加重视海外专利布局，在国际市场上参与竞争的能力不断提升。

表 9-32　循环流化床 PCT 专利的国家/组织分布

国家/组织	专利数量/件	PCT 专利数量/件	国家/组织	专利数量/件	PCT 专利数量/件
美国	264	134	日本	302	23
芬兰	82	53	澳大利亚	20	15
欧洲专利局	35	31	加拿大	21	14
德国	129	29	中国	540	12
法国	88	29	瑞典	10	7

在中国申请和授权的循环流化床相关专利主要来自中国、美国、法国、德国、日本和芬兰。中国本土的专利申请主要是集中在近 10 年。美国是中国外来循环流化床相关专利的主要来源国，其在中国申请保护的专利数量一直位居前列（图 9-30）。

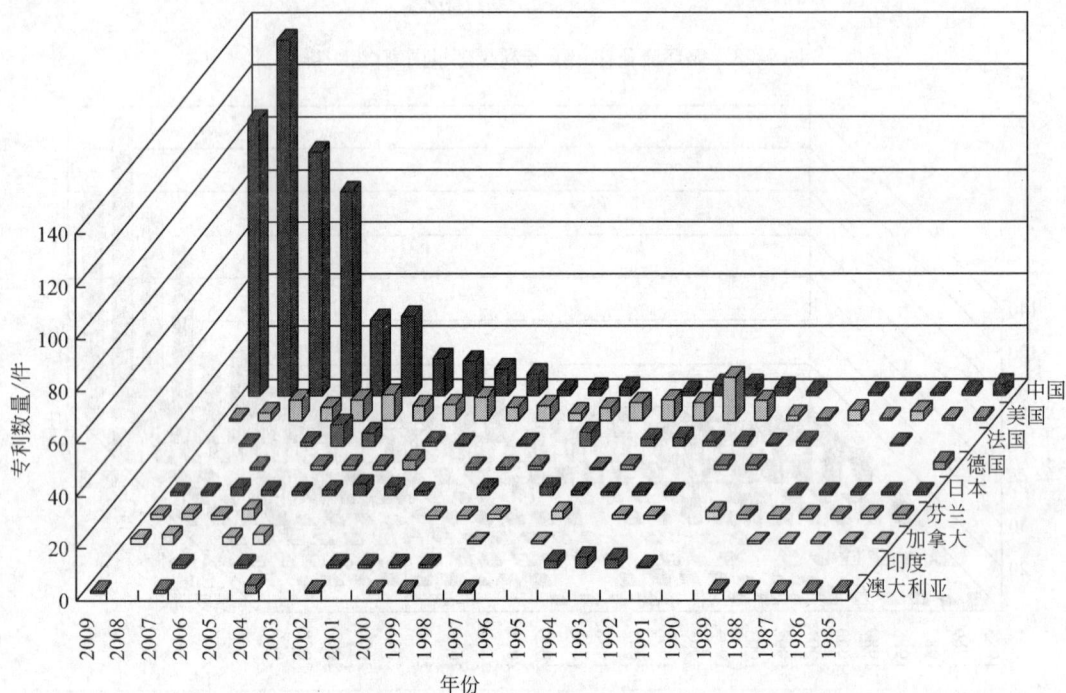

图 9-30　在中国申请和授权的循环流化床相关专利的国别时序分析

3）专利申请人分析

根据统计分析结果，循环流化床相关专利的专利权人包括 800 多个机构和个人。循环流化床相关专利申请数量居前 20 位的主要申请人包括法国阿尔斯通、瑞士福斯特惠勒、日本三菱、芬兰奥斯龙、德国金属公司、中国科学院、美国巴威公司、清华大学、日本荏原机械、日本 IHI 公司、新日本制铁、浙江大学、美国燃烧工程公司、美国埃克森、中国石化、日本川崎重工、日本三井、日本住友、法国石油研究院、西安热工研究院，主要是欧洲、美国、日本和中国的一些大型集团公司和科研院所（图 9-31）。中国的 5 个机构除中国石化外，其他 4 个均为科研院所。近 3 年在循环流化床相关技术领域，专利申请比较活跃的机构包括等法国阿尔斯通、日本三菱、中国科学院、清华大学、日本 IHI 公司等。与中国的整体趋势一样，中国 5 个机构的相关专利申请也都主要是集中在近 5 年。

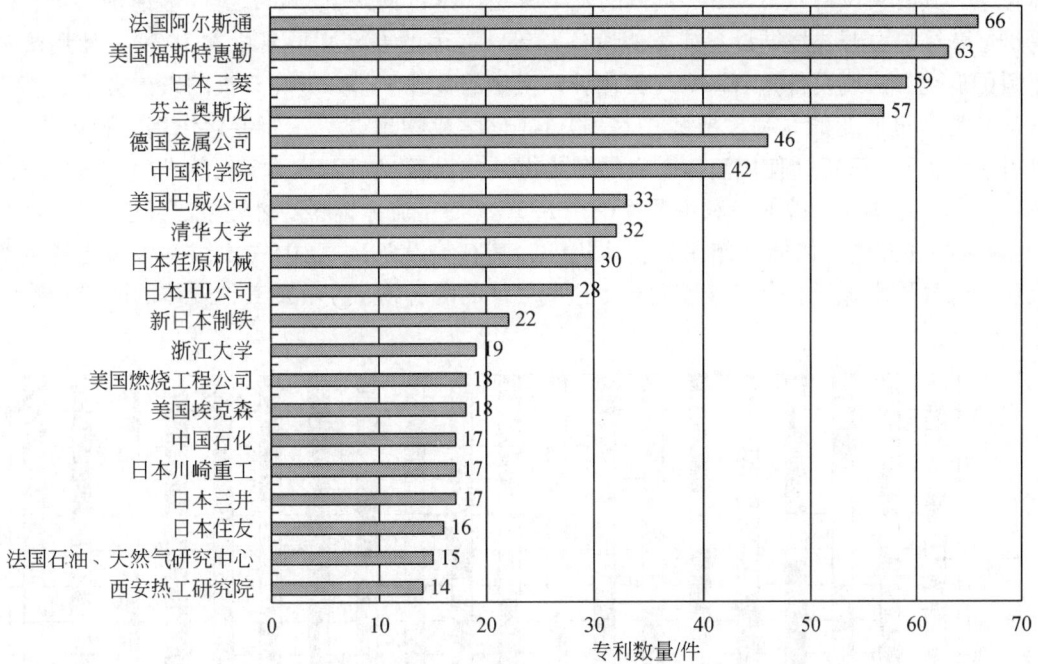

图 9-31　循环流化床相关专利主要申请人

具体从 PCT 专利来看，循环流化床相关 PCT 专利数量在 10 件及以上的机构包括：瑞士福斯特惠勒、法国阿尔斯通、芬兰奥斯龙、美国埃克森、美国燃烧工程公司、芬兰奥托昆普（表 9-33），均为欧美企业集团，他们 PCT 专利所占比例均在 50% 以上，表明这些企业集团的循环流化床相关技术在国际上拥有比较高的竞争力，并非常注重对专利的保护。PCT 专利数量位居前 10 的亚洲企业集团仅有日本荏原，表明亚洲企业集团的专利质量及其专利保护工作有待加强。

表 9-33　循环流化床重点专利权人的 PCT 专利

专利权人	专利数量/件	PCT 专利数量/件	专利权人	专利数量/件	PCT 专利数量/件
瑞士福斯特惠勒	63	47	芬兰奥托昆普	11	10
法国阿尔斯通	66	42	美国巴威公司	33	7
芬兰奥斯龙	57	37	法国阿科玛	10	6
美国埃克森	18	15	日本荏原机械	30	6
美国燃烧工程公司	18	11	芬兰富腾	8	6

从专利申请量前 10 位的机构在循环流化床相关技术领域的专利研发布局来看（图 9-32），阿尔斯通的专利主要集中在 F23C（使用流体燃料的燃烧方法或设备）、F23J（燃烧生成物或燃烧余渣的清除或处理；烟道）、F22B（蒸汽的发生方法、蒸汽锅炉）、B01J

（化学或物理方法，如催化作用、胶体化学；其有关设备）等；福斯特惠勒的专利主要集中在 F23C（使用流体燃料的燃烧方法或设备）、B01J（化学或物理方法，如催化作用、胶体化学；其有关设备）、F22B（蒸汽的发生方法、蒸汽锅炉）、F27B（一般馏炉、窑、烘烤炉或蒸馏炉，开式烧结设备或类似设备）等；三菱的专利主要集中在 F23C（使用流体燃料的燃烧方法或设备）、F23G（焚化炉；废物的焚毁）、F22B（蒸汽的发生方法、蒸汽锅炉）等；奥斯龙的专利主要集中在 B01J（化学或物理方法，如催化作用、胶体化学；其有关设备）、F23C（使用流体燃料的燃烧方法或设备）、F22B（蒸汽的发生方法、蒸汽锅炉）等；中国科学院的专利主要集中在 F23C（使用流体燃料的燃烧方法或设备）、B01J（化学或物理方法，如催化作用、胶体化学；其有关设备）、C10J（由固态含碳物料生产发生炉煤气、水煤气、合成气或生产含这些气体的混合物，空气或其他气体的增碳）等。

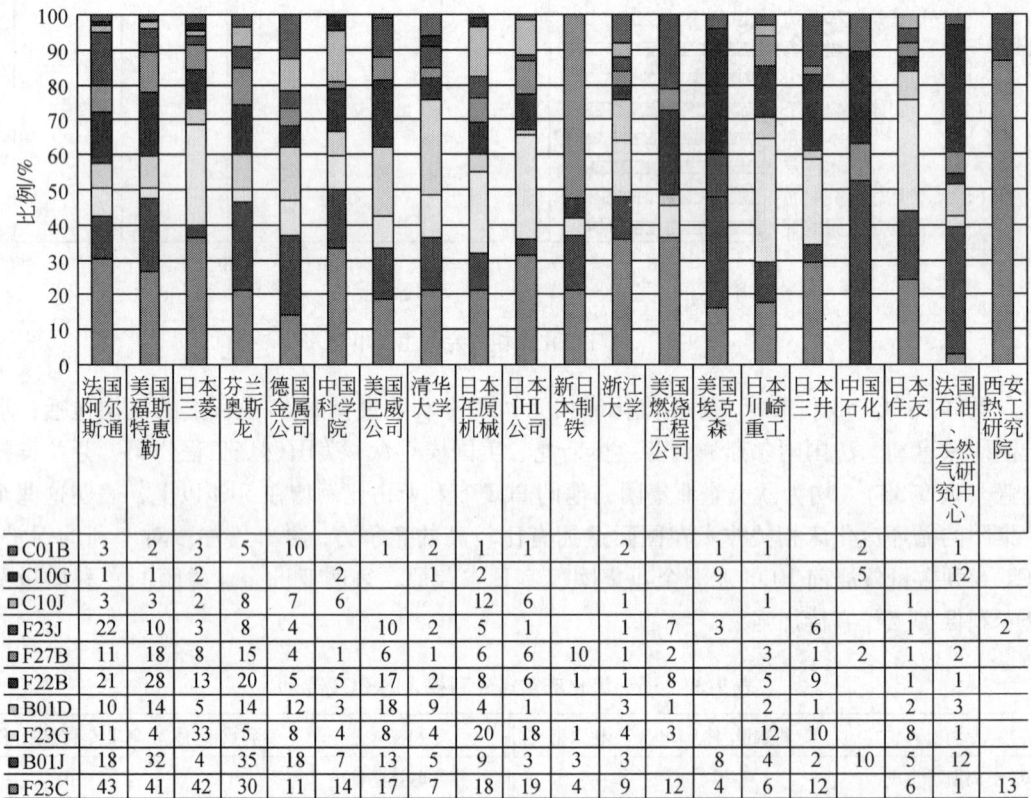

	法国阿尔斯通	美国福斯特惠勒	日本三菱	芬兰奥斯龙	德国金属公司	中国科学院	美国巴威公司	清华大学	日本荏原机械	日本IHI公司	新日本制铁	浙江大学	美国燃烧工程公司	美国埃克森	日本川崎重工	日本三井	中国石化	日本住友	法国石油、天然气研究中心	西安热工研究院
C01B	3	2	3	5	10		1	2	1	1		2		1	1		2		1	
C10G	1	1	2			2		1	2					9			5		12	
C10J	3	3	2	8	7	6			12	6		1			1			1		
F23J	22	10	3	8	4		10	2	5	1		1	7	3		6		1		2
F27B	11	18	8	15	4	1	6	1	6	6	10	1	2		3	1	2	1	2	
F22B	21	28	13	20	5	5	17	2	8	6	1	8			5	9		1	1	
B01D	10	14	5	14	12	3	18	9	4	1		3	1		2	1		2	3	
F23G	11	4	33	5	8	4	8	4	20	18	1	4	3		12	10		8	1	
B01J	18	32	4	35	18	7	13	5	9	3	3	3			8	4	2	10	5	12
F23C	43	41	42	30	11	14	17	7	18	19	4	9	12	4	6	12		6	1	13

图 9-32　循环流化床重要机构研发布局（基于 IPC）（后附彩图）

　　从循环流化床相关专利申请数量最多的前 20 个机构的专利保护策略来看（表 9-34），欧美主要企业集团以及日本荏原机械、日本 IHI 公司等都不仅注重在本国申请专利，同时还积极在其他国家申请专利保护，也大都申请了一定数量的 PCT 专利。相比之下，中国的 5 个机构和日本的其他机构的专利保护则相对较弱。国外企业的保护区域主要集中在中国、日本、美国、欧洲、澳大利亚、德国、加拿大、韩国等，表明这些区域是全球循环流化床相关技术的主要竞争市场区域。

表 9-34 循环流化床重要专利权人专利申请的保护区域分布

	CN	JP	US	EP	WO	AU	DE	CA	KR	FI	IN	FR	ES	ZA	RU	TW
法国阿尔斯通	32	10	52	29	41	15	11	9	13	4	23	22	8	5	2	6
瑞士福斯特惠勒	24	35	52	47	47	16	10	25	18	27	12		9	6	17	8
日本三菱	2	58	2	2	1	1			1							
芬兰奥斯龙	12	28	39	37	37	18	11	18	9	36	3		7	2		9
德国金属公司	6	15	21	36	3	26	41	16	3	3		1	7	8	2	2
中国科学院	42	2	2	1	2	1			1		1					
美国巴威公司	18	2	32	8	7	4	1	20	9		12		7		7	4
清华大学	32	1	1	1	1											
日本荏原机械	5	23	9	10	6	7	3	4	6	3			4		3	2
日本 IHI 公司	3	25	6	4	5	3		1		1		1		1	1	1
新日本制铁	1	22				1		1						1		1
浙江大学	19															
美国燃烧工程公司	11	3	17	4	11	3	2	4	8	2	1	1	1	1		4
美国埃克森	6	7	17	8	15	4	2		2	3	4	1	1			2
日本川崎重工	1	15	2	2	2	1										
日本三井	1	17	1	1			1	1								1
中国石化	17	1	2	2	2	1									1	
日本住友	1	16	2	1			1									1
法国石油研究院	1	9	6	9	2	1	3	4	3			15		3		2
西安热工研究院	14															

9.3.2.5 IGCC

1）整体发展态势

通过对 DII 专利数据库进行检索，共检索到与 IGCC 技术研究相关的专利（族）493件（检索日期为 2010 年 12 月 31 日）。从专利数量随年度（基于最早优先权年）的分布与变化情况可以看出（图 9-33），IGCC 的专利申请始于 20 世纪 70 年代中期。例如，检索到的最早的两件专利是由美国雪佛龙公司最早于 1975 年申请的。此后约 20 年中，IGCC 专利年度申请数量基本都是维持在 5 件之下，没有出现明显上升。20 世纪 90 年代后期，随着三菱、石川岛播磨重工、日立、东芝等日本企业集团的加入，IGCC 的专利申请出现了短暂的井喷。21 世纪初的前 5 年，IGCC 专利的年度申请数量回落到了 20 件以下。2005

年以来，随着美日欧国家的全面重视，IGCC 专利申请数量呈现出快速上升趋势①。

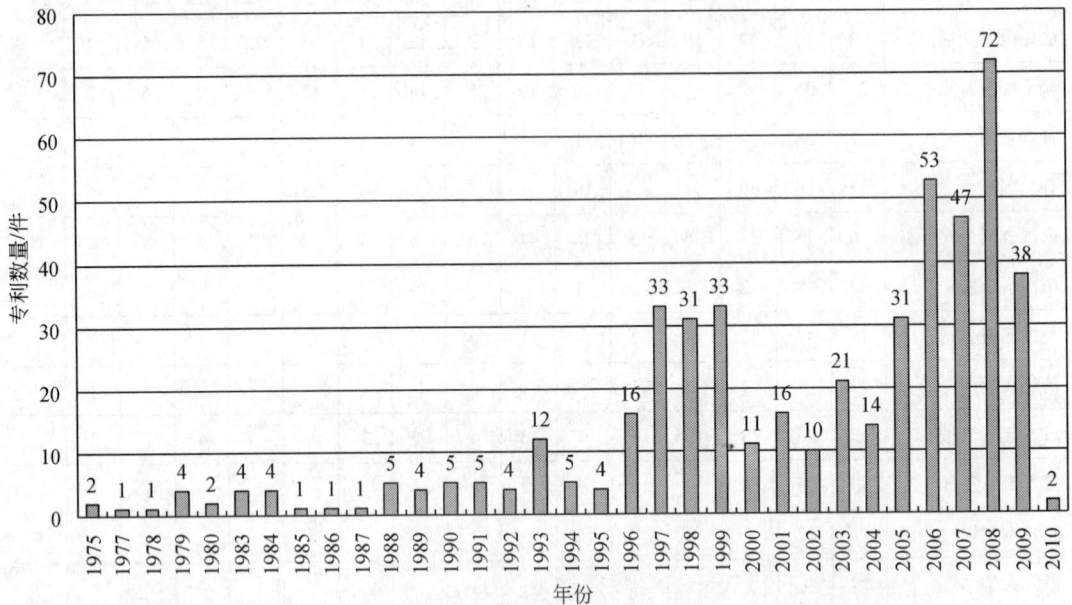

图 9-33　IGCC 专利数量的时序分布

图 9-34 给出了基于 ISI Web of Knowledge 学科领域（左）和 IPC 部②（右）的 IGCC 专利的学科分布情况。可以看出，IGCC 的专利申请主要集中在工程、仪器及仪表、化学、能源和燃料、冶金和冶金工程、高分子科学等学科领域，特别是工程、仪器及仪表、化学、能源和燃料四大学科领域；对应到 IPC 部，主要是分布在 F 部（机械工程、照明、加热、武器、爆破）、C 部（化学、冶金）、B 部（作业、运输）。

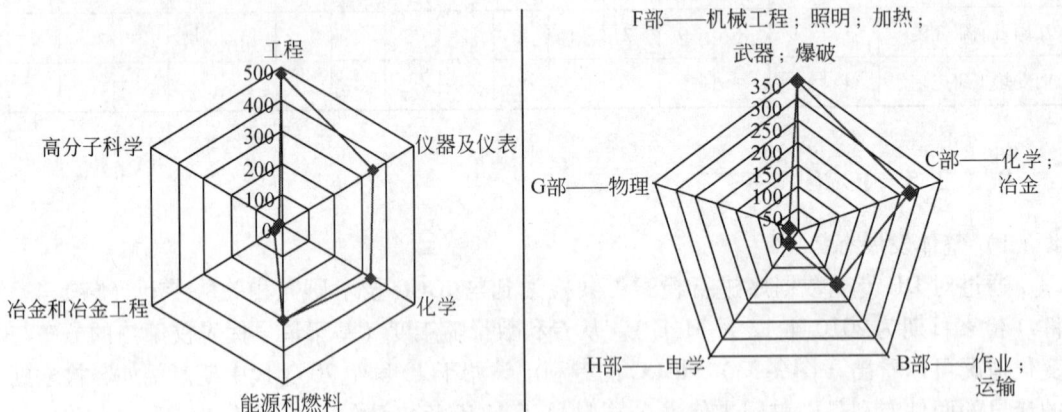

图 9-34　IGCC 专利的学科分布

① 由于专利从申请到公开到数据库收录，会有一定时间的延迟，图 9-33 中近 3 年（特别是近两年）数据仅供参考

② 国际专利分类法（International Patent Classification，IPC）是一种等级分类系统，IPC 分类表按照由部、大类、小类、大组、小组递降顺序排列，低等级的内容是其所属的较高等级的内容的细分

通过对 IGCC 相关专利进行基于 IPC 的统计分析，可以了解 IGCC 专利主要涉及的技术领域和技术重点等。表 9-35 列出了 IGCC 专利涉及的主要国际专利分类号（IPC 小类及其包含的主要 IPC 大组）。可以看出，IGCC 专利技术涉及的主要领域和方向包括：燃气轮机装置及其控制、由固态含碳燃料制造含一氧化碳的可燃气体及其分离提纯等。

表 9-35　IGCC 专利涉及的主要国际专利分类代码及其技术方向说明

IPC	专利数量/件	中文释义
F02C	215	燃气轮机装置；喷气推进装置的空气进气道；空气助燃的喷气推进装置燃料供给的控制
F02C-003	170	以利用燃烧产物作为工作流体为特点的燃气轮机装置
F02C-006	108	复式燃气轮机装置；燃气轮机装置与其他装置的组合（关于这些装置的主要方面见这些装置的有关的类）；特殊用途的燃气轮机装置
F02C-007	64	不包含在组 F02C 1/00～F02C 6/00 中的或与上述各组无关的特征、部件、零件或附件；喷气推进装置的进气管（主要是"燃料供应系统"）
F02C-009	37	燃气轮机装置的控制；空气助燃的喷气推进装置燃料供给的控制
C10J	176	由固态含碳物料生产发生炉煤气、水煤气、合成气或生产含这些气体的混合物
C10J-003	172	由固态含碳燃料制造含一氧化碳的可燃气体
F01K	132	蒸汽机装置；贮汽器；不包含在其他类目中的发动机装置；应用特殊工作流体或循环的发动机
F01K-023	120	以多于一个发动机向装置外部传送功率为特点的装置，发动机由不同的流体驱动
B01D	101	分离的物理或化学的方法或装置
B01D-053	70	气体或蒸气的分离；从气体中回收挥发性溶剂的蒸气；废气例如发动机废气、烟气、烟雾、烟道气或气溶胶的化学或生物净化
B01D-046	12	专门用于把弥散粒子从气体或蒸气中分离出来的经过改进的过滤器和过滤方法
C01B	49	非金属元素的化合物
C01B-003	30	氢；含氢混合气；从含氢混合气中分离氢；氢的净化
C01B-031	12	碳；其化合物
C10K	47	含一氧化碳可燃气体化学组合物的净化和改性
C10K-001	43	含一氧化碳可燃气体的提纯
F25J	44	通过加压和冷却处理使气体或气体混合物进行液化、固化或分离
F25J-003	42	使用液化或固化作用进行分离气体混合物成分的方法或设备

2）国家/地区分布分析

图 9-35 给出了 IGCC 优先权专利申请量多于 10 件的前 6 位国家/组织（基于最早优先权国），图 9-36 给出了这些国家地区专利申请数量的时序分布情况[①]（基于最早优先权国和最早优先权年）。可以看出，IGCC 专利主要集中在美国、日本、德国、中国、欧洲专利局、韩国等国家地区，特别是美国、日本分别占了全球的 44% 和 33%，遥遥领先于其他国家/组织。

从时序分布来看，美国是进入 IGCC 领域最早的国家，但在 2003 年以前其 IGCC 专利

---

① 由于专利从申请到公开到数据库收录，会有一定时间的延迟，图 9-36 中近 3 年（特别是近两年）数据仅供参考

年度申请量一直保持在 10 件以下。2005 年起，其 IGCC 专利申请数量急剧增长。2005 年以来，全球申请的 IGCC 专利约有 60% 集中在美国。这与美国通用电气在 2004 年 6 月收购雪佛龙-德士古气化技术和业务后，大幅增加煤气化研发投入有很大关系；与美国相比，日本进入 IGCC 领域相对较晚，而且 IGCC 专利有一多半是集中在 20 世纪 90 年代后期。但近 10 年来，其 IGCC 专利申请量仍然始终维持在全球前 3；德国也是较早进入 IGCC 领域的国家，但其专利申请量一直不太稳定，仅在近 5 年呈现出逐年上升趋势，西门子及其子公司 Kraftwerk Union 是德国 IGCC 专利申请的主力；我国进入 IGCC 领域很晚，我国最早的一件 IGCC 专利是由中国科学院工程热物理研究所于 2003 年 1 月 27 日申请的。2006 年起，我国 IGCC 优先权专利申请数量开始快速上升。

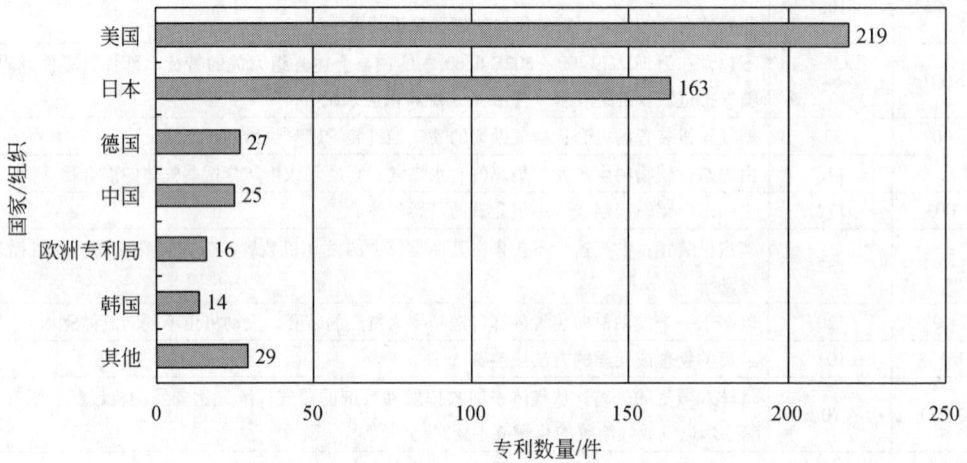

图 9-35　IGCC 优先权专利受理数量国家/组织排名

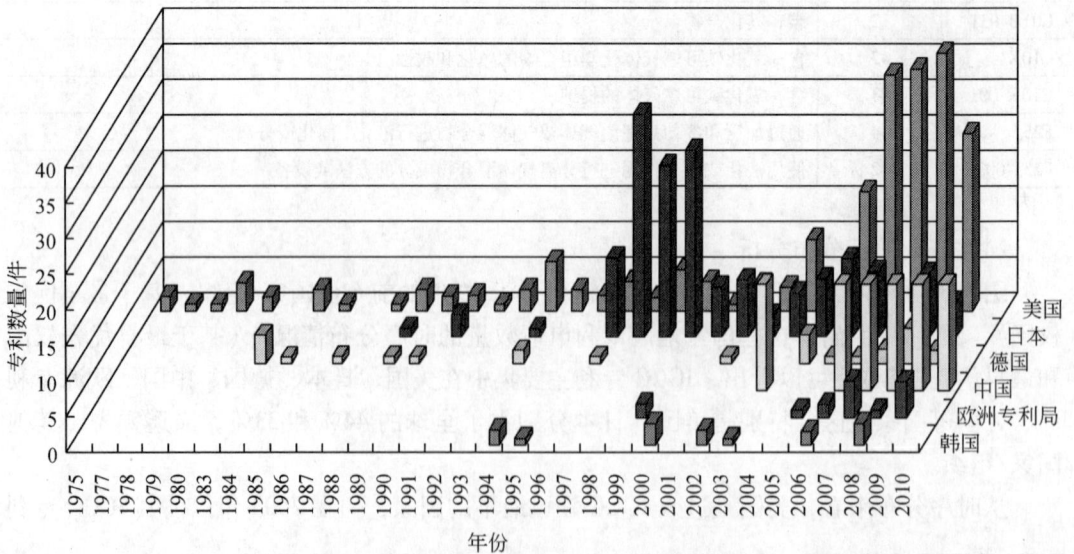

图 9-36　主要国家/地区优先权专利申请的时序分布

图 9-37 给出了主要国家/组织受理专利的 IPC 技术领域统计分析（基于 IPC 大组，代码含义可参见表 34）。可以看出，各主要国家/组织的技术构成整体相似度较高，C10J-003（由固态含碳燃料制造含一氧化碳的可燃气体）、F02C-003（以利用燃烧产物作为工作流体为特点的燃气轮机装置）、F01K-023（以多于一个发动机向装置外部传送功率为特点的装置，发动机由不同的流体驱动）、F02C-006（复式燃气轮机装置、燃气轮机装置与其他装置的组合、特殊用途的燃气轮机装置）、B01D-053（气体或蒸气的分离，从气体中回收挥发性溶剂的蒸气，废气如发动机废气、烟气、烟雾、烟道气或气溶胶的化学或生物净化）5 个方向的专利申请量在各主要国家/地区均占到了总量的 60% 以上。

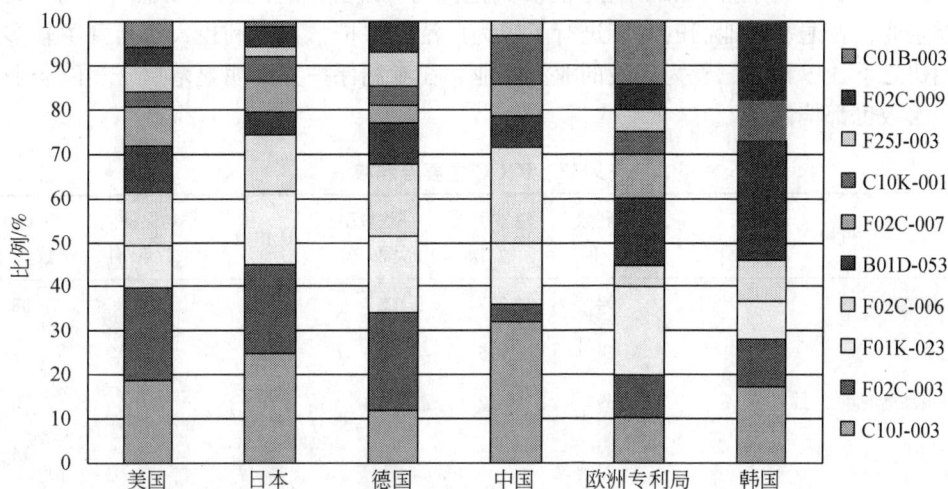

图 9-37　主要国家/组织 IGCC 专利技术的研发布局（后附彩图）

表 9-36 给出了 IGCC 优先权专利申请量多于 10 件的前 6 位国家/地区（基于最早优先权国）的整体专利申请保护区域分布情况。可以看出，美国机构除了在本国大量申请专利外，还积极地在日本、欧洲专利局、中国、澳大利亚、加拿大、德国、印度、韩国以及欧洲其他市场进行布防，而且申请了大量的 PCT 专利；日本、德国机构也在全球主要市场区域对其 IGCC 进行了较好的保护；韩国的 IGCC 专利主要集中在国内，而我国则完全集中国内。

表 9-36　主要国家/组织的 IGCC 专利申请保护区域分布

	美国	日本	WO	欧洲专利局	中国	德国	澳大利亚	加拿大	印度	韩国	南非	西班牙	墨西哥	瑞士
美国	205	55	88	63	52	34	44	40	24	18	9	9	11	9
日本	12	160	10	9	5	7	1	1	1	4		2		1
德国	9	6	3	14	6	23	5	1	1	1	4	2	1	
中国					25									
欧洲专利局	7	3	11	14	7	2	3		3	1	1			
韩国		1		1	1				1	13				

3）专利申请人分析

表 9-37 列出了 IGCC 主要专利权人及其专利被引用和保护概况，图 39 给出了专利申请数量多于 10 件的前 7 个机构专利申请的年度分布与变化情况。从表 9-37 可以看出，IGCC 主要专利权人基本上都是来自日美德三国的企业集团。IGCC 相关专利申请数量多于 10 件的前 7 个机构中，2 个来自美国、4 个来自日本、一个来自德国，显示出日美德三国企业在 IGCC 领域的主导地位。

结合表 9-37、图 9-38，可以看出，美国通用电气、日本三菱和德国西门子是目前 IGCC 领域三个最为重要的企业集团。特别是美国通用电气，其专利数量位列第一，而且申请了大量的 PCT 专利，大幅领先于随后其他机构。以美国通用电气和德国西门子为代表的美欧企业，普遍都对他们的专利进行了较为广泛的保护，其专利也大都得到了较多的引用。相比之下，以日本三菱为代表的亚洲企业，在专利保护方面明显落后于美欧企业，专利被引次数也都偏低。

表 9-37　IGCC 主要专利权人

机构	专利数量/件	总被引次数/次	平均被引次数/次	H 指数	平均保护区域数量/件	PCT 申请数量/件
美国通用电气	94	257	2.7	9	3.5	38
日本三菱	54	35	0.6	3	1.5	8
日本石川岛播磨重工	39	12	0.3	1	1.0	0
德国西门子	32	225	7.0	5	3.8	14
日本日立	30	38	1.3	4	1.2	1
日本东芝	19	34	1.8	2	1.5	0
美国空气化工产品公司	18	295	16.4	11	3.7	1
日本中部电力	9	3	0.3	1	1.0	0
美国液化空气集团	8	37	4.6	3	4.8	3
法国阿尔斯通	7	63	9.0	4	6.6	5
日本电源开发公司	7	0	0.0	0	1.0	0
德国林德集团	6	9	1.5	2	3.2	0
日本大阳日酸	6	5	0.8	1	1.0	0
美国普莱克斯	5	16	3.2	2	4.6	3
美国巴威公司	5	8	1.6	2	4.0	2
印度重型电力	5	0	0.0	0	1.0	0
美国福陆	4	10	2.5	2	6.5	4
美国雅克博斯	4	45	11.3	3	8.3	2

机构	专利数量/件	总被引次数/次	平均被引次数/次	H指数	平均保护区域数量/件	PCT申请数量/件
美国燃烧工程公司	3	65	21.7	3	7.7	2
英国 H & G PROCESS CONTRACTING	3	42	14.0	2	10.3	1
美国 Rentech	3	4	1.3	1	4.3	3
英荷壳牌	3	3	1.0	1	3.0	3

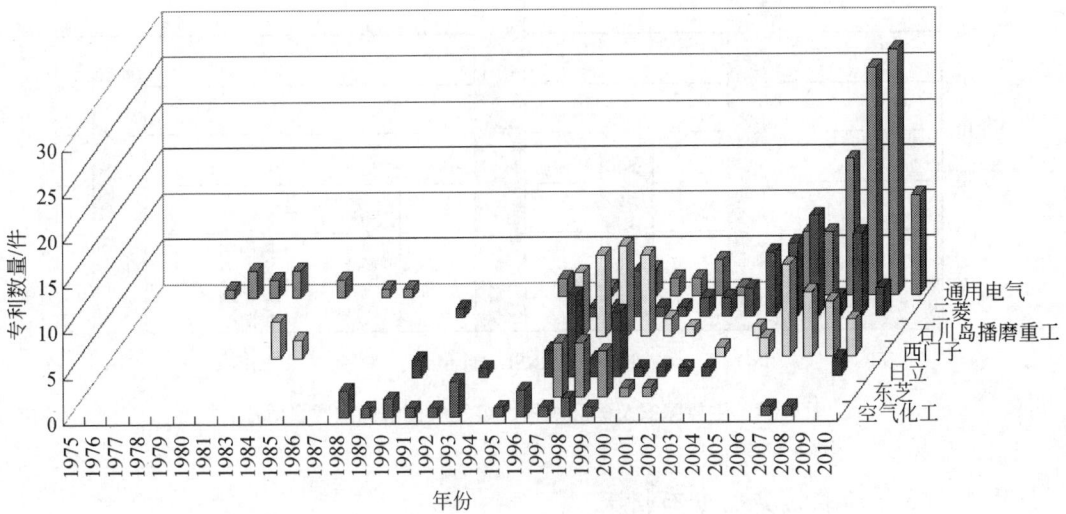

图 9-38 主要机构 IGCC 专利申请的时序分布

9.4 高端洁净煤发电技术标准信息分析

本节将从标准分析的角度，对国家标准化组织 ISO、IEC 和美国、日本、欧盟、中国等世界主要国家和地区燃煤发电行业标准状况进行数据挖掘和对比分析。通过收集、系统调研这些国家和地区标准化组织公开发行的标准信息，利用文献计量分析、回归分析、聚类分析及数值模拟计算等方法，从标准信息的类别分布、应用行业分布、产品分布、标准制定、更新状况、制定单位、标准数量逐年变化规律等方面，系统描述和揭示这些国家的煤发电技术的标准信息和发展现状，以此反映这些国家燃煤发电技术的发展历程和趋势。

9.4.1 主要国家及国际机构燃煤发电技术标准现状

9.4.1.1 标准数量对比分析

图 9-39 表示通过 CSSN 对国际标准化组织（ISO）、国际电工组织（IEC）、美国（AN-

SI）、美国行业（ANSI-Industry）、日本（JIS）、欧盟（EN）、中国（GB）等国家和国际机构1900～2010年燃煤发电相关技术标准的检索计量结果。其中，IEC 标准 6 项，ISO 标准 74 项，美国国家标准 35 项，美国行业标准 75 项，欧盟标准 34 项，日本标准 24 项，中国国家标准 53 项。其中，ISO 标准在国际标准制定机构中数量最多，表明主要由 ISO 制定燃煤发电相关标准，美国燃煤发电的行业标准也较多，在各国的国家级标准中，中国的燃煤发电技术的标准最多。

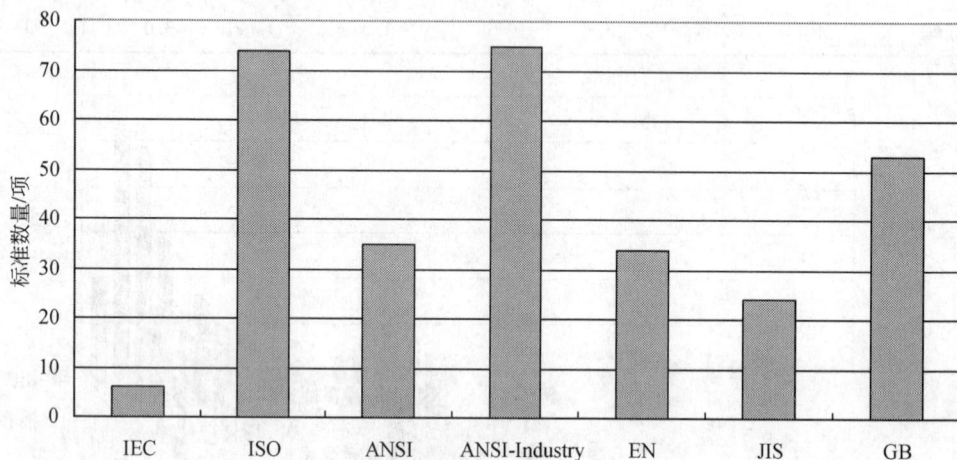

图 9-39　主要国家及国际机构燃煤发电技术标准数量对比

9.4.1.2　标准的类别分布情况

按照不同的使用性质，标准可分为基础标准、产品标准和方法标准，其中方法标准还可分为分类方法、测量方法、技术要求等。基础标准是指名词、术语等在所有相关领域的标准中适用到的通用规范；产品标准是规定某一领域产品的技术要求和规范。图 9-40 表示了 ISO、IEC、美国、欧洲、日本、中国的燃煤发电技术标准的基础标准、产品标准、方法标准的分布情况。在燃煤发电技术的基础标准方面，IEC 和中国的基础标准最多，分别为 5 项，欧盟基础标准最少，仅 1 项，其他国家和机构制定的基础标准均不到 4 项，表明国际标准组织主要是在燃煤技术术语上进行统一规范，以免在用词方面引起混淆。在产品标准中，欧盟级产品标准最多，高达 27 项，远远多于其他国家和国际机构；美国和中国国家级产品标准其次，分别为 11 项和 10 项；日本燃煤发电的产品标准较少，仅为 2 项，这与日本燃煤发电比例较低有关（仅占该国发电比例的 10% 左右）；IEC 和 ISO 的产品标准均为 0 项，表明国际标准组织在燃煤发电产品的国际级标准上还没有统一规定，也没有国际级产品标准的出台。在燃煤发电技术的方法标准中，ISO 制定的标准数量最多，高达 70 项，中国、美国、日本和欧盟依次次之，分别为 35 项、22 项、18 项和 6 项，其中欧盟方法标准相对较少，结合欧盟燃煤发电技术的产品标准最多因素的考虑，经过调研，发现欧盟的一些标准方法已在产品标准中有过规定，为避免重复，因此它制定的方法标准较少。

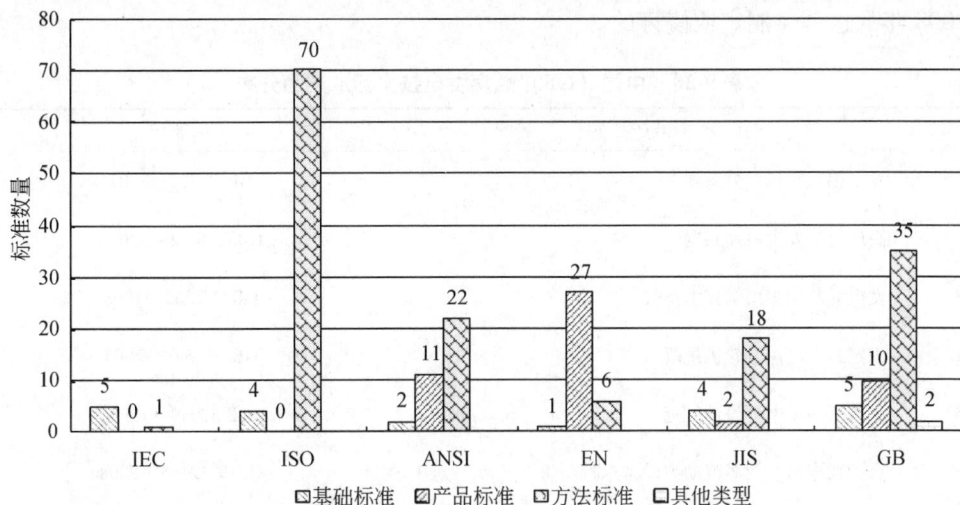

图 9-40   主要国家及国际机构燃煤发电技术标准类别分布

9.4.1.3   各国标准产品分布现状

图 9-41 表示各国和国际标准化机构的燃煤发电技术的产品标准所占比例的总体情况。其中，IEC 和 ISO 的产品标准所占比例均为 0，反映出国际标准机构在产品标准制定中还处于空缺状况，燃煤发电产品标准比例最高的地区是欧盟，其比例高达 79.41%，美国次之，为 32.35%，燃煤发电国家产品标准所占比例最低的是日本，仅为 8.33%，中国的燃煤发电技术的国家级标准产品所占比例为 20.75%。

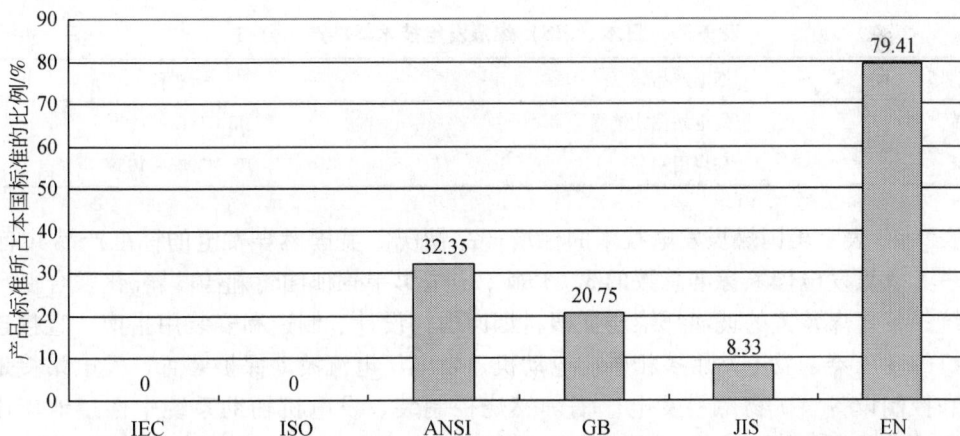

图 9-41   不同国家或国际机构燃煤发电技术的产品标准所占比例情况

表 9-38 ~ 表 9-41 表示了中国、日本、美国、欧盟的燃煤发电技术的标准产品分布情况。表 9-38 表示中国燃煤发电技术的标准产品分布状况，主要有 10 项标准产品，占其燃煤发电国家标准总数的 20.75%，分别为汽轮机、断路器、发电锅炉用煤、小型发电厂、

电站蒸汽、发电机、脱硝设备、脱硫设备等，其中有 3 项和 6 项产品标准分别是在 2007年、2008 年的这两年制定或修订的。

表 9-38 中国（GB）燃煤发电技术标准产品分布

编号	标准产品	标准号
1	发电用汽轮机参数系列	GB/T 754—2007
2	高压交流发电机断路器	GB/T 14824—2008
3	发电煤粉锅炉用煤技术条件	GB/T 7562—1998
4	固定式发电用汽轮机规范	GB/T 5578—2007
5	小型火力发电厂设计规范	GB 50049—1994
6	火力发电机组及蒸汽动力设备水汽质量	GB/T 12145—2008
7	发电/电动机基本技术条件	GB/T 20834—2007
8	燃煤烟气脱硝技术装备	GB/T 21509—2008
9	高炉喷吹用煤技术条件	GB/T 18512—2008
10	燃煤烟气脱硫设备第 1 部分：燃煤烟气湿法脱硫设备	GB/T 19229.1—2008

表 9-39 表示日本燃煤发电技术的标准产品分布状况。日本的燃煤发电技术产品标准数量较少，仅为 2 项——发电站柱式绝缘体和采煤用钢的产品标准，占其燃煤发电国家标准的 8.33%，而且时间都较早，1 项是在 1959 年制定，另 1 项是在 1999 年制定。

表 9-39 日本（JIS）燃煤发电技术标准产品分布

编号	标准产品	标准号
1	发电站柱式绝缘子	JIS C3818—1999
2	采煤用钢	JIS M3906—1959

表 9-40 表示美国燃煤发电技术的标准产品情况。美国燃煤发电的标准产品共有 11项，占其燃煤发电国家标准总数的 32.35%，包括煤炭粉碎机、整体煤气化联合循环电站系统、带烧煤装置的玻璃纤维增强塑料烟囱内衬设计、制造和安装用指南、直接连于发电机的变压器、发电站用多相感应电动机、发电厂电流波动保护装置、发电站接地用装置和控制设备、矿物燃料发电厂锅炉燃烧控制装、发电机辅助系统中性接地应用指南、汽轮发电机组控制系统、基于对称电流的额定交流高压发电机断路器等产品标准，其中先进的燃煤发电技术的产品标准——整体煤气化联合循环电站系统的标准是在 2006年制定的。美国燃煤发电产品标准的制定时间最早的是在 1969 年，最近的时间是在2008 年。

表 9-40 美国（GB）燃煤封电技术的标准产品分布情况

编号	标准产品	标准号
1	煤炭粉碎机	ANSI/ASME PTC4.2-1969
2	整体煤气化联合循环电站系统	ANSI/ASME PTC47-2006
3	带烧煤装置的玻璃纤维增强塑料烟囱内衬设计、制造和安装用指南	ANSI/ASTM D5364-2008
4	直接连于发电机的变压器指南	ANSI/IEEE C57.116-1990
5	发电站用多相感应电动机	ANSI C50.41-2000
6	发电厂电流波动保护装置的应用指南	ANSI/IEEE C62.23-2001
7	发电站接地用装置和控制设备指南	ANSI/IEEE 1050-2004
8	矿物燃料发电厂锅炉燃烧控制装置	ANSI/ISA 77.41.01-2005
9	发电机辅助系统中性接地应用指南	ANSI/IEEE C62.92.3-1993
10	汽轮发电机组控制系统的功能性能特征的推荐规程	ANSI/IEEE 122-1992
11	基于对称电流的额定交流高压发电机断路器用标准	ANSI/IEEE C37.013-1997

表 9-41 表示欧盟标准化委员会制定的欧洲燃煤发电技术的产品标准情况。欧盟制订的燃煤发电技术标准数量最多，有 27 项，占其燃煤发电标准总数的 79.41%，包括发电厂所使用的发电机、马达、蒸汽轮机、燃气轮机、大功率静态转换器、冷凝设备、除气器、涡轮机辅助设备和冷却水系统、给水加热器、电力电缆、干燥冷却系统、布线系统、控制装置和仪表、去湿再加热器、泵、电气设备、管道系统、高温高压管道阀门、同步发电机、热交换器、燃煤运输系统、燃煤燃烧系统等标准产品，制定时间主要是在 20 世纪 90 年代中期至今。

表 9-41 欧盟（EN）燃煤发电技术的标准产品分布情况

编号	标准产品	标准号
1	发电厂设备采购指南.第 2-6 部分：电气设备.发电机	EN 45510-2-6-2000
2	发电厂设备购置指南.第 2-5 部分：电气设备.马达	EN 45510-2-5-2002
3	发电厂设备的购置说明.第 5-1 部分：蒸汽轮机	EN 45510-5-1-1998
4	发电厂设备购置说明.第 5-2 部分：燃汽轮机	EN 45510-5-2-1998
5	发电站设备采购指南.第 2-4 部分：电气设备.大功率静态转换器	EN 45510-2-4-2000
6	发电厂设备购置说明.第 5-4 部分：水轮机、蓄水储能泵和泵涡轮机	EN 45510-5-4-1998

编号	标准产品	标准号
7	发电厂设备购置说明．第6-3部分：涡轮机辅助设备．冷凝设备	EN 45510-6-3-1998
8	发电厂设备购置说明．第6-1部分：涡轮机辅助设备．除气器	EN 45510-6-1-1998
9	发电厂设备购置指南．第6-9部分：涡轮机辅助设备和冷却水系统	EN 45510-6-9-1999
10	发电厂设备购置说明．第6-2部分：涡轮机辅助设备．给水加热器	EN 45510-6-2-1998
11	发电站设备购置说明．第2-8部分：电气设备．电力电缆	EN 45510-2-8-2004
12	发电厂设备购置指南．第6-5部分：涡轮机辅助设备和干燥冷却系统	EN 45510-6-5-1999
13	发电站设备采购指南 第2-9部分：电气设备 布线系统	EN 45510-2-9-2008
14	发电站设备的购置指南．第8-1部分：控制装置和仪表	EN 45510-8-1-1998
15	发电厂设备购置说明．第6-7部分：涡轮机辅助设备．去湿再加热器	EN 45510-6-7-1998
16	发电厂设备购置指南．第6-4部分：涡轮机辅助设备和泵	EN 45510-6-4-1999
17	发电厂设备采购指南．第6-8部分：涡轮机辅助设备和起重机	EN 45510-6-8-1999
18	发电站设备采购指南．第2-3部分：电气设备．固定电池充电器	EN 45510-2-3-2000
19	发电厂设备购置指南．第2-7部分：电气设备．开关设备和控制设备	EN 45510-2-7-2002
20	发电厂设备和系统购置指南．第7-1部分：管道系统和阀．高压管道系统	EN 45510-7-1-1999
21	发电厂设备和系统购置指南．第7-2部分：管道系统和阀．锅炉和高压管路阀门	EN 45510-7-2-1999
22	旋转电机．第3部分：蒸汽涡轮或燃气涡轮驱动的同步发电机用专门要求	EN 60034-3-2008
23	电站设备购置指南．第4-2部分：锅炉辅助设备．煤气/空气，蒸气/空气，和煤气/煤气的热交换器	EN 45510-4-2-1999
24	电厂设备采购指南．第4-5部分：锅炉辅助设备．煤搬运和散货堆存	EN 45510-4-5-2002
25	水管锅炉和辅助设备．第9部分：锅炉用煤粉燃烧系统要求	EN 12952-9-2002
26	发电厂设备采购指南．第6-6部分：涡轮机辅助设备、湿式和湿式/干燥冷却塔	EN 45510-6-6-1999
27	线图图形符号．第6部分：发电和转换线路标记	EN 60617-6-1996

9.4.1.4 各国及国际组织标准制定机构介绍

通过对标准的系统分析，认为在各国际组织和国家中均有专门机构负责对本国或本地区燃煤发电技术标准的制定工作，具体如下。

1）IEC 和 ISO 燃煤发电技术标准的制定机构

在国际电工组织 IEC 中，主要是由 IEC/TC1、IEC/TC77 主要负责制定燃煤发电相关标准。IEC/TCI 是国际电工委员会中专门从事术语标准化工作的技术委员会，也是一个协调委员会。它的主要工作是对国际上可接受的概念给出简明而正确的定义，使 IEC 中各专业技术委员会所用的术语和定义标准化并协调统一，从而促使这些术语在科学技术文献、教学、技术规范和贸易中的规范使用。

IEC/TC77 是 IEC 下设的电气设备电磁兼容性技术委员会。它成立于 1973 年 6 月，其工作范围是：①整个频率范围内的抗扰度；②低频范围内（<9 千赫）的骚扰发射现象，主要涉及电磁环境、发射、抗扰度、试验程序和测量规范等标准的制订工作。

ISO/TC27 是国际标准化技术委员会 ISO 下属的国际固体矿物燃料技术委员会。

2）主要国家燃煤发电技术标准的制定机构

（1）美国。

美国燃煤发电技术相关的国家标准是由美国国家标准学会（US-ANSI）制定和统一发布，行业标准主要是由美国机械工程师协会（ASME）、美国材料试验协会（ASTM）、美国电工电子工程师协会（IEEE）和美国保险商实验室（UL）分别制定和发布。

ANSI 是美国非营利性的标准化组织，也是美国国标准化系统的协调中心。其职能是推动和促进共识标准和质量认证体系，提高美国国际商业竞争力以及生活质量（ANSI，2009）。ANSI 对产品认证机构、质量体系认证机构、实验室和评审人员进行认可，对质量体系认证和人员资格认可。ANSI 评定过程的公正性由大家评议，并将评议意见在 ANSI 的周刊上发表。同时，建立申诉机制和管理办法，及时处理所有的申诉案例。还有就是：协调国内各机构、团体的标准化活动；审核批准美国国家标准；代表美国参加国际标准化活动；提供标准信息咨询服务；与政府机构进行合作。

ASTM 是美国材料与试验协会（American Society for Testing and Materials，ASTM），主要工作是研究和制定材料规范和试验方法标准，包括各种材料、产品、系统、服务项目的特点和性能标准，以及试验方法、程序等标准。宗旨是促进公共健康与安全，提高生活质量；提供值得信赖的原料、产品、体系和服务；推动国家、地区、乃至国际经济。

美国机械工程师协会 ASME 主要从事发展机械工程及其有关领域的科学技术，鼓励基础研究，促进学术交流，发展与其他工程学会、协会的合作，开展标准化活动，制定机械规范和标准。它拥有 125 000 个成员，管理着全世界最大的技术出版署，主持每年 30 个技术会议，200 个专业发展课程，并制订了许多工业和制造标准。

美国电工电子工程师协会 IEEE 是美国规模最大的专业学会。IEEE 是一个非营利性科技学会，专门设有 IEEE 标准化委员会 IEEE-SA（IEEE Standard Association）。IEEE 的标准制定内容包括电气与电子设备、试验方法、元器件、符号、定义以及测试方法等多个领域。

美国保险商实验室（Underwriter Laboratories Inc.）是美国最有权威的，也是世界上从事安全试验和鉴定的较大的民间机构。它是一个独立的、非营利的、为公共安全做试验的专业机构。它采用科学的测试方法来研究确定各种材料、装置、产品、设备、建筑等对生命、财产有无危害和危害的程度；确定、编写、发行相应的标准和有助于减少及防止造成生命财产受到损失的资料，同时开展实情调研业务。

（2）日本。

日本燃煤发电技术国家标准分别由日本工业机械技术委员会、日本电力技术委员会、化学品技术委员会等3家单位起草，由日本工业标准委员会（JP-JISC）统一发布。

日本工业标准委员会（Japanese Industrial Standards Committee，JISC）是根据日本工业标准化法建立的全国性标准化管理机构。主要任务是组织制定和审议日本工业标准（JIS）；调查和审议JIS标志指定产品和技术项目以及参加国际标准化活动。它是通商产业省主管大臣以及厚生劳动省、农林省、运输省、建设省、文部科学省、总务省等主管大臣在工业标准化方面的咨询机构，就促进工业标准化问题答复有关大臣的询问和提出的建议，经委员会审议的JIS标准和JIS标志，由主管大臣代表国家批准公布。

（3）欧洲。

在欧洲，欧盟燃煤发电技术标准主要由欧洲标准化技术委员会（European Committee for Standardization，CEN）负责制定并发布。CEN是以西欧国家为主体、由国家标准化机构组成的非营利性国际标准化科学技术机构，欧洲三大标准化机构之一。其宗旨和职能是宗旨是促进成员国之间的标准化合作；积极推行ISO、IEC等国际标准；制定本地区需要的欧洲标准；推行合格评定（认证）制度，消除贸易中的技术壁垒。CEN的使命是在全球贸易中发展欧洲经济，为欧洲公民谋福利并保护环境：①进一步发展有效的基础设施，维护和分配标准和规范的一致性；②开发和提供直接或间接关于标准、标准使用、标准化和相关领域的产品和服务；③应对来自技术发展趋势的挑战，如融合技术、新技术和新兴技术等。

（4）中国。

中国燃煤发电技术国家标准的制定中，主要由中国电力科学研究院、机械科学研究总院、中国电力企业联合会、上海发电设备成套设计研究院、西安热工研究院有限公司、哈尔滨电机厂有限责任公司、中国水电工程顾问集团公司、广东蓄能发电有限公司、南京燃气轮机标准化研究所等多家单位联合制定，由中国标准化管理委员会统一发布。

9.4.2　标准更新发展规律分析

9.4.2.1　有效标准时间分布情况

图9-42～图9-47分别表示ISO、IEC、欧盟、美国、日本、中国的现行有效燃煤发电技术标准的时间分布状况。图9-42表示了ISO现行标准的分布时间及在14个时间所占比例情况。从时间上分析，1996～1999年的标准数量所占比例最大，达到14.8%，在单年份中，2001年的标准比例较高，为10.8%，此后几乎每年都有有效标准，反映出2001年左右燃煤电力技术的发展和应用增长呈现的较强态势。从时间阶段看，1999年以前的标准数量所占比例为44.5%，表明1999～2009年标准所占比例较高。

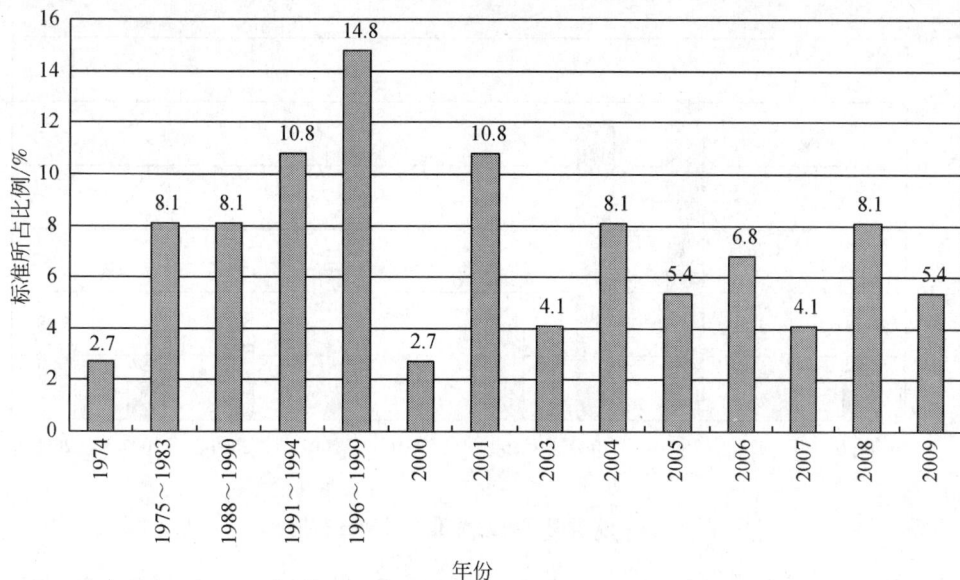

图 9-42 ISO 现行有效标准的时间分布情况

图 9-43 表示了 IEC 现行标准的分布时间及其所占比例分布情况。从时间分布来看，IEC 燃煤发电技术标准分布在 6 个时间内，且标准的时间较早，1990 年（20 年之前）之前的标准所占比例达到 71.4%，比例相当高；从数量分布来看，1983 年的标准数量所占比例最大，达到 28.5%，其余年份标准分布较为平均，均为 14.3%，反映出 IEC 制定燃煤发电技术相关标准力度较弱。

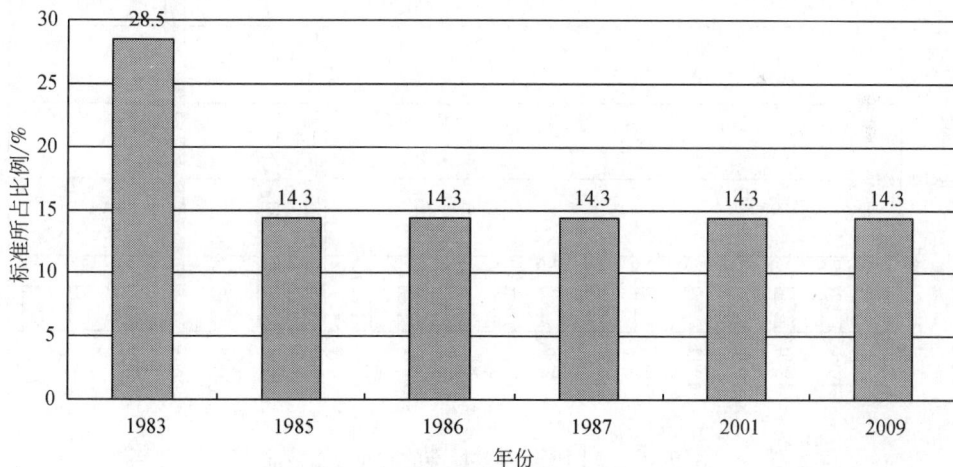

图 9-43 IEC 现行有效标准的时间分布情况

图 9-44 表示了欧盟现行燃煤发电技术标准的分布时间及其所占比例的分布状况。从时间分布上看，欧盟标准分布在 10 个时间区间内，且从 1996 年至今标准时间较有规律，间隔时间为平均为 1~3 年；从数量分布来看，在 1997、1998、1999 年三年标准所占比例较高，分别为 11.76%、23.5%、23.5%，累计高达 58.76%，表明这段时间欧盟燃煤电力技术的发展和应用呈现的较强态势，此后一直持续发展。

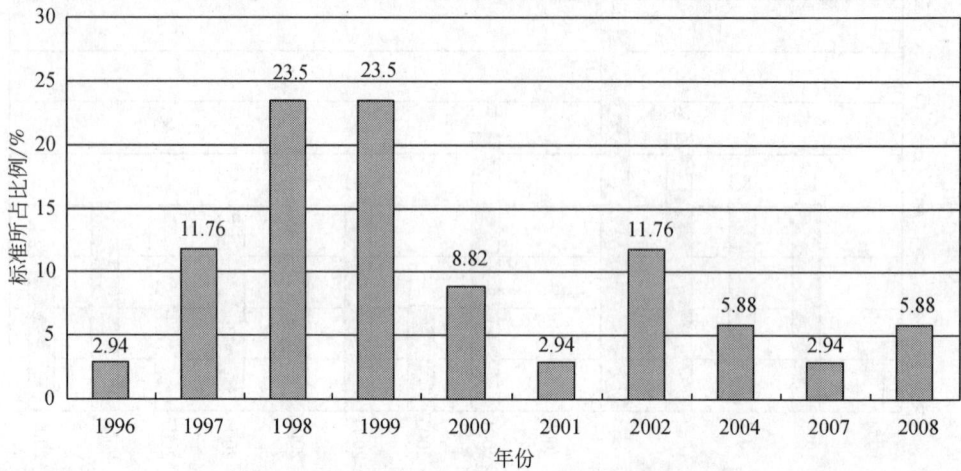

图 9-44 欧盟现行有效标准的时间分布情况

图 9-45 表示了美国现行有效标准的分布时间及其所占比例的分布状况。从时间分布上看，美国标准分布在 19 个时间区间内，最早的标准时间是 1977 年，且 1989 年至今标准时间较有规律，间隔时间为平均为 1～3 年；从数量分布来看，2003 年、2004 年、2006 年标准所占比例较高，分别为 11.4%、11.4%、22.9%，表明这段时间欧盟燃煤电力技术的发展和应用呈现的较强态势，且在 2006 年左右达到最高的发展势头。

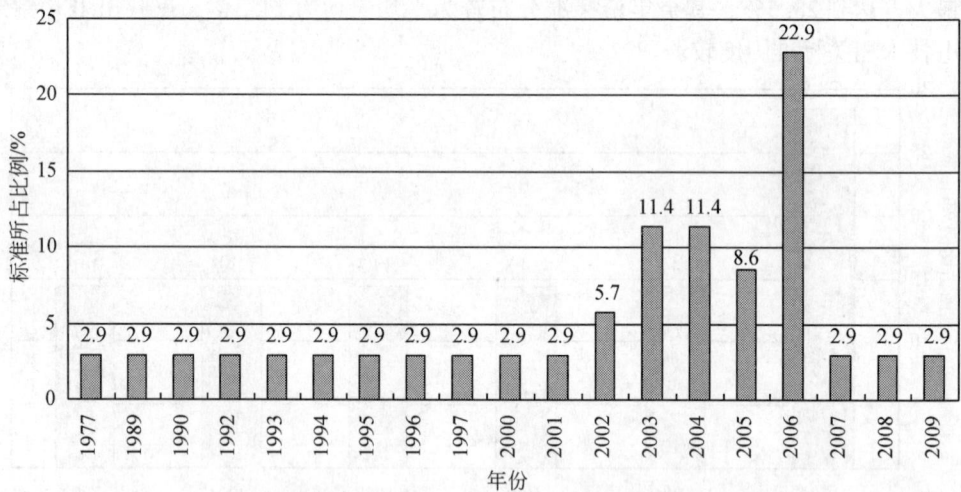

图 9-45 美国现行有效标准的时间分布情况

图 9-46 表示了日本现行有效标准的分布时间及其所占比例的分布状况。从时间分布上看，欧盟标准分布在 1976～2008 年的 10 个时间区间内，时间最早为 1976 年，距今 34 年，且从 1992 年至今标准时间较有规律，间隔时间为平均为 1～3 年；从数量分布来看，在 2 个时间阶段所占比例较高：第 1 阶段是 1999 年、2000 年、2001 年，标准所占比例较高为 8.33%，累计总数为 24.99%；第 2 阶段是 2005 年、2006 年、2008 年，标准所占比

例分别为8.33%和16.67%，累计为33.34%，表明这2个时间阶段美国的燃煤电力技术的发展和应用呈现的较强态势。

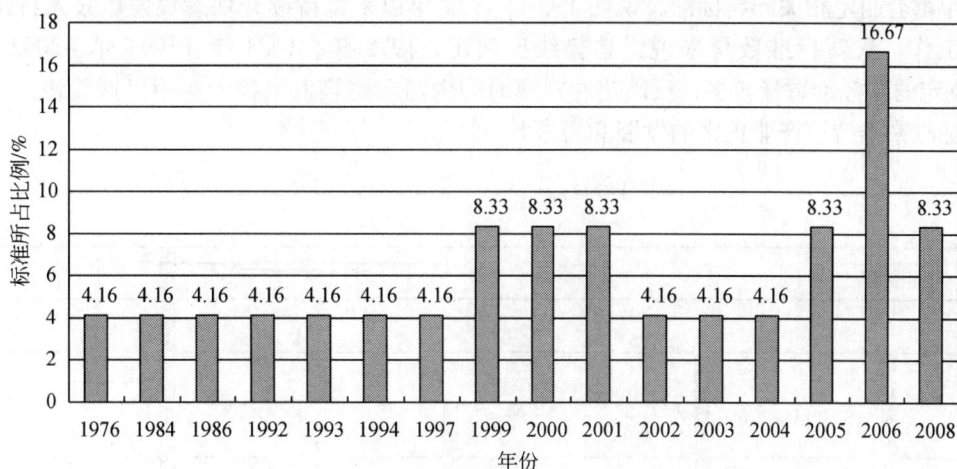

图 9-46　日本现行有效标准的时间分布情况

　　图9-47表示了中国现行燃煤发电技术标准的时间分布及其所占比例的分布状况。从时间分布上看，中国标准分布在自1992年以来的11个时间区间内，分布时间较规律，间隔时间为平均为1~3年，从2002年以后中国的标准数量所占比例呈增长趋势，到2008年达到最高值38.5%；从数量分布来看，在2007、2008年间标准所占比例较高，分别为26.9%和38.5%，累计高达65.4%，表明这段时间中国燃煤电力技术的发展和应用呈现的较强态势。

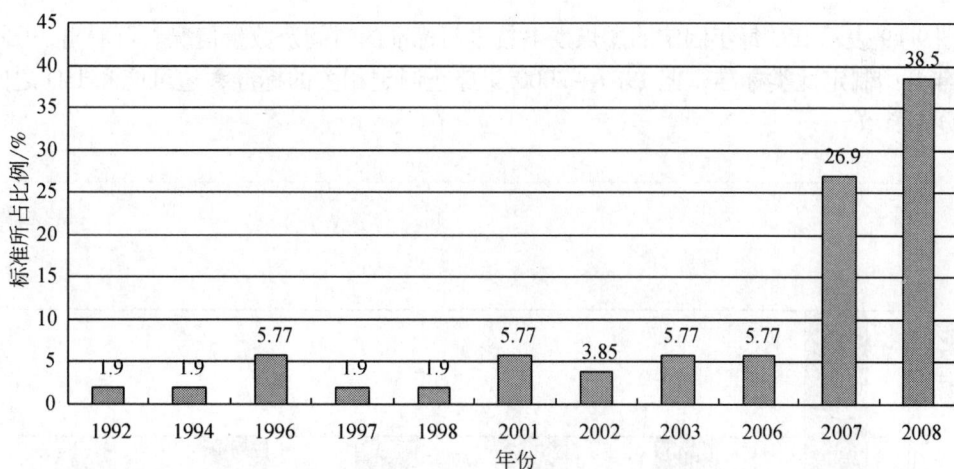

图 9-47　中国现行有效标准的时间分布情况

9.4.2.2　各国每年制定标准的状况

　　图9-48 ~ 图9-53表示了ISO、IEC、欧盟、美国、日本、中国的燃煤发电技术新标准

的制定时间及当年标准的制定情况。图 9-48 表示 ISO 每年制定燃煤发电技术最新标准的时间及其数量情况。从时间来说，ISO 从 1972 年开始制定新的燃煤发电技术标准，此后几乎每年都会制定相关的新标准，说明 ISO 自 1972 年以来都持续开展燃煤发电技术标准的制定工作。从新标准数量来说，趋势线反映出，1975 年、1983 年、1994 年、2003 年，ISO 制定的新标准数量较多，反映出在对应时间内国际燃煤发电技术应用发展较快，急需新增标准来维持该产业正常的发展和需求。

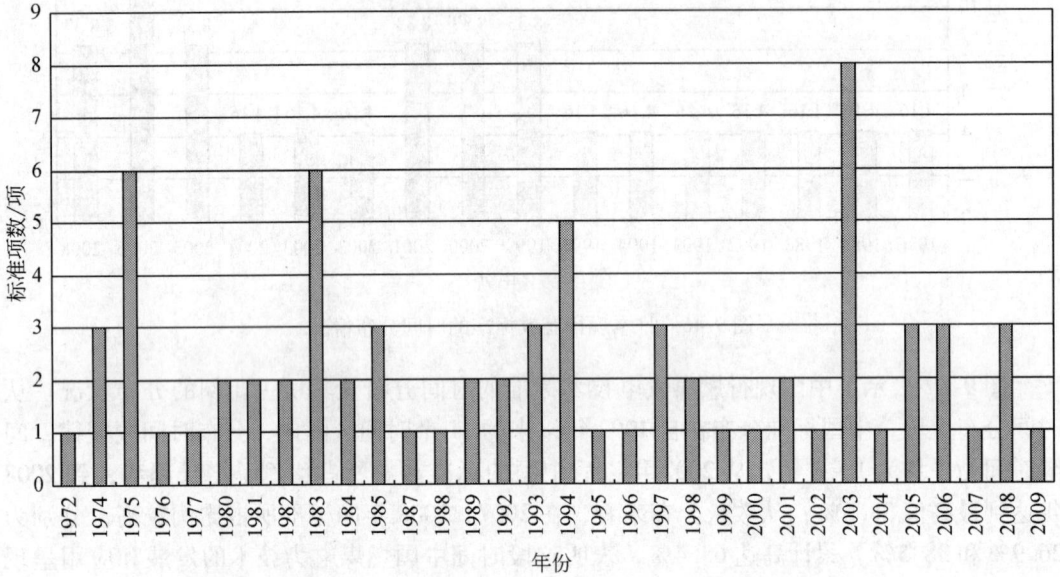

图 9-48　ISO 燃煤发电技术新标准的制定时间及数量

图 9-49 表示 IEC 每年制定的燃煤发电技术新标准的时间及数量情况。可看出，IEC 从 1983 年开始制定此类标准，但 1987～2000 年停止制定相关的标准，这可能和 ISO 之间的不同分工所致。

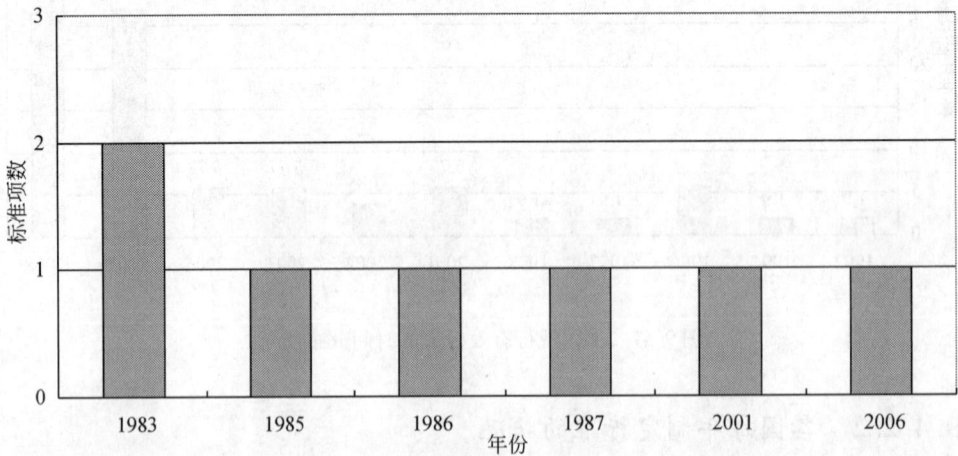

图 9-49　IEC 燃煤发电技术新标准的制定时间及数量

图 9-50 表示了欧盟每年制定燃煤发电最新标准的时间及其数量情况。从中可看出，欧盟从 1995 年开始制定此类新标准，在该年标准数量达到最高，为 22 项，此后持续进行该类新标准的制定工作，但数量并不很多，最高为 5 项（1997），反映出欧盟在燃煤发电技术上保持稳定发展态势。

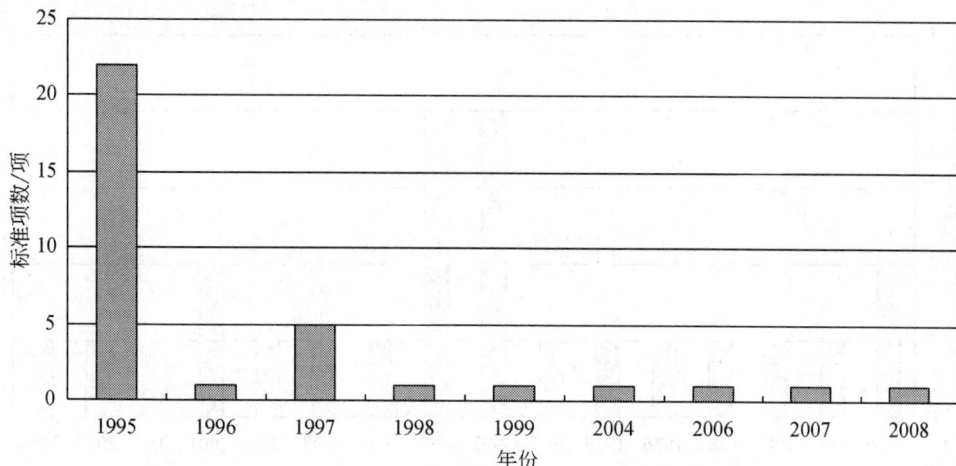

图 9-50　欧盟燃煤发电技术新标准的制定时间及数量

图 9-51 表示美国每年制定燃煤发电技术最新标准的时间及其数量情况。从时间上来说，美国自 1977 年开始制定燃煤发电的技术标准，此后在新标准制定方面，一直保持稳步发展态势；从制定的新标准数量而言，美国燃煤发电标准有 2 次制定峰值：第 1 次是 1993～1996 年，第 2 次是 2002～2006 年，在这 2 个阶段新标准的制定数量较多，反映出在对应时间内美国燃煤发电技术应用发展较快。

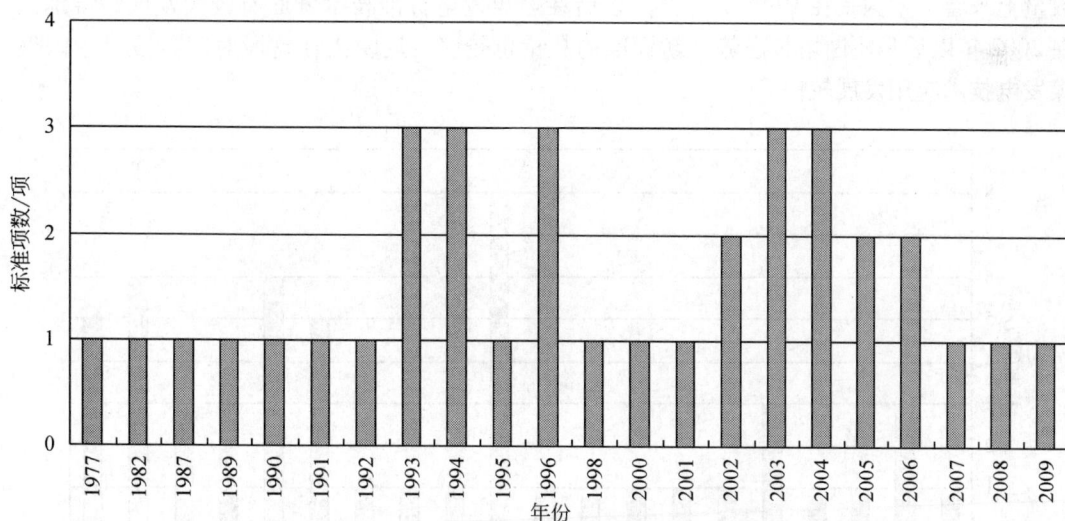

图 9-51　美国燃煤发电技术新标准的制定时间及数量

图 9-52 表示日本每年制定燃煤发电技术最新标准的时间及其数量情况。从时间上来说，日本是从 1976 年就开始制定燃煤发电技术的新标准，此后在新标准制定方面，一直

保持稳步发展态势；从新标准的数量上来看，日本在燃煤发电标准的制定有 1 次峰值，即在 1993 年和 1994 年这两年间，制定的新标准数量较多，反映出在对应时间内日本燃煤发电技术应用发展较快，但从标准制定的总体上而言，日本的燃煤发电技术的发展不如欧盟和美国，这和日本本国煤炭资源有限有关。

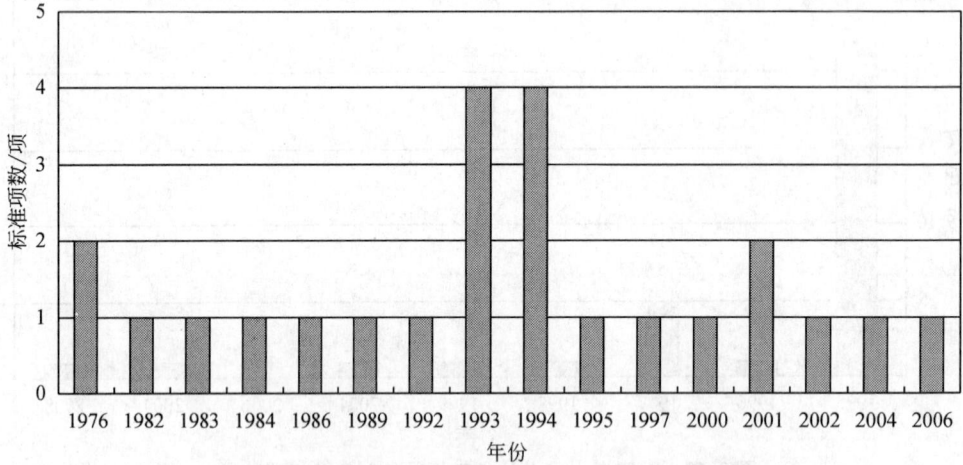

图 9-52　日本燃煤发电技术新标准的制定时间及数量

　　图 9-53 表示中国每年制定燃煤发电技术最新标准的时间及其数量情况。从时间上来说，中国制定燃煤发电技术标准的时间是全球最早——从 1965 年开始制定相关标准，但 1966～1982 年的 16 年间，新标准的制定工作处于停滞阶段，反映出该时期产业发展相对缓慢，此后从 1983 年至今，中国在新标准制定方面一直保持稳步发展态势；从新标准的数量上来看，中国是在 1998 年（含）以后在燃煤发电标准技术方面有较大发展，特别是在 2002 年以后呈不断增长态势，新标准的数量也较多，反映出在这段时间阶段里中国燃煤发电技术应用发展较快。

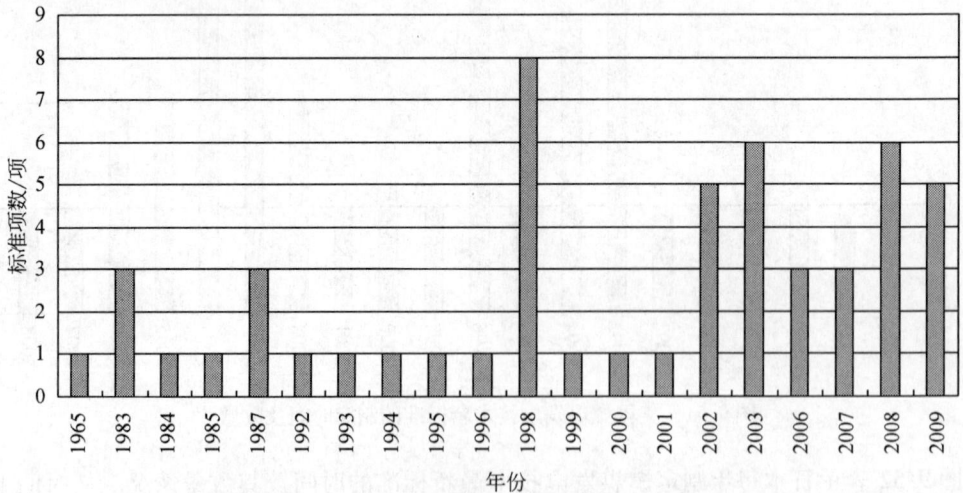

图 9-53　中国燃煤发电技术新标准的制定时间及数量

9.4.2.3 标准数量变化规律分析

图 9-54 ~ 图 9-58 表示了 ISO、美国、欧盟、中国、日本的燃煤发电技术标准数量的变化情况。图 9-54 表示了 ISO 自 1972 年制定第 1 项燃煤发电技术新标准以来，标准数量逐年变化的情况，反映出 ISO 燃煤发电技术标准自 1972 年以来呈稳步增长态势。

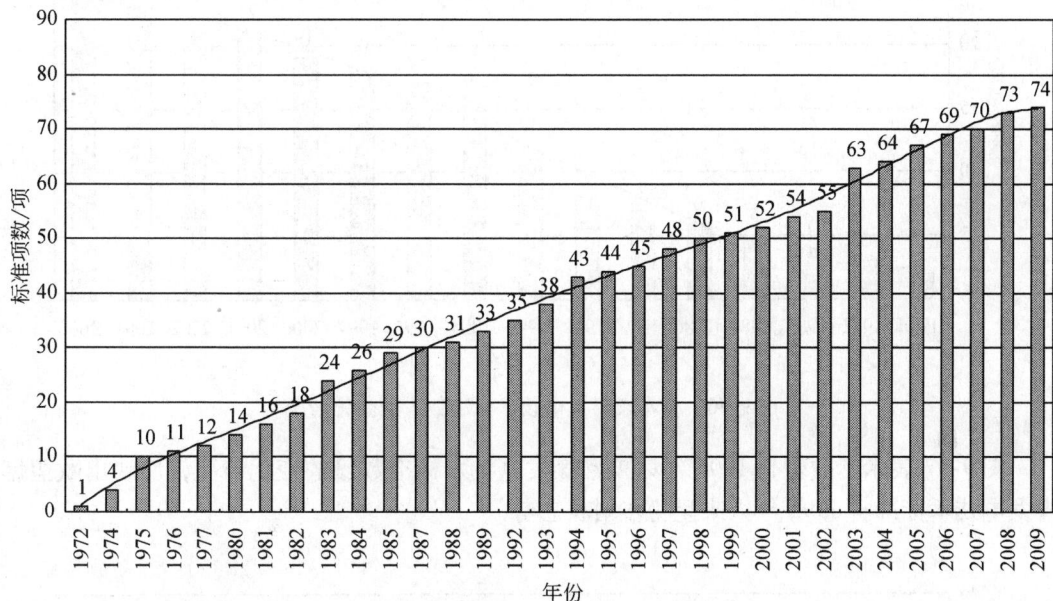

图 9-54　ISO 燃煤发电技术标准数量的变化情况

图 9-55 表示美国自 1977 年以来燃煤发电技术标准数量的变化情况，反映出美国燃煤发电技术标准自 1977 年以来呈稳步增长态势。

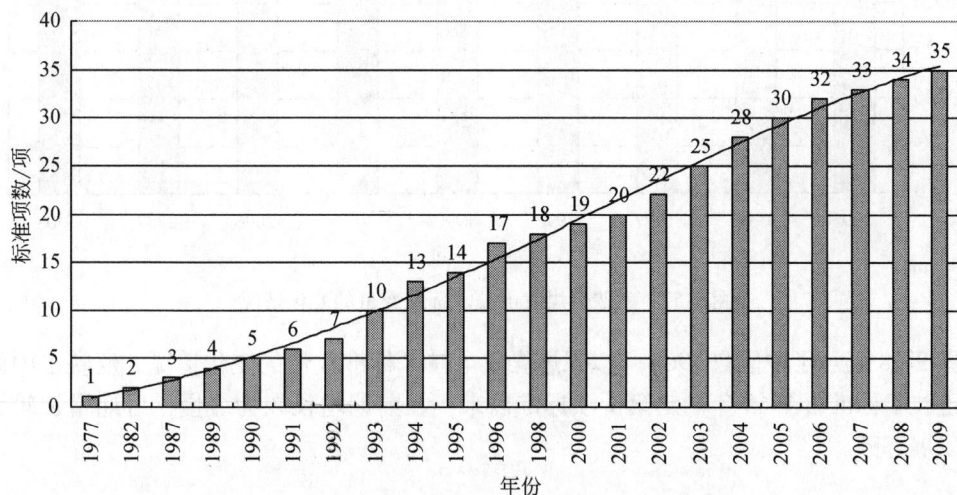

图 9-55　美国燃煤发电技术标准数量的变化情况

图 9-56 表示了日本自 1976 年以来燃煤发电技术标准数量的变化情况，反映出日本燃煤发电技术标准自 1976 年以来呈稳步增长态势。

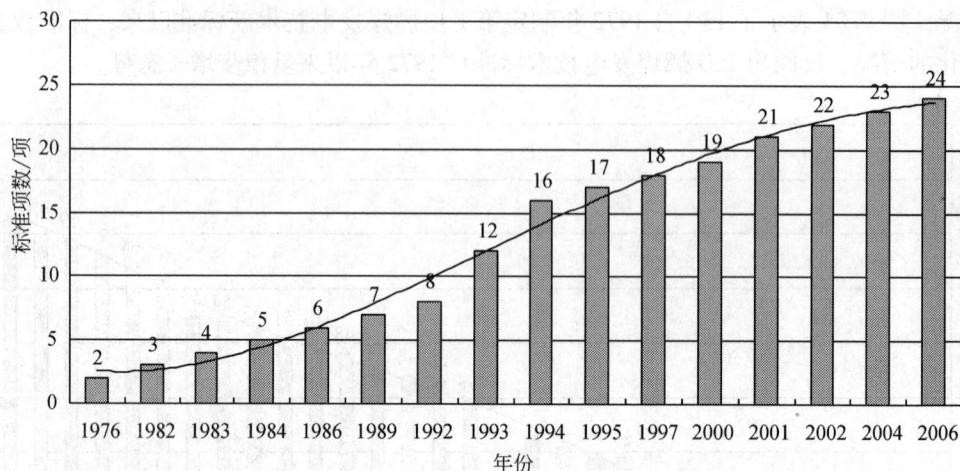

图 9-56　日本燃煤发电技术标准数量的变化情况

图 9-57 表示了欧盟自 1995 年以来燃煤发电技术标准数量的变化情况，反映出欧盟燃煤发电技术标准自 1995 年以来呈稳步增长态势。

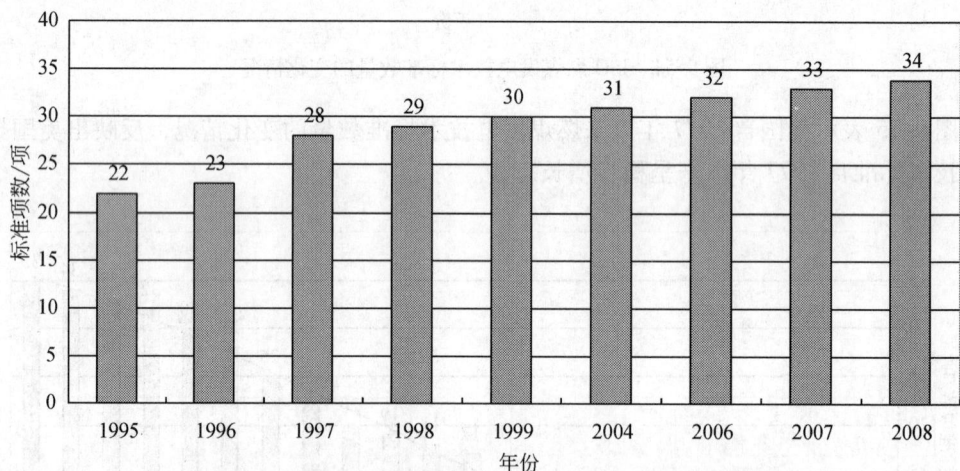

图 9-57　欧盟燃煤发电技术标准数量的变化情况

图 9-58 表示了中国自 1965 年以来燃煤发电技术标准数量的变化情况，反映出中国燃煤发电技术标准自 1965 年制定第 1 项标准以来，在前期增长较为缓慢，后期增长较为迅速的发展态势。

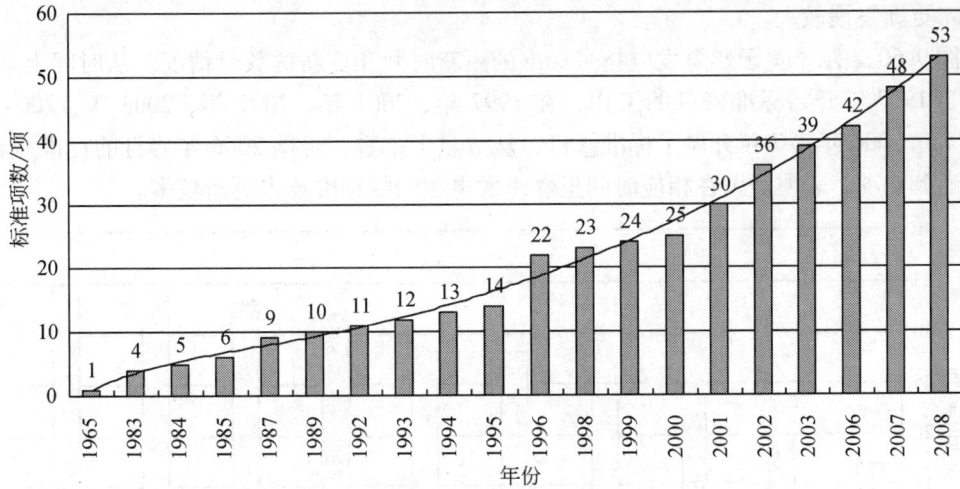

图 9-58　中国燃煤发电技术标准数量的变化情况

9.4.2.4　标准更新变化规律分析

图 9-59 ~ 图 9-63 表示了 ISO、美国、欧盟、中国、日本的燃煤发电技术标准的更新（修订）时间及该年标准更新数量情况。由于 IEC 标准仅有 1 项进行了更新，故没能用图形展示出来。通过对这些标准的调研，发现标准的更新主要采用"一对一"更新方式，即仅对某项标准进行更新，且更新前后标准数量不变。

图 9-59 表示了 ISO 燃煤发电技术标准的更新时间和更新的数量情况。从时间上来看，ISO 自 1980 年开始在 20 个年份时间里开展了标准的修订工作，但从 1989 年开始进行持续的标准更新工作；从数量上来看，ISO 在两个时间阶段的标准更新数量较大：第 1 阶段是在 1992 ~ 1994 年，第 2 阶段是在 2001 年至今，表明在这两阶段中燃煤发电技术的相关标

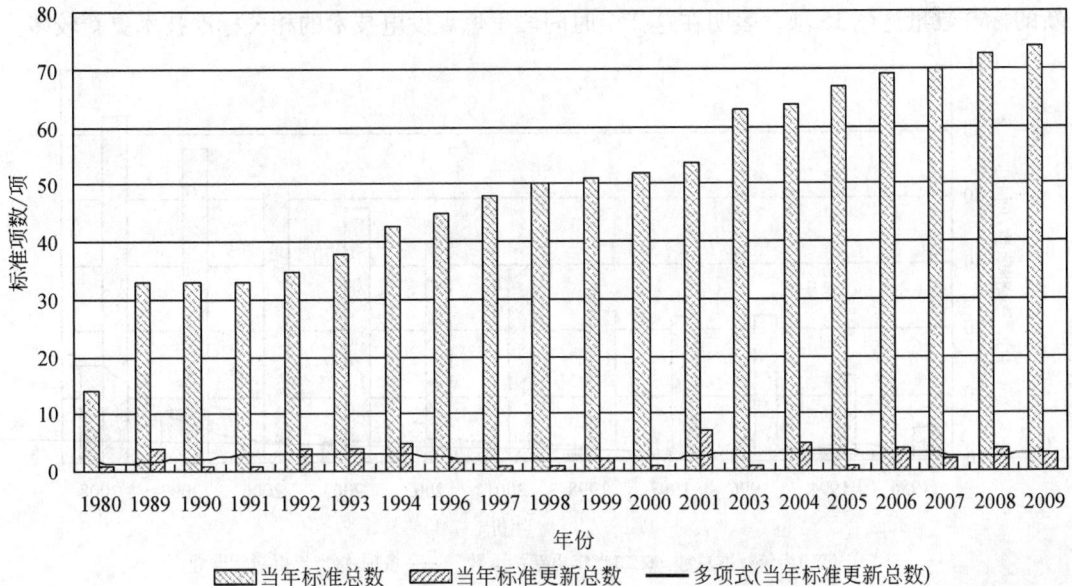

□ 当年标准总数　▨ 当年标准更新总数　—— 多项式(当年标准更新总数)

图 9-59　ISO 燃煤发电技术标准更新的时间及数量

准技术更新发展较大。

图 9-60 表示了美国燃煤发电技术标准的更新时间和更新的数量情况。从时间上来看，美国自 1997 年开始标准修订的工作，在 1997 年、2001 年、2002 年、2003 年、2004 年、2005 年、2006 年等 7 年开展了标准修订；从数量上来看，美国 2006 年修订的标准数目较多，达到 6 项，表明美国在相应时间里燃煤发电相关的标准技术更新较多。

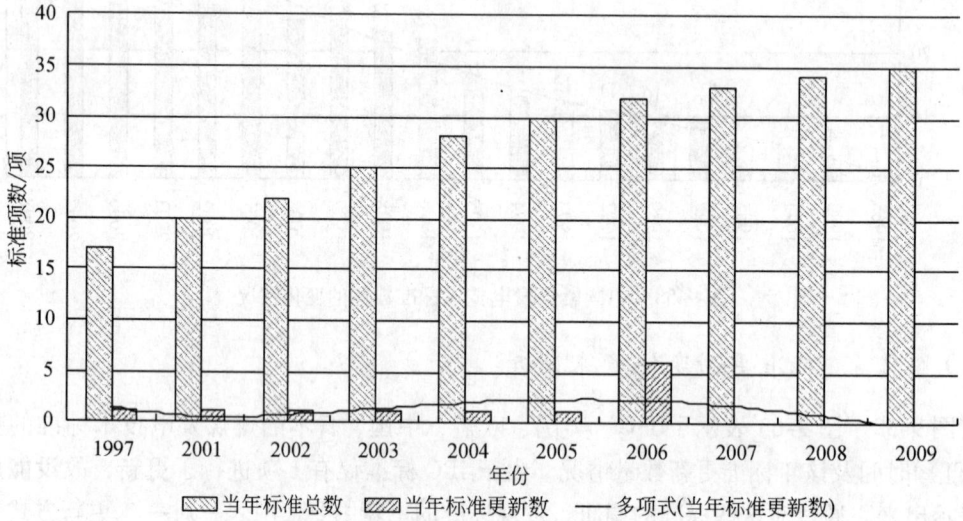

图 9-60　美国燃煤发电技术标准更新的时间及数量

图 9-61 表示了中国燃煤发电技术标准的更新时间和更新的数量情况。从时间上来看，中国自 1984 年就开始了标准更新工作，此后分别在 1994 年、1996 年、1997 年、1998 年、2001 年、2002 年、2003 年、2006 年、2007 年、2008 年等 11 年里持续开展标准修订的工作；从数量来看，中国在 2002 年和 2008 年 2 年更新的标准数量较多，特别是在 2008 年更新的标准数量达到 15 项，表明在这 2 个时间段里燃煤发电技术的相关标准技术更新较多。

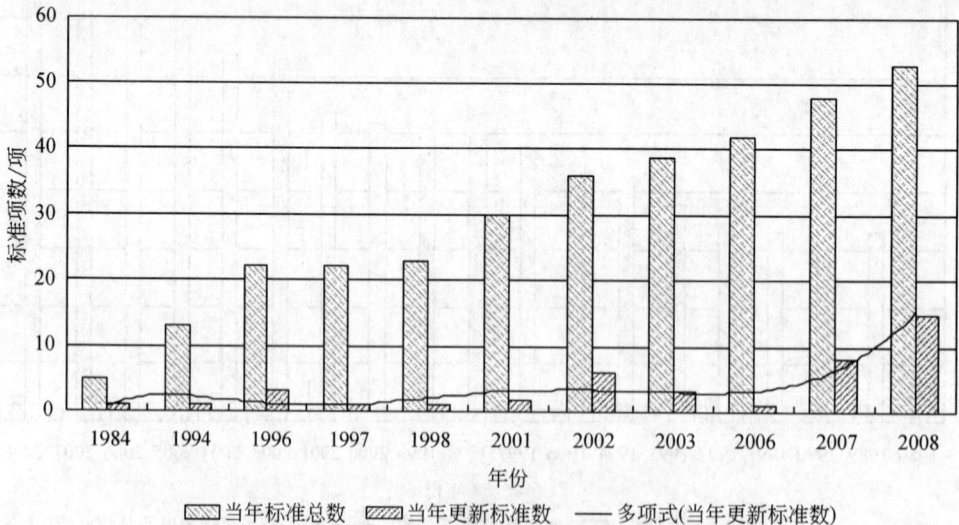

图 9-61　中国燃煤发电技术国家标准更新的时间及数量

图 9-62 表示了日本燃煤发电技术标准的更新时间和更新的数量情况。从时间上来看，日本自 1993 年开始标准更新的工作，分别在 1993 年、1999 年、2000 年、2003 年、2004 年、2005 年、2006 年、2008 年等 8 年开展标准的修订，特别是在 2002 年以后日本的标准更新较为频繁，几乎每年都有；从数量上来看，日本在 2004 年（含）以后标准更新数量较大，年均更新标准数量在 3 项以上，表明日本在 2003 年以后燃煤发电相关的标准技术更新较多。

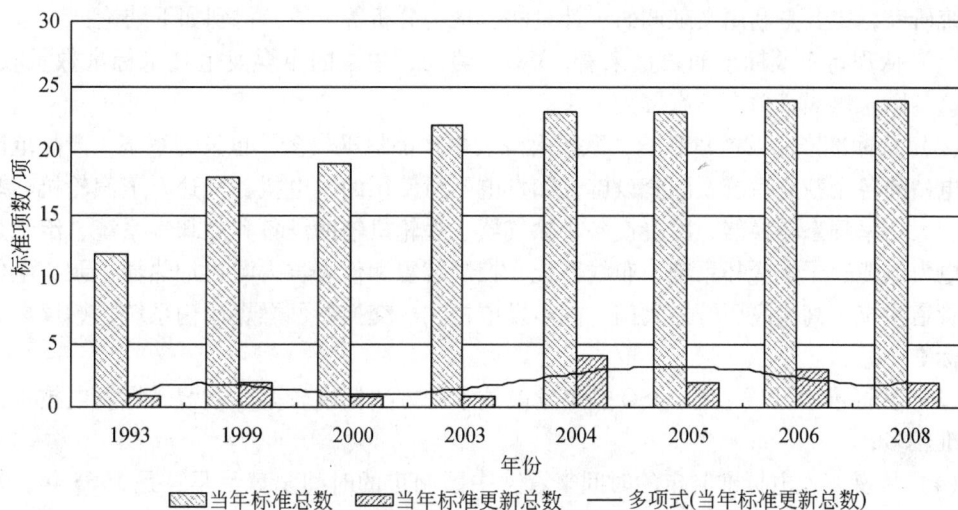

图 9-62 日本燃煤发电技术标准更新的时间及数量

图 9-63 表示了欧盟燃煤发电技术标准的更新时间和更新数量的情况。从时间上来看，欧盟自 1998 年开始标准的更新工作，分别在 1998 年、1999 年、2000 年、2001 年、2002 年、2004 年、2008 等 7 年开展标准的修订工作，从中看到欧盟从修订工作开始就持续对标准进行修订；从数量上来看，欧盟是在修订工作开始的时间阶段里，更新数量较大，表明修订力度较大，即在 1998 年、1999 年标准修订数量较多，两年间累计 16 项，表明在相应时间里燃煤发电相关标准技术更新较多。

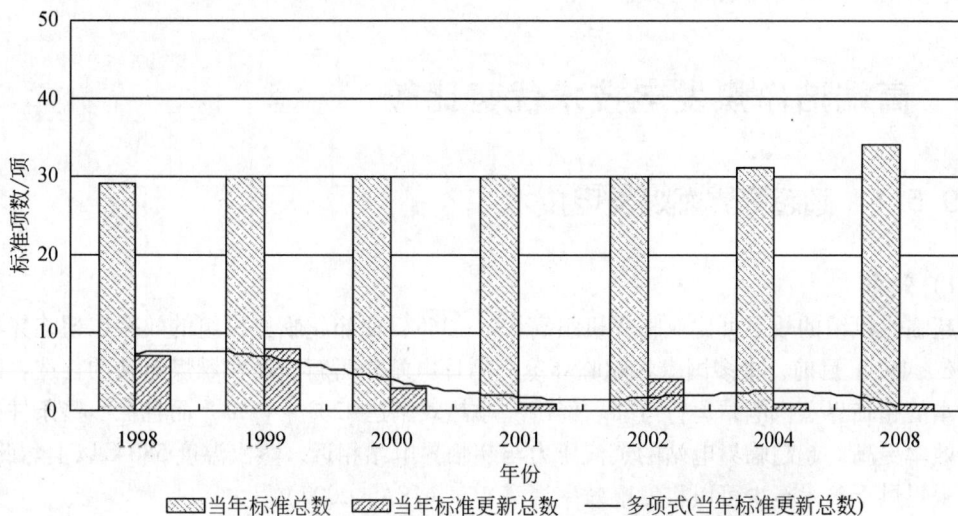

图 9-63 欧盟燃煤发电技术标准更新的时间及数量

9.4.3 结论

通过对世界主要国家和国际机构的标准分析，认为燃煤发电技术标准的制定工作至少开展了 45 年时间。报告对 ISO、IEC、美国、中国、欧盟、日本的燃煤发电技术标准进行了系统研究，主要是利用文献调研、计量法、聚类分析等方法，得到如下结论：

（1）从现行有效标准的数量来看，ISO、美国、中国的燃煤发电技术标准数量较多，这与这些国家煤炭资源丰富有较大关系；

（2）从标准产品及数量来看，欧盟燃煤发电产品标准较多，也较为系统，产品范围包括发电站的各个独立系统及配套设施，如发电厂所使用的发电机、马达、蒸汽轮机、燃气轮机、大功率静态转换器、冷凝设备、除气器、涡轮机辅助设备和冷却水系统、给水加热器、电力电缆、干燥冷却系统、布线系统、控制装置和仪表、去湿再加热器、泵、电气设备、管道系统、高温高压管道阀门、同步发电机、热交换器、燃煤运输系统、燃煤燃烧系统等标准产品；

（3）从标准的性质来看，ISO 燃煤发电技术的方法标准较多，欧盟燃煤发电技术的产品标准较多；

（4）从燃煤发电标准制定的时间来看，中国制定的时间全球最早，是 1965 年，其次是 ISO（1972 年）、日本（1976 年）和美国（1977 年），但是中国在 1966～1982 年这 16 年间燃煤发电技术标准的制定处于停滞阶段，1983 年以后才持续发展起来，这与其他国家（美、日、ISO、EN）从制定初就持续发展相关产业或技术不同；

（5）从标准的修订更新来看，欧盟燃煤发电技术标准的更新态势于其他国家和机构明显不同——欧盟燃煤发电技术标准更新态势呈递减趋势，即开始力度大、以后力度较小，表明欧盟的技术发展、创新及应用可能已处于瓶颈或饱和时期，而中国、日本、美国、ISO 的标准更新及数量处于不断发展和增加趋势，表明这些国家的燃煤发电技术发展、创新及应用正处于不断加强的态势。

9.5 高端洁净煤发电技术优势比较

9.5.1 超超临界燃煤发电技术

1）效率

超临界机组的效率可比亚临界机组高 2%～3%，而超超临界机组的效率比超临界机组高 2%～4%。目前，很多国家将超临界蒸汽循环电站作为新建商业燃煤电站的首选。欧洲和日本的超临界蒸汽电站运行可靠、经济，净热效率达 42%～45%，而且在一些条件好的地区效率更高。超超临界电站的蒸汽压力与超临界电站相近，蒸汽温度 580℃以上。此外，引进褐煤烘干技术至少可以将发电效率提高 4%（IEA，2007）。

国外超超临界机组发展的近期目标为 1000 兆瓦等级机组，参数为 31 兆帕/600℃/

600℃/600℃，主蒸汽温度将提高到 700～760℃，再热蒸汽温度达到 720℃，相应的压力将从目前的 30 兆帕左右提高到 35～40 兆帕，机组的净效率可以达到 50%～55%，继而使能源利用率、污染物排放达到更高的标准（姜成洋，2006；刘堂里，2007）。

2）成本

基于材料方面的要求，同等容量的超临界、超超临界机组的成本高于亚临界机组。尽管超超临界蒸汽循环电站的总投资成本比亚临界蒸汽循环的成本多出 12%～15%，但是，由于超超临界蒸汽循环电站可以节约燃料，所以仍具有发展优势。超超临界发电机组输煤和废气处理过程简化，辅助设备成本减少 13%～16%。此外，超超临界电站的锅炉和蒸汽轮机成本为 40%～50%（刘堂里，2007）。

3）污染物

和亚临界发电机组相比，超临界发电机组和超超临界发电机组热效率更高，减少了煤炭消耗量和发电耗水量。在环保方面，超超临界机组加装锅炉尾部烟气脱硫、脱硝和高效除尘装置，可满足严格的排放标准。同时，由于超超临界机组提高了效率，相应地也节约了发电耗水量（乌若思，2006）。

4）技术发展潜力与趋势

超临界、超超临界机组在国际上已是商业化的成熟发电机组，在可靠性方面和亚临界机组相当。超临界机组的技术发展趋势：即在保证机组高可靠性、高可用率、运行灵活性和机组寿命等的同时，进一步提高蒸汽参数，从而获得更高的效率和环保性能。

国外超超临界机组在参数选择上目前有两种趋势（姜成洋，2006）：一种是蒸汽压力并不太高，多为 25 兆帕左右，而蒸汽温度相对较高（600℃左右）的方案，主要以日本的技术发展为代表；另一种是蒸汽压力和温度都取较高值（28～30 兆帕，600℃左右）的方案，从而获得更高的效率，主要以欧洲的技术发展为代表。

发展超超临界机组不仅是提高蒸汽参数就可以实现的，还应注重其他相关技术的研究和开发。新材料是发展超超临界机组的关键（胡娜等，2006）。近十几年来，美国、日本和欧洲各国纷纷致力于耐热新钢种的研究开发。一些改良型耐热钢以其优异的热强度、抗高温氧化、耐腐蚀性及良好的焊接工艺性，在超临界、超超临界机组厚壁及高温部件中得到越来越广泛的应用。高温耐热钢是超超临界机组赖以发展的基础，正是由于改良型耐热钢的开发，推动了机组蒸汽参数的进一步提高。

表 9-42 中列出了世界上几座典型超临界和超超临界燃煤电站的主要参数。

表 9-42　几座超临界和超超临界燃煤发电站的主要参数

发电站	国家	煤炭	净装机容量/兆瓦	锅炉类型	超（超）临界	蒸汽条件兆帕/℃/℃/℃	特点
Nordjyllandsværket3	丹麦	国际蒸汽煤	384	塔式	USC	29/582/580/580	最有效的燃煤发电站、二次再热、低排放
Niederaussem K	德国	褐煤	965	塔式	USC	27/580/600	褐煤、高效率褐煤发电站、褐煤干燥示范

发电站	国家	煤炭	净装机容量/兆瓦	锅炉类型	超（超）临界	蒸汽条件 兆帕/℃/℃	特点
Genesee 3	加拿大	次烟煤	450	双烟道	S/C	25/570/570	次烟煤、北美洲第一个变压超临界发电站
Isogo New Unit 1	日本	国际蒸汽煤	568	塔式	USC	25/600/610	高蒸汽参数、低排放、活性焦可再生脱硫设施
Younghung	韩国	国际蒸汽煤	2×774	塔式	S/C	25/566/566	韩国最大的燃煤发电站
Wangqu 1，2	中国	中国煤层	2×600	双烟道	S/C	24/566/566	选址，低 NO_x、低挥发分煤墙式燃烧

注：USC，超超临界（蒸汽温度580℃以上）；S/C，超临界
资料来源：IEA，2007

表9-43 中列出了世界上几座超临界和超超临界燃煤电站效率、成本和污染物排放等主要指标的对比情况。

表9-43 几座超临界和超超临界燃煤发电站的成本、排放和效率比较

发电站	国家	资本成本/(美元/千瓦)	排放情况(6% O_2)（干法）	设计净效率/%（LHV 和 HHV 基数）	年均运行净效率/%（LHV 和 HHV 基数）	影响效率的因素和其他说明
Nordjyllandsværket3	丹麦	1500（2006）：800 兆瓦新发电容量（不包括业主成本或 IDC）	NO_x：146 毫克/米³ SO_2：13 毫克/米³ 粉尘：18 毫克/米³	47（LHV）（无热负荷） 44.9（HHV）（无热负荷）	47（LHV）（非年均） 44.9（HHV）（非年均）	高蒸汽参数、冷海水冷却二次再热、低辅助动力、极低排放、没有固体废弃物处理
Niederaussem K	德国	1175（2002）：项目总成本	NO_x：130 毫克/米³ SO_2：<200 毫克/米³ 粉尘：< 50 毫克/米³	43.2（LHV） 37（HHV）	43.2（LHV）（基本负荷） 37（HHV）（基本负荷）	褐煤燃料，50%~60%湿含量；高蒸汽参数；大型冷却塔（低冷凝压力）；创新热回收系统；低辅助动力
Genesee 3	加拿大	1100（2005）：隔夜成本	NO_x：170 毫克/米³ SO_2：295 毫克/米³ 粉尘：19 毫克/米³	41.4（LHV） 40（HHV）	41（LHV）（基本负荷）39.6（HHV）（基本负荷）	适度的高蒸汽阐述、低辅助动力、北美第一个变压超临界、次烟煤

发电站	国家	资本成本/(美元/千瓦)	排放情况(6% O_2)（干法）	设计净效率/%（LHV 和 HHV 基数）	年均运行净效率/%（LHV 和 HHV 基数）	影响效率的因素和其他说明
Isogo New Unit 1	日本	1800（2006）：项目总成本，包括在建的新 Unit 2	NO_x: 20 毫克/米^3 SO_2: 6 毫克/米^3 粉尘：1 毫克/米^3	42（LHV）40.6（HHV）	42（LHV）（基本负荷）40.6（HHV）（基本负荷）	高蒸汽参数、适度暖海水冷却、低辅助动力、低动力需求 FGD、极低排放没有固体废弃物处理
Young-hung	韩国	993（2003）：基本，不确定	NO_x: 83 毫克/米^3 SO_2: 80 毫克/米^3 粉尘：10 毫克/米^3	43.3（LHV）41.9（HHV）	41（LHV）（容量系数未知）39.7（HHV）（容量系数未知）	适度高蒸汽参数、低排放、低辅助动力
Wangqu 1, 2	中国	580（2006）：隔夜成本	NO_x: 650 毫克/米^3 SO_2: 70 毫克/米^3 粉尘：50 毫克/米^3	41.4（LHV）40（HHV）	新的发电站	适度高蒸汽参数、低辅助动力、先进的低 NO_x 贫煤燃烧系统

资料来源：IEA，2007

9.5.2 增压流化床燃烧联合循环

1）效率

由于增压循环流化床不存在冷却烟气温度的悬浮段，因此，它的烟气出口温度高于鼓泡型增压流化床锅炉的烟气出口温度，有利于提高燃气轮机的功率和效率（王海兰等，2004）。不过，增压循环流化床也存在技术局限。最主要的问题是燃气轮机进口温度受增压流化床锅炉燃烧温度制约（仅为 850~870℃），使燃气轮机的优势不能充分发挥（现代燃气轮机允许的进口温度达 1200~1350℃），影响了机组发电效率的进一步提高。因此，采用新的技术手段，提高燃气轮机进口温度成为增压流化床联合循环研究进一步努力的目标。

第一代技术由于所提供的烟气温度在 900℃以下，使发电效率最多只能达到 40%~42%；第二代技术煤先在炭化炉半焦化，产生的煤气用以外燃，使燃气轮机入口烟温达1100~1150℃，效率提高 6%~8%，可达到 44%~47%（锅炉原理精品课程，2010），增压流化床联合循环前置燃烧室的高温燃烧对降低 CO、N_2O 和碳氢化合物的排放具有重要意义。因此，第二代增压流化床联合循环具有更优良的环保性能。

增压流化床联合循环电厂效率可以达到 42% 以上，且在 50% 部分负荷下 PFBC 联合循环机组效率仅仅降低约 1%。而燃气联合循环机组降低约 8%，IGCC 机组降低约 7%，一般燃煤机组降低约3.5%（Makansi，2005）。

2）成本

增压流化床技术极为适于改造现有燃煤电站，既可提高发电效率和出力，也可很好地满足环保要求。增压流化床锅炉取消了受热面埋管，增加了自由空间的受热面；取消了床料储罐和料层控制装置，增加了分离器和回料器。所以认为，增压循环流化床联合循环和增压鼓泡流化床联合循环相比价格基本相同或更少。电站因结构紧凑，现场施工费用低。表9-44列出几座PFBC电站的资本成本。

表9-44　几座 PFBC 电站的资本成本情况

电站	运行时间	装机容量/兆瓦	资本成本/百万美元
Vartan，Sweden	1991 年	135	340（2500 美元/千瓦）
Tidd，USA	1991～1995 年	70	190（2710 美元/千瓦）
Escatron，Spain	1992 年	80	未知
Wakamatsu，Japan	1994 年	71	未知
Cottbus，Germany	1999 年	80	230（2500 美元/千瓦）
Karita，Japan	2001 年	350	525（1500 美元/千瓦）
Osaki，Japan	2000 年	250	未知

资料来源：Watson，2005

3）污染物

PFBC 锅炉中，脱硫剂在煅烧分解（700～800℃）时发生脱硫反应，这也是 PFBC 锅炉与常压流化床锅炉的最大不同之处。流化床燃烧属于低温燃烧，燃烧过程中生成的 NO_x 主要为燃料型氮氧化物，因此含量较低。根据负荷的不同，燃料中的氮有5%～20%可转化为 NO_x，其中，NO 占90%，NO_2 只占10%。在 PFBC 锅炉中由于运行压力给 CO_2 较高的分压，因此，床内脱硫剂在煅烧过程中不会有活性石灰（CaO）产生，而活性石灰可促使 NO_x 的形成；同时，在 PFBC 过程中 SO_x 和 NO_x 之间的关系式松懈，所以 PFBC 的 NO_x 排放较低（王彦彦等，2010）。

4）技术发展潜力与趋势

目前，PFBC 发展的主导是第二代增压流化床联合循环发电技术。目前对第二代 PFBC 技术的研究在国际上处在中试阶段（肖睿等，2006）。增压流化床联合循环今后的技术经济性能和市场前景在很大程度上取决于燃料价格的走向。在目前的燃烧价格水平上，增压流化床联合循环并无多大优势可言，只有在燃料价格大幅度增长、天然气价格比煤的价格增长幅度大得多的情况下，增压流化床联合循环才会具有良好的市场前景。但是，不管从燃料价格将是逐步上升的市场来看，还是从 PFBC 联合循环的可用性、高效率、低 NO_x 排放、CO_2 控制、运行灵活性和燃料灵活性等诸多方面来看，加强对增压流化床联合循环，包括第二代增压流化床联合循环的研究和开发工作，以适应未来市场的需求是十分必要的。目前世界上已运行的 PFBC 商业电站有 8 座（表9-45）。

表 9-45 目前运行的 PFBC 示范电站

电站	蒸汽发电/兆瓦	主蒸汽参数	设计煤种	运营特点	工程性质	环保指标
Vartan	2×17	1.7 兆帕 530℃	波兰烟煤	扩建	季节热电联供	SO_2: 30 毫克/兆焦 NO_x: 50 毫克/兆焦 粉尘: 5 毫克/兆焦
Escatron	16.5	9 兆帕 513℃	黑褐煤	旧电站改造	发电	脱硫率: 90% NO_x: 150 毫克/兆焦 粉尘: 40 毫克/兆焦
Tidd	15.4	9 兆帕 496℃	俄亥俄烟煤	旧电站改造	示范	脱硫率: 90% NO_x: 150 毫克/兆焦 粉尘: 5 毫克/兆焦
Wakamatsu	14.8	10.3 兆帕 593℃/593℃	进口烟煤	旧电站改造	示范	SO_2: 50 毫克/兆焦 NO_x: 40 毫克/兆焦 粉尘: 7 毫克/兆焦
Hokkaido	11.1	16.57 兆帕 566℃/538℃	进口烟煤	扩建	发电	SO_2: $119×10^{-6}$ NO_x: $98×10^{-6}$ 粉尘: 28 毫克/兆焦
Culbus	14	14.2 兆帕 537℃/537℃	当地褐煤	旧电站改造	热电联供	SO_2: $115×10^{-6}$ NO_x: $115×10^{-6}$ 粉尘: 20 毫克/兆焦
Karita	70	24.6 兆帕 566℃/566℃	当地烟煤	新建	发电	SO_2: $76×10^{-6}$ NO_x: $60×10^{-6}$ 粉尘: 30 毫克/兆焦
Osaki	36.5	16.9 兆帕 566℃/593℃	进口烟煤	新建	发电	SO_2: $76×10^{-6}$ NO_x: $19×10^{-6}$ 粉尘: 9 毫克/兆焦

资料来源：姚强等（2006）

9.5.3 整体煤气化联合循环技术

1）效率

与其他洁净煤发电技术不同，IGCC 采用燃气 – 蒸汽联合循环，发电效率高，目前可达到 45%，比常规亚临界燃煤电站效率高 5%~7%，与超超临界机组供电效率相当。而且，发电效率提高的潜力很大，预计在 2010 年，发电效率可达到 50%~52%。2015 年，发电效率可达到 55%~60%，是发电效率提高潜力最大的燃煤发电技术。

2）成本

IGCC 目前主要的缺点是基建成本高，可靠性低和操作灵活性差。在中国建一台 300~

400 兆瓦的 IGCC 电站，造价 8000~9000 美元/千瓦，比不带烟气脱硝的超超临界发电机组造价高 30%~40%。国际上 IGCC 的造价约 1200 美元/千瓦，比超超临界发电机组高 15%~20%。预计到 2010 年左右，两者将接近，若在相同的排放指标下比较，IGCC 的造价将低于常规发电机组（许世森，2005）。研究已经显示，第二代 IGCC 电站的投资成本要少于 1400 美元/千瓦、净效率超过 48% 才能和其他洁净煤技术相竞争。第二代 IGCC 电站每千瓦时发电成本预计比 PFBC 和超临界电站的要低。联合循环燃气轮机技术的发展将会促进 IGCC 的发展，表 9-46 列出了几个主要 IGCC 发电站的成本情况。

表 9-46　IGCC 发电站成本比较

项目名称	气化炉类型	计划投资/（亿美元）	示范电站单位造价/（美元/千瓦）	目前造价/（美元/千瓦）
Tampa（美国）	Texaco	3.9	1500	1300
Wabash River（美国）	Dow	3.96	1490	1200
Pinon Pine（美国）	KRW	2.69	3374（包括测试）	
Demkalec（荷兰）	Shell	4.82	1806	1500
Puertollano（西班牙）	Prenflo	6.91	2303	1500
IGCC 示范电站（中国）	Shell/Texaco	约 4.0		约 1000

资料来源：许世森，2006

3）污染物

IGCC 对污染物的处理是在高压力、高浓度、小流量的煤气中进行，所以净化效果较好，且处理费用低。IGCC 的排气脱硫率可高达 98% 以上，并可回收高纯度的硫，粉尘和其他污染物在此过程中一并被脱除。由于燃气轮机燃烧煤气，且采用 N_2 回注，NO_x 排放极低，在 20 毫升/米^3 以下。IGCC 的熔渣无毒害且可利用。因此，IGCC 是所有已示范的大容量洁净煤发电技术中最清洁的发电方式，所有污染排放物只有美国国家环保（NSPS）标准的 10%~50%，可在较长时间内满足日益严格的环保要求，而且在污染物控制方面还有很大的发展潜力。由于 IGCC 机组中蒸汽循环部分占总发电量约 1/3，使 IGCC 机组比常规火力发电机组的发电水耗大大降低，约为同容量同种冷却方式常规燃煤机组的 1/2~2/3。

4）技术发展潜力与趋势

IGCC 发电技术的主要研究领域包括：对气化基本原理进行深入研究，包括气化反应速度和碳转化率，预测各种煤炭和其他燃料的可气化性，灰/炉渣的性能及气化炉脱硫潜力；加强对单个设备部件性能的研究与开发，包括气化炉和煤气冷却器、加压煤给料系统（包括干式粉煤系统和型煤系统）、热煤气净化系统、IGCC 燃气轮机等；通过提高 IGCC 机组的单机容量、采用干法高温除尘脱硫工艺、提高气化炉冷煤气效率以及发展整体煤气化湿空气透平（IGHAT）发电系统等措施降低整体煤气化联合循环发电技术投资费用。系统最优化、燃料电池集成、汽化器排渣、煤炭特征以及废料的混合和再利用等也是研发的重点，此外还有电力和其他产品如氢或其他交通燃料联产情况。

IGCC 的近期目标是采用更先进的燃气轮机。IGCC 的远期目标是以气化为基础的高效清洁的能量综合转换系统（白慧峰等，2009），包括结合燃料电池的整体煤气化联合循环（IGFC）也是当前和未来的关键发展技术。促进先进整体煤气化燃料电池联合循环的发展，就需要不断实现技术创新。例如，有学者提出通过回收蒸汽轮机或燃料电池的废热，采用高密度三床联合循环流化床（Triple-Bed Combined Circulating Fluidized Bed，TBCFB）气化炉来替换传统的气化炉，等等（Guan Guoqing et al.，2010）。

9.5.4 结论

图 9-64 中显示了几种高端洁净煤发电技术资本成本和发展情况。从资本成本而言，目前 IGCC 电站的成本最高；从技术成熟度而言，超超临界粉煤电站具有优势；超临界的流化床燃烧技术以及增压循环流化床技术目前还处在发展阶段。

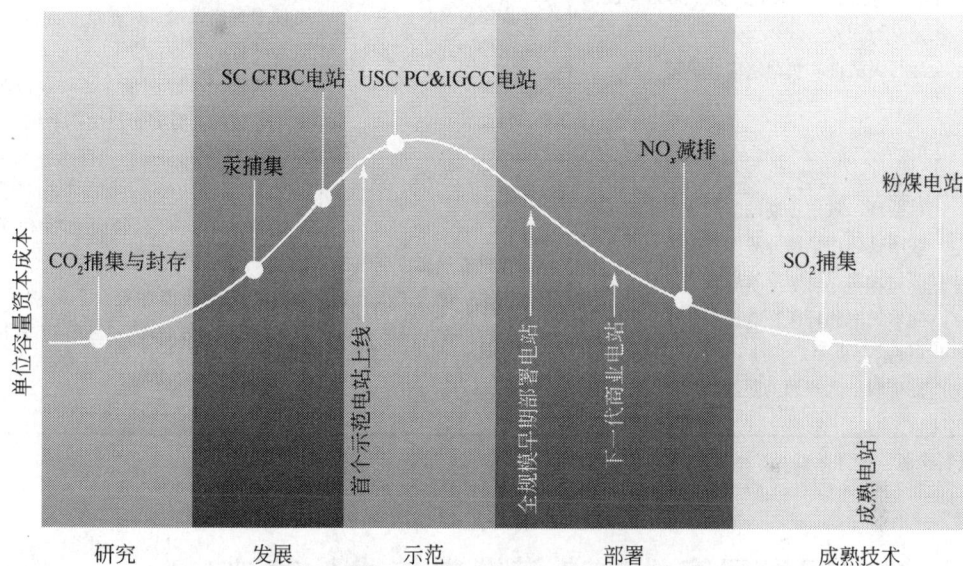

图 9-64 高端洁净煤发电技术资本成本和发展阶段

资料来源：据 Moore（2005）修改

表 9-47 中总结了 SC/USC、PFBC 和 IGCC 发电技术各自的优势与局限。总体而言，由于 SC/USC 仍是基于常规发电系统的渐进技术，所以发展这项技术是最具有现实意义的，是近期洁净煤发电的关键技术。

增压流化床联合循环的研究开发已经取得了很大成绩，但在技术上有其局限性。最主要的问题是燃气轮机进口温度受增压流化床锅炉燃烧温度制约（仅为 850～870℃），使燃气轮机的优势不能充分发挥（燃气轮机允许的进口温度为 1200～1350℃），影响了机组发电效率的进一步提高。采用新的技术手段，提高燃气轮机进口温度就成了增压流化床联合循环研究进一步努力的目标，使带有炭化器和前置燃烧室的第二代增压流化床联合循环成为研究开发的主要方向（姜殿香，2007）。

IGCC 由于系统技术的复杂和较高的运行成本，使其在商业化运行的可靠性和经济竞争力上都存在问题,因此目前 IGCC 的发展速度明显滞后于 SC/USC 燃煤发电技术,但是 IGCC 技术可以与化学产品制造、热力供应等联合建设形成多联产系统概念,使化学产品生产与发电、供热形成最优化的技术组合,同时最终还致力于包括 CO_2 在内的各种污染物的治理和零排放,因此,IGCC 是未来煤化工 – 能源技术发展的方向。

表 9-47　三种高端洁净煤技术比较

	SC/USC	PFBC	IGCC
优势	技术继承性良好,技术成熟,易接受 容量大（1000 兆瓦）、当前的效率高（45%） 经济性好,成本可接受（5000～6000 元/千瓦） 运行灵活性和负荷适应性良好	效率高 低排放 负荷调节性能好 受热面磨损小 维修方便 占地面积小 系统简单	联合循环,效率高,且提高的空间大 在转化过程中处理污染物,脱除效率高,可实现资源化回收 可实现近零排放（气体、固体、液体、CO_2）,处理 CO_2 的成本可接受 可处理高硫煤和高硫燃料 节水（1/3） 可与煤制氢、煤制油、燃料电池等组成更先进的能源多元化生产系统
劣势	单循环,效率提高的空间较小,难度大 终端处理污染物,脱除效率低 痕量元素、CO_2 等处理难度大 随着效率和环保性能提高,成本将增加（镍基合金等） 高硫煤、水资源的限制	燃气轮机进口温度受增压流化床锅炉燃烧温度制约（仅为 850～870℃）	基建成本高,可靠性低和操作灵活性差 系统复杂,可靠性差,不易被接受,技术尚处于发展期,目前成本相对较高

资料来源:据许世森（2006）、王海兰（2004）修改

9.6　对中国发展高端洁净煤发电技术的建议

煤炭是中国的主体能源,煤炭产量的一半以上用来发电。燃煤发电是大气中 CO_2、SO_2 和 NO_x 排放的重要来源。在重大能源技术变革和新的主体能源出现之前,我国以煤为主的能源结构在相当长的时期内将难以根本改变。要实现节能减排目标,优化能源结构,必须实现煤的现代化利用,特别是要集中力量攻克洁净煤发电关键技术。

从对主要国家的战略路线与计划项目分析来看,制定中长期洁净煤技术路线图已发展成为一种帮助在国家、区域层面以战略方式解决复杂问题的工具,路线图可以提供坚实的分析基础,帮助国家政策制定者确定战略重点,并提供一个计划框架,进行计划的实施与具体项目的布局,指导协调科研界和产业界开展具体的研究、开发、示范和产业化工作。

从文献计量初步结果来看,近十年来洁净煤技术的研究还在不断深化和加强,不断有更多的研究主题涌现,呈现出了明显的学科交叉特点;同时关注于将先进的分析方法和过程模拟应用到科学研究中,以为各技术的放大与工业化集成提供有效优化方法和工具。我

国在洁净煤技术领域的科研论文不论是规模还是发展速度都领先于其他国家，但在研究质量和影响力方面还有待于进一步提升。

从专利分析初步结果来看，其中大部分领域经过几十年不断的技术创新，已经拥有了丰富的专利积累，这一方面说明相关领域的技术已趋于成熟，新的技术方向和突破较为有限，且专利权人必然会采取各种策略设置专利保护壁垒或陷阱，给新技术研发和应用造成一定的困难；另一方面，一些领域中仍然不断有大量新的发明人进入，说明市场需求、政策法规等因素仍然对研发需求起着推动作用，依然存在着技术创新的空间。

从标准分析结果来看，燃煤发电技术标准的制定工作至少开展有半个世纪。其中中、美两国燃煤发电技术的国家级标准数量较多；欧洲燃煤发电产品标准较多，也较为系统。从表中时间来看，中国制定的时间全球最早，但在 20 世纪 60 年代到 80 年代之间处于停滞阶段，从 1983 年开始继续发展起来；而其他国家的标准制定工作持续性强。

从技术的优势对比来看，各种燃煤发电技术在效率、环保性能、可利用性、成本等方面都有各自的优势，但各技术分阶段的发展重点应当有所区别。对于常规发电系统的渐进技术（如超超临界燃煤发电技术）应当作为近期洁净煤发电的关键技术，而对于商业化运行可靠性和经济竞争力方面还存在挑战的技术（比如增压循环流化床联合循环、整体煤气化联合循环）应当作为中长期持续发展的技术，促进技术创新，加快技术示范，为未来煤化工能源技术的发展奠定坚实基础。

基于上述分析，本章从政策和技术两个角度针对我国、中国科学院在制定未来洁净煤研发战略路线和进行产业化布局方面提出建议。

9.6.1 政策建议

煤炭是我国的基础能源，燃煤发电是我国电力的主体。实现国家提出的节能减排目标，缩小与发达国家间的差距，我国应采取有力措施，提供政策扶持，以加快洁净煤发电关键技术的研发与推广。

1）集中科研力量，制定战略规划

在国家层面由政府主管部门组织行业专家制定洁净煤发电技术中长期发展路线图与战略规划，突出分阶段应达成的目标、发展重点和优先次序。政府将一些重大关键性技术攻关项目列入国家科技计划，引导支持创新单元（科研机构、大学、企业）建立研发创新集群，组织开展洁净煤发电技术攻关，形成具有自主知识产权的技术产业群；重视对工艺过程放大、工程化的研究投入，做到工艺、工程、产业化并举，打通实验室成果向产业化过渡存在的瓶颈问题。

2）加强统筹协调，优化产业格局

政府加强对洁净煤发电技术发展的统一布局和协调。政府各部门管理之间加强协调。研究建立和完善我国煤炭上下游产业链综合协调体制，完善煤炭开采、加工和利用全过程的管理与协调机制，研究制定煤炭相关行业清洁生产与利用发展规划，统筹协调，分行业实施，整体推进。研究建立适合我国煤炭资源分布和消费特点的以资源开发为龙头，相关产业合理布局，资源综合利用，资源、环境和区域经济协调发展的产业格局。

3）鼓励技术创新，升级核心装备

重视高端能源装备制造产业的发展，加大对相关基础研究和示范项目的财政投入，提供必要激励措施。对于技术创新程度高、投入大、风险较大的煤炭先进能源装备研发与制造重点给予经费支持，以政策吸引民间和企业资金投入。建立专项技术发展基金或融资渠道，对商业化项目提供低利率贷款，给予投资调节税、增值税、所得税等方面的部分减免，为购买国产设备提供融资，扶持本国装备和技术。

4）加强国际合作，引领国际前沿

"十一五"期间，我国已从过去传统的煤炭出口国变成了煤炭进口国，净进口量超过1亿吨。在"十二五"及今后相当长一段时间内，要加大煤炭的国际合作。与煤炭资源国（美国、加拿大、澳大利亚）在资源的勘探、设计、开发、加工转化方面开展广泛合作；与技术产业国（美国、日本、德国）政府、科研机构及企业加强煤炭研发领域全方位合作，建立联合研究中心或战略联盟，尽快实现从领域发展前沿的追踪者到引领者的转变。

9.6.2 技术建议

未来洁净煤利用技术发展的主要方向是煤炭多联产系统（肖云汉等，2004），洁净燃煤及联合循环发电技术的发展也将如此，结合洁净燃煤发电的系统集成多联产工业体系也将成为一种发展趋势。

煤炭洁净燃烧发电技术中循环流化床已趋成熟，超临界技术和超超临界技术已经可以进入工业化运行阶段，应当成为我国煤炭产业今后采用的主体技术（Hao Wang et al.，2009）。第一代增压循环流化床锅炉发电技术由于烟气温度限制，在效率上很难实现突破，因此，第二代技术成为技术发展的主流；不过第二代技术目前处于研发阶段，具备进入中试运行的条件，宜于进行小规模示范；而且在天然气价格不高的时期无法与常规燃气—蒸汽联合循环发电系统竞争，作为中长期洁净煤发电的储备技术。IGCC 技术作为国际公认的最高效、最洁净的燃煤发电技术，应当成为我国煤炭产业近、中期重点跟踪、中长期重点采用的洁净煤发电技术。

从超超临界锅炉技术的发展情况来看，主要发达国家的发展计划中，都涉及高温高强度材料、锅炉设计与制造技术、汽轮机设计与制造技术、辅机技术与热力系统优化技术等相关内容，同时这些计划均得到了政府部门的经费支持，并将研究、开发及示范作为执行计划的主线。因此，我国超超临界燃煤发电技术的发展方向是，借鉴世界上先进国家的发展经验，在技术上（包括系统设计、材料等）向更高的参数水平（主蒸汽温度和压力）发展。

增压流化床燃烧联合循环的技术经济性能和市场前景在很大程度上取决于燃料价格的走向（周一工，2001）。不管从当前不断上涨的燃料价格市场来看，还是从增压流化床联合循环的可用性、高效率、低 NO_x 排放、CO_2 控制、运行灵活性和燃料灵活性（包括生物质与煤炭共燃）（Huang et al.，2006）等诸多方面来看，加强对增压流化床联合循环，包括第二代增压流化床联合循环的研究和开发工作，以适应未来市场的需求是十分必要的。

对我国长期以煤为主的能源结构而言，IGCC 及多联产能源系统是未来的发展重点之一（肖云汉，2008），研发工作应主要集中在提高机组循环效率、工作可靠性，与多联产技术进一步融合，控制 CO_2 排放三个方面。通过重点发展大规模高效的煤气化技术、高温干法脱硫除尘技术、IGCC 系统整体优化技术，在第三代 IGCC 技术方面取得突破性进展，并完成中试和工业示范；发展 IGCC 融合合成化工产品的煤基多联产 IGCC 示范电站建设；开发适用于 IGCC 电站的 CO_2 分离、捕集技术研究；在现有重型燃机技术发展的基础上，深入进行燃烧理论和新材料的研究，完成工业示范，并进行样机的放大研制。在继续开展 IGCC 关键技术研发基础上，以建设个别示范电站为依托，走自主研发技术路线，加大自主创新技术及其工程化的力度，掌握核心技术，形成我国自有产权的 IGCC + 多联产设计、系统集成、制造、运行的工业体系。

致谢：中国科学院山西煤炭化学研究所房倚天研究员、中国科学院工程热物理研究所张士杰研究员、北京理工大学季路成教授对本报告提出宝贵的修改意见，特致谢忱！

参 考 文 献

白慧峰，徐越，危师让等.2009. IGCC 及多联产系统的发展和关键技术.燃气轮机技术，22（4）：1～4

陈冬林.2010-03-25.长沙理工大学.锅炉原理精品课程.循环流化床锅炉发展状况.http：//www.jingpinke.com/resource/details？uuid = ff808081- 2b1d9932- 012b- 1d9b7466- 0126&ObjectId = oid：ff808081-2b1d9932-012b-ld967466-012c

国家高技术研究发展计划先进能源技术领域专家组.2001.中国先进能源技术发展概论.北京：中国石化出版社.26～51

国家重大技术装备网.2010- 11- 01.700℃超超临界燃煤发电机组发展情况概述（二）.http：//www.chinaequip.gov.cn/2010-11/01/c_ 13585438.htm

国家重大技术装备网.2010- 11- 03.700℃超超临界燃煤发电机组发展情况概述（三）.http：//www.chinaequip.gov.cn/2010-11/03/c_ 13589053.htm

胡娜，张学凯，姜鹏等.2006.国内外超超临界发电技术的研究进展.中国超超临界火电机组技术协作网第二届年会（中国 青岛），10

姜成洋.2006.超大容量超超临界燃煤发电机组的现状及发展趋势.锅炉制造，（3）：46～49

姜殿香.2007.大型增压循环流化床联合循环技术特点及发展趋势.锅炉制造，（1）：28，29

焦树建.2006. IGCC 的某些关键技术的发展与展望.动力工程，26（2）：153～165

李桂菊.2009.美国未来零排放燃煤发电项目最新进展.中外能源，14（5）：96～99

李现勇.2009.国外项目发展现状概述.电力勘察设计，（3）：28～33

李现勇，肖云汉，任相坤.2004.煤气化多联产系统研究现状与进展.洁净煤技术，10（1）：5～10，42

刘建成.2004.超（超）临界机组参数发展趋势.东方锅炉，（4）：21～28

刘堂礼.2007.超临界和超超临界技术及其发展.广东电力，20（1）：19～22

上海情报服务平台.2010-09-27.美国洁净煤发电技术发展现状.http：//www.istis.sh.cn/list/list.aspx？id=6703

汪普林.2003. IGFC-CC 系统及其应用前景.电力环境保护，19（3）：40～41

王海兰，蒋顺，王军等.2004.大型增压循环流化床联合循环技术特点及发展趋势.黑龙江电力，26（5）：350～351

王彦彦，盛金贵，霍志红.2010.增压流化床燃煤联合循环技术特点及环保特性.电力科学与工程，

26（6）：38～43

乌若思．2006．超超临界发电技术研究与应用．中国电力，39（60）：34～37

西安热工研究院．2008．超临界、超超临界燃煤发电技术．北京：中国电力出版社．1～14

肖睿，金保升，熊源泉等．2006．中试规模的第二代增压流化床联合循环发电技术研究与开发．工程热物理学报，27（3）：537～539

肖云汉．2004．煤炭多联产技术和氢能技术．华北电力大学学报，31（6）：5～9

肖云汉．2008．以煤气化为基础的多联产技术创新．中国煤炭，34（11）：10～15

许世森．2005．IGCC 与未来煤电．中国电力，38（2），13～17

许世森．2006．中国 IGCC 现状与发展．http：//www. chinaesco. net/PPT/xushisen. pdf

姚强，陈超．2005．洁净煤技术．北京：化学工业出版社．259，281，282

中国通用机械网．2010-11-09.700℃超超临界燃煤发电机组发展情况概述（一）．http：//www. cgmia. org. cn/news/news. asp？vid＝978

周一工．2001．第二代增压流化床联合循环系统的研究．能源工程，（1）：35～37

ANSI. 2009-11-21. About ANSI Overvie. www. ansi. org/about_ ansi/overview/overview. aspx？menuid＝1

Franco A, Diaz A. 2009. The Future Challenges for "Clean Coal Technologies"：Joining Efficiency Increase and Pollutant Emission Control. Energy，（34）：348～354

Guan G, Fushimi C, Tsutsumi A et al. 2010. High-density Circulating Fluidized Bed Gasifier for Advanced IGCC/IGFC—Advantages and Challenges. Particuology，8（6）：602～606

Huang Y, McIlveen-Wright D, Rezvani S et al. 2006. Biomass Co-firing in a Pressurized Fluidized Bed Combustion（PFBC）Combined Cycle Power Plant：A Techno-environmental Assessment Based on Computational Simulations. Fuel Processing Technology，87（10）：927～934

IEA/OECD. 2007. Fossil Fuel-Fired Power Generation, Case Studies of Recently Constructed Coal- and Gas-Fired Power Plants. 13，22，23

Japan Coal Energy Center. 2006-01. Clean Coal Technologies in Japan. http：//www. brain-c-jcoal. info/cctinjapan-files/english/2_ 2B3. pdf

JCOAL. 2006-09. R&D of Advanced Pressurized Fluidized Bed Combustion Technology（A-PFBC）. www. jcoal. or. jp/coaltech_ en/pdf/m1-1e. PDF

Kondo H. 2008-03-31. IGCC, IGFC and CCS in Japan. http：//www. asiapacificpartnership. org/pdf/CFE/meeting_melbourne/IGCCIGFC&CCSinJapan-Kondo. pdf

Makansi J. 2005. PFBC Presents Its Clean Coal Credentials. Power，149（9）：47～52

METI. 2008-03-13. Cool Earth-Innovative Energy Technology Program Technology Development Roadmap. http：//www. meti. go. jp/english/newtopics/data/pdf/CE_ RoadMap. pdf

METI. 2008-03-13. Cool Earth-Innovative Energy Technology Program. http：//www. meti. go. jp/english/newtopics/data/pdf/031320CoolEarth. pdf

Moore T. 2005. Coal-based Generation at the Crossroads. http：//mydocs. epri. com/docs/CorporateDocuments/EPRI_ Journal/2005-Summer/1012149_ CoalBasedGeneration. pdf

Wang H, Nakata T. 2009. Analysis of the Market Penetration of Clean Coal Technologies and Its Impacts in China's Electricity Sector. Energy Policy，（37）：338～351

Watson J. 2005-09-05. Advanced Cleaner Coal Technologies for Power Generation：Can They Deliver? http：//www. sussex. ac. uk/sussexenergygroup/documents/biee_ 2005_ paper_ -_ watson_ -_ final. pdf

10 稀土永磁材料研究国际发展态势分析

冯瑞华　姜　山　马廷灿　万　勇

（中国科学院国家科学图书馆武汉分馆）

　　稀土永磁材料是众多磁功能器件的物质基础，已成为电子技术通信中的重要材料，其应用程度是一个国家和地区科学研究水平和应用技术高低的一个重要标志。稀土永磁材料按开发应用时间可分为第一代钐钴（$SmCo_5$）、第二代钐钴（Sm_2Co_{17}）和第三代钕铁硼稀土永磁材料，以及目前正在积极开发的第四代稀土永磁材料。20世纪80年代初，美国通用汽车公司、原日本住友特殊金属公司和中国科学院分别研制出钕铁硼稀土永磁材料，80年代中期开始产业化应用。钕铁硼磁体因优良的永磁性能和抗腐蚀性等，成为目前性价比最佳的稀土永磁材料，被人们称为"磁中之王"。

　　本章首先对稀土的政策环境进行了分析，各国频繁发布稀土和稀有金属战略和政策，加强稀土战略储备；稀土替代材料开发、回收和高效利用研究日益升温；各国努力拓宽稀土供应来源，投资和开发中国以外的稀土矿产和资源，确保稳定供应；各国联合掀起货币战与贸易战，对抗中国的稀土出口限制。

　　世界稀土和永磁产业分析表明：中国稀土产量和消费量都居世界第一，全世界近90%的稀土由中国供应。受中国稀土出口限制，美国、加拿大、澳大利亚等国家拟重启或开采新的稀土矿床，未来5年内可形成较大的稀土开发能力。世界主要稀土永磁生产企业主要集中在日本、中国等。由于我国稀土永磁产业的快速发展，使得全球稀土永磁产业依然保持了迅猛增长的态势。虽然我国 NdFeB 永磁产量占全球的近80%，但产值只占全球的58%。在高端应用方面与美国、日本相比有一定差距，同时也说明我国未来具有更广阔的增长空间，我国稀土永磁材料的核心将转移到高附加值产品。新能源汽车、风力发电、节能环保家电等行业是稀土永磁材料拥有巨大发展潜力的领域。

　　稀土永磁材料技术的 SCI 论文和专利分析表明，日本和美国在永磁技术领域取得的成果较为突出，我国近几年来成果和影响力逐渐增强，表现出一定的实力。日本 NEO-MAX（原住友特殊金属）、美国通用汽车等企业在稀土永磁研发领域中也发挥了重要作用，目前还掌握着一些重要的专利。近几年，全球1/3以上的稀土永磁优先权专利申请都集中在我国，并且有不断上升的趋势。我国已经成为全球重要的稀土永磁生产制造中心。我国研究和开发能力较强的机构有中国科学院、北京钢铁研究总院、中科三环、浙江大学等。

本章综合分析了稀土永磁材料的政策环境、产业发展、新的潜在应用领域、技术进展以及 SCI 论文和专利等情况，并结合国内外的实际情况，对我国稀土永磁材料的发展提出了一些有益的建议。由于稀土元素具有重要的战略意义，各国都实施了稀土金属战略储备政策，我国应有效保护和有序开发稀土资源，确保国内稀土长期供应和国际竞争力。在保护资源的前提下，要加强稀土永磁制造技术创新研发，提高国内自主知识产权，突破发达国家专利封锁，争取进入国外高端市场。制定稀土永磁产业发展的统一战略，积极进行国内稀土产业优化布局，调整结构，引导稀土产业健康快速发展，提高国内钕铁硼企业的国际竞争力。建立稀土永磁创新应用示范基地，加速新技术和应用的产业化，不断开拓稀土永磁的创新应用。

10.1 引言

稀土永磁材料是指经一定的工艺制成的、以稀土金属与过渡族金属形成的化合物为基础的永磁材料，按开发应用的时间顺序可以分为第一代稀土永磁材料（$SmCo_5$）、第二代稀土永磁材料（Sm_2Co_{17}）和第三代稀土永磁材料（$Nd_2Fe_{14}B$），以及目前正在积极开发寻找的第四代稀土永磁材料。钐钴（SmCo）永磁体的磁能积为 15~30 兆高斯·奥斯特[1]，钕铁硼（NdFeB）系永磁体的磁能积为 27~50 兆高斯·奥斯特，被称为"永磁王"，是目前综合硬磁性能最高的永磁材料。

SmCo 永磁体的研究始于 20 世纪 50 年代，$SmCo_5$ 和 Sm_2Co_{17} 永磁体分别于 70 年代和 80 年代初商品化，美国通用汽车公司、原日本住友特殊金属公司（日本 NEOMAX 株式会社）[2] 和中国科学院分别研制出 NdFeB 稀土永磁材料，80 年代中期开始产业化应用。NdFeB 永磁与 SmCo 永磁相比：SmCo 永磁的特点是耐高温、耐腐蚀、抗去磁能力强，但受原材料限制，价格较高，主要用于制造一些工作环境较为复杂或性能要求较高的产品；NdFeB 永磁的特点是热稳定性比 SmCo 差，易氧化须表面防护，但常温下永磁性能比 SmCo 高、抗去磁能力强，且价格适中。尽管 SmCo 永磁性能优异，但含有储量稀少的稀土金属钐和稀缺、昂贵的战略金属钴，因此发展受到了很大限制。而 NdFeB 永磁很快实现了工业化生产，并很快在许多领域取代了 SmCo 永磁。

我国稀土永磁产业的发展始于 20 世纪 60 年代末，当时的主导产品是 SmCo 永磁，主要用于军工技术。随着计算机、通信等产业的发展，稀土永磁特别是 NdFeB 永磁产业得到了飞速发展。目前国内烧结 NdFeB 生产企业约 130 家左右，如果加上黏结 NdFeB、SmCo 磁体等

---

[1] 1 高斯 = 10^{-4} 特，1 奥斯特 = 79.5775 安/米

[2] 2003 年 6 月 30 日，日立金属购买了住友金属下属的住友特殊金属 32.9% 的股份，成为全球最大的钕铁硼生产企业。2004 年 4 月 1 日，住友特殊金属正式加盟日立金属，并更名为"NEOMAX 株式会社"。2007 年 4 月 1 日，成为日立金属的全资子公司。考虑到 NEOMAX 的历史变革及其重要性，本次分析没有将 NEOMAX 合并到日立中

生产企业大约 150 家左右。2009 年，我国稀土永磁材料产量为 5.56 万吨，比 2008 年增长 12.78%，其中烧结 NdFeB 磁体 5.2 万吨，黏结 NdFeB 3000 吨，SmCo 磁体 600 吨（国家发展和改革委员会产业协调司，2010）。我国烧结 NdFeB 产量约占世界总产量的 81%，但产值只占全球的 58%，低端产品占比较大，还需要大力发展稀土永磁的高端应用产品。

稀土永磁材料已成为电子技术通信中的重要材料，用在人造卫星、雷达等方面的行波管、环行器中以及微型电机、微型录音机、航空仪器、电子手表、地震仪和其他一些电子仪器上。新能源汽车、风力发电、国防军事、家用节能电机、核磁共振仪、磁悬浮列车等已逐渐成为稀土永磁材料未来最具发展潜力的应用领域。这些新应用领域的发展不仅给稀土产业带来巨大的推动力，也对许多相关产业带来相当深远的影响。

本章共 6 节，主要从政策环境分析、稀土永磁材料产业发展和具有发展潜力的应用领域分析、稀土永磁材料的技术进展以及 SCI 论文和专利分析，以期为中国和中国科学院的稀土永磁材料发展提出有益的启示和建议。

10.2 稀土材料政策环境分析

稀土永磁材料是一种重要的稀土功能材料，其原材料钐、钴、钕等稀土金属具有重要的战略意义。本章首先从原材料出发，分析稀土材料及稀土永磁材料的政策环境。原材料特别是关键原材料如稀土元素等对于一个国家的经济、社会，甚至军事、国防等都具有重要的战略意义。各国都在关键原材料方面制定了国家战略和政策，表 10-1 综合分析了美国、日本、欧盟、韩国、澳大利亚、加拿大、中国等国家的原材料政策目标、商业政策、研究政策和关注的原材料（DOE，2010）。

美国、日本、欧盟、韩国等国家/地区都非常注重稀土元素以及稀有金属的来源、供应、储备、利用等，制定和发布相关的政策和计划，并采取了一系列措施来保证本国/地区的稀土原材料供应。

表 10-1　主要国家原材料政策目标、商业政策、研究政策和关注的原材料

国家/地区	目标	商业政策	研发政策	关注的原材料
美国	确保军事和民用领域的原材料供应	●提供贷款担保 ●税收抵免 ●战略储备 ●汽车制造业先进技术 ●激励计划	●美国能源部、地质调查局、国防部、国家自然科学基金委员会、国家海洋局、标准技术研究院和环保局等都支持相关研究计划和项目 ●支持基础研究和大规模技术实施的创新 ●支持从低风险革新型项目到高风险高回报型实验项目 ●特殊材料和替代材料研发	锂、钴、镓、锗、钕、铟、钐、镧、铈、铕、钇、铽、铟、碲

国家/地区	目标	商业政策	研发政策	关注的原材料
日本	日本工业获得稳定的原材料供应	• 资助国际矿产勘查活动 • 为高风险矿产项目提供贷款担保 • 战略储备 • 信息收集	• 经济产业省与文部科学省为替代材料研究提供经费支持 • 通过JOGMEC资助探索、开采、提炼和安全研究	镍、锰、钴、钨、钼、钒
欧盟	在欧洲经济区减少潜在材料供应短缺的影响	• 开放的国际市场矿产贸易政策* • 信息收集* • 土地使用政策简化* • 提高回收利用效率*	• 提高材料应用效率 • 寻找原材料替代品 • 改善最终产品的收集和回收	锑、铍、钴、镓、锗、铟、镁、铌、稀土、钽、钨、萤石、石墨
韩国	确保韩国关键支柱产业的可靠原材料供应	• 金融支持韩国企业的海外矿产开发 • 与资源丰富国家建立自由贸易协定和谅解备忘录 • 战略储备	• 回收最终产品 • 为可回收做好设计 • 替代材料开发 • 提高生产效率	砷、钛、钴、铟、钼、锰、钽、镓、钒、钨、锂、稀土元素
澳大利亚	维持采矿业投资	• 资源开采低税收 • 矿产利润高税收 • 矿产勘探退税 • 土地许可申请快速周转	• 促进采矿业的可持续发展实践	钽、锗、钒、锂、稀土
加拿大	促进矿产和金属资源可持续发展和利用，保护环境和卫生，确保吸引力的投资环境	• 加强循环回收业，并纳入产品设计环节 • 环境性能和矿物管理问责制 • 矿产管理和使用采用生命周期方法	• 提供综合地球科学信息基础设施 • 提高开采进程中的技术创新 • 发展增值的矿物和金属产品	铝、银、金、铁、镍、铜、铅、钼
中国	通过行业整顿、降低生产过剩和减少非法贸易，保持国内原材料稳定供应	• 提高稀土出口关税，稀土出口配额 • 禁止外国公司开采稀土 • 行业整顿 • 统一定价机制* • 生产配额 • 暂停新采矿许可证发放	• 稀土分离技术和新稀土功能材料开发 • 稀土冶金，稀土光、电和磁性质研究，稀土基础化学科学研究	锑、锡、钨、铁、汞、铝、锌、钒、钼、稀土

* 提议的政策

10.2.1　美国：积极开展稀土战略研究，拟重启稀土矿

美国为防止稀土供应的减少对本国相关产业发展产生影响，正采取行动重整稀土战略。美国能源部将拟定战略，以增加美国产量、寻找替代材料并提高稀土使用效率。美众议院提出了稀土法案并呼吁建立国家的稀土储备。美国国防部也将完成有关美国军方对稀土依赖度的研究，在向国会提交的国家战略安全储备重新配置报告中提出对多种稀土元素关键原材料来源的风险进行评估。美国还加紧稀土矿产的勘探工作，并拟重启加利福尼亚稀土矿。美国能源部、国家科学基金会等政府机构还大力支持稀土替代材料和回收利用研究。

10.2.1.1　美国能源部积极开展稀土战略研究，确保稳定的稀土供应链

美国能源部官员 2010 年 3 月 17 日发表声明称，能源部将致力于部署稀土供应的战略计划（BENNETT，2010）。该战略计划还将得到国防部、国会以及其他联邦机构的协助。稀土战略计划预计将分三个层面：首先，要多样化稀土的供应链，既要推动美国本土的原材料开采、精炼和生产，又要积极寻求国际份额。其次，还将致力于替代产品的开发，鼓励美国的稀土消费企业研发使用较低战略性的资源。最后，提高稀土资源的利用效率以及回收再利用水平，以减少对进口的过度依赖。

美国能源部 2010 年 12 月 15 日首次发布《关键材料战略》（*Critical Materials Strategy*），重点关注风力发电机、电动汽车、太阳能电池和高效照明等清洁能源技术领域的关键材料供应（图 10-1）。确立的优先研究主题包括磁体、电池、光伏薄膜和荧光粉的稀土替代研究；环境友好的采矿和材料加工；回收利用（DOE，2010）。

材料		太阳能电池	风力涡轮	车辆		照明
		光伏薄膜	磁体	磁体	电池	荧光粉
稀土元素	镧				•	•
	铈				•	•
	镨		•	•		
	钕		•	•	•	
	钐		•	•		
	铕					•
	铽					•
	镝		•	•		
	钇					
铟		•				
镓		•				
碲		•				
钴					•	
锂					•	

图 10-1　关键材料与清洁能源技术

能源部综合考虑了八个方面的项目和政策导向：①研发；②信息收集；③国内生产许可；④国内生产和加工的经济支持；⑤储备；⑥回收利用；⑦教育；⑧外交。关键原材料供应链的风险与制约因素、机遇与政策导向之间的关系如图 10-2 所示。能源部在这些领域的权力和能力差异较大，有些（如研发）是能源部的核心竞争力所在，有些（如国内生产许可）则缺乏权限。因此，能源部将与其他部门以及议会共同制定政策措施，以加强美国的战略能力。

《关键材料战略》指出，关键材料通常只占清洁能源技术总成本的一小部分。因此，这些材料的价格上涨可能不会对最终产品价格或技术需求产生重要影响。特别是在中期和长期内，良好的政策和战略投资可以减少供应中断的风险（姜山等，2010）。

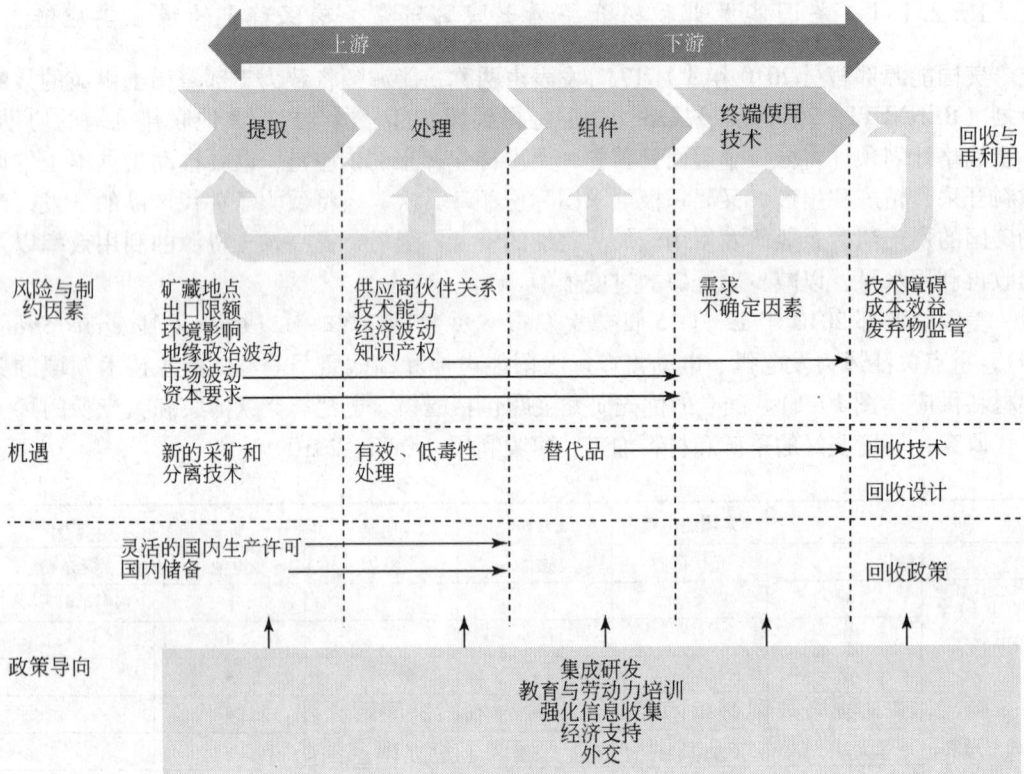

图 10-2　关键材料供应链的项目和政策导向

10.2.1.2　美国众议院通过稀土法案，呼吁建立国家稀土储备

据美国《防务新闻》2010 年 3 月 18 日报道，美国众议员麦克考夫曼提出了稀土法案，要求国防部和其他联邦部门振兴美国的稀土工业，并呼吁建立国家的稀土储备。法案称，美国应当采取措施建立具有全球竞争力的国内战略性原材料工业，确保美国国内市场的自给自足，实现采矿、加工、冶炼和制造的多元化。鉴于稀土不是美国国家储备，该法案要求国防部长开始购买对国家安全至关重要的稀土矿产品，并将之纳入国家储备。新法案将要求在法律生效后，国防储备中心从中国直接购买供五年使用的稀土。

新法案还要求确认目前全球稀土的市场状况，外国对其战略价值评判，国防部和国内制造业的稀土供应链脆弱性等。2010 年 9 月 29 日，美国国会众议院已经通过了 H. R. 6160 号法案，即"2010 年稀土与关键材料振兴法案"（Rare Earths and Critical Materials Revitalization Act of 2010）（House Republican Conference, 2010），授予在美国境内开发稀土资源的权限，以解决短期性的材料缺乏，确保对美国国家安全、经济与产业方面需求的长期供应。

10.2.1.3 国防部把稀土作为国防军事安全战略材料，注重来源风险评估

美国国防部每年都向国会提交国家战略安全储备需求报告（Report to the Congresson National Defense Stockpile Requirements）。2009 年 4 月，国防部向国会提交了国家战略安全储备重新配置报告（Reconfiguration of the National Defense Stockpile Report to Congress）（DOD, 2009）分析了美国战略安全领域的关键材料及其国内外供应情况，重点分析了确保美国国内不能生产的关键材料供应和满足国防需要所采取的措施。报告指出了未来可能采取的措施或行动，包括修订国家战略材料安全计划（Strategic Material Security Program, SMSP），发展集成方法加强战略材料管理；修改战略与关键材料储备法对战略材料安全计划的资助，确保必需的战略材料能应对目前和未来的需求和威胁。报告还提出对关键原材料来源的风险进行评估。根据美国国防分析研究所战略原材料风险评估报告，53 种战略材料中有 22 种存在供应不足、接近不足或存在问题（基于国防部长办公室 2008 年调查数据），其中就包括钇稀土元素。引起生产延误的原材料有 19 种，其中包括铈、镝、钆、镧 4 种稀土元素。

国防部国防国家储备中心（Defense National Stockpile Center, DNSC）负责重要战略资源储备的管理。国防部把储备资源分为三类（DOD2005）：标准材料（Standard Materials）、特殊材料（Specialty Materials）和非典型材料（Nonmodel Materials），其中标准材料有 36 种，特殊材料 17 种、非典型材料 2 种。在特殊材料中，包括钇稀土元素。

2008 年美国国家研究委员会发布的《21 世纪军用材料管理》（Managing Materials for a Twenty-first Century Military）报告（National Research Council, 2008），报告指出国防部应加强国防相关的战略关键材料的储备，进行有效的供应链管理，还应充分了解特殊材料（包括稀土元素钇）的需求及其供应信息，强调了建立国家国防材料管理系统新方法的重要性。在报告中列出的 36 种战略关键材料中，其中包括铈、镝、钆、镧、钕、钐、铽、钇等 8 种稀土元素。

2008 年美国国家研究委员会发布的《矿物、关键矿物与美国经济》（Minerals, Critical Minerals, and the U. S. Economy）研究报告，利用矿物关键度矩阵方法（Mineral Criticality Matrix）对铜、镓、铟、锂、锰、铌、铂族金属（铂、钯、铑、铱、锇、钌）、稀土元素、钽、钛、钒等 11 种矿物/矿物族进行关键评估，指出美国目前处于最大关键的矿物有铟、锰、铌、铂系金属和稀土金属。

美国能源部 2010 年 12 月 15 日发布的《关键材料战略》报告中，在所分析的材料中，5 种稀土元素（镝、钕、铽、铕、钇）和铟被评定为最关键的材料（图 10-3 和图 10-4）。

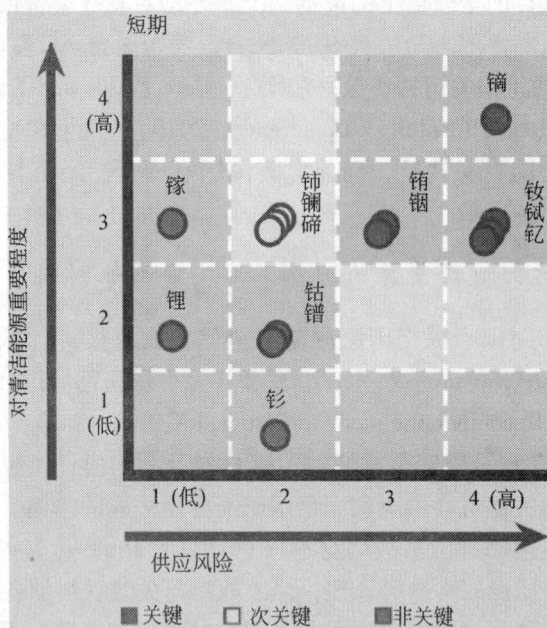

图 10-3　短期内（0～5 年）关键性矩阵

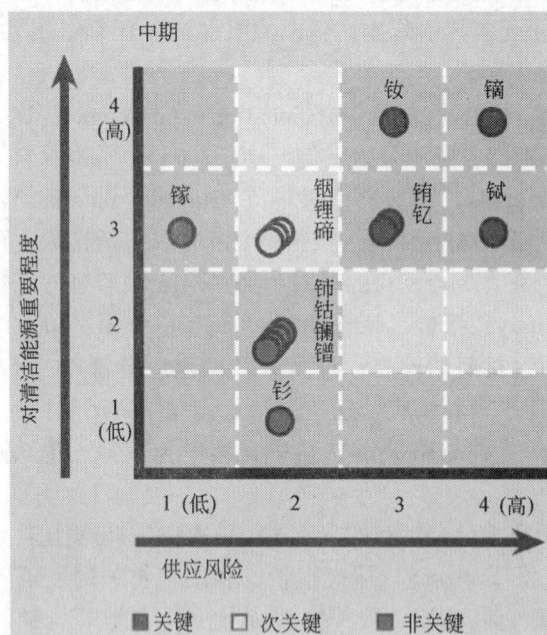

图 10-4　中期内（5～15 年）关键性矩阵

美国国防大学军事工业学院（Industrial College of the Armed Forces，ICAF）2008 年发布的《战略材料工业研究》报告提出稀土元素对于美国的国防工业具有重要的作用，目前的主要应用领域包括汽车催化转换器、冶金合金、陶瓷、荧光粉、石油炼制催化剂、磁体、手机（陶瓷磁性开关）、核能等（ICAF，2008）。

10.2.1.4 拟重启国内稀土矿，并加紧稀土矿产资源勘探工作

2010年2月，美国磁铁工业界呼吁奥巴马政府迅速采取行动，恢复美国稀土开采和加工。建议建立国防需要的稀土短期储备，能源部要设立20亿美元的贷款担保计划以帮助西部的矿业公司建立新的采矿和加工设施（Service，2010）。2009年10月，美国钼矿业公司（Molycorp）称正准备重启荒废多年的加利福尼亚芒廷帕斯稀土矿。该公司正在准备升级设备扩大生产，目标是在2012年之前稀土年产量达到2万吨，这个数量足以满足美国的需要，包括防务装备的需要（稀土信息，2009）。

美国还加紧稀土矿产资源勘探工作。2009年12月24日，美国稀土有限公司（U. S. Rare Earths，Inc.）公布了爱达荷州钻石溪（Diamond Creek）进行的勘查开发计划的勘查结果，据测算总稀土含量高达4.7%。（稀土信息，2010）2009年8月24日，稀土元素资源公司（Rare Element Resources）扩大美国怀俄明州东北部贝诺杰（Bear Lodge）矿山的稀土金属资源量的钻探工程已开始进行。贝诺杰矿山的一个稀土金属矿圈定推断资源量982万吨。其中，氧化带矿石量456万吨，过渡带和非氧化带矿石量526万吨。稀土氧化物平均品位4.1%，折合稀土金属量36.3万吨。

美国地质调查局（USGS）2010年11月16日发布了全美稀土元素矿床调研报告（Long et al.，2010）。该报告对当前美国稀土元素的消耗和进口情况、当前美国国内资源情况以及未来在美国国内进行稀土生产的可能性进行了总结，并重申了稀土元素的基本地理要素。报告还进一步详述了美国国内重要的稀土矿床，开发美国国内稀土资源的必要步骤，并对美国国内稀土开采情况进行了总结（姜山，2010）。

10.2.1.5 支持稀土替代材料研究项目和计划，开展稀土元素回收利用

美国能源部（DOE）很重视稀土材料的研究，特别是在能源领域的应用研究。2010年，能源部基础科学办公室、能源效率和可再生能源办公室和能源高级研究计划局共提供了约1500万美元用于研究磁体稀土材料和替代品研究。能源高级研究计划局还为下一代不需要稀土的电池技术提供3500万美元的资助。车辆用稀土磁性材料是DOE 2009年经济复兴与再投资法案（American Recovery and Reinvestment Act of 2009）的重要项目，项目跨度为3年、总资助金额为446万美元。项目主要是开发新型高能量密度、低稀土含量的磁纳米技术，以期降低混合动力、插入式混合动力和电动汽车马达和先进风力发电机的重量并提高效率。亚拉巴马大学（University of Alabama）的Vohra Yogesh获得DOE资助的管理科学学术联盟项目48万美元的基金，进行高压下重稀土金属结构和磁性研究。阿尔弗雷德大学（Alfred University）2003年获得DOE能效和清洁能源项目50万美元的资助，主要研究稀土铝硅酸盐玻璃用于高强度气体放电灯和燃料电池的密封玻璃材料的适用性。DOE的艾姆斯国家实验室、西北太平洋国家实验室、阿尔贡国家实验室、橡树岭国家实验室等都进行稀土元素在能源方面的基础和应用研究。例如，艾姆斯实验室在2007~2011财年实验室计划中，强调了在基础材料研究方面要成为稀土和金属间化合物的领先地位。

美国国家航空航天局（NASA）主要进行稀土永久磁体在斯特林发动机方面的应用、

稀土掺杂选择性激光器、稀土掺杂玻璃激光器以及稀土掺杂光纤激光器/放大器等研究项目。

美国国家科学基金会（NSF）资助了许多与稀土有关的研究项目，2005年以来资助的稀土相关研究项目有20多项，资助经费达600多万美元。项目研究主要集中在稀土元素基础研究以及在能源、环境、医学等方面的应用。NSF工业/大学联合研究中心2010年建立了资源回收和再循环中心（Center for Resource Recovery & Recycling, CR3），其主要研究项目之一为稀土金属的生产和回收。

10.2.2 日本：加紧替代材料开发，拓展海外和海底稀土资源

2009年7月，经济产业省（METI）发布了《确保稀有金属稳定供应战略》（Strategy for Ensuring Stable Supplies of Rare Metals）（METI, 2009a），其战略核心内容即通过各种方式保障日本的稀土供应，降低对中国资源的依赖程度，保护日本核心利益。日本在稀有金属方面的主要政策和措施包括：战略储备，通过日本石油天然气金属矿产资源机构（JOG-MEC）对重要战略资源进行收储；鼓励投资海外矿产，开发海底资源，确保日本的稀有金属资源供应；稀有金属回收、高效利用以及替代材料方面的开发研究等。

10.2.2.1 强化稀有金属资源战略储备，保证官方储备和民间储备

日本始终把稀有金属的战略储备（METI, 2006）放在重要位置。早在1983年，日本就出台了稀有矿产战略储备制度，规定国家和部分有关企业必须储备一定数量的钒、锰、钴、镍、钼、钨、铬等稀有金属，通常情况下，日本的稀有金属储备必须足够全国2个月左右的需求。2005年12月，日本经济产业省资源能源厅成立了资源战略委员会，检查考虑矿石产品特点、预期风险类型、稀有金属实施行动方式的中期措施。2006年日本经济产业省把铟、稀土等也列为必须储备的战略物资。

日本对稀有金属的储备主要分为官方储备和民间储备，官方储备主要由JOGMEC负责，这是一个面向日本海外矿业投资企业的服务机构，其前身是20世纪60年代日本通产省（经济产业省前身）先后成立的日本金属矿业事业团和日本石油公团。2002年7月，日本国会将两个机构合并成立JOGMEC。合并后的JOGMEC不再隶属于经济产业省，而是变成了一个独立运作的行政法人机构，具体职责包括国内外矿物勘探的援助和金融贷款、建筑监督、向发展中国家派遣专家和进行技术合作、国内回收利用相关技术开发等。日本稀有金属战略储备的机制见图10-5（Hiroshi Kawamoto, 2008）。民间则由"特殊金属储备协会"牵头，负责协调各种有关企业的稀有金属储备工作。该协会由新日本制铁、日本联合钢铁、神户制钢所、住友金属、日立金属、大同特殊钢等30家有关企业和团体组成。

10.2.2.2 鼓励企业投资海外矿产资源，开发海底资源

1) 鼓励日本企业进行海外矿产资源投资

日本政府大力推动低碳经济和产业结构调整，对矿产资源有巨大的需求，为了保障日本矿产的供应，一直以来鼓励日本企业进行海外矿产资源投资，包括协助日本企业进行海

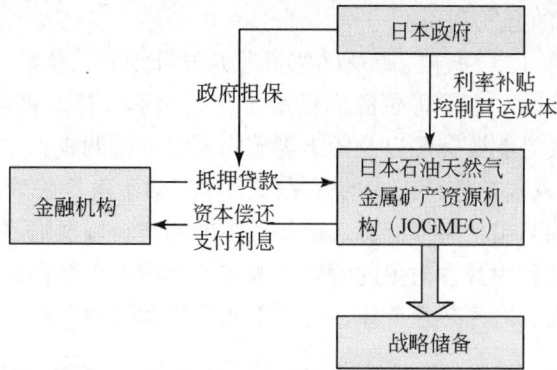

图 10-5　日本官方稀有金属战略储备机制

外矿产资源的勘查，为企业提供融资担保。例如，JOGMEC 通常会向日本海外经济合作基金会、日本进出口银行等金融机构提供贷款担保，担保比例最高可达到 80%，并和投资所在地相关方进行沟通，为日本企业创造良好的投资环境，以此获得勘探项目的股权。日本目前正在进行的海外矿产投资项目见图 10-6，包括越南老街省 – 安沛省的稀土勘探项目、澳大利亚 Border 区域的稀土勘探项目、南非的稀土勘探项目以及博茨瓦纳稀土勘探项目等（METI，2009b）。

　　随着中国最近一系列矿产投资的动作，日本也感受到了压力，正在下决心对 JOGMEC 角色进行改革：日本经济产业省正计划推动国会修改法律，来帮助日本私营企业获取更多海外矿产资源，允许 JOGMEC 和私营企业一起合作投资海外矿产等。

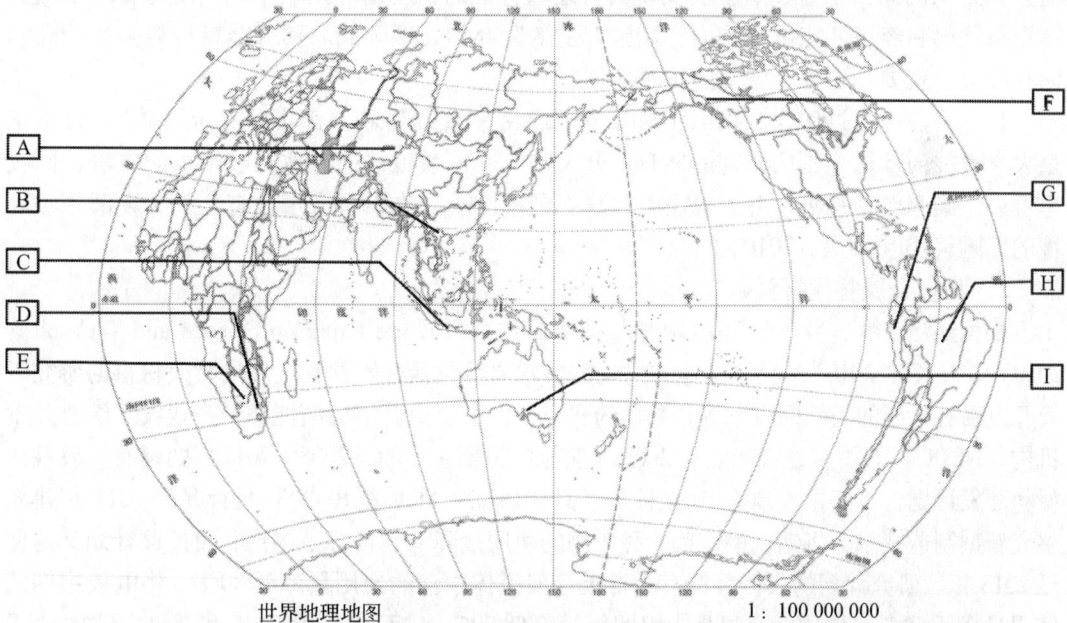

世界地理地图　　　　　　　　　　　　　　　1 : 100 000 000

图 10-6　日本正在进行的海外联合勘探项目（后附彩图）

A. 哈萨克斯坦 Ushkol-Mulaly 地区钨矿；B. 越南老街省 – 安沛省稀土矿；C. 印度尼西亚 Kajong 地区铟矿；D. 南非稀土矿；E. 博茨瓦纳稀土矿；F. 加拿大赛尔文钨矿；G. 秘鲁 Pashpap 地区钼矿和铟矿；H. 巴西 Aguapei 地区铜镍铂系矿；I. 澳大利亚 Border 稀土矿

2）加快海底资源的开发利用

2009年，日本颁布了《海洋能源及矿物资源开发计划》（草案），预示着日本可能通过对海底矿产资源的开发，来保证资源的供给。草案显示，日本将从2010年度开始对其周边海域的石油天然气等能源资源以及稀土等矿物资源进行调查，主要调查其分布情况和储量，并在10年内完成调查进行正式的开采。该计划第一次详细表述了日本今后对于海底资源的具体开发步骤，包括海洋能源、矿物资源的调查，以及海底资源开发地区、时间及方式等基本内容。被列为开发对象的海底资源有四大项：包括白金和稀土类元素在内的钴含量丰富的锰氧化物、海底热液矿床、天然气水合物和石油天然气。

10.2.2.3 积极开展稀有金属回收、高效利用以及替代材料研究

日本对稀土金属的研究主要分为短期目标和中长期目标，短期研究目标为稀土金属的回收利用（3R政策），中长期研究目标为稀土金属的高效利用和替代材料的研究。

1）稀有金属的回收

为了解决日本面临的资源难题，日本设定了一系列法律，如《环境基本法》等，用以建立起健全的物质循环型社会。为建立基本的体制，政府实施了《废弃物处理法》以及《提高资源综合利用效率法》。此外，还实施了其他一些法律法规，对各种产品/材料的最终处理做出了规定。

基于《环境基本法》，为了建立起健全的物质循环型社会，日本政府于2001年制定了《环境基本计划》，2008年3月制定了该计划的修正案《第二期基本计划》。《环境基本计划》修正案的第二个着重点就是实现具有地域特征的物质循环区域。这一概念要求根据具体资源状况和经济环境承受能力，制定合适的废弃物处理区域。稀有金属材料需要较高的回收技术，就要考虑在全国范围内进行回收利用。

日本目前正通过回收利用旧手机等电子产品来大力开采"都市稀有金属矿"。日本东京大学教授冈部彻率领的研究团队日前开发出一套从钕磁铁中有效回收稀土的方法，回收率可以达到80%~90%，由于磁铁中的铁不会析出，回收不会产生含有金属的废液，对环境的影响较小（万勇，2010）。

2）稀土金属替代材料研究

根据经济产业省发布的2010科学与技术白皮书（White Paper on Science and Technology 2010）（MEXT，2010），经济产业省优先的研发项目包括开发稀有金属的替代材料的研究以及开发稀有金属的高效回收系统，具体的研究工作主要由其下属新能源与产业技术综合开发机构（NEDO）开展。经济产业省2008年实施的为期4年的（2008~2011）的稀有金属替代材料开发计划，当年投入预算10亿日元（具体研究项目见表10-2），目标是到2011年建立整套新型制造技术，将铟、镝、钨三种矿物的使用量降低到目标范围内，目前该计划又延伸至2013年。研究计划的具体目标有：稀土金属磁体中镝的使用量降低30%，将电极中铟的使用量降低50%，硬质合金刀具中钨的用量降低30%（NEDO，2009）。文部科学省的"元素战略计划"的目的是在不使用稀有或者危险元素的前提下开发高性能材料，研究将在充足、可用、无害的元素中展开。环境省通过环境废物管理研究基金（Environment Waste Management Research Grant），优先资助向从焚化的灰尘中回收稀有金属的研究。

表10-2 经济产业省稀有金属替代材料研究项目

关键技术	被替代或降低使用量的稀土金属	说明
透明电极中铟降低使用量技术开发	铟	铟锡氧化物（ITO）通常包含90%的铟，目标是降低50%以下，开发高度分散的纳米油墨和ITO纳米粒子合成技术
透明电极中铟替代材料技术开发	铟	氧化锌透明电极系统逐渐成为ITO透明电极的替代技术
稀土磁体中镝降低使用量技术开发	镝	镝是提高烧结NdFeB烧结磁体耐热温度不可或缺的添加剂，目标是镝使用量减少30%以上
硬质合金工具中钨降低使用量技术术开发	钨	硬质合金工具（刀具）中钨的使用量减少30%以上
硬质合金工具中钨替代材料技术开发	钨	金属陶瓷刀具开发，硬金属陶瓷涂层技术等
尾气净化催化剂中铂降低使用量和替代材料研究	铂	铂抑制烧结技术、铁等过渡金属替代材料开发、催化反应等离子体处理技术、柴油尾气净化铂催化剂使用量减少技术等
精密抛光用铈降低使用量和替代材料技术开发	铈	降低磨料铈使用量超过30%
荧光材料铽、铕降低使用量和替代材料技术开发	铽、铕	荧光材料中铽、铕等使用量降低80%以上。建立新的高速理论计算方法和材料化学合成工艺，建立新的荧光高速评价方法，开发新的玻璃材料，以减少荧光损失技术开发等

10.2.2.4 日本大型企业多种渠道获取稀土资源

日本多家大型企业都依赖稀土资源，通过多种渠道获取。日本丰田公司与越南达成稀土矿的相关协议，确保了钕和镧材料在丰田汽车的电动发动机中的使用。日本丰田公司2010年12月8日宣布打算在印度东部新建一座稀土矿提炼工厂，新工厂选址印度奥里萨邦，定于2011年初动工、同年底投产，主要提炼混合动力车发动机所用钕等3种稀土金属，预计稀土年产量为3000~4000吨。

日本最大的两家商社签署了一项重要的供应协议，旨在打破中国对稀土金属供应的控制。根据协议，住友公司和三菱公司将从美国加利福尼亚州的芒廷山口矿场联合进口4000吨铈、镧、钕以及其他元素。此外，日本双日株式会社希望从澳大利亚和越南进口1.5万吨稀土。日本政府高层人士表示，日本的目标是"到2015年使从中国进口的稀土量降至现在的五分之一以内"。

日本一面指责中国在稀土出口上对其"差别对待"，一面以各种隐蔽手段继续从中国变相获取稀土资源。日本三井物产等综合商社利用从中国进口碎玻璃等"废弃物品"，从中提取获得镧、铈等稀土元素。

10.2.3 欧盟：开展原材料和贸易战略，加强对华合作

欧洲稀土资源储量很少，而稀有金属等原材料对于在欧洲制造的许多产品都尤为重要，需依赖从中国或印度等国进口，最近欧盟开始审查其战略资源供应方面的弱点。欧盟不仅积极就我国限制战略原材料出口向 WTO 提起诉讼，而且采取措施保证原材料供应。欧盟与日本就稀土稳定供应达成协议，表明欧盟愿与日本就稀土新技术开发、稀土调配的国际交涉采取一致步调。

10.2.3.1 公布新贸易战略，以稀土为突破口强化对华合作

2010 年 11 月 9 日，欧盟公布了名为《贸易、增长与全球事务》的未来五年全球贸易战略蓝图讨论文件，其中分析了贸易如何推动欧盟经济增长并创造就业，并提出削减贸易壁垒、打开全球市场、让欧盟企业更加公平地参与竞争的战略。新战略多方面涉及中国，欧盟将会向中国提出更加苛刻的要求，如在开放公共采购、保护知识产权、稀缺资源供应、市场准入、反对贸易保护等方面。2010 年 12 月 21 日，第三次中欧经贸高层对话在北京结束，在稀土出口方面，欧盟得到了中国的承诺，将确保对欧盟的稀土供应。

10.2.3.2 提出新的原材料发展战略，应对需求危机

2008 年 11 月，欧盟就提出了新的原材料发展战略以应对欧洲对于原材料需求的危机，新战略中提及的原材料中就包括多种稀有金属。在新战略中，欧盟委员会建议欧盟应首先确定哪些原材料是至关重要的，并从以下三方面保障原材料供应。在国际层面上消除第三国对原材料贸易的限制性做法，确保欧盟进口；挖掘欧盟内部资源，促进原材料可持续供应；提高资源使用效率和回收利用。新战略还提出，欧盟应锁定第三国扭曲原材料贸易的行为，并利用一切可能手段，包括诉诸世界贸易组织争端解决机制，迫使对方加以纠正。表 10-3 为欧盟为解决原材料危机提出的倡议（EU，2008）。

表 10-3 欧盟解决原材料危机倡议

倡议	响应层面		
	欧盟	成员国	产业界
1. 定义危机原材料	√	√	√
2. 与主要工业化国家和资源丰富国家实施欧盟原材料外交战略	√	√	
3. 将原材料供应准入和可持续管理纳入一切双边和多边贸易协定以及适当的调节性对话中	√	√	
4. 利用一切现有的机制和手段应对第三国扭曲原材料贸易的行为，包括诉诸世界贸易组织争端解决机制；监测进展情况发布关于贸易方面的执行情况的年度进度报告	√	√	√
5. 在发展政策领域通过预算支持、战略合作等措施，促进原材料的可持续获得	√	√	

倡议	响应层面		
	欧盟	成员国	产业界
6. 土地使用权规章制度的改善 ● 促进土地使用规划和土地勘探和开采管理的最优实践交流 ● 提出土地开采透明化指导方针或对 "Natura2000" 生态保护网络附近区域实施环境保护	√		
7. 以增加欧盟知识库为目的，鼓励各国家地质调查形成更好的网络		√	
8. 提高技能，重点研究创新勘探和开采技术、回收、材料替代和资源利用效率	√	√	√
9. 提高资源利用效率，培育原材料的替代材料	√	√	√
10. 促进回收和提高二次原材料的使用	√	√	√

10.2.3.3　监测重要原材料供应，特别是稀土供应

欧盟委员会 2009 年建立专家组开始监测 49 种重要原材料的供应情况（凤凰网财经，2009）。该专家组已提出了原材料供应的三种风险：进口风险，指原材料进口自政治不稳定的地区或市场经济不起作用的国家；欧盟内生产风险，指面临获得土地等潜在问题；环境风险，从环境角度评估原材料的使用。目前，欧盟尤其担心稀土的供应，特别是预计用于磁体的钕将出现短缺。

2010 年 6 月，欧盟委员会专家组发布报告《欧盟危急原材料》（*Critical Raw Materials for the EU*），在被分析的 41 种矿物和金属中，其中有 14 种被认为是 "危急的"。这 14 种危急矿物原材料是：锑、铍、钴、萤石、镓、锗、石墨、铟、镁、铌、铂系金属、稀土、钽、钨。这些原材料很大一部分产量是来自欧盟以外的国家：中国（锑、萤石、镓、锗、石墨、铟、镁、稀土、钨）、俄罗斯（铂系金属）、刚果（金）（钴、钽）、巴西（铌、钽）等。专家组提出以下建议：每五年更新一次欧盟关键原材料列表，并扩大危险程度评估范围；制定政策，获取更多的主要资源；制定政策，提高原材料及含原材料产品的循环使用效率；鼓励替代特定原材料，特别是推动关键原材料的替代研究；提高关键原材料的整体材料效率（万勇，2010）。

10.2.4　韩国：扩大储备规模，多国合作开发海外稀土资源

韩国也是非常注重稀有金属资源，积极进行储备，不仅用于战略储备，而且用于工业储备应用。近期韩国采取了扩大稀有金属储备名单，计划推动稀有金属材料发展综合对策，出台 "强化海外资源开发力度方案"，与南非、越南、澳洲等合作开发稀有金属等矿物资源等一系列措施，保证本国的资源供应。

10.2.4.1　扩大稀有金属储备名单，不断提高稀有金属储备规模

对于稀有金属资源，韩国也是积极进行储备。2008 年 3 月，韩国将铟、钨、钼、锗等

在内的 12 种稀有金属列为"国家极为稀缺的战略资源",同时强调这只是国家加大战略资源储备力度的第一步,另外 19 种战略资源也将是韩国一直关注的目标。2008 年 7 月,韩国知识经济部决定增加稀有金属储备,将采取官方和民间企业合作的方式,不断提高稀有金属储备规模,到 2012 年将稀有金属储备种类由 2008 年的 12 种,增加到 22 种,规模由 2008 年的满足国内 19 日使用量,增加到满足国内 60 日使用量。2010 年 10 月,韩国知识经济部宣布将投资 1500 万美元,在 2016 年前储备 1200 吨稀土。

10.2.4.2 韩国政府计划推动稀有金属材料发展综合对策

2009 年 11 月 27 日,韩国政府发表《稀有金属材料产业发展综合对策》,截至 2018 年计划投入 3000 亿韩元,开发二级电池、LCD 及 LED 等尖端产业所需锂、镁等金属原创技术。《稀有金属材料产业发展综合对策》主要内容包括:①选定锂、镁等 10 大稀有金属的 40 项主要原创技术;②截至 2018 年投入 3000 亿韩元进行技术开发;③将稀有金属自给率从目前 12% 提高至 80%;④积极培育稀有金属专门企业,将目前仅有的 25 家专门企业增加至 100 家;⑤依地区组成稀有金属产业联盟;⑥于 2010 年在仁川松岛设立稀有金属产业综合支持中心。⑦将稀有金属储备量扩增到 60 天;⑧批准回收企业进驻产业园区。

10.2.4.3 出台"强化海外资源开发力度方案",与多国合作开发稀土资源

韩国知识经济部 2010 年初出台的"强化海外资源开发力度方案",将非洲国家选定为重点进行资源能源合作对象,积极开展资源能源外交。2010 年 10 月 12 日的韩国知识经济部部长与哈萨克斯坦副总理就两国共同开发包括稀土类在内的稀有金属资源签订了政府间的谅解备忘录,两国决定在共同采掘资源上进行持续的协商。2010 年 12 月,韩国知识经济部副部长朴永俊出访日本,就联合开采、稀土替代材料以及循环技术等展开了讨论,韩日联合采取行动保证稀土等资源。2011 年 1 月 4 日,韩国政府公布的一份声明中称除了与日本合作在海外开发稀土资源以外,韩国今年将在越南、澳洲、吉尔吉斯斯坦和南非开发稀土资源。

10.2.5 澳大利亚:近期将形成较大稀土开发能力

随着国际稀土业进出口市场的调整,作为潜在的稀土生产国澳大利亚将获得稀土较快发展的机会,甚至可能在数年后成为世界上主要稀土供应国之一。有经济界人士预测,澳大利亚具有大量高价值性能的稀有金属矿藏,2014 年左右就会成为世界主要稀土供应地。未来 5 年内可进行稀土资源开发的矿床有韦尔德山(MountWeld)、诺兰(Nolans)、亚达博(Dubbo Zirconia)、Cummins Range 等稀土矿(李桂芬,2010)。

澳大利亚的莱纳斯公司(Lynas Corporation)拥有韦尔德山稀土矿权权益。2008 年进行露天采矿设计和优化,并于 2008 年 6 月开展了第一阶段采矿活动,共采出矿石 77 万吨。莱纳斯公司在马来西亚建有稀土分离冶炼厂,计划于 2011 年开工重启,将韦尔德山的稀土矿运到马来西亚进行冶炼。莱纳斯公司是近期可能形成很大的稀土生产能力的公司。

澳大利亚阿拉弗拉资源有限公司(Arafura Resource Ltd.)拥有诺兰稀土矿床。目前进

行可行性研究工作,并计划在 2011 年开始项目建设,2012 年投产。2009 年 6 月 1 日,中国华东有色地质勘查局所属的江苏华东有色金属投资控股公司以 2294 万澳元成功收购阿拉弗拉资源有限公司 25% 的股权。

澳大利亚达博项目未来 5 年内也有望得到开发。项目示范试验工厂位于悉尼南部的卢卡斯高地,自 2008 年一直在实证达博项目的工艺流程图。随着生产率的提高,达博项目每年将生产 22500 吨碱式硫酸锆、氢氧化锆、碳酸锆、氧化锆,2500 吨铌(氧化铌 1750吨);2475 吨钽精矿(轻稀土精矿,其中有 753 吨氧化钽)。最近,卢卡斯高地的示范实验工厂已经开始生产第一批轻稀土和钇重稀土。

澳大利亚 Cummins Range 稀土项目也正在勘探之中。纳维加特资源公司正勘探该项目,授予勘探许可区域约 48.5 平方公里。该项目总资源量 417 万吨,REO 品位 1.72%,P2O5 品位 11.0%,U3O8 品位 187ppm,总稀土氧化物量 7.17 万吨。其中,轻稀土占95.6%,中稀土占 4.1%,重稀土占 0.3%。

10.2.6 加拿大等其他国家:积极开发稀土资源

世界其他国家也有很多稀土资源,如加拿大、俄罗斯、越南、南非、蒙古等,这些国家也正积极和日美韩等国家签署合作开发协议,准备国内的稀土资源开发工作。

加拿大的主要稀土矿有托尔湖稀土矿和霍益达斯稀土矿床。托尔湖稀土项目已经圈定6 个稀有-稀土金属矿区,分别富集稀土、钽、铌和锆等金属,阿瓦隆公司预计在 2009~2010 年完成预可行性研究。霍益达斯稀土矿床 2010~2011 年开始工程设计和进行建设,2012 年投产。

俄罗斯 2011 年 2 月完成了稀土发展报告,分析了世界与俄罗斯稀土矿产资源政策及地质勘探、稀土矿业生产与消费形势,俄罗斯稀土资源的现状、潜力与危机,以及主要国家稀土金属利用的动态情况。为确保巩固俄罗斯国家安全需要和实现稀土开采技术逐步发展,将制定俄罗斯政府稀土专项计划;俄罗斯政府高技术和创新委员会已决定,制定稀土技术清单,并在建立稀土技术平台框架下付诸实施。

越南、南非、印度、马来西亚、菲律宾、印度尼西亚等国家也积极与日本、韩国、美国等国家及其大型企业建立联合开发稀土矿的协议,共同开发稀土资源。

10.2.7 小结

稀土的战略意义不言而喻,通过以上分析,得出以下小结。

1)各国频繁发布稀土和稀有金属战略和政策,加强稀土战略储备

美日欧韩等国家地区一直都非常注重本国的稀土战略储备。美国持续开展稀土战略研究,颁布稀土法案,建立国家稀土储备,注重来源供应和风险评估。日本更是出台了《确保稀有金属稳定供应战略》,提出了确保稀有金属供应的政策和措施,保证足够的官方储备和民间储备。韩国也是非常注重稀有金属资源,积极进行储备,不仅用于战略储备,还用于工业储备应用,采取了扩大稀有金属储备名单,计划推动稀有金属材料发展综合对策等。

2）稀土替代材料开发、回收和高效利用研究日益升温

各国正在开发新材料来代替稀土或减少对稀土的依赖，还采取各种措施积极开展稀土回收和利用研究，试图减少对中国的稀土依赖。美国能源部、国家科学基金会、日本经济产业省、NEDO 等投入资金支持稀土相关项目和计划的实施。美国开发出稀土永磁电机的替代品——使用电磁材料的感应电机；日本和北海道大学宣布成功研发出完全不必使用稀土元素磁体的电机，但技术还不成熟；美国内布拉斯加大学研制采用铁钴合金（FeCo）的永磁材料，特拉华大学正在开发一种使用极少量珍贵稀土的纳米复合材料。但是材料和技术的开发可能需要很多年，当前的替代材料只是一种折中之选。在回收利用方面，日本通过回收利用旧手机等电子产品来大力开采"都市稀有金属矿"，从钕磁铁中有效回收稀土；日本三井物产等综合商社利用从中国进口碎玻璃等"废弃物品"，从中提取获得镧、铈等稀土元素，变相获得稀土资源。

3）拓宽稀土来源，投资和开发中国以外稀土资源，确保稳定供应

各国都在尽力拓宽稀土资源的多渠道来源，加紧投资和开发中国以外的稀土矿产。美国将于近期欲准备重新启动芒廷帕斯稀土矿；日本与蒙古、越南、澳大利亚、印度等国家签署稀土资源开发协议，鼓励国内企业进行海外投资和开发。韩国亦如此，出台的"强化海外资源开发力度方案"，与越南、澳大利亚、南非等联合开发稀土资源。澳大利亚 4 个稀土矿未来 5 年内有望形成较大的稀土开发能力，甚至可能在数年后成为世界上主要稀土供应国之一。加拿大、越南、俄罗斯等国家也正在积极准备开发本国的稀土资源。

4）各国联合掀起货币战与贸易战，对抗中国的稀土出口限制

面对所谓的中国出口禁运，美日等纷纷出手，一方面通过与其他国家的合作逼迫中国放弃稀土出口政策，进而通过技术优势掌控中国无法掌握的稀土定价权；另一方面，通过国际上的政治施压，借口稀土掀起货币战与贸易战，以此来对抗中国。

10.3 稀土永磁材料产业发展和新应用分析

在稀土功能材料如磁性材料、储氢材料、发光材料、催化材料等中，稀土永磁材料特别是 NdFeB 永磁材料是研究开发的热点，也是目前应用最广泛、产销量最大的一种，也是我国具有较强国际竞争力的为数不多的优势产业之一。

10.3.1 世界稀土资源和产业发展分析

世界稀土资源分布极不均匀，主要集中在中国、美国、印度、独联体国家、南非、澳大利亚、加拿大、埃及等几个国家，其中中国的占有率最高。中国稀土产量和消费量都居世界第一，全世界近 90% 的稀土由中国供应。受中国稀土出口限制，美国、加拿大、澳大利亚等国家拟重启或开采新的稀土矿床，未来 5 年内可形成较大的稀土开发能力。

10.3.1.1 世界稀土资源分布

根据美国地质调查局 2010 年公布的稀土统计数据（USGS，2010），世界稀土储量约 1

亿吨，基础储量约 1.5 亿吨（以稀土氧化物 REO 计，下同）。中国稀土资源丰富，储量占世界之首，其次为美国、澳大利亚、独联体国家、加拿大、印度、马来西亚等国家/地区（图 10-7）。中国稀土储量约为 5200 万吨①，约占世界总储量的 45%，基础储量约为 8900 万吨，约占全球的 58%。美国稀土储量为 1300 万吨，约占世界总储量的 12%。澳大利亚稀土储量为 540 万吨，约占世界总储量的 5%。独联体国家、加拿大、印度、南非、巴西、马来西亚、印度尼西亚、斯里南卡、蒙古等国家和地区也发现具有一定规模的稀土矿床。随着世界各国稀土探明储量的增加，我国稀土储量的比例将进一步下降。但重稀土（Tb、Dy、Ho 等）储量我国具有特别的优势，而且是稀土中最宝贵和最重要的资源。表 10-4 为国外主要稀土矿床现状，未来 5 年内可形成稀土开发能力的有美国的芒廷帕司、加拿大的霍益达斯湖和托尔湖、澳大利亚的韦尔德山和诺兰等矿床。

10.3.1.2 世界稀土产量分布

美国地质调查局数据显示，1965～1984 年美国的稀土产量一直处于世界主导地位，1984 年后中国稀土产量开始增加，至 1991 年后中国稀土产量大幅增加，而美国的产量却不断下降，中国成为世界第一稀土生产国，垄断全球大部分的稀土产量。美国稀土产量不断下降至停产，主要是受中国稀土产量和出口量增加的影响。美国完全可以从中国低价进口稀土材料，使得美国矿产公司退出了稀土开采业务。

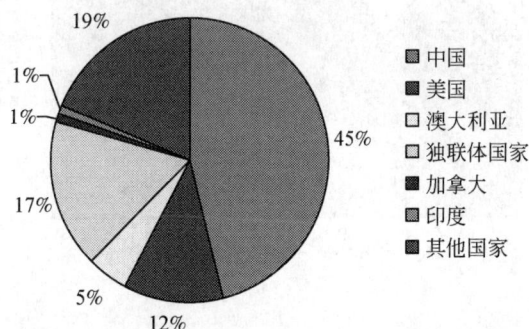

图 10-7 世界稀土储量主要国家分布（后附彩图）

表 10-4 国外主要稀土矿床现状

矿床/项目名称	国别	矿石储量/万吨	REO 品位	金属量/万吨	稀土类型	现状
芒廷帕司	美国	5 000	8%~9%	430	轻稀土	停止开采多年，拟重新开采
贝诺杰	美国	980	4.1%	36.3	轻稀土	预可行性研究
托尔湖	加拿大	6 521	2.05%	133	轻重稀土	预可行性研究

---

① 中国稀土储量说法不一，美国地质调查局 2010 年 1 月发布的统计数据表明，我国的稀土储量为 3600 万吨，占世界总储量 9900 万吨的 36%；本章采用目前使用较广的数据，世界累计探明稀土工业储量约 1 亿吨，中国为 5200 万吨左右

矿床/项目名称	国别	矿石储量/万吨	REO 品位	金属量/万吨	稀土类型	现状
霍益达斯湖	加拿大		2.568%	96.4	轻稀土	2010~2011 年开始工程设计和建设，2012 年投产
韦尔德山	澳大利亚	770	11.9%	92	轻稀土	开发搁置，计划于 2011 年重启
诺兰	澳大利亚	30 000	2.8%	85	轻稀土	可行性研究
达博	澳大利亚	3 570			轻重稀土	示范实验厂开始生产
Cummins Range	澳大利亚	417	1.72%	7.17	轻重稀土	预可行性研究
Crown Polymetallic	澳大利亚	150	0.10%		Y_2O_3	
科瓦内湾	丹麦	45 400	1.07%	491	轻稀土	可行性研究

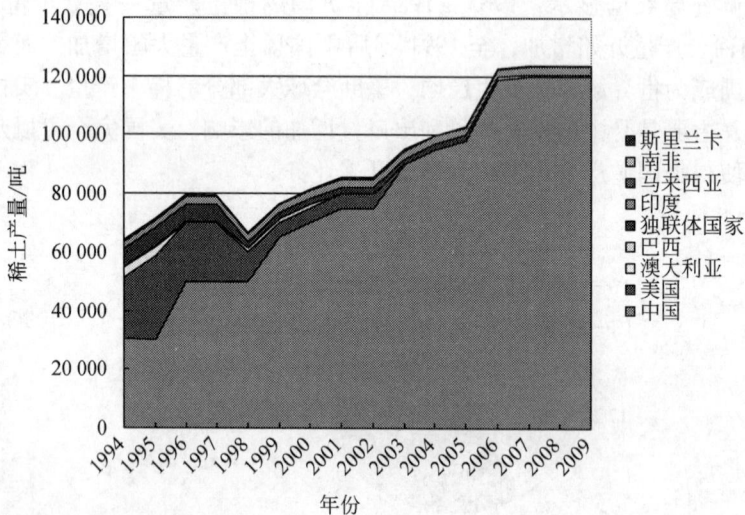

图 10-8　1994~2009 年世界稀土产量分布图（后附彩图）

由图 10-8 可见，中国稀土产量一直处于上升阶段，从 1994 的 3.06 万吨上升到 2009 年 12 万吨，中国占世界稀土产量份额从 47.49% 上升到 96.99%。美国稀土产量由 1994 年的 2.07 万吨逐渐下降到 1 万吨、5000 吨，到 2003 年以后就不再开采稀土。独联体国家 1994 年 6000 吨，1998 年后降为 2000 吨，2006 年后不再开采。印度稀土产量一直保持在 2700 吨左右。马来西亚的稀土产量多为 250~400 吨。目前世界稀土产量分布主要在中国、巴西、印度、马来西亚等国家，而中国占有绝大部分。

10.3.1.3　世界稀土进出口分析

2002~2012 年世界稀土供应和需求分布情况见图 10-9（Vulcan，2008）。目前世界稀土需求量主要由中国供应，未来几年内其他国家的稀土供应量有望增加。同时，中国的稀土消费需求也是最高的，远远超出了世界其他国家需求的总和。

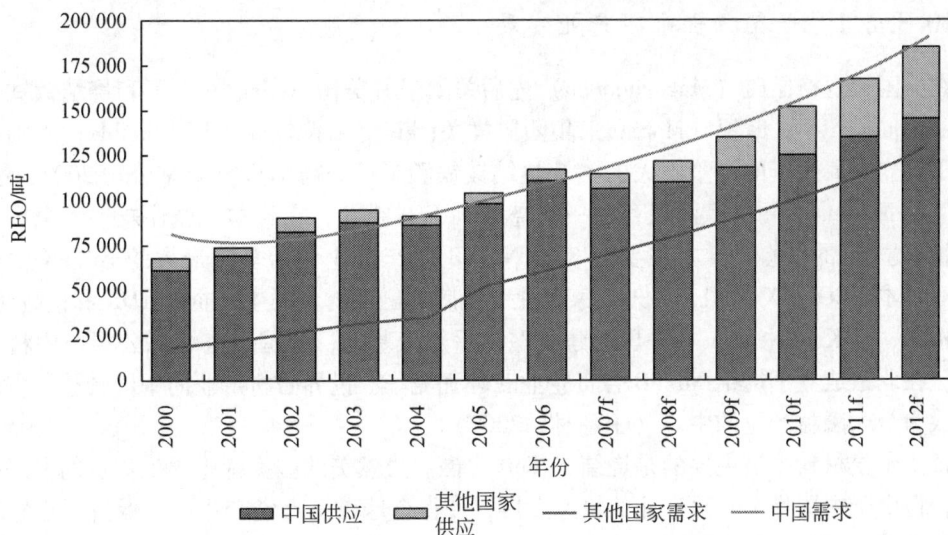

图 10-9 2002~2012 年世界稀土供应和需求分布

2009 年中国稀土冶炼分离产品出口到 49 个国家和地区，全年稀土冶炼分离产品出口总量为 3.61 万吨，比 2008 年增长 16.67%，出口金额为 3.10 亿美元，比 2008 年下降 34.92%。2009 年中国稀土冶炼分离产品的主要出口国排在前 5 位的日本、美国、中国香港、法国、意大利等。2009 年我国进口稀土冶炼分离产品 3394 吨，总金额 3612 万美元，分别比 2008 年增加 128.55% 和 95.98%（国家发展和改革委员会产业协调司，2009）。

美国 2005~2008 年稀土金属及化合物的进口规模为 1.5 万~2 万吨，主要进口类型包括稀土氧化物与化合物、稀土金属与合金、铈化合物、混合稀土氧化物、氯化稀土、钕铁合金、钍矿（独居石或各种钍材料）等，主要从中国（91%）、法国（3%）、日本（3%）、俄罗斯（1%）等进口。虽然美国不再生产稀土，但美国加利福尼亚芒廷帕斯稀土矿以前生产的稀土精矿被处理成镧精矿和镨钕产品。因此，美国能继续销售库存的稀土精矿、中间化合物及单一稀土氧化物，并且继续保持稀土产品主要进口国、出口国和消费国地位。（Hedrick，2010）

日本稀土进口量近年来一直持续增长，每年稀土产品进口规模达 3 万~4 万吨，90% 以上依赖从中国进口。2005 年日本稀土进口量为 3 万吨左右，而 2006 和 2007 年都达到 4 万多吨，但 2008 年稀土进口量为 35 327 吨，同比减少 13%，主要是受世界金融危机的影响，日本液晶电视、电动车市场低迷，导致抛光材料、荧光材料、磁体需求的大幅回落。

10.3.2 稀土永磁材料产业发展分析

21 世纪以来，发达国家由于稀土永磁材料生产成本高，而市场价格却不断下降，使得这些国家的磁体生产难以为继，因此以欧美为代表的西方发达国家的稀土永磁产业进入产业调整期，国际格局发生了重大变化。

10.3.2.1 世界稀土永磁产业发展

在美国，麦格昆磁（Magnequench）先后关闭了其美国 Anderson 工厂和烧结钕铁硼工厂 MagnequenchUG；摩根（Morgan）集团同样关闭其烧结钕铁硼工厂 Crucible；美国市场只剩下日立金属投资的产量不大的一个烧结钕铁硼工厂。德国真空熔炼公司 2007 年并购了芬兰的 Neorem 公司，欧洲仅存在一家烧结 NdFeB 企业；在日本，原住友特殊金属公司已经被日立金属收购。日本主要有 3 家 NdFeB 生产企业包括全球最大的 NdFeB 生产企业——日本 NEOMAX 公司，另外 2 家企业为老牌的磁性材料的生产企业 TDK 和信越化工。NEOMAX、TDK 和 Neorem 在中国已建立磁体后加工基地，德国真空熔炼公司与中科三环合作，在北京成立了烧结 NdFeB 合资企业三环瓦克华。世界磁材产业向中国转移，中国正逐渐成为全球磁材产业的中心（王新林，2009）。

稀土永磁材料中最主要的是烧结 NdFeB 永磁。虽然美欧国家稀土永磁产业的发展缓慢不前，但由于中国稀土永磁产业的快速发展，使得全球稀土永磁产业依然保持了迅猛增长的态势。图 10-10 为全球烧结和黏结 NdFeB 磁体产量图（申银万国，2010），2008 年全球烧结 NdFeB 产量约 63 000 吨。

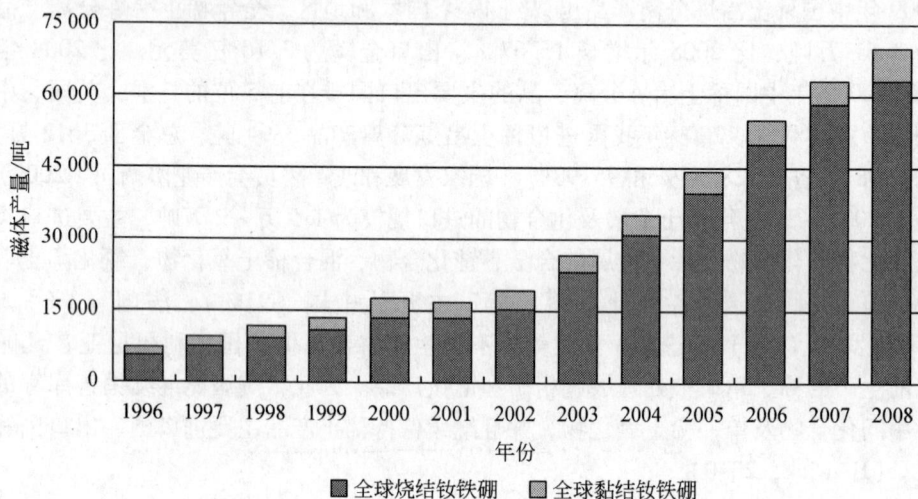

图 10-10　1996～2008 年全球 NdFeB 磁体产量分布

10.3.2.2 中日稀土永磁产业比较分析

由于资源和成本优势，虽然中国 NdFeB 永磁产量占全球的近 80%，但产值只占全球的 58%（图 10-11 和图 10-12）。中国烧结 NdFeB 永磁的价格只有日本的 40% 左右，日本基本上占据了高性能 NdFeB 永磁市场 70% 的份额（申银万国，2010）。从日本与中国的 NdFeB 永磁市场的对比来看（图 10-13 和图 10-14），目前中国的 NdFeB 中低端产品占比较大，拥有巨大的提升空间。

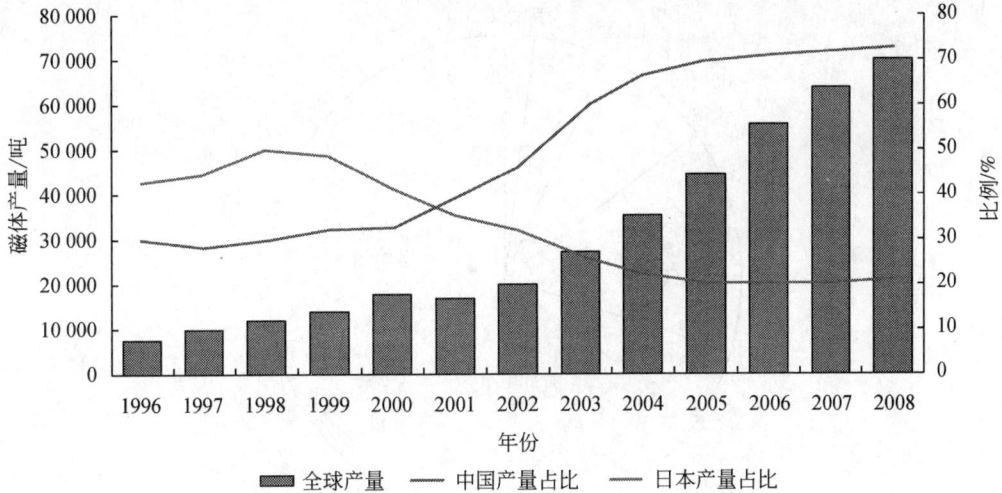

图 10-11 中国和日本 NdFeB 磁体产量占比

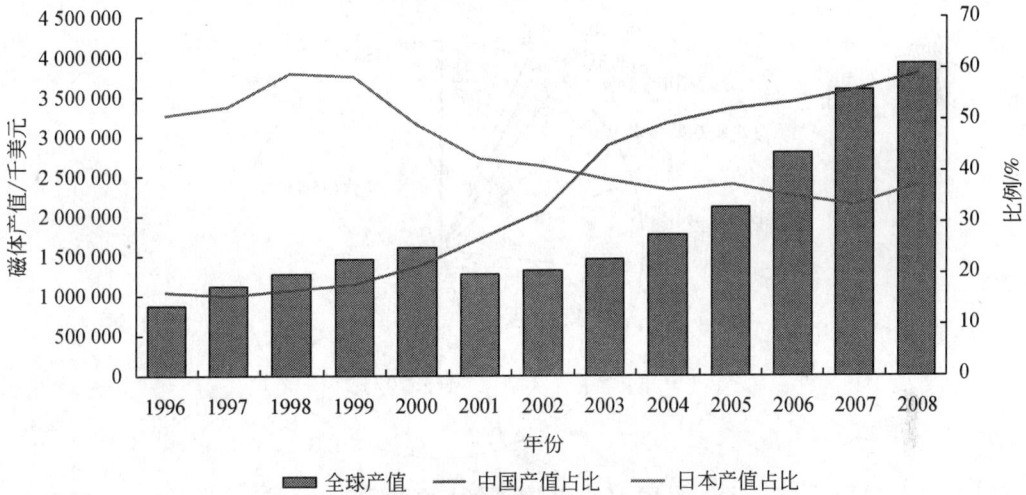

图 10-12 中国和日本 NdFeB 磁体产值占比

10.3.2.3 我国稀土永磁材料产业现状分析

1）稀土永磁材料产业快速增长，位居世界第一

我国 NdFeB 永磁产量 2001 年超过日本，居世界第一。目前国内烧结 NdFeB 生产企业约 130 家左右，如果加上黏结 NdFeB、SmCo 磁体等生产企业约 150 家，主要分布在北京、天津、山西、浙江和赣州等地。年产能力大于 3000 吨企业大于 6 家，1000～3000 吨的企业大于 11 家，500～1000 吨的企业大于 21 家。同烧结 NdFeB 产业相比，黏结 NdFeB 产业规模小很多，但一直保持着一定的发展势头。2009 年，稀土永磁材料产量为 55 600 吨，比 2008 年增长 12.78%。其中，烧结 NdFeB 磁体 52 000 吨，比 2008 年增长 13.04%；黏结 NdFeB 磁体 3000 吨，比 2008 年增长 7.14%；SmCo 磁体 600 吨，比 2008 年增长 20%（国家发展和改革委员会产业协调司，2010）。

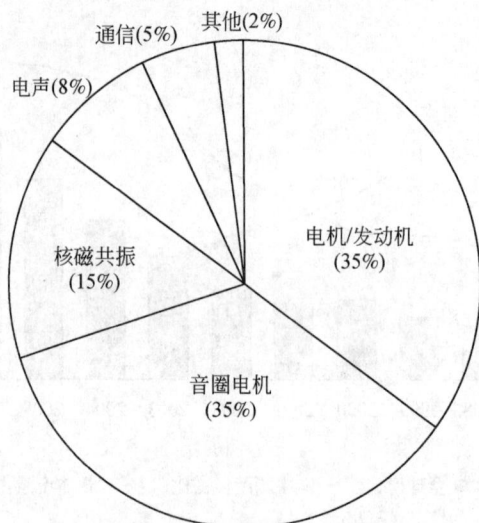

图 10-13 日本的 NdFeB 消费结构

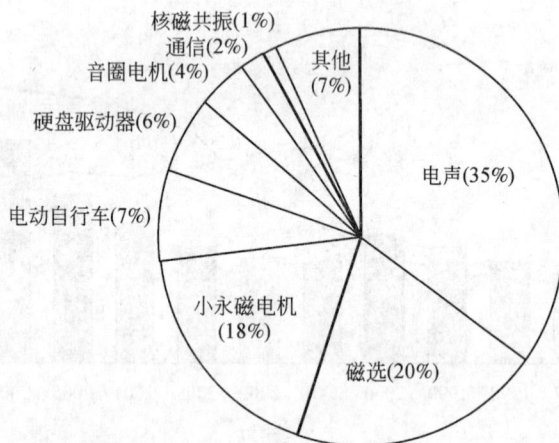

图 10-14 中国的 NdFeB 消费结构

2）稀土永磁制造技术和装备水平达到世界先进水平

高性能烧结 NdFeB 制造技术获得突破得益于快速凝固技术 SC 工艺的应用。自 1998 年国内推出第一代双辊冷却的 SC 实验设备以来，目前已经成熟，在很多企业得到大规模应用。我国在各种计划支持下，在科技研究、制造技术和设备、产品性能、产业化和应用等方面均取得突破性进展。现在我国已可生产 600 千克甩带炉，保证了高性能烧结 NdFeB 磁体的生产。目前包钢稀土公司正建设 1.5 万吨高性能稀土永磁生产线，实现钕铁硼磁体的生产及应用产品的产业链。项目产品将主要应用于计算机（VCM）、混合动力及普通汽车、风力发电机、核磁共振成像仪、各种磁力工具、磁化设备等钕铁硼下游行业。

3）永磁材料科技出现一些创新发展

我国钢铁研究总院、包头稀土研究院等单位在 1983～2000 年所研制产品的性能水平曾经在世界名列前茅，实验室最大磁能积达到 50 兆高斯·奥斯特。"十五"期间，我国 863 计划把稀土永磁作为重点项目，开展了大量研究，研制出一系列新工艺、新方法和新设备，提出了速凝铸带＋氢破、双合金＋氢破等工艺、非平衡偏析结晶控制，以及精确控制合金粉末颗粒大小、分布与织构控制等制备技术，我国解决了千吨级高性能 NdFeB 永磁生产的共性问题，具备了批量生产 N50～N55 档高性能磁体的能力。我国在国际上首次发现并合成了 $NdFe_{12}N_x$ 新型永磁材料，建立了年产能为 100 吨的 1∶12 型氮化物磁粉生产线，产业化氮化物磁粉性能最大磁能积达到 21.76 兆高斯·奥斯特（王新林，2009）。

4）稀土永磁材料低端应用多，有待向高端发展

我国稀土永磁材料产量全球第一，但产值却不高。在高端应用方面与美国、日本相比有一定差距，同时也说明我国未来具有更广阔的增长空间。随着国内技术工艺水平的升级以及国外各种专利权限制的取消，我国稀土永磁材料的核心将转移到高附加值产品上，高性能稀土永磁材料研发和产业化和新利用将获得突破。

10.3.3 稀土永磁材料未来潜在应用分析

稀土永磁产业仍然是朝阳产业。NdFeB 磁性材料目前已经广泛应用在电子信息、汽车工业、医疗设备、能源交通等众多领域，在传统领域中的应用并没有衰减，而随着低碳经济的到来，新的应用领域如新能源汽车、风电发电、节能环保家电、国防军事等领域正在形成，因此 NdFeB 磁性材料具有广阔的发展空间。

稀土元素在汽车上的大量应用始于 20 世纪 90 年代，汽车中的电机、发动机转速传感器、汽车防抱死系统（ABS 系统）的车轮转速传感器等都要使用高性能的稀土磁体。新能源汽车出现后，稀土使用量更是成倍增长（图 10-15）。对混合动力车、电动汽车、燃料电池汽车来说，小型化大功率的驱动电机需要大量使用稀土磁体。近年来，丰田、尼桑、本田、日产、三菱、现代和通用等汽车厂商都在新能源汽车上压了很大的筹码，而这些新能源汽车多采用稀土永磁电机，如丰田的混合动力汽车普锐斯、本田 Insight、福特 Focus、尼桑全电动汽车 Leaf、通用的 ChevyVolt 等。鉴于日本在混合动力汽车方面取得的显著成果，目前各大汽车厂商都朝用稀土的方向走。据测算，一台电动车使用 NdFeB 永磁材料 3～5 千克，到 2020 年新能源汽车将占全球汽车产量的 20% 左右，NdFeB 的直接增量需求将至少达到 4 万吨以上。而轻量化汽车市场将是 NdFeB 永磁体未来另一重要市场，平均每台汽车配备了 40 台以上的电机，以 2009 年小型轻量化汽车 50% 的永磁电机替代来计算，对 NdFeB 永磁材料需求将超过 3 万吨。

目前无论是小型风力发电机还是兆瓦级的永磁风力发电机均大多选用烧结 NdFeB 永磁。直驱永磁式风力发电机技术已经进入成熟期，目前欧美市场渗透率在 25% 以上，而中国只有 10%，在未来中国的风机电机中，直驱永磁风力发电机的渗透率将快速增长，成为主流风力电机，这将直接拉动对中国的高性能 NdFeB 永磁材料需求的年复合增长率将超过 20%，到 2014 年对 NdFeB 永磁材料的需求将达到 1 万吨。

受节能减排等国家相关政策的影响，节能工业电机和变频家电行业成为拉动稀土永磁行业需求的另一个焦点。直流永磁同步电机在节能家电领域应用空间巨大。以变频空调来说，直流变频比交流变频节电 15%～30%，而我国的变频空调市场份额只有 20%，日本市

场的占有率却高达 90% 以上。如果我国的变频空调未来保持年均 30% 的增长速度，到 2014 年用于变频空调无刷直流电机的 NdFeB 永磁材料将达到 5825 吨。

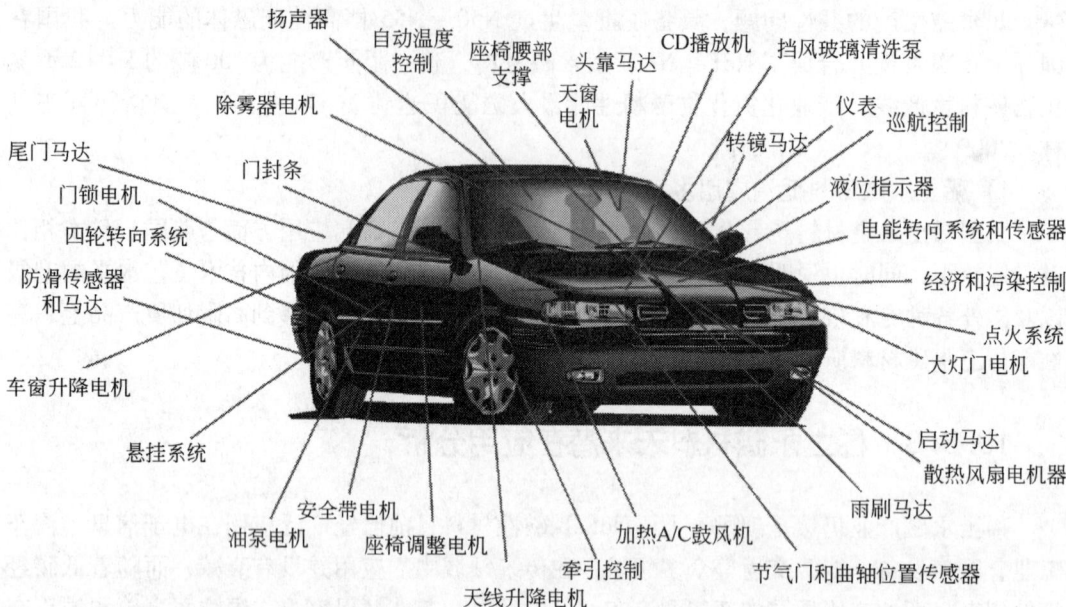

扬声器　自动温度控制　座椅腰部支撑　头靠马达　CD播放机　挡风玻璃清洗泵
除雾器电机　天窗电机　转镜马达　仪表　巡航控制
尾门马达　门封条
门锁电机　液位指示器
四轮转向系统　电能转向系统和传感器
防滑传感器和马达　经济和污染控制
车窗升降电机　点火系统
大灯门电机
悬挂系统　启动马达
散热风扇电机器
安全带电机　加热A/C鼓风机　雨刷马达
油泵电机　座椅调整电机　牵引控制　节气门和曲轴位置传感器
天线升降电机

图 10-15　稀土永磁材料在新能源汽车中的应用（Trout，2010）

稀土永磁材料在国防军事系统的导航和控制等通信领域中具有重要应用，还在供能、隐形、提升燃油效率方面的具有重要作用。如美国的 AIM-120 AMRAAM 导弹、AIM-54 Phoenix 重型远程空空导弹等飞行控制马达中应用了 SmCo 永磁体；BGM-109D 战斧对地攻击巡航导弹的尾部控制系统直接由稀土磁体致动器驱动；聪明的炸弹（Smart Bombs）——联合直接攻击炸弹（JDAM）的尾部推进器由 NdFeB 磁体控制，并与 GPS 系统连接为炸弹导航。

另外，在电子信息产业方面，稀土永磁扬声器和耳机已应用到高级随身听等领域，计算机硬盘光盘驱动器、打印机驱动头、音圈马达、手持无线设备、紧凑轻量大功率电机等应用 NdFeB 永磁体较多，这些产业近年向中国的转移使得计算机已成为 NdFeB 永磁材料在国内的主要应用领域。核磁共振成像仪设备和磁悬浮列车/飞机也将大量使用 NdFeB 永磁材料。

10.3.4　小结

（1）世界稀土资源分布极不均匀，主要集中在中国、美国、印度、独联体国家、南非、澳大利亚、加拿大等几个国家，其中中国的占有率最高。中国稀土产量和消费量都居世界第一，全世界近 90% 的稀土由中国供应。受中国稀土出口限制的影响，美国、加拿大、澳大利亚等国家拟重启或开采新的稀土矿床，未来 5 年内可形成较大的稀土开发能力。

（2）世界主要稀土永磁生产企业主要集中在日本、中国等。由于我国稀土永磁产业的快速发展，使得全球稀土永磁产业依然保持了迅猛增长的态势。虽然我国 NdFeB 永磁产量占全球的近 80%，但产值只占全球的 58%。在高端应用方面与美国、日本相比有一定差距，同时也说明我国未来具有更广阔的增长空间，我国稀土永磁材料的核心将转移到高附加值产品。

（3）我国稀土永磁材料产业面临着良好的发展机遇期。稀土永磁体产量快速增长，制造水平和装备水平达世界先进水平，研发方面取得了一些创新发展，但应用方面有待向高端发展。

（4）新能源汽车、风力发电、节能环保家电、国防军事等行业，将成为稀土永磁材料未来具有巨大发展潜力的领域。

10.4 稀土永磁材料技术进展与前沿研究

稀土永磁材料是目前磁性能最好、发展最快的永磁材料。自出现以来，稀土永磁材料已历经三代：$SmCo_5$ 系列、$Sm(Co, Fe, Cu, Zr)_{7.2}$ 系列和 NdFeB 系稀土永磁材料。图 10-16 描绘了历代稀土永磁材料的发展历程，而表 10-5 列出了稀土永磁材料的类型及其磁性能。

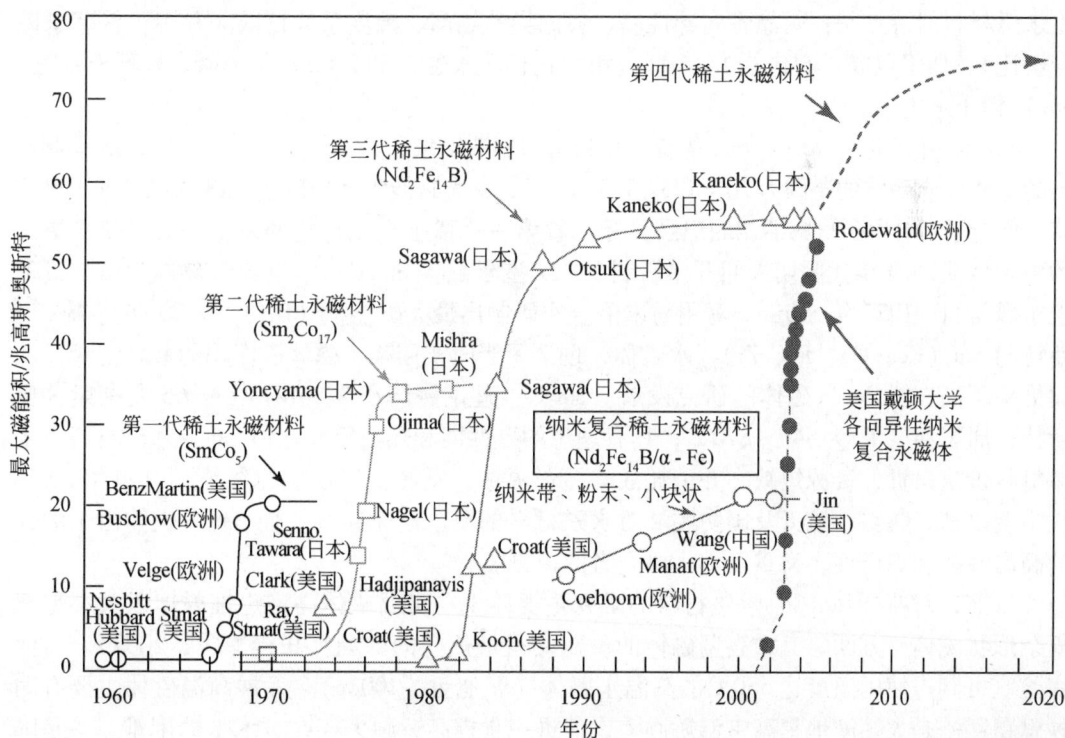

图 10-16 稀土永磁材料的发展历程

表 10-5　稀土永磁材料类型及其磁性能

类别	型号	代表性成分
钴系永磁材料	1∶5 型 SmCo 永磁	62% ~63% Co、37% ~38% Sm（质量分数）
	2∶17 型 SmCo 永磁	$Sm(Co_{0.69}Fe_{0.2}Cu_{0.1}Zr_{0.01})_{7.2}$
	黏结 SmCo 永磁	$Sm(Co_{0.67}Fe_{0.22}Cu_{0.1}Zr_{0.07}Ti_{0.01})_{7.1}$
铁系永磁材料	烧结 NdFeB 永磁	$Nd_{13.5}(Fe,M)_{余}B_{6.1~7.0}$
	黏结 NdFeB 永磁	$Nd_{4~13}(Fe,M)_{余}B_{6~20}$
	2∶17 与 1∶12 型间隙化合物永磁	$Sm_2Fe_{17}N_x$、$Nd(Fe,Mo)_{12}N_x$、$Sm_3(Fe,M)_{12}N_x$
	纳米晶复合型永磁	$Nd_2Fe_{14}B/\alpha\text{-}Fe$、$Sm_2Fe_{14}N_x/\alpha\text{-}Fe$ 等
	热变形永磁	Pr-Fe-Cu-B 系、MQIII 永磁等

资料来源：张修海，2008

10.4.1　SmCo 系稀土永磁材料

SmCo 系稀土永磁材料是 20 世纪六七十年代发展起来的，它的成功研制引起了世界各国永磁材料工作者的重视，从而导致世界范围内对稀土永磁材料的研究热潮。SmCo 系稀土永磁材料的特点是：磁晶各向异性高、各向异性场高、温度系数较低（和稀土铁基永磁合金比）、居里点高。它包括 1∶5 型（第一代稀土永磁）和 2∶17 型（第二代稀土永磁）SmCo 稀土永磁体。

$SmCo_5$ 由 1967 年 K. J. Strnat 等首先用粉末法制造出来。1968 年，K. H. J. Buschow 等制造出的 $SmCo_5$ 永磁体的矫顽力 $H_c = 1257.7$ 千安/米，最大磁能积 $(BH)_{max} = 18.5$ 兆高斯·奥斯特，创造了当时永磁材料性能的记录，标志着第一代稀土永磁材料的诞生。为了获得更高的磁学性能，70 年代中期人们开始研制 2∶17 型永磁体 Sm_2Co_{17}，也通常被称为第二代稀土永磁材料。1977 年，Ojima 等用粉末冶金法研制出最大磁能积 $(BH)_{max} = 30$ 兆高斯·奥斯特的 $Sm(Co, Cu, Fe, Zr)_{7.2}$ 永磁体，创造了当时实用稀土磁体磁能积的最高纪录，从而推动了高性能 SmCo 磁体的研究发展。Sm_2Co_{17} 理论磁能积为 $(BH)_{max} = 66$ 兆高斯·奥斯特，居里温度 T_c 为 840 ~870℃，具有理想的磁性能和热稳定性。但 SmCo 永磁材料由于原材料价格昂贵、资源短缺，并消耗战略性资源钴，发展受到很大的限制。20 世纪 90 年代中期以来，航空、航天及国防领域对永磁材料的要求越来越高，而 SmCo 磁体由于潜在的高温性能和稳定性，又重新进入研究者的视野。

目前，对新型 Sm_2Co_{17} 永磁材料的研究主要体现在高温磁体高稳定性磁体以及小型化复杂形状磁体等方面。其中高温磁体的研制又是最热门的课题（田建军等，2005）。目前实验室可制得使用温度达 550℃的高温永磁体（张旭哲，2008a）。发展高温磁体主要有两种思路：一是大幅度地提高室温矫顽力，但进一步提高矫顽力存在技术上的困难。二是降低矫顽力温度系数，Andrew. S. Kim 研究了矫顽力温度系数对最高工作温度的影响并指出当降至 -0.15%/℃，则内禀矫顽力只需保持在 20 千奥斯特，最高使用温度可达 500℃以上。通过添加重稀土金属元素（如 Ho、Er、Dy、Gd 等）作温度补偿可降低材料的温度系数（龚维幂，2009）。

高温用 2:17 型 SmCo 合金的研究已经取得了多方面的进展。但在 21 世纪初报道使用温度为 500~550℃ 的 SmCo 磁体后，相关研究集中于机制以及工艺方面，但在使用温度和高温稳定性方面距工程应用的需要仍然相距甚远。我国在这方面也开展了不少工作，目前中南大学已经报道 500℃ 时磁能积为 85.4 兆高斯·奥斯特的 2:17 型 SmCo 磁体。目前存在的问题主要在于：使用温度尚待进一步提高；高温下的组织性能稳定性研究还很不系统（龚维幂，2009）。

目前制备 SmCo 永磁体的工艺基本上可以划分制备磁粉阶段和生产制品两个阶段。前者包括粉末冶金法、还原扩散法、熔体快淬法、氢脆法等，后者包括磁粉成型烧结法、磁粉黏结法、磁粉热压热扎法、直接铸造法等。在实验室范围内还发展了活性烧结法、固相反应法、溅射沉积法和机械合金化等方法，但这些方法所得到的磁体性能均较低（邹欣伟等，2008）。此外，用于黏结磁体生产的一些工艺，如挤压注射成形等方法，在生产形状复杂的零件上具有明显优势，并且可连续作业。Tian Jianjun 等（2008）采用水基黏结剂制备出 H_c = 871 千安/米、$(BH)_{max}$ = 19.7 兆高斯·奥斯特的 Sm_2Co_{17} 永磁体。

10.4.2 NdFeB 系稀土永磁材料

1981 年开始，Croat、Koon 和 Hadjipanayis 等广泛研究了 Fe-Pr、Fe-Nd 永磁，并先后用快淬–热处理工艺制备出 NdFeB 高矫顽力永磁体。1983 年，日本住友特殊金属株式会社的 Sagawa 等则用粉末冶金法研制出了更高性能的 NdFeB 永磁体，磁能积高达 36.2 兆高斯·奥斯特，宣告了第三代稀土永磁材料的诞生（邹欣伟等，2008）。

第三代为稀土铁基系列永磁合金（RFeB 系）的特点是：①具有创纪录的磁能积，最大磁能积的理论值高达 64.3 兆高斯·奥斯特；②原材料资源丰富、廉价（以资源丰富的 Fe 取代了第一、二代永磁合金中的资源较少的 Co，以廉价、资源丰富的 Nd 取代了第一、二代稀土永磁合金中资源比 Nd 少的 Sm），因而从磁特性及磁体价格上远优于第一、二代稀土永磁。因此第三代稀土永磁合金发展最快。其缺点是居里温度比第一、二代稀土永磁合金的低，温度稳定性较差、耐腐蚀性较差。为适应高新技术日益发展的需求，NdFeB 系永磁材料正在向高性能、高稳定性方向发展（张旭哲，2008）。

NdFeB 永磁材料从制备方法和工艺上可分为烧结永磁和黏结永磁两大类。烧结型是把规定成分的磁体粉末在磁场内挤压成型，赋予各向异性后加以烧结制成，目前生产的 NdFeB 永磁合金有 80%~90% 运用此法。其生产工艺成熟简便、产量较大、质量较好，但成品率低，仅为 70% 左右。黏结 NdFeB 永磁是将磁性粉末混合于塑料、橡胶等可塑性物质中，通过注射成型、压缩成型、挤压加工等方法制成磁体。目前 NdFeB 黏结磁体的所占份额虽然小，但其增长率却是所有磁体中最快的，平均年增长率达 35%。表 10-6 给出了烧结型和黏结型磁体特性的比较（张修海，2008）。烧结钕铁硼主要工艺特点介绍见表 10-7（张修海，2008；Sugimoto，2011）。

表 10-6 烧结型和黏结型磁体特性的比较

特性	烧结永磁	黏结永磁
磁性能	高	低，磁能积可调
品一致性	差	好
产品精度	低	高
产品规格	单一	多样化
可加工性	差	好
产品形状	简单	复杂
与其他材料镶嵌	极难	容易
使用温度	高	低
密度	固定	可调
售价	高	低

表 10-7 烧结型钕铁硼新型工艺及其特点

工艺名称	描述	特点
低氧湿压工艺（Hitachi Low Oxygen Process，HILOP）	为了减少在制粉和成型过程中粉末的氧化和提高粉粒的磁取向度，日立金属公司提出的湿压工艺利用矿物油作溶剂，将经过无氧气流磨制备的粉末放入溶剂中混合成泥浆，泥浆在强磁场下压制成型，在 100～300℃温度下抽真空 1 小时左右，将矿物油除去，然后真空烧结及热处理	（1）由于成型前后粉末处于油中，直到烧结之前不与空气接触，因而磁体中氧含量大大减少，从传统工艺的 0.58 % 降至 0.16% （2）成型过程中，磁体是在润湿的状态下取向的，减少了粉粒之间摩擦力，因而取向度大大提高 （3）由于湿压工艺不易氧化，因而磁粉的粒度可以控制得更小，更均匀，这样烧结磁体的平均晶粒尺寸也更小，更均匀；从而使磁体的磁性能、抗蚀性和强度都得到提高
橡皮模等静压脉冲磁场成型工艺（RIP）	将合金粉末加入橡皮模（硅橡胶）后再置于金属模中，在强脉冲磁场下进行磁场取向；然后置于压机上，用上下冲头将橡胶模和其中的合金粉末一起压缩	可使生坯取向度提高 3%，致密度也得到提高，可降低烧结时的收缩比，使磁体的磁能积提高 2～3 兆高斯·奥斯特

工艺名称	描述	特点
SC 工艺	由 Bernardi 等开发的一种与熔淬相似的工艺，采用快速冷凝的方法将铸块厚度减小，轮辊线速度为 1～3 米/秒，比熔淬的慢得多，铸片具有片状晶结构，厚度为 250～350 微米	（1）铸片的凝固速度快，抑止了 α-Fe 枝状晶的生长，不需要传统工艺的等温热处理过程 （2）铸片的粉碎性很好。主相晶粒中间的富钕晶粒间界相薄层，在氢爆碎后形成许多裂纹，确保了在氢爆碎和气流磨制粉后，形成取向排列的单晶粉末，提高磁体的剩磁 （3）铸片中富钕晶粒间界相的分散性好，有利于在较低烧结温度下得到高性能磁体 （4）在不形成 α-Fe 枝状晶和缺少富钕晶粒间界相的前提下降低合金中稀土含量（接近硬磁相主相成分配比），在保证高矫顽力条件下提高了磁体的剩磁和磁能积
氢爆碎（HD）	利用稀土金属间化合物的吸氢特性，将钕铁硼合金置于氢气中，氢气沿富钕相薄层进入合金，使之膨胀爆裂而破碎，沿富钕相层处开裂	保证了主相晶粒及富钕相晶粒间界相的完整
高能气流磨制粉工艺	利用高压惰性气体将粉末颗粒加速到超音速，使之相互碰撞而粉碎，调整分级轮转速可以把粉末颗粒尺寸控制在要求的范围内，过大的颗粒继续互相碰撞，过小的粉末被分离排出	容器内壁无磨损，物料无异物污染，可制备很高纯度的粉末，富钕相层均匀，粉末颗粒尺寸可调，粒度分布非常集中，可连续生产，制粉效率高
多室连续多功能烧结技术	多室连续多功能烧结设备具有准备室、预热室、烧结室、冷却室，每个工作室按要求具有确定的温度和气氛条件，待烧结的坯体按工艺流程依次进入各室，经预定的烧结程序后出炉	工艺条件均匀，产品一致性好，可连续烧结，生产效率高，适合于大批量生产
高压气淬、对流加热热处理技术	利用对流原理，在烧结炉内通入气体，炉膛内不仅存在辐射加热，同时存在对流加热，从而使其具有良好的均匀加热特性，满足热处理工艺中温度均匀性的要求	可有效地保证磁体性能的均匀性和一致性
放电等离子烧结技术（SPS）	通断式脉冲电流通过粉末颗粒，使烧结体内部各个颗粒自身产生焦耳热并使颗粒表面活化而进行烧结	升温速率快、加热均匀、烧结时间短、烧结温度低、生产效率高、产品组织均匀、节能环保

工艺名称	描述	特点
Dy 削减技术	日本东北大学及 Intermetallics 公司制作了循环利用氢气的喷射式粉碎机装置,以这种合金微粉末作为原料,用开发出的无需巨大磁场的内冲压机装置(Press - less Process,PLP)进行试制。该技术通过使构成钕磁铁烧结体的结晶粒子实现微细化来提高磁铁矫顽力,并且通过控制构成磁铁的结晶粒子的界面,从而在无 Dy 的情况下使矫顽力得到提高的基本技术	无高压,实现了相当于以往 1/5 左右的 1.1 微米的微细化粉碎效果,将 Dy 添加量削减了 40%,可实现无余量(Near Net)成型,减少后续工序,有助于降低成本
晶界扩散工艺(Grain Boundary Diffusion Process,GBDP)	由 Nakamura 等在 2005 年提出,将磁体表面覆以重稀土氧化物或氟化物粉末,然后进行加热处理,在剩磁无明显降低情况下大幅提高了磁体矫顽力,该过程中 Dy 沿磁体晶界富集。Nagata 利用真空技术对该工艺进行了改进,Hidaka 通过控制 Dy 的分布优化了晶界附近的纳米结果	能有效提高磁体矫顽力,又显著降低所需添加的重稀土(Dy 和 Tb)用量

10.4.3 SmFeN 系稀土永磁材料

1990 年,Coey 等发现,大部分 R_2Fe_{17} 化合物于 450～550℃ 氮化处理后,将形成 $Sm_2Fe_{17}N_x$($x=0～3$)间隙金属间氮化合物,其内禀磁特性几乎与 $Nd_2Fe_{14}B$ 化合物相当,同时具有比 $Nd_2Fe_{14}B$ 化合物更高的各向异性场和更高的居里温度。$Sm_2Fe_{17}N_3$ 和 Sm_2Fe_{17} 相比,其磁各向异性场达到 16800 千安/米,饱和磁感应强度达到 1.54 特,居里温度由 165℃ 提高到 470℃。$Sm_2Fe_{17}N_x$ 的最大磁能积 $(BH)_{max}=25.0$ 兆高斯·奥斯特,剩余磁感 Br=1.19 特,只是其内禀矫顽力偏低 $H_{ci}=640$ 千安/米。其温度稳定性好,耐磨性好。另一类间隙氮化物永磁材料是 $Sm_3Fe_{29}N_x$,它具有高居里温度,高磁化强度和高各向异性,可能成为有使用意义的永磁材料(张旭哲,2008)。

目前,世界各国对 $Sm_2(Fe,M)_{17}N_x$ 的研究已经取得进展,其中日本的住友金属公司已经推出了商品化的各向异性 $Sm_2(Fe,M)_{17}N_x$ 磁粉和磁体。我国在这方面的研究还有一定差距,但在 2005 年也具备了规模性生产 SmFeN 永磁体的能力。

$Sm_2(Fe,M)_{17}N_x$ 间隙氮化物磁粉的制备方法和 NdFeB 磁粉的制备方法类似,主要有熔体快淬法、机械合金化法、HDDR 法和粉末冶金法等 4 种主要方法。快淬法、机械合金化法、HDDR 法制得的磁粉可以获得很高的矫顽力,原因在于获得了纳米尺寸的晶粒。但由于得到的都是各向同性粉,剩磁不高,因而磁能积也不高,一般为 12.6 兆高斯·奥斯特左右。而粉末冶金法可以获得各向异性的磁粉,其最大磁能积远高于前 3 种方法制备的磁粉。

$Sm_2(Fe,M)_{17}N_x$ 磁体的不足之处是只能制作黏结 $Sm_2Fe_{17}N_x$ 永磁合金,大于 600℃

后氮化物就分解了。按黏结剂类型，可分为有机物（如环氧树脂、尼龙等）黏结磁体和软金属（如 Zn、Sn 等）黏结磁体。按加工方法分类，可分为压制成型、挤压成型和注射成型磁体。日本的 Himshi Yamamto 用环氧树脂黏结的 $(Sm_{0.9}Nd_{0.1})_2(Fe_{0.8}Co_{0.2})_{17}N_{3.07}$ 磁体的磁能积为 12.8 兆高斯·奥斯特。Suzuki 等在 1993 年斯德哥尔摩磁学会议上报道，他们制备的环氧树脂黏结磁体的磁能积高达 19.3 兆高斯·奥斯特。

更高的热稳定性、抗氧化性是 $Sm_2(Fe, M)_{17}N_x$ 永磁材料的优势所在，是人们对它感兴趣的主要原因。但是，目前对矫顽力机制、化学成分的优化、渗氮工艺的把握以及制备高性能磁体等方面的研究还不透彻，还需要做大量的工作（邹欣伟等，2008）。

10.4.4 纳米双相永磁体材料

1988 年荷兰菲利浦公司研究所的 Coehoorn 等用熔体快淬方法制备出了 $Nd_4Fe_{77.5}B_{18.5}$ 非晶薄带，经晶化热处理后得到的各向同性磁粉具有明显的剩磁增强效应，即 $M_r > M_s/2$。结构分析发现，合金粉末由 10～30 纳米硬磁性 $Nd_2Fe_{14}B$ 相和软磁性 Fe_3B 相构成。随后的研究指出：纳米晶粒构成的复合永磁材料出现剩磁增强效应是由于晶粒之间的交换耦合相互作用引起的。1991 年德国的 Kneller 等在理论上阐述了软、硬磁性相晶粒之间的交换耦合相互作用可使材料同时具有硬磁性相的高矫顽力和软磁性相的高饱和磁化强度，因此可具有很高的磁能积，有可能发展成为新一代永磁材料。1993 年，Skomski 和 Coey 等指出：取向排列的纳米双相复合磁体的理论磁能积可达到 125.6 兆高斯·奥斯特，比目前永磁性能最好的烧结 NdFeB 磁体的磁能积高一倍。Schrefl 等根据数字微磁化理论，采用简化的二维模型模拟磁体晶粒微结构，把晶粒理想化为正六角形的单畴粒子，计算了各向同性 α-$Fe/Nd_2Fe_{14}B$ 纳米复合磁体的磁能积，预计其磁能积可达 50 兆高斯·奥斯特，比实验室能获得的最大磁能积 22.5 兆高斯·奥斯特大得多。

双相纳米晶交换耦合永磁体（Nanocrystalline Composite Exchanging Magnets），其特点是由硬磁相和软磁相在纳米范围内复合组成的永磁合金，基体相可以是硬磁相也可以是软磁相，充分利用软磁材料饱和磁化强度高、硬磁性相磁晶各向异性高的优点，两者在纳米级范围内复合，界面在晶体学上是共格的，在两相界面处存在交换耦合作用。

快淬法、机械合金化法、氢处理法等工艺同样可以用于制备纳米复相永磁磁粉，但它们各有其特点。快淬法得到的微晶粉末有很高的矫顽力，晶向是混乱的，因而是各向同性的；HDDR 工艺比快淬法简便，成本较低，制得的粉末晶粒尺寸小、稳定性好、矫顽力高，适合制作各向同性的黏结磁体；德国西门子公司开发的机械合金化法 NdFeB 磁粉，其温度特性与快淬法法制备的一样良好，而且制造工艺比快淬法简便。设备也并不复杂，通常为球磨机。

纳米双相交换耦合硬磁材料兼有软磁材料的高剩磁和硬磁材料的高矫顽力，可望成为新一代硬磁材料。由于纳米双相复合永磁材料的稀土含量少，价格便宜，抗腐蚀性好，而且比通常的稀土永磁材料具有更高的温度稳定性及时间稳定性，具有潜在的开发应用前景。据预测，纳米晶复合永磁材料的磁能积很高，最高可达 125.6 兆高斯·奥斯特。近年来，国内外许多研究人员都在从事这方面的研究，但磁性能远远没有达到理论值，磁能积一般仅能达到 20.1 兆高斯·奥斯特左右，最大为 26.8 兆高斯·奥斯特左右。其原因是没有满足理想模型的条件（即晶粒尺寸 10 纳米左右，晶粒形状规则、均匀，硬磁性晶粒理想取向），矫顽力也不满足 Hn 大于 $M_r/2$ 的条件。另外，纳米双相磁体的磁化过程和矫顽力机制还不完全清楚，有待于理论上的进一步研究（张旭哲，2008；邹欣伟等，2008）。

10.4.5　小结

稀土永磁材料发展迄今，已历经三代：$SmCo_5$ 系列、$Sm(Co, Fe, Cu, Zr)_{7.2}$ 系列和 NdFeB 系稀土永磁材料。近年来，又研究发现了 SmFeN 系稀土永磁材料和由 $Nd_2Fe_{14}B/\alpha$-Fe、$Sm_2Co_{17}/FeCo$ 等构成的纳米双相交换耦合永磁材料。

SmCo 系稀土永磁材料磁性能优异，适合于高温和恶劣环境的特殊应用。但其主要成分是储量稀少而昂贵的稀有金属元素 Sm 和 Co，令其发展受限，目前 SmCo 永磁主要用于航空航天及军事工业。

NdFeB 永磁体具有极为优异的综合磁性能，并且由于技术成熟度较高，原材料相对廉价，其应用范围非常广泛，但具有居里温度和工作温度较低，磁体的热稳定性较差；磁体耐腐蚀性和抗氧化性较差等缺点，限制了 NdFeB 永磁体的应用。

$Sm_2(Fe, M)_{17}N_x$ 永磁材料具有较高的热稳定性和抗氧化性，但是目前对其矫顽力机制、化学成分优化，以及制备高性能磁体等方面的研究还不透彻，还需要做大量的工作。

纳米晶复相稀土永磁材料具有稀土含量低、综合磁性能好、价格便宜、抗蚀性好等优点，其理论磁能积达到 125.6 兆高斯·奥斯特，但目前的研究结果与之相比还有很大差距。因此获得接近理想磁能积磁体是当前的热点研究方向，并取得了一定的进展。另外，由于微电机、微机械方面的要求，稀土永磁材料也在向小型化、薄膜化方向发展。

10.5　稀土永磁 SCI 论文统计分析

本部分采用 SCI-E（Science Citation Index Expanded）数据库，利用关键词对稀土永磁相关论文进行了检索。数据采集时间为 2010 年 12 月 17 日，共检索到 6340 篇文献。通过限定文献类型，仅保留 Article、Review、Letter 和 Proceedings Paper 四种类型，得到 6136 篇文献（以下统称为"论文"）。主要从论文的年度分布、学科分布、国家/地区分布、机构分布、期刊分布等方面对上述论文进行了统计分析。

10.5.1　论文年度分布分析

图 10-17 给出了稀土永磁 SCI 论文数量的年度分布与变化趋势。可以看出，20 世纪 80 年代，稀土永磁 SCI 论文数量经历了快速上升。近 20 年来，全球科研人员每年发表的稀土永磁 SCI 论文数量一直维持在 200 篇以上，表明稀土永磁相关研究受到了科研人员的持续关注。

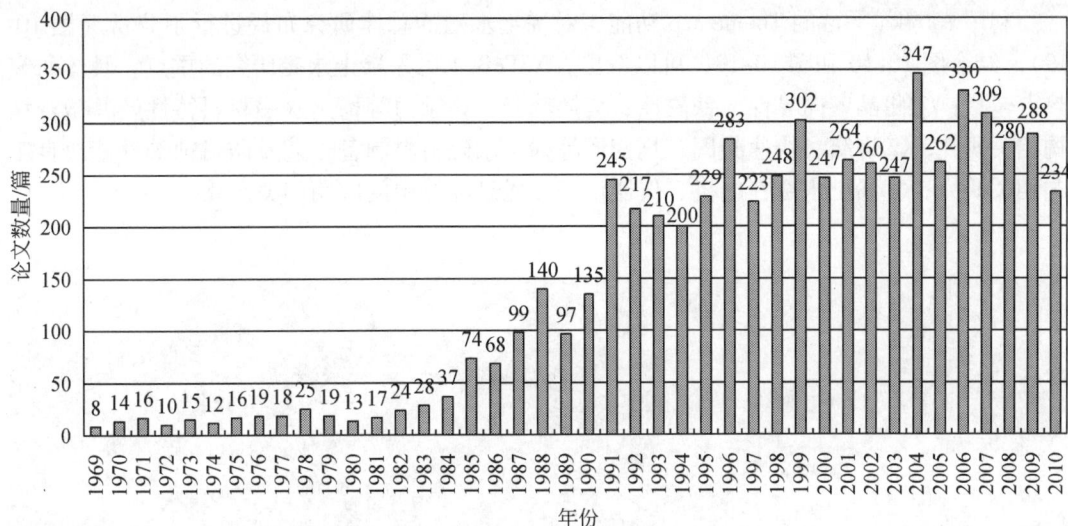

图 10-17　稀土永磁 SCI 论文数量年度分布图

10.5.2　学科分布与研究热点分析

　　本次分析的 6136 篇文献共涉及 112 个学科（基于 ISI Web of Knowledge 的细分学科领域），其中发文量在 100 篇以上的学科包括：材料科学－多学科，物理－应用，物理－凝聚态，冶金和冶金工程，工程、机电及电子，化学－物理，物理－多学科，仪器及仪表，纳米科学和纳米技术。图 10-18 给出了各主要学科论文数量的年度分布情况。

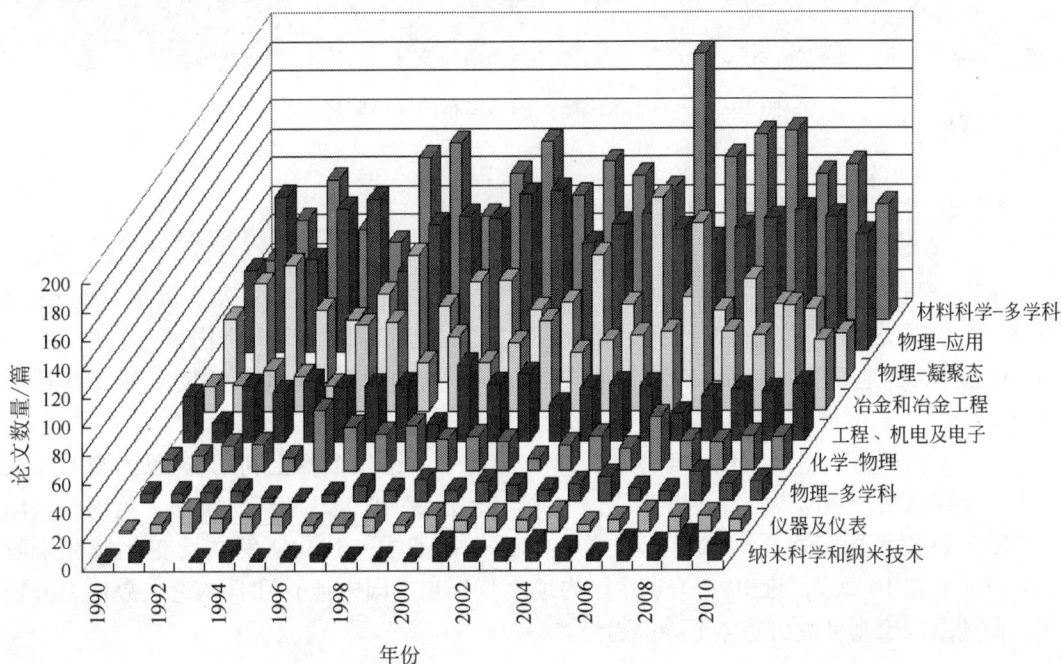

图 10-18　稀土永磁 SCI 论文的学科分布

利用 Aureka 平台的 Thememap 功能，对稀土永磁的总体研究布局进行了分析（图10-19）。结合图10-18 和图10-19，可以看出，NdFeB 永磁是稀土永磁研究的重点，具体研究热点包括：①磁晶各向异性、铁磁性、交换耦合、矫顽力等稀土永磁材料特性及其微观结构相关研究；②烧结、快速凝固、热变形等稀土永磁材料制备工艺及防腐蚀等性能改良工艺相关研究；③稀土永磁在电机、仪器仪表、磁悬浮等中的应用相关研究。

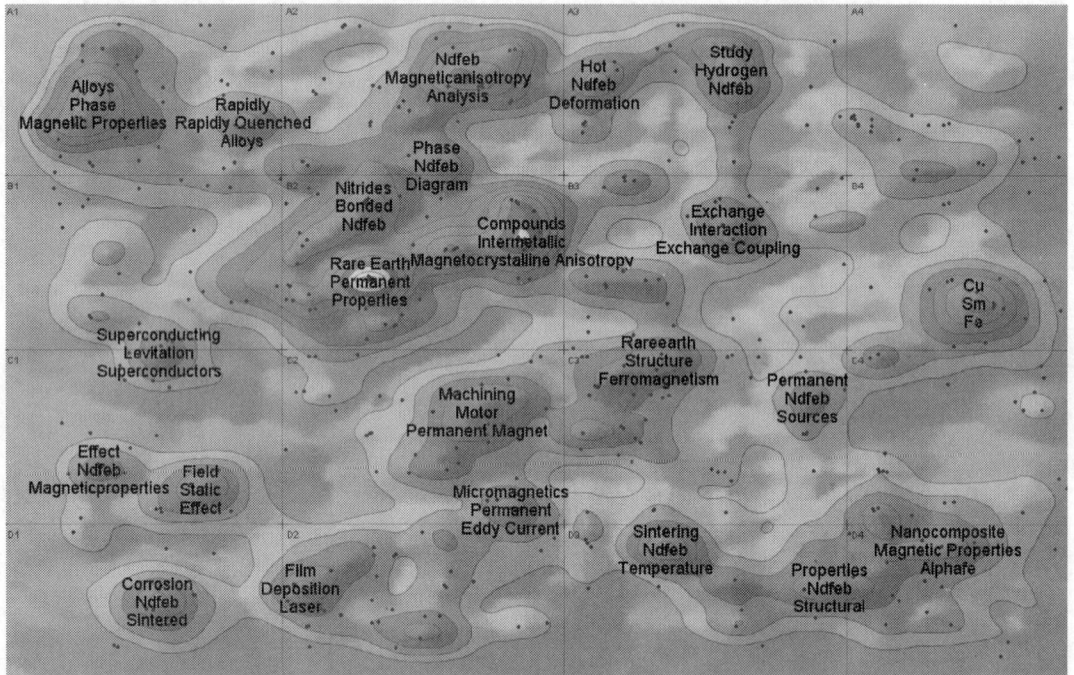

图 10-19　稀土永磁研究的总体布局（后附彩图）

10.5.3　重点国家/地区分析

本次分析的 6136 篇文献共涉及 72 个国家/地区，表10-8 给出了发文量排名前15 或总被引次数排名前15 或 H 指数排名前15 的国家/地区（共计17 个国家/地区，简称"前17 位国家/地区"，本节的后续其他排名仅限于这些国家/地区）的发文量及其被引情况。

从发文量来看，中国内地、美国、日本位居前三，这三个稀土利用/资源大国的发文量占了全球总量的40%以上，遥遥领先于后续其他国家/地区。随后是德国、英国、法国三个欧洲科技大国，这与全球稀土永磁专利的分布基本一致。从发文量变化情况来看（表10-8 和图10-20），近10 年来，中国内地（特别是中国内地）和日本论文数量上升较快，而美欧国家则呈现出整体下降的趋势。

表 10-8　重点国家/地区论文数量及其被引情况

国家/地区	论文总数（排名）	各年度论文数/篇						总被引次数（排名）	篇均被引次数/次	论文被引率/%	H 指数*
		2005	2006	2007	2008	2009	2010				
中国内地	1 022 （1）	87	97	91	101	111	76	3 774 （6）	3.7	64.0	21
美国	912 （2）	40	40	36	50	36	36	10 708 （1）	11.7	86.1	42
日本	899 （3）	51	84	70	39	44	37	7 609 （2）	8.5	78.3	33
德国	477 （4）	26	24	20	13	23	17	4 641 （3）	9.7	82.6	30
英国	303 （5）	9	8	9	18	14	13	4 235 （5）	14.0	82.8	25
法国	287 （6）	8	7	9	10	16	17	4 397 （4）	15.3	79.1	27
俄罗斯	199 （7）	8	17	8	7	9	12	1 031 （9）	5.2	61.8	14
韩国	175 （8）	4	15	14	6	13	10	543 （16）	3.1	65.1	12
波兰	163 （9）	10	14	14	10	5	9	702 （12）	4.3	65.0	13
巴西	124 （10）	7	9	8	6	9	4	621 （14）	5.0	69.4	12
奥地利	113 （11）	4	4	3	1	2	1	1 767 （7）	15.6	88.5	22
西班牙	103 （12）	5	3	5	2	5	6	663 （13）	6.4	81.6	14
中国台湾	101 （13）	0	3	11	8	10	7	734 （11）	7.3	78.2	13
荷兰	84 （14）	1	0	0	0	2	1	1 037 （8）	12.3	94.0	17
印度	76 （15）	3	2	4	12	12	5	259 （17）	3.4	73.7	9
澳大利亚	75 （16）	1	3	4	5	4	2	609 （15）	8.1	76.0	14
瑞士	46 （17）	4	1	2	2	2	0	852 （10）	18.5	93.5	17

　　*H 指数一般是指某个科学家发表的全部 N 篇论文中，有 H 篇论文至少被引用了 H 次，而其余论文的被引用次数均小于或等于 H。具体到本章的 H 指数，对应的"N 篇论文"指的是某个国家/机构/期刊/作者在统计时限内发表的稀土永磁相关论文

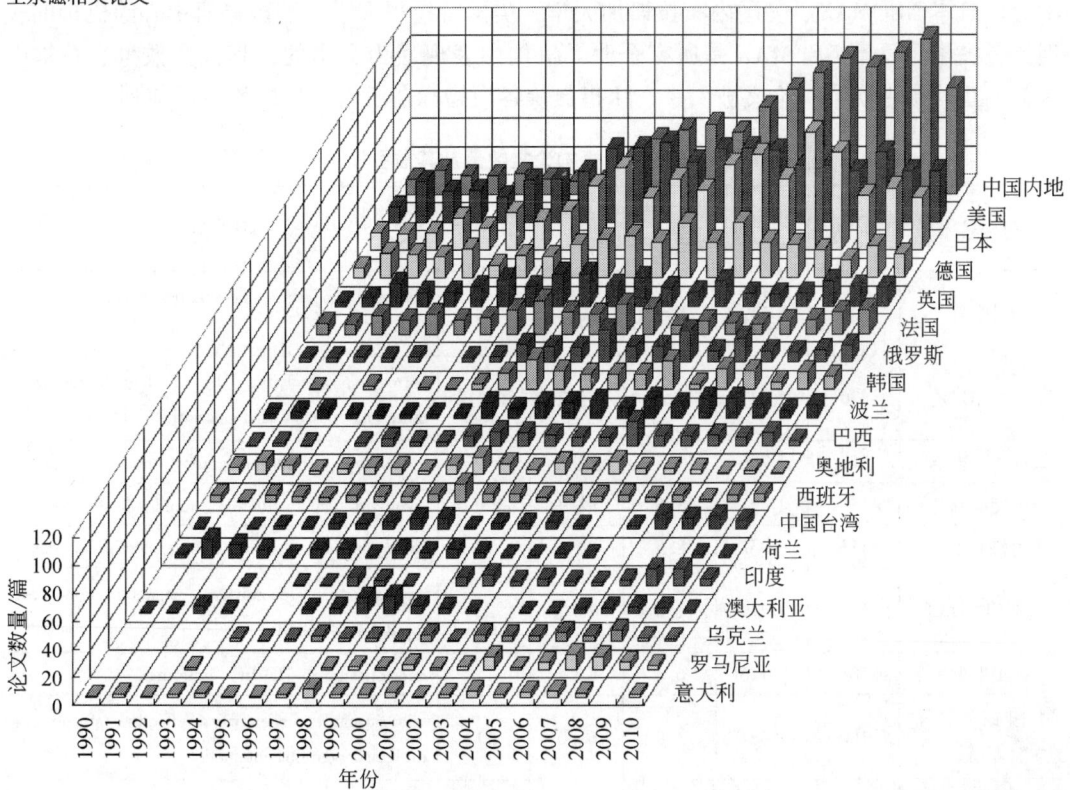

图 10-20　主要国家/地区稀土永磁 SCI 论文数量年度分布与变化趋势

从论文被引用情况来看，美国的总被引次数和 H 指数均位居第 1，且大幅领先于随后国家/地区，篇均被引次数和论文被引率在前 17 位国家/地区分别排名第 6 和第 4。日本的总被引次数和 H 指数均位居第 2，篇均被引次数和论文被引率在前 17 位国家/地区分别排名第 8 和第 9。德国、英国、法国三国的总被引次数和 H 指数均分别位居 3～5 位。相比之下，我国虽然论文数量居全球第 1，但总被引次数和 H 指数仅分别位居第 6 和第 7。篇均被引次数和论文被引率在前 17 位国家/地区排名更是非常靠后，与印度和俄罗斯接近。通过进一步分析 2005～2010 年论文，可以看出，我国在稀土永磁研究领域的总体影响力（总被引次数和 H 指数排名）有了大幅提升，但篇均被引次数和论文被引率仍然相对很低，表明我国在论文质量方面仍有待提高。

10.5.4　重点机构分析

本次分析的 6136 篇文献共涉及 1700 多个机构，表 10-9 给出了发文量较多且总被引次数、H 指数等排名也较为靠前的 30 个机构（本节排名仅限于这些机构）的发文量及其被引情况。从论文数量来看，发文量在 100 篇及以上的机构包括：中国科学院（239）、德国莱布尼茨学会（170）、日本东北大学（153）、美国能源部（140）、法国国家科研中心（113）、日本 NEOMAX（110）、英国伯明翰大学（108）、中国钢铁研究总院（100）；从总体被引情况来看，美国能源部、日本东北大学、中国科学院、德国莱布尼茨、德国马普学会、日本 NEOMAX、美国内布拉斯加大学、美国特拉华大学、法国科研中心等机构的表现比较突出。日本 NEOMAX 是所有企业类机构中表现最为突出的，其论文数量、总被引次数、篇均被引次数、论文被引率、H 指数等各项指标在所有机构中均位居前列。

表 10-9　重点机构论文数量及其被引情况

机构名称	论文数量/篇	总被引次数/次	篇均被引次数/次	论文被引率/%	H 指数	研究热点
中国科学院	239	1 642	6.9	80.8	18	magnetic properties, coercivity, mechanical alloying
德国莱布尼茨	170	1 637	9.6	84.7	21	corrosion, coercivity, HDDR、Magnetic force microscopy, pulsed laser deposition, texture
日本东北大学	153	1 766	11.5	84.3	19	coercivity, electron holography, microstructure
美国能源部	140	1 897	13.6	92.9	20	coercivity, microstructure, rapid solidification
法国科研中心	113	962	8.5	84.1	17	spring magnet, texture, hard magnetic materials
日本 NEOMAX	110	1 279	11.6	90.0	22	microstructure, coercivity, magnetic properties, rapid solidification
英国伯明翰大学	108	716	6.6	82.4	15	microstructure, HDDR, sintering
中国钢铁研究总院	100	384	3.8	61.0	11	microstructure, coercivity, effective anisotropy, exchange-coupling interaction
美国特拉华大学	90	1 102	12.2	90.0	16	coercivity, microstructure, nanocomposite magnets

机构名称	论文数量/篇	总被引次数/次	篇均被引次数/次	论文被引率/%	H指数	研究热点
日本大阪大学	88	520	5.9	77.3	12	electron irradiation, crystallization, metallic glass, microstructure
德国马普学会	83	1 528	18.4	90.4	22	coercivity, micromagnetism, computational micromagnetism, magnetic anisotropy
美国爱荷华州立大学	69	460	6.7	94.2	12	microstructure, energy product, magnetic properties, hysteresis
英国设菲尔德大学	69	976	14.1	84.1	14	nanocrystalline, coercivity, melt spinning
奥地利维也纳技术大学	65	678	10.4	89.2	14	microstructure, hard magnetic materials, magnetocrystalline anisotropy
美国内布拉斯加大学	65	1 267	19.5	89.2	17	coercivity, rapid solidification, microstructure
中国山东大学	60	342	5.7	61.7	10	coercivity, effective anisotropy, exchange – coupling interaction
加拿大麦格昆磁	53	497	9.4	94.3	13	coercivity, microstructure, magnetic properties
日本国立材料科学研究所	51	318	6.2	74.5	10	coercivity, microstructure、melt – spinning
日本日立集团	51	294	5.8	62.7	11	coercivity, magnetic properties, microstructure
俄罗斯科学院	47	314	6.7	44.7	6	rheology, coercivity, polyimide resins
中国南京大学	45	197	4.4	75.6	8	coercivity, exchange coupling, magnetic properties
波兰琴斯托霍瓦技术大学	43	243	5.7	62.8	9	magnetic properties, magnetization reversal, mossbauer spectroscopy
荷兰阿姆斯特丹大学	43	403	9.4	95.3	11	magnetic properties, magnetocrystalline anisotropy, intermetallic compounds, spin reorientation
西班牙萨拉戈萨大学	43	291	6.8	83.7	11	spin reorientation transition, magnetization, Hall effect, magnetic dichroism
美国戴顿大学	41	412	10.0	80.5	10	full density, Anisotropic, exchange coupling, thermal stability
荷兰飞利浦	38	514	13.5	97.4	12	magnetic properties, Anisotropic, magnetic properties, carbides
巴西圣保罗大学	38	328	8.6	78.9	10	magnetic interactions, coercivity, microstructure
美国卡内基梅隆大学	36	586	16.3	94.4	12	magnetic properties, alpha – Fe, coercivity
西班牙高等科学研究委员会	31	192	6.2	87.1	9	coercivity, magnetic interactions, magnetic viscosity, magnetization
美国密苏里大学	30	469	15.6	90.0	13	mossbauer spectroscopy, magnetic properties, curie temperature

10.5.5　重点期刊分析

本次分析的6136篇文献共涉及300多种期刊，表10-10给出了刊文量较多且总被引次数、H指数等排名也较为靠前的期刊（本节排名仅限于这些期刊）的刊文量及其被引情况。

Journal of Magnetism and Magnetic Materials（2004~2008五年期影响因子为1.391）、*Journal of Applied Physics*（2004~2008五年期影响因子为2.278）、*IEEE Transactions on Magnetics*（2004~2008五年期影响因子为1.176）三刊的刊文量占到了全部的38%，总被引次数和H指数也都分别位居前3位。*Physical Review B*（2004~2008五年期影响因子为3.251）的论文数量虽然仅有100多篇，排在第5位，但其在各项被引指标上的表现均较突出，特别是其篇均被引次数高达29.2，排在第二位，显现出其较高的刊文质量。

表10-10　重点期刊稀土永磁论文数量及其被引情况

期刊	论文数量/篇	总被引次数/次	篇均被引次数/次	论文被引率/%	H指数
Journal of Magnetism and Magnetic Materials	897	9 796	10.9	89.0	41
Journal of Applied Physics	792	12 376	15.6	88.3	45
IEEE Transactions on Magnetics	649	6 429	9.9	88.9	34
Journal of Alloys and Compounds	431	3 803	8.8	87.0	28
Physical Review B	133	3 878	29.2	91.0	30
Applied Physics Letters	117	2 669	22.8	95.7	27
Rare Metal Materials and Engineering	100	120	1.2	41.0	6
Journal of Physics D – Applied Physics	74	626	8.5	85.1	13
Materials Transactions	56	231	4.1	71.4	7
Review of Scientific Instruments	55	389	7.1	78.2	12
IEEE Transactions on Applied Superconductivity	54	260	4.8	70.4	10
Physica B- Condensed Matter	89	418	4.7	74.2	10
Physica Status Solidi A- Applied Research	53	327	6.2	81.1	9
Materials Science and Engineering A- Structural Materials Properties Microstructure and Processing	52	473	9.1	82.7	11
Journal of Physics – Condensed Matter	51	413	8.1	92.2	12
Nuclear Instruments & Methods in Physics Research Section A- Accelerators Spectrometers Detectors and Associated Equipment	46	377	8.2	80.4	10
Scripta Materialia	37	315	8.5	86.5	10
Solid State Communications	36	1 169	32.5	91.7	12

10.5.6 小结

（1）20世纪80年代稀土永磁SCI论文数量经历了快速上升。NdFeB是稀土永磁研究的重点，具体研究热点包括：磁晶各向异性、铁磁性、交换耦合、矫顽力等稀土永磁材料特性及其微观结构相关研究；烧结、快速凝固、热变形等稀土永磁材料制备工艺及防腐蚀等性能改良工艺相关研究；稀土永磁在电机、仪器仪表、磁悬浮等中的应用相关研究。

（2）中国、美国、日本发文量位居前三，随后是德国、英国、法国三个欧洲科技大国，这与全球稀土永磁专利的分布基本一致。美日在影响力方面较高，我国在稀土永磁研究领域的总体影响力（总被引次数和H指数排名）有了大幅提升，但篇均被引次数和论文被引率仍然相对很低，表明我国在论文质量方面仍有待提高。

（3）发文量最多的研究机构有中国科学院、德国莱布尼茨学会、日本东北大学、美国能源部、法国国家科研中心、日本NEOMAX、英国伯明翰大学、中国钢铁研究总院等，日本NEOMAX在所有企业类机构中表现最为突出。

10.6 稀土永磁专利统计分析

以德温特创新索引（DII）作为来源数据库，在进行相关知识调研的基础上，综合考虑相关技术领域关键词和有关IPC分类号，对稀土永磁相关专利进行了检索，共检索相关专利（族）10 671件（最终数据检索日期为2010年12月16日）。利用汤森数据分析器（Thomson Data Analyzer，TDA）和Aureka等分析工具与平台，对稀土永磁材料专利进行了统计分析，从专利申请的时序分布、国家/地区分布、技术构成以及主要国家/地区的专利保护策略等方面探讨了稀土永磁材料及相关应用技术的整体发展趋势。

10.6.1 稀土永磁专利时序分布分析

图10-21给出了稀土永磁专利数量随年度（基于优先权年）的分布与变化情况，图10-22对SmCo和NdFeB相关专利数量的年度（基于优先权年）分布情况进行了对比。结合图10-21和图10-22，可以看出，稀土永磁的专利申请始于20世纪60年代，此后的20多年中相关专利申请数量不断上升。特别是随着80年代初NdFeB稀土永磁的研发成功，稀土永磁的专利申请数量开始大幅上升。到了1989年，单年数量飙升至历史高点。随后几年，专利数量呈现下降趋势，直至1996年才开始逐步回升，且上升趋势一直持续至今。结合后面的分析，可以看出，2000年以前全球稀土永磁专利数量随年度的分布与变化情况基本与日本稀土永磁专利数量随年度的分布与变化情况一致，20世纪80年代末至90年代初的专利数量突变也主要是由日本申请量的变化引起的。

通过图10-22可以看出，最早的两件NdFeB专利申请出现在1982年（分别由美国通用汽车公司在美国和日本住友特殊金属公司在日本申请），随后 NdFeB 专利申请数量急剧上升，1984 年就已达到 47 件，超过 SmCo。直到目前，NeFeB 专利申请一直是稀土永磁专利申请的主力。这主要是由于，NdFeB 永磁与 SmCo 永磁相比：SmCo 永磁的特点是耐高温、耐腐蚀、抗去磁能力强，但受原材料限制，价格较高，主要用于制造一些工作环境较为复杂或性能要求较高的产品；NdFeB 永磁的特点是热稳定性比 SmCo 差，易氧化，须表面防护，但常温下永磁性能比 SmCo 高、抗去磁能力强，且价格适中。虽然目前研究人员正在积极开发寻找第四代稀土永磁材料，并已经取得了一些进展，但在未来相当长的一段时间内，NdFeB 都将是稀土永磁的主角。

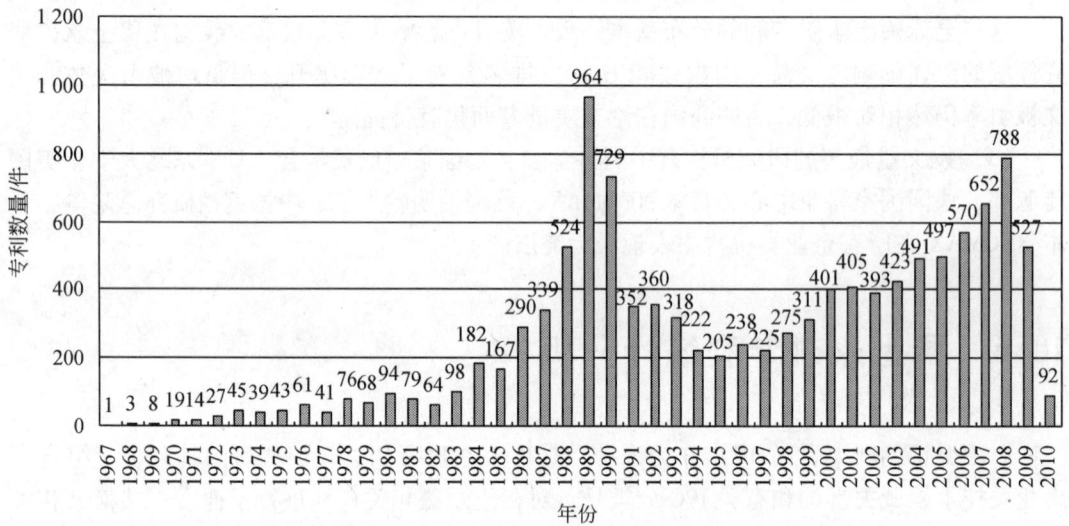

图 10-21 稀土永磁专利数量的时序分布

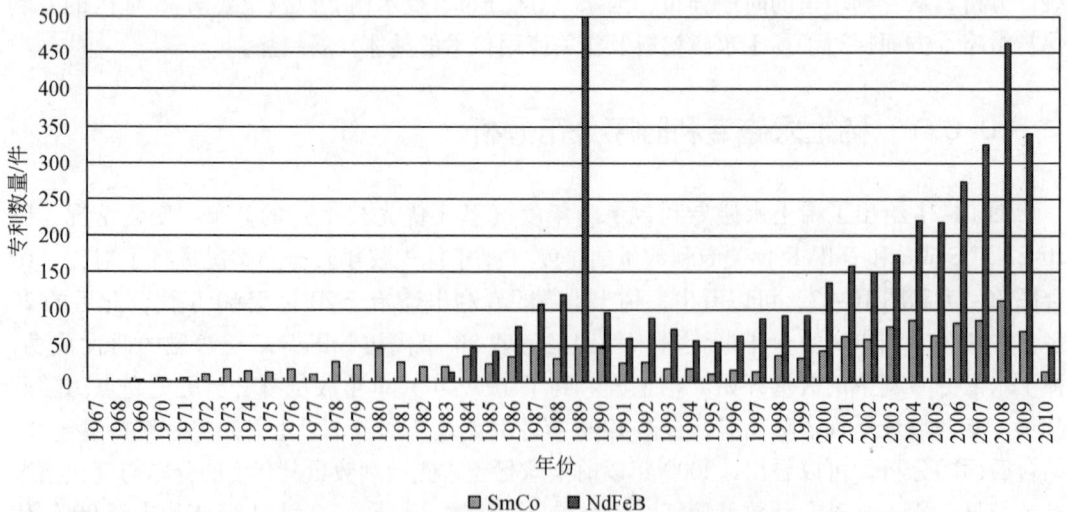

图 10-22 SmCo 和 NdFeB 专利数量的时序分布对比

10.6.2　稀土永磁专利技术构成分析

10.6.2.1　学科领域分布

图 10-23 给出了基于 ISI Web of Knowledge 学科领域（左）和 IPC 部（右）的稀土永磁专利的学科分布情况。可以看出，稀土永磁的专利申请主要集中在工程、仪器及仪表、化学、冶金和冶金工程、能源和燃料、高分子科学、计算机科学、交通、普通医学及内科学、成像科学与摄影技术、通信、药理学与制药学、材料科学、水资源等学科领域，特别是工程、仪器及仪表、化学三大学科领域的专利占了全部专利的 90% 以上；对应到 IPC 部，主要是分布在 H 部（电学）、C 部（化学、冶金）和 B 部（作业、运输）。近年来在 A 部（人类生活必需）和 F 部（机械工程、照明、加热、武器、爆破）中的专利申请数量也呈现出快速上升趋势。

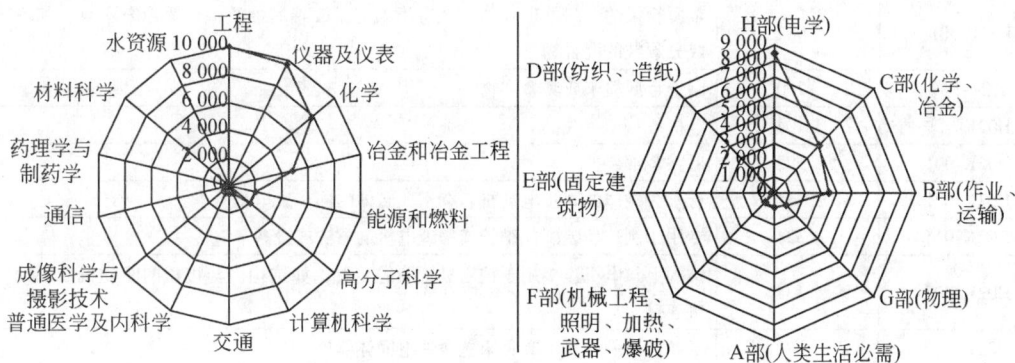

图 10-23　稀土永磁专利的学科分布

10.6.2.2　重点技术方向

国际专利分类号（IPC）包含了专利的技术信息，通过对稀土永磁相关专利进行基于 IPC 的统计分析，可以了解稀土永磁专利主要涉及的技术领域和技术重点等。表 10-11 列出了稀土永磁专利涉及的主要国际专利分类号（IPC 小类及其包含的主要 IPC 大组）。可以看出，稀土永磁专利技术涉及的主要领域和方向包括：稀土永磁本身的制造、改性等（H01F、C22C、B22F、C23C、C21D 等）；在电机中的应用（H02K）；在半导体器件中的应用（H01L）；在医学治疗中的应用（A61N）；在信息存储中的应用（G11B）等。

图 10-24 给出了专利申请量在 200 件以上的前 9 位稀土永磁技术方向（基于 IPC 小类）专利数量随年度（基于优先权年）的分布与变化情况。可以看出，近年来，H01F、C22C、B22F 等方向的专利申请数量已经呈现出相对平稳的趋势，而 H02K、A61N、G11B 等方向，特别是 H02K 方向的专利申请数量上升迅速。结合文献调研，可以发现，新能源汽车（电机以及其他重要部件）、音圈电机以及其他新型高端电机等是已经成为目前稀土永磁材料研发和应用的热点方向。

表 10-11　稀土永磁专利涉及的主要国际专利分类代码及其技术方向说明

IPC	专利数量/件	中文释义
H01F	5 966	磁体、电感、变压器、磁性材料的选择
H01F-001	4 780	按所用磁性材料区分的磁体或磁性物体、磁性材料的选择
H01F-041	2 174	专用于制造或装配包含在本小类的装置（磁芯、线圈或磁体等）的设备或方法
H01F-007	1 350	磁体
H01F-013	116	磁化或去磁的设备或方法
C22C	2 796	合金
C22C-038	1 969	铁基合金，如合金钢
C22C-033	861	铁基合金的制造
C22C-019	503	镍或钴基合金
C22C-001	424	有色金属合金的制造
B22F	2 210	金属粉末的加工、由金属粉末制造制品、金属粉末的制造
B22F-003	1 314	由金属粉末制造工件或制品，其特点为用压实或烧结的方法；所用的专用设备
B22F-001	982	金属粉末的专门处理；如使之易于加工，改善其性质；金属粉末本身，如不同成分颗粒的混合物
B22F-009	700	制造金属粉末或其悬浮物
H02K	1 104	电机
H02K-001	595	磁路零部件
H02K-021	351	有永久磁体的同步电动机、有永久磁体的同步发电机
H02K-015	324	专用于制造、装配、维护或修理电机的方法或设备
H02K-007	134	结构上与电机连接用于控制机械能的装置，如结构上与机械的驱动机或辅助电机连接
H01L	772	半导体器件、其他类目未包含的电固体器件
H01L-021	541	专门适用于制造或处理半导体或固体器件或其部件的方法或设备
H01L-029	155	专门适用于整流、放大、振荡或切换，并具有至少一个电位跃变势垒或表面势垒的半导体器件；具有至少一个电位跃变势垒或表面势垒，如 PN 结耗尽层或载流子集结层的电容器或电阻器；半导体本体或其电极的零部件
H01L-027	132	由在一个共用衬底内或其上形成的多个半导体或其他固态组件组成的器件
C21D	386	改变黑色金属的物理结构，黑色或有色金属或合金热处理用的一般设备，通过脱碳、回火或其他处理使金属具有韧性
C21D-006	265	铁基合金的热处理
C23C	359	对金属材料的镀覆，用金属材料对材料的镀覆，表面扩散法、化学转化或置换法的金属材料表面处理，真空蒸发法、溅射法、离子注入法或化学气相沉积法的一般镀覆
C23C-014	130	通过覆层形成材料的真空蒸发、溅射或离子注入进行镀覆
A61N	242	电疗、磁疗、放射疗、超声波疗
A61N-002	218	磁疗法
G11B	225	基于记录载体和换能器之间的相对运动而实现的信息存储
G11B-005	169	借助于记录载体的激磁或退磁进行记录，用磁性方法进行重现，为此所用的记录载体

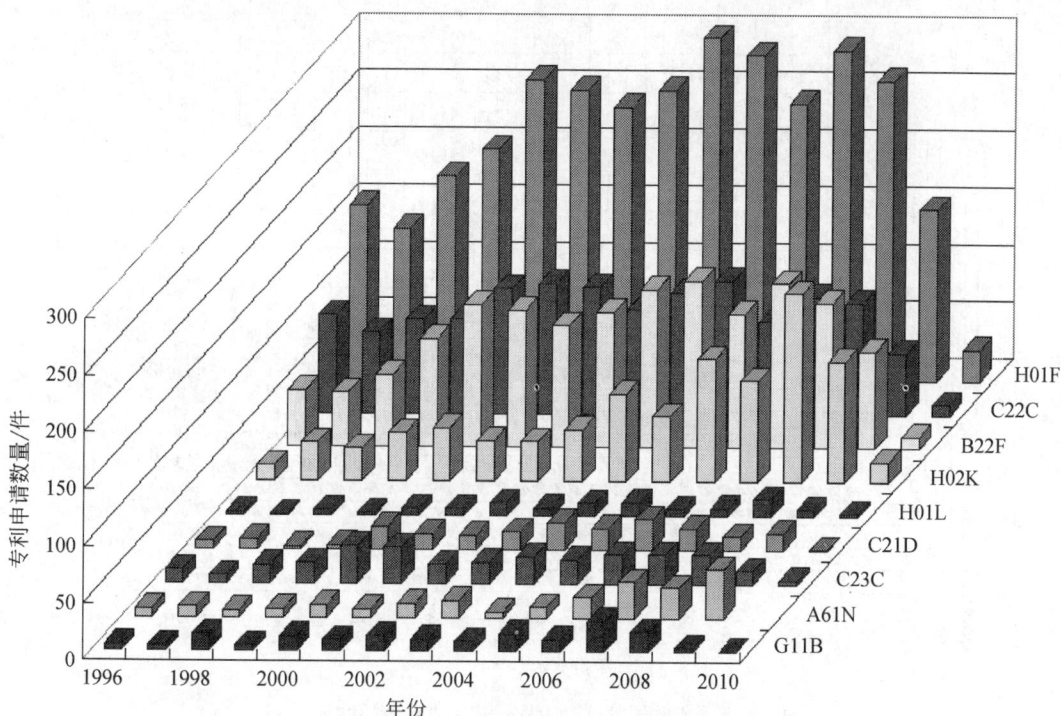

图 10-24　稀土永磁重点技术方向专利申请数量的时序分布（1996~2010）

10.6.3　稀土永磁专利国家/组织分布

10.6.3.1　主要国家/组织优先权专利申请的时序分布

图 10-25 给出了稀土永磁优先权专利申请量多于 100 件的前 9 位国家/组织（基于优先权国）及其专利申请数量的时序分布情况。从中可以看出，近年来，稀土永磁优先权专利申请主要集中在日本、中国、美国这三个稀土利用/资源大国，三国的稀土永磁优先权专利申请占到了全球的 88%，特别是日本一国占了全球的 60% 以上。

从各主要国家/组织稀土永磁优先权专利申请的时序分布情况来看，日本的优先权专利申请数量经历了 20 世纪 80 年代前的缓慢上升、80 年代的急速上升、90 年代前半期的急剧下降以及近十几年来的缓慢回升、稳中有降。这可能和 20 世纪 80 年代末至 90 年代初的日本经济泡沫以及近 10 年来制造产业不断向中国转移有关；与日本相比，美国的稀土永磁优先权专利申请数量没有大起大落，一直保持在全球前三的行列，20 世纪 90 年代以来专利申请数量有较大提升；我国的稀土永磁优先权专利申请主要集中在近 10 年，特别是近 5 年。近几年，全球 1/3 以上的稀土永磁优先权专利申请都集中在我国，并且有不断上升的趋势。我国已经成为全球重要的稀土永磁生产制造中心。此外，德国、韩国、法国、加拿大等近年来的稀土永磁优先权专利申请数量也有明显上升。

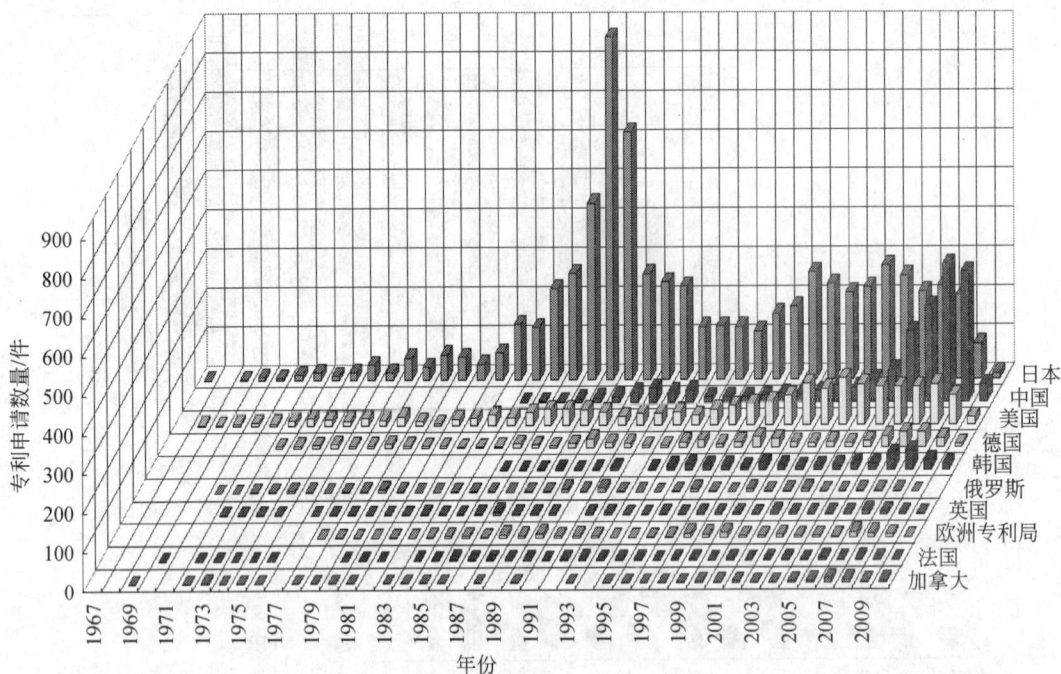

图 10-25　主要国家/组织优先权专利申请的时序分布

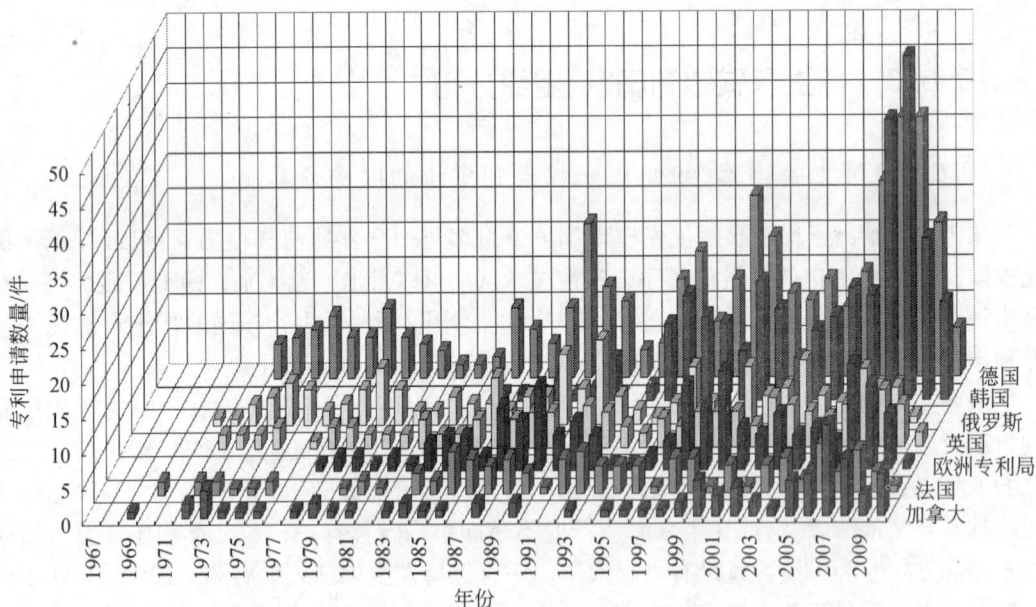

图 10-26　主要国家/组织优先权专利申请的时序分布

10.6.3.2　主要国家/组织的研发布局分析

图 10-27 给出了主要国家/组织受理专利的 IPC 技术领域统计分析（基于 IPC 小类，

代码含义见表 10-11）。可以看出，各主要国家/组织的技术构成整体相似度较高，H01F、C22C、B22F、H02K 四个方向的专利申请量在各主要国家/组织均占到了总量的 60% 以上。具体来看，主要国家/组织的技术布局如下：

（1）日本主要集中在 H01F、C22C、B22F、H01L、H02K 等领域。特别是，稀土永磁材料的改性改良（C21D、C23C 等）、稀土永磁在信息存储中的应用（G11B）等方面的专利主要集中在日本。日本在其他各领域也有较多的专利申请；

（2）我国主要集中在 H01F、H02K、B22F、C22C、A61N 等领域。特别是，稀土永磁在医学治疗中的应用（A61N、A61H、A61M 等）、稀土永磁在水、废水、污水或污泥的处理的应用（C02F）等方面的专利主要集中在我国；

（3）美国主要集中在 H01F、H02K、C22C、B22F 等领域。在 G01N（借助于测定材料的化学或物理性质来测试或分析材料）、A61B（医学诊断、鉴定、外科）等领域也有较多的专利。

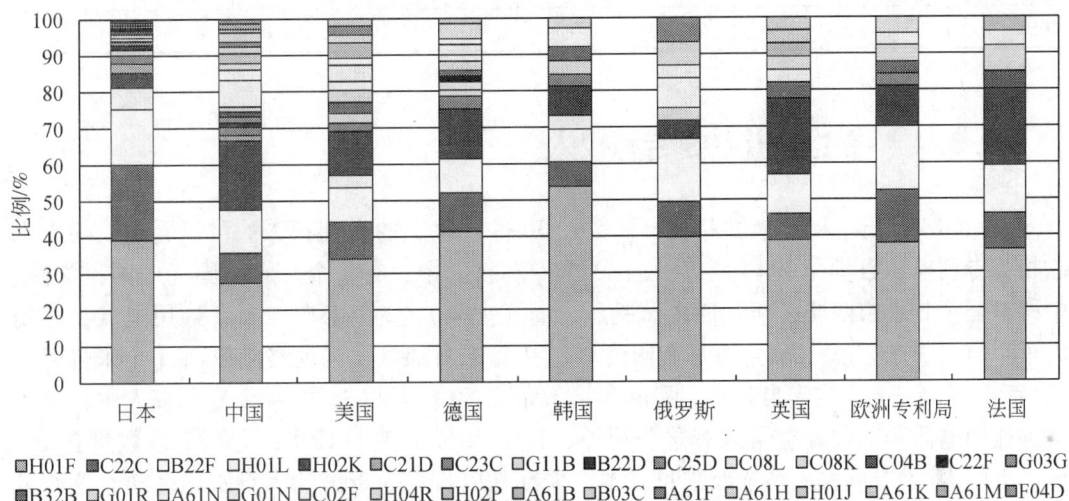

图 10-27　主要国家/组织稀土永磁专利技术的研发布局（后附彩图）

10.6.3.3　主要国家/组织的专利保护策略和市场布局态势

专利保护是知识产权战略的核心内容之一。专利权人一般首先在其所在国申请专利，然后利用专利优先权到其他国家/地区申请专利以获得知识产权保护，为在相应国家开展生产和销售保驾护航。

表 10-12 给出了稀土永磁优先权专利申请量多于 100 件的前 9 位国家/组织（基于优先权国）的整体专利申请保护区域分布情况。看以看出，日本机构除了关注本国市场以外，还积极在美国，德国，韩国，中国内地、台湾和欧洲其他市场进行布防；中国机构目前还主要是在国内申请专利，虽然也已在美国、日本和欧洲等申请了一些专利保护，但数量仍然偏少；美国机构的专利保护做得较好，在大部分热点地域都进行了积极布防；除了本国，德国的机构还非常关注美国、日本、中国以及欧洲市场；韩国机构关注的海外市场主要包括美国、中国和日本；虽然英国和法国专利总量不是很多，但两国的专利保护做得

不错；相比之下，俄罗斯的专利保护则较差。

表 10-12   主要国家/组织的稀土永磁专利申请保护区域分布

	日本	中国内地	美国	欧洲专利局	德国	WO	韩国	澳大利亚	中国台湾	加拿大	英国	法国	俄罗斯
日本	6 625	472	812	518	404	349	239	69	124	29	30	13	16
中国内地	26	1 626	37	22	21	43	13	13	2	3	4		2
美国	260	124	1 023	280	143	324	57	158	33	97	32	16	8
德国	78	31	101	118	384	100	18	14	6	6	14	12	4
韩国	33	39	47	28	14	39	243	6	11	6	6		3
俄罗斯	1	1	1	1	1	5		2					161
英国	27	10	38	46	31	50	9	31	1	9	86	2	1
欧洲专利局	62	43	73	107	55	58	19	16	8	15	1	1	1
法国	32	9	46	58	35	34	4	11	2	11		95	1

10.6.4 稀土永磁主要专利权人

表 10-13 列出了稀土永磁专利申请数量 30 件及以上的专利权人。可以看出，稀土永磁相关专利申请数量在 30 件及以上的 43 个专利权人中，有 4 个来自中国（中国科学院、中科三环、北京市西城区新开通用试验厂、浙江大学）、2 个来自美国（通用电气、通用汽车）、1 个来自德国（真空熔炼有限公司）、1 个来自加拿大（麦格昆磁）、1 个来自韩国（万都），其余 34 个均来自日本；专利申请数量在 50 件及以上的 24 个专利权人中，除了美国通用电器和德国真空熔炼有限公司外，其余 22 个均来自日本；专利申请数量在 100 件以上的 11 个专利权人则全部来自日本，大都是以日本为母国的大型跨国公司。这充分显示出日本企业对稀土永磁技术及应用的高度重视，以及他们在该领域的主导地位。

表 10-13   稀土永磁主要专利权人

机构	所属国家	专利数量/件	机构	所属国家	专利数量/件
日立	日本	1 356	大同特殊钢	日本	215
精工	日本	663	富士通	日本	164
东京电气化学	日本	513	钟渊化学	日本	71
日本电气	日本	438	昭和	日本	66
三菱	日本	281	川崎制铁	日本	60
松下	日本	277	日本同和	日本	59
住友	日本	276	通用电气	美国	56
信越	日本	251	日本並木	日本	54
东芝	日本	231	德国真空熔炼	德国	54

机构	所属国家	专利数量/件	机构	所属国家	专利数量/件
神户制钢	日本	53	爱发科	日本	39
新日本钢铁	日本	53	安川机电	日本	39
日产	日本	51	本田	日本	38
理光	日本	51	村田制作所	日本	38
爱知制钢	日本	50	户田	日本	38
索尼	日本	50	五十铃	日本	37
通用汽车	美国	48	旭化成	日本	36
中国科学院	中国	43	万都	韩国	34
日亚化学	日本	43	因太金属	日本	31
美蓓亚	日本	42	麦格昆磁	加拿大	31
中科三环	中国	42	日本普利司通	日本	30
北京市西城区新开通用试验厂	中国	40	浙江大学	中国	30
丰田	日本	39			

10.6.5 小结

（1）稀土永磁的专利申请始于20世纪60年代，此后的20多年中相关专利申请数量不断上升。特别是随着80年代初NdFeB稀土永磁的研发成功，稀土永磁的专利申请数量开始大幅上升。到了1989年，单年数量飙升至历史高点。2000年以前全球稀土永磁专利数量随年度的分布与变化情况基本与日本稀土永磁专利数量随年度的分布与变化情况一致。

（2）稀土永磁专利技术涉及的主要领域和方向包括：稀土永磁本身的制造、改性等；在电机中的应用；在半导体器件中的应用；在医学治疗中的应用；在信息存储中的应用等。新能源汽车（电机以及其他重要部件）、音圈电机以及其他新型高端电机等是已经成为目前稀土永磁材料研发和应用的热点方向。

（3）稀土永磁优先权专利申请主要集中在日本、中国、美国这三个稀土利用/资源大国，特别是日本占了全球的60%以上。我国的稀土永磁优先权专利申请主要集中在近10年，特别是近5年。近几年，全球1/3以上的稀土永磁优先权专利申请都集中在我国，并且有不断上升的趋势。我国已经成为全球重要的稀土永磁生产制造中心。日本比较注重稀土永磁材料的改良和信息存储中的应用等；我国在医学治疗、废水、污水或污泥的处理的应用稀土永磁材料较多；美国在测定材料化学或物理性质、医学诊断、外科等领域有较多的专利

（4）专利申请数量在100件以上的11个专利权人则全部来自日本，大都是以日本为母国的大型跨国公司。稀土永磁相关专利申请数量在30件及以上的43个专利权人中，有4个中国机构分别是中国科学院、中科三环、北京市西城区新开通用试验厂、浙江大学。

（5）日本机构除了关注本国市场以外，还积极在美国、德国、中国内地、韩国、中国台湾以及欧洲其他市场进行布防；中国机构目前主要是在国内申请专利，虽然已在美国、日本和欧洲等申请了一些专利保护，但数量仍然偏少；美国机构的专利保护做得较好，在大部分热点地域都进行了积极布防。

10.7　结论与建议

通过对稀土永磁材料的政策环境、产业发展、技术前沿以及文献与专利的分析，得出以下结论和建议。

10.7.1　结论

（1）稀土的战略意义不言而喻，各国频繁发布稀土和稀有金属战略和政策，加强稀土战略储备。美国持续开展稀土战略研究，颁布稀土法案，建立国家稀土储备，注重来源供应和风险评估。日本更是出台了《确保稀有金属稳定供应战略》，提出了确保稀有金属供应的政策和措施，保证足够的官方储备和民间储备。韩国也非常注重稀有金属资源，积极进行储备，不仅用于战略储备，还用于工业储备应用，采取了扩大稀有金属储备名单，计划推动稀有金属材料发展综合对策等。各国稀土替代材料开发、回收和高效利用研究日益升温，试图减少对中国的稀土依赖。日本大力开采"都市稀有金属矿"，从钕磁铁中有效回收稀土；日本三井物产等从中国进口碎玻璃等"废弃物品"，变相获得稀土资源。各国为拓宽稀土来源，投资和开发中国以外稀土资源，确保稳定供应。各国还联合掀起货币战与贸易战，对抗中国的稀土出口限制。

（2）我国稀土产量占世界的90%以上，未来5年内可形成稀土开发能力的有美国的芒廷帕司、加拿大的霍益达斯湖和托尔湖、澳大利亚的韦尔德山和诺兰等矿床。中国的稀土消费需求也是最高的，远远超出了世界其他国家需求的总和。2009年中国稀土冶炼分离产品排在前5位的有日本、美国、香港、法国、意大利等。美国、日本90%以上的稀土都依赖从中国进口，近年来分别保持为1.5万~2万吨、3万~4万吨。

（3）稀土永磁材料产业格局发生了重大变化。美欧进入产业调整期，发展缓慢不前，世界磁材产业向中国转移，中国正逐渐成为全球磁材产业的中心。烧结NdFeB生产企业约130家，如果加上黏结NdFeB、SmCo磁体等生产企业约150家。我国稀土永磁材料产业面临着良好的发展机遇期。我国稀土永磁体产量快速增长，技术上取得了一些创新发展，制造水平和装备水平达世界先进水平，但应用方面有待向高端发展。我国NdFeB永磁产量占全球的近80%，但产值只占全球的58%，我国NdFeB中低端产品占比较大，核心应向高附加值产品转移。

（4）稀土永磁磁性材料目前已经广泛应用在了电子信息、汽车工业、医疗设备、能源交通等众多领域，在传统领域中的应用并没有衰减，而随着低碳经济的到来，新的应用领域如新能源汽车、风电发电、节能环保家电、国防军事等领域正在形成，因此NdFeB磁性材料具有广阔的发展空间。

（5）稀土永磁材料发展历经 $SmCo_5$ 系列、$Sm（Co，Fe，Cu，Zr）_{7.2}$ 系列和 NdFeB 系列稀土永磁材料。近年来发现了 SmFeN 系稀土永磁材料和由 $Nd_2Fe_{14}B/\alpha\text{-}Fe$、$Sm_2Co_{17}/FeCo$ 等构成的纳米复相永磁材料。NdFeB 永磁体具有极为优异的综合磁性能，并且由于技术成熟度较高，原材料相对廉价，其应用范围非常广泛，但具有居里温度和工作温度较低，磁体的热稳定性较差；磁体耐腐蚀性和抗氧化性较差等缺点，限制了 NdFeB 永磁体的应用。$Sm_2（Fe，M）_{17}N_x$ 永磁材料具有较高的热稳定性和抗氧化性，但是目前对其矫顽力机制、化学成分优化，以及制备高性能磁体等方面的研究还不透彻，还需要做大量的工作。纳米晶复相稀土永磁材料具有稀土含量低、综合磁性能好、价格便宜，抗蚀性好等优点，其理论磁能积达到 125.6 兆高斯·奥斯特，但目前的研究结果与之相比还有很大差距。因此获得接近理想磁能积磁体是当前的热点研究方向，并取得了一定的进展。另外，由于微电机、微机械方面的要求，稀土永磁材料也在向小型化、薄膜化方向发展。

（6）根据稀土永磁研究论文分析，中国、美国、日本位居前三，美日在影响力方面较高，我国在的总体影响力（总被引次数和 H 指数排名）有了大幅提升，但篇均被引次数和论文被引率仍然相对很低，表明我国在论文质量方面仍有待提高。发文量最多的研究机构有中国科学院、德国莱布尼茨学会、日本东北大学、美国能源部、法国国家科研中心、日本 NEOMAX、英国伯明翰大学、中国钢铁研究总院等，日本 NEOMAX 在所有企业类机构中表现最为突出。稀土永磁研究热点包括：磁晶各向异性、铁磁性、交换耦合、矫顽力等稀土永磁材料特性及其微观结构相关研究；烧结、快速凝固、热变形等稀土永磁材料制备工艺及防腐蚀等性能改良工艺相关研究；稀土永磁在电机、仪器仪表、磁悬浮等中的应用相关研究。

（7）根据稀土永磁专利技术分析，随着 80 年代初 NdFeB 稀土永磁的研发成功，稀土永磁的专利申请数量开始大幅上升。稀土永磁优先权专利申请主要集中在日本、中国、美国，特别是日本占全球 60% 以上。我国的稀土永磁优先权专利申请主要集中在近 10 年，特别是近 5 年。专利申请数量在 100 件以上的 11 个专利权人则全部来自日本，大都是以日本为母国的大型跨国公司。稀土永磁相关专利申请数量在 30 件及以上的 43 个专利权人中，有 4 个来自中国，即中国科学院、中科三环、北京市西城区新开通用试验厂和浙江大学。稀土永磁专利主要领域和方向包括：稀土永磁本身的制造、改性等；在电机中的应用；在半导体器件中的应用；在医学治疗中的应用；在信息存储中的应用等。新能源汽车（电机以及其他重要部件）、音圈电机和其他新型高端电机等已经成为目前稀土永磁材料研发和应用的热点方向。

10.7.2 建议

从稀土资源、稀土永磁技术创新、稀土永磁产业发展、稀土永磁创新应用等方面为我国稀土永磁材料的发展提出了建设性的意见和建议：

1）有效保护和有序开发稀土资源，确保国内稀土长期供应

整顿稀土资源开发，避免过度和混乱开采；提高资源利用率，降低生态环境破坏；避

免国内产能过剩，价格的恶性竞争；限制稀土资源廉价出口，逐步掌控国际定价权；国家出台宏观调控政策，统一管理有效监管；完善出口管理机制，杜绝稀土资源和产品的走私；建立国家级稀土资源储备库，重视稀土的收储；根据轻重稀土储量、开采和应用等情况，制定合理的政策和措施；确保国内稀土长期供应和国际竞争力。

2）加强稀土永磁技术创新研发，提高国内自主知识产权

加强稀土永磁技术科研投入，确保创新性研究；加大基础研究支持力度，组建稀土学院、稀土研发中心等科研机构；基础性研究的重点为探索新型稀土过渡金属化合物和亚稳相，研发高性能纳米复合稀土永磁材料以及薄膜材料；提高国内自主知识产权，突破发达国家专利封锁；注意强化专利保护意识与申报工作，服务后续材料和元器件产业做大做强；加强稀土永磁材料人才队伍建设，制定激励政策和人才配套机制。

3）制定稀土永磁产业发展战略，强化高端产品生产和出口

将稀土产业发展纳入国家"十二五"发展规划，制定稀土永磁产业发展战略；加快稀土永磁产业整合，调整优化产业结构；国家设立从研发到产业化全过程协调对接的稀土专项支持计划，引导稀土产业健康快速发展；设立稀土永磁产业发展基金，鼓励稀土产业向高端应用领域延伸；发展和建设包头、赣州等重点稀土永磁产业发展应用基地；国内企业应通过自主研发，不断提高技术水平，改进生产工艺；确保稀土永磁产量，提高产品价格；强化高端产品生产和出口，积极开拓国际市场。

4）深化稀土永磁创新应用，重点领域重点突破

建立稀土永磁创新应用示范基地，加速新应用的产业化；重点突破新能源汽车、风力发电、核磁共振、国防军事等领域所需的稀土永磁技术；不断开拓稀土永磁的创新应用，应向高性能、节能与环保和可持续方向发展。

致谢：中国科学院金属研究所张志东研究员，中国科学院物理研究所沈保根研究员，山东大学高汝伟教授、韩广兵副教授等专家细致审阅本报告初稿，并提出宝贵的修改意见，谨致谢忱！

参 考 文 献

凤凰网财经 . 2009- 12- 05. 欧盟开始监测重要原材料供应情况 . http：//finance. ifeng. com/roll/20091205/1545504. shtml

龚维幂，于荣海 . 2009. SmCo 基高温永磁合金的研究 . 中国稀土学会 . 第一届稀土产业论坛专家报告集 . 139～156

国家发展和改革委员会产业协调司 . 2010. 中国稀土-2009. 稀土信息，（3）：4～8

姜山 . 2010. 美地调局发布全美稀土矿床调研报告 . 科学研究动态监测快报先进制造和新材料科技，（23）

姜山，万勇，冯瑞华等 . 2010. DOE 发布《关键材料战略》. 科学研究动态监测快报先进制造和新材料科技，（24）：1～4

李桂芬 . 2010-10-20. 全球稀土将形成多元化供应格局——中国稀土学会专家谈全球稀土开发 . 国土资源部网站，http：//www. mlr. gov. cn/xwdt/jrxw/201012/t20101220_ 806379. htm

李卫，朱明刚 . 2009. 高性能金属永磁材料的探索和研究进展 . 中国材料进展，28（9～10）：62～73

申银万国 . 2010-09-03. 2010 年申银万国稀土永磁行业投资论坛会议纪要 . 1～5

盛强，李红卫，于敦波等.2010. $Sm_2Fe_{17}N_x$ 型稀土永磁材料的制备与性能.有色金属，8：12~14

田建军，尹海清，曲选辉.2005. Sm_2Co_{17} 稀土永磁材料的研究概况.磁性材料及器件，8（4）：12~15

万勇.2010.从钕磁铁中回收稀土的新方法.科学研究动态监测快报先进制造和新材料科技，(22)

万勇.2010.欧盟：14 种矿物原材料或将面临短缺.科学研究动态监测快报先进制造和新材料科技，(15)

王新林，韩晓英.2009.从稀土永磁大国走向稀土永磁强国.新材料产业，(10)：76~79

薛平，郭学益.2007. $Sm_2Fe_{17}N_x$ 稀土永磁材料的研究现状及进展.稀有金属与硬质合金，35（2）：53~57

佚名.2009.《环球时报》美媒：美国将重启国内稀土矿场以应对中国限产.稀土信息，(11)：31~32

佚名.2010.美国稀土公司公布有关钻石溪稀土资源勘探结果.稀土信息，(2)：28

张修海.2008.粘结 Nd-Fe-B 永磁体制备工艺及其性能研究.武汉：华中科技大学

张旭哲，孙继兵，崔春翔等.2008.SmCo 2：17 型稀土永磁体的矫顽力机制研究和发展趋势.材料导报：纳米与新材料专辑，22（11）：308~310

张旭哲.2008.Sm-Co 纳米复合永磁体的研究.天津：河北工业大学

邹欣伟，张敏刚，孙刚等.2008.稀土永磁材料的研究进展.科技情报开发与经济，18（12）：113~116

Bennett J T. 2010-03-17. U. S. Energy Dept. to Craft First Rare Earths Strategic Plan. http：//www. defense-news. com/story. php？ i = 4543506

DOD. 2009. Reconfiguration of the National Defense Stockpile Report to Congress. https：//www. dnsc. dla. mil/pdf/NDSReconfiguration Report tolongress. pdf

DOE. 2010-12. Critical Materials Strategy. www. energy. gov/news/documents/criticalmaterialsstrategy. pdf

EU. 2008. European Commission Proposes New Strategy to Address EU Critical Needs for Raw Materials. http：//europa. eu/rapid/pressReleasesAction. do？ reference = IP/08/1628&format = PDF&aged = 0&language = EN&guiLanguage = en

Hedrick J B. 2010. Rare Earths. U. S. Geological Survey, Mineral Commodity Summaries, 128~129

Hiroshi Kawamoto. 2008. Japan's Policies to be Adopted on Rare Metal Resources. Science & Technology Trends, (4)：57~76

House Republican Conference. 2010-09-29. H. R. 6160：Rare Earths and Critical Materials Revitalization Act of 2010. http：//www. govtrack. us/congress/bill. xpd？ bill = h111-6160

ICAF. 2008. Final Report Strategic Materials Industry Study. http：//www. ndu. edu/icaf/programs/academic/industry/reports/2008/pdf/icaf-is-report-strategic-mat-2008. pdf

Jianjun Tian, Siwu Tao, Xuanhui Qu et al. 2008. 2：17-type SmCo Magnets Prepared by Powder Injection Molding Using a Water-based Binder. Journal of Magnetism and Magnetic Materials, 320 (17)：2168~2171

Long K R, Van Gosen B S, Foley N K. et al. 2010. The Principal Rare Earth Elements Deposits of the United States—A Summary of Domestic Deposits and a Global Perspective. U. S. Geological Survey. 1~96

METI. 2006-06. Strategic Resources Workshop Report. Strategies towards Securing a Stable Supply of Non-ferrous Metal Resources (Japanese). http：//www. meti. go. jp/press/20060614003/houkokusho. pdf

METI. 2009-05. Summary of the White Paper on Manufacturing Industries (Monodzukuri). http：//www. meti. go. jp/english/report/data/Monodzukuri2009_ 01. pdf

METI. 2009-07. Announcement of "Strategy for Ensuring Stable Supplies of Rare Metals". http：//www. meti. go. jp/english/press/data/20090728_ 01. html

MEXT. 2010-01-06. Strategic Priority Setting in Science and Technology. http：//www. mext. go. jp/component/english/_ icsFiles/afieldfile/2010/01/06/1288376_ 8. pdf

National Research Council. 2008. Managing Materials for a Twenty-first Century Military. Washington D C：The

National Academies Press. 1 ~ 129

NEDO. 2009-04-01. Development of Nanotechnology and Materials Technology. http：//www. nedo. go. jp/content/ 100131384. pdf

Service R F. 2010. Nations Move to Head Off Shortages of Rare Earths. Science，327（5973）：1596 ~ 1597

Sugimoto S. 2011. Current Status and Recent Topics of Rare-earth Permanent Magnets. Journal of Physics D：Applied Physics，44：1 ~ 11

Trout S R. 2010-10. Rare Earth Permanent Magnets：Raw Materials, Magnets and Opportunities. http：// www. smenet. org/rareEarthsProject/SME_ 2010_ Trout. pdf

USGS. 2010-12. Rare Earths Statistics and Information. http：//minerals. usgs. gov/minerals/pubs/commodity/rare_ earths

Vulcan T. 2008-11-04. Rare Earth Metals：Not So Rare，But Still Valuable. http：//www. mmta. co. uk/uploaded_ files/Rare% 20Earth% 20Metals% 20(HAI). pdf

11 微机电系统研究国际发展态势分析

万 勇 潘 懿 黄 健 马廷灿

（中国科学院国家科学图书馆武汉分馆）

微机电系统是基于微机械或微电子技术的微型机电器件或系统，主要包括微传感器、微执行器、微系统等。它通常具有信息获取、信息处理与控制及致动等功能，其特征尺度介于微米和毫米之间，结合电子和机械部件，并用 IC 集成工艺加工的装置，集约了当今科学技术的许多新成果。

目前国际上针对微机电系统尚无严格的统一定义。在美国，微机电系统通常被称为MEMS；在欧洲，通常被称为微系统技术（Micro System Technology, MST）；在日本，则惯用微机械（Micromachine）这个称呼。

MEMS 由于尺度小、集成度高、功能灵活强大，使人类的操作、加工能力延伸到微米级空间，同时作为新兴的高技术产业，已成为世界各国政府竞相争夺的技术制高点。在国外，美、日、德等国在 MEMS 的研究与应用方面占据领先地位。尤其是美国具有绝对领先的实力，MEMS 的三个标志性成果分别为数字微镜、静电微马达和微加速度计，均由美国发明。日本 MEMS 的研究起步晚于美国，但政府、学术界和产业界高度重视；德国 Karlsruhe 研究所在微细加工方面首创了 LIGA 技术。

随着 MEMS 的发展，MEMS 的应用主要集中在汽车工业、航空航天、家用电器、生物医学、环境保护、信息通信、军事等领域。微传感器是 MEMS 商品化较好的部分，微执行器则局限在 DMD 投影电视、投影仪、喷墨打印头等。此外，由于封装技术的限制，MEMS 的应用扩展受到了一定的制约。

本章阐述了世界各重要国家/地区对 MEMS 的政策支撑计划、技术的发展状况、产业化规模以及发展前景、技术的发展瓶颈以及可能的解决途径等。最重要地，通过情报计量分析，从文献角度对比了世界上主要国家/地区、研究机构、研究人员的实力。文末通过上述讨论，并借鉴国外已有先进经验，比照中国以及中国科学院开展 MEMS 发展的战略思考，为我国 MEMS 产业的发展提出切实可行的发展建议。

11.1 引言

目前国际上针对微机电系统尚无严格的统一定义。微机电系统是伴随着集成电路、微细加工技术和超精密机械加工技术发展起来的，一般认为它是以微电子、微机械加工技术为基础，研究、设计、加工制造具有特定功能的微机械，包括微结构元器件、微传感器、微执行器和微系统等。它可被分为几个独立的功能单元。物理、化学和生物等信号输入后通过微传感器转换成电信号，再经过模拟或数字信号处理后，由微执行器与外界作用。

在美国，微机电系统通常被称为 MEMS（Micro-Electro-Mechanical System），它是采用微电子或微机械方法加工而成的微器件或微系统，侧重于采用微电子微机械技术加工元器件，可批量生产。在欧洲，微机电系统是指一种智能的微小系统，具有传感、信号处理和（或）致动功能，通常组合了两个或多个电、磁、机、光、化学、生物或其他特性的微型元器件，集成为一个或多个混合芯片，通常被称为微系统技术，其定义是：微结构产品具有微米级结构并具有由微结构形状提供的技术功能，强调微系统技术的系统方面和多学科性质。在日本，惯用微机械（Micromachine）称呼微机电系统，它是由大机器制造小机器而发展起来的。日本微型机械中心的定义是：微机械是一种极其小的机械，它由非常小（数微米或更小）但是具有高度复杂功能的部件构成，能够完成灵巧和复杂的任务。微机械侧重于在≤1 立方厘米的体积内制造复杂的机器，一般采用如下的划分范围：1~10 毫米为小型机械，1 微米至 1 毫米为微机械，1 纳米至 1 微米为纳机械或分子机械。另外，还有部分研究人员称微机电系统为微科学（Microscience）。它们都以微小（Micro）为特征，由于各自发展微机电系统的途径和技术条件不同，所以各自的定义也不相同，有的强调机械，有的强调系统，在一定程度上反映了其研究范围和侧重点。因此，有人将 MEMS 技术、MST 技术和 Micromachine 技术通称为 M^3 技术。

本章所指的微机电系统（文中均用 MEMS 表示）是一个广义的概念，并强调它是各式微系统发展的技术平台。MEMS 是微/纳米科学技术中的一个新兴领域，它的起源与各学科领域交叉，并与工业发展有关，其中关系最密切的是半导体集成电路和固态传感器，它们促进了 MEMS 技术的长足发展。表 11-1 列举了各个时期 MEMS 发展的里程碑，充分体现了 MEMS 技术革命的历程。

表 11-1　MEMS 发展里程碑

时间	科技事件	代表人物
1939 年	P-N 结半导体	Schottky
1947 年	晶体管	Bardeen 等
1958 年	集成电路（IC）	Kilby
1959 年	题为"实际上大有余地"的演讲	Feynman
1964 年	第一个批量生产的 MEMS 装置	Nathanson、Wickstrom
1982 年	硅作为机械材料	Petersen
1984 年	MEMS 和 IC 工艺集成	Howe 等
1985 年	LIGA 技术	Ehrfeld 等
1988 年	首台微电机	Fan 等
20 世纪 90 年代	MEMS 装置、技术及应用快速持续发展	
21 世纪	纳米科学和仿生技术发展	

资料来源：孟光等（2008）

相对于常规机电系统，MEMS 具有体积小、质量轻、能耗低、响应快、智能化和可批量生产等特点。MEMS 技术开辟了一个全新的技术领域和产业，涌现出许多新概念、新原理、新结构的 MEMS，如 RF-MEMS、MOMES、Bio-MEMS、Power-MEMS 等。

11.2　世界部分国家/地区支持推动 MEMS 发展的举措

11.2.1　路线图研究

欧盟在 MEMS 路线图研究方面做了一定的工作积累。IPMMAN（后成为欧洲微纳制造技术平台 MINAM 的成员之一）在第六框架下得到欧盟委员会资助，2006 年发布了"微纳米制造路线图"（Roadmap for Micro- and Nanomanufacturing），重点包括微纳元件的结构和加工技术、多功能微纳设备的组装和集成以及可扩展可重构的微纳智能平台和系统等。2007 年，EUMECHA-PRO 推出"孕育新一代生产系统的欧洲机电一体化研究路线图"（European Mechatronics for a New Generation of Production Systems- The Roadmap），其中包括微系统技术设备的集成等与 MEMS 相关的内容。2008 年，MINAM 发布"微纳制造战略研究议程"（Micro- and Nanomanufacturing Strategic Research Agenda），涉及微纳器件制造技术、微纳制造系统与平台等。2009 年，MEDEA + 出台了"MEDEA + EDA 路线图（第六版）"，包括 MEMS 电子设计自动化等。

11.2.2　设立 MEMS 研发平台

2009 年，日本计划由经济产业省主导成立一个名为 JMEC（Japan MEMS Enhancement Consortium）的国际性开放式官产学合作的 MEMS 研发机构，该机构将设在日本产业综合研究所、日本国家材料科学研究所和筑波大学等合作的筑波纳米科技基地①内，作为日本 MEMS 相关项目的运营主体。该机构预计 2015 年前正式投入运营。

JMEC 主要以 MEMS 为对象，除了从事 MEMS 领域的尖端研发之外，还将开展小批量的 MEMS 设计试制服务以及人才培养。在 MEMS 尖端研发方面，JMEC 将主要瞄准大学及公共研究机构未涉及的、有产业化应用前景的研发领域，以及由企业单独进行风险较大的基础研究课题。

总部位于比利时勒芬的大学间微电子学中心（Interuniversity Microelectronics Centre, IMEC）是欧洲领先的独立研究中心，研究方向涵盖半导体、纳米科技、MEMS 等整个微电子领域，同样是官产学合作研究平台。2010 年 10 月 20 日，IMEC 在中国台湾成立了研发中心，推动产业界与学术界的应用研究项目，关注包括生物电子、MEMS 以及通过 3D 系统封装设计和系统级方案实现的"绿色"电子等在内的一系列创新性应用。

---

① 日本经济产业省及文部科学省投资 361 亿日元设立的纳米科技及 MEMS 相关研究基础设施，成立初期的计划是全部投资 2010 年初至 2011 年 3 月底实施

美国桑迪亚国家实验室（Sandia National Laboratories）在微电子、光子、微机械和微传感器设备和产品的开发、制造和生产方面的技术处于世界领先地位。其在材料生长、设备和产品设计、硅和化合物半导体器件制造技术、先进的封装技术、可靠性、失效分析和极端环境下产品运输方面具有很强的实力。致力的 MEMS 研究领域有：μElectroMechanical、生物 MEMS/μFluidics、RF MEMS、微光学。

11.2.3　为产业发展提供资金扶持

2009 年，中国台湾为扶持 MEMS 产业发展，首度将 MEMS 列入"政策性"补助产业，使台湾半导体企业在向相关机构申请 MEMS 产业补助时，不再受过去科专计划 3 年 3000 万元新台币的限制。新政策使得单一 MEMS 企业可获得的政府补助资金扩大至 2 亿元。补贴的申请方式也一改以往由企业向政府提出申请的模式，而是政府主动出击，希望可以加快台湾半导体企业申请 MEMS 产业发展补助的步伐。

2009 年，加拿大和魁北克政府将拨款资助 Sherbrooke 大学，建设微电子创新中心。该项工程的总投资额为 2.1845 亿加元。该项目旨在建立国际性芯片和 MEMS 组装中心，并将进行微系统和电子芯片封装的研究和开发。项目参加者有 IBM Canada 和从事 MEMS 代工业务的加拿大 DALSA 半导体公司等。

日本经济产业省的前身通商产业省早在 1991 年就对开始了一项为期 10 年的投资约 2.5 亿美元的资助计划，主要针对微机械的开发，以及基于光刻技术的 MEMS 微机械技术的开发。此后，METI 针对日本的制造业产业发布一系列的政策和奖励措施。日本 Monodzukuri 奖励计划主要是为了表彰对于日本制造业发展取得的重大成就的个人和团体，自 2005 年以来每两年举办一次。其中，第三次 Monodzukuri 奖励计划的卓越奖颁发给 Hamamatsu Photonics K. K.（"拇指大小的微型光谱仪 MEMS 和图像传感器合并技术"）。

德国联邦教研部 2010 年宣布投入 4000 万欧元组建名为 MicroTEC 的尖端集群。该尖端集群以 29 个联合项目为纽带，共有来自企业、大学和研究所的 340 个伙伴参与其中。MicroTEC 属于德国联邦教研部高技术战略第二轮尖端集群竞赛中的 5 名优胜者之一，目标是在德国的西南部打造微系统研究和制造的高地。MicroTEC 的企业成员既包括全球知名企业，如 BOSCH、ROCHE、FESTO 等，也包括在某些领域具有专长的中小企业，这些企业在与研究界的以往合作中已经取得了很高的成就，奠定了良好的基础，据统计，目前全球 1/7 的微系统专利出自德国的西南部地区。

11.2.4　制定国家级研发项目

近年来，日本政府相继推出了若干与 MEMS 相关的国家项目，预算金额达到 100 多亿日元。2007 年夏季作为"尖端融合领域革新创造基地的形成"计划课题的一部分，日本文部科学省启动了"微系统融合研究开发"的产学合作项目。目标是通过推动 MEMS 前沿领域的研究机构与拥有具体应用需求的企业合作，使各种 MEMS 技术尽快达到实用化水平。该项目使用的是科学技术振兴调节资金，首年度预算为 3 亿日元，目标是建立可低成本试制 MEMS 元件的体制。2008 年度开始，在日本经济产业省主导下，启动 "BEANS（Bio Electro- mechanical Autonomous Nano Systems）项目" 和 "梦幻芯片开发项目"。BEANS 计划在 2008~2012 的 5 年内投入 100 亿日元的预算，把生物科技和纳米功能融入 MEMS 技术，开拓新的应用研究。该项目由负责制定 MEMS 相关政策的日本制造产业局产业机械科负责。梦幻芯片开发项目旨在开发多功能高密度三维技术、微机械驱动技术以及电路可擦写的超小型柔性半导体元件等，计划 5 年内投资数 10 亿日元的预算。

美国国防部先进研究项目局（Defense Advanced Research Projects Agency，DARPA）的任务是保障美国军事技术的优越性，开拓新的国防科研领域，为解决中、远期国家安全问题提供高技术储备，研究分析具有潜在军事价值、风险大的新技术和高技术在军事上应用的可能性。DARPA 对私营部门、学术界和其他非营利组织以及政府实验室的独特和创新性的研究进行资助。DARPA 下设的微系统办公室（MTO）开展微系统集成方面的研究，以满足国防部系统在性能和功能上的需求。MTO 项目横跨五大核心技术领域，分别为电子学、光子学、MEMS、体系结构和算法。MTO 针对特定的研究主题开展一系列的资助计划（Broad Agency Announcement），与 MEMS 相关的有：BAA-10-35（Microsystems Technology Office- Wide）、BAA-10-39 微尺寸速率积分陀螺仪（MRIG）等。

美国标准技术研究院（NIST）的先进技术计划（Advanced Technology Program，ATP）是一项全国性的技术产业开发计划，是政府直接支持企业从事研究与开发的科技计划，其宗旨是通过与产业界共同分担研究费用，扶持技术的创新与产业化，推动美国的经济发展。ATP 研究开发的优先领域是由产业界确定的，企业根据自身的利益和对市场的认识，提出和实施 ATP 计划项目。政府和私人企业的专家共同参与 ATP 项目的筛选和论证。ATP 重点项目支持竞争激烈、风险大、利润高的高技术热点项目。确定的 17 个重点支持项目中，与 MEMS 有关的有：光电制造技术、集成制造应用技术、微电子制造技术等，其他有关 MEMS 的资助计划可查阅 ATP 资助项目数据库，数据库网址：http：//jazz. nist. gov/at-pcf/prjbriefs/listmaker. cfm[1]。

美国国防部防务分析研究所（IDA）是一个非营利性组织，是由联邦政府资助的研究和发展中心，协助美国政府处理重要的国家安全问题，尤其是对那些需要科学和技术专家的部门提供高质量的分析和建议。IDA 仅为政府部门工作，并且不直接工作于军事部门。此外，为确保避免商业或其他潜在的利益冲突，IDA 的工作不针对于私营行业。IDA 对 MEMS 方面的资助项目主要集中于军用电子元器件的研发。

欧盟第七框架计划（FP7）下，MEMS 的研究主要集中在信息与通信技术主题以及纳米科学与技术、材料和新生产技术主题上。信息与通信技术主题方面，欧盟 2010 年 10 月启动了 Dubbed PARADIGM（光子集成通用制造先进研究和开发，Photonic Advanced Research and Development for Integrated Generic Manufacturing），有望大幅降低光芯片成本，帮助欧洲保持该领域的领先地位。该计划为期 4 年，总预算为 1270 万欧元，其中 830 万来

---

① 2007 年 8 月 9 日颁布的美国竞争力法案（H. R. 2272）废除了先进技术计划，但继续支持以前获得支持的项目和 2007 财年通过的 56 个新项目。此外该法案创造了技术创新计划（TIP）。如需有关此计划的详细信息，请参阅：http：//www. nist. gov/tip/

自欧盟第七框架计划下的信息和通信技术主题。纳米电子器件、微纳系统也是重点支持领域之一。未来第八次招标中（从 2011 年 7 月 26 日至 2012 年 1 月 17 日），特先进纳米电子组件：设计、工程、技术和制造能力研究计划的投入预算将达到 6000 万欧元。此外，同样为 FP7 资助的 EUROPRACTICE，涉及微电子、微系统和光子领域，旗下的 STIMESI 计划就是针对 MEMS 及封装系统的，提升欧洲大学和研究机构在微系统领域的设计水平。

11.2.5 产业链合作推动 MEMS 发展

在中国台湾相关基金支持下，新竹科学园区管理局规划成立了 SoC 产品设计服务技术研发计划（SoC Innovative Product Partnership，SIPP），作为台湾 MEMS 产业发展促进机构。SIPP 联合台湾 MEMS 领域设计、制造资源，成立了名为 SMILE Café（Sensor Microsystems Integration for Life Enhancement，Cultivation and Facilitation Environment）的产业联盟，希望借此引导台湾 IC 设计和代工企业协作开发 MEMS 标准工艺，推动台湾 MEMS 产业升级。

NEXUS 协会是欧洲地区最大的 MST/MEMS 合作网络，总部设在瑞士，提供最新的有关市场、技术、应用和发展趋势分析报告，开展战略指导，并监测相关领域的发展动向。

美国 MEMS 工业协会（MEMS Industry Group）成立于 2001 年，是北美 MEMS 和微结构行业的主要贸易协会，不完全统计，其成员有近 100 家。

法国的 Circuits Multi Project 成立于 1981 年，是一个面向集成电路和 MEMS 原型及小批量生产提供服务的组织。迄今已为全球 70 多个国家的 850 家研究机构、150 家企业开展了服务支撑。

11.2.6 产业分析公司摇旗呐喊

总部位于洛杉矶的 Growthink 是一家市场调查公司，发表季度和年度的风险资本报告，为新兴公司分析融资趋势。2008 年，Growthink 为 XCOM Wireless 融得 600 万美元第二轮风险投资。XCOM 的基于 MEMS 技术的射频器件可提高无线设备的数据传输速率、降低通话掉线率、提高电池使用时间。

亚洲科技资讯计划（ATIP）是一个非盈利组织，致力于提供有关亚洲科技的发展情况。ATIP 形成的九大技术领域中就包括了亚洲微系统/MEMS 技术。2010 年 3 月发布了有关 MEMS 的最新报告：《中国 MEMS 研究和商业化报告》。

总部位于法国里昂的 Yole Développement 是 MEMS 市场分析的专业咨询公司，关注 MEMS 器件、MEMS 设备及材料等方面的市场状况。迄今已出版有关 MEMS 的市场研究报告近 40 份，如 2010 年 3 月推出的《全球 MEMS 相关组织数据库》、2010 年 9 月的《MEMS 产业现状 2010》、2011 年 1 月的《MEMS 制造及封装动向》等。

总部位于美国加利福尼亚的 iSuppli 是一家针对电子制造领域的市场研究公司，涵盖了电子产品价值链从基础电子组件供应到终端市场需求的各个环节，MEMS 以及传感器领域的市场发展动向也是其关注的领域之一。其最新的一项研究指出，通过在苹果 iPhone 4 和 iPad 中的设计订单，半导体供应商 TriQuint 和意法半导体在全球消费电子与手机 MEMS

市场获得显著增长。2010 年底，iSuppli 被 HIS 收购。

11.3 MEMS 技术发展现状

单晶硅和多晶硅是 MEMS 中应用最多的材料。据不完全统计，当前 80% 以上的 MEMS 器件都是以硅为基础材料，这不仅有加工技术成熟方面的优势，而且有利于与微电子电路集成[①]。虽然大多数 MEMS 基于硅材料，但并不局限于硅。只要具备适合的微加工技术，许多传统机电系统所使用的材料同样可用来制造 MEMS。由于不同的材料有不同的加工方法，这使得 MEMS 的加工技术远比集成电路的加工技术多样化。表 11-2 概括了 MEMS 各种加工技术及其所能加工的材料。

表 11-2　MEMS 各种加工技术及其所能加工的材料

加工技术	可加工的材料
体微加工	单晶硅、石英、玻璃
面微加工	单晶硅、多晶硅、SiN、金属薄膜
LIGA	电铸 Au、Ni、Cu、SU-8 光刻胶
精密机械加工	金属
激光剥蚀	聚合物、金属、Si
激光立体快速成型	光固化聚合物
热模压	塑料
热铸	塑料、粉末金属、粉末陶瓷
冷铸	PDMS
电火花	金属
喷沙	玻璃、Si、陶瓷等脆性材料
丝网印刷	压电陶瓷浆

资料来源：崔铮，2009

MEMS 技术的主要技术途径有三种：一是以美国为代表的以集成电路加工技术为基础的硅微加工技术，二是以德国为代表发展起来的 LIGA 技术（包括 X 射线深度光刻、微电铸和微塑铸等加工工艺），三是以日本为代表发展起来的精密加工技术。

11.3.1 硅微机械加工技术

硅微机械加工技术源于集成电路加工技术，将传统的集成电路加工技术由二维平面加工发展成为三维立体加工技术，其最关键的加工工艺主要包括体微加工技术、表面微加工技术和键合技术等。硅微机械加工技术利用化学腐蚀或集成电路工艺技术对硅材料进行加工，形成硅基 MEMS 器件，已成为目前 MEMS 的主流技术。

---

① 实现 MEMS 与微电子系统的集成，一般有四种途径：第一，先 MEMS 后 IC；第二，先 IC 后 MEMS；第三，MEMS 和 IC 同时做；第四，MEMS 和 IC 组装。囿于篇幅，具体可参阅相关资料

11.3.1.1 体微加工技术

体微加工技术能在硅衬底上制作三维结构，主要用于微传感器、微执行器等的制作，是重要的 MEMS 加工技术之一，包括刻蚀和停止刻蚀两项关键技术。刻蚀又分为采用液体刻蚀剂的湿法刻蚀以及采用气体刻蚀剂的干法刻蚀，对应有不同的停止刻蚀方法。湿法刻蚀和干法刻蚀都可分为各向同性刻蚀和各向异性刻蚀（图 11-1）。

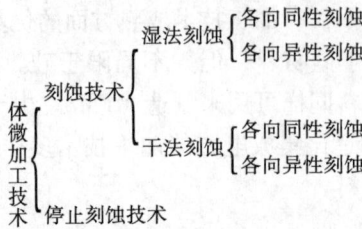

图 11-1 体微加工技术分类

硅的湿法刻蚀是将材料氧化后，通过化学反应使一种或多种氧化物溶解。在同一刻蚀液中，由于混有各种试剂，氧化和氧化物溶解往往是同时进行的。各向同性刻蚀在硅片的所有方向均匀刻蚀，沿晶界面形成刻蚀边缘。各向异性刻蚀速度与硅的晶向、掺杂浓度及外加电压有关，刻蚀边界是平滑变化的。通过调整器件结构可使它和快刻蚀的晶面或慢刻蚀的晶面方向相适应，利用刻蚀速度依赖于杂质浓度和外加电压的特点可实现适时停止刻蚀。

干法刻蚀不需要大量有毒化学试剂，不必清洗，而且分辨率高，各向异性刻蚀能力强，可得到较大的深宽比，易于自动操作。狭义的干法刻蚀主要是指利用等离子体放电产生的物理和化学过程对材料进行加工，广义的干法刻蚀还包括除等离子体刻蚀以外的其他物理和化学加工方法，如激光加工、火花放电加工、化学蒸汽加工、喷粉加工等。但所有这些干法加工技术中，反应离子刻蚀（Reactive Ion Etching, RIE）应用最为广泛，具体可参见表 11-3。

表 11-3 部分干法刻蚀技术

刻蚀技术	技术简介	技术限制条件
反应离子刻蚀	在等离子体中发生。可简单归纳为离子轰击辅助的化学反应过程 反应离子刻蚀尽管非常复杂，但可定性描述为四种同时发生的过程：①物理溅射；②离子反应；③产生自由基；④自由基反应	必要条件：①离子与化学活性气体；②刻蚀反应生成物需具有挥发性，能被真空排气系统抽走 对刻蚀结果有决定性影响的参数或实验条件有：反应气体流速、放电功率、反应室气压、样品材料表面温度、电极材料、辅助气体等
反应离子深刻蚀（或高密度等离子体刻蚀）	一种是电感耦合等离子体源（Induction Coupling Plasma, ICP）及 ECR（电子回旋共振），另一种是 Bosch 工艺	要求：①需要有较高的刻蚀速率；②极好的各向异性（即刻蚀的边壁垂直） 存在问题：① Lag 效应；②微沟槽效应；③Footing 效应；④离子损伤效应等

刻蚀技术	技术简介	技术限制条件
等离子体刻蚀	是集成电路制造中的关键工艺之一，其目的是完整地将掩膜图形复制到硅片表面，其范围涵盖前端 CMOS 栅极（Gate）大小的控制，以及后端金属铝的刻蚀及 Via 和 Trench 的刻蚀	工艺水平将直接影响到最终产品质量及生产技术的先进性。其各向同性刻蚀性质还使其可广泛用于清除牺牲层
离子溅射刻蚀	纯物理刻蚀过程。一种是等离子体溅射，一种是离子束溅射。前者一般不用做刻蚀工具，而是薄膜沉积工具。后者应用更为普遍，与前者不同，将等离子体产生区与样品刻蚀区分开	（离子束溅射技术）：①掩膜消耗快，刻蚀深度有限；②产额与离子轰击角度有关；③不能形成挥发性产物，会再沉积
反应气体刻蚀	以 XeF_2 气相刻蚀为例。可通过脉冲供气式或恒流供气式实现	①只化学腐蚀硅，抗刻蚀比非常高；②刻蚀硅的速率一般为 1～3 微米/分，无法设置刻蚀阻挡层；③完全的各向同性刻蚀，且横向钻蚀强；④表面粗糙度可达数微米

资料来源：综合整理

停止刻蚀技术同样也有多种，一般不同的刻蚀技术对应有不同的停止刻蚀方法。各向异性停蚀技术主要有：重掺杂停蚀、（111）面停蚀、电化学停蚀、P-N 结停蚀等。

体微加工可以从衬底中加工出高深宽比的 MEMS 特征结构，但是，复杂或多层结构通常无法用体微加工制造。

11.3.1.2 表面微加工技术

表面微加工技术是在硅衬底上采用不同的薄膜沉积和刻蚀方法，在硅表面上形成较薄的结构。主要薄膜沉积方法有蒸镀、溅射、化学气相沉积等；主要刻蚀方法有选择性湿法刻蚀、等离子干法刻蚀等。典型的表面微加工技术是牺牲层技术，它是通过外延生长热氧化、化学淀积、物理淀积、光刻、溅射和腐蚀等工艺在基体表面构建 MEMS 结构。最成功的表面牺牲层技术目前采用多晶硅薄膜作结构材料、二氧化硅薄膜作牺牲层材料，该工艺为薄膜工艺，与集成电路工艺兼容，易将机械结构与处理电路批量集成制造。利用硅表面微加工技术可以制造多种谐振式、电容式、应变式传感器和静电式、电磁式执行器（如微马达、谐振器等）。

与体微加工相比，表面微加工的优点是在三维结构制作中不需要双面加工。表面微加工器件的尺寸一般要比体微加工器件小 1～2 个数量级，但沉积薄膜是多晶或无定形结构，在一些性能上劣于单晶结构；质量很小也可能会影响到一些应用。此外，表面微加工比体微加工更易于与 IC 信号处理电路相容。

11.3.1.3 键合技术

硅片键合技术是制作微传感器、微执行器以及较复杂的微结构的连接方法，通过化学和物理作用将硅片与硅片、硅片与玻璃或其他材料紧密地结合起来。常见的硅片键合技术包括硅－金共晶键合、硅－玻璃静电键合、硅－硅直接键合以及玻璃焊料烧结等。键合技术虽不是 MEMS 加工的直接手段，却有着重要地位，它常与表面硅加工和体硅加工等其他手段结合使用，既可对微结构进行支撑和保护，又可实现机械结构之间或机械结构与集成电路间的电学连接。用于 MEMS 封装的键合工艺及其性能比较见表 11-4。

表 11-4　键合方法小结

键合方法	温度	粗糙度	密封	后封装	可靠性
熔合键合	很高	高灵敏	√	借助局部加热可实现	好
阳极键合	中	高灵敏	√	难	好
环氧键合	低	低	×	√	—
集成工艺	高	中	√	×	好
低温键合	低	高灵敏	—	×	—
共晶键合	中	低	√	借助局部加热可实现	—
铜焊接	很高	低	√	借助局部加热可实现	好

资料来源：周兆英等，2007

注："—"为无结论性数据

11.3.2　LIGA 技术

LIGA 是德文 Lithographie（LI）Galvanoformung（G）Abformung（A）（即"光刻、电镀、注塑成型"）的缩写组合。LIGA 技术最早起源于 X 射线光刻，称为 X 射线 LIGA。X 射线 LIGA 技术首先是由德国的 Karlsruhe 核技术研究所在 20 世纪 80 年代初提出来的（Becker，1982）。当时开发这一技术的主要目的是制造用于提炼铀同位素的微喷嘴。这些微喷嘴的最小结构在微米级量级，但整体尺寸在毫米以上。用 LIGA 技术可以实现传统精密机械加工所无法制作的微小金属或塑料构件，所以 LIGA 技术自开发以来迅速成为制作 MEMS 元件的一种重要加工技术。

X 射线 LIGA 技术的主要组成部分包括 X 射线光源、X 射线掩模和对 X 射线敏感的聚合物材料。LIGA 技术与其他微细加工技术最大的区别就是它的超深结构加工能力，所获得的微细结构有极高的深宽比。由 X 射线 LIGA 技术形成的图形结构的深度可以是图形横向尺寸的 100 倍以上。其深宽比通常可大于 200，表面粗糙度可小于 50 纳米，加工出的微结构的径向尺寸可小于微米，微结构的精度可达纳米级。当用于大批量生产时，LIGA 技术通常显示出低成本的优越性。除了尺寸精确、侧壁垂直好表面光滑的优点外，LIGA 技术还可以将非硅材料，如塑料、陶瓷、金属、合金、玻璃等用来制造微结构和微系统，进而突破了 MEMS 器件单纯由硅材料来制造的局限性，为不同的 MEMS 应用提供了材料的可选性。

影响 X 射线 LIGA 图形精度的因素有：①X 射线衍射与光子散射效应；②同步辐射光源的发散效应；③吸收层图形非陡直边壁效应；④掩模畸变效应；⑤衬底材料的二次电子效应。

LIGA 技术的关键工艺之一是 X 射线掩膜板的制造，通常生产周期较长、成品率低、费用较高。近年来，人们开展了一系列准 LIGA 技术的研究，即在取代昂贵的 X 光源和特制掩膜板的基础上开发新型三维微加工技术，其中有基于厚胶紫外光刻的 UV-LIGA 技术、基于硅深槽刻蚀的 DEM 技术和基于激光刻蚀的 Laser-LIGA 等。目前准 LIGA 技术得到长足的发展，利用该工艺可制成镍、铜、金和银等金属结构。准 LIGA 技术工艺操作简单，成本费用相对降低，但却以牺牲高准确度、大深宽比为代价。例如，UV-LIGA 厚胶光刻可达到毫米量级，但深宽比不超过 20；DEM 技术刻蚀深宽比较大，但一般深度不超过 300 微米；Laser-LIGA 技术加工精度在一定程度上受聚焦光斑影响。因此准 LIGA 技术还有待更进一步的研究和改进。

11.3.3 精密微机械加工

以日本为代表的微加工技术利用传统机械加工手段，用大机器制造小机器，再用小机器制造微机器。此加工方法可分为超精密机械加工及特种微细加工两大类。

MEMS 中采用的超精密机械加工技术多是由车刀、铣刀、刨刀、磨刀、钻刀等加工工具自身的形状或运行轨迹来决定微器件的形状，所得的三维结构尺寸可在 0.01 毫米以下，主要有超精密钻孔加工、超精密切削加工、超精密磨削、磨料加工（含研磨、抛光）等技术类别。图 11-2 给出了目前各种典型超精密加工方法的加工精度范围。部分部分超精密加工技术进展情况见表 11-5。

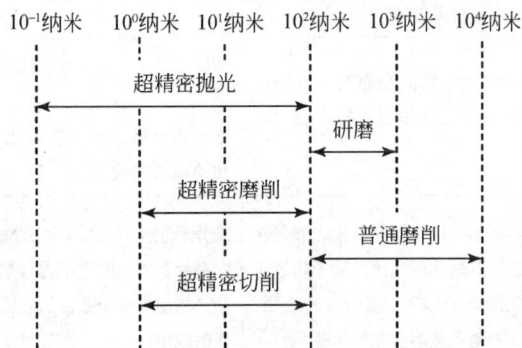

图 11-2 目前各种超精密加工方法的精度范围

表 11-5 部分超精密加工技术

技术类别	技术简介	技术进展
超精密钻孔	细微孔径的孔加工	加工目标是 0.1～100 微米超微孔
超精密切削	采用金刚石刀具在超精密机床上进行超精密切削，可以加工出光洁度极高的镜面。切削厚度可低至 1 纳米，可用原子力显微镜测量刃口	日本和德国在微结构表面切削加工处于世界领先水平。国外金刚石刀具制造厂商主要有英国康图公司、日本大阪钻石工业株式会社。目前国外高精度圆弧刃金刚石刀具的刃磨水平最高已达到数纳米

续表

技术类别	技术简介	技术进展
超精密磨削	采用精确修整过的砂轮在精密磨床上进行微量磨削加工，金属去除量可在亚微米级甚至更小，可达到很高的尺寸精度、形位精度和很低的表面粗糙度值	目前超精密磨削的加工目标是 3~5 纳米平滑表面。日本理化学研究所的在线电解修整（ELID）技术改进了超精密磨削
磨料加工	以研磨和抛光为代表 超精密研磨包括机械研磨、化学机械研磨、浮动研磨、弹性发射加工以及磁力研磨等。晶体材料的无损伤表面抛光技术是以不破坏极表层结晶结构的加工单位进行材料微量切除加工的方法	超精密研磨可解决大规模集成电路基片的加工和高精度硬磁盘的加工等 目前，抛光加工中材料的去除单位已在纳米甚至是亚纳米级，在这种加工尺度内，加工区域氛围的化学作用就成为抛光加工不可忽视的一部分

资料来源：综合整理

特种微细加工技术是利用电能、热能、光能、声能及化学能等能量的直接作用，实现小至逐个分子或原子的切削加工。MEMS 制造中的特种微细加工技术主要有电火花加工、各种高能束（如激光束、电子束、离子束等）微机械加工、光成型（三维快速成型）加工、扫描隧道显微镜加工等。这类方法加工精度比较高，可加工深度也比较大，部分技术的介绍见表 11-6。

表 11-6　部分特种精密加工技术

技术类别	技术简介	技术进展
微细电火花加工	利用脉冲放电产生瞬间高温对工件进行刻蚀加工。可加工导体或半导体类超硬材料	精度可达 2~4 微米，表面粗糙度 R_a 为 0.04~0.16 微米，加工的深宽比可达 5∶1~10∶1。为提高加工精度，满足微机械制造需求，出现了线电极电火花磨削和块电极电火花加工等
激光束微机械加工	聚焦激光束照射工件，材料吸收光能并转化为热能，使其熔化或气化。基于热效应的激光加工的加工深度、横向尺寸有限，激光冷加工可避免热熔引起的问题	准分子激光可通过剥蚀或掩模曝光形成微细结构。随着生物芯片和微流体技术的发展，还用于微流体系统的制作。激光微加工一个瞩目的发展就是具有飞秒脉宽的蓝宝石激光的应用
电子束微机械加工	分为热型和非热型两种。热型是将电子束的动能在材料表面转化成热能，以实现对材料的加工；非热型是利用化学或物理效应进行微加工	应用于高硬度、易氧化或韧性材料的微细小孔的打孔，复杂形状的铣切，金属材料的焊接、熔化和分割，表面淬硬、光刻和抛光，以及电子行业微型和超大规模集成电路等的精密微细加工
离子束微机械加工	用电场加速聚焦后的离子束，使其达到高能状态去撞击工件，使表面原子获得动能，从本体上分离。对材料几乎无选择性，定位准确，分辨率高（可达数纳米），且可实现无掩模加工	国际上有几十家机构正在进行聚焦离子束系统开发，以美国 FEI 公司和日本精工仪器处于领先地位。是未来微米/纳米加工技术的主流工具

资料来源：综合整理

11.3.4 其他技术

MEMS 加工技术近年来最重要的发展是引入 SOI 技术。SOI 是 Silicon on Insulator 的缩写，SOI 技术的开发对硅基 MEMS 器件的发展与应用有极大的推动作用。

SOI 字面意思是绝缘体上硅，可以理解为一种特殊结构的硅材料。而 MEMS 市场在 2008 年达到 80 亿美元，预计 2012 年达到 160 亿美元。与体硅工艺的晶圆片腐蚀不同的是 MEMS 工艺要求在刻蚀深度上达到更好的一致性。如果采用 SOI 工艺，借助 SOI 硅膜厚度的均匀性，可由 SOI 圆片制造商实现精确控制，底部埋氧层可充当良好的刻蚀阻挡层，从而实现精确的 MEMS 刻蚀深度。SOI 技术包含非常丰富的内容，如材料、器件和集成电路制造技术。

由于 SOI 具有很好的等比例缩小的性质，因此，SOI 衬底能制作很高精度的机械结构。在 MEMS 应用方面，采用 Smart-Cut 制备工艺来代替传统的 SOI 晶片的制备工艺可以降低工艺成本，减少离子注入缺陷浓度。目前，采用 Smart-Cut 工艺可进行制备许多多晶硅微机械的原型如悬臂梁、夹固微型桥等，这些微机械原型只有几百微米长，将来会在很多微系统领域被广泛应用（Du et al.，2004）。

此外，表 11-7 小结了 MEMS 的部分技术分支及其关键的技术驱动因素。

表 11-7 MEMS 的技术分支及其技术驱动

MEMS 分支	技术驱动
兆 MEMS（MOEMS）	机械、电子、光单片集成
	独特的空间和波长可调性
	高效的光装配以及改进的对准精度
生物 MEMS（Bio-MEMS）	小型化（创伤小、与生物体尺寸相匹配）
	物理尺寸小、创伤小的医疗器件多功能集成
RF-MEMS	固态 RF 集成电路器件所不具有的特性
	有源、无源器件与电路的直接集成
微流控器件	减少样品、试剂用量以及相应的成本
	并行和组合分析的可能性
	小型化、自动化、便携式
NEMS	尺寸减小带来的独特物理性质
	在某些检测实例中得到了极高的灵敏度和选择性
⋮	

资料来源：Mohamed Gad-el-Hak 编 . MEMS 应用 . 张海霞，赵小林，金玉丰等译 . 北京：机械工业出版社，2009

11.4 MEMS 产业发展现状

在介绍 MEMS 产业的发展状况之前，有必要简单列举一下 MEMS 的应用。目前就各细分市场而言，IT 领域是 MEMS 产品应用最多的领域，喷墨打印头是最大的细分市场。汽车市场的应用也比较成熟，在压力传感器、加速度计、安全气囊、车身电子稳定装置和侧面防撞等领域有很多应用，陀螺仪和 GPS 辅助惯性导航也是 MEMS 大显身手的领域。在国内市场，成熟的 MEMS 应用产品主要是压力传感器和加速度计。而在 IT 市场，加速度计和陀螺仪都是不断增长的应用市场。表 11-8 总结了 MEMS 在众多领域的应用情况。

表 11-8　MEMS 在诸多领域的应用一览表

应用领域	微系统	微器件
汽车	安全系统	微加速度计、微陀螺仪、位移和位置及压力传感器、微阀
	发动机和动力系统	歧管绝对压力传感器、硅电容绝对压力传感器、致动致力器
	诊断和健康监测系统	压阻型压力传感器、微继电器
生物医学	临床化验系统	生化分析仪、生物传感器
	基因分析和遗传诊断系统	微镜阵列、电泳微器件
	颅内压力监测系统	（硅电容式）压力传感器
	微型手术	微驱动器
	超声成像系统	微型成像探测器（探头）
	电磁微机电系统	磁泳、微电磁膜片钳
	人工或仿生器官	电子鼻、植入式微轴血泵
	流体测控系统	微喷、微管路、微腔室、微阀、微泵、微传感器
	药物控释系统	微泵、微注射管阵列、微阀、微针刀、微传感器、微激励器
航空航天	微型惯性导航系统	微陀螺仪、微加速度计、压力微传感器
	空间姿态测定系统	微型太阳和地球传感器、磁强计、推进器
	动力和推进系统	微喷嘴、微喷气发动机、微压力传感器、化学传感器、微推进器阵列、微开头
	通信和雷达系统	RF 微开头、微镜、微可变电容器、电导谐振器、微光机电系统
	控制和监视系统	微热管、微散热器、微热控开头、微磁强计、重力梯度监视器
	微型卫星	微马达、微传感器、微处理器、微型火箭、微控制器
信息通信	光纤通信系统	光开头、光检测管、光纤耦合器、光调制器、光图像显示器
	无线通信系统	微电感器、微电容器、微开关、微谐振器、微滤波器
能源	微动力系统	微内燃发动机、静电和电磁和超声微电机、微发电机、微涡轮机
	微电池	微燃料电池、微太阳电池、微锂电池、微核电池
⋮		

资料来源：综合整理

2010 年 11 月 3 日至 5 日在美国亚利桑那州举行的 MEMS Executive Congress 上，美国市场研究机构 iSuppli 和法国市场研究机构 Yole Développment 均指出，2010 年 MEMS 芯片市场将逾 70 亿美元。

这两家机构都预测未来 5 年将有两位数的增速，Yole Développment 认为到 2014 年将达 160 亿美元，而 iSuppli 预测届时将只有 100 亿美元。出现差异的一个原因是，对于新兴 MEMS 市场（如电子罗盘），Yole 包括了进去，而 iSuppli 则没有。同样地，iSuppli 只考虑了硅基微流体器件，而 Yole Développment 还涉及了聚合物以及玻璃基微流体。此外，iSuppli 预计未来几年，由于单位价格的骤降，部分快速增长的 MEMS 市场，如游戏机的收入将会达到饱和并处于平稳期。然而，Yole Développment 则认为，未来五年新兴 MEMS 器件市场将爆炸式增长，特别是 MOMES 器件在经历了若干次挫折之后，将成为电信行业的驱动力之一。微型投影仪也被认为是消费领域强劲增长点之一。图 11-3 展示了 iSuppli 做的预测。

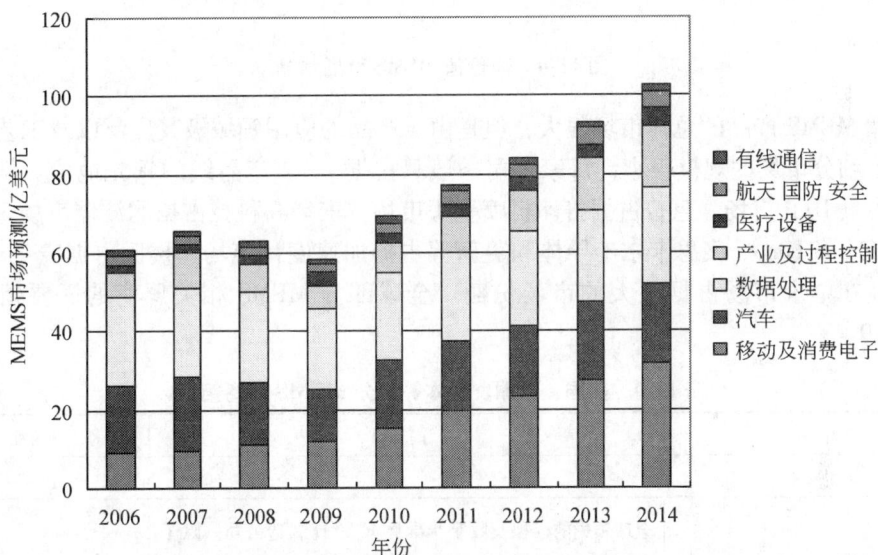

图 11-3　iSuppli 对 MEMS 市场未来发展的预测（后附彩图）

iSuppli 调查显示，为应对全球气候变暖以及人口老年化，2011 年高价值 MEMS[①] 有望得到快速发展。2010 年，高价值 MEMS 收益有望比 2009 年增长 29.7%，达 16 亿美元，相当于 2010 年全年出货量，达 1.03 亿件，而 2009 年为 0.868 亿件。iSuppli 预计 2010 年高价值 MEMS 市场中，楼宇自动化、半导体制造等产业应用最大，占据了大约 56% 的份额；医疗电子位居其次；排在第三和第四的依次是航天军事和有线通信。

根据 iSuppli 的一项五年预测，2014 年，高价值 MEMS 的收益可达 26 亿美元（图 11-4）。该公司的资深分析师 Richard Dixon 介绍说，高价值 MEMS 用途很广。例如，MEMS 微阀、压力传感器、流量传感器等可用于工业过程、住宅采暖、交通系统等，达到

[①] 指的是大量消费电子与汽车应用市场之外，重点在工业、医疗、能源、光纤通信以及航天军事等应用领域的传感器与致动器等。除了消费及移动 MEMS 市场，高价值 MEMS 是增速最快的领域，领先于喷墨和汽车 MEMS 市场

减少能耗的目的。MEMS 传感器和致动器在病人与年长者的微创监测过程中扮演重要角色，可协助提升药物输送的效率与舒适度。而中国的光纤网络建设，则是激励全球光纤通信 MEMS 市场的主要推手。调查显示，全球 MEMS 市场前 20 家厂商占据了 79% 的市场份额，而在高价值 MEMS 方面，这 20 家厂商的份额仅为 60%，这为其他厂商参与竞争提供了更多的市场机遇。

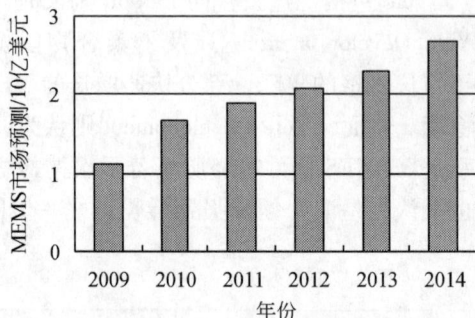

图 11-4 高价值 MEMS 市场预测

虽然 MEMS 产品的总体市场很大，但是由于产品的应用领域极其广泛以及工艺的不统一，各个细分市场的规模很小，每家公司一般只占据 1~2 产品线的领先地位。例如，德州仪器占据 DLP 市场，惠普占据打印机喷墨头市场，安华高科技占据滤波器市场，模拟器件（ADI）、SiTime、飞思卡尔半导体和美新等占据加速度计市场，楼氏占据麦克风市场，这些企业在单个市场占据很大的市场份额。全球部分 MEMS 相关厂商的简要情况可参见表 11-9。

表 11-9 美国、欧洲、日本等部分 MEMS 厂商简介

厂商	简介	网址
美国企业		
德州仪器（TI） TEXAS INSTRUMENTS	全球领先的模拟及数字半导体 IC 设计制造公司。除了提供模拟技术、数字信号处理和微处理器半导体以外，TI 还设计制造用于模拟和数字嵌入及应用处理的半导体解决方案	www. ti. com
模拟器件公司（ADI） ANALOG DEVICES	惯性感测解决方案，包括 iMEMS® 加速度计和陀螺仪、iSensor™ 智能传感器以及惯性测量单元，并已通过 TS-16949 和 QS9000 认证。还有 iMEMS 模拟和数字输出麦克风产品等	www. analog. com
飞思卡尔半导体公司 freescale semiconductor	提供电源管理解决方案、微处理器、微控制器、传感器、射频半导体、模块与混合信号电路及软件技术等	www. freescale. com

厂商	简介	网址
Kionix Kionix® Sensing the Future	消费电子厂商采用 Kionix 的产品、开发工具和应用支持，开发了运动类游戏、手机的用户界面功能、个人导航和电视遥控器以及移动产品的硬盘跌落防护装置。MEMS 产品还应用于汽车、工业和医疗保健领域。MEMS 惯性传感器是业界最多元化的系列之一。2009 年底被日本 ROHM 收购	www. kionix. com
Akustica AKUSTI(A	将麦克风薄膜及其他 MEMS 结构与数模信号处理电路制造在同一芯片上，拥有独特的 MEMS- CMOS 集成专利。2009 年 8 月被博世（Bosch）北美分公司收购	www. akustica. com
楼氏电子（Knowles Electronics） KNOWLES	在 MEMS 麦克风产品领域具有垄断地位，占据了 90% 以上的市场	www. knowles. com
SiTime 公司 SiTime	以硅为原料、基于 MEMS 技术集成的硅振荡器是一种有望取代现有石英晶体的频率元器件	www. sitime. com
Innovative Micro Technology（IMT） imt	MEMS 晶圆代工大厂，并加大生物 MEMS 的研发力度	www. imtmems. com
惠普 hp	2009 年全球 MEMS 组件市场的龙头厂商，MEMS 业务营收达 8.77 亿美元。超灵敏惯性 MEMS 加速度计平台是一个重要发展，比大批量商用加速度计敏感 1000 倍以上，其充分利用了惠普的 MEMS 射流技术，并对实现地球中枢神经系统（CeNSE）至关重要	www. hp. com
Silicon Microstructures	设计和生产各种 MEMS，包括超小型导管传感器、应变传感器、湿度传感器、加速计、定制压力传感器等。2001 年 4 月被 ELMOS 半导体公司收购	www. si-micro. com
GE GE Measurement & Control Solutions	GE 检测控制技术业务部门从事 MEMS 压力传感器、MEMS 器件以及晶圆代工服务	www. ge-mcs. com
Measurement Specialties measurement SPECIALTIES	第一个实现硅微机械批量加工技术，掌握 MEMS 制造技术，专业生产各种传感器，并提供 MEMS 晶圆代工服务	www. meas-spec. com
安华高科技 Avago TECHNOLOGIES	2010 年全球第二大 MEMS 供货商（iSuppli 报告）	www. avagotech. com

续表

厂商	简介	网址
集成传感系统公司 ISSYS INTEGRATED SENSING SYSTEMS	美国历史最悠久的 MEMS 领域独立企业之一，也是少数拥有内部包括全部质量控制工艺在内的 MEMS 制造设备的企业之一	www.mems-issys.com
美新 MEMSIC	独特的 MEMS 传感器组件和系统集成技术，专注于制造多种小型化和成本更低的产品，面向消费电子、工业自动化以及航空等领域	www.memsic.com
美国 MEMtronics MEMtronics	致力于 RF MEMS 系统的技术开发和商业化，产品有 RF MEMS 开关、晶圆级微封装、基于 MEMS 移相器电路、基于 MEMS 的可调谐滤波器、相控阵天线子系统	www.memtronics.com
美国 Peregrine Semiconductor Peregrine Semiconductor	业界领先的 RF 和混合信号通信集成电路供应商，在使用 MEMS 技术开发便携设备用天线调谐技术上具有很强的竞争力	www.peregrine-semi.com
欧洲企业		
德国博世 BOSCH	博世传感技术有限公司 MEMS 传感器，深度反应离子蚀刻（DRIE）是博世在传感器领域中具有代表性的创新工艺之一。世界上最大的 MEMS 传感器制造商之一	www.bosch-sensortec.com
意法半导体（STMicroelectronics） ST	全球第五大半导体公司，2010 年意法半导体的消费电子 MEMS 芯片销售额增长 63%，高达 3.53 亿美元，接近其最大竞争对手收入的两倍。在加速度计与陀螺仪两种运动传感器方面，意法半导体已成为手机和消费电子制造商的最大供应商	www.st.com
芬兰 VTI VTI TECHNOLOGIES	运动和压力传感器生产公司，尤其在车用加速度计方面，拥有独特的 3D MEMS 技术，2010 年进入 MEMS 晶振市场	www.vti.fi
丹麦声扬 SONION	用于先进助听设备、声学器件、医疗器件的微型声学传感器和微型机械组件，在 MEMS 麦克风技术方面也具备一定实力。2009 年重新从 Technitrol 独立出来	www.sonion.com
瑞士 Colibrys 公司 COLIBRYS	Colibrys 是瑞士一家世界领先的标准和半定制 MEMS 传感器和致动器生产商，产品针对于严苛环境（能源，军事和航空）、工业及仪表应用市场	www.colibrys.com
法国 Memscap 公司 MEMSCAP The Power of a Small World™	MEMSCAP 是提供基于微机电系统和 MEMS 的创新产品或解决方案行业的领导者，生产标准以及定制产品。产品涉及医药/生物医学/化妆品、航空航天/国防、通信和消费应用等领域	www.memscap.com

厂商	简介	网址
法国 Tronics Microsystems	Tronics Microsystems 是一家客户订制 MEMS 器件制造商。产品涉及传感器及传感器、微流体、射频 MEMS、光学 MEMS。在基于 SOI 材料的 MEMS 技术方面实力深厚，擅长在厚 SOI 片上运用先进 DRIE 工艺制造高性能传感器与执行器	www.tronicsgroup.com
X-Fab 欧洲	X-FAB 为 MEMS 代工大厂，为压力传感器、惯性传感器和远红外线传感器等这些主流 MEMS 应用产品，开发出它自己的技术平台。X-FAB 大批量生产的表面微加工 MEMS 仪器，包括 CMOS 集成与不集成，横跨了从汽车、工业到医疗应用产品等多个领域	www.xfab.com
瑞典 Silex	产品包括 G-Sensor、陀螺仪、RF MEMS、MEMS 麦克风等。该公司的晶圆穿孔与晶圆级封装平台，能提供客户共享工艺，达到较高的良率与低成本	www.silexmicrosystems.com
日本企业		
日本电装 DENSO	世界汽车系统零部件的顶级供应商，和博世公司一起成为车用 MEMS 传感器的两大主要供应商。（iSuppli 报告）	www.globaldenso.com/en
日本欧姆龙 Omron	相关产品涉及 MEMS 压力传感器、振动传感器、MEMS 气体流量传感器、MEMS 非接触温度传感器	www.omron.com
松下电器产业株式会社 Matsushita Electric Industrial	量产压力传感器（PS 压力传感器、PS-A 压力传感器）、加速度传感器等 MEMS 产品。作为下一代主力商品，成功地开发出了 MEMS 机械继电器、MEMS 加速度传感器等产品，并实现了量产	www.panasonic.net
ROHM Semiconductor	2008 年收购 OKI 半导体株式会社（主要产品 MEMS 三轴加速器），2009 年 10 月收购 MEMS 加速度感应器研发制造商 Kionix 公司	www.rohm.com
SONY	采用 SOI、面加工、混合信号半导体等工艺，产品主要包括麦克风和各种传感器、致动器	www.sony.net

续表

厂商	简介	网址
其他厂商		
加拿大 Dalsa 半导体公司 更名：Teledyne DALSA **TELEDYNE DALSA** A Teledyne Technologies Company	Dalsa 公司是全球最大、技术最先进的 CCD/CMOS 芯片和相机制造商，拥有独特的高端 CCD/CMOS 产品设计和生产能力。Dalsa 公司致力于为机器视觉，高端成像，生物医学以及数字电影等市场提供成像产品。2010 年 12 月被 Teledyne Tech 公司收购	www.dalsa.com
加拿大 Micralyne **micralyne**	全球开放式 MEMS 代工厂领导者，为各个应用领域提供各种 MEMS 客户定制服务，包括光学 MEMS 器件、微流体及 MEMS 传感器等	www.micralyne.com

资料来源：综合整理

市场研究机构 iSuppli 发布的一份报告中，披露了 2010 年在消费电子和移动设备领域 MEMS 十大供货厂商的排名（表 11-10）。其中，排在第一位的是意法半导体（ST），业务收入达 3.54 亿美元，较上一年度增长了 63%。美国厂商 TriQuint Semiconductor 首度挤进前十，尽管位列第八，但其业务营收在 2010 年出现了 778.6% 的破纪录增长，达到 0.75 亿美元规模。这两家企业的快速增长，都是因为取得进驻 iPhone 4 与 iPad 的机会。

表 11-10　2010 年消费电子和移动设备领域 MEMS 十大供货厂商

2010 排名	厂商	2009 年业务收入/百万美元	2009 年市场份额/%	2010 年业务收入/百万美元	2010 年市场份额/%	收入变化率/%
1	意法半导体	216	16.8	354	21.6	63
2	安华高科技	196	15.2	207	12.7	6
3	楼氏电子	129	10.0	189	11.5	47
4	德州仪器	169	13.1	161	9.9	-4
5	博世	80	6.2	121	7.4	51
6	InvenSense	80	6.2	94	5.7	17
7	松下	62	4.8	86	5.3	39
8	TriQuint	9	0.7	75	4.6	779
9	Kionix	49	3.8	60	3.7	22
10	爱普生 toyocom	72	5.6	58	3.6	-20
	其他	225	17.5	233	14.2	3.3
	合计	1287	100	1637	100	27.2

资料来源：HIS iSuppli 报告.2011-2

2010 年以来，MEMS 产品取得了长足的发展，以下仅举几例。

日立显示器公司 10 月 5 ~ 9 日于东京举行 CEATEC 2010，展示了 MEMS 显示器，该 MEMS 显示器原型是基于 Pixtronic 公司的 MEMS 技术。与液晶显示器相比，MEMS 显示器耗电量只有其 1/2，但仍然可再现鲜艳的色彩。CEATEC 上展示的样品的画面尺寸为 2.5 英寸，像素为 320×240（QVGA）。此外，该显示器还支持在透射模式、反射模式以及组合二者的半透射模式中进行显示，该显示器主要面向手机及平板终端，计划 2011 年底量产。

现在，人们使用的大多数麦克风都是驻极体电容器麦克风（ECM）。该技术已经有几十年的历史。与 ECM 的聚合材料振动膜相比，MEMS 麦克风在不同温度下的性能都十分稳定，不会受温度、振动、湿度和时间的影响，在当前全球 MEMS 麦克风市场中，楼氏电子占据了 90% 以上的市场率，意法半导体及欧姆龙等其他企业合计仅占 10%。欧胜也是市场中一员，台湾鑫创科技公司已宣布投入此领域，预期 2011 年下半年量产 MEMS 麦克风产品。

2010 年 12 月 6 日，IMEC 与松下在旧金山举行的世界电子器件会议上宣布，联合开发出一种新型 SiGe 薄膜封装、基于 SOI 技术的 MEMS 振荡器。该振荡器使用薄膜进行真空封装，在 20 兆赫条件下，品质因子达到了 220000；通过结合不同的先进 MEMS 技术，实现了低偏置电压。

2011 年 3 月，意法半导体推出最小的 3 轴模拟输出陀螺仪 L3G462A，采用 4 毫米×4 毫米×1 毫米超小封装。±625 度/秒的全量程范围能够精确测量各种手势和动作以及不同的速度，工作电压范围为 2.4 ~ 3.6 伏，工作温度为 −40 ~ 85℃。预计于 2011 年第三季末开始量产。

11.5　MEMS 发展瓶颈——封装

目前制约 MEMS 发展的因素包括以下几个方面：

（1）MEMS 本身具有多学科交叉的特点，这就要求科研和设计人员有着扎实的理论基础以及广博的知识面。从这点来看对从业人员的素质要求较高，在一定程度上限制了其迅速发展；

（2）MEMS 器件的工艺不同于 CMOS 工艺，CMOS 工艺经过多年的发展和改革已经形成了非常完善和标准化的一套体系，而很多 MEMS 工艺都属于特殊工艺，经常是一条生产线只能生产一种产品，正因为如此才出现了许多 MEMS 专用设备及其制造商。此外，某些 MEMS 器件工艺难度很大，因此造成成品率降低，难于推广。

（3）目前国内外的 MEMS 大都没有形成产业规模，从器件材料、设计加工，到后来的封装测试，都很难得到完善的产业支撑，很难形成规模化效应。

只有经过封装的 MEMS 器件才能成为产品，否则只能停留在实验室阶段，而影响 MEMS 技术飞速发展的关键就是封装。大量的 MEMS 器件仍然停留在实验室阶段，没能形成产品在军事和民用领域中充分发挥其功用，主要原因是 MEMS 器件的封装问题没能得到很好的解决。因此，找出封装难度过大、封装成本过高的原因，采取相应措施来推动

MEMS 的发展，已成为 MEMS 亟待解决的关键问题之一。

MEMS 封装完全不同于 IC 封装。IC 封装的目的是提供 IC 芯片的物理支撑，保护其不受环境的干扰与破坏，同时实现与外界的信号、能源与电气互连。MEMS 器件或系统则既要感知外部世界，同时又要依据感知结果做出对外部世界的动作反应，由于这种与外部环境的交互作用以及自身的复杂结构使得对 MEMS 的封装除了高密度封装所面临的多层互联、散热、可靠性、可测性问题之外，还要考虑将 MEMS 芯片、封装与工作环境作为一个交互系统来设计 MEMS。出于保护内部的 MEMS 器件的需要，一般要求 MEMS 封装是气密性的，有的甚至要求真空封装。这不仅增加了封装难度，而且使得 MEMS 封装十分昂贵，可以是器件成本的 10 倍以上，而一般 IC 封装成本仅占 30% 左右。

传统的 MEMS 封装主要有金属封装、陶瓷封装和塑料封装三种形式。近年来，MEMS 封装技术取得了很大进展，出现了众多的 MEMS 封装技术，大多数研究都集中在特殊应用的不同封装工艺，但又开发了一些较通用、较完善的封装设计，通常可将其分为 3 个封装层次：芯片级封装、晶圆级封装、系统级封装。随着 MEMS 技术研究的深入和迅猛发展，以及 MEMS 器件本身所具有的多样性和复杂性，使得 MEMS 封装仍然面临着许多新的问题需要解决，如在晶圆片切割时，如何对微结构进行保护，防止硅粉尘破坏芯片；在微结构的释放过程中，如何防止运动部件与衬底发生粘连等；在器件封装中应力的释放，以及封装及接口的标准化等问题，此外还有封装性能的可靠性及可靠性评价问题等。表 11-11 列出的是 MEMS 在封装时的工艺需求。

表 11-11　MEMS 的一般封装需求

需求	要点
自由空间（气体、真空或流体）	• 尽管在显示器中仍保留玻璃封装，真空封装多由金属、陶瓷或金属与陶瓷结合制得 • 非光腔体封装主要使用金属和陶瓷。目前已出现完全气密的基于聚合物的准气密封装
自由空间（流体）	• 如采用硅或氟碳化合物之类的疏水液体，可阻止湿气等的污染。液体还可提供较低的介电常数，且有助于传热 • 测试液体性质的 MEMS 传感器在使用时，需要被液体保卫，这就消除了封装对气密性的要求。但若液体需被吸进或在封装内循环时，需复杂设计 • 如液体样品导电，需对电互连进行隔离
低沾污	• 封装本身和组装材料可能是沾污来源之一，外部物质可以进入封装，甚至形成颗粒 • 只要存在互相接触的磨损结构，MEMS 器件就会在使用过程中产生颗粒
减小应力	• 腔体形式的封装可消除顶部和四周存在的应力 • MEMS 器件需牢固地附着于封装上，一般使用焊料或有机黏结剂将芯片底部黏结到基底上 • 常用的芯片黏结剂是添加了银的热固性环氧树脂，可实现热导和电导；当需要电绝缘时，可使用 AlO_3、SiO_2 和金属氮化物等非导电填料

续表

需求	要点
温度限制	•可采用针栅阵列封装或类似的机械式插销和插座二级互连 •柔性基板封装，可避免向器件传递大量的热 •工艺温度≤150℃时，可采用导电胶装配
内环境控制	•非气密封装内部的气体只能在短时间内得到控制，最终与外部环境达到平衡 •气密封装，乃至准气密封装可以通过封装内添吸气剂来实现对内部气体含量的控制
外部通道的选择	•用于分析样品的器件需要有允许被分析物质进入的通道 •封装内部的 MEMS 器件或系统可能需要环境中所没有的物质，这就需由储备或取样容器提供 •为防止 MEMS 压力传感器受到能引起腐蚀或污染的物质的损害，可添加一道气密或疏水特性材料的柔性阻隔层
机械冲击的限制	•塑封可提供最好的振动吸收和能量耗散 •尽管粘连有害，但在封装中增加机械能量吸收结构也不是好的方法。MEMS 的可活动机械特性会使封装和组装工艺变得更为复杂
粘连（静摩擦）	•当在 MEMS 中需要设计通常应被避免的运动部件之间的接触时，加入疏水的润滑剂似乎是抗粘连、抗磨损的解决办法
RF 屏蔽	•当存在电磁干扰或射频干扰时，需对所有不导电的封装材料进行屏蔽 •金属封装具有自屏蔽功能。塑料和陶瓷封装可采用化学镀的方法在表面镀上一层或多层金属
流体管理	•许多 MEMS 流体器件具有互连通道的反应器，但多停留在实验室阶段 •MEMS 制造技术有望生产和利用快速通断接头 •MEMS 流体耦合的研究已出现在文献中，将流体装置合并到 MEMS 器件中的可行性也得以证实
高真空封装	•典型的例子是高速射频芯片，金属封装可能会是最佳的选择
器件自身作为封装	•一些 MEMS 结构可以工作在外部环境中，不需要保护。器件本身就是封装。喷墨芯片最接近这一概念
成本	•封装制造工艺经常对最终成本产生决定性的影响。所需气密性的高低决定了可选用的材料，而选用的材料又限制了所能采用的工艺。因此，封装的气密性的级别决定了成本的范围

资料来源：综合整理

11.6 MEMS 文献计量分析

本节的分析选择 SCI-Expanded 数据库，利用关键词对全球科研人员发表的微纳制造技术领域的文献进行检索。数据采集时间为 2011 年 1 月 21 日，共检索到文献 6677 篇。检索过程中，并未限定文献类型，以下统称为"论文"。利用 Thomson Reuters 集团开发的数据挖掘和可视化分析工具——TDA（Thomson Data Analyzer）开展文献计量分析。

11.6.1 年度分布分析

由图 11-5 可见，MEMS 领域的研究论文从 20 世纪 90 年代开始，呈现出快速增长的态势，这从一个侧面反映出，微纳制造研究正日益受到人们的关注，从图 11-6（a）现有作者和新作者的数量对比中，可以看出，近几十年来，每年都有更多的研究人员投身到该领域的研究中。同样，随着研究队伍的不断壮大，MEMS 领域的研究方向也逐渐增多，体现在新关键词数量的快速增长（图 11-6（b））。

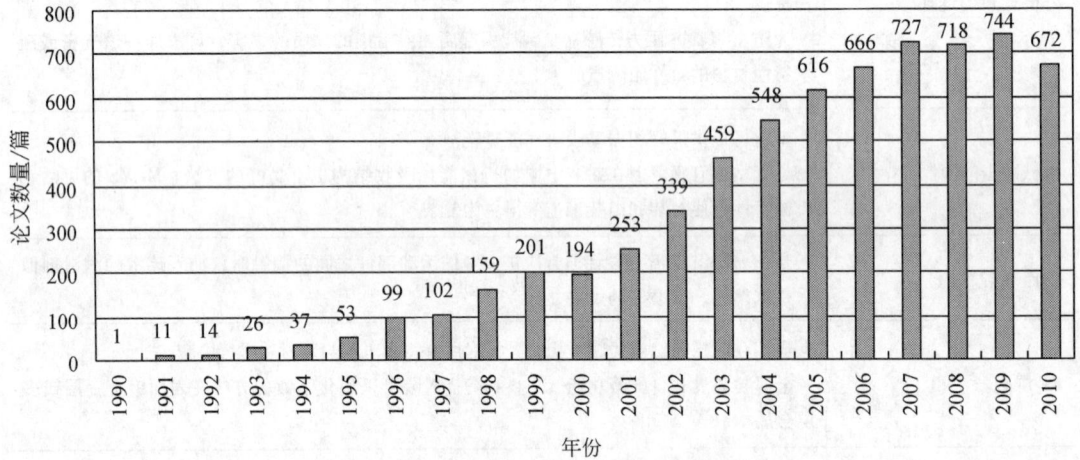

图 11-5　微机电系统 SCI 论文数量年度分布图

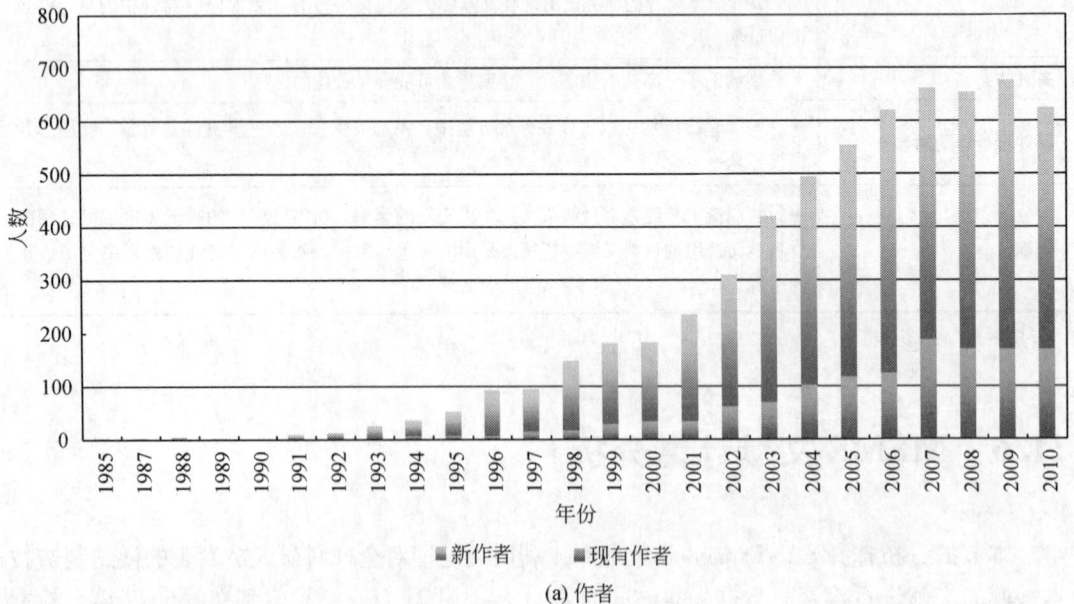

(a) 作者

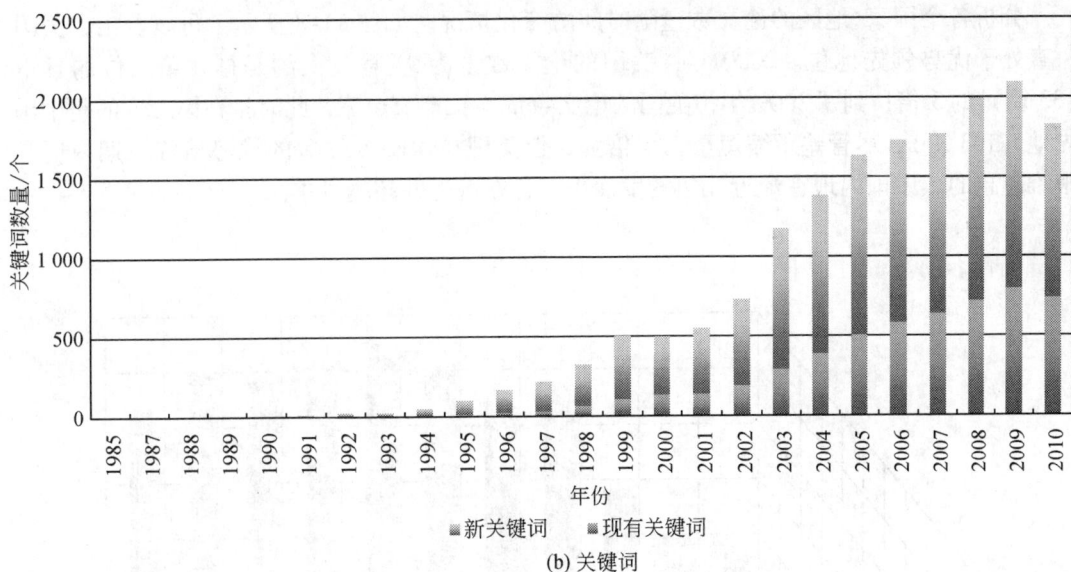

(b) 关键词

图 11-6　作者和关键词的变化更新趋势图

11.6.2　重点国家/地区分析

在现有数据的基础上，对不同国家的论文数量进行了对比分析。发表论文数量排名前10位的国家/地区如图 11-7 所示，美国以 2503 篇的绝对优势遥遥领先位居第二的日本，是后者的近 4 倍。这从一定程度上可以看出美国在 MEMS 领域的科研活动相当活跃，并且具有相当强大的研究实力。中国以 547 篇的数量位居第三，接下来依次为德国（457 篇）、韩国（392 篇）。中国台湾以 337 篇的数量排在第六位。这 10 个国家/地区的论文数量为5855 篇，占全部总数的 87.7%，这表明微纳制造技术研究相对集中在这 10 个国家/地区。

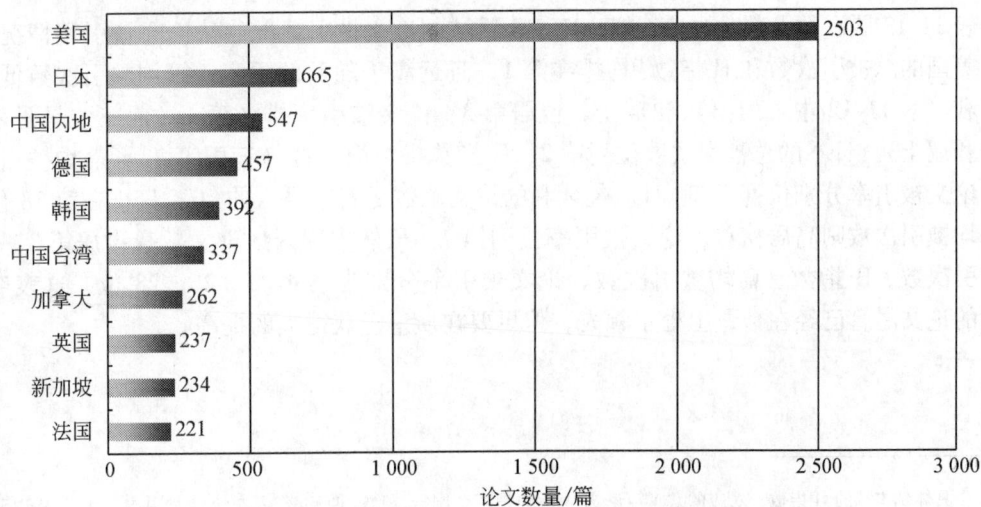

图 11-7　主要国家/地区微机电系统论文数量

分析各个国家/地区的论文数量随时间的变化情况，如图11-8所示。可以看出，美国一直处于优势领先地位。2000年，美国的论文数量为91篇，大约是排在第二位的日本（33篇）的3倍；到了2009年，美国的论文数量增长至256篇，此时排在第二位的是中国内地（103篇），尽管差距缩短至2.5倍强，但美国在MEMS领域的优势地位短期内还是很难超越的。中国内地在最近几年的发展中，正在赶上并超越日本。

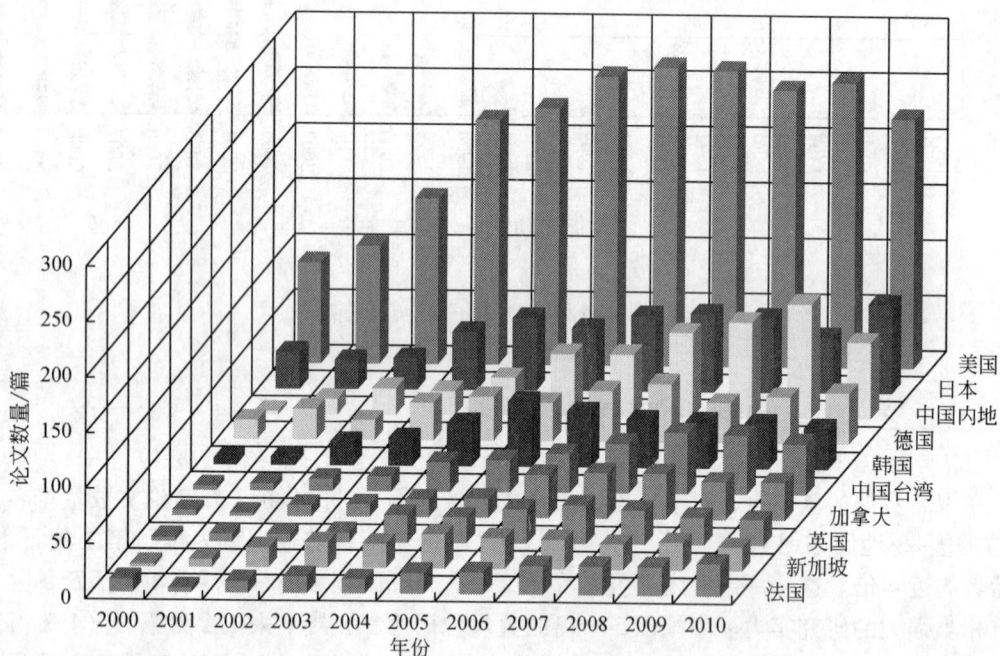

图11-8　各国家/地区发表的论文数量年度分布图

表11-12展示的是部分国家/地区MEMS领域的论文被引情况。从论文被引用情况来看，美国的总被引次数和H指数①均排在第1，且远高于随后的国家；篇均被引次数低于匈牙利（表11-12中未列出）和瑞士，位居第3；论文被引率排名第4（前三位是丹麦、巴西和瑞士）。日本的总被引次数位列第2，H指数排在第3位（德国第2），篇均被引次数和论文被引率分别位列11和21。匈牙利的论文总数尽管未进入前20，只排在第38位，但篇均被引次数则高居榜首，论文被引率位列第7。虽然中国内地论文数量位居第3，但总被引次数、H指数、篇均被引次数、论文被引率分别为第4、5、26、28位，这表明，我国的论文尽管已经在数量上处于领先，但更要在质量上获得大的提高。

---

　　① 具体到本章的H指数，对应的"N篇论文"指的是某个国家/机构/期刊/作者在统计时限内发表的MEMS相关论文

表 11-12 部分国家/地区论文被引情况

	国家/地区	论文数量/篇	总被引次数/次	篇均被引次数	论文被引率	H 指数
1	美国	2 503	46 438	18.552 936 476	0.821 923 077	89
2	日本	665	6 089	9.156 390 977	0.724 812 03	34
3	中国内地	547	3 208	5.864 716 636	0.648 994 516	23
4	德国	457	5 021	10.986 870 9	0.757 111 597	35
5	韩国	392	2 580	6.581 632 653	0.783 163 265	21
6	中国台湾	337	2 100	6.231 454 006	0.727 002 967	22
7	英国	290	2 879	9.927 586 207	0.782 758 621	26
8	加拿大	262	1 594	6.083 969 466	0.744 274 809	18
9	新加坡	234	2 094	8.948 717 949	0.820 512 821	22
10	法国	221	2 076	9.393 665 158	0.778 280 543	22
11	意大利	142	832	5.859 154 93	0.633 802 817	15
12	瑞士	121	2 781	22.983 471 07	0.826 446 281	22
13	荷兰	115	1 030	8.956 521 739	0.730 434 783	18
14	印度	100	288	2.88	0.56	9
15	西班牙	93	558	6	0.774 193 548	12
16	澳大利亚	86	742	8.627 906 977	0.779 069 767	14
17	比利时	80	894	11.175	0.75	17
18	瑞典	48	556	11.583 333 33	0.666 666 667	12
19	芬兰	42	232	5.523 809 524	0.738 095 238	8
20	丹麦	37	570	15.405 405 41	0.918 918 919	12

11.6.3 重点机构分析

由图 11-9 可见,从论文数量上来看,排在第 1~3 位的依次是加利福尼亚大学伯克利分校(180 篇)、麻省理工学院(140 篇)、桑迪亚国家实验室(138 篇)。中国科学院(未包括中国科学技术大学)以 127 篇位居第四位。这 10 家机构发表的论文数量差别并不大。从国别分布来看,这 10 家机构中有 5 家来自美国、2 家来自新加坡,中国内地、台湾和日本各 1 家。这也表明美国在 MEMS 领域具备相当强大的研究能力。

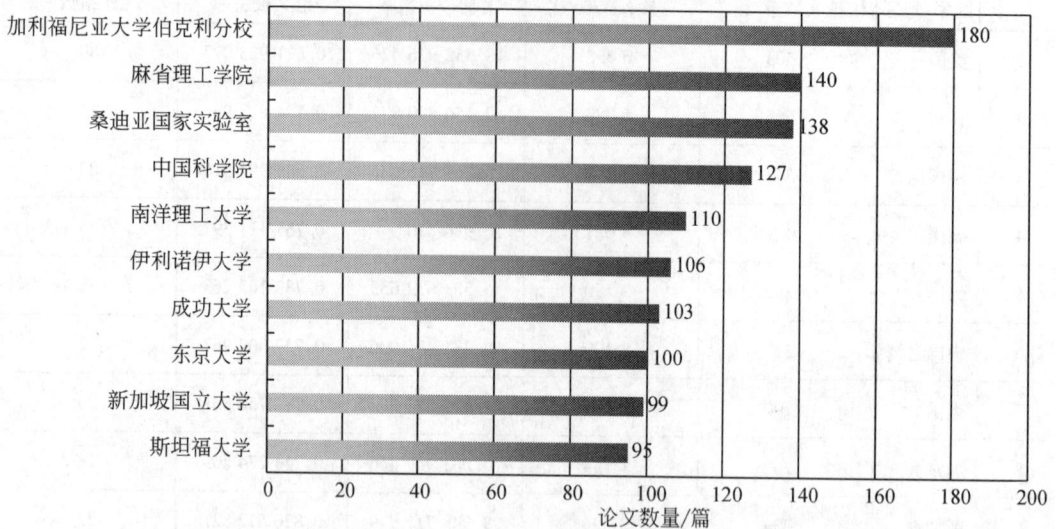

图 11-9　主要机构微机电系统论文数量

表 11-13 展示的是部分机构 MEMS 领域的论文被引情况一览表。从论文被引用情况来看，尽管中国科学院的论文数量较为领先，但总被引次数、H 指数分别为第 9、13，篇均被引次数排名在表中列出的 20 家机构中，排名第 10 位。总被引次数排在前 3 位的依次是加利福尼亚大学伯克利分校、麻省理工学院和佐治亚理工学院；H 指数排在前 3 位的依次是加利福尼亚大学伯克利分校、麻省理工学院和密歇根大学。篇均被引次数排在前 3 位（仅以表 11-13 中机构排名）的依次是加利福尼亚大学洛杉矶分校、加利福尼亚大学伯克利分校和密歇根大学。

表 11-13　主要机构论文被引情况

	机构	论文数量/篇	总被引次数/次	篇均被引次数/次	论文被引率	H 指数
1	加利福尼亚大学伯克利分校	180	5 087	28.261 111 11	0.866 666 667	36
2	麻省理工学院	140	3 713	26.521 428 57	0.85	31
3	桑迪亚国家实验室	138	2 042	14.797 101 45	0.826 086 957	23
4	中国科学院	127	1 583	12.464 566 93	0.771 653 543	17
5	南洋理工大学	110	1 232	11.2	0.909 090 909	19
6	伊利诺伊大学	106	1 859	17.537 735 85	0.886 792 453	23
7	成功大学	103	997	9.679 611 65	0.796 116 505	17
8	东京大学	100	897	8.97	0.65	15
9	新加坡国立大学	99	806	8.141 414 141	0.757 575 758	14
10	斯坦福大学	95	1 841	19.378 947 37	0.778 947 368	21
11	密歇根大学	90	2 497	27.744 444 44	0.877 777 778	28
12	佐治亚理工学院	90	3 584	39.822 222 22	0.855 555 556	19
13	日本东北大学	85	623	7.329 411 765	0.8	13

	机构	论文数量/篇	总被引次数/次	篇均被引次数/次	论文被引率	H 指数
14	佛罗里达大学	78	694	8.897 435 897	0.807 692 308	14
15	首尔国立大学	78	618	7.923 076 923	0.833 333 333	14
16	加利福尼亚大学洛杉矶分校	76	2 264	29.789 473 68	0.881 578 947	21
17	日本产综研	71	420	5.915 492 958	0.676 056 338	12
18	上海交通大学	71	329	4.633 802 817	0.633 802 817	11
19	美国宾夕法尼亚州立大学	63	1 064	16.888 888 89	0.841 269 841	17
20	韩国科学技术院	62	528	8.516 129 032	0.854 838 71	13

11.6.4 重点期刊分析

本次分析的 6677 篇论文共涉及 992 种期刊，表 11-14 给出了发文量较多且总被引次数、H 指数等排序也较为靠前的 20 种期刊（本小节排名仅限于这些期刊）的论文数量及其被引情况。

美国电气和电子工程师协会主办的《微机电系统杂志》（*Journal of Microelectromechanical Systems*）（2005～2009 五年期影响因子为 2.790）的发文量最多，有 444 篇；总被引次数和 H 指数同样位居首位，篇均被引次数则排在第三。Elsevier 旗下的《传感器与执行器 A：物理》（*Sensors and Actuators A—Physical*）（2005～2009 五年期影响因子为 1.737）以 319 篇位居论文数量第二位，总被引次数和 H 指数同样位居第二，篇均被引次数则排在第四。英国物理学会的《微机械与微工程杂志》（*Journal of Micromechanics and Microengineering*）（2005～2009 五年期影响因子为 2.473）的论文数量仅比排在第二的 *Sensors and Actuators A—Physical* 少 6 篇，总被引次数和 H 指数同样位居第三，篇均被引次数则排在第六。

表 11-14　主要期刊发表的论文及其被引情况

	期刊	论文数量/篇	总被引次数/次	篇均被引次数/次	论文被引率	H 指数
1	*Journal of Microelectromechanical Systems*	444	6 753	15.209 459 46	0.819 819 82	41
2	*Sensors and Actuators A—Physical*	319	4 687	14.692 789 97	0.909 090 909	35
3	*Journal of Micromechanics and Microengineering*	313	3 754	11.993 610 22	0.817 891 374	28
4	*Applied Physics Letters*	130	3 008	23.138 461 54	0.915 384 615	25
5	*IEEE Transactions on Microwave Theory and Techniques*	123	2 386	19.398 373 98	0.894 308 943	26
6	*Journal of Applied Physics*	121	1 307	10.801 652 89	0.776 859 504	19
7	*Microsystem Technologies- Micro- and Nanosystems- Information Storage and Processing Systems*	116	462	3.982 758 621	0.620 689 655	11
8	*IEEE Photonics Technology Letters*	105	1 303	12.409 523 81	0.866 666 667	18

续表

	期刊	论文数量/篇	总被引次数/次	篇均被引次数/次	论文被引率	H 指数
9	*IEEE Sensors Journal*	93	629	6. 763 440 86	0. 838 709 677	13
10	*Journal of Vacuum Science & Technology B*	90	657	7. 3	0. 811 111 111	13
11	*Thin Solid Films*	78	771	9. 884 615 385	0. 910 256 41	15
12	*Japanese Journal of Applied Physics Part 1-Regular Papers Short Notes & Review Papers*	69	596	8. 637 681 159	0. 913 043 478	13
13	*IEEE Transactions on Magnetics*	68	510	7. 5	0. 823 529 412	11
14	*Microelectronic Engineering*	63	519	8. 238 095 238	0. 825 396 825	13
15	*IEEE Journal of Selected Topics in Quantum Electronics*	61	893	14. 639 344 26	0. 819 672 131	18
16	*Japanese Journal of Applied Physics*	59	65	1. 101 694 915	0. 440 677 966	4
17	*Journal of Micro-Nanolithography Mems and Moems*	58	39	0. 672 413 793	0. 344 827 586	4
18	*Review of Scientific Instruments*	50	646	12. 92	0. 86	12
19	*Sensors and Actuators B-Chemical*	50	507	10. 14	0. 9	14
20	*Journal of the Electrochemical Society*	48	458	9. 541 666 667	0. 875	10

11.6.5 重点作者分析

本次分析的 6677 篇论文共涉及 1.5 万多名作者。表 11-15 给出的是部分影响力较大的作者及其论文情况。单从论文数量来看，东京大学 Fujita Hiroyuki 教授近年来发表了 MEMS 领域的论文 49 篇，位居第一。从总被引次数看，加利福尼亚大学伯克利分校化学工程系 Maboudian Roya 教授遥遥领先位列第二的成功大学工程科学系的 Lee Gwo Bin（李国宾）教授。但 Lee Gwo Bin 的 H 指数在表 15 所列的 10 名作者中，排在第一。

表 11-15 主要作者发表的论文及其被引情况

	作者	单位	论文数量/篇	总被引次数/次	篇均被引次数/次	论文被引率	H 指数
1	Fujita, H	东京大学	49	391	7. 979 591 837	0. 714 285 714	10
2	Lee, G B	成功大学	42	633	15. 071 428 57	0. 904 761 905	15
3	Maeda, R	日本产综研	38	316	8. 315 789 474	0. 789 473 684	10
4	Liu, A Q	南洋理工大学	36	409	11. 361 111 11	1	12
5	Solgaard, O	斯坦福大学	32	274	8. 562 5	0. 656 25	11
6	Kim, Y K	首尔国立大学	28	270	9. 642 857 143	0. 857 142 857	10
7	Maboudian, R	加利福尼亚大学伯克利分校	28	902	32. 214 285 71	0. 821 428 571	13

	作者	单位	论文数量/篇	总被引次数/次	篇均被引次数/次	论文被引率	H指数
8	Syms, R R A	伦敦大学帝国理工学院	26	411	15.807 692 31	0.884 615 385	12
9	Toshiyoshi, H	东京大学	26	254	9.769 230 769	0.730 769 231	9
10	Esashi, M	日本东北大学	26	217	8.346 153 846	0.884 615 385	9

11.6.6 重点论文分析

表 11-16 给出了 MEMS 领域被引次数超过 300 的论文，共有 13 篇。其中，佐治亚理工学院 Akyildiz，I F 的有关无线传感器网络的论文被引 2120 次，位居首位，遥遥领先其他论文。这 13 篇论文中，有 9 篇产自美国的高校和企业，日本、中国、德国和瑞士则各有 1 篇。

表 11-16 被引频次 >300 的论文

	论文标题	被引频次/次	期刊来源	年份	通信机构
1	Wireless Sensor Networks：A Survey	2120	*Computer Networks*	2002	佐治亚理工学院
2	Finer Features for Functional Microdevices- Micromachines Can be Created with Higher Resolution Using Two-Photon Absorption	897	*Nature*	2001	大阪大学
3	Fabrication and Ethanol Sensing Characteristics of ZnO Nanowire Gas Sensors	538	*Applied Physics Letters*	2004	中国科学院物理研究所
4	Micro- electro- mechanical- systems （MEMS） and Fluid Flows	538	*Annual Review of Fluid Mechanics*	1998	加利福尼亚大学洛杉矶分校
5	Adhesive Force of a Single Gecko Foot-hair	523	*Nature*	2000	加利福尼亚大学伯克利分校
6	Rotational Actuators Based on Carbon Nanotubes	441	*Nature*	2003	加利福尼亚大学伯克利分校
7	Quantum Mechanical Actuation of Microelectromechanical Systems by the Casimir Force	386	*Science*	2001	朗讯科技贝尔实验室
8	Polymer Microfabrication Methods for Microfluidic Analytical Applications	376	*Electrophoresis*	2000	德国 Jenoptik Mikrotechnik
9	Ferroelectric，Dielectric and Piezoelectric Properties of Ferroelectric Thin Films and Ceramics	353	*Reports on Progress in Physics*	1998	瑞士联邦理工学院
10	M- TEST: A Test Chip for MEMS Material Property Measurement Using Electrostatically Actuated Test Structures	327	*Journal of Microelectromechanical Systems*	1997	麻省理工学院
11	A Review of Nanoindentation Continuous Stiffness Measurement Technique and Its Applications	320	*Materials Characterization*	2002	俄亥俄州立大学
12	Biomaterials：Where We Have Been and Where We are Going	310	*Annual Review of Biomedical Engineering*	2004	华盛顿大学
13	The Fluid Mechanics of Microdevices- The Freeman Scholar Lecture	303	*Journal of Fluids Engineering- Transactions of the ASME*	1999	圣母大学

11.6.7　重点研究方向分析

利用 Aureka 软件，对 SCI 论文的总体研究布局进行了分析（图 11-10）。由图可见，薄膜、微加工、封装、传感器等是 MEMS 领域的研究热点（白色区域）；键合技术、执行器、光衰减器等也是研究的热点领域。

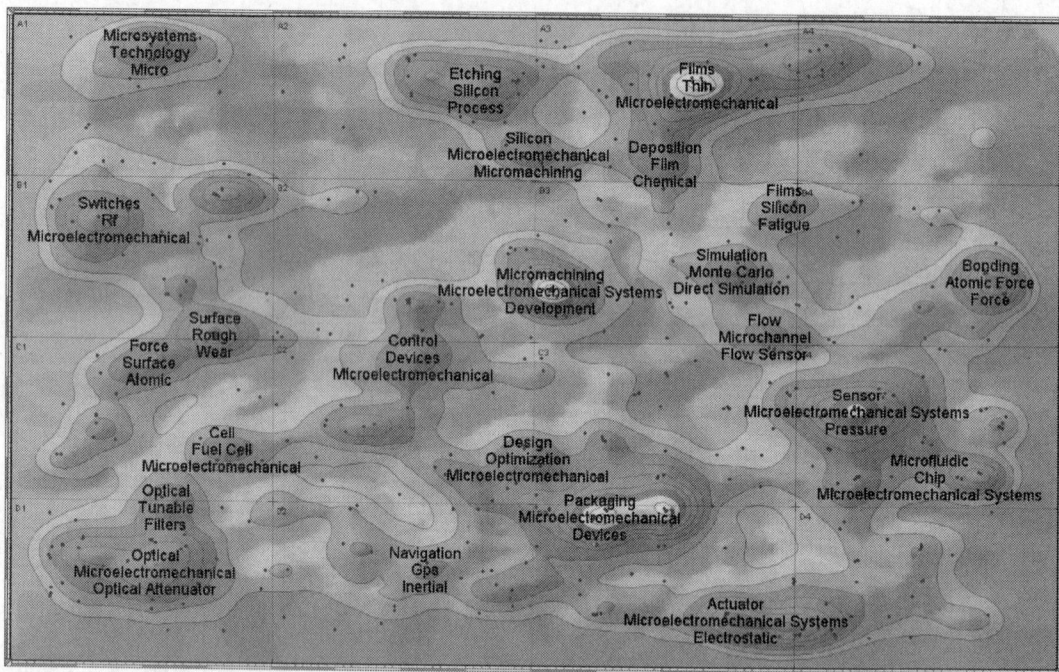

图 11-10　微机电系统研究的总体布局图（后附彩图）

11.7　发展建议

2010 年 10 月 18 日下发的《国务院关于加快培育和发展战略性新兴产业的决定》正式将高端装备制造产业纳入战略新型产业之中，作为微纳制造领域发展最快的分支之一，MEMS 不但表现为知识、技术密集，体现多学科和多领域高、精、尖技术的集成，更是价值链高端，具有高附加值特征，必将在"十二五"我国产业转型过程中迎来发展的黄金阶段。根据对当前国际 MEMS 发展态势的分析，结合中国的国情，对中国科学院以及中国 MEMS 技术与产业的发展提出如下建议：

1）规划优先发展的重点方向，部署前瞻性研究

根据文献计量分析，当前 MEMS 的研究热点主要集中在微流体系统、微机械加工技术、封装等。从调研的结果来看，MEMS 的确是微纳制造领域中发展最为成熟的方向之

一，其产业化也具备了一定的规模。建议在参考上述研究领域的基础上，根据国家战略需求和研发优势，在"十二五"乃至以后一段时期内规划优先发展的重点研究方向，作为中国和中国科学院 MEMS 领域的主要方向，并前瞻性部署与 MEMS 有关的其他各种关键技术的研发，特别是重点攻克当前 MEMS 领域封装发展的瓶颈制约，为我国 MEMS 领域的顺利发展铺平道路。

就应用领域而言，消费类产品和特种应用产品应该成为突破口。消费类产品对价格极其敏感而且消耗量很大，适合中国 MEMS 产业发展。此外，在一些无法进口的高端和特种应用领域，例如航天和油田用高温、高压 MEMS 传感器、军用 MEMS 传感器等领域，中国有一定的技术积累，虽然此类产品的需求量不大，但是产品的附加值较高。

MEMS 未来有希望的方向包括光学 MEMS（如显示器、光纤通信和芯片上的光具座）、射频 MEMS（如滤波器、电容、电感、开关和调谐器）、惯性 MEMS（如加速度计、陀螺和导航器件）、数据存储 MEMS（如硬驱动发动机和 SPM 存储器）、微流体和生物 MEMS（如 μTAS、药物释放、基因组学、蛋白质组学、生物监测和水/食品安全）、复合 CAD（如多领域仿真和系统设计）。

当然，不能忽略从"M"EMS 到"N"EMS 的自然演化。NEMS 一般指特征尺寸在亚纳米到数百纳米，具有纳米尺度新效应（量子效应、界面效应等）的器件和系统。与 MEMS 相比，NEMS 具有更高的频率、更高的灵敏度、更低的能耗等优点。

MEMS 技术的发展离不开微纳制造设备。一般来说，设备越昂贵加工能力越强。但并不是所有的人都能接触到最先进的微纳制造设备。对于高端设备，应建立"共建、共享"的合作机制，既保证设备发挥其应有的价值，又不造成基础设施建设的重复和浪费。

此外，目前我国 MEMS 企业只管生产经营，研究机构只管技术研发，对于整个技术、产业未来的发展没有宏观认识和把握。建议中国科学院培育 MEMS 产业咨询服务机构，为行业制定未来发展路线图。

2）通过官产学研合作以及国际合作提高我国 MEMS 技术研发与自主创新能力

国际先进制造业的发展经验表明，先进制造技术的创新不仅能推动制造业本身的快速、健康发展，同时对本国长期技术水平的提高和经济增长起到了十分重要的作用。MEMS 的内涵及其发展过程决定了其多学科交叉特点，因此 MEMS 的发展与创新应由政府牵头负责，通过制定一系列措施，鼓励企业、科研机构、大学等联合攻关，超越创新，而不能仅仅是跟、学、仿。只有这样，我国 MEMS 技术与产业的自主创新能力才能不断提高，国家制造业创新体系才能不断充实、发展。从 SCI 文献计量来看，尽管中国科学院位列单一机构发文数量第三，但中国科学院在 MEMS 技术的研究上存在较大差距。美国具有绝对领先的实力，MEMS 的三个标志性成果分别为数字微镜、静电微马达和微加速度计，均由美国发明；日本的研究水平也处于我国之上。抓住国际大型研究计划的合作机遇，更主动、深入，多机构、人次地参与其中。当然，更重要的是在参与过程中，发挥我们的主观能动性，提出和发展以我为主的国际 MEMS 研究计划。而我国的 MEMS 研究还是倾向于跟着国外的踪迹往前走。实现从"跟踪"向"自主创新"的转变，是一个过程。

3）加大政府对微纳制造技术的资金投入

MEMS 试制的摸索试验阶段风险由谁承担？此阶段需要花费人力和财力，需要配备一整套设备，这会成为研究院所、创投企业的巨大负担。对于应用端而言，如若在试制与开发阶段处理不好，就无法进入下一阶段；对于厂商而言也将无法量产，因此也就没有销售和收益。我国目前尚无机构承担此风险，因此 MEMS 产业一直无法做大做强。从国外经验来看，美国由以大学为中心的机构承担这方面的风险，德国和瑞士则以自治团体为主导的半官半民机构，法国以国家为主导的机构来承担此类风险。我国可以立足国情，借鉴国外的经验。

4）加强产业链的交流与互动，建设相关产业集群

MEMS 元件的应用范围很广，用户的用法也各种各样。当然，应用领域对 MEMS 技术的要求也是多种多样的。另外，根据 MEMS 技术的成熟度及成本等能在多大程度上满足应用需求，业务的开拓方式也大不相同。因此，MEMS 元件的开发商必须与 MEMS 用户进行充分的交流。

产业集群作为一种独特的产业组织形式，在区域经济增长中起着重要的促进作用。各级政府以及相关部门应促进开发地方微纳制造产业集群等，为微纳制造业的创新营造国家层面的支持环境，以促进微纳制造相关知识的创新及发散，对国家制造业部门的长久竞争力具有强大的积极影响。当前，我国的 MEMS 产业化做得比较好的地区有北京、上海、陕西、江苏等省市，建议集中优势力量，在上述地区先行建成 MEMS 制造加工应用基地，形成示范带头作用，并在其他有基础的地区推广，做大做强我国的 MEMS 研究和产业化工作。

致谢：中国科学院电子学研究所王军波副研究员、中国科学院光电技术研究所姚军研究员、中国科学院微电子研究所欧毅副研究员等专家对本报告初稿进行审阅，并提出宝贵的修改意见，谨致谢忱！

参 考 文 献

材料世界网. 2009-08-26. MEMS 应用领域扩大第三代 BEANS 开始启动. http：//www. materialsnet. com. tw/ DocView. aspx？ id = 7996

崔铮. 2009. 微纳米加工技术及其应用. 北京：高等教育出版社

技术在线. 2007-09-21. 日本 MEMS 国家项目相继推出. 预算总额达到一百数十亿日元. http：//china. nikkeibp. co. jp/news/tren/10971-200709210112. html？ isRedirected = 1

技术在线. 2009-08-05. 日本将投资 42 亿日元建国家 MEMS 项目研发基地. http：//china. nikkeibp. com. cn/news/tren/47372-20090804. html

科技部. 2010-11-25. 德国联邦教研部投入 4000 万欧元在微系统领域组建 MicroTEC 尖端集群. http：// www. most. gov. cn/gnwkjdt/201011/t20101124_ 83518. htm

肯·吉列奥. 2008. MEMS/MOEMS 封装技术：概念、设计、材料及工艺. 北京：化学工业出版社

孟光，张文明. 2008. 微机电系统动力学. 北京：科学出版社

周兆英，王中林，林立伟. 2007. 微系统和纳米技术. 北京：科学出版社

Almansa A, Wögerer C, Rempp H et al. 2006-08-10. IPMMAN Roadmap for Micro- and Nanomanufacturing. http：//www. fp7. org. tr/tubitak_ content_ files//270/ETP/MINAM/RoadmapIPMMAN. pdf

Aoyanagi K. 2007-05. Toward the Achievement of 3rd Generation MEMS：Bio & Electro- mechanical Autonomous

Nano Systems (BEANS). http：//mmc. la. coocan. jp/info/magazine/59e/02. pdf

ATIP. 2011-01-23. ATIP Publications. http：//atip. org/atip-publications. html

ATIP. 2011-01-23. ATIP10. 005：MEMS Research & Commercialization in China. http：//atip. org/atip-publications/atip-reports/2010/7867-atip10-005-mems-research-commercialization-in-china. html

Becker E W, Munchmeyer D, Betz H et al. 1982. Production of Separation-nozzle Systems for Uranium Enrichment by a combination of X-ray—Lithography and Galvanoplastics. Naturwissenschaften, 69 (11)：520～523

CATRENE. 2011-01-23. European EDA Roadmap 2009. http：//www. catrene. org/web/communication/publ_eda. php

Circuits Multi Project. 2011-01-23. Home. http：//cmp. imag. fr

CORDIS. 2010-10-25. The Future's Bright for Europe's Optical Chips Sector. http：//cordis. europa. eu/search/index. cfm? fuseaction = news. document& N_ RCN = 32693

CORDIS. 2011-01-17. ICT Challenge 3：Alternative Paths to Components and Systems. http：//cordis. europa. eu/fp7/ict/programme/Cl

Du J G, Ko W H, Young D J. 2004. Single Crystal Silicon MEMS Fabrication Based on Smart-cut Technique. Sensors and Actuators, A 112：116～121

EE Times. 2010-11-04. Analysts Split on MEMS Growth Rate Forecasts. http：//www. eetimes. com/electronics-news/4210412/Analysts-split-on-MEMS-growth-rate-forcasts

Federal Ministry of Education and Research. 2010-03-29. Microsystems Technology. http：//www. bmbf. de/en/5701. php

Growthink. 2011-01-23. Home. http：//www. growthink. com

IDA. 2011-01-23. About IDA. http：//www. ida. org/home/aboutus. php

iSuppli. 2010-09-07. Demand Surges for MEMS that Address Critical Problems. http：//www. isuppli. com/MEMS-and-Sensors/News/Pages/Demand-Surges-for-MEMS-that-Address-Critical-Problems. aspx

iSuppli. 2011-01-23. Home. http：//www. isuppli. com

iSuppli. 2011-02-21. Winners Emerge in Consumer Electronics and Cell Phone MEMS Segments in 2010. http：//www. isuppli. com/MEMS-and-Sensors/MarketWatch/Pages/Winners-Emerge-in-Consumer-Electronics-and-Cell-Phone-MEMS-Segments-in-2010. aspx

Judy J W. 2001. MEMS-fabrication, Design and Applications. Smart Mater. Struct. , 10 (6)：1115～1134

Manufacturing Automation. 2009-09-02. Canadian, Quebec Governments Invest $ 178M in Microchip Assembly. http：//www. automationmag. com/200909022474/ma-content/industry-news/canadian-quebec-governments-invest-178m-in-microchip-assembly. html

MEMS Industry Group. 2011-01-23. Members. http：//www. memsindustrygroup. org/14a/pages/index. cfm? pageid = 3771

Mendez H. 2009-04-09. SOI Technology and Ecosystem. SOI Industry Consortium.

Meng E. 2003. MEMS Technology and Devices for a Micro Fluid Dosing System. PhD Thesis. California Institute of Technology. Pasadena

METI. 2011-01-23. About the Monodzukuri Nippon Grand Award. http：//www. monodzukuri. meti. go. jp/english/about. html

METI. 2011-01-23. The Third Monodzukuri Nippon Grand Award. http：//www. monodzukuri. meti. go. jp/news/file/TheMonodzukurNipponGrandAward_ 3rd_ Prizes_ e. pdf

NEXUS. 2011-01-23. Overview on Micro Nano Technology Projects Funded by the European Commission. http：//www. nexus-mems. com/iop. asp

Sandia National Laboratories. 2011-01-23. MicroElectroMechanical Systems（MEMS）. http：//www. mems. sandia. gov/index. html

SMILE Café. 2011-01-23. 晶片系统科技计划（原文为"晶片系统国家型科技计划"，由于出自台湾，故略去"国家型"这一敏感词）. http：//www. sipp. com. tw/smilecafe/index1-1. php

University of Maryland. 2009-04-09. New Laser Technique Advances Nanofabrication Process. http：// www. newsdesk. umd. edu/scitech/release. cfm？ ArticleID = 1862

Yole Développement. 2010-09-01. Status of the MEMS Industry 2010. http：//www. researchandmarkets. com/research/eec3ad/status_ of_ the_ mems

Yole Développement. 2011-01-23. Home. http：//www. yole. fr

彩　　图

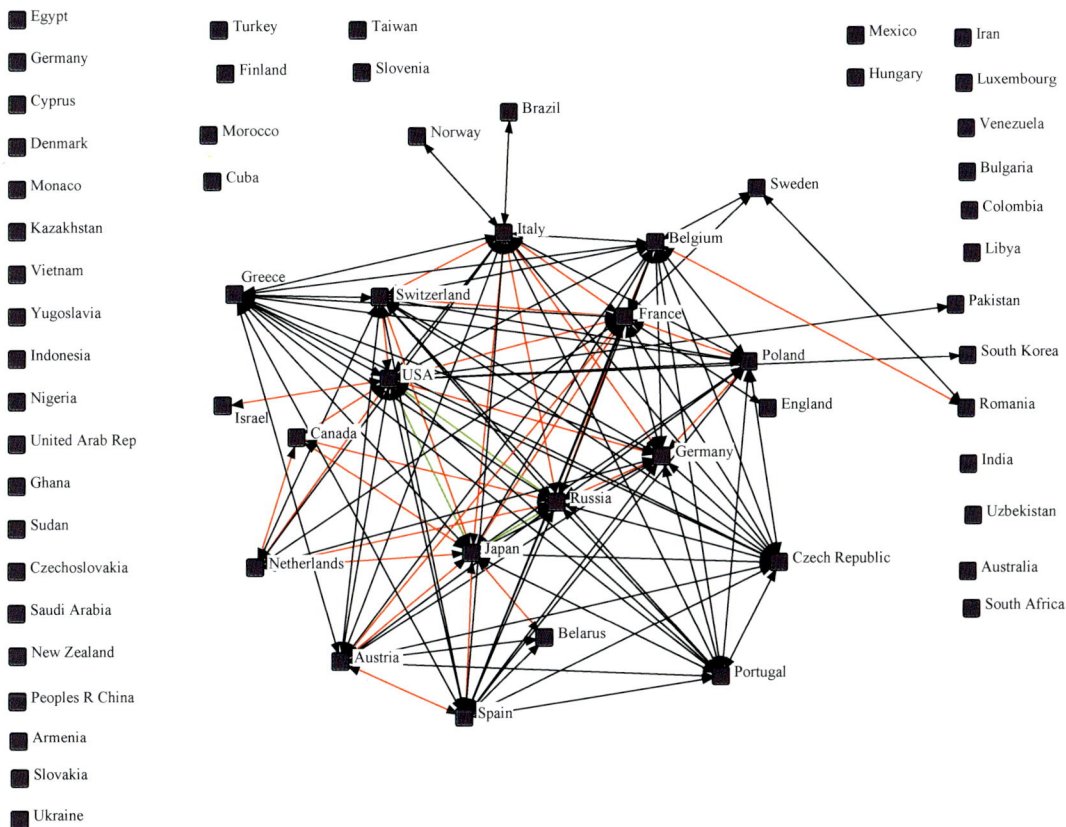

图 1-3　国际合作网络图

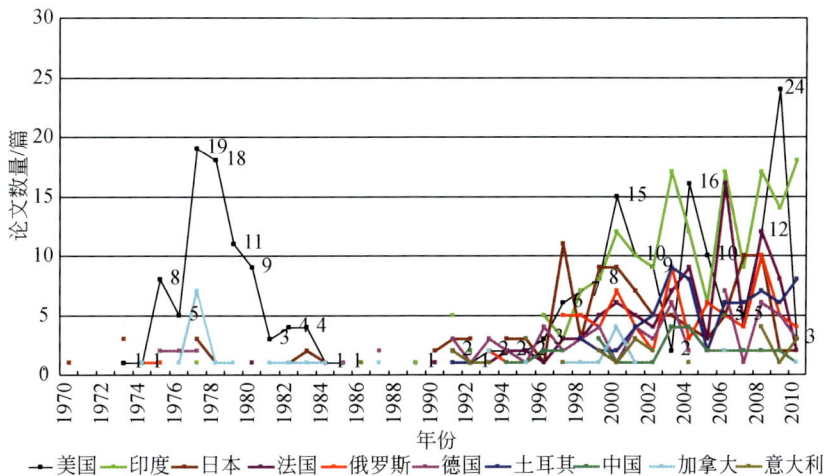

图 1-6　钍基核燃料循环论文数量前 10 国家论文年度变化

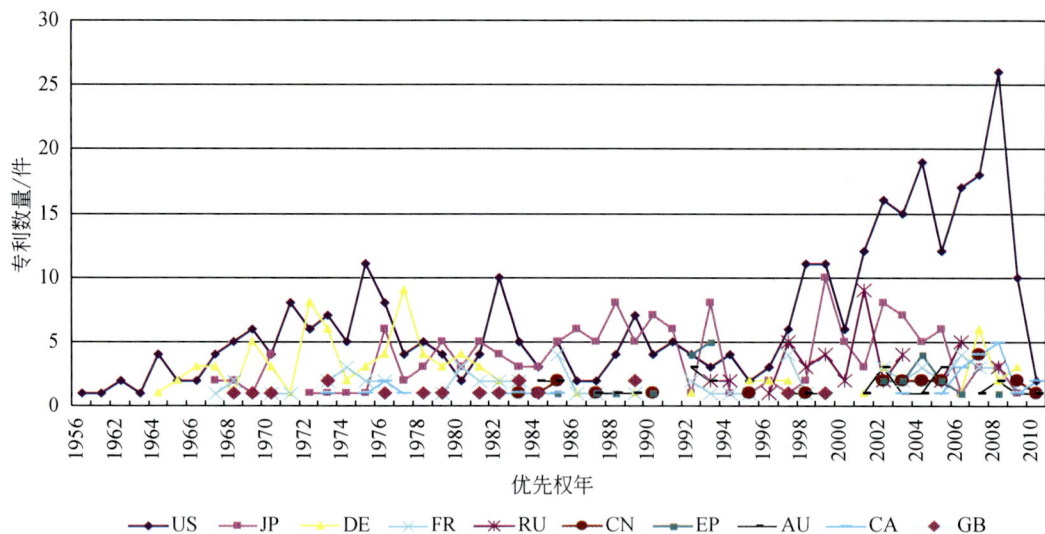

图 1-8 钍基核燃料循环专利数量前 10 国家专利年度变化

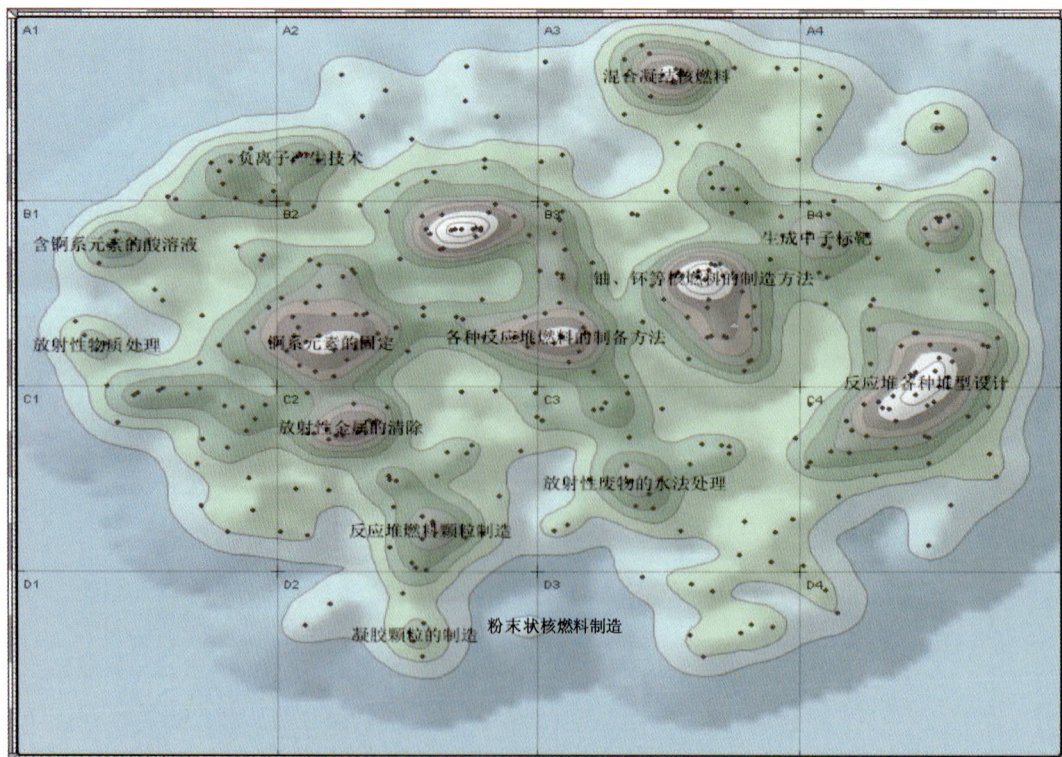

图 1-9 钍基核燃料循环专利主题地图

使用 Aureka 工具，生成专利主题地图

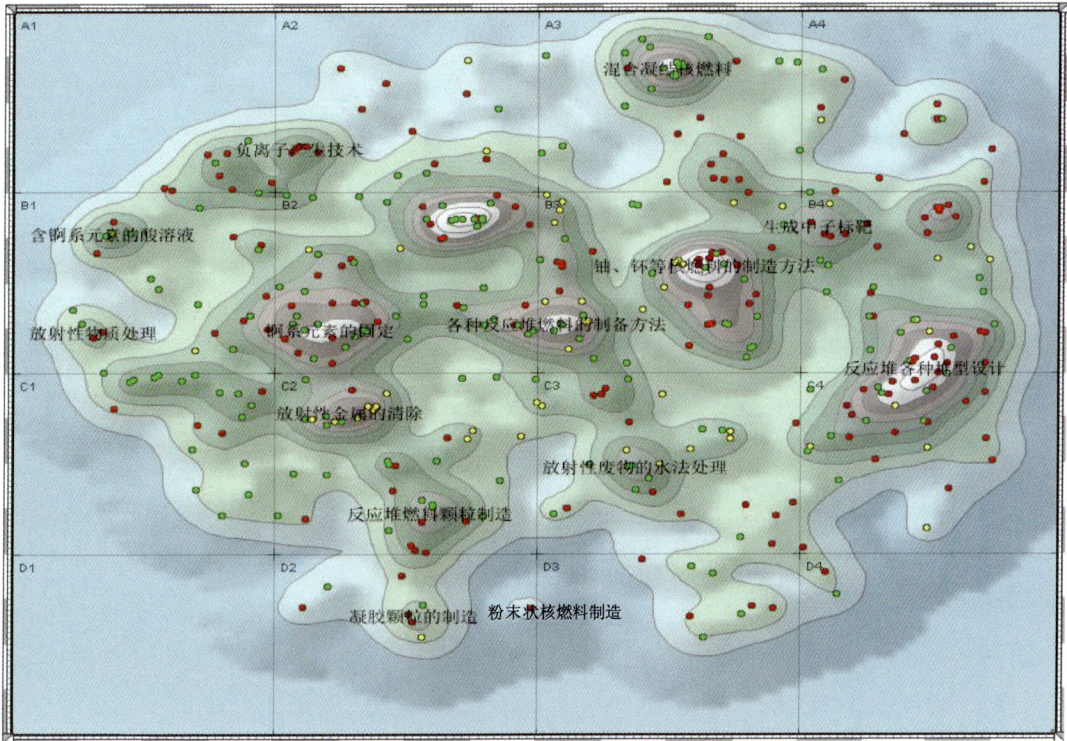

图 1-10　钍基核燃料循环技术研发热点演进图

图中标注文字（从左到右、从上到下）：
混合氧化物核燃料
负离子束技术
含铜系元素的酸溶液　　　　　生成中子标靶
　　　　　　　　　　　　铀、钍等放射性物的制造方法
放射性物质处理
铜系元素的固定　各种反应堆燃料的制备方法
放射性金属的消除　　　　　　反应堆各种堆型设计
　　　　　放射性废物的永法处理
反应堆燃料颗粒制造
凝胶颗粒的制造　粉末状核燃料制造

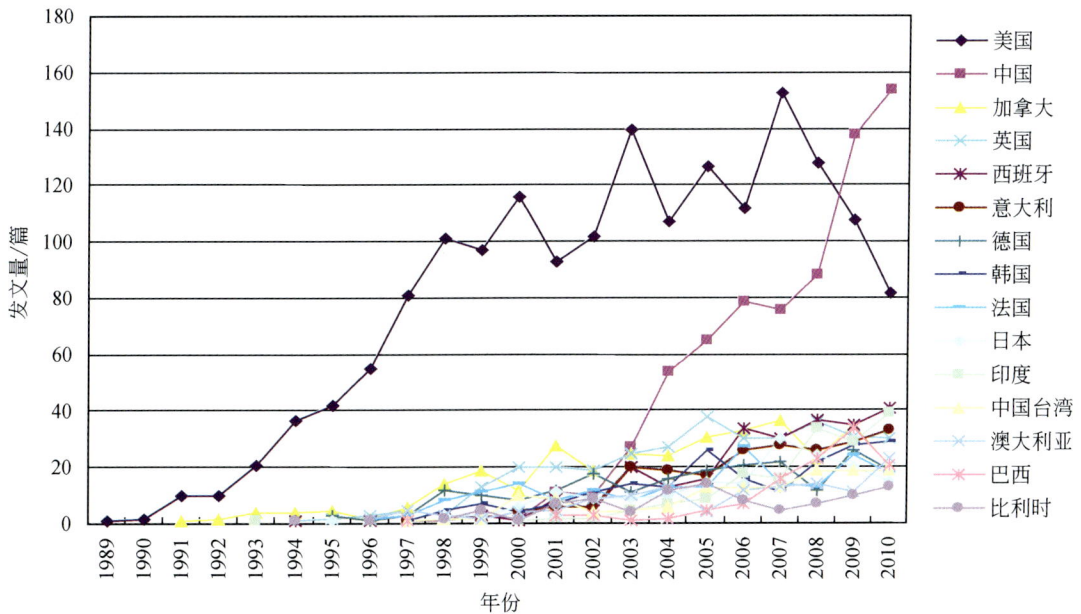

图 2-4　土壤污染修复领域 15 个重要国家和地区发表的相关研究论文数量
年变化趋势（1989～2010）

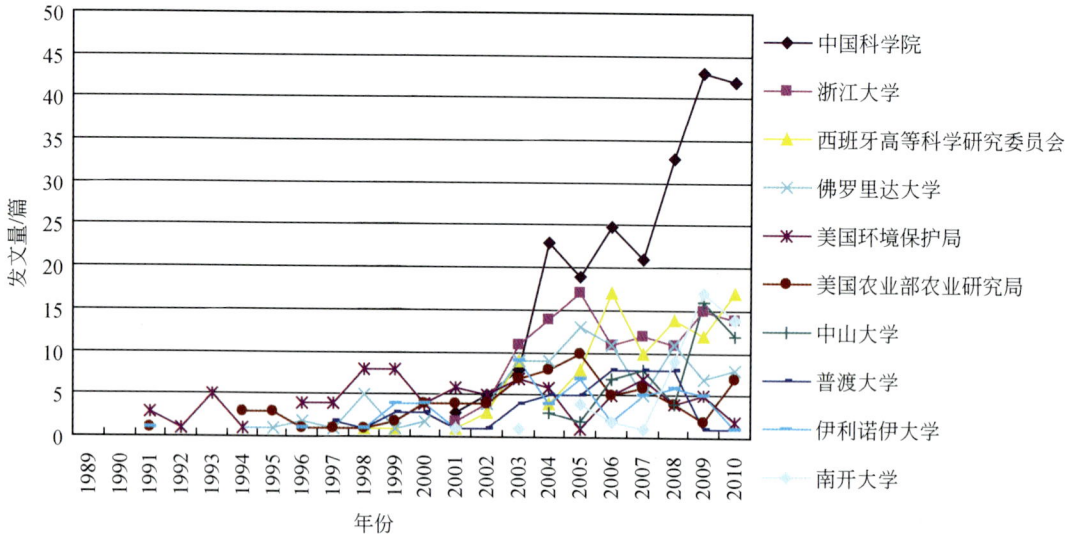

图 2-6　土壤污染修复领域 10 个重要研究机构发表相关研究论文数量的年变化趋势（1989～2010）

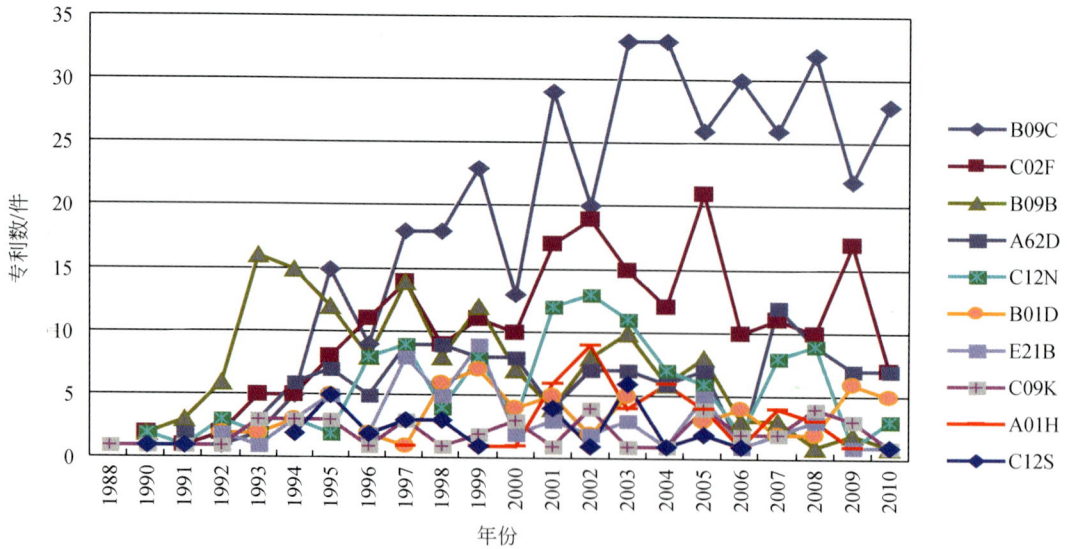

图 2-11　土壤污染修复相关专利申请技术领域的年分布（1988～2010）

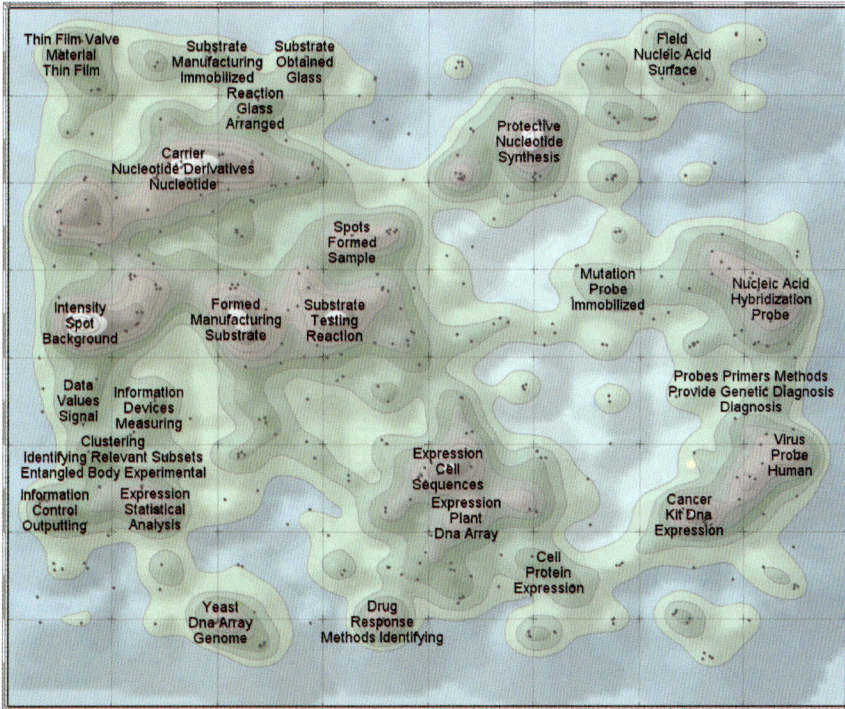

图 3-7　基因芯片专利地图

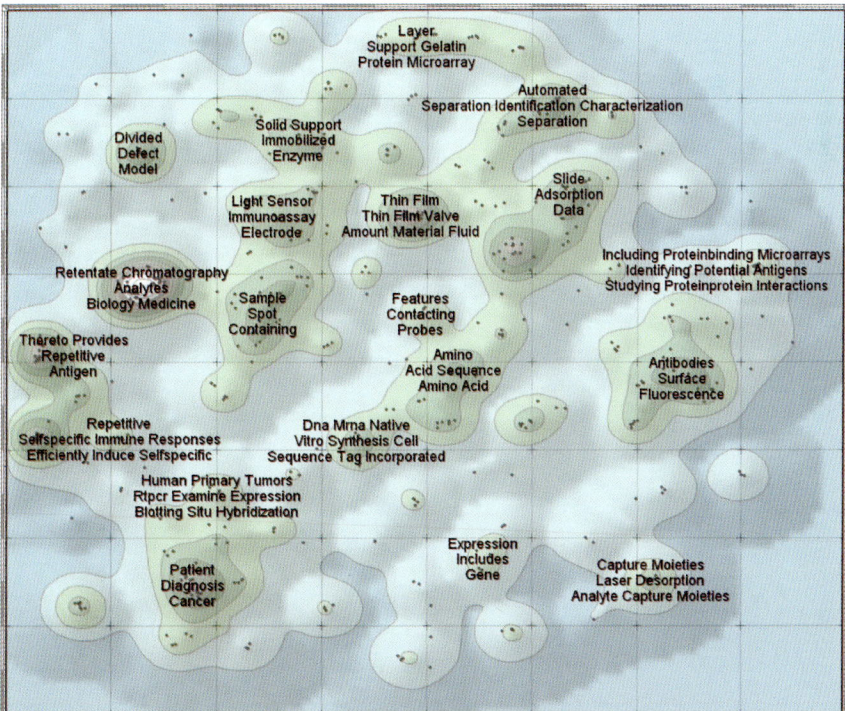

图 3-10　蛋白质芯片专利地图

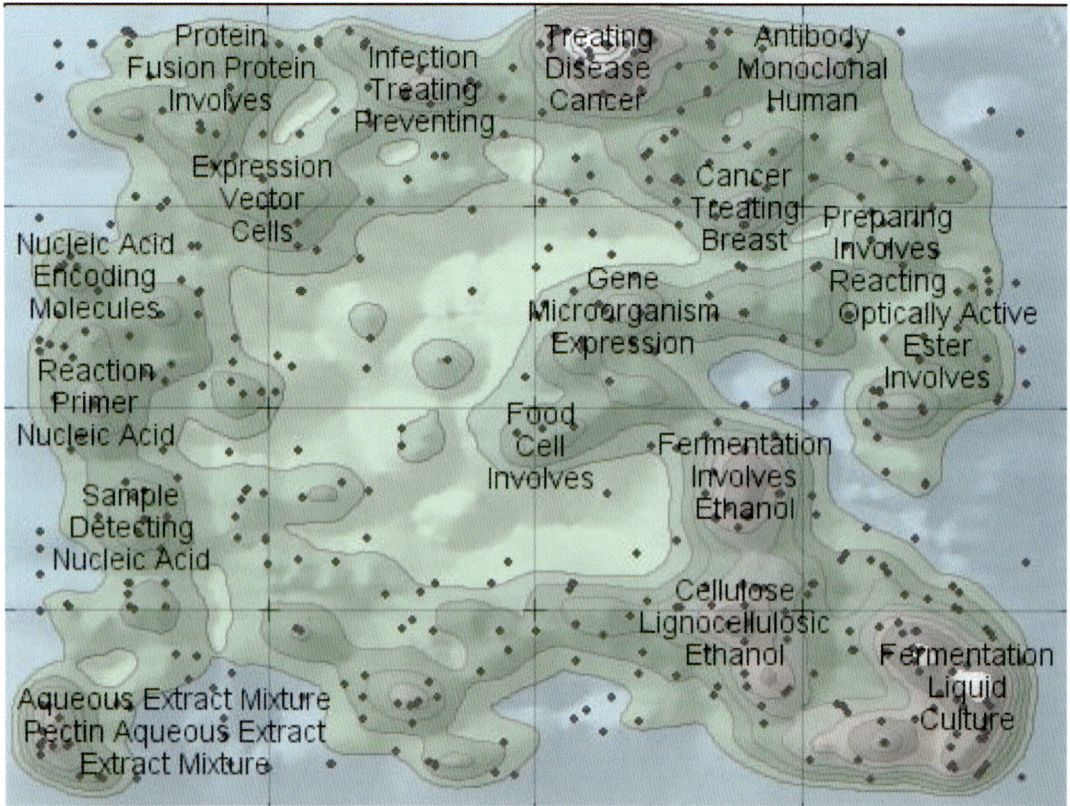

图 4-3　专利主题图

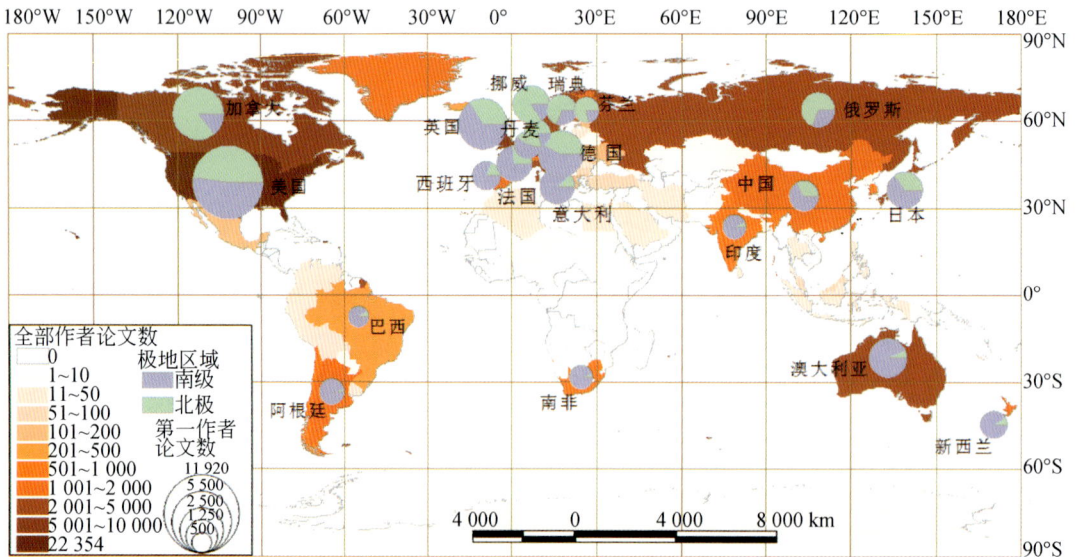

图 5-2　世界各国关于极地研究论文的数量及其比例

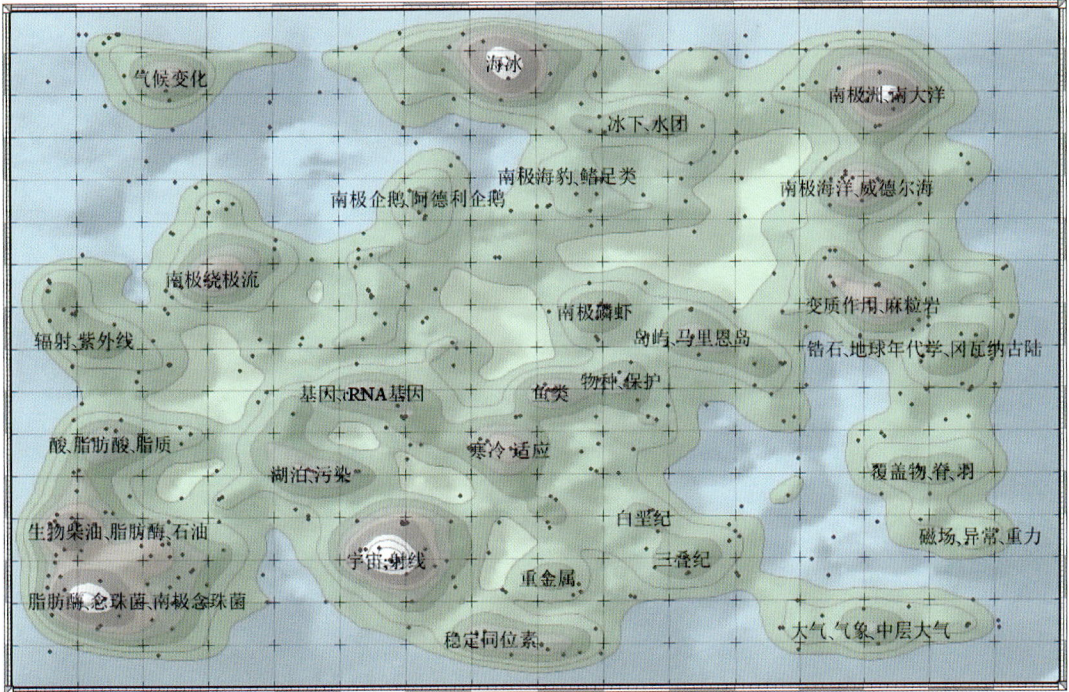

(a) 南极

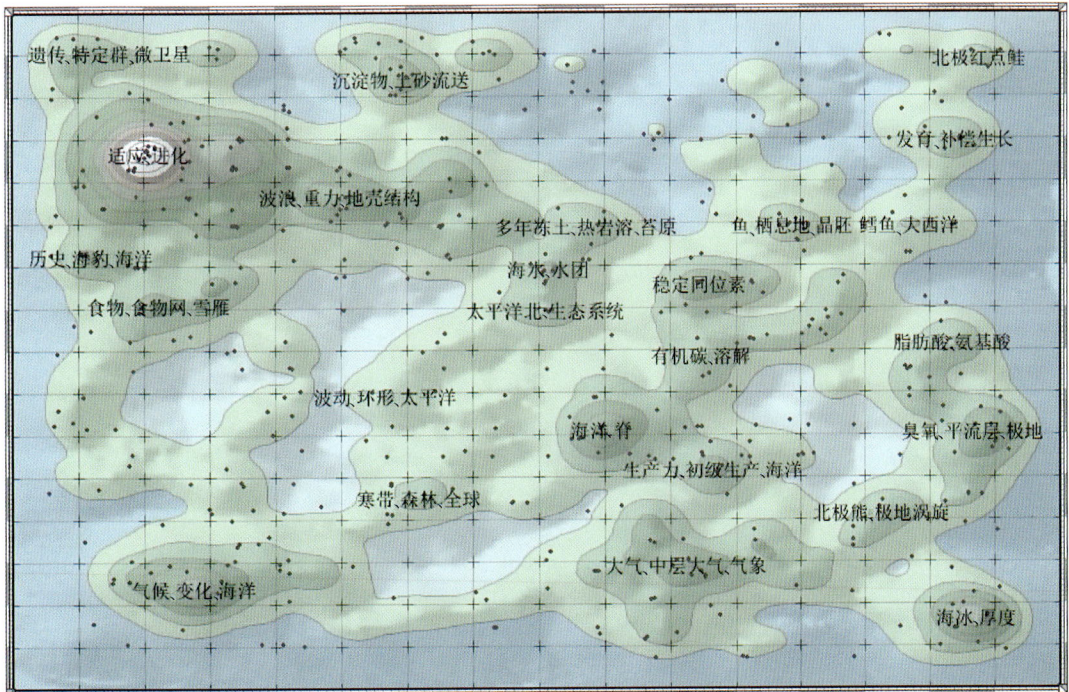

(b) 北极

图 5-4　2000～2010 年论文关键词图谱

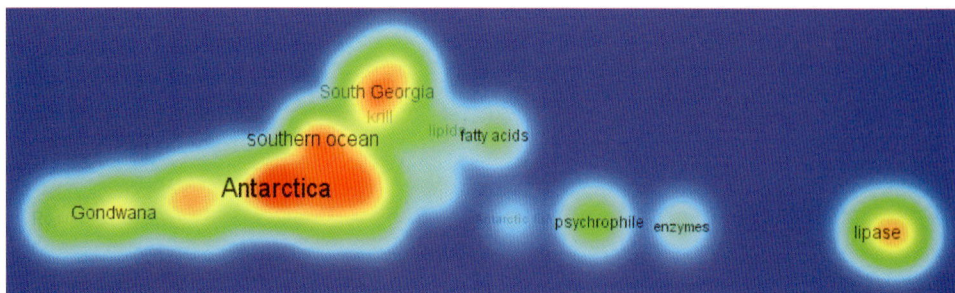
(a) 南极

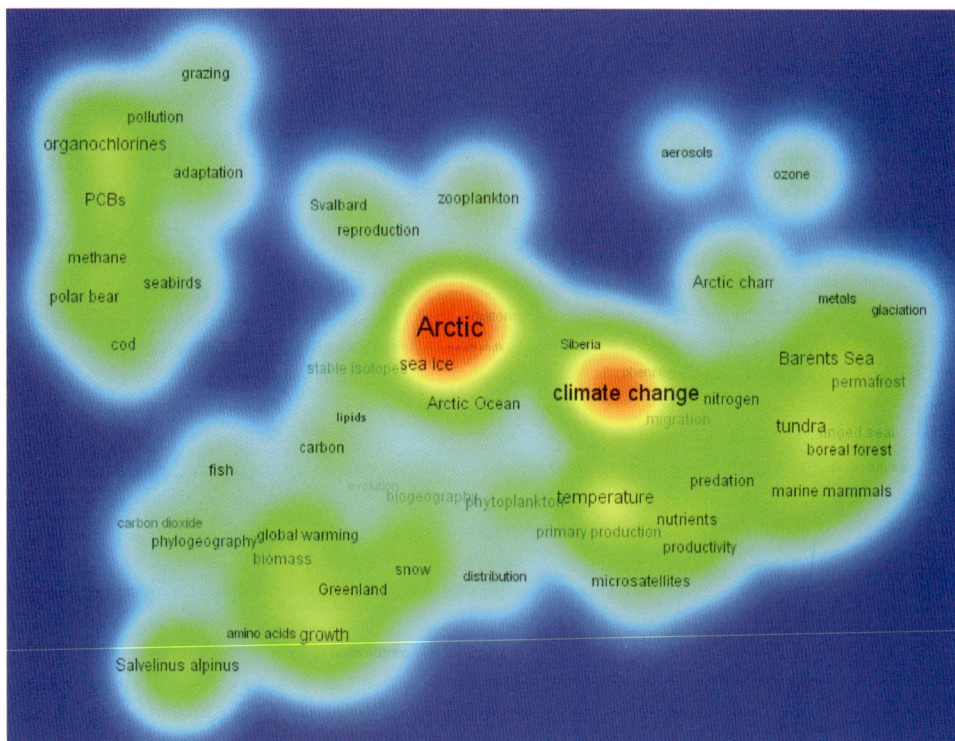
(b) 北极

图 5-5　被引次数≥20 论文的热点关键词共现图谱

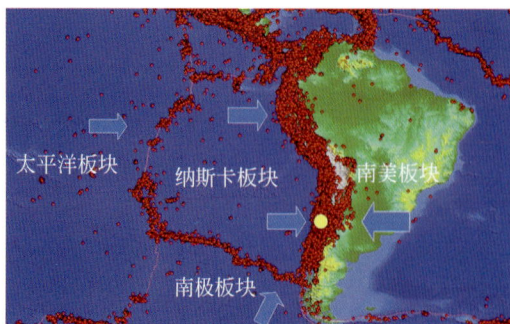

图 6-4　智利地震构造背景图

资料来源：中国地震局地球物理研究所

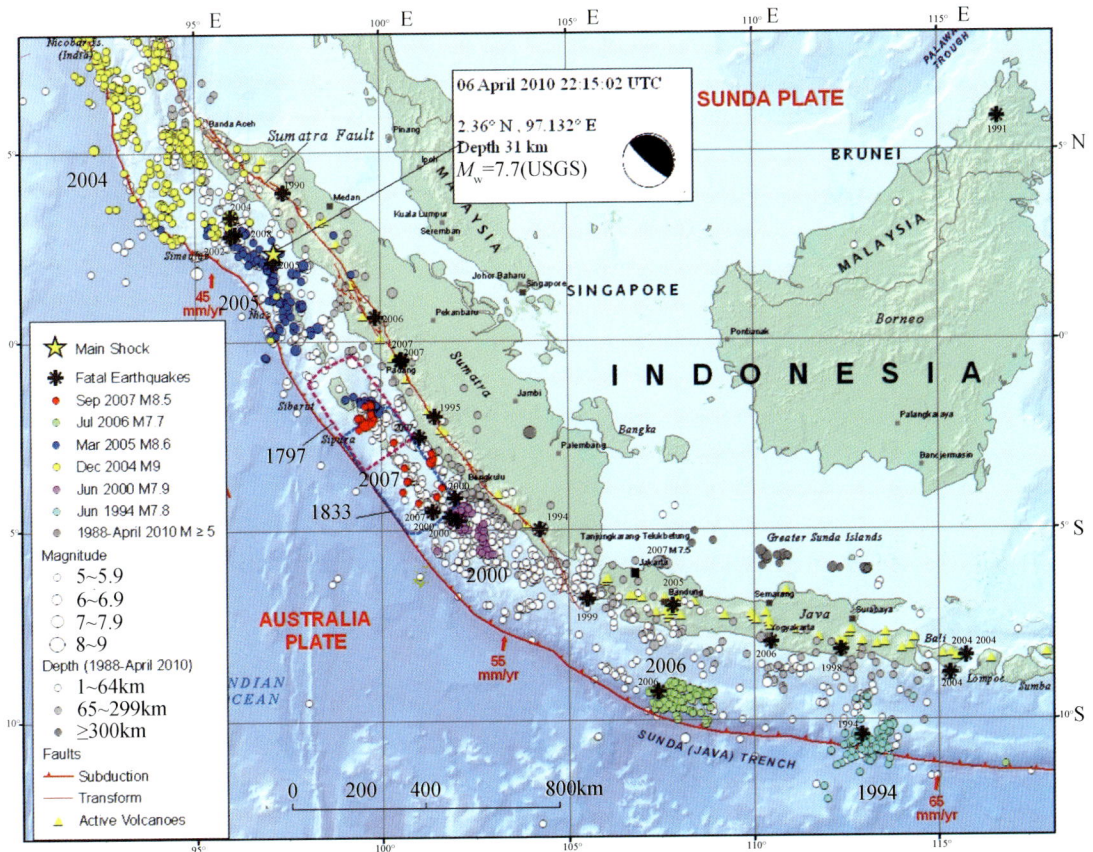

图 6-5　印度尼西亚地震构造背景图

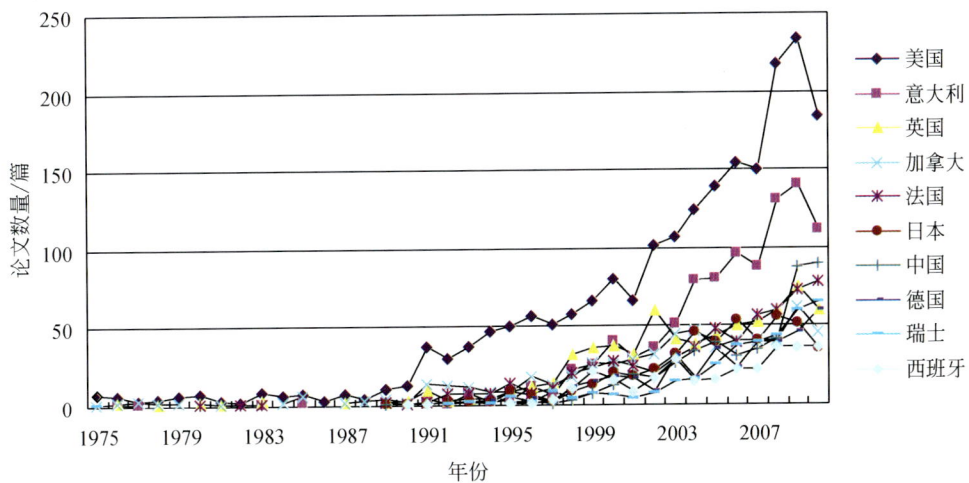

图 6-17　1975～2010 年主要国家滑坡泥石流领域的论文数量年度变化趋势

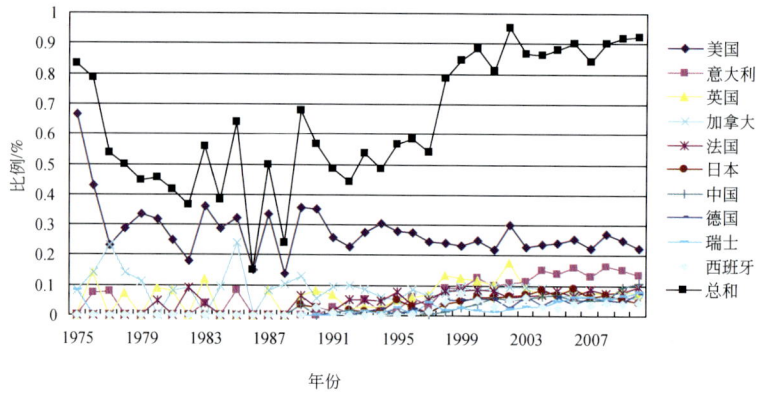

图 6-18　1975～2010 年主要国家论文数占世界同期论文数比例的年度变化趋势

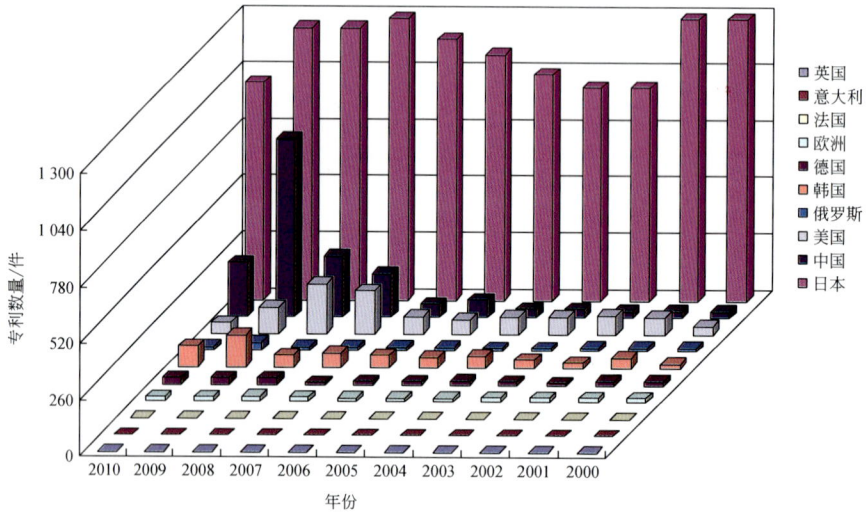

图 6-28　2000～2010 年主要国家的专利数量随时间变化趋势

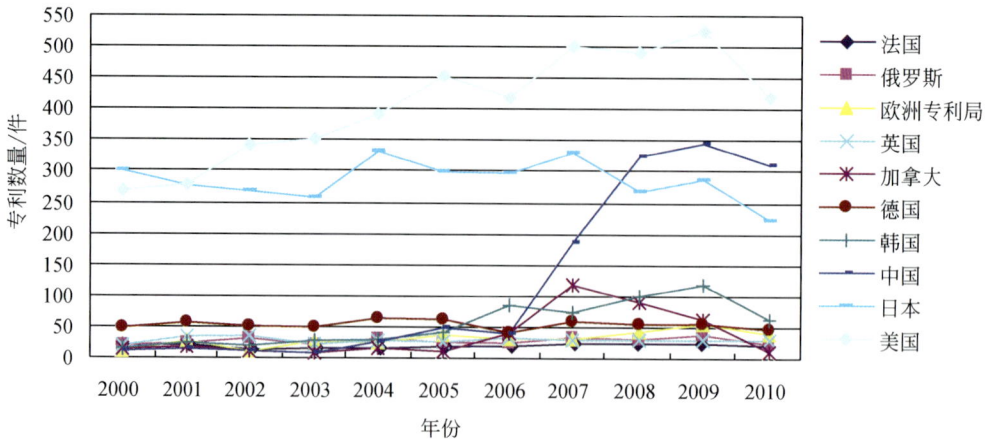

图 6-34　2000～2010 年主要国家/组织专利数量随时间变化趋势

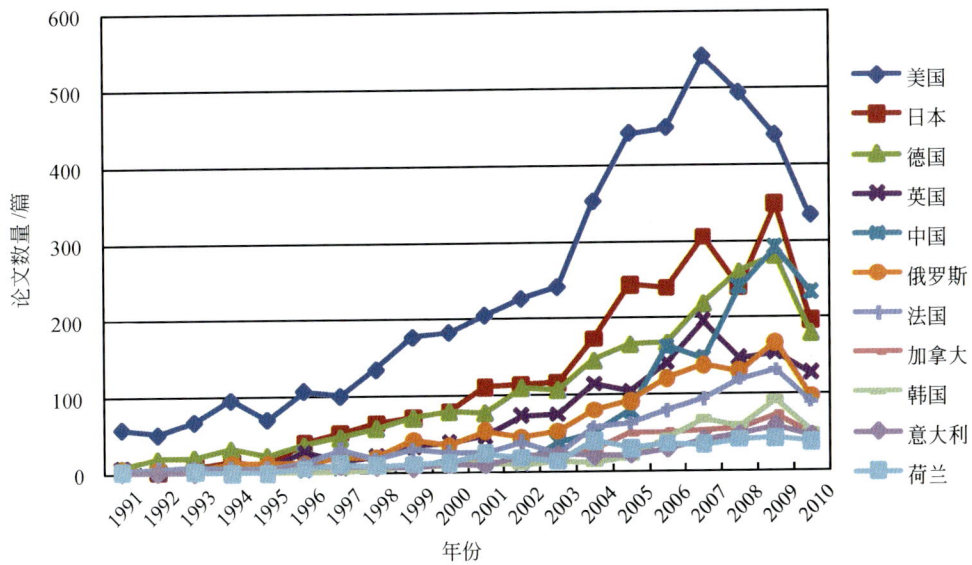

图 7-11 1991～2010 年重要国家太赫兹研究论文数量的年度变化趋势

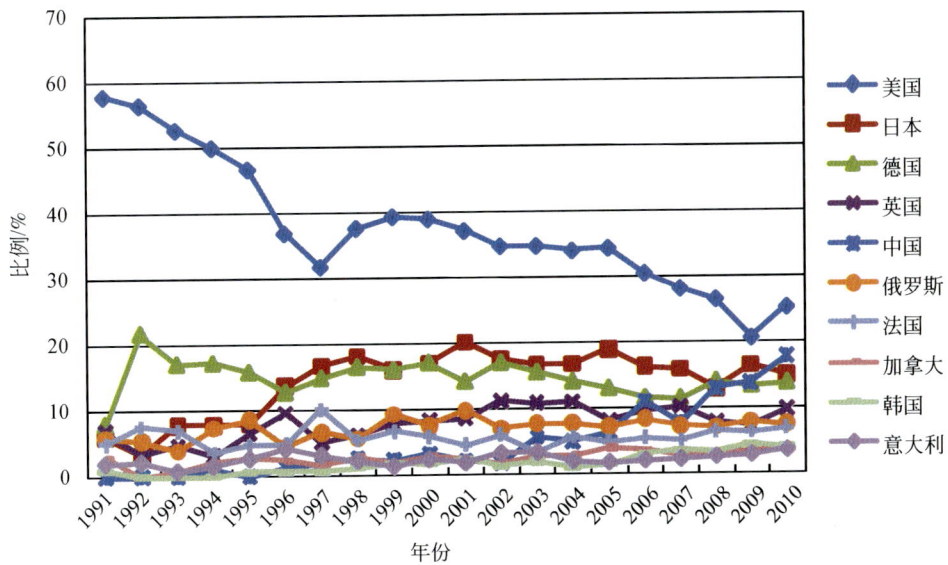

图 7-12 1991～2010 年重要国家太赫兹研究论文数量占世界同期太赫兹研究论文
总量的比例变化趋势

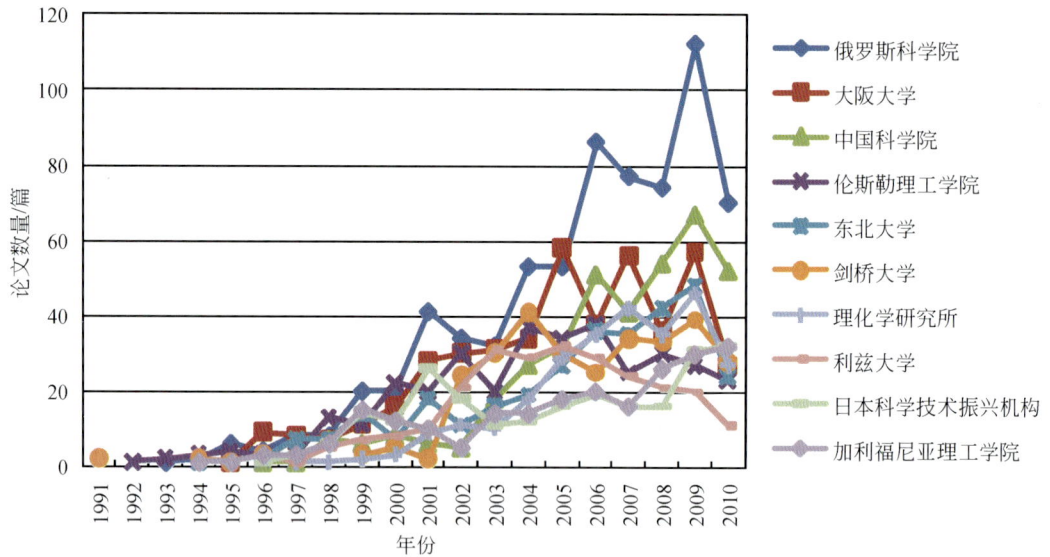

图 7-16　1991～2010 年论文数排名前 10 位的研究机构年度发文数量变化趋势

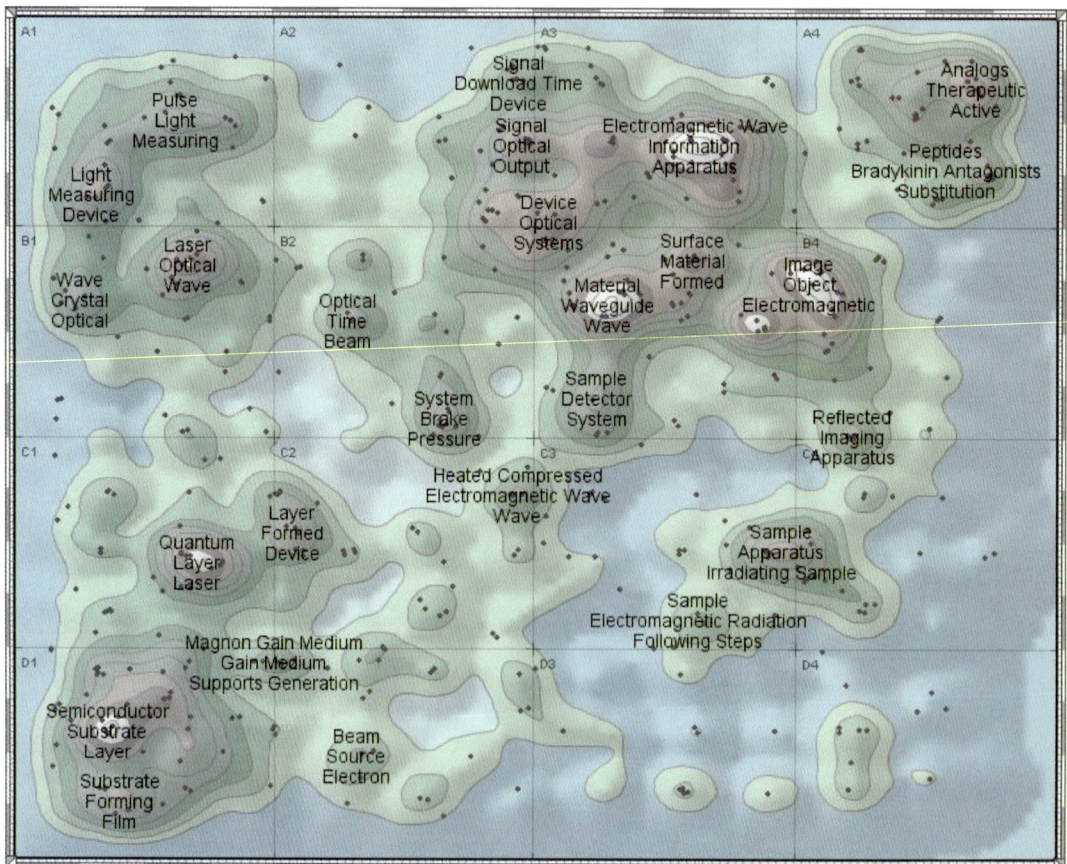

图 7-20　太赫兹技术专利地图

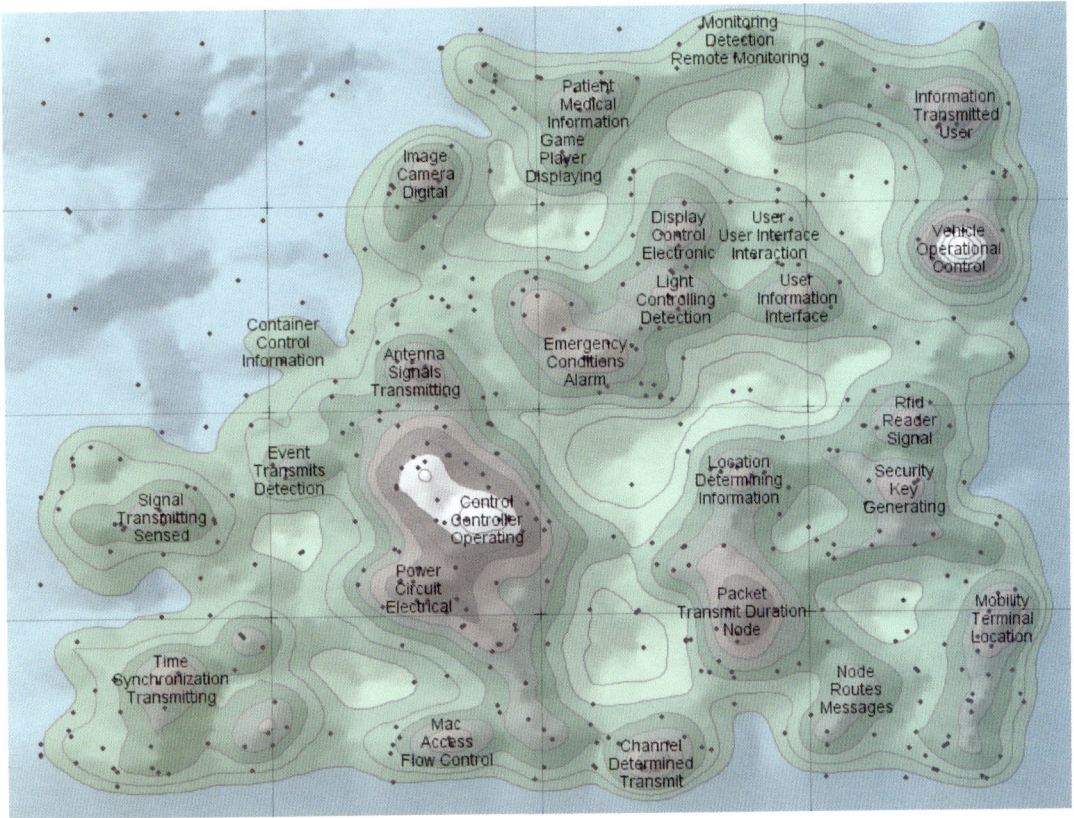

图 8-10　无线传感网技术主题领域分布图

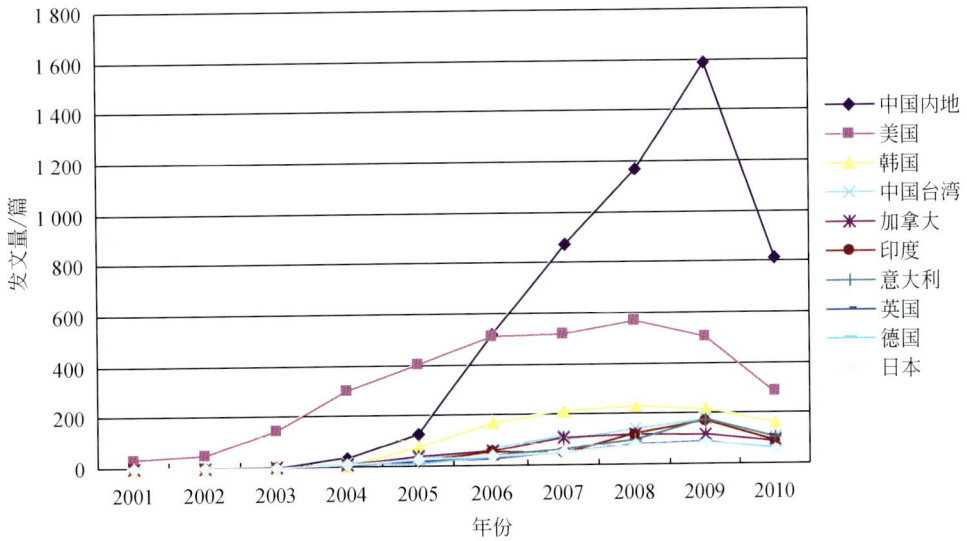

图 8-14　Top 10 国家/地区发文量年度增长

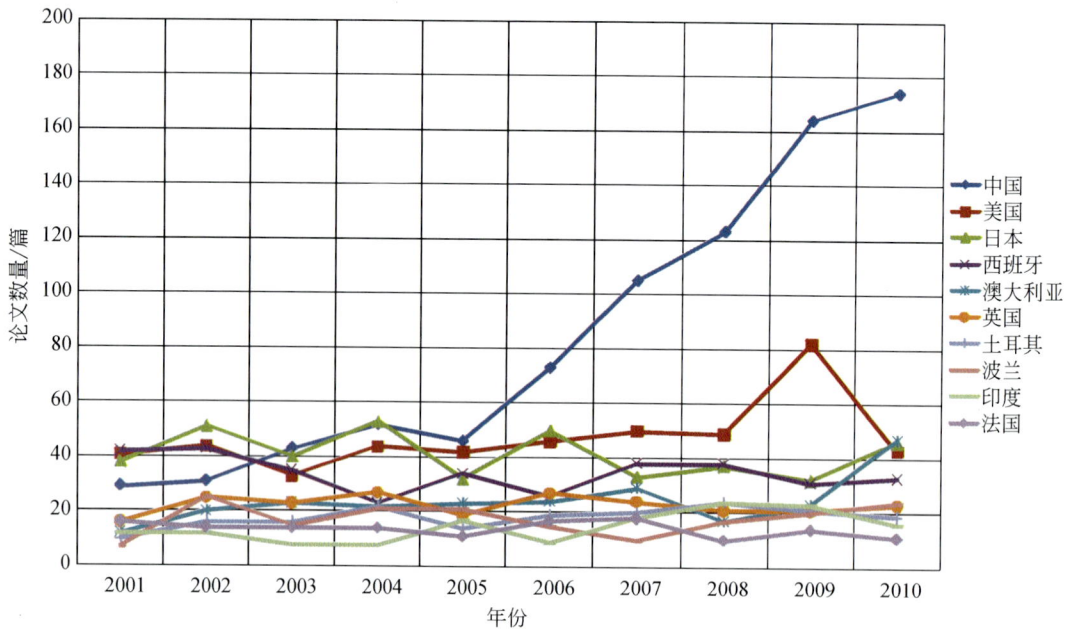

图 9-6 主要国家煤热解研究领域论文数量年度变化趋势

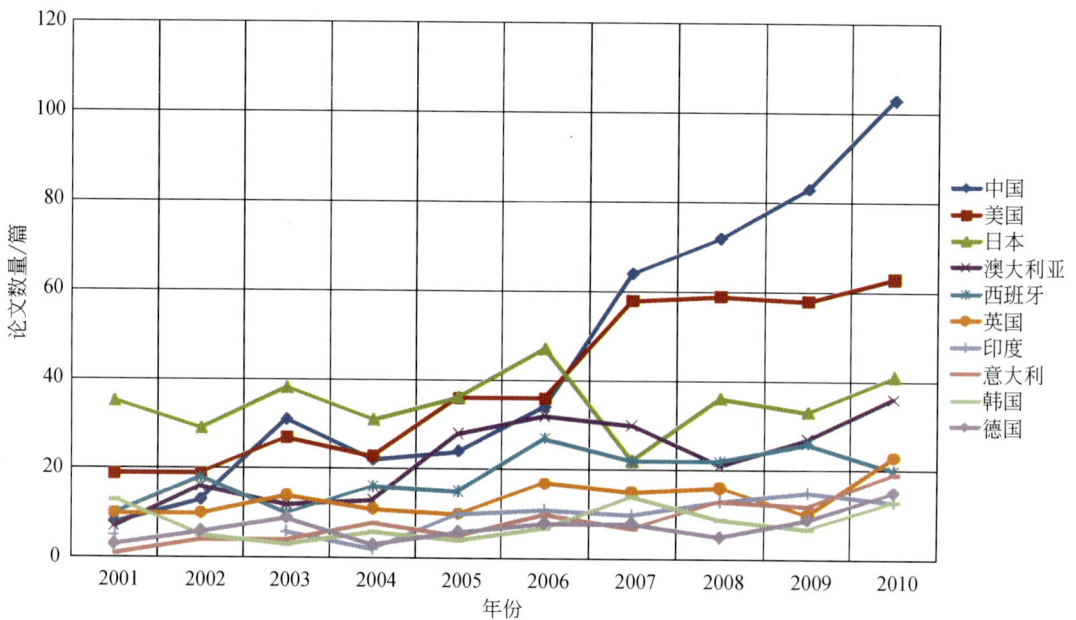

图 9-8 主要国家煤气化研究领域论文数量年度变化趋势

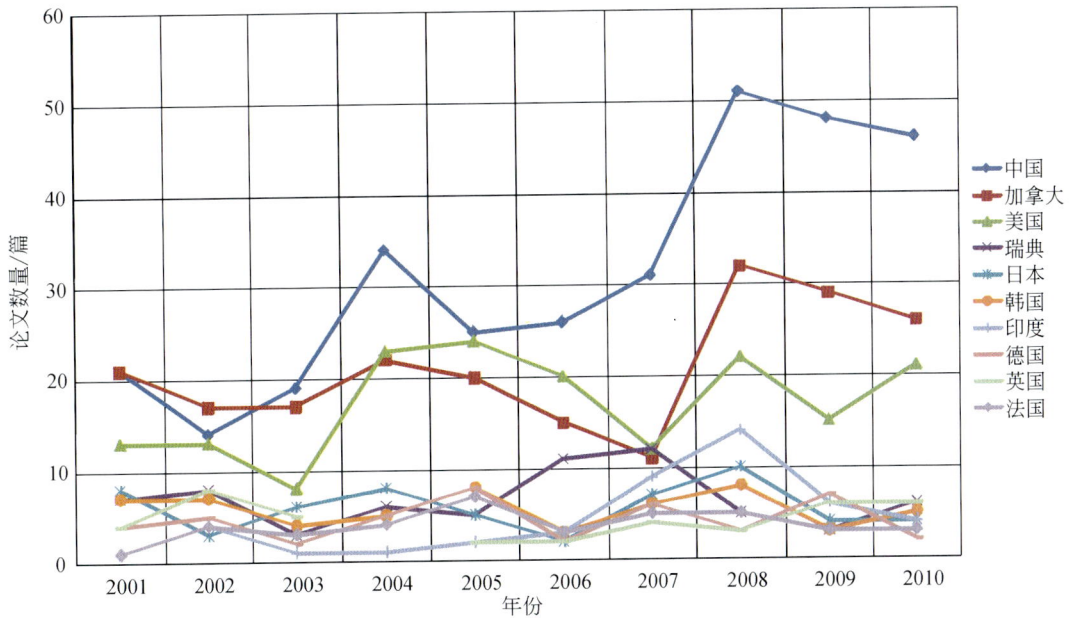

图 9-10　主要国家循环流化床研究领域论文数量年度变化趋势

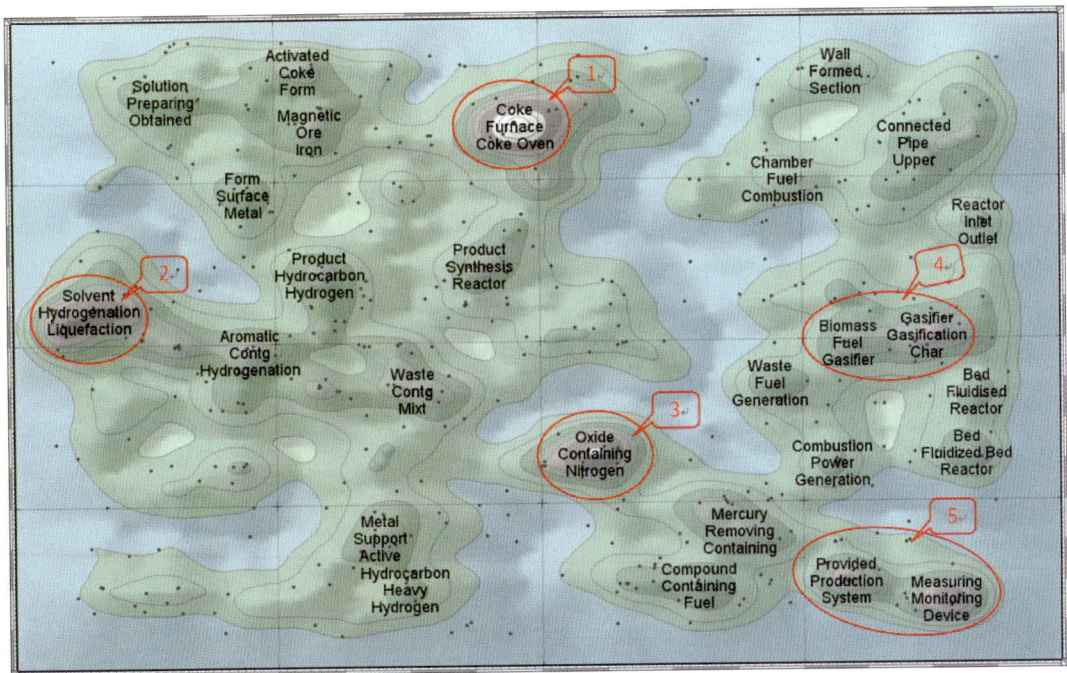

图 9-12　煤热解相关技术总体研发布局

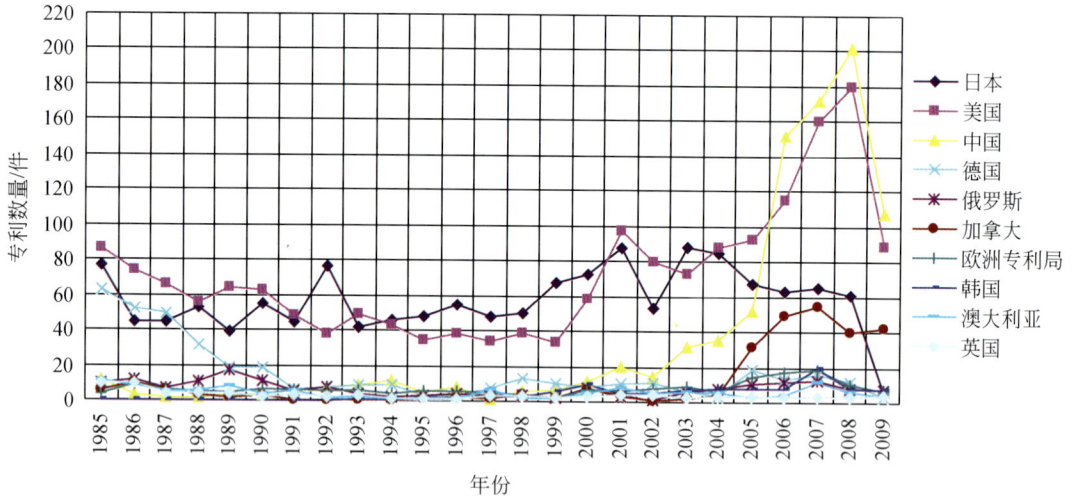

图 9-14　煤热解相关专利受理量前 10 位国家/组织受理量年分布

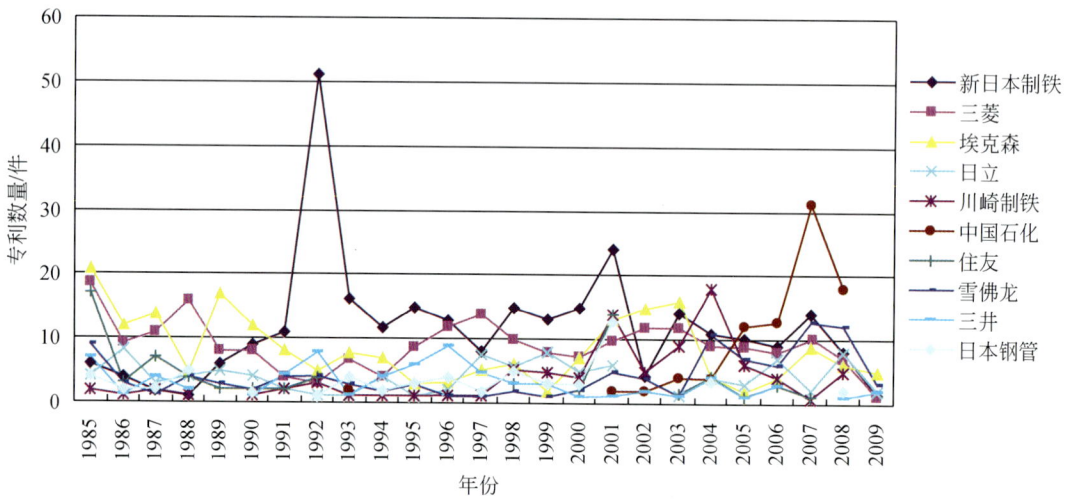

图 9-19　煤热解前 10 位专利申请人专利申请量年度分布

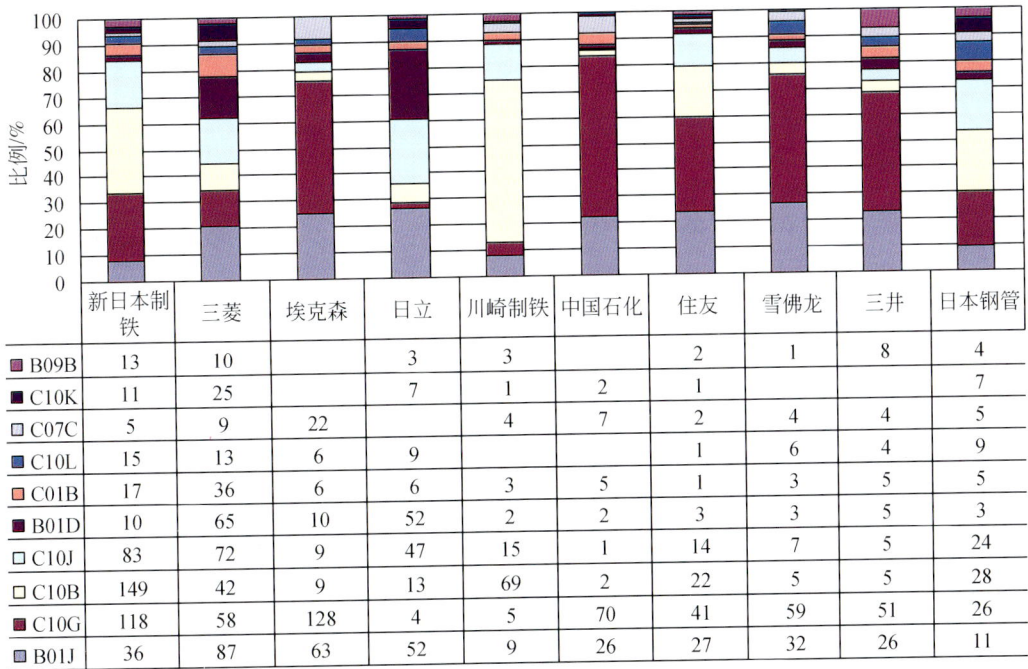

图 9-20 煤热解重要机构研发布局（基于 IPC）

	新日本制铁	三菱	埃克森	日立	川崎制铁	中国石化	住友	雪佛龙	三井	日本钢管
B09B	13	10		3	3		2	1	8	4
C10K	11	25		7	1	2	1			7
C07C	5	9	22		4		7	2	4	5
C10L	15	13	6	9			1	6	4	9
C01B	17	36	6	6	3	5	1	3	5	5
B01D	10	65	10	52	2	2	3	3	5	3
C10J	83	72	9	47	15	1	14	7	5	24
C10B	149	42	9	13	69	2	22	5	5	28
C10G	118	58	128	4	5	70	41	59	51	26
B01J	36	87	63	52	9	26	27	32	26	11

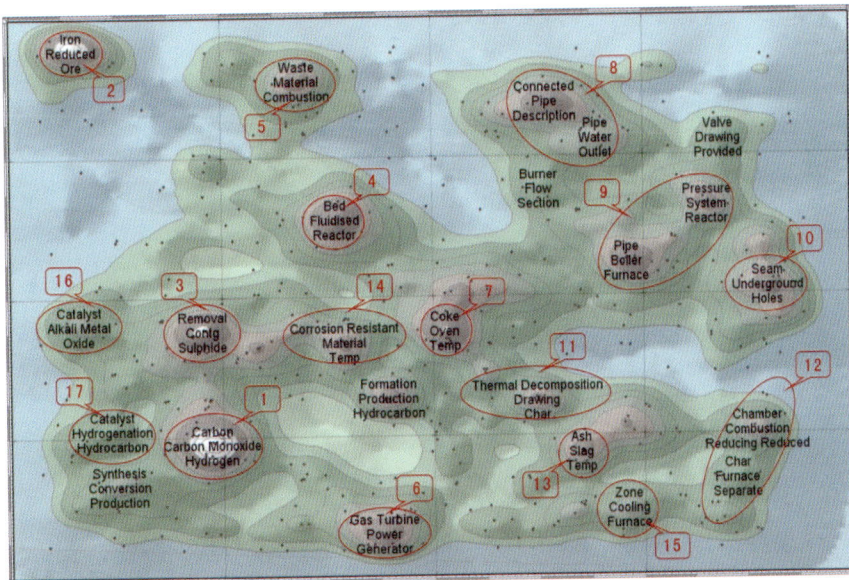

图 9-22 煤气化相关技术总体研发布局

1. CO 和 H₂ 合成气研究；2. 利用煤气作为冶金还原气炼铁研究；3. 脱硫研究；4. 流化床研究；5. 废物燃烧气化研究；6. 煤气化发电研究；7. 焦炉煤气研究；8. 气化设备部件研究；9. 加压气化设备及部件研究；10. 地下气化研究；11. 焦热解研究；12. 燃烧、焦分离研究；13. 除灰、排渣研究；14. 抗腐蚀材料研究；15. 冷却研究；16. 碱金属作为煤催化气化催化剂研究；17. 加氢气化研究

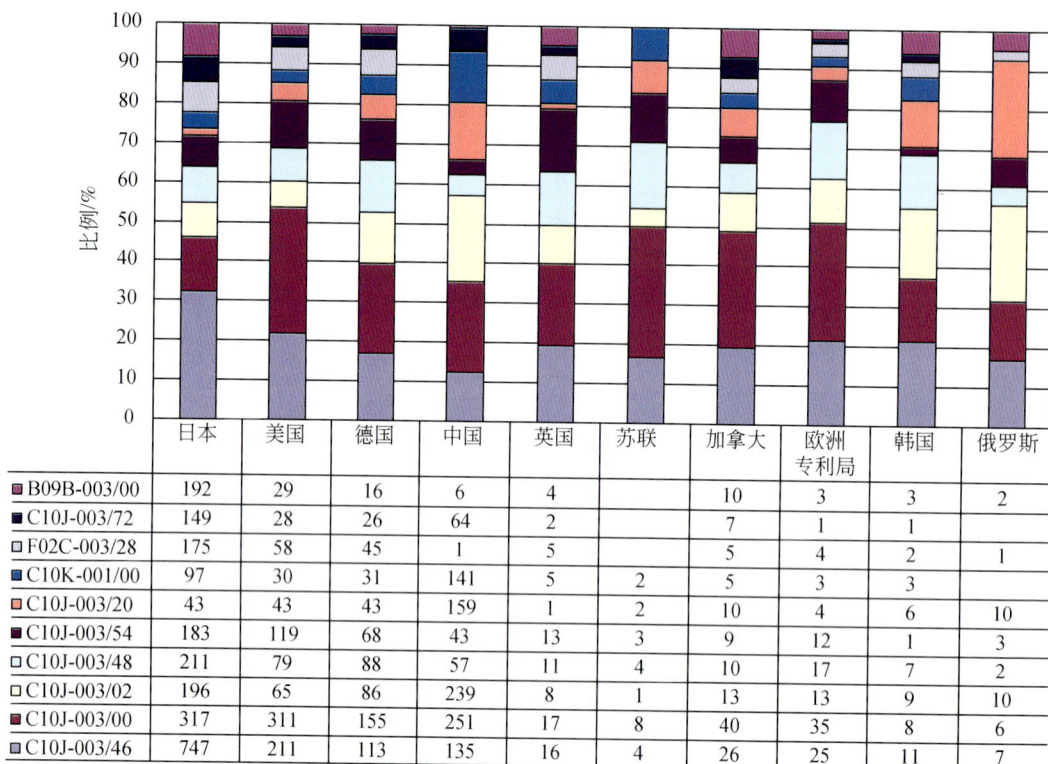

	日本	美国	德国	中国	英国	苏联	加拿大	欧洲专利局	韩国	俄罗斯
■ B09B-003/00	192	29	16	6	4		10	3	3	2
■ C10J-003/72	149	28	26	64	2		7	1	1	
□ F02C-003/28	175	58	45	1	5		5	4	2	1
■ C10K-001/00	97	30	31	141	5	2	5	3	3	
□ C10J-003/20	43	43	43	159	1	2	10	4	6	10
■ C10J-003/54	183	119	68	43	13	3	9	12	1	3
□ C10J-003/48	211	79	88	57	11	4	10	17	7	2
□ C10J-003/02	196	65	86	239	8	1	13	13	9	10
■ C10J-003/00	317	311	155	251	17	8	40	35	8	6
□ C10J-003/46	747	211	113	135	16	4	26	25	11	7

图 9-24　煤气化相关专利受理量前 10 位国家/组织的技术构成分布（基于 IPC 小组）

图 9-27　循环流化床相关技术总体研发布局

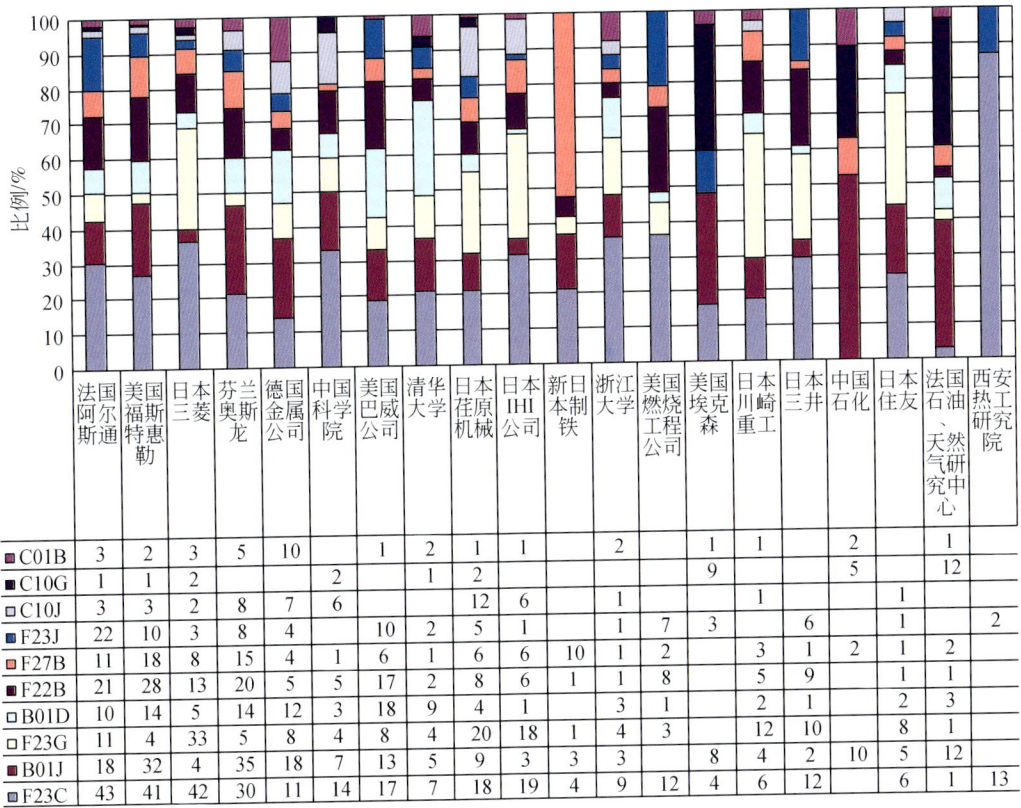

	法国阿尔斯通	美国福斯特惠勒	日本三菱	芬兰奥斯龙	德国金属公司	中国科学院	美国巴威公司	清华大学	日本荏原机械	日本IHI公司	新日本制铁	浙江大学	美国燃烧工程公司	美国埃克森	日本川崎重工	日本三井	中国石化	日本住友	法国石油、天然气研究中心	西安热工研究院
C01B	3	2	3	5	10		1	2	1	1		2			1	1		2		1
C10G	1	1	2			2		1	2					9				5		12
C10J	3	3	2	8	7	6			12	6		1			1			1		
F23J	22	10	3	8	4		10	2	5	1		1	7	3		6			1	2
F27B	11	18	8	15	4	1	6	1	6	6	10		2		3	1	2	1	2	
F22B	21	28	13	20	5	5	17	2	8			1	8		5	9		1	1	
B01D	10	14	5	14	12	3	18	9	4	1		3	1		2	1		2	3	
F23G	11	4	33	5	8	4	8	4	20	18		4	3		12	10		8	1	
B01J	18	32	4	35	18	7	13	5	9	3	3	3		8	4	2	10	5	12	
F23C	43	41	42	30	11	14	17	7	18	19	4	9	12	4	6	12		6	1	13

图 9-32　循环流化床重要机构研发布局（基于 IPC）

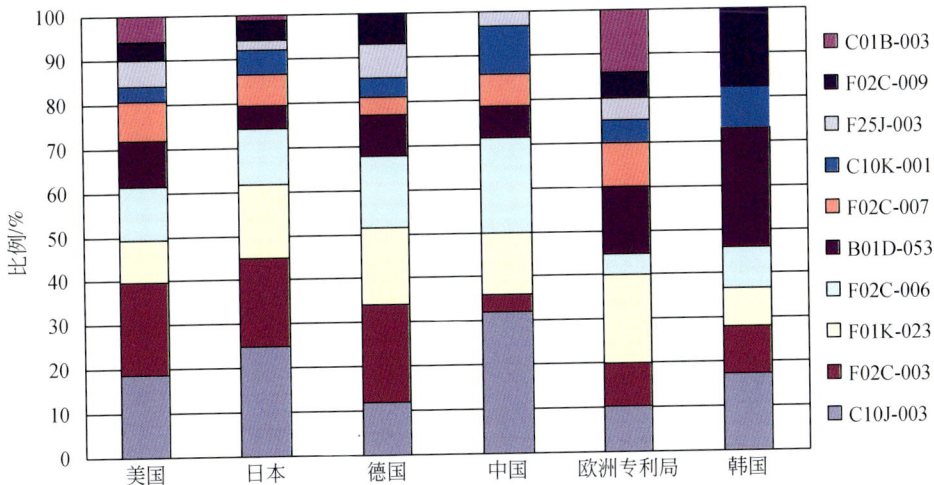

图 9-37　主要国家/组织 IGCC 专利技术的研发布局

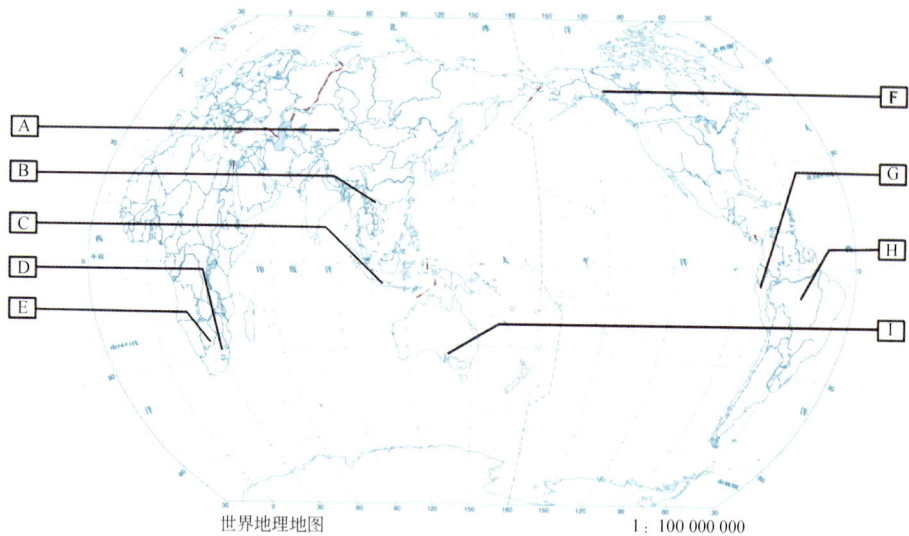

图 10-6 日本正在进行的海外联合勘探项目

A. 哈萨克斯坦 Ushkol-Mulaly 地区钨矿；B. 越南老街省－安沛省稀土矿；C. 印度尼西亚 Kajong 地区铜矿；D. 南非稀土矿；E. 博茨瓦纳稀土矿；F. 加拿大赛尔文钨矿；G. 秘鲁 Pashpap 地区钼矿和铜矿；H. 巴西 Aguapei 地区铜镍铂系矿；I. 澳大利亚 Border 稀土矿

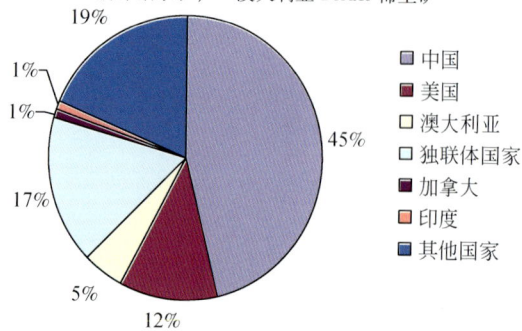

图 10-7 世界稀土储量主要国家分布

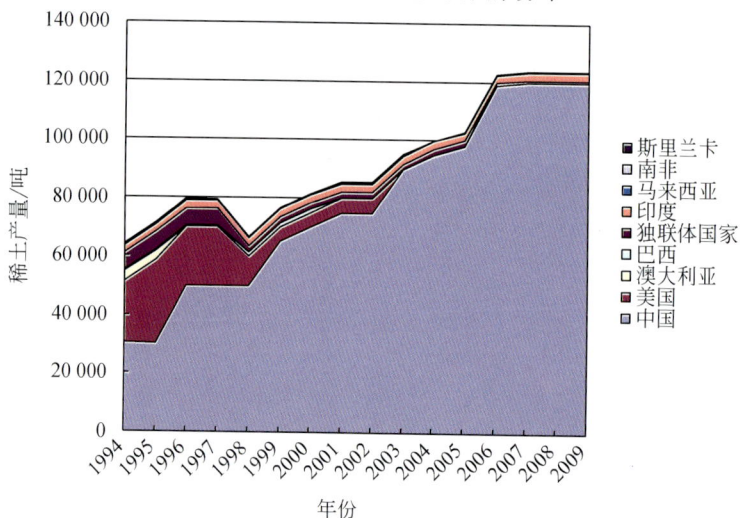

图 10-8 1994－2009 年世界稀土产量分布图

图 10-19　稀土永磁研究的总体布局

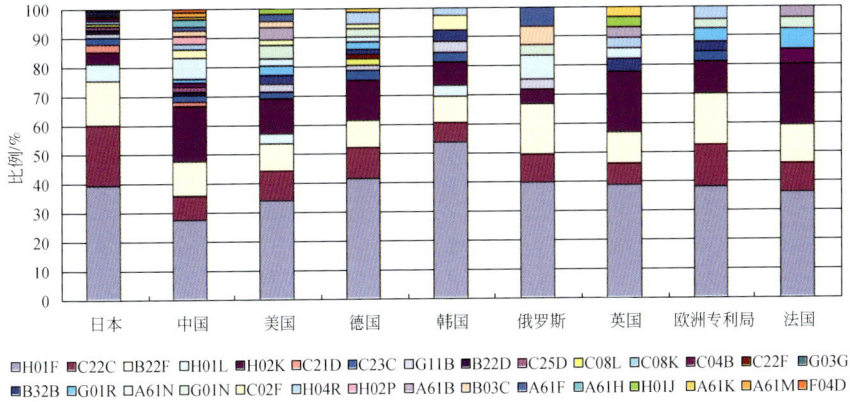

H01F　C22C　B22F　H01L　H02K　C21D　C23C　G11B　B22D　C25D　C08L　C08K　C04B　C22F　G03G
B32B　G01R　A61N　G01N　C02F　H04R　H02P　A61B　B03C　A61F　A61H　H01J　A61K　A61M　F04D

图 10-27　主要国家/地区稀土永磁专利技术的研发布局

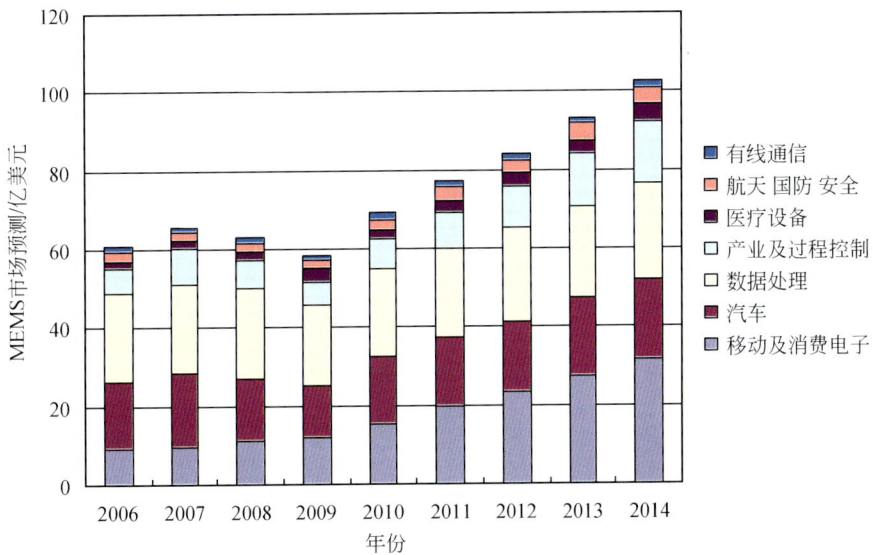

图 11-3　iSuppli 对 MEMS 市场未来发展的预测

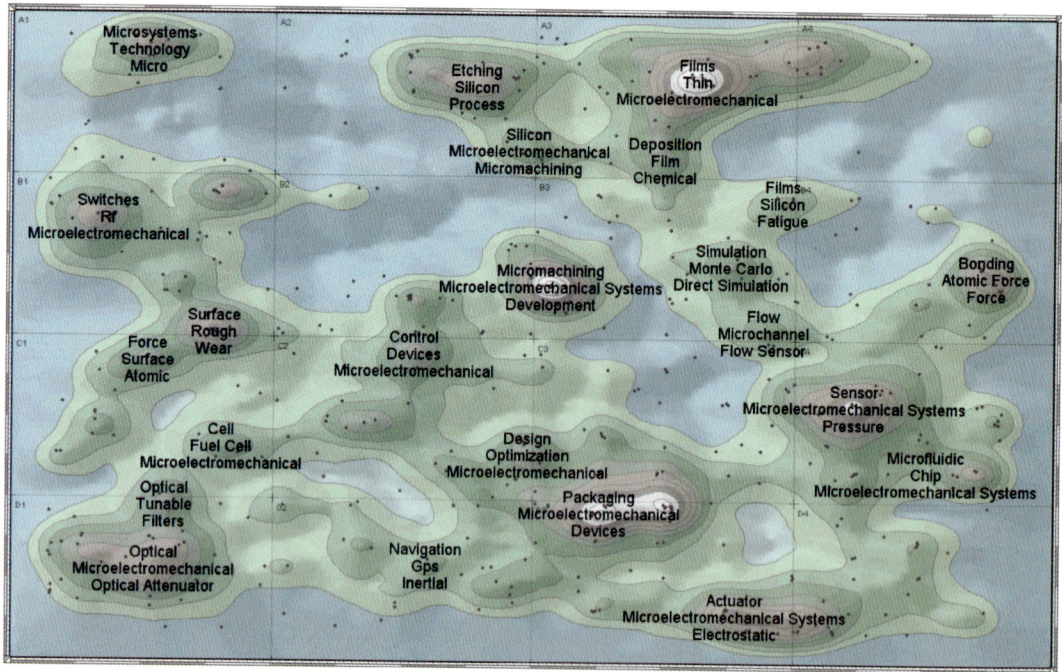

图 11-10 微机电系统研究的总体布局图